装备科技译著出版基金

边界层理论
（第 9 版）

Boundary – Layer Theory
（Ninth Edition）

［德］赫尔曼·施利希廷（Hermann Schlichting） 著
克劳斯·格斯滕（Klaus Gersten）

周 强　赵庆军　赵 巍　周小勇　隋秀明　刘永振　译
李建强　审校

国防工业出版社

·北京·

著作权合同登记　图字:军-2021-012号

图书在版编目(CIP)数据

边界层理论:第9版/(德)赫尔曼·施利希廷
(Hermann Schlichting),(德)克劳斯·格斯滕
(Klaus Gersten)著;周强等译.—北京:国防工业
出版社,2025.1.—ISBN 978-7-118-13324-0

Ⅰ.O357.4

中国国家版本馆 CIP 数据核字第 2024TS3342 号

First published in English under the title
Boundary – Layer Theory
by Hermann Schlichting (Deceased) and Klaus Gersten, edition:9
Copyright © Springer – Verlag Berlin Heidelberg,2017 *
This edition has been translated and published under licence from
Springer – Verlag GmbH,DE,part of Springer Nature.
Springer – Verlag GmbH,DE,part of Springer Nature takes no responsibility and shall not be made liable for the accuracy of the translation.
本书简体中文版由 Springer 授权国防工业出版社独家出版。
版权所有,侵权必究

※

国防工业出版社出版发行
(北京市海淀区紫竹院南路23号　邮政编码100048)
三河市天利华印刷装订有限公司印刷
新华书店经售
*
开本 710×1000　1/16　印张 44½　字数 870 千字
2025年1月第1版第1次印刷　印数 1—1500 册　定价 248.00 元

(本书如有印装错误,我社负责调换)

国防书店:(010)88540777　　书店传真:(010)88540776
发行业务:(010)88540717　　发行传真:(010)88540762

译者序

原著《边界层理论(第9版)》是由德国流体动力学专家赫尔曼·施利希廷和克劳斯·格斯滕合著经典专著的最新版本,由斯普林格出版社于2017年出版。该书基于英文《边界层理论(第8版)》面世15年来出现的文献资料,涵盖湍流模型、数值模拟方面的最新研究成果,反映了边界层理论的最新进展,译者阅读英文版《边界层理论(第9版)》时,有感于这版反映边界层理论方面最新成果的专著对国内从事流体动力学相关科学研究与工程技术人员具有实际的理论指导意义和借鉴参考作用,萌生了与国内同行共享的想法,这一想法得到了国防工业出版社的大力支持和装备科技译著出版基金的资助。

中文版《边界层理论(第9版)》由周强、赵庆军、赵巍、周小勇、隋秀明和刘永振共同完成,其中赵庆军完成第1章和第2章的翻译,周小勇完成第6章的翻译,赵巍完成第15章的翻译,隋秀明完成第16章的翻译,刘永振完成第23章的翻译,其余部分由周强翻译。李建强完成全书译稿的审校工作。

英文版《边界层理论(第7版)》的汉译本于1988年出版发行,为此次翻译提供了宝贵的借鉴与范例,在此特别感谢徐燕侯、徐立功和徐书轩等老师所做的开创性工作。本书能够顺利面世,离不开国防工业出版社的大力支持和帮助,其中肖姝编辑进行了大量烦琐与细致的工作,在此表示特别感谢。此外,还要感谢中国科学院工程热物理研究所(所有译者曾共事的单位)和西安明德理工学院(译者周强曾任职高校)对本书翻译给予的支持和帮助。

本书涉及流体动力学的各个方面,具有较高的专业学术水平,因译者学识所限,翻译时不可避免地出现谬误与疏漏,希望读者不吝指正,在此表示深深感谢。

译 者

2023年12月2日于西安

第 8 版前言

按照惯例,德文版出版后会马上进行英文翻译。作者十分感谢斯普林格出版社在确定英译者和出版英文版方面所做的工作。特别感谢凯瑟琳·梅斯(Katherine Mayes)出色的英文翻译。翻译过程中,德文版中的一些错误得以修订,并进行了诸多的内容补充与完善工作。感谢 W. 施耐德·维也纳(W. Schneider 和 Vienna)教授在翻译和完善内容方面所提供的建议和所进行的修改。同时,还要感谢乌苏拉·贝茨(Ursula Beitz)对英译版中文献目录的仔细校对。希望英文第 8 版能得到如德文第 9 版那样的肯定。

克劳斯·格斯滕
Klaus Gersten
1999 年于波鸿

第9版前言

赫尔曼·施利希廷(Hermann Schlichting)撰写的《边界层理论(第9版)》是过去十年中流体动力学领域最重要的技术书籍之一。在 Hermann Schlichting 去世之前的不长时间里,与朋友及前同事 Wilhelm Riegels 共同合作出版了第8版。

当完成第8版印刷工作,需要出版新的版本之时,我(Klaus Gersten)将新版本的工作承担下来。在研究所与尊敬的老师 Hermann Schlichting 共同渡过的15年中,我曾参与《边界层理论》早期版本的出版,承担并完成了书中某些章节的修订完善工作。鉴于边界层理论具有极其广泛的理论意义,且已成为我多年来坚持的首选研究方向,第9版的修订与其说是负担,不如说是责任。

很明显,对《边界层理论》进行彻底的修订是必要的,Hermann Schlichting 也持相同的观点。他在第8版的前言中曾写道:"考虑到现在我们的知识体系,全面修订(《边界层理论》)工作是所希望的,然而这样的过程应该回到许多年前该书首次出版时。"与第8版相比,新的版本包含了最近15年来的文献资料,反映了包括湍流模型在内的最新研究进展。为保证本书便于阅读,对现今计算能力条件下不再重要的一些结果进行了缩减,某些情况下甚至不再给出。

这样,全面修订《边界层理论(第9版)》一书的必要性显现出来。基本理论框架保留了以前版本的样式,包括黏性流体流动的基本定律、层流边界层、湍流的显现、湍流边界层四个主要部分,但增加了关于边界层理论中数值方法的第五部分。

为了改善新版本的表述风格,各章内容某种程度上有所改变。由于不可避免的技术限制,以往版本将边界层理论聚焦于高雷诺数流动理论,因此删掉了基于非常低雷诺数的"蠕动流动"一章。

面对如 Hermann Schlichting 那样的读者群体,把握表述方式和水平似乎很自然。

边界层理论的研究范围持续拓展,其涉及的领域如此广阔,因而要求作者个人具有系统完整的认识。因此,非常感谢积极支持我的两位同事,其中 E. 克劳斯(E. Krause)教授撰写了《边界层理论(第9版)》中关于数值方法的新增章节,H.

欧特尔(H. Oertel)教授提供了湍流起始章节关于稳定性理论的修订稿。

更多的帮助来源于不同的渠道。感谢彼德·谢弗(Peter Schäfer)博士和德特勒夫·维特(Detlev Vieth)博士所提供的诸多计算新案例。维特博士更是通读了新版本全文,感谢他所提出的诸多改进建议。特别感谢雷纳特·戈尔岑卢赫特纳(Renate Gölzenleuchtner)生成图表的工作,几乎所有的图表都是重新绘制的。还要特别感谢乌苏拉·贝茨(Ursula Beitz)对文献目录仔细和全面的校对,以及玛丽安·费迪南德(Marianne Ferdinand)和埃克哈德·施密特(Eckhard Schmidt)提供的第一流帮助。全部采纳引文是不现实的,这可能需要回到第8版来查找并核实早期版本的具体引用文献。

特别赞赏约尔格·斯特芬哈根(Jörg Steffenhagen)所拥有的印刷公司富有成效的合作。同时,还要感谢 Spinger 出版社非常有共识的合作。

我希望能够继续进行赫尔曼·施利希廷(Hermann Schlichting)未尽工作,如其所愿。

克劳斯·格斯滕 Klaus Gersten
1996年10月于波鸿

摘要

描述所有一般流场的非线性偏微分方程组被称为纳维—斯托克斯方程组。无量纲形式下，这些方程取决于决定流动黏性效应的雷诺数。雷诺数越大，流动中黏性效应越小。

边界层理论是高雷诺数纳维—斯托克斯方程组的渐近理论。该理论由路德维希·普朗特提出。虽然这个理论已有了超过 110 年的历史，但由于流体动力学的许多重要领域（亦即航空学、舰船水动力学、汽车空气动力学）均涉及高雷诺数流动，因此迄今仍在工业与研究中得到应用。

本书有 23 章，并被分为 5 个部分：
（1）黏性流动基础
（2）层流边界层
（3）层流—湍流边界层
（4）湍流边界层
（5）边界层理论中的数值方法

边界层理论是一种摄动方法，因其始于无限高雷诺数的极限解（无黏性流体流动解），其后为黏性效应所干扰。由于无黏流解不满足壁面无滑移条件，边界层理论被称为奇异摄动法。高雷诺数条件下整个流场由两个不同的区域构成。这两个区域中较大的那个区域内，流动是无黏的；另一个区域是靠近壁面的极薄层，被称为边界层。只要边界层附着于壁面上，就可以通过匹配的渐近展开方法求解完全解。

当边界层出现分离时，无黏极限解（作为初始解）通常是未知的。这种情况下，必须采用无量纲长度参数（譬如相对于平板的台阶高度）进行分析。二维参数（几何参数与雷诺数）所引起的流场三层结构被称为三层理论或渐近相互作用理论。具有分离与再附的边界层可采用该理论在无任何奇异点的情况下计算求解（第 14 章第 4 节）。在流动中出现分离之处，极限解通常可通过将此处流动视作几何结构发生改变的方式来保证无分离发生（详细内容可参见 14.5 节边缘分离中的层流部分与 18.5.2 节存在分离的边界层中的湍流部分）。

目录

概述 ··· 001

第一篇 黏性流动基础

第1章 黏性流动的特征 ··· 007

1.1 真实流体与理想流体 ·· 007
1.2 黏性与黏度 ··· 008
1.3 雷诺数 ··· 009
1.4 层流与湍流 ··· 014
1.5 高雷诺数流动的渐近特性 ······································ 016
1.6 应用无黏限制解的测量比较 ··································· 016
1.7 小结 ··· 027

第2章 边界层理论基础 ··· 028

2.1 边界层概念 ··· 028
2.2 零攻角平板流动的层流边界层 ································ 028
   2.2.1 边界层厚度的估算 ······································· 029
   2.2.2 位移厚度 ·· 030
   2.2.3 摩擦力的估算 ·· 030
2.3 零攻角平板流动的湍流边界层 ································ 031
   2.3.1 摩擦力 ··· 033
   2.3.2 黏性底层 ·· 033
2.4 管道中全面发展的湍流 ··· 034

    2.4.1　管道摩擦系数 ……………………………………………… 034
    2.4.2　黏性底层厚度 ……………………………………………… 035
  2.5　翼型的边界层 …………………………………………………………… 035
  2.6　边界层分离 ……………………………………………………………… 036
    2.6.1　分离条件 …………………………………………………… 037
    2.6.2　其他分离实例 ……………………………………………… 039
    2.6.3　层流边界层分离与湍流边界层分离的区别 ……………… 040
    2.6.4　非定常尾迹 ………………………………………………… 042
    2.6.5　防止分离的措施 …………………………………………… 042
  2.7　后续文献综述 …………………………………………………………… 043

第3章　基于场论的牛顿流体流动方程组 …………………………………… 044

  3.1　关于流场的描述 ………………………………………………………… 044
  3.2　连续方程 ………………………………………………………………… 044
  3.3　动量方程 ………………………………………………………………… 045
  3.4　变形体的通用应力状态 ………………………………………………… 046
  3.5　流动流体变形的通用状态 ……………………………………………… 049
    3.5.1　体积膨胀 …………………………………………………… 050
    3.5.2　剪切变形 …………………………………………………… 052
    3.5.3　刚体旋转 …………………………………………………… 052
  3.6　应力与变形率之间的关系 ……………………………………………… 054
  3.7　斯托克斯假设 …………………………………………………………… 056
  3.8　体积黏度与热力学压力 ………………………………………………… 057
  3.9　纳维-斯托克斯方程组 ………………………………………………… 058
  3.10　能量方程 ………………………………………………………………… 060
  3.11　任意坐标系的运动方程组(小结) ……………………………………… 063
  3.12　笛卡儿坐标系下基于指数记数法的运动方程组 ……………………… 067
  3.13　不同坐标系的运动方程组 ……………………………………………… 068
    3.13.1　圆柱坐标系 ………………………………………………… 068
    3.13.2　平面流动的自然坐标 ……………………………………… 070
    3.13.3　其他坐标系 ………………………………………………… 071

第4章　运动方程组的一般性质 ……………………………………………… 072

  4.1　相似定律 ………………………………………………………………… 072

4.2 浮力作用(强迫对流与自然对流混合)下的相似定律 …………… 075
4.3 自然对流的相似准则 ……………………………………………… 077
4.4 涡量输运方程 ……………………………………………………… 079
4.5 小雷诺数非常低的极限情况 ……………………………………… 080
4.6 极高雷诺数的极限情况 …………………………………………… 081
4.7 $Re\to\infty$ 的数学实例 …………………………………………… 083
4.8 纳维-斯托克斯方程组解的非唯一性 …………………………… 085

第5章 纳维-斯托克斯方程组的精确解 …………………………… 086

5.1 稳态平板流 ………………………………………………………… 086
    5.1.1 库埃特-泊肃叶流 ………………………………………… 086
    5.1.2 杰弗里-哈梅尔流(全面发展的喷管与扩压器流动) …… 089
    5.1.3 平面驻点流 ………………………………………………… 094
    5.1.4 抛物线体绕流 ……………………………………………… 098
    5.1.5 圆柱体绕流 ………………………………………………… 098
5.2 轴对称定常流动 …………………………………………………… 099
    5.2.1 圆管流(哈根-泊肃叶流) ………………………………… 099
    5.2.2 同心旋转圆柱之间的流动 ………………………………… 100
    5.2.3 轴对称驻点流 ……………………………………………… 101
    5.2.4 旋转盘的流动 ……………………………………………… 102
    5.2.5 轴对称自由射流 …………………………………………… 106
5.3 非定常平板流动 …………………………………………………… 107
    5.3.1 突然运动壁面上的流动(第一斯托克斯问题) ………… 107
    5.3.2 振荡壁面的流动(第二斯托克斯问题) ………………… 109
    5.3.3 库埃特流的启动 …………………………………………… 109
    5.3.4 非定常渐近抽吸 …………………………………………… 111
    5.3.5 非定常平板驻点流 ………………………………………… 111
    5.3.6 振荡的通道流动 …………………………………………… 116
5.4 非定常轴对称流动 ………………………………………………… 118
    5.4.1 涡流衰减 …………………………………………………… 118
    5.4.2 非定常管流 ………………………………………………… 118
5.5 小结 ………………………………………………………………… 120

第二篇 层流边界层

第6章 平面流中的边界层方程组与平板边界层 ……… 123
6.1 建立边界层方程组 ……… 123
6.2 壁面摩擦、分离与位移 ……… 126
6.2.1 表面摩擦系数 ……… 126
6.2.2 分离点 ……… 127
6.2.3 位移 ……… 128
6.3 边界层方程组的量纲 ……… 129
6.3.1 壁面剪切应力 ……… 130
6.3.2 位移厚度 ……… 130
6.3.3 流函数 ……… 130
6.4 摩擦阻力 ……… 131
6.5 平板边界层 ……… 131
6.5.1 速度分布 ……… 133
6.5.2 摩擦阻力 ……… 134
6.5.3 边界层厚度 ……… 135
6.5.4 位移厚度 ……… 135
6.5.5 动量厚度 ……… 136
6.5.6 能量厚度 ……… 136
6.5.7 前缘奇异性 ……… 136
6.5.8 实验研究 ……… 137

第7章 平板流动边界层方程组的一般性质与精确解 ……… 139
7.1 壁面相容性条件 ……… 139
7.2 边界层方程组的相似解 ……… 140
7.2.1 常微分方程的推导 ……… 140
7.2.2 尖楔流动 ……… 145
7.2.3 收敛通道的流动 ……… 146
7.2.4 混合层 ……… 147
7.2.5 运动平板 ……… 148
7.2.6 自由射流 ……… 149
7.2.7 壁面射流 ……… 151

7.3 坐标变换 ·· 153
    7.3.1 高特勒变换 ··· 153
    7.3.2 米塞斯变换 ··· 153
    7.3.3 克罗科变换 ··· 155
7.4 解的级数展开 ··· 155
    7.4.1 布莱修斯级数 ·· 155
    7.4.2 高特勒级数 ··· 156
7.5 下游解的渐近特性 ·· 157
    7.5.1 物体绕流的尾迹 ··· 157
    7.5.2 移动壁表面边界层 ··· 159
7.6 边界层的积分关系式 ·· 160
    7.6.1 动量积分方程 ·· 160
    7.6.2 能量积分方程 ·· 161
    7.6.3 动量矩积分方程 ··· 162

第 8 章 求解定常平面流动边界层方程组的近似方法 ·············· 163

8.1 积分方法 ··· 163
8.2 斯特拉特福德分离准则 ·· 168
8.3 近似解与精确解的比较 ·· 169
    8.3.1 迟滞驻点流动 ·· 169
    8.3.2 扩散通道(扩压器) ··· 170
    8.3.3 圆柱绕流 ··· 171
    8.3.4 儒可夫斯基翼型对称绕流 ··· 174

第 9 章 无速度场与温度场耦合的热边界层 ····························· 175

9.1 存在温度场的边界层方程组 ·· 175
9.2 恒定物理性质下的强迫对流 ·· 177
9.3 普朗特数效应 ··· 180
    9.3.1 小普朗特数 ··· 180
    9.3.2 大普朗特数 ··· 181
9.4 热边界层的相似解 ·· 183
    9.4.1 壁面边界层 ··· 184
    9.4.2 无壁边界层 ··· 186
9.5 热流积分计算法 ·· 187
9.6 耗散效应与绝热壁面温度分布 ·· 189
    9.6.1 小普朗特数 ··· 190

│   9.6.2 大普朗特数 ………………………………………………… 190
│   9.6.3 平板流动 …………………………………………………… 191
│   9.6.4 尖楔流动 …………………………………………………… 192
│   9.6.5 壁面射流 …………………………………………………… 193

第10章 速度场与温度场耦合的热边界层 …………………………… 194

10.1 引言 …………………………………………………………………… 194
10.2 边界层方程组 ………………………………………………………… 194
10.3 具有适度壁面传热的边界层(无重力效应) ………………………… 196
  10.3.1 摄动计算 ……………………………………………………… 196
  10.3.2 物性比法(温度比法) ………………………………………… 199
  10.3.3 参考温度法 …………………………………………………… 202
10.4 可压缩边界层(无重力效应) ………………………………………… 203
  10.4.1 物理性质关系式 ……………………………………………… 203
  10.4.2 能量方程的简单解 …………………………………………… 204
  10.4.3 边界层方程组的变换 ………………………………………… 206
  10.4.4 相似解 ………………………………………………………… 208
  10.4.5 积分法 ………………………………………………………… 215
  10.4.6 高超声速流动中的边界层 …………………………………… 220
10.5 自然对流 ……………………………………………………………… 221
  10.5.1 边界层方程组 ………………………………………………… 221
  10.5.2 边界层方程组的变换 ………………………………………… 225
  10.5.3 大普朗特数极限(T_w=常数) ……………………………… 227
  10.5.4 相似解 ………………………………………………………… 228
  10.5.5 通解 …………………………………………………………… 231
  10.5.6 可变物理性质 ………………………………………………… 232
  10.5.7 耗散效应 ……………………………………………………… 234
10.6 间接自然对流 ………………………………………………………… 234
10.7 混合对流 ……………………………………………………………… 237

第11章 边界层控制(抽吸与吹气) ……………………………………… 243

11.1 不同类型的边界层控制 ……………………………………………… 243
  11.1.1 固壁运动 ……………………………………………………… 243
  11.1.2 狭缝抽吸 ……………………………………………………… 245
  11.1.3 切向吹气与抽吸 ……………………………………………… 245
  11.1.4 连续抽吸与吹气 ……………………………………………… 246

11.2 连续抽吸与吹气 ... 247
11.2.1 基本原理 ... 247
11.2.2 大量抽吸($v_w \to -\infty$) ... 248
11.2.3 大量吹气($v_w \to +\infty$) ... 250
11.2.4 相似解 ... 252
11.2.5 通解 ... 256
11.2.6 有吹气与抽吸的自然对流 ... 259

11.3 二元边界层 ... 260
11.3.1 综述 ... 260
11.3.2 基本方程组 ... 261
11.3.3 传热与传质的类比 ... 264
11.3.4 相似解 ... 265

第12章 轴对称三维边界层 ... 268

12.1 轴对称边界层 ... 268
12.1.1 边界层方程组 ... 268
12.1.2 曼格勒变换 ... 269
12.1.3 不旋转的回转体边界层 ... 270
12.1.4 有旋转的回转体边界层 ... 273
12.1.5 自由射流与尾迹 ... 277

12.2 三维边界层 ... 280
12.2.1 边界层方程组 ... 280
12.2.2 圆柱的边界层 ... 285
12.2.3 偏航圆柱的边界层 ... 286
12.2.4 三维驻点 ... 287
12.2.5 对称平面的边界层 ... 288
12.2.6 通用构型 ... 289

第13章 非定常边界层 ... 291

13.1 基本原理 ... 291
13.1.1 引言 ... 291
13.1.2 边界层方程组 ... 292
13.1.3 相似解与半相似解 ... 293
13.1.4 小时间尺度(高频)解 ... 293
13.1.5 非定常边界层的分离 ... 294
13.1.6 积分关系与积分方法 ... 295

13.2 静止流体中的非定常运动物体 ·············· 295
  13.2.1 启动过程 ·············· 295
  13.2.2 静止流体中的物体振动 ·············· 302
13.3 稳态基本流动中的非定常边界层 ·············· 304
  13.3.1 周期性外流 ·············· 305
  13.3.2 具有弱周期性摄动的定常流动 ·············· 306
  13.3.3 两个略微不同的稳态边界层之间的转换 ·············· 308
13.4 非定常可压缩边界层 ·············· 309
  13.4.1 引言 ·············· 309
  13.4.2 移动的正激波后的边界层 ·············· 309
  13.4.3 具有可变来流速度与壁面温度的零攻角平板 ·············· 312

第14章 普朗特边界层理论的拓展 ·············· 314

14.1 引言 ·············· 314
14.2 高阶边界层理论 ·············· 315
  14.2.1 外部展开式 ·············· 317
  14.2.2 内部展开式 ·············· 317
  14.2.3 案例 ·············· 319
  14.2.4 平面对称驻点流动 ·············· 320
  14.2.5 对称流动中的抛物线体 ·············· 321
  14.2.6 更多的平面流动 ·············· 322
  14.2.7 轴对称流动 ·············· 322
  14.2.8 三维流动 ·············· 323
  14.2.9 可压缩流动 ·············· 323
14.3 高超声速下的相互作用 ·············· 324
14.4 三层理论 ·············· 327
  14.4.1 平板上的鼓包与凹腔 ·············· 333
  14.4.2 有限长平板尾缘附近的流动 ·············· 333
  14.4.3 尾缘处的其他流动 ·············· 334
  14.4.4 狭缝吹气 ·············· 334
  14.4.5 非定常流动 ·············· 335
  14.4.6 三维相互作用 ·············· 335
  14.4.7 自然对流 ·············· 335
  14.4.8 可压缩流动 ·············· 335
  14.4.9 激波-边界层相互作用 ·············· 336

14.5 边缘分离 ·· 337
14.6 大规模分离 ·· 342

第三篇 层流-湍流转捩

第15章 湍流起始(稳定性理论) ·· 347
15.1 层流-湍流转捩的一些实验结果 ··································· 347
15.1.1 管流中的转捩 ··· 347
15.1.2 边界层中的转捩 ··· 350
15.2 稳定性理论基础 ··· 354
15.2.1 引言 ·· 354
15.2.2 初级稳定性理论基础 ·· 355
15.2.3 奥尔-佐默费尔德方程 ······································· 357
15.2.4 中性稳定性曲线与无差别雷诺数 ··························· 362
15.3 三维扰动边界层的不稳定性 ······································ 393
15.3.1 引言 ·· 393
15.3.2 二次稳定性理论基础 ··· 395
15.3.3 弯曲壁面边界层 ·· 399
15.3.4 转盘边界层 ·· 402
15.3.5 三维边界层 ·· 403
15.4 局部扰动 ·· 408

第四篇 湍流边界层

第16章 湍流流动基础 ·· 413
16.1 引言 ·· 413
16.2 平均运动与脉动 ·· 414
16.3 湍流平均运动的基本方程组 ······································ 416

16.3.1　连续方程 ·············· 417
16.3.2　动量方程(雷诺方程)组 ·············· 417
16.3.3　湍流脉动动能方程(k方程) ·············· 419
16.3.4　热能方程 ·············· 420
16.4　封闭问题 ·············· 421
16.5　湍流脉动的描述 ·············· 422
16.5.1　相关性 ·············· 422
16.5.2　频谱与涡旋 ·············· 423
16.5.3　外部流动的湍流 ·············· 425
16.5.4　湍流区边缘与间歇性 ·············· 426
16.6　平面流动的边界层方程 ·············· 427

第17章　内部流动 ·············· 429

17.1　库埃特流 ·············· 429
17.1.1　速度场的两层结构与对数重叠定律 ·············· 429
17.1.2　壁面普遍定律 ·············· 433
17.1.3　摩擦定律 ·············· 443
17.1.4　湍流模型 ·············· 444
17.1.5　传热 ·············· 447
17.2　充分发展的内流(A=常数) ·············· 448
17.2.1　管道流动 ·············· 448
17.2.2　库埃特-泊肃叶流动 ·············· 450
17.2.3　管道流动 ·············· 454
17.3　细长管道理论 ·············· 458
17.3.1　平面喷管与扩压器 ·············· 459
17.3.2　通道进口流量 ·············· 460

第18章　无速度场与温度场耦合的湍流边界层 ·············· 461

18.1　湍流模型 ·············· 461
18.1.1　引言 ·············· 461
18.1.2　代数湍流模型 ·············· 463
18.1.3　湍流能量方程 ·············· 464
18.1.4　二方程模型 ·············· 465
18.1.5　雷诺应力模型 ·············· 468
18.1.6　传热模型 ·············· 470

18.1.7　低雷诺数模型 ………………………………………………… 472
   18.1.8　大涡模拟与直接数值模拟 ……………………………………… 473
18.2　附着边界层($\bar{\tau}_w \neq 0$) …………………………………………… 474
   18.2.1　分层结构 ………………………………………………………… 474
   18.2.2　采用缺陷公式的边界层方程组 …………………………………… 475
   18.2.3　边界层的摩擦定律与特征量 ……………………………………… 477
   18.2.4　平衡边界层 ………………………………………………………… 480
   18.2.5　零攻角平板边界层 ………………………………………………… 482
18.3　有分离的边界层 ……………………………………………………… 487
   18.3.1　斯特拉特福德流 …………………………………………………… 487
   18.3.2　准平衡边界层 ……………………………………………………… 489
18.4　边界层积分计算法 …………………………………………………… 492
   18.4.1　直接方法 …………………………………………………………… 492
   18.4.2　反方法 ……………………………………………………………… 495
18.5　边界层场计算方法 …………………………………………………… 496
   18.5.1　附着的边界层($\bar{\tau}_w \neq 0$) ………………………………… 496
   18.5.2　存在分离的边界层 ………………………………………………… 498
   18.5.3　低雷诺数湍流模型 ………………………………………………… 499
   18.5.4　其他因素的作用 …………………………………………………… 501
18.6　热边界层的计算 ……………………………………………………… 503
   18.6.1　基本原理 …………………………………………………………… 503
   18.6.2　热边界层场计算方法 ……………………………………………… 505

第19章　速度场与温度场耦合的湍流边界层 ……………………………… 506

19.1　基本方程组 …………………………………………………………… 506
   19.1.1　变密度的时间平均 ………………………………………………… 506
   19.1.2　边界层方程组 ……………………………………………………… 508
19.2　可压缩湍流边界层 …………………………………………………… 511
   19.2.1　温度场 ……………………………………………………………… 511
   19.2.2　重叠定律 …………………………………………………………… 512
   19.2.3　表面摩擦系数与努塞尔数 ………………………………………… 514
   19.2.4　绝热壁积分法 ……………………………………………………… 516
   19.2.5　场方法 ……………………………………………………………… 518
   19.2.6　激波-边界层相互作用 …………………………………………… 518
19.3　自然对流 ……………………………………………………………… 520

第20章 三维轴对称湍流边界层 ········· 523

20.1 轴对称边界层 ········· 523
20.1.1 边界层方程组 ········· 523
20.1.2 物体不旋转的边界层 ········· 524
20.1.3 物体旋转的边界层 ········· 526

20.2 三维边界层 ········· 528
20.2.1 边界层方程组 ········· 528
20.2.2 计算方法 ········· 532
20.2.3 实例 ········· 533

第21章 非定常湍流边界层 ········· 535

21.1 平均方法与边界层方程组 ········· 535
21.2 计算方法 ········· 538
21.2.1 积分方法 ········· 538
21.2.2 场方法 ········· 538

21.3 实例 ········· 539
21.3.1 平板 ········· 539
21.3.2 摇摆翼型 ········· 540
21.3.3 非定常分离 ········· 540

第22章 自由剪切湍流 ········· 542

22.1 引言 ········· 542
22.2 平面自由剪切层方程组 ········· 543
22.3 平面自由射流 ········· 546
22.3.1 总体平衡 ········· 546
22.3.2 远场 ········· 548
22.3.3 近场 ········· 552
22.3.4 壁面效应 ········· 552

22.4 混合层 ········· 554
22.5 平面尾迹 ········· 555
22.6 轴对称自由剪切流 ········· 558
22.6.1 基本方程组 ········· 558
22.6.2 自由射流 $[U_\infty=0, \Delta=8\alpha(x-x_0)]$ ········· 558

22.6.3 尾迹 $[|U_N| \ll U_\infty, \Delta = \lambda(x-x_0)^{1/3}]$ ……………… 560
22.7 浮升射流 ……………………………………………………………… 561
　22.7.1 平面浮升射流 …………………………………………………… 561
　22.7.2 轴对称浮升射流 ………………………………………………… 562
22.8 平面壁射流 …………………………………………………………… 563
　22.8.1 外层 $y \geq y_m$ ………………………………………………………… 564
　22.8.2 缺陷层 $(0 < y < y_m)$ ……………………………………………… 565
　22.8.3 黏性壁面层 $(0 \leq y < 70\nu/u_\tau)$ ………………………………… 565

第五篇　边界层理论的数值方法

第23章　边界层方程组的数值积分 …………………………………… 569
23.1 层流边界层 …………………………………………………………… 569
　23.1.1 引言 ………………………………………………………………… 569
　23.1.2 边界层变换的说明 ………………………………………………… 570
　23.1.3 显式与隐式离散 …………………………………………………… 571
　23.1.4 隐式差分方程组的解 ……………………………………………… 573
　23.1.5 连续方程的积分 …………………………………………………… 574
　23.1.6 边界层边缘与壁面剪切应力 ……………………………………… 575
　23.1.7 盒子法积分变换的边界层方程组 ………………………………… 576
23.2 湍流边界层 …………………………………………………………… 578
　23.2.1 壁面函数法 ………………………………………………………… 578
　23.2.2 低雷诺数湍流模型 ………………………………………………… 582
23.3 非定常边界层 ………………………………………………………… 583
23.4 三维稳态边界层 ……………………………………………………… 585

常用符号表 …………………………………………………………………… 589

参考文献 ……………………………………………………………………… 597

概　述

发展简史回顾

19世纪末，流体力学已分成完全不同的两个方向，其中一个方向是来源于欧拉运动方程组并已发展到极致的理论流体动力学。但是，由于这种经典流体动力学的结果明显与日常经验大相径庭，因而其并无实际意义。该问题在管道与通道压力损失以及物体在流体中运动而产生阻力的极重要情况下尤其如此。正因如此，面临流体动力学实际问题的工程师自行发展了具有高度经验性的学科——水力学。该学科依赖大量的经验数据，且在方法与目标上与理论流体动力学相比具有很大差别。

20世纪初，路德维希·普朗特的伟大贡献在于详尽地诠释了将流体动力学的两个分支方向有机统一起来的方法途径。他建立起了理论与实验之间的紧密联系，从而促使20世纪上半叶现代流体动力学难以想象的成功。众所周知，大多数情况下经典流体动力学与现实之间的巨大差异在于该理论忽略了黏性效应。迄今，黏性流完全运动方程组（纳维-斯托克斯方程组）已为人所知。然而，由于这些方程组所蕴含的巨大数学难题，尚未发现黏性流的数学处理方法（除一些特殊情况外）。对于诸如水与空气这样技术上的重要流体，其黏性非常小，且由此产生的黏性力相对于其他力（重力与压力）很小。因此，人们花了很长时间才明白经典理论所忽略的黏性力对流体运动产生的重要影响。

1904年数学大会上，路德维希·普朗特发布了《关于具有非常小摩擦的流体运动》的演讲，展示了在具有巨大实际意义情况下进行黏性流理论研究的方式（L. Prandtl，1904）。通过将理论思考与一些简单实验相结合的方式，普朗特展示了物体绕流可分为两个区域，即黏性非常重要的紧贴物体极薄层（边界层）与边界层外可忽略黏性的其他区域。借助这个概念，不仅给出了关于黏性在阻力中重要性的令人信服解释，而且通过极大地降低数学难度为黏性流理论研究提供了一种技术途径。普朗特通过自建小型水洞中的一些非常简单实验来支撑他的理论工作,并借此重新建立了曾一度失去的理论与实践间的联系。自 20 世纪初始,普朗特边界层或摩擦层理论被证明是非常有价值的,且极大地刺激了流体动力学研究的发展。在兴旺的飞行技术影响下,该新理论快速发展并连同其他技术的重要进展一起成为现代流体动力学的重要基石——翼型理论与气体动力学。

边界层理论最重要的应用之一是流动中物体摩擦阻力的计算,譬如零攻角平板所承受的阻力,以及舰船、翼型、飞机机体或涡轮叶片的摩擦阻力。边界层的一个特殊性质就是在特定的条件下反向流动能够直接发生在固壁上。随后会在物体表面发生边界层分离,并在物体背流区内产生或大或小的涡旋。该现象将导致物体背流区内压力分布的巨大变化,引起物体的形阻力或压差阻力。这种阻力可通过采用边界层理论来计算。边界层理论解答了这样一个重要问题,即为避免流动中的不利分离,物体应具备什么样的形状。这种不利分离不仅存在于物体绕流,而且会出现于管道流动。通过这种方式,边界层理论可用来描述压气机与涡轮中叶片通道的通流以及穿过扩压器与喷管的流动。在涉及翼型最大升力值的流动过程中,分离也是十分重要的,可借助边界层理论来理解与掌握。边界层对于物体与其绕流之间的传热也是十分重要的。

最初,边界层理论主要是针对不可压流体层流而发展起来的,其中流动摩擦的斯托克斯定律可作为黏性力的假设。后续许多著作涉及该领域的研究内容,使不可压层流机理如今被认为是得到了完全的理解与掌握。随后,该理论拓展至具有实际意义的不可压湍流边界层流动。奥斯鲍恩·雷诺大约在 1890 年就已经引入了表观湍流应力的重要基本概念,但这一概念还不足以被应用至湍流方面的理论研究(O. Reynolds,1894)。普朗特混合长度概念的引入(可参见 L. Prandtl,1925)连同系统的实验推动了研究的显著发展,可借助边界层理论进行湍流研究。直到目前,完全发展的湍流流动理论还有待于进一步发展。由于飞机飞行速度的显著增大,可压缩流动中的边界层也得到了全面的研究。除速度场中的边界层外,还存在着热边界层,这对物体及其绕流之间的传热十分重要。由于高马赫数下气流存在内摩擦(耗散),物体表面会显著变热。这会引起许多问题,特别是在飞机与卫星的飞行中(热障问题)。

对流体动力学整体十分重要的层流至湍流转捩最先源于奥斯鲍恩·雷诺于 19 世纪末对管流的研究(O. Reynolds,1883)。普朗特于 1924 年采取球体绕流实验演示了边界层由层流向湍流的转捩与边界层分离,因而阻力问题可由层流—湍流转捩控制(可参见 L. Prandtl,1914)。对转捩的理论研究以雷诺对于层流不稳定性的思想为前提。普朗特于 1921 年进行了相关研究。经历了一些徒劳的尝试后,沃尔特·托尔明(W. Tollmien,1929)与赫曼·施里希廷(H. Schlichting,1933)才能在理论上计算零攻角平板的无差别雷诺数。然而,直到在休米拉·提美尔·德莱顿(H. L. Dryden,1946—1948)与其同事所进行的细致实验证实这个理论之时,研究所经历的时间已经超过十年。其他参数(比如压力梯度、抽吸、马赫数与传热)

对转捩的影响则通过边界层稳定性理论来阐述。这个理论已得到了许多重要的应用,其中之一就是设计阻力非常低的翼型(层流翼型)。

现代流体力学研究的一个重要特征就是理论与实验之间的紧密联系,这在一般流体动力学及其特殊分支—边界层理论中得到了尤为具体的体现。通过一些基本实验与理论思考,研究已经取得了最为重要的进展。多年之前,阿尔伯特·贝茨发表了边界层理论的回顾(A. Betz,1949),特别强调了理论与实验之间的相互作用。自 1904 年至 1927 年普朗特在伦敦皇家航空学会发表威尔伯·赖特兄弟纪念演讲(L. Prandtl,1927)的最初大约 20 年间,受普朗特启发的边界层研究只有哥廷根的普朗特研究所进行。直到 1930 年,其他研究者,特别是英国与美国的研究者才开始进行边界层理论的深入研究。时至今日,边界层理论已遍及全球,并与其他分支一起成为流体动力学最重要的支柱之一。

20 世纪 50 年代中期,奇异摄动理论的数学方法得到了系统的发展(S. Kaplun, 1954;S. Kaplun and P. A. Lagerstrom, 1957;M. Van Dyke, 1964b;W. Schneider, 1978)。很明显,普朗特试探发展的边界层理论是奇异摄动问题解的经典范例。因而边界层理论是高雷诺数纳维—斯托克斯方程组解的有理渐近理论(M. Van Dyke, 1969;K. Gersten, 1972;K. Stewartson, 1974;K. Gersten and J. F. Gross, 1976; V. V. Sychev et al., 1998;I. J. Sobey, 2000)。70 年代初,最先针对层流发展起来的渐近方法被推广至湍流(K. S. Yajnik, 1970;G. L. Mellor, 1972)。关于湍流渐近理论的综述包括克劳斯·格斯滕、A·克鲁威克等的文献(K. Gersten, 1987; K. Gersten,1989c;A. Kluwick, 1989a;W. Schneider, 1991)。克劳斯·格斯滕与海因里希·海威格(K. Gersten and H. Herwig, 1992)提出了关于黏性流理论渐近方法(正则和奇异摄动方法)的系统应用。保罗·A. 利比的专著对渐近理论给予了优先处理(P. A. Libby,1998)。针对高雷诺数流动的渐近理论许多特征可见普朗特的著作(K. Gersten, 2000)。

湍流建模过程中,普朗特提出的混合长度假设产生了一种代数湍流模型。20 年后,普朗特展示了应用随机运动动能、耗散与雷诺剪切应力等湍流量的输运方程组来改进湍流模型(L. Prandtl, 1945)。具有高度精细湍流模型的湍流边界层计算方法可参见文献(P. Bradshaw et al., 1967;W. P. Jones and B. E. Launder, 1973; K. Hanjalic and B. E. Launder, 1976;J. C. Rotta, 1973)。湍流建模的综述可参见相关文献(W. C. Reynolds, 1976;V. C. Patel et al., 1985)。1968 年与 1980 ~ 1981 年斯坦福大学发生了两个值得特别关注的事件,已有的边界层计算方法是通过特别选择的实验来进行比较与验证的,具体可参见相关文献(S. J. Kline et al., 1968; S. J. Kline et al., 1981)。穆罕默德·加德埃尔克曾发表了关于壁面有界湍流中雷诺数效应的研究综述,而普罗莫德·R. 班多帕迪耶的工作也值得一提 (P. R. Bandyopadhyay, 1994)。

超级计算领域快速发展所呈现的新兴趋势是未来将不经简化地直接求解

纳维—斯托克斯方程组,以及采用直接数值模拟(DNS)计算湍流,就是说计算不需要借助湍流模型或者模拟高频湍流脉动(大涡模拟,LES),具体可参见相关文献(D. R. Chapman,1979)。然而,计算高雷诺数流动的数值方法只有在考虑由渐近理论给出的特定流动层状结构条件下才是有效的,就像采用合适的网格进行计算那样。因此,边界层理论将在高雷诺数流动计算中保持其根本位置。边界层理论的首篇综述可见沃尔特·托尔明在《实验物理手册》发表的两篇短论文(W. Tollmien,1931)。几年后,普朗特在威廉·弗雷德里克·杜兰德编辑的《空气动力学理论》中发表了全面的论述。在随后的60年中,这个研究领域的论文规模已经变得十分庞大(具体可参见 H. Schlichting, 1960; I. Tani, 1977; A. D. Young, 1989; K. Gersten, 1989a; A. Kluwick, 1998; T. Cebeci, J. Cousteix, 2005)。按照休米拉·提美尔·德莱顿对发表论文的统计(H. L. Dryden,1955),1955年这方面所发表的论文约100篇,而45年后论文数目已增至每年800篇。

　　大约在2000年,流体动力学数值方法已经达到了能够求解完整纳维-斯托克斯方程组的标准。纳维-斯托克斯雷诺平均(雷诺平均纳维-斯托克斯)方法在大学、研究机构与工业界中广泛应用。考虑湍流非各向同性的雷诺应力模型进入应用。湍流分离仍是一个主要的问题。或许雷诺平均(RANS)-大涡模拟(LES)方法已经成为真实运载工具构型绕流流场模拟首要的工业应用方法(具体可参见 E. H. Hirschel et al. ,2014)。尽管有这些完全纳维-斯托克斯方程组数值解方面的进展,但也需注意的是,边界层理论近年来的拓展得到了越来越多的关注。最近已经出版了几部教科书。伊恩·J. 索贝的交互边界层理论(I. J. Sobey,2000)与弗拉迪米尔·V. 西切夫等的分离流动渐近理论(V. V. Sychev et al. ,1998)适用于层流。厄恩斯特·海因里希·赫歇尔等(E. H. Hirschel et al. ,2014)、通杰尔·杰贝吉(T. Cebeci,1999、2004)、马格努斯·哈尔贝克等[M. Hallbäck et al. (Eds.),1996]以及塔帕斯·库马尔·桑格普塔(T. K. Sengupta,2012)的专著主要集中于湍流流动与转捩流动。而一些相关文献[H. Steinrück (Ed.),2010; A. Kluwick (Ed.),1998; G. E. A. Meier et al. (Eds.),2006]也反映了边界层的研究进展。这些针对高雷诺数流动的渐近方法的最新发展将在第14章至第18章予以讨论。

第一篇 黏性流动基础

第一篇　語彙與語意學

第1章
黏性流动的特征

1.1 真实流体与理想流体

19世纪对于流体动力学的理论研究主要基于理想流体,即无黏不可压流体。直到20世纪,人们才很大程度上考虑黏性与可压缩性的影响。无黏流体流动中,相邻层之间只有法向力(压力),无切向力(剪切应力)。这相当于理想流体并不阻碍其形状随内阻发生变化。理想流体的流动理论在数学上非常成熟,且在许多情况下能给出关于实际流动的合理描述,如波浪运动与液体射流的形成。另外,在计算物体阻力的问题时,理想流体的理论是无效的。该理论断言从无限远处以亚声速均匀流过一个物体的流体不会承受阻力(达朗贝尔佯谬)。

理想流体理论的这一不能接受的结果基于这样的事实,即真实流体中除法向力外,切向力也在流体相邻层之间及流体与壁面之间发生作用。这些实际流体的切向力或摩擦力与流体黏度的物理特性相关。

理想流体中,固体与流体之间存在切向速度差,即流体沿固体一侧滑移(这种现象源自切向力的缺失)。另外,实际流动中切向力因流体黏附于固壁而发生作用。

切向力(剪切应力)的存在与无滑移条件产生了理想流体与实际流体之间的本质差别。在实际应用中,水与空气等一些特别重要的流体具有非常低的黏度。许多情况下,这种极低摩擦流体的流动与理想流体流动相类似,通常切向力极低。在理想流体流动理论中,黏度通常被忽略,因为通过这种方式运动方程组可以得到了相当大的简化,从而拓展了数学理论。值得注意的是,即便黏度非常低的流体,无滑移条件也是适用的。某些情况下,这种无滑移条件会导致实际流体与理想流体在运动规律上的巨大差异。具体而言,这种巨大差异就源自无滑移条件。

本书主要关注低黏度流体的运动规律,这些规律在工程实践中是十分重要的,据此可清楚地解释实际流体与理想流体在流动形态上时而相同时而不同的原因。

1.2 黏性与黏度

通过下面的实验可非常容易地理解流体黏度的性质。考虑两个长平行平板之间的流动,其中一个平板是静止的,另一个平板则沿其所处平面以速度 U 匀速运动。两个平板之间的距离为 h(图 1.1)。假设整个流体中的压强恒定。由实验可以发现流体黏附于两个平板上,下平板的运动速度为零,而黏附于上平板的流体以速度 U 运动。此外,假设最简单的情况(介质为牛顿流体,温度恒定),即两个平板之间存在着线性的速度分布。如此,流体速度与下平板的距离 y 成正比,且有

$$u(y) = \frac{y}{h}U \tag{1.1}$$

为保持运动状态,沿运动方向的切向力必须作用于上平板,这样可使流体的摩擦力保持平衡。由实验结果可知,这个力(平板上单位面积的力等于剪切应力 τ)与 U/h 成正比。通常情况下,该表达方式可由 du/dy 替代。剪切应力 τ 与 du/dy 之间的比例常数表示为 μ[①],其主要取决于流体性质,即流体的物理性质。对于水、酒精与空气而言其黏度非常小,而对于油或甘油等流体而言其黏度很大。

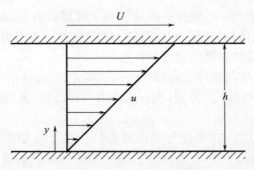

图 1.1 两个平行壁面之间黏性流体的黏度分布

流体摩擦基本定律可表示为

---

① 根据德国标准化学会标准 DIN norm 1342(牛顿流体黏度),黏度用 η 表示,由于本书中用 η 表示无量纲坐标,因而将黏度用 μ 表示。

$$\tau = \mu \frac{\mathrm{d}u}{\mathrm{d}y} \tag{1.2}$$

μ 为流体黏度,是流体与温度密切相关的物理性质。

式(1.2)表示的摩擦定律称为牛顿摩擦定律,被认为是黏度的定义式。然而必须注意的是,这里讨论的运动是一个非常简单的特殊情况。图 1.1 所示的流动也称为简单剪切流动或库埃特流。将这种简单的摩擦定律推广,就可得到斯托克斯摩擦定律(参见第 3 章)。由量纲可导出单位符号,黏度的物理单位可由式(1.2)[①]获得,剪切应力的单位为 kg/(m·s²) 或 N/m²,且速度梯度 $\mathrm{d}u/\mathrm{d}y$ 的单位是 s^{-1}。可得 μ 的单位为

$$[\mu] = \frac{\mathrm{kg}}{\mathrm{m} \cdot \mathrm{s}} = \frac{\mathrm{N} \cdot \mathrm{s}}{\mathrm{m}^2} = \mathrm{Pa} \cdot \mathrm{s}$$

在摩擦力与惯性力共同作用的流动中,黏度 μ 与密度 ρ 之比为运动黏度 ν[②]。

$$\nu = \frac{\mu}{\rho}, [\nu] = \frac{\mathrm{m}^2}{\mathrm{s}} \tag{1.3}$$

剪切应力 τ 与速度梯度 $\mathrm{d}u/\mathrm{d}y$ 之间具有非线性关系的流体称为非牛顿流体。由于所有气体与水等许多技术工程应用上重要的流体均显示出牛顿流体特征(即满足式(1.2)),因而本书只考虑牛顿流体。如前所述,黏度是流体的物理性质。黏度建立了垂直于主流方向的动量输运,也称为流体的输运性质。流体对于热与质量的输送也有相应的物理性质,这些内容将在 3.10 节与 3.11 节中讨论。

黏度通常是温度与压力的函数,尽管其温度敏感度占主导作用。随着温度增加,气体黏度通常增大,而液体黏度则降低。不同材料的黏度可见 3.11 节。

1.3 雷诺数

考虑一个十分重要的基础问题,即流经两个几何相似物体且具有相同流动方向的流动是相似的,也就是说所产生的流线具有几何相似性。这类具有几何相似边界与流线谱的流动称为动力相似流动。为了在流体种类、流动速度和物体尺寸不同的条件下保证两个几何相似物体(如两个球体)绕流的动力相似,必须明确地满足作用在相似位置体积单元上的力具有同样的比例条件。

作用于体积单元的力通常包括摩擦力(正比于黏性 μ)、惯性力(正比于密度

---

① 采用国际标准单位体系 SI,即米(m)、秒(s)、千克(质量,kg)、牛顿(力,N)及帕(压强,Pa)。故有 $1\mathrm{Pa} = 1\mathrm{N/m}^2 = 1\mathrm{kg/(m \cdot s)}^2$。静止状态下 $1\mathrm{bar} = 10^5 \mathrm{Pa}$。过去常用的测量体系是 $1\mathrm{kg} = 9.80665\mathrm{N}$ 及 $1\mathrm{atm} = 0.980665\mathrm{bar}$。

② 黏度的另一单位是泊(Poise),$1\mathrm{P} = 0.1\mathrm{N \cdot s/m}^2$。运动黏度也由斯托克斯(Stakes)度量,$1\mathrm{St} = 10^{-4}\mathrm{m}^2/\mathrm{s}$。

ρ)、压力以及体积力(如重力)。下面只考虑惯性力与摩擦力的比值。对于满足动力相似的流体而言,相似位置上体积单元的惯性力与摩擦力比值必须相同。对于沿 x 方向的主运动,单位体积惯性力为 $\rho du/dt$,其中 u 为 x 方向的速度分量,d/dt 为实质导数。对于定常流动,惯性力也可表示为 $\rho \partial u/\partial x \cdot dx/dt = \rho u \partial u/\partial x$,其中 $\partial u/\partial x$ 为速度随位置的变化量。因此,可以很容易地由式(1.2)推导出摩擦力的表达式。对于运动方向为 x 的体积单元,图 1.2 给出了剪切应力,即

$$\left(\tau + \frac{\partial \tau}{\partial y} dy\right) dx dz - \tau dx dz = \frac{\partial \tau}{\partial y} dx dy dz$$

式中:$\partial \tau/\partial y$ 为单位体积的摩擦力,由式(1.2)其可表示为 $\mu \partial^2 \tau/\partial y^2$。

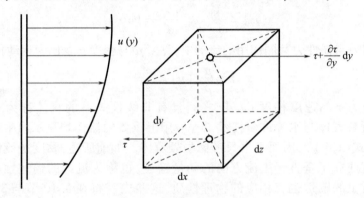

图 1.2 体积单元的摩擦力

通过这种方式可获得动力相似条件,即相似位置处惯性力与摩擦力的比值必须相同:

$$\frac{\text{惯性力}}{\text{摩擦力}} = \frac{\rho u \partial u/\partial x}{\mu \partial^2 u/\partial y^2} = \text{常数}$$

这些力是如何作为流动的特征量来变化的,这些特征量为密度 ρ、黏性 μ 以及诸如自由流速度 V 这样的特征速度以及球直径 d 这样的物体特征长度尺寸。流场中任意点速度 u 正比于自由流速度 V,速度梯度 $\partial u/\partial x$ 正比于 V/d。类似,$\partial^2 u/\partial y^2$ 正比于 V/d^2。这样,惯性力与摩擦力的比值就变为

$$\frac{\text{惯性力}}{\text{摩擦力}} = \frac{\rho u \partial u/\partial x}{\mu \partial^2 u/\partial y^2} \propto \frac{\rho V^2/d}{\mu V/d^2} = \frac{\rho V d}{\mu}$$

由于相似位置点的比例常数必须相同,当两种流动的特征量 $\rho V d/\mu$ 具有相同的值时,这两个流动满足动力相似条件。采用 $\mu/\rho = \nu$,该无量纲量可表示为 $\rho V/\nu$,称为雷诺数。因此,当两个流动的雷诺数相等时,这两个流动是动力相似的,即

$$Re = \frac{\rho V d}{\mu} = \frac{\rho V}{\nu} \tag{1.4}$$

当不同的量采用相应的单位时,雷诺数中各物理量的量纲为

$$[\rho] = \frac{\text{kg}}{\text{m}^3}, [V] = \frac{\text{m}}{\text{s}}, [d] = \text{m}, [\mu] = \frac{\text{kg}}{\text{m} \cdot \text{s}}$$

故有

$$\left[\frac{\rho V d}{\mu}\right] = \frac{\text{kg}}{\text{m}^3} \cdot \frac{\text{m}}{\text{s}} \cdot \text{m} \cdot \frac{\text{m} \cdot \text{s}}{\text{kg}} = 1$$

由此可见,雷诺数是无量纲的。

1. 量纲分析

不用从流动的动力相似出发,雷诺相似准则就可通过量纲分析推导出来。从所有物理量可以不依赖其所选择单位系统的原则出发,此时的相关量为自由流速度 V、物体特征长度 d、密度 ρ 及黏性 μ。采用量纲分析,可提出这样的问题,即这四个量是否存在如下组合形式:

$$V^\alpha d^\beta \rho^\nu \mu^\delta$$

如果 K 为表示力的符号,L 为表示长度的符号,T 为表示时间的符号,下列表达式成立时,则可获得上述物理量的无量纲组合:

$$V^\alpha d^\beta \rho^\nu \mu^\delta = K^0 L^0 T^0$$

在不失去普遍性的前提下,由于无量纲量的任何次幂也是无量纲的,则可选择 α、β、ν、δ 的其中一个等于 1。如果选择 $\alpha = 1$,则可得

$$V^\alpha d^\beta \rho^\nu \mu^\delta = \frac{L}{T} L^\beta \left(\frac{KT^2}{L^4}\right)^\nu \left(\frac{KT}{L^2}\right)^\delta = K^0 L^0 T^0$$

通过保持等号左右的 L、T 与 K 指数相等,可得到如下三个方程:

K: $\nu + \delta = 0$

L: $1 + \beta - 4\nu - 2\delta = 0$

T: $-1 + 2\nu + \delta = 0$

其解为

$$\beta = 1, \nu = 1, \delta = -1$$

因此,V、d、ρ 与 μ 的唯一可能的组合只能是

$$\frac{\rho V d}{\mu} = Re$$

2. 无量纲数

当观察几何相似但雷诺数不同流动的速度场与力(法向力与切向力)时,这些量纲分析可进一步拓展。靠近几何相似物体的点位置由空间坐标 x、y 与 z 给出,则无量纲空间坐标为 x/d、y/d 与 z/d。速度分量 u、v 与 w 可基于自由流速度 V 而实现无量纲化,因此无量纲的速度分量为 u/V、v/V、w/V。此外,法向应力 p 与切向应力 τ 可基于 2 倍动压 ρV^2 实现无量纲化,从而获得无量纲应力 $p/\rho V^2$ 与 $\tau/\rho V^2$。上面所讨论的动力相似定律可描述如下:对于具有相同雷诺数的两个几何相似系

统，无量纲量 u/V、v/V、w/V、$p/\rho V^2$、$\tau/\rho V^2$ 只依赖无量纲空间坐标 x/d、y/d 与 z/d。如果这两个系统并非动力相似而只是几何相似，上述无量纲物理量也取决于两个系统的物理量 V、d、ρ 与 μ。从物理定律独立于单位体系的原则出发，遵循无量纲物理量 u/V、v/V、w/V、$p/\rho V^2$、$\tau/\rho V^2$ 只取决于 V、d、ρ 与 μ 的无量纲组合。然而，这四个物理唯一的无量纲组合是雷诺数 $Re=Vd\rho/\mu$。这将会导致这样的结局，即对于雷诺数不同的两个几何相似系统，流场的无量纲物理量只取决于无量纲空间坐标 x/d、y/d、z/d 与雷诺数 Re。

这些量纲分析在讨论作用于流体流过物体的力总和时是很重要的。该全力由作用于物体表面的法向压力与剪切应力构成。如果 F 为合力在任意给定方向的一个分量，则可得到 $F/d^2\rho V^2$ 形式的无量纲力系数。通常选择物体的另一个特征表面积 S，如自由流方向的物体表面积（对于球体而言为 $\pi d^2/4$）。因此，自由流方向的无量纲力系数为 $F/S\rho V^2$。应用上述的量纲分析可发现，表示 $p/\rho V^2$ 与 $\tau/\rho V^2$ 沿物体表面积分的无量纲作用力系数在几何相似系统中只取决于 V、d、ρ 与 μ 的无量纲组合，并由此取决于雷诺数 Re。所得到的力在平行于未受扰动自由流方向的分量称为阻力 D，而垂直于自由流方向的分量称为升力 L。如果选择动压 $\rho V^2/2$ 来取代 ρV^2 作为基准值，则可发现升力与阻力的无量纲系数为

$$c_L = \frac{L}{\frac{\rho}{2}V^2 S}, c_D = \frac{D}{\frac{\rho}{2}V^2 S} \tag{1.5}$$

在几何相似系统中，也就是说具有相同自由流方向的几何相似物体之间，无量纲升力与阻力系数只取决于雷诺数 Re：

$$c_L = f_1(Re), c_D = f_2(Re) \tag{1.6}$$

需要强调的是，由这种简单形式雷诺数相似原则得出的这个重要结论只有在不考虑重力与弹性力（可压缩流体条件下）的前提下才有效；否则，附加的无量纲系数必须包含这些关系。比如，考虑重力重要作用且具有自由流面的流体流动中，就需要采用无量纲的弗劳德数：

$$Fr = \frac{V}{\sqrt{gd}} \tag{1.7}$$

存在附加弹性力的高速流动条件下，由于流体的压缩性，包含声速 c 的马赫数为非常重要的附加无量纲系数：

$$Ma = \frac{V}{c} \tag{1.8}$$

对于理论与实验流体动力学而言，式（1.6）相似律具有非常重要的意义。首先，无量纲系数 c_L、c_D 与 Re 取决于所采用的单位体系。通常情况下，函数 $f_1(Re)$ 与 $f_2(Re)$ 不可能通过理论计算获得，而是通过实验来确定的。比如，如果希望在不知晓雷诺相似准则的情况下通过实验来测定像球体这样物体的阻力系数，则需

要掌握四个独立参数 V、d、ρ 与 μ,因此需要进行大量的实验测量。但只要注意到雷诺相似准则,就可以发现具有不同流体性质 ρ 与 μ 的流体以不同速度 V 的流动中不同直径 d 球体的无量纲系数最终只取决于单一变量 Re。图 1.3 给出了雷诺相似准则的实验验证方法,并就零攻角平板阻力系数对雷诺数的相关性进行了阐述。对不同长度平板测得的阻力系数均很好地符合一条曲线。

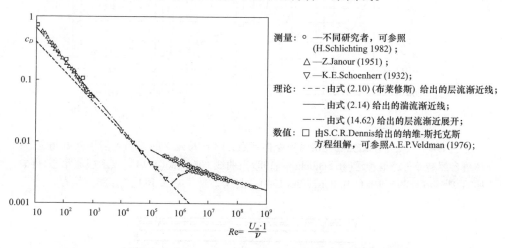

图 1.3 零攻角光滑平板阻力系数的雷诺数相关性(平板单侧摩擦阻力),
c_D 由式(1.5)给出,$S = l \cdot b$,其中 l 为平板长度,b 为平板宽度

引入式(1.5)的无量纲系数 c_L、c_D 与物体(比如翼型)绕流相关。但内部流动(管流、扩压器等)也可由无量纲系数来表示其特征。比如,以 x 为沿流动方向坐标轴的圆管通流中,压力梯度 dp/dx 的特征可通过无量纲管流摩擦系数来表示,即有

$$\lambda = -\frac{d}{\frac{\rho}{2}u_m^2}\frac{dp}{dx} = \frac{u_m d}{\nu} \tag{1.9}$$

式中:d 为管道直径;ρ 为密度;u_m 为截面平均速度。

管道内表面光滑时,λ 也只是雷诺数 Re 的函数,其中 Re 可表示为

$$Re = \frac{\rho u_m d}{\mu} = \frac{\rho d}{\nu} \tag{1.10}$$

式中:d 为管道直径;u_m 为平均速度。

函数 $\lambda(Re)$ 已在许多实验测量中得到关注,并由图 1.4 展示。如同平板流动的情况,所有的点均沿着同一条曲线。

图 1.5 给出了由诺曼(A. Naumann,1953)所完成的球体阻力系数随马赫数与雷诺数的变化。值得关注的是,超声流动中球体雷诺数的影响消失了。这是因为球体背风面压力受雷诺数的影响更大,与其迎风面相比丧失了对阻力的影响。

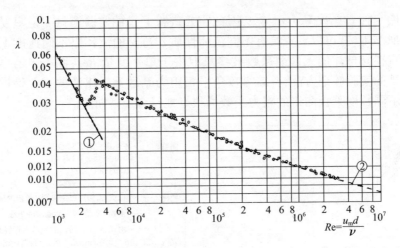

图 1.4 取决于雷诺数的光滑管道摩擦系数,式(1.9)定义的 λ 由不同研究者测定,具体可参照赫曼·施里希廷(H. Schlichting,1982);曲线 1 源自式(1.14),表示层流状态,可参照 G. Hagen(1839)与 J. L. M. Poiseuille(1940);曲线 2 源自式(2.18),表示湍流状态

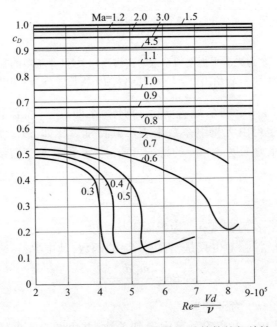

图 1.5 球体阻力系数与雷诺数和马赫数的相关性

1.4 层流与湍流

图 1.4 给出了管道摩擦系数 λ 与雷诺数的相关性,可清晰地发现两个不同的

区域。应注意的是,垂直与水平坐标轴的标尺是对数。低雷诺数条件下,λ 随雷诺数的增加直线下降。而当"临界雷诺数"为

$$Re_{\text{crit}} = 2300 \tag{1.11}$$

这种减少突然停止,并会出现 λ 值的突增。随着 Re 的进一步增大,λ 再次降低,但其斜率不如之前大,也不再呈现线性变化。

$\lambda(Re)$ 不同特性源于层流 $Re < Re_{\text{crit}}$ 和湍流 $Re > Re_{\text{crit}}$ 两种流动。对这个问题的认识可追溯至奥斯本·雷诺(O. Reynolds,1883)著名的彩色着丝实验,如图 1.6 所示,其展示了两种管道流动的不同形态。

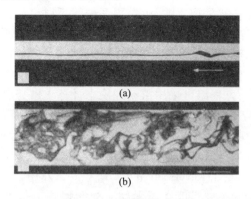

图 1.6　奥斯本·雷诺的彩色着丝实验(水中的流动通过彩色着丝而可见(W. Dubs,1939)
(a)层流,$Re = 1150$;(b)湍流,$Re = 2520$。

用一根细管向流动的水中添加着色的液体,这样就形成了可通过管道透明壁面观察到的彩色细丝,可见其流动特性。低流动速度条件下,更精准地讲,当雷诺数低于临界雷诺数时,管流中形成了平直彩色丝线,并沿管道中心线随着管道中的流动而移动。这是一种分层流动,其中流体层以不同速度移动,垂直于流动方向并无流体质点的显著交换,也称为层流。如果管流速度增加而超过临界雷诺数,则流动的形态将会发生显著变化。如图 1.6(b)所示,彩色细丝呈现出高度不规则的横向运动,并很快引起颜色的完全弥散和起皱,这就是湍流。其特征是高度不规则的随机脉动运动。湍流与规则的基本流动相叠加,引起垂直于管道流动方向的大量掺混。

零攻角平板阻力系数 $c_D(Re)$ 也存在着临界雷诺数(图 1.3),其为

$$Re_{\text{crit}} = 5 \times 10^5 \tag{1.12}$$

对于小于临界雷诺数 Re_{crit} 的雷诺数,流过平板的流动是层流;超过临界雷诺数 Re_{crit},湍流的重要性变得越来越大。如图 1.5 所示,小马赫数(如 $Ma = 0.3$)下球体阻力系数 c_D 显著降低,原因是由层流向湍流的转捩。层流与湍流的处理方法是完全不同的,因此将其在本书的不同部分予以阐述。由层流向湍流的转捩也有单独的一章予以讨论。这样,本书可分成五个部分,即基本原理导论(第 1 ~ 第 5 章)、

层流(第6~第14章)、层流-湍流转捩(第15章)、湍流(第16~第22章)以及数值方法(第23章)。

1.5 高雷诺数流动的渐近特性

由于许多技术上重要的流体具有很低的黏度(如空气与水,可参见表3.1),大多数流动实际上是高雷诺数的流动。如图1.3和图1.5所示,高雷诺数下无量纲系数的流动渐近特性是非常重要的,边界层理论就是讨论这一渐近特性。换言之,边界层理论正是确定高雷诺数($Re \to \infty$)下流动渐近特性的理论。

$Re = \infty$ 极限状态对应黏度消失的理想流体流动。具有有限但非常高雷诺数的真实流动与极限情况相比只有细微的差别,被认为其是极限情况的小扰动。边界层理论的体系内,流动方程组可采用摄动理论来计算求解,其中所采用的初始值就是无黏流的解。由于无黏流动通常不能满足无滑移条件,因而采用奇异摄动理论来处理。边界层理论就是奇异摄动理论最早的应用与经典范例。普朗特首次将奇异摄动理论应用于偏微分方程。从那时起,奇异摄动理论被应用于物理学与技术的诸多领域(具体可参见 J. Kevorkian and J. D. Cole, 1981)。

如今边界层理论的主要难度在于无黏流动的解并不是唯一的。因此,摄动理论的初始值,即其先验极限解往往不能选择。

1.6 应用无黏限制解的测量比较

高雷诺数流动与无黏流动的极限情况仅仅稍有差别,这可通过以下范例说明。

1. 管流

图1.4所示的 $\lambda(Re)$ 曲线清楚地表明,λ 随着雷诺数的增大而趋于零。由图1.7可以发现,直至 $Re = \infty$ 的极限情况速度分布变得相当平直,因而可获得均匀的速度分布。

原则上,人们希望知道任意大于 Re_{crit} 的高雷诺数假设条件下管流的流态及其渐近特性。然而,对于层流管流不存在极限解。当管流完全是层流的,只有压力与摩擦力之间的平衡,惯性力(正比于密度)并不起作用,因此并不存在对雷诺数的依存关系。图1.4中的雷诺数相关性是人工生成的。正如将在5.2.1节中展示的那样,关系式

$$-\frac{d^2}{\mu u_m}\frac{dp}{dx} = 32 \tag{1.13}$$

适用于完全发展的层流管流。从量纲分析角度,dp/dx、d、μ 与 u_m 的无量纲组合必

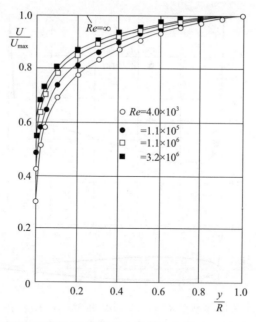

图 1.7　不同雷诺数下光滑管道中的速度分布(J. Nikuradse,1932)

须为常数。将式(1.13)中的分子与分母同时乘以密度 ρ，可得到层流管流的哈根—泊肃叶管道阻力定律：

$$\lambda = \frac{64}{Re} \tag{1.14}$$

图 1.4 中,两个坐标轴的标尺均为对数,该定律被描述为斜率为 –1 的直线。

与层流管流不同,湍流管流中也有惯性力的作用。这种情况来源于湍流的脉动运动,此时会产生真实的雷诺数相关性,具体可参见 2.4 节。

2. 平板

如图 1.3 所示,对于湍流与假设的全层流两种流态,高雷诺数下零攻角平板的 c_D 值趋于零。这两种流态下无黏边界解是一个简单的平移流动(均匀的速度分布)。

3. 翼型

图 1.8 展示了测量获得的零攻角下对称翼型压力分布,并将其与无黏解进行了对比。忽略翼型尾缘的流态,两者之间的差异很小。由于后缘的有限角度,无黏解在后缘处出现驻点,且相比于黏性流动存在压力的突增。

在图 1.9 中可发现,8°攻角圆弧翼型具有很好的相似一致性。本例中存在着无限多极限解。后缘无绕流的解决方案是其中的一种选择。平稳流过尾缘的要求称为库塔条件,遵循黏性流动的物理性质,其中无限大速度的尖点绕流是不可能的。

图 1.10 给出了相同雷诺数下同一 NACA 翼型的升力系数 c_L 与攻角 α 的相关性。而 $Re = \infty$ 极限解会导致阻力消失(达朗贝尔佯谬),升力曲线在 $Re = 3 \times 10^6$ 对

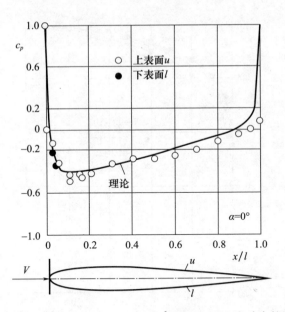

图1.8 NACA 0012 翼型在 $Re = 1.85 \times 10^6$ 和 $Ma = 0.3$ 流动中的压力分布，可参照 J. Barche(1979)；实线表示无黏流动（$Re = \infty$ 及 $Ma = 0.3$），可参照 H. Schlichting and E. Truckenbrodt(1979)

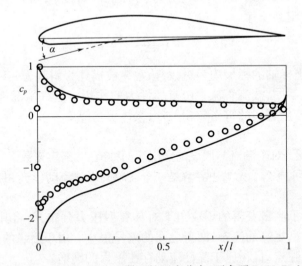

图1.9 攻角 $\alpha = 8°$ 下 NACA 0012 翼型的压力分布，可参照 R. M. Pinkerton(1936)
○ 为 $Re = 3 \times 10^6$ 下的测量值；—— 为 $Re = \infty$ 时的理论值。

流动具有很好的近似估计。跨声速流动中的翼型表面压力分布如图 1.11 所示。测量值与极限解均显示出上表面的压力突增。这是因为此处产生了激波。然而，由于存在黏性效应（位移效应），与极限条件下的激波位置相比，激波稍微靠近上游;否则,极限解是一个非常好的近似值。与不可压缩的非黏性流动情况相反,$Re = \infty$ 极限解在跨声速和超声速流动条件下产生有限的阻力。尽管非常接近声速,这些流动中也出现的激波与耗散相关联,且由此发生的能量损失会引起有限形式的阻力。

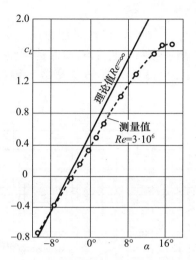

图 1.10　NACA 0012 翼型的升力,可参照 R. M. Pinkerton(1936),翼型如图 1.9 所示

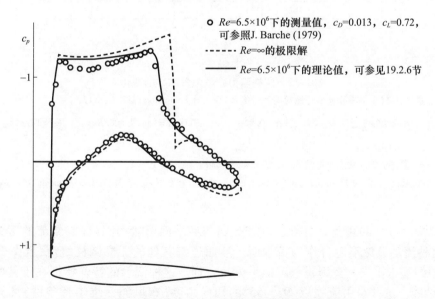

图 1.11　跨声速流动中 RAE 2822 翼型的压力分布,其中 $Ma = 0.83$, $\alpha = 2.3°$(参照 M. A. Schmatz,1986)

4. 圆柱

图1.12为横向置于流动中作为雷诺数函数的圆柱阻力系数 $c_D = 2D/(\rho V^2 bd)$。与图1.5所示 $Ma=0.3$ 下球体绕流情况相类似，可见 c_D 急剧下降的临界雷诺数为

$$Re_{\text{crit}} = 4 \times 10^5 \tag{1.15}$$

亚临界雷诺数 $Re < Re_{\text{crit}}$ 下圆柱的绕流是层流的。高亚临界雷诺数下可见的恒定阻力系数。如果任意高雷诺数条件下流动保持层流状态，则可能暗示假设情况的渐近状态 $c_D = 1.2$。图1.13展示了该雷诺数范围（$Re = 10^5$）内的典型压力分布。

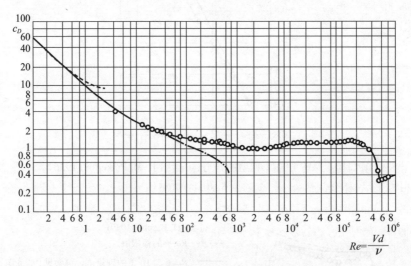

图1.12 圆柱阻力系数随雷诺数的变化

○ 维塞尔伯格（C. Wieselsgerger）测得的测量值，可参见 H. Schlichting(1982)，p. 17；

-------- $Re \to 0$ 的渐近公式：$c_D = \dfrac{8\pi}{Re}[\Delta - 0.82\Delta^3 + \cdots]$，其中 $\Delta = [\ln(7.406/Re)]^{-1}$，$Re = Vd/\nu$，$c_D = 2D/(\rho V^2 bd)$；

—— 稳态流动的数值模拟结果（A. E. Hamielec and J. D. Raal, 1969）；

$Re = 300$：稳态下 $c_D = 2D/(\rho V^2 bd)$（B. Fornberg, 1985）；非定常状态下 $c_D = 1.32$（R. Franke and B. Schonung, 1988）。

由图1.14(a)可见，对称圆柱（前表面与后表面形状相同）无黏绕流的压力分布，这种流动显然不适合作为极限解。然而还有其他的无黏圆柱绕流，且图1.14(b)中的基尔霍夫—亥姆霍兹解似乎更为合理。这种流动的特殊特征在于其两条不连续线。这些自由流线以 $\Theta_s = 55°$ 的切向角度（布里渊－维尔特条件）离开圆柱，且以自由流总压为界将外部区域与死水区域分隔开，其中死水区域的流体处于停滞状态，其压力为自由流压力。自由流线的总压，即自由流线内外总压差等于自

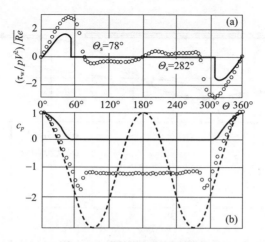

图 1.13 圆柱的亚临界流动

(a)壁面剪切应力分布;(b)壁面压力分布。

Θ:圆周角;○ $Re=10^5$ 下的测量值;

Θ_s:分离角;……… 由式(1.14a)而得到的对称极限解;

—— 基尔霍夫—亥姆霍兹极限解,可参见图 1.14(b)

由流滞止压力。其压力分布如图 1.13 所示。通过积分可获得无黏流动系数 $c_D = 0.5$ 的非零形式阻力。该数值与 $c_D = 1.2$ 的测量值相差很大。为了解这种差异,可参考罗什卡的相关研究(A. Roshko,1967),其基本结果如图 1.15 所示。通过在圆柱之后引入分流板,可显著降低其背部负压,即圆柱背部的压力系数 c_p 由 -1.1 变为 $c_p -0.5$。该效应源自尽管自由流是稳定的,但这些高亚临界雷诺数下的流动并不是稳定的。更确切地说,由于圆柱背部上下部分交替生成旋涡,引起了流动的强烈振荡。图 1.16 展示了这种流动的瞬态图。

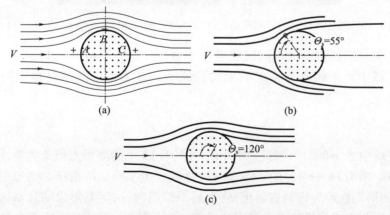

图 1.14 圆柱不可压流动的极限解($Re=\infty$)

(a)对称流动;(b)亚临界流动的基尔霍夫—亥姆霍兹解;(c)超临界流动的"虚拟物体"解。

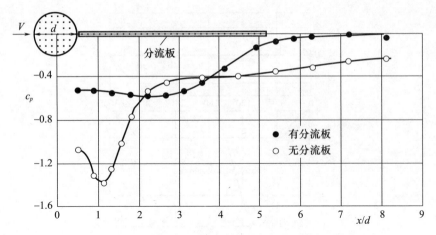

图 1.15　圆柱尾迹中的分流板效应(A. Roshko,1967);
$Re=14500$,层流分离后立刻发生了层流—湍流转捩

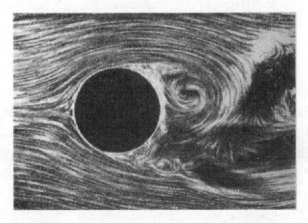

图 1.16　圆柱之后完全分离流动的特写(L. Prandtl and O. Tietjens,1929,1931)

表 1.1 对圆柱流动的不同区域进行了概括(M. V. Morkovin,1964)。亚临界雷诺数区域中可见频率与雷诺数无关的流动。该无量纲频率被称为斯特劳哈尔数:

$$Sr=\frac{fd}{V} \tag{1.16}$$

亚临界区域中 $Sr=0.21$。因此,图 1.12 与图 1.13 中的测量点值是周期性振荡值的时均值。图 1.16 中可见的旋涡在圆柱背部产生了明显的负压。通过引入分流板,旋涡的周期性产生机制被制止,或被显著抑制,且决定其形阻的死水区压力大幅降低。以该方式假设流动为稳态和层流,高雷诺数下圆柱绕流的阻力系数 $c_D=0.5$。因此,图 1.14(b)中描述自由流线的基尔霍夫—亥姆霍兹解可作为极限解。

该思路也为数值模拟结果所证实(K. Gersten,1982b;A. P. Rothmayer,1987)。但依据更多最新的研究(B. Fornberg,1987;D. H. Peregrine,1985;F. T. Smith,1985),这类流动似乎更加复杂。

对于超临界雷诺数 $Re > Re_{crit}$,也有迹象表明存在 $c_D = 0.6$ 的渐近极限解(图1.12与表1.1)。这里的极限解是对应于图1.14(c)中具有自由流线的无黏流动(L. C. Woods,1955;R. V. Southwell and G. Vaisey,1948)。图1.17给出了伍德(L. C. Woods,1955)的可能极限解压力分布与 $Re = 3.6 \times 10^6$ 下测量值的对比。虽然两者吻合得很好,但圆柱的超临界绕流是周期性流动,且测量值围绕平均压力系数周期性振荡。另外,假定极限解为一个稳态解。

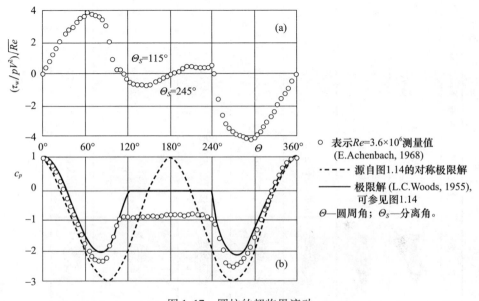

图1.17 圆柱的超临界流动
(a)壁面剪切应力分布;(b)壁面压力分布,$c_p = 2(p - p_\infty)/(\rho V^2)$。

关于圆柱绕流的进一步研究可参见相关文献(H. Schlichting,1982;R. Franke and B. Schönung,1988;E. Achenbach,1968;E. Achenbach,1971;E. Achenbach and E. Heinecke,1981)。

对于如图1.15所示的球体绕流,雷诺数效应随着马赫数的增大而减小,即形阻占优,(A. Naumann and H. Pfeiffer,1962)。图1.18展示了 $Ma = 4$ 时圆柱压力分布的对比(K. Oberlander,1974)。此处也只有在 $Re = 1030$ 时测量值与极限值之间的小偏差。所示的摄动极限解将在14.2节予以阐述。

表 1.1 圆柱的流动区域　雷诺数 $Re = Vd/\nu$　斯特劳哈尔数 $Sr = fd/V$

雷诺数范围	流态	流型	流动特征	斯特劳哈尔数 Sr	阻力系数 c_D	分离角 Θ_S
$Re \to 0$	蠕动流		稳态,无尾迹		参见图 1.12	
$3 \sim 4 < Re < 30 \sim 40$	尾迹涡对		稳态,对称分离		$1.59(Re=30) \leqslant c_D$ $< 4.52(Re=40)$	$130°(Re=35) < \Theta_S$ $< 180°(Re=5)$
$30 < Re < 80 \sim 90$	卡门涡街出现		层流,不稳定尾迹		$1.17(Re=100) < c_D$ $< 1.59(Re=30)$	$115°(Re=90) < \Theta_S$ $< 130°(Re=35)$
$80 \sim 90 < Re < 150 \sim 300$	纯卡门涡街		卡门涡街	$0.14 < Sr < 0.21$		
$150 \sim 300 < Re < 1.3 \times 10^6$	亚临界区域		层流,涡街不稳定	$Sr = 0.21$	$c_D \approx 1.2$	$\Theta_S \approx 80°$
$10^5 < Re < 3.5 \times 10^6$	临界区域		层流分离 湍流再附 湍流分离 湍流尾迹	无优选频率	$0.2 < c_D < 1.2$	$80° < \Theta_S < 140°$
$3.5 \times 10^6 < Re$	超临界区域(跨临界)		湍流分离	$0.25 < Sr < 0.30$	$c_D \approx 0.6$	$\Theta_S \approx 115°$

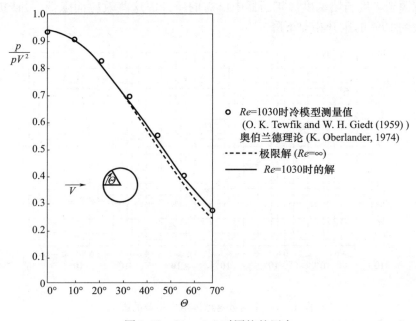

图1.18 $Ma = 4.2$时圆柱的压力

如图1.5所示,球体绕流的临界雷诺数随马赫数而增加,使得亚声速亚临界雷诺数可升至10^6量级。形阻则与雷诺数无关,且与极限解$Re = \infty$很好地吻合(W. D. Hayes and R. F. Probstein,1959)。

5. 球体

球体绕流与圆柱绕流非常相似。图1.19的球体阻力特性图与图1.12所示的圆柱特性图相对应。图1.20展示了这两种状态下由实验测得的典型压力分布(E. Achenbach,1972)。高雷诺数下存在偏离轴对称且会出现非定常过程(U. Dallmann et al.,1993;B. Schulte – Werning and U. Dallmann,1991;E. Achenbach,1974a)。图1.15展示了马赫数对球体形阻的影响。阿钦巴赫(E. Achenbach and 1974b)展示了球体绕流取决于表面粗糙度的机理。

6. 扩压器

除管流外,所有上述流动均为内流。内流的另一范例是技术上非常重要的扩压器。图1.21将平板扩压器全壁面的压力分布与极限解进行了对比。对于特定的几何构型,扩压器可由两个无量纲流体动力系数来表征。除雷诺数$Re = u_{mE}h_E/\nu$外,堵塞度也用来作为自由流速度分布不均匀性的度量:

$$B = \left(1 - \frac{\bar{u}}{\bar{u}_{max}}\right)_E \qquad (1.17)$$

下标"E"表示进口状态。极限情况下,两个系数可达到其极限值$Re = \infty$与$B = 0$。$Re = 10^5$时测量的壁面压力分布与极限解的壁面压力分布非常相似,而其差别就源于黏度与堵塞度。扩压器中所需的压升因这些效应而降低,最佳扩压器具有大约10%的压升相对下降。

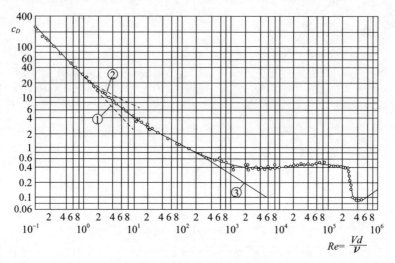

图 1.19 雷诺数对球体阻力系数的影响

曲线①:理论值 $c_D = 24/Re$(G. G. Stokes,1856);

曲线②:理论值 $c_D = 24/Re[1 + 3Re/16]$(C. W. Oseen,1911),高雷诺数条件下该理论的拓展可参见
　　　　 M. Van Dyke(1964b);

曲线③:数值结果(B. Fornberg,1988)。

非定常流动出现于 $Re = 200$(U. Dallmann et al. ,1993)。

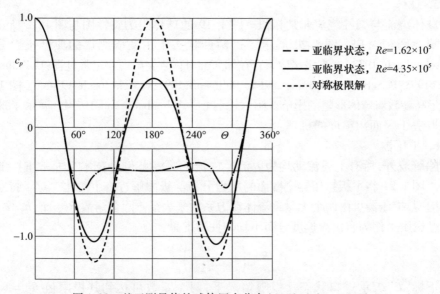

图 1.20 基于测量值的球体压力分布(O. Flachsbart,1927)

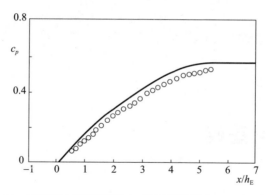

图 1.21 平板扩压器壁面压力,扩压器纵横比 1.6,长厚比 6,
(K. Gersten,H. G. Pagendarm,1983)
○ 测量值,$Re = 10^5$,$B = 0.061$;—— 极限解($Re = \infty$,$B = 0$)。

1.7 小结

内流与外流中,流动的作用可分为压力(法向力)与剪切力(切向力)。如实例所示,高雷诺数流动中物体的压力分布与无黏流动中物体的压力分布十分相似。因此,以极限解为初始值并通过对极限解的修正来处理真实(黏性)流动问题。这是边界层理论的基本思想。当然,无黏极限解不能提供剪切力,即摩擦力,其在确定摩擦阻力与摩擦损失(耗散)时很重要。边界层理论就是用来确定这种作用力的。该理论的主要难题之一在于给定流动的极限解不能预测,因为该无黏解并非唯一。比如,由于对称(全湍流管流、薄翼型对称绕流、中等压升的扩压器),极限解通常是明显的。但许多情况下极限解的唯一性必须通过如库塔条件(小攻角薄翼型尾缘平滑流动)等附加条件来产生。当极限解有可能无法明确描述(圆柱、球体、大攻角翼型及高压升扩压器)真实流动时就会出现困难。通常必须采用假设极限解的概念,比如对于高雷诺数假设纯层流或稳态流动,即便真实流动具有不同的特性。

流动中物体阻力由压阻或形阻(压力或法向力沿物体表面的积分)与摩擦力(剪切力或切向力的积分)组成。对于圆柱与球体这样的钝体而言,形阻占优,这是由极限情况给出的不错近似。边界层理论可用来确定因黏性而产生的摩擦力及形阻。

确定先验极限解的进一步可能性包括 $Re \to \infty$ 极限过程与所考虑几何变化的耦合。这一结论可用于有限雷诺数下发生分离的后向圆形台阶流动。这可由零攻角平板极限解发展而来,假定 $Re \to \infty$ 时台阶高度趋于零。然而,这两个极限过程必须适当地相互耦合。当流动发生分离时,通常可将极限解选为因几何结构发生改变而未出现分离(边缘分离)的情况。这些边界层理论更进一步的发展将在第 14 章中予以讨论。

第 2 章
边界层理论基础

2.1 边界层概念

实际应用中的流体流动通常具有低黏度及其高雷诺数。如第 1 章中的实例所示，$Re=\infty$ 极限解通常是很好的近似。该极限解的一个显著缺点是不满足无滑移条件，即壁面的速度不是零而是有限值。为满足无滑移条件，必须考虑黏性。这考虑了由近壁面极限解有限值至壁面零值的速度跃迁。高雷诺数条件下，这种跃迁发生于靠近壁面的薄层，普朗特称之为边界层或摩擦层。正如将显示的那样，边界层越薄，雷诺数越高，即黏性越小。

因此，边界层概念意味着高雷诺数流动区域可分为两个不相等的大区域：流动的主要区域中，黏性可被忽略，且流动与无黏极限解相对应，其称为无黏外流；第二个区域是壁面上非常薄的边界层，此时必须考虑黏性。

边界层内，第 1 章提及的两种不同的流动形式均可同时发生，即流动可以是层流的或湍流的。当谈及层流边界层流动或简称层流边界层时，必然会同样地提及湍流边界层。

随后将会发现，将流场分为无黏外流与边界层，极大地简化了高雷诺数流动理论的研究。实际上，正是普朗特的这一想法，才有可能在对这些流动的理论研究中取得进展。

在涉及本书的重点——数学理论之前，本章将单纯地从物理机理角度解释边界层主要概念，而不采用任何数学方法。

2.2 零攻角平板流动的层流边界层

图 2.1 是水中被拖曳的薄平板流动特写。铝颗粒被撒布于水面来显示流线。每个粒子条纹的长度与流动速度成正比。由图可发现存在薄层其间的当地速度显

著低于距壁面一段位移处速度。该薄层的厚度沿平板由前向后逐渐增大,这种平板边界层内速度分布如图2.2所示,其中横向尺度极大地增加。平板前缘处存在着垂直于平板的恒定速度分布。随着距前缘距离的增加,由于越来越多的流体质点被迟滞,因摩擦而减速的质点层越来越大。因此,边界层的厚度$\delta(x)$是x的单调增函数。但必须明确的是,边界层厚度δ的概念是人为引入的。至少在层流流动情况下,边界层流动向外部流动的跃迁是连续变化的,以至于基本上还不能给出边界层的精确边界。由于边界层厚度概念如此逼真,其在实践中被非常广泛地应用。该边界是通过边界层速度达到外部流动速度某一特定百分比(如99%)给出的。为清晰起见,通常采用下标,如δ_{99}。

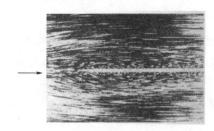

图2.1 沿薄平板的流动(L. Prandtl, O. Tietjens, 1931)

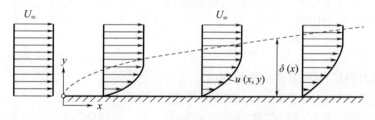

图2.2 零攻角平板流动边界层的示意

2.2.1 边界层厚度的估算

平板层流边界层厚度可按边界层内惯性力与摩擦力之间的平衡关系估算。如1.3节所述,单位体积的惯性力为$\rho u \partial u/\partial x$。对于平板长度$x$而言,$\partial u/\partial x$正比于$U_\infty/x$,其中$U_\infty$为外部流动速度。因此惯性力的量级为$\rho U_\infty^2/x$。另外,假设单位体积的摩擦力等于$\partial \tau/\partial y$,且假设其在层流流动中等于$\mu \partial^2 u/\partial y^2$。垂直于壁面的速度梯度$\partial u/\partial y$具有$U_\infty/\delta$的量级,使对于单位体积摩擦力$\partial \tau/\partial y \propto \mu U_\infty/\delta^2$。假设惯性力与摩擦力相等,则可得到如下关系:

$$\mu \frac{U_\infty}{\delta^2} \propto \frac{\rho U_\infty^2}{x}$$

或求解边界层厚度,即

$$\delta \propto \sqrt{\frac{\mu x}{\rho U_\infty}} = \sqrt{\frac{\nu x}{U_\infty}} \tag{2.1}$$

该方程中的未知数值系数可由将在第 6 章全面阐述的布莱修斯精确解 (H. Blasius,1908)确定。对于零攻角平板层流边界层,则有

$$\delta_{99}(x) = 5\sqrt{\frac{\nu x}{U_\infty}} \tag{2.2}$$

则与平板长度 l 相关的无量纲边界层厚度为

$$\frac{\delta_{99}(x)}{l} = \frac{5}{\sqrt{Re}}\sqrt{\frac{x}{l}} \tag{2.3}$$

式中:$Re = U_\infty l/\nu$ 为基于平板长度的雷诺数。

可由式(2.3)发现,边界层厚度随雷诺数的增加而降低,使得 $Re = \infty$ 极限情况下边界层消失。此外,还可由式(2.3)发现,边界层厚度的增加量与 $\sqrt{x}$ 成正比。

2.2.2 位移厚度

如前所述,边界层厚度是任意引入的。一种正确且可由流体动力学解释的边界层厚度是位移厚度 δ_1,其可定义为

$$U\delta_1(x) = \int_0^\infty (U - u)\,\mathrm{d}y \tag{2.4}$$

式中:U 为边界层外部边界 x 点的速度。

由此,图 2.3 中两个阴影面积必须相等。位移边界层显示边界层外部流动的流线被移动的位移。对于零攻角平板,则有

$$\frac{\delta_1(x)}{l} = \frac{1.721}{\sqrt{Re}}\sqrt{\frac{x}{l}} \tag{2.5}$$

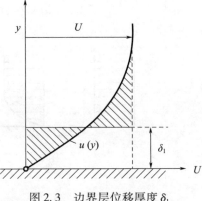

图 2.3　边界层位移厚度 δ_1

亦即位移边界层 δ_1 大约为边界层厚度 δ_{99} 的 1/3。

2.2.3 摩擦力的估算

与边界层厚度一样,也可估算壁面剪切应力 τ_w 及由此可得的平板摩擦合力。由式(1.2)可得

$$\tau_w(x) = \mu\left(\frac{\partial u}{\partial y}\right)_w \tag{2.6}$$

式中:下标"w"为壁面。

采用 $\partial u/\partial y \propto U_\infty/\delta$，可发现 $\tau_w \propto \mu U_\infty/\delta$，并将式(2.1)代入式(2.6)可得

$$\tau_w \propto \mu U_\infty \sqrt{\frac{\rho U_\infty}{\mu x}} = \sqrt{\frac{\mu \rho U_\infty^3}{x}} \tag{2.7}$$

因此，壁面剪切应力正比于 $U_\infty^{3/2}$，且正比于 $1/\sqrt{x}$。平板的壁面剪切应力因而并非是常数，而是随 x 单调减少的函数。接近平板前缘的剪切应力特别大。采用 $\tau_w \propto \mu U_\infty/\delta$，壁面剪切应力与边界层厚度成反比，即边界层厚度越薄，壁面剪切应力越高。式(2.7)中的比例常数可再次由精确解决定，具体可参见第6章。表面摩擦系数为

$$c_f = \frac{\tau_w(x)}{\frac{\rho}{2}U_\infty^2} = \frac{0.664}{\sqrt{Re}}\sqrt{\frac{l}{x}} \tag{2.8}$$

已知壁面剪切应力与位置的关系 $\tau_w(x)$，可应用积分来确定摩擦合力。一侧为宽度 b 且长度为 l 的平板所具有的摩擦力为

$$D = b\int_0^l \tau_w(x)\,\mathrm{d}x \tag{2.9}$$

应用式(2.8)，与浸润面积 $S = b \cdot l$ 相关的阻力系数为

$$c_D = \frac{D}{\frac{\rho}{2}U_\infty^2 \cdot b \cdot l} = \frac{1.328}{\sqrt{Re}} \tag{2.10}$$

图1.3描述了阻力定律。可见该定律的渐近特征，而雷诺数 $Re > 10^4$ 下测量值非常接近理论值。

2.3 零攻角平板流动的湍流边界层

如图1.3所示，实际上平板边界层并非总是保持层流。在特定距离 $x > x_\mathrm{crit}$（距平板前缘）之后，边界层变为湍流。与式(1.12)类似，基于距转捩点距离的临界雷诺数为

$$Re_{x\,\mathrm{crit}} = \left(\frac{Ux}{\nu}\right)_\mathrm{crit} = 5 \times 10^5 \tag{2.11}$$

靠近前缘的平板边界层是层流的，往下游则变为湍流，而转捩点的位置 x_crit 由临界雷诺数 Re_crit 确定。虽然由层流向湍流的转捩是一个有限长度的区域，但为简便起见采用转捩点，并经常假设转捩是突然的。Re_crit 数值很大程度上取决于外部流动如何不受摄动影响。强扰动流动中 $Re_\mathrm{crit} = 3 \times 10^5$ 是典型值，但对于特别平滑流动而言 Re_crit 曾达到 3×10^6（具体可参见第15章）。

范德海格·齐宁(B. G. Van der Hegge Zijnen,1924)、汉堡(J. M. Burgers,1924)与汉森(M. Hansen,1928)首次对边界层由层流向湍流转捩进行了研究。x 边界层

厚度与壁面剪切应力的大幅增加是产生层流向湍流转捩的主要原因。根据汉森（M. Hansen,1928）的测量，图2.4展示了作为无量纲距离 $Re_x = U_\infty x/\nu$ 函数的无量纲组合 $\delta_{99}/\sqrt{\nu x/U_\infty}$。由式(2.2)可知，该组合在层流边界层中近似为常数5。对于 $Re_x = Re_{x\,\text{crit}} = 3 \times 10^5$，测量值表明存在着一个强压力跃升。正如随后将在18.2.5节介绍的那样，平板湍流边界层厚度为

$$\frac{\delta U_\infty}{\nu} = 0.14 \frac{Re_x}{\ln Re_x} G(\ln Re_x) \tag{2.12}$$

函数 $G(\ln Re_x)$ 仅微弱地取决于 Re_x。对于 $Re_x \to \infty$，其具有极限值1；该情况将在17.1.3节中予以全面讨论。在 $10^5 < Re_x < 10^6$ 范围内所关注的流动区域中，则有 $G \approx 1.5$。式(2.12)中出现的关于 $\ln Re_x$ 依赖性是典型的湍流边界层特性，且与高雷诺数流动的渐近公式有关。根据该式，对于大 x 而言，边界层厚度按 $\delta \propto x/\ln x$ 增长；对于给定的 x 而言，边界层厚度随雷诺数的增加而减少，但仅按 $\delta/x \propto 1/\ln Re$ 的变化非常缓慢。与图2.4所展示的式(2.12)相对应的组合与汉森（M. Hansen）的测量值很好吻合。由于式(2.12)适用于平板前缘湍流边界层情况，假定边界层虚拟原点存在于 $Re_x = 1.5 \times 10^5$ 条件下由式(2.12)所绘制的曲线。这意味着在精确转捩点 $Re_x = 3 \times 10^5$，组合值大约为5.0，且因此边界层由层流向湍流的连续转捩随之而来。对于水与空气流动的典型情况，边界层厚度已由式(2.12)计算而得，并在表2.1中给出。

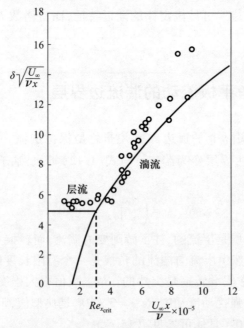

图2.4　边界层厚度对于沿零攻角平板距离的相关性（M. Hansen,1928）
层流：式(2.2)
湍流：$Re_x = 1.5 \times 10^5$ 时的具有虚拟原点的式(2.12)

2.3.1 摩擦力

如18.2.5节将展示的那样,类似于式(2.8)的湍流边界层表面摩擦系数公式为

$$c_f = 2\left[\frac{\kappa}{\ln Re_x}G(\ln Re_x)\right]^2 \quad (2.13)$$

式中:$G(\ln Re_x)$也是与式(2.12)相关的函数。卡门常数$\kappa = 0.41$对所有湍流壁面边界层是非常重要的,其也是一个万有常数。由式(2.3)可知,湍流平板边界层的表面摩擦系数随着雷诺数的增加而减少,但变化得非常缓慢,甚至比雷诺数的负小指数幂还要慢。假定湍流边界层自平板前缘开始,表面摩擦系数沿平板长度l的积分给出了平板浸润一侧的阻力系数:

$$c_D = 2\left[\frac{\kappa}{\ln Re}G(\ln Re)\right]^2 \quad (2.14)$$

式中:雷诺数Re现基于平板长度l。

该函数如图1.3所示。阻力系数也随着雷诺数的增加而非常缓慢地减少。值得注意的是,式(2.13)与式(2.14)中的函数G是不同的(具体可参见18.2.5节)。

2.3.2 黏性底层

湍流边界层特性主要体现在黏性底层。在层流边界层中,边界层是受黏性影响的流场区域,但在湍流边界层中不是这样。整个流场可分为不受湍流影响(或至少缺乏湍流)的外部流动以及边界层内以随机脉动运动为特征的湍流流动。由于表观的摩擦力发生于湍流边界层内(如第18章将展示的那样),湍流边界层也称为摩擦层。该湍流边界层内,黏性效应被限制在紧贴壁面的流体层中,该流体层要比边界层薄得多,称为黏性底层或黏性壁面层。因此,湍流边界层具有两层结构,较大区域是因湍流脉动运动而存在表观摩擦的摩擦层,不受黏性的影响;在非常薄的黏性底层中,黏性效应以真实的摩擦力形式体现。

虽然两层之间的跃迁也是连续的,但实际上采用了黏性底层厚度δ_ν的概念。如17.12节将要展示的那样:

$$\frac{\delta_\nu}{x} = \frac{50}{Re_x\sqrt{\frac{c_f}{2}}} \quad (2.15)$$

式中:c_f为表面摩擦系数。

由此,$\delta_\nu \propto \ln x$ 随着距前缘距离的增加而非常缓慢地增长,其也在固定的x处随着雷诺数的增加而以$\delta_\nu \propto \ln Re_x/Re_x$形式降低。

黏性底层厚度 δ_ν 与边界层总厚度 δ 之比满足式(2.12)与式(2.15),即

$$\frac{\delta_\nu}{\delta} = 680 \frac{\ln^2 Re_x}{Re_x} \qquad (2.16)$$

随着 Re_x 的增加,总摩擦层中构成黏性底层的部分变得越来越小。

黏性底层绝对厚度见表2.1。

表2.1 由式(2.12)与式(2.15)获得的湍流流动中零攻角平板末端边界层厚度与黏性底层厚度

参数	$U_\infty/(\text{m/s})$	l/m	$Re = \dfrac{U_\infty l}{\nu}$	δ/mm	δ_ν/mm
空气 $\nu = 15 \times 10^{-6}\,\text{m}^2/\text{s}$	50	1	3.3×10^6	8	0.4
	100	1	6.6×10^6	8	0.2
	100	5	3.3×10^7	36	0.2
	200	10	1.3×10^8	69	0.1
水 $\nu = 10^{-6}\,\text{m}^2/\text{s}$	1	2	2.0×10^6	17	1
	2	5	1.0×10^7	39	0.6
	5	50	2.5×10^8	321	0.4
	10	100	2.0×10^9	1122	0.1

注:l——平板长度;U_∞——自由流速度;ν——运动黏度。

2.4 管道中全面发展的湍流

第1章图1.4已涉及管道中全面发展的湍流。这种内部流动的情况最初并不具有边界层流动的特征。但正如2.3节所述的湍流摩擦层那样,其具有湍流核心区与黏性底层的两层结构。随着雷诺数的增加,黏性底层的厚度减少,使最终极限解是具有均匀速度的流动。通过这种方式,这种内部流动也可采用边界层理论的方法来处理。

2.4.1 管道摩擦系数

图1.4所描述的管道摩擦系数定义如下:

$$\lambda = -\frac{\dfrac{\text{d}}{\text{d}x}\dfrac{\text{d}p}{}}{\dfrac{\rho}{2}u_\text{m}^2} = \frac{4\bar{\tau}_\text{w}}{\dfrac{\rho}{2}u_\text{m}^2} \qquad (2.17)$$

如17.2.3节展示的那样,管道在具有光滑表面的情况下,其对雷诺数 $Re =$

$u_m d/\nu$ 的相关性由式(2.18)给出:

$$\lambda = 8\left[\frac{\kappa}{\ln Re}G(\ln Re)\right]^2 \qquad (2.18)$$

式中:$G(\ln Re)$ 为随 $\ln Re$ 增加而单调减少的函数,且当 $Re\to\infty$ 时具有极限值1。在 $2300 < Re < 10^7$ 的关注区域内,$G = 1.35$。式(2.18)包含的摩擦定律如图1.4所示,且与实验结果很好吻合。

2.4.2 黏性底层厚度

黏性底层厚度也可近似确定(参见第17章):

$$\frac{\delta_\nu}{d} = 122\frac{\ln Re}{Re\, G(\ln Re)} \qquad (2.19)$$

如前所述,随着雷诺数的增加,黏性底层厚度减至零。以空气与水为介质的(光滑表面)湍流管流实例中 δ_ν 值由表2.2给出。

表2.2 由式(2.19)获得全面发展的湍流管流黏性底层厚度

	u_∞/(m/s)	d/m	Re	G	δ_ν/mm
	3	0.01	2×10^3	1.47	3.20
	3	0.10	2×10^4	1.38	4.40
空气 $\nu = 15\times10^{-6}\,\mathrm{m^2/s}$	3	1.00	2×10^5	1.33	5.60
	30	0.01	2×10^4	1.38	0.40
	30	0.10	2×10^5	1.33	0.60
	30	1.00	2×10^6	1.39	0.70
	0.2	0.01	2×10^3	1.47	3.20
	0.2	0.10	2×10^4	1.38	4.40
水 $\nu = 10^{-6}\,\mathrm{m^2/s}$	0.2	1.00	2×10^5	1.33	5.60
	20	0.01	2×10^5	1.33	0.06
	20	0.10	2×10^6	1.29	0.07
	20	1.00	2×10^7	1.26	0.08

2.5 翼型的边界层

2.2节与2.3节中讨论的零攻角平板边界层是特别简单的类型,这是由于外部流动是无黏的,且其极限解是整个流场中恒定压力的平移流动。然而,对于任意形状物体的绕流而言会产附加的压力。图2.5展示了翼型的边界层,为清晰起见,横向尺寸被明显放大。与平板的情况相同,层流边界层的发展起自翼型的鼻部。在沿翼型的型面经过特定距离 x_{crit} 后,出现了层流向湍流的转捩,使 $x > x_{crit}$ 时边界层是湍流的。由于翼型的几何形状,外部无黏流动在边界层外边界产生压力分布。这种压力分布是强加在边界层上的,即每个 x 点处垂直于壁面的边界层内压力是恒定值。这种压力分布的任何差异只能由流线曲率及由此产生垂直于主流方向的压力梯度决定,该压力梯度可作为离心力的补偿。由于边界层厚度与高雷诺数下翼型型面曲率半径相比非常薄,不会发生垂直于壁面的一阶压力梯度。压力是外部流动施加于边界层上的,且仅是 x 的函数。此外,平板边界层条件下所提及的相关性也是有效的,即当边界层沿翼型型面发展时,通常边界层厚度 $\delta(x)$ 增加,而壁面剪切应力 τ_w 减小。湍流边界层条件下边界层厚度在下游的增加量明显大于层流边界层的厚度。随着基于自由流速度 V 与翼型特征长度 l 的雷诺数增大,$Re \to \infty$ 的极限条件下边界层厚度降至零。由外部流动施加的压力分布在边界层的形成中具有非常重要的作用。比如,由导流向湍流的转捩点强烈地依赖压力分布。如果压力沿流向大幅增加,就像发生在翼型或钝体后部区域一样,边界层有可能从壁面分离开来。这种重要的边界层分离现象将在 2.6 节予以详细阐述。

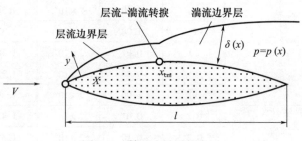

图 2.5 翼型边界层的发展

2.6 边界层分离

为解释边界层分离的重要现象,可考虑图 2.6 所示的圆柱绕流等钝体绕流。无黏对称流动(图 1.14(a))中,具有压降的加速运动出现于由 D 至 E 的前半部;而在由 E 至 F 的背部存在具有压升的减速运动。设置流动之后,只要边界层保持得非常薄,几乎可初步形成无黏流动。对于流体质点从 D 至 E 的外部流动,压力转换为动能,而在由 E 至 F 的运动中动能转换为压力。位于壁面边界层的流体质点也会直接感受到外部流动的相同压力分布,因为这是施加于边界层上的。由于薄摩擦层中存在强摩擦力,边界层质点损失了如此多的动能,以至于其难以越过由

E 至 F 的压力峰。这样的质点不能在由 E 至 F 的压升区域获得相应的位移。其逐渐停顿下来,并在外部流动压力分布的作用下向后运动。图 2.7 所示的流动是钝体背部这个过程的图像时间序列。沿该物体外形由左向右方向压力增加。流动通过被撒布于水面的少许铝质颗粒而可变得可视。通过这些质点的短条纹线可容易地分辨图中的边界层。图 2.7(a)(启动后不久)中,逆向运动只出现在尾缘处。图 2.7(b)中,边界层变厚,且逆向运动的起始位置显著向前移动。由图 2.7 可发现,一个大的涡旋产生自回流区,且在图 2.7(d)中变得更大。该涡旋随后很快从物体分离并向下游移动。这个过程完全改变了物体背部的流动状况,且与无黏流动相比压力分布也发生了巨大变化。圆柱的最终流动状态如图 1.16 所示。图 1.13 所示的压力分布表明,涡旋区域中存在着强负压。这种负压来自物体的较大形阻。

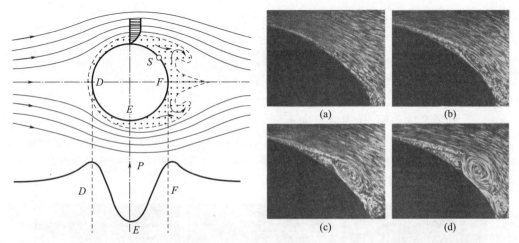

图 2.6 圆柱边界层分离与涡旋生成示意
S—分离点。

图 2.7 "a"~"d"钝体背部流动分离的时间
演变,L. Prandtl,O. Tietjens(1931)

2.6.1 分离条件

除摩擦阻力外,边界层理论也能够通过分离过程来解释形阻(压阻)。压力升高的区域总存在分离的危险,且压升越大则分离的可能性也越大,尤其是对于后侧为钝体的物体。现可理解图 1.8 中细长翼型的压力分布与无黏流动理论值很好吻合的原因。位于物体后部的压升非常小,使得边界层不至于分离。因此,并没有太多的形阻产生,而阻力主要由摩擦阻力构成,因而也非常小。靠近分离的边界层流动特征如图 2.8 所示。

因靠近壁面处存在着回流,会发生边界层增厚的情况,并由此边界层质量输运至外部流动中。在分离点,流线以特定角度离开壁面。分离位置由垂直于壁面的

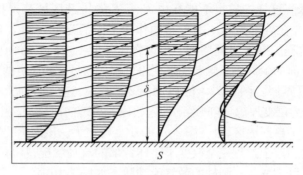

图 2.8 靠近分离点的边界层流动示意
S—分离点。

速度梯度在壁面消失,即壁面剪切应力消失的条件给出:

$$\tau_w = \mu \left(\frac{\partial u}{\partial y}\right)_w = 0 (\text{分离}) \tag{2.20}$$

分离位置只能通过精确计算(边界层微分方程组的积分)来确定。

圆柱绕流相同分离过程也会发生在沿流向渐扩的通道(扩压器)中(图 2.9(a))。到最窄的截面,压力沿流向下降。此时刚好沿壁面流动,就像在无黏流动中一样。最窄点之后,气流急剧膨胀,且因此压升很大,以至于边界层从壁面分离。此时流动只能占截面的一小部分。但是如果从壁面抽吸边界层(图 2.9(b)与图 2.9(c)),就会阻止分离。

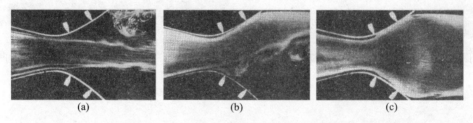

图 2.9 渐扩通道(扩压器)中的流动(L. Prandtl, O. Tietjens, 1931)
(a)扩压器两个壁面的分离;(b)扩压器上壁边界层抽吸;(c)扩压器两个壁面的边界层抽吸。

左侧部分图 2.10 显示了沿壁面的压力梯度与沿壁面的摩擦共同影响分离过程,该图展示了垂直于壁面的流动(平面驻点流动)。在引起驻点的对称流线上,存在着很强的流向压升。但由于不存在壁面摩擦,因此没有分离。由于此处两个方向的边界层均是沿压降方向流动的,因而壁面没有分离。如果在驻点处(图 2.10(b))放置一个与第一壁面呈直角的极薄平板,则壁面上存在沿流向压升的边界层,此处边界层从壁面分离。

流动分离通常对物体形状的微小变化十分敏感,特别是在压力分布受物体形状变化强烈影响的情况下。

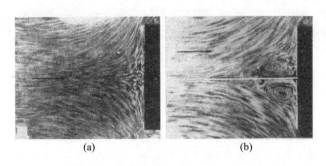

图 2.10 驻点流动(H. Fottinger,1939)
(a)无分离的自由驻点流动；(b)有分离的延迟自由驻点流动。

2.6.2 其他分离实例

图 2.11 所示汽车(大众货车)模型的流动图谱是具有指导意义的经典范例。如果货车的前部是方形的(图 2.11(a))，则前部尖锐边缘的绕流会产生负压并引起沿侧壁压力的显著增加。这会导致边界层沿整个侧壁完全分离，从而在其背部生成一个死水区。方形前部的货车阻力系数 $c_D = 0.76$。圆形的货车前部由于避免了前部边缘的负压产生而取得了全侧壁范围的附着流动。阻力系数可减至 $c_D = 0.42$。哲罗(W. H. Hucho,1972,1981)对此类货车的非对称自由流进行了更深入的研究。

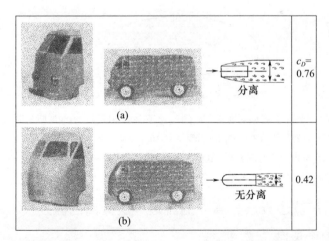

图 2.11 汽车(大众货车)模型绕流(E. Moller,1951;H. Schlichting,1954)
(a)沿侧壁完全分离且具有大阻力系数 $c_D = 0.76$ 的方形前部绕流；
(b)沿侧壁附着流动且具有小阻力系数 $c_D = 0.42$ 的圆形前部绕流。

如果考虑接近声速的流动，边界层分离甚至会在翼型攻角为中等角度条件下发挥重要作用。如图 1.11 所示,翼型吸力面通常会出现一道激波。如果激波足够强,其所产生的压力分布会引起边界层分离。由于形阻的产生,接近声速时阻力会急剧增大,这就是音障。

举例说明通过选择合适的形状并完全避免边界层分离来显著降低物体的阻力。图 2.13 展示了适宜的外形(流线形式)对阻力的作用效应,即相对尺寸的对称翼型与圆柱(细线)在相同的流动速度下具有相同的阻力。圆柱与迎风面积相关的圆柱阻力系数为 $c_D \approx 1$(图 1.12)。翼型与其外形面积相关的阻力系数很小,$c_D \approx 0.006$。如此小阻力系数是通过适当外形调节前提下保持沿弦长方向层流流动(层流翼型)的方式来实现的,具体可参见第 15 章,特别是图 15.27。

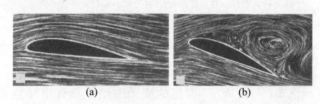

图 2.12　翼型绕流(L. Prandtl, O. Tietjens, 1931)
(a)附着流动;(b)分离流动。

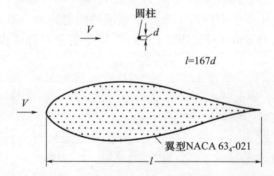

图 2.13　在(平行于翼型对称轴)相同流速下具有相同阻力的翼型与圆柱相对尺寸
翼型:具有层流边界层的层流翼型 $NACA63_4 - 021$, $Re_l = 10^6 \sim 10^7$, $c_D \approx 0.006$
圆柱:$Re_l = 10^4 \sim 10^5$ 下 $c_D \approx 1$ 翼型弦长与圆柱直径的比值为 $l/d = 1.0/0.006 \approx 167$

2.6.3　层流边界层分离与湍流边界层分离的区别

与边界层层流 - 湍流转捩相关的显著现象都发生在圆柱与球体等的钝体。可从图 1.12 和图 1.19 中发现,雷诺数 Vd/ν 分别为大约 5×10^5 和 3×10^5 条件下会发生阻力系数的大幅突降。这就是埃菲尔(G. Eiffel, 1912)首次提出的以边界层为湍流而著称的球体绕流理论。分离点由此进一步向后移动,由于存在湍流混合运动,外部流动对湍流边界层的激励作用远大于层流边界层。层流流动的分离点大约位于球体的赤道平面,但当边界层变为湍流时,该分离点则向下游移动一段距离。这样,位于物体后部的死水区就会变得相当狭窄,而压力分布则接近无黏流动的情况(如图 1.17 所示)。随着死水区面积的缩减,就会出现形阻的明显下降,可见到 $c_D = f(Re)$ 曲线的一个突跃。普朗特(L. Prandtl,1914)能够通过将细线正好置于球体赤道面前面(绊网)来证实这种解释是正确的。这是人为地将低雷诺数下的层流变为湍流,且只在高雷诺数下正常发生的阻力下降也同样出现。图 2.14 所示为采用烟气作为流动显示手段的球体绕流。图 2.14(a)为具有大面积死水区和很大阻力的亚临界球体绕流状态,而图 2.14(b)则为具有小面积死水区和较小阻力的超临界球体绕流状态。第二个状态是通过普朗特的绊网来产生的。这个实验清楚地表明,球体与圆柱阻力曲线的突跃只能理解为边界层效应。

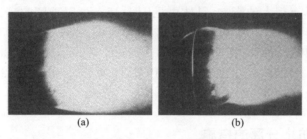

图 2.14　球体绕流(C. Wieselsberger,1914)
(a)亚临界雷诺数范围内的亚临界流动;(b)亚临界雷诺数范围内的超临界流动,
通过采用细绊线来增强亚临界流动。

具有钝圆背面的其他物体(如椭圆柱)原则上显示出依赖雷诺数的相似阻力系数。对于越来越窄的物体而言,阻力曲线的突跃会向后移动越来越远。在无边界层分离的细长翼型实例(图 1.18)中,也不会存在 c_D 曲线的突跃。翼型背部压力的缓慢增加是通过无分离的边界层来实现的。正如随后将会清晰看到的那样,外部流动的压力对于层流 – 湍流边界层转捩具有重要作用。在从前部至压力下降区域中最小压力处的区域内,边界层是层流的;但从此点以后在压升区域内,边界层则几乎是湍流的。需要注意的是,通常只有边界层内的流动是湍流时才能防止分离。正如后面将要介绍的一样,层流边界层只能承受极小的压升,即便物体直径非常小也会发生分离。这尤其适用于具有如图 1.9 所示压力分布的翼型绕流。此时吸力面发生分离的可能性最大。同时,只有当边界层流动是湍流的,才有可能实现光滑无分离产生升力的流动。这可概括为细长物体的小阻力与翼型的升力通常均源于边界层中的湍流。

这里应提及层流边界层分离与湍流边界层分离之间的一个特殊差别。在边界层分离并离开物体表面后,其在下游进一步演化为自由剪切层,并形成了尾迹。在极限情况 $Re = \infty$ 下,层流自由剪切层退化为间断线和间断面,具体可见图 1.14。

相比之下，湍流自由剪切层在 $Re = \infty$ 极限情况下具有有限厚度。如果湍流自由剪切层形成自边界层分离，则 $Re = \infty$ 的极限解没有黏性，但存在着摩擦，即源于湍流脉动运动的表观摩擦。

2.6.4 非定常尾迹

正如第 1 章所讨论的圆柱绕流相关内容(图 1.15、图 1.16 及表 1.1)，尽管自由流动状态是稳定的，但分离之后的流动不再是稳定的。这意味着平均运动中的变化过程，这种变化相对于任何湍流脉动过程十分缓慢。这种现象不仅出现在圆柱绕流中，而且会发生在任何形状钝体与大攻角翼型的绕流中。有时物体后部会有规律地交替出现顺时针与逆时针涡旋，这就是卡门涡街。尾迹的非定常特性明显对物体阻力具有很大的影响，具体可见图 1.15。可以理解的是，特殊情况下很难确定是否出现了非定常流动及如何确定这种流动，具体可参见相关文献(L. Rosenhead,1931,1932;M. V. Morkovin,1964;R. Wille,1966;E. Berger, R. Wille,1972;T. Sarpkaya,1975;W. J. McCroskey,1977;H. W. Forsching,1978;D. P. Telionis,1981;H. Schlichting,1982)。

2.6.5 防止分离的措施

因为边界层分离会引起能量巨大的损失，边界层分离通常是不希望存在的。某些人为的措施被设计用来阻止边界层分离。

从物理学角度来看，沿流动方向移动壁面是最容易的，由此可消除边界层形成根源——壁面与外部流动之间的速度差。当然，从技术角度来看这是很难实现的。但旋转圆柱被用来证实该方法是有效的，在壁面运动速度与外部流动速度相同的一侧是不存在边界层的。另一个阻止边界层分离的有效方法是抽吸。缓慢的边界层介质经壁面狭缝被吸入内部。如果抽吸能力足够强，则可阻止边界层分离。边界层抽吸由普朗特于 1904 年首次应用于圆柱边界层的基础研究中。分离几乎可通过圆柱背部的狭缝进行抽吸来完全阻止。图 2.9 展示了大扩张角通道流动中边界层抽吸的范例。没有抽吸就会发生强的边界层分离(图 2.9(a))。当抽吸只施加于一侧壁面时，气流沿壁面流动(图 2.9(b))；而当对双侧壁面进行抽吸时，流动就会充满整个通道(图 2.9(c))。这样则可获得无黏流动的图谱。抽吸也已被有效地用于增加翼型的升力。抽吸可通过施加于上侧后部来以比其他方式大得多的攻角保持翼型附着绕流。这样可引起最大升力的明显增加(O. Schrenk,1935)。

边界层分离也可通过沿切向吹气进入边界层来产生阻力。通过采用由狭缝吹送平行于主流方向的壁面射流，可给予边界层更多的能量以阻止分离。通过这个原则可显著地提升最大升力。

原则上狭缝可用于翼型阻止分离。这种情况下翼型表面压力分布受狭缝存在的影响,应避免正压力梯度,并因此可阻止分离。

关于流动分离及其控制的概述可参见相关文献(P. K. Chang, 1970; P. K. Chang, 1976)。

2.7 后续文献综述

现在已简要地介绍了极低黏度流动的基本物理基础,这些现象的合理理论将由黏性流体流动的流体动力学运动方程组发展而来。本书的内容结构如下:第一篇推导了纳维－斯托克斯方程组。以此为出发点,第二篇基于微小黏度的简化推导普朗特的边界层方程组。层流流动的边界层方程组积分理论将遵循这一点。湍流起始(层流－湍流转捩)问题将在第三篇予以阐述。第四篇由全面发展湍流的边界层理论组成。虽然层流边界层问题可通过纳维－斯托克斯方程组的推导来解决,但在湍流流动情况下是不可能解决的。由于湍流非常复杂,单纯的理论方法是不可能解决湍流问题的。因此湍流的理论方法必须依靠实验结果,该方法是一种半经验理论。边界层理论的数值方法将在第五篇讨论。

第3章
基于场论的牛顿流体流动方程组

3.1 关于流场的描述

本章将建立通用(牛顿)流体的运动方程组。为做到这点,将视流体为连续介质。在连续介质中最小体积单元 dV 仍是均匀的,即 dV 的尺度相对于流体中平均分子距离仍非常大。对于气体而言,如果克努森数 $Kn = l_0/l$ 非常小(其中 l_0 为平均自由路程,l 为流场的特征长度(S. A. Schaaf,1958)),则连续介质的假设是有效的。

三维流动中的流场由以下速度矢量给出:

$$v = e_x u + e_y v + e_z w \tag{3.1}$$

式中:u、v 与 w 分别为具有单位矢量 e_x、e_y 与 e_z 的笛卡儿坐标系中3个分量,流场可由压力 p 与温度 T 确定。为确定这5个物理量,需要有1个连续方程(质量守恒)、3个动量方程(动量守恒)和1个能量方程(能量守恒,即热力学第一定律)。

随后将发现,也必须考虑角动量,具体可参见式(3.14)。这些普遍有效的平衡定律与输运方程组结合在一起。对于所考虑的牛顿流体,应力张量与变形率之间存在线性关系,傅里叶热传导定律也是如此。因此,这5个完全的平衡定律包括温度与压力依赖性必须明确的物理量,即密度 $\rho(T,p)$、比定压热容 $c_p(T,p)$、输运特性黏度 $\mu(T,p)$ 以及导热系数 $\lambda(T,p)$。质量守恒、动量守恒与能量的守恒定律将随后予以建立。

3.2 连续方程

连续方程是关于质量守恒的描述,其表示单位时间内流入与流出单位体积的所有质量之和必须等于因单位时间内密度变化所引起的质量变化。对于常见的非

定常流动，可得

$$\frac{D\rho}{Dt} + \rho \mathrm{div}\boldsymbol{v} = 0 \tag{3.2}$$

或采用另一种表示方法：

$$\frac{\partial \rho}{\partial t} + \mathrm{div}(\rho \boldsymbol{v}) = 0 \tag{3.3}$$

此处，$D\rho/Dt$ 为密度相对于时间的总导数或实质导数，即

$$\frac{D\rho}{Dt} = \frac{\partial \rho}{\partial t} + \boldsymbol{v} \cdot \mathrm{grad}\rho = 0 \tag{3.4}$$

由局部部分 $\partial \rho/\partial t$（非定常流动）与对流部分（位置变化）$\boldsymbol{v} \cdot \mathrm{grad}\rho$ 组成。

通过以下定义可采用连续方程来更精确地表达不可压缩流体的概念：对于不可压缩流体，密度关于时间的实质导数为零（$D\rho/Dt = 0$）。

由式(3.2)可知，不可压缩流动，即不可压缩流体的流动是无源的。因此有

$$\frac{D\rho}{Dt} = 0, \mathrm{div}\boldsymbol{v} = 0（不可压缩流体） \tag{3.5}$$

全流场中的恒定密度是不可压缩流动的充分而非必要条件。如在海洋洋流这样的密度分层流动情况下，流场中密度是变化的，但每个流体质点具有其密度，（C. S. Yih, 1965; O. M. Phillips, 1966）。内部重力波是具有局部可变密度的不可压缩流动范例（J. Lighthill, 1978; R. R. Long, 1972）。

3.3 动量方程

动量方程表述了质量与加速度的乘积等于合力的基本力学定律。体积力与表面力（压力与摩擦力）均有其作用。如果 $\boldsymbol{f}$ 为单位体积的体积力（如 $\boldsymbol{f} = \rho \boldsymbol{g}$，其中 $\boldsymbol{g}$ 为重力加速度），而单位体积表面力为 $\boldsymbol{P}$，则动量方程可按以下矢量表述法表示：

$$\rho \frac{D\boldsymbol{v}}{Dt} = \boldsymbol{f} + \boldsymbol{P} \tag{3.6}$$

式中

$$\frac{D\boldsymbol{v}}{Dt} = \frac{\partial \boldsymbol{v}}{\partial t} + \frac{d\boldsymbol{v}}{dt} \tag{3.7}$$

为由局部加速度 $\partial \boldsymbol{v}/\partial t$（非定常流动）与对流加速度 $d\boldsymbol{v}/dt$（位置变化）组成的实质加速度。

对于对流加速度，则有

$$\frac{d\boldsymbol{v}}{dt} = \mathrm{grad}\left(\frac{1}{2}v^2\right) - \boldsymbol{v} \cdot \mathrm{curl}\boldsymbol{v} \tag{3.8}$$

通常选择（伪矢量的）缩写形式：

$$\frac{\mathrm{d}\boldsymbol{v}}{\mathrm{d}t} = (\boldsymbol{v} \cdot \mathrm{grad})\boldsymbol{v} \tag{3.9}$$

体积力可认为是法定的外力。另外,表面力取决于流体的变形状态(运动状态)。体积单元的所有表面力决定应力的状态[①]。现在需要确定应力状态与变形状态(输运方程)之间的关系,而这种关系最终只能是经验性的。普遍有效的表述来自不可逆过程的热力学(J. Meixner, H. G. Reik, 1959;S. R. De Groot, P. Mazur, 1962;J. Kestin, 1966b;I. Prigogine, 1947)。

进一步的考虑将限于各向同性牛顿流体。气体与许多液体,特别是水均属此类。若流体的应力张量与变形张量速率在各个方向均相同,则该流体称为各向同性流体。如果这种关系是线性的,则所要处理的流体为牛顿流体。然后讨论牛顿摩擦定律或斯托克斯摩擦定律,即动量输运方程。正如3.8节所示,只要流体未发生弛豫过程,这些输运方程就会只包括一种输运量(黏度)。

3.4 变形体的通用应力状态

为确定表面力,如图3.1所示考虑体积单元 $\mathrm{d}V = \mathrm{d}x \cdot \mathrm{d}y \cdot \mathrm{d}z$,其前左下角坐标为 x、y、z。以下应力(应力矢量等于单位表面面积的表面力)作用在以 x 轴为法向且具有面积 $\mathrm{d}y \cdot \mathrm{d}z$ 的两个平面上:

$$\boldsymbol{p}_x \text{ 与 } \boldsymbol{p}_x + \frac{\partial \boldsymbol{p}_x}{\partial x}\mathrm{d}x \tag{3.10}$$

式中:指标 x 为应力矢量作用于法线在 x 轴方向上的表面单元。对于分别垂直于 y 轴与 z 轴的表面单元 $\mathrm{d}x \cdot \mathrm{d}z$ 与 $\mathrm{d}x \cdot \mathrm{d}y$,可获得同类项。由此可得3个方向的表面力:

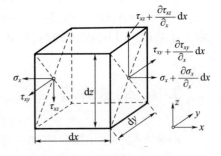

图3.1 单元体上的应力

平面垂直于 x 方向: $\dfrac{\partial \boldsymbol{p}_x}{\partial x} \cdot \mathrm{d}x \cdot \mathrm{d}y \cdot \mathrm{d}z$

平面垂直于 y 方向: $\dfrac{\partial \boldsymbol{p}_y}{\partial y} \cdot \mathrm{d}x \cdot \mathrm{d}y \cdot \mathrm{d}z$

平面垂直于 z 方向: $\dfrac{\partial \boldsymbol{p}_z}{\partial z} \cdot \mathrm{d}x \cdot \mathrm{d}y \cdot \mathrm{d}z$

因而源自应力状态的单位体积 $\mathrm{d}V$ 表面合力为

---

① 表面力的概念不会被明确使用,这是因为其被用来描述本书并不涉及的液体自由表面。

$$P = \frac{\partial \boldsymbol{p}_x}{\partial x} + \frac{\partial \boldsymbol{p}_y}{\partial y} + \frac{\partial \boldsymbol{p}_z}{\partial z} \qquad (3.11)$$

式中：$\boldsymbol{p}_x$、$\boldsymbol{p}_y$ 与 $\boldsymbol{p}_z$ 是可分解为分量的矢量。这种分解通过表征垂直于表面单元的分量——法向应力 σ 并将其方向作为指标来实现。

单元体表面的分量称为切向应力 τ。这些分量需要双重指标，第一个指标表示垂直于表面单元的坐标，第二个指标则表示应力 τ 指示的方向。

应用上述表示方法，则有

$$\begin{cases} \boldsymbol{p}_x = \boldsymbol{e}_x \sigma_x + \boldsymbol{e}_y \tau_{xy} + \boldsymbol{e}_z \tau_{xz} \\ \boldsymbol{p}_y = \boldsymbol{e}_x \tau_{yx} + \boldsymbol{e}_y \sigma_y + \boldsymbol{e}_z \tau_{yz} \\ \boldsymbol{p}_z = \boldsymbol{e}_x \tau_{zx} + \boldsymbol{e}_y \tau_{zy} + \boldsymbol{e}_z \sigma_z \end{cases} \qquad (3.12)$$

因此，其应力状态由 9 个标量确定，且这种表示应力的形式称为应力张量。应力张量的全部 9 个分量也称应力矩阵：

$$\boldsymbol{\sigma} = \begin{pmatrix} \sigma_x & \tau_{xy} & \tau_{xz} \\ \tau_{yx} & \sigma_y & \tau_{yz} \\ \tau_{zx} & \tau_{zy} & \sigma_z \end{pmatrix} \qquad (3.13)$$

应力张量及其矩阵是对称的，因此仅在指标次序上不同的两个切向应力是相等的。这种规律将会通过流体质点运动方程来显示。通常，这种运动可分解为平移与旋转。在此只需考虑旋转运动。通过以 $\dot{\boldsymbol{\omega}}(\dot{\omega}_x, \dot{\omega}_y, \dot{\omega}_z)$ 表征流体微元的瞬时加速度，则可按下式描述绕 y 轴的旋转：

$$\dot{\omega}_y \mathrm{d}I_y = (\tau_{zx} \mathrm{d}y \mathrm{d}z) \mathrm{d}x - (\tau_{xz} \mathrm{d}x \mathrm{d}y) \mathrm{d}z = (\tau_{zx} - \tau_{xz}) \mathrm{d}V$$

式中：$\mathrm{d}I_y$ 为流体微元绕 y 轴的转动惯量。当流体微元正比于平行六面体长度尺寸的 3 次幂时，则转动惯量 $\mathrm{d}I$ 正比于 5 次幂。应用于非常小的流体微元，上式左侧要比右侧更快地趋向于零。因此，如果 $\dot{\omega}_y$ 并非无限大，则有

$$\tau_{zx} - \tau_{xz} = 0$$

还可类似地推导出其他两个轴的相关方程，这样就证明了应力张量的对称性。从上述可发现，如果流体具有正比于其体积 $\mathrm{d}V$ 的局部扭矩，则应力张量不再是对称的。这可出现于静电场中，具体可参见相关文献（I. Muller, 1973）。

由于有以下关系式：

$$\begin{cases} \tau_{xy} = \tau_{yx} \\ \tau_{xz} = \tau_{zx} \\ \tau_{yz} = \tau_{zy} \end{cases} \qquad (3.14)$$

式(3.13)只有 6 个不同的应力分量，且是关于主对角线对称的：

$$\boldsymbol{\sigma} = \begin{pmatrix} \sigma_x & \tau_{xy} & \tau_{xz} \\ \tau_{xy} & \sigma_y & \tau_{yz} \\ \tau_{xz} & \tau_{yz} & \sigma_z \end{pmatrix} \qquad (3.15)$$

应用式(3.11)、式(3.12)与式(3.14),可得到单位体积的表面应力:

$$P = e_x\left(\frac{\partial \sigma_x}{\partial x} + \frac{\partial \tau_{xy}}{\partial y} + \frac{\partial \tau_{xz}}{\partial z}\right)(x \text{ 分量})$$

$$+ e_y\left(\frac{\partial \tau_{xy}}{\partial x} + \frac{\partial \sigma_y}{\partial y} + \frac{\partial \tau_{yz}}{\partial z}\right)(y \text{ 分量})$$

$$+ e_z\left(\underbrace{\frac{\partial \tau_{xz}}{\partial x}}_{yz\text{表面}} + \underbrace{\frac{\partial \tau_{yz}}{\partial y}}_{xz\text{表面}} + \underbrace{\frac{\partial \sigma_z}{\partial z}}_{xy\text{表面}}\right)(z \text{ 分量}) \tag{3.16}$$

如果引入运动方程,即式(3.6),则式(3.16)的分量表达形式为

$$\begin{cases} \rho \dfrac{\mathrm{D}u}{\mathrm{D}t} = f_x + \left(\dfrac{\partial \sigma_x}{\partial x} + \dfrac{\partial \tau_{xy}}{\partial y} + \dfrac{\partial \tau_{xz}}{\partial z}\right) \\ \rho \dfrac{\mathrm{D}v}{\mathrm{D}t} = f_y + \left(\dfrac{\partial \tau_{xy}}{\partial x} + \dfrac{\partial \sigma_y}{\partial y} + \dfrac{\partial \tau_{yz}}{\partial z}\right) \\ \rho \dfrac{\mathrm{D}w}{\mathrm{D}t} = f_z + \left(\dfrac{\partial \tau_{xz}}{\partial x} + \dfrac{\partial \tau_{yz}}{\partial y} + \dfrac{\partial \sigma_z}{\partial z}\right) \end{cases} \tag{3.17}$$

应力张量的首个不变量最初将由压力 p 表征:

$$p = -\frac{1}{3}(\sigma_x + \sigma_y + \sigma_z) \tag{3.18}$$

随后将在3.8节讨论最初采用守恒式的原因。

流体静力学的应力状态($v=0$)中,所有切向力均为零。只保留法向应力,各法向应力均相等,且其和等于式(1.18)的负压形式。由于热力学物理量(原则上)可在流体停止状态下测量确定,因此该状态下由式(3.18)引入的压力与热力学压力相同。如果流动中没有弛豫过程,这种情况也适用于流动的流体,具体内容将在3.8节讨论。

可以有效地将压力从法向应力中分离出来:

$$\tau_{xx} = \sigma_x + p, \tau_{yy} = \sigma_y + p, \tau_{zz} = \sigma_z + p \tag{3.19}$$

其中,应力被额外分解为各方向均相同的法向应力——p 部分及偏离该值的部分(偏应力)。

式(3.17)可写为

$$\begin{cases} \rho \dfrac{\mathrm{D}u}{\mathrm{D}t} = f_x - \dfrac{\partial p}{\partial x} + \left(\dfrac{\partial \tau_{xx}}{\partial x} + \dfrac{\partial \tau_{xy}}{\partial y} + \dfrac{\partial \tau_{xz}}{\partial z}\right) \\ \rho \dfrac{\mathrm{D}v}{\mathrm{D}t} = f_y - \dfrac{\partial p}{\partial y} + \left(\dfrac{\partial \tau_{yx}}{\partial x} + \dfrac{\partial \tau_{yy}}{\partial y} + \dfrac{\partial \tau_{yz}}{\partial z}\right) \\ \rho \dfrac{\mathrm{D}w}{\mathrm{D}t} = f_z - \dfrac{\partial p}{\partial z} + \left(\dfrac{\partial \tau_{zx}}{\partial x} + \dfrac{\partial \tau_{zy}}{\partial y} + \dfrac{\partial \tau_{zz}}{\partial z}\right) \end{cases} \tag{3.20}$$

或者以向量形式表示:

$$\rho \frac{\mathrm{D}\boldsymbol{v}}{\mathrm{D}t} = \boldsymbol{f} - \mathrm{grad}\, p + \mathrm{div}\, \boldsymbol{\tau} \tag{3.21}$$

式中：τ 为黏性应力张量。其只包括偏应力，且同样是对称的。其矩阵为

$$\tau = \begin{pmatrix} \tau_{xx} & \tau_{xy} & \tau_{xz} \\ \tau_{yx} & \tau_{yy} & \tau_{yz} \\ \tau_{zx} & \tau_{zy} & \tau_{zz} \end{pmatrix} \tag{3.22}$$

3 个方程组［式(3.20)］包括黏性应力张量的 6 个分量。下一步是确定 6 个应力量与变形率之间的关系，且以这种方式来将 3 个速度分量 u、v 与 w 或其导数引入式(3.20)中右边表达式。在 3.6 节推导这种关系之前，可先更紧密地确定这些变形。

3.5 流动流体变形的通用状态

如果流体中发生流动，则各流体单元将随着时间的推移出现在新的位置。整个运动过程中流体单元经历变形。由于流体运动是完全确定的，如果速度向量是位置与时间的函数 $v = v(x,y,z,t)$，则变形率与该函数之间存在运动学关系。流体单元的变形率取决于在两点的相对运动。因此，考虑如图 3.2 所示的两个相邻点 A 与 B。作为速度场的结果，点 A 在 dt 时刻内移动至 A'，其位移为 $s = v dt$。

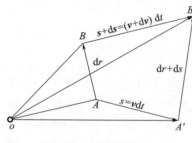

图 3.2 由 AB 移动至 $A'B'$

由于距点 A 距离为 dr 的点 B 速度与点 A 的速度不同，点 B 移动至点 B'，其自点 B 的位移为 $s + ds = (v + dv) dt$。确切地说，点 A 的速度分量为 u、v 与 w，点 B 的速度分量可通过泰勒级数的一阶展开式获得：

$$\begin{cases} u + du = u + \dfrac{\partial u}{\partial x} dx + \dfrac{\partial u}{\partial y} dy + \dfrac{\partial u}{\partial z} dz \\ v + dv = v + \dfrac{\partial v}{\partial x} dx + \dfrac{\partial v}{\partial y} dy + \dfrac{\partial v}{\partial z} dz \\ w + dw = w + \dfrac{\partial w}{\partial x} dx + \dfrac{\partial w}{\partial y} dy + \dfrac{\partial w}{\partial z} dz \end{cases} \tag{3.23}$$

因此，点 B 相对于点 A 的运动由式(3.24)中 9 个局部速度偏导数的矩阵来描述：

$$\begin{pmatrix} \dfrac{\partial u}{\partial x} & \dfrac{\partial u}{\partial y} & \dfrac{\partial u}{\partial z} \\ \dfrac{\partial v}{\partial x} & \dfrac{\partial v}{\partial y} & \dfrac{\partial v}{\partial z} \\ \dfrac{\partial w}{\partial x} & \dfrac{\partial w}{\partial y} & \dfrac{\partial w}{\partial z} \end{pmatrix} \tag{3.24}$$

以下列方式表示式(3.23)中的相对速度分量 du、dv 与 dw：

$$\begin{cases} du = (\dot{\varepsilon}_x dx + \dot{\varepsilon}_{xy} dy + \dot{\varepsilon}_{xz} dz) + (\omega_y dz - \omega_z dy) \\ dv = (\dot{\varepsilon}_{xy} dx + \dot{\varepsilon}_y dy + \dot{\varepsilon}_{yz} dz) + (\omega_z dx - \omega_x dz) \\ dw = (\dot{\varepsilon}_{zx} dx + \dot{\varepsilon}_{zy} dy + \dot{\varepsilon}_z dz) + (\omega_x dy - \omega_y dx) \end{cases} \quad (3.25)$$

新引入的物理量具有以下意义：

$$\dot{\boldsymbol{\varepsilon}} = \begin{pmatrix} \dot{\varepsilon}_x & \dot{\varepsilon}_{xy} & \dot{\varepsilon}_{xz} \\ \dot{\varepsilon}_{yx} & \dot{\varepsilon}_y & \dot{\varepsilon}_{yz} \\ \dot{\varepsilon}_{zx} & \dot{\varepsilon}_{xy} & \dot{\varepsilon}_z \end{pmatrix} = \begin{pmatrix} \dfrac{\partial u}{\partial x} & \dfrac{1}{2}\left(\dfrac{\partial v}{\partial x} + \dfrac{\partial u}{\partial y}\right) & \dfrac{1}{2}\left(\dfrac{\partial w}{\partial x} + \dfrac{\partial u}{\partial z}\right) \\ \dfrac{1}{2}\left(\dfrac{\partial u}{\partial y} + \dfrac{\partial v}{\partial x}\right) & \dfrac{\partial v}{\partial y} & \dfrac{1}{2}\left(\dfrac{\partial w}{\partial y} + \dfrac{\partial v}{\partial z}\right) \\ \dfrac{1}{2}\left(\dfrac{\partial u}{\partial z} + \dfrac{\partial w}{\partial x}\right) & \dfrac{1}{2}\left(\dfrac{\partial v}{\partial z} + \dfrac{\partial w}{\partial y}\right) & \dfrac{\partial w}{\partial z} \end{pmatrix} \quad (3.26)$$

以及

$$\omega_x = \frac{1}{2}\left(\frac{\partial w}{\partial y} - \frac{\partial v}{\partial z}\right), \omega_y = \frac{1}{2}\left(\frac{\partial u}{\partial z} - \frac{\partial w}{\partial x}\right), \omega_z = \frac{1}{2}\left(\frac{\partial v}{\partial x} - \frac{\partial u}{\partial y}\right) \quad (3.27)$$

该矩阵是对称的，因而有

$$\dot{\varepsilon}_{yx} = \dot{\varepsilon}_{xy}[1]; \dot{\varepsilon}_{xz} = \dot{\varepsilon}_{zx}; \dot{\varepsilon}_{zy} = \dot{\varepsilon}_{yz} \quad (3.28)$$

式中：ω_x、ω_y 与 ω_z 为角速度矢量 $\boldsymbol{\omega}$ 的分量。角速度向量与涡度向量的旋度 curl$\boldsymbol{v}$ 相关[2]：

$$\boldsymbol{\omega} = \frac{1}{2}\text{curl}\boldsymbol{v} \quad (3.29)$$

属于式(3.26)的张量称为变形张量速率或应变张量。

现讨论式(3.26)中每个物理量的运动学含义。由于讨论的焦点集中于点 A 的直接领域上，并因为点 B 相对于点 A 的运动是人们所关注的，因而将点 A 设置为原点，并将 dx、dy 与 dz 视为笛卡儿坐标系中点 B 的坐标。式(3.26)的表述可通过这种方式解读为作为空间坐标线性函数的相对速度分量 du、dv 与 dw。为了理解式(3.26)与式(3.27)中不同项的意义，将分别对其进行讨论。

3.5.1 体积膨胀

除假设 $\partial u / \partial x$ 为正值外，图 3.3(a)描述了式(3.26)中所有项为零情况下的相对速度场。每个点 B 相对于点 A 的相对速度为

$$du = \left(\frac{\partial u}{\partial x}\right) dx$$

---

[1] 原书表述 $\dot{\varepsilon}_{yz} = \dot{\varepsilon}_{xy}$ 有误。
[2] 需要注意的是，英语表述中符号 $\boldsymbol{\omega}$ 通常代表旋度 curl$\boldsymbol{v}$，即角速度的2倍。

该速度场由 x 为常数的一组平面组成,该组平面以与 $x=0$ 平面的距离成正比的速度平滑运动。该速度场中垂直边缘含有点 A 与点 B 的平等六面体微元通过 BC 边随速度增大的移动而在长度方向发生变形。如此,ε_x 为 x 方向流体微元的拉伸速度。同样,$\varepsilon_y = \partial v/\partial y$ 与 $\varepsilon_z = \partial w/\partial z$ 项分别为 y 方向与 z 方向的拉伸速度。

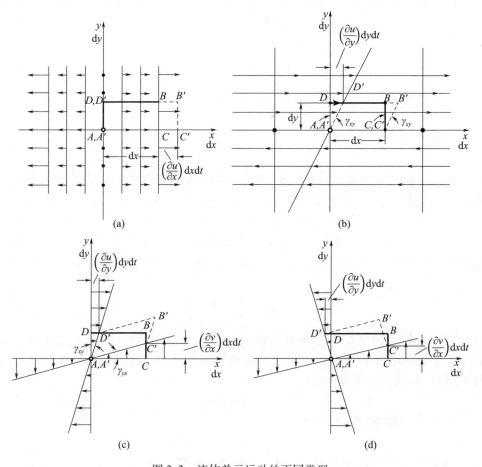

图 3.3 流体单元运动的不同类型

(a) 如果 $\partial u/\partial x > 0$ 且 $\dot{\varepsilon}$ 剩余分量为零,则在 x 方向上均匀伸展;
(b) 如果 $\partial u/\partial x > 0$ 且 $\dot{\varepsilon}$ 剩余分量为零,则有均匀的剪切变形;
(c) 若 $\dot{\varepsilon}_{xy} = \dot{\varepsilon}_{yx} = [(\partial u/\partial y) + (\partial v/\partial x)]/2 > 0$ 且 $\dot{\varepsilon}$ 剩余分量为零($\partial u/\partial y = \partial v/\partial x$),则是均匀变形;
(d) 若 $\omega_z = [(\partial v/\partial x) - (\partial u/\partial y)]/2 \neq 0$ 且 $\dot{\varepsilon}$ 剩余分量为零($\partial v/\partial x = -\partial x/\partial y$),则刚体旋转。

现在容易记录流体微元受到式(3.24)或式(3.26)中全部 3 对角元素的瞬时作用而产生的变形。该微元向各个方向延展,因 3 个边的长度变化而出现体积的相对变化:

$$\dot{e} = \frac{\left\{dx + \frac{\partial u}{\partial x}dxdt\right\}\left\{dy + \frac{\partial v}{\partial y}dydt\right\}\left\{dz + \frac{\partial w}{\partial z}dzdt\right\} - dxdydz}{dxdydzdt} = \frac{\partial u}{\partial x} + \frac{\partial v}{\partial y} + \frac{\partial w}{\partial z} = \text{div}\boldsymbol{v}$$

(3.30)

由于所有直角都是守恒的,变形过程中由 2 个侧边角描述的微元形状保持不变。因此,$\dot{e}$ 描述流体微元局部瞬时体积膨胀。如果流体是不可压缩的,则正如所期有 $\dot{e}=0$。对于可压缩流体,由式(3.2)可得

$$\dot{e} = \text{div}\boldsymbol{v} = -\frac{1}{\rho}\frac{D\rho}{Dt}$$

(3.31)

这意味着体积膨胀,即体积的相对变化等于局部密度的负相对变化。

3.5.2 剪切变形

如果式(3.24)的非对角项,如 $\partial u/\partial y$ 并非为零而为正值,则相对速度场具有完全不同的形式。对应这种情况的速度场如图 3.3(b)所示,这是纯粹的剪切变形。点 A 处的初始直角按 $d\gamma_{xy} = [(\partial u/\partial y)dydt]/dy$ 变化;因此剪切角速度 $d\gamma_{xy}/dt = \dot{\gamma}_{xy} = \partial u/\partial y$。如果 $\partial u/\partial y$ 与 $\partial v/\partial x$ 均为正,则点 A 处的直角通过这两种运动的叠加发生改变,如图 3.3(c)所示。显然,点 A 处的直角以下 2 倍绝对值变化:

$$\dot{\varepsilon}_{yx} = \dot{\varepsilon}_{xy} = \frac{1}{2}\left(\frac{\partial u}{\partial y} + \frac{\partial v}{\partial x}\right)$$

这由式(3.26)中的两个非对角项给出。通常 3 个非对角项 $\dot{\varepsilon}_{xy} = \dot{\varepsilon}_{yx}$,$\dot{\varepsilon}_{xz} = \dot{\varepsilon}_{zx}$ 与 $\dot{\varepsilon}_{zy} = \dot{\varepsilon}_{yz}$ 描述垂直于指标未出现轴的平面内直角的变形。这些变形中流体微元的体积被保留,只有形状发生变化。

3.5.3 刚体旋转

如果按图 3.3(d)所示有 $\partial u/\partial y = -\partial v/\partial x$,运动也是完全不同的。基于上述考虑以及 $\dot{\varepsilon}_{xy} = 0$ 的实际情况,可得出此情况下点 A 处直角未曾变化的结论。可以发现,流体微元绕点 A 旋转。这种旋转出现在不发生变形的情况,且可通过刚体旋转来描述。这种瞬时角速度为

$$\frac{(\partial v/\partial x)dxdt}{dxdt} = \frac{\partial v}{\partial x} = -\frac{\partial u}{\partial y}$$

容易发现,式(3.27)中被称为速度场角速度的 $\frac{1}{2}\text{curl}\boldsymbol{v}$ 分量 ω_z 表示刚体旋转的瞬时角速度,且有 $\omega_z \neq 0$。

在 $\partial u/\partial y = -\partial v/\partial x$ 的情况下,流体微元旋转且发生瞬时形变。可诠释该项

$$\dot{\varepsilon}_{xy} = \dot{\varepsilon}_{yx} = \frac{1}{2}\left(\frac{\partial v}{\partial x} + \frac{\partial u}{\partial y}\right)$$

为变形,且将

$$\omega_z = \frac{1}{2}\left(\frac{\partial v}{\partial x} - \frac{\partial u}{\partial y}\right)$$

作为刚体旋转。

由于式(3.23)与式(3.25)是线性的,可通过所提及的两个简单情况的叠加来获得更普遍的情况。因此,对于存在速度场 $v(x,y,z)$ 的流体中两个相邻的点 A 与 B,可将其运动分解为以下 4 个分量:

(1)通过速度 v 的分量 u、v 与 w 来描述的单纯平移运动;

(2)通过 $\frac{1}{2}\text{curl}v$ 的分量 ω_x、ω_y 与 ω_z 来描述的刚体转动;

(3)拥有 3 个坐标轴方向线性膨胀率为 $\dot{\varepsilon}_x$、$\dot{\varepsilon}_y$ 与 $\dot{\varepsilon}_z$ 的 $\dot{e} = \text{div}v$ 来描述的体积膨胀;

(4)由具有混合指标的 3 个分量 $\dot{\varepsilon}_{xy}$、$\dot{\varepsilon}_{xz}$ 与 $\dot{\varepsilon}_{yz}$ 确定的变形。

仅最后的两个运动引起流体微元围绕参考点变形,而最先的两个运动仅会引起位置的变化。

式(3.26)元素表示变形张量速率的对称张量分量,其数学特性在于对称相似的应力张量。由弹性理论(L. Hopf,1927;A. E. H. Love,1952)与通用张量代数可知确定 3 个相互垂直平面的 3 个正交轴,从而可以给每个对称向量分配一个优选的笛卡儿坐标系。在该坐标系中,应力张量(或变形张量速率)垂直于一个平面,即平行于一个坐标轴。当选择这样的一个坐标系时,式(3.15)与式(3.26)仅保留对角元素。采用"—"来表征受影响的分量值,可得到矩阵:

$$\begin{pmatrix} \overline{\sigma}_x & 0 & 0 \\ 0 & \overline{\sigma}_y & 0 \\ 0 & 0 & \overline{\sigma}_z \end{pmatrix}, \begin{pmatrix} \overline{\dot{\varepsilon}}_x & 0 & 0 \\ 0 & \overline{\dot{\varepsilon}}_y & 0 \\ 0 & 0 & \overline{\dot{\varepsilon}}_z \end{pmatrix} \tag{3.32}$$

由于这样的坐标变换并不会改变矩阵的迹,因此有

$$\sigma_x + \sigma_y + \sigma_z = \overline{\sigma}_x + \overline{\sigma}_y + \overline{\sigma}_z (= -3p) \tag{3.33}$$

及

$$\dot{\varepsilon}_x + \dot{\varepsilon}_y + \dot{\varepsilon}_z = \overline{\dot{\varepsilon}}_x + \overline{\dot{\varepsilon}}_y + \overline{\dot{\varepsilon}}_z (= \dot{e} = \text{div}v) \tag{3.34}$$

如前所述,这些量是张量的不变量。在两个这样的坐标系中(均采用"—"来表示),应力发生在流体中两个垂直的方向,且表面微元在两个相互垂直方向发生位移,如图 3.4 所示。然而,这并不意味着其他平面内没有剪切应力,或者元素保持未变形状态。

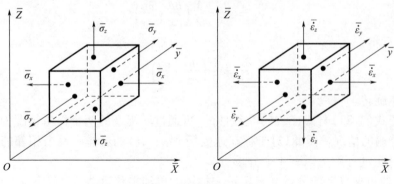

图 3.4　应力主轴与变形率

3.6　应力与变形率之间的关系

在此再次强调将表面力与流场耦合的方程组只能由实验结果的分析获得,这里只针对各向同性的牛顿流体。前面章节的思想已给出必要的数学方法来更精确地描述这些关系。

如果流体是静止的,则没有切向应力,且法向应力等于压力的负值,与热力学压力相同。如果流体是运动的,则状态方程仍决定各点的压力(局部状态原理(J. Kestin,1996a))。因此,引进对应于式(3.19)的黏性应力张量(式(3.22))是适用的,这是因为其分量仅因运动而存在,而在静止时为零。

假设黏性应力张量分量只取决于变形张量速率的分量,并不明显取决于速度分量 u、v 与 w 或角速度的分量 ω_x、ω_y 与 ω_z。这等同于除已表述的压力分量外,流体微元的瞬时平移(运动分量 a)及瞬时刚体转动(运动分量 b)并不产生任何表面应力。当有限流体体积进行与等效刚体相同的一般运动时,这种表述是对所观测局部状态的精确表述。因此,可得出黏性应力张量 τ_{ij} 只取决于速度梯度 $\partial u/\partial x \cdots \partial w/\partial z$ 适当的组合。

这些关系必须是纯线性的。当坐标系旋转且当坐标轴发生变换时,由于各向同性,这些关系必须保持不变。各向同性也需要流场内各点的应力张量主轴与变形张量速率的轴保持一致。为实现这个目的,选择流场中任意点,并选择/3 当地坐标系 $\bar{x}$、$\bar{y}$ 与 $\bar{z}$ 使其坐标轴沿着应力张量的主轴。设该坐标系中的速度分量分别为 $\bar{u}$、$\bar{v}$ 与 $\bar{w}$。

由此可见,只有当 3 个法向应力 $\bar{\tau}_{xx}$、$\bar{\tau}_{yy}$、$\bar{\tau}_{zz}$ 只取决于同方向的变形张量速率的分量以及这 3 个法向应力的分量的和时,才能保持各向同性。因此,可得出以下假设,其表达式只包含速度分量的空间导数:

$$\begin{cases} \overline{\tau}_{xx} = \lambda\left(\dfrac{\partial \overline{u}}{\partial x} + \dfrac{\partial \overline{v}}{\partial y} + \dfrac{\partial \overline{w}}{\partial z}\right) + 2\mu\dfrac{\partial \overline{u}}{\partial x} \\ \overline{\tau}_{yy} = \lambda\left(\dfrac{\partial \overline{u}}{\partial x} + \dfrac{\partial \overline{v}}{\partial y} + \dfrac{\partial \overline{w}}{\partial z}\right) + 2\mu\dfrac{\partial \overline{v}}{\partial y} \\ \overline{\tau}_{xx} = \lambda\left(\dfrac{\partial \overline{u}}{\partial x} + \dfrac{\partial \overline{v}}{\partial y} + \dfrac{\partial \overline{w}}{\partial z}\right) + 2\mu\dfrac{\partial \overline{w}}{\partial z} \end{cases} \quad (3.35)$$

前述原因,这些方程中没有出现 $\overline{u}$、$\overline{v}$ 与 $\overline{w}$ 以及 ω_x、ω_y 与 ω_z 等物理量。每个表达式中的最后项描述流体微元的线性膨胀,即形状变化。为应用由第 1 章引入的黏性来表述 μ,每个表达式的最后项的系数必须为 2。由于各向同性,式(3.35)各表达式中的比例系数 μ 与 λ 必须具有相同的值。容易发现,这些量 $(\overline{u},\overline{x})$、$(\overline{v},\overline{y})$ 与 $(\overline{w},\overline{z})$ 所涉及的 3 对轴的任意变换均不会改变这些表达式。这实际上是各向同性介质的情况。此外,式(3.35)是具有所需性质空间导数的唯一组合。读者可通过张量算子推演或参见相关文献(W. Prager,1961)。

式(3.35)可在任意坐标系下通过采用适当线性变换实施常规旋转的方式来表示。这里将不会给出明确的计算公式。直接进行计算是单调烦琐的,若采用张量算子则会变得简单。可在相关文献(L. Hopf,1927;H. Lamb,1932;A. E. H. Love,1952)中发现有效的直接计算公式,而采用张量算子的计算由普拉格(W. Prager,1961)给出。

该计算将式(3.35)变换为

$$\begin{cases} \tau_{xx} = \lambda\,\mathrm{div}\,\pmb{v} + 2\mu\dfrac{\partial u}{\partial x} \\ \tau_{yy} = \lambda\,\mathrm{div}\,\pmb{v} + 2\mu\dfrac{\partial \pmb{v}}{\partial y} \\ \tau_{zz} = \lambda\,\mathrm{div}\,\pmb{v} + 2\mu\dfrac{\partial w}{\partial z} \end{cases} \quad (3.36)$$

$$\begin{cases} \tau_{xy} = \tau_{yx} = \mu\left(\dfrac{\partial v}{\partial x} + \dfrac{\partial u}{\partial y}\right) \\ \tau_{yz} = \tau_{zy} = \mu\left(\dfrac{\partial w}{\partial y} + \dfrac{\partial \pmb{v}}{\partial z}\right) \\ \tau_{zx} = \tau_{xz} = \mu\left(\dfrac{\partial u}{\partial z} + \dfrac{\partial w}{\partial x}\right) \end{cases} \quad (3.37)$$

这里采用散度 $\mathrm{div}\,\pmb{v}$ 表述。注意指标 x、y、z,速度分量 u、v、w,以及坐标 x、y、z 经历循环式的转换。

如将这些方程应用于如图 1.1 所示的简单流动中,可得到式(1.2),可确信上述常规方程简化为牛顿摩擦定律,并且的确是适当的普适应用。在此,系数 μ 等于

1.2节所讨论的流体黏度;实际上这也解释了式(3.35)所采用的系数2。系数 λ 的物理解释需要进一步讨论。然而由于不压缩流动情况下 $\text{div}\mathbf{v}=0$ 意味着正比于 λ 的项等于零,因此其仅对可压缩流动有意义。

3.7 斯托克斯假设

即使现在所讨论的问题已存在一个半世纪,对式(3.35)与式(3.36)中系数 λ 对于 $\text{div}\mathbf{v}$ 非零条件下流动的物理解释至今仍在讨论中。运动方程组中,该系数的值采用斯托克斯提出的假设来确定(G. G. Stokes,1849)。需要关注的并非是斯托克斯假设所基于的物理定律,而仅仅是对结果的描述。假设这两个物理量之间存在以下关系:

$$3\lambda + 2\mu = 0 \text{ 或 } \lambda = -\frac{2}{3}\mu \quad (3.38)$$

式(3.38a)设定了与黏度 μ 相关联的 λ 值。如此描述可压缩流动中应力场特征的数量由2个减为1个,因而与不可压缩流动的情况相同。

如将 λ 值代入式(3.35)与式(3.36),可得到应力张量的法向分量:

$$\begin{cases} \sigma_x = -p - \dfrac{2}{3}\mu\text{div}\mathbf{v} + 2\mu\dfrac{\partial u}{\partial x} \\ \sigma_y = -p - \dfrac{2}{3}\mu\text{div}\mathbf{v} + 2\mu\dfrac{\partial v}{\partial y} \\ \sigma_z = -p - \dfrac{2}{3}\mu\text{div}\mathbf{v} + 2\mu\dfrac{\partial w}{\partial z} \end{cases} \quad (3.38a)$$

应力张量的分量 τ_{xy}、τ_{xz} 与 τ_{yz} 不会受到斯托克斯假设的影响,具体可参见式(3.37)。

虽然式(3.38)必须被视为单纯的假设条件或有根据的推测,但可接受源于嵌入式(3.38)的运动方程组,这是因为这些运动方程组得到了包括部分极限条件的超大量实验验证,这些运动方程组是对实际物理过程非常好的描述。

黏性应力张量的分量是对等温流动中出现耗散的描述,然而温度场中耗散的其他方面源于热传导(具体可参见3.10节)。而且,由于 λ 只出现在包含热力学压力的法向应力 τ_{xx}、τ_{yy}、τ_{zz} 式(3.19)中,如果流体微元体积变化量有限且与应力张量和热力学压力之间的关系相关,那么 λ 的物理意义与耗散机理相关。

从这点可发现,如果 λ 与 μ 成正比,所有包含 λ 系数的项在边界层理论中可忽略。正如冯·戴克(M. Van Dyke,1962c)所展示的,这些项在二阶边界层理论中甚至不能发挥任何作用。

3.8 体积黏度与热力学压力

回到没有斯托克斯假设,即式(3.38)的一般讨论。由于物理解释与起点是清晰的,因而将研究限定为没有剪切应力的情况。

考虑法向应力 $\bar{\sigma}$ 均匀地作用于其所有边界的流体系统,如图3.5(a)中的球体。

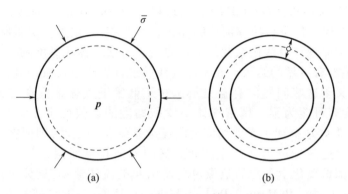

图3.5 (a)准静态压缩;(b)圆形流体质量的振荡运动

如果没有运动,法向应力等于相反方向的热力学压力。而在运动的情况下,通过增加3个方程即式(3.35),并采用式(3.19),可得

$$\bar{\sigma} = -p + \left(\lambda + \frac{2}{3}\mu\right)\mathrm{div}\boldsymbol{v} \tag{3.39}$$

重申之前解释过的事实。假设速度相对于压力摄动传播速度较小的准静态运动,使球形流体微元中的压力是均匀的。现在出现的问题是这种关系在常规流场中意味着什么。如果系统的压缩过程是准静态的和可逆的,由于渐近情况下 $\mathrm{div}\boldsymbol{v}=0$,之前的情况仍然成立。此情况下,热力学可逆过程中单位体积与单位时间的功(参见式(3.54))为

$$\frac{\dot{w}}{\mathrm{d}V} = -p\,\mathrm{div}\boldsymbol{v} \tag{3.40}$$

对于 $\mathrm{div}\boldsymbol{v}$ 的有限值,且在压缩、膨胀或有限程度振荡的情况下,只有当系数

$$\mu' = \lambda + \frac{2}{3}\mu \tag{3.41}$$

完全等于零(斯托克斯假设)时,平均应力 $\bar{\sigma}$ 与压力 $-p$ 才是相等的。如果不是这种情况,$\bar{\sigma}$ 与 $-p$ 并不相等。如果 $\mu'\neq 0$,即使空气微元中的温度保持恒定,图3.5(b)中球形对称系统的振荡运动也会导致耗散。有限膨胀与压缩也是如此。因此,系数 μ

称为本体黏度,其是体积有限变化导致温度平滑分布的流体所对应的能量耗散特性(类似于变形情况下的正常黏度μ)。体积黏度是各向同性可压缩牛顿流体的第二物理性质。其出现于本构关系中,且除系数μ外还必须测量。很明显有

$$\begin{cases} \mu'=0, p=-\overline{\sigma} \\ \mu'\neq 0, p\neq -\overline{\sigma} \end{cases}$$

斯托克斯假设等同于热力学压力等于法向应力之和的1/3的不变量值,即使发生有限压缩与膨胀。此外,只要是等温的,其就等价于大球体系统的振荡运动是可逆的假设。关于连续系统中可逆过程的更多热力学信息可参见相关文献(J. Meixner, H. G. Reik, 1959; I. Prigogine, 1947; S. R. De Groot, P. Mazur, 1962)。

为确定在何条件下可压缩流体的体积黏度为零,必须进行实验研究,否则必须采用由基本原理计算输送系数的统计热力学方法。体积黏度的直接测量很难实施,为此还没有可靠的结果。高密度气体的统计方法还没有得到很好的发展,但其获得了关于这些问题的有益见解。对于低密度气体即仅在二元碰撞条件下,本体黏度有可能为零。稠密气体中体积黏度的数值似乎非常小,这意味着式(3.40)非常好地描述了无剪切应力的连续系统所做的功,即便在常规情况下恒温耗散也仅通过偏应力而产生。如此又回到斯托克斯假设与式(3.39)。这并不适于局部偏离化学平衡的弛豫过程所引起的流体流动,具体可参考相关文献(S. R, De Groot, P. Mazur, 1962; J. Meixner, H. G. Reik, 1959; L. D. Landau, E. M. Lifschitz, 1966)。例如,当在复杂结构的气体中发生化学反应时,抑或在平移和转动自由度同振荡自由度之间发生相对缓慢的能量转移时,才会发生这种弛豫过程。如果出现弛豫过程,则热力学压力不再等于应力张量主要对角元素之和的1/3。由于斯托克斯假设即牛顿流体的体积黏度为零的假设前提,与边界因压缩与膨胀[图3.5(b)]而振荡的流体球耗散能量的直观想法不一致,因而有时会遭到反对。这的确是真实的,因为应力场的耗散部分在此条件下为零。然而该结论只有在气体球温度在振荡中保持恒定的前提下才有效。通常这是不可能发生的。正因如此,振荡中的气体球将很快形成温度场,且能量也将会沿温度梯度方向耗散,具体可参见相关文献(J. Kestin, 1966b)。吸声是体积黏度发挥作用的过程之一(L. D. Landau, E. M. Lifschitz, 1966; J. Meixner, H. G. Reik, 1959),激波也是如此(F. M. White, 1974)。特鲁斯德尔讨论了单一气体体积黏度是否为零的问题(C. Truesdell, 1954)。

3.9　纳维-斯托克斯方程组

如果将与式(3.36)和式(3.37)对应的输运方程组(本构关系)代入动量方程式(3.20),就要考虑斯托克斯假设,可得到笛卡儿坐标系中的下列动量方程:

$$\begin{cases} \rho \dfrac{\mathrm{D}u}{\mathrm{D}t} = f_x - \dfrac{\partial p}{\partial x} + \dfrac{\partial}{\partial x}\left[\mu\left(2\dfrac{\partial u}{\partial x} - \dfrac{2}{3}\mathrm{div}\boldsymbol{v}\right)\right] \\ \qquad + \dfrac{\partial}{\partial y}\left[\mu\left(\dfrac{\partial u}{\partial y} + \dfrac{\partial v}{\partial x}\right)\right] + \dfrac{\partial}{\partial z}\left[\mu\left(\dfrac{\partial w}{\partial x} + \dfrac{\partial u}{\partial z}\right)\right] \\ \rho \dfrac{\mathrm{D}v}{\mathrm{D}t} = f_y - \dfrac{\partial p}{\partial x} + \dfrac{\partial}{\partial y}\left[\mu\left(2\dfrac{\partial v}{\partial x} - \dfrac{2}{3}\mathrm{div}\boldsymbol{v}\right)\right] \\ \qquad + \dfrac{\partial}{\partial z}\left[\mu\left(\dfrac{\partial v}{\partial z} + \dfrac{\partial w}{\partial y}\right)\right] + \dfrac{\partial}{\partial x}\left[\mu\left(\dfrac{\partial u}{\partial y} + \dfrac{\partial v}{\partial x}\right)\right] \\ \rho \dfrac{\mathrm{D}w}{\mathrm{D}t} = f_z - \dfrac{\partial p}{\partial z} + \dfrac{\partial}{\partial z}\left[\mu\left(2\dfrac{\partial w}{\partial z} - \dfrac{2}{3}\mathrm{div}\boldsymbol{v}\right)\right] \\ \qquad + \dfrac{\partial}{\partial x}\left[\mu\left(\dfrac{\partial w}{\partial x} + \dfrac{\partial u}{\partial z}\right)\right] + \dfrac{\partial}{\partial y}\left[\mu\left(\dfrac{\partial v}{\partial z} + \dfrac{\partial w}{\partial y}\right)\right] \end{cases} \quad (3.42)$$

方程组(3.42)称为纳维-斯托克斯方程组。采用符号表示法，这些方程组可以在任意坐标系中有效的形式给出：

$$\rho \frac{\mathrm{D}\boldsymbol{v}}{\mathrm{D}t} = \boldsymbol{f} - \mathrm{grad}\,p + \mathrm{div}\,\boldsymbol{\tau} \quad (3.43)$$

式中

$$\boldsymbol{\tau} = \mu\left(2\dot{\boldsymbol{\varepsilon}} - \frac{2}{3}\boldsymbol{\delta}\,\mathrm{div}\,\boldsymbol{v}\right) \quad (3.44)$$

式中，$\boldsymbol{\delta}$ 为克罗内克单位张量(对于 $i=j$，有 $\delta_{ij}=1$；对于 $i\neq j$，则有 $\delta_{ij}\neq 1$)。

式(3.44)最早由纳维(M. Navier,1827)与泊松(S. D. Poisson,1831)基于分子间的作用而建立。随后，圣维南(B. De St. Venant,1843)与斯托克斯(G. G. Stokes,1849)在没有假设的情况下推导出相同的方程组，作为基础，法向应力与剪切应力是变形率的线性函数的相同假设已通过牛顿摩擦定律的应用而体现。

由于斯托克斯关于摩擦力的假设完全是经验的，不能事先确认纳维-斯托克斯方程组能够描述流体运动。因此，纳维-斯托克斯方程组必须经过验证，这只能通过实验来实现。但必须考虑的是，这些方程所蕴含的巨大数学困难意味着在对流项频繁与摩擦项之间存在相互作用的前提下鲜有代数解。然而，如将在后面讨论的管道层流与边界层解，其已知的特解与实验结果相当吻合，以至于纳维-斯托克斯方程组的一般有效性很少受到质疑。

正因为有纳维-斯托克斯方程组，所以才可推导出机械能方程。如果 x 方向的纳维-斯托克斯方程组乘以 u，其 y 方向的方程组乘以 v，而 z 方向的方程乘以 w，则可得到这些方程组的和，即可获得机械能方程。该机械能方程可以向量形式表示为

$$\rho \frac{\mathrm{D}\left(\frac{1}{2}v^2\right)}{\mathrm{D}t} = \boldsymbol{v}\boldsymbol{f} - \boldsymbol{v}\,\mathrm{grad}\,p + \boldsymbol{v}\,\mathrm{div}\,\boldsymbol{\tau} \quad (3.45)$$

如果假设稳态的势函数 ψ(不依赖时间)存在着体积力 $\boldsymbol{f}$，且有

$$f = -\rho \operatorname{grad}\psi \tag{3.46}$$

则由式(3.45)可得

$$\rho \frac{D\left(\frac{1}{2}v^2 + \psi\right)}{Dt} = -v\operatorname{grad}p + v\operatorname{div}\boldsymbol{\tau} \tag{3.47}$$

正如第3章所述,除连续方程与纳维-斯托克斯方程组外,包含热力学第一定律的(热)能量方程也需要对流场的完整描述。

3.10 能量方程

为建立流动中的能量平衡方程,须考虑笛卡儿坐标系中流体质点的质量 $dM = \rho dV$ 及 $dV = dxdydz$,并跟随其在流动中的路径。按照热力学第一定律,单位时间 Dt 内总能量的增量 DE_t(指标 t 表示总能量)等于提供给质量单元的热量 $\dot{Q}Dt$ 和作用于该单元的功 $\dot{W}Dt$。因此有

$$\frac{DE_t}{Dt} = \dot{Q} + \dot{W} \quad (J/s) \tag{3.48}$$

$$\text{能量变化} \quad \text{热流} \quad \text{功率}$$

DE_t/Dt 是 E_t 的实质变化,通常包含局部与对流两个部分,具体可参见式(3.4)。热量可由热传导与热辐射两种方式提供。对于小温差,辐射一般不太大,故在本书中将不予考虑。可参见气体辐射动力学的相关文献(S. I. Pai, 1965; E. M. Sparrow, R. D. Cess, 1966; W. Schneider, 1968; W. G. Vincenti, S. C. Traugott, 1971)。原则上,热量也可由质量单元中的热源提供。这样的热源可以化学反应(燃烧)或电磁气体动力学焦耳热的方式发生,具体可参见相关文献(J. A. Shercliff, 1965; P. A. Libby, F. A. Williams, 1980; F. Bartlma, 1975)。此类热源也未在本书中予以考虑。

单位时间内单位面积所传递的热量可表征为热流向量 $\boldsymbol{q}(q_x, q_y, q_z)$($[\boldsymbol{q}] = J/(m^2 \cdot s)$)。因此,单位时间内通过垂直于 x 轴的面元进入流体微元(图3.1)的热量为 $q_x dydx$,而单位时间内离开微元的热量为 $[q_x + (\partial q_x/\partial x)dx]dydz$。因此,时间间隔 Dt 内 x 方向提供的热量为

$$\dot{Q}_x = -\frac{\partial q_x}{\partial x}dxdydz = -\frac{\partial q_x}{\partial x}dV$$

所提供的总热量为

$$\dot{Q} = -dV\left(\frac{\partial q_x}{\partial x} + \frac{\partial q_y}{\partial y} + \frac{\partial q_z}{\partial z}\right) \tag{3.49}$$

或

$$\dot{Q} = -\mathrm{d}V \mathrm{div}\boldsymbol{q} \tag{3.50}$$

因此,所提供的热量与热通量向量 $\boldsymbol{q}$ 的散度成正比。因为散度是对所讨论向量场源强度的量度,严格地讲 $\dot{Q}$ 也是一种源项。

总能量 E_t 通常由热力学能 $\mathrm{d}Me$、动能 $\dfrac{1}{2}\mathrm{d}Mv^2$ 与势能 $\mathrm{d}M\psi$ 三部分组成。有以下表述:

$$\mathrm{d}E_t = \mathrm{d}Me_t = \mathrm{d}V\rho e_t = \mathrm{d}V\rho \left(e + \frac{1}{2}v^2 + \psi\right) \tag{3.51}$$

式中:e 为单位体积热力学能($[e] = \mathrm{m}^2/\mathrm{s}^2$)。

因此,总能量的实质导数为

$$\frac{\mathrm{D}E_t}{\mathrm{D}t} = \mathrm{d}V\rho \frac{\mathrm{D}e_t}{\mathrm{D}t} = \mathrm{d}V\rho \frac{\mathrm{D}\left(e + \dfrac{1}{2}v^2 + \psi\right)}{\mathrm{D}t} \tag{3.52}$$

为确定功率 $\dot{W}$,可先考虑时间间隔 $\mathrm{D}t$ 内对质量单元所做的功。由式(3.1)可得

$$\dot{W}_{\sigma x} = \mathrm{d}y\mathrm{d}z\left[-u\sigma_x + \left(u + \frac{\partial u}{\partial x}\mathrm{d}x\right)\left(\sigma_x + \frac{\partial \sigma_x}{\partial x}\mathrm{d}x\right)\right] = \mathrm{d}V \frac{\partial}{\partial x}(u\sigma_x)$$

因此,所有法向应力与剪切应力作用于体积为 $\mathrm{d}V$ 质量单元的总功率为

$$\dot{W} = \mathrm{d}V\left[\frac{\partial}{\partial x}(u\sigma_x + v\tau_{xy} + w\tau_{xz}) + \frac{\partial}{\partial y}(u\tau_{yx} + v\sigma_y + w\tau_{yz}) + \frac{\partial}{\partial z}(u\tau_{zx} + v\tau_{zy} + w\sigma_z)\right] \tag{3.53}$$

式中:σ_x、σ_y、$\cdots$、τ_{xy} 为式(3.13)与式(3.15)中的总应力。式(3.53)也可以符号形式(向量符号)表示为

$$\dot{W} = \mathrm{d}V\mathrm{div}(\boldsymbol{\sigma v}) \tag{3.54}$$

将式(3.50)、式(3.52)与式(3.54)代入式(3.48),可得能量方程:

$$\rho \frac{\mathrm{D}\left(e + \dfrac{1}{2}v^2 + \psi\right)}{\mathrm{D}t} = -\mathrm{div}\boldsymbol{q} + \mathrm{div}(\boldsymbol{\sigma v}) \tag{3.55}$$

包含内能、动能与热能的总能量变化量等于热传导提供的热量与表面力所做的功。

如果考虑应力张量 $\boldsymbol{\sigma}$ 与黏性应力张量 $\boldsymbol{\tau}$ 之间的联系(参见式(3.19)),则有

$$\boldsymbol{\sigma} = -\boldsymbol{\delta} p + \boldsymbol{\tau} \tag{3.56}$$

式(3.55)可表示为

$$\frac{\partial(\rho e_t)}{\partial t} = -\mathrm{div}[\,(p+\rho e_t)\bm{v} - \bm{\tau v} + \bm{q}\,] \tag{3.57}$$

因此,总能量的局部变化可视为向量场的散度。以这种方式表示的平衡定律可以说具有散度形式或严格的守恒形式。

能量方程式(3.55)也可以采用单位总焓:

$$h_t = e_t + \frac{p}{\rho} \tag{3.58}$$

表示为平衡方程:

$$\rho\frac{\mathrm{D}h_t}{\mathrm{D}t} = -\mathrm{div}\bm{q} + \frac{\partial p}{\partial t} + \mathrm{div}(\bm{\tau v}) \tag{3.59}$$

通过从表示比总能 e_t 的式(3.55)中减去式(3.47),内能的平衡定律可表示为

$$\rho\frac{\mathrm{D}e}{\mathrm{D}t} = -\mathrm{div}\bm{q} - p\,\mathrm{div}\bm{v} + \varPhi \tag{3.60}$$

式中:$\varPhi$ 为耗散函数,且有

$$\varPhi = \mathrm{div}(\bm{\tau v}) - \bm{v}\,\mathrm{div}\bm{\tau} \tag{3.61}$$

由式(3.36)和式(3.37)以及式(3.38),在笛卡儿坐标系中可得

$$\begin{aligned}\frac{\varPhi}{\mu} = &\,2\left[\left(\frac{\partial u}{\partial x}\right)^2 + \left(\frac{\partial v}{\partial y}\right)^2 + \left(\frac{\partial w}{\partial z}\right)^2\right] \\ &+ \left(\frac{\partial v}{\partial x} + \frac{\partial u}{\partial y}\right)^2 + \left(\frac{\partial w}{\partial y} + \frac{\partial v}{\partial z}\right)^2 \\ &+ \left(\frac{\partial u}{\partial z} + \frac{\partial w}{\partial x}\right)^2 - \frac{2}{3}\left(\frac{\partial u}{\partial x} + \frac{\partial v}{\partial y} + \frac{\partial w}{\partial z}\right)^2\end{aligned} \tag{3.62}$$

或

$$\begin{aligned}\frac{\varPhi}{\mu} = &\,\frac{2}{3}\left[\left(\frac{\partial u}{\partial x} - \frac{\partial v}{\partial y}\right)^2 + \left(\frac{\partial v}{\partial y} - \frac{\partial w}{\partial z}\right)^2 + \left(\frac{\partial w}{\partial z} - \frac{\partial u}{\partial x}\right)^2\right] \\ &+ \left(\frac{\partial v}{\partial x} + \frac{\partial u}{\partial y}\right)^2 + \left(\frac{\partial w}{\partial y} + \frac{\partial v}{\partial z}\right)^2 + \left(\frac{\partial u}{\partial z} + \frac{\partial w}{\partial x}\right)^2\end{aligned} \tag{3.63}$$

能量方程的其他形式也是可能的。作为比焓的平衡有

$$h = e + \frac{p}{\rho} \tag{3.64}$$

可得

$$\rho\frac{\mathrm{D}h}{\mathrm{D}t} = -\mathrm{div}\bm{q} + \frac{\mathrm{D}p}{\mathrm{D}t} + \varPhi \tag{3.65}$$

如果采用普遍有效的关系(可参见相关文献(J. Kestin,1966a))

$$\frac{\mathrm{D}h}{\mathrm{D}t} = c_p\frac{\mathrm{D}T}{\mathrm{D}t} + \frac{1-\beta T}{\rho}\frac{\mathrm{D}p}{\mathrm{D}t} \tag{3.66}$$

采用 c_p [$[c_p]$ = J/(kg·K)] 及热膨胀系数

$$\beta = -\frac{1}{\rho}\left(\frac{\partial \rho}{\partial T}\right)_P \tag{3.67}$$

能量方程可表示为温度场的平衡：

$$\rho c_p \frac{DT}{Dt} = -\text{div}\boldsymbol{q} + \beta T \frac{Dp}{Dt} + \Phi \tag{3.68}$$

能量方程的这种形式将优先用于以下内容。最后由于

$$T\frac{Ds}{Dt} = \frac{Dh}{Dt} - \frac{1}{\rho}\frac{Dp}{Dt}$$

也可由能量方程式(3.65)推导比熵 s 的平衡方程：

$$\rho \frac{Ds}{Dt} = -\text{div}\left(\frac{\boldsymbol{q}}{T}\right) - \frac{\boldsymbol{q}}{T^2}\text{grad}\,T + \frac{1}{T}\Phi \tag{3.69}$$

除散度外，式(3.69)等号右侧还有表示熵增的两个源项。按照热力学第二定律，绝热系统(系统边界 $\boldsymbol{q}=0$)的熵不会减少。因此，Φ/T 项与 $-(\boldsymbol{q}/T^2)\text{grad}\,T$ 项非负。按照式(3.63)，黏度 μ 必须是正的。从第二个条件看，需引入的热导率 λ 必须为正。

另一个将热流向量 $\boldsymbol{q}$ 与温度场相联系的输运方程必须添加至能量平衡方程。按照傅里叶的方法(J. B. Fourier,1822)，可得传导的热量：

$$\boldsymbol{q} = -\lambda\,\text{grad}\,T \tag{3.70}$$

其中，λ [$[\lambda]$ = J/(m s·K)] 为正的物理性质。因此，能量方程最终可表示为

$$\rho c_p \frac{DT}{Dt} = \text{div}(\lambda\,\text{grad}\,T) + \beta T\frac{Dp}{Dt} + \Phi \tag{3.71}$$

对于平面流动，在笛卡儿坐标系中可表示为

$$\rho c_p\left(\frac{\partial T}{\partial t} + u\frac{\partial T}{\partial x} + v\frac{\partial T}{\partial y}\right) = \frac{\partial}{\partial x}\left(\lambda\frac{\partial T}{\partial x}\right) + \frac{\partial}{\partial y}\left(\lambda\frac{\partial T}{\partial y}\right) + \beta T\left(\frac{\partial p}{\partial t} + u\frac{\partial p}{\partial x} + v\frac{\partial p}{\partial y} + \Phi\right) \tag{3.72}$$

其中，耗散函数 Φ 同式(3.62)与式(3.63)。

3.11　任意坐标系的运动方程组(小结)

运动方程组的推导将首先在笛卡儿坐标系中进行。通过采用符号表示法(向量符号表示法)，运动方程组可按常规形式表示为

$$\frac{D\rho}{Dt} = -\rho\,\text{div}\,\boldsymbol{v} \tag{3.73}$$

$$\rho \frac{\mathrm{D}\boldsymbol{v}}{\mathrm{D}t} = \boldsymbol{f} - \mathrm{grad}p + \mathrm{div}\left[\mu\left(2\dot{\boldsymbol{\varepsilon}} - \frac{2}{3}\boldsymbol{\delta}\mathrm{div}\boldsymbol{v}\right)\right] \qquad (3.74)$$

$$\rho c_p \frac{\mathrm{D}T}{\mathrm{D}t} = \mathrm{div}(\lambda\,\mathrm{grad}T) + \beta T \frac{\mathrm{D}p}{\mathrm{D}t} + \Phi \qquad (3.75)$$

则有

$$\frac{\mathrm{D}a}{\mathrm{D}t} = \frac{\partial a}{\partial t} + \boldsymbol{v}\cdot\mathrm{grad}a \qquad (3.76)$$

式中：a 为 ρ、T 或 p，且有

$$\frac{\mathrm{D}\boldsymbol{v}}{\mathrm{D}t} = \frac{\partial \boldsymbol{v}}{\partial t} + \mathrm{grad}\left(\frac{1}{2}v^2\right) - \boldsymbol{v}\times\mathrm{curl}\boldsymbol{v} \qquad (3.77)$$

通常采用算子 ∇ 表示 div 运算与 grad 运算，即有 $\nabla\boldsymbol{v} = \mathrm{div}\boldsymbol{v}$，以及 $\nabla p = \mathrm{grad}p$。因此，对于未知量 p、T 及 $\boldsymbol{v}$ 的 3 个速度分量，存在 5 个方程。在下列条件有效的前提下这些未知量及其方程均是有效的。

（1）流体是连续的。

（2）应力张量是对称的（流体不存在与体积成正比的局部扭矩，这在电场中是可能出现的）。

（3）流体是各向同性的（不存在优先方向，即应力张量与变形张量速率的主轴是相同的）。

（4）流体是牛顿的（应力张量与变形张量速率之间存在线性关系）。

（5）斯托克斯假设是有效的，即本体黏度为零（不可能发生弛豫过程，即热力学能转换过程的弛豫时间与变形时间相比必须非常短）。

（6）局部状态的原则是有效的[流场中各点的方程组与静止系统的相同，即状态方程组中的状态变量不存在局部梯度或时间梯度，具体可参见相关文献（J. Kestin,1968）]。

（7）局部热力学状态可采用两个状态变量描述。如果选择 p 与 T 作为状态变量，则多相流动是不可能发生的，且并未考虑扩散过程，因为需要超过两个状态变量来描述其状态。扩散过程将在 11.3 节中予以简要介绍。

（8）傅里叶定律对于热流向量有效。

（9）热源（如辐射、化学反应、焦耳热量）被忽略。

运动方程组采用下列壁面边界条件。

（1）无滑移条件。壁面切向速度分量在壁面的值为零。这是经验性发现的条件，且在连续介质力学框架内得到了很好的满足。戈德斯坦（S. Goldstein,1965）也从历史角度提出了无滑移条件的细节。特别低密度下不再满足无滑移条件，而是满足滑移流动条件（相关文献（S. A. Schaaf and P. L. Chambré,1958）。对于上述流

动,运动方程仍是有效的,但边界条件必须进行相应的改变。

(2)速度的法向分量。垂直于壁面的速度法向分量在不可渗透壁面处通常为零。但如果壁面是可渗透的,且流体经壁面抽吸或吹气,则法向分量是非零的(参见第11章)。如果考虑传质过程,如同二相或多相流动情况下非多孔壁的法向速度分量也是非零的。比如,冷凝对应于抽吸,蒸发对应于吹气(参见第11章)。

(3)温度场。温度场可能的不同边界条件数目远大于速度场的数目。边界条件的主要类型如下:

第一类边界条件:壁面温度是已知的。连续介质体系内,流体在壁面上呈现壁面温度。然而在低密度气体的流动(滑移流动)中,存在着温度的跳跃(S. A. Schaaf and P. L. Chambré,1958)。

第二类边界条件:壁面热流 $q_w = (q,n)_w$ 是已知的,其中 n 为壁面法向单位向量。

第三类边界条件:此类条件可以是壁面温度与壁面热流的耦合,但这样的边界条件也可以是与壁面内部温度场耦合的条件。

运动方程组是由 p、T 以及速度向量 v 三个速度分量所构成的 5 个偏微分方程系统。为完成这个方程组系统,密度的状态方程 $\rho(p,T)$、比定压热容 $c_p(p,T)$,以及黏度 $\mu(p,T)$ 与热导率 $\lambda(p,T)$ 必须是已知的。在能量方程中的热膨胀系数 β 可由 $\rho(p,T)$ 状态方程的偏微分求得。

表 3.1 所列为重要的流体物理性质。关于水的更多数据可参见瓦格纳与克鲁泽(W. Wagner and A. Kruse,1998)的文献。该表(对于 $p_R = 1\text{bar}, 1\text{bar} = 0.1\text{MPa}$)还概括了物理性质随温度与压力的变化。物理量 μ、λ 对压力的依赖性非常小,几乎可以忽略。该表还表明,液体黏性的温度相关性很重要。值得注意的是,接近临界点的物理性质变化可以具有相当大的值。

关于纳维 - 斯托克斯方程组的历史发展可参见克鲁泽(E. Krause,2014)的文献。

表 3.1 一个大气压下空气、水、油及钠的物理性质及其温度相关性(式(4.30))及压力依赖性(式(10.26))

流体	空气			水			油(壳牌涡螺 919)			钠(液态)		
T/K	293	473	773	273	293	343	273	293	343	473	673	873
$T/℃$	20	200	500	0	20	70	0	20	70	200	400	600
$\rho/(\text{kg/m}^3)$	1.188	0.736	0.450	999.8	988.2	977.8	889	875	840	903.6	856.2	808.2
$\mu/10^{-6}\text{kg/ms}$	18.185	25.850	35.800	1791.5	1001.6	403.9	94488	28372	4886	453.3	284.6	207.6
$\nu/10^{-6}\text{m}^2/\text{s}$	15.307	35.122	79.556	1.972	1.004	0.413	106.29	32.43	5.817	0.500	0.332	0.257
$\lambda/10^{-3}\text{W/mK}$	25.721	38.660	56.346	561.1	598.5	663.1	131.7	130.2	126.6	82000	72200	62400
$c_p/\text{kJ}/(\text{kg}\cdot\text{K})$	1.014	1.048	1.096	4.219	4.185	4.188	1.817	1.892	2.081	1.339	1.279	1.255
Pr	0.717	0.702	0.696	13.47	7.00	2.55	1303.6	412.28	80.35	0.0074	0.0050	0.0042
温度依赖性 $-\beta T = K_p$	−1.000	−1.000	−1.000	0.018	−0.061	−0.200	−0.215	−0.234	−0.286	−0.213	−0.187	−0.261
K_μ	0.775	0.696	0.633	−9.264	−7.239	−4.758	−19.97	−14.69	−8.403	−1.536	−1.116	−1.301
K_λ	0.891	0.809	0.726	0.924	0.872	0.404	−0.513	−0.166	−0.199	−0.308	−0.454	−0.616
K_c	0.068	0.076	0.108	−0.226	−0.050	0.052	0.567	0.584	0.622	−0.104	−0.111	−0.018
压力依赖性 $\widetilde{K}_p$	1	1	1	5×10^{-5}	5×10^{-5}	5×10^{-5}						
$\widetilde{K}_\mu$	6×10^{-4}	3×10^{-4}	1×10^{-4}	-1×10^{-4}	-5×10^{-5}	6×10^{-5}						
$\widetilde{K}_\lambda$	2×10^{-3}	9×10^{-4}	4×10^{-4}	1×10^{-4}	8×10^{-5}	8×10^{-5}						
$\widetilde{K}_c$	2×10^{-3}	5×10^{-4}	2×10^{-4}	-1×10^{-4}	-7×10^{-5}	-5×10^{-5}						

3.12 笛卡儿坐标系下基于指数记数法的运动方程组

为简化运动方程组,通常采用指标表示法来表示笛卡儿坐标系中的向量与张量。本节必须考虑爱因斯坦求和约定,即如果给定的指标出现两次,则必须从 1~3 进行求和计算。位置向量具有分量,而速度分量具有分量 u_i。

运动方程组包括:

连续方程

$$\frac{\partial \rho}{\partial t} + \frac{\partial}{\partial x_i}(\rho u_i) = 0 \qquad (3.78)$$

动量方程

$$\frac{\partial}{\partial t}(\rho u_i) + \frac{\partial}{\partial x_j}(\rho u_i u_j) = f_i - \frac{\partial p}{\partial x_i} + \frac{\partial \tau_{ij}}{\partial x_j} \qquad (3.79)$$

式中

$$\tau_{ij} = \mu\left(\frac{\partial u_i}{\partial x_j} + \frac{\partial u_j}{\partial x_i} - \frac{2}{3}\delta_{ij}\frac{\partial u_l}{\partial x_l}\right) \qquad (3.80)$$

能量方程:

$$\frac{\partial}{\partial t}(\rho c_p T) + \frac{\partial}{\partial x_j}(\rho u_i u_j T) = \beta T\left(\frac{\partial p}{\partial t} + u_j \frac{\partial p}{\partial x_j}\right) + \tau_{ij}\frac{\partial u_i}{\partial x_j} + \frac{\partial}{\partial x_j}\left(\lambda \frac{\partial T}{\partial x_j}\right) \qquad (3.81)$$

运动方程组的最简洁表示方法是严格的守恒形式。采用 $f_i = -\rho \partial \psi / \partial x_i$,运动方程组可表示为

$$\frac{\partial \boldsymbol{U}}{\partial t} + \frac{\partial \boldsymbol{F}_j}{\partial x_j} = \boldsymbol{Q}_j \qquad (3.82)$$

所包含的矩阵为

$$\boldsymbol{U} = \begin{pmatrix} \rho \\ \rho u_i \\ \rho e_t \end{pmatrix}, \boldsymbol{F}_j = \begin{pmatrix} \rho u_j \\ \rho u_i u_j + \delta_{ij} p - \tau_{ij} \\ u_j(\rho e_t + p) - u_l \tau_{ij} - \lambda \frac{\partial T}{\partial x_j} \end{pmatrix}, \boldsymbol{Q}_j = \begin{pmatrix} 0 \\ f_i \\ 0 \end{pmatrix} \qquad (3.83)$$

其中,黏性应力张量 τ_{ij} 由式(3.22)给出,比总能由式(3.51)确定。

采用由 x_j 向 $\xi_j(x_j)$ 形式的坐标转换

$$\begin{cases} \xi_1 = \xi_1(x_1, x_2, x_3) \\ \xi_2 = \xi_2(x_1, x_2, x_3) \\ \xi_3 = \xi_3(x_1, x_2, x_3) \end{cases} \qquad (3.84)$$

运动方程组可再次回归严格守恒形式。维维安(H. Viviand,1974)与维诺库(M. Vinokur,1974)的研究表明,对于 $\boldsymbol{Q}_j = 0$,式(3.82)变为

$$\frac{\partial \boldsymbol{U}^*}{\partial t} + \frac{\partial \boldsymbol{F}_j^*}{\partial \xi_j} = 0 \tag{3.85}$$

有

$$\boldsymbol{U}^* = \frac{1}{J}\boldsymbol{U} \tag{3.86}$$

$$\boldsymbol{F}_j^* = \frac{1}{J}\boldsymbol{F}_i \frac{\partial \xi_j}{\partial x_i} \tag{3.87}$$

式中:J 为雅可比行列式,即

$$J = \frac{\partial(\xi_1,\xi_2,\xi_3)}{\partial(x_1,x_2,x_3)} = \begin{pmatrix} \frac{\partial \xi_1}{\partial x_1} & \frac{\partial \xi_1}{\partial x_2} & \frac{\partial \xi_1}{\partial x_3} \\ \frac{\partial \xi_2}{\partial x_1} & \frac{\partial \xi_2}{\partial x_2} & \frac{\partial \xi_2}{\partial x_3} \\ \frac{\partial \xi_3}{\partial x_1} & \frac{\partial \xi_3}{\partial x_2} & \frac{\partial \xi_3}{\partial x_3} \end{pmatrix} \tag{3.88}$$

3.13 不同坐标系的运动方程组

3.13.1 圆柱坐标系

位置向量:r,φ,z
速度向量:$\boldsymbol{v}(v_r,v_\varphi,v_z)$
角速度向量:

$$\boldsymbol{\omega} = \frac{1}{2}\mathrm{curl}\boldsymbol{v}$$

$$\begin{cases} \omega_r = \frac{1}{2}\left(\frac{1}{r}\frac{\partial v_r}{\partial \varphi} - \frac{\partial v_\varphi}{\partial z}\right) \\ \omega_\varphi = \frac{1}{2}\left(\frac{\partial v_r}{\partial z} - \frac{\partial v_z}{\partial r}\right) \\ \omega_z = \frac{1}{2r}\left[\frac{\partial}{\partial r}(rv_\varphi) - \frac{\partial v_r}{\partial \varphi}\right] \end{cases} \tag{3.89}$$

连续方程:

$$\frac{\partial \rho}{\partial t} + \frac{1}{r}\frac{\partial(\rho r v_r)}{\partial r} + \frac{1}{r}\frac{\partial(\rho v_\varphi)}{\partial \varphi} + \frac{\partial(\rho v_z)}{\partial z} = 0 \tag{3.90}$$

动量方程组:

$$\rho\left(\frac{\partial v_r}{\partial t}+v_r\frac{\partial v_r}{\partial r}+\frac{v_\varphi}{r}\frac{\partial v_r}{\partial \varphi}+\frac{v_r v_\varphi}{r}+v_z\frac{\partial v_r}{\partial z}\right)=f_r-\frac{\partial p}{\partial r}+\frac{1}{r}\frac{\partial(r\tau_{rr})}{\partial r}+\frac{1}{r}\frac{\partial \tau_{r\varphi}}{\partial \varphi}+\frac{\partial \tau_{rz}}{\partial z}-\frac{\tau_{\varphi\varphi}}{r}$$
(3.91)

$$\rho\left(\frac{\partial v_\varphi}{\partial t}+v_r\frac{\partial v_\varphi}{\partial r}+\frac{v_\varphi}{r}\frac{\partial v_\varphi}{\partial \varphi}+\frac{v_r v_\varphi}{r}+v_z\frac{\partial v_\varphi}{\partial z}\right)=f_\varphi-\frac{1}{r}\frac{\partial p}{\partial \varphi}+\frac{1}{r^2}\frac{\partial}{\partial r}(r^2\tau_{r\varphi})+\frac{1}{r}\frac{\partial \tau_{\varphi\varphi}}{\partial \varphi}+\frac{\partial \tau_{\varphi z}}{\partial z}$$
(3.92)

$$\rho\left(\frac{\partial v_z}{\partial t}+v_r\frac{\partial v_z}{\partial r}+\frac{v_\varphi}{r}\frac{\partial v_z}{\partial \varphi}+v_z\frac{\partial v_z}{\partial z}\right)=f_z-\frac{\partial p}{\partial z}+\frac{1}{r}\frac{\partial(r\tau_{rz})}{\partial r}+\frac{1}{r}\frac{\partial \tau_{\varphi z}}{\partial \varphi}+\frac{\partial \tau_{zz}}{\partial z} \quad (3.93)$$

能量方程：

$$\rho c_p\left(\frac{\partial T}{\partial t}+v_r\frac{\partial T}{\partial r}+\frac{v_\varphi}{r}\frac{\partial T}{\partial \varphi}+v_z\frac{\partial T}{\partial z}\right)=\frac{1}{r}\frac{\partial}{\partial r}\left(\lambda r\frac{\partial T}{\partial r}\right)+\frac{1}{r}\frac{\partial}{\partial \varphi}\left(\lambda\frac{1}{r}\frac{\partial T}{\partial \varphi}\right)+\frac{\partial}{\partial z}\left(\lambda\frac{\partial T}{\partial z}\right)$$
$$+\beta T\left(\frac{\partial p}{\partial t}+v_r\frac{\partial p}{\partial r}+\frac{v_\varphi}{r}\frac{\partial p}{\partial \varphi}+v_z\frac{\partial p}{\partial z}\right)+\Phi \quad (3.94)$$

黏性应力：

$$\begin{cases}\tau_{rr}=\mu\left(2\dfrac{\partial v_r}{\partial r}-\dfrac{2}{3}\mathrm{div}\boldsymbol{v}\right)\\[4pt]\tau_{\varphi\varphi}=\mu\left[2\left(\dfrac{1}{r}\dfrac{\partial v_\varphi}{\partial \varphi}+\dfrac{v_r}{r}\right)-\dfrac{2}{3}\mathrm{div}\boldsymbol{v}\right]\\[4pt]\tau_{zz}=\mu\left(2\dfrac{\partial v_z}{\partial z}-\dfrac{2}{3}\mathrm{div}\boldsymbol{v}\right)\\[4pt]\tau_{r\varphi}=\mu\left[r\dfrac{\partial}{\partial r}\left(\dfrac{v_\varphi}{r}\right)+\dfrac{1}{r}\dfrac{\partial v_r}{\partial \varphi}\right]\\[4pt]\tau_{rz}=\mu\left(\dfrac{\partial v_z}{\partial r}+\dfrac{\partial v_r}{\partial z}\right)\\[4pt]\tau_{\varphi z}=\mu\left(\dfrac{\partial v_\varphi}{\partial z}+\dfrac{1}{r}\dfrac{\partial v_z}{\partial \varphi}\right)\end{cases} \quad (3.95)$$

耗散函数：

$$\frac{\Phi}{\mu}=2\left[\left(\frac{\partial v_r}{\partial r}\right)^2+\left(\frac{1}{r}\frac{\partial v_\varphi}{\partial \varphi}+\frac{v_r}{r}\right)^2+\left(\frac{\partial v_z}{\partial z}\right)^2\right]$$
$$+\left[r\frac{\partial}{\partial r}\left(\frac{v_\varphi}{r}\right)+\frac{1}{r}\frac{\partial v_r}{\partial \varphi}\right]^2+\left(\frac{1}{r}\frac{\partial v_z}{\partial \varphi}+\frac{\partial v_\varphi}{\partial z}\right)^2$$
$$+\left(\frac{\partial v_r}{\partial z}+\frac{\partial v_z}{\partial r}\right)^2-\frac{2}{3}(\mathrm{div}\boldsymbol{v})^2 \quad (3.96)$$

散度：

$$\mathrm{div}\boldsymbol{v}=\frac{1}{r}\frac{\partial(rv_r)}{\partial r}+\frac{1}{r}\frac{\partial v_\varphi}{\partial \varphi}+\frac{\partial v_z}{\partial z} \quad (3.97)$$

3.13.2 平面流动的自然坐标

如图 3.6 所示；
轮廓曲率：$\kappa(x) = 1/R(x)$
坐标：x, y
速度向量：$\boldsymbol{v}(u, v)$
角速度向量：

$$\omega = \frac{1}{2}\left\{\frac{1}{1+\kappa y}\frac{\partial v}{\partial x} - \frac{1}{1+\kappa y}\frac{\partial}{\partial y}[(1+\kappa y)u]\right\} \quad (3.98)$$

连续方程：

$$\frac{\partial \rho}{\partial t} + \frac{1}{1+\kappa y}\frac{\partial(\rho u)}{\partial x} + \frac{1}{1+\kappa y}\frac{\partial}{\partial y}[(1+\kappa y)\rho v] = 0 \quad (3.99)$$

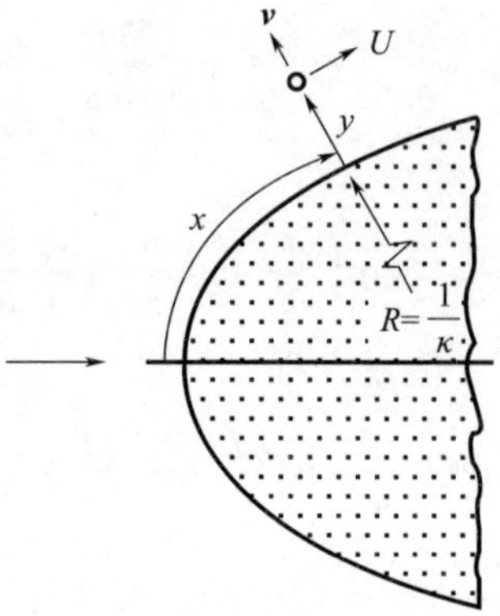

图 3.6 平面流动的自然坐标

动量方程组：

$$\rho\left(\frac{\partial u}{\partial t} + \frac{u}{1+\kappa y}\frac{\partial u}{\partial x} + v\frac{\partial u}{\partial y} + \frac{\kappa}{1+\kappa y}uv\right)$$
$$= f_x - \frac{1}{1+\kappa y}\frac{\partial p}{\partial x} + \frac{1}{1+\kappa y}\frac{\partial \tau_{xx}}{\partial x} + \frac{1}{(1+\kappa y)^2}\frac{\partial}{\partial y}[(1+\kappa y)^2 \tau_{xy}] \quad (3.100)$$

$$\rho\left(\frac{\partial v}{\partial t} + \frac{u}{1+\kappa y}\frac{\partial v}{\partial x} + v\frac{\partial v}{\partial y} + \frac{\kappa}{1+\kappa y}u^2\right)$$
$$= f_y - \frac{\partial p}{\partial x} + \frac{1}{1+\kappa y}\frac{\partial \tau_{xy}}{\partial x} + \frac{1}{(1+\kappa y)^2}\frac{\partial}{\partial y}[(1+\kappa y)^2 \tau_{yy}] - \frac{\kappa}{1+\kappa y}\tau_{xx} \quad (3.101)$$

能量方程：

$$\rho c_p\left(\frac{\partial T}{\partial t} + \frac{u}{1+\kappa y}\frac{\partial T}{\partial x} + v\frac{\partial T}{\partial y}\right) = \frac{1}{1+\kappa y}\frac{\partial}{\partial x}\left(\frac{\lambda}{1+\kappa y}\frac{\partial T}{\partial x}\right) + \frac{\partial}{\partial x}\left(\lambda\frac{\partial T}{\partial y}\right)$$
$$+ \beta T\left(\frac{\partial p}{\partial t} + \frac{u}{1+\kappa y}\frac{\partial p}{\partial x} + v\frac{\partial p}{\partial y}\right) + \Phi \quad (3.102)$$

黏性应力：

$$\begin{cases}\tau_{xx} = \mu\left[\dfrac{2}{1+\kappa y}\left(\dfrac{\partial u}{\partial x} + \kappa v\right) - \dfrac{2}{3}\mathrm{div}\boldsymbol{v}\right] \\ \tau_{yy} = \mu\left(2\dfrac{\partial v}{\partial y} - \dfrac{2}{3}\mathrm{div}\boldsymbol{v}\right) \\ \tau_{xy} = \mu\left(\dfrac{\partial u}{\partial y} - \dfrac{\kappa u}{1+\kappa y} + \dfrac{1}{1+\kappa y}\dfrac{\partial v}{\partial x}\right)\end{cases} \quad (3.103)$$

耗散函数：

$$\frac{\Phi}{\mu} = 2\left\{\left[\frac{1}{1+\kappa y}\left(\frac{\partial u}{\partial x}+\kappa v\right)\right]^2 + \left(\frac{\partial v}{\partial y}\right)^2\right\} + \left[\frac{\partial u}{\partial y} + \frac{1}{1+\kappa y}\left(\frac{\partial v}{\partial x}-\kappa u\right)\right]^2 - \frac{2}{3}(\text{div}\,\pmb{v})^2 \tag{3.104}$$

散度：

$$\text{div}\,\pmb{v} = \frac{1}{1+\kappa y}\frac{\partial u}{\partial x} + \frac{\partial}{\partial y}[(1+\kappa y)v] \tag{3.105}$$

3.13.3 其他坐标系

在相关文献中也可能发现下列坐标系。
(1) 常规正交坐标系(H. S. Tsien,1958);
(2) 球面极坐标系(R. L. Panton,1984);
(3) 轴对称流动中的自然坐标系(M. Van Dyke,1962c);
(4) 表面定向单斜坐标系(两个表面内非正交坐标与垂直于表面的法向坐标)(E. H. Hirschel,W. Kordulla,1981);
(5) 移动(加速或旋转)坐标系(G. K. Batchelor,1974;J. H. Spurk,1997)。

第4章
运动方程组的一般性质

4.1 相似定律

讨论运动方程组的解之前,需首先阐述这些方程的一些基本属性。

首先需要确定哪些物理量将成为运动方程组的解。如果将期望得到的量值与适当选择的参考值相关联,则无量纲解只能依赖无量纲位置坐标与其他无量纲值。这些无量纲量称为相似参数。几何相似的两个流动当所有相似参数相等时称为物理相似。除四周的壁面外,流线与等压线在这种情况下是相似的。理解并掌握流动中相关系数对于实施流动建模是非常重要的。通常,几何相似但尺寸较小的模型是由流动过程需确定的实际物体经缩比而制成的。然后,该模型被置于风洞之中进行实验测定。因此就出现了流动的物理相似问题,随后需要关注的问题是建模的结果能否传递至全尺寸结构。

第1章已讨论了考虑惯性力与摩擦力作用的两个流动动力学相似问题,并发现其雷诺数必须保持一致(雷诺数相似准则)。这是通过对力的估算而实现的,现在将通过运动方程组来推导雷诺数准则及其他相似定律。

从式(3.73)～式(3.77)的运动方程组开始,选择的参考量为长度 l(物体的典型尺寸)、速度 V(如自由流速度)及由参考温度 T_R 和参考压力 p_R 表征的热力学状态。相关的物理性质包括 ρ_R、μ_R、c_{pR}、λ_R 及 β_R。对于单位体积的体力可设置为

$$f = \rho g = \rho g e_g \tag{4.1}$$

式中:e_g 为重力加速度方向的单位向量;g 为常数。

引入下列无量纲量:

$$x^* = \frac{x}{l}, y^* = \frac{y}{l}, z^* = \frac{z}{l}$$

$$t^* = \frac{tV}{l}, v^* = \frac{v}{V}, p^* = \frac{p - p_R}{\rho_R V^2}$$

$$T^* = \frac{T}{T_R}, \rho^* = \frac{\rho}{\rho_R}, \mu^* = \frac{\mu}{\mu_R}$$

$$c_p^* = \frac{c_p}{c_{pR}}, \lambda^* = \frac{\lambda}{\lambda_R}, \beta^* = \frac{\beta}{\beta_R} \qquad (4.2)$$

$$\dot{\varepsilon}^* = \frac{l}{V}\dot{\varepsilon}, \operatorname{grad}^* \cdots = l\operatorname{grad}\cdots, \operatorname{div}^* \cdots = l\operatorname{div}\cdots$$

$$\operatorname{div}^* \cdots = l\operatorname{div}\cdots, \operatorname{curl}^* \cdots = l\operatorname{curl}\cdots, \Phi^* = \frac{l^2}{\mu_R V^2}\Phi$$

压力 p 只以微分形式出现在运动方程组中,因此只允许与参考压力的差值。

将式(4.2)中的无量纲量代入运动方程组,即式(3.73)~式(3.77),可得

$$\frac{\mathrm{D}\rho^*}{\mathrm{D}t^*} = -\rho^* \operatorname{div}^* \boldsymbol{v}^* \qquad (4.3)$$

$$\rho^* \frac{\mathrm{D}\boldsymbol{v}^*}{\mathrm{D}t^*} = \frac{1}{Fr^2}\rho^* \boldsymbol{e}_g - \operatorname{grad}^* p^* + \frac{1}{Re}\operatorname{div}^*\left[\mu^*\left(2\dot{\varepsilon}^* - \frac{2}{3}\boldsymbol{\delta}\operatorname{div}^*\boldsymbol{v}^*\right)\right] \qquad (4.4)$$

$$\rho^* c_p^* \frac{\mathrm{D}T^*}{\mathrm{D}t^*} = \frac{1}{RePr}\operatorname{div}^*(\lambda^* \operatorname{grad}^* T^*) - K_\rho Ec\beta^* T^* \frac{\mathrm{D}p^*}{\mathrm{D}t^*} + \frac{Ec}{Re}\Phi^* \qquad (4.5)$$

这里有下列无量纲相似参数:

雷诺数:
$$Re = \frac{\rho_R V l}{\mu_R} \qquad (4.6)$$

弗劳德数:
$$Fr = \frac{V}{\sqrt{gl}} \qquad (4.7)$$

普朗特数:
$$Pr = \frac{\mu_R c_{pR}}{\lambda_R} = \frac{\nu_R}{a_R} \qquad (4.8)$$

埃克特数:
$$Ec = \frac{V^2}{c_{pR} T_R} \qquad (4.9)$$

热膨胀系数:
$$K_\rho = -\beta_R T_R \qquad (4.10)$$

此外,参考状态中采用运动黏度($[\nu] = \mathrm{m}^2/\mathrm{s}$)

$$\nu = \frac{\mu}{\rho} \qquad (4.11)$$

与热扩散率($[a] = \mathrm{m}^2/\mathrm{s}$)

$$a = \frac{\lambda}{\rho c_p} \qquad (4.12)$$

在这5个相似参数中,Pr 为通常取决于参考状态的单纯流体属性。

根据这些考虑,当这5个相似参数相等时流经几何相似物体的流动在物理上是相似的。当然,这是在初始条件与边界条件相似的前提下。

缩比模型与全尺寸结构的实验中这5个相似参数很少全部相等。如果只有部分相似参数相等,则流动是部分相似的。这种情况下应尽可能遵循流动的重要相

似定律,即相应的相似参数相同。对于相似参数仍有差异的流动,需要基于缩比模型实验结果对全尺寸结构流动进行特定的校正。因此,运动方程组的解对于相似参数的依赖性必须是已知的。

流体力学主要关注的是确定运动方程组的解对于相似参数的依赖性。特殊情况下,额外的相似参数通过规定的初始条件与边界条件影响而进入相似参数列表。比如,如果频率由强迫振荡的流动确定,则也可采用由式(1.16)定义的斯特劳哈尔数。热传递问题中经常给定温度差,如 $T_w - T_R$,则 $(T_w - T_R)/T_R$ 是更深入的特征数。

与现有特征数相关联的其他特征数经常出现于相关文献中。式(4.5)中有特征数的组合形式:

$$Pe = Re \cdot Pr \tag{4.13}$$

Pe 为贝克来数。第1章中已提及的马赫数按式(4.14)与埃克特数相关联:

$$Ec = Ma^2 \frac{c_R^2}{c_{pR} T_R} = Ma^2 \hat{K}_C \tag{4.14}$$

式中:$\hat{K}_C$ 为声速数,$\hat{K}_C = c_R^2/(c_{pR} T_R)$ 也是一个单纯的物理性质(对于理想气体,有 $\hat{K}_C = \gamma - 1$ 与 $K_\rho = -1$)。

为减少特征数的数量,通常在特征数的值非常大或非常小的情况下研究方程解的渐进特性。这意味着一次近似下减少特征数的数量。本书所讨论的边界层理论就是极高雷诺数($Re \to \infty$)情况下的渐近理论。

如果超越 $Re = \infty$ 的极限,式(4.3)与式(4.5)回归至非黏流方程,除物理相似参数 K_ρ 与 $\hat{K}_C$ 外,只保留了弗劳德数与马赫数。然而,非黏解并不能满足壁面的无滑移条件。因此,除紧靠壁面的薄层作为本书的主题的边界层外,非黏流方程也适用于 $Re \to \infty$ 的情况。

当 $Fr \to \infty$ 时,重力的影响消失。这种假设实际上已在飞行技术、汽车空气动力学以及压气机与燃气轮机内部流动等许多领域得到应用。

假定密度与黏度为常数($\rho^* = \mu^* = 1$),则流动是不可压缩的(式(3.5)),且速度场与压力场和温度场无关(单边解耦)。当 $Fr \to \infty$ 时,则只能依赖雷诺数。这证明了雷诺数相似准则对于流体力学的核心重要性。

本节不仅要关注速度场、压力场与温度场,而且应重视剪切应力 τ_w 与壁面热流 q_w。另外,还引入了这些无量纲物理量:

表面摩擦系数:

$$c_f = \frac{\tau_w}{\frac{\rho_R}{2} V^2} \tag{4.15}$$

与给定温度差 $T_w - T_\infty$ 下的努塞尔数:

$$Nu = \frac{q_w l}{\lambda_R(T_w - T_\infty)} \tag{4.16}$$

以 r 表征位置向量,三维形式的运动方程组的一般解为

$$\begin{cases} v^* = f_1(r^*, Re, Fr, Pr, Ec, K_\rho) \\ p^* = f_2(r^*, Re, Fr, Pr, Ec, K_\rho) \\ T^* = f_3(r^*, Re, Fr, Pr, Ec, K_\rho) \\ c_f = f_4(r_w^*, Re, Fr, Pr, Ec, K_\rho) \\ Nu = f_4(r_w^*, Re, Fr, Pr, Ec, K_\rho) \end{cases} \tag{4.17}$$

4.2 浮力作用(强迫对流与自然对流混合)下的相似定律

如果流动浮力($\propto 1/Fr^2$)是很重要的,则仅考虑压力场和温度场同相应静态场的差异。对于与时间无关的静态场($v = 0$),由式(3.74)与式(4.1)可得

$$\rho_{stat} g e_g = \mathrm{grad} p_{stat} \tag{4.18}$$

式(3.74)减去式(4.18),并采用

$$p = p_{stat} + p_{mot} \tag{4.19}$$

形成一种关系,当式(4.4)采用无量纲形式时可表示为

$$\rho^* \frac{\mathrm{D} v^*}{\mathrm{D} t^*} = \frac{1}{Fr^2}(\rho^* - \rho_{stat}^*) e_g - \mathrm{grad}^* p_{mot}^* + \frac{1}{Re} \mathrm{div}^* \left[\mu^* \left(2 \dot{\varepsilon}^* - \frac{2}{3} \delta \, \mathrm{div}^* v^* \right) \right] \tag{4.20}$$

式中: p_{mot} 为流体流动而产生的压力。

对于存在浮力的流动,通常只考虑压力与温度偏离其参考值的微小差值。密度 $\rho(T,p)$ 基于参考状态采用泰勒展开式作为状态方程的近似:

$$\rho(T,p) = \rho_R + \left(\frac{\partial \rho}{\partial T}\right)_R (T - T_R) + \left(\frac{\partial \rho}{\partial p}\right)_R (p - p_R) + \cdots \tag{4.21}$$

一般情况下,有

$$\left(\frac{\partial \rho}{\partial p}\right)_T = \gamma \left(\frac{\partial \rho}{\partial p}\right)_s = \frac{\gamma}{c^2} \quad \left(\gamma = \frac{c_p}{c_v}\right) \tag{4.22}$$

因此,式(4.21)可以下列无量纲形式表示:

$$\rho^*(T^*, p^*) = 1 + K_\rho(T^* - 1) + \gamma Ma^2 p^* + \cdots \tag{4.23}$$

从式(4.23)可发现,不可压缩流动($\rho^* = 1$)需要形成两个极限:

$$\left.\begin{matrix} Ma \to 0 \\ T \to T_R \end{matrix}\right\} \quad (\text{不可压缩流动}) \tag{4.24}$$

单一极限 $Ma \to 0$ 通常对于不可压缩流动是不充分的。

存在浮力的实际流动马赫数非常小,因此对于任何流动均将只考虑极限 $Ma \rightarrow 0$。然后,式(4.23)中的压力项消失,能量方程中与 Ec 呈比例的两个项也消失。从式(4.23)可得出静态场为

$$\rho_{\text{stat}}^* = 1 + K_\rho (T_{\text{stat}}^* - 1) \tag{4.25}$$

因此,式(4.20)可表示为

$$\rho^* \frac{\mathrm{D}\boldsymbol{v}^*}{\mathrm{D}t^*} = \frac{K_\rho}{Fr^2}(T^* - T_{\text{stat}}^*)\boldsymbol{e}_g - \mathrm{grad}^* p_{\text{mot}}^* + \frac{1}{Re}\mathrm{div}^*\left[\mu^*\left(2\dot{\boldsymbol{\varepsilon}}^* - \frac{2}{3}\boldsymbol{\delta}\mathrm{div}^*\boldsymbol{v}^*\right)\right] \tag{4.26}$$

式中,$T_{\text{stat}}^*(\boldsymbol{r}^*)$ 仍取决于位置,如在地球大气层中。由于存在极限 $Ma \rightarrow 0$,只有温度的导数出现在能量方程中。因此,能量方程可解释为 $T^* - 1$ 的方程,替代 T^* 的方程。

传热问题中有两个问题特别重要,即给定温度差 $T_w - T_R$ 和壁面热流 q_w。

如果温度差 $T_w - T_R$ 给定,可引入以下无量纲温度:

$$\vartheta = \frac{T - T_R}{T_w - T_R} = \frac{T^* - 1}{T_w^* - 1} \tag{4.27}$$

采用该无量纲温度,动量方程组与能量方程可表示为

$$\rho^* \frac{\mathrm{D}\boldsymbol{v}^*}{\mathrm{D}t^*} = \frac{k_\rho(T_w^* - 1)}{Fr^2}\vartheta\left[1 - \frac{T_{\text{stat}}^* - 1}{T_w^* - 1}\right]\boldsymbol{e}_g - \mathrm{grad}p_{\text{mot}}^* + \frac{1}{Re}\mathrm{div}^*\left[\mu^*\left(2\dot{\boldsymbol{\varepsilon}}^* - \frac{2}{3}\boldsymbol{\delta}\,\mathrm{div}^*\boldsymbol{v}^*\right)\right] \tag{4.28}$$

$$\rho^* c_p^* \frac{\mathrm{D}\vartheta}{\mathrm{D}t^*} = \frac{1}{ReFr}\mathrm{div}^*(\lambda^* \mathrm{grad}^* \vartheta) \tag{4.29}$$

如果物理性质 μ^*、c_p^* 与 λ^* 采用泰勒展开式,可得

$$\begin{cases} \rho^*(T^*) = 1 + K_\rho(T_w^* - 1)\vartheta \\ \mu^*(T^*) = 1 + K_\mu(T_w^* - 1)\vartheta \\ c_p^*(T^*) = 1 + K_C(T_w^* - 1)\vartheta \\ \lambda^*(T^*) = 1 + K_\lambda(T_w^* - 1)\vartheta \end{cases} \tag{4.30}$$

表3.1中可见各种流体的 K_α 值。

相关文献中以下重要的极限过程称为布西内近似:

$$T_w \rightarrow T_R, V \rightarrow 0, T_{\text{stat}} \rightarrow T_R \tag{4.31}$$

但需要保证

$$Ar = \frac{K_\rho(1 - T_w^*)}{Fr^2} = \frac{\beta_R(T_w - T_R)gl}{V^2} \tag{4.32}$$

与

$$\vartheta_{\text{stat}} = \frac{T_{\text{stat}} - T_R}{T_w - T_R} \tag{4.33}$$

保持有限值。首个相似参数是双极限过程的耦合参数,称为阿基米德数 Ar。在这

种极限情况下,流动是不可压缩的,且运动方程被大大简化:

$$\mathrm{div} \boldsymbol{v}^* = 0 \tag{4.34}$$

$$\frac{\mathrm{D} \boldsymbol{v}^*}{\mathrm{D} t^*} = Ar\vartheta(1-\vartheta_{\mathrm{stat}})\boldsymbol{e}_g - \mathrm{grad}^* p^*_{\mathrm{mot}} + \frac{2}{Re}\mathrm{div}^* \dot{\boldsymbol{\varepsilon}}^* \tag{4.35}$$

$$\frac{\mathrm{D}\vartheta}{\mathrm{D}t^*} = \frac{1}{RePr}\mathrm{div}^*(\mathrm{grad}^*\vartheta) \tag{4.36}$$

方程组在形式上通过 $Ma \to 0$ 情况下采用式(4.3)~式(4.5),除浮力项中引入密度与温度的线性关系外,所有物理性质均取常数。

如果给定壁面热流 q_w,可发现形式相同的方程组。其中,ϑ、Ar 具有以下含义:

$$\vartheta = \frac{T-T_R}{q_w l/\lambda_R} \tag{4.37}$$

$$Ar = \frac{\beta_R g l^2 q_w}{V^2 \lambda_R} \tag{4.38}$$

$$\vartheta_{\mathrm{stat}} = \frac{T_{\mathrm{stat}}-T_R}{q_w l/\lambda_R} \tag{4.39}$$

同样地,这些物理量在极限过程中保持不变

$$q_w \to 0, V \to 0, T_{\mathrm{stat}} \to T_R \tag{4.40}$$

类似于式(4.30),可得

$$\rho^*(T^*) = 1 + K_\rho \frac{q_w l}{\lambda_R T_R}\vartheta \tag{4.41}$$

以及其他物理性质的等价表达式。

这些极限过程称为布西内近似(J. Boussinesq,1903)。然而,奥伯贝克显然也在早期进行了研究(A. Oberbeck,1876),因而一些作者提到了奥伯贝克-布西内近似,具体可参见相关文献(D. D. Joseph,1976;G. P. Merker,1987)。这两种情况一般解可表示为

$$\begin{cases} \dfrac{\boldsymbol{v}}{V} = \boldsymbol{f}_1(\boldsymbol{r}^*, Re, Ar, Pr, \vartheta_{\mathrm{stat}}) \\ \dfrac{p_{\mathrm{mot}}-p_R}{\rho_R V^2} = f_2(\boldsymbol{r}^*, Re, Ar, Pr, \vartheta_{\mathrm{stat}}) \\ \vartheta = f_3(\boldsymbol{r}^*, Re, Ar, Pr, \vartheta_{\mathrm{stat}}) \end{cases} \tag{4.42}$$

4.3 自然对流的相似准则

仅温度差引起密度差而产生的流动称为自然对流流动或自由对流流动。在这种情况下,自由流速度消失,实际上参考速度 V 并不像推断那样存在。

本节将由 $V=0$ 情况下混合对流的运动方程推导出自然对流流动的相似准则。

如果选择 ν_R/l 来取代 V 作为参考速度，则式(4.26)可写为

$$\rho^* \frac{\mathrm{D}\boldsymbol{v}^*}{\mathrm{D}t^*} = GaK_\rho(T^* - T_{\mathrm{stat}}^*)\boldsymbol{e}_g - \mathrm{grad}^* p_{\mathrm{mot}}^* + \mathrm{div}^*\left[\mu^*\left(2\dot{\boldsymbol{\varepsilon}}^* - \frac{2}{3}\boldsymbol{\delta}\mathrm{div}^*\boldsymbol{v}^*\right)\right] \quad (4.43)$$

式中：Ga 为伽利略数，且有

$$Ga = \frac{Re^2}{Fr^2} = \frac{gl^3}{\nu_R^2} \quad (4.44)$$

其中并不包含参考速度。式(4.26)与式(4.43)是等价的。两者对于混合对流均是有效的，而后者对于自然对流也是有效的。布西内近似也可给出式(4.43)。在小温差或壁面小热流的极限条件下，可得

$$\frac{\mathrm{D}\boldsymbol{v}^*}{\mathrm{D}t^*} = Gr(1-\vartheta_{\mathrm{stat}})\boldsymbol{e}_g - \mathrm{grad}^* p_{\mathrm{mot}}^* + 2\mathrm{div}^*\dot{\boldsymbol{\varepsilon}}^* \quad (4.45)$$

在此需要关注下列两种情况之间的差异：

1) 对于给定温差 $T_w - T_R$ 情况

极限过程：

$$T_w \to T_R, \nu_R \to 0, T_{\mathrm{stat}} \to T_R \quad (4.46)$$

因此，有

$$\vartheta = \frac{T - T_R}{T_w - T_R} \quad (4.47)$$

格拉晓夫数：

$$Gr = ArRe^2 = \frac{gl^3 \beta_R(T_w - T_\infty)}{\nu_R^2} \quad (4.48)$$

与源自式(4.33)的 $\vartheta_{\mathrm{stat}}$ 均维持有限值。

2) 对于给定热流 q_w 的情况

极限过程：

$$q_w \to 0, \nu_R \to 0, T_{\mathrm{stat}} \to T_R \quad (4.49)$$

因此，有

$$\vartheta = \frac{T - T_R}{q_w l/\lambda_R} \quad (4.50)$$

格拉晓夫数：

$$Gr = ArRe^2 = \frac{gl^4 \beta_R q_w}{\lambda_R \nu_R^2} \quad (4.51)$$

与式(4.39)的 $\vartheta_{\mathrm{stat}}$ 均保持有限值。

以上两种情况的一般解在形式上是相同的：

$$\begin{cases} \dfrac{vl}{\nu_R} = f_1(\boldsymbol{r}^*, Gr, Pr, \vartheta_{\text{stat}}) \\ \dfrac{(p_{\text{mot}} - p_R)l^2}{\rho_R \nu_R^2} = f_2(\boldsymbol{r}^*, Gr, Pr, \vartheta_{\text{stat}}) \\ \vartheta = f_3(\boldsymbol{r}^*, Gr, Pr, \vartheta_{\text{stat}}) \end{cases} \quad (4.52)$$

必须强调的是,在这些极限情况下已经假定非常小的黏度。然而,仍未对具有边界层特点的流动予以讨论。该情况只有在格拉晓夫数变得非常大的时候才会出现,压力梯度通常为零,更多细节将在第11章阐述。

4.4 涡量输运方程

如前所述,如果密度与黏度保持恒定且可忽略浮力(重力作用结果),则速度场与压力场不依赖温度场。这个流动则是不可压缩的。动量方程则可转换为式(3.27)中的角速度矢量:

$$\boldsymbol{\omega} = \frac{1}{2}\text{curl}\boldsymbol{v} \quad (4.53)$$

具体可参见相关文献(R. L. Panton,1984)。其可表示为

$$\frac{D\boldsymbol{\omega}}{Dt} = (\boldsymbol{\omega} \cdot \text{grad})\boldsymbol{v} + \nu\Delta\boldsymbol{\omega} \quad (4.54)$$

式(4.54)称为涡量输送方程。按照该方程,液体质点的角速度因式(4.54)等号右侧两项所表示的两个不同机制而发生变化。$(\boldsymbol{\omega} \cdot \text{grad})\boldsymbol{v}$ 描述了涡旋的伸展与涡线的弯曲。根据定义,涡线总是平行于角速度向量,且对应于速度场中的流线。由 $(\boldsymbol{\omega} \cdot \text{grad})\boldsymbol{v}$ 所表征的机制在平面流中并不存在。$\nu\Delta\boldsymbol{\omega}$ 描述了由黏性所致的角速度扩散,且该方式下的黏度可理解为角速度的输运系数。应注意的是,涡量输运方程并不包含压力项,因为法向应力对质点的角速度不产生影响。

对于平面流动,涡量输运方程变得特别简单。在笛卡儿坐标系中可表示为

$$\frac{\partial \omega}{\partial t} + u\frac{\partial \omega}{\partial x} + v\frac{\partial \omega}{\partial y} = \nu\left(\frac{\partial^2 \omega}{\partial x^2} + \frac{\partial^2 \omega}{\partial y^2}\right) \quad (4.55)$$

式中

$$\omega = \omega_z = \frac{1}{2}\left(\frac{\partial v}{\partial x} - \frac{\partial u}{\partial y}\right) \quad (4.56)$$

这种情况下对于能量方程有一个意义深远的类比:

$$\frac{\partial T}{\partial t} + u\frac{\partial T}{\partial x} + v\frac{\partial T}{\partial y} = a\left(\frac{\partial^2 T}{\partial x^2} + \frac{\partial^2 T}{\partial y^2}\right) \quad (4.57)$$

式中:a 为热扩散率。

此外的输运过程是类似的。温度场中的热扩散率 a 对应角速度场中运动黏度。对于 $a = \nu (Pr = 1)$ 且具有相同的边界条件,温度与角速度的解是相同的。

通过消去压力项,关于 u、v 与 p 的 3 个方程(连续方程与两个动量方程)可减少至关于 u 与 v 的两个方程。通过引入流函数 $\psi(x,y)$,方程数目甚至可进一步减少。可设定

$$u = \frac{\partial \psi}{\partial y}, v = \frac{\partial \psi}{\partial x} \tag{4.58}$$

即能满足连续方程。其角速度为

$$\omega = -\frac{1}{2}\Delta\psi \tag{4.59}$$

因此,涡量输运方程为

$$\frac{\partial(\Delta\psi)}{\partial t} + \frac{\partial \psi}{\partial y}\frac{\partial(\Delta\psi)}{\partial x} - \frac{\partial \psi}{\partial x}\frac{\partial(\Delta\psi)}{\partial y} = \nu\Delta\Delta\psi \tag{4.60}$$

这种形式的涡量输运方程只包含一个未知量 ψ。现可得到(非线性的)四阶微分方程。

- ω 为常数的特殊情况。

显然,角速度恒定(ω = 常数)的流动,特别是无旋流动($\omega = 0$)为平板涡量输运方程的解。然而,除了极个别的例外情况,这些解并不满足壁面无滑移条件,因而实际上并不重要。包括第 1 章所述库埃特流动在内的恒定角速度流动对于流动分离却是重要的,可参见相关文献(G. K. Batchelor,1956)。

无旋流动也称势流。尽管具有非零黏性(黏性势流),但这些就是纳维-斯托克斯方程组的解。通过转换流线与势流线的含义,可由所有圆柱体二维势流得到物理上合理的解。然后就是不满足无滑移条件表面存在抽吸或吹气的物体。

无滑移条件一般通过沿流动方向移动壁面来满足。最简单的实例为静止流体中旋转的圆柱体。具有单纯圆周速度 $\propto 1/r$ 的势流(势涡流)是纳维-斯托克斯方程组的一个解,更多的相关内容可参见相关文献(G. Hamel,1941;J. Ackeret,1952)。

黏性势流具有非零的耗散函数 Φ [式(3.62)]。齐瑞普对此进行了讨论(J. Zierep,1983)。该函数对应于移动表面剪切应力的总功率。

4.5 小雷诺数非常低的极限情况

在流动非常慢或黏度非常大的情况下,摩擦力明显大于惯性力,这是因为惯性力正比于速度的平方,而摩擦力是呈线性变化的。与一阶摩擦项相比,一阶惯性项可忽略,由式(4.60)可得

$$\Delta\Delta\psi = 0 \quad (4.61)$$

这是线性微分方程,比完全方程式(4.60)更容易找到一个解。满足式(4.61)的流动称为蠕动流。在流动非常慢的情况下在数学上是允许取消惯性项的,由于微分方程的阶数并没有减少,因此简化微分方程式(4.61)的解可满足与完全方程式(4.60)同样多的边界条件。

可蠕动运动将解释为雷诺数非常低($Re\to0$)的极限条件下纳维-斯托克斯方程组的解。

式(4.61)的球体蠕动解由斯托克斯(G. G. Stokes,1856)给出。斯托克斯解适用于诸如空气中油雾液滴或稠油中粒径非常小的情况,此时速度非常小,惯性项可忽略。关于轴与轴承之间狭窄间隙内润滑油流动的流体动力润滑理论也是源于蠕动流的简化方程。即便该处的流体速度不小,小的间隙距离与相对高的液体黏度也会使摩擦力远高于惯性力。关于低雷诺数流动的概述可参见相关文献(W. E. Langlois and 1964;J. Happel and H. Brenner,1973;K. Gersten and H. Herwig,1992)。

4.6 极高雷诺数的极限情况

其他极限情况在实际应用中非常重要,其中式(4.60)中摩擦项明显大于惯性项。由于水、空气等重要流体具有很小的黏度,因此速度很大时就会出现这种情况。这就是雷诺数非常高($Re\to\infty$)的极限情况。然而,该情况下必须更多地关注微分方程式(4.60)的数学简化。不允许简单地删除式(4.60)等号右边的摩擦项。这种做法会将微分方程的阶数由4降至2,并非完全方程的全部边界条件由简化的微分方程满足。该方程是边界层理论的核心。现将首先详细讨论极高雷诺数条件下纳维-斯托克斯方程组的通用表述。

该极限条件下纳维-斯托克斯方程组解的特征可通过采用前述的涡量场与速度场(式(4.55)与式(4.57))之间的类比来解释。考虑图4.1中壁面温度高于环境温度 T_∞ 的物体绕流。

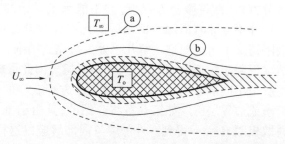

图4.1 $T_o = T_w > T_\infty$ 近壁面流动条件下温度分布与角速度分布之间的类比
(ⓐ、ⓑ分别为加热区域的极限,其中ⓐ小流动速度情况,ⓑ大流动速度情况。)

由式(4.55)~式(4.57)可知,期望角速度 ω 的解与温度差 $T-T_\infty$ 具有相同的特征。

现在温度场的特征明显,纯粹用于说明。流动速度趋向于零(静止)的极限条件下物体高的温度将会对周围的所有方向产生相同的影响。即便流动速度非常小的情况下,物体所处的周边环境也会受到来自各方向加热的影响。然而,如果流动速度是增加的,加热影响的区域将在物体上形成一个窄带与加热流体的尾迹(图4.1)。

对于角速度 ω,式(4.55)解的特征是相同的。小速度(摩擦力比惯性力大)情况下,可发现物体周围环境内的角速度。大速度条件(摩擦力比惯性力小)情况下,期望角速度只出现于物体表面的窄带区域的流场,并存在尾迹,而其余周围环境实际上保持无旋流动(图4.1)。如此可期望非常小摩擦力,即极高雷诺数情况下纳维-斯托克斯方程组的解将整个流场分为两个部分:遵循无黏流动准则并按照以势流进行处理的无旋外部流动,以及存在角速度并适用纳维-斯托克斯方程组的紧靠物体薄层与物体后的尾迹。只有在该薄层中摩擦力是可观的,即与惯性力具有相同的量级。该层称为摩擦层或边界层。摩擦层的概念在20世纪初首次由普朗特(L. Prandtl,1904)引入流体力学,并被证实是富有成效的。只有将整个流场分为无黏外部流动与边界层摩擦流动,才能大大降低纳维-斯托克斯方程组的数学难度,在许多情况下才有可能进行积分运算。这构成了后续相关章节边界层理论的内容。

特定的简单情况下纳维-斯托克斯方程组直接计算表明,在极高雷诺数的极限情况下黏性作用仅局限于贴近物体表面的薄层(这些情况将在第5章讨论)。

因忽略纳维-斯托克斯方程组中的惯性力并不能降低阶数但会使其线性化,所以前面所讨论摩擦力大于惯性力(雷诺数非常低的蠕动流)的极限情况引入了大量的数学简化。另一个惯性力大于摩擦力(雷诺数非常大的摩擦层)的极限情况在数学上比蠕动流更难。如果简单地将纳维-斯托克斯方程组中的解设为零,高阶导数会从原始纳维-斯托克斯方程组(3.42)与流函数方程(4.60)中消失。由此产生的低阶微分方程(欧拉微分方程组)并不能满足原始的完全微分方程组的所有边界条件。这并不意味着消除摩擦项的简化方程解没有物理意义。此外,雷诺数非常大的极限情况下可证明这些解几乎处处与完全纳维-斯托克斯方程组的解一致。例外情况仅限于贴近壁面的薄层,即边界层。由此可想象,纳维-斯托克斯方程组的完整解由不同部分构成,即由欧拉运动方程获得的外部解和只存在于壁面薄层的内部解或边界层解。如第6章将介绍的,其由纳维-斯托克斯方程组通过坐标变换并取极限 $Re \to \infty$ 得到。外部解与内部解应以这样的方式匹配,使两个解在重叠区域是有效的。

4.7　$Re \to \infty$ 的数学实例

由于上述讨论主要涉及边界层理论最重要的理论基础,可用普朗特[①]提供的非常简单的数学范例来阐明这些思想。

考虑由微分方程给出的带阻尼的点质量振荡,有

$$m\frac{d^2 x}{dt^2} + k\frac{dx}{dt} + cx = 0 \quad (4.62)$$

式中:m 为振荡质量;k 为阻尼常数;c 为弹簧常数;x 为质量距静止位置的距离;t 为时间。

初始条件为

$$t = 0, x = 0 \quad (4.63)$$

类似于具有非常小运动黏度的纳维 – 斯托克斯方程组,可考虑非常小质量 m 的极限,自此式(4.62)中最高阶项变得非常小。

以式(4.63)为初始条件,式(4.62)的解为

$$x = A[\,e^{-(ct/k)} - e^{-(ct/m)}\,], m \to 0 \quad (4.64)$$

式中:A 为由第二初始条件确定的自由常数。

如果在式(4.62)中设置 $m = 0$,可得简化的微分方程:

$$k\frac{dx}{dt} + cx = 0 \quad (4.65)$$

及其一阶微分方程的解:

$$x_o(t) = A e^{-(ct/k)} \quad (4.66)$$

通过适当选择任意初始常数,该解与完全解的第一项一致。然而,其不能满足式(4.62),因此,其针对大时间的解(外部解)。

简化的微分方程也可由式(4.62)来计算小时间的解(内部解)。最终,新的内部变量是通过拉伸时间坐标 t 引入的:

$$t^* = \frac{t}{m} \quad (4.67)$$

应用这种方法,式(4.62)可写为

$$\frac{d^2 x}{dt^{*2}} + k\frac{dx}{dt^*} + mcx = 0 \quad (4.68)$$

对于 $m = 0$,可获得具有内部解的微分方程:

$$\frac{d^2 x}{dt^{*2}} + k\frac{dx}{dt^*} = 0 \quad (4.69)$$

[①]　普朗特,1931—1932 年冬季学期数学讲座,哥廷根。

其解为
$$x_i(t^*) = A_1 e^{-kt^*} + A_2 \qquad (4.70)$$
尽管经过了简化,但该方程仍保留了二阶,且其满足初始条件式(4.63),有
$$A_1 = -A_2 \qquad (4.71)$$
通过式(4.66)的外部解与内部解的匹配来确定常数 A_2。式(4.66)与式(4.70)的解在重叠区域即干涉时间内必须相等,必须有
$$\lim_{t^* \to \infty} x_i(t^*) = \lim_{t \to 0} x_o(t) \qquad (4.72)$$
换句话说,遵循的条件是内部解的外部极限与外部解的内部极限相同。由式(4.72)可得
$$A_2 = A \qquad (4.73)$$
及其内部解:
$$x_i(t^*) = (1 - A e^{-kt^*}) \qquad (4.74)$$

该解也可由式(4.64)的完全解来获得,如果将首项进行小 t 扩展且只考虑首项的扩展,则有
$$\lim_{t \to 0} e^{-(ct/k)} = 1 \qquad (4.75)$$
如果源自式(4.66)的外部解与源自式(4.74)的内部解在其作用区域内是有效的,则这两个解表征了完全解。

在 t 给定的情况下式(4.64)将 $m \to 0$ 传递至外部解。通过将两个解相加可从部分解中得到整个 t 区域的完全有效解(复合解)。此时两个解的共同部分只考虑一次,即必须减去:
$$x(t) = x_o(t) + x_i(t^*) - \lim_{t^* \to \infty} x_i(t^*) = x_o(t) + x_i(t^*) - \lim_{t^* \to 0} x_o(t) \qquad (4.76)$$
式(4.64)中的复合解以这种方式来自两个分离解。

$A > 0$ 情况下式(4.64)复合解如图4.2所示。曲线 a 为外部解。曲线 b、c 与 d 为复合解,曲线 b 至曲线 d 中,m 逐渐减小。

如果将该解与纳维-斯托克斯微分方程组相比较,完全方程组式(4.62)与黏性流体纳维-斯托克斯微分方程组对应,简化微分方程组式(4.65)与无黏流体欧拉微分方程组外部解对应,简化微分方程组式(4.69)与仍在发展的边界层方程组的内部解对应。初始条件式(4.63)对应黏性流体的无滑移条件,其可由纳维-斯托克斯微分方程组而非欧拉微分方程组满足。外部解对应不能满足壁面无滑移条件的无黏外部流动(势流)。内部解对应取决于黏度且只在贴近壁面狭窄区域(边界层或摩擦层)有效的边界层流动。然而,只有包含满足无滑移条件的边界层解,完全解才在物理上有意义。因此,该简单实例再次证实了前述章节所阐述的相同数学思想,即在纳维-斯托克斯方程组中取黏度非常小的极限并不能简单地消除微分方程中的摩擦项。这可通过获得首次解来实现,随后允许雷诺数变得非常大。

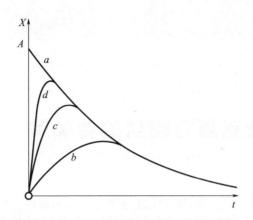

图 4.2 $m \to 0$ 情况下振荡方程(4.62)的解

曲线 a 在 $m=0$ 情况下为简化微分方程(4.65)的解;曲线 b、c、d 为不同 m 值情况下完全微分方程组(4.62)的解,对于小 m 值,曲线 d 为表征边界层特征的解。

稍后,将会发现,$Re \to \infty$ 情况下没有必要保持完全纳维-斯托克斯方程组。为在数学上简便,可假设这些方程中的一些项,尤其是摩擦项因足够小而被忽略。然而,重要的是并非全部摩擦项被忽略,这是因为这种处理方法会降低纳维-斯托克斯方程组的阶数。

4.8 纳维-斯托克斯方程组解的非唯一性

在初始条件与边界条件给定情况下纳维-斯托克斯方程组的解不必唯一。由于微分方程的非线性,几何参数与流体机械参数的变化会引起方程组解的分叉,并导致方程组多解。因此,尽管初始条件是稳定的,方程组的解也由会变为非定常。由层流向湍流的转捩原则上是一系列方程组解这种形式的分叉,会导致解的结构更加复杂,具体可参见第 15 章。

当发生流动分离或回流时稳定流中通常存在多解。其中一个解通常是物体的附着流,而其他解描述具有分离的流动。边界层中也会缺乏这种唯一性,后续相关章将会予以讨论。特别是第 14 章将表明,滞后也会发生。

第5章
纳维-斯托克斯方程组的精确解

求解纳维-斯托克斯方程组精确解通常是非常困难的。方程组的非线性禁止采用叠加原理,而该原理在非黏不可压势流情况下具有非常好的适用性。尽管如此,仍存在一些可获得精确解的特殊情况,且当非线性的惯性项以自然方式消失时,这种情况通常是真实发生的。

现在为非线性偏微分方程组开发的超级计算机与高度发展的数值方法有可能甚至求解纳维-斯托克斯方程组的通解,具体可参见相关文献(B. E. Schonung, 1990)。然而,这种难度随着雷诺数的增加而增大。这与高雷诺数下解的特殊结构有关。

本章将讨论不可压流纳维-斯托克斯方程组的一些精确解。高雷诺数极限情况下可发现许多精确解具有边界层特征。

关于纳维-斯托克斯方程组解的全面综述可参见相关文献(R. Berker, 1963; C. Y. Wang, 1989, 1991)。

本章所讨论的解可分为以下4类。
(1) 稳态平板流;
(2) 稳态对称流;
(3) 非定常平板流;
(4) 非定常对称流。

每种流动还可进一步分为具有非线性惯性项流动与无非线性惯性项流动,也可分为内部流动与外部流动。

下面所给出的实例主要描述高雷诺数下具有边界层特征的流动。

5.1 稳态平板流

5.1.1 库埃特-泊肃叶流

平行流动构成了特别简单的解。如果只有一个速度分量不等于零,且所有流体质点沿同一方向运动,则该流动被认为是平行的。如果只有这个速度分量 u 是非零的,v 处处为零,则可直接由连续方程得出 $\partial u/\partial x$,且 u 不能依赖 x。因此对于平行流,有

$$u = u(y), v = 0 \tag{5.1}$$

由纳维-斯托克斯方程组(3.42)中 y 方向方程,则可得出 $\partial p/\partial y = 0$($p = p_{\text{mot}}$ 为只因运动而产生的压力,参见式(4.19)。因此该压力只取决于 x。此外,方程中 x 方向的对流项消失,可得

$$\frac{\mathrm{d}p}{\mathrm{d}x} = \mu \frac{\mathrm{d}^2 u}{\mathrm{d}y^2} \tag{5.2}$$

这样,所保留的是包含 $u(y)$ 与 $p(x)$ 两个未知项的线性微分方程。由于式(5.2)等号左侧项只取决于 x,而右侧项取决于 y,因此两侧必须等于一个常数。这种方式下,式(5.2)实际上是两个方程,即 $\mathrm{d}p/\mathrm{d}x = C$ 与 $\mathrm{d}^2 u/\mathrm{d}y^2 = C/\mu$。

如图 5.1 所示,考虑相距 h 且压力梯度为 $\mathrm{d}p/\mathrm{d}x$ 的两个平板之间的流动,上部平板在其平面内以速度 U 移动。边界条件为

$$y = 0 : u = 0 ; y = h : u = U \tag{5.3}$$

式(5.2)的解为

$$u = \frac{y}{h} U - \frac{h^2}{2\mu} \frac{\mathrm{d}p}{\mathrm{d}x} \frac{y}{h}\left(1 - \frac{y}{h}\right) \tag{5.4}$$

或

$$\frac{u}{U} = \frac{y}{h} + P \frac{y}{h}\left(1 - \frac{y}{h}\right) \tag{5.5}$$

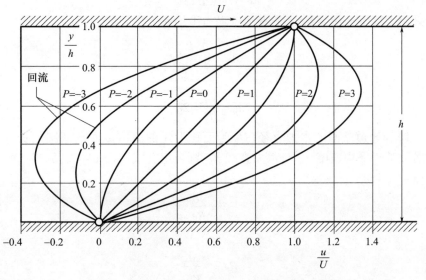

图 5.1 两个平行平面壁之间的库埃特-泊肃叶流
$P > 0$,壁面运动方向的压降;$P < 0$,壁面运动方向的压升。

其中,无量纲压力梯度为

$$P = \frac{h^2}{2\mu U}\left(-\frac{dp}{dx}\right) \tag{5.6}$$

式(5.3)以 P 为参数的解如图 5.1 所示。对于 $P>0$,即沿上部平板运动方向存在压降情况,整个通道宽度范围的速度为正;对于 $P<-1$,在部分截面范围内也会出现负的速度(回流)。这种情况下,速度较快流体层对贴近壁面流体拖曳作用不足以克服逆压梯度的影响。

现讨论式(5.4)的两种特殊情况。对于无压力梯度即 $dp/dx=0$ 的第一种特殊情况,有

$$u = \frac{y}{h}U \tag{5.7}$$

这种纯剪切流动被命名为库埃特流(为纪念法国 M. 库埃特的贡献),具体可参见图 1.1。

第二种特殊情况为 $U=0$ 的纯通道流动,该种流动被命名为泊肃叶流(纪念法国泊肃叶(J. L. M. Poiseuille,1846)的贡献)。由式(5.4)给出的一般流动是这两种流动的组合,被称为库埃特-泊肃叶流。由式(5.4)可知,通道流动具有中心最大速度的平面抛物线性速度分布,中心最大速度为

$$u_{\max} = -\frac{h^2}{8\mu}\frac{dp}{dx} \tag{5.8}$$

平均速度为

$$u_{\mathrm{m}} = \frac{Q}{hb} = -\frac{h^2}{12\mu}\frac{dp}{dx} = \frac{2}{3}u_{\max} \tag{5.9}$$

通常采用无量纲摩擦系数 λ 来表示压降与平均速度之间的关系:

$$-\frac{dp}{dx} = \frac{\lambda}{d_{\mathrm{h}}}\frac{\rho}{2}u_{\mathrm{m}}^2 \tag{5.10}$$

式中

$$d_{\mathrm{h}} = \frac{4A}{U_{\mathrm{P}}} = 2h \tag{5.11}$$

式(5.11)为通道截面的水力直径(U_{P} 为面积为 A 的流体截面浸润圆周长度)。如果雷诺数基于平均速度 u_{m} 与水力直径 d_{h},则可组合式(5.9)与式(5.10)来形成阻力定律:

$$\lambda = \frac{96}{Re} \tag{5.12}$$

式中

$$Re = \frac{u_{\mathrm{m}}d_{\mathrm{h}}}{\nu} \tag{5.13}$$

库埃特-泊肃叶流对于研究轴承中的流动是重要的。体积能量为零($P=-3$)的

特殊情况也有实际应用,比如风力驱动下静止的水在平面上伸展的情况。只要雷诺数低于特定极限值即临界雷诺数,库埃特－泊肃叶流就是层流的。实验表明,库埃特－泊肃叶流的临界雷诺数为

$$Re_{\text{crit}} \approx \left(\frac{hU}{\nu}\right)_{\text{crit}} \approx 1300 \tag{5.14}$$

在通道流的临界雷诺数为

$$Re_{\text{crit}} \approx \left(\frac{u_m d_h}{\nu}\right)_{\text{crit}} \approx 3000 \tag{5.15}$$

当 $Re > Re_{\text{crit}}$ 时,流动变为湍流的。库埃特－泊肃叶湍流流动将在17.2.2节予以讨论。

5.1.2 杰弗里－哈梅尔流(全面发展的喷管与扩压器流动)

现考虑管道流动的拓展,即非平行的平面壁之间的流动,如图5.2所示。然而在通道流动中惯性项消失,在喷管与扩压器内部流动情况下会发生加速与减速。对于 $r=0$ 处的源,就会形成扩压器(扩张形流道),而存在汇的情况下会产生喷管(收敛形流道)。

由极坐标下的纳维－斯托克斯方程组(3.91),可采用拟设

$$\frac{u(r,\varphi)}{u_{\max}(r)} = F(\eta), \ \eta = \frac{\varphi}{\alpha} \tag{5.16}$$

并得到归一化速度剖面的常微分方程 $F(\eta)$:

$$f''' + 2\alpha Re F F' + 4\alpha^2 F' = 0 \tag{5.17}$$

及其边界条件:

$$F(-1) = 0, F(0) = 0, F(+1) = 0 \tag{5.18}$$

雷诺数:

$$Re = \frac{u_{\max} r \alpha}{\nu} (\text{扩压器}, \alpha > 0, u_{\max} > 0; \text{喷管}, \alpha < 0, u_{\max} < 0) \tag{5.19}$$

总是正的,且其因 $u_{\max} \propto 1/r$ 而与 r 无关。因此,流线是通过原点的直线。速度的圆周分量由此处处为零。微分方程式(5.17)的解由杰弗瑞(G. B. Jeffery,1915)和哈梅尔(G. Hamel,1916)给出,且允许以椭圆函数形式表示 $F(\eta)$,具体可参见相关文献(F. M. White,1974:184)。

在没有详细计算的情况下,可以简单地勾勒出解的特点。图5.2描述了 $\alpha = 5°$ 扩散形流道与 $|\alpha| = 5°$ 收敛形流道在不同雷诺数下的速度分布。收敛形流道与扩张形流道的速度分布完全不同,而后一种情况下速度分布随雷诺数变化很大,具体可参见相关文献(K. Millsaps and K. Pohlhausen,1953)。

收敛形流道(喷管)中,高雷诺数情况下中心截面大部分区域的速度几乎是恒

定的,而靠近壁面处的速度急速降为零。此时,该流动具有明显的边界层特征。

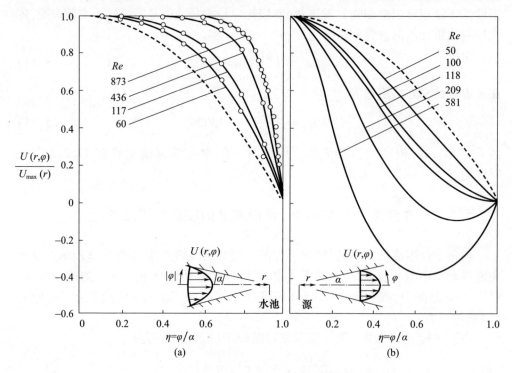

图 5.2 收敛形道与扩张形流道中的杰弗里 – 哈梅尔流

(a)开度角 $2\alpha = 10°$ 扩张形流道(喷管)中的速度分布;(b)开度角 $2\alpha = 10°$ 收敛形流道中的速度分布
—— 精确解;○○○ 细长流道的解;□□□ 边界层的解;- - - 准泊肃叶流(抛物线分布)。
—— 精确解;- - - 泊肃叶流(抛物线分布)。

扩张形流道(扩压器)中,可获得依赖雷诺数完全不同的速度分布。其各个分布比具有两个平行平面间流动的抛物线(虚线)显得更加弯曲。两个最高雷诺数的速度分布特征就在于其具有两个回流区。速度分布具有 4 个根状区域。由于壁面可以在任意点中,因此可以从各个这样的分布中确定两种不同的流动。因此对于 $2\alpha = 10°$ 开度角,这些分布具有两个对称的回流区,而当开度角为 $6.6°$ 或 $8°$ 时,存在一个回流区的非对称分布。这样的非对称速度分布实际上可在扩张器内观测到。

由微分方程式(5.17)可以发现,杰弗里 – 哈梅尔解取决于 α 和 Re。由 $F(\eta)$ 可得到以下结果。

(1)体积系数(宽度 b):

$$c_{\dot{V}} = \frac{\dot{V}}{2r\alpha u_{\max}b} = \frac{u_m}{u_{\max}} = \frac{1}{2}\int_{-1}^{+1}F(\eta)\,\mathrm{d}\eta \tag{5.20}$$

（2）表面摩擦系数：

$$c_f = \frac{2|\tau_w|}{\rho u_{max}^2} = \frac{2|F'(1)|}{Re} \tag{5.21}$$

（3）压力系数$[p_\infty = p(r \to \infty)]$：

$$c_p = \frac{p_\infty - p(r,\eta)}{\rho u_{max}^2/2} = \frac{1}{\alpha Re}[F''(1) - 4\alpha^2 F(\eta)] \tag{5.22}$$

（4）壁面压力系数：

$$c_{pw} = \frac{p_\infty - p(r,1)}{\rho u_{max}^2/2} = \frac{F''(1)}{\alpha Re} \tag{5.23}$$

$\alpha = -\pi/4$ 的喷管流结果如图 5.3 所示。此外，还给出了 $Re \to 0$（蠕动流）与 $Re \to \infty$（边界层流动）的渐近线。对于 $\alpha = -\pi/4$ 的情况，$Re \to 0$ 蠕动流的微分方程式（5.17）简化为

$$F''' + \frac{\pi^2}{4}F' = 0 \tag{5.24}$$

其中，简单解为 $F(\eta) = \cos(\pi\eta/2)$。

此处将更详细地考虑 $Re \to \infty$ 的情况，因为其可以言简意赅地说明边界层理论的基本概念。

1. 边界层理论

在给定 $\alpha < 0$（喷管）的高雷诺数 $Re \to \infty$ 条件下寻求微分方程式（5.17）的解。将式（5.17）除以 Re，则可形成 $Re \to \infty$ 的极限，该方程在非平凡解 $F = 1$ 时简化为 $FF' = 0$。现该解满足轴（$\eta = 0$）的边界条件，但不满足壁面无滑移条件。解 $F = 1$ 对应于无黏汇流。除在壁面非常薄的区域即边界层外，其在其他地均是有效的。

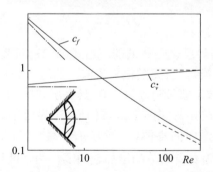

图 5.3 开度角 $2\alpha = -90°$ 喷管流条件下杰弗里－哈梅尔解的体积与表面摩擦系数渐近线：

$Re \to 0$ 蠕动流：$c_v^* = 2/\pi$, $c_f = \pi^3/(4Re)$，$Re \to \infty$ 边界层理论：$c_v^* = 1$, $c_f = 2\sqrt{\pi/(3Re)}$。

在壁面区域即边界层中，必须寻求满足无滑移条件的深入解，并随着与壁面距离的增加传递至核心区的解 $F = 1$。引入新的延伸坐标取代 η：

$$\xi = (1-\eta)\sqrt{-\alpha Re} \qquad (5.25)$$

可认为这是源自壁面的延伸距离。用一点表示关于 ξ 的导数，$F(\xi)$ 的微分方程为

$$\dddot{F} - 2F\ddot{F} - \frac{4\alpha}{Re}\dot{F} = 0 \qquad (5.26)$$

该初始方程的阶数并未降低。

$Re \to \infty$ 极限下，该式可简化为

$$\dddot{F} - 2F\ddot{F} = 0 \qquad (5.27)$$

式(5.25)中所用延展的系数 $\sqrt{-\alpha Re}$ 实际上避免了微分方程的退化。

式(5.27)的边界方程为

$$\xi = 0: F = 0, \xi \to \infty : F = 1, F' = 0 \qquad (5.28)$$

存在一个分析解：

$$F(\xi) = 3\tanh^2\left(\frac{\xi}{\sqrt{2}} + \operatorname{artanh}\sqrt{\frac{2}{3}}\right) - 2 \qquad (5.29)$$

式中

$$\dot{F}(0) = 2/\sqrt{3}, \ddot{F}(0) = -1 \qquad (5.30)$$

当 $\xi = 3.3$ 时，有 $F(\xi) = 0.99$。如果边界层边缘固定于速度为轴速度99%的点，则有

$$1 - \eta_{99} = \frac{3.3}{\sqrt{-\alpha Re}} \qquad (5.31)$$

这样，边界层厚度随雷诺数的增加而降低，且与雷诺数的平方根成反比，这是层流边界层的特征结果。对于表面摩擦系数，由式(5.21)可得

$$c_f \sqrt{Re} = 4\sqrt{\frac{-\alpha}{3}} \qquad (5.32)$$

组合 $c_f\sqrt{Re}$ 对于层流边界层也是典型的。由式(5.23)可发现，壁面压力分布对应核心流中的压力分布。换言之，无黏核心流壁面的压力分布作用于壁面边界层。

结果表明，高雷诺数下喷管流动($\alpha<0$)具有层状结构。流场由具有无黏流动的大核心区与贴近壁面的边界层两个区域构成，边界层中黏度起作用并保证速度由核心区的全值过渡至壁面的零值(无滑移条件)。边界层厚度与表面摩擦系数正比于 $1/\sqrt{Re}$，并由此随着雷诺数的增加趋向零。两个区域内需要求解的方程比完全纳维-斯托克斯方程简单。单独确定的解必须在重叠区域匹配。$Re \to \infty$ 条件下边界层的解并不存在于扩压器内($\alpha<0$)。

2. 杰弗里-哈梅尔理论

并非所有杰弗里-哈梅尔流的解都具有 $Re \to \infty$ 边界层特征。由初始方程式(5.17)可以发现，对于 $Re \to \infty$，另一个极限值是可能的。这是一个双重极限，除 $Re \to \infty$ 外，还采用了 $Re \to 0$，因而 αRe 保持不变。在固定 αRe 下，开度角 α 随雷诺

数增加而下降,即几何结构变得更加细长。可采用细长通道理论来确定这种流体力学量与几何量耦合的双重极限解。在考虑这种极限时,有流动方程的简化,但没有退化。这种情况下采用 $\alpha \to 0$,式(5.17)简化为

$$F''' + 2\alpha Re FF' = 0 \qquad (5.33)$$

如同式(5.18)具有不变的边界条件。这种(静止)非线性微分方程并不具备边界层特征,且同时存在于喷管流($\alpha < 0$)与扩压器流($\alpha > 0$)中。现存在具有细长流道参数 αRe 的单参数解族。图5.4中,这些细长流道解的 $[F'(1)]^2$ 量被作为 αRe 的函数给出,其中源自式(5.21)的 $F'(1)$ 是表面摩擦系数的量度。$\alpha Re = 0$ 时的值 $[F'(1)] = 4$ 与由两个平行壁面形成通道的解相对应。曲线上的数字来自图5.2的一些实例。$\alpha Re \to -\infty$(喷管流)曲线的渐近线对应于已讨论过的边界层解。扩压器流($\alpha Re > 0$)的解很有意义。当 $\alpha Re = 10.3$ 时,表面摩擦系数消失,而对于 $\alpha Re > 10.3$,贴近壁面处产生回流。随着 αRe 的增加,回流的体积流量增加,当 $\alpha Re = 50.73$ 时,体积总流量消失。图5.4中所表示的曲线与对称解相对应。然而当 $\alpha Re > 10.3$ 时,回流只出现于一个壁面,非对称解也是有可能的。$\alpha Re = 10.3$ 时,方程解出现分叉,而当 $\alpha Re > 10.3$ 时,解并不唯一。

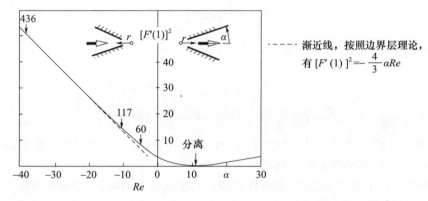

图5.4 $\alpha \to 0$ 且 $Re \to \infty$ 时 $\alpha Re = O(1)$ 情况下杰弗里–哈梅尔解细长流道理论

这种解的非唯一性是高雷诺数流中一种常见特征。

由能量方程及其对应可选的边界条件也可推导出学微分方程,进而可得到温度分布。米尔萨普斯与波尔豪森(K. Millsaps, K. Pohlhausen, 1953)对仅由耗散引起的温度分布进行了计算。正如里夫斯与基彭汉(B. L. Reeves, Ch. J. Kippenhan, 1962)所指出的,尽管不考虑耗散,取决于坐标 r(指数定律)的壁面温度分布也会导致自相似的温度分布。由于能量方程的线性,两种效应可叠加。

弗兰克尔(L. E. Fraenkel, 1962, 1963)采用杰弗里–哈梅尔解对具有微弯曲壁面的对称平面流道进行了近似计算。班克斯等(W. H. H. Banks et al., 1988)对杰弗里–哈梅尔流的扰动进行了全面研究。

5.1.3 平面驻点流

前述实例只涉及有单个速度分量的内部流动。现将讨论出现两个速度分量的物体绕流简单实例,亦即图 5.5 中的平面驻点流。

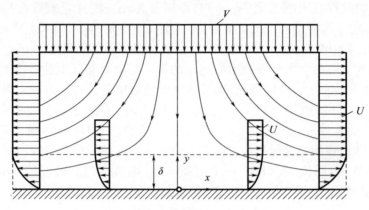

图 5.5 平面驻点流

驻点流附近无黏流(势流)的速度分布为

$$U = ax, V = -ay$$

式中:a 为一个常量。采用伯努利方程,相应的压力分布如下:

$$P_0 = P + \frac{\rho}{2}(U^2 + V^2) = P + \frac{\rho}{2}a^2(x^2 + y^2)$$

式中:P 为任意点的压力;P_0 为驻点($x=0, y=0$)的压力。现该无黏流满足纳维-斯托克斯方程,并非壁面无滑移条件($y=0$)。

为满足以上要求,必须考虑黏性效应。为实现这一目标,分别采用速度分布与压力分布的拟设:

$$u = Uf'(\eta) = axf'(\eta), v = -\sqrt{a\nu}f(\eta) \tag{5.34}$$

$$P_0 = p + \frac{\rho}{2}a^2\left[x^2 + \frac{2\nu}{a}F(\eta)\right] \tag{5.35}$$

并采用转换的坐标:

$$\eta = \sqrt{\frac{a}{\nu}}y \tag{5.36}$$

由于低黏度流体流动是最受关注的,因而认为新坐标是从壁面外移的距离。连续方程由式(5.34)~式(5.36)同等地满足。由 x 方向的纳维-斯托克斯方程可找到函数 $f(\eta)$ 的常微分方程,其也被认为是无量纲的流函数 $\psi = x\sqrt{a\nu}f(\eta)$:

$$f''' + ff'' + 1 - f'^2 = 0 \tag{5.37}$$

其边界条件为
$$\eta = 0: f = 0, f' = 0; \quad \eta \to \infty: f' = 1 \quad (5.38)$$

这些是由壁面不可渗透性(由 $v(x,0)=0$ 可得 $f(0)=0$)与无滑移条件[由 $u(x,0)=0$ 可得 $f'(0)=0$]得出的。与壁面相隔较大距离($\eta \to \infty$)时，速度 $u(x,\eta)$ 可平稳地过渡到无黏流速度 $U(x,y)$。采用式(5.34)，可得条件 $f'(\infty)=1$。

由于式(5.37)是3阶的微分方程，因而可以精确地满足式(5.38)中的3个边界条件。对于 $\eta \to \infty$ 不再规定 $v(x,\eta)$ 传递至 $V(x,y)$ 的条件。如同式(5.37)的解，该条件实际上没有满足。

由式(5.34)可得
$$\lim_{\eta \to \infty}(v - V) = \sqrt{a\nu}\beta_1 \quad (5.39)$$

其具有非零值：
$$\beta_1 = \lim_{\eta \to \infty}[\eta - f(\eta)] \quad (5.40)$$

由于黏度的影响，流动外部区域中的速度被导向远离壁面。边界层具有位移效应，且外部区域的流动表现为势流，由壁面向外平移边界层厚度：
$$\delta_1 = \sqrt{\frac{\nu}{a}}\beta_1 \quad (5.41)$$

采用初始变量定义物理量 δ_1：
$$\delta_1 = \frac{1}{U}\int_0^\infty (U - u)\mathrm{d}y \quad (5.42)$$

因此称其为位移厚度。其为无黏流与有黏流之间体积通量差异的量度，具体可参见图2.3。该位移效应是一种随黏度降低而消失的典型边界层效应。

由纳维-斯托克斯方程组沿 y 方向的积分可得解：
$$F(\eta) = \frac{1}{2}f^2(\eta) + f'(\eta) \quad (5.43)$$

这引起由式(5.35)得出的滞止线($x=0$)上的压力分布：
$$P_0 = p + \frac{\rho}{2}v^2 + a\mu f' \quad (5.44)$$

滞止线 $g = p + \rho v^2/2$ 上的总压为
$$g = P_0 - a\mu f'(\eta) \quad (5.45)$$

这种关系表明，越靠近壁面，滞止线上的总压越大。由于存在边界条件 $f'(\infty)=1$，因此距壁面较远的总压 $(g)_{\text{outer}} = g(\eta \to \infty)$(无黏的外部区域)与驻点的总压 $(g)_{\text{stag}} = P_0$ 之间的差异为
$$g_{\text{outer}} - g_{\text{stag}} = -a\mu \quad (5.46)$$

采用皮托管测量总压会引起测量误差。所测得的总压过高，由于黏度的影响，探针所测得的值 g_{stag} 并非外流中所要测的总压，由式(5.46)可知所要测的总压稍微低一些。校正与 μ 成正比，因此对于高雷诺数而言非常小。黏度的这种误差影

响在文献中称为巴克效应,具体可参见相关文献(M. Barker,1922)。

微分方程式(5.37)的解最早由希门茨(K. Hiemenz,1911)提出,因此平面驻点流有时也称希门茨流。随后,豪沃思(L. Howarth,1935)改进了希门茨流的解。如图5.6所示,也可参见表5.1。在大约$\eta = \eta_\delta = 2.4$处有$f' = 0.99$,即$u = 0.99U$。该处的速度已达到最终值的1%以内。如果将距壁面的距离$y = \delta$作为边界层厚度(或摩擦层厚度),则有

$$\delta = \eta_{99}\sqrt{\frac{\nu}{a}} = 2.4\sqrt{\frac{\nu}{a}} \tag{5.47}$$

这些流动受到黏度影响的层薄,且与$\sqrt{\nu}$成正比。式(5.35)表明,压力梯度$\partial p/\partial y$正比于$\rho a\sqrt{\nu a}$,因此当黏度小时其值也非常小。值得注意的是,按式(5.34)的无量纲速度分布与长度x无关,因而是相似解。这意味着纳维-斯托克斯偏微分方程可简化为常微分方程,即式(5.37)。对于特定的流动而言,由式(5.47)而得的边界层厚度δ为摩擦边界层与外部无黏流之间的界限,其与x无关。

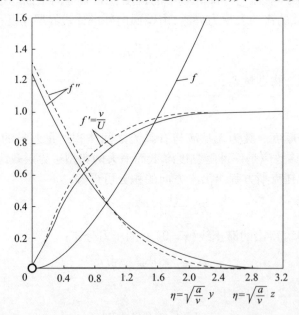

图5.6 平板流与对称驻点流的速度分布(具体可参见5.2.3节)
——平板流;----对称流。

对于靠近驻点的黏性流,这里给出的解不仅发生于平面壁上,而且出现在具有钝头驻点的任意圆柱体平面绕流中。在这种情况下,只要曲面能被驻点中的切面替代,该解就会仅限于驻点周围的小区域。

1. 抽吸或吹气

现在所讨论的解可轻易地拓展至多孔壁面及经壁面孔抽吸或吹送流体。式(5.38)中壁面处 $v(x;0)$ 的边界条件改为

$$\eta = 0 : f = f_w \quad \begin{pmatrix} f_w > 0, 抽吸 \\ f_w < 0, 吹风 \end{pmatrix} \quad (5.48)$$

无滑移条件被保留,但可参见相关文献(G. J. Hokenson, 1985)。可求出不同 f_w 值的解,例如,可参见霍肯森的研究(G. J. Hokenson, 1985)。如期望的那样,位移效应可由吹气来增强,而由抽吸来降低。对于 $f_w = 0.54$ 的抽吸,位移效应恰好消失($\beta_1 = 0$),而对于 $f_w > 0.54$ 的抽吸,则会发生位移效应的逆转,即逸入效应。非常强抽吸与极大吹气这两种极限情况在上述工作中进行了讨论。强抽吸($f_w \to \infty$)情况下,拟设条件

$$f(\eta) = f_w + \frac{1}{f_w}\varphi(\eta_i), \quad \eta_i = \eta f_w \quad (5.49)$$

连同 $f_w \to \infty$ 极限情况下,由式(5.37)和式(5.37)可得

$$\dddot{\varphi} + \ddot{\varphi} = 0$$
$$\eta_i = 0 : \varphi = 0, \dot{\varphi} = 0; \eta_i \to \infty : \dot{\varphi} = 1 \quad (5.50)$$

其中,点表示拉伸坐标的微分。其解

$$\varphi(\eta_i) = \eta_i - 1 + e^{-\eta_i} \quad (5.51)$$

对应于被称为渐近线吸力剖面的速度分布

$$\frac{u(x,y)}{U(x)} = 1 - e^{\frac{v_w y}{\nu}} \quad (v_w < 0) \quad (5.52)$$

与参数 a 无关。

大规模吹气($f_w \to -\infty$)情况下可得简单解。采用拟设条件

$$f(\eta) = f_w - f_w \varphi(z), z = \frac{\eta}{-f_w} \quad (5.53)$$

将式(5.37)与式(5.38)简化为

$$(\varphi - 1)\ddot{\varphi} + 1 - \dot{\varphi}^2 = 0$$
$$z = 0, \varphi = 0, \dot{\varphi} = 0; z = \frac{\pi}{2}, \dot{\varphi} = 1 \quad (5.54)$$

此处,点表示关于压缩坐标 z 的微分。值得注意的是,极限情况下描述摩擦力的项 f''' 或消失,且微分方程的阶数因此而降低。那么,外部边界条件不能满足 $z \to \infty$,只满足有限值 $z = \pi/2$。式(5.54)的解 $\varphi = 1 - \cos z$ 会带来简单的速度分布

$$\frac{u(x,y)}{U(x)} = \sin\frac{ay}{v_w}, 0 \leqslant y \leqslant \frac{\pi v_w}{2a} \quad (5.55)$$

零流线($\varphi = 1, f = 0$)位于距壁面 $z = \pi/2$ 处。这是分隔流线,将吹出壁面的流体与外部流动的流体分隔开来。该点处存在着速度分布的奇异点,即曲率并非连续。

这源于式(5.56)对应无黏解的事实。除此之外,壁面剪切应力可按下式计算:

$$\tau_w(x) = \frac{\mu a U(x)}{v_w} = \frac{\mu a^2 x}{v_w} \tag{5.56}$$

有限雷诺数下分隔流线附近形成摩擦层,且该处黏度保证了跨越分隔流线的速度曲率连续推进。该摩擦过渡解可以抛物柱面函数来表示,见相关文献(K. Gersten et al,1972)。

本节还给出了不考虑耗散情况下能量方程的解。而后温度与 x 无关,即 T_w 为常数的情况等同于 q_w 为常数的情况。格斯滕与科尔纳(K. Gersten, H. Korner, 1968)研究了耗散的影响。对于绝热壁,耗散会导致正比于 x^2 的壁面温度分布即绝热壁温度分布,同时取决于普朗特数与抽吸或吹气。

5.1.4 抛物线体绕流

迄今所讨论的纳维-斯托克斯方程组解的一个特征是速度分布相似,因此偏微分方程组可简化为常微分方程组。抛物线体对称绕流情况下这种简化不再可能发生,因此偏微分方程组必须采用数值方法求解。戴维斯(R. T. Davis,1972)与博塔等(E. F. F. Botta et al,1972)已给出了抛物线体对称绕流的纳维-斯托克斯方程组数值解。源于这些计算的阻力系数可分解为形阻(压差阻力)与摩擦阻力,如图5.7所示其为雷诺数的函数。这里雷诺数是基于自由流速度与抛物线体顶点(驻点)处的曲率半径 R_0。$Re \to 0$ 的渐近线对应于抛物线体蠕动绕流。更有趣的是 $Re \to \infty$ 的渐近线。这种极限情况下形阻是由势流理论推导出来的。与达朗贝尔悖论相反,势流理论产生非零值,这是因为所面对的是一个持续向后扩展的半体。摩擦阻力的 $Re \to \infty$ 渐近线对应于抛物线体的边界层解。这部分内容将在第14章予以讨论。图5.7清晰地展示了纳维-斯托克斯方程组精确解与 $Re > 10^3$ 渐近解之间极好的一致性。抛物线体绕流相对简单,这是因为等值线总是在下游降低,因此壁面剪切应力永远不会消失。对于没有引起回流的流动分离。后续的情况是完全不同的。

5.1.5 圆柱体绕流

第1章的讨论表明,圆柱体绕流在雷诺数 $Re = Vd/\nu > 90$ 情况下是非定常的。除此之外,稳态纳维-斯托克斯方程组在雷诺数 $Re > 90$ 时存在数值解,具体可参见相关文献(B. Fornberg,1980,1985;J. C. Wu,U. Gulcat,1981)。从这些计算可以清晰地发现,随着雷诺数的增加,作为黏度效应量度的涡度,其有限值的区域更加紧密地贴近物体,并由此展现出边界层特征。该稳定解也趋向于 $Re \to \infty$ 的极限解。如第1章所述,自由流线的基尔霍夫-亥姆霍兹解是一种可能的极限解。然而,最近的研究(F. T. Smith,1979a,1985)表明,极限解并非如此简单。

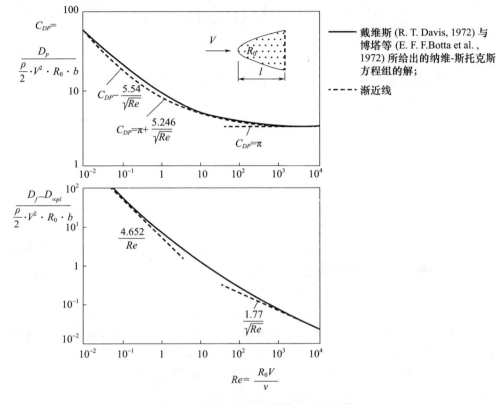

图 5.7 对称流中抛物线体的阻力系数

D_p:形阻;D_f:摩擦阻力;$D_{\infty Pl} = 1.328\rho bV \sqrt{Vl\nu}$。

5.2 轴对称定常流动

5.2.1 圆管流(哈根 – 泊肃叶流)

对应平板通道流的轴对称流动是圆截面(半径 $R = d/2$)直管中充分发展的流动。设管道的中心轴沿着 x 轴,r 为由轴线向外测量的径向坐标。径向与切向速度分量为零,且轴向速度分量以 u 表示,只取决于 r。各截面处的压力恒定。圆柱坐标下 3 个纳维 – 斯托克斯方程中,只保留了 x 方向的方程,即式(3.93),其简化为

$$\mu\left(\frac{d^2u}{dr^2} + \frac{1}{r}\frac{du}{dr}\right) = \frac{dp}{dx} \tag{5.57}$$

其边界条件(无滑移条件)为 $r = R, u = 0$。式(5.57)的解为抛物线型的速度分布:

$$u(r) = u_{\max}\left(1 - \frac{r^2}{R^2}\right) \tag{5.58}$$

$$u_{\max} = 2u_m = \frac{R^2}{4\mu}\left(-\frac{\mathrm{d}p}{\mathrm{d}x}\right) \tag{5.59}$$

压降与平均速度 $u_m = Q/\pi R^2$ 之间的关系可由无量纲的管道摩擦系数 λ 表示,该系数采用式(5.50)来定义:

$$-\frac{\mathrm{d}p}{\mathrm{d}x} = \frac{\lambda}{d}\frac{\rho}{2}u_m^2 \tag{5.60}$$

由式(5.59)可得

$$\lambda = \frac{64}{Re} \tag{5.61}$$

且有

$$Re = \frac{u_m d}{\nu} \tag{5.62}$$

当雷诺数低于临界雷诺数 $Re_{\mathrm{crit}} = 2300$ 时,该关系与测量值符合;当雷诺数高于该临界值时,管道流变为湍流(具体可参见 17.2.3 节)。

布莱修斯(H. Blasius,1910)将简单的管流拓展至弱发散管中的流动。可以发现,层流分离发生之前只容许非常小的压升。$\mathrm{d}R/\mathrm{d}x \leqslant 12/Re$ 情况下回流只在壁面处被阻止(分离条件)。

同心圆截面(环面)的纳维-斯托克斯方程组的精确解,可参见相关文献(W. Muller,1936)。

任意截面形状的全管流计算基于泊松微分方程的解。不同截面的解可参见沙阿与伦敦的相关研究(R. K. Shah, A. L. London, 1978)。

5.2.2 同心旋转圆柱之间的流动

恒定转速旋转的两个同心圆柱间的流动也会产生纳维-斯托克斯方程组的简单精确解,具体可参见相关文献(H. Schlichting,1982)。由于这些解在小黏度情况下具有边界层特征,因此将不再进一步考虑它们,而只提及两种特殊情况。如果其中一个圆柱保持静止,该解在 $(R_2 - R_1)/R_1 \to 0$ 的极限情况下简化为上述的库埃特流动。第二种极限情况下,内圆柱旋转,而静止的外圆柱半径趋向无穷。这就是静止环境中单圆柱旋转时的流动。其解是具有速度分布的势涡,即

$$u(r) = \frac{\Gamma}{2\pi r} \tag{5.63}$$

由于存在移动壁面,这是无黏流也满足无滑移条件的一个范例。尽管缺少黏度,但可以确定壁面剪切应力与传递至流体的力矩 M。对于具有高度 H、半径 R 与角速度 ω 的圆柱体,有

$$M = 4\pi\mu H R^2 \omega \qquad (5.64)$$

5.2.3 轴对称驻点流

采用与平面驻点流情况相似的方式，也可获得轴对称驻点流的纳维–斯托克斯方程组的精确解。这种流动临近旋转物体的驻点，其旋转轴处于零入射角。本节将采用圆柱坐标 r、φ、z，其不同于 3.13 节，速度分量 U、V、W（无黏流）或 u、v、w（黏性流）：

$$U = ar, V = 0, W = -2az$$

$$P_0 = P + \frac{\rho}{2}(U^2 + W^2) = P + \frac{\rho}{2}a^2(r^2 + 4z^2)$$

可轻易发现无黏流满足纳维–斯托克斯方程组，却不满足壁面（$z=0$）无滑移条件。为满足这一点，必须考虑黏度效应。可采用拟设条件：

$$u = Uf'(\eta) = arf'(\eta), w = -2\sqrt{a\nu}f(\eta) \qquad (5.65)$$

$$P_0 = p + \frac{\rho}{2}a^2\left[r^2 + \frac{4\nu}{a}F(\eta)\right] \qquad (5.66)$$

式中

$$\eta = \sqrt{\frac{a}{\nu}}z \qquad (5.67)$$

对于函数 $f(\eta)$，有

$$f''' + 2ff'' + 1 - f'^2 = 0 \qquad (5.68)$$

边界条件为

$$\eta = 0: f = 0, f' = 0; \eta \to \infty: f' = 1 \qquad (5.69)$$

该微分方程等同于式（5.37），直到第二项中的系数 2。对于 $F(\eta)$，可得

$$F(\eta) = f^2 + f'$$

式（5.68）最先由霍曼（F. Homann, 1936）提出，随后由弗罗斯林（N. Frössling, 1940）求解。图 5.6 给出了函数 $u/U = f'(\eta)$，而表 5.1 列出一些重要的数值。巴克效应也同样适用于该解，尽管式（5.46）等号右边具有项 $-a\mu$。类似于式（5.47），可发现边界层厚度为

$$\delta = 2.8\sqrt{\frac{\nu}{a}} \qquad (5.70)$$

应用

$$f(\eta) = \frac{1}{\sqrt{2}}\varphi(\bar{\eta}), \eta = \frac{1}{\sqrt{2}}\bar{\eta} \qquad (5.71)$$

取代式（5.68）与式（5.69），可得微分方程：

$$\dddot{\varphi} + \varphi\ddot{\varphi} + \frac{1}{2}(1 - \dot{\varphi}^2) = 0 \qquad (5.72)$$

及其边界条件：

$$\overline{\eta}=0:\varphi=0,\dot{\varphi}=0;\overline{\eta}\to\infty:\dot{\varphi}=1 \qquad (5.73)$$

在抽吸与吹气即边界条件 $\varphi(0)=\varphi_w$ 情况下，式(5.73)在相关文献(K. Gersten, H. Korner, 1968; W. E. Stewart, R. Prober, 1962)中被频繁求解，具体可参见 7.2 节。其中，格斯滕(K. Gersten, 1973b)讨论了大规模抽吸与大规模吹气的极限情况。上述文献还给出了与每种情况相对应的能量方程的解。如格斯滕(K. Gersten, 1973b)向三维驻点进行了拓展；戴维斯与沃勒(R. T. Davis, M. J. Werle, 1972)对回转抛物面的流动进行了计算。

表 5.1 驻点流在壁面与距壁面较远处的函数值

平面驻点流				轴对称驻点流			
η	f	f'	f''	η	f	f'	f''
0	0	0	1.2326	0	0	0	1.3120
∞	$\eta-0.648$	1	0	∞	$\eta-0.569$	10	0

5.2.4 旋转盘的流动

纳维-斯托克斯方程组精确解的另一个范例是流体中靠近旋转平面盘的流动，该流体以恒定角速度 ω 绕垂直于其平面的轴转动，与旋转平面盘保持相对静止。由于无滑移条件与黏度，因此盘面的流体层随盘转动，并通过离心力向外驱动。新的流体质点被连续不断地沿轴向拖至盘面，然后被再次离心甩出。因此，这是一个全三维的流动，像泵一样工作。图 5.8 以透视方式展示了这种流动。3 个方向均存在速度分量，表示为 u、v、w(圆柱坐标 r、φ、z)，这种情况偏离了 3.13 节所述内容。

首先计算由盘驱动的层厚度 δ，该厚度一定存在一种关系：

$$\delta=f(\nu,\omega)$$

按照量纲分析 Π 定律，其遵循

$$\delta\propto\sqrt{\frac{\nu}{\omega}} \qquad (5.74)$$

因此，通过黏度作用进入旋转的层厚度值越小，则黏度越小。

对于纳维-斯托克斯方程组的解，将离壁面的距离 z 与 $\sqrt{\nu/\omega}$ 相联系，即引入无量纲壁面距离是有益的，该无量纲距离为

$$\zeta=\sqrt{\frac{\omega}{\nu}}z \qquad (5.75)$$

采用试探解

$$\begin{cases} u=r\omega F(\zeta),v=r\omega G(\zeta),w=\sqrt{\omega\nu}H(\zeta) \\ p=p_0+\rho\nu\omega P(\zeta) \end{cases} \qquad (5.76)$$

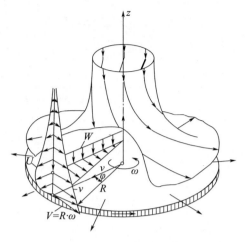

图 5.8　静止流体中靠近旋转盘的流动

速度分量：u—径向分量；v—周向分量；w—轴向分量。

以及源自 3.13 节的圆柱坐标下连续方程与纳维–斯托克斯方程组。采用下列常微分方程组系列：

$$\begin{cases} 2F + H' = 0 \\ F^2 + F'H - G^2 - f'' = 0 \\ 2FG + HG' - G'' = 0 \\ P' + HH' - H'' = 0 \end{cases} \quad (5.77)$$

其边界条件为

$$\begin{cases} \zeta = 0: F = 0, G = 1, H = 0, P = 0 \\ \zeta \to \infty: F = 0, G = 0 \end{cases} \quad (5.78)$$

该系列的解首次由冯·卡门(Th. v. Kármán,1921)近似给出,更精确的解由科克伦(W. G. Cochran,1934)提出,如图 5.9 所示,也可参见表 5.2。

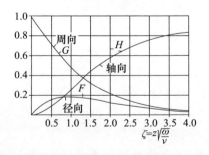

图 5.9　静止流体中旋转盘的速度分布

如前所述,对于驻点流,速度场首次由靠近壁面的连续方程与运动方程确定,并由此解出垂直于壁面的压力分布。压力为

$$P(\zeta) = H' - \frac{1}{2}H^2 \tag{5.79}$$

表 5.2　描述静止流体中转盘流动的壁面函数值与远离壁面处函数值
（M. H. Rogers and G. N. Lance(1960)）

$\zeta = z\sqrt{\omega/\nu}$	F'	$-G'$	$-H$	P
0	0.51023	0.61592	0	0
∞	0	0	0.88446	0.39113

若 $\zeta = 5.5$ 圆周速度降至转盘速度的 1% 以内,则该层的厚度为

$$\delta = 5.5\sqrt{\frac{\nu}{\omega}} \tag{5.80}$$

沿周向流线的斜率为

$$\tan\varphi_0 = -\left(\frac{\partial u/\partial z}{\partial v/\partial z}\right)_w = -\frac{F'(0)}{G'(0)} = 0.828 \quad (\varphi_0 = 39.6°) \tag{5.81}$$

虽然该计算只严格适用于无限长圆盘,但现将结果应用于有限半径 R 的圆盘。如果半径 R 相对于转盘的边界层厚度 δ 足够大,这当然是允许的,从而使整个圆周区域的边缘效应被限制在小的环带区域内。

现将确定这样一个圆盘的力矩,具有半径 r 与环厚度 dr 的力矩 $dM = -2\pi r^2 dr \tau_{z\varphi}$,其中 $\tau_{z\varphi}$ 为壁面剪切应力的周向分量,具体可参见式(3.95)。由式(5.76)可得

$$\tau_{z\varphi} = \mu\left(\frac{\partial v}{\partial z}\right) = \rho r\omega\sqrt{\nu\omega}\,G'(0) \tag{5.82}$$

盘的浸润力矩为

$$M = -2\pi\int_0^R r^2\tau_{z\varphi}dr = -\frac{\pi}{2}\rho R^4\sqrt{\nu\omega^3}\,G'(0) \tag{5.83}$$

习惯上将无量纲系数引入双面浸润的盘力矩,即

$$c_M = \frac{2M}{\rho\omega^2 R^5/2} \tag{5.84}$$

其雷诺数为

$$Re = \frac{R^2\omega}{\nu} \tag{5.85}$$

且由表 5.2 可得 $G'(0) = -0.6159$,且

$$c_M = \frac{3.87}{\sqrt{Re}} \tag{5.86}$$

力矩系数的公式在图 5.10 中被描绘为曲线①,并与相关的实验结果相比较,实验结果来自相关文献(Th. Theodorsen, A. Regier, 1944;G. Kempf, 1924;W. Schmidt,1921;D. Riabouchinsky,1935,1951)。$Re \approx 3 \times 10^5$ 时式(5.86)的理论值与实验测量值的一致性非常好。高雷诺数下会出现湍流。转盘上的湍流将在 20.13

节中予以讨论,可得到图 5.10 所示的规律作为曲线②。

半径为 R 的圆盘在单侧离心力作用下,轴向流向圆盘平板并沿径向甩出的体积通量为

$$Q = 2\pi R \int_0^\infty u\mathrm{d}z = -H(\infty)\pi R^2\sqrt{\nu\omega} = 0.885\pi R^3\omega/\sqrt{Re} \quad (5.87)$$

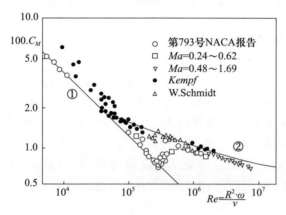

图 5.10　双面浸润转盘的力矩系数
①层流状态,由式(5.86);②湍流状态,由式(20.18)。

值得注意的是,沿盘厚度所存在的压力差值正比于 $\rho\nu\omega$,即在低黏度下其值非常小。压力只取决于离开壁面的距离,因而与半径 R 无关。

如前所述,转盘起到泵的作用。这种流动中,流体经历总压的增加。流动中机械能的增加为

$$P_M = \int_0^\infty \left[p + \frac{\rho}{2}(u^2 + v^2 + w^2)\right]2\pi Ru\mathrm{d}z$$

$$= \pi\rho R^4\omega\sqrt{\frac{\nu}{\omega}}\left[\int_0^\infty(F^2 + G^2)F\mathrm{d}\zeta - \frac{4}{Re}\int_0^\infty F^2\mathrm{d}\zeta\right] \quad (5.88)$$

其具有的数值为

$$\int_0^\infty(F^2 + G^2)F\mathrm{d}\zeta = 0.088$$

当 $Re\to\infty$ 时,可得

$$P_M = 0.088\pi\rho R^4\sqrt{\nu\omega^5} = 0.29|M|\omega \quad (5.89)$$

高雷诺数下泵的效率为 29%。

斯图亚特(J. T. Stuart, 1954)及斯帕罗与格雷格(E. M. Sparrow, J. L. Gregg, 1960b)已考虑均匀抽吸情况的推广。后者的研究也包括了均匀吹气的情况。魁肯(H. K. Kuiken, 1971)已对大规模吹气的极限情况进行了研究,斯帕罗与格雷格(E. M. Sparrow, J. L. Gregg, 1960b)对所对应能量方程的解进行了研究,格斯滕与科萨特(K. Gersten, W. P. Cosart, 1980)对大规模吹气情况进行了研究。

罗杰斯与兰斯对无穷远处流体以角速度 $\Omega = s\omega$ 运动的情况进行了概括。研究表明,对于相对旋转,$s < -0.2$ 条件下物理上合理解只存在于均匀抽吸情况。

关于相对旋转两个盘之间流动的进一步概括可参见文献(G. K. Batchelor, 1951),也可参考相关文献(K. Stewartson, 1953; G. L. Mellor et al., 1968)。赞伯根与迪杰斯特拉(P. J. Zandbergen, D. Dijkstra, 1987)已给出总结。

5.2.5 轴对称自由射流

球面极坐标下纳维-斯托克斯方程组的有趣相似解由兰道(L. Landau, 1944)与斯夸尔(H. B. Squire, 1951)提出,即对称自由射流的流动。相关的计算细节可阅读巴彻勒(G. K. Batchelor, 1974)与舍曼(F. S. Sherman, 1990)的原著或报告。图 5.11 给出了流线场的典型范例。自由射流边缘可被定义为流线距轴线最小距离的位置。可以发现,射流边缘是半开度角为 Θ_0 的圆锥。对球体表面进行关于原点的力矩通量积分可获得自由射流的力矩。这里只给出了小 ν 值的解。自由射流力矩通量为

$$\dot{I} = \frac{64\pi}{3}\frac{\rho\nu^2}{\Theta_0^2}, \nu \to 0 \tag{5.90}$$

对于给定的力矩通量 $\dot{I}$,半开度角 $\Theta_0 \propto \nu$ 随黏度的降低而变小。因而对于小的 ν 值,实际射流流动集中靠近轴线的狭小区域。$\nu \to 0$ 的极限情况下,可讨论边界层流动。$\nu = 0$ 的极限情况下,力矩通量 $\dot{I}$ 可能会具有无限大的速度,但体积通量将会消失,并且速度与体积通量的积提供了所需有限的力矩。这种奇特的狄拉克函数形式速度分布则受黏度影响而变得模糊,使得射流半径与 ν 成正比。边界层解将在 12.1.5 节中予以全面讨论。可以发现,自由射流的轴向体积通量 Q 随距原点的距离而线性增加。因为黏度,射流边缘处的流体持续地带动周边静止的流体,这种逸入效应意味着射流持续变宽。由图 5.11 可发现流体从周围环境的侧向抽吸。

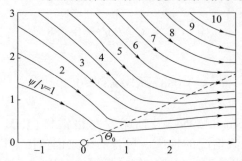

图 5.11 轴对称自由射流的流线(G. K. Batchelor, 1974)
$\Theta_0 = 24.6°$。

如果轴对称射流如图 7.7 所示的那样离开壁面,则不存在满足壁面无滑移条件的纳维-斯托克斯方程组的相似解,波奇(K. Potsch,1981)已经展示了这种情况,也可参见相关文献(W. Schneider,1981)。

斯夸尔阐述了出口为管道外围狭缝的径向射流拓展(H. B. Squire,1955)。

5.3 非定常平板流动

非定常纳维-斯托克斯方程组的精确解通常存在于相应的稳态流动已有精确解的情况下。非定常流动的范例是流动由静止状态启动或流动经一段时间后逐渐消失的关闭过程。非定常流动也可由周期性边界条件(振荡壁面、速度或压力的周期性条件)产生。下文中所考虑的一个流动特征是速度的非定常部分独立于平行于壁面的 x 坐标。因此,纳维-斯托克斯方程组的简化程度很大,从而能够确定精确解。由于存在 $\partial u/\partial x = 0$ 与 $\partial v/\partial x = 0$,由连续方程可得 $v(t) = v_w(t)$。要么存在抽吸($v_w < 0$),要么存在吹气($v_w > 0$),或者有 v 分量消失。由于独立于 x 坐标,纳维-斯托克斯方程组降阶为以下两个线性微分方程:

$$\rho\left(\frac{\partial u}{\partial t} + v_w \frac{\partial u}{\partial y}\right) = -\frac{\partial p}{\partial x} + \mu \frac{\partial^2 u}{\partial y^2} \tag{5.91}$$

$$\rho \frac{\mathrm{d} v_w}{\mathrm{d} t} = -\frac{\partial p}{\partial y} \tag{5.92}$$

因此,如果存在时间相关的抽吸或吹气,则压力只取决于 y。

5.3.1 突然运动壁面上的流动(第一斯托克斯问题)

现在讨论流动的启动,即由静止到运动的过程。考虑紧靠壁面且在其自身所处平面突然达某一恒定速度 U_0 的流动。该问题首先由斯托克斯(G. G. Stokes,1856)在著名的钟摆实验中予以解答。由于瑞利勋爵也研究了这种流动,因此,其在文献中经常被称为瑞利问题。让壁面沿 x 轴延伸,由于在整个空间中压力恒定,因此,式(5.91)可简化为

$$\frac{\partial u}{\partial t} = \nu \frac{\partial^2 u}{\partial y^2} \tag{5.93}$$

其边界条件为

$$\begin{cases} t \leqslant 0 : y \geqslant 0 : u = 0 \\ t > 0 : y = 0 : u = U_0 \\ \qquad\quad y \to \infty : u = 0 \end{cases} \tag{5.94}$$

由能量方程式(3.72)可发现,式(5.93)等同于一维非定常温度场 $T(y,t)$ 的热传导

方程。因此,在关于导热的文献中有许多这种微分方程的解,比如 U. Grigull, H. Sandner(1986);H. S. Carslaw,J. C. Jaeger(1959)。

式(5.93)的期望解具有通用形式 $u/U_0 = f(y,t,\nu)$。由量纲分析中的 Π 定律可知,其遵循 $u/U_0 = F(y/\sqrt{\nu t})$。实际上,通过引入函数 $u/U_0 = f(\eta)$ 的无量纲相似变量:

$$\eta = \frac{y}{2\sqrt{\nu t}} \qquad (5.95)$$

由式(5.93)可得微分方程:

$$f'' + 2\eta f' = 0 \qquad (5.96)$$

及其边界条件 $f(0)=1$ 与 $f(\infty)=0$。其解为

$$\frac{u}{U_0} = \text{erfc}\,\eta = 1 - \text{erf}\,\eta \qquad (5.97)$$

式中

$$\text{erf}\,\eta = \frac{2}{\sqrt{\pi}} \int_0^\infty e^{-\eta^2} d\eta \qquad (5.98)$$

为误差函数,且 erf η 为互补误差函数。

速度分布如图 5.12 所示。这些不同时刻的速度分布是彼此相似的,即可通过变换 y 坐标尺度进行相互映射。$\eta_{99} = 1.8$ 时互补误差函数的值为 0.01。因此,考虑 δ 的定义,平板带动的边界层厚度为

$$\delta = 2\eta_{99}\sqrt{\nu t} = 3.6\sqrt{\nu t} \qquad (5.99)$$

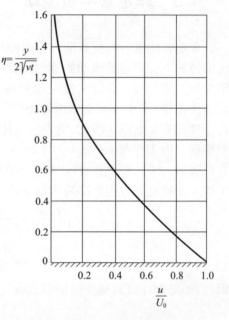

图 5.12 突然运动壁面上的速度分布(第一斯托克斯问题)

其分别与运动黏度与时间的平方根成正比。在较长时间内,δ 趋向无穷,即极上方的整个区域最终呈现为极的速度。由式(5.97)可发得壁面剪切应力为

$$\tau_w = \mu \left(\frac{\partial u}{\partial y}\right)_w = -\rho U_0 \sqrt{\frac{\nu}{\pi t}} \qquad (5.100)$$

初始时刻($t=0$)壁面剪切应力为无穷,且其按照 $1/\sqrt{t}$ 呈比例降为零,与 $\sqrt{\nu}$ 成正比。

该解可容易地拓展至壁面速度为时间任意函数 $U(t)$ 的情况。由于微分方程式(5.93)是线性的,新的解可通过解的叠加而产生。如果将给定的函数 $U(t)$ 设定为具有小步长 dU 的多阶梯函数,则整个解由在此具有速度步长 dU 的阶梯函数基本解构成,即

$$u(y,t) = \int_{-\infty}^{t} dU \,\text{erfc}\left(\frac{y}{2\sqrt{\nu(t-\tau)}}\right) \qquad (5.101)$$

由于互补误差函数中的时间差 $t-\tau$,确保 t 时刻的速度分布只取决于早前的速度

$U(t)$。通过对式(5.101)的积分,可得到迪阿梅尔折叠积分的通解:

$$u(y,t) = \frac{y}{2\sqrt{\pi\nu}} \int_{-\infty}^{t} \frac{U(\tau)}{(t-\tau)^{3/2}} e^{-\frac{y^2}{4\nu(t-\tau)}} d\tau \qquad (5.102)$$

由于 u 的偏微分同时是 y 与 t 的函数,也是式(5.93)的解,因此当壁面剪切应力为阶梯函数或是时间的任意函数时,可立即写出这些情况的解。

贝克给出了考虑这些流动压缩性的一种扩展(E. Becker, 1960)。

第一斯托克斯问题与因温度陡升而在垂直平壁突然生成的自由对流之间存在特定密切关系,具体可参见伊林沃思发表的文献(C. R. Illingworth, 1950)。

5.3.2 振荡壁面的流动(第二斯托克斯问题)

考虑在自身平面内进行谐波振荡的无限伸展平壁。该问题最初由斯托克斯(G. G. Stokes, 1856)提出,随后由瑞利勋爵(Lord Rayleigh, 1911)进行了研究。由于存在无滑移条件,壁面的流动速度为

$$y = 0: u(0,t) = U_0 \cos nt \qquad (5.103)$$

该边界条件下,式(5.93)的解为

$$u(y,t) = U_0 e^{-\eta_s} \cos(nt - \eta_s) \qquad (5.104)$$

且有

$$\eta_s = \sqrt{\frac{n}{2\nu}} y \qquad (5.105)$$

因此,速度分布为振幅 $U_0 \exp(-\eta_s)$ 向外减小的振荡,其中距壁面距离 y 处流体层相对于壁面运动具有延迟相位 $y\sqrt{2\nu/n}$。不同时刻的速度分布如图5.13所示。相距 $2\pi\sqrt{2\nu/n}$ 的两个流体层同步振荡。该距离是一种振荡波长,称为黏性波的穿透深度。振荡的边界层厚度 $\delta_s = 4.6\sqrt{2\nu/n}$[图5.13所示的包线 $u/U_0 = \exp(-\eta_s)$ 在 $\eta_{s99} = 4.6$ 时的值为0.01]。因此,边界层越薄,频率越高,而运动黏度越小。

式(5.104)与图5.13中的解代表了热能方程的相似解,比如地球表面之下温度分布来自地球表面温度的季节性周期波动。

5.3.3 库埃特流的启动

5.3.1节讨论了突然运动壁面处摩擦层形成可求解距静止壁面 h 处运动壁面的情况。本节讨论库埃特流的时间演化,该情况在很长时间内产生如图1.1所示的线性速度分布。式(5.93)对于相应边界条件的解可给出以下级数:

$$\frac{u}{U_0} = F(\eta, \eta_h) = \text{erfc}\,\eta - \text{erfc}(2\eta_h - \eta)$$
$$+ \text{erfc}(2\eta_h + \eta) - \text{erfc}(4\eta_h - \eta)$$

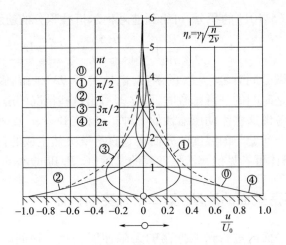

图 5.13 振荡壁面附近的速度分布(第二斯托克斯问题)
----- 包线 $u/U_0 = \exp(-\eta_s)$

$$+ \text{erfc}(4\eta_h + \eta) - + \cdots \qquad (5.106)$$

式中

$$\eta = \frac{y}{2\sqrt{\nu t}}, \quad \eta_h = \frac{h}{2\sqrt{\nu t}} \qquad (5.107)$$

如图 5.14 所示,在此只有第一个曲线是完全相似的($t < 0.05h^2/\nu$)。只要被带动的边界层不被相对固定壁面延迟大多,即只要由式(5.99)确定的边界层厚度 δ 小于平板之间的距离,这种情况就是正确的。后面的曲线($t > 0.05h^2/\nu$)不再相似,渐近地趋近稳态的线性分布。潘顿给出了在大时间范围热力学能很好收敛的解的级数(R. L. Panton, 1984)。施泰因霍伊尔针对处于稳定静止状态的壁面突然加速至恒定速度的情况计算求解了非定常库埃特流的精确解(J. Steinheuer, 1965)。这些解中的一种特殊情况是运动壁面突然停止,即库埃特流关闭。

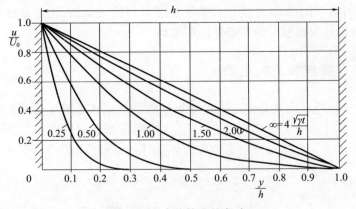

图 5.14 库埃特流的启动

5.3.4 非定常渐近抽吸

如果速度 $u(y\rightarrow\infty,t)=U(t)$ 在距壁面($y=0$)较远处为非零值,则式(5.91)也可写为

$$\frac{\partial u}{\partial t}+v_w\frac{\partial u}{\partial y}=\frac{\mathrm{d}U}{\mathrm{d}t}+\nu\frac{\partial^2 u}{\partial y^2} \tag{5.108}$$

该微分方程对于恒定的外部流动速度较为简单,且可得以下简单解:

$$u(y,t)=U_0\left(1-\mathrm{e}^{\frac{v_w y}{\nu}}\right) \tag{5.109}$$

由于 $y\rightarrow\infty$ 情况下边界条件只满足 v_w 负值(抽吸情况),式(5.109)称为渐近抽吸曲线。

根据斯图加特的研究(J. T. Stuart,1955),对于任何外部速度

$$U(t)=U_0[1+f(t)] \tag{5.110}$$

存在以下形式的式(5.108)的精确解:

$$u(y,t)=U_0[1-\mathrm{e}^{-\eta}+g(\eta,T)] \tag{5.111}$$

式中

$$\eta=-\frac{v_w y}{\nu},\quad T=\frac{v_w^2 t}{4\nu} \tag{5.112}$$

函数 $g(\eta,T)$ 必须满足偏微分方程:

$$\frac{\partial g}{\partial T}=f'(T)+4\left(\frac{\partial g}{\partial \eta}+\frac{\partial^2 g}{\partial \eta^2}\right) \tag{5.113}$$

其边界条件为

$$\eta=0:\quad g=0;\quad \eta\rightarrow\infty:\quad g=f(T)$$

式(5.113)的解已由沃森用一些特殊函数 $f(T)$ 确定。相关研究包括有阻尼与无阻尼、由一个值突然变为另一值的外部流动。

齐瑞普与布勒(J. Zierep,K. Bühler,1993)研究了静止流体中具有均匀抽吸的加速平板运动与减速平板运动。

5.3.5 非定常平板驻点流

1. 振荡壁

壁面振荡时,发生了5.1.3节所讨论的稳态平板驻点流的简单归纳的情况。该情况下,总解是已知稳态解与周期性解的叠加。参见式(5.34)~式(5.36),采用试探解:

$$\begin{cases} u(x,y,t) = axf'(\eta) + U_0[g(\eta)\cos nt + h(\eta)\sin nt] \\ v(x,y,t) = -\sqrt{a\nu}f(\eta) \\ p(x,y,t) = p_0 - \dfrac{\rho}{2}a^2\left[x^2 + \dfrac{2\nu}{a}F(\eta)\right] \\ \eta = \sqrt{\dfrac{a}{\nu}}y \end{cases} \tag{5.114}$$

与连同式(5.37)的纳维-斯托克斯方程组,可得以下的 $f(\eta)$ 与 $g(\eta)$ 函数线性方程组:

$$\begin{cases} g'' + fg' - f'g - kh = 0 \\ h'' + fh' - f'h + kg = 0 \end{cases} \tag{5.115}$$

边界条件:

$$\eta = 0: \quad g = 1, h = 0; \quad \eta \to \infty: \quad g = 0, h = 0$$

及无量纲频率 $k = n/a$。

壁面速度 $u_w(t) = U_0 \cos nt$ 是频率 n 的谐波函数。

由于稳态解被包含于式(5.115)中,其影响流动的振荡部分。此外,稳态部分与壁面运动无关。

罗特(N. Rott,1955)计算求解了函数 $g(\eta)$ 与函数 $h(\eta)$,也可参见相关文献(M. B. Glauert,1956a;J. Watson,1959)。通常,这些解函数取决于 k。对于 $k \to 0$ 与 $k \to \infty$ 的极限情况,可得到简单的渐近解。$k \to 0$ 缓限情况下,由式(5.115)可得

$$g = \dfrac{f''}{f''_w}, \quad h = 0 \tag{5.116}$$

该解为准稳态解。

对于 $k \to \infty$ 极限情况,可引入新的坐标:

$$\eta_s = \sqrt{\dfrac{k}{2}}\eta = \sqrt{\dfrac{n}{2a}}\eta = \sqrt{\dfrac{n}{2\nu}}y = \dfrac{y}{\delta_s} \tag{5.117}$$

对于 $k \to \infty$,方程组可简化为

$$\ddot{g} - 2h = 0, \quad \ddot{h} + 2g = 0$$

其中圆点表示关于 η_s 的微分。该极限情况下,该非定常运动与稳态基本流动无关。该解为

$$g = e^{-\eta_s}\cos\eta_s, \quad h = e^{-\eta_s}\sin\eta_s \tag{5.118}$$

速度场为

$$u(x,y,t) = axf'(\eta) + U_0 e^{-\eta_s}\cos(nt - \eta_s), \quad k \to \infty \tag{5.119}$$

因此,非定常部分等同于振荡壁面的解,如式(5.104)。

这种高频极限情况下,流动具有两层结构。式(5.47)给出了(稳态)摩擦层的厚度 $\delta = 2.4\sqrt{\nu/a}$,而受壁面影响的边界层厚度 $\delta_s = 4.6\delta/\sqrt{k}$,且比高频情况下的边

界层厚度 δ 要小。由于斯托克斯给出了式(5.104)中的解,因此靠近壁面的薄层被称为斯托克斯层。

沃森(J. Watson,1959)给出了关于这种壁面任意运动解的归纳。如果壁面的振荡垂直于驻点流的平面,则会呈现三维非定常流动。维斯特(W. Wuest,1952)对这种情况进行了研究。

2. 振荡外流(振幅与 x 轴无关)

对于外部速度:

$$U(x,t) = ax + U_0 \cos nt \tag{5.120}$$

可重新选择拟设条件式(5.114)。替代式(5.115),可得到一组由压力梯度项拓展的方程组:

$$\begin{cases} g'' + fg' - f'g - kh + 1 = 0 \\ h'' + fh' - f'h + kg - k = 0 \end{cases} \tag{5.121}$$

边界条件:

$$\eta = 0: \quad g = 0, h = 0; \quad \eta \to \infty : g = 1, h = 0$$

格斯滕(K. Gersten,1965)对于不同频率参数 k 的方程组(5.121)系列进行了计算,再次给出了简单的极限解。准稳态解($k = n/a \to 0$)为

$$g = f', h = 0, k \to 0 \tag{5.122}$$

而斯托克斯极限($k \to \infty$)的解为

$$g = 1 - e^{-\eta_s}\cos \eta_s, h = -e^{-\eta_s}\sin \eta_s \tag{5.123}$$

该流动具有上述两层结构。

随着对周期解的理解深入,拉普拉斯变换可用来确定其他形式外流的解:

$$U(x,t) = ax + U(t)$$

其适用于任意函数 $U(t)$,具体可参见相关文献(K. Gersten,1967)。

3. 振荡外流(振幅垂直于 x 轴)

对于这种外流,有

$$U(x,t) = \bar{U}(x) + U_1(x,t) = ax + \varepsilon ax \cos nt \tag{5.124}$$

无黏外流也作为整体脉动,即 $V(y,t) = -ay(1 + \varepsilon\cos nt)$。

由于外流包括稳态部分与非定常部分,u、v 与 p 被分解为

$$\begin{cases} u(x,y,t) = \bar{u}(x,y) + u_1(x,y,t) \\ v(x,y,t) = \bar{v}(x,y) + v_1(x,y,t) \\ p(x,y,t) = \bar{p}(x,y) + p_1(x,y,t) \end{cases} \tag{5.125}$$

式(5.125)中的横线表示一个周期内的时间均值,从而有 $\bar{u} = \bar{v} = \bar{p} = 0$。

在距壁面较远处,x 方向的纳维-斯托克斯方程为

$$\frac{\partial U}{\partial t} + U\frac{\partial U}{\partial x} = -\frac{1}{\rho}\frac{\partial p}{\partial x} \tag{5.126}$$

如果将式(5.124)代入式(5.126),并进行时间平均,则可得

$$\overline{U\frac{\mathrm{d}\overline{U}}{\mathrm{d}x}} + \overline{U_1\frac{\partial U_1}{\partial x}} = -\frac{1}{\rho}\frac{\partial \overline{p}}{\partial x} \tag{5.127}$$

从式(5.126)中减去式(5.127),可得

$$\frac{\partial U}{\partial t} + \overline{U}\frac{\partial U_1}{\partial x} + U_1\frac{\mathrm{d}\overline{U}}{\mathrm{d}x} + U_1\frac{\partial U_1}{\partial x} - \overline{U_1\frac{\partial U_1}{\partial x}} = -\frac{1}{\rho}\frac{\partial p}{\partial x} \tag{5.128}$$

用来确定压力梯度 $\partial p_1/\partial x$ 的方程。

以相似的方式可发现下列流场中平均运动的方程组:

$$\frac{\partial \overline{u}}{\partial x} + \frac{\partial \overline{v}}{\partial y} = 0 \tag{5.129}$$

$$\overline{u}\frac{\partial \overline{u}}{\partial x} + \overline{v}\frac{\partial \overline{u}}{\partial y} = \overline{U}\frac{\mathrm{d}\overline{U}}{\mathrm{d}x} + \nu\frac{\partial^2 \overline{u}}{\partial y^2} + F(x,y) \tag{5.130}$$

式中

$$F(x,y) = \overline{U_1\frac{\partial U_1}{\partial x}} - \overline{\left(u_1\frac{\partial u_1}{\partial x} + v_1\frac{\partial u_1}{\partial y}\right)} \tag{5.131}$$

描述平均运动的式(5.129)和式(5.130)同式(5.131)中描述稳态流动的方程直至函数 $F(x,y)$ 相一致。由于存在速度波动,平均流动同忽略波动的流动不同。这种差异容易在附加函数 $F(x,y)$ 中体现。这是微分方向非线性的结果。附加函数可在物理上被构造成额外施加的力,类似于稳态流动的摩擦力。因此,这就是表观摩擦力,具体可参见16.2节。

为求解 $F(x,y)$,必须确定函数 $u_1(x,y,t)$ 与 $v_1(x,y,t)$。这些是下列方程组系列的解:

$$\frac{\partial u_1}{\partial x} + \frac{\partial v_1}{\partial y} = 0 \tag{5.132}$$

$$\frac{\partial u_1}{\partial t} + \left(\overline{u}\frac{\partial u_1}{\partial x} + \overline{v}\frac{\partial u_1}{\partial y}\right) + \left(u_1\frac{\partial \overline{u}}{\partial x} + v_1\frac{\partial \overline{u}}{\partial y}\right) + \left(u_1\frac{\partial u_1}{\partial x} + v_1\frac{\partial u_1}{\partial y}\right) - \overline{\left(u_1\frac{\partial u_1}{\partial x} + v_1\frac{\partial u_1}{\partial y}\right)}$$
$$= \frac{\partial U_1}{\partial t} + \overline{U}\frac{\partial U_1}{\partial x} + U_1\frac{\partial \overline{U}}{\partial t} + U_1\frac{\partial U_1}{\partial x} - \overline{U_1\frac{\partial U_1}{\partial x}} + \nu\frac{\partial^2 u_1}{\partial y^2} \tag{5.133}$$

正如期望,该方程组系列在高频率 $n\to\infty$ 极限情况下被大大简化,如 C. C. Lin (1957)中所示。引入两个新的坐标:

$$T = nt, \eta_s = \sqrt{\frac{n}{2\nu}}y \tag{5.134}$$

则在 $n\to\infty$ 情况下,式(5.133)可简化为

$$\frac{\partial u_1}{\partial T} = \frac{\partial U_1}{\partial T} + \frac{1}{2}\frac{\partial^2 u_1}{\partial \eta_s^2} \tag{5.135}$$

复杂方程式(5.133)只保留3项,即当地加速度与摩擦项。以这种方式,如同前述高频流的范例,振荡与平均运动无关。此外,式(5.135)相对于式(5.133)是线性

的。对于这种形式的外流,有

$$U(x,t) = \overline{U}(x) + U(x)\cos nt \tag{5.136}$$

由式(5.135)可见:

$$u_1(x,y,t) = U(x)[\cos T - e^{-\eta_s}\cos(T - \eta_s)] \tag{5.137}$$

其特点是振荡速度的相位移与外流不同,或与壁面距离 y 无关。由连续方程式(5.132)可获得分量 $v_1(x,y,t)$,其也显示了这种典型的相位移。采用 $u_1(x,y,t)$ 与 $v_1(x,y,t)$,可计算源于式(5.131)的附加函数 $F(x,y)$。可发现:

$$F(x,y) = \frac{1}{2}U\frac{dU}{dx}\overline{F}(\eta_s) \tag{5.138}$$

式中

$$\overline{F}(\eta_s) = e^{-\eta_s}[(2 + \eta_s)\cos\eta_s - (1 - \eta_s)\sin\eta_s - e^{-2\eta_s}] \tag{5.139}$$

为不依赖外部流 $U(x)$ 的通用函数。如图 5.15 所示,其在壁面具有最大值。

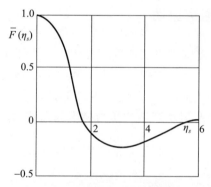

图 5.15　由式(5.139)得简单简谐外流振荡函数 $\overline{F}(\eta_s)$

按照式(5.138),函数 $F(x,y)$ 对于恒定 U 将消失,因此振荡也会影响平均运动,如前例所示。对于通用形式的外流:

$$U(x,t) = \overline{U}(x) + \sum_{j=1}U_j(x)\cos(jnt) \tag{5.140}$$

可得

$$F(x,y) = \frac{1}{2}\sum_{j=1}U_j\frac{dU_j}{dx}\overline{F}(\eta_{sj}) \tag{5.141}$$

式中

$$\eta_{sj} = \sqrt{\frac{jn}{2\nu}}y \tag{5.142}$$

由式(5.130),对于具有 $\overline{u} = axf'(\eta,k,\varepsilon)$ 的驻点流,可得下列微分方程:

$$f''' + ff'' + 1 - f'^2 + \frac{1}{2}\varepsilon^2\overline{F}(\eta_s) = 0$$

以及 $\eta_s = \sqrt{k/2\eta}$ 和边界条件式(5.38)。格斯滕(K. Gersten,1965)在小 ε^2 值情况

下对该方程首次进行求解。可确定解函数的级数展开式中前两项 $f=f_0+\varepsilon^2 f_1+\cdots$,相应的温度场也一样。结果表明,平均剪切应力因外流振荡而增加,而壁面传热则下降。

振动速度与温度场也得到了详细的研究。壁面剪切应力与壁面热流的波动通常展示了相对于外部速度波动的相位变化。在非常高的频率下,壁面剪切应力超前 45°,而热流则滞后 90°。特别值得注意的是,与 ε^2 成正比的非定常部分也以 2 倍频率,即 $2n$ 振荡。这是纳维-斯托克斯方程组非线性所致的结果。

格斯滕(K. Gersten,1967)也展示了在稳定驻点流变换为略微不同的稳定驻点流的情况下,如何采用拉普拉斯变换通过任意时间变换函数寻找振荡驻点流的解。

5.3.6 振荡的通道流动

非定常内流的一个实例是当周期性压降作用于流体时而在通道中发生的。该流动通过周期性移动的活塞来实现。假设 x 轴位于中心的无限长通道。由于运动与 x 无关,因而经大幅简化的线性方程(5.91)是有效的,其中有 $v_w=0$ 及边界条件 $u(y=\pm h/2)=0$。设活塞运动产生的压力梯度为谐波,有

$$-\frac{1}{\rho}\frac{\partial p}{\partial x}=K\sin nt$$

式中:K 为常数。

由于行为求解的微分方程为线性方程,推荐采用复数记法,因此有

$$-\frac{1}{\rho}\frac{\partial p}{\partial x}=-\mathrm{i}K\mathrm{e}^{\mathrm{i}nt}$$

其中,由于有 $\exp(\mathrm{i}nt)=\cos nt+\mathrm{i}\sin nt$,只有实部具有物理意义。以 $u(y,t)=f(y)\exp(\mathrm{i}nt)$ 形式表示速度,可获得下列振幅分布 $f(y)$ 的微分方程:

$$f''-\frac{\mathrm{i}n}{\nu}f=\mathrm{i}\frac{K}{\nu} \tag{5.143}$$

这会得到以下解:

$$u(y,t)=-\frac{K}{n}\mathrm{e}^{\mathrm{i}nt}\left\{1-\frac{\cosh[y\sqrt{\mathrm{i}n/\nu}]}{\cosh[(h/2)\sqrt{\mathrm{i}n/\nu}]}\right\} \tag{5.144}$$

这可用来获得极小与极大频率极限的非常简单结果。

对于小的 n 值,可将 $\cosh\varphi=1+\varphi^2/2+\cdots$ 拓展至二次项,式(5.144)为

$$u(y,t)=\frac{K}{2\nu}\left(\frac{h^2}{4}-y^2\right)\sin nt, n\to 0$$

其中,复数记法现已放弃。这就是准稳态情况,即对于缓慢的振荡,速度分布具有与激发源压力梯度相同的相位,而振幅分布是抛物型的,与稳态情况相同。

对于大的 n 值,可采用渐进公式 $\cosh\varphi \to e^{\varphi}/2$ 获得解:

$$u(y,t) = \frac{K}{n}[\cos nt - e^{-\eta_s}\cos(nt - \eta_s)], n \to \infty \quad (5.145)$$

式中

$$\eta_s = \sqrt{\frac{n}{2\nu}}\left(\frac{h}{2} - y\right) \quad (5.146)$$

对于大的 n 值,第二项随距壁面距离$(h/2 - y)$的增加降低得很快,从而只有与距壁面距离无关的第一项保留下来。因此,该解具有边界层的特征。核心区流体的无黏振动具有 90°相移。式(5.145)与式(5.137)的比较表明,这是振荡外流的斯托克斯解。因此,高频率情况下,该流动包括两个部分,即核心区无黏的活塞流动与斯托克斯壁面摩擦层。该解的时间平方均值为

$$\frac{\overline{u^2(\eta_s)}}{K^2/2n^2} = 1 - 2e^{-\eta_s}\cos\eta_s + e^{-2\eta_s} \quad (5.147)$$

该分布如图 5.16 所示。其最大值并未位于通道中心($\eta_s \to \infty$),但在 $\eta_s = 2.28$ 的斯托克斯层内($\eta_s < 4.6$)。

在振荡管流的实验中已发现这种效应,并将其称为环形效应,具体可参见相关文献(E. G. Richardson, E. Tyler, 1929),也可参见 5.4.2 节。其中,将讨论振荡管流同流动启动或突然关停压降时的流动关闭情况。

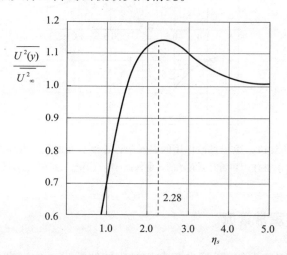

图 5.16 周期性通道流情况下由式(5.147)可得的速度时间平方均值分布
$u_\infty^2 = K^2/(2n)^2$:距壁面大距离处速度的时间均值。

5.4 非定常轴对称流动

5.4.1 涡流衰减

已经发现,势涡的解是针对静止流体中旋转圆柱所产生流动的纳维－斯托克斯方程组的精确解,可参见相关文献(C. W. Oseen,1911;G. Hamel,1916)。如果圆柱在 $t=0$ 时刻停止旋转,那么可得作为半径 r 与时间 t 函数的周向速度分布:

$$u(r,t) = \frac{\Gamma_0}{2\pi r}\left(1 - e^{-\frac{r^2}{4\nu t}}\right) \tag{5.148}$$

式中:Γ_0 为 $t=0$ 时刻的涡环量。

该速度分布如图 5.17 所示。

蒂姆(A. Timme,1957)已对这一过程进行了实验研究。克尔德(K. Kirde,1962)对涡的初始速度分布不同于势流理论的情况进行了理论与实验研究。

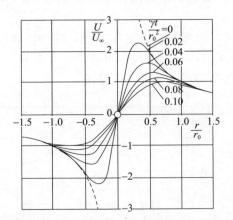

图 5.17 源于黏性作用的涡丝附近速度分布时间变化情况
$\Gamma_0:t=0$ 黏性作用初始时刻涡丝的环量,$u_\infty = \Gamma_0/(2\pi r_0)$,其中 r_0 为任意半径。

5.4.2 非定常管流

与非定常管道流类似,圆管也存在相对应的解。设 x 为沿管道轴线的坐标,且 r 为离开中心的径向距离。

由于假定管道很长,其解将与 x 无关。采用式(3.93)中的纳维－斯托克斯方程组,且不再忽略其他项,则有

$$\frac{\partial u}{\partial t} = -\frac{1}{\rho}\frac{\partial p}{\partial x} + \nu\left(\frac{\partial^2 u}{\partial r^2} + \frac{1}{r}\frac{\partial u}{\partial r}\right) \tag{5.149}$$

其边界条件为 $u(r=R,t)=0$（无滑移条件）。对于谐波振荡压力梯度

$$-\frac{1}{\rho}\frac{\partial p}{\partial x} = K\sin nt \tag{5.150}$$

可得到其解

$$u(r,t) = \frac{K}{r}e^{int}\left[1 - \frac{J_0(r\sqrt{-in/\nu})}{J_0(R\sqrt{-in/\nu})}\right] \tag{5.151}$$

式中：J_0 为零阶贝塞尔函数。

对于非常低的频率，可得到准稳态解：

$$u(r,t) = \frac{K}{4\nu}(R^2 - r^2)\sin nt, n\to 0 \tag{5.152}$$

对于非常高频率，有

$$u(r,t) = \frac{K}{n}\left[\cos nt - \sqrt{\frac{R}{r}}e^{-\eta_s}\cos(nt - \eta_s)\right], n\to\infty \tag{5.153}$$

式中

$$\eta_s = \sqrt{\frac{n}{2\nu}}(R-r) \tag{5.154}$$

这也是具有两层结构的解，即包括无黏的核心流与靠近壁面的斯托克斯层。

图 5.18 所示为中等频率（$\sqrt{n/\nu}R = 5$）振荡管流在一个周期内不同时刻下的速度分布。通过比较下面所述的压力梯度，可清晰发现靠近管流中心流动的相位滞后落后于壁面边界层的相位滞后，具体可参见 M. J. Lighthill(1954)。如在 5.3.6 节所述，预测的环形效应已经实验验证。由于式(5.149)是线性的。不同频率下源自式(5.151)的解可相互叠加。

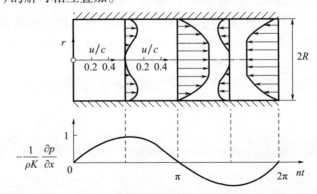

图 5.18 振荡管流在一个周期内不同时刻的速度分布(S. Uchida,1956)
压力梯度 $-\partial p/\partial x = \rho K\sin nt$，其中 $k = R\sqrt{n/\nu} = 5, c = Kk^2/(8n) = 3.125K/n$。

管道启动流与振荡管道流密切相关。在此无限长管道中的流体最初牌静止状态。在 $t=0$ 时刻,时间相关的压降突然开启。由于存在摩擦力与惯性力,管道启动流形成,并渐近地传递至哈根－泊肃叶抛物线速度分布。茨曼斯基给出了这个问题的解(F. Szymansky,1932)。该处的特征在于,管道中心附近的速度最初几乎保持局部恒定,黏度只对靠近壁面的薄层发挥作用。只有黏度作用后来达到管道中心。格伯斯计算了当压降突然关闭时对应发生的流动(管道关闭流动)(W. Gerbers,1951)。马勒研究了环面通道中的启动流。

5.5 小结

应当从下列结果中追溯纳维－斯托克斯方程组精确解的研究,因为这些结果将在今后研究中变得极其重要。

(1)如果在 $\nu \to 0$ 极限条件下一个解趋向于无黏解,则该解在小 ν 值情况下具有边界层特征。这种情况下,黏度的影响被限制于靠近壁面的薄层,即摩擦层或边界层。可认为该流动是无黏极限解的摄动。

(2)边界层厚度 δ 可估算。由于壁面黏性,该层的动量输送速度为 $U_V(\nu,\delta)$,出于量纲考虑为 $U_V = \nu/\delta$。如果 t_B 为流体质点在该层中所经历的典型时间,则有 $\delta = U_V t_B$ 或因为 $U_V = \nu/\delta$ 存在

$$\delta \propto \sqrt{\nu t_B}$$

因此,边界层厚度正比于运动黏度的平方根。边界层中所经历的时间取决于所考虑的流动,如 $t_B = t$(突然移动的平板),$t_B = 1/n$(振荡流),$t_B = r/u_{max}$(喷管流)。

(3)具有两个不同特征时间 t_B 的流动有两层结构。其中的一个范例是 $k = n/a \to \infty$ 高频振荡的驻点流。除稳态情况(普朗特层)下边界层厚度 $\delta \propto \sqrt{\nu/a}$ 外,也存在厚度为 $\delta_s \propto \sqrt{\nu/n}$ 的更薄斯托克斯层,这是黏度波动影响的结果。

(4)由于纳维－斯托克斯方程组的非线性,相对于无振荡流动的情况,振荡流动情况下在平均运动中存在变化。同样原因,除流场中基本振荡频率外,也会出现该频率的高次谐波。高频率下靠近壁面的振荡动能特别高,且壁面剪切应力与外流速度之间存在 $-45°$ 的相移,即速度滞后于壁面剪切应力。

第二篇　层流边界层

放射化学概論　第二章

第6章
平面流中的边界层方程组与平板边界层

6.1 建立边界层方程组

现探讨黏度非常小或雷诺数非常大的流动。1904年,普朗特对流体运动科学做出了非常重要的贡献(L. Prandtl,1904)。普朗特展示了高雷诺数条件下黏度影响流动的方式以及通过简化纳维-斯托克斯方程组获得极限情况下的近似解。现以物理展示方式推导摩擦力非常小情况下的纳维-斯托克斯方程组的简化形式。

为简便起见,考虑非常小黏度的流体绕过细长圆柱体的平面流,如图6.1所示。除紧邻物体表面区域外,速度具有自由流速度 V 的量级。流线图和速度分布与无黏流(势流)的流线图和速度分布几乎相同。然而研究表明,表面的流体并不像势流那样沿壁面滑移,而是附着于壁面。从壁面的零速度至距壁面一定位移处的全速度之间存在一种变化。这种转换发生在边界层的很细的薄层内。必须区分这两个区域。

(1)物体旁边存在薄层,薄层内垂直于表面的速度分布 $\partial u/\partial y$ 非常大(边界层)。由于黏性剪切应力 $\tau = \mu \partial u/\partial y$ 可达到相当大的数值,即使非常小的黏度也能发挥重要作用。

(2)薄层之外的其他区域中不存在较大的速度梯度,因而黏度的作用并不重要。这些区域中的流动是无摩擦的与有势的。

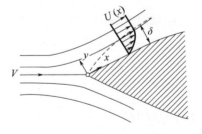

图6.1 沿壁面的边界层

总之,边界层越薄,黏度就越小,或更普遍地,雷诺数越大。由第5章中纳维-斯托克斯方程组的一些精确解可以发现,边界层厚度正比于运动黏度的平方根:

$$\delta \propto \sqrt{\nu}$$

本章后续的纳维-斯托克斯方程组中,假定边界层厚度相比于仍未确定的物体线性尺寸 l 非常小:

$$\delta \ll l$$

因此,非常高雷诺数条件下边界层方程组的解具有渐近特性。

如果以自由流速度 V 和模型特征尺寸 l 作为基准,可由式 $\delta \propto \sqrt{\nu}$ 得到正确的无量纲表述:

$$\frac{\delta}{l} \propto \frac{1}{\sqrt{Re}}, Re = \frac{Vl}{\nu} \tag{6.1}$$

即边界层厚度随着雷诺数的增加趋向于零。

现建立当且仅当高雷诺数条件下渐近解可确定的纳维-斯托克斯方程组简化形式。不同于第 5 章中先求出完全纳维-斯托克斯方程组的解再确定其在 $Re \to \infty$ 条件下渐近解的方法,渐近解通过直接求解简化的微分方程得出。首先考虑图 6.1 中的二维问题,并假定壁面是平直的。设 x 轴沿壁面,且 y 轴垂直于壁面。现将连续方程和纳维-斯托克斯方程组以无量纲形式表示。将方程组中所有长度尺寸进行基于特征长度 l 的无量纲化处理,且所有速度也将进行基于自由流速度 V 的无量纲化。对压力进行基于 ρV^2 的无量纲化,对时间进行基于 l/V 的无量纲化。此外,在雷诺数非常大的假设下的形式为

$$Re = \frac{\rho Vl}{\mu} = \frac{Vl}{\nu} \tag{6.2}$$

如此可得无量纲方式的方程组:

x 方向动量方程为

$$\frac{\partial u^*}{\partial t^*} + u^* \frac{\partial u^*}{\partial x^*} + v^* \frac{\partial u^*}{\partial y^*} = -\frac{\partial p^*}{\partial x^*} + \frac{1}{Re}\left(\frac{\partial^2 u^*}{\partial x^{*2}} + \frac{\partial^2 u^*}{\partial y^{*2}}\right) \tag{6.3}$$

$$1 \quad\quad 1 \quad\quad 1 \quad\quad \delta^* \frac{1}{\delta^*} \quad\quad\quad\quad \delta^{*2} \quad\quad \delta^* \quad\quad \frac{1}{\delta^*}$$

y 方向动量方程为

$$\frac{\partial v^*}{\partial t^*} + u^* \frac{\partial v^*}{\partial x^*} + v^* \frac{\partial v^*}{\partial y^*} = -\frac{\partial p^*}{\partial y^*} + \frac{1}{Re}\left(\frac{\partial^2 v^*}{\partial x^{*2}} + \frac{\partial^2 v^*}{\partial y^{*2}}\right) \tag{6.4}$$

$$1 \quad\quad 1 \quad\quad 1 \quad\quad \delta^* \frac{1}{\delta^*} \quad\quad\quad\quad \delta^{*2} \quad\quad \delta^* \quad\quad \frac{1}{\delta^*}$$

连续方程为

$$\frac{\partial v^*}{\partial x^*} + \frac{\partial v^*}{\partial y^*} = 0 \tag{6.5}$$

$$1 \quad\quad 1$$

如果在式(6.3)和式(6.4)中取 $Re \to \infty$,这些方程可简化为无黏流动的方程,且在均匀自由流动的情况下被描述为势流。若非无滑移条件(除某些特殊情况外,势流不满足无滑移条件),这些已是渐近解。

所期望的渐近解应满足无滑移条件,只与壁面上和靠近壁面的势流的解不同。

因此,这些不同于无黏方程的方程必须始终处于靠近壁面的薄层(边界层)中。由于摩擦力在边界层中发挥重要作用,因此不能忽略方程中的摩擦项,采用这种思想进行纳维-斯托克斯方程组的简化。首先估算这些方程中单独项的数量级。长度 l^* 与速度 u^* 具有 $O(1)$ 数量级。但长度 y^* 具有边界层厚度的数量级 $O(\delta^*)$。由式(6.1)可知,$Re \to \infty$ 等同于 $\delta^* \to 0$,连续方程不应退化,故有 $v^* = O(\delta^*)$。式(6.3)~式(6.5)中不同项的数量级已在各个方程的下面给出。此时假定局部加速度(如 $\partial u^*/\partial t^*$)具有与对流加速度(如 $u^* \partial u^*/\partial x^*$)相同的数量级,则意味着不存在如强压力波情况下的意外加速度。为使 x 方向动量方程中至少有一个摩擦项不消失,系数 $1/Re$ 必须具有 $O(\delta^{*2})$ 的数量级。由第5章可知,这也是 $\delta^* \propto 1/\sqrt{Re}$ 的式(6.1)中结果。

对于 $\delta^* \to 0$,假定纵坐标 $y^* = O(\delta^*)$ 具有非常小的边界层值,因而不适于描述边界层流动。对坐标 $y^* = O(\delta^*)$ 与速度分量 $v^* = O(\delta^*)$ 进行以下边界层变换:

$$\bar{y} = y^* \sqrt{Re} \propto \frac{y^*}{\delta^*}, \quad \bar{v} = v^* \sqrt{Re} \tag{6.6}$$

新变量 $\bar{y}$ 和 $\bar{v}$ 具有同 x^* 与 u^* 一样的 $O(1)$ 数量级。如果将这些 $\bar{y}$ 与 $\bar{v}$ 变量代入式(6.3)~式(6.5),且构成了极限 $Re \to \infty$,则可获得普朗特边界层方程组:

$$\frac{\partial u^*}{\partial x^*} + \frac{\partial \bar{v}}{\partial \bar{y}} = 0 \tag{6.7}$$

$$\frac{\partial u^*}{\partial t^*} + u^* \frac{\partial u^*}{\partial x^*} + \bar{v} \frac{\partial u^*}{\partial \bar{y}} = -\frac{\partial p^*}{\partial x^*} + \frac{\partial^2 u^*}{\partial \bar{y}^2} \tag{6.8}$$

$$0 = -\frac{\partial p^*}{\partial \bar{y}} \tag{6.9}$$

由式(6.6)可知,y^* 与 v^* 已进行雷诺数的幂拉伸。选择指数 $1/2$ 即雷诺数的平方根,使所形成的极限至少保留一项摩擦项 $\partial^2 u^*/\partial \bar{y}^2$。

与纳维-斯托克斯方程组相比,采用极限后的这些简化方程是相当显著的。y 方向动量方程的大幅简化为式(6.9)的过程意味着压力与 $\bar{y}$ 无关,并且在边界层横截面上是恒定的。因此,可取无黏流确定的边界层边缘的压力,压力似乎被外流强加于边界层上。压力可作为边界层中的已知函数,只取决于长度坐标 x^* 与时间 t^*。未知变量的数量已降至1个。现只需确定 u^* 与 $\bar{v}$,而不是 u^*、v^* 与 p^* 三个函数。在边界层流的外缘,纵向速度 u^* 传递至外流速度 $U^*(x^*, t^*)$。由于此时速度梯度 $\partial u^*/\partial \bar{y}$ 与 $\partial^2 u^*/\partial \bar{y}^2$ 消失,式(6.8)可简化为

$$\frac{\partial U^*}{\partial t^*} + U^* \frac{\partial U^*}{\partial x^*} = -\frac{\partial p^*}{\partial x^*} \tag{6.10}$$

采用该方式来消除式(6.8)中的压力梯度,就不再需要式(6.9)。由此可得边界层中所期望的两个函数 $u^*(x^*, \bar{y}, t^*)$ 与 $\bar{v}(x^*, \bar{y}, t^*)$ 的方程:

$$\frac{\partial u^*}{\partial t^*} + u^* \frac{\partial u^*}{\partial x^*} + \bar{v} \frac{\partial u^*}{\partial \bar{y}} = \frac{\partial U^*}{\partial t^*} + U^* \frac{\partial U^*}{\partial x^*} + \frac{\partial^2 u^*}{\partial \bar{y}^2} \tag{6.11}$$

与

$$\frac{\partial u^*}{\partial x^*} + \frac{\partial \bar{v}}{\partial \bar{y}} = 0 \qquad (6.12)$$

其边界条件为

$$\begin{aligned} &\bar{y}=0: u^*=0, \bar{v}=0 \\ &\bar{y}\rightarrow\infty: u^*=U^*(x^*,t^*) \end{aligned} \qquad (6.13)$$

（平面不可压流）边界层理论旨在求解式(6.11)～式(6.13)，以获得给定外流的速度分布 $U^*(x^*,t^*)$。

对于稳态流动，该方程组为

$$u^* \frac{\partial u^*}{\partial x^*} + \bar{v}\frac{\partial u^*}{\partial \bar{y}} = -\frac{\mathrm{d}p^*}{\mathrm{d}x^*} + \frac{\partial^2 u^*}{\partial \bar{y}^2} \qquad (6.14)$$

$$\frac{\partial u^*}{\partial x^*} + \frac{\partial \bar{v}}{\partial \bar{y}} = 0 \qquad (6.15)$$

$$\begin{aligned} &\bar{y}=0: u^*=0, \bar{v}=0; \\ &\bar{y}\rightarrow\infty: u^*=U^*(x^*) \end{aligned} \qquad (6.16)$$

利用 $\mathrm{d}p^*/\mathrm{d}x^* = -U^*\mathrm{d}U^*/\mathrm{d}x^*$ 可两次消去压力梯度。

除减少方程的数量外，还可对纵向动量方程进一步简化。相比于式(6.3)，式(6.14)缺少一项。这种数学结果的影响是深远的。然而，由式(6.3)～式(6.5)所构成的方程组是椭圆型的，式(6.14)～式(6.16)则为抛物型方程组。后者具有相当吸引人的特性，即函数 $U^*(x^*)$ 对于解函数 $u^*(x^*,\bar{y})$ 与 $\bar{v}(x^*,\bar{y})$ 的影响只作用于下游，因此，当两个函数 $U^*(x^*)$ 一直在 x_0 点的区间内相同且只在 $x^*>x_0^*$ 区间内不同时，则其解对于 $x^* \leq x_0^*$ 也是完全相同的。

作为抛物型方程组，第23章中将要讨论的由式(6.14)～式(6.16)构成方程组的数值求解可采用步进程序。

由普朗特边界层方程组的推导可发现，该方程组及其解与雷诺数无关。只有当式(6.6)中的边界层变换反转时，原始速度 $u^*=f_1(x^*,y^*\sqrt{Re})$ 与 $v^*\sqrt{Re}=f_2(x^*,y^*\sqrt{Re})$ 才会呈现雷诺数的相关性，只对所有高雷诺数有效的计算必须实施。

6.2 壁面摩擦、分离与位移

边界层方程组的解通常用来确定非常重要的壁面剪切应力与位移厚度。现简要讨论这些物理量。

6.2.1 表面摩擦系数

对于无量纲的壁面剪切应力，可引入表面摩擦系数：

$$c_f(x^*) = \frac{\tau_w(x^*)}{\dfrac{\rho}{2}V^2} \tag{6.17}$$

其由边界层的解可变为

$$c_f(x^*) = \frac{2\mu\,(\partial u/\partial y)_w}{\rho V^2} = \frac{2}{\sqrt{Re}}\left(\frac{\partial u^*}{\partial y^*}\right)_w \tag{6.18}$$

因此,摩擦系数由壁面($y=0$)的速度梯度来确定。所有层流边界层的摩擦系数随雷诺数的增加按$1/\sqrt{Re}$趋于零。壁面射流是一个例外,可参考7.2.7节。

6.2.2 分离点

一种特别重要的情况是表面摩擦系数的值为值。壁面剪切应力消失的点称为分离点。可以发现,分离发生于压力增大(存在逆压梯度)的区域。虽然压力增长对应于外部流动中的动能降低,边界层内的流体动能较低且受到摩擦而不能进入高压区。因此,边界层内的流体脱离物体壁面而偏离高压区,直接进入主流区(图6.2)。这将出现靠近物体壁面而受压力梯度作用的流体沿与外流相反的方向流动。分离点定义为最靠近壁面底层内的前向流动与回流之间的界线,有

$$\left(\frac{\partial u}{\partial y}\right)_{y=0} = 0\,(\text{分离点}) \tag{6.19}$$

按照边界层方程组的推导,分离点的位置与雷诺数无关。

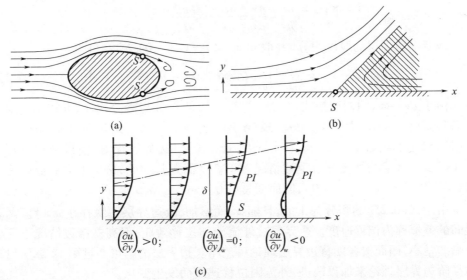

图 6.2 边界层分离

(a)存在分离的物体绕流(S为分离点);(b)靠近分离点的流线;(c)靠近分离点的速度分布(PI为拐点)。

6.2.3 位移

如果考虑式(6.13)和式(6.16)的边界条件,则可注意到边界层外部边缘处速度 u^* 与外流速度分量 U^* 相等。然而,不存在与 v^* 分量对应的状态。实际上,v^* 分量并不对应于外流的 V^* 分量,且两者之间存在有限差值。这些值均可确定。外流速度分量 $U^*(x^*,y^*)$ 与 $V^*(x^*,y^*)$ 都采用无量纲形式表征,满足连续方程:

$$\frac{\partial U^*}{\partial x^*} + \frac{\partial V^*}{\partial y^*} = 0 \tag{6.20}$$

对于距壁面的较小无量纲距离 y^*,速度分量 $U^*(x^*,y^*)$ 的泰勒展开式为

$$U^*(x^*,y^*) = U^*(x^*,0) + \left(\frac{\partial U^*}{\partial y^*}\right)_w y^* + \left(\frac{\partial^2 U^*}{\partial y^{*2}}\right)_w y^{*2} + \cdots \tag{6.21}$$

如果外流速度场也经历式(6.6)中的边界层变换,即

$$\bar{y} = y^*\sqrt{Re},\ \bar{V} = V^*\sqrt{Re} \tag{6.22}$$

则该速度场满足

$$\frac{\partial U^*}{\partial x^*} + \frac{\partial \bar{V}}{\partial \bar{y}} = 0 \tag{6.23}$$

$$U^*(x^*,\bar{y}) = U^*(x^*,0) + \left(\frac{\partial U^*}{\partial y^*}\right)_w \frac{\bar{y}}{\sqrt{Re}} + O\left(\frac{1}{Re}\right) \tag{6.24}$$

式(6.15)减去式(6.23),可得

$$\frac{\partial \bar{v}}{\partial \bar{y}} - \frac{\partial \bar{V}}{\partial \bar{y}} = \frac{\partial U^*}{\partial x^*} - \frac{\partial u^*}{\partial x^*}$$

或者沿边界层的厚度积分[并取 $\bar{v}(x^*,0) = \bar{V}(x^*,0) = 0$],可得

$$\lim_{\bar{y}\to\infty}(\bar{v} - \bar{V}) = \frac{\mathrm{d}}{\mathrm{d}x^*}\int_0^\infty [U^*(x^*,0) - u^*(x^*,\bar{y})]\mathrm{d}\bar{y} \tag{6.25}$$

由于 $Re\to\infty$,因而变换式(6.25)等号右边的积分与微分次序,并以 $U^*(x^*,\bar{y})$ 替代式(6.24)中,$U^*(x^*,0)$。式(6.24)还分别提供了边界条件式(6.13)与式(6.15)中的函数 $U^*(x^*,0,t^*)$ 与 $U^*(x^*,0)$。边界层很薄,使得渐近过程中 $U^*(x^*,t^*)$ 不会发生变化。上述情况对于直壁面尤其如此,这是因为势流是无旋的 $(\partial V^*/\partial x^* = \partial U^*/\partial y^* = 0)$,因而变量 $(\partial U^*/\partial y^*)_w$ 消失。

由于式(6.25)的积分为正值,且随 x^* 而增加,故边界层边缘存在 $\bar{v} > \bar{V}$。两者之间的差值称为位移速度。边界层对外流施加位移效应,但高雷诺数情况下这种影响非常小,因而按普朗特边界层理论可忽略。边界层的解可通过第14章所讨论的高阶边界层理论来加以改进,外流因位移速度而发生变化。

除位移作用外,还存在壁面曲率的二次高阶效应。如第14章所示,只要曲率半径是基准长度 l 的量级,且比边界层厚度 δ 更大,则曲率半径不会对普朗特边界层理

论产生作用。目前所讨论范围并不包括尖拐角的流动。由于壁面曲率不会产生作用,因而可将坐标系 x^*、$\bar{y}$ 考虑为弯曲的笛卡儿坐标系,其中 x^* 为沿壁面的轮廓,而 $\bar{y}$ 方向垂直于当地的 x^* 方向。因此,所考虑的物体几何外形并未参与边界层的计算,且几何外形的影响仅存在于壁面($\bar{y}=0$)的速度分布 $U^*(x^*,t^*)$ 或 $U^*(x^*)$。

6.3 边界层方程组的量纲

虽然边界层方程组的推导过程中实际需要无量纲表示,但取消边界层变换,而重新采用边界层方程组的量纲表示。采用量纲表示的依据是考虑最初为层流而后转为湍流的边界层演化过程。所讨论的边界层变换对于湍流边界层没有意义,而量纲表示似乎更适于表征边界层的两种流动状态。

构成以量纲表示的边界层方程组的式(6.11)和式(6.12)为

$$\frac{\partial u}{\partial t} + u\frac{\partial u}{\partial x} + v\frac{\partial v}{\partial y} = -\frac{1}{\rho}\frac{\partial p}{\partial x} + \nu\frac{\partial^2 u}{\partial y^2} \tag{6.26}$$

$$\frac{\partial u}{\partial x} + \frac{\partial v}{\partial y} = 0 \tag{6.27}$$

其边界条件为

$$y=0:u=0,v=0 \qquad y\to\infty:u=U(x,t) \tag{6.28}$$

对于外流,有

$$\frac{\partial U}{\partial t} + U\frac{\partial U}{\partial x} = -\frac{1}{\rho}\frac{\partial p}{\partial x} \tag{6.29}$$

对于稳态流动,该方程组可简化为

$$u\frac{\partial u}{\partial x} + v\frac{\partial v}{\partial y} = -\frac{1}{\rho}\frac{\mathrm{d}p}{\mathrm{d}x} + \nu\frac{\partial^2 u}{\partial y^2} \tag{6.30}$$

$$\frac{\partial u}{\partial x} + \frac{\partial v}{\partial y} = 0 \tag{6.31}$$

其边界条件为

$$y=0:u=0,v=0 \qquad y\to\infty:u=U(x) \tag{6.32}$$

与外流的关系为

$$U\frac{\mathrm{d}U}{\mathrm{d}x} = -\frac{1}{\rho}\frac{\mathrm{d}p}{\mathrm{d}x} \tag{6.33}$$

虽然运动黏度 ν 出现在所表述的方程组中,但由于边界层变换,ν 并不是边界层的解中的真实参数。

边界层方程的量纲表示需要进一步完善边界层外缘的表征方式。$\bar{y}=(y/l)\sqrt{Re}\to\infty$ 的表征方式具有很好的意义,因为对于固定的 y,当 $Re\to\infty$ 时 $\bar{y}\to\infty$,因而不再适用于 y。实际上,y 是在边界外缘上非常小的参量。尽管如此,仍采用了

$y \to \infty$,这是因为只要继续保持这种表示方式(y足够大,能够覆盖边界层区域)就不会出现问题。

6.3.1 壁面剪切应力

壁面剪切应力可由函数$u(x,y)$的下列微分方式确定：

$$\tau_w(x) = \mu \left(\frac{\partial u}{\partial y} \right)_w \tag{6.34}$$

6.3.2 位移厚度

式(6.25)可以量纲的形式表示为

$$\lim_{y \to \infty}(v - V) = \frac{\mathrm{d}(U\delta_1)}{\mathrm{d}x} \tag{6.35}$$

式中:δ_1为位移厚度,且有

$$\delta_1 = \int_0^\infty \left[1 - \frac{u(x,y)}{U(x)} \right] \mathrm{d}y \tag{6.36}$$

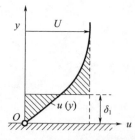

图 6.3 边界层位移厚度 δ_1

由式(6.35)可知,这个位移厚度是位移作用的一种量度。图6.3所示为边界层位移厚度δ_1。按照式(6.36),两个阴影面积必须具有相同的面积,由剖面$u(x,y)$给定的边界层体积通量与速度为$U(x)$的外流偏移壁面位移厚度δ_1所对应的体积通量。

6.3.3 流函数

通过引入流函数ψ,式(6.26)与式(6.27)所对应的两个函数u与v可简并为单一流函数ψ的方程。该流函数可定义为

$$u = \frac{\partial \psi}{\partial y}, v = -\frac{\partial \psi}{\partial x} \tag{6.37}$$

其满足连续方程式(6.27),式(6.26)可变为

$$\frac{\partial^2 \psi}{\partial y \partial t} + \frac{\partial \psi}{\partial y}\frac{\partial^2 \psi}{\partial x \partial y} - \frac{\partial \psi}{\partial x}\frac{\partial^2 \psi}{\partial y^2} = -\frac{1}{\rho}\frac{\partial p}{\partial x} + \nu \frac{\partial^3 \psi}{\partial y^3} \tag{6.38}$$

这是一个3阶微分方程。其边界条件为$(\partial\psi/\partial y)_w = 0$,$(\partial\psi/\partial x)_w = 0$,$(\partial\psi/\partial y)_\infty = U$。如果将式(6.38)与生成完全纳维-斯托克斯方程组的流函数式(4.60)比较,发现边界层理论的近似方法将微分方程的阶数由4阶降为3阶。现在可以理解为什么只给出了3个边界条件,即为什么边界层外缘的速度分量v不存在边界条件。

6.4 摩擦阻力

根据式(6.34)中壁面剪切应力 $\tau_w(x)$ 的分布,容易通过物体表面的积分计算得到摩擦阻力。如果 b 为物体的宽度,而 l 为物体的长度,则如图6.4所示的物体表面摩擦阻力为

$$D_f = b \int \tau_w(x) \cos\varphi \, dx \tag{6.39}$$

其中,按边界层理论的惯例,坐标 x 沿着物体轮廓。对流体中由前缘至尾缘的流面全长度进行积分。引入 $\hat{x}$ 为沿物体弦长方向的坐标,并采用 $dx \cdot \cos\varphi = d\hat{x}$,可由式(6.39)可得

$$D_f = b \int_0^l \tau_w(\hat{x}) \, d\hat{x} \tag{6.40}$$

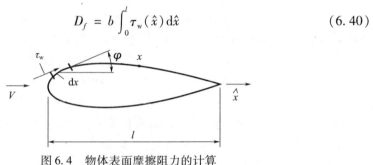

图6.4 物体表面摩擦阻力的计算

如果边界层较厚,或者如果发生分离,则会出现可观的位移效应。这种情况下,外流的压力分布必须采用第14章的高阶边界层理论予以修正。对于给定轮廓的物体,计算出的压力分布会引起压差阻力或形阻。这种形阻实际上是一种摩擦效应,具体可见第14章。

6.5 平板边界层

在第7章讨论全部边界层微分方程组的一般特性之前,将先分析一些实例以进一步熟悉边界层方程组。边界层方程组最简单的应用实例是薄平板的流动。这是柏拉修斯(H. Blasius,1908)应用普朗特边界层方程组的首个实例。设平板起始于 $x=0$,沿 x 轴延伸,具有半无限的长度(图6.5)。现讨论自由速度 U_∞ 沿平行于 x 轴方向的稳定流动,其中势流的速度是恒定的,即 $dp/dx = 0$。边界层方程组式(6.30)~式(6.32)变换为

$$u \frac{\partial u}{\partial x} + v \frac{\partial u}{\partial y} = \nu \frac{\partial^2 u}{\partial y^2} \tag{6.41}$$

$$\frac{\partial u}{\partial x}+\frac{\partial v}{\partial y}=0 \tag{6.42}$$

$$y=0: \quad u=0, v=0;$$
$$y\to\infty: \quad u=U_\infty \tag{6.43}$$

由于该方程组无特征长度,可假设距前缘不同距离的速度分布是线性叠加(仿射)的或相似的,即不同距离 x 下的速度分布 $u(x)$ 可通过选择适合的比例系数来实现映射。关于 u 的适合比例系数可以是自由流速度 U_∞,而在 y 方向可采用距离 x 而增加的边界层厚度 $\delta(x)$。严格地讲, $\delta(x)$ 不是边界层厚度,而是边界层厚度的尺度量度,

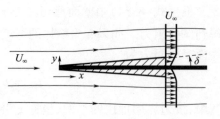

图 6.5 零攻角平板边界层

等于边界层厚度的一种数值系数,具体可参见式(6.60)。速度分布的相似定律可表示为 $u/U_\infty=\varphi(\eta)$,其中 $\eta=y/\delta(x)$,而 $\varphi(\eta)$ 与 x 无关。

容易发现 $\delta(x)$ 对 x 的相关性。δ 量正比于受摩擦即黏性效应影响的边界层厚度。黏度引起朝向壁面外方向的动量输运。特征输运速度 U_V 取决于 ν 与 δ。考虑维度因素,则有 $U_V \propto \nu/\delta$。$\delta(x)$ 取决于近壁面流体质点远离壁面的动量输运,其以速度 U_∞ 的平移运动流过位置 x。具有速度 U_∞ 的流体质点流过位置 x 所需的时间长度为 x/U_∞。另外,对于动量输运,时间 $\delta/U_V=\delta^2/\nu$ 需以速度 $U_V\propto\nu/\delta$ 经过厚度 δ。设这两个时间相等,则满足 $\delta^2/\nu \propto x/U_\infty$,或

$$\delta(x)\propto\sqrt{\frac{x\nu}{U_\infty}} \tag{6.44}$$

如果以 x 替代 l,以 U_∞ 替代 V,则与式(6.1)相同。相似参数 $\eta\propto y/\delta(x)$ 设置为

$$\eta=y\sqrt{\frac{U_\infty}{2\nu x}} \tag{6.45}$$

可见,最初为 $\delta(x)$ 的任选系数 $\sqrt{2}$ 是有效的,这是因为所生成的微分方程是一个特别简单的形式。

按式(6.37)引入流函数 $\psi(x,y)$ 可对连续方程积分,可得

$$\psi=\sqrt{2\nu x U_\infty}f(\eta) \tag{6.46}$$

式中: $f(\eta)$ 为无量纲流函数。

区分速度分量,可得

$$u=\frac{\partial \psi}{\partial y}=\frac{\partial \psi}{\partial \eta}\frac{\partial \eta}{\partial y}=U_\infty f'(\eta) \tag{6.47}$$

$$v=-\frac{\partial \psi}{\partial x}=-\left(\frac{\partial \psi}{\partial x}+\frac{\partial \psi}{\partial \eta}\frac{\partial \eta}{\partial x}\right)=\sqrt{\frac{\nu U_\infty}{2x}}(\eta f'-f) \tag{6.48}$$

式中:f 的撇号(′)意味着关于 η 的微分。如果采用这种方式来构建式(6.41)中的各项,最终可获得流函数的下列常微分方程:

$$f''' + ff'' = 0 \quad \text{(布拉休斯方程)} \tag{6.49}$$

式(6.43)的边界条件为

$$\eta = 0: f = 0, f' = 0; \eta \to \infty: f' = 1 \tag{6.50}$$

这种情况下,通过相似变换[式(6.45)与式(6.46)]可将两个偏微分方程式(6.41)与式(6.42)转换为流函数的常微分方程。这是一个3阶的非线性方程。3个边界条件(式(6.50))足以确定方程的解。

该微分方程的数值解可通过"射击法"的龙格-库塔法来求解。具体方法是求解值 $f(0)=0$、$f'(0)=0$ 和估值 $f''(0)=f''_w$ 的初值,并不求解边值。改变 f''_w 估值直至满足边界条件 $f'(\infty)=1$。实际上,有限且足够大的 η 值可满足该条件($\eta=5$ 给出了小于或等于1的偏差值 10^{-4})。表6.1所列为零攻角平板边界层的特征值。更加全面的表可参见豪沃斯(L. Howarth,1938)的专著。

表6.1 零攻角平板边界层特征值

f''_w	0.4696
$\beta_1 = \lim\limits_{\eta \to \infty}[\eta - f(\eta)]$	1.2168
$\beta_2 = \int_0^\infty f'(1-f')\mathrm{d}\eta$	0.4696
$\beta_3 = \int_0^\infty f'(1-f'^2)\mathrm{d}\eta$	0.7385

6.5.1 速度分布

纵向速度分布 $u/U_\infty = f'(\eta)$ 如图6.6(a)所示。近壁面的曲率很小。由于有 $f'''(0)=0$,正对壁面的曲率消失。这种情况是由于 $f(0)=0$ 而从微分方程得出的。按照式(6.48),边界层中速度横向分量也由图6.6(b)给出。值得注意的是,在边界层外缘即 $\eta \to \infty$,横向速度分量是非零的。这就是6.2节提及的位移速度。可以发现

$$v_\infty(x) = \sqrt{\frac{\nu U_\infty}{2x}} \beta_1 = 0.8604 U_\infty \sqrt{\frac{\nu}{xU_\infty}} \tag{6.51}$$

且有

$$\beta_1 = \lim_{\eta \to \infty}[\eta - f(\eta)] = 1.2168 \tag{6.52}$$

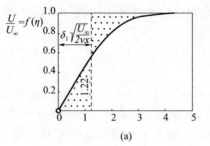
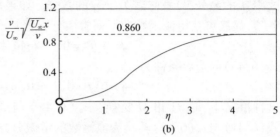

图 6.6 平板边界层中的速度分布(H. Blasius,1908)
(a)平行于壁面的速度分量;(b)横向速度分量。

6.5.2 摩擦阻力

平板所受到的阻力是摩擦阻力,容易由上述解来确定。由式(6.40)可知,平板一侧的阻力为

$$D = b \int_0^l \tau_w(x) \, dx \tag{6.53}$$

式中:b 为平板的宽度;l 为平板长度。

壁面的剪切应力为

$$\tau_w(x) = \mu \left(\frac{\partial u}{\partial y} \right)_w = \mu U_\infty \sqrt{\frac{U_\infty}{2\nu x}} f''_w = 0.332 \mu U_\infty \sqrt{\frac{U_\infty}{\nu x}} \tag{6.54}$$

其中,f''_w 的数值取自表 6.1。

式(6.17)中具有参考速度 U_∞ 的表面摩擦系数为

$$c_f(x) = \frac{\tau_w(x)}{\frac{\rho}{2} U_\infty^2} = \frac{0.664}{\sqrt{Re_x}} \tag{6.55}$$

式中:Re_x 为采用基于长度 x 的雷诺数,即

$$Re_x = \frac{U_\infty x}{\nu} \tag{6.56}$$

综合式(6.53)与式(6.54)可得平板单侧的阻力为

$$D = f''_w \mu b U_\infty \int_0^l \frac{dx}{\sqrt{x}} = f''_w b U_\infty \sqrt{2\mu \rho l U_\infty} \tag{6.57}$$

平板阻力正比于 $U_\infty^{3/2}$ 与 $l^{1/2}$,即并不与 l 成正比。这与平板后部所产生的阻力略低于平板前部的阻力相关。这是因为阻力处于摩擦层较厚的区域,壁面剪切应力较小。以常规形式引入无量纲的阻力系数:

$$c_D = \frac{D}{\frac{\rho}{2} U_\infty^2 bl} \tag{6.58}$$

其中,浸润面积 bl 作为参考面积,可采用式(6.57)获得阻力公式:

$$c_D = \frac{1.328}{\sqrt{Re}} \quad (6.59)$$

式中: Re 为雷诺数, $Re = U_\infty l/\nu$。

式(6.59)称为布莱修斯阻力定律,适用于层流流动,其雷诺数低于临界雷诺数 Re_{crit},取值为 $5 \times 10^5 \sim 5 \times 10^6$。式(6.59)中的公式分别如图 1.3 与图 18.3 所示。湍流区域的情况如 18.2.5 节所述,阻力明显大于按式(6.59)计算的值。

6.5.3 边界层厚度

没有唯一的边界层厚度,因为当质点由壁面向外移动时边界层中的黏性逐渐降低。平行于壁面的速度分量 u 逐渐趋近外流速度 U_∞。如果将边界层厚度定义为 $u = 0.99 U_\infty$ 处的位置,则可以发现 $\eta_{99} = 3.6$。因此,所定义的边界层厚度为

$$\eta_{99} \approx 5.0 \sqrt{\frac{\nu x}{U_\infty}} \quad (6.60)$$

6.5.4 位移厚度

合理的边界层厚度就是位移厚度,并已引入式(6.36)(图 6.3)。由此可认为,这是因边界层中速度下降而使无黏外流向外偏移的厚度。因黏度效应而出现的体积流量减少为

$$\int_0^\infty (U - u) dy$$

因此, δ_1 的定义式为

$$U_\infty \delta_1 = \int_0^\infty (U_\infty - u) dy$$

或

$$\delta_1 = \int_0^\infty \left(1 - \frac{u}{U_\infty}\right) dy \text{（位移厚度）} \quad (6.61)$$

采用式(6.47)的 u/U_∞,式(6.61)可写为

$$\delta_1 = \sqrt{\frac{2\nu x}{U_\infty}} [1 - f'(\eta)] d\eta = \beta_1 \sqrt{\frac{2\nu x}{U_\infty}} = 1.7208 \sqrt{\frac{\nu x}{U_\infty}} \quad (6.62)$$

式中: β_1 见式(6.52)。

与壁面的距离 $y = \delta_1$ 也可见图 6.6(a)。这个量是外流流线因黏性效应而向壁面外偏离的位移,位移厚度是式(6.60)所表征的边界层厚度 δ_{99} 的 1/3。

6.5.5 动量厚度

在边界层厚度问题上还会涉及动量厚度。边界层中的动量相对于外流而言较小,可表示为 $\rho \int_0^\infty u(U_\infty - u)\mathrm{d}y$,边界层动量厚度可由式(6.63)定义为

$$\rho U_\infty^2 \delta_2 = \rho \int_0^\infty u(U_\infty - u)\mathrm{d}y$$

或

$$\delta_2 = \int_0^\infty \frac{u}{U_\infty}\left(1 - \frac{u}{U_\infty}\right)\mathrm{d}y \text{(动量厚度)} \tag{6.63}$$

对零攻角平板进行计算,可得

$$\delta_2 = \sqrt{\frac{2\nu x}{U_\infty}} \int_0^\infty f'(1 - f')\mathrm{d}\eta = \beta_2 \sqrt{\frac{2\nu x}{U_\infty}}$$

取表 6.1 中的 β_2 值可得

$$\delta_2 = 0.664\sqrt{\frac{\nu x}{U_\infty}} \tag{6.64}$$

6.5.6 能量厚度

除动量厚度外,还会应用能量厚度 δ_3。相对于外部流动的无黏流体,边界层中的低动能为 $\rho \int_0^\infty u(U_\infty^2 - u^2)\mathrm{d}y$,能量厚度定义为

$$\rho U_\infty^3 \delta_3 = \rho \int_0^\infty u(U_\infty^2 - u^2)\mathrm{d}y$$

或

$$\delta_3 = \int_0^\infty \frac{u}{U_\infty}\left(1 - \frac{u^2}{U_\infty^2}\right)\mathrm{d}y \text{(能量厚度)} \tag{6.65}$$

用于零攻角平板,可得

$$\delta_3 = \sqrt{\frac{2\nu x}{U_\infty}} \int_0^\infty f'(1 - f'^2)\mathrm{d}\eta = \beta_3 \sqrt{\frac{2\nu x}{U_\infty}} = 1.0444\sqrt{\frac{\nu x}{U_\infty}} \tag{6.66}$$

对 3 种边界层厚度:位移厚度,$\delta_1 = 0.34\delta_{99}$;动量厚度,$\delta_2 = 0.13\delta_{99}$;能量厚度,$\delta_3 = 0.20\delta_{99}$。

6.5.7 前缘奇异性

由式(6.51)与式(6.54)可以发现,位移速度与壁面剪切应力 $\tau_w(x)$ 在前缘

$x=0$ 处为无限大。该奇点表明边界层理论在前缘是无效的,可以通过采用更高阶理论来消除,相关内容将在第 14 章予以讨论。

6.5.8 实验研究

现有理论的验证测量最早由范德黑日·齐伊宁(B. G. Van der Hegge Zijnen, 1924)与伯格斯(J. M. Burgers,1924)实施,随后由汉森(M. Hansen,1928)实施。尼古拉兹(J. Nikuradse 1942)随后也发表了特别有启发性的测量。研究结果表明,摩擦层受到平板前缘鼻部形状和可能存在外流弱逆压梯度的强烈影响。尼古拉兹在平板空气流动测量中考虑了这些情况。图 6.7 给出了尼古拉兹测量所得距平板前缘不同距离层流边界层中的速度分布。由边界层理论所得的距平板前缘不同距离 x 处速度分布相似性由测量予以证实,且测量获得的速度分布形态与边界层理论的预测很好吻合。图 2.4 已展示了无量纲边界层厚度 $\delta_{99}\sqrt{U_\infty/\nu x}$ 随特征长度 x 的雷诺数的变化关系。只要边界层保持层流状态,其无量纲值就能保持恒定,且数值大约等于式(6.60)的值。对于高雷诺数 $U_\infty x/\nu$,边界层不再是层流状态而是湍流状态。由图 2.4 可以发现,湍流边界层中边界层厚度随长度 x 而快速增长。范德黑日·齐伊宁(B. G. Van der Hegge Zijnen,1924)与汉森(M. Hansen,1928)的实验测量表明,在雷诺数 $U_\infty x/\nu = 3 \times 10^5$ 时出现由层流状态至湍流状态的转捩。由式(6.62)可知,这对应于位移厚度的雷诺数 $U_\infty \delta_1/\nu = 950$。近期的实验测量表明,临界雷诺数在特别不受扰动的气流中可能更大,可达到 $U_\infty x/\nu = 3 \times 10^6$。

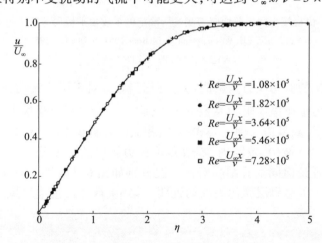

图 6.7 零攻角平板边界层的速度分布(J. Nikuradse,1942)

平板层流摩擦流动的实验研究较为全面、系统。一方面局部剪切应力可直接由速度斜率采用式(6.34)来确定,另一方面直接剪切应力的测量可以柔性方式将一小块平板置于壁面(浮动元件)来实现。利普曼与达旺(H. W. Liepmann and S. Dhawan,1951)所做的测量结果如图 6.8 所示。此时局部剪切应力系数 $c_f = \tau_w / \frac{\rho}{2} U_\infty^2$ 由 $Re_x = U_\infty x / \nu$ 获得的。雷诺数 Re_x 在 $2 \times 10^5 \sim 6 \times 10^5$ 范围内,层流流动状态与湍流流动状态都是可能的。该雷诺数范围内,湍流流动状态可由如绊线装置强制实现。

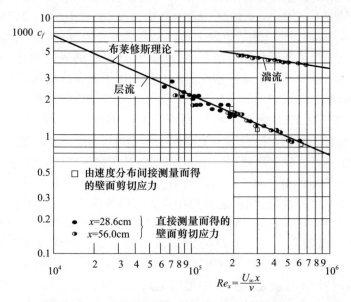

图 6.8 由直接与间接剪切应力测量所确定的零攻角平板局部剪切应力系数
$c_f = 2\tau_w / \rho U_\infty^2$ (H. W. Liepmann,S. Dhawan,1951;S. Dhawan,1953);
理论值:层流,源自式(6.55)。

　　直接与间接的剪切应力测量值吻合得相当好。对于层流流动,式(6.55)表征的布莱修斯阻力定律描述阻力系数 $c_f = 0.664 / \sqrt{Re_x}$ 在实验测量中得到证实。甚至在湍流情况下,测量值与理论公式一致,相关内容将在 18.2.5 节讨论。

　　雷诺数 $Re_x > 5 \times 10^4$ 范围内,零攻角平板边界层的速度分布与壁面层流边界层剪切应力的理论值同实验结果对比情况分别如图 6.7 和图 6.8 所示,图 6.8 则从物理层面给出了边界层简化的确切证明。第 14 章将讨论边界层理论甚至可应用于低雷诺数。

第7章
平板流动边界层方程组的一般性质与精确解

本章在深入讨论边界层计算实例之前,讨论边界层方程组的一般性质,且讨论只局限于二维稳态不可压边界层。

虽然边界层方程组比纳维-斯托克斯方程组简单,但其非线性意味着在数学上仍旧存在困难,目前关于其解的一般描述少。首先值得注意的是,纳维-斯托克斯方程组是椭圆型方程组,而普朗特边界层方程组是抛物型的。由简化方式可以发现,压力可假定为与边界层成直角的恒定值,而沿壁面的压力可认为是由外流强近叠加的,因而是一个给定函数。忽略垂直于流动方向的运动方程组也可理解为边界层内沿横向运动的质点,既无质量也无源于摩擦的减速。显然,当运动方程组的特性发生根本变化时,其解必须显现出特定的数学属性。

边界层方程组与纳维-斯托克斯方程组相比有明显的简化,这是考虑渐近极限 $Re \to \infty$ 的结果。因此,在低于临界雷诺数(向湍流转捩)的前提下,边界层方程组的解可以更好地近似更高的雷诺数。关于较高雷诺数下的理论概括将在第14章讨论。

几十年来,随着计算机的迅速发展以及求解非线性偏微分方程的数值方法的进步,在实践中边界层方程往往是用数值方法求解的。这方面标准的数值方法将在第23章讨论。

7.1 壁面相容性条件

边界层方程为

$$u\frac{\partial u}{\partial x} + v\frac{\partial u}{\partial y} = -\frac{1}{\rho}\frac{dp}{dx} + \nu\frac{\partial^2 u}{\partial y^2} \tag{7.1}$$

如果该方程描述壁面流动,因为有 $u(x,0) = 0, v(x,0) = 0$,则可获得壁面相容性条件:

$$\mu\left(\frac{\partial^2 u}{\partial y^2}\right)_w = \frac{dp}{dx} \tag{7.2}$$

对式(7.2)进行 y 的分部微分,并描述壁面状态,也可推导壁面的更高阶导数。则三阶导数满足

$$\left(\frac{\partial^3 u}{\partial y^3}\right)_w = 0 \tag{7.3}$$

由式(7.2)可以发现,壁面速度分布的曲率实际上由压力梯度决定,且曲率的正负号随着压力梯度而改变。图7.1展示了压力降低与压力升高情况下的边界层中的速度分布及速度导数。对于存在压降的流动(顺压梯度 $\mathrm{d}p/\mathrm{d}x<0$ 的加速流动),由式(7.2)可得 $(\partial^2 u/\partial y^2)_w < 0$,因此在边界层厚度之外 $\partial^2 u/\partial y^2 < 0$。对于存在压升的流动(逆压梯度 $\mathrm{d}p/\mathrm{d}x>0$ 下的迟滞流动),可发现 $(\partial^2 u/\partial y^2)_w > 0$。由于此时距壁面较远的位置满足 $\partial^2 u/\partial y^2 < 0$,则边界层内必然存在一点使 $\partial^2 u/\partial y^2 = 0$,即存在速度剖面的拐点。

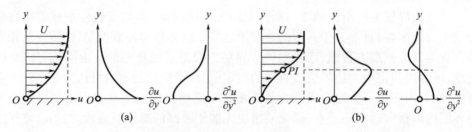

图 7.1　边界层中的速度分布及速度导数,(PI 为拐点)
(a)压力降低;(b)压力升高。

由此可得出结论,有外部迟滞流动时存在速度剖面的拐点。这种情况对于流动分离具有重要的影响。因为在垂直壁面切向(以 $y-u$ 来表述)的分离点速度分布必然存在一个拐点,所以分离只发生在外流为迟滞流动(压升或存在逆压梯度)时。

边界层速度分布中存在的拐点对于边界层(层流向湍流转捩)的稳定性具有非常重要的意义,这部分内容将在第15章讨论。

7.2　边界层方程组的相似解

7.2.1　常微分方程的推导

在6.4节涉及的零攻角平板边界层流动中,可将边界层方程组(两个偏微分方程)简化为一个常微分方程。这是因为在不同位置的速度分布是仿射或相似的,即这些速度分布可通过选择适当比例系数而相互映射。

后续将会检验是否存在除平板边界层之外进一步的相似解,对于具有速度分布 $U(x)$ 的外流也有类似的解。戈德斯坦(S. Goldstein,1939)和曼格勒(W. Mangler,1943)对这些问题进行了全面的讨论。由式(6.30)~式(6.32)可得

$$u\frac{\partial u}{\partial x}+v\frac{\partial u}{\partial y}=U\frac{\mathrm{d}U}{\mathrm{d}x}+\nu\frac{\partial^2 u}{\partial y^2} \tag{7.4}$$

$$\frac{\partial u}{\partial x}+\frac{\partial v}{\partial y}=0 \tag{7.5}$$

其边界方程为

$$y=0:u=0,v=0;\quad y\to\infty:u=U$$

连续方程可通过积分获得,并引入流函数 $\psi(x,y)$,有

$$u=\frac{\partial \psi}{\partial y},\ v=-\frac{\partial \psi}{\partial x}$$

式(7.4)可写为

$$\frac{\partial \psi}{\partial y}\frac{\partial^2 \psi}{\partial x\partial y}-\frac{\partial \psi}{\partial x}\frac{\partial^2 \psi}{\partial y^2}=U\frac{\mathrm{d}U}{\mathrm{d}x}+\nu\frac{\partial^3 \psi}{\partial y^3} \tag{7.6}$$

对变量 x、y 进行坐标变换,可得新的无量纲变量:

$$\xi=\frac{x}{l},\eta=\frac{y}{l}\frac{\sqrt{Re}}{\delta(\xi)}=\frac{\bar{y}}{\delta(\xi)} \tag{7.7}$$

式中

$$Re=\frac{Vl}{\nu} \tag{7.8}$$

基于特征速度 V、特征长度 l。对应于式(6.6),$\bar{y}=(y/l)\sqrt{Re}$ 为边界层转换后与壁面的距离,$\delta(\xi)$ 可解释为该尺度下边界层的量度(正比于边界层厚度)。

引入流函数的试探解为

$$\psi(\xi,\eta)=\frac{lU_N(\xi)}{\sqrt{Re}}\bar{\delta}(\xi)f(\xi,\eta) \tag{7.9}$$

速度的纵向分量为

$$\frac{u(\xi,\eta)}{U_N(\xi)}=f'(\xi,\eta) \tag{7.10}$$

式中:撇号($'$)为关于 η 的微分。

如果证明 $U_N(\xi)$ 为外流速度 $U(\xi)$,如果 $f'(\eta)$ 只取决于 η,就能得出所有相似解。采用 $f(\eta)$ 的常微分方程来代替 $f(\xi,\eta)$ 的偏微分方程。由式(7.9)的正交速度分量为

$$-v(\xi,\eta)\sqrt{Re}=\frac{\mathrm{d}}{\mathrm{d}\xi}(U_N\bar{\delta})f+U_N\left(\bar{\delta}\frac{\partial f}{\partial \xi}-\frac{\mathrm{d}\bar{\delta}}{\mathrm{d}\xi}\eta f'\right) \tag{7.11}$$

将式(7.7)与式(7.9)代入式(7.6),则可得到下列无量纲流函数 $f(\xi,\eta)$ 的微分方程:

$$f''' + \alpha_1 ff'' + \alpha_2 - \alpha_3 f'^2 = \bar{\delta}^2 \frac{U_N}{V}\left(f'\cdot\frac{\partial f'}{\partial \xi} - f''\frac{\partial f}{\partial \xi}\right) \tag{7.12}$$

式中

$$\alpha_1 = \frac{\bar{\delta}}{V}\frac{\mathrm{d}}{\mathrm{d}\xi}(U_N\bar{\delta}),\ \alpha_2 = \frac{\bar{\delta}^2}{V}\frac{U}{U_N}\frac{\mathrm{d}U}{\mathrm{d}\xi},\ \alpha_3 = \frac{\bar{\delta}^2}{V}\frac{\mathrm{d}U_N}{\mathrm{d}\xi} \tag{7.13}$$

由于式(7.7)为规范的坐标变换,因此从式(7.12)开始保留了函数$f(\xi,\eta)$的偏微分方程。然而出现类似的解时,即式(7.12)简化为关于$f(\eta)$的常微分方程时,就可发现这种新的方程形式。如果系数α_1、α_2、α_3为常数,可找到$f(\eta)$与ξ无关的解。式(7.12)等号右边项消失,且边界层方程组简化为常微分方程:

$$f''' + \alpha_1 ff'' + \alpha_2 - \alpha_3 f'^2 = 0 \tag{7.14}$$

如果指定常数α_1、α_2、α_3,式(7.13)可解释为其余未知函数$U(\xi)$、$U_N(\xi)$与$\bar{\delta}(\xi)$的定义式。这3个微分方程的解特别适用于有相似解的外流速度分布$U(\xi)$。

按照常数α_1、α_2、α_3的选择,可对下列两类边界层相似解微分。

1. 具有外流$[U(\xi)\neq 0]$的边界层

这些实例中,可设置$U_N(\xi) = U(\xi)$。因而有$\alpha_2 = \alpha_3$。对于α_1,则必须分别讨论正、负或等于零的情况。

(1)尖楔流动($\alpha_1 = 1$)。

如果α_1为正,为不失普遍性,可设$\alpha_1 = 1$,这是因为α_1与$\bar{\delta}$关系(式(7.13))中,厚度尺寸$\bar{\delta}$只为固定数值系数。当$\alpha_2 = \alpha_3 = \beta$时,有

$$f''' + ff'' + \beta(1 - f'^2) = 0 \tag{7.15}$$

其边界条件为

$$\eta = 0: f = 0, f' = 0; \eta \to \infty: f' = 1 \tag{7.16}$$

式(7.15)最早由福克纳与斯坎(V. M. Falkner, S. W. Skan, 1931)提出,因而被称为福克纳-斯坎方程。该方程的解及其β的相关性后续为哈特利(D. R. Hartree, 1937)研究所证实。该问题将在7.22节予以详细讨论。通过插入很容易看到,式(7.13)中的两个方程

$$\frac{\bar{\delta}}{V}\frac{\mathrm{d}}{\mathrm{d}\xi}(V\bar{\delta}) = 1,\ \frac{\bar{\delta}^2}{V}\frac{\mathrm{d}U}{\mathrm{d}\xi} = \beta \tag{7.17}$$

存在解

$$\frac{U}{V} = B\xi^m,\ \bar{\delta} = \sqrt{\frac{2}{B(m+1)}}\xi^{\frac{1-m}{2}} \tag{7.18}$$

m与β的关系如下:

$$m = \frac{\beta}{2-\beta},\ \beta = \frac{2m}{m+1} \tag{7.19}$$

这里并不包含$\beta = 2$的情况。为此,可发现

$$\frac{U}{V} = B\exp(2p\xi),\ \bar{\delta} = \sqrt{\frac{1}{Bp}}\exp(-p\xi), \beta = 2, m \to \infty \tag{7.20}$$

联立式(7.7)与式(7.8),则可得相似变量 η 的量纲表征:

$$\eta = y\sqrt{\frac{m+1}{2}\frac{U}{vx}} = y\sqrt{\frac{1}{2-\beta}\frac{U}{vx}}, \beta \neq 2 \quad (7.21)$$

选择式(7.18)中的常数 B,可确定参考速度 V。当 $B=1$ 时,V 等于 $\xi=1$ 即 $x=l$ 处的速度 U。由于坐标系的原点可任意选择,因此可在式(7.18)中以 $\xi - \xi_0$(ξ_0 为任一常数)取代 ξ。

考虑这些的结果是,若不可压外流的速度分布 $U(x)$ 满足幂次定律,则可得出边界层的相似解。此类势流因确实发生于尖楔物体而被称为尖楔流动。由图7.2可知,必须区分正幂、负幂。零攻角平板绕流($m=0,\beta=0$),以及接近滞止点($m=1,\beta=1$)的流动是尖楔流动的特殊情况。对于平板边界层,福克纳-斯坎方程可简化为式(6.49),滞止点流动则可简化为式(5.37)。

$-0.5 \leq m \leq 0$	$0 \leq m < \infty$	$m = -1$
$-2 \leq \beta \leq 0$	$0 \leq \beta \leq 2$	$\beta = -\infty$
拐角流动	尖楔流动	汇集流动
(a)	(b)	(c)

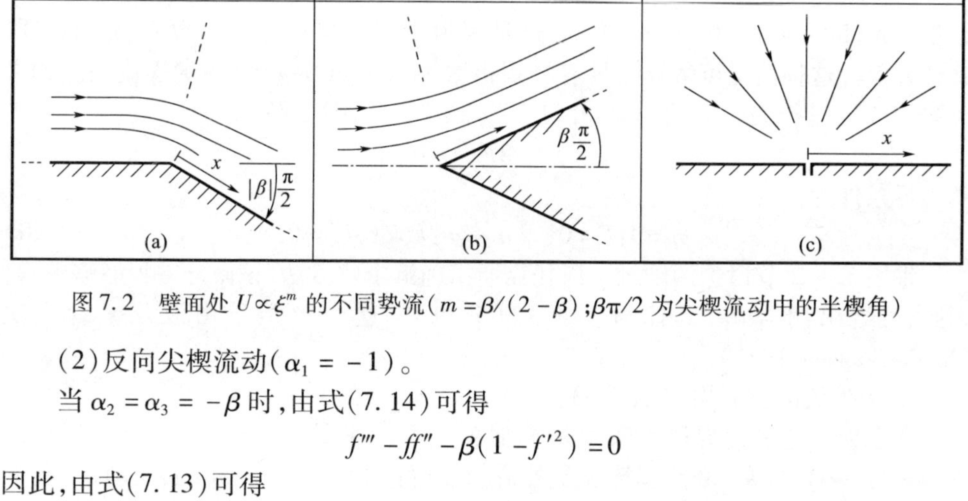

图7.2 壁面处 $U \propto \xi^m$ 的不同势流($m = \beta/(2-\beta)$;$\beta\pi/2$ 为尖楔流动中的半楔角)

(2)反向尖楔流动($\alpha_1 = -1$)。

当 $\alpha_2 = \alpha_3 = -\beta$ 时,由式(7.14)可得

$$f''' - ff'' - \beta(1 - f'^2) = 0$$

因此,由式(7.13)可得

$$\frac{U}{V} = -B\xi^m, \bar{\delta} = \sqrt{\frac{2}{B(m+1)}} \xi^{\frac{1-m}{2}}$$

式中:β 与 m 也具有与式(7.19)相同的关系。

目前向原点 $\xi = 0$ 处流动。外流是速度的正、负号发生改变的尖楔流动。这样的流动可以是移动平板壁面附近的二次流动($m = -1/2$)、自由射流($m = -2/3$)、壁面射流($m = -3/4$)或汇流($m = -1/3$),也可以是具有波纹状喷管中的流动,具体可参考哈斯与施奈德的论述(S. Haas, W. Schneider,1997)。这主要是物理上非常重要的加速流动($m < 0$)。迟滞流动($m > 0$)情况下,通常会发生存在回流的速

度分布,具体可参见怀特的专著(F. M. White,1974)第 284 页。

(3)收敛通道中的流动(汇流)($\alpha_1 = 0$)。

如果 $\alpha_1 = 0$,在不失普遍性的前提下设 $\alpha_2 = \alpha_3 = 1$。由式(7.14)可得

$$f''' + 1 - f'^2 = 0 \tag{7.22}$$

此时,由式(7.13)可得

$$U(x) = -\frac{a}{x}, \bar{\delta} = \sqrt{\frac{V}{al}}x, \eta = y\sqrt{\frac{-U}{vx}} = \frac{y}{x}\sqrt{\frac{a}{v}} \tag{7.23}$$

对于 $a > 0$,$U(x)$ 分布为具有平直壁面的收敛通道(喷管)中速度分布(汇流),具体可参考图 7.2。

采用流函数

$$\psi(x,y) = -\sqrt{va}f(\eta) \tag{7.24}$$

可得速度分量

$$u = Uf'(\eta), v = -\sqrt{va}\frac{\eta}{x}f'(\eta) \tag{7.25}$$

式(7.22)的边界条件为

$$\eta = 0: f' = 0; \quad \eta \to \infty: f' = 1, f'' = 0 \tag{7.26}$$

原则上条件 $f''(\infty) = 0$ 不是必要的,这是因为式(7.22)可作为函数 $f'(\eta)$ 的二阶微分方程。这种情况可解释为具有特别指数 $m = -1(\beta \to \infty)$ 的尖楔流动。如果对式(7.22)进行关于 η 的微分,并设 $f'(\eta) = F(\eta)$,则可得

$$f''' - 2FF' = 0 \tag{7.27}$$

其边界条件为

$$\eta = 0: F = 0; \quad \eta \to \infty: F = 1, F' = 0 \tag{7.28}$$

采用 5.1.2 节讨论的纳维-斯托克斯精确解求解方法,该微分方程能够求解。因此,可给出闭合解,具体可参考式(5.29)。这个解最早由波尔豪森提出(K. Pohlhausen,1921)。

2. 无外流的边界层($U(\xi = 0)$)

考虑无外流的边界层方程组最初似乎是不寻常的。然而,第 5 章中讨论的 $Re \to \infty$ ($\nu \to 0$)极限下摩擦层情况是外流静止时的状态,即通过壁面运动(旋转的圆盘、突然启动的壁面或振动的壁面)或以狄拉克三角函数方式注入动量(自由射流)而出现的摩擦层。此类情况下,完全的纳维-斯托克斯方程组也可简化为 $Re \to \infty$ 条件下的边界层方程组。可通过在式(7.14)中设 $\alpha_2 = 0$(因为 $U = 0$)及 $\alpha_1 = 1$(固定边界层厚度尺度 δ)来获得微分方程的相似解:

$$f''' + ff'' - \alpha_3 f'^2 = 0 \tag{7.29}$$

下列实例值得关注:

$\alpha_3 = 0$:运动平板上的边界层($U_N = U_w$)。

$\alpha_3 = -1$:自由射流($U_N \propto u_{\max}, V \propto K/\nu$)。

$\alpha_3 = -2$:壁面射流($U_N \propto u_{max}$,$V \propto KQ_b/\nu^2$)。

函数的意义在各实例的括号中给出。应特别注意的是,后两个实例的参考速度 V 也取决于黏度,因而对于 $\nu \to 0$,有 $V \to \infty$,这部分内容将在7.2.2节详细讨论。

7.2.2 尖楔流动

如7.2.1节所述,尖楔流动会引起边界层方程组相似解的重要种类流动。尖楔流动的速度满足幂次定律

$$U(x) = ax^m \tag{7.30}$$

采用试探求解

$$u = ax^m f'(y) = U(x) f'(x) \tag{7.31}$$

$$v = -\sqrt{\frac{m+1}{2}\nu ax^{m-1}} \left(f + \frac{m-1}{m+1} \eta f' \right) \tag{7.32}$$

$$\eta = y \sqrt{\frac{m+1}{2}\nu ax^{m-1}} = y\sqrt{\frac{m+1}{2}\frac{U}{\nu x}} \tag{7.33}$$

可获得无量纲流函数 $f(\eta)$ 具有边界条件(7.16)的常微分方程式(7.15)。式(7.19)定义了自由参数 β。这些解的一些重要数值将在表8.1中给出。对应不同 β 值(或等价 m 值)的速度分布 $f'(\eta)$ 如图7.3所示。哈特利(D. R. Hartree,1937)对这些解详细地进行了研究,因此这些解被称为哈特利分布。对于加速流动($m>0,\beta>0$),可得到无拐点的速度分布;对于迟滞流动($m<0,\beta<0$),速度分布则存在拐点。部分重要的特殊实例包括平板流动($m=0$)和驻点流动($m=1$)。

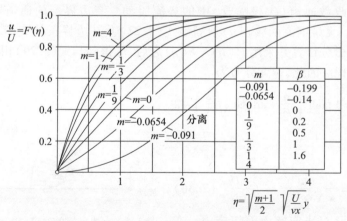

图7.3 尖楔流动层流边界层的速度分布 $U(x) = ax^m$
(式(7.19)满足楔角 β 与指数 m 之间的关系)

另一种值得指出的情况是 $m=1/3$ 与 $\beta=1/2$。将变换 $f(\eta) = \sqrt{2}\varphi(\xi)$ 与 $\eta = \sqrt{2}\xi$ 代入式(7.15),可得关于 $\varphi(\xi)$ 的微分方程:

$$\varphi''' + 2\varphi\varphi'' + 1 - \varphi'^2 = 0 \tag{7.34}$$

这与表示轴对称驻点流动的式(5.68)相一致。关于轴对称驻点流动边界层的计算可对应于楔角 $\pi\beta = \pi/2$(直角尖楔)的平面尖楔流动。平板与轴对称边界层之间的联系将在12.1.2节中讨论。

$m = -0.991$ 与 $\beta = -0.199$ 对应壁面剪切应力消失(流动分离)时的速度分布。由小数值 $m = -0.091$ 可知,层流边界层只能抑制流动分离发生之前非常小的流动迟滞(或等价于非常小的逆压梯度)。

斯图尔森(K. Stewartson,1954)给出了关于式(7.15)解流形的系统论述。他展示了压升区域($-0.199 < \beta < 0$)除哈特利解之外的另一种解。这个解中,速度分布表明存在回流,具体可见图 10.3 和图 11.8。布朗与斯梯瓦森(S. N. Brown, K. Stewartson,1966)、布朗(S. N. Brown,1966)给出了 $\beta \to 0$ 时有回流的解的详细形态。

如果允许的速度分布叠加了速度盈余,式(7.15)与式(7.16)则有更大的解流形,具体可参见利比与刘(P. A. Libby,T. M. Liu,1967)、怀特(F. M. White,1974)的文献与专著。尼克尔(K. Nickel,1973)指出,这样的速度盈余并不会在边界层中自然出现,但可通过向边界层中注入射流而产生。施泰因豪尔(J. Steinheuer,1968b)提出了有外流的壁面射流相似解。在外流消失的极限下会出现简单的壁面射流流动,这种情况将在7.2.7节中予以讨论。

7.2.3 收敛通道的流动

汇流中可发现 $U(x) = -a/x$ 的速度分布,具体可参见图 7.2(c)。汇流的区域可解释为收敛通道(尖楔喷管)中的势流流动。有边界层的通道壁面流动如图 7.4 所示。无量纲流函数 $f(\eta)$ 须满足式(7.22)及其边界条件式(7.26)。在进行关于 η 的微分计算并采用 $f'(\eta) = F(\eta)$ 之后,可得到与式(5.29)相对应的封闭解的微分方程。因此,速度分布为

$$\frac{u}{U} = f'(\eta) = 3\tanh^2\left(\frac{\eta}{\sqrt{2}} + \operatorname{artanh}\sqrt{\frac{2}{3}}\right) - 2 \tag{7.35}$$

其中

$$\eta = \frac{y}{x}\sqrt{\frac{a}{\nu}} = -\sqrt{\frac{-U}{x\nu}} \tag{7.36}$$

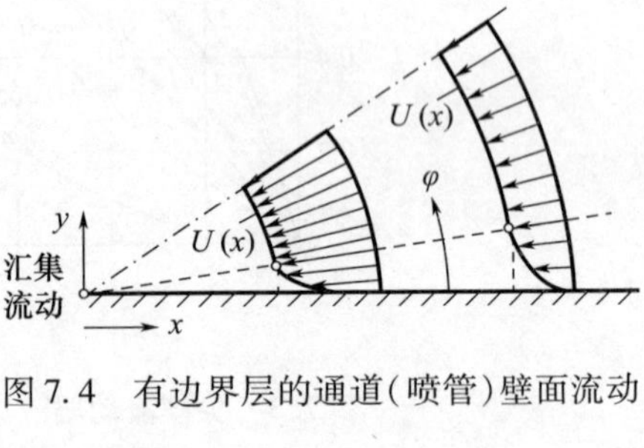

$f_w'' = 2/\sqrt{3}$ 可决定壁面剪切应力。在 $\delta_{99} = 3.3$,可得到 $f' = 0.99$。边界层厚度

图7.4 有边界层的通道(喷管)壁面流动

$$\delta_{99} = \eta_{99}\sqrt{\frac{\nu}{a}}x = 3.3\sqrt{\frac{\nu}{a}}x \tag{7.37}$$

正比于坐标 x。这种情况下可采用式(7.25)来决定位移速度：

$$v_\infty(x)\sqrt{\nu a}\frac{\eta}{x} = U\sqrt{\frac{\nu}{a}}\eta = U\frac{y}{x} \qquad (7.38)$$

其值为负。然而沿速度分布 $U(x)$ 精确地构成了不可压汇流的径向速度场。此处 η 为常数的直线是通过原点(y/x = 常数)的直线。因此，该实例中边界层外无黏的流动不会受到影响，即不存在位移效应。若如 5.1.2 节那样采用极坐标(r, φ)取代笛卡儿坐标，则周向分量始终为零。如 14.2 节所示，有一些最佳坐标以一种特别巧妙的方式呈现边界层的位移效应。在存在收敛通道内边界层的情况下，这些最佳坐标是极坐标。

7.2.4 混合层

另一种尚未讨论的未发生在壁上且边界层方程对高雷诺数有效的流动是两种速度不同的平行流之间的层流混合层，图 7.5 对这个问题进行了描述。两个初始未受扰动且流速为 U 与 λU 的平行流，因摩擦在从位置 $x=0$ 处开始的下游相互作用。对于低黏度值、速度 U 向速度 λU 的转换发生于较薄的混合层，其中横向速度分量 v 相对于纵向速度分量 u 较小。这个无压力项的边界层方程有效。由于这个问题无特征长度，因此可得到相似解。如果将式(7.30)~式(7.33)限制在 $m=0$ 的范围内，可得到 $f(\eta)$ 相同时的零攻角平板边界层微分方程：

$$f''' + ff'' = 0 \qquad (7.39)$$

但其边界条件不同。最初可得

$$\eta \to \infty : f' = 1; \quad \eta \to -\infty : f' = \lambda \qquad (7.40)$$

第三种边界条件缺失了。克莱姆普与阿克里沃斯(J. B. Klemp, A. Acrivos, 1972)指出，如果两个流在范围上都是亚声速和半无穷大的，则分界流线的位置仍然是不确定的。唯一的例外就是 $\lambda = 0$。然而这种结果对于此问题不是适用的，因为仍然可以考虑前缘区域内紧靠起始点的流动。这将导致下游很远处渐近解的第三类边界条件产生。

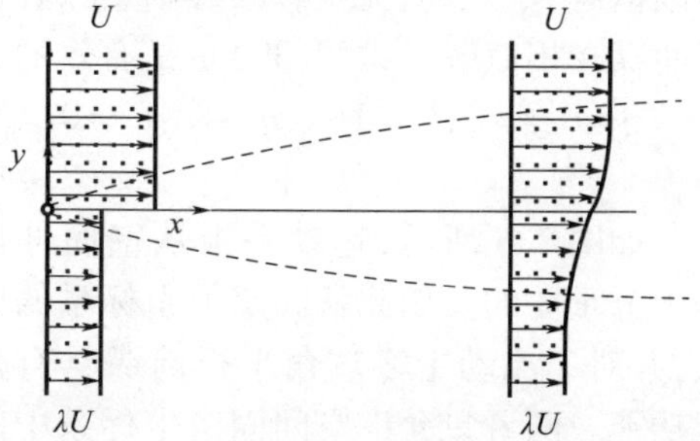

$\lambda = 0$ 的混合层特殊情况也称为射流边界或半射流，因为它描述了由中心区向周围静止环境的过渡。微分方程式(7.39)的边界条件为

图 7.5 混合层内的速度分布

$$f''(\eta \to \infty) = 0 \qquad (7.41)$$

这个射流边界的解的数值结果如表 7.1 所列。解的结果表明，在上边界处速度分量 v 为零，因此接近平行的流动未受到扰动。然而，由于越来越多的流体滞留

在分界流线上,这种情况意味着零流线即分界流线必须随着距离 x 的增加而进一步向下移动。由于存在边界条件(7.41),因此分界流线的位置为

$$y_{DS} = -0.3740\sqrt{\frac{2\nu x}{U}} \quad (7.42)$$

周围静止环境中的逸入速度通过设定 $f(-\infty) = -0.8757$ 而得到:

$$v(\eta \to \infty) = 0.8757\sqrt{\frac{\nu U}{2x}} \quad (7.43)$$

这将在 11.2.4 节中提到,这种特征解对应于具有非常高吹气的平板流动解,此时边界层上升并脱离平板。

查普曼(D. R. Chapman,1949)、洛克(R. C. Lock,1951)首次提出了混合层的解。该解对于钝体后体分离流动的计算十分重要,具体可参见坦纳(M. Tanner,1973)的文献。

表7.1 射流边界解的数值结果
(具有 $\lambda = 0$ 的混合层,分界流线位置为 $\eta = -0.3740$)

η	f	f'	f''
$\to \infty$	η	1	0
0	0.2392	0.6914	0.2704
-0.3740	0	0.5872	0.2825
$\to -\infty$	-0.8757	0	0

7.2.5 运动平板

7.2.4 节已提及运动平板的边界层。如图 7.6 所示,如果平板在静止的环境中以恒速 U_w 运动,无滑移条件则意味着边界层紧贴平板壁面。由于无特征长度,因而存在相似解。式(7.39)也是有效的,其边界条件为

$$\eta = 0 : f = 0, f' = 1; \quad \eta \to \infty : f' = 0 \quad (7.44)$$

如图 7.6 所示,运动平板从壁面伸出是十分重要的。如此就固定了坐标系的原点,并对于流动中零攻角平板前缘具有模拟功能。两者只允许空间固定坐标系中的定常解。

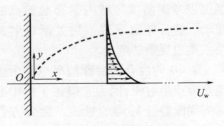

图 7.6 运动平板的速度分布

由式(7.39)的解可得

$$f''_w = -0.6276, f(\infty) = 1.1426 \quad (7.45)$$

因此壁面剪切应力为

$$\frac{\tau_w}{\rho U_w^2} = 0.44375\sqrt{\frac{\nu}{U_w x}} \tag{7.46}$$

此外,混合层中还存在速度的逸入效应

$$v_\infty = -0.808\sqrt{\frac{\nu U_w}{x}} \tag{7.47}$$

该逸入速度保证了下游边界层中体积流量的增加。

7.2.6 自由射流

另一个将边界层理论应用于无外流的实例是周围静止环境中的自由射流流动。由于不存在周边边界,因而存在自由边界层或自由剪切层。这种现象称为自由射流(图7.7)。

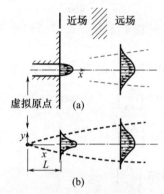

图7.7 自由射流速度分布 $\tilde{x} = x + L$
(a)出口处的抛物线型分布;(b)具有虚拟原点的假想置换流动。

这个方程有相似解(可参见式(7.29)):

$$f''' + ff'' - \alpha_3 f'^2 = 0 \tag{7.48}$$

其边界条件为

$$\eta \to -\infty : f' = 0; \quad \eta = 0 : f = 0; \quad \eta \to +\infty : f' = 0 \tag{7.49}$$

首先可注意到,该实例中微分方程与所有边界条件是同类型的,因而 $f(\eta) = 0$ 是其解。该试探解显然不是所期望的解,因而必然存在另一个非试探解作为特征解。为此,α_3 必须取一个特定值,即特征值。在 $-\infty \sim +\infty$ 范围内对式(7.48)进行 η 的积分,并采用边界条件式(7.49),可得

$$(1 + \alpha_3)\int_{-\infty}^{+\infty} f'^2 d\eta = 0$$

且由此可知特征值 $\alpha_3 = -1$。由 $f''' + ff'' + f'^2 = 0$ 给定的方程具有简单的分析解。

$$f(\eta) = 2\tan h\eta, \quad f'(\eta) = 2(1 - \tan h^2\eta) \tag{7.50}$$

当 $\alpha_1 = 1$ 与 $\alpha_2 = -1$ 时，函数 $U_N(\xi)$ 与 $\bar{\delta}(\xi)$ 可由式(7.13)确定，且可由式(7.7)确定 η，得

$$\frac{U_N}{V} = 3\left(\frac{\nu}{Vx}\right)^{1/3}, \eta = \frac{y}{x}\left(\frac{Vx}{\nu}\right)^{1/3} \tag{7.51}$$

现在须计算出参考速度 V。由于这种流动一开始并没有规定的速度，因此必须确定 V 和所考虑流动的特征量之间的联系。这是自由射流流动中的射流动量。由于流场中的压力相同，射流动量能量 $\dot{I}$ 须与长度 x 无关。基于宽度 b 的运动动量的通量为

$$K = \frac{\dot{I}}{\rho b}\int_{-\infty}^{+\infty} u^2 dy = 9\nu V \int_{-\infty}^{+\infty} f'^2(\eta) d\eta = 48\nu V \tag{7.52}$$

参考速度

$$V = \frac{K}{48\nu} \tag{7.53}$$

取决于运动黏度，且当 $\nu \to 0$ 时趋于无穷。式(7.53)也可通过量纲分析来确定，直至数值为常数。

基于参考速度，可通过式(7.7)、式(7.10)与式(7.11)来得出速度分布：

$$\begin{cases} u = 0.4543\left(\frac{K^2}{\nu x}\right)^{1/3}(1 - \tanh^2\eta) \\ v = 0.5503\left(\frac{K\nu}{x^2}\right)^{1/3}[2\eta(1 - \tanh^2\eta) - \tanh\eta] \\ \eta = 0.2753\left(\frac{K}{\nu^2}\right)^{1/3}\frac{y}{x^{2/3}} \end{cases} \tag{7.54}$$

射流的逸入速度具有以下值：

$$v_\infty = -v_{-\infty} = -0.5503\left(\frac{K\nu}{x^2}\right)^{1/3} \tag{7.55}$$

由于逸入效应，基于宽度 b 的体积流量

$$Q_b(x) = \frac{Q(x)}{b} = \int_{-\infty}^{+\infty} u dy = 3.302(K\nu x)^{1/3} \tag{7.56}$$

随坐标长度 x 而增加。另外，基于宽度的(运动)动能

$$E = \frac{1}{2}\int_{-\infty}^{+\infty} u^3 dy = 0.0086\left(\frac{K^5}{x\nu}\right)^{1/3} \tag{7.57}$$

随长度 x 而减少，确切地有

$$EQ_b = 0.028 K^2 \tag{7.58}$$

自由射流的宽度通常取最大速度一半值点之间的距离(半值宽度)。取 $\tanh^2 0.881 = 0.5$，由式(7.54)而得的半值宽度

$$y_{0.5} = 3.2\left(\frac{\nu^2}{K}\right)^{1/3} x^{2/3} \tag{7.59}$$

其随着长度 x 而增加,且增加程度正比于 $v^{2/3}$。

最后一个结果值得特别关注,因为以前边界层的所有厚度都与 $v^{1/2}$ 成正比。这种自由射流边界层与其他类型边界层之间的差别在于自由射流没有规定的速度,而存在规定的射流动量。因此,第 6 章所述的边界层变换也将变换为速度 u^*。替代式(6.6)的自由射流边界层可变换为

$$\overline{y} = y^* Re^p, \quad \overline{u} = u^* Re^q, \quad \overline{v} = v^* Re^r \tag{7.60}$$

将式(7.60)代入式(6.3)并比较雷诺数的最高幂次,可得

$$p = r - q, \quad 2p = 1 - q \tag{7.61}$$

由于射流动量与长度 x 无关,根据式(7.52)可得

$$2p + q = 1 \tag{7.62}$$

其结果为 $p = q = 1/3, r = 2/3$。

这里给出的相似解描述了自由射流的远场。所讨论的自由射流流动如图 7.8(a)所示。假设此射流在出口壁面具有完全发展通道流的近似分布,也就是说还不具备在更远下游处所显示的分布。然而,由于射流的启动效应在远场消失,相似的分布是可以预期的。因此所显示的相似解是一个虚拟流动,尽管其描述了远场中的真实流动。此时虚拟流动的原点通常不在 $x = 0$ 处,而在 $x = -L$ 的虚原点处,如图 7.8(b)所示。所有公式中 x 由此被 $\tilde{x} = x + L$ 替代。

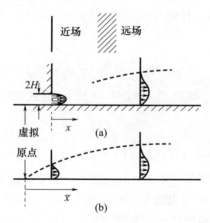

图 7.8　自由射流的速度分布,$\tilde{x} = x + L$
(a)出口处抛物型分布;(b)有虚拟原点的虚拟转换流动。

安德雷德(E. N. Andrade,1939)的试验测量证实了这个理论成果。$Re < 30$ 时,射流是层流的,雷诺数以平均出口速度与狭缝宽度为特征量。

7.2.7　壁面射流

当射流沿一侧壁面流动,另一侧与静止的周围环境发生混合时,就会形成壁面

射流。这里也存在满足式(7.48)的相似解,此时的边界条件为

$$\eta = 0: f = 0, f' = 0; \eta \to \infty : f' = 0 \tag{7.63}$$

这也是特征值问题。为了确定特征值 α_3,首先从 η 至 ∞ 进行式(7.29)的积分,则可得

$$f'' + ff' + (1 + \alpha_3) \int_\eta^\infty f'^2 \mathrm{d}y = 0 \tag{7.64}$$

现将该式乘以 f',然后进行从 $0 \sim \infty$ 的积分。与此相似,式(7.29)乘以 f 后进行由 $0 \sim \infty$ 的积分。由以上两式的组合可得到以下关系:

$$(2 + \alpha_3) \int_0^\infty ff'^2 \mathrm{d}\eta = 0 \tag{7.65}$$

由于积分为正,由此断定特征值为 $\alpha_3 = -2$。式(7.48)在 $\alpha_3 = -2$ 时,下列隐式分析解与式(7.63)由阿卡姆诺夫(N. I. Akamnov, 1953)和格劳特(M. B. Glauert, 1956b)给出:

$$\eta = \ln \frac{\sqrt{1 + \sqrt{f} + f}}{1 - \sqrt{f}} + \sqrt{3} \arctan \frac{\sqrt{3f}}{2 + \sqrt{f}} \tag{7.66}$$

在此对函数 $f(\eta)$ 进行基于 $f(\infty) = 1$ 的归一化处理。由于边界条件是均匀的,因此解最初并不是唯一的,这是因为对于任意函数 $f(\eta)$,存在 $Af(\eta)$ 形式的多个其他任意解。应用标准保证 $0 \le f(\eta) \le 1$。该解的重要数值对于 $\eta = 2.029$ 有

$$f'_{\max} = 2^{-5/3} = 0.315, f''_w = \frac{2}{9} \tag{7.67}$$

对于 $\alpha_1 = 1$ 与 $\alpha_3 = -2$,函数 $U_N(\xi)$ 与 $\bar{\delta}(\xi)$ 可由式(7.13)确定,而 η 则可由式(7.7)确定,即

$$\frac{U_N}{V} = 4 \left(\frac{\nu}{Vx} \right)^{1/2}, \eta = \frac{y}{x} \left(\frac{Vx}{\nu} \right)^{1/4} \tag{7.68}$$

现在须确定参考速度 V。与自由射流相比,壁面射流的射流动量不再取决于长度 x,这是因为壁面剪切应力随着 x 的增加而降低。结果表明,壁面射流中射流动量通量与体积流量的乘积是一个常数,有

$$KQ_b = \left(\int_0^\infty u^2 \mathrm{d}y \right) \left(\int_0^\infty u \mathrm{d}y \right) = \frac{128}{9} \nu^2 V = \frac{20}{9} F \tag{7.69}$$

由格劳特引入的壁面射流常量为

$$F = \frac{32}{5} \nu^2 V = \int_0^\infty u \left(\int_0^\infty u^2 \mathrm{d}y \right) \mathrm{d}y \tag{7.70}$$

这样可得壁面射流的下列结果:

$$\tau_w = 0.221 \rho \left(\frac{F^3}{\nu x^5} \right)^{1/4} \tag{7.71}$$

$$u_{\max} = 0.498 \left(\frac{F}{x\nu}\right)^{1/2} \tag{7.72}$$

$$y_{u_{\max}} = 3.23 \left(\frac{\nu^3 x^3}{F}\right)^{1/4} \tag{7.73}$$

$$v_\infty = -0.629 \left(\frac{F\nu}{x^3}\right)^{1/4} \tag{7.74}$$

$$Q_b = 2.51 (F\nu x)^{1/4} \tag{7.75a}$$

$$K = 0.884 \left(\frac{F^3}{\nu x}\right)^{1/4} \tag{7.75b}$$

7.3 坐标变换

7.3.1 高特勒变换

高特勒将下列坐标变换应用于式(7.4)与式(7.5)：

$$\xi = \frac{1}{\nu}\int_0^x U(x)\,\mathrm{d}x,\ \eta = \frac{U(x)}{\nu\sqrt{2\xi}}y, \psi(x,y) = \nu\sqrt{2\xi}f(\xi,\eta) \tag{7.76}$$

这样会产生无量纲参考流函数 $f(\xi,\eta)$ 的下列偏微分方程：

$$f_{\eta\eta\eta} + ff_{\eta\eta} + \beta(\xi)(1-f_\eta^2) = 2\xi(f_\eta f_{\xi\eta} - f_\xi f_{\eta\eta}) \tag{7.77}$$

及其主函数

$$\beta(\xi) = 2\frac{U'(x)}{U(x)}\int_0^x U(x)\,\mathrm{d}x \tag{7.78}$$

边界条件如下：

$$\eta = 0: f = 0, f_\eta = 0; \eta \to \infty: f_\eta = 1$$

关于外流的数值不再出现于边界条件中，而是呈现在主函数 $\beta(\xi)$ 中。对于 $U(x) \propto x^m$ 的广义楔函数，主函数根据式(7.15)简化为常数 $\beta = 2m/(m+1)$，式(7.77)成为福克纳-斯坎方程式(7.15)相似的解。

应用式(7.77)替代式(6.38)进行边界层计算的第一个显著优势是一般情况下变换式(7.76)可去除前缘处的奇点；第二个优势是数值计算中考虑了 η 在一阶方程中边界层厚度的纵向增长。因此，许多层流边界层数值计算方法采用了式(7.77)，具体可参见施利希廷(H. Schlichting,1982)的专著。

7.3.2 米塞斯变换

米塞斯(R. v. Mises,1927)提出了边界层方程组中一个值得关注的著名变换

式。该变换采用了自变量 x 与流函数 ψ 来替代笛卡儿坐标 x 与 y。将

$$u = \frac{\partial \psi}{\partial y}, \quad v = -\frac{\partial \psi}{\partial x}$$

代入式(7.1)与式(7.5),且引入新的坐标 $\xi = x$ 与 $\eta = \psi$ 取代 x 与 y,可得

$$\frac{\partial u}{\partial x} = \frac{\partial u}{\partial \xi}\frac{\partial \xi}{\partial x} + \frac{\partial u}{\partial \eta}\frac{\partial \eta}{\partial x} = \frac{\partial u}{\partial \xi} - v\frac{\partial u}{\partial \psi}$$

$$\frac{\partial u}{\partial y} = \frac{\partial u}{\partial \xi}\frac{\partial \xi}{\partial y} + \frac{\partial u}{\partial \eta}\frac{\partial \eta}{\partial y} = 0 + \frac{\partial u}{\partial \psi}$$

由式(7.1)可得

$$u\frac{\partial u}{\partial \xi} + \frac{1}{\rho}\frac{\mathrm{d}p}{\mathrm{d}\xi} = \nu u \frac{\partial}{\partial \psi}\left(u\frac{\partial u}{\partial \psi}\right)$$

引入总压

$$g = p + \frac{1}{2}\rho v^2 \tag{7.79}$$

其中,可忽略小量 $\rho v^2/2$,恢复符号 x 替代 ξ,可得

$$\frac{\partial g}{\partial x} = \nu u \frac{\partial^2 g}{\partial \psi^2} \tag{7.80}$$

这里,还可设

$$u = \sqrt{\frac{2}{\rho}\left[g - p(x)\right]}$$

式(7.80)现为总压头 $g(x,\psi)$ 的微分方程。其边界条件为

$$g = p(x), \psi = 0; g = p(x) + \frac{\rho}{2}U^2 = 常数, \psi = \infty$$

若采用下式进行由 ψ 至 y 的变换,则 $x-y$ 平面中的流动可表示为

$$y = \int \frac{\mathrm{d}\psi}{u} = \sqrt{\frac{\rho}{2}} \int_0^\psi \frac{\mathrm{d}\psi}{\sqrt{g - p(x)}}$$

式(7.80)与热传导方程相关联。一维传热方程为

$$\frac{\partial T}{\partial t} = a\frac{\partial^2 T}{\partial x^2} \tag{7.81}$$

式中:T 为温度;t 为时间;x 为长度坐标;a 为热扩散系数。

经变换的边界层方程不似式(7.81)是非线性的,这是因为热扩散系数以 νu 替代,其大小取决于自变量 x 与因变量 g。

在 $\psi = 0$、$u = 0$ 与 $g = p$ 的壁面处,式(7.80)展示了相当麻烦的一个奇点。等号左边有 $\partial g/\partial x = \mathrm{d}p/\mathrm{d}x \neq 0$。等号右边有 $u = 0$,并由此有 $\partial^2 g/\partial \psi^2 = \infty$。这种情况对于数值计算是较麻烦的,且与壁面相容性条件,即式(7.2)密切相关。普朗特(L. Prandtl,1938)在米塞斯成果发表之前就推导出了这个变换式,并进行了深入

的讨论,但从未公开发表①。

吕克特(H. J. Luckert,1933)对布拉休斯平板边界层进行研究时,完成了对式(7.80)的检验。罗森海德与辛普森(L. Rosenhead,J. H. Simpson,1936)对这些成果给出了评论性讨论。

米切尔与汤姆森(A. R. Mitchell,J. Y. Thomson,1958)进行了压升边界层米塞斯方程式(7.80)的数值研究。考虑壁面相容性条件,壁面的奇异点由近壁面速度分布的适当级数展开来支撑。

7.3.3 克罗科变换

克罗科(L. Crocco,1946)建议,采用 $\partial u/\partial y$ 量替代 y 作为自变量。其优势是积分区域是有限的,但也出现了奇异点,具体可参考相关文献(W. Schonauer,1963)。

7.4 解的级数展开

7.4.1 布莱修斯级数

迄今所讨论的边界层方程的"相似"解仅包含相对较小一类的解。布莱修斯(H. Blasius,1908)提出了具有任意外流速度分布 $U(x)$ 的一般边界层方程组计算方法。这是基于 x 幂级数的解来展开的,因而称为布莱修斯级数。希门茨(K. Hiemenz,1911)、豪沃斯(L. Howarth,1935)进一步发展了这种方法。外流速度分布 $U(x)$ 是 x 的幂级数,其中 x 为沿物体外形测量的坐标。然后将边界层中速度分布表示为这样的幂级数,其中系数仍是与壁面呈直角的测量坐标 y 的函数。豪沃斯成功地得到了边界层中速度分布的尝试解,使因变系数函数 y 具有普遍特性,即其独立于流动中物体的具体数据。采用这种方式有可能暂时计算这些函数。假定函数已展开至相当高的幂级,则给定物体边界层可依据这些一次函数和所有的表函数来非常简捷地进行求解。

目前,数值方法在边界层计算中的重要性使通过布莱修斯级数计算的实际重要性下降。本节只提供了一些结果,更系统的讨论可参见施利希廷(H. Schlichting,1965a)的专著第145页。

对于对称外流,可由级数展开式给出外流的速度分布:

---

① 可参见普朗特的相关文献(L. Prandtl,1938)第79页的脚注,也可参见普朗特写给赞姆的书信集第8卷(1928,第249页)。

$$U(x) = u_1 x + u_3 x^3 + u_5 x^5 + \cdots \tag{7.82}$$

其中,系数 u_1、$u_3\cdots$只取决于物体几何结构,并假定为已知。连续方程通过引入流函数 $\psi(x,y)$ 来满足。显然,与式(7.76)相似,也可将 $\psi(x,y)$ 展开为系数取决于 y 的 x 幂级数。实施级数假设可使依赖 y 的函数不再取决于外流系数 u_1、$u_3\cdots$,并因此是通用的。蒂福德(A. N. Tifford,1954)将这些函数计算至 x^{11},具体可参见施利希廷(H. Schlichting,1965a)的专著第 148 页。采用这些函数可得到壁面剪切应力:

$$\tau_w(x) = \rho u_1 \sqrt{\nu u_1} \left[x \times 1.2326 + 4x^4 \frac{u_3}{u_1} \times 0.7244 + 6x^5 \left(\frac{u_3}{u_1} \times 0.6347 + \frac{u_3^2}{u_1^2} \times 0.1192 \right) \right.$$
$$\left. + 8x^7 \left(\frac{u_7}{u_1} \times 0.5792 + \frac{u_3 u_5}{u_1^2} \times 0.1829 + \frac{u_3^2}{u_1^2} \times 0.0076 \right) + \cdots \right] \tag{7.83}$$

对于位移厚度及其他全局边界层特征量,也可写出相应的公式。

布莱修斯级数的应用范围受到很大的限制,因为对于实际中感兴趣的物体(如翼型),需要该级数中的许多项,远远超过了用合理的计算工作量可以表征的数量。这与这样的事实相关,即细长物体的外部速度最初在靠近前部驻点处急剧增加,在越过该点后仅发生一点儿变化。这样的函数只能用仅有几项的幂级数来表示。布莱修斯级数的另一个缺点与 $\tau_w = 0$ 的分离点计算有关。如果给定函数 $U(x)$,则奇点出现在分离点处。如戈德斯坦(S. Goldstein,1948b)所提,在靠近分离点处有

$$\lim_{x \to x_s} \tau_w(x) \propto \sqrt{x_s - x} \tag{7.84}$$

式中:x_s 为分离点。

因此,壁面剪应力趋于零且具有垂直切线,不可能在分离点之外继续进行边界层计算。式(7.84)的奇异特性不可能由幂级数来表示,因此布莱修斯级数在靠近分离点处是不精确的。

豪沃斯(L. Howarth,1935)将布莱修斯级数拓展至不对称情况,即函数 $U(x)$ 也保留了偶数次幂。豪沃斯(L. Howarth,1938)、塔尼(I. Tani,1949)采用级数展开方法对具有

$$U(x) = U_0 - a x^n \quad (n = 1, 2, 3, \cdots) \tag{7.85}$$

的外流进行了处理。最简单的情况下,$n=1$ 可解释为通道流动,其中一部分为平行壁面(速度 U_0),而另一部分为收敛($a<0$)通道或扩散($a>0$)通道。如果将 $n=1$ 时的式(7.85)表示为 $U(x) = U_0(1-x/l)$ 的形式,这可解释为沿平面壁面流动,这个平面始于 $x=0$ 并在 $x=l$ 处与第二个无限延伸壁面垂直相交。如图 2.10(b)所示,这是一种驻点位于 $x=l$ 的迟滞驻点流动。相关实例将在第 8 章予以讨论。

7.4.2 高特勒级数

高特拉(H. Görtler,1952b,1957a)提出了基于式(7.77)的边界层方程组解的

级数展开式。在此假定主函数$\beta(\xi)$可表示为ξ的幂级数。也有可能以通用函数的形式给出解,而这些问题由奥特拉(H. Gortler,1957a)进行了收集汇总。相对于布拉修斯级数,奥特拉级数展示了更佳的收敛特性。即使是级数一阶项也可给出由前缘至更远下游区域范围边界层的适用近似值。一阶项具有尖楔流动系列的哈特里分布$[\beta_0=\beta(\xi=0)]$。相关的工作实例同样可参见第8章。

7.5 下游解的渐近特性

下面将研究边界层下游解的渐近特性。这里再次讨论解的级数展开,但本例针对的是大x值。级数展开式中所考虑的主要部分是其主导项,该项反映了$x\to\infty$时解的渐近特性。

7.5.1 物体绕流的尾迹

正如混合层与自由射流的实例所示,边界层方程组的应用不必限定于固定的壁面。当流体内部存在一个摩擦效应占主导地位的层时,也可应用。如图7.9所示为长度l的平板尾迹。上下两侧的两个边界层在尾缘处汇合,并在下游生成尾迹,尾迹宽度随与平板尾缘距离的增加而增加,其速度亏损则随之减少。

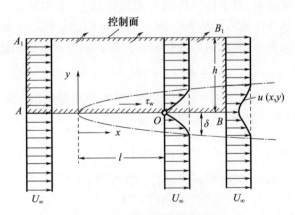

图7.9 二元物体的尾迹

图7.9中长度为l的平板后面的尾流也是这样。上下两侧边界层在尾缘汇合,并进一步向下游形成尾流型线,尾流型线宽度随离物体距离的增加而增大,速度缺陷随之减小。总的来说,正如稍后将看到的,尾流中速度分布的形状,也称风影,在$x\to\infty$范围内与物体的形状无关,取决于一个比例因子。托尔明(W. Tollmien,1931)给出了$x\to\infty$下的渐近展开式。因为速度缺陷的值随比例因

子的增加而不断减少,所以可假定 $x\to\infty$ 下的速度亏损为

$$u_1(x,y) = U_\infty - u(x,y) \tag{7.86}$$

将式(7.4)代入式(7.86),忽略 u_1 及 v_1 的二次项可得

$$U_\infty \frac{\partial u_1}{\partial x} = \nu \frac{\partial^2 u_1}{\partial y^2} \tag{7.87}$$

其边界条件为

$$y = 0: \frac{\partial u_1}{\partial y} = 0; y \to \infty: u_1 = 0$$

式(7.87)为偏微分线性方程。这种线性是小扰动计算的特征。微分方程如式(7.80)所示,与非定常传热方程相同。采用尝试解

$$u_1 = U_\infty C \left(\frac{x}{l}\right)^{-m} F(\eta), \eta = \frac{y}{2}\sqrt{\frac{U_\infty}{\nu x}} \tag{7.88}$$

可得到关于函数 $F(\eta)$ 的下列微分方程:

$$f'' + 2\eta F' + 4mF = 0 \tag{7.89}$$

其边界条件为

$$\eta = 0: F' = 0; \eta \to \infty: F = 0$$

仍未知的指数 m(特征值)可通过图7.9中物体周围的总动量平衡来确定。矩形控制面 A_1AB_1B 被放置于离物体足够远的地方,其上的压力不受扰动影响。整个控制面上的压力恒定,因此压力对动量平衡不会产生影响。计算通过控制面的动量通量时必须注意,基于连续性的要求流体从上、下表面流出。从 A_1B_1 流出的流体流量等于从 AA_1 流入和从 BB_1 流出的流量的差。动量平衡如表7.2所列,其中流入体积通量为正,而流出的体积通量为负。阻力对应总动量通量,因而有

$$D = b\rho \int_{-\infty}^{+\infty} u(U_\infty - u)\mathrm{d}y \tag{7.90}$$

因式(7.90)中的被积函数在 $|y| > h$ 时消失,其积分极限可取 $y = \pm\infty$ 来替代 $y = \pm h$。以式(7.88)为尝试解,式(7.90)变为

$$D \approx b\rho \int_{-\infty}^{+\infty} U_\infty u_1 \mathrm{d}y = 2b\rho U_\infty^2 C \left(\frac{x}{l}\right)^{-m} \sqrt{\frac{\nu x}{U_\infty}} \int_{-\infty}^{+\infty} F(\eta)\mathrm{d}\eta \tag{7.91}$$

由于这种平衡与 x 无关,因此有 $m = 1/2$。式(7.89)可写为

$$f'' + 2\eta F' + 2F = 0 \tag{7.92}$$

经一次积分后,可得

$$F' + 2\eta F = 0$$

其解为

$$F(\eta) = \mathrm{e}^{-\eta^2} \tag{7.93}$$

采用积分,可得

$$\int_{-\infty}^{+\infty} F(\eta)\mathrm{d}\eta = \int_{-\infty}^{+\infty} \mathrm{e}^{-\eta^2}\mathrm{d}\eta = \sqrt{\pi}$$

由式(7.91)可得阻力系数为

$$c_D = \frac{D}{\frac{\rho}{2}U_\infty^2 bl} = \frac{4\sqrt{\pi}C}{\sqrt{\frac{U_\infty l}{\nu}}} \tag{7.94}$$

因此,存在阻力系数 c_D 的尾迹中,缺陷速度的最终解为

$$\frac{u_1(x,y)}{U_\infty} = \frac{c_D}{4\sqrt{\pi}}\sqrt{\frac{U_\infty l}{\nu}}\left(\frac{x}{l}\right)^{-\frac{1}{2}}\exp\left(-\frac{y^2 U_\infty}{4x\nu}\right) \tag{7.95}$$

由式(7.88)可得尾迹的半宽值为

$$y_{0.5} = 1.7\sqrt{\frac{\nu x}{U_\infty}} \tag{7.96}$$

也就是说,摩擦层的宽度也与 $\sqrt{\nu}$ 成正比。

表 7.2　图 7.9 中截面内体积流量与 x 动量的平衡

截面	体积流量	x 动量
AB	0	0
AA_1	$b\int_0^h U_\infty \,dy$	$\rho b\int_0^h U_\infty^2 \,dy$
BB_1	$-b\int_0^h u\,dy$	$-\rho b\int_0^h u^2 \,dy$
$A_1 B_1$	$-b\int_0^h (U_\infty - u)\,dy$	$-\rho b\int_0^h U_\infty(U_\infty - u)\,dy$
$\sum$ = 控制面	$\sum$ 体积通量 = 0	$\sum$ 动量通量 = 阻力

值得注意的是,尽管尾迹变宽,但尾迹中缺陷体积通量与 x 无关,即并没有出现侧向逸入。由控制面两侧流出的补偿体积通量存在于绕流物体的近场中,而不是存在于由式(7.95)所描述的远场中。该解适用于 $x > 3l$ 的范围。欲将这个解拓展至小 x 值,可参见伯杰(S. A. Berger,1971)的专著第 237 页。

大多数实际情况中尾迹是湍流的,由于尾迹中的速度分布存在拐点,因而其是特别不稳定的。由层流至湍流的转捩发生于相对小的雷诺数,具体可参见第 15 章。

- 说明(平行流中的射流)

尾迹解也适用于同方向平行流中自由射流的渐近衰减。以类似定义的射流动量系数 c_μ 取代阻力系数 c_D,$u_1(x,y)$ 被解释为过盈速度。

7.5.2　移动壁表面边界层

如果一个物体在靠近无限延伸地面的静止环境中移动(如机动车辆、靠近地

面的翼型),就会在地面形成摩擦层。比斯(E. Beese,1984)对此进行了系统的研究。在固定于绕流物体的坐标系中,由于地面以自由流速度 U_∞ 移动,在绕流物体的后方,流动也是平行的。当边界层以 $x\to\infty$ 衰减时,恒定速度 U_∞ 下小的速度偏差满足微分方程式(7.87)。此时的边界条件为

$$y = 0 : u_1 = 0 ; y\to\infty : u_1 = 0$$

对于尝试解的式(7.88),有式(7.89),其特征值 $m = 1$。微分方程为

$$f'' + 2\eta F' + 4F = 0$$

在边界条件

$$\eta = 0 : F = 0 ; \eta\to\infty : F = 0$$

下的解为

$$F = C\eta e^{-\eta^2}$$

其中,系数 C 取决于上游边界层所经历的历程。

- 说明(地面边界层的开始)

比斯(E. Beese,1984)的研究表明,使用类似于式(7.87)的线化边界层方程,可将升力体的地面边界层起始过程按平行流的小偏差来计算,但该方程包含一个压力项。

7.6 边界层的积分关系式

在诸多实际情况下,人们所关注的并不是边界层内速度场的细节,而是取决于长度 x 的某些边界层积分值,但与 y 有关的值在任何情况下都是"全局值"。这种适用于边界层全局描述的积分值是由边界层方程对 y 积分除以边界层厚度得到的。

7.6.1 动量积分方程

为推导边界层动量积分方程,可从式(7.4)与式(7.5)出发,即将研究限定在稳态不可压平面流动。对式(7.5)进行从 $y = 0$ 至 $y = h$ 的积分,其中 $y = h$ 表示边界层外的任意位置,可得

$$\int_{y=0}^{h}\left(u\frac{\partial u}{\partial x} + v\frac{\partial u}{\partial y} - U\frac{\mathrm{d}U}{\mathrm{d}y}\right)\mathrm{d}y = -\frac{\tau_w}{\rho} \tag{7.97}$$

这里壁面剪切应力 τ_w 用来替代 $\mu(\partial u/\partial y)_w$。由连续方程可知,法向速度 v 可以用 $v - \int_0^y(\partial u/\partial x)\mathrm{d}y$ 替代,从而得到

$$\int_{y=0}^{h}\left(u\frac{\partial u}{\partial x} - \frac{\partial u}{\partial y}\int_{y=0}^{y}\frac{\partial u}{\partial x}\mathrm{d}y - U\frac{\mathrm{d}U}{\mathrm{d}x}\right)\mathrm{d}y = -\frac{\tau_w}{\rho}$$

对第二项进行分部积分,可得

$$\int_{y=0}^{h}\left(\frac{\partial u}{\partial y}\int_{0}^{y}\frac{\partial u}{\partial x}\mathrm{d}y\right)\mathrm{d}y = U\int_{0}^{h}\frac{\partial u}{\partial x}\mathrm{d}y - \int_{0}^{h}u\frac{\partial u}{\partial x}\mathrm{d}y$$

由此可得

$$\int_{0}^{h}\left(2u\frac{\partial u}{\partial x} - U\frac{\partial u}{\partial x} - U\frac{\mathrm{d}U}{\mathrm{d}x}\right)\mathrm{d}y = -\frac{\tau_{\mathrm{w}}}{\rho}$$

$$\int_{0}^{h}\frac{\partial}{\partial x}[u(U-u)]\mathrm{d}y + \frac{\mathrm{d}U}{\mathrm{d}x}\int_{0}^{h}(U-u)\mathrm{d}y = \frac{\tau_{\mathrm{w}}}{\rho}$$

由于这两个积分中被积函数在边界层外消失,因此也可设 $h\rightarrow\infty$。

引入第 6 章所用的位移厚度 δ_1 与动量厚度 δ_2,应用方程

$$\delta_{1}U = \int_{y=0}^{\infty}(U-u)\mathrm{d}y \quad \text{(位移厚度)} \tag{7.98}$$

$$\delta_{2}U = \int_{y=0}^{\infty}u(U-u)\mathrm{d}y \quad \text{(动量厚度)} \tag{7.99}$$

式(7.99)的首项中,由于积分上限 h 与 x 无关,则对 x 的微分和对 y 的积分顺序可以互换。因而可得

$$\frac{\mathrm{d}}{\mathrm{d}x}(U^{2}\delta_{2}) + \delta_{1}U\frac{\mathrm{d}U}{\mathrm{d}x} = \frac{\tau_{\mathrm{w}}}{\rho} \tag{7.100}$$

式(7.100)是不可压平板边界层的动量积分方程。这种形式对层流与湍流边界层均有效。这种形式首次采用了格鲁什维茨(E. Gruschwitz,1931)提出的符号。这是用于计算层流与湍流边界层的近似方法,具体可参见第 8 章与 18.4 节。

7.6.2 能量积分方程

与动量积分方程采用的方法相似,维格哈特(K. Wieghardt,1948)给出了层流边界层的能量积分方程。这是通过将运动方程先乘以 u 后进行由 $y=0$ 至 $y=h>\delta(x)$ 的积分而得到的。同样再次以连续方程替换 v,可得

$$\rho\int_{0}^{h}\left[u^{2}\frac{\partial u}{\partial x} - u\frac{\partial u}{\partial y}\left(\int_{0}^{h}\frac{\partial u}{\partial x}\mathrm{d}y\right) - uU\frac{\mathrm{d}U}{\mathrm{d}x}\right]\mathrm{d}y = \mu\int_{0}^{h}\frac{\partial^{2}u}{\partial y^{2}}\mathrm{d}y$$

对第 2 项进行分部积分,可得

$$\rho\int_{0}^{h}\left[u\frac{\partial u}{\partial y}\left(\int_{0}^{h}\frac{\partial u}{\partial x}\mathrm{d}y\right)\right]\mathrm{d}y = \frac{1}{2}\int_{0}^{h}(U^{2}-u^{2})\frac{\partial u}{\partial x}\mathrm{d}y$$

结合第 1 项与第 3 项可得

$$\int_{0}^{h}\left[u^{2}\frac{\partial u}{\partial x} - uU\frac{\mathrm{d}U}{\mathrm{d}x}\right]\mathrm{d}y = \frac{1}{2}\int_{0}^{h}u\frac{\mathrm{d}}{\mathrm{d}x}(u^{2}-U^{2})\mathrm{d}y$$

如果对等号右边项进行分部积分,可得

$$\frac{1}{2}\rho\frac{\mathrm{d}}{\mathrm{d}x}\int_{0}^{\infty}u(U^{2}-u^{2})\mathrm{d}y = \mu\int_{0}^{\infty}\left(\frac{\partial u}{\partial y}\right)^{2}\mathrm{d}y \tag{7.101}$$

由于边界层之外的积分值为零,因此积分上限可用 $h \to \infty$ 代替。$\mu(\partial u/\partial y)^2$ 给出了单位体积与时间内通过摩擦(耗散,具体参见 3.10 节)可转换为热量的能量。等号左边的项 $\rho(U^2 - u^2)/2$ 为边界层相对于势流所损失的机械能(动能)。$(\rho/2)\int_0^\infty u(U^2 - u^2)\mathrm{d}y$ 为能量损失通量,且等号左边项为 x 方向单位长度能量损失通量的变化。

如果引入能量厚度 δ_3,并通过

$$U^3 \delta_3 = \int_0^\infty u(U^2 - u^2)\mathrm{d}y \quad (能量厚度) \tag{7.102}$$

则由式(7.101)可得

$$\frac{\mathrm{d}}{\mathrm{d}x}(U^3 \delta_3) = 2\nu \int_0^\infty \left(\frac{\partial u}{\partial y}\right)^2 \mathrm{d}y \tag{7.103}$$

或由 $\tau = \mu(\partial u/\partial y)$ 可得

$$\frac{\mathrm{d}}{\mathrm{d}x}(U^3 \delta_3) = \frac{2}{\rho}\int_0^\infty \tau \frac{\partial u}{\partial y}\mathrm{d}y = \frac{2}{\rho}D \tag{7.104}$$

由式(7.104)定义的积分 D 称为耗散积分。这是不可压平板边界层的能量积分方程。式(7.104)的形式也适用于湍流边界层。

维格哈特(K. Wieghardt,1948)已证明,如果边界层方程乘以若干次幂 u^n($n = 0, 1, 2, \cdots$),然后对边界层积分就可得到更多的边界层的积分方程。然而,以这种方式发现的积分方程中所包含的状态强度随 n 的增加而减少,所以大多数情况下,只有 $n=0$ 与 $n=1$ 涉及的两个边界层方程得到实际的应用,具体可参见沃尔兹(A. Walz,1966)的专著第 78 页。

7.6.3 动量矩积分方程

可先将边界层方程乘以幂 y^n,然后对边界层厚度进行积分,从而得到一组 n 积分方程。如果采用连续方程进一步消除 v 分量,可得

$$\int_0^\infty \left[u\frac{\partial u}{\partial x} - \frac{\partial u}{\partial y}\int_0^y \frac{\partial u}{\partial x}\mathrm{d}y - U\frac{\mathrm{d}U}{\mathrm{d}x}\right]y^n \mathrm{d}y = \frac{1}{\rho}\int_0^\infty \frac{\partial \tau}{\partial y}y^n \mathrm{d}y \tag{7.105}$$

$n=0$ 情况对应于动量积分方程。对于 $n=1$,可得到下列形式动量矩积分方程:

$$\frac{\mathrm{d}}{\mathrm{d}x}\left[\int_0^\infty u(U-u)y\mathrm{d}y\right] + \int_0^\infty \left[(U-u)\frac{\partial}{\partial x}\left(Uy + \int_0^y u\mathrm{d}y\right)\right]\mathrm{d}y = \frac{1}{\rho}\int_0^\infty \tau\mathrm{d}y \tag{7.106}$$

实际上,这个积分方程通常优于能量积分方程,因为通常情况下,用切应力比用耗散积分更容易确定式(7.106)中出现的积分。对于层流,式(7.106)的等号右边只有 νU。这里介绍的积分方程将采用第 8 章与 18.4 节所讨论的积分方法。

第8章
求解定常平面流动边界层方程组的近似方法

为计算边界层中的流动,必须求解偏微分方程组。如像在第23章所要讨论的那样,当今有许多非常有效的和精确的数值方法可用。

许多实际应用中没有必要确定边界层方程组的精确解,只需知道计算结果的百分之几精度足矣。可通过以下方式获得边界层方程组的近似解。由7.6节导出的边界层积分关系式可作为求解的基础。这些关系式被当作位移厚度 δ_1 或动量厚度 δ_2 以及壁面剪切应力 τ_w 与耗散积分 D 的常微分方程。目前,每个方程最初不止包含一个未知数,因此这些积分关系式不足以计算边界层特征值。为得到进一步的运动方程,需要作出速度分布均来自一个分布体系的近似假设,即来自给定数量的可能存在的分布。其通过一个或多个参数而区别于与体系中的其他成员,由此表示为单参数体系或多参数体系。这些假设形成了边界层特征值与分布参数之间的关系式,但仍需要发现的边界层函数。因此,需要增加至积分关系式中的方程数量直接取决于分布参数的数量。

基于这种方式的近似方法称为积分方法。过去出现的不同方法之间的本质区别在于分布体系中以及不同积分关系式的应用。下面将具体介绍单参数分布体系的积分方法。

8.1 积分方法

如前所述,各种积分方法在规定的分布体系中有很大区别。通常采用幂函数拟设来描述速度分布。在应用第一次积分方法时,采用了四阶多项式。考虑边界条件时,产生单函数分布体系。第一次积分方法基于卡曼(Th. v. Karman,1921)与波尔豪森(K. Pohlhausen,1921)所发表的两篇论文,因而被称为卡曼-波尔豪森方法(Karman – Pohlhausen method)。

本节选择一个不同的分布体系,这也是沃尔兹(A. Walz,1966)在其积分方法应用中所采用的体系。假定该分布局部对应于哈特里分布,即局部相似。这些分布为单参数福克纳-斯坎(Falkner – Skan)方程式(7.15)的解,并表示为具有 β 参数的单函数分布体系。

该积分方法基于动量积分方程式(7.100):

$$\frac{\mathrm{d}}{\mathrm{d}x}(U^2\delta_2) + \delta_1 U \frac{\mathrm{d}U}{\mathrm{d}x} = \frac{\tau_w}{\rho} \tag{8.1}$$

利用式(7.21)中的相似参数

$$\eta = \frac{y}{\delta_N(x)}; \delta_N = \sqrt{\frac{2\nu x}{U(m+1)}} \tag{8.2}$$

可得到边界层特征量与式(8.1)中 β 参数的关系:

位移厚度由式(7.98)可得

$$\delta_1 = \beta_1 \delta_N, \beta_1 = \int_0^\infty (1-f')\mathrm{d}\eta = \lim_{\eta \to \infty}(\eta - f) \tag{8.3}$$

动量厚度由式(7.99)可得

$$\delta_2 = \beta_2 \delta_N, \beta_2 = \int_0^\infty f'\mathrm{d}\eta = \frac{f''_w - \beta\beta_1}{1+\beta} \tag{8.4}$$

壁面剪切应力为

$$\frac{\tau_w}{\rho} = \nu \left(\frac{\partial u}{\partial y}\right)_w = \frac{\nu U}{\delta_N} f''_w \tag{8.5}$$

式中: $\beta_1(\beta)$、$\beta_2(\beta)$ 与 f''_w 全部是参数 β 的函数, δ_N 是边界层厚度的量度,与厚度 δ_{99} 成正比,其中比例常数 β_{99} 仍取决于 β,具体可参见表8.1,可得

$$\delta_{99} = \beta_{99}\delta_N \tag{8.6}$$

如果将式(8.3)、式(8.6)和式(8.5)的结果代入式(8.1),则有

$$\frac{\mathrm{d}(\beta_2\delta_N)}{\mathrm{d}x} + \left(2 + \frac{\beta_1}{\beta_2}\right)\frac{\beta_2\delta_N}{U}\frac{\mathrm{d}U}{\mathrm{d}x} = \frac{\nu}{U\delta_N}f''_w \tag{8.7}$$

式(8.7)现仍包含两个未知量,即比例函数 $\delta_N(x)$ 与 $\beta(x)$,因而还需要一个进一步的方程。这里采用式(7.2)中壁面的相容条件,考虑式(6.33)中外流的伯努利方程,有

$$\nu \left(\frac{\partial^2 u}{\partial y^2}\right)_w = -U\frac{\mathrm{d}U}{\mathrm{d}x} \tag{8.8}$$

由此可知,对于哈特里分布,有

$$f'''_w = -\frac{\delta_N^2}{\nu}\frac{\mathrm{d}U}{\mathrm{d}x} = -\beta \tag{8.9}$$

如果函数 $U(x)$ 已知,则式(8.7)与式(8.9)为确定两个函数 $\delta_N(x)$ 与 $\beta(x)$ 的方程。这些函数可通过式(8.3)~式(8.5)进一步确定边界层的特征量。由式(7.102)可得能量厚度

$$\delta_3 = \beta_3 \delta_N, \beta_3(\beta) = \int_0^\infty (1-f'^2)f'\mathrm{d}\eta \tag{8.10}$$

与耗散积分

表 8.1 福克纳-斯坎方程在边界条件式(7.16)下解的特征量,即哈特里分布

β_1	m	Γ	F_1	F_2	H_{12}	H_{32}	β_2	f''_w	β_D	β_{99}	备注
-0.2	-0.090	-0.0681	0.000	0.754	4.029	1.515	0.585	0.000	0.267	4.8	分离
-0.1	-0.048	-0.0265	0.329	0.557	2.801	1.552	0.515	0.319	0.319	3.8	
0.0	0.000	0.0000	0.441	0.441	2.591	1.573	0.470	0.470	0.369	3.6	
0.1	0.053	0.0190	0.511	0.360	2.481	1.586	0.435	0.587	0.415	3.4	
0.2	0.111	0.0333	0.561	0.300	2.411	1.595	0.408	0.687	0.455	3.2	
0.3	0.176	0.0439	0.593	0.253	2.373	1.602	0.386	0.775	0.491	3.1	
0.4	0.250	0.0538	0.627	0.215	2.325	1.607	0.367	0.854	0.530	3.0	
0.5	0.333	0.0612	0.649	0.184	2.297	1.611	0.350	0.928	0.564	2.9	
0.6	0.429	0.0677	0.669	0.158	2.274	1.615	0.336	0.996	0.597	2.8	
0.7	0.538	0.0725	0.682	0.137	2.261	1.618	0.322	1.059	0.625	2.7	
0.8	0.666	0.0778	0.699	0.117	2.241	1.621	0.312	1.120	0.657	2.6	
0.9	0.818	0.0816	0.709	0.101	2.228	1.623	0.301	1.178	0.684	2.5	
1.0	1.000	0.0855	0.721	0.085	2.216	1.626	0.292	1.233	0.713	2.4	驻点

采用下列关系式:
$m = 2/(2-\beta)$ $\Gamma = \beta\beta_2^2$ $F_1 = 2\beta_2 f''_w$ F_2 由式(8.19b)确定 $H_{12} = \beta_1/\beta_2$ $H_{32} = \beta_3/\beta_2$
β_1 由式(8.3)确定 β_2 由式(8.4)确定 $\beta_2 = (f''_w - \beta\beta_1)/(1+\beta)$ β_3 由式(8.11)确定 $\beta_D = (\beta + 0.5)\beta_3$ β_{99} 由式(8.6)确定。

$$D = \beta_D \mu \frac{U^2}{\delta_N}, \beta_D(\beta) = \int_0^\infty f''^2 \mathrm{d}\eta \qquad (8.11)$$

不同的速度分布均可最终由 $\delta_N(x)$ 与 $\beta(x)$ 来确定。

沃尔兹(A. Walz, 1966)引入两个新的函数 $Z(x)$ 与 $\varGamma(x)$ 替换 $\delta_N(x)$ 与 $\beta(x)$，并作为自变量定义式(8.12)与式(8.13)：

$$Z(x) = \frac{\delta_2^2}{\nu} U \qquad (8.12)$$

$$\varGamma(x) = -\frac{\delta_2^2}{U}\left(\frac{\partial^2 u}{\partial y^2}\right)_w \qquad (8.13)$$

式中：$Z(x)$ 具有长度量纲，为厚度参数；$\varGamma(x)$ 为无量纲量，具有分布参数的特征。

对于哈特里分布，由式(8.13)可得

$$\varGamma(\beta) = -\beta_2^2(\beta) f'''_w(\beta) = \beta\beta_2^2(\beta) \qquad (8.14)$$

也就是说，哈特里分布体系中存在着 $\varGamma$ 与 β 之间的固定关系。由于 $\varGamma$ 如同 β 那样决定着速度分布的形式，因此被称为形状系数。

式(8.7)与式(8.9)可定义未知函数 $Z(x)$ 与 $\varGamma(x)$：

$$\frac{\mathrm{d}Z}{\mathrm{d}x} + (3 + 2H_{12})\frac{Z}{U}\frac{\mathrm{d}U}{\mathrm{d}x} = F_1(\varGamma) \qquad (8.15)$$

$$\frac{Z}{U}\frac{\mathrm{d}U}{\mathrm{d}x} = \varGamma \qquad (8.16)$$

其中

$$H_{12}(\varGamma) = \frac{\delta_1}{\delta_2} = \frac{\beta_1}{\beta_2} \qquad (8.17)$$

及

$$F_1(\varGamma) = \frac{2\tau_w \delta_2}{\rho \nu U} = 2\beta_2 f''_w \qquad (8.18)$$

综上可得

$$\frac{\mathrm{d}Z}{\mathrm{d}x} = F_2(\varGamma) \qquad (8.19a)$$

其中

$$F_2(\varGamma) = F_1(\varGamma) - [3 + 2H_{12}(\varGamma)]\varGamma \qquad (8.19b)$$

函数 $F_1(\varGamma)$、$H_{12}(\varGamma)$，特别是 $F_2(\varGamma)$ 均作为哈特里分布列入图 8.1 中。在组合式 $(\mathrm{d}U/\mathrm{d}x)/U$ 已知条件下，式(8.16)与式(8.19a)构成了两个未知函数 $Z(x)$ 与 $\varGamma(x)$ 的耦合方程组。这是一阶常微分方程的解，其数值解要比偏微分方程速度场的解简单得多。以这种方法表示的积分方法在得到所有楔流动的数值解方面具有特别的优势。

引入函数 $Z(x)$ 与 $\varGamma(x)$ 的决定性优势在于 $F_2(\varGamma)$ 几乎是线性的，如图 8.1 所示。如果 $F_2(\varGamma)$ 曲线由线性关系式近似为

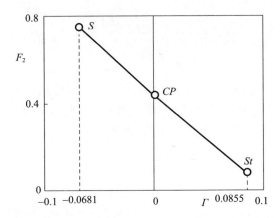

图 8.1 源自式(8.19b)的 $F_2(\Gamma)$ 函数(参见表 8.1)

St—驻点；CP—恒压；S—分离点。

$$F_2(\Gamma) = a - b\Gamma \tag{8.20}$$

由式(8.16)与式(8.19)可得微分方程

$$\frac{dZ}{dx} + \frac{b}{U}\frac{dU}{dx}Z = a \tag{8.21}$$

该方程的解可以显式形式写出，可得到以下求积公式：

$$Z(x) = Z(x_i)\left[\frac{U(x_i)}{U(x)}\right]^b + \frac{a}{[U(x)]^b}\int_{x_i}^{x}[U(x)]^b dx \tag{8.22}$$

其中，$Z(x_i)$ 为 x_i 位置的 $Z(x)$ 值。对于 $x_i = 0$ 与 $Z(0) = 0$，则式(8.22)满足

$$Z(x) = \frac{a}{[U(x)]^b}\int_{0}^{x}[U(x)]^b dx \tag{8.23}$$

条件 $Z(0) = 0$ 表明，$x = 0$ 处的边界层计算从驻点 $[U(0) = 0]$ 或由前缘位置 $(\delta_2(0) = 0)$ 开始。

与式(8.20)对应的 $F_2(\Gamma)$ 线性近似可分为两个部分进行：

$$\Gamma > 0: a = 0.441, b = 4.165; \Gamma < 0: a = 0.441, b = 4.579 \tag{8.24}$$

这里合理选择常数 a 与 b，使平板流动($\Gamma = 0$)、驻点流动($\Gamma = 0.0855$)和分离流动($\Gamma = -0.0681$)仍由式(8.23)予以精确地描述。因此，所讨论的积分方法并不是关于这 3 个流动的一种近似方法。

如果 $Z(x)$ 与 $\Gamma(x)$ 已知，则所需变量可通过逆变换来确定：

$$\delta_2 = \left(\frac{Z\nu}{U}\right)^{1/2} \tag{8.25}$$

$$\delta_1 = \delta_2 H_{12}(\Gamma) \tag{8.26}$$

$$\delta_3 = \delta_2 H_{32}(\Gamma) \tag{8.27}$$

$$\delta_N = \frac{\delta_2}{\beta_2(\Gamma)} \tag{8.28}$$

$$\tau_w = \frac{\mu U}{2\delta_2} F_1(\Gamma) \tag{8.29}$$

$$D = \beta_D(\Gamma)\beta_2(\Gamma)\frac{\mu U^2}{\delta_2} \tag{8.30}$$

其中,函数 $H_{12}(\Gamma)$、$H_{32}(\Gamma)$、$\beta_2(\Gamma)$、$F_1(\Gamma)$ 与 $\beta_D(\Gamma)$ 可从表 8.1 中读取。可以这种方式采用式(8.22)将层流边界层计算简化为求积公式的评估。

为对式(8.22)进行数值计算,可通过线性关系式在 x_i 至 x_{i+1} 区间近似估算函数 $U(x)$:

$$U(x) = U_i + \frac{U_{i+1} - U_i}{x_{i+1} - x_i}(x - x_i) \tag{8.31}$$

其中,$U_i = U(x_i)$。可对式(8.22)积分,从而得到简单的计算规则:

$$Z_{i+1} = \left(\frac{U_i}{U_{i+1}}\right)^b Z_i + \frac{a}{1+b}\frac{1-(U_i/U_{i+1})^{b+1}}{1-(U_i/U_{i+1})}(x_{i+1}-x_i) \tag{8.32}$$

由式(8.16)可得

$$\Gamma_{i+1} = \frac{Z_{i+1}}{U_{i+1}}\frac{U_{i+1}-U_i}{x_{i+1}-x_i} \tag{8.33}$$

当达到分离点值 $\Gamma = -0.0681$ 时,通常计算始于 $Z=0$ 并最终结束。实际上,压升区域($\Gamma<0$)的边界层经常转换至湍流状态。

实际应用表明,当流动不在极端压力梯度 dp/dx 区域时,沃尔兹提出的积分方法能够得到非常好的近似解。因此,必须排除显著减速或加速的流动。对于这些流动而言,并不是积分方法出现了根本性的错误结果,而是必须谨慎地选择分布体系来尽可能好地近似模拟所期望的速度分布。

对于多参数分布的体系,需要进一步的积分方程组。除动量积分方程外,也频繁采用式(7.100)中的能量积分方程,具体可参见沃尔兹(A. Walz,1966)的专著第 93 页、第 131 页和第 230 页。可压缩边界层的相似积分方法将在 10.4.5 节中予以描述,这也包括 $Ma_e \to 0$ 的不可压边界层特殊情况,具体可参见实例 1。而其他积分方法可参见施利希廷(H. Schlichting,1982)的专著第 209 页和第 221 页。

目前,湍流边界层积分方法具有非常重要的现实意义。如果采用积分方法计算湍流边界层,一般来说,则采用积分方法计算初始层流区边界层是简单合理的。

8.2 斯特拉特福德分离准则

斯特拉特福德(B. S. Stratford,1957)给出了一种分离准则,依据该准则可由给定的速度分布直接确定分离点的位置。为此,考虑 $x = x_f$ 至 $x = x_0$ 区域具有恒定速度 U_0 的外流,且从此时起其为迟滞流动($\mathrm{d}U/\mathrm{d}x < 0$)。根据斯特拉特福德的方法,流动分离的位置为

$$\left[1 - \left(\frac{U(x)}{U_0}\right)^2\right]^{1/2} (x_S - x_f) \frac{\mathrm{d}}{\mathrm{d}x}\left(\frac{U(x)}{U_0}\right)^2 = -0.102 \tag{8.34}$$

对于给定的 $U(x)$、U_0 与 x_f,这是分离点 x_S 位置的方程。

这种分离准则适用于分离前速度为最大的所有流动。$x = x_0$ 处动量边界层必须是已知的。假设其对应于长度为 $x_0 - x_f$ 的平板边界层,即 x_f 为假想的平板前缘。由于式(6.64)中 $\delta_{20} = 0.664\sqrt{\nu(x_0 - x_f)/U_0}$ 有效,因此可采用式(8.34)中的下列关系式:

$$x_S - x_f = x_S - x_0 + \frac{\delta_{20}^2 U_0}{0.441\nu} \tag{8.35}$$

假定 $U(x)$、U_0 与 δ_{20}/ν 给定,则式(8.34)与式(3.35)的组合可确定最大速度之后的分离点位置 $x_S - x_0$。8.3 节将给出具体实例。

8.3　近似解与精确解的比较

下面将给出 8.2 节所讨论的积分法(求积法)求解边界层流动的一些实例,并与边界层方程数值计算进行比较。由于数值方法原则上可产生任意精度的解,因而可认为这些结果是精确的解。

8.3.1　迟滞驻点流动

考虑由豪沃思(L. Howarth,1935)首先计算的速度呈线性减小的流动,也可参见式(7.85),有

$$\frac{U(x)}{U_0} = 1 - \frac{x}{l} \tag{8.36}$$

根据图 2.10(b),其可以理解为驻点迟滞流动,也可作为离散通道(扩散器)中平板流动。

对于这个速度分布 $U(x)$,对式(8.23)进行求解,可得封闭解:

$$Z(x) = \frac{a}{b+1} \frac{1 - \left(1 - \frac{x}{l}\right)^{b+1}}{\left(1 - \frac{x}{l}\right)^b} \tag{8.37}$$

并由式(8.16)可得

$$\varGamma(x) = -\frac{a}{b+1}\frac{1-\left(1-\frac{x}{l}\right)^{b+1}}{\left(1-\frac{x}{l}\right)^{b+1}} \tag{8.38}$$

图 8.2 给出了基于长度 x 的一些边界层重要特征。其精确解源自朔瑙尔（W. Schonauer,1963）的专著。当 $x=0$ 时，流动开始为平板流，因此初始解之间并无差别。由于存在迟滞流动，分离点出现于下游更远处。由积分方法得到的分离点位置为 $x_S/l = 0.105$，而精确解为 $x_S/l = 0.120$。斯特拉特福德分离准则为 $x_S/l = 0.121$。由图 8.2 可见，精确解的壁面剪切应力垂直切线处零值（戈德斯坦奇异性，可参见式(7.84)）。采用能量积分方程取代壁面相容性条件的积分方法，可获得与精确解相当好的一致性，具体可参见沃尔兹（A. Walz,1966）的专著第 184 页。

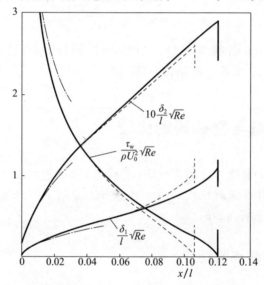

图 8.2　具有源自式(8.36) $U(x)$ 与 $Re = U_0 l/\nu$ 的迟滞驻点流动
边界层特征值 $\delta_1(x)$、$\delta_2(x)$ 与 $\tau_w(x)$

—— 朔瑙尔精确解（W. Schonauer,1963）；----- 积分方法；—— $U = U_0$ 的平板解。

8.3.2　扩散通道（扩压器）

扩散通道（扩压器）中的流动也是迟滞流动的一个实例。其与前面的实例相似，且与 7.2.3 节中所给出的收敛通道边界层对应。由图 8.3 可知，在外流为源流的情况下，势流理论中的下列源流速度分布与扩压器的开口角无关。

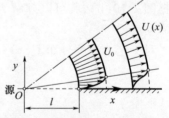

图 8.3　源自式(8.39)具有外流
$U(x)$ 的收敛通道边界层

$$U(x) = \frac{U_0}{1 + \dfrac{x}{l}} \tag{8.39}$$

根据斯特拉特福德的分离准则,即式(8.34),分离点的位置为 $x_S/l = 0.16$。由积分方法得到 $x_S/l = 0.15$,而精确值为 $x_S/l = 0.13$。

由式(8.39)可知,$U(x)$ 在小 x_S/l 值时的展开式

$$\frac{U}{U_0} = 1 - \frac{x}{l} + \left(\frac{x}{l}\right)^2 - + \cdots$$

显示了与前一个实例的相似性。通过提供加速度项 $(x/l)^2$,可将 $x_S/l = 0.12$ 处的分离点向下游移动至 $x_S/l = 0.15$ 的位置。无分离层流边界层楔形扩压器的均质自由流的最佳面积比为 1.15。

在边界层位移效应足够小可忽略的前提下,分离点的位置只是与扩散器的开口角无关。但对于非常小的开口角,情况并非如此。其后在外流与边界层之间的相互作用,这部分内容将在第 14 章中予以详细讨论。

8.3.3 圆柱绕流

势理论所获得的圆柱绕流的速度分布为

$$U(x) = 2V\sin\frac{x}{R} = 2V\sin\varphi \tag{8.40}$$

图 8.4 展示了不同周边角 φ 的速度分布。将积分方法的近似值与施罗纳(W. Schonauer,1963)的精确分布进行对比,可以发现,在外流加速区域 $0° < \varphi < 90°$ 与 $0° < \phi < 90°$,两者几乎完全一致,而超过了最小压力值,当接近分离点时,偏差增长很快。

图 8.5 描述了作为边界层特征值的位移厚度 δ_1、动量厚度 δ_2 与壁面剪切应力 τ_w。可以发现,接近分离点时精确解与近似值之间的偏差增加。分离点位置的精确值 $\phi_S = 104.5°$,具体可参见特里尔(R. M. Terrill,1960)或施罗纳(W. Schonauer,1963)的论文。

精确解表现为戈德斯坦(S. Goldstein,1948)奇异性,这一点可在分离点 $x_S = R\phi_S$ 处由 $\delta_1(x)$ 与 $\tau_w(x)$ 的垂直切线呈现。由积分方法可得 $\phi_S = 100.7°$,而如果动量厚度的近似值取 $x_0(\phi = 90°)$,则斯特拉特福德准则给出令人惊奇的精确值 $\phi_S = 105°$。然而,δ_{20} 的值只比精确值小约 1.7%。

亚临界区域内圆柱实验表明,分离点位置大约为 $\phi_S = 80°$。根据奥肯博(E. Achenbach,1968)的研究,雷诺数 $Re = Vd/\nu = 10^5$ 时流动在 $\phi_S = 78°$ 处出现分离。这样可获得一种印象,即到达最小压力之前流动已经发生分离,且分离点位于加速流动区域。希门茨(K. Hiemenz,1911)解决了理论与实验之间的矛盾。他发现实

验确定的压力分布明显偏离了式(8.40)描述的理论分布,且发现压力最小值实际上是在 $\phi=70°$。这样,分离点 $\phi_S=80°$ 确实是在迟滞的外流区域。对于雷诺数 $Re=Vd/\nu=1.9\times10^4$,希门茨确定的实验速度分布为

$$\frac{U(x)}{V}=1.814\,\frac{x}{R}-0.271\left(\frac{x}{R}\right)^3-0.0471\left(\frac{x}{R}\right)^5 \tag{8.41}$$

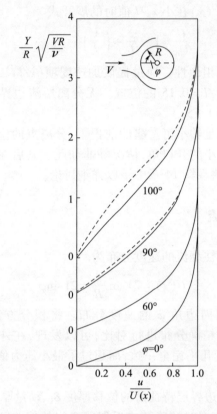

图 8.4　如式(8.40)所示的圆柱绕流的速度分布
── 精确解,参见施罗纳(W. Schonauer,1963);----- 积分方法。

实验表明分离大约发生于 $\phi_S=81°$。对式(8.41)中 $U(x)$ 进行边界层计算,可获得如图 8.6 所示的全域边界层特征值。精确解显示的分离点位置为 $\phi_S=78.7°$,由积分方法所得的分离点位置为 $\phi_S=76.5°$,而由斯特拉特福德准则所得的位置为 $\phi_S=80°$。

对于外流的真实速度分布 $U(x)$,边界层方程可以正确地描述边界层的流动。与其他积分方法的比较可参见沃尔兹(A. Walz,1966)的文献第 189 页。实验确定的分布 $U(x)$ 与式(8.40)中基于势流理论分布间的偏差来自强的位移效应,相关内容将会在第 14 章予以详细讨论。这种效应对于钝体尤为明显,流动的特点是钝体之后存在大分离区。

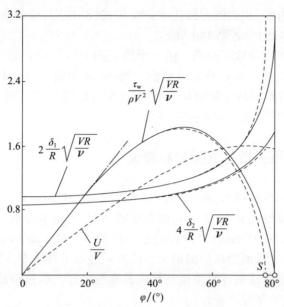

图 8.5 存在式(8.41)所描述外流情况下圆柱绕流边界层特征值 $\delta_1(x)$、$\delta_2(x)$ 与 $\tau_w(x)$
—— 精确解；---- 积分方法；—·— 驻点流；S—分离。

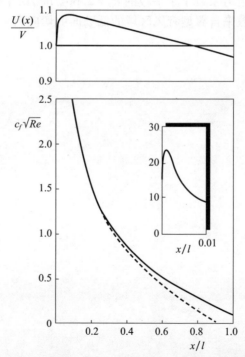

图 8.6 外流 $U(x)$ 与相对厚度 $d/l=0.044$ 的儒可夫斯基翼型对称绕流摩擦系数 c_f
—— 边界层方程组的精确解；---- 积分法。

对于其他雷诺数,实验确定的速度分布与式(8.41)对应的细节可参阅埃文斯(H. L. Evans,1968)的专著第 180 页。

迄今所有实例均导致了分离。由一个给定的 $U(x)$,可在分离点形成奇点,因而没有超出这个点进一步计算的可能性。第 14 章中将要详细展示,如果不规定 $U(x)$,而是允许边界层与外流相互作用,则这个奇点就不会出现,并以这种方式确定函数 $U(x)$ 作为计算边界层解的一部分。

8.3.4 儒可夫斯基翼型对称绕流

最后,考虑一个没有分离的流动。这是攻角 $\alpha = 0°$ 的对称儒可夫斯基翼型绕流。该翼型相对厚度为 $d/l = 0.044$,因此足够纤细,不发生分离。根据杰贝吉与斯密斯(T. Cebeci, A. M. O. Smith,1974)的专著第 33 页,对于 $d/l = 0.046$ 的儒可夫斯基翼型,仅在尾缘处壁面剪切应力消失。图 8.6 展示了外流 $U(x)$ 和无量纲壁面剪切应力的情形。积分法的计算结果与精确解吻合较好。虽然积分法获得了一个分离点,但该点只位于尾缘之前。

对于阻力系数 c_D(两边均考虑),可得到 $c_D = 2.32\sqrt{Re}$ 与 $c_D = 2.16\sqrt{Re}$。由于翼型的厚度分布,其阻力系数小于平板的 $c_D = 2.66\sqrt{Re}$,由于边界层趋向于 $\tau_w = 0$ 的分离点,该阻力系数来自翼型背风区域的低壁面剪切应力。

第 9 章
无速度场与温度场耦合的热边界层

9.1 存在温度场的边界层方程组

迄今为止,对于边界层流动的讨论只涉及速度场,现相关讨论将相应地扩展至温度场。假设热量通过周边壁面传输至流场,进而一起形成温度场与速度场。可以发现,高雷诺数下温度场也有边界层特征,即温度场可分为两个区域,其中一个区域靠近壁面,其热导率 λ 发挥作用,而另一个区域热导率 λ 则可忽略。如果速度场与温度场同时存在,那么这两个场之间通常存在相互耦合。

本章将首先讨论温度场与速度场解耦的特殊传热流动。这是物理参数 ρ 与 μ 恒定的情形,即可以假定该传热流动与温度与压力无关。只要边界层内的温差与压差很小,该假设就是合理的。在此情况下,第 6 章至第 8 章中关于速度边界层的所有表述仍有效。为描述温度场,必须考虑能量(热)方程。如果热导率 λ 与等压比热容 c_p 可假定为常数,则笛卡儿坐标中源自式(3.72)的二维定常流动能量方程为

$$\rho c_p \left(u \frac{\partial T}{\partial x} + v \frac{\partial T}{\partial y} \right) = \lambda \left(\frac{\partial^2 T}{\partial x^2} + \frac{\partial^2 T}{\partial y^2} \right) + \Phi \tag{9.1}$$

其中,式(3.62)的耗散函数为

$$\frac{\Phi}{\mu} = 2 \left[\left(\frac{\partial u}{\partial x} \right)^2 + \left(\frac{\partial u}{\partial y} \right)^2 \right] + \left(\frac{\partial v}{\partial x} + \frac{\partial u}{\partial y} \right)^2 \tag{9.2}$$

由式(9.1)可知,温度(热力学能)的(对流)变化可通过传导与耗散实现。由于速度分量 $u(x,y)$ 与 $v(x,y)$ 出现在式(9.1)中,因此对温度场的计算需要知道速度场。现在所假设的速度场是高雷诺数下的流场,即该流动将拥有边界层特征。

采用参考量 l、V 与 ΔT,引入下列无量纲量:

$$x^* = \frac{x}{l}, y^* = \frac{y}{l}, u^* = \frac{u}{l}, v^* = \frac{v}{l}, \vartheta = \frac{T - T_\infty}{\Delta T} \tag{9.3}$$

式中:ϑ 为超过外流温度 T_∞ 的无量纲温度;ΔT 为适合的参考温度差,稍后将予以

确定。

从边界层变换式(6.6)中引入参数 y^* 与 v^*

$$\bar{y} = y^* \sqrt{Re}, \bar{v} = v^* \sqrt{Re}, Re = \frac{\rho V l}{\mu} = \frac{V l}{\nu} \tag{9.4}$$

能量方程式(9.1)与式(9.2)变为

$$\frac{\rho c_p V \Delta T}{l}\left(u^* \frac{\partial \vartheta}{\partial x^*} + \bar{v}\frac{\partial \vartheta}{\partial \bar{y}}\right) = \frac{\lambda \Delta T}{l^2}\left(\frac{\partial^2 \vartheta}{\partial x^{*2}} + Re\frac{\partial^2 \vartheta}{\partial \bar{y}^2}\right)$$

$$+ \frac{\mu V^2}{l^2}\left\{2\left[\left(\frac{\partial u^*}{\partial x^*}\right)^2 + \left(\frac{\partial \bar{v}}{\partial \bar{y}}\right)^2\right]\right.$$

$$\left. + \left(\frac{1}{\sqrt{Re}}\frac{\partial \bar{v}}{\partial x^*} + \sqrt{Re}\frac{\partial u^*}{\partial \bar{y}}\right)^2\right\} \tag{9.5}$$

如果取高雷诺数极限($Re\to\infty$),可获得热边界层方程(无量纲形式):

$$u^* \frac{\partial \vartheta}{\partial x^*} + \bar{v}\frac{\partial \vartheta}{\partial \bar{y}} = \frac{1}{Pr}\frac{\partial^2 \vartheta}{\partial \bar{y}^2} + Ec\left(\frac{\partial u^*}{\partial \bar{y}}\right)^2 \tag{9.6}$$

在此引入下列两个无量纲相似参数:

$$Pr = \frac{\mu c_p}{\lambda}(\text{普朗特数}) \tag{9.7}$$

$$Ec = \frac{V^2}{c_p \Delta T}(\text{埃克特数}) \tag{9.8}$$

假设这两个特征数在取高雷诺数极限时仍是有限的。

普朗特数是一个纯粹的物理属性,具体可参见表 3.1。埃克特数是流动中耗散效应的量度。由于埃克特数按速度的平方增长,因此其在小速度条件下可忽略。在速度 $V=10\text{m/s}$、参考温度差 $\Delta T=10\text{K}$ 的空气气流[$c_p=1000\text{m}^2/(\text{s}^2\cdot\text{K})$]中,可得 $Ec=0.01$。由于存在耗散,即使不存在传热即绝热(绝缘)壁情况,温度场也会出现。这些壁的温度要比外流 T_∞ 高。这个壁面温度就是绝热壁温度,并将在 9.6 节详细讨论。

在存在外流速度边界层 $\partial u^*/\partial \bar{y}=0$ 外缘,$\vartheta=0$ 满足微分方程式(9.6)。由此可知,在距壁面较远的地方,壁面温度为外流温度 T_∞,即存在 $\vartheta(x^*,\bar{y}\to\infty,Pr)=0$。相较于速度边界层,热边界层拥有更多的边界条件,因为热边界层是由无滑移条件与壁面的非渗透性决定的。9.2 节将会讨论不同类型的热边界层边界条件。

式(9.1)是线性微分方程,其通解可表示为无耗散解与耗散解的叠加:

$$\vartheta(x^*,\bar{y},Pr,Ec) = \vartheta_1(x^*,\bar{y},Pr) + Ec\vartheta_2(x^*,\bar{y},Pr) \tag{9.9}$$

因此,可得下列方程组:

$$u^* \frac{\partial \vartheta_1}{\partial x^*} + \bar{v}\frac{\partial \vartheta_1}{\partial \bar{y}} = \frac{1}{Pr}\frac{\partial^2 \vartheta_1}{\partial \bar{y}^2} \tag{9.10}$$

$$u^* \frac{\partial \vartheta_2}{\partial x^*} + \bar{v}\frac{\partial \vartheta_2}{\partial \bar{y}} = \frac{1}{Pr}\frac{\partial^2 \vartheta_2}{\partial \bar{y}^2} + \left(\frac{\partial u^*}{\partial \bar{y}}\right)^2 \tag{9.11}$$

下面将分别研究这两个方程。首先处理无耗散热边界层,即寻找无耗散解 $\vartheta_1(x^*, \bar{y}, Pr)$。对于速度足够小且可忽略耗散($Ec \to 0$),或耗散解可与无耗散解叠加,这都是允许的,具体可参见9.6节。

出于完整性,也可以用量纲形式(恒定物理性质)的式(9.6)来表示热边界层:

$$\rho c_p \left(u \frac{\partial T}{\partial x} + u \frac{\partial T}{\partial y} \right) = \lambda \frac{\partial^2 T}{\partial y^2} + \mu \left(\frac{\partial u}{\partial y} \right)^2 \tag{9.12}$$

9.2 恒定物理性质下的强迫对流

如果忽略耗散,热边界层温度场可由式(9.1)表示。其量纲形式为

$$u \frac{\partial T}{\partial x} + v \frac{\partial T}{\partial y} = a \frac{\partial^2 T}{\partial y^2} \tag{9.13}$$

其中

$$a = \frac{\lambda}{\rho c_p} \tag{9.14}$$

定义为热扩散率。为确定边界层温度场 $T(x,y)$,需获得速度场 $u(x,y)$ 与 $v(x,y)$。由于流体运动是强迫流动,因此讨论的是强迫对流,并采用式(9.13)分析与温度场计算相关的强迫对流传热。

转换一下思路,考虑式(9.13)或式(9.10)的边界条件。如前所述,离壁面较远位移处的温度为外流温度 T_∞。壁面的边界条件如下。

(1)壁面温度分布 $T_w(x)$。

(2)壁面的热流分布 $q_w(x) = -\lambda \, (\partial T/\partial y)_w$。

(3)T_w 与 q_w 之间的关系式。这是第三类边界条件或混合边界条件,发生在流动中的温度场与物体温度场需同时计算时。

通常将计算限定于 T_w = 常数与 q_w = 常数两种标准边界条件。由于能量方程式(9.13)是线性的,因此标准边界条件的解可通过叠加方式得到任意分布 $T_w(x)$ 与 $q_w(x)$ 的通解。

这种恒定壁面温度情况下的标准解如图9.1所示。此处壁面温度最初为 $x = 0$ 至 $x = x_0$ 之间的外部温度,在 $x = x_0$ 处温度突然跃升至定值 T_w。如果该问题的解为

$$\vartheta_1(x, y, x_0) = \frac{T(x, y, x_0) - T_\infty}{T_w - T_\infty} \tag{9.15}$$

则对于壁面任意温度分布 $T_w(x_0)$,其解为

$$T(x,y) - T_\infty = \int_0^x \vartheta_1(x, y, x_0) \, \mathrm{d}T_w(x_0) \tag{9.16}$$

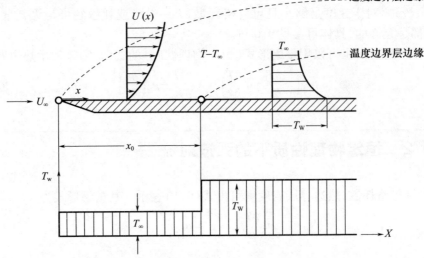

图9.1 $x=x_0$ 处壁面温度间断跃升情况下速度与热边界层分布的发展(标准问题)

对于已知的温度场 $T(x,y)$,可得到热流的分布:

$$q_w(x,x_0) = -\lambda \left(\frac{\partial T}{\partial y}\right)_w = \alpha(x,x_0)(T_w - T_\infty) \tag{9.17}$$

式中:α 为传热系数。其单位为 $[\alpha] = W/(m^2 \cdot K)$。如果 $\alpha(x,x_0)$ 为图 9.1 中标准的传热系数分布,则一般温度分布的壁面热流为

$$q_w(x) = \int_0^x \alpha(x,x_0) \mathrm{d}T_w(x_0) \tag{9.18}$$

其中,式(9.16)与式(9.18)为斯蒂尔切斯积分,且允许有间断的温度分布 $T_w(x_0)$。对于连续且可微的分布 $T_w(x)$,可发现壁面热流为

$$q_w(x) = \int_0^x \alpha(x,x_0) \frac{\mathrm{d}T_w}{\mathrm{d}x_0}\mathrm{d}x_0 \tag{9.19}$$

式(9.16)也有相应的表达式。

同理,恒定 q_w 的标准解($0 \le x \le x_0:q_w=0, x_0 \le x:q_w=$ 常数)也可得到以下任意分布 $q_w(x_0)$ 的壁面温度:

$$T_w(x) - T_\infty = \int_0^x g(x,x_0) \frac{\mathrm{d}q_w(x_0)}{\mathrm{d}x_0}\mathrm{d}x_0 \tag{9.20}$$

其中

$$g(x,x_0) = \frac{T_w(x) - T_\infty}{q_w} \tag{9.21}$$

为所对应标准解的传热系数倒数分布。

以间断函数为边界条件的温度场数值计算会带来困难。通常,阶跃函数被陡

峭但连续的分布函数替代,具体可参见杰贝吉与布拉特肖(T. Cebeci and P. Bradshaw,1984)的专著第98页。

应用中的大多数情况不必知道温度场的所有细节。首先感兴趣的是壁面热流 q_w,抑或是源自式(9.17)的传热系数 α。

传热的无量纲特征数是努塞尔数:

$$Nu(x) = \frac{\alpha(x)l}{\lambda} = \frac{q_w(x)l}{\lambda[T_w(x) - T_\infty]} \tag{9.22}$$

可以用来表征式(9.10)中的壁面边界条件,所需的结果如下。

1. T_w = 常数

$$\Delta T = T_w - T_\infty, \vartheta_1 = \frac{T - T_\infty}{T_w - T_\infty} \tag{9.23}$$

$$y = 0: \vartheta_1 = 1 \tag{9.24}$$

结果为

$$\frac{Nu(x^*)}{\sqrt{Re}} = -\left(\frac{\partial \vartheta_1}{\partial \bar{y}}\right)_w = f(x^*, Pr) \tag{9.25}$$

2. q_w = 常数

$$\Delta T = \frac{q_w l}{\lambda \sqrt{Re}}, \vartheta_1 = \frac{T - T_\infty}{q_w l} \lambda \sqrt{Re} \tag{9.26}$$

$$y = 0: \left(\frac{\partial \vartheta_1}{\partial \bar{y}}\right)_w = -1 \tag{9.27}$$

结果为

$$T_w(x) - T_\infty = \frac{q_w l}{\lambda \sqrt{Re}} \vartheta_{1w}(x^*, Pr) \tag{9.28}$$

或

$$\frac{\sqrt{Re}}{Nu} = \vartheta_{1w}(x^*, Pr) \tag{9.29}$$

可以发现,所有热边界层中,努塞尔数只与雷诺数组合为 $Nu/\sqrt{Re}$(壁面射流属于例外,具体可参见表9.1)。这是由边界层简化获得的,并得到了高雷诺数时传热的渐近特性。

如果壁面温度分布 $T_w(x)$ 与 x 相关,必须谨慎应用传热系数 $\alpha = q_w/(T_w - T_\infty)$,这是因为在满足 $T_w = T_\infty$ 的位置处 α 通常变为奇点。因此,对于变量 $T_w(x)$,不推荐采用存在局部温差的努塞尔数形式。固定的温差(参考点处)或外流温度 T_∞ 会是适合的参考量,具体可参见格尔斯滕与赫维希(K. Gersten, H. Herwig,1992)的专著第16页,以及9.4节的实例(零攻角平板壁面温度线性分布)。

9.3 普朗特数效应

由式(9.10)可知,普朗特数是强迫对流中热边界层和传热的显著特征数。普朗特数是一种物理属性,其定义式 $Pr = \nu/a$ 为表征流体的动量(运动黏度)与热量(热扩散率)的输运特性之比。如果动量输运特性即黏度特别大,壁面(无滑移条件)动量下降效应将会拓展到流动中去,也就是说,速度边界层厚度 δ 将会相对较大。该方法同样适用于热边界层厚度 δ_{th}。由此,强迫对流的普朗特数作为两个边界层厚度比值的量度是可以理解的。

对于 $Pr = 1 (\nu = a)$ 与 $T_w = $ 常数的零攻角平板流动,$u^* = u/U_\infty$ 的微分方程式(6.14)与 $1 - \vartheta_1$ 的微分方程式(9.10)及边界条件是相同的。这种情况下,速度边界层和热边界层厚度相同($\delta = \delta_{th}$)。对于 $Pr = 1$ 的任意流动,两个边界层厚度具有相同的量级。

非常小普朗特数与非常大普朗特数的两种极限具有特别作用,这是因为这两种极限大大简化了传热计算。在此将只考虑 $T_w = $ 常数的标准情况。

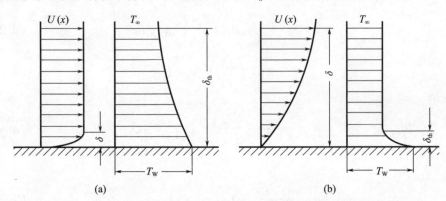

图9.2 非常小普朗特数与非常大普朗特数的边界层流动速度和温度分布的对比
(a) $Pr \to 0$(液态金属);(b) $Pr \to \infty$(液态油液)。

9.3.1 小普朗特数

由图9.2(a)可发现,对于适用于液态金属(汞)的小普朗特数,由于存在 $\delta_{th} \gg \delta$,计算热边界层时可忽略速度边界层。因此,速度 $u(x,y)$ 与 $v(x,y)$ 可被速度边界层外缘速度 $u(x,y) = U(x)$ 与 $v(x,y) = -(dU/dx)y$(遵从连续方程)替代。能量方程式(9.13)则假定为简单形式:

$$U(x)\frac{\partial T}{\partial x} - y\frac{dU}{dx}\frac{\partial T}{\partial y} = a\frac{\partial^2 T}{\partial y^2} \quad (Pr \to 0) \tag{9.30}$$

如图 9.1 所示,通过引入具有 x_0 的相似参数

$$\eta = y\frac{U(x)}{2\sqrt{a\int_{x_0}^{x}U(x)dx}} \tag{9.31}$$

获得的 $\vartheta_1(x,y,x_0) = \vartheta(\eta) = (T - T_\infty)/(T_w - T_\infty)$ 的常微分方程如下:

$$\vartheta'' + 2\eta\vartheta' = 0, \vartheta(0) = 1, \vartheta(\eta \to \infty) = 0 \tag{9.32}$$

其解为高斯误差函数,具体可参见式(5.98)。只有在 T_w = 常数的标准情况下,才可能将其简化为相似解。

这样可得到局部努塞尔数的下列通用求积公式:

$$Nu = \frac{\alpha l}{\lambda} = \frac{U(x)l}{\sqrt{\pi\nu\int_{x_0}^{x}U(x)dx}}Pr^{1/2} \quad (Pr \to 0, T_w = 常数) \tag{9.33}$$

表 9.1 基于 $x_0 = 0$ 给出了零攻角平板流动($U = U_\infty$)与驻点流动($U(x) = ax$)的公式。对于零攻角平板流动,由式(9.18)可发现,描述图 9.1 中标准问题的传热系数 $\alpha(x,x_0)$ 在式(9.17)中表示为

$$\alpha(x,x_0) = \sqrt{\frac{U_\infty\lambda^2}{\pi\nu(x-x_0)}}Pr^{1/2} \quad (x > x_0) \tag{9.34}$$

作为式(9.18)应用的一个实例,考虑零攻角平板壁面温度分布的幂函数 $T_w(x) - T_\infty = bx^n$。可得到下列结果,具体可参见格尔斯滕与科纳(K. Gersten, H. Korner, 1968)的文献:

$$\frac{Nu}{\sqrt{Re}} = \frac{\Gamma(1+n)}{\Gamma\left(\frac{1}{2}+n\right)}\left(\frac{x}{l}\right)^{-1/2}Pr^{1/2} \quad (Pr \to 0) \tag{9.35}$$

由于 Nu 是基于 $T_w(x) - T_\infty = bx^n$ 而形成的,因此对于 $n = 1/2$ 热流 q_w 恒定,具体可参见表 9.1。

小普朗特数情况下解的综述可参见加朗特与邱吉尔(S. R. Galante and S. W. Churchill 1990)的文献。

9.3.2 大普朗特数

多年前,勒维克解决了另一个 $Pr \to \infty$ 的极限问题(M. A. Leveque, 1928)。热边界层厚度 δ_{th} 相对于速度边界层 δ 很小,参见图 9.2(b)。$Pr \to \infty$ 极限情况下,位于速度分布范围内的整个热边界层仍与 y 线性相关。相同的情形也可发生在中等普朗特数的条件下,对于全面发展的边界层,图 9.1 中所示的热边界层始于 $x = x_0$

181

处,伴随有壁面的温度阶跃。如果对靠近壁面的速度分量应用下列解

$$u(x,y) = \frac{\tau_w(x)}{\mu}y, v(x,y) = -\frac{d\tau_w}{dx}\frac{y^2}{2\mu} \tag{9.36}$$

得到的能量方程式(9.13)可通过相似变换简化为常微分方程。如图9.1所示,引入以 x_0 为阶跃位置的相似参数

$$\eta = y\sqrt{\frac{\tau_w}{\mu}}\left(9a\int_{x_0}^{x}\sqrt{\frac{\tau_w(x)}{\mu}}dx\right)^{-1/3} \tag{9.37}$$

对于 T_w = 常数的标准情况,可得到下列微分方程:

$$\frac{d^2T}{d\eta^2} + 3\eta^2\frac{dT}{d\eta} = 0 \tag{9.38}$$

该方程的解可用不完全函数来表示。下列求积公式则适用于努塞尔数:

$$Nu = \frac{\alpha l}{\lambda} = 0.5384 l\left(\frac{\rho}{\mu^2}\right)^{1/3}\sqrt{\tau_w}\left(\int_{x_0}^{x}\sqrt{\tau_w}dx\right)^{-1/3}Pr^{1/3}\ (Pr\to\infty,T_w = 常数) \tag{9.39}$$

其中,$0.5384 = 3^{1/3}/[\Gamma(1/3)]$。

这些公式给出了表9.1($x_0=0$)中零攻角平板流动($\tau_w = 0.332\mu U_\infty\sqrt{U_\infty/\nu x}$)与驻点流动($\tau_w = 1.2326\sqrt{\rho\mu a^3 x}$)的特殊情况。通过式(9.18),也可确定任意温差下的壁面热流,具体可参见赖特希尔(M. J. Lighthill, 1950)、利普曼(H. W. Liepmann, 1958)的文献以及怀特(F. M. White, 1974)的专著第334页。考虑图9.3时将会发现,$Pr\to\infty$ 的渐近公式也是对中等普朗特数的近似。

表9.1 平板流动、驻点流动与(热)壁面射流的传热渐近公式
((热)壁面射流在 $x=0$ 处的温度为 T_∞)

参数	$Pr\to 0$	$Pr\to\infty$
平板流动 T_w = 常数	$\dfrac{Nu}{\sqrt{Re}} = \dfrac{1}{\sqrt{\pi}}\left(\dfrac{x}{l}\right)^{-1/2}Pr^{1/2}$	$\dfrac{Nu}{\sqrt{Re}} = 0.339\left(\dfrac{x}{l}\right)^{-1/2}Pr^{1/3}$
平板流动 q_w = 常数	$\dfrac{Nu}{\sqrt{Re}} = \dfrac{\sqrt{\pi}}{2}\left(\dfrac{x}{l}\right)^{-1/2}Pr^{1/2}$	$\dfrac{Nu}{\sqrt{Re}} = 0.339\left(\dfrac{x}{l}\right)^{-1/2}Pr^{1/3}$
驻点流动 $V = U(x)l/x$	$\dfrac{Nu}{\sqrt{Re}} = \sqrt{\dfrac{2}{\pi}}Pr^{1/2}$	$\dfrac{Nu}{\sqrt{Re}} = 0.661 Pr^{1/3}$
热壁面射流 T_w = 常数	$\dfrac{Nu}{Re^{3/4}} = 0.629\left(\dfrac{x}{l}\right)^{-3/4}Pr$	$\dfrac{Nu}{Re^{3/4}} = 0.235\left(\dfrac{x}{l}\right)^{-3/4}Pr^{1/3}$
热壁面射流 q_w = 常数	$\dfrac{Nu}{Re^{3/4}} = 0.629\left(\dfrac{x}{l}\right)^{-3/4}Pr$	$\dfrac{Nu}{Re^{3/4}} = 0.422\left(\dfrac{x}{l}\right)^{-3/4}Pr^{1/3}$

由于 $\tau_w = 0$,因此式(9.39)在分离点处分解。速度分布的解的二次展开式

$$u(x,y) = \frac{\tau_w(x)}{\mu} y + \frac{1}{2\mu} \frac{dp}{dx} y^2 \qquad (9.40)$$

可得到一些改进,具体可参见斯伯丁(D. B. Spalding,1958)的文献。9.4 节将会讨论这种特殊情况(对于 $\tau_w = 0$,可发现 $Nu \propto Pr^{1/4}$)。

9.4 热边界层的相似解

由于温度场取决于速度场,存在相似温度场的必要条件是速度场存在相似解。7.2 节中,讨论了因速度场而产生相似解的相关流动。本节考虑这些流动的热边界条件的确定问题,也会得到温度场的相似解。与 7.2 节类似的相似性分析表明,当壁面温度分布遵循幂次定律时存在相似的边界层温度分布。

引入无量纲温差:

$$\vartheta(\eta) = \frac{T(x,y) - T_\infty}{\Delta T_R \cdot \xi^n} \qquad (9.41)$$

其中,$\xi = x/l$ 并采用源自 7.2.1 节的以下尝试解:

$$u(x,y) = U_N(\xi) f'(\eta) \qquad (9.42)$$

$$-v(x,y) = \frac{1}{\sqrt{Re}} \left[f(\eta) \frac{d}{d\xi}(U_N \bar{\delta}) - U_N \frac{d\bar{\delta}}{d\xi} \eta f' \right] \qquad (9.43)$$

$$\eta = \frac{y}{l} \frac{\sqrt{Re}}{\bar{\delta}(\xi)} \qquad (9.44)$$

参照式(7.14),由动量方程可得

$$f''' + \alpha_1 f f'' + \alpha_2 - \alpha_3 f'^2 = 0 \qquad (9.45)$$

且由能量方程式(9.13)可得

$$\vartheta'' + Pr(\alpha_1 f \vartheta' - \alpha_4 f' \vartheta) = 0 \qquad (9.46)$$

其中,常数 α_1、α_2、α_3 具有与式(7.13)同样的意义。额外的常数 α_4 为

$$\alpha_4 = n \frac{U_N(\xi) \bar{\delta}^2(\xi)}{V \xi} \qquad (9.47)$$

如果为式(9.46)选择以下边界条件:

$$\eta = 0: \vartheta = 1; \eta \to \infty: \vartheta = 0 \qquad (9.48)$$

则由式(9.41)可知

$$T_w(x) - T_\infty = \Delta T_R \xi^n \qquad (9.49)$$

因此有 $\Delta T_R = T_w(x=l) - T_\infty$。

假设壁面梯度为 ϑ'_w,可由 $Nu = q_w l / [\lambda(T_w(x) - T_\infty)]$ 得到努塞尔数为

$$\frac{Nu}{\sqrt{Re}} = -\frac{\vartheta'_w}{\bar{\delta}(\xi)} \qquad (9.50a)$$

两个标准的边界条件是

$$\begin{cases} T_w = 常数: n = 0 \\ q_w = 常数: \xi^n/\bar{\delta}(\xi) = 常数 \end{cases} \quad (9.50b)$$

式(9.45)与式(9.46)的对比表明,对于 $Pr = 1, \alpha_2 = 0$ 与 $\alpha_3 = \alpha_4$ 以及适当的边界条件,可得

$$\vartheta = 1 - f', \vartheta'_w = -f''_w \quad (9.51)$$

在相关文献中,这种特殊情况称为雷诺相似。其只能发生在恒压状态($\alpha_2 = 0$),即要么是平板流动($\alpha_3 = 0$),要么是壁面射流($\alpha_3 = -2$)。$\alpha_4 = -\alpha_1$ 特殊情况下,可能会对式(9.46)积分以给出结果 $\vartheta'_w = 0$,也就是说,热只在奇异原点(前缘)传递给流动。

7.2.1 节中可区分以下情况。

9.4.1 壁面边界层

1. 尖楔流动($\alpha_1 = 1, \alpha_1 = 1, \alpha_4 = n(2-\beta)$)

由式(9.46)可得能量方程

$$\vartheta'' + Pr\left(f\vartheta' - \frac{2n}{m+1}f'\vartheta\right) = 0 \quad (9.52)$$

具有式(9.48)的边界条件。式(7.18)中以有 $U \propto \xi^n$ 与 $\bar{\delta} \propto \xi^{(1-m)/2}$ 替代 Nu 和 Re,对于尖楔流动应用以下特征参数

$$Nu_x = \frac{q_w x}{\lambda[T_w(x) - T_\infty]}, Re_x = \frac{U(x)x}{\nu} \quad (9.53)$$

可得式(9.54)以替代式(9.50a):

$$\frac{Nu_x}{\sqrt{Re_x}} = -\sqrt{\frac{m+1}{2}}\vartheta'_w(m;n;Pr) \quad (9.54)$$

对于 $q_w = 常数$ 的标准边界条件,由式(9.50b)可得

$$n = \frac{1-m}{2}(q_w = 常数) \quad (9.55)$$

可由表9.2便捷地确定 ϑ' 的数值:

$T_w = 常数的平板流动 \qquad \vartheta'_w = -Pr\sqrt{a_T/2}$

$q_w = 常数的平板流动 \qquad \vartheta'_w = -Pr\sqrt{2a_T}$

驻点流动 \qquad $\vartheta'_w = -Pr\sqrt{a_T/(1+b_T)}$

$Pr \to 0$ 与 $Pr \to \infty$ 的极限数值对应表9.1中的公式,但也可由式(9.33)、式(9.35)与式(9.39)部分获得。任意 m 与 n 值的显式公式也可由这两种极限条件来表述,具体可参见格尔斯滕与科纳(K. Gersten, H. Korner, 1968)的文献。对于 $Pr \to \infty$,必须区分 $\tau_w \neq 0 (f''_w \neq 0)$ 和壁面剪切应力消失($\tau_w = 0, f''_w = 0$)的情况。努塞

尔数对于普朗特数的相关性与这两种情况不同。对于 $\tau_w \neq 0$,有 $Nu_x \propto Pr^{1/3}$,而对于 $\tau_w = 0$,其相关性为 $Nu_x \propto Pr^{1/4}$。后者相关性不能通过设置 $\tau_w \to 0$ 和 $\tau_w \neq 0$ 条件获得。值得注意的是,取极限的顺序十分重要,宁可实施 $Pr \to \infty$ 和 $f''_w \to \infty$ 双极限。

图 9.3 所示为局部努塞尔数对于普朗特数的相关性以及楔流动的参数 m,相关素材来源于埃文斯(H. L. Evans, 1962)的数值工作。这些是壁面温度恒定($n = 0$)的情况。

埃文斯(H. L. Evans, 1968)、格尔斯滕与科纳(K. Gersten and H. Korner, 1968)给出了式(9.52)的更多解。

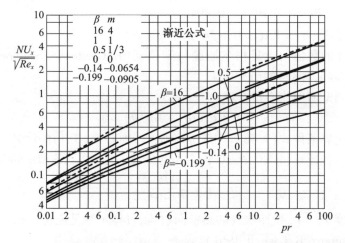

图 9.3 局部努塞尔数对于普朗特数的相关性以及楔流动的参数 m,
如式(9.54)所示($U \propto x^m$, $T_w = $ 常数,忽略耗散);虚线为渐近线

由于能量方程式(9.13)是线性的,式(9.49)中壁面温度幂次分布的不同解可以相互叠加,因而产生任意温度分布的解,这些解为可展开的幂级数。

实例 1:平板线性温度分布($Pr = 0.7$)

对于壁面温度分布

$$T_w(x) - T_\infty = (T_w - T_\infty)_{x=0} \left(1 - 2\frac{x}{l}\right)$$

以及式(9.54)中的各参量

$$\vartheta'_w(0;0;0.7) = -0.014; \vartheta'_w(0;1;0.7) = -0.675$$

可得壁面热流的分布

$$\widetilde{Nu} = \frac{q_w(x)l}{\lambda T_\infty} = \sqrt{Re}\frac{(T_w - T_\infty)_{x=0}}{T_\infty}\left(\frac{x}{l}\right)^{1/2}\left(0.293 - 0.954\frac{x}{l}\right)$$

这里,努塞尔数 $\widetilde{Nu}$ 是在温度 T_∞ 下生成的。本例中像往常那样以温差 $T_w(x) - T_\infty$ 产生努塞尔数是特别不明智的,因为在 $x = l/2$ 处温差消失,虽然这个位置的壁面热流实际上是非零的。因为通常情况下 q_w 与 $T_w(x) - T_\infty$ 不成比例,努塞尔数或由温度(如 T_∞)或不消失的温差{如$[T_w(x)-T_\infty]_{x=0}$}产生。

该实例中,对于$[T_w(x)-T_\infty]_{x=0}$而言,即便 $T_w>T_\infty$,热量从 $0.307<x/l<0.5$ 区域的流体中移除(热量从流体传至壁面)。这里由于靠近壁面的流体来自温度较高的上游边界层,其温度要高于该特定区域的局部壁面温度。

2. 尖楔逆流($\alpha_1=-1,\alpha_2=\alpha_3=-\beta,\alpha_4=-r(2-\beta)$)
3. 收敛通道流动($\alpha_1=0,\alpha_2=\alpha_3=-1,\alpha_4=-r$)

实例:$rPr=-2:\vartheta'_w=-1/f''_w=-0.866$。

4. 移动平板流动($\alpha_1=1,\alpha_2=\alpha_3=0,\alpha_4=2r$)

例如:$r=0,Pr=0.7:\vartheta'_w=-0.494$。

5. 壁面射流($\alpha_1=1,\alpha_2=0,\alpha_3=-2,\alpha_4=2r$)

壁面射流的数值可参见格尔斯滕与席拉瓦(K. Gersten, S. Schilawa, 1978)、席拉瓦(S. Schilawa, 1981)的研究成果。

除了下列壁面射流能量方程:

$$\vartheta''+Pr(f\vartheta'-4nf'\vartheta)=0 \tag{9.56}$$

具有非均匀边界条件式(9.48)(对于 $q_w=$ 常数,则有 $n=3/4$)的解外,式(9.56)均匀边界条件的特征解($\eta=0:\vartheta=0$;$\eta\to\infty:\vartheta=0$)也存在。该解的特征值为

$$n=-\frac{3Pr+1}{8Pr} \tag{9.57}$$

这就是沿温度 $T_w=T_\infty$ 壁面吹气的热壁面射流,具体可参见施瓦兹和卡斯韦尔的专著(W. H. Schwartz, B. Caswell, 1961)。

9.4.2 无壁边界层

1. 混合层($\alpha_1=1,\alpha_2=\alpha_3=0,\alpha_4=0$)

在下列边界条件下:

$$\eta\to-\infty:\vartheta=1;\eta\to+\infty:\vartheta=0$$

式(9.41)中 ΔT_R 为两个平行射流间的温差。

2. 自由射流($\alpha_1=1,\alpha_2=0,\alpha_3=-1,\alpha_4=2n$)

与壁面射流相同,必须区别这里的两种情况。如果自由射流两侧的流体具有不同的温度,则边界条件

$$\eta\to-\infty:\vartheta=1;\eta\to+\infty:\vartheta=0$$

可满足 $n=0$。此外还存在着一个本征解,即热自由射流。其本征值 $n=-1/2$ 具有通解

$$\vartheta=(f')^{Pr} \tag{9.58}$$

本征值的产生是由于自由射流中的热能与沿射流的距离无关。

9.5 热流积分计算法

第8章讨论了速度边界层计算的积分法。当关注壁面剪切应力分布的近似解时,这些公式是有用的。

还可发展出近似计算传热的类似积分法。其基础是由热能方程所得的积分关系式。如果由 $y=0$ 至 $y\to\infty$ 对式(9.13)进行积分,则可得到热能积分方程:

$$\frac{\mathrm{d}}{\mathrm{d}x}\{[T_w(x)-T_\infty]U(x)\delta_T(x)\} = \frac{q_w}{\rho c_p} \tag{9.59}$$

其热能厚度为

$$\delta_T(x) = \int_0^\infty \frac{T(x,y)-T_\infty}{T_w(x)-T_\infty}\frac{u(x,y)}{U(x)}\mathrm{d}y \tag{9.60}$$

由于式(9.59)的构造方式类似于动量积分方程式(8.1),为得到与式(8.23)对应的积分式,利用这种形式的相似性似乎是很自然的。

为此,首先以类似于式(8.12)与式(8.13)的方式定义下列物理量:

$$Z_T(x) = \frac{\delta_T^2}{\nu}U \tag{9.61}$$

$$\Gamma_T(x) = -\frac{\delta_T^2}{U}\left(\frac{\partial^2 u}{\partial y^2}\right)_w = \frac{\delta_T^2}{U}\frac{\mathrm{d}U}{\mathrm{d}x} \tag{9.62}$$

与式(8.19)对应,可得热能积分方程式:

$$\frac{\mathrm{d}Z_T}{\mathrm{d}x} = F_{T2}(\Gamma_T) \tag{9.63}$$

其中

$$F_{T2} = \frac{2\delta_T q_w}{[U(x)]^{b_T}} - \left(1 + 2\frac{U}{\mathrm{d}U/\mathrm{d}x}\frac{\mathrm{d}T_w/\mathrm{d}x}{T_w - T_\infty}\right)\Gamma_T \tag{9.64}$$

如果以线性关系式近似 F_{T_2},即

$$F_{T2}(\Gamma_T) = a_T - b_T\Gamma_T \tag{9.65}$$

则类似于式(8.20),且当 $Z_T(0)=0$ 时,可得到下面 $Z_T(x)$ 的积分公式:

$$Z_T(x) = \frac{a_T}{[U(x)]^{b_T}}\int_0^x [U(x)]^{b_T}\mathrm{d}x \tag{9.66}$$

其中,常数 a_T 与 b_T 现取决于普朗特数与热边界条件。其可通过由式(9.66)产生平板流与驻点流的精确结果来确定。以这种方法得到的 $a_T(Pr)$ 与 $b_T(Pr)$ 可见表9.2。从 $Z_T(x)$ 的解中得到了努塞尔数:

$$T_w = 常数:\frac{Nu}{\sqrt{Re}} = \frac{Pr}{2}\sqrt{\frac{Ul}{Z_TV}}\left[a_T + \frac{Z_T}{U}\frac{\mathrm{d}U}{\mathrm{d}x}(1-b_T)\right] \tag{9.67a}$$

$$q_w = 常数: \frac{Nu}{\sqrt{Re}} = \frac{Pr}{x}\sqrt{\frac{UZ_T l}{V}} \qquad (9.67\text{b})$$

正如所期,积分法在流动中物体驻点附近得到了很好的结果。另外,压升区域内,尤其是接近分离的区域,热边界层精确解的偏差变大。这可以通过 a_T 与 b_T 的选择来改进,但实际情况下向湍流边界层的转捩发生在压升区域,主要是靠近重要驻点的层流边界层。

表 9.2 式(9.66)中的常数

Pr	T_w = 常数		q_w = 常数	
	a_T	b_T	a_T	b_T
→0	$4/(Pr\pi)$	1	$\pi/(4Pr)$	0.234
0.01	106.580	0.845	60.170	0.042
0.1	7.841	0.627	4.027	−0.164
0.7	0.699	0.393	0.336	−0.330
1	0.441	0.355	0.211	−0.353
5	0.053	0.222	0.025	−0.425
7	0.034	0.202	0.016	−0.435
10	0.011	0.183	0.010	−0.445
100	0.001	0.108	0	−0.481
→∞	$0.459 Pr^{-4/3}$	0.051	$0.215 Pr^{-4/3}$	−0.508

说明:文献中被称为传导厚度的 $\delta_L(x)$ 通常用来替代 $\delta_T(x)$,具体可参见史密斯与斯伯丁发表的文献(A. G. Smith, D. B. Spalding, 1958)。其定义为

$$\delta_L = \frac{\lambda(T_w - T_\infty)}{q_w} \qquad (9.68)$$

由图 9.4 可知,当 $q_w = -\lambda(\partial T/\partial y)_w$ 时,δ_L 的意义是很清楚的。与式(9.61)类似,$Z_L = \delta_L^2 U/\nu$ 也可以由式(9.66)那样的积分公式给出。这里出现的常数 a_L 和 b_L 与表 9.2 中的常数 a_T 和 b_T 存在简单的对应关系,具体可参见格尔斯滕和赫维希的专著(K. Gersten, H. Herwig, 1992)第 174 页。

实例:圆柱体传热

图 9.5 给出了圆柱体圆周面的努塞尔数。式(8.41)中的经验速度分布采用实测的压力分布。对普朗特数 $Pr = 0.7$ 与 T_w = 常数的标准情况进行了计算。除了能量方程式(9.10)的数值解,也给出了积分方法(9.66)与渐近方程(9.10)的结

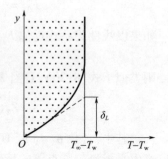

图 9.4 传导厚度 δ_L

果。式(8.23)的结果为式(9.39)中的壁面剪切应力。除了直接靠近分离,两者均符合。10.3.2节将讨论变量物理性质的可能影响。

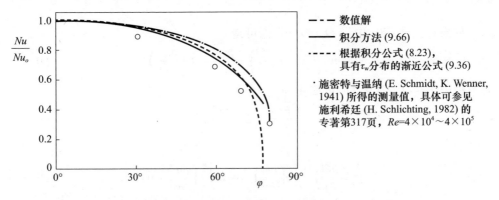

图 9.5　$Pr=0.7$ 下圆柱体局部努塞尔数分布,速度分布 $U(x)$ 来自式(8.41)

9.6　耗散效应与绝热壁面温度分布

迄今为止,关于热边界层的考虑通常是忽略耗散的。现建议详细讨论耗散的影响。这种情况下,绝热壁面温度 T_{ad} 的分布是十分重要的。由于边界层耗散,即使流动中没有向物体传热,也会在物体形成热边界层。如果物体表面不透热,即绝热,则耗散意味着壁面温度分布高于周围环境的温度。

对于绝热物体上的温度场

$$\Theta = \frac{T - T_\infty}{V^2/(2c_p)} = \frac{\vartheta}{Ec/2} \tag{9.69}$$

由式(9.6)可得能量方程:

$$u^* \frac{\partial \Theta}{\partial x^*} + \bar{v} \frac{\partial \Theta}{\partial \bar{y}} = \frac{1}{Pr} \frac{\partial^2 \Theta}{\partial \bar{y}^2} + 2\left(\frac{\partial u^*}{\partial \bar{y}}\right)^2 \tag{9.70}$$

其边界条件为

$$\bar{y} = 0: \frac{\partial \Theta}{\partial \bar{y}} = 0; \bar{y} \to \infty: \Theta = 0$$

由解 $\Theta_w(x^*, Pr)$ 可得绝热壁温度:

$$\frac{T_{ad} - T_\infty}{V^2/(2c_p)} = \Theta_w(x^*, Pr) \tag{9.71}$$

在小普朗特数与大普朗特数两种极限情况下可精确给出绝热壁面温度与普朗特数的关联。

9.6.1 小普朗特数

如果在式(9.70)中设 $\overline{\Theta} = \Theta/Pr$，则可得

$$Pr\left(u^* \frac{\partial \overline{\Theta}}{\partial x^*} + \bar{v}\frac{\partial \overline{\Theta}}{\partial \bar{y}}\right) = \frac{\partial^2 \overline{\Theta}}{\partial \bar{y}^2} + 2\left(\frac{\partial u^*}{\partial \bar{y}}\right)^2 \tag{9.72}$$

对于极限 $Pr \rightarrow 0$，式(9.72)可简化为

$$\frac{\partial^2 \overline{\Theta}}{\partial \bar{y}^2} = -2\left(\frac{\partial u^*}{\partial \bar{y}}\right)^2 \tag{9.73}$$

其解为

$$\frac{1}{Pr}\left(\frac{\partial \Theta}{\partial \bar{y}}\right)_w = \left(\frac{\partial \overline{\Theta}}{\partial \bar{y}}\right)_w = 2\int_0^\infty \left(\frac{\partial u^*}{\partial \bar{y}}\right)^2 d\bar{y} \tag{9.74}$$

因此，由于对流项在该极限下消失，因此由耗散产生的热力学能局部转移至壁面。绝热壁面温度分布现须精确补偿式(9.74)中的壁面热流。由式(9.20)可获得绝热壁温：

$$T_{ad} - T_\infty = \int_0^x g(x,x_0) \cdot \frac{\lambda}{c_p} \cdot \frac{d}{dx_0}\left(\int_0^\infty \left(\frac{\partial u}{\partial y}\right)^2 dy\right)dx_0 \tag{9.75}$$

由于标准解的 $g(x,x_0)$ 分布正比于 $Pr^{-1/2}$，因而可得

$$\frac{T_{ad}(x) - T_\infty}{V^2/(2c_p)} = Pr^{-1/2} F(x^*) \tag{9.76}$$

9.6.2 大普朗特数

如果类似于式(9.36)，则可设

$$u^* = \tau_w^*(x^*)\bar{y}, \bar{v} = -\frac{d\tau_w^*}{dx^*}\frac{\bar{y}^2}{2} \tag{9.77}$$

由式(9.70)，可得

$$\tau_w^* \bar{y} \frac{\partial \Theta}{\partial x^*} - \frac{1}{2}\frac{d\tau_w^*}{dx^*}\bar{y}^2 \frac{\partial \Theta}{\partial \bar{y}} = \frac{1}{Pr}\frac{\partial^2 \Theta}{\partial \bar{y}^2} + 2\tau_w^{*2} \tag{9.78}$$

应用变换式

$$\Theta(x^*,\bar{y}) = \overline{\Theta}(x^*,Y)Pr^{1/3}, \bar{y} = Pr^{-1/3}Y \tag{9.79}$$

得到与普朗特数无关的方程：

$$\tau_w^* Y \frac{\partial \overline{\Theta}}{\partial x^*} - \frac{1}{2}\frac{d\tau_w^*}{dx^*}Y^2 \frac{\partial \overline{\Theta}}{\partial Y} = \frac{1}{Pr}\frac{\partial^2 \overline{\Theta}}{\partial Y^2} + 2\tau_w^{*2} \tag{9.80}$$

解 $\overline{\Theta}_w(x)$ 可得绝热壁温度：

$$\frac{T_{ad} - T_\infty}{V^2/(2c_p)} = Pr^{1/3}\overline{\Theta}_w(x^*) \quad (Pr \rightarrow \infty) \tag{9.81}$$

从式(9.8)中可以发现,对于较大普朗特数,即便在中等速度下由耗散导致的温升也是相当大的。

9.6.3 平板流动

应用式(6.45)、式(6.47)与式(6.48)的解

$$u^* = \frac{u}{U_\infty} = f'(\eta), \bar{v} = \frac{1}{\sqrt{2x^*}}(\eta f' - f), \eta = \frac{\bar{y}}{\sqrt{2x^*}} \quad (9.82)$$

可得式(9.70)的微分方程

$$\frac{1}{Pr}\Theta'' + f\Theta' = -2f''^2 \quad (9.83)$$

及其边界条件

$$\eta = 0 : \Theta' = 0 ; \eta \to \infty : \Theta = 0$$

解的积分公式如下:

$$\Theta(\eta, Pr) = 2Pr \int_\eta^\infty [f''(\xi)]^{Pr} \left(\int_0^\xi [f''(\tau)]^{2-Pr} d\tau\right) d\xi \quad (9.84)$$

对于 $Pr=1$,有

$$\Theta(\eta, 1) = 1 - f'^2(\eta) \quad (9.85)$$

对于绝热壁温和任意普朗特数,有

$$r(Pr) = \frac{T_{ad} - T_\infty}{U_\infty^2/(2c_p)} = \Theta_w(Pr) \quad (9.86)$$

在平板流中,绝热壁温度是恒定的,即不依赖 x。这个温度也称本征温度。

式(9.86)中作为耗散结果的绝热壁无量纲温升也称恢复系数,这是因为分母

$$(\Delta T)_{ad} = T_0 - T_\infty = \frac{U_\infty^2}{2c_p} \quad (9.87)$$

是理想气体在一定比热容下绝热压缩时的温升。这里的 T_0 是外流的总温。对于 $Pr=1$,由式(9.85)可得 $r=1$,即耗散引起的壁面温升,恰恰是绝热压缩引起的壁面温升。

图9.6给出了作为普朗特数函数的 $r(Pr)$。由此可知,当 $Pr<1$ 时恢复系数小于1;而当 $Pr>1$ 时则恢复系数大于1。可给出渐近线方程(9.76)与式(9.81)。根据格尔斯滕和科纳的研究(K. Gersten, H. Korner, 1968),可得

$$r = 0.9254 Pr^{1/2} \quad (Pr \to 0) \quad (9.88)$$

而那罗希摩和瓦桑塔(R. Narasimha, S. S. Vasantha, 1966)提出

$$r = 1.9222 Pr^{1/3} - 1.341 \quad (Pr \to \infty) \quad (9.89)$$

图9.7所示为空气中不同雷诺数 $U_\infty x/\nu$ 下零攻角平板绝热壁温的测量值。其在层流区域与理论值(对于 $Pr = 0.72$ 有 $r = 0.85$)十分吻合。10.3.1 节与

式(10.25)将讨论,物理属性的温度相关性对于恢复系数几乎没有影响。向湍流转捩时,本征温度升高,具体可参见18.6节。

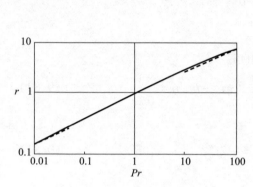

图9.6 零攻角平板恢复系数对普朗特数的依赖性[渐近线源自式(9.88)与式(9.89)]

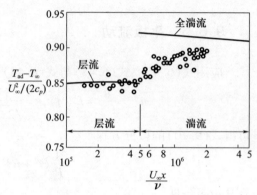

图9.7 空气中零攻角平板绝热壁温的测量值(E. Eckert, W. Weise,1942)
理论:$Pr = 0.72$;湍流:源自式(18.160)。

9.6.4 尖楔流动

$U \propto x^m$, $\beta = 2m/(m+1)$ 可参见式(9.41)~式(9.44),采用解

$$u^* = \frac{u}{V} = \frac{U(\bar{x})}{V} f'(\eta)$$

$$\bar{v} = -\sqrt{\frac{2}{(m+1)\bar{x}} \frac{U(\bar{x})}{V}} \left[\frac{m+1}{2} f + \frac{m+1}{2} \eta f' \right]$$

$$\eta = \frac{\bar{y}}{\sqrt{\frac{2\bar{x}}{m+1} \frac{V}{U(x)}}} = y\sqrt{\frac{m+1}{2} \frac{U(x)}{\nu x}} \tag{9.90}$$

$$\Theta = \frac{T - T_\infty}{U^2(x)/(2c_p)}$$

可由式(9.70)得下列常微分方程

$$\frac{1}{Pr}\Theta'' + f\Theta' + 2\beta f' \Theta = -2f''^2 \tag{9.91}$$

及其边界条件

$$\eta = 0: \Theta' = 0; \eta \to \infty: \Theta = 0$$

由解 $\Theta_w(Pr, m)$ 可得绝热壁温度,或恢复系数

$$r(Pr, m) = \frac{T_{ad} - T_\infty}{U^2(x)/(2c_p)} = \Theta_w(Pr, m) \tag{9.92}$$

因此,如果由耗散引起的温升(或由绝热压缩引起的温降)与局部速度有关,则可

获得与 x 无关的数值,即 $T_{ad}(x) - T_\infty \propto x^{2m}$。$r(Pr,m)$ 的值可参见格斯滕和科纳(K. Gersten, H. Korner, 1968)发表的文献。m 的影响非常小,使图 9.6 对于 $m \neq 0$ 的值也是适用的,具体可参见勒菲尔(B. Le Fur, 1960)发表的文献。

9.6.5 壁面射流

很容易发现,壁面射流的绝热壁温度为 $T_{ad} - T_\infty \propto x^{-1}$。由于最大速度为 $U_{max} \propto x^{-1/2}$,最大速度时的恢复系数

$$r = \frac{T_{ad} - T_\infty}{U_{max}^2/(2c_p)} = r(Pr) \tag{9.93}$$

也与 x 无关,具体可参见赖利(N. Riley, 1958)发表的文献。对于 $Pr = 1$,有 $r = 0$,即 $T_{ad} = T_\infty$。这种情况下,壁面射流将耗散所产生的总能量转移。对于 $Pr = 0.072$,有 $r = 0.0029$。

6. 考虑耗散时的努塞尔数

如果考虑耗散,只有当实际壁面温度与绝热壁温存在差异时才会出现传热。由于能量方程是线性的,因耗散与温差 $T_w - T_{ad}$ 引起的温度场相互叠加。因此,传热量度为以下努塞尔数:

$$Nu = \frac{q_w l}{\lambda(T_w - T_{ad})} \tag{9.94}$$

如果壁面温度介于环境温度与绝热壁温度之间即 $T_\infty < T_w < T_{ad}$,即使其温度要高于环境温度,则热量也会传向物体壁面。

第 10 章
速度场与温度场耦合的热边界层

10.1 引言

目前的边界层研究中均假定物理性质恒定,因而速度场与温度场无关。本章将研究物理性质变化的影响。这些物理性质包括密度 ρ、黏度 μ、等压比热容 c_p 及导热率 λ。大多数情况下,这些物理性质取决于温度与压力。密度与黏度和温度相关的结果是速度场与温度场相互耦合。此外,密度与温度的相关性意味着重力场中的浮力出现在动量方程中。仅这些浮力就可产生自然对流(或自由对流)。如果重力引起的浮力伴随发生在第 9 章所讨论的强迫对流,则这种强迫对流是混合对流。

许多实际情况(液体流动、恒压流动)下,只须考虑物理性质的温度相关性。如果只考虑适度的壁面热通量或温差,就可通过温度的线性函数较好地近似描述物理性质的温度相关性。边界层计算因此得以大大简化,并引出了物理性质温度相关影响的一般性描述。这些内容后续将逐一讨论。

本章紧接着的内容涉及可压缩流体边界层,原则上可考虑物理性质的任意相关性。最后讨论自然对流和混合对流。这种讨论是基于密度分布的,并与温度线性相关。

10.2 边界层方程组

边界层方程组的推导,可从无量纲形式的运动方程组式(4.3) ~ 式(4.5)开始。对于数值大的雷诺数 $Re = \rho_R Vl/\mu_R$,求解域可划分为外流无黏区与摩擦边界层两个区域。相对于完全方程组,边界层区域的运动方程组进行了简化。这种简化是通过边界层变换来实现的,参见式(6.6),有

$$\bar{y} = y^* \sqrt{Re}, \bar{v} = v^* \sqrt{Re} \tag{10.1}$$

取极限 $Pr \to \infty$，按照边界层变换，由式(4.3)～式(4.5)可得边界层方程组。该方程组并不包含雷诺数，而只包括下列4个无量纲特征数：

$$弗劳德数 \quad Fr = \frac{V}{\sqrt{gl}}$$

$$埃克特数 \quad Ec = \frac{V^2}{c_{pR} T_R}$$

$$普朗特数 \quad Pr = \frac{\mu_R c_{pR}}{\lambda_R} = \frac{\nu_R}{a_R}$$

$$热膨胀数 \quad K_\rho = \beta_R T_R$$

(10.2)

最后两个特征数是纯的物理性质。弗劳德数是重力作用的一种量度，而埃克特数则表征了耗散效应。下标 R 表示参考状态。

按第6章所述，边界层方程组的坐标系沿着物体轮廓。图10.1中，如果 x 位置与水平面的局部倾角为 $\alpha(x)$，则有

$$g_x = -g\sin\alpha, \quad g_y = -g\cos\alpha \tag{10.3}$$

因此，二维平面边界层定常流动的运动方程组量纲形式为

$$\frac{\partial(\rho u)}{\partial x} + \frac{\partial(\rho v)}{\partial y} = 0 \tag{10.4}$$

$$\rho\left(u\frac{\partial u}{\partial x} + v\frac{\partial u}{\partial y}\right) = -\rho g\sin\alpha - \frac{dp}{dx} + \frac{\partial}{\partial y}\left(\mu\frac{\partial u}{\partial y}\right) \tag{10.5}$$

$$\rho c_p\left(u\frac{\partial T}{\partial x} + v\frac{\partial T}{\partial y}\right) = \frac{\partial}{\partial y}\left(\lambda\frac{\partial T}{\partial y}\right) + \beta T u\frac{dp}{dx} + \mu\left(\frac{\partial u}{\partial y}\right)^2 \tag{10.6}$$

对于恒定的物理性质，如果将 $p = p_{mot}$ 解释为只由运动所产生的压强，则可将式(10.4)和式(10.5)简化为式(6.30)和式(6.31)，可参见式(4.19)。同样，可将式(10.6)简化为式(9.12)。

通常可采用另一种形式的能量方程来替代式(10.6)。存在一般有效的关系式

$$c_p \frac{DT}{Dt} = \frac{Dh}{Dt} - \frac{1 - \beta T}{\rho}\frac{Dp}{Dt}$$

可参见式(3.66)，式(10.6)为比焓 $h(T,p)$ 的积分方程：

$$\rho\left(u\frac{\partial h}{\partial x} + v\frac{\partial h}{\partial y}\right) = \frac{\partial}{\partial y}\left(\lambda\frac{\partial T}{\partial y}\right) + u\frac{dp}{dx} + \mu\left(\frac{\partial u}{\partial y}\right)^2 \tag{10.7}$$

需要特别注意的是，在对动量方程式(10.5)的重力项角度分布 $\alpha(x)$ 进行边界层计算时，首次出现物体几何外形。

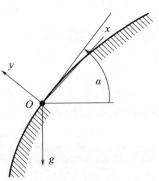

图10.1 具有局部水平轮廓角 α 的重力场坐标系

10.3 具有适度壁面传热的边界层(无重力效应)

10.3.1 摄动计算

考虑无重力作用的流场($Fr\to\infty$)。设外流温度为T_∞。偏离温度T_∞的偏差只作为壁面传热的结果出现在边界层中。相对于$T_R=T_\infty$时的参考性质,这些温差很小,但仍足以使物理性质发生变化。首先假定物理性质只取决于温度。

作为考虑边界层计算中温度相关性的一个实例,可将密度函数$\rho(T)$在$T=T_\infty$处展开为泰勒级数:

$$\rho(T)=\rho_\infty+\left(\frac{\mathrm{d}\rho}{\mathrm{d}T}\right)_\infty(T-T_\infty)+\cdots \tag{10.8a}$$

现引入无量纲温度

$$\vartheta=\frac{T-T_\infty}{\Delta T} \tag{10.8b}$$

式中:ΔT为参考温差。

对于标准情况,则有

$$\begin{cases} T_w=\text{常数}:\Delta T=T_w-T_\infty \\ q_w=\text{常数}:\Delta T=q_w l/\lambda_\infty \end{cases} \tag{10.9}$$

对于密度,则可得

$$\rho(T)=\rho_\infty\left(1+K_\rho\vartheta\frac{\Delta T}{T_\infty}+\cdots\right) \tag{10.10}$$

其中,无量纲物理性质为

$$K_\rho=\left(\frac{\mathrm{d}\rho}{\mathrm{d}T}\frac{T}{\rho}\right)_\infty \tag{10.11}$$

现假设$\varepsilon=\Delta T/T_\infty$是微小量。通过以$\varepsilon$为摄动参数的正则摄动计算可获得与式(10.10)类似的边界层解,其他物理性质为

$$\begin{cases} \mu(T)=\mu_\infty(1+K_\mu\vartheta\varepsilon+\cdots) \\ c_p(T)=c_{p\infty}(1+K_c\vartheta\varepsilon+\cdots) \\ \lambda(T)=\lambda_\infty(1+K_\lambda\vartheta\varepsilon+\cdots) \end{cases} \tag{10.12}$$

一些物质的K_ρ、K_μ、K_c与K_λ值在表3.1中给出。

对于解函数,采用以下尝试解:

$$\begin{cases} u(x,y) = u_0(x,y) + \varepsilon[K_\rho u_{1\rho}(x,y) + K_\mu u_{1\mu}(x,y)] \\ v(x,y) = v_0(x,y) + \varepsilon[K_\rho v_{1\rho}(x,y) + K_\mu v_{1\mu}(x,y)] \\ p(x) = p_0(x) + \varepsilon[K_\rho p_{1\rho}(x) + K_\mu p_{1\mu}(x)] \\ \vartheta(x,y) = \vartheta_0(x,y) + \varepsilon[K_\rho \vartheta_{1\rho}(x,y) + K_\mu \vartheta_{1\mu}(x,y) \\ \qquad\qquad + K_c \vartheta_{1c}(x,y) + K_\lambda \vartheta_{1\lambda}(x,y)] \end{cases} \quad (10.13)$$

将尝试解代入边界层方程组式(10.4)~式(10.7),对 ε 幂进行排序并忽略与 ε^2 成正比的项,可得两个方程组。除具有恒定物理性质的边界层方程组外,以一阶近似方式描述物理性质温度相关性影响的方程组来自与 ε 成正比的项。与第一方程组相对应,这个方程组是线性的。因此,其全解可由4个部分构成,每个部分均分别正比于 K_ρ 至 K_λ。

由完全解最终可得到表面摩擦系数的展开式:

$$c_f \sqrt{Re} = F_0(x) + \frac{\Delta T}{T_\infty}[K_\rho F_\rho(x, Pr, Ec) + K_\mu F_\mu(x, Pr, Ec)] \quad (10.14)$$

其中,函数 $F_\rho(x)$ 与 $F_\mu(x)$ 也取决于壁面的热边界条件。

相应的公式也适用于壁面传热,其中也出现正比于 K_ρ 至 K_λ 的项。进一步的细节内容可参见赫维希(H. Herwig,1985b)、格尔斯滕与赫维希(K. Gersten,H. Herwig,1992)的专著第86页,也可参见凯斯与赫维希发表的文献(P. Kis,H. Herwig,2010)。

对于相似解,式(10.14)和相应的壁面传热关系式均通过具有 x 相同相关性的方式进行了简化,因此方程简化过程中只需确定与 Pr 与 Ec 相关的常数,替代 F_ρ 与 F_μ 函数的确定。

式(10.14)的表征具有决定性优势,所表征的4个相关物理性质的温度相关性是相互独立的,因而可以分别独立确定。

赫维希(H. Herwig,1987)提出了楔流动($U \propto x^m$)的摄动计算结果。

实例:恒定壁温的平板

对于 $Pr = 0.7$ 的恒定壁温平板,赫维希的研究(H. Herwig,1985b)表明:

$$c_f \sqrt{Re} = 0.664\left[1 + K_{\rho\mu}\left(0.266 \frac{T_w - T_{ad}}{T_\infty} + 0.149 Ec_\infty\right)\right]$$

$$= 0.664\left[1 + K_{\rho\mu}\left(0.266 \frac{T_w - T_\infty}{T_\infty} + 0.038 Ec_\infty\right)\right] \quad (10.15)$$

$$\frac{Nu_x}{\sqrt{Re_x}} = 0.293\left[1 - K_{\rho\mu}\left(0.148 \frac{T_w - T_{ad}}{T_\infty} + 0.171 Ec_\infty\right)\right.$$

$$\left. + K_{\rho\lambda}\left(0.397 \frac{T_w - T_{ad}}{T_\infty} + 0.305 Ec_\infty\right)\right. \quad (10.16)$$

$$\left. + K_\lambda\left(0.103 \frac{T_w - T_{ad}}{T_\infty} + 0.113 Ec_\infty\right)\right]$$

$$r = \frac{T_{ad} - T_\infty}{U_\infty^2/(2c_p)} = 0.836[1 + Ec_\infty(0.143K_{\rho\mu} - 0.134K_{\rho\lambda} - 0.075K_c)] \quad (10.17)$$

其中

$$c_f = \frac{2\tau_w(x)}{\rho_\infty U_\infty^2}, Re_x = \frac{\rho_\infty U_\infty x}{\mu_\infty}$$

$$Ec_\infty = \frac{U_\infty^2}{c_{p\infty} T_\infty}, Nu_x = \frac{q_w(x)x}{\lambda_\infty(T_w - T_{ad})} \quad (10.18)$$

值得特别注意的是，对于平板流动，密度的温度相关性并不独立存在，而是以黏度 μ 与导热率 λ 的温度相关性综合呈现，具有下列关系：

$$K_{\rho\mu} = \left[\frac{d(\rho\mu)}{dT}\frac{T}{\rho\mu}\right]_\infty = K_\rho + K_\mu, K_{\rho\lambda} = \left[\frac{d(\rho\lambda)}{dT}\right]_\infty = K_\rho + K_\lambda \quad (10.19)$$

绝热壁温与式(10.17)，式(10.15)中表面摩擦系数对应，可得下列简单的关系式：

$$\frac{c_f}{c_{f_{c.p}}} = 1 + 0.149K_{\rho\mu}Ec_\infty(q_w = 0) \quad (10.20)$$

式中：下标 $c.p.$ 为恒定性质的情况。式(10.15)~式(10.20)满足 $Pr = 0.7$ 的任意物质。

通常假定具有恒定 $c_p(K_c = 0)$ 与恒定 Pr(由 c_p = 常数可得 $\lambda \propto \mu$ 或 $K_\lambda = K_\mu$)的气体为理想气体(由 $p = \rho RT$ 可得 $K_\rho = -1$)，那么埃克特数可由马赫数表示，具体参见式(4.14)，有

$$Ec_\infty = (\gamma - 1)Ma_\infty^2 \quad (10.21)$$

其中，$Ma_\infty = \frac{U_\infty}{c_\infty}$。

式(10.20)可变为

$$\frac{c_f}{c_{f_{c.p.}}} = 1 - 0.149(\gamma - 1)(1 - K_\mu)Ma_\infty^2 \quad (10.22)$$

由式(10.17)可得

$$r = 0.836[1 - 0.009(\gamma - 1)(1 - K_\mu)Ma_\infty^2] \quad (10.23)$$

如果黏度正比于温度($K_\mu = 1$，则有 $K_{\rho\mu} = 0$)，则 $c_f\sqrt{Re}$、$Nu_x/\sqrt{Re_x}$ 与 r 等物理性质不受温度相关性的影响。

通常对空气($\gamma = 1.4$)黏度应用幂次律：

$$\frac{\mu}{\mu_\infty} = \left(\frac{T}{T_\infty}\right)^{K_\mu} \quad (10.24)$$

其中，$K_\mu = 0.7$。由式(10.22)和式(10.23)可得

$$\frac{c_f}{c_{f_{c.p.}}} = 1 - 0.018Ma_\infty^2, \frac{r}{r_{c.p.}} = 1 - 0.001Ma_\infty^2 \quad (10.25)$$

埃蒙斯和布雷纳德(H. W. Emmons, J. G. Brainerd, 1942)指出，恢复系数 r 的变化极小。关于 c_f 的计算公式在马赫数达到 3.0 时可获得非常好的结果。与精确解的

对比情况如图 10.6 所示,具体参见赫维希发表的文献(H. Herwig,1985b)。

- 说明(物理性质压力依赖性的影响)

如果物理性质也取决于压力,这里所阐述的摄动计算可相应地进行扩展。在实际应用中,大多数情况下只有密度的压力相关性重要。将泰勒级数展开为

$$\rho(T,p) = \rho_\infty + \left(\frac{\partial \rho}{\partial T}\right)_\infty (T - T_\infty) + \left(\frac{\partial \rho}{\partial p}\right)_\infty (p - p_\infty) + \cdots$$
$$= \rho_\infty \left(1 + K_\rho \frac{T - T_\infty}{T_\infty} + \widetilde{K}_\rho \frac{p - p_\infty}{p_\infty} + \cdots\right) \quad (10.26)$$

式中:p_∞ 为参考点的压力。

将式(4.22)引入声速 c_∞。可将式(10.26)以无量纲方式表示为

$$\frac{\rho(T,p)}{\rho_\infty} = 1 + K_\rho \frac{T - T_\infty}{T_\infty} + \gamma\, Ma_\infty^2 \frac{p - p_\infty}{\rho_\infty V^2} \quad (10.27)$$

因此,密度的压力相关性影响正比于马赫数的平方。

采用这种方式展开的泰勒级数的摄动计算中出现了额外的摄动参数 $Ma_\infty^2 = V^2/c_\infty^2$。

10.3.2 物性比法(温度比法)

实际上,通常采用两种最初由经验发展演化起来的方法。在这两种方法的帮助下,基于恒定物理性质获得的结果可进行变物性影响的修正。这就是物性比法。下节将讨论温度比法。

根据物性比法,修正公式为

$$\frac{c_f}{c_{f_{c.p.}}} = \left(\frac{\rho_w \mu_w}{\rho_\infty \mu_\infty}\right)^{m_{\rho\mu}} \left(\frac{\rho_w}{\rho_\infty}\right)^{m_\rho} \quad (10.28)$$

T_w = 常数:

$$\frac{Nu}{Nu_{c.p.}} = \left(\frac{\rho_w \mu_w}{\rho_\infty \mu_\infty}\right)^{n_{\rho\mu}} \left(\frac{\rho_w}{\rho_\infty}\right)^{n_\rho} \left(\frac{Pr_w}{Pr_\infty}\right)^{n_{Pr}} \left(\frac{c_{pw}}{c_{p\infty}}\right)^{0.5} \quad (10.29)$$

q_w = 常数:

$$\frac{T_w - T_\infty}{(T_w - T_\infty)_{c.p.}} = \left(\frac{\rho_w \mu_w}{\rho_\infty \mu_\infty}\right)^{k_{\rho\mu}} \left(\frac{\rho_w}{\rho_\infty}\right)^{k_\rho} \left(\frac{Pr_w}{Pr_\infty}\right)^{k_{Pr}} \left(\frac{c_{pw}}{c_{p\infty}}\right)^{0.5} \quad (10.30)$$

这些方程的特殊形式赋予了这种方法的命名。本构关系并未在此明确出现。

指数可由 10.3.1 节的结果确定。考虑满足 T_w = 常数时的式(10.28)。如果将式(10.12)代入式(10.28),应用 $\vartheta = 1$,可得

$$\frac{c_f}{c_{f_{c.p.}}} = \left[1 + (K_\rho + K_\mu)\varepsilon\right]^{m_{\rho\mu}} + (1 + K_\rho \varepsilon)^{m_\rho} \quad (10.31)$$

展开二项式级数的幂,并只考虑线性项,可得

$$\frac{c_f}{c_{f_{c.p.}}} = 1 + \varepsilon [K_\rho(m_{\rho\mu} + m_\rho) + K_\mu m_{\rho\mu}]$$

与式(10.14)比较,可得

$$m_{\rho\mu} = \frac{F_\mu}{F_0}, m_\rho = \frac{F_\rho - F_\mu}{F_0}$$

由此可知,物性比法绝非经验方法。10.3.1 节的摄动计算不仅给出了指数数值,而且确定了修正公式的结构。因此必须满足物理性质 λ 与 c_p 的温度相关性不会影响到表面摩擦系数 c_f 的修正。

通常,指数取决于 x、Pr_∞、Ec_∞ 及壁面热边界条件。指数($c_{pw}/c_{p\infty}$)是一个例外。存在相似解的边界层没有 x 相关性。

表10.1 中,平板流动与驻点流动的指数是给定的。这里忽略耗散效应。赫维希(H. Herwig,1985b,1987)研究了埃克特数对指数的影响。式(10.30)中,赋予了壁温 $T_{wc.p.}$ 的物理性质。

由表 10.1 可发现,相对于驻点流动,平板流动中密度的温度相关性并不会单独出现。对于拥有 Pr = 常数与 c_p = 常数的流体平板流动,修正式(10.28)~式(10.30)只取决于查普曼-鲁宾森参数的物理量

$$\mathrm{CR} = \frac{\rho_w \mu_w}{\rho_\infty \mu_\infty} \tag{10.32}$$

对于 $Pr \rightarrow \infty$,无表面摩擦系数的修正项,这是因为热边界层相对于速度边界层非常薄,因而不会产生影响。

更多的数值可参见格尔斯滕和赫维希(K. Gersten,H. Herwig,1984)以及赫维希和维克恩(H. Herwig,G. Wickern,1986)的专著。

表10.1 源自式(10.28)至式(10.30)适用于平板流动与驻点流动的物性比法指数

Pr_∞	$m_{\rho\mu}$	$n_{\rho\mu}$	n_{Pr}
0	0.500	0.318	-0.318
0.7	0.266	0.249	-0.397
1.0	0.241	0.241	-0.399
7.0	0.115	0.200	-0.404
∞	0	0.162	-0.404

(a)平板流动(T_w = 常数,$m_\rho = n_\rho = 0$)

Pr_∞	$m_{\rho\mu}$	$n_{\rho\mu}$	n_{Pr}
0	0.667	-0.304	0.304
0.7	0.313	-0.255	0.389
1.0	0.281	-0.246	0.390
7.0	0.132	-0.202	0.392
∞	0	-0.162	0.393

(b)平板流动(q_w = 常数,$m_\rho = k_\rho = 0$)

Pr_∞	$m_{\rho\mu}$	m_ρ	$n_{\rho\mu}$	n_ρ	n_{Pr}
0	0.500	-0.075	0.318	-0.125	-0.318
0.7	0.393	-0.462	0.278	-0.096	-0.379
1.0	0.378	-0.434	0.273	-0.091	-0.382
7.0	0.277	-0.285	0.239	-0.061	-0.394
∞	0	0	0.162	0	-0.404

(c)驻点流动(q_w = 常数及 T_w = 常数)

1. 说明(加热与冷却的差异)

修正式(10.28)~式(10.30)来自物理性质对温度的线性相关性。文献中偶尔会给出显然不推荐的不同加热或冷却的指数值。这意味着物理性质的温度相关性如两条直线在突弯处相交一样。在线性理论中考虑非线性效应的尝试是徒劳的,这是因为位置应当精确,引入了工处完全任意的不连续。

通常采用幂次律来描述流体(特别是气体)物理性质的温度相关性。由式(10.28)~式(10.30)可得以下公式:

$$\begin{cases} \dfrac{c_f}{c_{f_{c.p.}}} = \left(\dfrac{T_w}{T_\infty}\right)^m \\ \dfrac{Nu}{Nu_{c.p.}} = \left(\dfrac{T_w}{T_\infty}\right)^n \quad (T_w = 常数) \\ \dfrac{T_w - T_\infty}{(T_w - T_\infty)_{c.p.}} = \left(\dfrac{T_w}{T_\infty}\right)^k \quad (q_w = 常数) \end{cases} \quad (10.33)$$

其中,指数取决于所研究的流体。式(10.33)的应用被称为温度比法。

2. 实例:空气传热

在物体绕流中,边界层起始作为驻点边界层,且通常流经压降区,直到压力梯度消失的位置结束。这里边界层是平板边界层。在随后的压升区中,边界层分离或向湍流的转捩通常会很快发生。赫维希(H. Herwig,1984)提出,式(10.28)~式(10.30)也可用于一般的物体轮廓,即 $U(x)$ 的一般分布。然而,这里的指数应当近似为驻点流动与平板流动指数的平均值。

在空气中如同在所有气体中一样,普朗特数的温度相关性常常被忽略。空气($Pr=0.7$)的努塞尔数修正式为

$$\frac{Nu}{Nu_{c.p.}} = \left(\frac{\rho_w \mu_w}{\rho_\infty \mu_\infty}\right)^{0.265} \left(\frac{\rho_w}{\rho_\infty}\right)^{-0.048} \left(\frac{c_{p_w}}{c_{p_\infty}}\right)^{0.5} \quad (Pr = 0.7) \quad (10.34)$$

其中,指数0.265不仅是平板流动和驻点流动的平均值,而且与 T_w = 常数与 q_w = 常数时的平均值相对应,两者的指数仅有轻微的差别。因此,式(10.34)对任意热边界层几乎均有效。

空气的物理性质通常遵循幂次律:$\rho \propto T^{-1}$, $\mu \propto T^{0.78}$, $\lambda \propto T^{0.85}$ 及 $c_p \propto T^{0.07}$,具体参见表3.1。由式(10.34)可得

$$\frac{Nu}{Nu_{c.p.}} = \left(\frac{T_w}{T_\infty}\right)^{0.02} \quad (10.35)$$

该式由凯斯和尼科尔(W. M. Kays, W. B. Nicoll,1963)在对圆柱体的实验中得到了验证。因此,空气物理性质的温度相关性只产生极小的影响,这是因为不同物理性质明显地相互补偿。$T_\infty = 20℃$ 与 $T_w = 100℃$ 时修正量小于1%。因此,这个结果通过应用理论对比恒定物理性质条件下空气流过壁面的传热测量来加以证实。

10.3.3 参考温度法

讨论参考温度法时,在性质不变的假设下正式保留 c_f 与 Nu 的所有结果。所有的物理性质都将在初始未知的温度即参考温度 T_r 下取得。选择该参考温度以便采用恒定物理性质来获得物理性质变化带来的结果。

由参考温度 T_r 很容易从 10.3.1 节有摄动计算的结果中确定。以满足 T_w = 常数的平板流表面摩擦系数为例来加以说明。

由定义可得

$$\frac{2\tau_w}{\rho_\infty U_\infty^2}\sqrt{\frac{\rho_r U_\infty x}{\mu_r}} = 0.664$$

式中:ρ_r 与 μ_r 为参考温度 T_r 时流体的物理性质。因此,可得

$$\frac{2\tau_w}{\rho_\infty U_\infty^2}\sqrt{\frac{\rho_\infty U_\infty x}{\mu_\infty}}\sqrt{\frac{\rho_\infty \mu_\infty}{\rho_r \mu_r}} = 0.664$$

或

$$\frac{c_f \sqrt{Re}}{(c_f \sqrt{Re})_{c.p.}} = \left(\frac{\rho_r \mu_r}{\rho_\infty \mu_\infty}\right)^{1/2}$$

与式(10.12)类似,可设

$$\frac{\rho_r \mu_r}{\rho_\infty \mu_\infty} = 1 + K_{\rho\mu}\frac{T_r - T_\infty}{T_\infty}$$

且只取二项式展开式中的线性项,与式(10.15)比较可得

$$\frac{T_r - T_\infty}{T_\infty} = 0.532\frac{T_w - T_\infty}{T_\infty} + 0.076\, Ec_\infty \quad (Pr = 0.7) \tag{10.36}$$

这个公式再现了从相关文献中所得的经验结果,具体参见怀特的专著(F. M. White,1974)第 590 页。可以立即发现,对于平板流动,当忽略耗散($Ec_\infty = 0$)时取

$$\frac{T_r - T_\infty}{T_w - T_\infty} = 2m_{\rho\mu} \tag{10.37}$$

以便从表 10.1 中读取参考温度。因此,T_w = 常数情况下,取极限 $Pr \to \infty$ 时参考温度等于外流温度,而取 $Pr \to 0$ 极限时参考温度等于壁温。

考虑表面摩擦系数时的参考温度与考虑努塞尔数的参考温度通常是不同的,且它们均取决于壁面的热边界条件。

10.4 可压缩边界层(无重力效应)

10.4.1 物理性质关系式

考虑速度为 V 的气流中存在一个平面体。由无黏流动可计算出边界层外缘的 $u_e(x)$ 与 $T_e(x)$ 的分布(下标 e 表示外部的或边缘的)。应用边界层理论的目标是给定壁面热边界条件下的边界层方程组式(10.4)~式(10.7)($g=0$)。通常须给出壁面的温度分布或热流分布 $q_w(x)$。特例为 T_w = 常数或 q_w = 常数的标准情况。研究的目的主要是确定表面摩擦系数、绝热壁温、努塞尔数或壁温的分布。

关于本构关系的假设如下。

1. 假设理想气体

有

$$\frac{p}{\rho} = RT \tag{10.38}$$

式中:R 为比气体常数[对于空气有 $R = 287\text{m}^2/(\text{s}^2 \cdot \text{K})$]。由式(3.67)可得热膨胀系数

$$\beta = -\frac{1}{\rho}\left(\frac{\partial \rho}{\partial T}\right)_p = \frac{1}{T} \tag{10.39}$$

这等价于 $K_\rho = -1$。此外,由式(3.66)可知

$$\frac{Dh}{Dt} = c_p \frac{DT}{Dt} \tag{10.40}$$

2. 假设比热容恒定

$$c_p = 常数, c_v = 常数, \gamma = 常数 \tag{10.41}$$

由式(10.40)可知,比焓与热力学温度成正比:

$$h = c_p T \tag{10.42}$$

3. 假设普朗特数恒定

$$Pr = \frac{c_p \mu}{\lambda} = 常数 \tag{10.43}$$

采用式(10.41),表示导热率与黏度成正比:

$$\frac{\lambda}{\mu} = \frac{c_p}{Pr} = 常数 \tag{10.44}$$

4. 假设黏度 $\mu(T)$ 只取决于温度

由式(10.44)可发现,导热率 $\lambda(T)$ 则也取决于温度。

关于黏度 $\mu(T)$ 定律的下列表达式是常见的:

(1) 萨瑟兰德公式：

$$\frac{\mu}{\mu_r} = \left(\frac{T}{T_r}\right)^{\frac{3}{2}} \frac{T_r + s}{T + s} \tag{10.45}$$

式中：μ_r 为参考温度 T_r 时的黏度值；s 为常数取决于气体种类，对于空气，$s = 110K$，具体参见怀特的专著（F. M. White，1974）第 29 页。

(2) 幂次定律：

$$\frac{\mu}{\mu_r} = \left(\frac{T}{T_r}\right)^{\omega} \quad \left(\frac{1}{2} \leq \omega \leq 1\right) \tag{10.46}$$

对于空气可取 $\omega = 0.7$。为了弄清 ω 是如何确定的，可参见的文献 J. F. Gross，C. F. Dewey, Jr. (1965)。

(3) 线性定律：

如果黏度正比于温度即 $\omega = 1$，边界层方程组得到了大大简化，则黏度定律偶尔以式(10.47)的方式出现：

$$\frac{\mu}{\mu_r} = b \frac{T}{T_r} \tag{10.47}$$

其中，常数 b 常近似表示更加精确的萨瑟兰德公式式(10.45)或接近理想温度的幂次定律式(10.46)，即

$$b = \sqrt{\frac{T_w}{T_r}} \frac{T_r + s}{T_w + s}, b = \left(\frac{T_w}{T_r}\right)^{\omega - 1} \tag{10.48}$$

式(10.48)与萨瑟兰德公式或幂次定律式一致。这里的 μ_r 与 T_r 的值与萨瑟兰德公式或幂次定律式中的参考温度对应。需要注意的是，对于 $T_w \neq T_r$，这个参考点并不位于由式(10.47)确定的直线上。

将式(10.47)与式(10.38)合并，可得

$$\frac{\rho \mu}{\rho_r \mu_r} = b \frac{p}{p_r} \tag{10.49}$$

由于边界层中的压力与离壁面的位移无关，式(10.47)中黏度定律的应用意味着式(10.49)的组合应用仅是长度 x 的函数。

这 4 个假设很好地描述了中等压力（$p < 1000 \text{bar}1 \text{bar} = 0.1 \text{MPa}$）和中等 $T = 500K$ 温度下的空气性质。高于这个温度，c_p 不再取为常数，具体参见 10.4.6 节。这些假设也适用于其他气体。

10.4.2 能量方程的简单解

如果采用 10.4.1 节的假设，可以获得特别简单的比总焓（下标 t）方程：

$$h_t = c_p T_t = h + \frac{1}{2} u^2 = c_p T + \frac{1}{2} u^2 \tag{10.50}$$

式中:T_t 为总温。因边界层,相对于 $u^2/2$,可忽略 $v^2/2$。

如果将式(10.5)乘以 u,并将所得的动能方程与式(10.7)相加,可得

$$\rho\left(u\frac{\partial h_t}{\partial x}+v\frac{\partial h_t}{\partial y}\right)=\frac{\partial}{\partial y}\left(\frac{\mu}{Pr}\frac{\partial h_t}{\partial y}\right)+\frac{\partial}{\partial y}\left[\left(1-\frac{1}{Pr}\right)\mu u\frac{\partial u}{\partial y}\right] \qquad (10.51)$$

由式(10.51)可发现,对于无黏外流($\mu=0$)有 h_t = 常数。因此在边界层的外缘有

$$c_p T_e+\frac{1}{2}u_e^2=h_{te}=c_p T_0 \qquad (10.52)$$

式中:T_0 为外流总温或滞止温度。

当 $Pr=1$ 时,式(10.51)可大大简化,然后,可马上得到式(10.51)的两个简单解。这些解(所谓布泽曼 - 克罗科解)由布泽曼(A. Busemann,1931)、克罗科(L. Crocco,1932)提出。

1. 绝热壁($Pr=1$)

式(10.51)的解为

$$h_t=h_{te}=常数 \qquad (10.53)$$

对式(10.50)求微分,应用 $u_w=0$ 可得

$$\left(\frac{\partial h_t}{\partial y}\right)_w=c_p\left(\frac{\partial T}{\partial y}\right)_w=-\frac{c_p}{\lambda_w}q_w$$

因此,h_t = 常数也满足绝热壁的 q_w = 常数条件。这种情况下,式(10.50)表示温度 $T(u)$ 是速度的二次函数,有

$$\frac{T_0-T(u)}{T_0}=\frac{u^2}{2c_p T_0} \qquad (10.54)$$

由于无滑移条件($u_w=0$),绝热壁温度等于总温 T_0。式(9.86)的恢复系数 r 对于 $Pr=1$ 总是有 $r=1$。

2. 平板流动($Pr=1$)

这种情况下,h_t 与这种形式的 u 之间存在线性关系:

$$\frac{h_t-h_{te}}{h_{tw}-h_{te}}=1-\frac{u}{U_\infty} \qquad (10.55)$$

由于关于 h_t 的式(10.51)与关于 u 的式(10.5)具有相同的结构。因此,温度 $T(u)$ 的速度依赖关系为二次多项式:

$$\frac{T_0-T(u)}{T_0}=\frac{u^2}{2c_p T_0}+\frac{T_0-T_w}{T_0}\left(1-\frac{u}{U_\infty}\right) \qquad (10.56)$$

假定壁温在 T_w 时恒定。对于 $T_w=T_0$ 时的绝热情况,式(10.56)也可简化为式(10.54)。

如果引入自由流马赫数(自由流温度 T_∞)

$$Ma_\infty=\frac{U_\infty}{c_\infty}=\frac{U_\infty}{\sqrt{c_p(\gamma-1)T_\infty}}$$

则式(10.56)也可表示为

$$\frac{T-T_\infty}{T_\infty} = \frac{\gamma-1}{2}Ma_\infty^2\left[1-\left(\frac{u}{U_\infty}\right)^2\right] + \frac{T_w-T_{ad}}{T_\infty}\left(1-\frac{u}{U_\infty}\right) \quad (10.57a)$$

或

$$\frac{T-T_w}{T_\infty} = \frac{\gamma-1}{2}Ma_\infty^2\frac{u}{U_\infty}\left(1-\frac{u}{U_\infty}\right)\left[1-\left(\frac{u}{U_\infty}\right)^2\right] + \frac{T_\infty-T_w}{T_\infty}\frac{u}{U_\infty} \quad (10.57b)$$

其中,对于绝热壁温度有

$$T_{ad} = T_0 = T_\infty\left(1+\frac{\gamma-1}{2}Ma_\infty^2\right) \quad (10.58)$$

如果对式(10.57a)进行壁面求导,可得

$$q_w = -\lambda_w\left(\frac{\partial T}{\partial y}\right)_w = \frac{(T_w-T_{ad})\lambda_w\tau_w}{U_\infty\mu_w}$$

或其无量纲形式

$$Nu = \frac{q_w l}{\lambda_\infty(T_w-T_{ad})} = \frac{c_f}{2}Re \quad (10.59)$$

其中,$Re = \rho U_\infty l/\mu_\infty$。

这种努塞尔数 Nu 与表面摩擦系数 c_f 之间的简单关系称为雷诺模拟。其只适用于 $Pr=1$ 的平板流动,但适用于任意的马赫数。

由式(10.59)可得

$q_w > 0, T_w > T_{ad}$(加热:热量由壁面传至流体);

$q_w < 0, T_w < T_{ad}$(冷却:热量由流体传至壁面)

10.4.3 边界层方程组的变换

1. 多罗德尼赞-豪沃思变换(Dorodnizyn-Howarth transformation)

由于可压缩边界层简化为具有小自由流速度($Ma \to 0$)与低壁面传热($\Delta T/T_\infty \to 0$,可参见式(10.10))的恒定物理性质边界层,因此,将可压缩边界层方程变换为与恒定物理性质边界层尽可能相似甚至完全相同的形式。

现应用连续方程式(10.4)来阐述基本思想。引入流函数 $\psi(x,y)$,有

$$\rho u = \rho_\infty\frac{\partial \psi}{\partial y}, \rho v = -\rho_\infty\frac{\partial \psi}{\partial x} \quad (10.60)$$

式中:ρ_∞ 为参考密度,连续方程满足上述关系。采用经变换的变量

$$Y = \int_0^y \frac{\rho}{\rho_\infty}dy \quad (10.61)$$

可由已知的不可压边界层得到:

$$u = \frac{\partial \psi}{\partial Y} \quad (10.62)$$

式(10.61)被称为多罗德尼赞—豪沃思变换,具体参见斯梯瓦森(K. Stewartson,1964)的专著第 29 页。

下面的两种转换是上述转换的拓展。

2. 伊林沃思 – 斯梯瓦森变换(Illingworth – Stewartson transformation)

假定式(10.47)中的密度满足线性定律,且恒定壁温即 T_w = 常数。采用坐标变换

$$\tilde{x} = \int_0^x b \frac{p_e c_e}{p_0 c_0} dx, \tilde{y} = \frac{c_e}{c_0} \int_0^y \frac{\rho}{\rho_0} dy \qquad (10.63)$$

并采用式(10.4)、式(10.5)与式(10.51),可获得以下方程组,具体参见施利希廷(H. Schlichting,1982)的专著第 344 页:

$$\frac{\partial \tilde{u}}{\partial \tilde{x}} + \frac{\partial \tilde{v}}{\partial \tilde{y}} = 0 \qquad (10.64)$$

$$\tilde{u} \frac{\partial \tilde{u}}{\partial \tilde{x}} + \tilde{v} \frac{\partial \tilde{u}}{\partial \tilde{y}} = \tilde{u}_e \frac{d\tilde{u}_e}{d\tilde{x}} (1 + S) + \nu_0 \frac{\partial^2 \tilde{u}}{\partial \tilde{y}^2} \qquad (10.65)$$

$$\tilde{u} \frac{\partial S}{\partial \tilde{x}} + \tilde{v} \frac{\partial S}{\partial \tilde{y}} = \nu_0 \left\{ \frac{1}{Pr} \frac{\partial^2 S}{\partial \tilde{y}^2} + \frac{Pr - 1}{Pr} \frac{(\gamma - 1) Ma_e^2}{2 + (\gamma - 1) Ma_e^2} \frac{\partial^2 S}{\partial \tilde{y}^2} \left[\left(\frac{\tilde{u}}{\tilde{u}_e} \right)^2 \right] \right\} \qquad (10.66)$$

其中

$$u = \frac{c_e}{c_0} \tilde{u}, S = \frac{h_t - h_{te}}{h_{te}} = \frac{T + u^2/(2 c_p)}{T_0} - 1 \qquad (10.67)$$

函数 $S(\tilde{x}, \tilde{y})$ 是无量纲总焓。下标 0 表示无黏外流滞止状态;下标 e 表示边界层外缘。声速以 c 表示。式(10.64)~式(10.66)的边界条件为

$\tilde{y} = 0: \tilde{u} = 0, \tilde{v} = 0, S = S_w$(或对于绝热壁 $(\partial S/\partial \tilde{y})_w = 0$);

$\tilde{y} \to \infty : \tilde{u} = \tilde{u}_e(x), S = 0$

经变换的式(10.65)与只有压力项系数(S + 1)的边界层方程组不同。值得注意的是,在 10.4.2 节中可精确地进行基于恒定物理性质的方程简化方式有两种,即 $Pr = 1: S = 0$ 和 $d\tilde{u}_e/d\tilde{x} = 0$。但按照式(10.47),这只适用于黏度的线性定律。

3. 利维 – 利斯变换(Levy – Lees transformation)

可认为,这种转换是高特勒变换向可压缩流动的一种拓展,具体参见 7.3.1 节。转换式有

$$\xi = \int_0^x \rho_e \mu_e u_e dx, \eta = \frac{u_e}{\sqrt{2\xi}} \int_0^y \rho dy \qquad (10.68)$$

对于这两个函数

$$\frac{u}{u_e} = f'(\xi, \eta), \frac{h_t - h_{te}}{h_{te}} = S = g(\xi, \eta) \qquad (10.69)$$

可得变换式

$$(Cf''')' + ff'' + \beta\left[\frac{\rho_e}{\rho} - f'^2\right]' = 2\xi\left(f'\frac{\partial f'}{\partial \xi} - f''\frac{\partial f}{\partial \xi}\right) \tag{10.70}$$

$$\left[\frac{C}{Pr}g' + C\frac{u_e^2}{h_{te}}\left(1 - \frac{1}{Pr}\right)f'f''\right]' + fg' = 2\xi\left(f'\frac{\partial g}{\partial \xi} - g'\frac{\partial f}{\partial \xi}\right) \tag{10.71}$$

式中：撇号（'）为对 η 的偏微分。对于函数 $\beta(\xi)$ 与 $C(\xi,\eta)$，有

$$\beta = \frac{2\xi}{u_e}\frac{\mathrm{d}u_e}{\mathrm{d}\xi}, C = \frac{\rho\mu}{\rho_e\mu_e} \tag{10.72}$$

边界条件为

$$\eta = 0: f = 0, f' = 0, g = g_w（或对于绝热壁有 g'_w = 0）；$$
$$\eta \to \infty: f' = 1, g = 0 \tag{10.73a}$$

对于 $\beta =$ 常数、$C = C(\eta)$ 及 $g_w =$ 常数，式(10.70)与式(10.71)有相似解。

恒定物理性质条件下（$C = 1, \rho = \rho_e = \rho_\infty$），可将式(10.70)简化为式(7.77)。由 $Ma \to 0$ 可得

$$g = \frac{T - T_\infty}{T_\infty} \tag{10.73b}$$

和 $u_e^2/h_{te} \to 0$，由式(10.71)可得变量

$$\vartheta = \frac{g}{g_w} = \frac{T - T_\infty}{T_w - T_\infty} \tag{10.74}$$

常微分方程

$$\frac{1}{Pr}\vartheta'' + f\vartheta' = 2\xi\left(f'\frac{\partial \vartheta}{\partial \xi} - \vartheta'\frac{\partial f}{\partial \xi}\right) \tag{10.75}$$

及其边界条件

$$\eta = 0: \vartheta = 1, \eta \to \infty: \vartheta = 0 \tag{10.76}$$

这是应用高特勒变换式后得到的能量式(9.13)。

实际上，对于可压缩边界层数值计算，可用式(10.70)和式(10.71)来替代式(10.4)、式(10.5)与式(10.51)。这样做的优势在于：

(1)计算之初，可将式(10.70)与式(10.71)简化为常微分方程，即从相似解开始计算驻点流与平板流。

(2)基本消除了因边界层厚度的增加所致的计算域增长。

(3)边界层的分布更加光顺，在转换平面的变化较小，因此允许用更大的数值计算步幅。

相关细节将在第23章予以讨论。

10.4.4 相似解

如果边界层方程组可简化为常微分方程，则可得到相似解。这种相似性与不

同的坐标平面密切相关,主要取决于10.4.3节所讨论的两个坐标变换。因此,存在以下相似解的可能性。

1. $Pr=1$,线性黏度定律

对于这些流动可采用伊林沃思-斯梯瓦森变换,将边界层方程组简化为不可压的边界层方程组[直至动量方程中的系数$(1+S)$结束]。将与式(7.21)类似的不可压流相似变换应用于$Pr=1$的方程

$$\eta = \tilde{y}\sqrt{\frac{(m+1)\tilde{u}_e}{2\nu_0\tilde{x}}}, \frac{\tilde{u}}{\tilde{u}_e}=f'(\eta), S=\frac{h_t-h_{te}}{h_{te}}=S(\eta) \quad (10.77)$$

可得方程组为

$$f'''+ff''+\beta(1+S-f'^2)=0 \quad (10.78)$$
$$S''+fS'=0 \quad (10.79)$$

边界条件为

$$\begin{aligned}&\eta=0: f=0, f'=0, S=S_w(或对于绝热壁有 S'_w=0);\\&\eta\to\infty: f'=1, S=0\end{aligned} \quad (10.80)$$

如式(7.17)与式(7.19),引入外流压力梯度作为参数

$$\beta = \frac{2}{m+1}\frac{\tilde{x}}{\tilde{u}_e}\frac{\mathrm{d}\tilde{u}_e}{\mathrm{d}\tilde{x}} = \frac{2m}{m+1} \quad (10.81)$$

变换后的平面上,外流再次遵循幂次定律:

$$\tilde{u}_e \propto \tilde{x}^m$$

初始平面上的速度分布$u_e(x)$通常不再遵从幂次定律。对于$m=(\gamma-1)/(3-5\gamma)$的特殊情况,可得$u_e \propto x^m$,具体参见施利希廷(H. Schlichting,1982)的专著第350页。

对于绝热壁,可得到解$S=0$,这种情况下动量方程(10.78)可从能量方程中解耦,且等同于描述不可压边界层的式(7.15)。

对于壁面传热,方程组式(10.80)与式(10.81)的解除了取决于β外,还取决于参数$S_w=(T_w-T_0)/T_0$。李和长松(T. Y. Li, H. T. Nagamatsu,1955)、科恩和雷斯特科(C. B. Cohen, E. Reshotko,1956)已确定了大量与β与S_w值相关的解。

图10.2展示了不的同β与S_w值时距壁面一个无量纲位移的速度分布$u/u_e=\tilde{u}/\tilde{u}_e=f'(\eta)$和能量分布$(h_t-h_{te})/h_{te}=S(\eta)$。其中所给定的$S_w$值与绝热壁($S_w=0, T_w=T_0$)、冷却($S_w=-0.8, T_w=0.2T_0$)与加热($S_w=1.0, T_w=2T_0$)相对应。对于$\beta<0$存在两个解。当存在多解时,具有小$f''_w$值的解在图10.2中以星号(*)表示。可以发现,对于加热与压降($\beta>0$)的情况,边界层中特定区域的速度可大于外流速度u_e。其根本原因是边界层内的加热使得流体体积大幅增加。尽管边界层内存在黏性减速作用,但边界层内密度较低的气体受到大于外流的压力作用而出现加速现象。

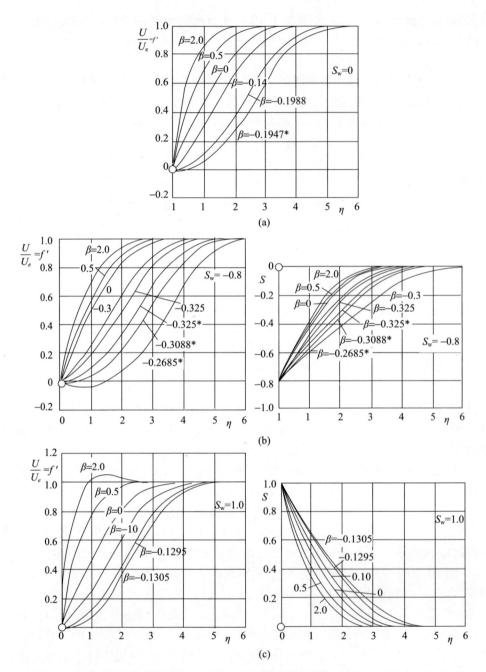

图 10.2 压力梯度 β 与壁面传热 $Pr=1, \omega=1$ 条件下可压缩边界层中的速度与总焓分布及式(10.78)~式(10.80)的解(C. B. Cohen, E. Reshotko, 1956)

(a) $S_w = 0, T_w = T_0$(绝热壁, $S=0$); (b) $S_w = -0.8, T_w = 0.2T_0$(冷却); (c) $S_w = 1.0, T_w = 2T_0$(加热)。

如图 10.2 所示,压力梯度对能量分布的影响远小于对速度分布的影响。$S(\eta)$、$f'(\eta)$ 和温度之间的关系为

$$\frac{T(\tilde{x},\eta)}{T_0} = 1 + S(\eta) - \frac{u^2}{2c_p T_0} = 1 + S(\eta) - \frac{(\gamma-1)Ma_e^2/2}{1+(\gamma-1)Ma_e^2/2}[f'(\eta)]^2 \quad (10.82)$$

与外流当地动压相关的表面摩擦系数为

$$c_f = \frac{\tau_w(x)}{\frac{\rho_e}{2}u_e^2} = \frac{f''_w}{\sqrt{Re_e}}\sqrt{\frac{\rho_w \mu_w}{\rho_e \mu_e}}\sqrt{2(m+1)\frac{x}{\tilde{x}}\frac{d\tilde{x}}{dx}} \quad (10.83)$$

图 10.3 展示了不同 S_w 值时 f''_w 随 β 的变化曲线。可以发现,β 的变化影响 f''_w 的值,且加热($S_w>0$)情况下的表面摩擦系数大于冷却($S_w<0$)情况下的表面摩擦系数。如上所述,负 β 区域存在两个解,并有两个可能的壁面剪切应力。绝热壁($S_w=0$)情况下,曲线下支部分对应壁面负剪切应力即逆流。加热 $S_w>0$ 的情况下,如果 $\beta-\beta_{min}$ 值足够小,则两个解均可得到 $f''_w<0$,因此会产生回流。冷却($S_w<0$)的情况下,f''_w 的两个值可为正,因此产生无回流的流动。从图 10.3 中还可以发现,加热使分离变为小幅压升,具体参见赫维希和维克恩(H. Herwig, G. Wickern,1986)发表的文献。加热进而加剧了气流中的分离。

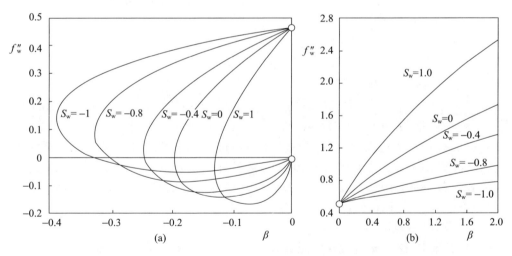

图 10.3 压力梯度 β 与壁面传热(S_w)$Pr=1$,$\omega=1$ 条件下可压缩边界层内的当地表面摩擦系数及式(10.78)~式(10.80)的解
(a)$\beta<0$ 压升;(b)$\beta>0$ 压降。

2. $Ma_\infty \to 0$,忽略耗散

$Ma_\infty \to 0$,忽略耗散时,可求得在利维-利斯变换 $\xi-\eta$ 平面中的相似解。由于 $Ma_\infty \to 0$,外流温度为 $T_e = T_\infty =$ 常数。由于存在 $S = (T-T_\infty)/T_\infty$,可得 $\rho/\rho_e = T/$

$T_\infty = S + 1$。因此,式(10.70)与式(10.71)简化为

$$(Cf'')' + ff'' + \beta(1 + S - f'^2) = 0 \tag{10.84}$$

$$\frac{1}{Pr}(CS')' + fS' = 0 \tag{10.85}$$

下列表述适用于与黏度定律相关的黏度参数。

(1)式(10.45)中的萨瑟兰德公式:(参考温度 T_∞)

$$C(\eta) = (1 + S)^{1/2} \frac{1 + s/T_\infty}{1 + S + s/T_\infty} \tag{10.86}$$

(2)式(10.46)中的幂次定律:(参考温度 T_∞)

$$C(\eta) = (1 + S)^{\omega - 1} \tag{10.87}$$

(3)式(10.47)中的线性定律:

$$C = b = 常数$$

如果式(10.47)定义的直线穿过参考点,则有 $C = b = 1$。另外,如果式(10.48)所表示的直线经过壁温点,则可得

$$C = \frac{\rho_w \mu_w}{\rho_\infty \mu_\infty} = CR \tag{10.88}$$

这种形式中,C 被称为查普曼-鲁宾森参数(Chapman-Rubesin parameter),具体参见式(10.32)。

方程式(10.84)与式(10.85)的边界条件也为式(10.80)。

对于 $Pr = 1$ 与 $C = $ 常数,如果实施坐标变换,式(10.84)与式(10.85)变为式(10.78)与式(10.79),有

$$\overline{\eta} = \sqrt{C}\eta, \overline{f}(\overline{\eta}) = \sqrt{C}\,f(\overline{\eta}) \tag{10.89}$$

杜威和格罗斯(C. F. Dewey Tr., J. F. Gross, 1967)对不同 β、Pr 与 ω 值(式(10.87))的方程组(10.84)与式(10.85)进行了求解。进一步的解包括汉茨和温特(W. Hantzsche, H. Wendt, 1940)、克罗科(L. Crocco, 1941)、范·德瑞斯特(E. R. Van Driest, 1952)及利维(S. Levy, 1954)等发表的平板流边界层结果,以及伊和里德尔(J. A. Fay, F. R. Riddell, 1958)发表的平板驻点流($\beta = 1$)的结果。

- **实例:驻点流($Pr = 0.7$)**

驻点流中,速度 u 直接在驻点流线上消失,耗散效应也因此消失。图 10.4 展示了 $Pr = 0.7$ 时相对努塞尔数的温比 T_w/T_0 相关性,即

$$\frac{Nu_x}{\sqrt{Re_x}} = \frac{q_w x}{\lambda_0(T_w - T_0)}\sqrt{\frac{\mu_0}{\rho_0 u_e x}} \tag{10.90}$$

对于驻点流,可得 $T_e = T_0, \mu_e = \mu_0, \rho_e = \rho_0$。这里采用了两个幂次定律 $\omega = 1$ 与 $\omega = 0.7$,指数 ω 的影响清晰明显。10.3.2 节温比法由虚线近似表示。$0.5 \leqslant T_w/T_0 \leqslant 1.5$ 范围内的近似结果非常好。如果采用对应于式(10.47)的黏度线性定律,其中 $T_r = T_0$ 且假定壁面值 $\mu_w = \mu(T_w)$ 由黏度线性定律精确给出,则 $b = \rho_w \mu_w / \rho_0 \mu_0 = CR$

与查普曼-鲁宾森参数一致。

由图 10.4 可以发现,不同物理性质下,壁面热流不再与温差成正比。

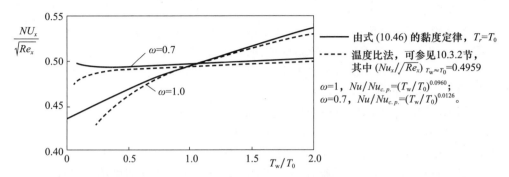

图 10.4 平面驻点流壁面传热对温度比 T_w/T_0 的依赖性(理想气体,c_p = 常数,$Pr = 0.7$)

3. T_w = 常数的平板(外流以下标 ∞ 表示)

由于流过平板的外流速度恒定 $u_e = U_\infty$,可在考虑耗散影响的前提下求式(10.70)与式(10.71)的相似解。接下来,将分别讨论绝热壁与壁面存在传热平板的流动。

(1)绝热壁。

图 10.5 展示了克罗科(L. Crocco, 1941)不同马赫数($Pr = 1, \omega = 1$)下确定的速度与温度分布。由于假定黏度 μ 正比于温度($\omega = 1$),动量方程式(10.70)与能量方程式(10.71)解耦。速度和温度分布并不是以变换坐标 η 来表示,而是以距壁面的位移来表示。由 η 至 $y\sqrt{U_\infty/\nu_\infty x}$ 的变换采用了对应的温度分布。由变换式(10.68)可得

$$y\sqrt{\frac{U_\infty}{\nu_\infty x}} = \sqrt{2}\int_0^\eta \frac{T}{T_0}\mathrm{d}\eta \qquad (10.91)$$

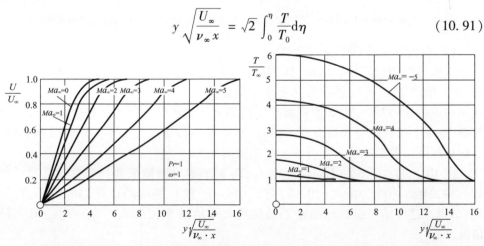

图 10.5 零攻角绝热壁平板可压缩边界层中速度与温度分布(L. Crocco, 1941)
($Pr = 1; \omega = 1; \gamma = 1.4$)

随着马赫数的增加,边界层厚度也会明显增加。这是因为边界层耗散的加热效应引起的体积增大。温度分布展示了因耗散所致的温升,在高马赫数条件下温升的幅度较大。

绝热壁温度(也称特征温度)通常由恢复系数 $r=(T_{ad}-T_\infty)/(T_0-T_\infty)$ 给定,可参见式(9.86)。通常,绝热壁温度取决于马赫数、普朗特数与黏度定律 $\mu(T)$。如10.3.1节所述,可忽略马赫数与黏度定律对 r 的影响,使得图9.6中的曲线也可近似可压缩平板流边界层的曲线。

图10.6所示为零攻角绝热壁表面摩擦系数的马赫数相关性。对于 $\omega=1$,动量方程式(10.71)与能量方程解耦,因而 c_f 值与马赫数无关。对于 $\omega=0.8$,表面摩擦系数随马赫数的增加而减少。虚线为10.3.1节中应用式(10.25)的摄动计算结果。这些结果表示了马赫数最高可达 $Ma_\infty=3.0$ 时的近似可用值。最后为便于对比,依据黏度线性定律给出了经过点 $\mu_w=\mu(T_w)$ 的曲线。

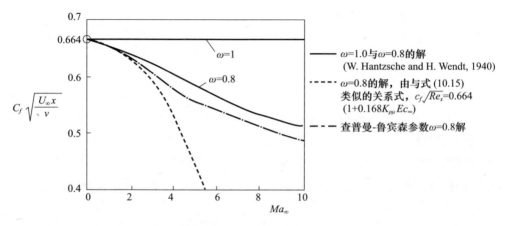

图10.6 零攻角平板绝热壁表面摩擦系数的相关性($\gamma=1.4, Pr=1, Ec_\infty=0.4Ma_\infty^2$)

(2)壁面存在传热平板的流动。

汉茨与温特(W. Hantzsche, H. Wendt, 1940)计算了许多平板流的传热实例。图10.7给出了 $T_w=T_\infty$ 特殊情况下速度与温度分布的一部分结果。由于 $T_w<T_{ad}$,这里讨论的是冷却问题,即由耗散产生的部分热量传输至壁面。通过对比图10.5与图10.7中的速度分布可发现,边界层厚度比绝热壁明显减小。温度分布表明,这种情况下边界层的最大温升仅为绝热壁面的20%左右。

图10.8展示了3种不同温度比 T_w/T_0 时的表面摩擦系数与努塞尔数对马赫数的相关性。虚线为由式(10.15)与式(10.16)解得的摄动计算($Ma_\infty\to 0, T_w\to T_0$)结果。这些结果很好地描述了马赫数大约达到5和 $|(T_w-T_0)/T_0|<0.5$ 的情况。

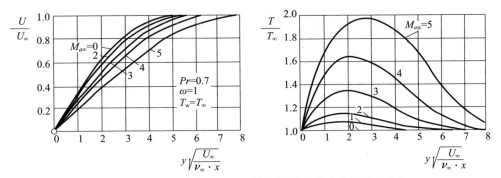

图 10.7 零攻角传热平板可压缩边界层中的速度与温度分布
源自 W. Hantzsche, H. Wendt(1940 的文献)
$\gamma = 1.4, Pr = 0.7, T_w = T_\infty$

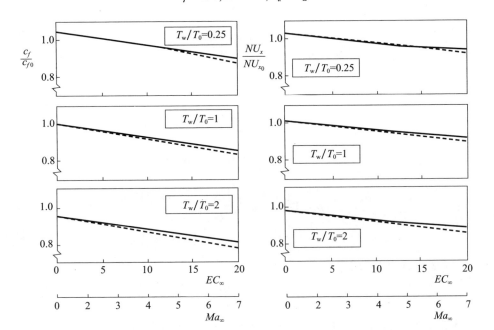

图 10.8 零攻角传热平板的表面摩擦系数与努塞尔数,其中 $Pr = 0.75, \gamma = 1.4$;黏度由
萨瑟兰公式(10.45)给出($s = 110K; T_\infty = 218K; c_{f0}Re_x^{1/2} = 0.664; Nu_{x0}/Re_x^{1/2} = 0.30$)
—— 范·德瑞斯特给出的解
---- 类似于式(10.15)与式(10.16)的解

10.4.5 积分法

第 8 章所讨论的不可压边界层近似计算方法也可拓展至可压缩边界层。施利

希廷(H. Schlichting,1982)在专著第357页给出了许多不同方法的综述。这些近似方法的共同点是,它们比可压缩边界层的近似方法复杂许多。它们也同样基于动量积分方程、动能积分方程与热能积分方程。

1. 积分关系

与不可压缩边界层相同,通过对相应方程进行积分可获得积分方程。通常存在以下3种积分关系式。

动量积分方程:

$$\frac{d\delta_2}{dx} + \frac{\delta_2}{u_e}\frac{du_e}{dx}\left(2 + \frac{\delta_1}{\delta_2} - Ma_e^2\right) = \frac{\mu_w}{\rho_e u_e^2}\left(\frac{\partial u}{\partial y}\right)_w = \frac{\tau_w}{\rho_e u_e^2} \quad (10.92)$$

机械能积分方程:

$$\frac{d\delta_3}{dx} + \frac{\delta_3}{u_e}\frac{du_e}{dx}\left[3 + 2\frac{\delta_h}{\delta_3} - Ma_e^2\right] = \frac{2D}{\rho_e u_e^3} \quad (10.93)$$

热能积分方程:

$$\frac{d}{dx}(\rho_e h_e u_e \delta_h) + \rho_e u_e^2 \frac{du_e}{dx}\delta_h = D + q_w \quad (10.94)$$

这里引入了边界层厚度:

$$\delta_1 = \int_0^\delta \left(1 - \frac{\rho u}{\rho_e u_e}\right)dy \quad (位移厚度) \quad (10.95)$$

$$\delta_2 = \int_0^\delta \frac{\rho u}{\rho_e u_e}\left(1 - \frac{\rho u}{\rho_e u_e}\right)dy \quad (动量厚度) \quad (19.96)$$

$$\delta_3 = \int_0^\delta \frac{\rho u}{\rho_e u_e}\left[1 - \left(\frac{u}{u_e}\right)^2\right]dy \quad (能量厚度) \quad (10.97)$$

$$\delta_2 = \int_0^\delta \frac{\rho u}{\rho_e u_e}\left(\frac{h}{h_e} - 1\right)dy \quad (焓厚度) \quad (10.98)$$

此外,耗散积分定义如下:

$$D = \int_0^\delta \mu\left(\frac{\partial u}{\partial y}\right)^2 dy \quad (10.99)$$

考虑外流条件,将式(10.4)与式(10.5)($g=0$)对y积分可得

$$\frac{1}{\rho_e}\frac{d\rho_e}{dx} = -\frac{Ma_e^2}{u_e}\frac{du_e}{dx} = \frac{Ma_e^2}{\rho_e u_e^2}\frac{dp}{dx} \quad (10.100)$$

上述关系由动量方程遵循边界层外缘条件$T_0 =$常数而得到。式(10.93)以相同方式由式(10.5)($g=0$)获得,后者乘以u并对y进行积分。最后,式(10.94)由对式(10.7)积分得出,并再次采用式(10.100)。

对于恒定物理性质和$Ma_\infty \to \infty$条件,式(10.92)~式(10.94)相应地变为积分方程式(7.100)、式(7.104)与式(9.59)。式(10.95)~式(10.97)的不同厚度简化为由式(7.98)、式(7.99)与式(7.102)确定的厚度。对于极限情况,有

$$\delta_h = \frac{T_w - T_\infty}{T_\infty}\delta_T \quad (\rho = \rho_e = \text{常数}) \tag{10.101}$$

当$(T_w - T_\infty)/T_\infty \to 0$时,式(10.94)变为式(9.59)。这里由于$Ma_\infty \to \infty$,可认为耗散积分足够小,可忽略。

对于绝热壁,有

$$\delta_h = \frac{\gamma - 1}{2}Ma_e^2\delta_3 \quad (q_w = 0) \tag{10.102}$$

且热能积分方程与机械能积分方程得出了相同的结果。

2. 沃尔兹绝热壁积分法

沃尔兹积分法(A. Walz,1966;118)是常见的众多积分方法之一。现将该方法应用于绝热壁的特殊情况。这个方法基于积分方程式(10.92)与式(10.93)。引入新的参数

$$Z(x) = \delta_2 Re_2 = \frac{\rho_e u_e \delta_2^2}{\mu_w}, H_{32}(x) = \frac{\delta_3}{\delta_2} \tag{10.103}$$

来替代变量$\delta_2(x)$与$\delta_3(x)$。

以新的未知量来表示式(10.92)与式(10.93),可得

$$\frac{dZ}{dx} + \frac{F_1}{u_e}\frac{du_e}{dx}Z - F_2 = 0 \tag{10.104}$$

$$\frac{dH_{32}}{dx} + \frac{F_3}{u_e}\frac{du_e}{dx}H_{32} - \frac{F_4}{Z} = 0 \tag{10.105}$$

辅助函数$F_1(H_{32}, Ma_e)$、$F_2(H_{32}, Ma_e)$、$F_3(H_{32}, Ma_e)$和$F_4(H_{32}, Ma_e)$由下列假设确定:

(1)选择速度分布是为了尽可能精确地逼近不可压缩流的哈特里速度分布。

(2)选择式(10.46)中的幂次定律作为黏度定律。

(3)对于绝热壁,选择

$$T_{ad} = T_e\left(1 + r(Pr)\frac{\gamma - 1}{2}Ma_e^2\right) \tag{10.106}$$

其中,$r(Pr)$可从图9.6得到,这是因为物理特性的压力梯度与温度相关性对于恢复系数基本没有影响。

(4)温度分布(密度分布)通过布泽曼-克罗科的第一解式(10.54)与速度分布耦合。尽管该解只对$Pr = 1$的平板边界层有效,但仍在存在压力梯度和$Pr \neq 1$(但$Pr \approx 1$)情况下是不错的近似。这已在与众多精确结果的对比中得到证明。

4个辅助函数$F_1(H_{32}, Ma_e)$、$F_2(H_{32}, Ma_e)$、$F_3(H_{32}, Ma_e)$和$F_4(H_{32}, Ma_e)$的解析表达可参见沃尔兹(A. Walz,1966)的专著第264页。

为实现这种计算,必须给定γ、c_p、Pr、ω及速度分布$u_e(x)$、温度分布$T_e(x)$。

这样就可以确定 $r(Pr)$、$Ma_e(x)$ 与 $T_{ad}(x)$。因此,已知 H_{32} 就可求出辅助函数 F_1、F_2、F_3 和 F_4。计算起始于 $Z=0$,并按照物体几何轮廓,以驻点流或平板流的 H_{32} 为初值。一阶常微分方程式(10.104)与式(10.105)的数值解止于分离点,可由

$$H_{32} = 1.515 \quad (\text{分离}) \tag{10.107}$$

确定。

由解函数 $Z(x)$ 获得的当地表面摩擦系数如下:

$$c_f = \frac{2\tau_w}{\rho_w u_e^2} = \frac{F_2}{2}\left(\frac{\rho_e u_e Z}{\mu_w}\right)^{-1/2} \tag{10.108}$$

应当指出的是,常微分方程式(10.104)与式(10.105)可由其他自变量重新表示,也可采用 H_{21} 与 H_{31} 来替代 Z 与 H_{32},具体可参见甘塞尔(U. Ganzer,1988)的专著第 297 页。

只描述绝热壁的沃尔兹法也可进行传热边界层的计算。

- **实例 1:不可压边界层**

对于 $Ma_\infty \to 0$,辅助函数得以大幅简化,可得

$$\begin{cases} F_1 = 3 + 2H_{12}(H_{32}) \\ F_2 = 2\alpha(H_{32}) \\ F_3 = 1 - H_{12}(H_{32}) \\ F_4 = 2\bar{\beta}(H_{32}) - H_{32}\alpha(H_{32}) \end{cases} \tag{10.109}$$

对于哈特里分布,这些函数可从表 8.1 查得。这里有 $\alpha = \beta_2 f''_w$ 与 $\bar{\beta} = \beta_2\beta_D$。沃尔兹提出了辅助函数 $H_{12}(H_{32})$、$\alpha(H_{32})$ 与 $\bar{\beta}(H_{32})$ 的解析近似公式,具体参见沃尔兹(A. Walz,1966)的专著第 265 页。

以这种方式表示的积分法可得所有楔流动的精确解。可以发现,对于一般流动,接近分离点的计算结果与第 8 章描述的求积公式计算结果更精确。这里所描述的积分法由式(8.37)给出了迟滞驻点流的分离点位置,几乎与精确解 $x_S/l = 0.12$ 完全一致。

- **实例 2:可压缩减速驻点流**

沃尔兹(A. Walz,1966;208)采用 8.3.1 节所描述的积分法对马赫数与不可压缩迟滞驻点流热边界条件的影响进行了研究。图 10.9 展示了分离位置对绝热壁马赫数 Ma_0 的相关性。此处,Ma_0 是指 $x=0$ 的起点位置。随着马赫数的增加,分离提前。黏度定律($\omega=0.7$ 或 $\omega=1$)的影响并不重要。没有显示的传热效应研究再次证实了(气流中的)加热有利于分离。

- **实例 3:翼型绕流**

翼型边界层计算结果如图 10.10 所示。这种情况下,计算采用格鲁什维茨积分法(E. Gruschwitz,1950)。这种积分法对绝热壁、$\omega=1$ 和任意普朗特数均有效。采用这种方法的计算比沃尔兹法更简便易行,但结果并不十分准确。

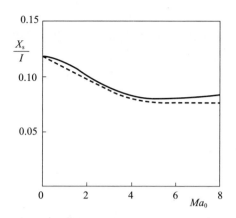

图 10.9 绝热壁可压缩迟滞驻点流中的分离点位置,源自沃尔兹(A. Walz,1966)
专著第 208 页;$Pr=0.72$;即 $r=0.85$,$\gamma=1.4$
—— $\omega=0.7$; ---- $\omega=1$。

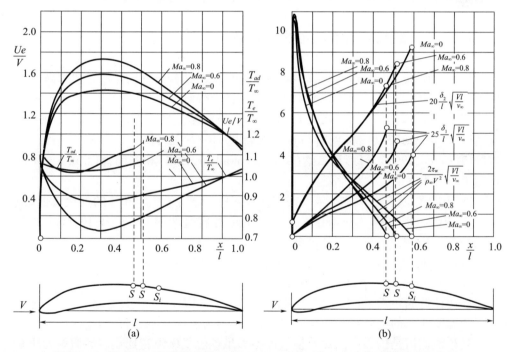

图 10.10 攻角 $\alpha=0°$ 绝热壁翼型 NACA 8410 可压缩亚声速绕流的层流边界层
采用格鲁什维茨积分法的计算结果(E. Gruschwitz,1950)($Pr=0.75$,S=分离点)
(a)$u_e(x)/V$、T_e/T_∞ 与 T_{ad}/T_∞ 的分布;(b)位移边界层厚度 δ_1、动量边界层厚度 δ_2 与壁面剪切应力 τ_w 的分布。

图 10.10(a)展示了自由流马赫数 Ma_∞ 分别为 0、0.6、0.8 和攻角 $\alpha=0°$ 时 NACA 8410 翼型吸力面的速度分布与温度分布,并给出了绝热壁温度沿翼型的变

化规律。

图 10.10(b)展示了动量边界层厚度 δ_2、位移边界层厚度 δ_1 及壁面剪切应力 τ_w 沿翼型吸力面的变化。随着马赫数的增加,分离点位置前移。动量厚度与壁面剪切应力只与马赫数相关性较小,位移边界层厚度随马赫数的增加而显著增厚。

3. 边界层与激波相互作用

以翼型边界层为例(图 10.10),马赫数为 $Ma_\infty = 0.6$ 时流动是亚声速的。较高马赫数流动条件下,跨声速(接近声速)流动的一种典型情况是外流中有超声速区域产生。当超声速流再次回到亚声速时,这种情况总是会出现激波,其中速度、压力、温度与密度以间断方式变化(未在图 10.10 中显示)。由于边界层厚度随压力的增加而显著增厚,因此边界层在激波位置经历了厚度的明显增加。这种影响这么大,以至于对外流产生了影响。如不知悉边界层位移效应,就无法确定这些影响。这种效应因此被称为激波-边界层相互作用,目前还不能直接应用(简单的)普朗特边界层理论。边界层对无黏外流的位移效应是一个高阶边界层效应。涉及这个主题的更多内容可参见第 14 章,其主要介绍了普朗特边界层理论的拓展。

10.4.6　高超声速流动中的边界层

高超声速流动出现在马赫数 $Ma_\infty > 5$ 的时候,在航天飞机、弹道导弹和高超声速飞机绕流应用时十分重要。关于这一空气动力学特殊领域的综述可参见海耶斯和普罗普斯坦(W. D. Hayes, R. F. Probstein, 1959)、多伦斯(H. W. Dorrance, 1962)、罗达(J. C. Rotta, 1962)、科克斯与克拉布特里(R. N. Cox, L. F. Crabtree, 1965)、齐瑞普(J. Zierep, 1966)、科彭瓦尔纳(G. Koppenwallner, 1988)和安德森(J. D. Anderson Jr., 1989)等发表的文献与专著。

式(10.58)在马赫数 $Ma_\infty = 5$ 时应用 $\gamma = 1.4$ 得到了 $T_0 = 6T_\infty$ 的外流总温,对于 $T_\infty = 300K$,则可得 $T_0 = 1800K$。对于如此高的温度(以及 $p_\infty = 10^{-4}$ bar 的低压),空气性质偏离了理想气体范畴,即式(10.38)不再有效。

这种真实气体的性质源于离解的开始。以方程 $p = \rho RTZ(T,p)$ 取代式(10.38),其中 $Z(T,p)$ 称为压缩系数。

即使在低温条件下(对于空气,温度高于 $T = 500K$),也会出现分子振荡,这产生了与温度相关的 c_p。对于变量 c_p,比焓 h 不再与温度 T 成正比。

高超声速流是指因高温而致使气体不满足理想气体恒定比热容的假设的所有流动。这种情况通常出现在 $Ma_\infty > 5$ 的流动中。以下特性是高超声速边界层的典型特征。

1. 真实气体效应

真实气体效应源于分子振荡、耗散以及更高温度下的电离。如果离解发生,则这种气体经常被表示为分子与原子的二元混合物。另一个关于原子气体浓度的积分方程可添加到已有的积分方程中,以此作为离解量的度量。通常,这些边界层是非平衡边界层,其中的两个极限情况是热力学平衡与冻结流。这里的表面状态相当重要。如果所有原子在壁面重新组合,则该壁面就是完全催化壁,否则就是非催化壁。这些问题将会在 11.3 节中围绕二元边界层的处理进行深入讨论。

2. 热防护

当航天飞机再飞入地球大气层时,就会存在大量的热传递。因此,壁面传热及通过适当的冷却机制的计算往往是非常重要的,具体可参见范·德瑞斯特(E. R. Van Driest,1956a)发表的文献。在蒸发冷却过程中,(轻质)气体由多孔表面吹出;在烧蚀过程中,冷却是通过表面薄层转变为液态或气态(蒸发冷却、升华冷却)来实现的。在这些情况下发现了二元边界层(或包含两种以上流体的边界层)。这个问题将在 11.3 节深入讨论。非常高的温度下的辐射冷却是十分重要的。读者可参见施奈德(W. Schneider,1968,1974a,1976,1980)和帕伊(S. I. Pai,1965)的综述文章。

3. 高阶边界层效应

高超声速物体前通常会生成分离的弯曲激波。激波生成之后,无黏流动不再是无旋的。这种情况下边界层的外缘必须与有旋外流一致。这就是所谓高阶边界层效应,将在第 14 章讨论。当无滑移条件不再成立(所谓的滑移流动)且壁面温度与壁面气体温度之间存在温度阶跃时,这种效应也发生于极低密度(大气层高度很高)的高超声速流动中,具体可参见第 14 章。

4. 边界层与激波相互作用

当考虑高超声速飞行器的气动升力时,发现其构形相当细长,类似于细长的楔形。由于飞行马赫数高,因此所形成的激波非常接近飞行器的轮廓线,且在高超声速区的平板流前缘等处存在非常强的边界层与激波相互作用。这个问题将在 14.3 节中予以详细讨论。

10.5 自然对流

10.5.1 边界层方程组

当以密度差引起的浮力为驱动力时就会出现自然对流流动。如果密度保持恒定,就不会形成自然对流流动。因此,这是一种变物理性质效应,其中存在动量与热量输运之间的相互耦合。(强迫对流中这种耦合在恒定物理性质假定下是单向的。)

自然对流流动产生的直接原因是通过固定壁面热传导向周围流体传热。

图 10.11 所示为加热的垂直平板边界层，其温度 T_w 高于环境温度 T_∞。从平板向流体的传热引起靠近壁面的流体温度增加及温度敏感的密度变化。如果密度随温度的升高而减小，则靠近壁面处会产生浮力，较热的流体沿板向上移动。显然，平板的影响仅限于靠近壁面的薄层，因为通过壁面供给流体的额外热力学能是通过对流沿壁面向上输运的，因此无法达到更远的流体区域。热层厚度 δ_{th}（$T > T_\infty$ 区域）是当温度降至外流温度 T_∞ 某一特定百分比（如 1%）范围时与壁面的距离。这一厚度随着长度 x 的增加而增加。这是根据简单的能量平衡得出的，根据这个平衡，在 x 点之前通过壁面提供的总热力学能在 x = 常数的截面上进行与高温流体的对流流动。简单的量纲分析表明，热边界层厚度越小，黏度 μ 也就越小。因此，流动具有边界层特征，同自由射流、壁面射流相当，均并无外部流动。

另外，基本方程也是图 10.1 所示坐标系的边界层方程，即式（10.4）~式（10.6），动量方程中有一个额外的浮力项。由此得出静态（无流动）情况：

$$\frac{dp_{stat}}{dx} = -\rho_{stat} g \sin\alpha \qquad (10.110)$$

后续的讨论中，假设存在恒定温度 T_∞ 的静态场，即 $\rho_{stat} = \rho_\infty$。由不同温度层构成自然对流外部流场的细节可参见陈与艾希霍恩（C. C. Chen, R. Eichhorn, 1976）发表的文献、贾鲁里亚（Y. Jaluria, 1980）的专著第 173 页，以及文卡塔恰拉与纳思（B. J. Venkatachala, G. Nath, 1981）发表的文献。

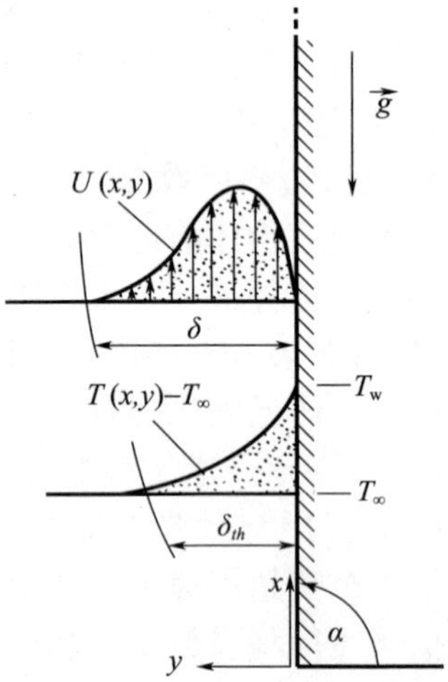

由于外部压力施加于边界层（$\partial p/\partial y = 0$），不存在来自流动的额外压力，即 $p = p_{stat}$。因此有

图 10.11 加热的垂直平板边界层

$$-\rho g \sin\alpha - \frac{dp}{dx} = -(\rho - \rho_\infty) g \sin\alpha \qquad (10.111)$$

下面讨论只有小温差 $\Delta T = T_w - T_\infty$（或小壁面热流 q_w）的情况。密度函数 $\rho(T)$ 则可以泰勒级数的形式展开：

$$\rho(T) = \rho_\infty - \beta_\infty \rho_\infty (T - T_\infty) + \cdots \qquad (10.112)$$

其中，热膨胀系数为温度 T_∞ 时的 $\beta_\infty = -[(d\rho/dT)/\rho]_\infty$。如果在线性项之后分解该级数，则合并式（10.111）和式（10.112），可得

$$-\rho g \sin\alpha - \frac{dp}{dx} = \rho_\infty g \beta_\infty (T - T_\infty) \sin\alpha \qquad (10.113)$$

对其他物理性质则采用相似的线性展开，这里给出黏度的展开式：

$$\mu(T) = \mu_\infty \left[1 + K_\mu \frac{\Delta T}{T_\infty} \vartheta\right] \qquad (10.114)$$

式中：$\vartheta = (T-T_\infty)/\Delta T$；$\Delta T$ 为特征温差；$\Delta T/T_\infty$ 极限情况下所有物理性质可简化为其值 T_∞。这种特性称为布辛涅斯克近似，具体可参见 4.2 节。因此，自然对流流动的基本方程组为

$$\frac{\partial u}{\partial x} + \frac{\partial u}{\partial y} = 0 \tag{10.115}$$

$$u\frac{\partial u}{\partial x} + v\frac{\partial u}{\partial y} = \nu_\infty \frac{\partial^2 u}{\partial y^2} + g\beta_\infty(T-T_\infty)\sin\alpha \tag{10.116}$$

$$u\frac{\partial T}{\partial x} + v\frac{\partial T}{\partial y} = a_\infty \frac{\partial^2 T}{\partial y^2} \tag{10.117}$$

其中，$a_\infty = \lambda_\infty/(\rho_\infty c_{p\infty})$。能量方程中的耗散项 $\mu_\infty(\partial u/\partial y)^2/(\rho_\infty c_{p\infty})$ 已忽略。这可能是因为自然对流流动的速度很小。相关内容将再次在 10.5.7 节进行简要讨论。

推导式(10.116)过程中，假设 β_∞ 不会消失。如果发生这种情况（如 4℃ 的水中），必须采取特殊的步骤。展开式(10.112)过程中，必须考虑二次项，具体参见赫维希(H. Herwig, 1985a)发表的文献。

需要指出的是，边界层方程组是由纳维－斯托克斯方程组通过极限过程推导而得到的。强迫对流流动中，这是高雷诺数 $Re\to\infty$ 的极限情况。经边界层变换后，边界层方程组与雷诺数（黏性）无关。

由于自然对流中没有初始给定的参考速度，必须找到描述这些流动的另一个特征数来替代雷诺数。从量纲分析的角度出发可得

$$Gr = \frac{gl^3\beta_\infty\Delta T}{\nu_\infty^2} \tag{10.118}$$

这个特征数称为格拉斯霍夫数。其中，ΔT 为特征温差。从与雷诺数 $Re = Vl/\nu$ 平方的对比可知，自然对流流动的特征速度为

$$V_{DN} = (gl\beta_\infty\Delta T)^{1/2} \tag{10.119}$$

其中，假定 $\beta_\infty\Delta T$ 为正。式(10.119)中的下标 DN 表示直接自然对流，且与 10.6 节所讨论的间接自然对流特征速度不同。边界层相对厚度 $\delta(x)/l$ 随格拉斯霍夫数的增加而减小。

边界层变换中考虑这一特性之后，边界层方程与格拉斯霍夫数无关。由变换式

$$x^* = \frac{x}{l}, \bar{y} = \frac{y}{l}Gr^{1/4}, u^* = \frac{u}{V_{DN}},$$
$$\bar{v} = \frac{v}{V_{DN}}Gr^{1/4}, \vartheta = \frac{T-T_\infty}{\Delta T} \tag{10.120}$$

可得方程组

$$\begin{cases} \dfrac{\partial u^*}{\partial x^*} + \dfrac{\partial \bar{v}}{\partial \bar{y}} = 0 \\ u^* \dfrac{\partial u^*}{\partial x^*} + \bar{v}\dfrac{\partial u^*}{\partial \bar{y}} = \dfrac{\partial^2 u^*}{\partial \bar{y}^2} + \vartheta\sin\alpha \\ u^* \dfrac{\partial \vartheta}{\partial x^*} + \bar{v}\dfrac{\partial \vartheta}{\partial \bar{y}} = \dfrac{1}{Pr}\dfrac{\partial^2 \vartheta}{\partial \bar{y}^2} \end{cases} \quad (10.121)$$

其边界条件为

$$\bar{y}=0: u^*=0, \bar{v}=0, \vartheta=(T_w - T_\infty)/\Delta T; \bar{y}\to\infty: u^*=0, \vartheta=0 \quad (10.122)$$

因此,问题是已知诸如物体轮廓 $\sin\alpha$、Pr_∞ 和壁面温度 $T_w(x)$ 分布等边界条件式(10.122)前提下解方程组(10.121)。

由解函数 $u^*(x^*,\bar{y})$、$\bar{v}(x^*,\bar{y})$ 以及 $\vartheta(x^*,\bar{y})$,可得表面摩擦系数

$$c_f = \dfrac{2\tau_w}{\rho_\infty V_{DN}^2} = 2\,Gr^{-1/4}\left(\dfrac{\partial u^*}{\partial \bar{y}}\right)_w \quad (10.123)$$

努塞尔数

$$Nu = \dfrac{q_w l}{\lambda_\infty \Delta T} = -Gr^{-1/4}\left(\dfrac{\partial \vartheta}{\partial \bar{y}}\right)_w \quad (10.124)$$

以及边界层外缘的逸入速度

$$\dfrac{v_\infty}{V_{DN}} = Gr^{-1/4}\lim_{\bar{y}\to\infty}\bar{v}(x^*,\bar{y}) \quad (10.125)$$

由式(10.120)可以发现,边界层厚度

$$\delta \propto l\,Gr^{-1/4} \propto \sqrt{\nu} \quad (10.126)$$

与运动黏度的平方根成正比。

- 说明(当 $q_w(x)$ 已知时)

可以注意到,如果规定了壁面热流 $q_w(x)$,则边界层厚度不再有 $\delta \propto \sqrt{\nu}$。这种情况与式(10.109)中参考速度取决于 ν 有关。这同自由射流和壁面射流流动非常相似。这些情况下均有 $V \propto \nu^{-1}$[式(7.53)]和 $V \propto \nu^{-2}$[式(7.69)]。由于自然对流流动中也存在规定的速度,对于规定的 q_w 可得到规定速度 $V_{DN} \propto \nu^{-1/4}$。这需要通过边界层变换来描述较大格拉斯霍夫数时流动的渐近性质,从而得到与格拉斯霍夫数无关的方程组。为此,在式(10.119)中将 ΔT 正式设为

$$\Delta T = \dfrac{q_{wl} l}{\lambda_\infty} Gr^{-1/4} \quad (10.127)$$

式中:q_{wl} 为壁面特征热流,即位于 $x=l$ 处。式(10.120)则保证 $(\partial\vartheta/\partial\bar{y})_w$ 与格拉斯霍夫数无关。

结合式(10.118)与式(10.127),可得

$$Gr = \dfrac{g l^4 \beta_\infty q_{wl}}{\lambda_\infty \nu_\infty^2} Gr^{-1/4} \quad (10.128)$$

对于给定的 q_{wl},可定义格拉斯霍夫数为

$$Gr_q = \frac{gl^4 \beta_\infty q_{wl}}{\lambda_\infty \nu_\infty^2} \tag{10.129}$$

因为式(10.128)、式(10.118)与式(10.129)的格拉斯霍夫数存在以下关系：

$$Gr^{1/4} = Gr_q^{1/5} \tag{10.130}$$

通过这种替换,由边界层变换式(10.120)可得式(10.121)。但 $\bar{y}=0$ 处 ϑ 的边界条件为

$$\bar{y} = 0: \left(\frac{\partial \vartheta}{\partial \bar{y}}\right)_w = -\frac{q_w(x)}{q_{wl}}$$

此时,边界层厚度为

$$\delta \propto \nu^{2/5}$$

- 说明(壁面相容性条件)

如果将式(10.116)指定为壁面,则可以发现壁面相容性条件为

$$\nu_\infty \left(\frac{\partial^2 u}{\partial y^2}\right)_w = -g\beta_\infty(T_w - T_\infty)\sin\alpha \tag{10.131}$$

因此,$(\partial^2 u/\partial y^2)_w$ 为负,尽管 $\beta_\infty(T_w - T_\infty)$ 为正,即主流速度的垂直分量具有与浮力相同的方向。由于 $(\partial^2 u/\partial y^2)_w$ 在分离点处必须为正,因此式(10.115)~式(10.117)的解中并无分离出现。然而,实验中确实观察到自然对流中的流动分离。不能用上述理论进行描述。这是高阶边界层效应问题,更多内容将在第 14 章予以讨论。

10.5.2 边界层方程组的变换

1. 萨维尔 – 邱吉尔变换(T_w = 常数)

类似于强迫对流流动中的高特勒变换(具体可参见 7.3 节),萨维尔和邱吉尔(D. A. Saville and S. W. Churchill,1967)提出了自然对流流动(T_w = 常数)的坐标变换。采用变换式

$$\xi = \int_0^{x^*} [\sin\alpha(x^*)]dx^*, \eta = \left(\frac{3}{4}\right)^{1/4} \frac{\bar{y}[\sin\alpha(x^*)]^{1/3}}{\xi^{1/4}} \tag{10.132}$$

对于

$$\psi^*(x^*, \bar{y}) = \left(\frac{4}{3}\right)^{3/4} \xi^{3/4} F(\xi, \eta) \tag{10.133}$$

温度为 $\vartheta(\xi,\eta) = (T - T_\infty)/(T_w - T_\infty)$ 的流函数 $F(\xi,\eta)$,方程组(10.121)变为

$$F_{\eta\eta\eta} + FF_{\eta\eta} - \frac{4}{3}\beta(\xi)F_\eta^2 + \vartheta = \frac{4}{3}\xi(F_\eta F_{\xi\eta} - F_\xi F_{\eta\eta}) \tag{10.134}$$

$$\frac{1}{Pr}\vartheta_{\eta\eta} + F\vartheta_\eta = \frac{4}{3}\xi(F_\eta\vartheta_\xi - F_\xi\vartheta_\eta) \tag{10.135}$$

主函数为

$$\beta(\xi) = \frac{1}{2} + \frac{1}{3}\frac{d[\ln\sin\alpha(\xi)]}{d(\ln\xi)} \tag{10.136}$$

边界条件为

$$\eta = 0: F = 0, F_\eta = 0, \vartheta = 1; \eta \to \infty: F_\eta = 0, \vartheta = 0 \tag{10.137}$$

对于 β = 常数，方程组简化为常微分方程组，即存在相似解。这些内容将会在 10.5.4 节详细讨论。

2. 伪相似变换

如果将 $\bar{y}$ 坐标变换为变量

$$\eta = \frac{\bar{y}}{\sqrt{2x^*}}\left[x^{*3}\frac{T_w(x^*) - T_\infty}{\Delta T}\sin\alpha(x^*)\right]^{1/4} \tag{10.138}$$

则可得到相对流函数

$$f(x^*, \eta) = 2^{-3/2}\psi^*\left[x^{*3}\frac{T_w(x^*) - T_\infty}{\Delta T}\sin\alpha(x^*)\right] \tag{10.139}$$

与温度

$$\vartheta(x^*, \eta) = \frac{T(x^*, \bar{y}) - T_\infty}{T_w(x^*) - T_\infty} \tag{10.140}$$

的方程组。

这个方程组源于波普与塔哈尔(I. Pop, H. S. Takhar, 1993)，即

$$f''' + [3 + P(x^*) + Q(x^*)]ff'' - 2[1 + P(x^*) + Q(x^*)]f'^2 + \vartheta \\ = 4x^*\left(f'\frac{\partial f'}{\partial x^*} - f''\frac{\partial f}{\partial x^*}\right) \tag{10.141}$$

$$\frac{1}{Pr}\vartheta'' + [3 + P(x^*) + Q(x^*)]f\vartheta' - 4P(x^*)f'\vartheta = 4x^*\left(f'\frac{\partial \vartheta}{\partial x^*} - \vartheta'\frac{\partial f}{\partial x^*}\right) \tag{10.142}$$

其边界条件为

$$\eta = 0: f = 0, f' = 0, \vartheta = 1; \eta \to \infty: f' = 0, \vartheta = 0 \tag{10.143}$$

撇号"'"表示对 η 表达式的偏微分。壁面温度函数 $P(x^*)$ 与轮廓函数 $Q(x^*)$ 定义如下：

$$\begin{cases} P(x^*) = \dfrac{d[\ln\{[T_w(x) - T_\infty]/\Delta T\}]}{d(\ln x^*)} \\ Q(x^*) = \dfrac{d[\ln\sin\alpha(x^*)]}{d(\ln x^*)} \end{cases} \tag{10.144}$$

可以发现，方程组简化为恒定 P 值与 Q 值的常微分方程组，并可求出相似解。相关内容将在 10.5.4 节讨论。由于这种物理性质，这种边界层方程组的表征形式对于数值解特别有用，具体参见 10.4.3 节。

10.5.3 大普朗特数极限(T_w = 常数)

阿克里沃斯(A. Acrivos,1962)的研究表明,由大普朗特数极限时方程组可得出相似解,并由此得到表面摩擦系数与努塞尔数的封闭函数。经转换的方程组很容易展示。

由进一步的变换
$$\hat{\eta} = \eta Pr^{1/4}, \quad \hat{F}(\hat{\eta}) = Pr^{3/4} F(\eta)$$
这个方程组在 $Pr \to \infty$ 极限下简化为靠近壁面简单的常微分方程组:
$$\hat{F}''' + \vartheta = 0, \vartheta'' + \hat{F}\vartheta' = 0 \tag{10.145}$$
这里的撇号"'"表示对相似变量 $\hat{\eta}$ 的微分。其边界条件为
$$\hat{\eta} = 0 : \hat{F} = 0, \hat{F}' = 0, \vartheta = 1; \hat{\eta} \to \infty : \hat{F}'' = 0, \vartheta = 0$$

值得注意的是, $\hat{F}''(\infty) = 0$ 条件取代以前的 $\hat{F}'(\infty) = 0$ 实际上, $\hat{F}'(\infty) \neq 0$。这是因为 $Pr \to \infty$ 时边界层有两层,如图 10.12(b)所示。式(10.145)只描述了靠近壁面的薄层。而在这一薄层的外缘,速度是非零的。这里没有描述外层,外层速度降为零,具体参见奎肯(H. K. Kuiken,1968)发表的文献。外层流动并非由浮力直接引起的,而是由来自对壁面薄层外缘速度的拖动作用引起的,这类似于 7.2.5 节中运动平板流动。因此,在外层未知的情况下可计算壁面薄层,可得到独立于几何轮廓 $\sin\alpha(x^*)$ 的相似解。式(10.145)的解为
$$\hat{F}'''_w = 1.085, \hat{F}'(\infty) = 0.884, \vartheta'_w = -0.540$$

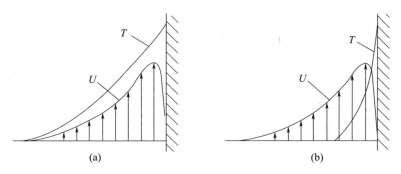

图 10.12 垂直加热平板自然对流的速度与温度分布
(a) $Pr \to 0$; (b) $Pr \to \infty$。

由此可得努塞尔数为
$$Nu = \frac{q_w l}{\lambda_w (T_w - T_\infty)} = 0.503 \, (PrGr)^{1/4} \frac{[\sin\alpha(x)]^{1/3}}{\left\{\int_0^x [\sin\alpha(x)]^{1/3} d(x/l)\right\}^{1/4}}$$
$$\tag{10.146}$$

- **说明(极小普朗特数的极限)**

对于 $Pr\to\infty$ 极限情况,可得到封闭解。该极限下的流动也由两层构成,具体可参见图 10.12(a)。对于靠近壁面的内层可令 $T=T_w$,因此该层的速度场与温度分布无关,且能够计算出来。该层的外缘处的剪切应力须消失。壁面剪切应力由壁面层非线性方程的解给出。虽然外层是无黏的(黏性效应消失),但仍须求解耦合的非线性微分方程组,其中速度须与内部流动速度相匹配。边界层边缘的逸入速度与壁面热流由该解确定,具体参见奎肯(H. K. Kuiken,1969)。

10.5.4 相似解

从方程组式(10.141)和式(10.142)出发,按 10.5.2 节所述,得出 P = 常数与 Q = 常数条件下的相似解。其满足

$$T_w(x^*) - T_\infty = \Delta T \cdot (x^*)^m \quad (m = P)$$
$$\sin\alpha(x^*) = A \cdot (x^*)^n \quad (n = Q) \tag{10.147}$$

因此壁面温度必须遵循幂次定律,其中标准状态由 $m = 0$(T_w = 常数)与 $m = 1/5$(q_w = 常数)确定。

每个 n 值对应一个特定的物体轮廓。对于 $n = 0$,可得到以 α 角倾斜的平板($A = \sin\alpha$),而 $n = 1$ 对应于如圆柱体(l 为曲率半径)下部圆形物体的较低驻点流动,具体可参见图 10.13。

波普和塔哈尔(I. Pop, H. S. Takhar, 1993)已确定 n 值在 0 与 1 之间的物体轮廓。需求解的方程组具有简单形式

$$f''' + (3 + m + n)ff'' - 2(1 + m + n)f'^2 + \vartheta = 0 \tag{10.148}$$

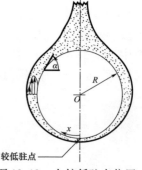

图 10.13 在较低驻点位置 $T > T_w$ 时圆柱体的自然对流

$$\frac{1}{Pr}\vartheta'' + (3 + m + n)f\vartheta' - 4mf'\vartheta = 0 \tag{10.149}$$

其拥有边界条件式(10.143)。

可由下面的解获得努塞尔数:

$$\frac{Nu}{Gr^{1/4}} = -\frac{\vartheta'_w}{\sqrt{2}}A^{1/4}\left(\frac{x}{l}\right)^{(m+n-1)/4} \tag{10.150}$$

倾角 α 平板流($n = 0$)的数值解由表 10.2 给出;图 10.13 中驻点流($n = 1$)的数值解可在表 10.3 查得。$m + n = 0$ 的更多数值可参见波普与塔哈尔(I. Pop and H. S. Takhar, 1993)的文献,$m = n = 0$ 的更多数值可参见施利希廷(H. Schlichting, 1982)的专著第 323 页。杨(K. T. Yang, 1960)、斯帕罗与格雷格(E. M. Sparrow and J. L. Gregg, 1958)对方程组式(10.148)与式(10.149)的特解进行了研究。

壁面温度恒定的情况下可由式(10.134)与式(10.135)立即发现,可由 $\sin\alpha \propto x^n$ 形式的物体轮廓得到相似解。这种情况下式(10.134)中存在恒定的主函数 $\beta = (1/2) + (n/3)$,使得方程组简化为常微分方程组。

表 10.2 倾角 $\alpha \neq 0$ 的平板自然对流流动与 $n = 0$ 时式(10.148)与式(10.148)的相似解

Pr	T_w = 常数($m = 0$)			q_w = 常数($m = 1/5$)		
	f''_w	$-\vartheta'_w$	f_∞	f''_w	$-\vartheta'_w$	f_∞
→0	1.0700	$0.8491 Pr^{1/2}$	$0.4891 Pr^{-1/2}$	1.0116	$1.0051 Pr^{1/2}$	$0.4526 Pr^{-1/2}$
0.01	0.9878	0.0806	4.8480	0.9354	0.0947	4.4790
0.1	0.8592	0.2302	1.5239	0.8136	0.2670	1.4034
0.7	0.6789	0.4995	0.6061	0.6420	0.5701	0.5548
1	0.6422	0.5672	0.5230	0.6070	0.6455	0.4782
7	0.4508	1.0543	0.2752	0.4250	1.1881	0.2509
10	0.4192	1.1693	0.2492	0.3950	1.3164	0.2272
100	0.2517	2.1914	0.1366	0.2367	2.4584	0.1245
→∞	$0.8245 Pr^{-1/4}$	$0.7110 Pr^{1/4}$	$0.4292 Pr^{-1/4}$	$0.7743 Pr^{-1/4}$	$0.7964 Pr^{1/4}$	$0.3909 Pr^{-1/4}$

表 10.3 图 10.13 的较低驻点自然对流流动与 $m = 0$ 时式(10.148)与式(10.149)的相似解

Pr	f''_w	$-\vartheta'_w$	f_∞
→0	0.8716	$0.8695 Pr^{1/2}$	$0.3864 Pr^{-1/2}$
0.01	0.8275	0.0829	3.8322
0.1	0.7440	0.2384	1.2047
0.7	0.6077	0.5236	0.4770
1	0.5777	0.5960	0.4107
7	0.4133	1.1210	0.2141
10	0.3852	1.2452	0.1937
100	0.2332	2.3474	0.1059
→∞	$0.7673 Pr^{-1/4}$	$0.7640 Pr^{1/2}$	$0.3326 Pr^{-1/2}$

如同确定自由射流与壁面射流的强迫对流的相似解,自然对流中浮力射流与浮壁射流也有相似解。

1. 浮力射流

如图 10.14(a) 所示,水平线形状的热能源(或所示平面上的点源)可产生有浮力的射流。由于这个问题并没有特征长度,由类似于自由射流的相似解来描述流动,具体可参见 7.2.6 节。自由射流的动量保持不变,而在浮力射流中动量则是单位长度的幂:

$$\dot{Q}_b = \frac{\dot{Q}}{b} = \int_{-\infty}^{+\infty} \rho c_p u (T - T_\infty) \mathrm{d}y \tag{10.151}$$

其保持恒定（$[\dot{Q}_b] = W/m$）。由于速度与温差没有给定的参考量 V 与 ΔT，因此可由边界层转换中 $\dot{Q}$ 保持恒定的条件来获得。因而黏性效应为 $V \propto \nu^{-1/5}$ 与 $\Delta T \propto \nu^{-2/5}$。式(10.148)与式(10.149)在 $n = 0$、$m = -3/5$ 及对应的边界条件下均成立。

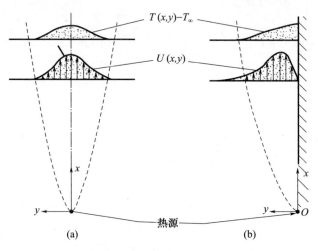

图 10.14　绝热壁的浮力射流(a)与浮壁射流(b)

射流轴线上速度与温度的最大值和射流宽度分别为

$$\begin{cases} u_{\max} = 2f'(0) \left(\dfrac{\dot{Q}_b^2 \beta^2 g^2 x}{\rho^2 c_p^2 \nu} \right)^{1/5} \\[2mm] T_{\max} - T_\infty = \vartheta(0) \left(\dfrac{\dot{Q}_b^4}{\rho^4 c_p^4 g \beta \nu^2 x^3} \right)^{1/5} \\[2mm] \delta \propto \left(\dfrac{\rho c_p \nu^3 x^2}{\dot{Q}_b \beta g} \right)^{1/5} \end{cases} \tag{10.152}$$

其中，系数 $2f'(0)$ 与 $\vartheta(0)$ 仍取决于普朗特数。对于 $Pr = 0.7$，可得 $f'(0) = 0.404$ 与 $\vartheta(0) = 0.373$。普朗特数的其他数值可参见格尔斯滕与赫维希(K. Gersten, H. Herwig,1992)的专著第214页，也可参见格尔斯滕等(K. Gersten et al.,1980)发表的文献。可给出 $Pr = 2$ 与 $Pr = 9/5$ 的简单的封闭解，具体可参见贾鲁里亚(Y. Jaluria,1980)的专著第107页。

浮力射流发生于热体上方一定距离处的所有（直接）自然对流流动，与强迫对流中的尾迹流动相当。$\dot{Q}$ 值对应于单位时间内物体所发出的总热能。

2. 浮壁射流

如果能量来源被设置在壁面的前缘，图10.14(b)所展示的流动将沿垂直壁面发生。这种流动可得相似解。壁面热边界可以是绝热壁($q_w = 0$),也可以是传热壁($T_w - T_\infty \propto x^{-2/5}$),具体可参见阿夫扎尔(N. Afzal,1980)发表的文献。第一种情况下关注的是壁面温度;而第二种情况下关注的是传热。微分方程与浮力射流相同,但壁面条件不同。$Pr = 0.72$ 与 $Pr = 6.7$ 的结果可参见阿夫扎尔(N. Afzal,1980)的研究,大普朗特数的结果可参见塔哈尔和怀特洛(H. S. Takhar, M. H. Whitelaw,1976)发表的文献。

10.5.5 通解

对于一般物体几何轮廓,必须通过求解偏微分方程组来计算自然对流流动。无论方程组式(10.121),还是经变换且适用于 $T_w =$ 常数的方程组式(10.134)和式(10.135),抑或是任意 $T_w(x)$ 分布的方程式(10.141)和式(10.142),都可用来作为求解的基础。

自然对流流动的积分法得到了发展。通过在边界层厚度范围内对式(10.115)~式(10.117)进行积分可获得以下方程组($V_w = 0$):

$$\frac{d}{dx}\int_0^\infty u\,dy = -v_\infty \tag{10.153}$$

$$\frac{d}{dx}\int_0^\infty u^2\,dy = -\frac{\tau_w}{\rho_\infty} + g\beta\int_0^\infty (T - T_\infty)\,dy\sin\alpha \tag{10.154}$$

$$\frac{d}{dx}\int_0^\infty (T - T_\infty)u\,dy = \frac{q_w}{\rho_\infty c_{p\infty}} \tag{10.155}$$

自然对流流动积分法的详细内容可参见伊德(A. E. Ede,1967)发表的文献以及贾鲁里亚(Y. Jaluria,1980)的专著第73页。

1. 实例:水平圆柱

梅尔金对恒壁温水平圆柱的自然对流流动进行了数值计算。$Pr = 0.7$ 时努塞尔数在圆周的分布如图 10.15 所示。为便于比较,还对根据与式(10.146)对应的渐近性近似解进行了分析。虽然对于 $Pr \to \infty$ 的情况是成立的,但 $Pr = 0.7$ 时也得到了很好的结果。

沿圆周对努塞尔数积分可得到平均努塞尔数 Nu_m。由 $Pr = 0.7$ 时的数值解可得到 $Nu_m Gr^{-1/4} = 0.372$,其中圆柱体直径 d 为参考长度。

乔德鲍尔(K. Jodlbauer,1933)以空气为介质($Pr = 0.72; 5 \times 10^3 < Gr < 5 \times 10^6$)的实验所得到的数值为 0.395,考虑到理论对于恒定物理性质是有效的,因此该数值与理论符合,具体可参见摩根(V. T. Morgan,1975)发表的文献。

梅尔金(J. H. Merkin,1977)还计算了水平椭圆柱体的自然对流流动。对于相同的表面和相同的恒定壁温,长轴垂直的椭圆柱体可呈现比圆柱体更大的传热能力。

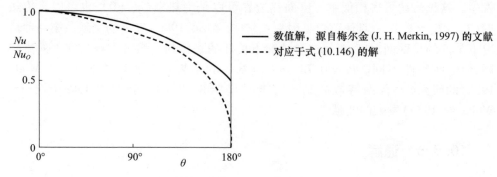

图 10.15　$Pr=0.7$ 时自然对流中水平圆柱体沿圆周局部努塞尔数分布，圆周 θ 取自较低的驻点

对靠近较高驻点处的求解是失败的，这是因为解会因对称性产生不可能出现的平行于表面的有限速度。实际上，边界层在圆柱体高点之前就已从壁面分离，最终成为浮力射流。然而，自然对流中的分离是一种高阶效应，并将在第 14 章予以阐述。

2. 更多的实例

垂直平板自然对流流动温度线性分布的计算可参见阿齐兹与纳（A. Aziz, T. Y. Na, 1984）的专著第 153 页，温度分布呈斜坡函数（首先表现为线性，而后表示为常数）的计算可参见杰贝吉与布拉德肖（T. Cebeci, P. Bradshaw, 1984）的专著第 273 页。

10.5.6　可变物理性质

迄今为止，所讨论的自然对流流动只考虑密度与温度相关性。为此，须研究出具有可变物理性质的流动。布西内近似框架内，浮力项中只考虑密度的温度线性相关性。

本节将考虑直到现在仍被忽略的非线性密度效应以及流体其他所有物理性质温度相关性的影响。因此，本节采用 10.3.1 节中的摄动计算，以特性比率法的形式给出了计算结果，具体可参见 10.3.2 节。如果 $c_{fc.p.}$、$Nu_{c.p.}$ 与 $T_{wc.p.}$ 表示布西内近似框架内的结果，则针对不同性质影响需要修正的比例为

$$\frac{c_f}{c_{fc.p.}} = \left(\frac{Pr}{Pr_\infty}\right)^{m_{Pr}} \left(\frac{\rho_w \beta_\infty}{\rho_\infty \beta_w}\right)^{m_{\rho\beta}} \left(\frac{\rho_w \lambda_w}{\rho_\infty \beta_\infty}\right)^{m_{\rho\lambda}} \left(\frac{c_{pw}}{c_{p\infty}}\right)^{m_c} \quad (10.156)$$

$T_w =$ 常数：

$$\frac{Nu}{Nu_{c.p.}} = \left(\frac{Pr}{Pr_\infty}\right)^{n_{Pr}} \left(\frac{\rho_w \beta_\infty}{\rho_\infty \beta_w}\right)^{n_{\rho\beta}} \left(\frac{\rho_w \lambda_w}{\rho_\infty \beta_\infty}\right)^{n_{\rho\lambda}} \left(\frac{c_{pw}}{c_{p\infty}}\right)^{n_c} \quad (10.157)$$

$q_w =$ 常数：

$$\frac{T_{\text{w}} - T_{\infty}}{(T_{\text{w}} - T_{\infty})_{c.p.}} = \left(\frac{Pr}{Pr_{\infty}}\right)^{k_{Pr}} \left(\frac{\rho_{\text{w}}\beta_{\infty}}{\rho_{\infty}\beta_{\text{w}}}\right)^{k_{\rho\beta}} \left(\frac{\rho_{\text{w}}\lambda_{\text{w}}}{\rho_{\infty}\beta_{\infty}}\right)^{k_{\rho\lambda}} \left(\frac{c_{p\text{w}}}{c_{p\infty}}\right)^{k_c} \quad (10.158)$$

q_{w} = 常数的情况下,下标 W 的物理性质取决于采用布西内近似计算所获得的壁面温度。

赫维希等(Herwig et al.,1985)计算了平板流与驻点流(T_{w} = 常数且 q_{w} = 常数)全范围内普朗特数的指数。可以发现,这两种流动的指数只有很小的差异。因此可得出结论,即式(10.156)~式(10.158)可以很好地局部近似,即不依赖 x,且可适用于诸如努塞尔数 Nu_m 等特征数的平均值。赫维希(H. Herwig,1984)测定过这类平均指数,具体可在表10.4中查得。

表10.4　自然对流流动特性比法确定式(10.156)~式(10.158)中的指数(H. Herwig,1984)

T_{w} = 常数
$m_{Pr} = 0.5 - 0.305\,(1 + 1.217\,Pr_{\infty}^{-0.605})^{-0.637}$
$m_{\rho\beta} = 0.293, m_{\rho\lambda} = 0.450, m_c = -0.368$
$n_{Pr} = 0.206\,(1 + 1.415\,Pr_{\infty}^{-0.7})^{-0.605}$
$n_{\rho\beta} = 0.070, n_{\rho\lambda} = 0.308, n_c = 0.202$
q_{w} = 常数
$m_{Pr} = 0.505 - 0.189\,(1 + 1.304\,Pr_{\infty}^{-0.566})^{-0.66}$
$m_{\rho\beta} = -0.249, m_{\rho\lambda} = 0.267, m_c = -0.516$
$k_{Pr} = 0.163\,(1 + 1.360\,Pr_{\infty}^{-0.695})^{-0.599}$
$n_{\rho\beta} = 0.054, n_{\rho\lambda} = -0.244, n_c = -0.212$

由于速度场与温度场的相互耦合,所有物理性质对表面摩擦系数均有影响。此外,由于密度的非线性温度相关性,热膨胀系数 β 现作为另一种物理性质出现。

实例1:水与油

假定 ρ = 常数、λ = 常数、c_p = 常数,$\mu(T)$、$Pr_{\infty} \to \infty$

(1) T_{w} = 常数

$$\frac{Nu}{Nu_{c.p.}} = \frac{Nu_m}{Nu_{mc.p.}} = \left(\frac{\mu_{\text{w}}}{\mu_{\infty}}\right)^{-0.21} = \left(\frac{Pr_{\text{w}}}{Pr_{\infty}}\right)^{-0.21} \quad (10.159)$$

对应于参考温度

$$T_r = T_{\infty} + j(T_{\text{w}} - T_{\infty}) \quad (10.160)$$

其中,$j = 0.21/0.50 = 0.42$。

藤井等(T. Fujii et al.,1970)所进行的实验表明,水与油平板($Pr \geq 5$)的精确指数为 -0.21。樊登等(R. M. Fand et al.,1977)通过对水平圆柱体的测量得到指数 -0.25,精确地对应于表10.4中 $Pr_{\infty} = 0.7$ 时的指数 n_{Pr}。

(2) q_w = 常数

$$\frac{T_w - T_\infty}{(T_w - T_\infty)_{c.p.}} = \left(\frac{\mu_w}{\mu_\infty}\right)^{0.16} = \left(\frac{Pr_w}{Pr_\infty}\right)^{0.16} \quad (10.161)$$

或 $j = 0.32$,如果采用式(10.160),再次在布西内近似计算时取 T_w。藤井等(T. Fujii et al.,1970)所进行的实验得到了垂直平板的指数 0.17。

实例 2: $Pr = 0.7$ 和 T_w = 常数的空气

假定有 $\rho \propto T^{-1}$、$\beta \propto T^{-1}$、$\mu \propto T^{0.76}$、$\lambda \propto T^{0.76}$、q_w = 常数,则

$$\frac{Nu}{Nu_{c.p.}} = \frac{Nu_m}{Nu_{mc.p.}} = \left(\frac{\mu_w}{\mu_\infty}\right)^{-0.074} \quad (10.162)$$

$j = -0.074/(0.76/2 - 0.75) = 0.2$。这与斯帕罗和格雷格(E. M. Sparrow; J. L. Gregg,1958)垂直平板实验的结果完全一致。

与使用正确性质律时水平圆柱上的计算相比,可以得出,当 $T_w/T_\infty \leq 1.4$ 时,由式(10.162)求解的结果误差小于 1%,具体可参见赫维希等(H. Herwig et al., 1985)发表的文献。

10.5.7 耗散效应

迄今为止自然对流流动的研究忽略耗散效应。这里将确定研究忽略耗散效应的合理程度。为简便起见,将考虑 T_w = 常数的垂直平板。如果考虑耗散项,则边界层变换后的热能方程式(10.120)为

$$u^* \frac{\partial \vartheta}{\partial x^*} + \bar{v} \frac{\partial \vartheta}{\partial \bar{y}} = \frac{1}{Pr} \frac{\partial^2 \vartheta}{\partial \bar{y}^2} + \frac{g\beta_\infty l}{c_{p\infty}} \left(\frac{\partial u^*}{\partial \bar{y}}\right)^2 \quad (10.163)$$

这里出现了一个新的无量纲特征数 $g\beta_\infty l/c_{p\infty}$。除普朗特数外,该附加的参数也会对解产生影响。根据表 3.1,20℃ 与 1bar 条件下,对于水而言该特征数的值为 $8 \times 10^{-6} l/m$,而对于空气则为 $3.3 \times 10^{-5} l/m$。这种情况说明耗散效应通常可以忽略不计。由于存在向湍流的转捩,长度 l 不能任意变大,因此只有在极低温度($\beta_\infty \propto 1/T \to \infty$)下气体的耗散效应才明显。格布哈特(B. Gebhart,1962)确定了考虑耗散时垂直平板流方程的解。

10.6　间接自然对流

由于浮力项消失,到目前为止还不能发生 $\alpha = 0°$ 的自然对流流动。然而自然对流流动确实发生于 $\alpha = 0°$ 时,后面将加以阐述。由于自然对流是以诱导压力梯度的间接方式产生的,因此将其与已经研究过的(直接)自然对流区别开,并称为间接自然对流。

间接自然对流的物理机理如图 10.16 所示。在密度随温度升高而减小的流体中，边界层流动产生于水平的热平板上。平板之前的温度为 T_∞，使静态场中存在梯度为 $\partial p/\partial y = \rho_\infty g$ 的压力分布。平板上边界层的温度高于 T_∞，因此密度低于 ρ_∞。减少的压力梯度 $|\partial p/\partial y| = \rho g < \rho_\infty g$ 引起边界层区域内压降。因此 x 方向存在压降。x 方向的间接压力梯度是平行于平板的流动起点。如同直接自然对流情况，在高格拉斯霍夫数时具有边界层特征。斯梯瓦森（K. Stewartson, 1958）首次展示了 $T_w > T_\infty$ 时平板上侧存在的间接自然对流流动。

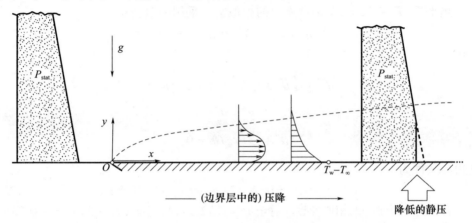

图 10.16　间接自然对流的物理机理
（通过热平板上方的压降来形成边界层中的压力梯度 $\partial p/\partial x$）

当然，压力梯度 $\partial p/\partial y \neq 0$ 对于这些流动的形成十分重要，边界层方程组式(10.4)～式(10.6)不能满足描述这些流动的需要。

如果对完全纳维-斯托克斯方程组（$\alpha = 0°$）进行以下边界层变换：

$$\bar{y} = \frac{y}{l} Gr^{1/5}, \quad \bar{v} = \frac{v}{V_{IN}} Gr^{1/5} \tag{10.164}$$

其中

$$V_{IN} = (g l^{1/2} \nu^{1/2} \beta_\infty \Delta T)^{2/5} \tag{10.165}$$

考虑布西内近似与能量方程，则可获得能够描述间接自然对流的边界层方程组。其量纲形式为

$$\frac{\partial u}{\partial x} + \frac{\partial v}{\partial y} = 0 \tag{10.166}$$

$$u \frac{\partial u}{\partial x} + v \frac{\partial u}{\partial y} = -\frac{1}{\rho_\infty} \frac{\partial p}{\partial x} + \nu_\infty \frac{\partial^2 u}{\partial y^2} \tag{10.167}$$

$$0 = -\frac{1}{\rho_\infty} \frac{\partial p}{\partial y} + g \beta_\infty (T - T_\infty) \tag{10.168}$$

$$u \frac{\partial T}{\partial x} + v \frac{\partial T}{\partial y} = a_\infty \frac{\partial^2 T}{\partial y^2} \tag{10.169}$$

格拉斯霍夫数由式(10.118)给定。此外,无论是 $\Delta T = T_w - T_\infty$,还是式(10.127),均有效。

选择式(10.164)中的幂次,使 $Gr\to\infty$ 极限下的连续方程、x 方向动量方程中的摩擦项以及 y 方向动量方程中的压力与浮力项保持相同。

速度场仍依赖温度场。这种耦合通过压力与 y 方向动量方程中的温度耦合来实现。

斯梯瓦森(K. Stewartson,1958)的研究表明,方程式(10.166)~式(10.168)会产生热平板($T_w - T_\infty = \Delta T > 0$)流动的相似解。采用相似变换

$$\bar{y} = (x^*)^{2/5}\eta, \bar{\psi} = (x^*)^{3/5}f(\eta), \bar{p} = (x^*)^{2/5}g(\eta) \qquad (10.170)$$

可得

$$f''' + \frac{3}{5}ff'' - \frac{1}{5}f'^2 = \frac{2}{5}(g - \eta g')$$

$$g' = \vartheta \qquad (10.171)$$

$$\vartheta'' + \frac{3}{5}Pr_\infty f\vartheta' = 0$$

其边界条件为

$$\eta = 0: \quad f = 0, f' = 0, \vartheta = 1; \eta \to \infty: \quad f' = 0, \vartheta = 0 \qquad (10.172)$$

普朗特数是唯一的相似参数。对于 $Pr = 0.72$,可得 $f''_w = 0.9787$ 与 $\vartheta' = -0.3574$,具体可参见吉尔等(W. N. Gill et al., 1965)发表的文献。(然而,斯梯瓦森的数值结果是不正确的。)因而可求出热传递:

$$Nu = \frac{q_w l}{\lambda_\infty (T_w - T_\infty)} = 0.357 \left(\frac{x}{l}\right)^{-2/5} Gr^{1/5} \qquad (Pr = 0.72) \qquad (10.173)$$

任意普朗特数的近似公式已由维克恩(G. Wickern,1987)给出。$Pr\to 0$ 与 $Pr\to\infty$ 极限情况下的解也在本书中列出。

壁面温度分布也可得到任意幂次定律的相似解。$T_w - T_\infty \propto x^{1/3}$ 的情况对应于恒定的 q_w。维克恩(G. Wickern,1987)发表的文献中也可找到其解。可再次采用式(10.129)中的 Gr_q 来替代式(10.118)中的 Gr,其中式(10.130)介于这两个特征数之间。

斯梯瓦森(K. Stewartson,1958)提出的自相似解在前缘附近有效。进一步向下游的流动会导致流动分离。值得一提的是,分离点并不存在奇异性。分离过程不同于强迫对流,而与纵向涡的出现有关,可参见佩拉与吉哈德(L. Pera, B. Gebhard,1973)发表的文献。

- 说明(自由间接自然对流流动)

假设图10.16中的温度为 $T_\infty - \Delta T$ 的平板下侧存在一个等效的流动,平板具有有限长度,则一个具有反对称温度分布的水平射流越过平板尾缘。诺斯哈迪与施耐德(V. Noshadi, W. Schneider,1999)的研究表明,这种射流的远场会产生 $0.5 <$

$Pr < 1.47$ 条件下式(10.166)~式(10.168)的相似解。类似的轴对称情况也得到了研究。$Pr > 1$ 时的解存在。

10.7 混合对流

由于存在混合对流,强迫对流暗示着浮力的存在,从而产生额外的影响,如直接或间接自然对流。因此,混合对流是强迫对流与自然对流的组合。布西内近似再次作为浮力项的基础。

强迫对流与自然对流的边界层变换是不同的,具体可参见式(10.1)、式(10.120)和式(10.164),原则上不可能找到边界层方程组不依赖黏性的边界层变换,即与雷诺数或格拉斯霍夫数无关,同时仍能描述间接自然对流的影响。如果采用式(10.1)中的边界层变换,$Re \to \infty$ 极限下可得以下无量纲方程组($Ec = 0$):

$$\frac{\partial u^*}{\partial x^*} + \frac{\partial \bar{v}}{\partial \bar{y}} = 0 \tag{10.174}$$

$$u^* \frac{\partial u^*}{\partial x^*} + \bar{v} \frac{\partial u^*}{\partial \bar{y}} = -\frac{\partial p^*}{\partial x^*} + \frac{\partial^2 u^*}{\partial \bar{y}^2} - \vartheta P_{\mathrm{I}} \sin\alpha \tag{10.175}$$

$$0 = -\frac{\partial p^*}{\partial \bar{y}} + \vartheta P_{\mathrm{II}} \cos\alpha \tag{10.176}$$

$$u^* \frac{\partial \vartheta}{\partial x^*} + \bar{v} \frac{\partial \vartheta}{\partial \bar{y}} = \frac{1}{Pr} + \frac{\partial^2 \vartheta}{\partial \bar{y}^2} \tag{10.177}$$

这里设定

$$P_{\mathrm{I}} = \frac{Gr}{Re^2} = \frac{gl\beta_\infty \Delta T}{V^2}, \quad P_{\mathrm{II}} = \frac{Gr}{Re^{5/2}} = \frac{gl^{1/2}\nu^{1/2}\beta_\infty \Delta T}{V^{5/2}} \tag{10.178}$$

现对 $Re \to \infty$ 极限按以下两种情况进行微分。

1. 没有间接自然对流

$Gr \propto Re^2$,因此对于 $Re \to \infty$ 有 $P_{\mathrm{II}} \to 0$,且 y 方向动量方程可简化为 $\partial p^*/\partial \bar{y} = 0$。

2. 有间接自然对流

$Gr \propto Re^{5/2}$,$P_{\mathrm{I}} \sin\alpha$ 的乘积必须是有限的,即有 $\sin\alpha \approx \alpha \propto Re^{-1/2}$。因此,$\alpha$ 角随着雷诺数的增加而趋向于零。

两个参数 P_{I} 与 P_{II} 描述了两种不同效应的比值:

$$P_{\mathrm{I}} = \left(\frac{V_{DN}}{V}\right)^2 \propto \frac{\text{直接自然对流}}{\text{强迫对流}} \qquad P_{\mathrm{II}} = \left(\frac{V_{DN}}{V}\right)^{5/2} \propto \frac{\text{间接自然对流}}{\text{强迫对流}}$$

$P_{\mathrm{I}} \to 0$:强迫对流 $\qquad\qquad P_{\mathrm{II}} \to 0$:强迫对流

$P_{\mathrm{I}} \to \infty$:纯直接自然对流 $\qquad P_{\mathrm{II}} \to \infty$:纯间接自然对流

- **实例：任意倾斜平板的混合对流**

现将边界层方程组式(10.174)~式(10.177)用于任意角度($0 \leq \alpha \leq 2\pi$)倾斜平板。其目的是将所有可能的边界层解集合为一个包含所有特殊情况的整体(如纯强迫对流或纯自然对流)。基于维克恩(G. Wickern,1987,1991a,1991b)的全面研究,主要是在T_w=常数与q_w=常数的热边界条件下进行动量与换热计算,并给出了$Pr=0.72$时的具体数值结果。

由于所涉及的3种效应既相互支持又相互对抗,不同情况下会出现分离流动,此时靠近壁面剪切应力消失处的点可以是奇异的,也可以是规则的。这意味着在由P_I与P_{II}构成的通解中,并非将所有的参数组合都能在阐述的边界层理论框架内得到解。图10.17所示为T_w=常数的热边界条件下任意角度倾斜平板可能的边界层解区域。

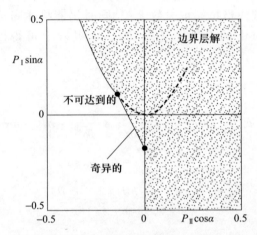

图10.17 T_w=常数的热边界条件下任意角度倾斜平板可能的边界层解区域

虽然只有所述三者之一效应的流动具有自相似特性(因此数学上会得到常微分方程),但只要同时发生两种效应,则偏微分方程就须进行求解。对此的物理解释是,这3种效应对于长度l的影响不同,且任意组合都意味着引入了一个特征长度(如从前缘至分离位置的长度)。

如果将不同效果的参考速度解释为强度的量度,则其对长度的依赖关系如下。
(1)纯强迫对流:$V \propto (l)^0$;
(2)纯间接自然对流:$V_{IN} \propto (l)^{1/5}$;
(3)纯直接自然对流:$V_{DN} \propto (l)^{1/2}$。

以上清楚地表明,如果这3种效应都存在,则$l \to 0$时,纯强迫对流流动占优,而$l \to \infty$时,直接自然对流占优。这在物理上很容易理解,由于靠近平板前缘($l \to 0$)处没有足够的热能对自然对流产生任何可观的影响。另外,直接自然对流的影响随着提供的热能无限制的增加而增大,且确比间接自然对流的影响更强烈。

如果所有3种效应均存在,则必须以布拉休斯解作为初始条件一直自前缘($x=0$)开始计算。

图 10.18 以同时拥有轴 $P_\text{I}\sin\alpha$ 与 $P_\text{II}\cos\alpha$ 的图表展示了普朗特数 $Pr=0.72$ 时的所有解。很明显,$P_\text{I}\sin\alpha$ 与 $P_\text{II}\cos\alpha$ 的正值意味着强制对流由相应的自然对流效应支撑,而负值则意味着这种效应的物理抵消,结果表明,分离是有利的。

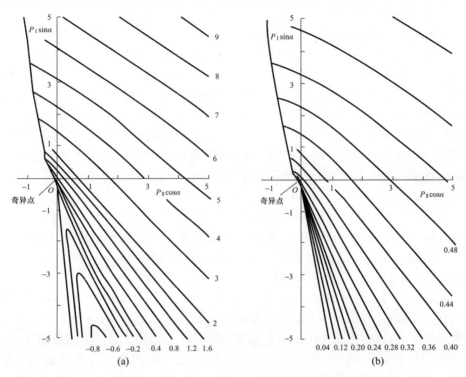

图 10.18 T_w = 常数和 $Pr=0.72$ 下倾斜平板的混合对流图(G. Wicken,1991b)
(a)直线 $c_f\sqrt{Re_x}$ = 常数;(b)直线 $Nu_x/\sqrt{Re_x}$ = 常数。

如果设想 g、β_∞、ΔT、α、ν 与 V 均为给定的固定量,P_I 与 P_II 中唯一的自由变量为长度。不同 l 值就能描述距前缘不同距离位置的期望解,使得长度 l 在相关解释中以 x 来替代。这种情况下假设参数之间只有一个耦合。由于 $P_\text{I}\propto l$ 且 $P_\text{II}\propto l^{1/2}$,随着距前缘(固定的 g、β_∞、ΔT、α、ν 与 V)距离的增加,所有的求解点位于下列抛物线上:

$$P_\text{I}\sin\alpha = C\,(P_\text{II}\cos\alpha)^2 \tag{10.179}$$

图 10.17 与图 10.18 中的常数 C 为

$$C = -\frac{U^3\sin\alpha}{g\beta_\infty\Delta T\nu^2\cos^2\alpha} = \frac{Re^3}{Gr}\frac{\sin\alpha}{\cos^2\alpha} \tag{10.180}$$

图 10.18 中的直线允许读取 $c_f Re^{1/2}(x/l)^{1/2} = 0.664$ 与 $NuRe^{-1/2}(x/l)^{1/2} = 0.293$,具体可参见 6.5 节与 9.4 节。

图中不同象限的流动在物理上有不同的特性,现分别予以阐述。

象限 1: $P_\mathrm{I} \sin\alpha > 0, P_\mathrm{II} \cos\alpha > 0$

象限 1 下,强迫对流的基本流动由两种自然对流加速而来。对于这一象限内的所有解,表面摩擦系数 c_f 和努塞尔数 Nu 随长度 l 单调递增。

象限 2: $P_\mathrm{I} \sin\alpha > 0, P_\mathrm{II} \cos\alpha < 0$

象限 2 内的流动形态要复杂得多。其基本流动最初由间接自然对流减速($P_\mathrm{II} \cos\alpha < 0$)而来,但由直接自然对流加速($P_\mathrm{I} \sin\alpha > 0$)产生。平板上的点有可能存在壁面剪切应力 $\tau_w = 0$ 的极限情况。然而,对于更大的长度 l 同样有 $\tau_w > 0$ 的值。这种情况发生于 $C_\mathrm{cri} = 4.4366$ 时,表示象限 2 内的极限抛物线。$C > C_\mathrm{cri}$ 时计算会产生更平缓的抛物线,这在物理上与更强的间接自然对流对应,因而表明存在分离的情况。随着逐渐逼近分离点,边界层的解呈现出奇异特性,无法持续下去。这个极限由图 10.18 中标注有"奇异点"的直线给出。

象限 3: $P_\mathrm{I} \sin\alpha < 0, P_\mathrm{II} \cos\alpha < 0$

象限 3 内两种自然对流均会使强迫对流减速,因而随着长度 l 的增加必然会出现分离。由于同样存在奇异性,对应于沿奇异直线的抛物线的所有计算均不能进一步实施。该奇异直线精确地止于垂直坐标轴($\alpha = 90°$)。

象限 4: $P_\mathrm{I} \sin\alpha < 0, P_\mathrm{II} \cos\alpha > 0$

象限 4 内的所有流动中,强迫基本流动由间接自然对流($P_\mathrm{II} \cos\alpha > 0$)加速而来,但由直接自然对流($P_\mathrm{I} \sin\alpha < 0$)减速。基于上述的思想,后一种效应在长度 l 较大时占主导,因而象限 4 中的所有流动必然分离。相比于象限 2 与象限 3,分离点的解完全是奇异的,因此可对超越边界层近似框架内的 $\tau_w = 0$ 点进行求解。图 10.18(a)因此包括负 c_f 值的结果。

关于解的细节以及 $q_w =$ 常数时的结果,定性地与 $T_w =$ 常数的结果相对应,可参见维克恩(G. Wickern,1987)的原著。

- **说明 1(奇异解)**

施耐德和沃塞尔(W. Schneider, M. G. Wasel, 1985)、施耐德等(W. Schneider et al.,1994)、斯坦尼克(H. Steinrück,1994)对水平冷平板的研究表明,边界层方程组在这种情况下不具有唯一解。因此,必须慎重对待维克恩(G. Wickern,1987,1991a)得到的象限 2 中存在 $C < C_\mathrm{cri}$ 时的奇异结果和象限 3 的奇异解,读者也可参见施耐德(W. Schneider, 1991, 1995, 2001)发表的文献。拉格雷(P. Y. Lagree,2001)提出,采用三层概念可在避免边界层方程组的情况下描述流场,参见 14.4 节。

- **说明 2(有限长的水平热平板)**

有限长水平热平板下侧的流体流动与上侧的流动存在较大的差异。较低平板一侧的分层是稳定的,这是因为密度沿向上的方向增加。在流过平板边缘过程中经加热后流体的移动非常缓慢。边界层自较低平板的中部生成,并围绕该点对称。该中心点的边界层厚度取决于边界层边缘附近的发展,意味着上游区域的流动会受到影响,可参见舒伦堡(T. Schulenburg,1984)发表的文献。

- **更多的解**

(1)强迫对流和间接自然对流

施耐德(W. Schneider,1979)的研究表明,当 $T_w - T_\infty = \Delta T \propto 1/\sqrt{x}$ 时,水平平板混合对流可产生相似解。热平板($\Delta T > 0$)的解是唯一的。冷平板情况下,最初出现了两种相似解。如果参数

$$K = g\beta_\infty \Delta T (x\nu)^{1/2} V^{-5/2}$$

缺少与普朗特数相关的临界值,则不再有解。这些相似解的显著特征是全部传热集中于(奇异的)前缘,平板的其余区域是绝热的。斯坦尼克(H. Steinrück,1995)已证实,对于 $K<0$,除两个相似解外,还有无穷多个非相似解。这种情况显示了两个相似解间的关系,因为其在前缘与其中的一个相似解一致,在下游最终变成另一个相似解。适当的稳定性条件可用来增强解的唯一性,可参见施耐德(W. Schneider,1995)、诺斯哈迪与施耐德(V. Noshadi,W. Schneider,1998)发表的文献。

席拉瓦(S. Schilawa,1981)研究了水平壁面层流射流的浮力效应。这里根据射流具有环境温度或与周围存在温差的情形来区分加热壁面射流和热壁面射流。存在加热壁面射流时传热因浮力而增强,而存在热壁面射流时传热则会降低。

伊瓜拉(F. J. Higuera,1997)研究了冷却壁面射流与冷壁面射流。这种情况下浮力降低了壁面剪切应力,并最终引起了流动分离。因此,必须对这些流动应用相互作用的边界层理论,如14.2节所述。

丹尼尔斯与加尔加罗(P. G. Daniels,R. J. Gargaro,1993)研究了温度稳定分层的水平边界层。

施耐德(W. schneider,2000,2005)研究了存在大佩克莱特数与小浮力效应时有限长度水平平板的混合对流。平板与流动的方向一致。流体静压在平板尾迹处的跃升引起具有侧向力(对应于热升力)与吸力(对应于阻力)的势流形成。高雷诺数的湍流流动也存在类似的解。米勒纳与施耐德(M. Müllner,W. Schneider,2010)发表了对有限宽度通道的拓展研究的文献。

(2)强迫对流和直接自然对流

斯帕罗等(E. M. Sparrow et al.,1959)、冈尼斯与格布哈特(R. C. Gunness,B. Gebhart,1965)研究了混合对流中的楔流动($u_e \propto x^m$)。如果壁面温度正比于 x^{2m-1},则可得相似解。这种情况对于驻点流意味着壁面上的温度呈线性分布,具体可参见格尔斯滕与施泰因霍伊尔(K. Gersten,J. Steinheuer,1967)发表的文献。如平板混合对流的情况那样,如果强迫对流与直接自然对流相互反作用,就会出现回流。

萨维奇与尚(S. B. Savage,G. K. C. Chan,1970)、格尔斯滕等(K. Gersten et al.,1980)对有浮力的(垂直)自然射流进行了研究。自由射流最初是纯动量射流(无浮力效应),最终成为纯浮力射流。上述最后一项工作中,采用积分法对流动进行了研究,其中射流起点可能位于沿垂直方向的任意角度。

具有浮力的垂直自由射流也会在无初始动量的情况下启动。这就是所谓防火线,具体可参见格尔斯滕等(K. Gersten et al.,1980)发表的文献。

埃尔哈德(P. Ehrhard,2001)对加热或冷却物体远尾迹中的混合对流进行了研究。

水平圆柱体的混合对流对于热线技术很重要,具体可参见贾鲁里亚(Y. Jaluria,1980)的专著第 151 页及摩根(V. T. Morgan,1975)发表的文献。

第11章
边界层控制（抽吸与吹气）

11.1 不同类型的边界层控制

由前面的边界层讨论可知,边界条件即外部速度 $U(x)$ 或 $u_e(x)$,与壁面温度 $T_w(x)$ 或壁面热流 $q_w(x)$ 决定边界层状态。譬如,分离点的位置在很大程度上取决于外流减速的程度。第10章的讨论表明,由于物理性质的温度相关性,因此冷却与加热会影响分离点位置。

除了以常规的边界条件来控制边界层的自然方式外,还有不同方式被开发出来,以便凭借人为手段实现边界层中的特定状态。具体措施如下。

11.1.1 固壁运动

避免分离的一种最佳方法是完全阻止边界层的形成。由于边界层因壁面与外流之间的速度差（无滑移条件）而存在,因此可通过消除速度差来消除边界层。这可以通过顺着流动移动壁面来实现。

运动壁面的一种最简单的实现方法是在流动中旋转一个圆柱体。图11.1所示为流动方向垂直于旋转圆柱体轴线的流动图像。在流动方向与圆柱体旋转方向相同的上部,边界层分离被完全避免。流场是不对称的。无黏外流与具有环量的柱面流相对应。这种流动产生马格努斯效应的横向力。当网球被切片时就会发生这种效应。

实际上,也的确有人试图利用旋转圆柱体的横向力来驱动船舶,具体可参见阿克雷特(J. Ackeret,1925)对蜂鸟直升机旋翼的描述。

对于其他物体形状而言,实现这一原理在技术上是困难的,最终的结果是这种方法在实际应用中几乎没有什么用处。然而,法夫尔(A. Favre,1938)对翼型的移动壁面效应进行了详细的实验研究。为此,在翼型的上侧设置了一个运动的壁面,即两

图 11.1　流动方向垂直于旋转圆柱体轴线的流动图像

个滚筒上运动的环形传送带,以确保环形带向后的运动发生于翼型内部。这种装置被证明是非常有效的,可在大攻角($\alpha \approx 55°$)时得到最大的升力系数$c_L = 3.5$。

下列关于移动壁面流动的研究也值得一提。

(1) 西克曼(J. Siekmann, 1962)与施泰因霍伊尔(J. Steinheuer, 1968a)研究了壁面像传送带那样运动的平板绕流。实验再次得到了相似解,甚至当流动方向与壁面运动方向相反,且满足$|U_w| < 0.354 U_\infty$时相似解仍存在。

(2) 特鲁肯布罗特(E. Truckenbrodt, 1952)研究了零攻角平板边界层,平板的背面部分随流体运动。

(3) 如果一个物体靠近地面移动,就会产生稳定的流动,就像从固定于物体上的坐标系看到的那样。如果在地面以自由流速度移动,就会出现紧贴物体的边界层。比塞(E. Beese, 1984)研究了这种对汽车空气动力学十分重要的现象。

(4) 常规的分离准则$\tau_w = 0$不再适用于运动壁面;相反,所谓 MRS 判据是有效的,可参见摩尔(F. K. Moore, 1958)、罗特(N. Rott, 1955)和西尔斯(W. R. Sears, 1956)发表的文献。根据这个判据,边界层分离点出现于同时发生$u = 0$与$\partial u/\partial y = 0$的位置。图 11.2 展示了存在这样一个分离点的流动。

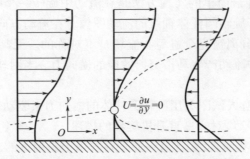

图 11.2　运动壁面上边界层分离点附近的速度分布
MRS 判据:$u = 0$ 与 $\partial u/\partial y = 0$。

11.1.2 狭缝抽吸

普朗特发表的第一部关于边界层的著作中,为证实基本思想,普朗特人为地影响了边界层。他采用抽吸方法取得了一些相当惊人的效果。图 11.3 展示了通过狭缝进行一侧抽吸的圆柱绕流。流体绕物体表面流动,其中抽吸作用于相当长的距离,因而可阻止分离。其结果是阻力极大地降低。同时由于流动不再对称,因此出现了横向力。

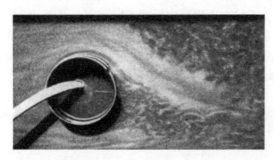

图 11.3　具有单侧边界层抽吸的圆柱绕流(L. Prandtl,1904)

图 2.9 展示了狭缝抽吸在强膨胀扩压器中的应用。当两侧各有两个狭缝抽吸时,流动分离被完全阻止,具体可参见图 2.9(c)。

狭缝抽吸效应本质上是基于外流速度分布 $U(x)$ 的变化的。无黏流的常规分布叠加在点状抽吸缝汇流的速度分布上。这将使狭缝抽吸处之前的流动加速,因此可阻止分离。狭缝之后汇流却使外流减速,但此时边界层须从零厚度重新开始,因而能承受更大的逆压梯度而不会分离。

狭缝抽吸曾用于翼型设计,以减少阻力,相关内容可参见戈德斯坦(S. Goldstein,1948a)发表的文献;也可用于增加升力,相关内容可参见施伦克(O. Schrenk,1935)和波普尔顿(E. D. Poppleton,1955)发表的文献。但必须指出的是,通过抽吸降低阻力时,必须考虑抽吸所需的能量和所谓的下沉阻力。

11.1.3 切向吹气与抽吸

阻止分离的另一种方法是向边界层中能量较低的流体单元提供额外的能量。这可以通过从物体内部沿切向吹出更高速度的流体来实现,如图 11.4(a)所示。边界层动能的供给消除了流动分离的危险。

如果在襟翼的正前方沿切向吹出流体,则翼面效率可大大增加,具体可参见托马斯(F. Thomas,1962,1963)和施利希廷(H. Schlichting,1965b)发表的文献。如果射流的强度足够高,那么会超过势流理论预测的升力。这种吹气襟翼效应引起了

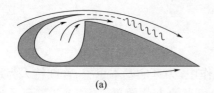
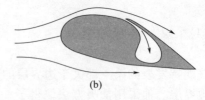

图 11.4 影响边界层的不同方式
(a)吹气;(b)抽吸。

超环量,具体可参见威廉姆斯(J. Williams,1958)发表的文献。

在切向吹气位置正后方边界层中形成了壁面射流剖面,如图 11.5 所示。该剖面影响在边界层的外缘处的速度 $U(x)$。如 7.2.2 节所述,施泰因霍伊尔(J. Steinheuer, 1968b)对这类流动进行了研究,相关研究也可参见格劳特(M. B. Glauert,1958)发表的文献,以了解斯梯瓦森关于壁面射流在恒压下消失的贡献。

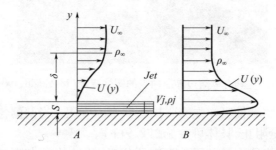

图 11.5 切向吹气时狭缝正后方边界层的壁面射流剖面

边界层分离也可通过切向抽吸来阻止,如图 11.4(b)所示。边界层中的低能流体在分离前通过抽吸被抽除。在抽吸狭缝之后形成了一个新的边界层,可克服一定的压升。如果狭缝设置得当,流动在特定情况下将不会分离。

所谓边界层分流器也是基于同样的原理。其被安装在飞机机身的发动机进口,可确保边界层中的低能流体不能成功地进入发动机。

11.1.4 连续抽吸与吹气

如果壁面是可透过的,则可让流体通过,边界层可通过连续抽吸与吹气来控制。由于边界层的低能流体被移除,因而可通过抽吸来阻止分离。相比之下,壁面剪切应力及由此产生的摩擦阻力可通过吹气来减少。吹气最重要的应用是在蒸发冷却中。如果注入不同的流体,就会产生二元边界层。除了速度场与温度场,边界层也有浓度场。

边界层稳定性和向湍流的转换也会受到连续抽吸与吹气的显著影响。抽吸能够稳定边界层,具体可参见第 15 章。

由于边界层理论的特殊的重要性,11.2 节和 11.3 节将专门讨论连续抽吸与吹气。边界层控制方面的研究综述可参见拉赫曼(G. V. Lachmann,1961)和常(P. K. Chang,1976)的专著。

11.2 连续抽吸与吹气

11.2.1 基本原理

迄今为止,人们通常认为壁面是不可透过的,这就产生了运动边界条件 $v_w = 0$。这里认为壁面是可透过的,使得流体可被抽吸($v_w < 0$)或吹出($v_w > 0$)。然而,这个过程中(不运动)壁面的无滑移条件 $u_w = 0$ 继续有效,更多信息可参见霍肯森(G. J. Hokenson,1985)发表的文献。

推导 6.1 节中边界层方程组时,速度(相对于 V)的分量 v 为 $O(1/\sqrt{Re})$ 量级小量。随后将假设的 v_w 就是这个数量级。其结果是外流与 v_w 无关(更高阶的影响将在第 14 章讨论)。边界层式(6.7)~式(6.9)保持不变,不同的是壁面的边界条件。替换式(6.16),有

$$\bar{y} = 0: u^* = 0, \bar{v} = \bar{v}_w(x^*) \tag{11.1}$$

其中

$$\bar{v}_w = \frac{v_w(x)}{V}\sqrt{Re} \tag{11.2}$$

因此,恒定物理性质的边界层方程组(量纲形式)为

$$\frac{\partial u}{\partial x} + \frac{\partial v}{\partial y} = 0 \tag{11.3}$$

$$u\frac{\partial u}{\partial x} + v\frac{\partial u}{\partial y} = U\frac{dU}{dx} + \nu\frac{\partial^2 u}{\partial y^2} \tag{11.4}$$

$$u\frac{\partial T}{\partial x} + v\frac{\partial T}{\partial y} = a\frac{\partial^2 T}{\partial y^2} + \frac{\nu}{c_p}\left(\frac{\partial u}{\partial y}\right)^2 \tag{11.5}$$

边界条件为

$$\begin{aligned} &y = 0: u = 0, v = v_w(x), T = T_w(x) \text{ 或 } q = q_w(x); \\ &y \to \infty: u = U(x), T = T_\infty \end{aligned} \tag{11.6}$$

其中,$U(x)$、$v_w(x)$ 与 $T_w(x)$ 或 $q_w(x)$ 的分布是给定的。

抽吸或吹气对于传热有双重作用。一方面,边界层中速度场的变化对温度分布产生影响,引起壁面传热的变化;另一方面,$v_w \neq 0$ 时对流换热连同传热发生于壁面。在形成传热努塞尔数 $Nu = q_w l/(\lambda\Delta T)$ 过程中,传热量中 q_w 只是传递到壁面

的热流的可传导部分 $q_w = -\lambda (\partial T/\partial y)_w$,而非全部热流(传导项 q_w 和对流项 $\rho c_p T_w v_w$)。T_w 表示流体在 $y=0$ 处的温度,在此假设其等于壁面温度。

壁面相容性条件式(7.2)的拓展为

$$\mu \left(\frac{\partial^2 u}{\partial y^2}\right)_w = \frac{dp}{dx} + \frac{\tau_w}{\nu} v_w \tag{11.7}$$

由此可知,压力升高是分离($\tau_w = 0$)的必要条件。(极限情况 $\tau_w = 0$、$dp/dx = 0$ 及 $(\partial^2 u/\partial y^2)_w = 0$ 将在 11.2.4 节讨论。)

同样地,积分关系也有附加项。动量积分方程式(7.100)为

$$\frac{d}{dx}(U^2 \delta_2) + \delta_1 U \frac{dU}{dx} - v_w U = \frac{\tau_w}{\rho} \tag{11.8}$$

能量积分方程式(7.104)为

$$\frac{d}{dx}(U^3 \delta_3) - v_w U^2 = \frac{2}{\rho} \int_0^\infty \tau \frac{\partial u}{\partial y} dy = \frac{2D}{\rho} \tag{11.9}$$

以上关于 δ_1、δ_2、δ_3 与 D(耗散积分)的定义成立。

通过连续性方程积分,可得到式(6.35)的延伸:

$$\lim_{y \to \infty}(v - V) = \frac{d(U \delta_1)}{dx} + v_w(x) \tag{11.10}$$

式(11.10)表明,抽吸($v_w < 0$)理论上可阻止边界层的位移效应。

11.2.2　大量抽吸($v_w \to -\infty$)

如果采用非常强的连续抽吸,边界层会变得非常薄。为了能够描述这个边界层,采用可伸展壁面坐标来替代 y,即

$$N = -\frac{v_w(x) y}{\nu} \tag{11.11}$$

如果将边界层式(11.3)~式(11.5)变换至新的坐标 x、N,并取极限 $v_w \to -\infty$,则可获得大幅简化的方程组(忽略耗散):

$$\frac{\partial v}{\partial N} = 0 \tag{11.12}$$

$$\frac{\partial^2 u}{\partial N^2} + \frac{\partial u}{\partial N} = 0 \tag{11.13}$$

$$\frac{1}{Pr}\frac{\partial^2 T}{\partial N^2} + \frac{\partial T}{\partial N} = 0 \tag{11.14}$$

而其解为

$$v = v_w(x) < 0 \tag{11.15}$$

$$u = U(x)[1 - \exp(v_w(x) y/\nu)] \tag{11.16}$$

$$T - T_\infty = (T_w - T_\infty)\exp(v_w(x) y/a) \tag{11.17}$$

以上解是纯粹的局部解,不取决于边界层的演化过程。大规模抽吸的极限情况下,速度与温度的通用分布表示为渐近抽吸剖面。

对于壁面剪切应力,则有

$$\tau_w(x) = \mu\left(\frac{\partial u}{\partial y}\right)_w = \rho[-v_w(x)]U(x) \qquad (11.18)$$

因此其与黏度无关。除此之外,由式(6.39)或式(6.40)可确定摩擦阻力。严格地讲,这并非摩擦阻力,而是所谓下沉阻力,流动中每个物体处的流动都经历一定流量被抽吸走的过程。由动量平衡很容易发现这一点,具体可参见普朗特与蒂金斯(L. Prandtl, O. Tietjens, 1931)的专著第二卷第140页。由式(11.18)可知,大规模抽吸可阻止流动分离。

由式(11.17)得到的壁面热流为

$$q_w = -\lambda\left(\frac{\partial T}{\partial y}\right)_w = \rho[-v_w(x)]c_p[T_w(x) - T_\infty] \qquad (11.19)$$

为确定部分源于传导(取决于λ,可认为是对应于对流热流的差值)的全部壁面热流,必须加入对流项$\rho v_w c_p T_\infty$,使得总热流由$q_{w\,tot} = \rho v_w c_p T_\infty$确定。

对于所有普朗特数,考虑耗散的恢复系数为

$$r = \frac{T_{ad} - T_\infty}{U^2(x)/(2c_p)} = 1 \qquad (11.20)$$

具体可参见格尔斯滕等(K. Gersten et al., 1977)发表的文献。

边界层的不同种类厚度为

$$\delta_1(x) = \frac{\nu}{[-v_w(x)]}, \delta_2(x) = \frac{1}{2}\frac{\nu}{[-v_w(x)]}, \delta_3(x) = \frac{5}{6}\frac{\nu}{[-v_w(x)]},$$
$$H_{12} = 2, H_{32} = \frac{5}{3} \qquad (11.21)$$

5.1.3节已经讨论了平面驻点流中大规模抽吸的解。格尔斯滕等(K. Gersten et al., 1977)提出了将这些解拓展至可压缩流,也可参见扬(A. D. Young, 1948)发表的文献。虽然取$v_w \to -\infty$的极限,但实际上仍严格地用比外流特征速度V(自由流速度)小的抽吸速度来处理,可得

$$\frac{v_w}{V} = O(1/Re^n) \quad \left(0 < n < \frac{1}{2}\right) \qquad (11.22)$$

具体可参见格尔斯滕与格罗斯(K. Gersten, J. F. Gross, 1974b)发表的文献。当$Re \to \infty$,v_w/V趋于零,但$|v_w|\sqrt{Re}/V$趋于无穷。

- **实例:具有大规模均匀抽吸的圆柱体**

从圆柱势能理论的速度分布$U(x) = 2V\sin\varphi$出发,如果不对边界层进行控制,分离将会在$\varphi = 104.5°$处发生。这导致了与给定$U(x)$分布的矛盾。

如果施加足够强的抽吸,分离确实可阻止。当均匀抽吸时,分离点向后部驻点

移动,到达 $v_w\sqrt{VR/\nu}/V = -8.5$ 位置。边界层则被渐近的抽吸剖面很好地近似,具体可参见维德曼(J. Wiedemann,1983)发表的文献。由于不存在压阻,因此阻力定律为

$$c_D = \frac{2D}{\rho V^2 2Rb} = \int_0^\pi c_f \sin\varphi \mathrm{d}\varphi = 2\pi\left(-\frac{v_w}{V}\right) \qquad (11.23)$$

由恒定壁面温度的传热 $\bar{q}_w = \int_0^\pi q_w \mathrm{d}\varphi/\pi$ 可得

$$Nu_m = \frac{\bar{q}_w R}{\rho V^2 2Rb} = \int_0^\pi c_f \sin\varphi \mathrm{d}\varphi = 2\pi\left(-\frac{v_w}{V}\right) \qquad (11.24)$$

11.2.3　大量吹气($v_w \to +\infty$)

大规模吹气使边界层中的 v 分量变得非常大,且相比于未吹气状态,边界层尺度增大。因此引入压缩量:

$$\tilde{v} = \frac{v}{v_{wo}},\ \tilde{y} = \frac{y}{v_{wo}} \qquad (11.25)$$

其中,v_{wo} 为参考位置 $x = x_0$ 处的吹气速度。对这些量取极限 $v_{wo} \to \infty$,边界层式(11.3)~式(11.5)分别变为

$$\frac{\partial u}{\partial x} + \frac{\partial \tilde{v}}{\partial \tilde{y}} = 0 \qquad (11.26)$$

$$u\frac{\partial u}{\partial x} + \tilde{v}\frac{\partial u}{\partial \tilde{y}} = U\frac{\partial U}{\partial x} \qquad (11.27)$$

$$u\frac{\partial T}{\partial x} + \tilde{v}\frac{\partial T}{\partial \tilde{y}} = 0 \qquad (11.28)$$

当取极限时,这些正比于 ν 或 a 的项逐渐减少。因此,对于初级近似,大规模吹气允许可用无黏理论来描述。

速度场的解为

$$u(x,\psi) = \sqrt{2[p(\bar{x}) - p(x)]/\rho} \qquad (11.29)$$

其中

$$\psi(\bar{x}) - \int_0^{\bar{x}} v_w(x)\mathrm{d}x = 常数 \qquad (11.30)$$

描述从壁面上 $x = \bar{x}$ 处起始的流线,具体可参见图11.6。式(11.29)描述了流线上的总压 $p + \rho u^2/2$ 恒定(伯努利方程)。

壁面相容性条件[$\tilde{y} \to 0$ 时的式(11.27)]可产生壁面剪切应力:

$$\tau_w = \mu\left(\frac{\partial u}{\partial y}\right)_w = \frac{\mu U(x)}{v_w(x)}\frac{\mathrm{d}U}{\mathrm{d}x} = -\frac{\nu}{v_w(x)}\frac{\mathrm{d}p}{\mathrm{d}x} \qquad (11.31)$$

这种大规模吹气的解只有在压降情况下才有可能出现,这是由于式(11.29)中 $p(\bar{x}) > p(x)$ 必须成立。

将吹气流体与外流流体分开的分界流线距与壁面的距离可由质量平衡得到：

$$y_D(x) = -\int_0^x \frac{\partial \psi}{u} = \int_0^x \frac{v_w(x')dx'}{u(x,x')} \tag{11.32}$$

这个情况下分界流线是边界层的边缘，因而在压缩坐标系 x、$\tilde{y}$ 中与壁面的距离是有限的。无黏有旋边界层流与无黏无旋边界层外流之间的分界流线上速度的导数是不连续的。这种间断性导致靠近分界流线的摩擦层，确保了一个连续的过渡。描述自由剪切层中流动的微分方程与吹气速度 $v_w(x)$ 无关，具体可参见格尔斯滕与格罗斯(K. Gersten, J. F. Gross, 1947b)发表的文献。

整个边界层内壁面温度 T_w 向外部温度 T_∞ 的过渡也发生在这一层。许多实例表明，对于极限 $v_w \to +\infty$，壁面热流 q_w 呈指数形式趋于零。因此，吹气为大幅降低传热提供了一个非常有效的机会。这种技术被称为蒸发冷却。

- **吹气与抽吸组合**

由式(11.29)~式(11.32)描述的解也可继续向压升区延伸，只要 $v_w(x)$ 分布处于压力最小位置，其符号发生变化，大规模抽吸则可在压升区实施。下面实例说明了圆柱绕流的物理状况。

- **实例：具有大规模抽吸与吹气组合的圆柱绕流**

如图11.7所示，抽吸或吹气通过速度分布 $v_w(\varphi) = v_{w0}\cos\varphi (v_{w0} > 0)$ 来实施。

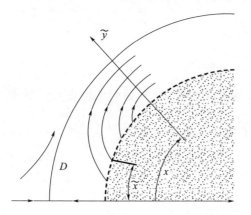

图11.6 大规模吹气边界层流线的发展
D：分界流线。

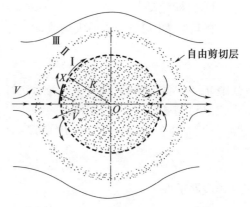

图11.7 具有大规模抽吸与吹气组合的圆柱绕流
层 I：边界层(无黏有旋)；层 II：混合层(有黏)；
层 III：外流(无黏无旋)。

前半部分被吹出的流体恰好是后半部被吸入的流体。采用式(11.31)中的外部速度 $U(\varphi) = 2V\sin\varphi$，可获得表面摩擦系数分布

$$c_f = \frac{2\tau_w}{\rho V^2} = \frac{8\nu}{v_{w0}R}\sin\varphi \tag{11.33}$$

及积分后的阻力定律

$$c_D = \frac{2D}{\rho V^2 2Rb} = \int_0^\pi c_f \sin\varphi \mathrm{d}\varphi = \frac{4\pi\nu}{v_{wo}R} \tag{11.34}$$

由于流动未发生分离,因而不存在压阻。源自式(11.34)的摩擦阻力可通过增加任意给定量 v_{wo} 来降低。因此,该实例给出了流动中有限尺寸物体的边界层方程组解析解,具体可参见格尔斯滕(K. Gersten,1979)发表的文献。

11.2.4 相似解

7.2 节中所涉及的边界层方程组相似解可非常容易地拓展至具有抽吸或吹气的流动。为此,通常必须改变常微分方程的边界条件。本节需要无量纲流函数 $f(\eta)$ 的壁面非零值 $f_w = f(0)$。式(7.11)的壁面吹气速度为

$$v_w \sqrt{Re} = -\frac{\mathrm{d}}{\mathrm{d}\xi}(U_N \bar{\delta}) f_w \tag{11.35}$$

因此,每个相似解存在特殊分布 $v_w(\xi)$ 或 $v_w(x)$,即便是在抽吸与吹气情况下,仍能保持相似性。其也适用于 9.2 节中温度场的相似解、10.4.4 节中的可压缩边界层及 10.5.4 节中的自然对流。下面讨论相似解的实例。

1. 尖楔流动

将具有 $U(x) = ax^m$ 的尖楔流动应用于式(7.32)可得速度分布:

$$v_w(x) = -\sqrt{\frac{m+1}{2}\nu a} x^{\frac{m-1}{2}} f_w \tag{11.36}$$

其中,$f_w > 0$ 表示抽吸,而 $f_w < 0$ 表示吹气。驻点流($m=1$)可精确地恒定 v_w。参考式(7.15)与式(9.52)的方程组

$$f''' + ff'' + \beta(1 - f'^2) = 0 \tag{11.37}$$

$$\frac{1}{Pr}\vartheta'' + f\vartheta' - \frac{2n}{m+1}f'\vartheta = 0 \tag{11.38}$$

及其边界条件

$$\begin{aligned}&\eta = 0: f = f_w, f' = 0, \vartheta = 1;\\&\eta \to \infty: f' = 1, \vartheta = 0\end{aligned} \tag{11.39}$$

已经研究了多次。

图 11.8 展示了尼克尔(K. Nickel,1962)提供的以 f_w 为参数且作为 $\beta = 2m/(m+1)$ 的函数 f''_w。消失的壁面剪切应力由极限 $f''_w = 0$ 给定。由图 11.8 可以发现,即使流动剧烈减速(如 $\beta = -1$,即 $m = -1/3$),足够强的抽吸可产生正的壁面剪切应力。此外,可以发现减速的流动存在两个解,其中的一个解显示回流($f''_w < 0$)。速度场的解由施利希廷(H. Schlichting,19343/44)、施利希廷与布斯曼(H. Schlichting,K. Bussmann,1943)提出,而 $m = 0$ 时的解由埃蒙斯与利(H. W. Emmons, D. C. Leigh, 1954)、施泰因霍伊尔(J. Steinheuer, 1968b)等发表。

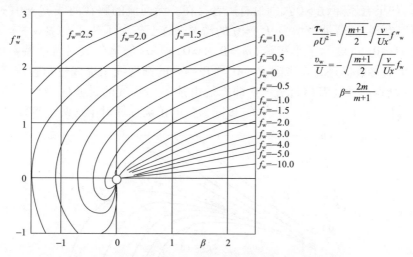

图 11.8　尖楔流动边界层壁面剪切应力 $\tau_w \propto f''_w$ 与
抽吸速度 $V_w = f_w$ 之间的关系式，源自尼克尔(K. Nickel, 1962)

关于解的概述如图 11.9 所示。$\beta - f_w$ 图中每个点都对应一个特定的流动。具有 $f''_w = 0$ 的解由边界曲线给定，平板解终止于 $f_w = -0.8757$。对于这种强度的吹气，边界层从该平板升起。这个解精确地对应于 7.2.4 节中射流边界层($\lambda = 0$)的解，吹气速度 $v_w(x)$ 在此是式(7.45)中夹带速度的函数。卡索(D. R. Kassoy, 1970)详细地描述了 $f_w \to -0.8757$ 的转捩。

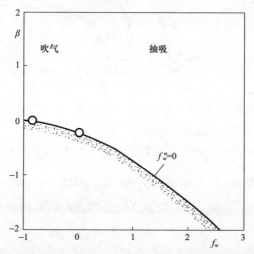

图 11.9　具有连续抽吸与吹气的尖楔流动相似解概观。
极限曲线 $f''_w = 0$ 的下回流发生于边界层之内

图 11.9 的右边界对应大规模抽吸($f_w \to +\infty$),左边界对应大规模吹气($f_w \to -\infty$)。如果有压降($\beta > 0$),则只有后者存在。无回流的解在曲线 $f''_w = 0$ ($\tau_w = 0$) 上。可以发现,随着抽吸增强,$f''_w = 0$ 的情况会移至较大压升区域($\beta \to -\infty$)。

图 11.10(a) 展示了平板流($m=0, \beta=0, n=0$)努塞尔数对普朗特数的依赖性。这里的参数仍是 f_w。极限 $Pr \to 0$ 与 $Pr \to \infty$ 的渐近线用虚线进行包络。显然,$Pr \to 0$ 的渐近属性随着靠近 $f_w = 0$ 即靠近由抽吸向吹气的过渡区域而发生变化。这与二重极限 $Pr \to 0$ 与 $f_w \to 0$ 有关,极限参数的正确选择对于这两个参数很重要。

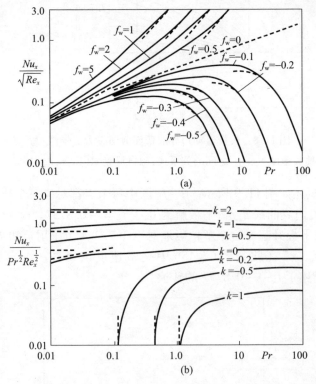

图 11.10 连续抽吸/吹气零攻角平板(T_w = 常数)的传热随普朗特数的变化

采用:$v_w(x)/U_\infty = -\sqrt{\nu/2U_\infty x}\, f_w$

(a) 适用于小普朗特数的表示;(b) 适用于大普朗特数的表示,$K = f_w Pr^{2/3}$。

格尔斯滕与赫维希(K. Gersten, H. Herwig, 1992)的全面阐述表明,$Pr \to 0$ 与 $f_w \to 0$ 情况下函数 $Nu_x / \sqrt{Re_x} = F(Pr, f_w)$ 的适当表示就是可分辨极限。在此,这两个极限作为耦合参数

$$K = f_w Pr^{2/3} \tag{11.40}$$

保持恒定。这个参数遵循最小简并原理,即 Pr 与 f_w 之间的耦合必须恰好使由单参数限制过程(源于耦合)引起的微分方程简并度尽可能小,具体可参见格尔

斯滕(K. Gersten,1982a)发表的文献。由此产生的传热如图 11.10(b)所示。该图中解函数在 $Pr\to 0$ 与 $f_w\to 0$ 区域完全是正则的。另外,$Pr\to 0$ 与 $f_w\to 0$ 区域的函数似乎是奇异的。图 11.10(a)与图 11.10(b)展示的是同一个函数。如果考虑普朗特数 $Pr<1$,则感兴趣的是图 11.10(a);而 $Pr>1$ 时,感兴趣的则是图 11.10(b)。

图 11.11 展示了图 11.10(b)中 $Pr\to\infty$ 的函数对于 K 的依赖性。虚线是抽吸($K\to\infty$)与吹气($K\to-\infty$)的渐近线。$K=0$ 的结果已在表 9.1 中给出。如果从一个有限的 f_w 开始,首先求极限 $Pr\to\infty$,然后求极限 $f_w\to 0$,则会得到错误的结果。遵循图 11.11 中的渐近线,而这两个渐近线均会错误地引起传热消失。

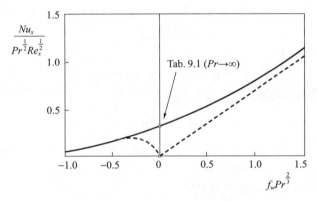

图 11.11　取 $Pr\to\infty$ 与 $f_w\to 0$ 双重极限的连续抽吸与
吹气零攻角平板传热,$K=f_w Pr^{2/3}$ 保持恒定

如所讨论的实例所示,如果双参数问题不正确施行,则所采用的双重极限会引起错误结果。形成极限过程中必须考虑各参数之间的耦合。因此出现了这样的问题,即由于普朗特边界层理论是通过对完整的运动方程组取极限($Re\to\infty$)来实现的,如果描述边界层特性的额外参数也达到极限值,那么边界层理论能否导致不正确的结果?答案是肯定的。极限 $Re\to\infty$ 中确实存在普朗特边界层理论不足以正确描述的流动。这些情况下实施前述的可分辨极限会导致边界层理论的拓展,如第 14 章所示。

具有抽吸与吹气的尖楔流动热边界层方程组的更多解可见斯图尔特和普罗伯(W. E. Stewart, R. Prober, 1962)、唐纳夫与利文古德(P. L. Donoughe, J. N. B. Livingood, 1955)、格尔斯滕与科纳(K. Gersten, H. Korner, 1968)的研究工作。最后一项的工作还讨论了变化的壁面温度分布($n=2m$)与耗散效应。布朗和唐纳夫(W. B. Brown, P. L. Donoughe, 1951)还考虑了物理性质的温度依赖度。耗散效应的详细内容可参见格尔斯滕与格罗斯(K. Gersten, J. F. Gross, 1973a)发表的文献。

2. 扩压器流动

外部速度 $U(x) = a/x(m = -1)$ 对应扩散通道中的流动(源流)。这种流动方式在没有抽吸情况下不存在相似解。抽吸分布

$$v_w(x) = -k\sqrt{\frac{U(x)\nu}{x}} \propto \frac{1}{x} \quad (11.41)$$

的相似解可在 $k \geq 2\sqrt{2}$ 成立条件下得到,可参见荷尔斯坦(H. Holstein,1943)的文献。关于此类流动的传热方面的更多信息可参见格尔斯滕与格罗斯(K. Gersten, H. Korner,1968)发表的文献。

3. 壁面射流

7.2 节中可见无外流的相似边界层,其下列微分方程[可参见式(7.29)]成立:

$$f''' + ff'' - \alpha_3 f'^2 = 0 \quad (11.42)$$

并选择下列边界条件:

$$\eta = 0: f = f_w, f' = 0; \eta \to \infty: f' = 0 \quad (11.43)$$

为满足正则化条件,采用

$$\int_0^\infty f'(\eta)\,\mathrm{d}\eta = 1 \quad (11.44)$$

对于每个给定的 f_w 值,必须得到特征值 α_3 以满足所有边界条件与正则条件。因此,特征值取决于吹气或抽吸的强度。

根据式(11.35),壁面吹气速度为

$$\frac{v_w}{V} = -\frac{f_w}{2-\alpha_3}\left(\frac{Vx}{\nu}\right)^{(\alpha_3-1)/(2-\alpha_3)} \quad (11.45)$$

这种边界层可解释为壁面射流流动。对于 $f_w = 0$,相当于不可透过壁面射流的 $\alpha_3 = -2$,如 7.2.7 节所示。随着吹气强度的增加($f_w < 0$),α_3 变大,并对于 $f_w = -0.5$ 可达到 $\alpha_3 = -1$。这种流动如 7.2.6 节所描述的自由射流。吹气速度 $v_w \propto x^{-2/3}$ 给出式(7.55)中夹带速度的函数。这种吹气强度下壁面射流上升离开壁面而变成自由射流。大规模抽吸($v_w \to -\infty, f_w \to +\infty$)极限下,壁面射流消失,且没有黏性剪切层存在的情况下只有静止状态中的抽吸 $v_w \propto 1/x$ 得以保留。关于这些解的详细内容可参阅施泰因霍伊尔(J. Steinheuer,1966)发表的文献。

11.2.5 通解

对于一般规定的 $U(x)$、$v_w(x)$ 及 $T_w(x)$ 或 $q_w(x)$,式(11.3)~式(11.6)可通过不同的方式进行求解。

过去,采用级数展开方式可获得解,具体可参见伊格利什(R. Iglisch,1944)和高特勒(H. Gortler,1957c)的文献,也可采用基于积分关系的式(11.8)与式(11.9)

的近似方法,参见施利希廷(H. Schlichting,1948)的文献。埃普勒(R. Eppler,1963)的近似方法在实践中被证明是成功的。特鲁肯布鲁特(E. Truckenbrodt,1956)研发了一种特别简单的积分法,可将边界层的计算简化为一阶常微分方程的解。对于不可透过壁的特殊情况,该方法变成积分式(8.23)。

子恩(T. F. Zien,1976)提出了计算抽吸或吹气边界层传热的近似方法。积分法也被用于可压缩边界层,具体可参见莉比与帕洛内(P. A. Libby, A. Pallone,1954)、莫杜丘(M. Morduchow,1952)及佩肖(W. Pechau,1963)发表的文献。

接下来将讨论吹气或抽吸边界层解的一些实例。

1. 均匀抽吸或吹气的平板流动

伊格利什(R. Iglisch,1944)对均匀抽吸或吹气的零攻角平板边界层进行了计算。边界层直接从具有无抽吸布莱修斯分布(形状系数 $H_{12}=2.59$)的前缘开始。然后往下游抽吸并引起 H_{12} 的下降。最后式(11.16)中的渐近抽吸分布对应式(11.21),在形状系数为 $H_{12}=2$ 的下游实现。实际应用中渐近状态大约出现于

$$\frac{-v_w}{U_\infty}\sqrt{\frac{U_\infty x}{\nu}}=2$$

处($H_{12}=2.02$)。如图11.12所示,边界层随着与前缘距离的增加而增大。当达到大 x 值的渐近状态时,边界层保持由式(11.21)给定的厚度。根据斯梯瓦森(K. Stewartson,1957)的研究,解以指数方式进入渐近值,即由于近似值中的下一项与渐近抽吸分布相比呈指数形式的小量,大 x 值是不可能渐近展开的。

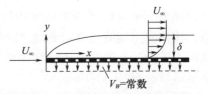

图11.12 均匀抽吸零攻角平板

考虑采用抽吸使流动处于层流而降低阻力的关注点是图11.13所示的均匀抽吸零攻角平板阻力定律。对于非常大的雷诺数 $Re=U_\infty l/\nu$,大多数平板处于渐近解的区域内,其阻力由简单的关系式(11.18)给出,阻力系数为

$$c_D=\frac{2D}{\rho U_\infty^2 bl}=\frac{2}{\rho U_\infty^2 l}\int_0^l \tau_w(x)\mathrm{d}x\approx 2c_Q \tag{11.46}$$

解系数

$$c_Q=\frac{Q}{U_\infty bl}=\frac{-1}{U_\infty l}\int_0^l v_w(x)\mathrm{d}x \tag{11.47}$$

对于均匀抽吸,有 $c_Q=-v_w/U_\infty$。因此,以这种方式确定的 c_D 不依赖雷诺数,并当 $Re\to\infty$ 时 c_D 并不消失。即使在无黏流动中,如果体积流量被吞没致使动量通量 $\dot{I}=D=\rho Q U_\infty$ 从流动中移除,这也是每个物体所经历的下沉阻力。雷诺数越小,阻力越大,这是因为平板前部薄边界层的壁面剪切应力要高于后面的剪切应力。

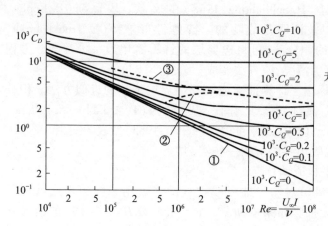

图 11.13 均匀抽吸零攻角平板的阻力系数

为了比较,图 11.13 也展示了无抽吸具有湍流边界层的平板阻力定律。这将在随后的 18.2.5 节讨论。由于抽吸具有稳定边界层的作用,足够强的抽吸可抑制层流向湍流的转捩。如将在第 15 章所示的抽吸系数

$$c_{Q\,\text{crit}} = 1.2 \times 10^{-4}$$

足以使整个平板长度边界层保持稳定。该临界抽吸系数对应最有利抽吸的虚曲线。该曲线与湍流边界层曲线之间的区域表示由抽吸而降低的阻力。相对于全湍流阻力的降低量随着雷诺数增加而有所增加。降低的阻力位于 $Re = 10^6 - 10^8$ 雷诺数区域的 60%~80%。

凯(J. M. Kay,1948)通过实验研究证实了伊格利什(R. Iglisch,1944)的理论结果。莱茵博尔特(W. Rheinboldt,1956)对只沿有限长度壁面抽吸的平板边界层进行了研究。

对平板进行均匀吹气时,边界层分离会发生于下列位置:

$$x_s = 0.7456 \frac{U_\infty \nu}{v_w^2}$$

如凯瑟罗尔等(D. Catherall et al.,1965)、卡索(D. R. Kassoy,1973)所提出的,这是一个奇异点。此时吹气越强,分离发生得越早。分离点处出现奇异性意味着边界层理论需要拓展才能描述这种流动,第 14 章将讨论这个主题。

传热的结果可参见子恩(T. F. Zien,1976)的专著。克莱姆普和阿克里沃斯(J. B. Klemp,A. Acrivos,1972)也提及了其他的吹气分布。

2. 翼型

特鲁肯布罗特(E. Truckenbrodt,1956)计算了全表面均匀抽吸的儒科夫斯基翼型对称绕流($\alpha = 0°$)。其中的一个结果如图 11.14 所示,分离点随着抽吸的增强而推后;当 $c_Q^* = c_Q \sqrt{Vl/\nu} > 1.2$ 时,分离不再发生。

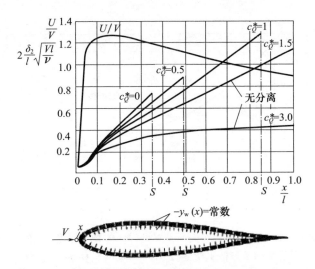

图 11.14　均匀抽吸的零攻角对称儒科夫斯基翼型边界层,源于特鲁肯布罗特的计算

δ_2 动量边界层;l' 半周长;$c_Q^* = c_Q \sqrt{Vl/\nu}$ 减少的抽吸系数;S 分离点。

除了将在第 15 章讨论的具有阻止层流/湍流转捩的稳定作用外,抽吸最重要的效应就是阻止分离。为此,抽吸已用于翼型以提高最大升力。其间抽吸主要应用于靠近翼型前缘的狭窄区域。这个主题的更多内容可参见波普尔顿(E. D. Poppleton,1955)、霍尔茨豪泽和布瑞(C. A. Holzhauser, R. S. Bray,1956)及格雷戈里与沃克(N. Gregory, W. S. Walker,1955)的文献。

维德曼(J. Wiedemann,1983)、维德曼与格尔斯滕(J. Wiedemann and K. Gersten,1984)以及格尔斯滕与维德曼(K. Gersten and J. Wiedemann,1982)将吹气与抽吸组合用于降低翼型阻力。为减少壁面剪切应力,首先在前部实施吹气,继而在压升区域进行抽吸,以防止分离。图 11.15 展示了将阻力作为吹气系数函数的计算结果。此时抽吸量只有吹气量的 1/9。虚线对应 11.2.3 节所述的大规模吹气(或抽吸)的渐近解。可以发现,通过特定的吹气或抽吸,阻力可变得任意小。

11.2.6　有吹气与抽吸的自然对流

这里将考虑在指定物体剖面 $\alpha(x)$、壁面温度 $T_w(x)$ 以及吹气速度 $v_w(x)$ 下的式(10.115)~式(10.117)的解。然而,由于边界层变换(式(10.120)),可处理的速度小:

$$v_w/V = O(Gr^{-1/4})$$

同样,大规模抽吸与吹气也可找到简单的解,具体可参见梅尔金(J. H. Merkin,1972)及阿瑞斯蒂与科尔(J. Aroesty, J. D. Cole,1965)的文献。

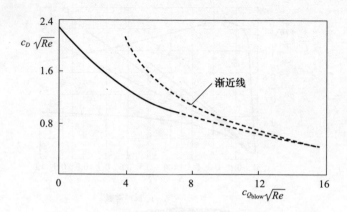

图 11.15 均匀吹气与抽吸的对称儒科夫斯基翼型(4.4%相对厚度,攻角 $\alpha=0°$)的阻力系数,源于维德曼与格尔斯滕(J. Wiedemann, K. Gersten, 1984)

$v_w \propto dU/dx$; $Q_{blow} = 9.1 Q_{suct}$; 渐近线 $c_D \sqrt{Re} = 8.8/(c_{Qblow}\sqrt{Re})$。

可由变化的边界条件 $f(0) = f_w \neq 0$ 找到式(10.148)与式(10.149)的相似解。吹气速度则为

$$\bar{v}_w = \frac{v_w}{V_{DN}} Gr^{-1/4} = -\frac{3+m+n}{\sqrt{2}} A^{-1/4} (x^*)^{(m+n-1)/4} f_w \qquad (11.48)$$

艾希霍恩(R. Eichhorn,1960)研究了竖直平板。可得出相似解的其他物体剖面低驻点计算由梅尔金(J. H. Merkin,1975)提出。

除梅尔金(J. H. Merkin,1975)对水平圆柱的研究外,帕罗与塞斯(E. M. Sparrow, R. D. Cess,1961)、梅尔金(J. H. Merkin,1972)还研究了有均匀抽吸与吹气的平板自然对流。

11.3 二元边界层

11.3.1 综述

迄今所考虑的情况下,所加入的流体性质与外流中的流体是相同的。如果吹出的流体与外流不同,就会产生二元边界层。除动量交换与热交换外,通过扩散也存在质量交换。除了速度边界层与热边界层外,还进一步形成了浓度方式的边界层(如加入流体)。

由于一种轻质气体的吹出可大幅降低传热,该方法在实际应用中用于热保护

(蒸发冷却),具体可参见格罗斯等(J. F. Gross et al.,1961)发表的文献。当液体层从壁面蒸发(蒸发冷却)时,或如果壁面材料自身熔化或升华(升华冷却),也会产生二元边界层。如果固壁材料转换为另一种凝聚状态,这种过程称为烧蚀。

本节将讨论较为常见的流体工质二元掺混,存在适当的壁面边界条件(如蒸发)下也会形成浓度边界层。如10.4.6节所述,二元边界层频繁发生于高超声速气流中。(蒸发冷却、烧蚀冷却)冷却机理中,主要发现了反应气体混合物的边界层。研究发现这种流动与高温条件下气体的离解、电离或燃烧相关。如果高温条件下气流出现离解,则气体通常表示为分子与原子的二元混合物。原子气体的浓度就是离解度。然后将壁面状态作为边界条件。如果所有原子均在壁面重新结合,那么该壁面就称为完全催化壁,而非催化壁面没有原子的重新结合。由于所提及的三元边界层通常存在耦合,尤其是在热边界层与浓度边界层之间,引出了深层次的难题。

二元边界层的综述可参见路德维希与埃尔(G. Ludwig, M. Heil, 1960)、伯德等(R. B. Bird et al.,1960)、维斯特(W. Wuest,1962,1963)以及安德森(J. D. Anderson Jr.,1989)的专著或文献。

11.3.2　基本方程组

现考虑包含两个组分的混合流体。组分的质量浓度 $i(i=1,2)$ 可定义为

$$c_i = \frac{\rho_i}{\rho}, \text{其中}: \rho_i = \lim_{\Delta V \to 0} \frac{\Delta m_i}{\Delta V} \text{ 与 } \sum_i c_i = 1 \tag{11.49}$$

式中:ρ_i 为部分密度。

考虑任意位置处每个分量均存在与另一速度可能不同的速度。因此,为表征这个流动的状态,引入平均速度或相当的质量加权速度。可表示为

$$\boldsymbol{v} = \sum_i c_i \boldsymbol{v}_i \text{ 或 } \rho \boldsymbol{v} = \sum_i \rho_i \boldsymbol{v}_i \tag{11.50}$$

实际上,这个速度采用皮托管来确定。这个速度也出现于动量方程或热能方程中。

对于每个分量 i,均可得到这种形式的质量守恒方程(局部连续方程):

$$\text{div}(\rho_i \boldsymbol{v}_i) = \dot{w}_i \tag{11.51}$$

式中:ρ_i 为单位体积下引起化学反应的单位时间内组分 i 的质量,$[\dot{w}_i] = \text{kg}/(\text{m}^3 \cdot \text{s})$。对于二元混合物则有 $\dot{w}_1 + \dot{w}_2 = 0$。

如果将所有组分求和,式(11.50)则为熟悉形式的全局连续方程:

$$\text{div}(\rho \boldsymbol{v}) = 0 \tag{11.52}$$

具体可参见式(3.3)。

由式(11.50)可知,如果流体中存在浓度差异,就会出现与质量加权速度相关的独立组分 i 相对速度差 $\boldsymbol{v}_i - \boldsymbol{v}$,因此在以质量加权速度运动的坐标系中存在相应

的质量流。由此可得扩散通量向量

$$\boldsymbol{j}_i = \rho_i(\boldsymbol{v}_i - \boldsymbol{v}) \tag{11.53}$$

将式(11.51)、式(11.54)和式(11.53)联立,则二维稳态浓度边界层(相比于边界层中的 $\partial j_{1y}/\partial y, \partial j_{1y}/\partial x$ 可忽略)可产生组分 1 的以下偏连续方程:

$$\rho\left(u\frac{\partial c_1}{\partial x} + v\frac{\partial j_{1y}}{\partial y}\right) = -\frac{\partial j_{1y}}{\partial y} + \dot{w}_1 \tag{11.54}$$

扩散定律给出了扩散通量向量 $\boldsymbol{j}_i$ 与浓度和温度场的关系。对于二元混合物,扩散定律为

$$\boldsymbol{j}_1 = -\rho D_{12}[\operatorname{grad} c_1 + \bar{\alpha}c_1(1-c_1)\operatorname{grad}\ln T] \tag{11.55}$$

严格地讲,两种扩散效应可忽略:一种是压力梯度引起的压力扩散,在边界层 y 方向上的压力梯度;另一种是源于体积力的扩散,体积力只有在不同力场施加于独立组分时才会发挥作用。在重力场中,情况并非如此。

扩散定律(式(11.55))包含两项。第一项描述了浓度梯度导致的扩散,称为菲克扩散定律,对应于热边界层中的傅里叶热传导定律。二元扩散系数 D_{12} 是一种物理性质,单位为 $[D_{12}] = \mathrm{m}^2/\mathrm{s}$。赫维格(H. Herwig,1992:781)给出了一些技术上重要的混合物数值。

式(11.55)中的第二项描述了热扩散(也称索雷特效应)。它引起了因温度梯度所致的额外质量传递。因此,热传递与质量传递之间存在耦合效应。

通过拟设使无量纲热扩散系数 $\bar{\alpha}$ 尽可能独立于浓度,从而可认为对于每种特定的气体组合该系数是常数。

在建立热能方程时,必须考虑进一步的耦合效应。这就是所谓扩散热效应或杜福尔效应。据此,会出现因浓度梯度而产生的额外热流。傅里叶热传导定律可推广如下:

$$q = -\lambda\frac{\partial T}{\partial y} + \left[(h_1 - h_2) + \bar{\alpha}RT\frac{\widetilde{M}^2}{\widetilde{M}_1\widetilde{M}_2}\right]j_{1y} \tag{11.56}$$

式中:j_{1y} 为源自式(11.55)的扩散通量向量 y 分量;R 为混合气体的比常数;$\widetilde{M}_1$ 与 $\widetilde{M}_2$ 分别为两个组分的摩尔质量,而 $\widetilde{M}$ 为混合气体的摩尔质量,由 $1/\widetilde{M} = c_1/\widetilde{M}_1 + c_2/\widetilde{M}_2$ 确定。式(11.56)适用于二元气体混合物。对于常见的流体,可参见哈泽(H. Haase,1963)的专著第 391 页。

如果是理想气体的混合物,则热扩散方程可解释为混合物焓的平衡定律:

$$h = c_1 h_1 + c_2 h_2 \tag{11.57}$$

可得下列稳定的二元平面边界层方程组:

$$\frac{\partial(\rho u)}{\partial x} + \frac{\partial(\rho v)}{\partial y} = 0 \tag{11.58}$$

$$\rho\left(u\frac{\partial u}{\partial x} + v\frac{\partial v}{\partial y}\right) = -\rho g\sin\alpha - \frac{\mathrm{d}p}{\mathrm{d}x} + \frac{\partial}{\partial y}\left(\mu\frac{\partial u}{\partial y}\right) \tag{11.59}$$

$$\rho c_p \left(u \frac{\partial T}{\partial x} + v \frac{\partial T}{\partial y} \right) = \frac{\partial}{\partial y} \left(\lambda \frac{\partial T}{\partial x} \right) + \beta T u \frac{\mathrm{d}p}{\mathrm{d}x} + \mu \left(\frac{\partial u}{\partial y} \right)^2$$

$$+ \frac{\partial}{\partial y} \left\{ \rho D_{12} \left[h_1 - h_2 + \underline{\overline{\alpha} RT \frac{\widetilde{M}^2}{\widetilde{M}_1 \widetilde{M}_2}} \right] \right.$$

$$\left. \times \left[\frac{\partial c_1}{\partial y} + \underline{\overline{\alpha} c_1 (1 - c_1) \frac{\partial \ln T}{\partial y}} \right] \right\} \quad (11.60)$$

$$\rho \left(u \frac{\partial c_1}{\partial x} + v \frac{\partial c_1}{\partial y} \right) = \frac{\partial}{\partial y} \left[\rho D_{12} \left(\frac{\partial c_1}{\partial y} + \underline{\overline{\alpha} c_1 (1 - c_1) \frac{\partial \ln T}{\partial y}} \right) \right] + \dot{w}_1 \quad (11.61)$$

如果忽略耦合效应(正比于 $\overline{\alpha}$),则具有下划线的项消失。

许多情况下,耦合效应相比于扩散效应或热传导效应足够小,可忽略不计。然而,也有例外情况。例如,分离同位素所采用的热扩散,扩散热效应在摩尔质量完全不同的混合气体中发挥作用,具体参见伯德等(R. B. Bird et al., 1960)和斯帕洛等(E. M. Sparrow et al., 1964)的文献。

$c_1 = 1$ 的特殊情况下,式(11.58)~式(11.61)再次简化为单一物质的边界层方程式(10.4)~式(10.6)。各组分的比焓 h_1 和 h_2 是绝对值,其还包括生成焓,使其不会明确地出现在能量平衡定律中,具体可参见安德森(J. D. Anderson Jr., 1989)的专著第 616 页。

二元混合物的物理性质通常不仅与温度和压力相关,而且与浓度相关。如果这种相关性很小,则可采用 10.3 节所述的渐近法找到有效的表述,具体可参见格尔斯滕与赫维希(K. Gersten, H. Herwig, 1992)的专著第 360 页。

速度与温度边界条件与单一物质边界层的边界条件一致。但浓度有两个新的边界条件。距壁面较远处有 $c_1 = c_{1e}$。如果只有外部气体,则 $c_{1e} = 0$。

特别重要的是壁面处的浓度条件。存在以下几种不同的可能性。

1. 单边扩散

如果组分 1 经壁面吹出,可假设外部的组分 2 并没有穿透壁面,即外部流体在壁面的扩散速度数值上等于壁面处的吹气速度 v_w,且方向相反。将 $v_{2w} = 0$ 代入式(11.53),可得

$$j_{2w} = -\rho_2 v_w = -\rho v_w (1 - c_1) = -j_{1w}$$

且采用式(11.55),并忽略热扩散,最终可得

$$v_w = -\left\{ \frac{D_{12}}{1 - c_1} \frac{\partial c_1}{\partial y} \right\}_w \quad (11.62)$$

因此,即便对于常物理性质,速度场仍取决于浓度场与温度场。

式(11.62)被称为埃克特 - 施耐德条件。这是半透边界表面的单边扩散边界条件。一个例子是自由水面(水膜)上的流动。然后边界层出现,这是空气与蒸汽的混合气(湿空气)。因此,蒸发相当于吹气的流动。相反,蒸汽在壁面的凝结相当于抽吸。因此吹气的质量流量为 $\dot{m}_w = \rho_w v_w$,其中并未用局部密度 ρ_1,而是采用

了混合物密度,具体可参见式(11.50)。

2. 非催化壁

由于非催化壁没有原子在壁面的重新组合,因此有

$$\left(\frac{\partial c_1}{\partial y}\right) = 0 \tag{11.63}$$

3. 完全催化壁

完全催化壁壁面会发生极快的化学反应。因此,壁面温度与压力的局部数值变为与平衡浓度相关的温度与压力值:

$$c_{1w} = (c_{1w})_{\text{equil.}} \tag{11.64}$$

由方程式(11.58)~式(11.61)可得传热传质的特解。式(11.56)给出了壁面传热。忽略耦合效应($\bar{\alpha}=0$),壁面热流为

$$q_w = -\left[\lambda\frac{\partial T}{\partial y} + \rho D_{12}(h_1 - h_2)\frac{\partial c_1}{\partial y}\right]_w \tag{11.65}$$

由式(11.55)可知壁面的扩散通量:

$$j_{1w} = -\left(\rho D_{12}\frac{\partial c_1}{\partial y}\right)_w \tag{11.66}$$

与以努塞尔特数表征无量纲 q_w 相似,引入舍伍德数作为无量纲的 j_{1w},则有

$$Nu = \frac{q_w l}{\lambda \Delta T}, \quad Sh = \frac{j_{1w} l}{\rho D_{12} \Delta c} \tag{11.67}$$

式中:Δc 为适合的浓度差量。

如果混合气体处于化学平衡,则浓度 $c_1(T,p)$ 是给定 T 与 p 的函数,其中 c_1 的偏连续方程是多余的,因此可将流动视为单一物质流动。这里给出的例子是离解气体的平衡流动。由质量作用定律可得离解度 $c_1 = f(T,p)$ 的关系式。其出现在边界层中:

$$\frac{\partial c_1}{\partial y} = \frac{\partial c_1}{\partial T}\frac{\partial T}{\partial y}$$

由式(11.65)可得壁面热流

$$q_w = -\left(\lambda_T \frac{\partial T}{\partial y}\right)_w \tag{11.68}$$

其中引入的总导热系数为

$$\lambda_T = \left[\lambda + \rho D_{12}(h_1 - h_2)\frac{\partial c_1}{\partial T}\right]_w \tag{11.69}$$

空气的值已由汉森(C. F. Hansen,1959)给出。

11.3.3 传热与传质的类比

如果有恒定的物理性质且忽略耦合效应($\bar{\alpha}=0$)以及耗散与由能量方程中的

浓度梯度所致的项,式(11.60)与式(11.61)具有相同的形式:

$$u\frac{\partial T}{\partial x}+v\frac{\partial T}{\partial y}=a\frac{\partial^2 T}{\partial y^2} \tag{11.70}$$

$$u\frac{\partial c_1}{\partial x}+v\frac{\partial c_1}{\partial y}=D_{12}\frac{\partial^2 c_1}{\partial y^2} \tag{11.71}$$

如果刘易斯数

$$Le=\frac{D_{12}}{a}=\frac{Pr}{Sc} \tag{11.72}$$

的值为1,则 T 与 c_1 的方程是相同的。式(11.72)中与普朗特数 $Pr=\nu/a$ 相似,引入施密特数:

$$Sc=\frac{\nu}{D_{12}} \tag{11.73}$$

鉴于式(11.70)与式(11.71)在上述条件下具有相同的结构,传热与传质之间存在意义深远的类比关系。对于类似的边界条件,每个关系式

$$\frac{Nu}{\sqrt{Re}}=f(Pr,x^*) \tag{11.74}$$

对应一个类似的关系式

$$\frac{Sh}{\sqrt{Re}}=f(Sc,x^*) \tag{11.75}$$

单边扩散中由于埃克特-施耐德条件意味着抽吸或吹气的传热问题对应于传质问题。因此,在11.2节中讨论的所有传热问题也可用式(11.74)与式(11.75)的类比来解释传质问题。

阿克里沃斯(A. Acrivos,1960a,1962)考虑了对应于大规模抽吸或吹气情况下的传质,对流动中导致相似解的传质问题进行了特别系统的研究。但应注意,这种类比实际上常被用来忽略有限速度 v_w,意味着结果只能是一种近似,具体可参见11.3.4节的实例。

11.3.4 相似解

尖楔流动($U\propto x^m$)产生速度场的相似解,如果壁面温度分布服从幂定律,对温度场也是如此。只要吹气速度满足 $v_w\propto x^{(m-1)/2}$,即使实施了抽吸或吹气,这种相似性仍存在。

由于 v_w 是在埃克特-施耐德条件下使用的,因此出现了一个问题,即对于哪些 $T_w(x)$ 或 $c_{1w}(x)$ 分布,单边扩散的解(存在附加条件式(11.62))保持相似。由式(7.32)与式(7.33)可得以下形式尖楔流动的埃克特-施耐德条件:

$$f_w=\frac{1}{Sc(1-c_1)}\left(\frac{\partial c_1}{\partial \eta}\right)_w \tag{11.76}$$

因此,对于 c_{1w} = 常数的所有尖楔流动,浓度边界层的解都是相似的。对于可变属性边界层和可压缩边界层的拓展也是如此。全面研究的主要是平板边界层(或具有附体激波的超声速尖楔绕流)与驻点边界层。

传质与具有自然对流的二元边界层已被众多学者研究,其中包括雅鲁里亚(Y. Jaluria,1980:271)与默斯曼(A. Mersmann,1986:265)的专著。这里主要利用了传热的类比。

- **实例1:平板传质**

如果忽略有限壁面速度 v_w 来近似传质,与传热类似,在源自表9.1的 $Sc \to 0$ 与 $Sc \to \infty$ 极限条件下可得

$$Sh_0 = \frac{j_{1w} l}{\rho D_{12} c_{1w}} = \sqrt{Re}\left(\frac{x}{l}\right)^{-1/2} f(Sc) \tag{11.77}$$

(假设 $c_{1\infty} = c_{1e} = 0$)。

考虑有限但适中的 v_w 速度,格尔斯滕与赫维希(K. Gersten, H. Herwig,1992)的专著,第358页给出了舍伍德数 Sh:

$$\frac{Sh}{Sh_0} = 1 - F(Sc)\frac{c_{1w}}{1-c_{1w}} \tag{11.78}$$

式中:函数 $F(Sc)$ 的值来自表11.1。该公式可用来评估忽略埃克特 – 施耐德条件所引起的误差,具体可参见默斯曼(A. Mersmann,1986)的专著第358页。

表11.1　式(11.78)中函数 $F(Sc)$ 的值

源自格尔斯滕与赫维希专著(K. Gersten, H. Herwig,1992)第358页

Sc	0	0.1	0.6	0.72	1.0	10	∞
$F(Sc)$	1.308	0.948	0.766	0.749	0.724	0.610	0.566

阿克里沃斯(A. Acrivos,1962)提出 $Sc=1$ 与 $Sc \to \infty$ 情况下将式(11.78)推广至更大的 $c_{1w}/(1-c_{1w})$ 值。格尔斯滕(K. Gersten,1947b)在 $Sc \to \infty$ 极限下将拓展至任意尖楔流动。

艾斯菲尔德(F. Eisfeld,1971)给出了由碳氢化合物薄膜绝热蒸发产生的二元边界层的解,其中考虑了物理性质的变化。

参考温度法(10.3.3节)可得到传质问题的结果,如泰特尔和塔米尔(Y. Taitel, A. Tamir,1975)所示。

斯普莱茨塔索(W. Splettstosser,1975)就蒸发与升华过程的动量、热与传质三种耦合边界层方程组进行了计算。

- **实例2:注入不同气体(蒸发冷却)**

如果一种不同的气体被吹出用于蒸发冷却,就会产生二元边界层。非常轻的气体(氢气、氦气)具有特别好的冷却效果。图11.6展示了以努塞尔数作为吹风参数的函数来研究氢气注入平板气流(W. Wuest,1963)。为便于比较,也绘制了空

气吹风曲线(单一物质边界层,参见 11.2 节)。较轻气体吹风的巨大优势是显而易见的。

福尔德斯(C. R. Faulders,1961)已经研究吹气过程中分子量不同的两种气体对吹气效果的影响。

施泰因霍伊尔(J. Steinheuer,1971)已经给出一种计算驻点处具有温度相关物理性质的二元边界层方法,并应用于热解聚四氟乙烯烧蚀冷却。

超声速边界层内吹入异质气体的实验研究完全集中于绝热壁面温度的测量上。

- **实例 3:离解气体边界层**

如前所述,离解气体通常表示为分子气体与原子气体的混合物。浓度 c_1 是离解度。关于驻点区域内离解空气边界层的一项基础性工作可参见费伊与里德尔(J. A. Fay, F. R. Riddle,1958)的研究。同样,边界层方程组也有类似的解。作为这项工作的实例,图 11.17 所示为壁面复合参数 C_R 与气体流动驻点处传热的关系。如果该参数非常大,则系统处于平衡状态(完全催化壁)。对于该参数的较小值,这个解取决于壁面的催化行为。虚线描述了催化壁因导热所致的部分传热。剩余部分的传热源于式(11.56)的扩散,同时也展示了非催化壁的曲线。该曲线表明,当复合参数较小时传热会有较大程度的降低。

吉斯卡(M. Jischa,1982)提出了平板非平衡边界层的积分方法。

多伦斯(H. W. Dorrance,1962:69)和钟(P. M. Chung,1965)对离解气体边界层进行了全面深入的研究。

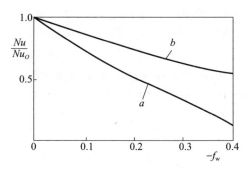

图 11.16 零攻角平板传热的吹风效应(蒸发冷却),引自巴伦与斯科特(J. R. Baron, P. E. Scott,1960)的文献
a:将氦气吹入空气;b:将空气吹入空气。

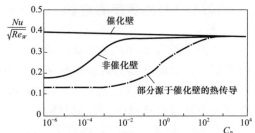

图 11.17 壁面复合参数 C_R 的关系与气体流动驻点处传热,引自费伊与里德尔(J. A. Fay, F. R. Riddell,1958)

第12章
轴对称三维边界层

前面章节中,边界层计算仅限于平面情况,其中两个速度分量仅取决于两个空间坐标。第三个空间坐标方向上没有速度分量。边界层在所有3个空间方向上速度分量的一般情况远比平板边界层复杂。

另外,轴对称边界层的计算难度要小得多,几乎不比平面情况复杂多少。如果对称物体绕对称轴旋转,甚至可能存在周向的第三个速度分量。

本章包括两部分:第一部分将讨论有和无周向速度分量的轴对称边界层;第二部分则专注于三维边界层的讨论。

12.1 轴对称边界层

12.1.1 边界层方程组

考虑沿轴向流动的旋转体。图12.1所示的曲线正交坐标系用来描述物体的边界层。物体的几何外形由函数 $r_w(x)$ 表述,其中 $r_w(x)$ 为垂直于物体旋转轴线的截面半径。坐标 x 为起自驻点沿子午面测量的弧长,坐标 y 垂直于物体表面,坐标 z 则在圆周方向上。设速度分量为 u(沿子午方向平行于壁面)、v(垂直于壁面)与 w(沿圆周方向平行于壁面),假设外流(势流)速度已知。

假设雷诺数 $Re = Vl/\nu$ 很大,流动分为两个区域,驻点的曲率半径作为参考长度 l,如果图12.1所示坐标系下的纳维-斯托克斯方程组与能量方程服从类似的边界层变换,则 $Re \to \infty$ 极限条件下可得以维度表示的边界层方程组

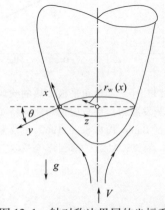

图12.1 轴对称边界层的坐标系
($\theta = \alpha - \pi/2$)

(最初考虑无旋转的情况,具体参见博尔策(E. Boltze,1908)和冯迪克(M. Van Dyke,1962c)的文献):

$$\frac{\partial(r_w\rho u)}{\partial x} + \frac{\partial(r_w\rho u)}{\partial y} = 0 \qquad (12.1)$$

$$\rho\left(u\frac{\partial u}{\partial x} + v\frac{\partial u}{\partial y}\right) = -\rho g\sin\alpha - \frac{dp}{dx} + \frac{\partial}{\partial y}\left(\mu\frac{\partial u}{\partial y}\right) \qquad (12.2)$$

$$\rho c_p\left(u\frac{\partial T}{\partial x} + v\frac{\partial T}{\partial y}\right) = \frac{\partial}{\partial y}\left(\lambda\frac{\partial T}{\partial y}\right) + \beta Tu\frac{dp}{dx} + \mu\left(\frac{\partial u}{\partial y}\right)^2 \qquad (12.3)$$

压力梯度服从

$$\frac{dp}{dx} = -\rho_e U\frac{dU}{dx} \qquad (12.4)$$

式中:下标 e 为边界层的外缘[$U(x) = u_e(x)$]。

值得注意的是,相比于平面边界层方程组,只是连续方程发生了变化。与方程式(10.4)~式(10.6)的比较表明这一点。为此,可经常在文献中发现平面与轴对称边界层被同时研究。连续方程则以下形式表示:

$$\frac{\partial(r_w^j \rho u)}{\partial x} + \frac{\partial(r_w^j \rho v)}{\partial y} = 0 \qquad (12.5)$$

其中,$j=1$ 对应轴对称情况,$j=0$ 为平面情况。

在此强调平面边界层方程组的特殊差异:鉴于物体几何外形并未进入平面边界层的计算,除正比于 $\sin\alpha$ 的浮力项外,物体几何外形 $r_w(x)$ 会与外部速度 $U(x)$ 同时在方程组(实际上只有连续方程)中明确呈现。因此,边界层计算需指定3个函数,即 $U(x)$、$r_w(x)$ 以及 $T_w(x)$ 或 $q_w(x)$。

同时也注意到,边界层可存在于物体内部,就像喷管或扩散器中的情况。相同的方程组也是有效的。这可以通过同时改变 y 与 v 的符号明显看出。

对于 $r_w(x)=$ 常数,式(12.1)~式(12.3)可简化至平面边界层方程组,因而,零攻角圆柱边界层与平板边界层相同。只有当边界层厚度 δ 相对于半径非常小,即 $\delta/r_w \ll 1$ 时,式(12.1)~式(12.3)才有效。流动靠近前缘区域的圆柱体是满足条件的。由于边界层厚度一直在增加,因此这种条件在上游就已失效了。在 $\delta/r_w = O(1)$ 区域中,横向曲率发挥作用。然而,这是一个高阶的边界层效应,将在第14章予以详细讨论。

12.1.2 曼格勒变换

由于轴对称边界层与平面边界层之间的差异很小,因而出现了是否存在将轴对称边界层转化为平面边界层的问题。曼格勒(W. Mangler,1948)的确提出了这样的转换,即基本上可将旋转体边界层的计算简化为适合平面(圆柱)体边界层的计算。

如果 l 为参考长度,则变换公式为

$$\bar{x} = \frac{1}{l^2}\int_0^x r_w^2(x)\mathrm{d}x, \bar{y} = \frac{r_w(x)}{l}y, \sin\bar{\alpha} = \frac{l^2}{r_w^2}\sin\alpha \tag{12.6}$$

$$\bar{u} = u, \bar{v} = \frac{l}{r_w}\left(v + \frac{1}{r_w}\frac{\mathrm{d}r_w}{\mathrm{d}x}yu\right), \bar{U} = U, \bar{T} = T \tag{12.7}$$

如果考虑以下关系式:

$$\frac{\partial f}{\partial x} = \frac{r_w^2}{l^2}\frac{\partial f}{\partial \bar{x}} + \frac{1}{r_w}\frac{\mathrm{d}r_w}{\mathrm{d}x}\frac{\partial f}{\partial \bar{y}}, \frac{\partial f}{\partial y} = \frac{r_w}{l}\frac{\partial f}{\partial \bar{y}} \tag{12.8}$$

则很容易验证,式(12.6)将方程式(12.1)~式(12.3)简化为方程式(10.4)~式(10.6)。

通过这种变换,可采用计算外流速度分布 $\bar{U}(\bar{x})$ 的平面边界层的方式,来确定具有势理论速度分布 $U(x)$ 的旋转体边界层,其中必须保持 $\bar{U}=U$,且 x 与 $\bar{x}$ 的关系在式(12.6)中给出。转换关系式(12.7)可用于由平面边界层的速度 $\bar{u}$ 与 $\bar{v}$ 计算确定轴对称边界层的速度 u 与 v。

- **实例:轴对称驻点**

对于轴对称边界层有(5.2.3节)

$$r_w(x) = x, U(x) = ax \tag{12.9}$$

如此,式(12.6)则为

$$\bar{x} = \frac{x^3}{3l^2}\text{或} x = (3l^2\bar{x})^{1/3}$$

适当边界层外缘处速度为

$$\bar{U}(\bar{x}) = a(3l^2)^{1/3}\bar{x}^{1/3}$$

这个平面势流属于7.2.2节讨论过的 $m=1/3$、楔角 $\beta=2m/(m+1)=1/2$ 的楔形流动。$\beta=1/2$ 的楔形流与轴对称驻点流动之间的关系已经在7.2.2节提到,参见式(7.34)。

12.1.3 不旋转的回转体边界层

求解平面边界层的数值方法可便捷地应用于轴对称边界层。盖斯(Th. Geis, 1955)研究了相似解。轴对称边界层积分方法也得到了发展。该方法也是基于动量、动能与热能的积分关系。对于物理性质恒定的边界层,忽略能量方程中的耗散,可得

$$\frac{\mathrm{d}}{\mathrm{d}x}(U^2\delta_2) + \delta_1 U\frac{\mathrm{d}U}{\mathrm{d}x} + jU^2\frac{\delta_2}{r_w}\frac{\mathrm{d}r_w}{\mathrm{d}x} = \frac{\tau_w}{\rho} \tag{12.10}$$

$$\frac{\mathrm{d}}{\mathrm{d}x}(U^3\delta_3) + jU^3\frac{\delta_3}{r_w}\frac{\mathrm{d}r_w}{\mathrm{d}x} = \frac{2}{\rho}D \tag{12.11}$$

$$\frac{\mathrm{d}}{\mathrm{d}x}[(T_w - T_\infty)U\delta_T] + j(T_w - T_\infty)U\frac{\delta_T}{r_w}\frac{\mathrm{d}r_w}{\mathrm{d}x} = \frac{q_w}{\rho c_p} \tag{12.12}$$

δ_1、δ_2、δ_3 与 δ_T 的定义与平面边界层相同,具体可参见式(7.98)、式(7.99)与式(9.60)。若 $j=0$,则这些方程组变为已知的积分方程式(7.100)、式(7.104)与式(9.59)。

轴对称边界层($j=1$)的积分方法由斯科克迈耶(F. W. Scholkemeyer,1949)提出。罗特与克拉布特里(N. Rott,L. F. Crabtree,1952)表明,即使对于这些边界层,也可以给出求积公式,可得

$$\frac{U\delta_2^2}{\nu} = \frac{a}{r_w^2 U^b}\int_0^x r_w^2 U^b \,\mathrm{d}x \tag{12.13}$$

正如所料,对于 $r_w=$ 常数,该式可简化为式(8.23)。常数 a 与常数 b 可取自平面情况。然而,如果需要,平板边界层(零攻角圆柱前缘附近)与轴对称驻点处边界层均可正确表示,于是对 $\Gamma>0$ 可得常数 $a=0.441$ 与 $b=4.19$。对于壁面剪切应力,再次使用式(8.29),其他如式(8.12)与式(8.16)那样保持不变。

斯科克迈耶(F. W. Scholkemeyer,1949)与普雷奇(J. Pretsch,1941a)均采用积分公式计算了一些例子。托米蒂卡(S. Tomotika,1935)计算了势流理论压力分布(引起分离角大约为 $\varphi_S=105°$)及不同雷诺数下测得的压力分布下球体边界层,具体可参见怀特(F. M. White,1974)的专著第346页。

高特勒(H. Görtler)变换(7.3.1节)、伊灵沃思-斯图尔特森(Illingworth-Stewartson)变换(10.4.3节)、萨维尔-丘吉尔(Saville-Churchill)变换(10.5.2节)与曼格勒变换相结合,应用于轴对称边界层,具体可参见怀特(F. M. White,1974)的专著第604页及萨维尔与丘吉尔(D. A. Saville,S. W. Churchill,1967)的文献。

下面将讨论轴对称边界层的一些实例。

1. 轴对称驻点

如5.2.3节所示,这种情况是纳维-斯托克斯方程组的精确解,因为边界层方程组中忽略的项在 x 方向的动量方程(5.2.3节中以 r 替代 x)与能量方程中消失(如果设 $x=r$ 与 $y=z$,图12.1所示的坐标系与5.2.3节中所采用的圆柱坐标系在驻点平面相同)。边界层理论中忽略的压力梯度 $\partial p/\partial y$ 则可由 y 方向的动量方程确定。速度剖面如图5.6所示,速度场的一些重要数值见表5.1。

赫维希与维克恩(H. Herwig,G. Wickern,1986)提供了恒定与变化物理性质(性能比法)下关于传热与普朗特数关系的一些数值,具体可参见赫维希(H. Herwig,1987)的文献。据此,对于普朗特数 $Pr_\infty=0.7$,可得

$$\frac{Nu}{Nu_{c.p.}} = \left(\frac{\rho_w\mu_w}{\rho_\infty\mu_\infty}\right)^{0.27}\left(\frac{\rho_w}{\rho_\infty}\right)^{-0.075}\left(\frac{Pr_w}{Pr_\infty}\right)^{-0.384}\left(\frac{c_{pw}}{c_{p\infty}}\right)^{0.5} \tag{12.14}$$

并有

$$Nu_{c.p.}/\sqrt{Re} = 0.665, U=ax, V=al \tag{12.15}$$

杜威与格罗斯(C. F. Dewey Jr.,J. F. Gross,1967)研究了大小温度比 T_w/T_∞,也包括吹气情况。关于 $v_w\to+\infty$ 与 $v_w\to-\infty$ 极限情况下抽吸与吹气的细节可参见斯图

尔特与帕罗布(W. E. Stewart,R. Prober,1962)及格尔斯滕(K. Gersten,1973a)的著作。最后,关于驻点二元边界层的细节推荐多伦斯(H. W. Dorrance,1962)的著作。

2. 轴对称壁面射流

如果轴对称自由射流以直角靠近平直壁面,则壁面射流在距冲击点一定距离处呈放射状向四周延伸。$r_w = x$ 与 $U = 0$ 时,其遵循方程式(12.1)~式(12.3)。这些又是边界层方程组的相似解,产生了与平面情况相同的常微分方程,具体可参见葛劳沃(M. B. Glauert,1956b)与赖利(N. Riley,1958)的文献。因此,所有结果均可由平直壁面射流转入。

3. 径向射流

如果流体通过空心管由周向狭缝吹入静止的外部流体环境,就会产生径向射流。流体则以轴对称自由射流形式径向向外流动。方程式(12.1)~式(12.3)中仍有 $r_w = x$ 与 $U = 0$。这里还有可能由平面自由射流转换,具体可参见斯夸尔(H. B. Squire,1955)的文献。

4. 圆锥超声速流动

只要激波仍然附着于圆锥顶点,则有 $r_w = \alpha x$ 与 $U = $ 常数。这种流动与平板流动有关,且可通过曼格勒变换简化。平板流动也可获得与 x 无关的绝热壁温度,如图12.2所示。在此所述的恢复系数也与马赫数无关($Ma < 5$),理论值与测量数据吻合,具体可参考汉茨与文特(W. Hantzsche,H. Wendt,1941)的文献。对于其他锥体与抛物体的进一步测量可参见德克列尔与斯滕伯格(B. des Clers,J. Sternberg,1952)以及雪莱(R. Scherrer,1951)的文献。

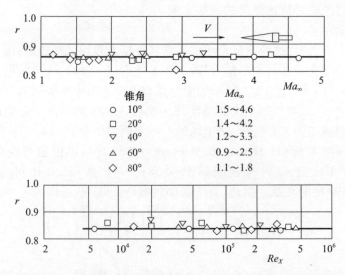

图12.2 不同马赫数与雷诺数超声速流动中圆锥边界层的实测恢复系数,具体参见希伯的文献(G. R. Eber,1952)与式(9.86)的理论相比较,可参见图9.6

维斯特(W. Wuest,1963)也研究了圆锥二元边界层。为获得边界层方程组的相似解,必须使吹气速度分布与平板情况 $v_w \propto x^{-1/2}$ 相同。

5. 喷管流

旋转体内壁面边界层的一个实例是圆截面喷管内的流动。米夏尔克(A. Michalke,1962)对这一课题进行了理论与实验研究。

6. 自然对流

通过曼格勒变换将轴对称边界层计算简化为平面边界层计算也是可行的。布劳恩等(W. H. Braun et al.,1961)已考虑能够产生相似解的物体外形,其中也包括较低的驻点。采用级数展开法与积分法计算垂直轴旋转体自然对流的细节可见贾拉里亚(Y. Jaluria,1980)的著作第 84 页。

林与曹(F. N. Lin,B. T. Chao,1974,1976)研究了任意物体外形,且已有包括蒋等(T. Chiang et al.,1964)在内的多部关于球体的专著。

阿克里沃斯(A. Acrivos,1960b)研究了 $Pr \to \infty$ 的极限情况。具有 T_w = 常数的球体努塞尔数为

$$Nu_m = 0.589(GrPr)^{1/4} \quad (Pr \to \infty) \tag{12.16}$$

其中,努塞尔数与格拉晓夫数是由球的直径决定的。

关于自然对流的详细资料包括抛物体情况可参见沃尔顿(I. C. Walton,1974)的文献,而对于圆锥情况则可参见赫林与格罗什(R. G. Hering, R. J. Grosh,1962)的文献。

12.1.4 有旋转的回转体边界层

如果回转体自身旋转,则无滑移条件在圆周方向产生附加的速度分量。边界层内这个分量随着向外移动而趋于零。此时流动仍是轴对称的,即与周向分量 z 无关,如图 12.1 所示。边界层方程式(12.1)~式(12.3)则由周向动量方程与上述方程组中与 w 相关的附加项扩展而成,有

$$\frac{\partial(r_w \rho u)}{\partial x} + \frac{\partial(r_w \rho v)}{\partial y} = 0 \tag{12.17}$$

$$\rho\left(u\frac{\partial u}{\partial x} + v\frac{\partial u}{\partial y} - \frac{w^2}{r_w}\frac{dr_w}{dx}\right) = -\rho g \sin\alpha - \frac{\partial p}{\partial x} + \frac{\partial}{\partial y}\left(\mu\frac{\partial u}{\partial y}\right) \tag{12.18}$$

$$\rho\left(u\frac{\partial w}{\partial x} + v\frac{\partial w}{\partial y} + \frac{uw}{r_w}\frac{dr_w}{dx}\right) = \frac{\partial}{\partial y}\left(\mu\frac{\partial w}{\partial y}\right) \tag{12.19}$$

$$\rho c_p\left(u\frac{\partial T}{\partial x} + v\frac{\partial T}{\partial y}\right) = \frac{\partial}{\partial y}\left(\lambda\frac{\partial T}{\partial y}\right) + \beta Tu\frac{\partial p}{\partial x} + \mu\left[\left(\frac{\partial u}{\partial y}\right)^2 + \underline{\left(\frac{\partial w}{\partial y}\right)^2}\right] \tag{12.20}$$

下划线项作为耦合项被添加于上述方程组中。

采用积分法计算边界层时,除子午线方向(x 方向)动量积分方程外,还应用了

方位角方向(z方向)的动量积分方程。

这两个(恒定物理特性)动量积分方程为

$$U^2 \frac{\mathrm{d}\delta_{2x}}{\mathrm{d}x} + U \frac{\mathrm{d}U}{\mathrm{d}x}(2\delta_{2x} + \delta_{1x}) + \frac{1}{r_w}\frac{\mathrm{d}r_w}{\mathrm{d}x}(U^2\delta_{2x} + w_w^2\delta_{2x}) = \frac{\tau_{wx}}{\rho} \quad (12.21)$$

$$\frac{w_w}{r_w^3}\frac{\mathrm{d}}{\mathrm{d}x}(Ur_w^3\delta_{2xz}) = -\frac{\tau_{wz}}{\rho} \quad (12.22)$$

壁面剪切应力分量为

$$\tau_{wx} = \mu \left(\frac{\partial u}{\partial y}\right)_w, \tau_{wz} = \mu \left(\frac{\partial w}{\partial y}\right)_w \quad (12.23)$$

且位移厚度与动量厚度分别为

$$\delta_{1x} = \int_0^\infty \left(1 - \frac{u}{U}\right)\mathrm{d}y; \delta_{2x} = \int_0^\infty \frac{u}{U}\left(1 - \frac{u}{U}\right)\mathrm{d}y \quad (12.24)$$

$$\delta_{2z} = \int_0^\infty \left(\frac{w}{w_w}\right)^2 \mathrm{d}y; \delta_{2xz} = \int_0^\infty \frac{u}{U}\frac{w}{w_w}\mathrm{d}y \quad (12.25)$$

其中, $w_w = r_w\omega$ 为当地周向速度。

这些积分关系式的积分方法是由施利希廷(H. Schlichting,1953)、特鲁肯布罗特(E. Truckenbrodt,1954a)和帕尔(O. Parr,1963)提出的。

下面将讨论不同的解。

1. 轴流中的旋转圆盘

最简单的回转体边界层实例,即静止流体中的旋转圆盘已在5.2.4节中进行了讨论。这种实例被归纳为旋转圆盘(半径R,角速度ω)在速度为V的流动中绕其转轴旋转。这种情况下的流动不仅取决于雷诺数$Re = \omega R^2/\nu$,而且取决于表示自由流速度与圆周速度之比的旋转参数$V/\omega R$。汉娜(D. M. Hannah,1952)、蒂福德与储(A. N. Tifford,S. T. Chu,1952)给出了精确解,而施利希廷与特鲁肯布罗特(H. Schlichting,E. Truckenbrodt,1952)则给出了近似解。图12.3给出了这些计算所得的力矩系数$c_M = 2M/(\rho\omega^2 R^5)$对雷诺数与旋转参数的依赖关系。此处$M$为圆盘正面的力矩,同时还描述了5.2.4节中$V=0$的特殊情况。由图12.3可发现,如果转速恒定,则力矩随自由流速度V的增加而显著增大。该图的更为详细的湍流部分将在20.1.3节中予以讨论。

2. 地面旋流

与旋转圆盘流动密切相关的是流体以恒定角速度在距固定壁面较远处回转的流动,如图12.4所示。这个实例由博德瓦特(U. T. Bodewadt,1940)、尼达尔(J. E. Nydahl,1971)与斯梯瓦森(K. Stewartson,1953)进行了研究。如同静止环境中的旋转圆盘一样,这种流动也会产生二次流,但符号相反。离心力与径向压力梯度在距地面很远时处于平衡状态。这些周向速度迟滞且靠近壁面的粒子处于相同的向内压力梯度下。然而,它们所受的离心力显著减小。通过这种方式,存在靠近地面向内的径向流动,由于连续性原因,轴向流动呈上升趋势,如图 12.4 所示。

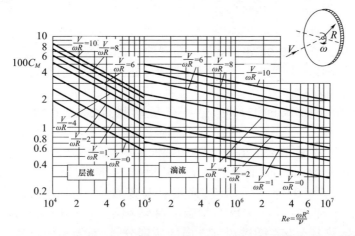

图 12.3 轴流旋转圆盘的力矩系数,取自史利希廷与特鲁肯布罗特
(H. Schlichting, E. Truckenbrodt,1952)及特鲁肯布罗特(E. Truckenbrodt,1954a)
$c_M = 2M/(\rho\omega^2 R^5)$;$M =$ 圆盘前部力矩;$V = 0$(图 5.10)。

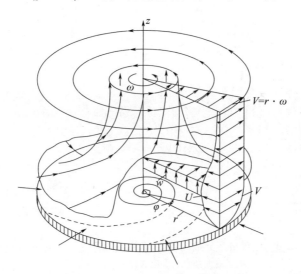

图 12.4 地表的旋转流动速度分量
u:径向分量;v:周向分量;w:轴向分量。

在边界层中以这种方式产生的偏离外部流动方向的流动通常称为二次流动。

这里讨论的二次流可以在茶杯中非常清晰地看到。通过强烈搅拌形成旋转流动,然后让流体自由旋转,就可以证明不久之后就形成了靠近底部向内的径向流动。这就是茶叶聚集在杯子底部中心的原因。

马杰与汉森(A. Mager and A. G. Hansen,1952)及贝克尔(E. Becker,1959a)对具有圆形流线的通用外流进行了研究。如果外流具有涡源的形式,就会出现这种由福格波尔(G. Vogelpohl,1944)研究过的边界层。

3. 旋转径向射流

如前所述,当流体被吹出沿圆管周向布置的狭缝时,就会产生径向射流。如果该圆管旋转,就会形成一个旋转的径向射流。这个问题已由洛伊西坦斯基进行了研究。

4. 旋转喷管流

图 12.5 给出了流过锥形喷管具有角动量的旋转收敛流动。加布施(K. Garbsch,1956)对此进行了研究。势流理论的内核流动是由圆锥顶部强度为 Q 的下沉而产生的,并在具有涡流强度 Γ 的圆锥轴线上形成势涡。采用积分法对两种特殊情况下的流场进行了计算。宾尼与哈里斯(A. M. Binnie, D. P. Harris,1950)对纯下沉流动($\Gamma = 0$)进行了研究,而泰勒与库克(G. I. Taylor and J. C. Cooke,1952)则研究了纯旋流($Q = 0$)。在后一种情况下,喷管壁面形成边界层,如图 12.5 所示。这甚至存在圆锥顶部方向的速度分量,而无黏核流为一个纯旋流,只有周向分量。边界层中所产生的二次流将流体输运至圆锥顶部。为方便比较,可参见韦伯(H. E. Weber,1956)的著作。

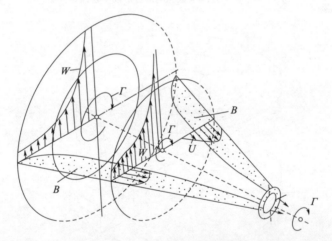

图 12.5　收敛锥形通道内的旋流,取自泰勒(G. I. Taylor,1950)
B:具有向顶点二次流的圆锥壁面边界层。

5. 旋转球体

轴向流动中的球体如果旋转运动,其阻力将会有相当大的增加,这也为威斯伯格(C. Wieselsberger,1927)、卢坦德与里德伯格(S. Luthander and A. Rydberg,1935)的测量结果所证实,而且指出阻力增加与分离点的位置有关。图 12.6 给出了霍斯金(N. E. Hoskin,1955)计算所得的球体旋转对分离的影响。与不旋转情况相比,$\omega R/V = 5$ 时球体分离点靠前约 $10°$。这一现象的物理根源是边界层中的流体受到离心力的作用,离心力作为附加的逆压梯度作用于赤道面。

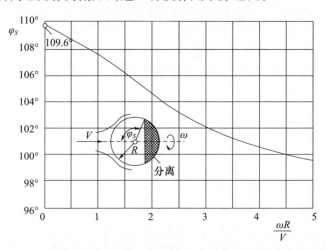

图 12.6　沿自身旋转轴方向流动的球体上层流边界层的分离点位置

豪沃思(L. Howarth,1951a)和尼格姆(S. D. Nigam,1954)对静止流体环境中旋转球体的特殊情况进行了研究。向回转椭球体的拓展研究源于法迪斯(B. S. Fadis,1954)。椭球两极的流动如旋转的圆盘,椭球赤道附近的流动如同旋转的圆柱,既有流向两极的流体,也有流向赤道的流体。假设赤道截面与角速度保持不变,流量越大则椭球体越细长,具体可参见班克斯(W. H. H. Banks,1965)的文献。

施利希廷(H. Schlichting,1982)的著作第 249 页可见向其他轴向流动回转体的拓展。可压缩流体的应用可参见山崎(J. Yamaga,1956)发表的文献。

12.1.5　自由射流与尾迹

5.2.5 节中将轴对称自由射流作为纳维-斯托克斯方程组在球极坐标系下的精确解。其表明,对于高雷诺数即 $\nu \to 0$,射流被限制于靠近轴的狭小区域内。由于只关注边界层解,因而关于射流的描述可在圆柱坐标系下进行。其中 x 为主流方向上的轴向坐标(速度分量 u),径向坐标为 r(径向速度分量 v)。

采用圆柱坐标系,恒压流动边界层方程组(具有 $\partial^2 u/\partial x^2 \ll \partial^2 u/\partial r^2$)为

$$\frac{\partial(r\rho u)}{\partial x} + \frac{\partial(r\rho v)}{\partial r} = 0 \tag{12.26}$$

$$\rho\left(u\frac{\partial u}{\partial x} + v\frac{\partial u}{\partial r}\right) = -\rho g + \frac{1}{r}\frac{\partial}{\partial r}\left(\mu r \frac{\partial u}{\partial r}\right) \tag{12.27}$$

$$\rho c_p \left(u\frac{\partial T}{\partial x} + v\frac{\partial T}{\partial r}\right) = +\frac{1}{r}\frac{\partial}{\partial r}\left(\lambda r \frac{\partial u}{\partial r}\right) + \mu\left(\frac{\partial u}{\partial r}\right)^2 \tag{12.28}$$

其边界条件为

$$r=0: v=0, \frac{\partial u}{\partial r}=0, \frac{\partial T}{\partial r}=0; r\to\infty: u=0, T=T_\infty \qquad (12.29)$$

当与恒压平面边界层方程组进行比较时，可看到连续方程及描述摩擦力与传热的项发生变化。这个方程组描述了轴对称动量射流、浮力射流与轴对称尾迹。下面将更详细地讨论这些问题。

1. 动量射流

射流起自点形开口，其特征为恒定物理性质下的运动动量

$$K_a = 2\pi \int_0^\infty u^2 r dr = \text{常数} \qquad (12.30)$$

这种情况下，方程式(12.26)~式(12.28)具有相似解。

采用试探解

$$u=\gamma^2 \frac{\nu}{x} \frac{F'}{\eta}, v=\gamma \frac{\nu}{x}\left(F'-\frac{F}{\eta}\right), \eta=\gamma \frac{r}{x} \qquad (12.31)$$

利用式(12.26)~式(12.28)来构建 $F(\eta)$ 的下列常微分方程：

$$\eta F'' + FF'' - F' = 0 \qquad (12.32)$$

其边界条件为

$$\eta=0: F=0, F'=0; \eta\to\infty: F'=0 \qquad (12.33)$$

其解为

$$F(\eta) = \frac{4\eta^2}{1+\eta} \qquad (12.34)$$

因此，运动动量[参见具有 $\gamma=1/\theta_0$ 的式(5.90)]为

$$K_a = \frac{64}{3}\pi\gamma^2\nu^3 \qquad (12.35)$$

由此可得速度场的解：

$$u = \frac{3}{8\pi} \frac{K_a}{\nu x} \frac{1}{(1+\eta^2)^2} \qquad (12.36)$$

$$v = \frac{1}{2}\sqrt{\frac{3K_a}{\pi}} \frac{\eta}{x} \frac{1-\eta^2}{(1+\eta^2)^2} \qquad (12.37)$$

$$\eta = \frac{1}{8}\sqrt{\frac{3K_a}{\pi}} \frac{1}{\nu} \frac{r}{x} \qquad (12.38)$$

射流中的体积流量随着与射流出口距离的增加而增大，简单表示为

$$Q = 2\pi \int_0^\infty u r dr = 8\pi\nu x \qquad (12.39)$$

将式(12.39)与描述平面射流的式(7.56)进行比较，可得轴对称射流的非寻常结果，即体积通量与射流动量无关。由式(12.36)~式(12.38)的结果很容易看出，K_a 值较大的射流比 K_a 值较小的射流更细长。后者具有大的周向夹带表面，使得

两种射流(具有相同的 ν 值)携带的流体总量一致。

克什沃布洛基(M. Z. Krzywoblocki,1949)与帕克(D. C. Pack,1954)对可压缩流中的轴对称流动进行了研究。对于亚声速区的射流,射流轴线上的密度比射流边缘的密度大,而温度则较小。

如果在射流上叠加一个弱的角动量,则可计算出下游角动量的发展演化(H. Görtler,1954)。其已证明,最大周向速度的下降速度比射流轴线上的下降速度快。

需要特别强调的是,式(12.30)中的射流动量只有在无壁面流场中才是恒定的。如 5.2.5 节所述,整个流场由靠近轴线的真实射流与混合效应引起的诱导流动组成。如果图 7.7 所示的射流与壁面呈直角,射流与诱导流动之间的相互作用就会引起射流动量的缓慢减少,具体可参见施耐德(W. Schneider,1985)的文献。射流动量的减少对应于壁面上诱导压力分布引起的合力。此处的诱导流动并不像平面自由射流那样是势流,而是黏性的和有旋的。下游更远处边界层理论不再有效,这是因为随着射流动量的降低,靠近轴线的射流直径将会无限制发展。在实验室实验中可看到这里会形成一个回流区,并利用纳维-斯托克斯方程组数值解进行了计算,具体可参见泽纳(E. Zauner,1985)与施耐德等(W. Schneider,1987)的文献。

2. 浮力射流

浮力射流将形成一个点状的能量源(如热体)。这将产生远场即一定距离之外的相似解。相应的平面射流已在 10.5.4 节中进行讨论。根据藤井(T. Fujii,1963)的计算,具有射流能量(单位时间内释放的能量)

$$\dot{Q} = 2\pi \int_0^\infty \rho c_p u (T - T_\infty) r \mathrm{d}r = 常数 \quad (12.40)$$

与恒定物理性质时,可得

$$u_{\max} = A(Pr) \sqrt{\frac{g\beta_\infty \dot{Q}}{2\pi \mu c_p}} \quad (12.41)$$

$$T_{\max} - T_\infty = B(Pr) \frac{\dot{Q}}{2\pi \mu c_p x} \quad (12.42)$$

$$\delta \propto \left(\frac{c_p \rho \nu^3}{g \beta \dot{Q}}\right)^{1/4} x^{1/2} \quad (12.43)$$

这些系数仍取决于普朗特数。对于 $Pr = 0.7$ 则有 $A = 0.9338$ 与 $B = 0.481$。到目前为止,假定浮力射流的初始动量消失。莫仑道夫与格布哈特(J. C. Mollendorf, B. Gebhart,1973)及施耐德与波奇(W. Schneider, K. Posch,1979)研究了具有有限初始动量的射流,因其温度不同于环境温度而产生浮力作用。这些射流开始时是动量射流,但随着浮力的增加,其在动力方向上的动量通量不断增加,直到最后射流表现为纯浮力射流。也可参见特纳(J. S. Turner,1969,1973)关于浮力射流的总结。

3. 轴对称尾迹

通过方程式(12.26)~式(12.28),可以处理轴向流动中回转体后的尾迹。对于平面尾迹,可参照7.5.1节进行计算。设 U_∞ 为自由流速度,$u(x,r)$ 为尾迹速度,对应于式(7.86),

$$u_1(x,r) = U_\infty - u(x,r) \tag{12.44}$$

为速度差。其相比于物体后相当长距离处的 U_∞ 非常小。通过这种简化,方程式(12.26)与式(12.27)可产生 $u_1(x,r)$ 的线性微分方程:

$$U_\infty \frac{\partial u_1}{\partial x} = \frac{\nu}{r}\frac{\partial}{\partial r}\left(r\frac{\partial u_1}{\partial x}\right) \tag{12.45}$$

应用试探解

$$u_1 = U_\infty C\left(\frac{x}{l}\right)^{-m} F(\eta), \eta = \frac{r}{2}\sqrt{\frac{U_\infty}{\nu x}} \tag{12.46}$$

可得函数 $F(\eta)$ 的下列微分方程:

$$(\eta F')' + 2\eta^2 F' + 4m\eta F = 0 \tag{12.47}$$

其边界条件为

$$\eta = 0: F' = 0; \eta \to \infty: F = 0 \tag{12.48}$$

由该条件可知,阻力

$$D = 2\pi\rho U_\infty \int_0^\infty u_1 r dr = 8\pi\rho U_\infty^2 C\left(\frac{x}{l}\right)^{-m}\frac{\nu x}{U_\infty}\int_0^\infty F(\eta)\mathrm{d}\eta \tag{12.49}$$

与 x 无关,因此有 $m = 1$。以这种方法确定的微分方程的解

$$F(\eta) = \mathrm{e}^{-\eta^2} \tag{12.50}$$

与平面尾迹的解相同,具体可参见式(7.93)。通过阻力系数

$$c_D = \frac{2D}{\rho U_\infty^2 \pi l^2} \tag{12.51}$$

与雷诺数 $Re = U_\infty l/\nu$,可得尾迹的速度分布:

$$\frac{u_1(x,r)}{U_\infty} = \frac{\pi c_D}{32}\frac{lRe}{x}\mathrm{e}^{-\frac{r^2 U_\infty}{4\nu x}} \tag{12.52}$$

实验结果可参见哈马与彼得森的专著(F. R. Hama,L. F. Peterson,1976)。

这种渐近解在有限 x 值的扩展已由伯杰(S. A. Berger,1971:248)进行了描述。

12.2 三维边界层

12.2.1 边界层方程组

现在考虑表面有边界层的三维物体。其表面边缘或曲率非常大的表面不在考

虑之列。

为描述任意物体的绕流,采用图12.7所示的正交曲线坐标系。坐标轴 x = 常数与 z = 常数形成了表面的正交网格。y 坐标垂直于表面,表示与壁面的距离。设这个 x、y、z 坐标系的速度分量也为 u、v、w。这个坐标系下拉梅度量系数为 h_x、$h_y = 1$、h_z。对于无穷小弧元素,则有

$$(ds)^2 = (h_x dx)^2 + (dy)^2 + (h_z dz)^2$$

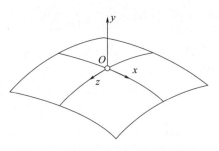

图12.7　任意物体的正交曲线坐标系

这些度量系数通常仍是 x 与 y 的函数,其决定了所选择的特定坐标系。

这些度量系数可通过将曲线坐标系 x、y、z 与适当选择的笛卡儿坐标系 X、Y、Z 相联系来确定,则得

$$h_x^2 = \left(\frac{\partial X}{\partial x}\right)^2 + \left(\frac{\partial Y}{\partial x}\right)^2 + \left(\frac{\partial Z}{\partial x}\right)^2 = \left[\left(\frac{\partial x}{\partial X}\right)^2 + \left(\frac{\partial x}{\partial Y}\right)^2 + \left(\frac{\partial x}{\partial Z}\right)^2\right]^{-1} \quad (12.53)$$

$$h_z^2 = \left(\frac{\partial X}{\partial z}\right)^2 + \left(\frac{\partial Y}{\partial z}\right)^2 + \left(\frac{\partial Z}{\partial z}\right)^2 = \left[\left(\frac{\partial z}{\partial X}\right)^2 + \left(\frac{\partial z}{\partial Y}\right)^2 + \left(\frac{\partial z}{\partial Z}\right)^2\right]^{-1} \quad (12.54)$$

对于高雷诺数,在经边界层变换后,以这种方式选取的完全纳维－斯托克斯方程组会产生以下维度形式的边界层方程组,具体可参见巴彭夫(H. D. Papenfuβ,1975)的文献:

$$\frac{1}{h_x h_z}\frac{\partial}{\partial x}(h_z \rho u) + \frac{\partial}{\partial y}(\rho v) + \frac{1}{h_x h_z}\frac{\partial}{\partial z}(h_x \rho w) = 0 \quad (12.55)$$

$$\rho\left[\frac{u}{h_x}\frac{\partial u}{\partial x} + v\frac{\partial u}{\partial y} + \frac{w}{h_z}\frac{\partial u}{\partial z} + \frac{1}{h_x h_z}\left(\frac{\partial h_x}{\partial z}uw - \frac{\partial h_z}{\partial x}w^2\right)\right] = -\frac{1}{h_x}\frac{\partial p}{\partial x} + \frac{\partial}{\partial y}\left(\mu\frac{\partial u}{\partial y}\right) \quad (12.56)$$

$$\rho\left[\frac{u}{h_x}\frac{\partial w}{\partial x} + v\frac{\partial w}{\partial y} + \frac{w}{h_z}\frac{\partial w}{\partial z} + \frac{1}{h_x h_z}\left(\frac{\partial h_z}{\partial x}uw - \frac{\partial h_x}{\partial z}u^2\right)\right] = -\frac{1}{h_z}\frac{\partial p}{\partial z} + \frac{\partial}{\partial y}\left(\mu\frac{\partial w}{\partial y}\right) \quad (12.57)$$

$$\rho c_p\left[\frac{u}{h_x}\frac{\partial T}{\partial x} + v\frac{\partial T}{\partial y} + \frac{w}{h_z}\frac{\partial T}{\partial z}\right] = \frac{\partial}{\partial y}\left(\lambda\frac{\partial T}{\partial y}\right) + \beta T\left(\frac{u}{h_x}\frac{\partial p}{\partial x} + \frac{w}{h_z}\frac{\partial p}{\partial z}\right) + \mu\left[\left(\frac{\partial u}{\partial y}\right)^2 + \left(\frac{\partial w}{\partial y}\right)^2\right] \quad (12.58)$$

目前,所采用的边界层方程组是这个通用方程组的特例。

(1)对于 $h_x = h_z = 1, w = 0$,可得方程式(10.4)~式(10.6)。

(2)对于 $h_x = 1, h_z = r_w(x), w = 0$,可得方程式(12.1)~式(12.3)。

(3)对于 $h_x = 1, h_z = r_w(x), w \neq 0, \partial w / \partial z = 0$,可得方程式(12.17)~式(12.20)。

对于这个方程组,存在以下边界条件:

$$y = 0 : u = 0, v = v_w(x,z), w = 0, T = T_w(x,z) 或 q = q_w(x,z);$$

$$y \to \infty : u = U(x,z), w = W(x,z), T = T_e(x,z)$$

可得特解

$$\tau_{wx} = \left(\mu \frac{\partial u}{\partial y}\right)_w, \tau_{wz} = \left(\mu \frac{\partial w}{\partial y}\right)_w, q_w = \left(-\lambda \frac{\partial T}{\partial y}\right)_w \tag{12.59}$$

由此所产生的壁面剪切应力方向与边界层外缘的流线方向不同(靠近壁面的无黏外流)。

如同人们确信的那样,之前的布泽曼-克罗科解(10.4.2节)仍有效。因此,绝热壁面与 $Pr=1$ 的边界层内总焓恒定且等于外流的值。

巴甫洛夫研究了三维边界层的相似解(V. G. Pavlov,1979)。

坐标系有许多不同的选择,在此考虑两个不同的方程组。

1. 贴体坐标系

坐标系只由物体的几何形状决定,与外流无关。如果选择物体表面曲率的主线作为坐标轴,则度量系数以一种简单方式与表面的主要曲率相关,具体可参考豪沃思(L. Howarth,1951b)的文献(也可参见图12.14)。

通常选择如图12.8所示的后掠机翼上的非正交坐标系。此处 y 轴仍垂直于表面,但表面的两条坐标轴通常不会形成相互垂直的角度。这种情况下方程式(12.55)~式(12.58)必须以包括以角作为附加量的项来加以扩展,具体可参见 20.2.1 节及库斯泰(J. Cousteix,1987b)的文献。贴体坐标系的优点是不受气流变化的影响,即不受攻角变化的影响。另外,度量系数中可能会出现奇异点,这些奇异点必须采

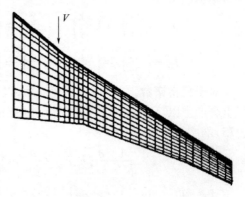

图12.8 后掠机翼上的非正交坐标系

用复杂的变换来处理,具体可参见杰贝吉等(T. Cebeci et al.,1980)以及杰贝吉(T. Cebeci,1987)的文献。此类问题也发生在机身形状物体的非正交坐标系中,具体可参见格伦德曼(R. Grundmann,1981)、魏与哈里斯(Y. S. Wie, J. E. Harris,1991)的文献。

2. 流动拟合坐标系

无黏外流的流线及其正交轨迹常被选为物体表面的坐标轴,具体可参见海耶斯(W. D. Hayes,1951)与普朗特(L. Prandtl,1961)的文献。其缺点在于坐标系会因攻角不同而发生变化,优势是速度分量 w 在边界层外缘消失($W(x,z)=0$),有

$$\rho U \frac{\partial U}{\partial x} = -\frac{\partial p}{\partial x}, \frac{\rho}{h_x} \frac{\partial h_x}{\partial z} U^2 = \frac{\partial p}{\partial z} \tag{12.60}$$

这种情况下,w 分量描述了二次流,具体可参见图12.9。式(12.60)则表示对于 $\partial h_x/\partial z$,式(12.57)简化为 w 的齐次方程。由于 w 的齐次边界条件,其平凡解为

$w=0$,即这种情况下没有二次流。悉尼(R. sedney,1957)已证明如果靠近壁面的外流流线为物体表面的测地线,则 $\partial h_x/\partial z$ 有效(边界层中无二次流)。如果曲面上所有点的法向与曲面的主法线相同,则该曲面上的曲线称为测地线(譬如,球面上的大圆就是测地线)。

求解方程式(12.55)~式(12.58)或非正交坐标系扩展方程组的数值方法可见克劳斯等(E. Krause et al.,1969)、克劳斯(E. Krause,1973)、梅尔尼克(W. L. Melnik,1982)、杰贝吉(T. Cibeci,1987)以及耶尔与哈里斯(V. Iyer and J. E. Harris,1990)的文献。虽然方程组是抛物型的,但在计算过程中必须谨慎选择计算推进的方向,同时考虑边界层中某点的影响区。如图12.10所示,这是由所有经过法线 AB 的流线所在的边界层区域决定的。与之类似,AB 的上游是依存区,所有影响 P 的点均在其中。

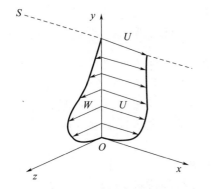

图 12.9 正交流线坐标系
s:边界层外缘处的流线。

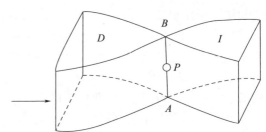

图 12.10 三维边界层中的依存区与影响区
D:依存区;I:影响区。

如果二次流是回流,那么采用有限差分法进行数值计算需要一种特殊的进行方式。克劳斯等(E. Krause et al.,1969)所谓"之"字形方案已证明是成功的,具体可参见杰贝吉(T. Cebeci,1987)的文献,也可参见第23章。

即使对于三维边界层,也采用高特勒变换(7.76)或伪相似变换(10.138)所对应的坐标变换来减少计算域中边界层的增长,具体可参见杰贝吉(T. Cibeci,1987)的文献。

分离的定义在三维边界层中具有特殊的重要性,具体可参见马斯克尔(E. C. Maskell,1955)、赖特希尔(M. J. Lighthill,1963)、王(K. C. Wang,1972,1976)、托鲍克和皮克(M. Tobak, D. J. Peake,1982)、达尔曼(U. Dallmann,1983)、霍农与佩里(H. Hornung, A. E. Perry,1984)的总结。根据马斯克尔的研究,分离线是极限流线(壁面剪切应力线)的包络线,可参见图12.11。与分离线密切相关的是可达区域,其包含起自前驻点的边界层计算中可到达的所有点,具体可参见杰贝吉(T. Cibeci,1981)的文献。

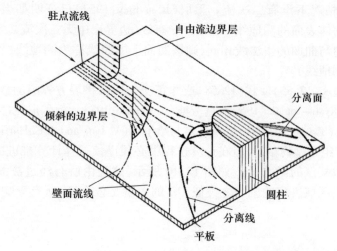

图 12.11 作为壁面流线包络线的三维边界层分离线

如果三维边界层发生分离,特别是在所有常规钝体情况下,外流会发生剧烈变化,导致无黏流动的计算非常困难。由于三维分离中产生复杂的旋涡结构,因此存在于平板流动中的及将在 14 章中描述更高阶效应的位移修正可能不再出现。这种情况下,应用渐近理论($Re \to \infty$)对于完全运动方程的解并无更多的优势。这是正确的,因为三维分离往往会变得不稳定。

积分法已用于三维边界层的计算,具体可参见斯托克与荷顿(H. - W. Stock, H. P. Horton, 1985)的文献。此处应注意边界层位移厚度 $\delta_1(x,z)$ 的定义。对于图 12.9 所示坐标系中的两个坐标方向($W = 0$)及 $\rho =$ 常数,δ_{1x} 由式(12.24)确定,且有

$$\delta_{1z} = \int_0^\infty \frac{w}{U} dy \tag{12.61}$$

采用偏微分方程

$$\frac{\partial}{\partial x}[h_z U(\delta_1 - \delta_{1x})] + \frac{\partial}{\partial z}[h_x U \delta_{1z}] = 0 \tag{12.62}$$

可以确定真正的边界层位移厚度 $\delta_1(x,z)$。边界层外缘的位移速度为

$$\lim_{y \to \infty}(v - V) = \frac{1}{h_x h_z} \frac{\partial}{\partial x}(h_z U \delta_1) \tag{12.63}$$

对于平面流动($h_x = h_z = 1$),式(12.63)变为式(6.35)。

关于三维边界层的总结由西尔斯(W. R. Sears, 1954)、摩尔(F. K. Moore, 1956)、施利希廷(H. Schlichting, 1961)、库克与霍尔(J. C. Cooke, M. G. Hall, 1962)、赖特希尔(M. J. Lighthill, 1963)、克拉布特里等(L. F. Crabtree et al., 1963)、麦哲尔(A. Mager, 1964)、艾歇尔布伦纳(E. A. Eichelbrenner, 1973)、德怀尔(H. A. Dwyer, 1981)以及库斯泰(J. Cousteix, 1986, 1987a, 1987b)给出。下面将讨

论一些特殊的实例。

12.2.2 圆柱的边界层

如果物体表面为圆柱体表面,如图 12.12 所示有 $h_x = 1$ 与 $h_z = 1$,则方程式(12.55)~式(12.58)可大幅简化。据此,规定了函数 $U(x,z)$、$W(x,z)$ 及 $T(x,z)$ 或 $q_w(x,z)$。对于 $w = 0$,方程组则变为平面流的边界层方程组,即式(10.4)~式(10.6)。

盖斯(Th. Geis,1956b)研究了可产生相似解的流动。类似于二维情况下的尖楔流动,可参见 7.2 节,每个坐标轴方向上的速度分布是相似的。这使得方程组可简化为常微分方程组。

关于可压缩边界层的归纳概括由萨利尼科夫与达尔曼(V. Saljnikov,U. Dallmann,1989)给出,也包括其他更多的参考文献。

洛奥(H. G. Loose,1955)研究了外流 $U = $ 常数,$W = a_0 + a_1 x$ 情况下的边界层,而汉森与赫维希(A. G. Hansen, H. Z. Herwig,1956)则给出了向 $U = $ 常数,$W = \sum a_n x^n$ 的扩展。由于这些外流不再是无旋的,边界层速度可能比外

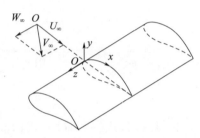

图 12.12 圆柱三维边界层的坐标系

流速度大。这些额外的速度源于边界层中的二次流从能量丰富的区域获得动能。这些流动中,当主流方向上的速度分布最初显示出回流时,就会出现这种情况。然而,回流并不意味着流动分离,而是在下游更远处消失。这种现象也可以用二次流的能量输运来解释。从这个实例可以发现,三维流动中分离的定义并非没有困难,这是因为回流与壁面剪切应力的关系不再像平面边界层中那样简单,具体可参见杰贝吉(T. Cibeci,1981)的文献。

如果外流具有以下形式,计算更简单:

$$U(x,z) = U_0(x) + U_1(x,z) \quad (U_1 \ll U_0)$$
$$W(x,z) = W_1(x,z) \quad (W_1 \ll U_0)$$

即对于由平面基本流动与弱扰动流动构成的外流,后者的微分方程可以线性化,基本流动与摄动流动无关,具体可参见梅杰(A. Mager,1954,1955)的文献。

克朗斯特(M. Kronast,1992)研究了运动平板上的三维边界层。其对于汽车的地面效应有重要影响。

平板流动的三维边界层也可以通过壁面的边界条件,即通过抽吸速度的适当分布产生,具体可参见格尔斯滕与格罗斯(K. Gersten, J. F. Gross,1974a)、辛格(K. D. Singh,1993)以及辛格等(P. Singh et al.,1981)的文献,或通过可变物理性

质的温度来产生。

如果浮力不沿主流方向作用,三维边界层也会出现于混合对流中,具体可参见埃文斯与普拉姆(G. H. Evans and O. A. Plumb,1982a,1982b)的文献。

苏瓦诺(A. Suwono,1980)研究了圆柱在一定攻角下的自然对流问题。

12.2.3 偏航圆柱的边界层

无限长偏航圆柱体的边界层是12.2.2节的一个特例。对于外流可得 $W = W_\infty =$ 常数,并且关于 z 的所有导数消失。边界层方程组简化为

$$\frac{\partial(\rho u)}{\partial x} + \frac{\partial(\rho v)}{\partial y} = 0 \quad (12.64)$$

$$\rho\left(u\frac{\partial u}{\partial x} + v\frac{\partial u}{\partial y}\right) = -\frac{\mathrm{d}p}{\mathrm{d}x} + \frac{\partial}{\partial y}\left(\mu\frac{\partial u}{\partial y}\right) \quad (12.65)$$

$$\rho\left(u\frac{\partial w}{\partial x} + v\frac{\partial w}{\partial y}\right) = \frac{\partial}{\partial y}\left(\mu\frac{\partial w}{\partial y}\right) \quad (12.66)$$

$$\rho c_p\left(u\frac{\partial T}{\partial x} + v\frac{\partial T}{\partial y}\right) = \frac{\partial}{\partial y}\left(\lambda\frac{\partial T}{\partial y}\right) + \beta T u\frac{\mathrm{d}p}{\mathrm{d}x} + \mu\left(\frac{\partial u}{\partial y}\right)^2 \quad (12.67)$$

可以发现,式(12.64)~式(12.67)与平面边界层方程式(10.4)~式(10.6)相同,因而与横向流动无关。根据这一不相关原理,该流动可以直接按平面流动进行计算,然后由线性微分方程(12.66)确定横向流动的速度 $w(x,y)$。如果有 $\beta = 0$,$Pr = 1$ 且忽略耗散,则 w 的这个方程与温度分布的方程相同。

$U = U_\infty =$ 常数对应偏航的平板。压力项在方程式(12.65)与式(12.67)中消失,如果 u 被 w 取代,则方程式(12.65)与式(12.67)相同。如此,有 $w/W_\infty = u/U_\infty$。因此,平板的偏航运动对边界层的形成没有影响。

杜威与格罗斯(C. F. Dewey Jr. and J. F. Gross,1967)提出了外流 $U \propto x^m$ 以及吹气情况下的数值结果。这些是相似解。最重要的特殊情况是 $U = ax$ 的驻点线。

对于常规外流 $U(x)$,可通过级数展开确定解,具体可参见西尔斯(W. R. Sears,1948)、高特勒(H. Gortler,1952a)的文献,也可通过积分法实现,具体可参见普朗特(L. Prandtl, 1945)、迪内曼(W. Dienemann, 1953)以及怀尔德(J. M. Wild,1949)的文献。作为这种计算的一个实例,图12.13给出了偏航椭圆柱体在攻角(轴比6:1,升力系数 $c_L = 0.47$)下的流线图,清晰地显示了外流流线与表面极限流线(壁面剪切应力流线)的区别。由于边界层被转移至后端,出现了二次流。如前所述,同时给出的分离线是所有极限流线的包络线。偏航椭圆柱体上有 $\tau_{wx} = 0$ 但 $\tau_{wz} \neq 0$,即所产生的壁面剪切应力不会在分离线上消失。

洛伊西坦斯基(L. G. Loitsianski,1967:247)研究了斜流中的半无限长旋转圆柱体。

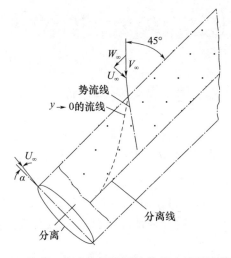

图 12.13 升力偏航椭圆柱体的边界层流动

12.2.4 三维驻点

图 12.14 所展示的三维驻点流中,外流为

$$U(x) = ax, W(z) = bz = caz \tag{12.68}$$

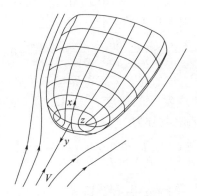

图 12.14 靠近三维驻点的坐标系
(坐标轴线 = 主曲率线)

采用尝试解

$$u = U(x)f'(\eta), w = W(z)g'(\eta),$$
$$\vartheta = \frac{T}{T_e} = \frac{\rho_e}{\rho}, \eta = \sqrt{\frac{a}{\rho_e \mu_e}} \int_0^y \rho \mathrm{d}y \tag{12.69}$$

可得到常微分方程组

$$\left(\frac{\rho\mu}{\rho_e\mu_e}f''\right)' + (f+cg)f'' - (f'^2 - \vartheta) = 0 \qquad (12.70)$$

$$\left(\frac{\rho\mu}{\rho_e\mu_e}g''\right)' + (f+cg)g'' - (g'^2 - \vartheta) = 0 \qquad (12.71)$$

$$\left(\frac{\rho\mu}{\rho_e\mu_e}\vartheta'\right)' + Pr(f+cg)\vartheta' = 0 \qquad (12.72)$$

其边界条件为

$$\eta = 0 : f = f_w, f' = 0, g = 0, g' = 0, \vartheta = \frac{T}{T_e};$$
$$\eta \to \infty : f' = 1, g' = 1, \vartheta = 1 \qquad (12.73)$$

特殊情况为轴对称驻点($c=1,f=0$)，具体可参见2.3节，以及平面驻点($c=0$)，参见5.1.3节与10.4.4节。后一种情况下，解$g(\eta)$对应沿偏航圆柱驻点线的速度分布，参见12.2.3节。

有吹气($f_w \neq 0$)不同c值下三维驻点的许多数值结果由豪沃斯(L. Howarth, 1951b)、雷斯特科(E. Reshotko, 1958)、莉比(P. A. Libby, 1967)、格尔斯滕(K. Gersten, 1973a)及帕彭福思(H. D. Papenfuβ, 1975)提供。

12.2.5　对称平面的边界层

对称平面的实际特征是，除 $\partial w/\partial z \neq 0$ 项外，$w=0$ 有效且所有关于z的导数消失。边界层方程组因而有很大程度的简化。对于恒定的ρ值，由式(12.55)可得

$$\frac{1}{h_x}\frac{\partial u}{\partial x} + \frac{u}{h_x h_z}\frac{\partial h_z}{\partial x} + \frac{\partial v}{\partial y} + \frac{1}{h_z}\frac{\partial w}{\partial z} = 0 \qquad (12.74)$$

可以发现，对称平面内的流动与平面边界层不一致。式(12.74)中最后一项为接近对称平面流线收敛或发散的量度。式(12.57)在对称平面是奇异的，但对于恒定物理性质，关于z的偏微分为

$$\rho\left[\frac{u}{h_x}\frac{\partial}{\partial x}\left(\frac{\partial w}{\partial z}\right) + v\frac{\partial}{\partial y}\left(\frac{\partial w}{\partial z}\right) + \frac{1}{h_z}\left(\frac{\partial w}{\partial z}\right)^2 + \frac{1}{h_x h_z}\frac{\partial h_z}{\partial x}u\frac{\partial w}{\partial z}\right]$$
$$= -\frac{\partial}{\partial z}\left(\frac{1}{h_z}\frac{\partial p}{\partial z}\right) + \mu\frac{\partial^2}{\partial y^2}\left(\frac{\partial w}{\partial z}\right) \qquad (12.75)$$

这个方程连同方程式(12.74)与简化方程式(12.56)($w=0$)构成了$u(x,y)$、$v(x,y)$与$\frac{\partial w}{\partial z}(x,y)$三个参量的方程组。在对称平面中，几乎与平面边界层中一样，流动可以独立于物体其余部分边界层来确定，具体可参见王(K. C. Wang, 1970, 1974a)、格伦德曼(R. Groundmann, 1981)、施耐德与朱(G. R. Schneider and Z. Zhu, 1982)以及斯托克(H. -W. Stock, 1986)的文献。12.2.4节讨论的驻点边界层可用作初始解。

12.2.6 通用构型

1. 椭圆体

许多对于边界层的研究集中于有无攻角的轴对称椭球体与三轴椭圆体,具体可参见艾歇尔布伦纳与乌达特(E. A. Eichelbrenner and A. Oudart,1955)、盖伊勒(W. Geiβler,1974a,1974b)、王(K. C. Wang,1974b,1974c,1974d)、斯托克(H. -W. Stock,1980,1986)以及帕特尔和朴(V. C. Patel and J. H. Baek,1985)的文献。

文献如此丰富的原因之一可能是这些物体的势流绕流为非常简单的解析解。

图 12.15 给出了特定攻角下轴对称椭球体三维边界层的结果。图 12.15(a)中除外流的势线与流线外,还给出了理论的分离线 S。图 12.15(b)与图 12.15(c)展示了特定势线上不同位置的边界层速度分布。这种情况下新的实验由迈耶与凯普林(H. U. Meier,H. P. Kreplin,1980)提供。

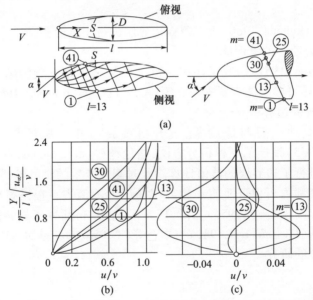

图 12.15 攻角 $\alpha = 15°$ 下轴比 $l/D = 4$ 的回转椭球体三维边界层的速度分布,
取自盖伊勒(W. Geiβler,1974a,1974b)

(a)外流势线与流线体系,S:分离线;(b)外流流线方向速度分布 u/v;
(c)垂直于外流流线方向的二次流速度分布 w/v;Φ:方位角;$\Phi = 0°$:迎风对称线。

m	Φ	x/l
(1)	0°	0.300
(13)	71°	0.322
(25)	122°	0.277
(30)	141°	0.264
(41)	180°	0.254

2. 机体

魏与哈里斯(Y. S. Wie, J. E. Harris, 1991)、帕特尔与崔(V. C. Patel and D. H. Choi, 1980)研究了机体与机体状回转体的三维边界层。杰贝吉等(T. Cibeci et al., 1980a)对船体进行了研究。

3. 后掠翼

由于后掠翼三维边界层具有重要的实用价值,因此后掠翼三维边界层得到了非常深入的研究,具体可参见杰贝吉等(T. Cibeci et al., 1980a)、施万博恩(D. Schwamborn, 1984)以及库斯泰(J. Cousteix, 1987a, 1987b)的文献。

三维边界层特性在机翼设计中起着至关重要的作用。其目的在于通过保持边界层层流部分尽可能大来减少阻力。可能通过改变形状来产生适当的压力分布。然而,抽吸也被用于保持边界层稳定并处于层流状态。跨声区域内激波与边界层相互作用尤其重要。这个部分的内容将在第14章予以讨论。

施万博恩(D. Schwamborn, 1981)研究了靠近机翼驻点线的边界层发展起始点。

赫梅尔(D. Hummel, 1986)对三角翼边界层进行了全面测量。

4. 超声速流动中的锥形体

悉尼(R. Sedey, 1957)研究了超声速流动中某一攻角下旋转圆锥体的层流边界层,相关内容还可参见波克罗夫斯克等(A. N. Pokrovskii et al., 1984)的文献。

5. 旋转系统的边界层

旋转系统流动主要与螺旋桨、直升机旋翼与叶轮机械相关。荣克劳斯(G. Jungclaus, 1955)发展了一种积分方法,格伦德曼(R. Grundmann, 1976)对弯曲的旋转圆柱体进行了边界层的数值计算。此时额外产生的科里奥利力是非常重要的。这些科里奥利力可保证垂直于边界层的压力不消失。福格蒂(L. E. Fogarty, 1951)、西尔斯(W. R. Sears, 1954)与谭(H. S. Tan, 1953)研究了旋转圆柱翼的三维边界层。莫里斯(Ph. J. Morris, 1981)与丰仓等(T. Toyokural et al., 1982)对旋转叶片进行了进一步的研究。

第13章 非定常边界层

13.1 基本原理

13.1.1 引言

目前,所讨论的边界层方程组解的实例一直是关于稳态流动的。虽然稳态流动在实际应用中是最重要的,但本章将讨论边界层随时间变化的一些情况,即非定常边界层。

非定常边界层主要是由静止到运动,或稳态到非定常,或周期运动两者之一的边界层启动过程。

这种由5.3节与5.4节所给出完全纳维-斯托克斯方程组的解对非定常流动进行了描述。结果表明,小黏度即高雷诺数的解具有边界层的特性。

由于额外的变量有t、l、V及ν,因此还可以特征时间t_R或特征频率$n=1/t_R$方式表征额外特征量。4个量l、V、ν与t_R可以形成两个无量纲特征数。首个特征数是无量纲参考时间

$$t_R^* = t_R V/l \tag{13.1}$$

对于$n=1/t_R$周期流动,无量纲特征时间与斯特劳哈尔数$Sr = nl/V = 1/t_R^*$,如式(1.16)所示。第二个特征数的选择取决于所考虑的流量。如第5章所示,对于非常小的频率(准稳态流动)与非常大的频率(斯托克斯层),对周期流动的计算进行了简化。对于大的时间(较小频率),选择的第二特征数是稳定流动下的雷诺数$Re = Vl/\nu$。然而,对于较短时间(较大频率),特征数为

$$t_{R0}^* = \frac{\nu t_R}{l^2} = \frac{\nu}{nl^2} = \frac{t_R^*}{Re} \tag{13.2}$$

(由式(5.105)得$\eta_s = y/(l\sqrt{2t_{R0}^*})$)。

固定于物体上的坐标系将始终被应用。流动也是由无黏非定常外流与摩擦边界层组成。

首先将只讨论平面与轴对称边界层。因此,也可假设靠近壁面的无黏外流速度分布已知。

处于静止流体的物体存在启动过程,除物体薄层外,运动启动后无旋位势流遍布全域。边界层厚度随时间的增加而增加。在计算边界层的进一步发展时,描述分离首次出现的时间是非常重要的。当分离开始时,分离边界层在很大程度上改变了外流。通常不可能再清晰区分无旋转外流与旋转分离的边界层。这些情况下,需要清晰定义流动中层状结构的边界层理论不再适用。这种情况不仅适用于分离开始后的钝体启动过程,而且适用于所有具有明显分离的非定常边界层。因此,接下来将只考虑非定常边界层不分离状态或最小限度分离状态(亦即对外流无强烈的影响)。启动过程中只研究分离开始前的流动。

非定常流动的概括与综述由斯梯瓦森与斯图亚特(K. Stewartson, J. T. Stuart, 1963)、罗特(N. Rott, 1964)、艾歇尔布伦纳(E. A. Eichelbrenner, 1972)、赖利(N. Riley, 1975)、金尼(R. B. Kinney, 1975)、特里奥尼斯(D. P. Telionis, 1979, 1981)、杰贝吉(T. Cibeci, 1982)以及盖斯勒(W. Geiβler, 1993)提供。

13.1.2 边界层方程组

考虑平面与轴对称可压缩边界层。根据第3章,可通过给稳态流动的纳维-斯托克斯方程组增加一些项来获得完全的非定常流动方程组。连续方程的增加项为 $\partial \rho / \partial t$,可参见式(3.3);$x$ 方向动量方程增加 $\rho \partial u / \partial t$,可参见式(3.20);能量方程式(3.72)的等号左边项增加 $\rho c_p \partial T / \partial t$,右边项增加 $\beta T \partial p / \partial t$。非定常边界层方程组以类似的方式获得。量纲形式的非定常边界层方程组为

$$\frac{\partial \rho}{\partial t} + \frac{\partial (r_w^j \rho u)}{\partial x} + \frac{\partial (r_w^j \rho v)}{\partial y} = 0 \tag{13.3}$$

$$\rho \left(\frac{\partial u}{\partial t} + u \frac{\partial u}{\partial x} + v \frac{\partial u}{\partial y} \right) = -\rho g \sin\alpha - \frac{\partial p}{\partial x} + \frac{\partial}{\partial y} \left(\mu \frac{\partial u}{\partial y} \right) \tag{13.4}$$

$$\rho c_p \left(\frac{\partial T}{\partial t} + u \frac{\partial T}{\partial x} + v \frac{\partial T}{\partial y} \right) = \frac{\partial}{\partial y} \left(\lambda \frac{\partial T}{\partial y} \right) + \beta T \left(\frac{\partial p}{\partial t} + u \frac{\partial p}{\partial x} \right) + \mu \left(\frac{\partial u}{\partial y} \right)^2 \tag{13.5}$$

这些方程组对于平面边界层($j=0$)以及轴对称边界层($j=1$)均有效。稳态流动方程式(13.3)~式(13.5)变成方程式(10.4)~式(10.6)($j=0$),以及方程式(12.1)~式(12.3)($j=1$)。

其边界条件为

$$y=0: u=0, v=v_w, \quad T=T_w(x,T);$$
$$y \to \infty: u=U(x,t), \quad T=T_e(x,T)$$

如果忽略重力项[可参见式(13.4)],外流速度 $U(x,t)$ 与边界层中的压力存在以下关系：

$$-\frac{\partial p}{\partial x} = \rho_e \left(\frac{\partial U}{\partial t} + U \frac{dU}{dx} \right) \tag{13.6}$$

如果 ρ、μ、λ 与本征关系是预先规定的,则方程组是闭合的,而如果函数 $U(x,t)$、$v_w(x,t)$、$T_e(x,t)$、$T_w(x,t)$ 是已知的,则可进行边界层的计算。

霍尔给出了求解具有恒定物理属性的二维非定常边界层方程组的数值方法(场方法),具体可参见 23.3 节。

13.1.3 相似解与半相似解

如果两个不相关量 x 与 y 通过适当的相似变换可简化合并为单一变量 η,则稳态边界层的解称为相似解,可参见 7.2 节。同样,非定常边界层条件下当 3 个自变量 x、y 与 t 可简化合并为单一变量时,也可讨论相似解问题。舒赫(H. Schuh,1955)与盖斯(Th. Geis,1956a)指出了所有可能简化合并为单一变量的解。其具有以下形式：

$$u(x,y,t) = U(x,t) H(\eta), \eta = \frac{y}{N(x,t)} \tag{13.7}$$

这些解中包括具有 $U(x,t) = cx/t$ 或 $U(x,t) = ct^m$ 形式的外流。杨(K. T. Yang,1958)计算了具有常数 a 与 b 的外流 $U(x,t) = x/(a+bt)$ 的相似解。

如果存在一个将 3 个变量 x、y、t 简化为两个变量的适合变换,则称其为半相似解,具体可参见海亚西(N. Hayasi,1962)的文献。如果这个简化专门是针对变量 y 与 x/t,其解称为准定常解,具体可参见贝克(E. Becker,1962)的文献。塔尼(I. Tani,1958)给出了具有常数 U_0 与 t_0 的外流 $U(x,t) = U_0 - x/(t_0-t)$ 的这类解。哈桑(H. A. Hassan,1960)讨论了此类更广泛的半相似解,也可参见海亚西(N. Hayasi,1962)的文献。

13.1.4 小时间尺度(高频)解

稳态边界层的边界层方程式(13.4)与式(13.5)通过对完全纳维-斯托克斯方程组进行边界层变换并形成 $\nu \to 0$ 的极限(或通过采用与趋于零的 ν 成正比的无量纲特征数)来实现。

正如 13.1.1 节所述,考虑小时间尺度 t_R 或大时间尺度 t_R,可形成非定常边界层特征数。大时间尺度稳态情况下雷诺数 $Re = Vl/\nu$ 就是特征数。$\nu \to 0$ 对应于极限 $Re \to \infty$。这样可得已知边界层变换,参见式(6.6),有

$$\bar{y} = y^* \sqrt{Re}, \bar{v} = v^* \sqrt{Re} (t_R^* \to \infty) \tag{13.8}$$

然而,对于小时间尺度 t_R,采用源自式(13.2)的特征数。除雷诺数外,现出现了特征数 $1/t_{R0}^* = l^2/\nu t_R$。此时边界层变换为

$$\bar{y} = y^*\sqrt{\frac{l^2}{t_R^*\nu}}, \bar{v} = v^*\sqrt{\frac{l^2}{t_R^*\nu}} \quad (t_R^* \to 0) \tag{13.9}$$

如果时间 t 涉及 t_R(有 $t^* = t/t_R$),并采取边界层变换,采用极限 $t_{R0}^* \to 0$,假定 x 方向动量方程为下列无量纲形式(常物理特性):

$$\frac{\partial u^*}{\partial t^*} + t_R^*\left(u^*\frac{\partial u^*}{\partial x^*} + \bar{v}\frac{\partial u^*}{\partial \bar{y}}\right) = \frac{\partial U^*}{\partial t^*} + t_R^* U^*\frac{\partial U^*}{\partial x^*} + \frac{\partial^2 u^*}{\partial \bar{y}^2} \tag{13.10}$$

其解采用 t_R^* 的幂级数拟设形式:

$$u^*(x^*,\bar{y},t^*) = u_0(x^*,\bar{y},t^*) + t_R^* u_1(x^*,\bar{y},t^*) + \cdots\cdots \tag{13.11}$$

将式(3.11)代入式(13.10)并对 t_R^* 进行排序,可得以下不同时刻幂级数的微分方程:

$$\frac{\partial u_0}{\partial t^*} - \frac{\partial^2 u_0}{\partial \bar{y}^2} = \frac{\partial U^*}{\partial t^*} \tag{13.12}$$

$$\frac{\partial u_1}{\partial t^*} - \frac{\partial^2 u_1}{\partial \bar{y}^2} = U^*\frac{\partial U^*}{\partial x^*} - u_0\frac{\partial u_0}{\partial x^*} - \bar{v}_0\frac{\partial u_0}{\partial \bar{y}} \tag{13.13}$$

其边界为

$$\bar{y} = 0: \quad u_0 = 0, \qquad u_1 = 0;$$
$$\bar{y} = \infty: \quad u_0 = U^*(x^*,t^*), \quad u_1 = 0$$

式(13.12)与式(13.13)由 u_0、v_0 及 u_1、v_1 的连续方程予以补充。同样,也可写出幂级数更一步的项 u_2、v_2。还可推导出相应的温度方程。

值得注意的是,包括 u_0 在内的所有微分方程是线性的。式(13.12)表明,对于小的 t_R^* 值忽略可导致方程非线性的对流加速度,因此局部加速度与摩擦力平衡。此外,式(13.12)并没有明确地包含变量 x^*,该变量只是作为参数出现。因此解 $u_0(x^*,\bar{y},t^*)$ 只是 11.2.2 节中大规模抽吸相容的局部解。这表明,对于简单的速度分布 $U^*(x^*,t^*)$,由式(13.12)可引出相似解。

13.1.5 非定常边界层的分离

稳态二维边界层中,定义分离点为剪切应力消失($\tau_w = 0$)的位置。对于给定的外流压力分布,该位置的奇异点(梯度 $d\delta_1/dx$ 与 $d\tau_w/dx$ 变得无限大,具体可参见式(7.84)),因而超过该点边界层的计算无法实施。

这个定义并不适用于非定常边界层。分离点就是存在奇异性的点(如果梯度 $d\delta_1/dx \to \infty$)。相比之下,在随时间变化 $\tau_w = 0$ 的点,边界层方程组的解是正则的。

非定常边界层分离点的位置可采用由最初运动壁面稳态边界层发展而来的 MRS 判据确定,具体可参见 11.1 节和图 11.2。在随分离点运动的坐标系中,靠近分离点的边界层在运动的壁面上呈现出稳定状态,如此 MRS 判据可在该坐标系中应用。但需要注意的是,11.1 节中所指的两个状态通常并不以简单方式在非定常边界层的计算中进行控制,具体可参见盖斯勒(W. Geiβler,1989)的文献。

非定常边界层分离点或出现奇异性的更多详细内容可参见西尔斯与戴俐奥尼(W. R. Sears,D. P. Telionis,1972)、涅尼(J. P. Nenni,1975)、沈(S. F. Shen,1978)、杰贝吉(T. Cebeci,1982)、范多梅伦和沈(L. L. Van Dommelen,S. F. Shen,1982)、威廉姆斯(P. G. Williams,1982)、威廉姆斯三世(J. C. Williams III,1982)、史密斯(F. T. Smith,1986)及杰贝吉(T. Cebeci,1986)发表的文献。

13.1.6 积分关系与积分方法

非定常边界层可推导出与稳态边界层一样的积分方程组。对于定常物性边界层,忽略耗散前提下可得

$$\frac{\partial}{\partial t}(U\delta_1) + \frac{\partial}{\partial x}(U^2\delta_2) + \delta_1 U\frac{\partial U}{\partial x} + jU^2\frac{\delta_2}{r_w}\frac{dr_w}{dx} = \frac{\tau_w}{\rho} \quad (13.14)$$

$$U^2\frac{\partial \delta_1}{\partial t} + \frac{\partial}{\partial t}(U^2\delta_2) + \frac{\partial}{\partial x}(U^3\delta_3) + jU^3\frac{\delta_3}{r_w}\frac{dr_w}{dx} = \frac{2}{\rho}D \quad (13.15)$$

$$U\frac{\partial U}{\partial t}\frac{\delta_T}{c_p} + \frac{\partial}{\partial x}[(T_w - T_\infty)U\delta_T] + j(T_w - T_\infty)U\frac{\delta_T}{r_w}\frac{dr_w}{dx} = \frac{q_w}{\rho c_p} \quad (13.16)$$

其中,$j=0$ 对应平面边界层,$j=1$ 对应轴对称边界层。对于稳态边界层,其方程组为式(12.10)~式(12.12)。施利希廷(H. Schlichting,1982:414)给出了理想气体可压缩流动积分方程的拓展。

与第8章所述的稳态边界层近似方法类似,已经发展适用于非定常边界层的方法。舒(H. Schuh,1953)、杨(K. T. Yang,1959)、罗津(L. A. Rozin,1960)、霍尔特与常(M. Holt,W. K. Chan,1975)以及松下等(M. Matsushita et al.,1984a,1984b)提出了这种积分方法,且杨(K. T. Yang)的方法也可用来处理热边界层。这里所采用的基本方程组是积分方程式(13.14)~式(13.16)。对于速度与温度的分布可采用多项式或源自相似解的分布。由于边界层厚度上的积分只允许减少一个坐标(y 坐标),对于非定常边界层仍需采用积分方法求解偏微分方程组。

13.2 静止流体中的非定常运动物体

13.2.1 启动过程

被流体包围的物体自静止的初始点开始运动的过程称为启动过程。与时间相关的物体绕流形成于固定物体的坐标系中。这个流动最初是无黏的。只有靠

近壁面才会形成非定常边界层。边界层外缘处的速度 $U(x,t)$ 为启动过程的典型分布：

$$U(x,t) = \widetilde{U}(x)[1 - e^{-t/t_R}] \tag{13.17}$$

其中,特征时间 t_R 是启动过程持续时间的度量。极限 $t_R \to 0$ 为脉冲加速壁的情况,且将是首先考虑的情形。由于这是一个短参考时间($t_R \to 0$)的情形,可采用源自 13.1.4 节的解。

由于存在边界条件 $\bar{y} \to \infty: u_0 = \widetilde{U}^*(x^*)$,式(13.12)简并为简单的微分方程:

$$\frac{\partial u_0}{\partial t^*} - \frac{\partial^2 u_0}{\partial \bar{y}^2} = 0 \tag{13.18}$$

其相似解为

$$\frac{u_0}{\widetilde{U}^*(x^*)} = f'_0(\eta) = \mathrm{erf}\,\eta \tag{13.19}$$

且有

$$\eta = \frac{y}{2\sqrt{\nu t}} \tag{13.20}$$

也可参见式(5.93)~式(5.98)。因此,每个点处的边界层局部表现为 5.3.1 节的斯托克斯问题,即平面壁处的流体突然开始运动。

源自 13.1.4 节的解的展开式可导致拟设

$$\frac{u(x,y,t)}{\widetilde{U}(x)} = f'_0(\eta) + \left[\frac{d\widetilde{U}}{dx} f'_{10}(\eta) + j\frac{\widetilde{U}}{r_w}\frac{dr_w}{dx} f'_{11}(\eta)\right] \tag{13.21}$$

函数 $f_0(\eta)$、$f_{10}(\eta)$ 及 $f_{11}(\eta)$ 满足微分方程组

$$\begin{cases} f'''_0 + 2\eta f''_0 = 0 \\ f'''_{10} + 2\eta f''_{10} - 4f'_{10} = 4(f'^2_0 - f_0 f''_0 - 1) \\ f'''_{11} + 2\eta f''_{11} - 4f'_{11} = -4f_0 f''_0 \end{cases} \tag{13.22}$$

其边界条件为

$\eta = 0: \quad f_0 = f_{10} = f_{11} = 0, \quad f'_0 = f'_{10} = f'_{11} = 0;$

$\eta \to \infty: \quad f' = 1, \quad f'_{10} = f'_{11} = 0$

下列值是壁面剪切应力的量度:

$$f''_{0w} = 2/\sqrt{\pi} = 1.128, \quad f''_{10w} = 1.607, \quad f''_{11w} = 0.169 \tag{13.23}$$

博尔策(E. Boltze,1908)及戈德斯坦与罗森黑德(S. Goldstein, L. Rosenhead, 1936)计算了式(13.11)的进一步展开项及由此而得的式(13.21)。

对式(13.21)微分可得壁面剪切应力为零的以下条件:

$$1.128 + t_0\left(1.607 \frac{d\widetilde{U}}{dx} + 0.169 \frac{\widetilde{U}}{r_w}\frac{dr_w}{dx}\right) = 0 \tag{13.24}$$

因此,分离只发生于 $-d\widetilde{U}/dx$ 的平面流动($j=0$)。壁面剪切应力消失的最初位置

是 $d\tilde{U}/dx$ 绝对值较大的点。接下来将讨论一些实例。

1. 半无限平板

初始流动与 5.3.1 节的无限延伸壁面的流动相同。因此,某一时刻 t 时点坐标 $x = U_\infty t$(此时 $\tilde{U} = U_\infty$)下游区域并未察觉到平板具有前缘。由于 $\tilde{U} = U_\infty$ = 常数,展开式(13.21)的第二项消失。

德怀尔(H. A. Dwyer,1968)与霍尔(M. G. Hall)对具有 3 个因变量 x、y、t 的非定常边界层方程组进行了数值求解,参见戴俐奥尼(D. P. Telionis,1981)的专著第 99 页。图 13.1 所示为作为无量纲时间 t 函数的无量纲壁面剪切应力 $\tau_w(x,t)$。出于量纲考虑(因 $\tau_w \propto \sqrt{\nu}$),最终结果呈现为一条曲线。数值结果给出了由小时间尺度的斯托克斯解向大时间尺度的布拉休斯解的转变。

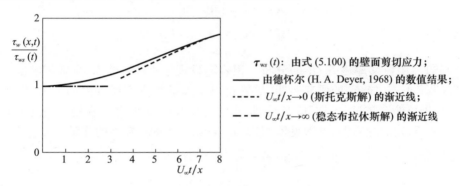

图 13.1 突然运动时的平板壁面剪切应力 $\tau_w(x,t)$

2. 圆柱体

分离开始之前,外流与势流相同:

$$\tilde{U}(x) = 2V\sin\frac{x}{R}$$

后驻点的 $d\tilde{U}/dx$ 绝对值较大,且有 $d\tilde{U}/dx = -2V/R$。因此,壁面剪切应力首先在后驻点消失,由式(13.24)所得的壁面剪切应力消失的时间为 $t_0 = 0.35R/V$。更加精确地计算给出了 $t_0 = 0.32R/V$,具体可参见杰贝吉(T. Cebeci,1979)与片桐(M. Katagiri,1976)发表的文献。图 13.2 所示为圆柱体突然启动时剪切应力消失点的位置与时间的相关性。对于 $t > t_0$ 可发现初始非常快的前向运动。

对于 $t_S > t_0$,分离,即奇异性的出现只发生于随后的时间内。根据范多梅伦与沈(L. L. Van Dommelen, S. F. Shen, 1982)、杰贝吉(T. Cebeci, 1982)、王(K. C. Wang,1982)及考利(S. J. Cowley,1983),分离发生于大约 $t_S = 1.5R/V$ 时刻,且并非在后驻点,而是在 $x_S/R = 1.94 (\phi_s = 111°)$。

奇异性呈现了位移边界层中的无限大增量($d\delta_1/dx \to \infty$)。图 13.3 所示为由杰贝吉计算的圆柱体突然启动的圆柱体在 $t = 1.5R/V$ 时刻表面摩擦系数 $c_f = 2\tau_w/$

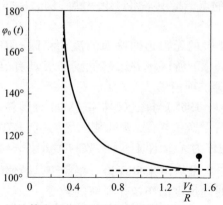

图 13.2　圆柱体突然启动时剪切应力消失点($\varphi_0 = \varphi_{\tau_w=0}$)的
位置与时间的相关性(T. Cebeci,1979)

● : 分离

ρV^2 与边界层位移厚度 δ_1/R 的分布。很容易发现 $\varphi = 111°$ 处 δ_1 的显著增量。杰贝吉(T. Cebeci,1986)的研究表明,尽管付出了大量数值模拟方面的努力,但边界层计算仍可能会越过 $t = 1.5R/V$ 时刻,并且只有当 $t \to \infty$ 时才会在稳态情况下形成 $\varphi_S = 104.5°$ 处的奇异性,可参见库斯泰(J. Cousteix,1986)发表的文献。

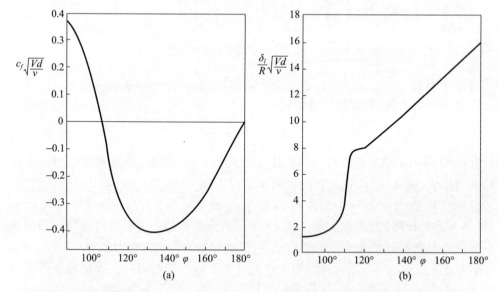

图 13.3　圆柱体突然启动的 $t = 1.5R/V$ 时刻表面摩擦系数与边界层位移厚度的分布
(a)表面摩擦系数 $c_f \sqrt{Vd/\nu}$,其中 $c_f = 2\tau_w/(\rho V^2)$;(b)边界层无量纲位移厚度$(\delta_1/R) \sqrt{Vd/\nu}$。

如第 14 章所述,当考虑高阶边界层效应,特别是边界层与外流相互作用时奇异性问题就显得多余。

图 13.4 展示了圆柱体由静止状态启动时的一系列流动特写照片。这些特写照片是由普朗特拍摄的。由图 13.4(a) 可以发现,启动后的流动是势流的。在图 13.4(b) 中,后驻点的分离刚刚开始。在图 13.4(c) 中,分离点已经前移相当一段距离。一个涡层由分离点开始形成,而后卷起并形成两个集中的涡(如图 13.4(d))。由图 13.4(e) 可以发现这两个涡进一步增大。后来这个涡对变得不稳定。其被外流牵引并流过。最后形成了与势流表面压力分布明显不同的不规则振荡流动,具体可参见舒瓦贝(M. Schwabe,1935)的文献。作为边界层理论的基础,将流场划分为壁面边界层与无黏外流的基本概念不再有效。

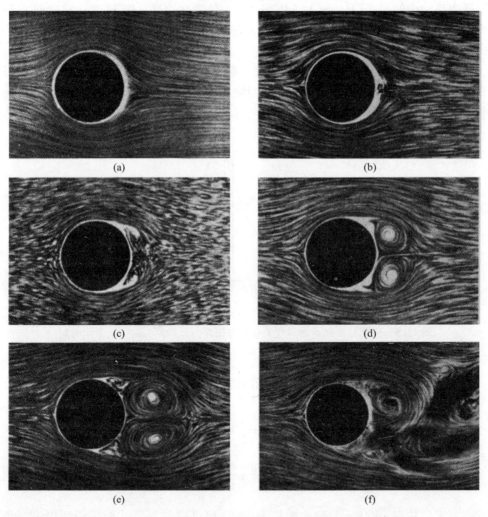

图 13.4 由静止状态启动时圆柱绕流中涡的生成(源自普朗特)

3. 椭圆柱

托尔明（W. Tollmien, 1931）与高特勒（H. Gortler, 1948）研究了椭圆柱沿半长轴方向由静止状态突然启动的情况。$|d\widetilde{U}/dx|$ 的最大值取决于轴向比 $k=b/a$。结果表明，$|d\widetilde{U}/dx|_{max}$ 在 $k^2<4/3$ 时只存在于后驻点区。对于 $k^2 \geq 4/3$，$|d\widetilde{U}/dx|_{max}$ 的位置为

$$\frac{y}{b} = \sqrt{1 - \frac{1}{3(k^2-1)}} \quad \left(k^2 \geq \frac{4}{3}\right)$$

因此，对于 $k^2 \geq 4/3$，$|d\widetilde{U}/dx|_{max}$ 的位置沿半短轴 b 末端终点方向移动得更远。对于横向流动中的平板（$k^2 \to \infty$），$|d\widetilde{U}/dx|_{max}$ 的位置在边缘。图 13.5 中将时间 t_0 到壁面剪切应力开始消失时刻[或与式(13.24)中的点 t_0V 的距离]作为轴向比 k 的函数，并予以展示。

戴俐奥尼（D. P. Telionis, 1974）研究了椭圆柱在特定攻角下的启动过程，也可参见卢格特与霍伊斯林（H. J. Lugt, H. J. Haussing, 1974）发表的文献及戴俐奥尼的专著（D. P. Telionis, 1981）第 129 页。

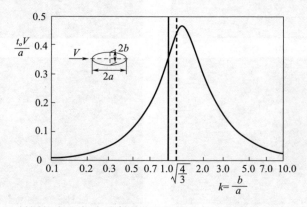

图 13.5 椭圆柱突然启动后直到壁面剪切应力开始消失时的无量纲时间

4. 球体

博尔策（E. Boltze, 1908）对突然由静止状态启动的球体所形成的边界层进行了计算。外流速度

$$\widetilde{U}(x) = \frac{3}{2} V \sin \frac{x}{R}$$

由式(13.24)壁面剪切应力消失于

$$1 + 1.572 t_0 \frac{3}{2} V \cos \frac{x}{R} = 0$$

或消失于后驻点 $t_0 V/R = 0.42$。博尔策在式(13.24)的展开式中采用两项进一步的展开项来确定更加精确的值 $t_0 V/R = 0.39$。$\tau_w = 0$ 的位置首先快速离开 $\phi = \pi$（如图 13.2 所示的圆柱体），而后越来越慢地靠近定常流动 $\phi = 110°$ 的位置。这种

情况只有在无限长时间之后才能出现。图 13.6 展示了 $tV/R = 0.6$ 时刻的流线形态与速度分布。封闭涡旋中的速度非常小。分界流线 $\psi = 0$ 之外的速度梯度与涡度最大。范多梅伦(L. L. Van Dommelen,1987,1990)最近研究了球体突然启动时的流动。

吴与沈(T. Wu,S. F. Snen,1992)计算了以特定攻角突然启动的轴对称椭球边界层。

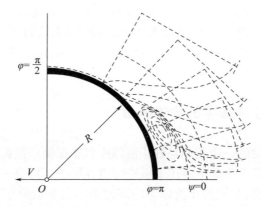

图 13.6　突然启动的球体在 $tV/R = 0.6$ 时的下游边界层(E. Boltze,1908)

5. 旋转体的启动

蒂里奥(K. H. Thiriot,1950)研究了旋转盘边界层的形成,内容包括静止流体中突然启动并达到恒定转速及携带流体的旋转盘突然停止两种情况:第一种情况的最终状态是 5.2.4 节中给出的旋转盘在静止流体中的解;第二种情况的最终状态则为 12.1.4 节中越过固定地面的旋流的解。尼格姆(S. D. Nigam,1951)也研究了第一种情况。蒂里奥(K. H. Thiroit,1942)将第二种情况概括为带着流体旋转的圆盘突然将变为另一个略有不同的角速度的情形,最终在圆盘形成稳态的边界层。

斯派洛与格雷格(E. M. Sparrow and J. L. Gregg,1960a)研究了非均匀圆盘边界层的发展,伊林沃思(C. R. Illingworth,1954)与瓦德瓦(Y. D. Wadhwa,1958)研究了旋转的对称物体边界层的发展,旋转球体的情况也可参见范多梅伦(L. L. Van Dommelen,1987,1990)发表的文献。

托尔明(W. Tollmien,1924)研究了圆柱体突然产生位移运动与旋转运动时边界层的形成过程,相关情况也可参见埃杰等(M. C. Ece et al.,1984)发表的文献。

6. 启动过程与自然对流

如果静止流体中垂直的平板突然产生与流体不同的温度,则会产生启动过程的自然对流现象。该现象由布朗与瑞利(S. N. Brown,N. Riley,1973)进行了研究,也可参见伊林沃思(C. R. Illingworth,1950)与因海姆(D. B. Ingham,1977)发表的文献。

7. 有限加速的启动过程

除突然启动处，有关专家还进行了有限加速的启动过程研究。这些研究具有式(13.17)所描述的外流。这种情况下，运动起自有限加速度 $\widetilde{U}(x)/t_R$。布拉休斯(H. Blasius,1908)提出了物体独立时间加速度情况下边界层的形成机理。这些结果与突然启动的结果十分相似，也可参见施里希廷(H. Schlichting,1982)的专著第 428 页。

高特勒(H. Gortler,1944)将这些研究拓展至具有 $U(x,t) = \widetilde{U}(x)t^n$ ($n = 0,1,2,3,4$)形式的外流。此时 $n = 0$ 表示突然启动，而 $n = 1$ 则为具有恒定加速度的启动。沃森(J. Watson,1958)与王(C. Y. Wang,1967)也进行了类似的研究。索祖(C. Sozou,1971)与扎普里亚诺夫(Z. Zaprynov,1977)研究了 $U(x,t) \propto t^n$ 假设下旋转球体的启动过程。

13.2.2 静止流体中的物体振动

周期边界层流动的一个范例是静止流体中以小振幅谐波振荡形式来回运动的物体的边界层。这是 5.3.2 节所述平板壁面边界层在其自身平面内谐波振荡问题的拓展。本节将表明，初始静止流体中的高频振荡会在边界层黏性作用下产生稳定的二次流动。这种二次流动使靠近振荡物体的整个流体被设定为稳定运动，尽管振荡物体的运动是纯周期性的。这种现象称为流或声流。该效应在昆特管中形成尘埃模式过程中发挥作用。

计算边界层过程中再次采用固定于物体的坐标系。如果所考虑的稳态平面流动具有势流速度分布 $U(x)$，则具有频率 n 的周期性势流为

$$U(x,t) = \widetilde{U}(x)\cos nt \quad (13.25)$$

速度边界层满足 $j = 0, \rho = 0, \mu = $ 常数，$g = 0$ 条件下的式(13.3)与式(13.4)。施利希廷(H. Schlichting,1932)进行了相关计算，也可参见戴俐奥尼(D. P. Telionis,1981)的专著第 158 页。

由于存在较高的频率 n，可像 13.1.4 节那样写出展开形式的解。对于速度分量 u，尝试解可表示为

$$u(x,y,t) = \widetilde{U}(x)[f'_{00}(\eta_s)\cos nt + f'_{01}(\eta_s)\sin nt]$$
$$+ \frac{\widetilde{U}}{n}\frac{d\widetilde{U}}{dx}[f'_{10}(\eta_s)\cos 2nt + f'_{11}(\eta_s)\sin 2nt + f''_{12}(\eta_s)] \quad (13.26)$$

根据式(5.105)，有

$$\eta_s = \sqrt{\frac{n}{2\nu}}y$$

其中，首个方括号中的项对应于式(13.12)的解，而第二个方括号中的项则为式(13.13)的解。$f'_{01}(\eta_s)\sin nt$ 项考虑了边界层振荡与外流振荡之间可能出现的相位移。同样值得注意的是时间无关项 $f'_{12}(\eta_s)$。式(13.13)包含了解 u_0 与 $\overline{u}_0$ 的

乘积。由于其分别与 $\cos nt$ 与 $\sin nt$ 成正比,因此其为三角函数的乘积。由

$$(\cos nt)^2 = 1 - (\sin nt)^2 = \frac{1}{2}\cos 2nt + \frac{1}{2}, \cos nt \sin nt = \frac{1}{2}\sin 2nt \quad (13.27)$$

可得具有双频率振荡和稳态项的尝试解。

与 η_s 相关函数的微分方程为

$$\begin{cases} f'''_{00} - 2f'_{01} = 0 \\ f'''_{01} + 2f'_{00} = 2 \\ f'''_{10} - 4f'_{11} = f'^2_{00} - f'^2_{01} - f_{00}f'_{00} + f_{01}f'_{01} - 1 \\ f'''_{11} + 4f'_{10} = 2f'_{00}f'_{01} - f_{00}f'_{01} - f_{01}f'_{00} \\ f'''_{12} = f'^2_{00} + f'^2_{01} - f_{00}f'_{00} - f_{01}f'_{01} - 1 \end{cases} \quad (13.28)$$

其边界条件为

$$\eta_s = 0: f_i = 0, \quad f'_i = 0, \quad i = 00, 01, 10, 11, 12;$$
$$\eta_s \to \infty : f'_{00} = 1, \quad f_i = 0, \quad i = 00, 01, 11 \quad (13.29)$$

初始的两个解为

$$f'_{00} = 1 - e^{-\eta_s}\cos\eta_s, f'_{01} = -e^{-\eta_s}\sin\eta_s \quad (13.30)$$

对于式(13.29)的边界条件,可不明确要求 $f'_{12} = 0$。人们发现,关于 $f_{12}(\eta_s)$ 微分方程的解

$$f'''_{12} = e^{-2\eta_s} - \eta_s e^{-\eta_s}(\cos\eta_s + \sin\eta_s) + e^{-\eta_s}(\sin\eta_s - 2\cos\eta_s) \quad (13.31)$$

不能满足这种边界条件。其解为

$$f'_{12}(\eta_s) = -\frac{3}{4} + \frac{1}{4}e^{-2\eta_s} - \frac{1}{2}\eta_s e^{-\eta_s}(\cos\eta_s - \sin\eta_s) + \frac{1}{2}e^{-\eta_s}(\cos\eta_s + 4\sin\eta_s)$$

$$(13.32)$$

特别是

$$f'_{12}(\eta_s \to \infty) = -\frac{3}{4} \quad (13.33)$$

根据尝试解式(13.26),无黏外流则不再如式(13.25),而是

$$U(x, t) = \widetilde{U}(x)\cos nt - \frac{3}{4}\frac{\widetilde{U}}{n}\frac{d\widetilde{U}}{dx} \quad (13.34)$$

因此,在边界层外缘存在两个项的情况下,高频解的扩展产生了与黏度无关并随频率增加而减小的稳定部分。式(13.34)中附加项的贡献是定向的,使流体沿速度 $\widetilde{U}(x)$ 减少的方向流动。

图 13.7 所示为靠近振动圆柱体的二次流图谱。图 13.8 展示了抓拍的在水箱中来回振荡的圆柱体周围水流的特写。该特写是由与圆柱体承运的相机拍摄的。小的金属颗粒散布于水面上,而在慢速快门下特写图像描述了宽波段的振荡运动。

稳态流动从上、下两个方向靠近圆柱体,而且从振荡的两个方向离开,与图 13.7 中的理论流线图谱一致。安德雷德(E. N. Andrade,1931)提供了类似的流

动图谱,其中圆柱体被带至声驻波中,二次流采用烟气可视化方式显示。这个方式为昆特尘埃模式的出现做出了简单的解释。声波是纵波,其最大幅值在两个节点之间,具体可参见图13.9。由于上述影响,可获得靠近壁面由最大值点指向节点的附加流动。由于流动连续性,距壁面很远处的流动是反向的。这种稳态的附加流动正是传输尘埃并将其堆积于节点上。

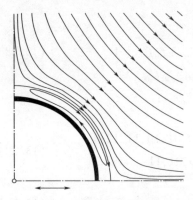

图13.7 靠近振动圆柱体的二次流图谱(H. Schlichting,1932)

图13.8 在水箱中来回振荡的圆柱体周围水流的特写,源自施利希廷(H. Schlichting,1932)

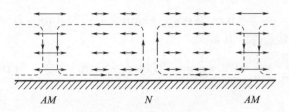

图13.9 昆特尘埃模式的形成过程
AM:振幅最大值,N:节点

显然,尘埃模式的出现在很大程度上取决于现存的尘埃总量。如果存在许多尘埃,其会卷起且止于内部流动,使得尘埃不能从最大值处带走。另外,如果只有少量的尘埃存在,壁面流动占主导作用,最大值处很快就没有灰尘了。这个问题在声学文献中得到了广泛的讨论,具体可参见韦斯特维尔特(P. J. Westervelt,1953)的文献。

歌诗(A. Gosh,1961)与罗伊(D. Roy,1961,1962)研究了静止流体中沿平行于轴方向进行振荡的轴对称椭球体附近的流动。

13.3 稳态基本流动中的非定常边界层

考虑非定常边界层,其中外流由稳态基本流动与非定常流动叠加而成,因此有

$$U(x,t) = \overline{U}(x) + U_1(x,t) \tag{13.35}$$

如果 $U_1(x,t)$ 是周期性函数,则 $\overline{U}(x)$ 是一个周期内的时间平均函数 $[\overline{U_1(x,t)}=0]$。然而,$U_1(x,t)$ 是一个与式(13.17)对应的过渡函数。

实际上,非定常项 $U_1(x,t)$ 往往比稳态项小,这可以大大简化计算,如下面实例所示。

13.3.1 周期性外流

在 $j=0$、$\rho=$ 常数与 $g=0$ 条件下,式(13.3)与式(13.4)的解可分为时间平均项与周期性项:

$$\begin{cases} u(x,y,t) = \overline{u}(x,y) + u_1(x,y,t) \\ v(x,y,t) = \overline{v}(x,y) + v_1(x,y,t) \\ p(x,t) = \overline{p}(x) + p_1(x,t) \end{cases} \tag{13.36}$$

其中,$\overline{u}_1 = \overline{v}_1 = \overline{p}_1 = 0$。如果将式(13.35)代入式(13.36),并进行时间平均,可得

$$-\frac{\partial \overline{p}}{\partial x} = \rho\left(\overline{U}\frac{d\overline{U}}{dx} + \overline{U_1\frac{\partial U_1}{\partial x}}\right) \tag{13.37}$$

式(13.6)减去式(13.37)可得

$$-\frac{\partial p_1}{\partial x} = \rho\left(\frac{\partial U_1}{\partial t} + \overline{U}\frac{\partial U_1}{\partial x} + U_1\frac{d\overline{U}}{dx} + U_1\frac{\partial U_1}{\partial x} - \overline{U_1\frac{\partial U_1}{\partial x}}\right) \tag{13.38}$$

与此相似,由式(13.4)可得平均运动 $\overline{u}(x,y)$ 与 $\overline{v}(x,y)$ 的下列公式:

$$\overline{u}\frac{\partial \overline{u}}{\partial x} + \overline{v}\frac{\partial \overline{u}}{\partial y} = \overline{U}\frac{d\overline{U}}{dx} + \nu\frac{\partial^2 \overline{u}}{\partial y^2} + F(x,y) \tag{13.39}$$

其中

$$F(x,y) = \overline{U_1\frac{\partial U_1}{\partial x}} - \left(\overline{u_1\frac{\partial u_1}{\partial x}} + \overline{v_1\frac{\partial u_1}{\partial y}}\right) \tag{13.40}$$

并可参见式(5.131)。由于存在附加项 $F(x,y)$,周期性外流的平均运动与稳态基本流动不同。如式(13.40)所示,如果流动的非定常项 u_1、v_1、p_1 已知,则只能确定 $F(x,y)$。除式(13.39)外,还有连续方程

$$\frac{\partial \overline{u}}{\partial x} + \frac{\partial \overline{v}}{\partial x} = 0 \tag{13.41}$$

及通常的边界条件。

振荡运动满足与式(5.132)和式(5.133)相同的方程组。

如5.3.5节所述,该方程组在高频极限条件下得到很大的简化,也可见13.1.4节。对于 $u_1(x,y,t)$,可得对应于式(5.135)的线性方程:

$$\frac{\partial u_1}{\partial t} = \frac{\partial U_1}{\partial t} + \nu\frac{\partial^2 u_1}{\partial y^2} \tag{13.42}$$

如果有

$$U_1(x,t) = U(x)\cos nt \quad (13.43)$$

则可发现源自式(5.138)与式(5.139)的附加项 $F(x,y)$，函数 $\overline{F}(\eta_s)$ 如图5.15所示。

外流的一般形式方程

$$U(x,t) = \overline{U}(x) + \sum_{k=1} U_{1k}(x)\cos k\,nt \quad (13.44)$$

拥有附加函数

$$F(x,y) = \frac{1}{2}\sum_{k=1} U_{1k}\frac{\mathrm{d}U_{1k}}{\mathrm{d}x}\left(\frac{y}{\sqrt{2\nu/kn}}\right) \quad (13.45)$$

也可参见林（C. C. Lin, 1957）发表的文献。佩德利（T. J. Pedley, 1972）研究了式(13.43)中的特殊情况 $U(x) = \overline{U}(x)$。

如5.5节所示，边界层在高频条件下具有两层结构：厚度为 $\delta \propto \sqrt{\nu/Vll}$ 的稳态基本流动边界层（普朗特边界层）和厚度为 $\delta \propto \sqrt{\nu/n}$ 非常薄的斯托克斯边界层。源于外流非定常部分的振荡发生在这个斯托克斯边界层。

壁面剪切应力消失（$\tau_w = 0$）的点的位置与流动结构对应。壁面剪切应力也是振动量，使得 $\tau_w = 0$ 位置沿壁面周期性移动。因此，时间平均位置通常与稳态基本流动的位置不同。

13.3.2 具有弱周期性摄动的定常流动

如果外流具有以下形式的速度分布：

$$U(x,t) = \overline{U}(x) + \varepsilon U_1(x,t) \quad (13.46)$$

式中：ε 为一个小量，可采用幂级数展开来求解：

$$\begin{cases} u(x,y,t) = u_0(x,y) + \varepsilon u_1(x,y,t) + \varepsilon^2 u_2(x,y,t) + \cdots \\ v(x,y,t) = v_0(x,y) + \varepsilon v_1(x,y,t) + \varepsilon^2 v_2(x,y,t) + \cdots \end{cases}$$

与式(13.36)相比可得

$$\overline{u} = u_0 + \varepsilon\overline{u}_2, \overline{v} = v_0 + \varepsilon^2\overline{v}_2 \quad (13.47)$$

其时间无关的变化相对于稳态基本流动具有 $O(\varepsilon^2)$ 的数量级。将式(13.47)代入式(13.39)，并只考虑具有 $O(\varepsilon^2)$ 的项，采用 $F = \varepsilon^2\widetilde{F}$，可得到下列关于 $\overline{u}_2(x,y)$ 与 $\overline{v}_2(x,y)$ 的方程组：

$$\begin{cases} \dfrac{\partial \overline{u}_2}{\partial x} + \dfrac{\partial \overline{v}_2}{\partial y} = 0 \\ u_0\dfrac{\partial \overline{u}_2}{\partial x} + \overline{u}_2\dfrac{\partial u_0}{\partial x} + \overline{v}_2\dfrac{\partial \overline{u}_2}{\partial y} + \overline{v}_2\dfrac{\partial u_0}{\partial y} = \widetilde{F}(x,y) \end{cases} \quad (13.48)$$

如同 $u_1(x,y,t)$ 与 $v_1(x,y,t)$ 的微分方程,式(13.48)为线性微分方程。

具有外流形式的尖楔流动

$$U(x,t) = ax^m(1 + \varepsilon\cos nt) \tag{13.49}$$

已经成为众多研究的课题,具体可参见罗特与罗森茨韦克(N. Rott, M. L. Rosenzweig, 1960)及格斯滕(K. Gersten, 1965)发表的文献。特殊情况为5.3.2节所述的驻点流动,而且歌诗(A. Gorsh, 1961)与吉贝拉托(S. Gibellato, 1954, 1956)对零攻角平板流动进行了研究。歌诗(A. Gorsh, 1961)、希尔与斯滕宁(P. G. Hill, A. H. Stenning, 1960)也对非定常边界层进行了测量。格斯滕(K. Gersten, 1965)已经确定了传热,其研究表明,对于传热存在与正比于 ε^2 的稳态情况相对的时间无关变化。然而,对于驻点流动,源于振荡的传热降低,而壁面剪切应力增加。

1. 实例:平板壁面剪切应力

采用外流表达式

$$U(x,t) = U_\infty(1 + \varepsilon\cos nt) \tag{13.50}$$

格斯滕(K. Gersten, 1965)的研究表明,表面摩擦系数为

$$c_f(x,t)\sqrt{Re_x} = 0.664 + \varepsilon[f'_{10w}(X)\cos nt + f''_{11w}(X)\sin nt] \\ + \varepsilon^2[f''_{20w}(X)\cos 2nt + f''_{21w}(X)\sin 2nt + f''_{22w}(X)] \tag{13.51}$$

其中

$$X = \frac{nx}{U_\infty} \tag{13.52}$$

取决于 X 的函数可见于格斯滕(K. Gersten, 1965)发表的文献。对于 $X = 0$ 的函数满足 $f''_{10w} = (3/2)0.664, f''_{11w} = 0, f''_{20w} = f''_{22w} = (3/16)0.664, f''_{21w} = 0$。可获得准稳态解,即在任何时间点,该解表现为具有瞬时外流特征的相应稳态解。与 $\sin nt$ 成正比的项的出现表明边界层相对于外流发生了位移。最大壁面剪切应力值引起最大的外流速度值,且在 $X\to\infty$ 极限下相角为 $45°$。对于 $X\to\infty$,也存在两层结构。另外,研究结果表明,壁面剪切应力的振荡幅值随着 X 的增大而无限增加。

解 $u_2(x,y,t)$ 与 $v_2(x,y,t)$ 具有一个双频率的周期项,还有一个改变了边界层的基本流动,且朝向边界层外缘逐渐消失的时间无关项。

类似于式(13.51)的努塞尔数公式可参见格斯滕(K. Gersten, 1965)的文献。盖特勒(W. Geiβler, 1993)已经提出了正比于 ε 的速度场数值结果。

2. 更多的实例

盖特勒(W. Geiβler, 1993)已经研究了振荡机翼(中等攻角 $\alpha = 8°$ 的 NACA 0012 翼型)上的非定常边界层。现将深入讨论壁面剪切应力消失的位置。

帕特尔(M. H. Patel, 1975)研究了暴露在行波下的平板非定常边界层,在此波长一定要比边界层厚度长得多。这个问题对于层流边界层的不稳定性具有重要意义,具体可参见第15章。

瑞利(N. Riley, 1963)研究了流动中零攻角平板的非定常传热。

13.3.3 两个略微不同的稳态边界层之间的转换

考虑由一个稳态过渡至一个密切相关新稳态而产生外流变化的流动。这种外流的一个实例为

$$U(x,t) = U(x)[1 - \varepsilon(1 - e^{-t/t_R})] \tag{13.53}$$

这个问题与13.3.2节所讨论的问题密切相关。如格斯滕(K. Gersten,1967)所指出的,可通过拉普拉斯变换由谐波振荡外流的解确定 ε 的线性解。格斯滕(K. Gersten,1967)还对尖楔流动的速度场与温度场进行了计算。

实例:由平板边界层到略微不同平板边界层的转换

在式(13.53)中设置 $U(x) = U_\infty$,获得初始状态与最终状态是稳态相似解的简化。图13.10展示了 $\varepsilon = 0.1$ 时壁面剪切应力 $\tau_w(x,t)$ 的典型结果。对于 $t_R \to \infty$,即 $x/(U_\infty t_R) \to 0$,可得到稳态解。另外,对于斯托克斯近似,壁面剪切应力的转换不再是单调的,可以超越这个结果。热传导中没有显示,过调并非并未发生。

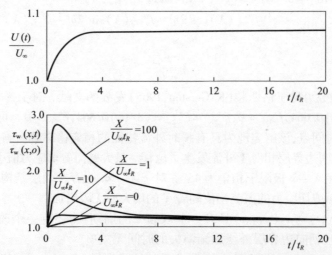

图13.10 由一个平板边界层转换至另一个略微不同平板边界层的壁面剪切应力

对于常见的非定常边界层,其解可写成幂级数展开的形式:

$$\frac{x^k}{U^{k+1}}\frac{\partial^k U}{\partial t^k}, \frac{1}{T_w - T_\infty}\left(\frac{x}{U}\right)^k \frac{\partial^k T_w}{\partial t^k} \tag{13.54}$$

可参见摩尔(F. K. Moore,1951)、奥斯特拉赫(S. Ostrach,1955)、摩尔与奥斯特拉赫(F. K. Moore, S. Ostrach,1956)及斯派洛(E. M. Sparrow,1958)发表的文献,将在13.4.3节讨论这一点。

13.4 非定常可压缩边界层

13.4.1 引言

对可压缩非定常边界层的研究越来越受到人们广泛的重视。这样的边界层出现于激波管及应用于激波或膨胀波之后热力学的实验装置中。对于可压缩边界层的系统认识也必须确定表面温度可能随时间变化且处于振荡及加速或减速的翼型表面的摩擦阻力与传热。

后续将考虑两个可压缩非定常边界层的简单实例,即激波或膨胀波后的边界层及非匀速运动且壁面温度变化的零攻角平板上的边界层。

为简便起见,假设介质为比热容与普朗特数恒定的理想气体。另外,取黏度正比于热力学温度(式(10.46)中 $\omega=1$)。忽略重力影响。采用这些假设可求得 $j=0$ 时式(13.5)~式(13.5)的解及其相对应的边界条件。

连续方程可通过引入流函数 $\psi(x,y,t)$ 来满足。其速度分量为

$$u = \frac{\rho_\infty}{\rho}\frac{\partial \psi}{\partial y}, v = \frac{\rho_\infty}{\rho}\left(\frac{\partial \psi}{\partial x}+\frac{\partial Y}{\partial t}\right) \tag{13.55}$$

其中,新的截面坐标

$$Y = \int_0^y \frac{\rho_\infty}{\rho} dy \tag{13.56}$$

可描述为不可压等效的距壁面距离,可参见式(10.61)。ρ_∞ 取合适的参考密度常数。对于非定常流动,式(13.55)可拓展至式(10.60),其中式(13.56)仍为多洛地尼辛–豪沃斯变换。

13.4.2 移动的正激波后的边界层

考虑图 13.11 中位于间断的压缩波(激波)之后的边界层。激波前静止气体的状态用指数 0 表示,边界层外激波后的气体状态采用指数 ∞。设激波具有恒定的速度 U_s。此外,假设外流中激波后的值与 x 与 t 无关。这意味着如同发生于激波管中的那样忽略边界层对外流的影响。结果表明,这个问题引出相似解,即解不依赖 3 个变量 x、y、t,而只取决于单变量

$$\eta = \frac{Y}{2\sqrt{\nu_\infty\left(t-\frac{x}{U_s}\right)}} = \int_0^y \frac{\rho}{\rho_\infty} dy \Big/ 2\sqrt{\nu_\infty\left(t-\frac{x}{U_s}\right)} \tag{13.57}$$

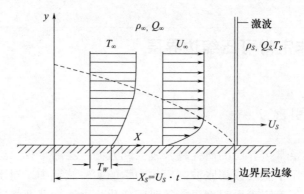

图 13.11 可移动激波后的边界层,激波随速度 U_s 运动

采用流函数并设

$$\psi(x,y,t) = 2U_\infty \sqrt{\nu_\infty \left(t - \frac{x}{U_s}\right)} f(\eta) \tag{13.58}$$

可获得边界层中的速度分布

$$u = U_\infty f'(\eta) \tag{13.59}$$

对于温度分布,可采用以下假设:

$$\frac{T}{T_\infty} = 1 + \frac{\gamma-1}{2} Ma_\infty^2 r(\eta) + \frac{T_w - T_{ad}}{T_\infty} s(\eta) \tag{13.60}$$

将式(13.58)与(13.60)代入式(13.3)~式(13.5),可获得 $f(\eta)$、$r(\eta)$ 与 $s(\eta)$ 的下列常微分方程:

$$f''' + 2\left(\eta - \frac{U_\infty}{U_s}f\right)f'' = 0 \tag{13.61}$$

$$\frac{1}{Pr}r'' + 2\left(\eta - \frac{U_\infty}{U_s}f\right)r' = -2f''^2 \tag{13.62}$$

$$\frac{1}{Pr}s'' + 2\left(\eta - \frac{U_\infty}{U_s}f\right)s' = 0 \tag{13.63}$$

及其边界条件为

$$\begin{cases} \eta = 0: f = 0, \ f' = 0, \ r' = 0, \ s = 1; \\ \eta \to \infty: f' = 1, \ r = 0, \ s = 0 \end{cases} \tag{13.64}$$

对于 $\eta = 0$,由式(13.60)可获得绝热壁面温度 T_{ad}:

$$T_{ad} = T_\infty \left[1 + \frac{\gamma-1}{2} Ma_\infty^2 r_w\right] \tag{13.65}$$

式中:r_w 为恢复系数,可参考式(9.86)与式(10.106)。

对于表面摩擦系数 $c_f = 2\tau_w/(\rho_w U_\infty^2)$,可得

$$c_f \sqrt{Re} = f''_w \tag{13.66}$$

而对于当地努塞尔数

$$Nu = \frac{q_w}{T_w - T_{ad}} \frac{U_\infty(t - x/U_S)}{\lambda_w} = \frac{1}{2}\sqrt{Re}\, s'_w \qquad (13.67)$$

采用

$$Re = U_\infty^2(t - x/U_S)/\nu_w \qquad (13.68)$$

恢复系数 r_w、表面摩擦系数 c_f 及努塞尔数 Nu 在图 13.12 中在 $Pr = 0.72$ 时以 U_∞/U_S 展示。米雷尔斯(H. mirels,1956)的研究工作源自所获得的结果,同样也包括其他普朗特数的结果。

参数 U_∞/U_S 是激波强度的度量。其可能的最大值为 $U_\infty/U_S = 2/(\gamma+1)$(无限强的激波)。对于 $\gamma = 1.4$,可得值 $U_\infty/U_S = 0.83$。U_∞/U_S 的负值对应虚拟的间断膨胀波,可认为这些膨胀波作为集中的连续膨胀波而出现,$U_\infty/U_S = 0$ 的特殊情况是平直壁面突然启动的斯托克斯问题(5.3.1 节)。

如图 13.11 所示,与存在压缩激波与 $U_\infty/U_S = 0$ 的情况相比,表面摩擦系数与努塞尔数越小,边界层厚度越小。

$Pr = 1$ 的情况下,可由 $s(\eta) = 1 - f'(\eta)$ 得出所有 U_∞/U_S 值的努塞尔数简单公式(雷诺数相似可参见式(10.59))与恢复系数

$$Nu = \frac{c_f}{2}Re, \quad r_w = 1\,(Pr = 1) \qquad (13.69)$$

绝热壁面温度则等于总温。

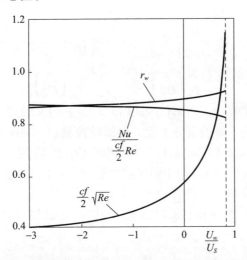

图 13.12 激波($U_\infty > 0$)或膨胀波($U_\infty < 0$)后的边界层,摩擦系数 c_f、努塞系数 Nu 和恢复系数 r_w 随 U_∞/U_S 变化(H. Mirels,1956)

涉及恒定压力激波之后的边界层是简单的特殊情况,其可简化为稳态问题。这是通过选处于静止状态激波的坐标系来实现的。激波与膨胀波之后的更多通解

可参见贝克尔(E. Becker, 1957, 1959b, 1961, 1962)及米雷尔斯与哈曼(H. Mires, J. Hamman, 1962)所做的工作。

13.4.3 具有可变来流速度与壁面温度的零攻角平板

第二个实例中考虑经过平板的可压缩非定常边界层流动,其外流速度 $U_\infty(t)$ 与壁面温度 $T_w(t)$ 均随时间发生变化。

式(13.55)中的流函数 ψ 与无量纲温度分布 $\vartheta = (T - T_\infty)/(T_w - T_\infty)$ 可表示为级数形式:

$$\psi = \sqrt{\nu_\infty U_\infty x}[f_0(\eta) + \zeta_1 f_1(\eta) + \zeta_2 f_2(\eta) + \cdots\cdots] \tag{13.70}$$

$$\vartheta = (T - T_\infty)/(T_w - T_\infty) = \vartheta_0(\eta) + \beta_1 \vartheta_1(\eta) + \beta_2 \vartheta_2(\eta) + \cdots\cdots$$
$$+ \zeta_1 h_1(\eta) + \zeta_2 h_2(\eta) + \cdots\cdots$$
$$+ \frac{U_\infty^2}{2c_p(T_w - T_\infty)}[s_0(\eta) + \zeta_1 s_1(\eta) + \zeta_2 s_2(\eta) + \cdots\cdots] \tag{13.71}$$

其中

$$\eta = \frac{Y}{2x}\sqrt{\frac{U_\infty x}{\nu_\infty}} \tag{13.72}$$

采用式(13.56)中新的无量纲坐标。式(13.70)和式(13.71)中相关参数表示如下:

$$\zeta_1 = \frac{\dot{U}_\infty}{U_\infty}\left(\frac{x}{U_\infty}\right), \zeta_2 = \frac{\ddot{U}_\infty}{U_\infty}\left(\frac{x}{U_\infty}\right)^2, \cdots\cdots \tag{13.73}$$

$$\beta_1 = \frac{\dot{T}_w}{T_w - T_\infty}\left(\frac{x}{U_\infty}\right), \beta_2 = \frac{\ddot{T}_w}{T_w - T_\infty}\left(\frac{x}{U_\infty}\right)^2, \cdots\cdots \tag{13.74}$$

其中,点表示对时间的微分。将解代入式(13.3)~式(13.5)可得关于 $f_i(\eta)$、$\vartheta_i(\eta)$ 与 $s_i(\eta)$($i=0,1,2,\cdots$)解的微分方程。奥斯特拉赫(S. Ostrach, 1955)及斯派洛与格雷格(E. M. Sparrow, J. L. Gragg, 1957)给出了 $Pr = 0.72$ 时这些微分方程组的解。函数 $f_0(\eta)$、$\vartheta_0(\eta)$ 与 $s_0(\eta)$ 等同于瞬时速度稳态问题的解(准稳态解)。其他解与准稳态解之间存在偏差。

壁面剪切应力 τ_w 与准稳态流动的 τ_{wS} 的比可由式(13.75)给出:

$$\frac{\tau_w}{\tau_{wS}} = 1 + \frac{x}{U_\infty}\left[2.555\frac{\dot{U}_\infty}{U_\infty} - 1.414\frac{\ddot{U}_\infty}{U_\infty}\left(\frac{x}{U_\infty}\right) + \cdots\cdots\right] \tag{13.75}$$

同理,可得 $Pr = 0.72$ 时的壁面热流,具体可参见斯派洛(E. M. Sparrow, 1958)的文献,有

$$\frac{q_w}{q_{wS}} = 1 + \frac{x}{U_\infty}\left[2.39\frac{\dot{T}_w}{T_w - T_{adS}} + \cdots\right.$$

$$-\frac{\dot{U}_\infty}{U_\infty}\left(0.0692\frac{T_w - T_\infty}{T_w - T_{adS}} - 0.0448\frac{T_\infty - T_{adS}}{T_w - T_{adS}}\right) + \cdots\right] \tag{13.76}$$

采用准稳态流动绝热壁面温度：

$$T_{adS} = T_\infty + 0.848\frac{U_\infty^2}{2c_p} \tag{13.77}$$

注意，特定函数 $U_\infty(t)$ 与 $T_w(t)$ 的 ζ_1、ζ_2、$\cdots$、β_1、β_2、$\cdots$ 表达式通常是相互关联的。具体可参见 H. Tsuji(1953)、哈里斯与扬(H. D. Harris, A. D. Young, 1967)及斯图尔特(J. T. Stuart, 1963)的研究工作。

第14章
普朗特边界层理论的拓展

14.1 引言

前面几章已经在不同场合提到了高阶边界层理论。这个理论研究的是迄今边界层方程组未加考虑的影响。其涵盖在普朗特边界层理论向高阶边界层理论的拓展中。获得该理论的同时也获得了关于普朗特边界层理论有效区域的描述。

推导第6章中的普朗特边界层方程组时已经注意到两个最重要的高阶边界层影响,即位移效应与壁面曲率效应,具体可参见6.2节。在边界层的外缘,边界层解的速度分量v并不能传递至外流的速度分量。式(6.35)的速度差是外流被边界层排挤的速度。

另外,6.2节中已提及壁面曲率,沿壁面所形成的边界层并未包含于普朗特边界层方程组中。

本章将讨论如何系统推广普朗特边界层理论以及如何考虑所提及的高阶边界层效应。

由于位移效应的存在,存在边界层对外流的影响,并使其发生相应的变化。这种变化又反过来作用于边界层,因此存在边界层与外流的相互作用。本节区分了弱相互作用与强相互作用,弱相互作用中所描述的层次结构存在,这种作用起自边界层对外流的位移效应,而后者则为外流对边界层的后续作用等。随后从最狭义层面讨论高阶边界层理论,这种情况只在没有流动分离的情况下成立,即无奇异点出现。

如果确实出现了一个奇异点(如分离),那么就会产生一种强烈的相互作用,而这种作用并不包括在普朗特边界层理论最初的版本中,因此就会产生奇异点。强相互作用中,外流与边界层流动必须同时进行计算。一个范例是细长体高超声速绕流($Ma\to\infty$)的强相互作用。

强相互作用的结果是流场结构频繁发生变化。强相互作用区域内并不像常规的那样将流场划分为外流和边界层流动,而是存在一个三层结构,有人称为三层理论或渐近相互作用理论。它的一个特征是摩擦边界层被分为两层,这类强相互作用的例子包括零攻角平板的后缘流动、存在明显凹陷与突起的壁面及激波区域的壁面。

如10.4.6节所述,除位移与曲率外,还存在其他的高阶边界层效应。其在高超声速边界层中尤其重要。

下面首先讨论不可压平面或轴对称流动普朗特边界层理论的拓展;然后介绍可压缩流动与高超声速流动的一般情况。

不可压缩平面流动的研究将采用一种简单的几何构型,该构型具有所有必要的几何细节,使其可推广至可覆盖其他几何构型的有效结果。如图14.1所示,考虑经过圆形后向凸台的流动。该流动取决于自由流速度 U_∞、运动黏度 ν、接近长度 L,凸台长度 l 与凸台高度 H。对于固定形状的凸台,可形成3个无量纲特征参数,即 $Re = U_\infty L/\nu$、H/l 和 L/l。对于固定的特征数 $L/l =$ 常数,图14.1中坐标轴缩放至 $1/\sqrt{Re}$ 与 H/l 的图包含了圆形后向凸台所有可能的解。只要 $H/l < (H/l)_{MS}$ 成立,则普朗特边界层理论适用于靠近 H/l 轴的区域。$H/l = (H/l)_{MS}$ 时发生戈德斯坦(Goldstein)奇异性。

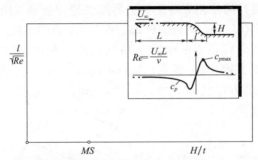

图14.1 阶跃流动图(对于恒定 L/l 比值,每个点对应阶跃流动)
MS:局部分离。

由后面章节讨论的普朗特边界层理论可得到系统性的拓展,这是通过考虑 $H/l < (H/l)_{MS}$ 的弱相互作用(高阶边界层理论)或 $H/l \geqslant (H/l)_{MS}$ 的强相互作用(三层理论)来实现的。

14.2 高阶边界层理论

6.1节中通过评估不同项的数量级,由完全运动方程组得到了普朗特边界层方程组。然而,边界层方程组也可由更普遍的理论获得。

为获得高雷诺数纳维-斯托克斯方程组的渐近展开式,可进行摄动计算,其中

$$\varepsilon = \frac{1}{\sqrt{Re}} = \frac{1}{\sqrt{\dfrac{U_\infty L}{\nu}}} \tag{14.1}$$

可当作摄动参数。这样就产生了一个所谓奇异摄动问题,该问题使所期望的渐近展开式进一步分解为外部展开(外流)式和内部展开(边界层流动)式。采用匹配渐近展开方法可得到整体解。

用这种方法得到渐近展开式的第一项恰好是普朗特边界层方程组的解。进行摄动计算有助于确定展开式中更多的项,也有助于拓展普朗特边界层理论。这就是所谓高阶边界层理论。渐近展开式的第二项具有特别重要的意义。该项可用来修正经典的边界层理论,从而得到所谓二阶边界层效应。

关于高阶边界层理论的系统描述可参见冯·戴克(M. Van Dyke,1969)、格斯滕(K. Gersten, 1972, 1982a)以及格斯滕与格罗斯(K. Gersten and J. F. Gross, 1976)、瑟乔夫等(V. V. Sychev et al.,1998)及索比(I. J. Sobey,2000)发表的文献。冯·戴克(M. Van Dyke,1964b)还对匹配渐近展开方法进行了阐述。该方法的基本思想源于普朗特,在4.7节中通过一个简单的数学实例已经证明是可信的。

接下来将简要阐述平板与轴对称不可压流动中高雷诺数下确定渐近展开解所采用的理论。其主要目的是拓展普朗特边界层理论并推导二阶边界层方程。详细内容可参见冯·戴克(M. Van Dyke,1962a,1962c)发表的文献。

此处是基于自然坐标系下的纳维-斯托克斯方程组,如图14.2所示。3.13节给出了平板流动的方程,冯·戴克(M. Van Dyke,1962c)给出了轴对称流动(圆周方向无速度分量)的方程。

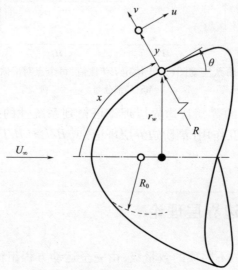

图14.2 平板或轴对称物体的自然坐标系

长度以适合的参考长度 L 为参考,速度以自由来流速度 U_∞ 为参考,超过 p_∞ 的压力以 ρU_∞^2 为参考。物体几何形状由当地曲率 $R(x)$(沿子午方向)确定,轴对称物体同样由 $r_w(x)$ 确定。对于无量纲表面曲率,有

$$K(x) = \frac{L}{R(x)} \tag{14.2}$$

14.2.1 外部展开式

采用自然坐标系下纳维 - 斯托克斯方程解的下列渐近展开式[ρ = 常数且 $f_x = f_y = 0$ 时式(3.99)~式(3.101)描述的平板流动]：

$$\begin{cases} u(x,y,\varepsilon) = U_1(x,y) + \varepsilon U_2(x,y) + \cdots \\ v(x,y,\varepsilon) = V_1(x,y) + \varepsilon V_2(x,y) + \cdots \\ p(x,y,\varepsilon) = P_1(x,y) + \varepsilon P_2(x,y) + \cdots \end{cases} \tag{14.3}$$

对 ε 幂整理排序可得方程组的一阶解 $U_1(x,y)$、$V_1(x,y)$ 与 $P_1(x,y)$，二阶解 $U_2(x,y)$、$V_2(x,y)$ 与 $P_2(x,y)$，并以此类推。直到二阶解，ε^2 项被忽略，即不考虑纳维 - 斯托克斯方程组的摩擦项结束。一阶解与二阶解对应于无黏流动。实际上，如果仅考虑均匀的自由来流，一阶解与二阶解对应于势流。

一阶解的边界条件为

$$\begin{cases} y = 0 : V_1(x,0) = 0 \\ y \to \infty : U_1^2 + V_1^2 = 1 \end{cases} \tag{14.4}$$

势流方程解 $U_1(x,y)$ 与 $V_1(x,y)$ 可给出壁面处的速度 $U_1(x,0)$，并由伯努利方程得到壁面处的压力：

$$P_1(x,0) = \frac{1}{2} - \frac{1}{2} U_1^2(x,0) \tag{14.5}$$

二阶解具有以下边界条件：

$$y = 0 : V_2(x,0) = \frac{1}{\varepsilon r_w^j} [U_1(x,0) r_w^j \delta_1(x)] \tag{14.6}$$

式中：$\delta_1(x)$ 为由类似于式(2.4)的公式定义的位移厚度，具体可参见式(14.12)。对于平板流动有 $j = 0$，对于轴对称流动有 $j = 1$。

势流方程解再次给出了平行于壁面的壁面速度分量 $U_2(x,0)$ 分布与壁面压力分布：

$$P_2(x,0) = -U_1(x,0) \cdot U_1(x,0) \tag{14.7}$$

这种形式的解通常不能满足无滑移壁面条件，因而在靠近壁面处并不是有效的。因此，其被称为外部解或外部渐近展开式。

14.2.2 内部展开式

靠近壁面的解须进行特别研究。可引入新的延展坐标以取代距壁面的距离 y，从而有

$$N = \frac{y}{\varepsilon} \tag{14.8}$$

精确地选择这个所谓内变量,这样不会使在新的 x,N 坐标系内一阶理论的全部摩擦项消失。

现采用靠近壁面区域解的以下渐近展开式:

$$\begin{cases} u(x,y,\varepsilon) = u_1(x,N) + \varepsilon u_2(x,N) + \cdots \\ v(x,y,\varepsilon) = v_1(x,N) + \varepsilon v_2(x,N) + \cdots \\ p(x,y,\varepsilon) = p_1(x,N) + \varepsilon p_2(x,N) + \cdots \end{cases} \quad (14.9)$$

将式(14.9)代入纳维-斯托克斯方程组(适用于平板流动的式(3.99)和式(3.100)),且对 ε 幂进行排序可得到下列方程组($j=0$ 适用于平板流动, $j=1$ 适用于轴对称流动)。

(1)一阶边界层。

$$\begin{cases} \dfrac{\partial}{\partial x}(r_w^j u_1) + \dfrac{\partial}{\partial N}(r_w^j v_1) = 0 \\ u_1 \dfrac{\partial u_1}{\partial x} + v \dfrac{\partial u_1}{\partial N} + \dfrac{\partial p_1}{\partial x} - \dfrac{\partial^2 u_1}{\partial N^2} = 0 \\ \dfrac{\partial p_1}{\partial N} = 0 \end{cases} \quad (14.10)$$

其边界条件为

$$\begin{cases} N = 0: u_1 = 0, v_1 = 0 \\ N \to \infty: u_1 = U_1(x,0) \end{cases} \quad (14.11)$$

如果适当地转换为 x、N 坐标系,这些方程正是普朗特方程组(6.30)与式(6.31),或者式(12.1)与式(12.2)(但无浮升力项,即 $g=0$)。此外有 $p_1(x) = P_1(x,0)$。

解 $u_1(x,N)$ 得出以下位移厚度:

$$\delta_1(x) = \varepsilon \int_0^\infty \left[1 - \dfrac{u_1(x,N)}{U_1(x,0)}\right] dN \quad (14.12)$$

一阶边界层方程式(14.10)不再包含雷诺数。因此, $u_1(x,N)$ 与 $v_1(x,N)$ 也与雷诺数无关。这样,只要忽略更高阶的影响,则驻点位置就不再取决于雷诺数。

(2)二阶边界层。

$$\begin{cases} \dfrac{\partial}{\partial x}\left[r_w^j\left(u_2 + j u_1 N \dfrac{\cos\theta}{r_w}\right)\right] + \dfrac{\partial}{\partial N}\left[r_w^j\left\{v_2 + v_1 N\left(K + j\dfrac{\cos\theta}{r_w}\right)\right\}\right] = 0 \\ u_1 \dfrac{\partial u_2}{\partial x} + u_2 \dfrac{\partial u_1}{\partial x} + v_1 \dfrac{\partial u_2}{\partial N} + v_2 \dfrac{\partial u_1}{\partial N} + \dfrac{\partial p_2}{\partial x} - \dfrac{\partial^2 u_2}{\partial N^2} \\ \quad = K\left(N \dfrac{\partial^2 u_1}{\partial N^2} + \dfrac{\partial u_1}{\partial N} - N v_1 \dfrac{\partial u_1}{\partial N} - u_1 v_1\right) + j \dfrac{\partial u_1}{\partial N} \dfrac{\cos\theta}{r_w} \\ \dfrac{\partial p_2}{\partial N} = K u_1^2 \end{cases} \quad (14.13)$$

其边界条件为

$$\begin{cases} N=0: u_2=0, \ v_2=0 \\ N\to\infty: u_2 = U_2(x,0) - KU_1(x,0)N \end{cases} \quad (14.14)$$

$$p_2 = P_2(x,0) + KU_1^2(x,0)N$$

内部解的外部边界条件($N\to\infty$)与外部解的内部边界条件($y=0$)通过内部解与外部解的匹配来获得,具体可参见冯·戴克(M. Van Dyke,1962a)发表的文献。

二阶边界层方程式(14.13)与式(14.14)也没有包含雷诺数。然而,其包含了一阶边界层方程组的解,同时又比一阶边界层方程组应用更广泛,但其由线性微分方程组组成,因而其解可分解为部分解。通常将解分为曲率部分与位移部分,这个问题不在这里深入讨论。

由于在二阶边界层理论已经考虑了壁面曲率,出现了垂直于壁面的压力梯度。因此,壁面压力与外流施加的压力有所不同,沿边界层积分可获得壁面的压力系数:

$$\frac{1}{2}c_{pw} = p(x,0,\varepsilon)$$

$$= P_1(x,0) + \varepsilon\left[P_2(x,0) + K\int_0^\infty [U_1^2(x,0) - u_1^2(x,N)]dN\right] + O(\varepsilon^2) \quad (14.15)$$

如果表面曲率是凸的,则壁面压力要大于外部施加的压力。

当地摩擦系数的分布可通过考虑二阶边界层来获得:

$$\frac{1}{2}c_f = \frac{\tau_w(x)}{\rho U_\infty^2} = \varepsilon\left(\frac{\partial u_1}{\partial N}\right)_{N=0} + \varepsilon^2\left(\frac{\partial u_2}{\partial N}\right)_{N=0} + O(\varepsilon^3) \quad (14.16)$$

二阶边界层也会对外流发生作用。二阶位移厚度的计算由格斯滕(K. Gersten,1974a)的研究工作给出。

14.2.3 案例

- **零攻角平板**

不可渗透零攻角平板的边界层位移厚度满足$\delta_1 \propto \sqrt{x}$。对应于式(14.6),可获得二阶外部流动的边界条件:

$$V_2(x,0) = \frac{0.8604}{\sqrt{x}} \quad (14.17)$$

其中,将平板长度作为参考长度,这种边界条件下平板势流的解可精确地得到$U_2(x,0) = 0$。因此,式(14.13)~式(14.14)的解是尝试解,而二阶摩擦阻力也会在平板上消失。

- 说明1(最佳坐标)

目前采用的是笛卡儿坐标。如果采用抛物线坐标,则一阶外流就已经是一阶与二阶边界层的和,抛物线坐标中速度分量 v 的匹配条件(14.17)就已经满足了。因此,这个坐标对于平板流动就是最佳坐标。最佳坐标取决于所考虑的物体几何外形,具体可参见冯·戴克(M. Van Dyke,1964b)的专著第 144 页。例如,由于这种情况下一阶边界层方程的解也是纳维-斯托克斯方程组的解,因而笛卡儿坐标对于驻点流动是最优的。极坐标对于收敛通道是最优的,可参见 7.2.3 节。

- 说明2(半无限平板的阻力系数)

一阶边界层方程组在靠近前缘处是无效的,因为壁面剪切应力 $\tau_w \propto x^{-1/2}$,极限 $\lim x \to 0$ 产生奇异性。实际上,由前缘至距离 $x = O(Re^{-1})$ 的流动必须由完全纳维-斯托克斯方程组予以描述。如冯·戴克与迪杰斯特拉(M. Van Dyke, D. Dijkstra,1970)所示,通过对全解的壁面剪切应力积分可得以下半无限长平板扩展的阻力公式[具体可参见式(6.59)]:

$$c_D = 1.328 Re^{-1/2} + 2.326 Re^{-1} + o(Re^{-3/2}) \tag{14.18}$$

也可参见维尔德曼(A. E. P. Veldman,1976)的文献。今井(I. Imai,1957)采用动量总体平衡得出,式(14.18)中第二项可单独由布拉斯边界层计算得到。由式(6.52)可得 $\beta_1 = 1.2168$ 时 $\beta_1^2 \pi/2 = 2.326$。

将阻力公式由式(6.59)推广至零攻角有限平板(尾缘效应)将在 14.4 节讨论。

14.2.4 平面对称驻点流动

这种流动已由冯·戴克(M. Van Dyke,1962b)进行了全面系统的研究。假设一阶外流与二阶外流在外凸壁面($R = L$,即 $K = 1$)驻点($x = 0$)具有下列速度:

$$U(x, 0) = U_{11} x + \varepsilon U_{21} x + O(\varepsilon^2) \tag{14.19}$$

式中:U_{11} 与 U_{21} 为取决于流动中物体几何外形的常数。(大规模抽吸与吹气情况下,U_{21} 还取决于 v_w。)格斯滕与赫维希(K. Gersten, H. Herwig,1992:271)提出了一些不同几何外形的常数。

不可渗透壁面的表面摩擦系数为(H. Schlichting,1982:197):

$$\frac{1}{2} c_f = \frac{\tau_w}{\rho U_\infty^2} = \varepsilon \sqrt{U_{11}} [1.2326 U_{11} - \varepsilon (1.19133 \sqrt{U_{11}} - 1.8489 U_{21})] \tag{14.20}$$

压力系数为

$$c_{pw} = 2 \frac{p_w - p_\infty}{\rho U_\infty^2} = 1 - U_{11}^2 x^2 \left[1 - \varepsilon \left(1.8805 \frac{1}{\sqrt{U_{11}}} - 2 \frac{U_{21}}{U_{11}} \right) + O(\varepsilon^2) \right] \tag{14.21}$$

表面摩擦系数与压力系数的结果是通用的。所插入的常数 U_{11} 与 U_{21} 只取决于物体的几何外形。在迄今已知的所有实例中,U_{21} 是负数。因此,靠近外凸物体驻点处的表面摩擦系数变小,而壁面压力系数因二阶边界层效应(曲率与位移效应)变大。

14.2.5 对称流动中的抛物线体

冯·戴克(M. Van Dyke,1964a)计算了抛物线体对称绕流的二阶边界层。此时 U_{11} =1 且 U_{21} = -0.61。图 14.3 展示了应用二阶边界层理论得到的 $Re = U_\infty R_0/\nu$ = 100 时抛物面的壁面剪切应力与静压分布,其中 R_0 为抛物面顶点处的曲率半径。为方便对比,还给出了一阶边界层理论的一阶分布($Re \to \infty$)。两种压力分布始于 c_p =1 的驻点。对于无黏流动($Re \to \infty$),可得

$$c_p = \frac{1}{1 + 2x^*} \tag{14.22}$$

式中:$x^* = x'/R_0$ 为沿轴线距抛物体顶点的无量纲距离,参见图 14.3。

对于 Re = 100 式(14.22)靠近驻点,但此时以数值 1.38 取代系数 2,具体可参见施利希廷(H. Schlichting,1982)的文献第 198 页。正如所期望的,高阶边界层效应在下游减小,因为这里的曲率较小。在大约 x^* = 2 处,二阶边界层实际上已经消失。表面摩擦系数也有类似的情形。驻点处二阶边界层对表面摩擦系数的影响最强。与完全纳维-斯托克斯方程组数值解的比较表明,Re = 100 时二阶边界层理论本质上给出了精确解,具体可参见施利希廷(H. Schlichting,1982)的专著第 197 页。

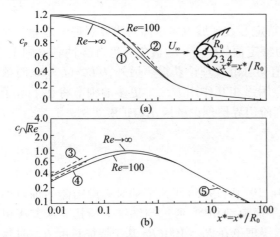

① $Re \to \infty$ 无黏流动的 c_p,源目式(14.22);
② Re =100 时 c_p =1/(1+1.38x^*);
③ $Re \to \infty$ 驻点 $c_f\sqrt{Re}$ =3.486$\sqrt{x^*}$;
④ Re =100 驻点 $c_f\sqrt{Re}$ =2.63$\sqrt{x^*}$;
⑤ 平板 $c_f\sqrt{Re}$ =0.664$\sqrt{x^*}$。

图 14.3 对称流动中抛物外形的静压分布(a)与剪切应力分布(b)
Re =100 的曲线源自二阶边界层理论,而 $Re \to \infty$ 的曲线则源自一阶边界层理论。

当压力系数因二阶边界层效应增大时,表面摩擦系数则降低。因此,抛物体的压阻要比 $Re \to \infty$ 时的压阻高,而表面摩擦阻力则比 $Re \to \infty$ 时的低。在 5.1.4 节已通过图 5.7 展示了应用二阶边界层理论给出的雷诺数 Re = 100 时纳维-斯托克斯方程组的解。

14.2.6 更多的平面流动

黛薇(L. Devan,1964)研究了半无限长平面物体的二阶效应。其研究结果与抛物体的研究结果相似。二阶边界层方程组还有更多的解,特别是在一阶理论导出的具有相似解的流动中,具体可参见7.2节。对于一阶外流为 $U_1(x,0) \propto x^m$ 的流动,如果存在 $K(x) \propto x^{(m-1)/2}$ 与 $U_2(x,0) \propto x^n$,则二阶边界层方程组也有相似解。

关于二阶边界层效应研究的更多细节可见冯·戴克(M. Van Dyke,1969)、格斯滕(K. Gersten,1972,1982a,1989b)及格斯滕与格罗斯(K. Gersten, J. F. Gross, 1976)发表的文献。当边界层受大规模抽吸与吹气影响时,二阶边界层理论的更多研究细节可参考这些文献,另外还可参见格斯滕与格罗斯(K. Gersten, J. F. Gross,1974b)、格斯滕等(K. Gersten et al.,1972,1977)、格斯滕(K. Gersten,1979)及维德曼(J. Wiedeman,1983)发表的文献。传热的研究可见舒尔茨·格鲁诺与汉塞尔(F. Schultz - Grunow,H. Henseler,1968)、格斯滕(K. Gersten,1982a)及格斯滕等(K. Gersten et al.,1991)发表的文献。

鲁宾与法尔科(S. G. Rubin, R. Falco,1968)及米佐塔基斯等(K. Mitsotakis et al.,1984)研究了平面自由射流,而莫瓦尔德(K. Morwald et al.,1986)则研究了浮力射流。后者的研究表明,如果考虑所有物性的温度效应,则浮力射流计算结果与实验结果一致。

如图14.1所示,圆形后向台阶特定参数区域也属于高阶边界层理论范畴。对于固定 l/L,源自一阶边界层理论的特定值 $l/L = (l/L)_{MS}$ 会产生奇异性。原则上,任意雷诺数下所有 $l/L < (l/L)_{MS}$ 的值均可由该理论获得。另外,$l/L \geq (l/L)_{MS}$ 时该理论不成立。如前所述,此时必须应用强相互作用方法。更多的细节将在下节予以讨论。在此之前,将进一步研究高阶边界层理论的应用与扩展实例。

14.2.7 轴对称流动

帕彭福斯(H. D. Papenfuβ,1974a,1974b,1975)研究了轴对称抛物体的轴对称驻点流动与轴对称流动。与类似的平面流动相同,通过与纳维-斯托克斯方程组数值解的比较,可再次验证二阶边界层理论在 $Re > 100$(Re 基于特征长度 R_0)时具有精确解。二阶边界效应减少了抛物线驻点处的传热,而传热在抛物体情况下增加。

比塞与格斯滕(E. Beese,K. Gersten,1979)研究测定了静止环境下轴向移动圆柱体的二阶边界层。

值得一提的是,轴对称动量射流高阶边界层效应的研究可参见米佐塔基斯等(K. Mitsotakis et al.,1984)发表的文献,而浮力射流的研究可参见希伯与纳什

(C. A. Hieber, E. J. Nash,1975)、莫瓦尔德(K. Morwald et al.,1986)发表的文献。自然对流中横向曲率的影响则可参见奎肯(H. K. Kuiken,1968b)的文献。

14.2.8 三维流动

在此提出的理论已在许多工作中推广至三维流动。这些流动可能是具有偏航的平面物体,具体可参见格斯滕与格罗斯(K. Gersten, J. F. Gross,1973b)、格斯滕等(K. Gersten et al.,1972)及格斯滕(K. Gersten,1977)发表的文献,而帕彭福斯(H. D. Papenfuβ,1974a,1974b,1975)则研究了如三维抛物体的三维绕流。

14.2.9 可压缩流动

范塔克(M. Van Dyke,1962c)进行了高阶边界层理论向可压缩流动的扩展研究。除不可压流动中的位移效应与曲率效应外,还有两种二阶效应,即物体前部的外流中存在弓形激波对涡量的影响以及不连续性引起的影响。这些效应包括壁面流动滑移影响与温度跃升影响。这种影响是超声速流动外缘(激波)或壁面相应边界层条件作用的结果。

目前,有许多超声速流动的计算实例。第1章图1.18展示了伯仑德尔(K. Oberlander)给出的圆柱体二阶边界层计算结果。该计算结果与实验结果进行了对比。超声速与高超声速流动中钝体的更多研究工作可参见戴维斯与弗卢杰·洛茨(R. T. Davis, I. Flugge – Lotz,1964)、范内洛普与弗卢杰·洛茨(T. K. Fannelop, I. Flugge – Lotz,1965,1966)、帕彭福斯(H. D. Papenfuβ,1975)及格斯滕(K. Gersten,1977)发表的文献。

帕彭福斯(H. D. Papenfuβ,1975)给出了忽略位移效应的马赫数4零攻角抛物回转体驻点的传热公式:

$$\frac{q_w}{q_{w\infty}} = 1 + (\underbrace{0.236}_{曲率} + \underbrace{0.514}_{无曲率} + \underbrace{1.092}_{涡旋})\frac{1}{\sqrt{Re_\infty}}$$

式中:Re_∞为基于驻点的曲率半径,且是自由流的特征量。

如果对物体采用大规模抽吸,则计算可得到极大的简化,具体可参见格斯滕等(K. Gersten et al.,1977)发表的文献。

格斯滕与格罗斯(K. Gersten, J. F. Gross,1973b)、韦鲁姆(A. Wehrum,1975)研究了超声速流动中零攻角圆柱的情况。瓦桑塔·拉姆(V. Vasanta Ram,1975)总结概括了任意截面柱体的情况。

说明(边界层相互作用理论)

实际上,并不是依次进行四种计算(一阶外流、一阶内流、二阶外流、二阶内流),而是进行内外流匹配的迭代计算。采用仍然包含对二阶边界层方程组有影响的所有项的简化纳维 – 斯托克斯方程求边界层内解。对于平面可压缩流动($j=0$)或轴对称可压缩流动($j=1$),可得

$$\frac{\partial}{\partial x}\left[(r_w + y\cos\theta)^j \rho u\right] + \frac{\partial}{\partial y}\left[(1+Ky)(r_w + y\cos\theta)^j \rho v\right] = 0 \quad (14.23)$$

$$\rho\left(\frac{u}{1+ky}\frac{\partial u}{\partial x} + v\frac{\partial u}{\partial y} + Kuv\right) = \frac{u}{1+ky}\frac{\partial p}{\partial x} + \frac{\partial \tau_{xy}}{\partial y} + \left(2K + \frac{j\cos\theta}{r_w}\right)\tau_{xy} \quad (14.24)$$

$$K\rho u^2 = \frac{\partial p}{\partial y} \quad (14.25)$$

$$\rho c_p \left(\frac{u}{1+Ky}\frac{\partial T}{\partial x} + v\frac{\partial T}{\partial y}\right) = \frac{\partial}{\partial y}\left(\lambda\frac{\partial T}{\partial y}\right) + \left(K + \frac{j\cos\theta}{r_w}\right)\lambda\frac{\partial T}{\partial y} + \beta T\left(\frac{u}{1+Ky}\frac{\partial p}{\partial x} + v\frac{\partial p}{\partial y}\right) + \frac{\tau_{xy}^2}{\mu} \quad (14.26)$$

且有

$$\tau_{xy} = \mu\left(\frac{\partial u}{\partial y} - Ku\right) \quad (14.27)$$

这个过程的缺点在于必须对每个雷诺数进行单独计算。

戴维斯与韦勒(R. T. Davis, M. J. Werle, 1982)、麦克唐纳与布雷利(H. McDonald, W. R. Briley, 1984)、杰贝吉与怀特洛(T. Cebeci, J. H. Whitelaw, 1986)以及小安德森(J. D. Anderson Jr., 1989:339)给出了相关的总结。

将相互作用的边界层理论应用于如图 14.1 所示的台阶流动,意味着有限雷诺数下可找到$H/l > (H/l)_{MS}$的无分离解。如后面将要讨论的那样,只要雷诺数足够大且回流存在于边界层中,这些方程组就对回流有效。奇异性不会出现。这种情况对于非定常边界层也是如此,具体可参见第 13 章。

14.3　高超声速下的相互作用

14.2 节讨论了外流与边界层之间的相互作用。假定两者之间的相互作用微弱,反作用仅见于更高阶外流。比如,一阶边界层对二阶外流有反作用,但并不作用于一阶外流。

通常情况下,所谓的强相互作用出现于细长物体的高超声速绕流。在此一阶外流依赖边界层行为,这种方式是外流作用的结果。因此,外流与(一阶)边界层相互作用,必须同时计算。

这种强相互作用将通过下列沿平板的高超声速流动的实例来予以说明。这种流动如图 14.4 所示。高超声速流动中的高马赫数($Ma > 5$)将产生引起强相互作用的两种效应。一方面,随着马赫数的增大,边界层厚度明显增加,如图 10.5 所示;另一方面,随着马赫数增大,激波角 θ 变平,即激波锋面更加趋近

物体。因此,随着马赫数的增加,从壁面到激波和边界层外缘的距离最终达到相同的量级。

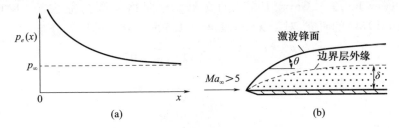

图 14.4 零攻角平板高超声速流动
(a)因相互作用引起的压力分布;(b)流场示意图。

后续将考虑理想气体($\gamma = 1.4; Pr = 0.7$)情况。从除了边界层理论可以发现,位移厚度也遵循以下形式的幂律:

$$\delta_1(x) \propto x^n \tag{14.28}$$

然而,这里的指数不再是恒定压力的指数 $n = 1/2$。按照无黏高超声速流动理论,外形符合幂律的细长物体可得到相似解,即所形成的流线也符合相同指数的幂律,参见格斯滕与尼古拉(K. Gersten, D. Nicolai, 1974)发表的文献。下面是虚拟外形的压力分布:

$$\frac{p_e}{p_\infty} = \lambda^2(n) Ma_\infty^2 \left(\frac{\mathrm{d}\delta_1}{\mathrm{d}x}\right)^2 \tag{14.29}$$

其中,系数 λ(固定 γ)只取决于指数 n。因此,边界层外缘压力分布遵循幂律,也存在相似解,如 10.4.4 节所述的那样。这些解由小杜威与格罗斯(C. F. Dewey Jr., J. F. Gross, 1967)制成系统全面的表格,展示了恒定壁面温度 T_w 下的边界层厚度为

$$\frac{\delta_1(x)}{x} = \frac{\gamma - 1}{\sqrt{2(2n-1)}} \frac{Ma_\infty^2}{\sqrt{Re_{x\infty}}} \sqrt{\frac{CR_\infty}{p_e/p_\infty}} I_1(\beta, T_w/T_0) \tag{14.30}$$

式中:T_0 为总温,具体可参见式(10.52)。

黏度采用线性规律,参见式(10.47):

$$\frac{\mu}{\mu_\infty} = CR_\infty \frac{T}{T_\infty}, CR_\infty = \frac{T_\infty \mu_w}{T_w \mu_\infty} \tag{14.31}$$

式中:CR_∞ 为式(10.32)的查普曼-鲁贝辛参数。式(14.29)与式(14.30)是关于所期望函数 $\delta_1(x)$ 与 $p_e(x)$ 的两个耦合方程。式(14.28)中解 $\delta_1(x)$ 的指数为 $n = 3/4$,且式(14.29)表示压力分布 $p_e/p_\infty \propto x^{-1/2}$。压力分布提供式(10.72)中的参数为

$$\beta = \frac{\gamma - 1}{\gamma} = 0.2857 \quad (\gamma = 1.4) \tag{14.32}$$

具体可参见小杜威(C. F. Dewey Jr. ,1963)发表的文献。因此,绝热壁边界层解 ($Pr=0.7, T_{ad}/T_0 = 0.819$)可提供值 $I_1 = 0.21$,具体可参见小杜威与格罗斯(C. F. Dewey Jr. , J. F. Gross, 1967)的文献。按照格斯滕与尼古拉(K. Gersten, D. Nicolai,1974)的研究,对于 $\lambda(n=3/4) = 1.409$ 可获得的压力分布为

$$\frac{p_e(x)}{p_\infty} = \frac{3}{4}(\gamma - 1)\lambda I_1 \bar{\chi} = -0.51\bar{\chi} \tag{14.33}$$

高超声速相似参数为

$$\bar{\chi} = \frac{Ma_\infty^2}{\sqrt{Re_{x\infty}}}\sqrt{CR_\infty} \tag{14.34}$$

图 14.5 给出了式(14.33)中由强相互作用引起的压力分布,这种压力分布已同实验结果进行了对比。其中,绘制了 p_e/p_∞ 随 $1/\bar{\chi}^2 \propto x$ 变化的关系,即随无量纲长度 x 变化的关系。当 $1/\bar{\chi}^2 < 0.1$ 时($\bar{\chi} > 3$),理论与实验结果吻合。当 $1/\bar{\chi}^2 > 0.1$ 时,只存在弱的相互作用。这可用 14.2 节的理论来阐述。这种情况($\gamma = 1.4, Pr = 0.725$)下,关系式 $p_e(x)/p_\infty = 1 + 0.31\bar{\chi} + 0.05\bar{\chi}^2$ 成立。图 14.5 也描述了这种情况。

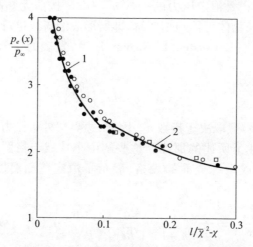

图 14.5 诱导压力分布对高超声速参数 $\bar{\chi}$ 的相关性。相互作用理论与实验测量值的比较,具体可参见海耶斯与普罗布斯坦(W. D. Hayes, R. F. Probstein, 1959)发表的文献
1 为强相互作用:式(14.33)的扩展 $p_e/p_\infty = 0.51\bar{\chi} + 0.76$;2 为弱相互作用:$p_e/p_\infty = 1 + 0.31\bar{\chi} + 0.05\bar{\chi}^2$。

由式(14.33)可知,压力 $p_e(x)$ 在前缘处满足无限($x \to 0, \bar{\chi} \to \infty$)条件。该理论基于连续体概念,但在此失效了。纳维-斯托克斯方程组与无滑移条件在非常靠近平板前缘的分子平均自由程距离内不再有效。实际上,非连续效应产生了前缘处有限的压力值,具体可参见科彭瓦尔纳(G. Koppenwallner, 1988)发表的文献和小安德森(J. D. Anderson Jr. , 1989)的专著第 314 页。

强相互作用的边界层解可得壁面剪切应力:

$$c_f\sqrt{\frac{Re_{x\infty}}{CR_\infty}} = 0.517\sqrt{\chi} \tag{14.35}$$

强相互作用更精确的分析表明,两个解(符合幂律外形的细长物体高超声速绕流无黏解与边界解)在温度与密度上不能正确匹配。根据布什(W. B. Bush,1966)的研究,激波锋面之后的流场包括3层。中间的过渡解允许上述的两个解正确地匹配。

关于其他细长物体强相互作用的更多细节(如有攻角的平板、零攻角或有攻角锥体)可见相关文献,包括海耶斯与普罗布斯坦(W. D. Hayes and R. F. Probstein,1959)的专著第363页,以及小安德森(J. D. Anderson Jr.,1989)的专著第315页。

14.4　三层理论

更高阶边界层理论并不适用于图 14.1 所示的 $H/l > (H/l)_{MS}$ 时的台阶流动。有限雷诺数下可采用相互作用理论寻求 $H/l \geqslant (H/l)_{MS}$ 的解,接下来的问题是可否采用渐近校正理论来求得后者的解。这个问题的答案是肯定的,这些解可通过采用渐进相互作用理论即三层理论来寻求。

更高阶边界层理论因一阶理论中出现戈德斯坦奇异性而崩溃,三层理论采用简单的技巧回避了这个奇异性。其始于将布莱修斯平板解作为极限解,并考虑将台阶流动作为平板流动的摄动。因此,几何外形与雷诺数耦合,$Re \to \infty$ 时 $H/l \to 0$。图 14.1 中的原点构成了高雷诺数下这种特殊摄动理论的起始点。

对这种摄动计算的进一步分析表明,表示偏离平板流动的台阶流动具有三层结构,如图 14.6 所示,这 3 层中的每层在所关注的交互作用区域内均有独特的物理函数。因而每层的雷诺数都有所不同。

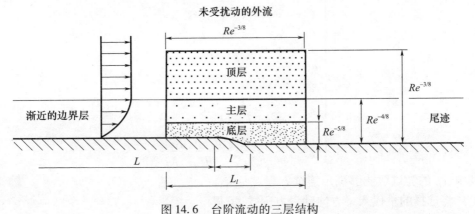

图 14.6　台阶流动的三层结构

沿流动方向相互作用的区域可描述为

$$\frac{L_l}{L} = \lambda_L Re^{-n_L} \quad (n_L > 0) \tag{14.36}$$

由于 $L_l/l = O(1)$，故几何形状和雷诺数耦合在一起。随后确定常数 λ_L，以使方程尽可能简单。保持 $\delta_l/H = O(1)$ 量级时，下层厚度 δ_l 按下式设置以确定第二个耦合：

$$\frac{\delta_l}{L} = \lambda_\Delta Re^{-n_\Delta} \quad (n_\Delta > 0) \tag{14.37}$$

假设由于黏度引起的速度分布变化仅限于底层，底层之外的其余速度分布均只沿 y 方向移动。因此，中间层具有将底层因黏性引起的位移效应被动传递至顶层的功能。顶层是无黏外流，沿 x 方向与 y 方向具有相同的尺度，即其厚度具有与 L_l 相同的量级。由于只考虑弱的位移效应，顶层中位移与压力摄动之间的关系可通过采用所谓希尔伯特积分来描述。设参考摄动压力为

$$\frac{(p - p_\infty)_R}{\rho U_\infty^2} = \lambda_p Re^{-n_p} \quad (n_p > 0) \tag{14.38}$$

式(14.36)~式(14.38)中的3个初始未知指数 n_L、n_Δ 与 n_p 可按以下原则确定。

(1) 底层的特征参考速度 u_R 是固定的，其被选为距壁面 $y = \delta_l$ 相互作用区域起始点的速度。由于底层厚度比渐近边界层薄得多，速度在布莱修斯速度分布的可描述为与壁面相切的部分内。根据式(6.54)，参考速度则为

$$u_R = \left(\frac{\partial u_{Bl}}{\partial y}\right)_w \delta_l = cU_\infty Re^{1/2} \frac{\delta_l}{L} \quad (c = 0.332) \tag{14.39}$$

(2) 在底层引入下列无量纲量：

$$\begin{cases} x_D = \dfrac{x - L}{L_l} = \dfrac{x}{L} \dfrac{Re^{n_L}}{\lambda_L} \\[6pt] y_D = \dfrac{y - y_C}{\delta_l} = \dfrac{y - y_C}{L} \dfrac{Re^{n_\Delta}}{\lambda_\Delta} \\[6pt] u_D = \dfrac{u}{u_R} = \dfrac{u}{U_\infty} \dfrac{Re^{n_\Delta - 1/2}}{c\lambda_\Delta} \\[6pt] v_D = \dfrac{v}{u_R} \dfrac{L_l}{\delta_l} = \dfrac{v}{U_\infty} \dfrac{\lambda_L}{c\lambda_\Delta^2} Re^{2n_\Delta - n_L - 1/2} \\[6pt] p_D = \dfrac{p - p_\infty}{(p - p_\infty)_R} = \dfrac{p - p_\infty}{\rho U_\infty^2} \dfrac{Re^{n_p}}{\lambda_p} \end{cases} \tag{14.40}$$

其中，v_D 的尝试解能够满足连续方程。

将选择的量代入 x 方向动量方程式，可得

$$\frac{c^2\lambda_\Delta^2}{\lambda_L} = Re^{1-2n_\Delta+n_L}\left(u_D\frac{\partial u_D}{\partial x_D}+v_D\frac{\partial u_D}{\partial y_D}\right)$$

$$=\frac{\lambda_p}{\lambda_L}Re^{n_L-n_p}\frac{\partial p_D}{\partial x_D}+\frac{c}{\lambda_\Delta}Re^{n_\Delta-1/2}\left(\frac{\partial^2 u_D}{\partial y_D^2}+\frac{\lambda_p^2}{\lambda_L^2}Re^{2n_L-2n_\Delta}\frac{\partial^2 u_D}{\partial x_D^2}\right) \quad (14.41)$$

严格地讲,定义包含于 y_D 的方程中的 y 方向平行位移可得到式(14.41)中更多的项。然而,由于存在 $y_C(x)/\delta_l=O(1)$,对于 $Re\to\infty$,这些项消失而仅剩一阶项,具体可参见赫维希(H. Herwig,1981)发表的文献。平行移动意味着其在 $y_D=0$ 的外形上。

惯性力、压力与主要的摩擦力须具有相同数量级的状态,可得以下两个指数的关系式:

$$1-2n_\Delta+n_L = n_L-n_p \quad (14.42)$$

$$n_L-n_p = n_\Delta-\frac{1}{2} \quad (14.43)$$

为了使式(14.41)中的系数值等于1,必须保持

$$\frac{c^2\lambda_\Delta^2}{\lambda_L}=\frac{\lambda_p}{\lambda_L} \quad (14.44)$$

$$\frac{\lambda_p}{\lambda_L}=\frac{c}{\lambda_\Delta} \quad (14.45)$$

(3)顶层感知(除平板位移轮廓线外)由真实轮廓线 $y_C(x)$ 和底层厚度 $D_1(x)$ 构成的位移轮廓线 $\Delta(x)$:

$$\Delta(x)=y_C(x)+D_1(x) \quad (14.46)$$

这个位移轮廓线产生了可采用希尔伯特积分进行计算的压力分布:

$$\frac{p-p_\infty}{\rho U_\infty^2}=-\frac{1}{\pi}C\int_{-\infty}^{+\infty}\frac{d\Delta/d\bar{x}}{x-\bar{x}}d\bar{x} \quad (14.47)$$

式中:C 为积分符号,表示柯西基本值。由于存在 $\bar{x}/L=O(L_l/L)$ 与 $\Delta_D=\Delta/\delta_l=O(l)$,由式(14.47)可知

$$\frac{\lambda_p}{Re^{n_p}}p_D=-\frac{\lambda_\Delta}{\lambda_L}Re^{n_L-n_\Delta}\frac{1}{\pi}C\int_{-\infty}^{+\infty}\frac{d\Delta_D}{d\bar{x}_D}\frac{d\bar{x}_D}{x_DS-\bar{x}_D} \quad (14.48)$$

由指数与系数的比较,可得

$$-n_p=n_L-n_\Delta \quad (14.49)$$

$$\lambda_p=\lambda_\Delta/\lambda_L \quad (14.50)$$

由式(14.42)、式(14.43)与式(14.49)可得系数:

$$\lambda_L=\frac{3}{8},n_\Delta=\frac{5}{8},n_p=\frac{2}{8} \quad (14.51)$$

由式(14.44)、式(14.45)和式(14.50)可得系数:

$$\lambda_L=c^{-5/4},\lambda_\Delta=c^{-3/4},\lambda_p=c^{1/2} \quad (14.52)$$

因此,采用 $D_{1D} = D_1/\delta_l$ 可得下列方程组以计算这种相互作用:

$$\frac{\partial u_D}{\partial x_D} + \frac{\partial v_D}{\partial y_D} = 0 \tag{14.53}$$

$$u_D \frac{\partial u_D}{\partial x_D} + v_D \frac{\partial u_D}{\partial y_D} = -\frac{dp_D}{dx_D} + \frac{\partial^2 u_D}{\partial y_D^2} \tag{14.54}$$

$$p_D = -\frac{1}{\pi} C \int_{-\infty}^{+\infty} \frac{d\Delta_D}{d\bar{x}_D} \frac{d\bar{x}_D}{x_D - \bar{x}_D} \tag{14.55}$$

其边界条件为

$$\begin{cases} x_D \to \infty : u_D = y_D \\ y_D = 0 : u_D = 0, v_D = 0 \\ y_D \to \infty : u_D = y_D - D_{1D} \end{cases} \tag{14.56}$$

底层方程组[式(14.53)与式(14.54)]与普朗特边界层方程组大体相同,只有初始条件与边界条件不同。

必须提供描述壁面几何外形的数据。对于图 14.1 中的后向台阶实例,可得以下轮廓线方程:

$$\begin{aligned} y_C &= H\left[20\left(\frac{x-l}{l}\right)^7 - 70\left(\frac{x-l}{l}\right)^6 + 84\left(\frac{x-l}{l}\right)^5 - 35\left(\frac{x-l}{l}\right)^4 + 1\right] \\ &= H \cdot F_C\left(\frac{x-l}{l}\right) \end{aligned} \tag{14.57}$$

或采用底层坐标

$$\frac{y_C(x)}{\delta_l} = H_D F_C\left(\frac{x_D}{l_D}\right) \tag{14.58}$$

其中

$$\frac{x-l}{l} = \frac{x_D}{l_D} \tag{14.59}$$

因此,解取决于两个特征数:

$$l_D = \frac{l}{L_l} = \frac{lc^{5/4} Re^{3/8}}{L}, H_D = \frac{H}{\delta_l} = \frac{Hc^3 Re^{5/8}}{L} \tag{14.60}$$

这样,在三层理论框架内,初始的 3 个参数 L/l、H/l 与 Re 可简化为两个参数 l_D 与 H_D。对于具有 L/l = 常数的图 14.1 中所对应一点的每个解,存在不同 L/l 值的无穷多解。如果 L/l 增大,对于相同的三层解,即相同的 l_D,雷诺数也必须增大。

图 14.7 中的每个点对应于不同高雷诺数下的无穷多解。虚线将整个求解区域分为依附于物体的边界层与回流边界层。后者可在无奇异性的情况下计算。

- 说明(回流边界层)

式(14.53)~式(14.56)必须同时求解。求解过程采用迭代方式进行。最明显的方式始于函数 $p_D(x_D)$ 的估计,然后,如同边界层理论的通常做法,求解式(14.53)与式(14.54)。边界层计算结果为函数 $D_{1D}(x_D)$ 与式(14.46)的函数 $\Delta_D(x_D)$。可采用希尔伯特积分来确认 $p_D(x_D)$ 的估计。

如果壁面剪切应力 τ_w 消失,则迭代计算中断,因为式(14.53)与式(14.54)的解出现了奇异性。这种情况下,可采用逆迭代计算来成功获得解。首先,估计函数 $D_{1D}(x_D)$,而后由式(14.53)与式(14.54)计算压力分布 $p_D(x_D)$(逆边界层计算方法)。由希尔伯特逆积分

$$\frac{d\Delta_D}{dx_D} = \frac{1}{\pi} C \int_{-\infty}^{+\infty} \frac{p_D(\overline{x_D})}{x_D - \overline{x_D}} d\overline{x_D} \tag{14.61}$$

可得函数 $\Delta_D(x_D)$ 与源自式(14.46)的函数 $D_{1D}(x_D)$。

如果壁面剪切应力为正,则边界层方程式(14.53)与式(14.54)是抛物型的,可沿流动方向逐步进行数值解。如果发生回流,微分方程改变了其类型,且必须在计算数值解时加以考虑。两种不同的方法被证明是有用的,具体可参见赫维希(H. Herwig,1982)发表的文献。

(1)下游迎风迭代法:积分方向与流动方向一致。可发现必须迭代匹配的两个解区域,即主流区与回流区,具体可参见威廉姆斯(P. G. Wiliams,1975)发表的文献。

(2)弗卢杰·洛茨与雷伊纳法(Flugge – Lotz and Reyhner,1968)发表的文献:回流中对流项 $u_D \partial u_D / \partial x_D$ 设为零。

值得一提的是,两个解存在于图14.7中的阴影区。第二个解显示回流。因此,即使在阴影区的右侧,阴影区中的第二个解也是回流区。

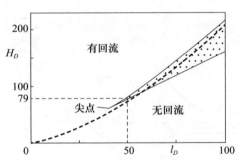

图14.7 图14.1中的凸台流动参数分布(具体可参见谢弗(P. Schafer 1995),l_D 与 H_D 由式(14.60)定义,阴影区域涉及两个解,而虚线左侧区域为有回流的解,右侧区域则为无回流的解)

图14.8所示为阴影区($l_D = 50, H_D = 79$)中两个解的壁面压力分布与剪切应力的分布。虽然两个解均存在回流,但第二个解的回流得到了进一步的扩展。

如果重新回到图14.1中的初始状态,则图14.7相对于图14.1增加了一些额外的曲线。这些曲线如图14.9所示。图14.7中附着的边界层与回流边界层之间的分界线(虚线)对应 DCA 曲线。图14.9与图14.7中的阴影区是相等的。如前

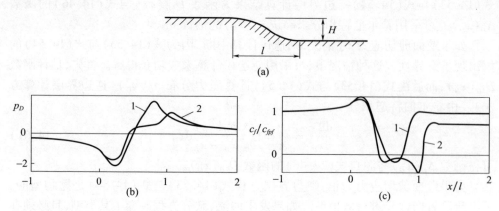

图 14.8 $l_D=50$ 且 $H_D=79$ 时台阶流动的壁面压力分布与
剪切应力分布（源自谢弗（P. Schafer, 1995））
1：短程回流区域；2：长程回流区域。

所述，由于平板的解用作基本解且因此 H/l 随雷诺数的增加而趋于零，靠近 H/l 轴的区域不能应用三层理论，特别是不能达到由点 MS 所表示的局部分离。正因为如此，才出现了一种用于该点附近区域的特殊渐近理论。这个内容将在 14.5 节描述。

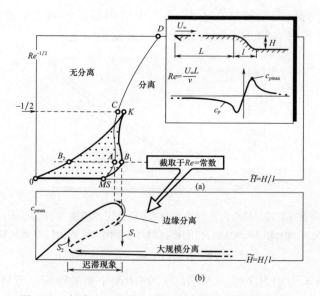

图 14.9 恒定 l/L 比值的台阶流动图（可参见图 14.1）
D–C–A–MS：附着流与分离流之间的界限；K–B_1–MS：由局部分离跳转至
大规模分离；K–B_2–O：由大规模分离跳转至附着流；K：尖点位置。

对于存在两个解的阴影区可以作出清晰的几何解释。如果绘制恒定雷诺数下随 H/l 变化的 $c_{p\max}$ 曲线,则可得到如图 14.9(b)的曲线图。解表面 $c_{p\max}(1/\sqrt{Re}, H/l)$ 具有如图 14.10 所示的形状。其以这样的一种方式折叠,即在阴影区上方存在多个解。因此,这是参数 H/l 的变化导致迟滞的缘故,具体可参见图 14.9。在边缘点 B_1 处,解由存在局部分离(小分离区)的流动跳转为存在大规模分离(大分离区)的流动。由于后者不能由三层理论描述,因此需要采取特殊的方法处理。这部分内容将在 14.6 节提出并讨论。

描述褶曲解表面的数学理论被称为突变理论,具体可参见桑德斯(P. Saunders,1980)的研究实例。如图 14.10 所示的解的表面情况称为尖点突变。

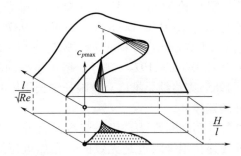

图 14.10　源于图 14.1 的恒定 l/L 比值台阶流动:最大压力系数 $c_{p\max}$ 的褶曲解表面

关于台阶流动的三层理论更多的解可参见萨默(F. Soomer,1992)与谢弗(P. Schafer,1995)发表的文献。

关于三层理论的概括总结可参见斯梯瓦森(K. Stewartson,1974,1982)、克劳维克(A. Kluwick,1979,1987,1991,1998)及梅西特(A. F. Messiter,1983)的文献。

下面将讨论三层理论一些的应用。

14.4.1　平板上的鼓包与凹腔

史密斯(F. T. Smith,1973)计算了高度 H 鼓包的平板二维绕流,也可参见拉杰卜与纳菲(S. A. Ragab, A. H. Nayfeh,1982)发表的文献。赫维希(H. Herwig,1981,1982)研究了具有凹腔的平板的类似的问题。另外,赫维希(H. Herwig,1983)还研究了相关的传热。解流形对应于台阶流动的解流形,且采用了不同的回流研究方法,参见史密斯(F. T. Smith,1981)与索比(I. J. Sobey,2000)发表的文献。

14.4.2　有限长平板尾缘附近的流动

在距尾缘某个距离下[准确地说,位于距离 $O(Re^{-3/8})$ 处],其解是普朗特边界层的布拉休斯解,参见 6.5 节。平板之后非常远处,流动变成 7.5.1 节中所讨论的尾迹流。过渡区中的流动具有三层结构。底层的过程也是非常重要的。由于无滑移条件在尾缘处突然消失,尾缘前存在外流的局部加速(压力下降)。这会引起靠近尾缘处表面剪切应力的增加。有限长度 L 的平板阻力系数为

$$c_D = 1.328Re^{-1/2} + 2.67Re^{-7/8} + O(Re^{-1}) \tag{14.62}$$

式(14.62)如图 1.3 所示,即便是雷诺数 $O(1)$,也能与实验结果很好吻合,可参见梅尔尼克与乔(R. E. Melnik, R. Chow, 1975)的文献。该理论的细节由斯梯瓦森(K. Stewarson, 1969, 1974)与梅西特(A. F. Messiter, 1970)给出。式(14.62)附加项中的这个系数最初由乔布进行计算,可参见乔布与布格格拉夫(C. E. Jobe, O. R. Burggraf, 1974)发表的文献。与完全纳维-斯托克斯方程组数值解的比较令人印象深刻地证实了三层理论的结果,具体可参见戴维斯与韦勒(R. T. Davis, M. J. Werle, 1982)及陈与帕特尔(H. C. Chen, V. C. Patel, 1987)的文献。

博多妮与克劳维克(R. J. Bodonyi, A. Kluwick, 1982)进行了超临界跨声速流动的相关研究,而丹尼尔斯(P. G. Daniels, 1974)进行了超声速流动的相关研究。博多妮等(R. J. Bodonyi et al., 1985)则将结果推广至有限长细长物体的轴对称绕流中。

- **说明(渐近展开的延续)**

尾缘处 u_D 的边界条件的间断跳跃是仍是流场的奇异性,三层理论无法处理。因此,三层理论的渐进展开在尾缘附近是无效的。在靠近尾缘的底层存在大小为 $O(Re^{-3/4})$ 的区域,在该区域内必须求解完全纳维-斯托克斯方程组。对 c_D 值贡献量级在 $O(Re^{-5/4})$。

14.4.3 尾缘处的其他流动

对于带攻角的平板,假定攻角为 $\alpha = O(Re^{-1/16})$。该理论对黏度进行了修正,具体可参见斯梯瓦森(K. Stewartson, 1974)、乔与梅尔尼克(R. Chow, R. E. Melnik, 1976)发表的文献。

对于后缘角 f 的翼型,攻角可设定为 $O(Re^{-1/4})$,具体可参见斯梯瓦森(K. Stewartson, 1974)及史密斯与梅尔金(F. T. Smith, J. H. Merkin, 1982)的文献。凸起与凹陷处流动可以类似的方法进行研究。

克劳维克与吉特勒(A. Kluwick, Ph. Gittler, 1994)研究了轴对称物体的相关流动问题。

14.4.4 狭缝吹气

将三层理论应用于狭缝吹气的过程中假定狭缝宽度与吹气速度为 $O(Re^{-3/8})$,具体可参见斯梯瓦森(K. Stewartson, 1974)及纳波利塔诺与梅西克(M. Napolitano, R. E. Messick, 1980)发表的文献。

14.4.5 非定常流动

里若夫与朱克(O. S. Ryzhov, V. I. Zhuk, 1980)将三层理论扩展至非定常流动。黄与英格(M. K. Huang, G. R. Inger, 1984)研究了振荡副翼与主翼之间的相互作用,也可参见施耐德(W. Schneider, 1974)与杜克(P. W. Duck, 1984)的文献。

14.4.6 三维相互作用

史密斯等(F. T. Smith et al., 1977)、赛克斯(R. I. Sykes, 1980)、布格格拉夫与杜克(O. R. Burggraf and P. W. Duck, 1982)及罗杰等(C. Roget et al., 1998)研究了有限宽度凹腔的三维流动。吉特勒(Ph. Gittler, 1985)不仅研究了有倾角的凹腔,还研究了偏航机翼的分离流动,具体可参见吉特勒与克劳维克(Ph. Gittler, A. Kluwick, 1989)发表的文献。

14.4.7 自然对流

当自然对流的边界条件发生突变时,边界层内形成分层结构。由于缺少外流,因而没有顶层。在此采用了双层理论。底层的位移作用引起了主层中的压力分布。这是因为黏性底层中的位移轮廓线呈现出不应再被忽略的曲率,出现了垂直于主流方向的压力梯度,因而产生了压力场。

具有壁面局部轮廓线扰动的竖直平板自然对流的实例,可参见梅尔金(J. H. Merkin, 1983)与格斯滕等(K. Gersten et al., 1991)发表的文献;有限平板长度下靠近尾缘的流动过程,参见梅西特与利南(A. F. Messiter, A. Linan, 1976)发表的文献。最后研究了壁面温度分布的间断跳跃。局部壁面温度的剧烈下降参见埃克斯纳与克劳维克(A. Exner, A. Kluwick, 1999)的文献。没有外流的强迫对流也会产生双层结构。一个实例是凹角的壁面射流,具体可参见史密斯与杜克(F. T. Smith, P. W. Duck, 1977)的文献。

14.4.8 可压缩流动

可压缩流动的三层理论公式由斯梯瓦森(K. Stewartson, 1974)提出。适当的变换可将方程组简化为不可压形式,即式(14.53)与式(14.56)。超声速流动中可采用线化超声速理论将式(14.55)中顶层的希尔伯特积分替换为

$$P = -\frac{d\Delta_D}{dx_D} \tag{14.63}$$

其需要接近跨声速的特殊处理,具体可参见梅西特等(A. F. Messiter et al. ,1971)的文献。

特维诺与门德斯(C. Trevino, F. Mendez,1992)研究了接近壁面温度间断突变的可压缩流动相互作用。足够强的壁面温度间断突增甚至可引起分离($\tau_w = 0$)。

14.4.9 激波-边界层相互作用

超声速流动中,最重要的是边界层与具有激波的外流之间的相互作用。图 14.11 展示两个重要的实例,即斜激波处和压缩角(凹角)的激波与边界层相互作用。值得注意的是,这些实例中相互作用起源于激波接触点与斜坡拐角的前方。

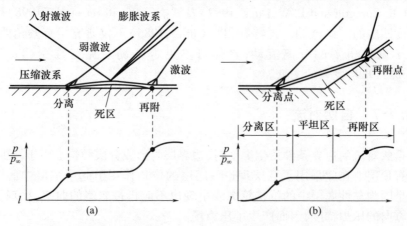

图 14.11　激波-边界层相互作用的两个实例
(a)斜激波的反射;(b)超声速流中的压缩角。

这些过程不能采用普朗特边界层理论来描述,这是因为附着的边界层(抛物型微分方程)与超声速流动(双曲型微分方程)无法匹配。这两个解的匹配只能采用相互作用机制来描述。由于存在位移,边界层的增长产生了压升,这种增长也会引起边界层的增长,具体可参见赖特希尔(J. Lighthill,2000)发表的文献。这种相互作用的循环最终导致分离(自诱导分离),具体可参见斯梯瓦森与威廉姆斯(K. Stewartson, P. G. Williams,1969)发表的文献。靠近分离点,比例选择正确假设下流动具有普遍性的三层结构。图 14.12 展示了斯梯瓦森(K. Stewartson,1974)给出的压力分布与壁面剪切应力分布。这些结果已由实验证实,具体可参见斯梯瓦森与威廉姆斯(K. Stewartson, P. G. Williams,1969)发表的文献。

如图 14.11 所示,压缩角处的流动包括 3 个区域。自诱导压力区域之后存在一个平坦区,最后是流动再附壁面的区域。布格格拉夫(O. R. Burggraf,1975)采用这种划分方式计算了压缩角处的流动。如果压缩坡角 α 为 $O(Re^{-1/4})$,则靠近拐角处的整个相互作用区域可看作一个三层结构的项。里泽塔等(D. P. Rizzetta et al.,1978)发现的解与源自相互作用理论的更精确数值解在 $Re > 10^8$ 时相当吻合。布格格拉夫等(O. R. Burggraf et al.,1979)已经证明了这一点。

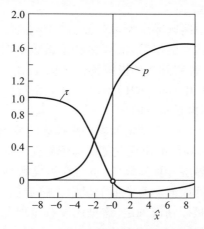

图14.12　超声速流动中自由相互作用的
常规压力分布与壁面剪切应力分布

布里连特与小艾德森(H. M. Brilliant,T. C. Aderson Jr.,1974)研究了超声速流动中弱斜激波与层流边界层之间的自由相互作用,而博多妮与克劳维克(R. J. Bodonyi,A. Kluwick,1977)则研究了具有分离的情况。克劳维克等(A. Kluwick et al.,1984,1985)及吉特勒与克劳维克(Ph. Gittler,A. Kluwick,1987)将该理论应用于轴对称流动。小艾德森与梅西特(T. C. Adamson Jr.,A. F. Messiter,1980)及德莱瑞与马文(J. Delery,J. G. Marvin,1986)进行了概括总结。

- 说明(相互作用理论)

由于边界层方程组是基于三层理论的主导阶来求解的,因此普朗特边界层理论也可用来计算相互作用。AGARD(1981)以及麦克唐纳与布雷利(H. McDonald and W. R. Briley,1984)、德莱瑞与马文(J. Delery and J. G. Marvin,1986)已经给出了相关的概述。同时求解的微分方程组在此不再与雷诺数无关,因此分离计算必须对每个不同雷诺数进行单独的计算。此外,边界层方程组在分离时必须选择逆公式以避免戈德斯坦奇异性。有人给出了位移厚度并进行了外流速度的计算,具体可参见卡特(J. E. Carter,1979)、维尔德曼(A. E. P. Veldman,1981)发表的文献。这种方法的合理性可在三层理论中体现出来。

14.5　边缘分离

图14.9已经表明,三层理论的应用意味着可计算 $H/l > (H/l)_{MS}$ 的台阶流动。

由于该理论选择平板的极限解作为基点，对于有限的 H/l 值三层理论并不包括 $Re\rightarrow\infty$ 的极限解，尤其是对于因存在戈德斯坦奇异性而使得普朗特边界层崩溃，无法提供 $H/l > (H/l)_{MS}$ 的解。

图 14.1 与图 14.9 中接近标注为 MS 点的解受到关注。局部分离的名称用来描述这个极限点及靠近该点的解，这需要在高雷诺数下对 MS 点的附域进行渐进展开，这个点的解表示这种展开式的极限解，该理论已由斯梯瓦森等（K. Stewartson et al.,1982）与吕邦（A. I. Ruban,1991）给出了全面系统的描述。这个解也具有三层结构。然而，这个解不再是唯一的。

局部分离通常发生于以一个特定的参数来描述的流场中。这个参数称为奇异性参数 S。这个参数能够在可能出现戈德斯坦奇异性的前提下（附着流）沿物体整体几何外形进行简单边界层计算处取值；也可在因戈德斯坦奇异性的出现而无法进行进一步边界层计算处取值。两个值的极限由临界值 S_C 给出，对于局部分离，$Re\rightarrow\infty$ 时的流动由这种极限情况确定，这里还没有显现戈德斯坦奇异性。在所讨论的台阶流动中有 $S = H/l$ 与 $S_C = (H/l)_{MS}$。

局部分离理论的起始点是 $S = S_C$ 极限下简单普朗特边界层计算的壁面剪切应力特性。图 14.13 的中间部分展示了这种特性。一个特殊的属性是在标记坐标 x_S 且斜率 τ_w 突变点前后存在壁面剪切应力的线性分布。x_S 的位置是 $S = S_C$ 与 $Re\rightarrow\infty$ 极限下壁面剪切应力趋向零的轮廓点。由于 $d\tau_w/dx$ 在 x_S 处存在突变，外流与 x_S 处的边界层之间存在相互作用。这种相互作用表现为一种三层结构。雷诺数与几何外形之间也存在耦合：

$$S\rightarrow S_C, Re\rightarrow\infty, (S - S_C)Re^{2/5} = O(1) \qquad (14.64)$$

其中，三层结构与 14.4 节所讨论的三层结构在尺度上有所不同。

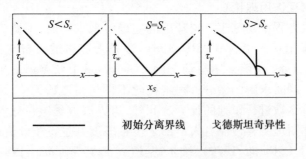

图 14.13　$Re\rightarrow\infty$ 时的壁面剪切应力（普朗特边界层理论）

在数学描述三层变量问题之后，有可能将靠近 x_S 位置的壁面剪切应力作为 $S - S_C$ 的函数。由此可得到靠近 x_S 处壁面剪切应力分布的渐进修正。图 14.14 给出了在 x_S 位置 $\tilde{\tau}_w(x = x_S)$ 形式的壁面剪切应力分布，显示了一些奇异参数的取值下靠近 x_S 位置处 $\tilde{\tau}_w(\tilde{x})$ 形式的壁面剪切应力分布，更多细节可参见图 14.14 中的题注说明。每种情况下的分布是定性的。在具体的实例中，比例系数需由物理变量的逆转换来确定。

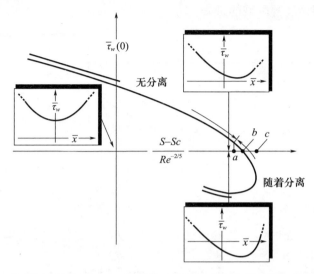

图 14.14　按照局部分割理论，x_s 位置壁面剪切应力与奇异参数 S 的通用相关性

小方框图：靠近 x_s 的壁面剪切应力；

$$\bar{x} \propto \frac{x - x_s}{L} Re^{1/5}, \tilde{\tau}_w(\tilde{x}) \propto \frac{\tau_w}{\rho U_\infty^2} Re^{1/5}, Re = \frac{U_\infty L}{\nu};$$

a—分离起始，b—x_s 处的分离点，c—参数 $(S - S_C) Re^{2/5}$ 的最大值。

图 14.14 中的结果是普适的，且与物体的特殊几何外形无关。现按以下 4 个方面进行更详细的讨论。

（1）对于 $S = S_C$ 壁面剪切应力是正值，即三层理论中所讨论的相互作用效应起防止分离的作用。

（2）从完全附着流开始，随着 $S - S_C$ 的增加，出现 $\tilde{\tau}_w(\tilde{x})$ 的双根情况。这意味着分离与再附。$\tilde{\tau}_w(\tilde{x})$ 恰好为零（图 14.14 中的点 a）的情况在数学上并不令人振奋，在物理上是有限雷诺数下的初始分离。

（3）在特定的 $S - S_C$ 区域，解不再是唯一的，存在双解。图 14.15 给出了这样的双解实例。布朗与斯梯瓦森（S. N. Brown, K. Stewartson, 1983）已经证明, 在特定的（小）参数区域甚至存在 4 个解。

（4）对于任意大 $S - S_C$ 值并不存在解，即存在一个上限。由于大 $S - S_C$ 参数时出现大规模分离（将在下面描述），这在物理上意味着由局部分离至大规模分离并不存在连续转换。

如果局部分离理论不允许连续转换，那么问题是如何发生由参数 S 较小值的附着流向大规模分离（非常大的 S 值）情况的过渡。唯一解释是在解表面的折叠处，如图 14.9 所示的圆形台阶处的最大压力值。其中，上部是作为 H/l 与 $Re^{-1/2}$ 函

数的 c_{pmax} 最大峰值,下部为 $Re = $ 常数的侧立面,并澄清了解峰的折叠。在阴影区域不只存在一个解(解区域的折叠)。

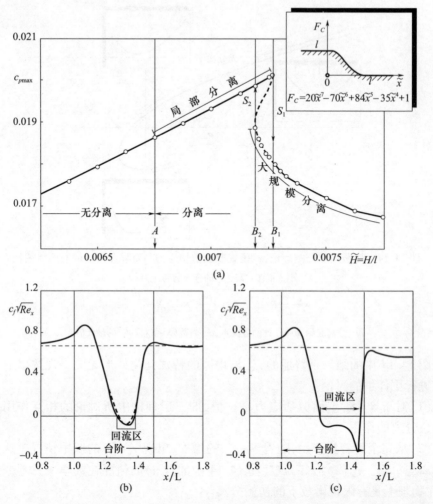

图 14.15　$l/L = 0.5$ 与 $Re = 10^7$ 时的台阶流动(源自萨默(F. Sommer,1992)的文献)

(a)折叠的解表面 $c_{pmax}(H/l)$ 的截面,A,B_1,B_2,S_1,S_2,见图 14.9;(b)局部分离 $\tilde{H} = B_2$ 的实例,相互作用理论;……边际分离渐进理论;(c)大规模分离(相互作用理论)的实例,(b)与(c)中 $\tilde{H} = B_2$,$Re = U_\infty^2 L/\nu$。

分离区在曲线 $D - C - A - MS$ 的右边。介于曲线 $C - A - MS$ 与曲线 $K - B_1 - MS$ 之间的位于上部的解区域,属于局部分离区。由局部分离区至大规模分离区并不存在连续转换。确切地说,存在较低解表面的间断跳跃,如图 14.9(b)中的箭头 S_1 所示。

H/l 出现下降的逆转换导致流动随处是附着的。间断跳跃 S_2 也会发生转换。

由于 S_1 与 S_2 具有不同的 H/l 值,解的特性中存在迟滞现象。这种迟滞现象只出现在大于特定雷诺数的情况,如图 14.9(a)所示。随着雷诺数增加,点 K 处不止得一个解。这就是曾经光滑的解表面开始出现折叠之处。影响下点 K 处曲线 $O-K$ 与曲线 $MS-K$ 之间的角度为零,且被称为尖点。与折叠的解表面相关的数学理论称为突变理论,具体可参见桑德斯(P. T. Saunders,1980)的文献。这个尖点的实例称为尖点突变。

以定性方式描述的解属性已由萨默(F. Sommer,1992)的深入数值研究证实。式(14.57)中形状由七阶多项式表征的圆化台阶流动得到了研究,可参见图 14.15。

这样做的目的是确认折叠解表面区域有限的雷诺数下(因为那时并无戈德斯坦奇异性)边界层计算解的一般属性。因此须考虑外流与边界层方程组中所有的二阶项(如 14.2 节所述)。这些方程描述了曲率与位移效应。然而,一阶方程与二阶方程之间并无区别,而是采用了一个方程组(一个扩展版的普朗特边界层方程组)。这些方程中雷诺数显式出现,因而允许有限雷诺数下的解出现。边界层计算采用逆方法进行,其中位移厚度作为边界条件,进行压力的计算,具体可参见维尔德曼(A. E. P. Veldman,1981)的文献。

相对台阶高度 $\tilde{H}=H/l$ 在固定的 $l/L=0.5$ 比值下系统地变化。图 14.15 展示了 $Re=U_\infty^2 L/\nu=10^7$ 下作为解特征量的压力系数最大值。从随处是附着流动的小 H 值开始,当 $\tilde{H}$ 值增大至约 6.8×10^{-3}(A 点)时最先出现分离,$\tilde{H}$ 值进一步增加 c_{pmax} 持续增大。当 $\tilde{H}=B_1=7.25\times 10^{-3}$ 时解跳跃至下分支。如果 $\tilde{H}$ 值进一步增大,则还存在连续(但是递减)的累进。

如果逆向做相同的实验,从大的 $\tilde{H}$ 值出发,沿着解的下半支移动,但现在超越 $\tilde{H}=B_1$ 的值向更低的 $\tilde{H}$ 值趋进。当 $\tilde{H}=B_2=7.175\times 10^{-3}$ 时解跳跃至上半支。图 14.9 中的迟滞区域在图 14.15 中位于为 B_2 与 B_1 之间。相对于图 14.9 中的主要特性,计算实例中有跳回存在分离的解。这个实例中曲线 $K-B_2-O$ 位于 $Re=10^7$ 时,仍在 $C-A-MS$ 曲线的右边。

图 14.15(b)与图 14.15(c)展示了具有相同 $\tilde{H}=B_2$ 值的两个不同解的表面摩擦系数 c_f。局部分离域的图 14.15(b)只展示了较小的回流区,而图 14.15(c)则展示了源于大规模分离域的相当大的回流区。

此外,图 14.15(b)包含了局部分离理论的渐进结果。这是在有限雷诺数 $Re=10^7$ 下计算出来的。该结果清晰地表明,渐进理论的通用结果(图 14.14 下部)与特定几何外形的数值结果一致。

进一步的实例是局部分离发生于特定攻角下的翼型绕流。这种情况下攻角 α 作为奇异性参数 S,具体可参见斯梯瓦森等(K. Stewartson et al.,1982)的文献。

哈克穆勒与克劳维克(G. Hackmuller, A. Kluwick, 1989,1990,1991a,1991b)研究了狭窄鼓包与凹腔处的局部分离及其向三维物体的扩展。克劳维克

(A. Kluwick,1989b)还研究了轴对称边界层的局部分离。

布劳恩与克劳维克(S. Braun, A. Kluwick,2005)不仅研究了吹气与局部分离的边界层控制,还研究了二维不可压稳态局部分离边界层的三维非定常摄动。控制参数 Γ 的临界值 Γ_c 附近的流动属性受到广泛关注。控制这些摄动的积分微分方程可简化为费雪方程的非线性偏微分形式。其备受关注的解展示了具有奇异性的波,可解释为涡片,具体可参见布劳恩与克劳维克(S. Braun, A. Kluwick,2004)发表的文献。沙伊希尔、布劳恩与克劳维克(S. Scheichl, S. Braun, A. Kluwick,2005)关于非定常局部分离理论奇异解的研究结果表明,任何吹气的解最终都归于唯一的流场结构。

14.6 大规模分离

当边界层以整体形式离开壁面,并将外流和分离区(回流区)之间的边界标记为自由剪切层时,就会发生大规模分离。首先必须考虑边界层离开壁面的点,即所谓分离点。大规模分离发生在分离点之前边界层的厚度小于垂直于主流方向的分离区尺度时。

靠近分离的 v 速度分量的强劲增长意味着施加于外流的作用不再是渐进小值。因而再次提出了一个必须用三层理论描述的相互作用。然而,斯梯瓦森(K. Stewartson,1970)能够证明三层理论并不能解决奇异性问题。施加于边界层的正压力梯度在三层理论中只在渐近小区域内变化,这是重要的障碍。

现在面临一个两难的局面:正压力梯度是分离起始的必要条件,但也是边界层解奇异性的起源。瑟乔夫(V. V. Sychev,1972)发现了摆脱这种两难局面的惊人简单方法,即假设靠近分离点的压力梯度渐近小;并只存在于有限雷诺数情况。无限雷诺数的极限下(该极限条件下只出现戈德斯坦奇异性),分离点之前并不直接地增加压力,因而不存在戈德斯坦奇异性。这种奇异性并没有被移除,而是被避免了。

3 个重要方面决定了大规模分离的渐进一致性描述。

(1) $Re^{-1}=0$ 的极限中,所有(在高雷诺数下薄的)剪切层退化为线。如果从假定边界层在分离点处离开壁面,则在 $Re^{-1}=0$ 的极限中所谓自由流线离开物体表面。这将无黏外流从回流区区别开。这是一条不连续的直线,因为直线两边的速度通常是不同的。因此,高雷诺数扰动计算所依据的极限解不再是处处连续的势流,而是具有所谓自由流线和相邻死水区域的势方程的解。

图 14.16 展示了一些几何外形的两种不同极限解。图 14.16(b)的极限解对应亥姆霍兹(H. Helmholtz,1868)与基希霍夫(G. Kirchhoff,1869)的所谓自由流线理论。自由流线上的压力是恒定的,即处于死区。因此在分离点有恒定的压力。对于台阶流动,极限解是位移流动。

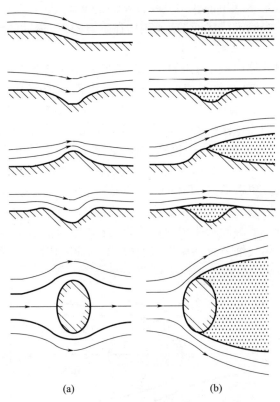

图 14.16 $Re^{-1}=0$(无黏流动)的极限解
(a)连续势流;(b)自由流线理论的亥姆霍兹 – 基希霍夫解。

(2)在近场中,$Re^{-1}=0$ 的流动由亥姆霍兹 – 基希霍夫解给出。当 $Re^{-1}\neq 0$ 时,必须进行修改使压力梯度与三层标度的压力相匹配。由三层理论可知,有限雷诺数下分离点 x_0 相对于极限自由流线(对于台阶流动 $\hat{x}_0=L$)的分离点 $\hat{x}_0$ 向 $x_0-\hat{x}_0=O(Re^{-1/16})$ 的下游移动。

分离点 x_0 之前的压力分布为

$$p-p_0=-c_0\,(x_0-x)^{1/2}+O(x_0-x) \tag{14.65}$$

对于 $x<x_0$ 与 $x\to x_0$,有

$$c_0=0.44c^{9/8}Re^{-1/16} \tag{14.66}$$

式中:c 描述了接近流动边界层的壁面梯度,具体可参见史密斯(F. T. Smith,1977)发表的文献。对于台阶流动有 $c=0.332$。

(3)萨默(F. Sommer,1992)研究了台阶流动中 KB_2O 曲线(图 14.9)可在原点附近确定。一种新的无黏极限解必须确定 x_0(不再是 $\hat{x}_0$)处自由流线离开物体的位置。成与史密斯(H. K. Cheng,F. T. Smith,1982)提出了计算极限解的近似方法,

还可参见成与李((H. K. Cheng, C. J. Lee,1986)的文献。

目前还没有一个渐进描述所谓远场中(在附点附近)流动的完整理论。

实例:圆柱体

高雷诺数下圆柱体(虚构稳态)的流动是另一个大规模分离实例。圆柱体上的自由流线只有一个圆周角可切向离开壁面,因而下游无压力增加区域(布里渊－维拉条件,可参见瑟乔夫(V. V. Sychev,1972))的文献。距前驻点的角度约为$55°$。图14.17展示了极限解($Re^{-1}=0$)。对于较大的$\tilde{x}$值,自由流线呈抛物线形。靠近分离点处,流动可采用三层理论来描述,如瑟乔夫(V. V. Sychev,1972)与史密斯(F. T. Smith,1972)所示。更精确的分析表明,亥姆霍兹－基希霍夫自由流线理论只适于描述近场。史密斯(F. T. Smith,1979a)提出了渐近模型,其中长度$O(Re)$与厚度$O(Re^{1/2})$的椭圆回流区存在于物体的后部。这个回流区可与物体的近场渐近匹配。问题出现在下游椭圆曲线顶点附近,此处作为壁面边界层延续的自由剪切层与顶点重合。相关细节可参见史密斯(F. T. Smith,1979a,1986)的文献。

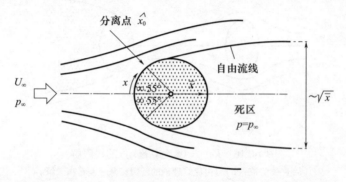

图14.17 源自亥姆霍兹－基希霍夫自由流线理论的圆柱体极限解($Re^{-1}=0$)

第三篇　层流－湍流转捩

第 15 章
湍流起始（稳定性理论）

15.1 层流 - 湍流转捩的一些实验结果

15.1.1 管流中的转捩

许多情况下的实际流动与前面章节讨论的层流有很大的不同。这些流动表现出湍流的特征。随着雷诺数的增大，管道内部流动和流经物体的外边界层流动都呈现出明显的层流到湍流的变化。这种从层流到湍流的转捩，也称湍流的开始，对流体力学的整个科学具有重要性。

这种现象最初是在平直管道或流道的流动中发现的。小雷诺数条件下等截面光滑平直长管中每个液体质点做匀速直线运动。由于摩擦力作用，靠近壁面的流体质点的速度要比其他质点的慢。这种流动呈现为一种以此相邻有序的层移动（层流）方式，如图 1.6(a) 所示。但观察发现，这种有序流动在高雷诺数条件下不再存在（图 1.6(b)）。流动中存在着相当强的掺混效应。雷诺（O. Reynolds, 1883）通过向管流添加有色细丝来实现流动可视化。只要流动状态是层流，有色流体质点流过管道时就呈现出具有明显界线的细丝状。然而，一旦流动变成湍流，有色细丝就会破碎并使管道中的流体呈现出均匀的颜色。湍流中产生这种掺混的横向运动施加于沿管道轴线运动的主流。这种横向运动引起动量的横向交换，这是因为每个流体质点在进行混合时基本保持了其在纵向的动量。其结果是管道截面上的速度分布要比层流情况均匀得多。图 15.1 所示为管道层流与湍流流动时测得的速度分布。层流状态下截面速度分布为抛物线型，可参见 5.2.1 节，而湍流状态下动量交换意味着速度分布更加均匀。通过对湍流进行更加细致的分析发现，湍流最显著的特征是空间中某一特定点的速度与压力在时间上不是恒定的，而是呈现出频率变化的不规则波动，如图 15.16 所示。只有在较长时间间隔内速度平均值才能取为常数（准稳态运动）。这种取决于位置与时间的准稳态管流速度可通过

时均的体积流量 Q 或时均压力梯度 $\overline{dp/dx}$ 来表征,图 15.1 清晰地进行了展示。曲线 a 表示管道湍流流动的时均速度分布。其他两种分布分别对应于具有与曲线 a 相同体积流量(曲线 b)及相同压力梯度(曲线 c)的管道层流流动。

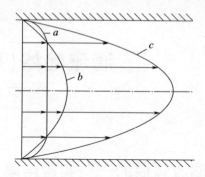

图 15.1 管道层流与湍流流动时测得的速度分布
(a)湍流流动的时均速度分布;(b)具有与 a 相同体积流量的层流;(c)具有与 a 相同压力梯度的层流。

雷诺(O. Reynolds,1883)首次对这两种完全不同的流动状态进行了系统的研究。他还进行了以其名字命名的有色细丝实验。他发现了关于雷诺数的相似原理,即由层流至湍流的转捩总是发生于大致相同的雷诺数 $Re = u_m d/\nu$,其中 $u_m = Q/A$ 为平均速度(Q 为体积流量,A 为管道截面面积)。发生转捩的雷诺数(临界雷诺数)值为

$$Re_{crit} = \left(\frac{u_m d}{\nu}\right)_{crit} = 2300 \tag{15.1}$$

因此,雷诺数 $Re < Re_{crit}$ 的管流是层流状态,雷诺数 $Re > Re_{crit}$ 的管流是湍流状态。

图 15.1 所示的两种层流状态(曲线 b 与曲线 c)与管道湍流相关联,但以不同雷诺数进行描述,即 $Re_p = -(dp/dx) d^3/(32\rho\nu^2)$ 与 $Re_Q = u_m d/\nu$。对于层流状态,根据式(5.60)与式(5.61)有 $Re_p = Re_Q$。然而,Re_p 与 Re_Q 必须区别于湍流,且其为表征管道与通道湍流流动的一种方式,具体可参见罗德汶斯基与西马金(B. L. Rozhdestvensky, L. N. Simakin, 1982, 1984)、沙夫曼(P. G. Saffman, 1983, 1988)发表的文献。

临界雷诺数的数值在很大程度上取决于管道进口的特殊条件和进入方式。实际上雷诺已经推测,临界雷诺数越大,进入管道前的流动扰动就越小。这种推测已由巴尔内斯与库克尔(H. T. Barnes, E. G. Coker, 1905)的实验及席勒(L. Schiller, 1922)随后的实验证实,席勒测得的临界雷诺数为 $Re_{crit} = 20000$,而埃克曼(V. W. Ekman,1910)采用特殊的无扰动进口则测得 $Re_{crit} = 40000$。另外,不同实验表明,Re_{crit} 的下限大致为 $Re_{crit} = 2000$。低于该雷诺数,即使扰动非常强,流动也能保持层流状态。

与由层流向湍流转捩相关的内容还包括管道阻力规律的显著变化。然而在层

流状态对应于 $Re_p = Re_Q$ 情况下驱动流动的压降正比于速度的一次方,具体可参照式(5.59);湍流中这种压降几乎正比于平均速度的平方。这种大的流动阻力源于湍流的掺混运动。层流向湍流转捩的阻力规律变化如图 1.4 所示。

管流中层流向湍流转捩的详细实验研究表明,雷诺数接近临界雷诺数的特定区域内的流动具有间歇性。这意味着流动时而是层流,时而是湍流。图 15.2 所描述的测量结果表明,沿半径不同位置的速度取决于时间。其中速度图表明,层流与湍流的时间段不规则地交替出现。在接近管道中心的位置,层流时间段内速度大于湍流段的时均速度;而在接近管道壁面位置情况正好相反。由于实验中可保证体积流量恒定,必须有这样的结论,即速度分布在对应发展的层流与对应发展的湍流之间交替呈现(图 15.1 中的曲线 b 或曲线 a)。

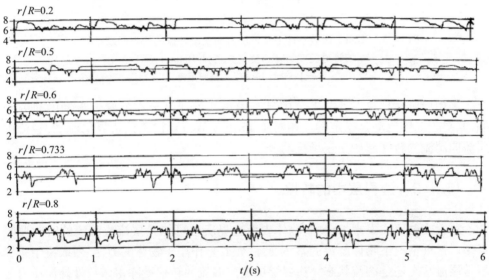

图 15.2 距管道中心不同距离下靠近层流向湍流转捩的管流速度随时间的变化(J. C. Rotta,1956)
雷诺数 $Re = u_m d/\nu = 2550$;长度 $x/d = 322$;速度 $u_m = 4.27 \text{m/s}$。

这种流动的物理属性由间歇性系数 γ 描述。其给出了特定位置湍流的时间比例。因此,$\gamma = 1$ 表示连续的湍流流动,而 $\gamma = 0$ 则表示连续的层流流动。图 15.3 展示了不同雷诺数条件下沿长度 x 的间歇性系数。对于恒定的雷诺数,间歇性系数随距离而持续增加。发生转捩的雷诺数在 $Re = 2300 \sim Re = 2600$ 区间。对于接近下限的雷诺数,由层流流动向完全湍流流动的发展经历了很长的管道长度,相当于上千倍管道直径。

圆形截面管道的流动过程与平面通道流动过程相似。层流向湍流的转捩是一个稳定性问题,其基本思想是层流受到一些小扰动的作用,这种扰动包括诸如在管道入口可能出现的扰动。小雷诺数即大 ν 数下,黏性的阻尼作用大到足以使这些小的扰动再次衰减至消失。只有在高雷诺数条件下源自黏性的阻尼不再充分大,

349

扰动才得到增强,最终开始向湍流转捩。稍后将会发现,平面边界层出现的初始扰动是二维的,但这些扰动随后发展成为三维扰动。

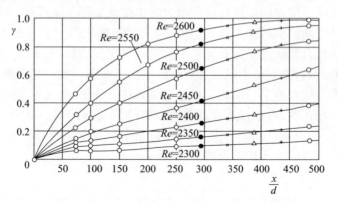

图 15.3　不同雷诺数条件下接近层流向湍流转捩的管流间歇系数 γ 随管道长度 x/d 的变化关系(J. Rotta,1956)
$\gamma = 1$:连续湍流;$\gamma = 0$:连续层流。

采用稳定性理论对 5.2.1 节中具有抛物线型速度分布的管道流动的研究表明,其对于二维流动是稳定的。相对于 15.1.2 节将要讨论的边界层流动,管流中层流向湍流的转捩起始于三维扰动。

15.1.2　边界层中的转捩

对管流的研究发现,流动中物体表面边界层也可能是层流或湍流的时间要晚得多。这种情况下物体绕流的整体属性,尤其是作用于物体的力,强烈取决于边界层是层流状态还是湍流状态。边界层层流向湍流的转捩受除雷诺数外外流压力分布、壁面特性(粗糙度)及外流扰动量级水平等诸多参数影响。图 15.4 所示为旋转物体表面边界层层流向湍流的转捩过程。所添加烟雾的浓度使转捩区内流场结构发展的瞬时图像可见。层流流动区在下游为轴对称波所替代,这种波称为托尔明 – 施利希廷波。这些波通过随后形成的三维特征结构开始层流向湍流的转捩。

图 15.4　旋转物体表面边界层层流向湍流的转捩过程
(源自布朗(F. N. M. Brown,1957))

1. 零攻角平板

如同旋转物体,零攻角平板也可观测到层流向湍流的转捩。对于平板层流边界层,6.5 节展示了边界层厚度随 $\sqrt{x}$ 的增大而增长,其中 x 为距前缘的距离。层流向湍流的转捩最先由伯格斯(J. M. Burgers,1924)与范德·赫格·齐宁(B. G. Van der Hegge Zijnen,1924)进行了研究,后来汉森(M. Hansen,1928)也进行了研究,而更系统全面的研究可见德莱顿(H. L. Dryden,1934,1937,1939)的研究。靠近平板前缘处的边界层最初是层流,但在下游可变为湍流。对尖锐前缘的平板,正常流动中层流向湍流的转捩发生于离前缘距离 x 处,由下式决定:

$$Re_{x\,\mathrm{crit}} = \left(\frac{U_\infty x}{\nu}\right)_{\mathrm{crit}} = 3.5 \times 10^5 \sim 3.5 \times 10^6$$

如同管道那样,如果确保外流无扰动(低湍流度),可提高零攻角平板临界雷诺数。

实验结果基本示意图如图 15.5 所示。无差别雷诺数条件下,将二维托尔明-施利希廷波叠加到层流边界层上。这些可以用基本稳定性理论来描述(可参见 15.2.2 节)。由于二次不稳定性(参见 15.3.2 节),三维扰动会叠加到更远的下游。这导致了 Λ 特征性结构形成。Λ 涡旋可由湍流斑替代,并开始向全湍流边界层流动转捩。$Re_x = Re_{x\,\mathrm{crit}}$ 处,转捩过程已经完成,向下游流动变为全湍流。埃蒙斯与布赖森(H. W. Emmons, A. E. Bryson, 1951/52)及舒鲍尔与克雷巴诺夫(G. B. Schubauer,P. S. Klebanoff,1955)的研究表明,图 15.6 中的湍流斑不规则地出现于边界层中的任意位置,并在下游的楔形区域内漂移。这样的湍流斑在不同的时间间隔出现于平板上不规则分布的不同位置。

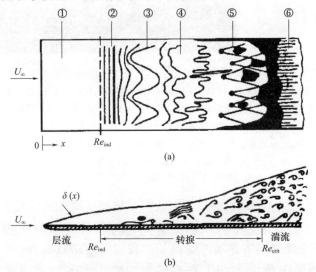

图 15.5 零攻角平板边界层层流向湍流转捩示意图(F. M. White,1974)
①稳定的层流流动;②非稳定的托尔明-施利希廷波;③三维波与涡流的产生(Λ 结构);
④涡流衰减;⑤湍流点的形成;⑥完全湍流。

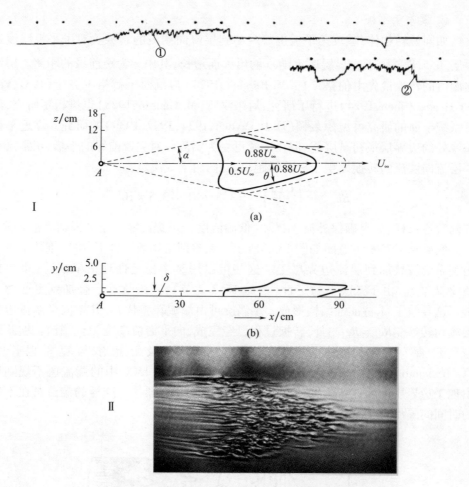

图 15.6 零攻角平板转捩边界层中伪湍流斑的发展

Ⅰ 由舒鲍尔与克雷巴诺夫(G. B. Schubauer, P. S. Klebanoff, 1955)测量,源自德莱顿(H. L. Dryden, 1956)的研究。(a)平面图,(b)A 位置产生的人工湍流斑侧面图,距离出现位置约 70cm。位置 A 大约位于平板前缘之后 70cm。

$\alpha=11.3°$,$\theta=15.3°$,$\delta=$层流边界层厚度,自由来流速度 $U_\infty=10$m/s。

①与②:分别穿过人工湍流斑与自然出现湍流斑的热线风速仪示波图

两个标记之间的时间间隔:s/60。

Ⅱ 来源于法尔科(R. Falco, 1980)的观点。

如图 15.5 所示,这种转捩的发生次数随着边界层厚度的增大而大幅增加。层流边界层中无量纲厚度 $\delta/\sqrt{\nu x/U_\infty}$ 恒定且大约等于 5,具体可参见式(6.60)。图 2.4 展示了这个无量纲边界层厚度与基于长度 x 雷诺数即 $Re_x=U_\infty x/\nu$ 的变化关系。边界层厚度在 $Re_x \geqslant 3\times10^5$ 时有较大增加。此外,时均速度分布的形式也有明显的变化。图 15.7 展示了舒鲍尔和克雷巴诺夫(G. B. Schubauer, P. S. Klebanoff, 1955)获得的低湍流度自由来流在 $Re_x=3\times10^6 \sim 4\times10^6$ 转捩区内的速度分布。该区域内速度分布由平板边界层的布拉修斯分布[(H. Blasius,1908),可参见图6.6(a)与图6.7]变为完全湍流平板边界层,具体可参见18.2.5节。

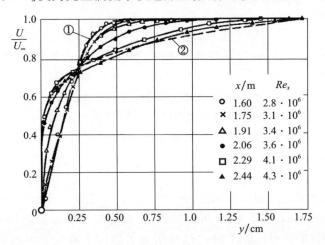

图15.7 接近层流向湍流转捩的平板边界层速度分布(G. B. Schubauer,P. S. Klebanoff,1955)
①层流,布拉修斯分布;
②湍流,来源于图18.5的速度分布,$\delta = 17\text{mm}$,外流速度 $U_\infty = 27\text{m/s}$,外流湍流度 $Tu = 3 \times 10^{-4}$。

随着转捩区内速度分布的重塑,形状系数 $H_{12} = \delta_1/\delta_2$ 存在明显减小,如图15.8所示。对于平板边界层,形状系数由层流区的 $H_{12} = 2.59$ 降至湍流区的 $H_{12} \approx 1.4$。

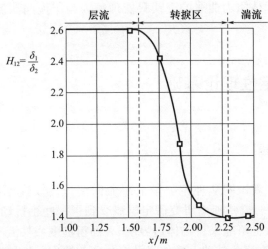

图15.8 接近层流-湍流转捩的平板边界层形状系数 $H_{12} = \delta_1/\delta_2$ 的变化
(源于舒鲍尔与克雷巴诺夫(G. B. Schubauer,P. S. Klebanoff,1955)的文献,
取自佩什(J. Persh,1956)发表的文献)

层流－湍流转捩中阻力也发生很大的变化。层流的摩擦力 D 正比于 $U_\infty^{3/2}$，具体可参见式(2.7)；湍流的摩擦力则有 $D \propto (U_\infty / \ln U_\infty)^2$，参见式(2.14)。

2. 细长物体

已经明确的是，边界层中沿壁面的压力梯度对于转捩区的位置具有明显的影响。压降(加速流动)区内边界层通常保持层流状态，然而即使是非常微弱的压升也会引起转捩。对于细长物体(翼型、流线型物体)，摩擦阻力可通过选择物体形状并由此合理分配压力分布而得到显著降低，从而使转捩点位置尽可能靠后。对于边界层相当长距离内保持层流状态的翼型(层流翼型)，摩擦阻力可降至正常翼型的一半左右。如用边界层抽吸等其他措施可用来对转捩区位置产生较大影响，并由此对物体阻力产生较大影响。

3. 钝体

与边界层层流向湍流转捩相关的一个特别显著现象出现于如球体与圆柱这样的钝体上。由图 1.12 与图 1.19 可以发现，在雷诺数大约为 $Re = Vd/\nu = 3 \times 10^5$ 时会出现阻力系数的突然急剧下降。这种阻力的急剧下降最早由埃菲尔(G. Eiffel, 1912)在球体绕流上发现，且是边界层转捩的结果。当边界层为湍流时，分离位置进一步后移，且尾迹区变得相当狭窄。普朗特(L. Prandtl, 1914)通过在赤道之前的球体周围放置细线环(绊线)证明了这种解释是正确的。这就人为地迫使层流边界层在较小的雷诺数条件下变成湍流，从而获得了通常只在较高雷诺数条件下才有的较低阻力。图 2.14 显示了亚临界较大尾流与阻力状态下以及小尾流与低阻力超临界流状态下球体的流动结构。采用普朗特绊线可产生第二种状态。这个实验有力地证明，球体阻力曲线的突跃只能理解为与层流向湍流转捩相关的边界层效应。

15.2 稳定性理论基础

15.2.1 引言

在 20 世纪人们就试图从理论上澄清层流向湍流转捩这一显著现象，但直到 1930 年才取得成功。这些理论研究假定层流受到了一些小扰动的作用，这些扰动可能来自管道进口，也可能来自物体边界层、表面粗糙度或外流不规则属性。这种理论遵循在基本层流流动基础上叠加扰动变化率的原理。每种情况的形式仍有待确定。其决定性问题取决于扰动是逐渐消失还是随着时间增长。如果扰动随着时间逐渐消失，基本流动被认为是稳定的；如果扰动随时间增长，则基本流动则是不稳定的，即可能发生层流向湍流的转捩。这样就可以建立层流稳定性理论。这种理论的目的在于确定给定层流流动的无差别雷诺数。稳定性理论的基本思想来源于雷诺(O. Reynolds,1894)的推测,即层流通常是运动方程的一个可能解,高于一个特定值(无差别雷诺数)时变得不稳定,并最终发展成为湍流。

雷诺花费数十年致力于这种推测的数学推理,后来的瑞利勋爵(1880 – 1913)亦是如此。这种理论上的努力最初许多年都未成功。1930 年,普朗特及其同事托尔明与施利希廷成功地达到这种无差别雷诺数理论计算的最初目的。稳定性理论的实验验证由数十年后的德莱顿及其同事完成。理论与实验之间有显著的一致性。

稳定性理论的概括总结可参见施利希廷(H. Schlichting, 1950, 1959)、林(C. C. Lin,1955)、贝特乔夫与克里米纳尔(R. Betchov, W. O. Criminale, 1967)、雷肖特科(E. Reshotko,1976)、马克(L. M. Mack, 1977)、德拉辛与里德(P. G. Drazin, W. H. Reid,1981)及斯图加特(J. T. Stuart, 1986)发表的文献,也可参见科兹洛夫(V. V. Kozlov, 1985)、马科文(M. V. Morkovin, 1988)、里德等(H. L. Reed et al., 1996)、小奥特尔与德尔夫斯(H. Oertel Jr., J. Delfs,2005)、小奥特尔(H. Oertel Jr., 2001,2002,2010,2016)以及小奥特尔与斯林瓦森(H. Oertel Jr., K. R. Sreenivasan, 2010,2016)发表的文献。

15.2.2 初级稳定性理论基础

层流稳定性的研究中,运动可分解为已被稳定性验证的基本流动与可叠加的运动扰动。基本流动可假定为稳态的,并设定笛卡儿速度分量 U、V、W 与压力 P。这种基本流动是纳维-斯托克斯方程组或边界层方程组的解。设时变扰动的对应参量为 u'、v'、w' 与 p'。因此,所产生的流动具有速度与压力为

$$u = U + u', v = V + v', w = W + w' \tag{15.2}$$

$$p = P + p' \tag{15.3}$$

大多情况下假设扰动量相对于基本流动的参量很小。

对于这种扰动运动稳定性的研究可采取两种不同的方法。

第一种方法(能量法)基本上确定了扰动能量的变化率。扰动能量随时间的增加或减少,可以确定基本流动与否稳定。在此允许任意形式的扰动,但这种扰动须与连续方程相容。主要由洛伦兹(H. A. Lorentz,1907)提出的能量法被证明是不成功的,因而在此对它不作讨论。

第二种方法只允许与流体动力学运动方程相一致的振动,并基于这些微分方程追踪扰动的时间进程。这就是小扰动方法。这个第二种方法已获得成功,因此将予以详细讨论。

假设有二维不可压缩基本流与二维扰动。由式(15.2)与式(15.3)所获得的流动满足二维纳维-斯托克斯方程组,具体可参见式(3.42)。此外,假设基本流

特别简单,使得分量 U 只依赖 y,有 $U = U(y)$,而其余两个速度分量则消失,即有 $V = W = 0$。① 这样的剪切流动精确地存在于距进口截面足够远的等截面通道或管道中。但边界层流动也可看作这种平行流动有近似,这是因为此处基本流 U 对于纵坐标 x 的相关性要比横坐标 y 的相关性小很多(平行流动假设)。然而,其也假定了压力 $P(x,y)$ 对于 x 的相关性,这是因为压力梯度 $\partial P/\partial x$ 维持了流动。因此给定的基本流动具有下列形式:

$$U(y), V = W = 0, P(x,y) \tag{15.4}$$

在此基本流动基础上再叠加一个随时间变化的二维扰动。这样,速度分量与压力分别为

$$u'(x,y,t), v'(x,y,t), p'(x,y,t) \tag{15.5}$$

因此,所产生的流动由式(15.2)与式(15.3)表示为

$$u = U + u', v = v', w = 0, p = P + p' \tag{15.6}$$

这个基本流动[式(15.4)]是假设的纳维-斯托克斯方程组的解。然而式(15.6)所产生的运动也必须满足纳维-斯托克斯方程组。在某种意义上,扰动的所有次要项与线性项相比均可忽略,式(15.5)中叠加的扰动将被假定为微小量。关于扰动的更多细节将在下节给出。稳定性研究的目的是确定基本流动的扰动随时间逐渐消失抑或随时间增长。这个基本流动就被相应地看作稳定的或不稳定的。

将式(15.6)代入表征二维不可压缩不稳定流动的式(3.42),并忽略所有扰动速度的次要项,可得

$$\frac{\partial u'}{\partial t} + U\frac{\partial u'}{\partial x} + v'\frac{dU}{dy} + \frac{1}{\rho}\frac{\partial P}{\partial x} + \frac{1}{\rho}\frac{\partial p'}{\partial x} = \nu\left(\frac{d^2 U}{dy^2} + \Delta u'\right)$$

$$\frac{\partial v'}{\partial t} + U\frac{\partial v'}{\partial x} + \frac{1}{\rho}\frac{\partial P}{\partial y} + \frac{1}{\rho}\frac{\partial p'}{\partial y} = \nu\Delta v'$$

$$\frac{\partial u'}{\partial x} + \frac{\partial v'}{\partial y} = 0$$

式中:Δ 为算子 $\partial^2/\partial x^2 + \partial^2/\partial y^2$。

如果考虑基本流动必须满足纳维-斯托克斯方程组(这种边界层情况下近似满足),则其展开式可简化为

$$\frac{\partial u'}{\partial t} + U\frac{\partial u'}{\partial x} + v'\frac{dU}{dy} + \frac{1}{\rho}\frac{\partial p'}{\partial x} = \nu\Delta u' \tag{15.7}$$

$$\frac{\partial v'}{\partial t} + U\frac{\partial v'}{\partial x} + \frac{1}{\rho}\frac{\partial p'}{\partial y} = \nu\Delta v' \tag{15.8}$$

$$\frac{\partial u'}{\partial x} + \frac{\partial v'}{\partial y} = 0 \tag{15.9}$$

---

① 舒鲍尔与克莱班诺夫(G. B. Schubauer, P. S. Klebanoff, 1955)的研究表明,假定确实存在于实际流动中的这两个速度分量是合理的。其大小在大多数情况下可忽略不计,但似乎在层流向湍流的转捩过程中起着一定的作用。

这是关于 u'、v'、p' 的3个方程。适合的边界条件是扰动速度 u' 与 v' 在壁面处消失(无滑移条件)。压力 p' 可由式(15.7)与式(15.8)能轻易地消除,因而通过与连续方程联立可得到关于 u' 与 v' 的两个方程。至于边界层流动,可拒绝式(15.4)中的基本流动形式(平行流假设),即忽略纵向速度分量 U 随 x 的变化以及法向速度分量 V。然而,普雷奇(J. Pretsch,1941b)已证实,边界层稳定性研究中的相关项可被忽略,也可参见程(S. J. Cheng,1953)发表的文献。采用与不采用平行流动假设之间的微小差异可见图15.18。

15.2.3　奥尔-佐默费尔德方程

x 方向上具有速度 $U(y)$ 的基本流动叠加一个由单一局部摄动或模态构成的扰动,每个模态均为 x 方向传播的波。将流函数 $\psi(x,y,t)$ 引入假设的二维扰动,将使连续方程式(15.9)可被积分。将下列尝试解用于扰动中一个模态的流函数[①]:

$$\psi(x,y,t) = \varphi(y)\mathrm{e}^{\mathrm{i}(\alpha x - \beta t)} \tag{15.10}$$

任意平面的扰动可考虑分解为这样的傅里叶模态。这里 α 为实部,$\lambda = 2\pi/\alpha$ 为扰动的波长。β 量为复数,即

$$\beta = \beta_\mathrm{r} + \mathrm{i}\beta_\mathrm{i}$$

且 β_r 为模态的频率,而 β_i(放大系数)决定了波的增长或逐渐消失。如果 $\beta_\mathrm{i} < 0$,波被阻尼,且层流是稳定的,而对于 $\beta_\mathrm{i} > 0$,则存在不稳定性。除 α 与 β 外,引入组合量是有用的:

$$c = \frac{\beta}{\alpha} = c_\mathrm{r} + \mathrm{i}c_\mathrm{i} \tag{15.11}$$

式中:c_r 为 x 方向波的相速度,而同样 c_i 呈现放大或阻尼取决于其为正或为负。扰动的放大函数 $\varphi(y)$ 被设置为只取决于 y,这是因为基本流动只取决于 y。由式(15.10)得到的扰动速度分量为

$$u' = \frac{\partial \psi}{\partial y} = \varphi'(y)\mathrm{e}^{\mathrm{i}(\alpha x - \beta t)} \tag{15.12}$$

$$v' = -\frac{\partial \psi}{\partial x} = -\mathrm{i}\alpha\varphi(y)\mathrm{e}^{\mathrm{i}(\alpha x - \beta t)} \tag{15.13}$$

将式(15.13)代入式(15.7)与式(15.8),并消去压力,可得放大系数的下列四阶常微分方程:

$$(U-c)(\varphi'' - \alpha^2\varphi) - U''\varphi = -\frac{1}{\alpha Re}(\varphi'''' - 2\alpha^2\varphi'' + \alpha^4\varphi) \tag{15.14}$$

---

① 在此采用复数概念。只有实部具有物理意义:
$$Re(\psi) = \mathrm{e}^{\beta_\mathrm{i} t}[\varphi_\mathrm{r}\cos(\alpha x - \beta_\mathrm{r} t) - \varphi_\mathrm{i}\sin(\alpha x - \beta_\mathrm{r} t)]$$
式中:$\varphi = \varphi_\mathrm{r} + \mathrm{i}\varphi_\mathrm{i}$ 为复数幅值。

这种扰动微分方程构成了层流稳定性理论的出发点,被称为奥尔－佐默费尔德方程,以纪念奥尔(W. M. F. Orr,1907)与佐默费尔德(A. Sommerfeld,1908)。在将无量纲量引入式(15.14)过程中,所有长度均以适当选择的长度 b 或 δ(通道宽度或边界层厚度)为参考长度,所有速度以基本流动的最大速度 U_e(边界层外缘的速度)为参考速度。撇号表示关于无量纲坐标 y/b 或 y/δ 的微分,而

$$Re = \frac{U_e b}{\nu} \text{或} Re = \frac{U_e \delta}{\nu}$$

为给定平均流动的特征雷诺数。式(15.14)等号左边项源于惯性项,而右边项来自运动方程的摩擦项。速度分量及其分布在壁面处($y=0$)和距壁面长距离位置(外流)均消失的边界层流动边界条件为

$$\begin{cases} y = 0: u' = v' = 0: \varphi = 0, \varphi' = 0 \\ y = \infty: u' = v' = 0: \varphi = 0, \varphi' = 0 \end{cases} \quad (15.15)$$

关于扰动运动的拟设式(15.10)为斯夸尔(H. B. Squire,1933)所证实。其能够证明在较高雷诺数的三维扰动下平面流动只会变得不稳定,因而处于主要作用的是三维扰动。

1. 特征值问题

层流流动的稳定性分析现在变为具有边界条件式(15.15)的扰动微分方程式(15.14)的特征值问题。对于给定的基本流动 $U(y)$,式(15.14)包括4个参数,即 Re、α、c_r 与 c_i。当然,基本流动的雷诺数也以同样方式规定,另外扰动波长 $\lambda = 2\pi/\alpha$ 也可作为给定值。因此,对于每对 α、Re,具有边界条件式(15.15)的微分方程式(15.14)可产生特征函数 $\varphi(y)$ 与复数特征值 $c = c_r + ic_i$。其中,c_r 为给定扰动的相对速度,而 c_i 的符号决定基本流动的稳定($c_i < 0$)或不稳定($c_i > 0$)。$c_i = 0$ 的极限情况下扰动是中性(中立)的。这些情况描述了扰动在时间上的放大或衰减。

假设扰动随时间发展,就可通过指定 α、Re 平面中每个点的一对 c_r 与 c_i 值描述给定层流流动 $U(y)$ 的稳定性计算结果。特别是曲线 $c_i = 0$ 将稳定解与不稳定解区分开。这个曲线称为中性稳定曲线(图15.9)。这个曲线上雷诺数最低(与平行于 α 轴的中性稳定曲线相切)的点具有特殊的意义。这就给出了低于某个值时所有模态均衰减,而高于该值时则部分模态被增强的雷诺数。中性稳定曲线上最小的雷诺数就是所研究层流流动的理论无差别雷诺数或稳定性的极限。

基于上述层流向湍流转捩的实验结果,期望在流动为层流状态的低雷诺数条件下所有波长的扰动均是稳定的,而在流动为湍流状态的高雷诺数条件下至少有部分波长的扰动是不稳定的。需要注意的是,从稳定性研究中得到的理论无差别雷诺数与实验确定的层流向湍流转捩的临界雷诺数不完全相同。例如,考虑沿壁面的边界层流动时由稳定性分析所得的理论无差别雷诺数给出了壁面下游处发生模态增加的位置。然而,这些模态需要一段时间才能被增强到足以产生湍流。然后,这种不稳定的扰动将进一步向下游蔓延。可预期的是,所观测到的层流向湍流

转捩的位置总是比由稳定极限理论计算的位置更偏向下游。换言之,实验临界雷诺数大于理论无差别雷诺数,这种情况均适用于分别以物体长度和边界层厚度为特征长度的雷诺数。

后面将只概述稳定性理论的发展和涉及的最重要的结果,而不会对其进行全面系统的阐述。

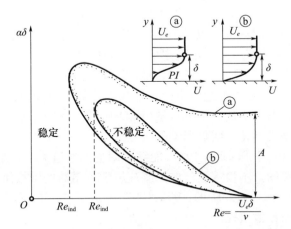

图 15.9　二维不可压扰动的平面边界层中性稳定曲线

ⓐ无黏不稳定性:对于具有拐点 PI 的ⓐ型速度分布,由无黏振动微分方程式(15.16)可得 $Re \to \infty$ 时的中性稳定性曲线的渐近线ⓐ

ⓑ黏性不稳定性:对于ⓑ型无拐点速度分布,中性稳定性曲线为ⓑ型

2. 绝对或对流不稳定性及空间放大的波

基于波拟设(图 15.10)的稳定性分析是十分有限的,这是因为其只允许"单色"波,即只有单一固定波长 $\lambda = 2\pi/\alpha$ 的波。然而在许多流动问题中扰动是固定于空间中的。这意味着为计算边界层中实际的线性扰动,必须求解适于方程式(15.7)~式(15.9)的初边值问题。

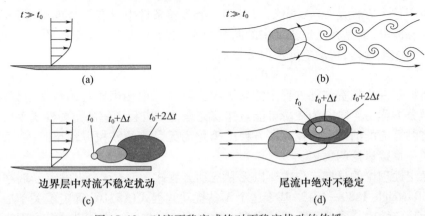

图 15.10　对流不稳定或绝对不稳定扰动的传播

对于"波包"时空演化的分析是在 20 世纪 50 年代由等离子体物理发展起来的[可参见布里格斯(R. J. Briggs,1964)与伯斯(A. Bers,1973)的文献]。布里格斯的稳定性分析是基于波拟设的拉普拉斯逆变换渐近解来实现的,其描述了问题的稳定性理论解。布雷夫多(L. Brevdo,1988)将这种分析形式应用于剪切流动。

边界层流动中不稳定波包的分析处理在 20 世纪 60 年代就已由加斯特(M. Gaster,1968,1975)及加斯特与格兰特(M. Gaster,I. Grant,1975)完成。这里采用了通过空间局部和时间有限扰动作用于流动的物理方法。如果波包向下游运动,则流动是对流不稳定或空间不稳定的。如果扰动的时间与空间增强达到了流场中每个点均可观察到,则流动是绝对不稳定的。流场中绝对不稳定与对流不稳定的研究特别重要,这是因为绝对不稳定区域内流场中每个点的扰动增强意味着没有最终的流动状态可描述。小奥特尔(H. Oertel Jr. ,1990,1995)由此得出结论,这些点是处于流动受到特别明显影响的区域。

同时,迪斯勒(R. J. Deissler,1987)能够证明平面通道流动是绝对稳定的,但对流流动则是不稳定的。不稳定波包的膨胀速度随雷诺数的增长而增大。小奥特尔与德尔夫斯(H. Oertel Jr. ,J. Delfs,1995,1997)发表了二维与三维边界层中不稳定波包的全面分析与数值研究。

流场中层流向湍流的突然变化指的是不稳定性突然变为绝对不稳定,如同流动中物体的尾迹。另外,对流不稳定平板边界层是历经向湍流边界层流动发展的若干稳定过程而实现的。这就是层流向湍流的转捩(图 15.10)。

3. 扰动微分方程的一般特性

实验结果表明,高雷诺数条件下的稳定性极限 $c_i = 0$ 是可以预期的,因而通过与相对于左侧惯性项的小系数 $1/Re$ 相乘以忽略右侧摩擦项的方式,来简化通用扰动方程式(15.14)的做法似乎是很自然的。这样可得到所谓的无黏扰动微分方程或瑞利方程:

$$(U-c)(\varphi'' - \alpha^2 \varphi) - U''\varphi = 0 \qquad (15.16)$$

由于这个方程是二阶的,式(15.15)4 个边界条件中只有 2 个现可得到满足。关于无黏流动,或是在通道流动中的两个壁面,或是在边界层流动中的一个壁面以及离壁面相当远处,扰动速度法向分量消失。对于后者则有

$$y = 0: \varphi = 0; y = \infty: \varphi = 0 \qquad (15.17)$$

将奥尔-佐默费尔德方程中的摩擦项去除是一项相当繁复的数学运算,这是因为微分方程由 4 阶降为 2 阶可能意味着完全扰动方程通解的重要性质丢失。当期望将黏性流的纳维-斯托克斯方程组简化为无黏流的欧拉方程组时,需重新采用在第 4 章曾讨论的思想。

稳定性理论的早期工作主要以无黏扰动方程式(15.16)为出发点。瑞利勋爵(Lord Rayleigh,1880—1913)基于这个无黏扰动方程式(15.16)确定了关于层流速度剖面稳定性的一些非常重要的定理。这些定理后来通过在扰动微分方程中增加

黏性效应而得到证实。

定理Ⅰ：首要的一般性陈述就是所谓拐点准则，可表述为具有拐点的速度剖面是不稳定的。

瑞利勋爵（Lord Rayleigh，1880—1913）基本上只能证明拐点的存在是不稳定波出现的必要条件，但托尔明（W. Tollmien，1935）更晚时候的研究表明，拐点的存在是存在增强波的充分条件。拐点准则对于稳定性理论具有基础性的重要意义，因为在包含忽略黏性效应的假设前提下，这个准则提供了所有层流流动的第一个粗略分类。因此，这个准则实际上是非常重要的，因为速度剖面中存在的拐点与流动的压力梯度直接相关。由图 5.2 可知，收敛流道中在压降（顺压梯度）的流动条件下速度剖面非常平坦且无拐点；另外，在扩张流道中具有压升（逆压梯度）的流动条件下可发现存在拐点的峰型速度剖面。流动中物体的层流边界层在形状上也有同样的差别。根据边界层理论，压降区的速度剖面没有拐点，而在压升区的速度剖面常常存在拐点，具体可参见 7.1 节。因此，拐点准则等同于外流压力梯度对边界层稳定性的影响。对于边界层流动而言，压降意味着增加稳定性，而压升则意味着失去稳定性。这种规律暗示，流动中物体表面最小压力值的位置对于完全转捩的位置具有本质的影响。下面的简单定律是成立的，即最小压力值的位置通过完全转捩位置恰好位于最小压力值位置之后的方式决定了完全转捩的位置。

黏度效应对扰动微分方程解只有非常小的影响，在此予以忽略。上述具有拐点的边界层分布不稳定性也被称为无黏不稳定性，因为即使忽略摩擦力的影响，层流流动仍是不稳定的。图 15.9 所示的稳定性图展示了无黏失稳 a 型的中性稳定曲线。$Re = \infty$ 时存在着特定的不稳定扰动波长范围；在雷诺数较小的方向该范围与稳定区域通过中性稳定曲线分隔开。

与此相反，图 15.9 中出现了具有 b 型中性稳定曲线的黏性不稳定性，存在于无拐点的层流边界层情况。无限高的雷诺数条件下不稳定扰动波长收敛至零，且只有在有限雷诺数条件下存在不稳定波的区域。总之，无黏不稳定性的增强程度远大于有黏不稳定性。

只有在讨论完全扰动微分方程式（15.14）时才会发现有黏不稳定性的存在，因此有黏不稳定性要比无黏不稳定性更难处理。无压力梯度的平直壁面上最简单的边界层流动是只产生有黏不稳定性的情况，直到最近才成功地解决这种情况。

定理Ⅱ：第二个重要的一般性表述是，边界层轮廓内中性扰动（$c_i = 0$）的传播速度要小于平均流动的最大速度，即 $c_r < U_e$。

该定理已由瑞利勋爵（Lord Rayleigh，1880—1913）在特定限制的假设下证实，后来由托尔明（W. Tollmien，1935）在更为普遍的假设下予以证实。该定理说明，$U - c = 0$ 的中性扰动的流动中存在一个点。这个事实对于稳定性理论也具有本质的重要性。$U - c = 0$ 位置即为无黏扰动微分方程式（15.16）的奇异点。该点处 φ'' 趋向无限，除非 U'' 同时消失。层中有 $y = y_c$，其中 $U = c$ 为基本流动的临界层。如

果 $U''_c \neq 0$,则在接近 $U-c = U'_c(y-y_c)$ 的临界层,φ 趋向无穷大为 $\dfrac{U''_c}{U'_c}\dfrac{1}{y-y_c}$,且由此速度的 x 分量为

$$u' = \varphi' \sim \dfrac{U''_c}{U'_c} \cdot \ln(y-y_c) \qquad (15.18)$$

因此,按照无黏扰动微分方程,临界层中平行于壁面的扰动速度分量 u' 变得无穷大,除非临界层中的速度剖面曲率同时消失。无黏扰动微分方程的数学奇异性表明,临界层中的黏性效应必须在测定扰动时认真予以考虑。只有黏性对扰动的影响才能摆脱并无物理意义的无黏扰动方程奇异性。扰动微分方程解的这种所谓摩擦修正问题讨论,在稳定性讨论中具有重要的意义,具体可参见史密斯(F. T. Smith,1979b)的文献。

根据瑞利勋爵的两个定律,速度剖面的曲率对于层流流动的稳定性非常重要。同时需要说明的是,研究稳定性时基本流动速度分布[不仅有 $U(y)$,还有 $\mathrm{d}^2 U/\mathrm{d} y^2$]必须精确地进行计算。由数学角度对瑞利方程解所进行的综述可见德拉赞与霍华德(P. G. Drazin, L. N. Howard,1966)的文献,也可参见德拉赞与里德(P. G. Drazin, W. H. Reid,1981)的文献。

15.2.4　中性稳定性曲线与无差别雷诺数

现在采用与时间相关的稳定性理论。为了对四阶奥尔—佐默费尔德微分方程式(15.14)进行积分,需要这个方程的一个基本解系统。

对于 $y = \infty$,其中 $U(y) = U_e = 1$,有

$$\begin{cases} \widetilde{\varphi}_1 = \mathrm{e}^{-\alpha y}, \widetilde{\varphi}_2 = \mathrm{e}^{+\alpha y}, \\ \widetilde{\varphi}_3 = \mathrm{e}^{-\gamma y}, \widetilde{\varphi}_4 = \mathrm{e}^{+\gamma y} \end{cases} \qquad (15.19)$$

其中

$$\gamma^2 = \alpha^2 + iRe(\alpha - \beta) \qquad (15.20\mathrm{a})$$

因为对于中性波,有

$$|\gamma| \gg |\alpha| \qquad (15.20\mathrm{b})$$

$\widetilde{\varphi}_1$ 与 $\widetilde{\varphi}_2$ 是缓慢变化的解,而 $\widetilde{\varphi}_3$ 与 $\widetilde{\varphi}_4$ 则为快速变化的解。对于 $y \to \infty$ 解对 $\widetilde{\varphi}_{1,2}$ 同时满足无黏扰动方程(15.16)(瑞利方程)与有黏的扰动方程(15.14)(奥尔－佐默费尔德方程);解对 $\widetilde{\varphi}_{3,4}$ 只满足有黏扰动方程。因此,$\widetilde{\varphi}_{1,2}$ 被称为无黏解对,而 $\widetilde{\varphi}_{3,4}$ 则被称为有黏解对。

确定通解时

$$\varphi = C_1 \varphi_1 + C_2 \varphi_2 + C_3 \varphi_3 + C_4 \varphi_4$$

必须满足边界条件式(15.15),同时注意到由于 $y \to \infty$ 时 φ 与 φ' 必须消失,则 φ_2 与 φ_4 逐渐消失,即

$$\lim_{y \to \infty} \varphi_2 = \widetilde{\varphi}_2, \lim_{y \to \infty} \varphi_4 = \widetilde{\varphi}_4$$

其通解则为

$$\varphi = C_1\varphi_1 + C_3\varphi_3 \qquad (15.21)$$

式(15.21)必须满足 $y=0$ 时的边界条件 $\varphi=\varphi'=0$。由于无黏解 φ_1 并不满足壁面无滑移条件($\varphi'_1 \neq 0$)且在临界层($U-c=0$)中实际有 $\varphi'_1 \to \infty$，有黏解 φ_3 的贡献在这些解中特别大；这意味着所需的特解 $\varphi_3(y)$ 与全面解 $\varphi(y)$ 在这些位置随 y 强烈变化。

这种方式所引起的结果是，对于给定的一对 α 与 Re 值，无论是通过解析还是数值方式来确定特征函数 $\varphi(y)$ 及其特征值 $c=c_r+ic_i$ 都有很大的难度。特征值问题数值求解过程中，这些特殊的困难与奥尔－佐默费尔德方程最高阶导数 φ''' 乘以非常小系数 $1/Re$ 的实际情况相关。由无黏解（瑞利方程）与有黏解（奥尔－佐默费尔德方程）可知，近壁面与临界层之间特征解 $\varphi(y)$ 的明显差异，是由于扰动微分方程数学处理由 4 阶降至 2 阶时忽略了摩擦项。

当蒂金斯(O. Tietjens, 1922)与海森堡(W. Heisenberg, 1924)研究这个问题时，一种在众多给定波长 α 倒数与雷诺数 Re 的数值对情况下计算奥尔－佐默费尔德方程式(15.14)特征解 $\varphi(y)$ 的数值方法对电子计算机的容量与速度提出了 20 世纪 20 年代中期无法满足的需求。托尔明(W. Tollmien)在 20 年代末重新尝试处理该问题，被迫采用需要相当大工作量的分析方法。然而，这些耗时的解析计算获得了巨大成功。研究细节体现在托尔明(W. Tollmien, 1929, 1935, 1947)与格罗内(D. Grohne, 1954)的文献中。托尔明(W. Tollmien, 1929)发表研究结果大约 30 年后，奥尔－佐默费尔德方程数值解的决定性突破由库尔茨与坎德拉(E. F. Kurtz, S. H. Candrall, 1962)完成；这项工作的扩展可参见在 20 世纪 70 年代乔丁森(R. Jordinson, 1970, 1971)的两篇文献。重要的早期特定研究工作由奥斯本(M. R. Osborne, 1967)以及李与雷诺(L. H. Lee, W. C. Reynolds, 1967)完成。进行奥尔－佐默费尔德方程特征解与特征值计算的特殊挑战很快在格斯汀与扬科夫斯基(J. M. Gersting, D. F. Jankowski, 1972)及戴维(A. Davie, 1973)的研究中得到了深入讨论。奥尔－佐默费尔德方程数值积分中的困难也由贝特乔夫与克里米纳尔(R. Betchov, W. O. Criminale, 1967)在其专著中进行了总结概述。最新的积分方法可参见小厄特尔与劳林(H. Oertel Jr., E. Laurien, 2002)的文献。

应当注意的是，边界层流动稳定性研究通常要比通道流动稳定性研究困难。这与边界层中两个之一的边界趋向无穷大有关，然而通道流动中两个边界均处于有限距离。此外，边界层基本流 $U(y)$ 的速度分布并非纳维－斯托克斯方程组的精确解，而这确实是通道流动的情况（如哈根－泊肃叶流）。最后应当指出的是，在推导奥尔－佐默费尔德方程时假设平均流动 $U(y)$ 在纵向不会发生变化。这种情况对于通道流是满足的，但对于边界层流则不满足。这类研究工作可参见巴里与罗丝(M. D. J. Barry, M. A. S. Ross, 1970)、加斯特(M. Gaster, 1974)、瓦赞等(A. R. Wazzan et al. ,1974)、瓦赞(A. R. Wazzan,1975)、范·斯蒂恩与范德沃伦(T. L. Van Stijn, A. I. Van de Vooren,1983)以及贝尔托洛蒂(F. P. Bertolotti,1991)的文献。

下面将给出不可压平板边界层的主要稳定性理论结果,随后将讨论影响边界层不稳定的更多重要因素,如压力梯度与壁面传热对温度相关物理属性的影响。

1. 平板边界层

零攻角平板边界层稳定性最早由托尔明(W. Tollmien,1929)进行了研究。源于布拉修斯的平板边界层速度分布如图 6.6(a)所示。沿平板不同位置的速度剖面是相互仿射的,即如果图示随 $y/\delta(x)$ 变化,则不同位置速度剖面完全一致。此处 $\delta(x)$ 为边界层厚度,根据式(6.60)有 $\delta = 5.0\sqrt{\nu x/U_\infty}$。这个速度剖面在壁面存在一个拐点。按照上节中所提及的拐点准则,这个分布刚好位于无黏计算时无拐点稳定速度剖面之间的边界线,而具有拐点的分布是不稳定的。

稳定性计算的结果如图 15.11 所示。曲线的内部区域是不稳定的,曲线的外部区域是稳定的,而曲线代表中性扰动波。对于非常高的雷诺数,中性稳定曲线的两个分支趋于零。中性扰动仍存在的最低雷诺数是无差别雷诺数①:

$$\left(\frac{U_\infty \delta_1}{\nu}\right)_{ind} = Re_{1ind} = 520(\text{无差别点}) \tag{15.22}$$

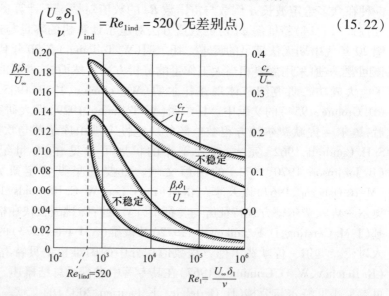

图 15.11 中性稳定曲线扰动频率 β_r 与波相位速度 c_r 对于零攻角平板边界层的雷诺数相关性(布莱修斯分布),(理论源自托尔明(W. Tollmien,1929)与施利希廷(H. Schlichting,1933)的文献;数值计算源于乔丁森(R. Jordinson,1970)的文献)

---

① 在关于稳定性理论的文献中,无差别雷诺数通常称为临界雷诺数。但因为由层流向湍流流动的转捩发生于有限长度的区域,所以本书中必需清晰地区分转捩起始点(无差别点)与完全转捩位置(临界点),也可参见图 15.5。

这就是平板边界层的无差别点。值得注意的是,根据图 15.11,只有非常窄的扰动波长和扰动频率区域变得不稳定。正如雷诺数存在下限一样,扰动的特征量级也有一个上限,超过这个上限就不会出现进一步的不稳定性。由图 15.11 所示,上限为

$$\frac{c_r}{U_\infty} = 0.39; \alpha\delta_1 = 0.36; \frac{\beta_i \delta_1}{U_\infty} = 0.14$$

可以发现,不稳定波的扰动相对于边界层厚度相当大。最小的不稳定波长为

$$\lambda_{\min} = \frac{2\pi}{0.36}\delta_1 \approx 17.5\delta_1 \approx 6\delta$$

下面将进行理论计算与实验结果更精确的对比。雷诺数为 $(U_\infty x/\nu)_{\text{crit}} = 3.5 \times 10^5 \sim 3.5 \times 10^6$ 的测量完全转捩位置在 15.1.2 节中给出。采用源自式(6.62)的值 $\delta_1 = 1.72\sqrt{\nu x/U_\infty}$,这个雷诺数对应于临界雷诺数

$$\left(\frac{U_\infty \delta_1}{\nu}\right)_{\text{crit}} = 950 \quad (\text{完全转捩点,临界点})$$

因此,比上述数值为 520 的无差别点要大很多。无差别点与实验观测到的完全转捩点之间的距离基本上由不稳定扰动的增强幅度决定。通过确定中性稳定曲线中 $c_i = \beta_i/\alpha > 0$ 参数的量级可了解增强的幅度。施利希廷(H. Schlichting,1933)最早对平板边界层进行了研究,随后沈(S. F. Shen,1954)进行了重复性研究。

根据奥布雷姆斯基(H. J. Obremski,1969)的计算,图 15.12 展示了高雷诺数区域内平板边界层的不稳定扰动增强率。其结果表明,最大增强率并非高雷诺数($Re_1 \to \infty$)的增强率,而是 $Re_1 = U_\infty \delta_1/\nu = 10^3 \sim 10^4$ 区域内中等雷诺数的增强率。

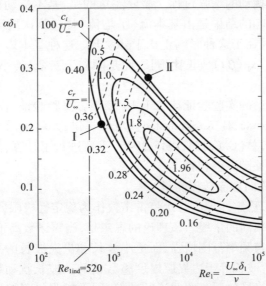

图 15.12 高雷诺数区域内零攻角平板边界层的恒定时间增强率 c_i 的曲线

由此可知,对于所选择的给定敏感度测量方法,所测的无差别点将基本上由下游大增强率区域内的理论无差别点来确定。只有空间分辨率足够高的测量方法才能找到理论上预测的无差别点,可参见图 15.17。

为了更深入地了解扰动机理,施利希廷(H. Schlichting,1935a)确定了一些中性波的特征函数 $\varphi(y)$。采用这些方法可计算中性波扰动情况下受扰流动的流线图。此类实例由图 15.13 给出。

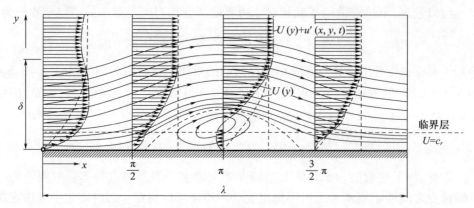

图 15.13 零攻角平板边界层内包含中性波的流线图与速度分布(图 15.12 中 I 类扰动)

$U(y)$ = 基本流动;$U(y) + u'(x,y,t)$ = 受扰速度分布;雷诺数:$Re_1 = U_\infty \delta_1/\nu = 893$;

扰动波长:$\lambda = 40\delta_1$;波群速度:$c_r = 0.35 U_\infty$;扰动强度:$\int_0^\delta \sqrt{u'^2}\,dy = 0.172 U_\infty \delta$。

随后,斯图亚特(J. T. Stuart,1956)与格罗内(D. Grohne,1972)试图计算考虑非线性项的不稳定扰动的增强过程。需要注意的是,基本流动被不稳定扰动的增长所扭曲。这种影响的结果是由基本流(平均流)传递到次要流(扰动流)的能量发生了变化,其原因在于这种影响正比于 dU/dy。这种基本影响是在稍后的时间不稳定扰动不再随 $\exp(\beta_i t)$ 成正比增长,而是倾向于一个与(小)初始扰动值无关的有限振幅。

上述稳定性理论的实验验证花费了 10 多年。实验验证由舒鲍尔与斯克拉姆斯塔德(G. B. Schubauer,H. K. Skramstad,1947)提供,并将随后予以讨论。该实验验证被众所周知后,林(C. C. Lin,1945,1946)重新进行了计算,使得托尔明与施利希廷的结果在所有关键点上相符。

(1)早期的层流向湍流转捩测量。

根据上述结果,稳定性理论首次将雷诺数作为稳定性极限,其具有与源自实验结果的临界雷诺数相同的量级。该理论的思想是,当雷诺数高于某个极限值时,小扰动在一定的波长与频率范围增强,而更小波长和更大波长的扰动则受到阻尼作用。根据这个理论,波长等于边界层厚度整数倍的大波长扰动特别危险。假设不稳定扰动的增强最终导致层流向湍流的转捩,因而增强过程提供了稳定性理论与实验观测到的转捩之间的关系。

早于稳定性理论取得成功之前,席勒(L. Schiller,1934)对管道流动的转捩问题进行了较为深入的研究。在此基础上发展了半经验的转捩理论。这种情况始于转捩本质上是来自管道进口或有边界层情况下存在于外流之中的有限大扰动的假设。这个理念由泰勒(G. I. Taylor)进行了理论上的扩展。

采用这两个理论中的哪一个由实验决定,甚至在稳定性理论建立之前,伯格斯(J. M. Burgers,1924)、冯·德·赫格齐南(B. G. Van der Hegge Zijnen,1924)和汉森(M. Hanson,1928)就详细测量了零攻角平板上的转捩。得到的临界雷诺数为

$$Re_{x\,\mathrm{crit}} = \left(\frac{U_\infty x}{\nu}\right)_{\mathrm{crit}} = 3.5 - 5.0 \times 10^5$$

此后不久,德莱顿(H. L. Dryden,1934,1937)及其同事对平板边界层进行了非常详细和仔细的研究。借助于热线法精确地测量了速度的时空分布,然而该实验未能证明理论预测的选择性增强率。

与此同时,普朗特在哥廷根进行了平板边界层的研究,而这些研究至少获得了稳定性理论的某些定性证实。图 15.14 展示了最初长波扰动所产生的湍流,其与图 15.13 所示中性扰动理论流线图相似。

图 15.14　平板流动中由初始长波长扰动引起的湍流出现(源自普朗特(L. Prandtle,1933))
(相机随流动而运动,因而相同的旋涡群总是停留于图像中。流动的可视化通过水表面撒布铝粉来实现)

边界层中层流向湍流转捩的一个重要参数是外流的扰动程度。这种情况早在不同风洞中的球体阻力测量中就已被发现。可以发现,球体临界雷诺数即阻力系数突降的雷诺数(图 1.19)非常强烈地取决于外流的扰动强度。外流的扰动程度可通过对阻尼网后一段距离的时均湍流脉动速度来定量测量,具体可参见第 16 章。将脉动速度 3 个分量的时均值表征为 $\overline{u'^2}$、$\overline{v'^2}$ 与 $\overline{w'^2}$,流动的湍流度作为一个参量为

$$Tu = \sqrt{\frac{1}{3}(\overline{u'^2} + \overline{v'^2} + \overline{w'^2})}/U_\infty$$

式中:U_∞ 为基本流动速度(风洞中的速度)。通常在风洞流动中存在阻尼网之后一段距离的所谓均匀流动。均匀流动是一种湍流流动,其平均脉动速度在 3 个方向是相同的:

$$\overline{u'^2} = \overline{v'^2} = \overline{w'^2}$$

这种情况下只采用纵向速度 u' 作为湍流度,因此有

$$Tu = \sqrt{\overline{u'^2}}/U_\infty$$

不同风洞中球体的阻力测量结果表明,临界雷诺数与湍流强度 Tu 有密切关系;其随温度的降低而显著增加。使用时间较长的风洞湍流强度为 $Tu = 0.01$ 左右。

(2)稳定性理论的实验验证。

1940 年,德莱顿(H. L. Dryden)与其在位于华盛顿的美国国家标准局同事舒鲍尔(G. B. Schubauer)和斯克拉姆斯塔德(H. K. Skramstad)重新开始了一项全面研究计划以研究层流向湍流的转捩,具体可参见德莱顿(H. L. Dryden, 1946 - 1948)。与此同时,湍流强度可能对转捩有相当大影响的观点日益得到人们普遍认同。为方便研究,研究者成功地建造了一个风洞,由于采用了诸多合适的阻尼网与非常大的收缩比,湍流强度降至前所未闻的水平:

$$Tu = \sqrt{\overline{u'^2}}/U_\infty = 0.0002$$

这种非常低的湍流流动中的平板边界层得到了广泛的研究。研究发现,对于小湍流强度 $Tu < 0.001$,曾达到 $Re_{x\,crit} = (3.5 \sim 5.0) \times 10^5$ 的基于沿平板长度的临界雷诺数,现在可提高至

$$Re_{x\,crit} = \left(\frac{U_\infty x}{\nu}\right)_{x\,crit} \approx 3.9 \times 10^6$$

可参见图 15.15。此外,由图 15.15 可以发现,随着湍流强度的降低,雷诺数最初明显增大,当大约为 $Tu = 0.001$ 时雷诺数达 $Re_{x\,crit} = 3.9 \times 10^6$,此后即使进一步降低湍流强度,该临界雷诺数值也保持不变。因此,平板边界层的临界雷诺数存在一个上限值。早期由霍尔与希斯洛普(A. A. Hall, G. S. Hislop, 1938)进行的测量结果也很好地与图 15.15 相吻合。

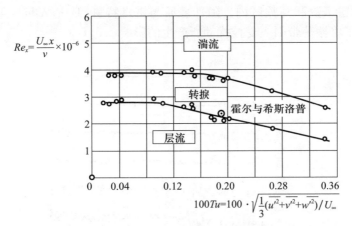

图 15.15　零攻角平板上湍流强度对临界雷诺数的影响
（源自舒鲍尔与斯克拉姆斯塔德（G. B. Schubauer, H. K. Skramstad, 1947）的测量）

下面讨论的测量结果是在 $Tu=0.0003$ 湍流强度下获得的，先后测量了正常流动（所谓自然扰动）和人为扰动状态下在平板不同位置的速度变化率。这种人为扰动是由距壁面 0.15 nm 处的薄金属片在电磁激励下产生一定频率的振荡而形成的。自然扰动（无激励）情况下很容易证明转捩初期存在增强的正弦波。当达到无差别点时，几乎会出现纯的正弦振荡。其振幅最初很小，但在下游则大幅增加。在转捩区尾段会出现非常大的振幅。这种转捩是随着规则波的突然消失而完成的。气流中零攻角平板层流边界中随机（自然）扰动的 u' 振荡图如图 15.16 所示。

这些测量也在一定程度上解释了为什么早期的测量没有发现这些增强的正弦波，即如果增加湍流强度，此时设定为 $Tu=0.0003$，当 $Tu=0.01$ 时就像以前测量经常遇见的那样，这种转捩是由随机扰动引起的，不会出现正弦波的选择性增强。阿纳尔等（D. Arnal et al., 1977）通过实验证实了托尔明-施利希廷波存在于自然转捩中。

人为扰动的研究中，在距壁面 0.15mm 位置设置了 0.05mm 厚、2.5mm 宽的金属带。其由交流电和磁场激励以产生振荡。理论中规定的二维扰动可以这种方式产生给定频率的振荡，因而形成了增强的、受阻尼的和中性的扰动。图 15.17 展示了这种测量的结果，其中的点（或虚线）表示测得的中性波，同时给出了托尔明（W. Tollmien, 1929）所提供的中性稳定性的理论曲线以便进行对比，两者具有非常好的一致性。

图 15.18 所示为线性稳定理论与实验结果的对比图。高雷诺数理论与实验结果具有较好的一致性，但在无差别雷诺数与高扰动频率区则存在较大的偏差。关于其为平行流假设结果的推测还未得到证实，具体可参见赫伯特与贝尔托洛蒂（T. Herbert, F. P. Bertolotti, 1987）发表的文献。萨里奇（W. S. Saric, 1990）与贝尔托洛蒂（F. P. Bertolotti, 1991）已经注意到测量结果相对于实验条件的高敏感度，特别

是在无差别雷诺数和高频区内。阿什普斯与雷肖特科（D. E. Aships, E. Reshotko, 1990）讨论了将振荡带引入受控扰动所产生的影响。

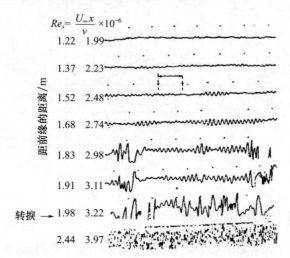

图 15.16　气流中零攻角平板层流边界层中随机（自然）扰动的 u' 振荡图
[源自舒鲍尔与斯克拉姆斯塔德（G. B. Schubauer, H. K. Skramstad, 1947）对层流向湍流转捩的测量]
距壁面的距离：0.57mm；气流速度：$U_\infty = 24\text{m/s}$；标记之间的时间间隔：30s；箭头标记完全转捩的位置。

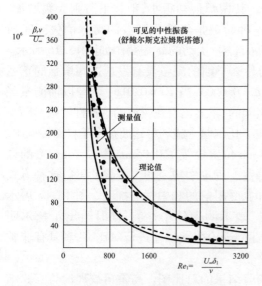

图 15.17　零攻角平板扰动频率的中性稳定曲线（测量结果源自舒鲍尔与斯克拉姆斯塔德（G. B. Schubauer, H. K. Skramstad, 1947））

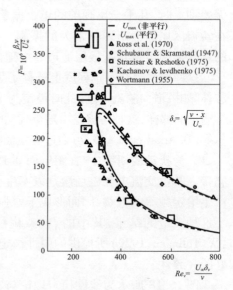

图 15.18　考虑平行流假设影响的零攻角平板中线性稳定性理论与实验结果的对比图（可参见赫伯特与贝尔托洛蒂（T. Herbert, F. P. Bertolotti, 1987）发表的文献）

图 15.17 所示的理论曲线基于托尔明(W. Tollmien,1929)的初期研究结果,由于缺乏计算的精准度,对照式(15.22),无差别雷诺数 $Re_{1\mathrm{ind}}=420$。

2. 压力梯度效应

刚刚讨论过的零攻角平板边界层稳定性具有这样的特点,即距平板前缘不同距离的速度剖面相似,具体可参见 6.5 节。这种相似性是外流压力恒定的结果。相比之下,任何圆形物体壁面压力梯度因其位置而异,在此类物体外形的不同位置,层流边界层分布通常并不相似。压降区域内存在无拐点的速度剖面,而压升区域内则存在拐点的速度剖面。所有零攻角平板速度剖面具有相同稳定性极限即 $Re_{1\,\mathrm{crit}}=(U_{\infty}\delta_1/\nu)_{\mathrm{crit}}=520$,这种稳定性极限对于任意物体的各个分布是不同的。实际上,压降区域内稳定性极限高于而在压升区域则低于平板边界层的极限。现为了确定特定物体无差别点的位置,必须依次进行以下计算。

(1)无黏流动中沿物体外形压力分布的确定。
(2)这种压力分布下层流边界层的计算。
(3)不同边界层分布的稳定性计算。

计算已有物体的压力分布是势能理论的一种运用。第 8 章提出了层流边界层的计算方法,也可参见第 23 章。第三步的稳定性计算将在此进行详细说明。

由层流边界层理论(见第 6 章)可知,只要壁面曲率半径远大于边界层厚度,绕流物体壁面曲率通常对边界层形成的影响不大。可归结为这样的事实,即在这些物体边界层形成过程中离心力的作用可忽略不计。因此,边界层形成方式与特定压力梯度影响下在平板壁面形成的方式相同,而这个压力梯度由物体的无黏绕流给出。存在压力梯度的层流边界层稳定性研究也是如此。

然而,零攻角平板边界层的外流是恒定的,即 $U_{\infty}=$ 常数,现在存在随长度 x 变化的外流速度 $U_e(x)$。其通过伯努利方程与沿壁面的压力梯度 $\mathrm{d}p/\mathrm{d}x$ 相关联:

$$\frac{\mathrm{d}p}{\mathrm{d}x}=-\rho U_e\frac{\mathrm{d}U_e}{\mathrm{d}x} \tag{15.23}$$

尽管外流取决于 x,如普雷奇(J. Pretsch,1942)所示,有可能像零攻角平板(无压力梯度)那样开展对只取决于横向坐标 y 的外流进行存在压力梯度的层流稳定性研究。稳定性研究中压力梯度的影响只以速度剖面 $U(y)$ 的形式来表述。如 15.2.3 节所示,边界层分布的稳定性极限与速度剖面的形式密切相关,实际上存在拐点的分布比无拐点分布的稳定极限要低很多(拐点准则)。由于压力梯度按照式(7.2)控制速度分布的曲率:

$$\mu\left(\frac{\mathrm{d}^2 U}{\mathrm{d}y^2}\right)_{\mathrm{w}}=\frac{\mathrm{d}p}{\mathrm{d}x} \tag{15.24}$$

因此,稳定性极限对速度分布形式的强相关性相当于压力梯度对稳定性的影响,研究发现压降区的层流边界层($\mathrm{d}p/\mathrm{d}x<0$,$\mathrm{d}U_e/\mathrm{d}x>0$,加速流动)要比压升区的层流边界层($\mathrm{d}p/\mathrm{d}x>0$,$\mathrm{d}U_e/\mathrm{d}x<0$,减速流动)稳定得多。

理论预测的压力梯度对稳定性及小扰动增强的作用由舒鲍尔与斯克拉姆斯塔德(G. B. Schubauer and H. K. Skramstad,1947)进行了实验确认。图 15.19 展示了具有压力梯度的平板边界层速度脉动波形图。由该图上半部分可发现,滞止压力大约 10% 的压降抑制了扰动,而只有 5% 滞止压力的压升不仅增强了脉动,而且立即开始转捩(注意最后两个打印输出的幅值更小)。

研究存在压力梯度的边界层稳定性时,采用速度分布的形状系数来描述压力梯度的影响是有效的,为简便起见可采用单一参数族的层流速度分布。作为边界层微分方程精确解速度分布的一个单参数族实例是哈特立计算的尖楔流动速度分布:

$$U_e(x) = a \cdot x^m \tag{15.25}$$

具体可参见图 7.3。其中 m 为速度剖面的形状系数,且 $\beta = 2m/(m+1)$ 为尖楔角。$m < 0$(压升)的速度剖面有一个拐点,而 $m > 0$(压降)的速度剖面没有拐点。普雷奇(J. Pretsch,1941b,1942)早在 1941 年就对这一单参数族的一系列速度剖面进行了稳定性计算。奥布伦斯基(H. J. Obremski et al.,1969)大规模地扩展了这些计算。此时不仅确定了无差别雷诺数(中性扰动),而且确定了不稳定扰动的增强。结果表明,无差别雷诺数与形状系数 m 密切相关。图 15.20 展示了这些研究的成果,即对应楔角 $\beta = -0.1$ 及 $m = -0.048$ 情况下由式(15.25)给定外流边界层分布的恒定增强曲线,也可参见瓦赞(A. R. Wazzan,1975)发表的文献。

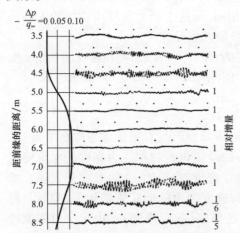

图 15.19 具有压力梯度的平板边界层速度脉动波形图(源自舒鲍尔与斯克拉姆斯塔德(G. B. Schubauer,H. K. Skramstad,1947)的测量)压降起阻尼作用,压升起增强扰动作用,测量点距壁面的距离:0.5m,速度 $U_\infty = 29 \text{m/s}, q_\infty = \rho U_\infty^2 / 2$。

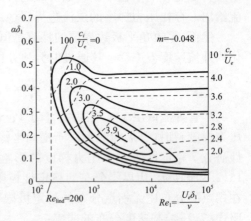

图 15.20 宽雷诺数范围内减速外流 $U_e(x) = a x^m$ 边界层恒定时序增强曲线(源自奥布伦斯基(H. J. Obremski et al.,1969)) $m = \beta/(2-\beta) = -0.048; \beta = -0.1$。

对于一阶近似,层流边界层的速度剖面可用下列四阶多项式来描述:

$$\frac{U(y)}{U_e} = 2\eta - 2\eta^3 + \eta^4 + \frac{\Lambda}{6}\eta(1-\eta)^3 \quad \left(\eta = \frac{y}{\delta}\right) \tag{15.26}$$

其中,根据式(7.2)由壁面曲率可得形状系数 Λ 为

$$\Lambda = \frac{\delta^2}{\nu}\frac{\mathrm{d}U_e}{\mathrm{d}x} \tag{15.27}$$

形状系数 Λ 的值为 12 ~ -12,其中后者的值对应于驻点。在前驻点 $\Lambda = 7.05$ 和最小压力值点 $\Lambda = 0$ 的情况下,$\Lambda > 0$ 意味着压降,而 $\Lambda < 0$ 则表示压升。速度剖面在 $\Lambda < 0$ 时存在拐点。施利希廷与乌里齐(H. Schlichting, A. Ulrich, 1940)进行了速度剖面系列的稳定性计算。图 15.21 展示了中性稳定性曲线。压降区内速度剖面两条分支曲线在 $Re \to \infty$ 时消失(仅对于平板边界层,$\Lambda = 0$)。另外,对于存在压升($\Lambda < 0$)的速度剖面,其中性稳定性曲线的上分支趋近非零渐近线,因而当 $Re \to \infty$ 时存在增强型扰动的有限波长区。压降区($\Lambda > 0$)内速度剖面及压力相等的分布($\Lambda = 0$)属于黏性不稳定范畴(图 15.9 中的曲线 b),而压升区($\Lambda < 0$)内的速度剖面具有无黏不稳定类型的特征(图 15.9 中的曲线 a)。从图 15.21 中可以发现,压升区边层中性稳定曲线所围成的扰动不稳定区域远大于加速流动扰动的不稳定区域。图 15.22 展示了来自图 15.21 的无差别雷诺数与形状系数 Λ 的相关性[1]。这个无差别雷诺数随形状系数 Λ 即压力梯度而变化。此外,对于较小压升 $\beta = -0.1$ 的速度剖面,图 15.20 展示了恒定增强 $c_i/U_e = $ 常数的曲线。与图 15.12 的比较表明,压力的微弱上升使得增强率显著增大。

(1) 特定物体无差别点位置的计算。

图 15.21 和图 15.22 的结果可非常简便地用于特定物体(平面流动)无差距点位置的计算。稳定性的计算不必分别重复每种情况,而是像图 15.21 那样一次性解决所有情况。

采用势理论的速度剖面 $U_e(x)/U_\infty$,并假设该速度剖面已知,则首先应用第 8 章中的近似法确定层流边界层。这个边界层计算也得到了式(15.27)中形状系数 Λ 与位移厚度 δ_1 和所测得距前驻点外形长度 x 的相关性。当绕流物体的雷诺数 $U_\infty l/\nu$ (l 为物体长度)已知时,可得前驻点下游的层流边界层。驻点之后的临近区域内,较强的压降意味着稳定性的极限值 $U_\infty \delta_1/\nu$ 很高,但边界层的厚度却很小。因此,局部雷诺数 $U_\infty \delta_1/\nu$ 要小于局部稳定性极限 $(U_\infty \delta_1/\nu)_{\mathrm{ind}}$。因此,边界层是稳定的。再向下游,压降逐渐减弱,因而超过某一速度最大值后就会出现压升。局部稳定性极限 $(U_\infty \delta_1/\nu)_{\mathrm{ind}}$ 在下游会降低,而边界层厚度与局部雷诺数 $U_\infty \delta_1/\nu$ 均同时增加。可以发现,在某一点局部稳定性极限 $(U_\infty \delta_1/\nu)_{\mathrm{ind}}$ 与局部雷诺数 $U_\infty \delta_1/\nu$

---

[1] 对于 $\Lambda = 0$ 在此有 $Re_{1\mathrm{ind}} = 645$,而图 15.11 中给出了 520 的值。这是因为图 15.21 是采用渐近函数进行平板边界层计算的,而图 15.11 则采用了布拉休斯精确解。

相等：

$$\frac{U_e \delta_1}{\nu} = \left(\frac{U_e \delta_1}{\nu}\right)_{\text{ind}} \quad \text{（无差别点）} \tag{15.28}$$

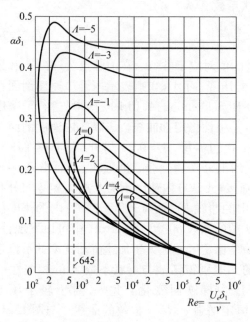

图15.21 具有压降($\Lambda>0$)与压升($\Lambda<0$)的层流边界层分布中性稳定性曲线（其中 $\Lambda = (\delta^2/\nu)/(dU_e/dx)$ 为速度分布的形状系数）

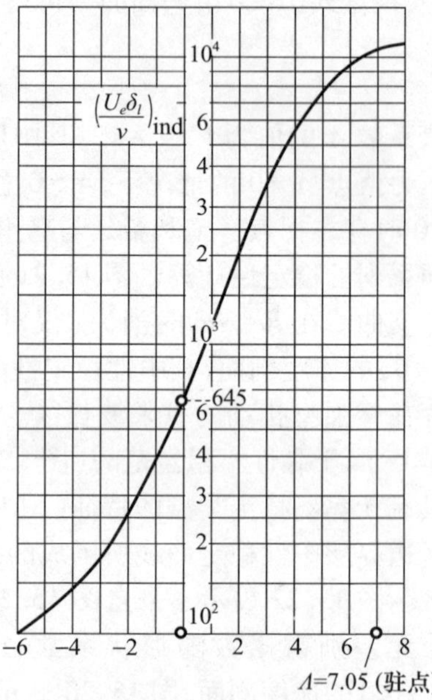

图15.22 存在压降与压升边界层分布的无差别雷诺数与形状系数 Λ 的相关性（可参见图15.21）

由此向下游的边界层是不稳定的。由式(15.28)确定的点可称为无差别点。由于受局部边界层的影响，该点位置与绕流物体的雷诺数 $U_\infty l/\nu$ 相关。

这种确定无差别点与雷诺数相关性的方法很容易用图15.23所示的图表来实现。该图基于与主轴平行的流动中轴向比 $a/b=4$ 的椭圆柱体。由于 Λ 取决于 x，可采用图15.22来确定局部无差别雷诺数 $Re_{1\,\text{ind}} = (U_\infty \delta_1/\nu)_{\text{ind}}$，在图15.23中展示为稳定性极限。层流边界层计算可得无量纲位移厚度 $(\delta_1/l)/\sqrt{U_\infty l/\nu}$ 的发展。在给定物体雷诺数 $(U_\infty \delta_1/\nu)_{\text{ind}}$ 的前提下可得基于位移厚度的局部雷诺数：

$$\frac{U_e \delta_1}{\nu} = \left(\frac{\delta_1}{l}\sqrt{\frac{U_\infty l}{\nu}}\right)\sqrt{\frac{U_\infty l}{\nu}}\frac{U_e}{U_\infty}$$

不同雷诺数 $U_\infty l/\nu$ 的数值下雷诺数曲线 $U_e\delta_1/\nu$ 与弧长 x/l' 的相关性也在图15.23中给出。由这些曲线与稳定性极限的交点可得特定雷诺数无差别点位置 $(x/l)_{\text{ind}}$。

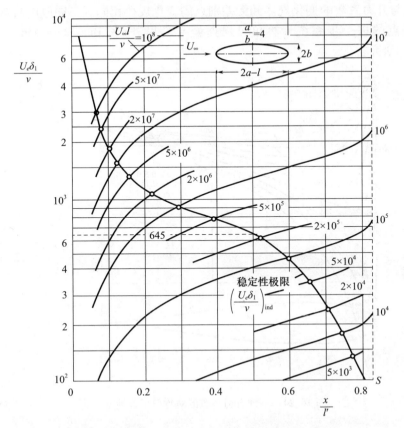

图 15.23 椭圆柱体无差别点位置与雷诺数的相关性
（轴向比 $a/b=4$；$2l'$ 为周长；$l=2a$；$Re=U_\infty l/\nu$，S 表示分离）

同样，也可确定翼型无差别点位置，重要的是该位置不仅随雷诺数而变化，而且还随攻角而变化。图 15.24 所示为不同攻角或升力系数下对称儒科夫斯基翼型的不同升力系统。吸力面最小压力值随着攻角增加而增大，且最小压力值点向前移动，而压力面的最小压力逐渐变平坦，最小压力值点向后移动。其最终的结果是，随攻角增加，吸力面的无差别点向前移动，而压力面的无差别点则向后移动。由于吸力面压力最小值变陡，所有雷诺数无差别点紧密靠近压力最小值点，而在压力面压力最小值是平坦的，最小值点间隔更远。从图 15.24 中很容易发现压力分布对无差别点位置的主导作用。即使在很高的雷诺数条件下，无差别点（转捩区）也很少在压力最小值之前发生位移，而在最小值点之后，会立即出现不稳定性即转捩。

图 15.25 展示了压力分布与儒科夫斯基翼型基本相同情况下实验确定的 NACA 翼型完全转捩点位置。首先可以发现，转捩位于所有雷诺数和升力系数的无差别点之后，但在层流分离点之前，对应于理论期望；其次可以发现完全转捩点随

雷诺数与升力系数的变化规律和无差别点的变化规律相同。不同厚度与弯度翼型无差别点的进一步系统计算可见巴斯曼与乌里齐（K. Bussmann and A. Ulrich, 1943）的研究报告。

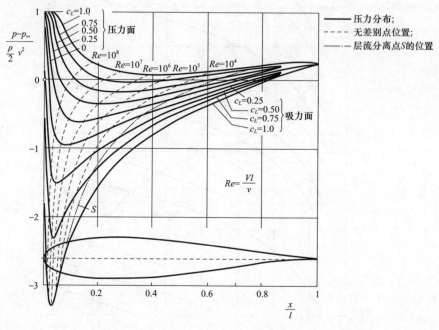

图 15.24　不同升力系数的对称儒可夫斯基翼型

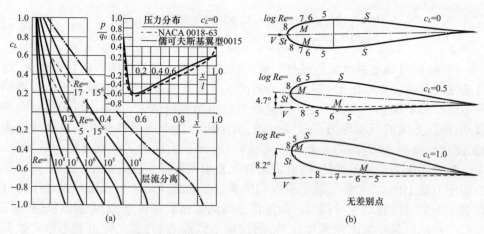

图 15.25　无差别点与完全转捩点的位置与升力系数和雷诺数的关系图
　　　　——理论无差别点，J0015 翼型；
　　　　……完全转捩的测量点，NACA 0018 翼型；
　　　　St：驻点；M：压力最小值；S：层流分离点

作为转捩计算的粗略指导,可对在 $10^6 \sim 10^7$ 之间的雷诺数采用经验法则,完全转捩位置同压力最小值位置大致相同。然而对于非常大的雷诺数,一些情况下转捩点可能位于最小值点之前,而对于低雷诺数条件,如果压降或压升只是很微弱,则转捩点可能位于最小值点之后相当远的地方。另外,对于所有雷诺数而言,完全转捩位置均位于层流分离点之前。因此,除了在非常高的雷诺数条件下,完全转捩点的位置位于压力最小值点和层流分离点之间。

转捩点在无差别点之后的距离取决于外流的湍流强度与不稳定扰动的增强幅度,压力梯度又会对其产生影响。米歇尔(R. Michel,1951)纯经验性地确定了增强幅度以及理论确定的无差别点同实验确定的完全转捩位置之间距离的简单关系,可参见本章末尾。这是由史密斯(A. M. O. Smith,1957)应用稳定性理论来证实的。图 15.21 中边界层内每个向下游移动的不稳定扰动在进入不稳定区域时都会经历一个增强过程。这个增强与 $e^{\beta_1 \cdot t}$ 成正比,或如果 β_i 是与时间相关的,则有

$$e^{\int \beta_1 dt} \tag{15.29}$$

在进入不稳定区域之后积分将取代这些不稳定扰动。史密斯(A. M. O. Smith,1957)由式(15.29)确定了许多不同翼型和回转体的理论的无差别点与实验获得的完全转捩点之间距离的增强系数。相关结果如图 15.26 所示。基于非常低的外流湍流强度与非常光滑壁面的不同类型测量值评估结果表明,整个转捩区不稳定扰动的增强系数具有如下值

$$e^{\int \beta_1 dt} = e^9 = 8103 \tag{15.30}$$

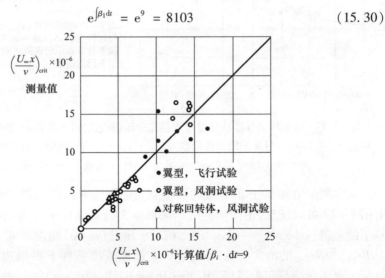

图 15.26 从理论无差别点至完全转捩点路径移动的不稳定扰动增强系数 $\exp \int \beta_1 dt$(源自史密斯(A. M. O. Smith,1957)的文献)

这些发现已由冯·因根(J. L. Van Ingen, 1956)证实,也可参见米歇尔(R. Michel, 1952)的专著。后来这些观察甚至又被更多的测量数据所证实,其中增强系数 $e^{10} = 22026$,具体可参见杰斐等(N. A. Jaffe et al., 1970)发表的文献。

具有压力梯度的边界层转捩区长度也可由基于完全转捩点边界层动量厚度的雷诺数与无差别点之间的差值来表征,即有 $(U\delta_2/\nu)_{\text{crit}} - (U\delta_2/\nu)_{\text{ind}}$。按照格兰维尔(P. S. Granville, 1953)的研究,图 15.27 展示了这个参量与平均波尔豪森参量 $\bar{\kappa}$ 的相关性,有

$$\bar{\kappa} = \frac{1}{x_{\text{crit}} - x_{\text{ind}}} \int_{x_{\text{ind}}}^{x_{\text{crit}}} \frac{\delta_2^2}{\nu} \frac{dU_e}{dx} dx \tag{15.31}$$

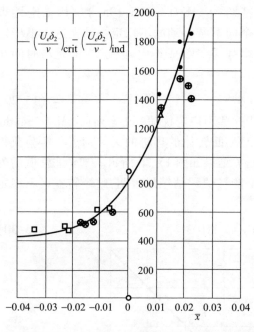

○ 平板,源自舒鲍尔与斯克拉姆斯塔德(G. B. Schubauer, H. K. Skramstad, 1943)的文献;
⊗ NACA 0012翼型,源自冯登霍夫(A. E. von Doenhoff, 1940)的文献;
● NACA 65(215)—114翼型吸力面,源自布拉斯洛与维斯康蒂(A. L. Braslow, F. Visconti, 1948)的文献;
⊕ NACA 65(215)—114翼型压力面,源自布拉斯洛与维斯康蒂(A. L. Braslow, F. Visconti, 1948)的文献;
□ 8%相对厚度的翼型,源自琼斯(B. M. Jones, 1938);
△ 14.7%相对厚度的层流翼型,源自扎洛维奇与斯科格(J. A. Zalovcik, R. B. Skoog, 1945);
圆形符号表示弱湍流风洞测量值;其他符号表示飞行测量值

图 15.27 采用压力梯度法测量边界层完全转捩的位置(P. S. Granville, 1953)雷诺数 $Re_{2\text{crit}} = (U_e\delta_2/\nu)_{\text{crit}}$ 与无差别点雷诺数 $Re_{2\text{ind}}(U_e\delta_2/\nu)_{\text{ind}}$ 的雷诺数差值和源于式(15.31)的平均压力梯度 $\bar{\kappa}$ 之间的关系为 $\bar{\kappa} > 0$,加速流动;$\bar{\kappa} < 0$,减速流动。

这些测量值都基于非常低的湍流强度(飞行测量值和低湍流风洞测量值)。由图 15.27 可以发现,不同实验的结果都令人满意地位于一条曲线上。压降($\bar{\kappa} > 0$)下的差值 $(U\delta_2/\nu)_{\text{crit}} - (U\delta_2/\nu)_{\text{ind}}$ 相对于压升($\bar{\kappa} < 0$)情况非常大。恒压($\bar{\kappa} = 0$)下 $Re_{2\text{crit}} - Re_{2\text{ind}}$ 的值大约为 800,且等于低湍流度条件下平板边界层的差值。可与范·德瑞斯特与布鲁默(E. R. Van Driest, C. B. Blumer, 1963)的研究进行比较。

(2)层流翼型。

图 15.27 的稳定性计算清晰地表明,压力梯度对于稳定性与层流向湍流转捩

有显著的影响,同测量值完全一致。层流翼型就是基于这样的事实,从而获得边界层可能的层流最长拉伸。因此,翼型的低阻力可通过气动外形来获得,其中最大厚度位于非常靠后的位置,这是因为这样做的压力最小值点非常靠近翼型后缘。然而迄今只有在特定的较小攻角范围内才能获得最小压力值点。

"第二次世界大战"期间,德奇(H. Doetsch,1940)在1939年发布实验结果之后,特别是在美国进行了许多层流翼型的测量,具体可参见阿尔伯特(J. H. Abbott et al.,1945)发表的文献。甚至在此之前,琼斯(B. M. Jones,1938)就已在飞行实验测量中发现了特别大的层流延伸。层流翼型在滑翔机结构中发挥重要作用。埃普勒与沃特曼(R. Eppler,F. X. Wortmann,1969)进行了滑翔机机翼的基础研究,沃特曼在奥尔索斯(D. Althaus,1981)的专著中提出 FX 翼型的命名。图 15.28 展示了层流翼型阻力系数。雷诺数 $Re = 2 \times 10^6 \sim 3 \times 10^7$ 范围内,通过层流效应可减少 30%～50% 的正常型阻。非常大的雷诺数(大约 $Re > 5 \times 10^7$)下,层流效应不再存在,这是因为转捩在机翼表面突然向前移动。由芬宁格(W. Pfenninger,1965)、科纳(H. Korner,1990)、雷德克等人(G. Redeker et al.,1988,1990)、霍斯特曼(K. H. Horstmann et al.,1990)等进行的研究表明,特定条件下可以实现客机的跨声速层流机翼。靠近后掠跨声速机翼前缘的横向强压力梯度可引起边界层内速度剖面的强烈扭曲(图 15.50)。如果大于临界掠角,垂直于主流方向的速度剖面分量将变得不稳定。这种情况引起了横向流动的不稳定性(见 15.3.5 节)。这些现象在机翼前部区域突然开始,大角度后掠机翼会出现层流向湍流的转捩。

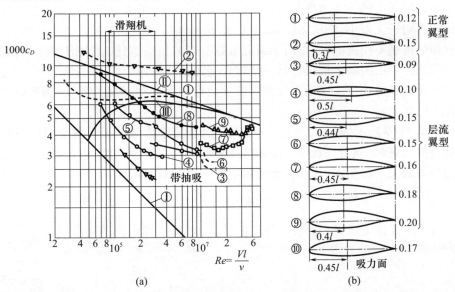

图 15.28 层流翼型与正常翼型的阻力系数(源自施利希廷(H. Schlichting,1982)的专著第 511 页)
(Ⅰ)(Ⅱ)(Ⅲ)—平板阻力系数;(Ⅰ)—层流;(Ⅱ)—全湍流;(Ⅲ)—层流-湍流转捩。

(3) 经验方法

众多测量值已确定,完全转捩位置(坐标 x_{crit})处 $Re_2 = U_e\delta_2/\nu$ 与 $Re_x = U_e x/\nu$ 之间存在一种固定关系。按照米歇尔(R. Michel)的提法[可参见杰贝吉与布拉德肖(T. Cebeci and P. Bradshaw,1984)的专著第 189 页],可得

$$(Re_2)_{\text{crit}} = 1.174 + \left(1 + \frac{22400}{Re_{x\,\text{crit}}}\right)Re_{x\,\text{crit}}^{0.46}$$

如果在层流边界层计算中也期望知道这个关系是否满足,则可确定完全转捩点的位置 x_{crit}。一个准则也是更简单的关系 $Re_{2\,\text{crit}} = 1.535 Re_{x\,\text{crit}}^{0.444}$。这两种关系对于低湍流度的外流(自由飞行状态)是有效的。对于平板(U_e = 常数)则有 $Re_{x\,\text{crit}} = 2\times 10^6$ 或 $Re_{x\,\text{crit}} = 3\times 10^6$。

关于分离的层流边界层中更多层流-湍流转捩的细节(如分离泡)由格莱兹等(C. Gleyzes et al.,1984)给出。

3. 抽吸效应

第 11 章就已指出,层流边界层抽吸是用来减小摩擦阻力的一种非常有效方法。抽吸的作用类似于压降稳定边界层的作用,而阻力的降低是通过避免层流-湍流转捩来实现的。抽吸的作用是双重的。首先,抽吸的作用是减小边界层厚度,而较薄的边界层比较厚的边界层更难转捩至湍流状态。然而,与没有抽吸的边界层相比,抽吸产生的层流速度剖面具有更高的稳定极限。

连续抽吸的理论研究相对容易。第 11 章给出了这种情况的几个解。与维持层流边界层相关的一个重要问题是所需的抽吸量。如果边界层厚度随着抽吸量的增加而趋向于无限小,则雷诺数 $Re_1 = U_e\delta_1/\nu$ 可保持在稳定性极限之下。然而,大量的抽吸量是不经济的,这是由于减阻节省下来的相当部分能量用于抽吸。因此,维持层流边界层的最小抽吸量是一个重要问题。现在这个最小的抽吸量也可得到最大限度的减阻效果。这是因为更大的抽吸量产生了更薄的边界层,因此壁面剪切应力也越大。

如第 11 章所示,对于以速度 $-v_w$ 均匀抽吸的零攻角平板可得边界层方程组特别简单的解①。这种情况下,速度剖面及距前缘一定距离的边界层厚度与沿平板的距离无关。根据式(11.21)渐近抽吸分布的位移厚度为

$$\delta_1 = \frac{\nu}{-v_w}$$

为了从理论上研究有抽吸边界层的转捩,对由下式给出的速度剖面进行了稳定性计算:

$$u(y) = U_\infty\left(1 - e^{\frac{v_w y}{\nu}}\right) \tag{15.32}$$

---

① 此时 $v_w < 0$ 表示抽吸,而 $v_w > 0$ 则表示吹风。

式(15.32)由布斯曼与蒙茨(K. Bussmann, H. Munz, 1942)给出。这就得到了非常高的无差别雷诺数

$$\left(\frac{U_\infty \delta_1}{\nu}\right)_{\text{ind}} = 70000 \tag{15.33}$$

由式(15.33)可见,渐近抽吸分布的无差别雷诺数大约是无压力梯度与无抽吸平板边界层无差别雷诺数的 100 倍,说明抽吸的稳定作用相当可观。这个现象表明,抽吸不仅使层流边界层厚度减小,而且使稳定极限增大。均匀抽吸零攻角平板边界层分布的中性稳定曲线如图 15.29 所示($\xi = \infty$)。可以发现,稳定性极限与无抽吸情况相比有较大的提高,而中性稳定曲线包围的不稳定扰动波区域与无抽吸的边界层相比已明显缩小。

这个结果可用来回答层流属性所需抽吸量的重要问题。出于简化目的假设抽吸均匀平板前缘已经存在渐近抽吸分布,如果基于位移厚度的雷诺数处处低于由式(15.33)确定的稳定性极限,则沿整个平板长度稳定的边界层可在下列情况下,得到

$$\text{稳定}: \frac{U_\infty \delta_1}{\nu} < \left(\frac{U_\infty \delta_1}{\nu}\right)_{\text{ind}} = 70000$$

对于渐近分布将 δ_1 代入式(15.32),可得

$$\text{稳定}: \frac{(-v_w)}{U_\infty} = c_Q > \frac{1}{70000} \tag{15.34}$$

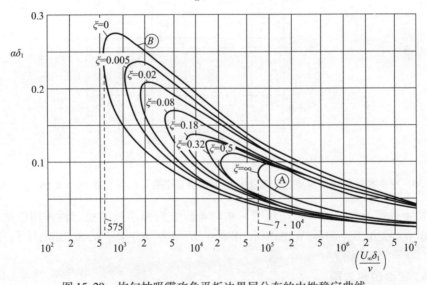

图 15.29　均匀抽吸零攻角平板边界层分布的中性稳定曲线
(源自布斯曼与蒙茨(K. Bussmann, H. Munz, 1942))
无量纲进口长度: $\xi = (-v_w/U_\infty)^2 (U_\infty x/\nu) = c_Q^2 Re_x$;
Ⓐ—渐近抽吸分布; Ⓑ—无抽吸分布(布拉休斯分布)。

如果抽吸的质量系数 c_Q 大于非常小的数值 $1/70000 \approx 1.4 \times 10^{-5}$,稳定性是存在的。在此必须说明的是,期望通过更精确的计算得到更大的临界质量系数。这是由于作为基础的渐近抽吸分布只在平板前缘之后的一定距离处获得。此外,还存在其他速度剖面;实际上靠近前缘处速度剖面由无抽吸的布拉修斯分布逐渐变为渐近抽吸分布。逼近的速度剖面具有比渐近抽吸分布更低的稳定性极限,这意味着沿上升区域的层流边界层需要比式(15.34)预测值更大的抽吸量。理论预测的边界层在抽吸作用下保持层流状态时的可观减阻效果已由风洞与飞行实验中的测量值予以证实,具体可参见黑德(M. R. Head, 1955)、琼斯与黑德(B. M. Jones and M. R. Head, 1951)以及凯(J. M. Kay, 1948)发表的文献。

抽吸与压力梯度对稳定极限的作用可由图15.30中无差别雷诺数随速度剖面形状系数 $H_{12} = \delta_1/\delta_2$ 变化的曲线确定。均匀抽吸零攻角平板边界层的无差别雷诺数(伊格利什分布)与具有 $v_w \propto 1/\sqrt{x}$ 抽吸的零攻角平板边界层无差别雷诺数(布斯曼分布)及无抽吸但存在压力梯度的无差别雷诺数(哈特里分布)均位于一条曲线上。对于渐近抽吸分布有 $H_{12} = 2.00$,而对于无抽吸平板则有 $H_{12} = 2.59$。

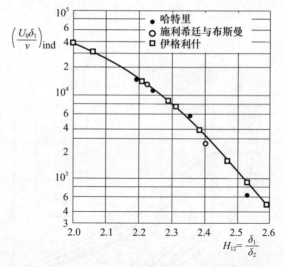

图15.30 存在抽吸与压力梯度的层流边界层无差别雷诺数与形状系数 $H_{12} = \delta_1/\delta_2$ 的函数关系

特定抽吸条件下抽吸对托尔明-施利希廷波振幅增长的稳定性作用已由雷诺与萨里克(G. A. Reynolds, W. S. Saric, 1986)、萨里克与里德(W. S. Saric, H. L. Reed, 1986)进行了实验研究。

4. 壁面传热效应

如下面的理论与实验结果所示,气流中由边界层向壁面的传热(冷却)起到稳定边界层的作用,而由壁面向边界层的传热(加热)则起到使边界层失稳的作用,导致无差别雷诺数更低。

不可压流动情况下,壁面向流动的传热对层流边界层稳定性影响的基本特征已为人所知。多年前,林克(W. Linke,1942)就已经进行了壁面传热对层流-湍流转捩影响的实验研究。水平流动中竖直放置的热平板摩擦阻力测量值表明,雷诺数 $Re_1 = 10^5 \sim 10^6$ 范围内,摩擦阻力因存在加热而明显增大。林克由此得出结论,即增加平板温度会降低临界雷诺数,因此在表征层流向湍流转捩的雷诺数范围内存在摩擦阻力的显著增加。

应用 15.2.3 节中所讨论的拐点准则可以发现,对于 $T_w \neq T_\infty$ 的不可压缩流动,壁面的加热会降低或增加稳定性极限。壁面传热的稳定效应或失稳效应基本源于黏性的温度依赖性。考虑黏性的温度相关性,零攻角平板壁面处速度剖面的曲率可参见式(10.5),有

$$\left(\frac{\mathrm{d}^2 U}{\mathrm{d} y^2}\right)_w = -\frac{1}{\mu_w}\left(\frac{\mathrm{d}\mu}{\mathrm{d} y}\right)_w \left(\frac{\mathrm{d} U}{\mathrm{d} y}\right)_w \tag{15.35}$$

如果壁面要比边界层外的气体温度高,即 $T_w > T_\infty$,则壁面的温度梯度为负,即 $(\partial T/\partial y)_w < 0$,且由于气体黏性随温度升高而增强,则也有 $(\mathrm{d}\mu/\mathrm{d}T)_w < 0$。由于壁面速度梯度为正,则由式(15.35)可得

$$T_w > T_\infty : \left(\frac{\mathrm{d}^2 U}{\mathrm{d} y^2}\right)_w > 0 \tag{15.36}$$

对于热壁面,壁面速度剖面的曲率为正。由此可知,由于 $y \to \infty$ 时曲率非常小但为负,热壁面边界层存在曲率消失的点(拐点),即 $\mathrm{d}^2 U/\mathrm{d} y^2 = 0$。如果热量从壁面向气流传递,按照拐点准则边界层是不稳定的。由壁面向流经的气体添加热量会破坏边界层的稳定性,其作用方式与沿流动方向的压升效应相同,而从边界层带走热量如同压降可稳定边界层(图 7.1)。

吉贝杰与史密斯(T. Cebeci, A. M. O. Smith, 1968)所进行的数值计算证实了热平板不稳定性开始时无差别雷诺数的减少。里普曼与斐拉(H. W. Liepmann, G. H. Fila, 1947)在进行的零攻角竖直平板实验中观测到无差别雷诺数存在类似的降低现象。

由于液体黏度随温度的增加而降低,源于式(15.35)的加热与冷却作用应正好相反。瓦赞等(A. R. Wazzan et al.,1968,1970a,1970b)所进行的以水为介质的实验证实了这个预测。图 15.31 不仅展示了不同壁面温度下表征不稳定开始的无差别雷诺数,也展示了壁面温度 $T_w = T_\infty$ 情况下最大放大因子 $(\beta_i \delta_1/U_\infty)_{max}$ 和无量纲位移厚度 $\delta_1/\sqrt{U_\infty/x\nu_\infty}$ 与 1.721 的比值。

当壁面温度由 15.6℃上升至 60℃时可发现存在强烈的稳定性作用。虽然无量纲放大系数在 $T_w > 60℃$ 时是恒定的,无量纲值 $(\beta_i)_{max}$ 随 δ_1 呈反比例增加。冷却的实验结果证实了液体介质预期的不稳定效应。根据瓦赞的理论,除壁面平均速度分布外,只有壁面传热的影响是通过黏性的温度相关性来实现的。源于洛厄尔与雷肖特科(R. L. Lowell, E. Reshotko,1974)的完备理论考虑了温度与密度的变

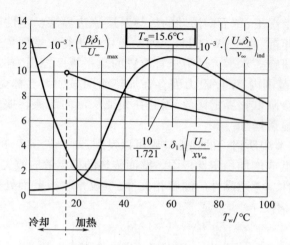

图 15.31 壁面温度对水中平板的边界层位移厚度与不稳定性的影响，
（来源于瓦赞等(A. R. Wazzan et al., 1970a)）
T_w:壁面温度；T_∞:外流温度。

化，但所得到的结果几乎完全相同。斯特拉齐萨(A. Strazisar et al., 1977)进行的稳定性实验证实了因光加热所致的临界雷诺数的预期变化。

如果只考虑中等温度偏差 $T_w - T_\infty$，可得对所有流体有效的无差别雷诺数以下关系（具体可参考赫维希与沙弗尔(H. Herwig, P. Schafer, 1992)发表的文献）：

$$Re_{ind} = (Re_{ind})_\infty \left[1 + \frac{T_w - T_\infty}{T_\infty}\left(\frac{d\mu}{dT}\frac{T}{\mu}\right)_\infty A_\mu(Pr_\infty)\right]$$

式中，函数 $A_\mu(Pr_\infty)$ 总是为负，且取决于所考虑的流动。对于 T_w = 常数的零攻角平板，有 $A_\mu(Pr_\infty = 8.1) = -1.2$。沙弗尔(P. Schafer, 1994)提出了对应于 q_w = 常数的公式以及温度敏感的密度公式。

5. 压缩性效应

现将重点关注在超声速与高超声速边界层众多转捩现象中零攻角平板或圆锥体恒定压力下的马赫数效应与壁面传热影响。首先展示应用小扰动方法得到的最重要理论，然后演示如何应用这个理论解释一些实验观测现象。在此所给出的理论结果源自马克(L. M. Mack, 1969)进行的可压缩性流动稳定性理论的综合研究。马克(L. M. Mack, 1984)还进行了广泛的概括。

库切曼(D. Kuchenmann, 1938)最早进行了忽略扰动黏性效应的可压缩流动层流边界层稳定性研究。利斯与林(L. Lees, C. C. Lin, 1946)首次在不可压缩研究中考虑温度梯度与速度剖面曲率的影响。这些研究者主要依据外流速度 U_∞ 与相速度 c_r 的差是小于、等于还是大于声速 a_∞，将扰动划分为亚声速、声速与超声速3种类型。特别是，利斯与林(L. Lees, C. C. Lin)证实

$$\left[\frac{d}{dy}\left(\rho\frac{dU}{dy}\right)\right]_{y_s} = 0 \tag{15.37}$$

在 $U(y_s) > U_\infty - a_\infty$ 假设下是存在不稳定声速扰动的充分条件。

这个定律是 15.2.3 节中的第一定律向可压流的推广,且 y_s 是不可压流中距壁面拐点距离的可压缩参数。方便起见,其被表示为距一般拐点的距离。采用这种一般性拐点,可获得具有 $c_r = c_s = U(y_s)$ 的中性扰动,以及 $Ma_\infty > 1$ 时以相速度 $c_r = c_0 = U_\infty - a_\infty$ 向下游移动的中性声速扰动。特定流动中存在中性超声速扰动是可能的,但没有给出其存在的一般性条件。图 15.32 展示了以中性亚声速扰动与声速扰动为 Ma 函数的平板绝热边界层体系无量纲相速度 c_s/U_∞ 与 c_0/U_∞。计算 c_s 时所出现且在本节将持续采用的基本流边界层分布是空气介质可压层流边界层的精确数值解,其中黏度与普朗特数在 $Ma_\infty = 5.1$ 外流总温 $T_0 = 311\text{K}$ 和静温 $T_\infty = 50\text{K}$ 条件下是温度的函数。T_∞ 在更高马赫数条件下保持 50K。这些温度条件是超声速与高超声速风洞的特点。由于在图 15.32 中存在 $c_s > c_0 > 0$,因此这个体系中所有满足推广定律的边界层对于无黏扰动是不稳定的。一般性拐点随 Ma_∞ 增大而向更大 y/δ 的移动类似于不可压流中拐点随压力梯度增加的变化。图 15.32 也展示了绝热边界层体系无量纲位移厚度与 Ma_∞ 的相关性。利斯与林 (L. Lees and C. C. Lin) 能够证明,假设基本流与相速度差小于声速,即在整个边界层内有 $\overline{Ma}^2 < 1$ (其中 $\overline{Ma} = (U - c_r)/a$ 为当地相对马赫数),那么如同不可压流那样,一个波数就可给定中性声速扰动。虽然式(15.37)作为不稳定性充分条件的验证受到相同的限制,但由众多数值计算发现,式(15.37)在 $\overline{Ma}^2 > 1$ 情况下也是充分条件。另外,马克(L. M. Mack,1965)通过数值计算表明,如果 $\overline{Ma}^2 > 1$ 区域出现于边界层中,则存在无限个具有相同相速度的中性波数或模态。

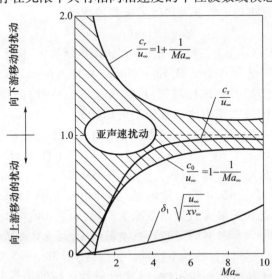

图 15.32 马赫数对二维中性扰动相速度与绝热平板边界层位移厚度的影响
(亚声速扰动阴影区之外是超声速扰动区域。极限 $|1 - (c_r/U_\infty)| = 1/Ma$ 表示亚声速扰动)

这些多模态是微分方程形式变化的结果,说明压力波由$\overline{Ma}^2<1$椭圆方程过渡至$\overline{Ma}^2>1$双曲方程。其中第一模态与不可压流的第一模态相同,利斯与雷肖特科(L. Lees,E. Reshotko,1962)率先进行了可压流动的计算。从图15.33中可以发现,进一步的不稳定性发生于更高的α值。这些进一步的不稳定性也称二阶部分扰动或马克模态,在不可压流中没有对应的部分。由于$c_r=c_s,Ma_\infty=2.2$时绝热平板边界层$\overline{Ma}^2$率先达到值1。超声速流动的上层区域在$Ma_\infty=3,5,10$下分别位于$y/\delta=0.16,0.43,0.59$。

当$\overline{Ma}^2>1$时,相速度为c_s的多个中性扰动并非唯一的,也可能存在许多满足$U_\infty \leq c_r \leq U_\infty + a_\infty$的中性扰动。这些扰动并不取决于边界层是否存在一个一般性的拐点。此外,相速度$c_r<U_\infty$时总是存在相邻的同类型放大扰动。因此,无论速度与温度分布的性质如何,只要存在$\overline{Ma}^2>1$的区域,无黏扰动的可压缩边界层就是不稳定的。

图15.34定性地展示了因压缩性效应而出现的第二不稳定性。如马克(L. M. Mack,1969)所预测,随着马赫数的增加,基本流的不稳定区域与第二不稳定区域合并。

值得注意的是,源自第二不稳定区域的特定频率扰动可在与基本流不发生任何相互作用的情况下被放大。

相对于不可压情况,三维基本扰动即倾斜的超声速马赫数比向下游移动的二维扰动更加不稳定。因此,必须考虑更加通用的扰动表达形式:

$$u'(x,y,z,t) = \hat{u}(y)\exp[i(\alpha_1 x + \alpha_2 z - \beta t)] \tag{15.38}$$

式(15.38)是方向与x呈下列角度的倾斜波扰动

$$\psi = \arctan(\alpha_2/\alpha_1)$$

另外,马克模态总是作为二维扰动而被最大限度地放大,具体可参见图15.34。

埃尔·哈迪与纳耶夫(N. M. El–Hady, A. H. Nayfeh,1980)、埃尔·哈迪(N. M. El–Hady,1991)及贝尔托洛蒂(F. P. Bertolotti,1991)的理论研究表明,平行流假设对上述模态的放大作用比二维模态更加显著。

隔热平板上,如果马赫数增加,则可分辨具有不同不稳定特性的3个不同马赫数区域。图15.34展示了$Re_x=U_\infty x/\nu_\infty=2.25\times10^6$下作为$Ma_\infty$函数的二维二阶模态比值$(\beta_i)_{\max}/(\beta_i)_{\max,inc}$,其中$(\beta_i)_{\max,inc}=0.00432U_\infty/\delta_1$为相同雷诺下不可压流的放大系数。在$Ma_\infty\approx3.8$的一阶区域(具体可参见图15.33),只有基本扰动是最重要的。二维扰动的最大放大系数减少明显,而当$Ma_\infty>1$时,最不稳定的是三维扰动。当$Ma_\infty\approx3.8$时不稳定的马克模态出现,且$3.8\leq Ma_\infty\leq5.0$时存在很大程度的不稳定性,主导所有的基本扰动。最终,高于$Ma_\infty\approx5.0$的第三区域特征是马赫的增加削弱了所有的不稳定性。3个马赫数区域的边界取决于雷诺数。然而,马克模态从未在低于$Ma_\infty=2.2$的绝热平板边界层出现。

可压缩流(空气流)中,壁面与流动之间的传热对稳定性具有很大的作用。这

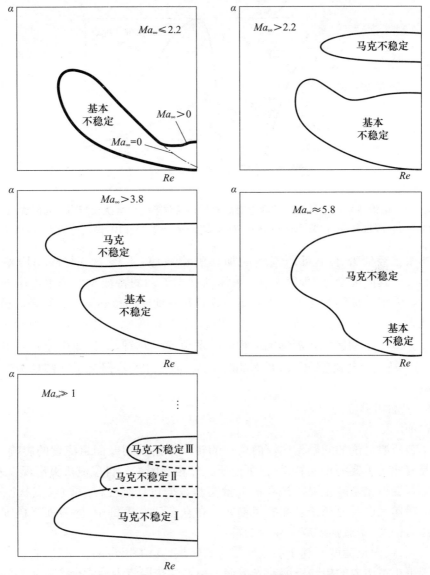

图 15.33 存在二维扰动时不同马赫数下绝热平板边界层的稳定性图(马克(L. M. Mack,1969)提供了结果的定性表示,源自雷肖特科(E. Reshotko,1962))

方面的一些结果可见图 15.35(a)所展示的中等马赫数($Ma_\infty = 0.7$)下平板边界层实例。不同壁面温度与外流温度的比值 T_w/T_∞ 的中性稳定曲线表明,这个马赫数下从边界层向外传导($T_w < T_\infty$)的热量很大程度上增加了稳定性,而向边界层添加热量($T_w > T_\infty$)则明显地降低了二维扰动的稳定极限。图 15.35(b)则展示了大马赫数下冷却不起增稳作用的完全不同的关系,具体可参考马克(L. M. Mack,1969)发表的文献。

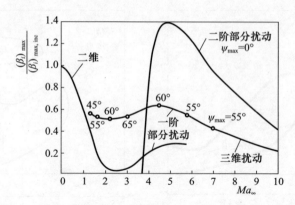

图 15.34　由绝热平板边界层黏性理论而得的马赫数对第一局部扰动与第二局部扰动放大参数的影响（源自马克（L. M. Mack, 1969）$Re_x = U_\infty x/\nu_\infty = 2.25 \times 10^6$，$\psi_{\max}$ = 最大不稳定波角）

本书已经研究了不可压气流的加热失稳效应（$T_w > T_\infty$）与冷却增稳效应（$T_w < T_\infty$），具体可参见 15.2.4 节。可压缩基本流动的特征类似于不可压缩的不稳定性。稳定特征的变化是基本分布拐点容易受到壁面传热影响的结果。相对于基本扰动，马克模态不能通过冷却（$T_w < T_\infty$）来增稳。其放大过程受 $\overline{Ma^2} = (U-c_r)^2/a^2 > 1$ 的区域扩展影响。很容易发现，冷却降低了当地声速 a 并由此增加了 $\overline{Ma}$。马里克与哥德尔（M. R. Malik, A. A. Godil, 1990）研究了冷却抽吸对马克模态的影响。

6. 壁面粗糙度的影响

（1）引言。

本节所要讨论的问题是层流向湍流的转捩如何受到壁面粗糙度的影响，这个问题具有相当重要的现实意义，但理论研究却相当困难。自层流机翼出现以来，这个问题就变得越来越重要。现存的大量实验数据包括圆柱（二维）与点状（三维）的单一粗糙元以及分布于表面的粗糙元。在众多研究事例中，除表面粗糙度外还存在压力梯度、湍流强度或马赫数的影响。

总之，壁面粗糙度有利于层流向湍流的转捩，其他相同条件下这种转捩更容易发生于更小雷诺数的粗糙壁而非光滑壁。粗糙度在层流中通常会产生额外的大振幅扰动。非线性扰动理论的研究结果表明，临界雷诺数有所降低。

（2）圆柱粗糙度。

圆柱（或二维）表面粗糙度是指壁面上垂直于流动方向的线。较早的测量使得戈德斯坦（S. Goldstein, 1936）推导出以下临界表面粗糙度关系：

$$\frac{u_{\tau k} k_{\text{crit}}}{\nu} = 7 \tag{15.39}$$

这就是不影响转捩的表面粗糙度。其中，$u_{\tau k} = \sqrt{\tau_{wk}/\rho}$ 为表面粗糙位置具有

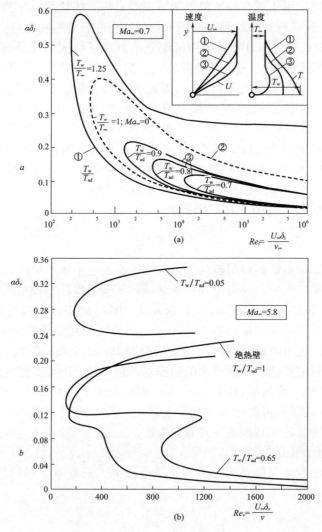

图 15.35 存在传热的可压缩气流中零攻角平板层流边界层的二维扰动中性稳定曲线
(a) 亚声速流,$Ma_\infty = 0.7$,利斯与林(L. Lees, C. C. Lin, 1946),
①加热的边界层($T_w > T_{od}$)降低稳定性,②隔热壁,③冷却的边界层($T_w < T_{od}$)增加稳定性;
(b) 超声速流,$Ma_\infty = 5.8$,(L. M. Mack,1969)$T_\infty = 125 K$,$\delta_v = (\nu_\infty x/U_\infty)^{1/2}$。

壁面剪切应力 τ_{wk} 的层流边界层的剪切应力速度。转捩只直接发生于粗糙元的粗糙度已由塔尼等(I. Tani et al,1940)给出,表示为 $u_{\tau k} k_{crit}/\nu = 15$,而根据费奇与普雷斯顿(A. Fage, J. H. Preston,1941)的研究,则有

$$\frac{u_{\tau k} k_{crit}}{\nu} = 20 \qquad (15.40)$$

这个数值可应用于具有圆形截面的转捩线。扁平杯状截面与凹槽导致较大的表面粗糙度值,而具有锐边的粗糙元则可得到较小的表面粗糙度值。

德莱顿(H. L. Dryden,1953)采用量纲分析发现了可揭示完全转捩位置 x_{crit} 同粗糙度 k 和粗糙元位置 x_k 相关的经验公式。德莱顿发现,不可压流中完全转捩的所有实验数据并非直接取决于粗糙元,因此 $x_{\text{crit}} > x_k$ 情况下很好地沿着一条曲线 ($Uk/\nu \approx 900$)。这种情况出现于粗糙度 $\delta_{1\text{crit}}$ 位置处边界层位移厚度的雷诺数 $Re_{1\text{crit}} = U\delta_{1\text{crit}}/\nu$ 随 k/δ_{1k} 的变化曲线图(图15.36)中,其中 δ_{1k} 为粗糙元位置处的位移厚度。第二尺度为纵坐标上的 $Re_{x\text{crit}} = U\delta_{x\text{crit}}/\nu$^①。$x_{\text{crit}}$ 随着 k 的增加更接近粗糙元,所以当 k 增加时图15.36中的直线方向为由左至右。一旦完全转捩位置到达粗糙元位置 $x_{\text{crit}} = x_k$,实验数据向上就偏离了这条曲线。

取决于参数 x_k/k 的直线体系则遵循

$$\frac{U\delta_{1\text{ crit}}}{\nu} = 3.0 \frac{k}{\delta_{1k}} \frac{x_k}{k} \tag{15.41}$$

超声速流动中粗糙度对层流向湍流转捩的影响远小于不可压缩流中粗糙度对层流向湍流转捩的影响。这可由超声速区域的测量值描述零攻角平板流动情况的图15.37发现,该图源自布林奇(P. F. Brinich,1954)的工作。对马赫数 $Ma = 3.1$ 的圆柱形粗糙元进行的测量得到了一组位于阴影区但强烈依赖于粗糙元 x_k 位置的曲线。从用来进行对比的不可压缩流曲线图15.38中可以发现,大马赫数下的边界层比不可压缩流能够承受更大的粗糙度。超声速流的临界粗糙度大约是不可压缩流的3~7倍。科尔基(R. H. Korgeki,1956)在更大马赫数 $Ma = 5.6$ 下进行的实验表明,此处的绊丝可能根本不会产生湍流。然而,即使在超声速下将空气吹入边界层似乎确实是诱导转捩的一种有效方法。

(3)分布于表面的粗糙元。

关于分布于表面粗糙元的转捩测量结果很少。只有基于粗糙度 k_s 的雷诺数超过

$$\frac{U_1 k_s}{\nu} = 20$$

临界雷诺数才会大幅下降。因此,这个值决定了临界粗糙度。高于这个极限,粗糙度对临界雷诺数与压力梯度的影响一样大,具体可参见法因特(E. G. Feindt,1956)的文献。

---

① 纵坐标上两个雷诺数之间的关系为

$$Re_{1\text{crit}} = \frac{U\delta_{1\text{crit}}}{\nu} = 1.72\sqrt{\frac{Ux_{\text{crit}}}{\nu}} = 1.72\sqrt{Re_{x\text{ crit}}}$$

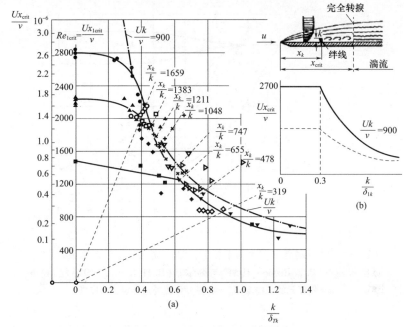

图 15.36 粗糙元对转捩的影响

(a) 不可压流中二维粗糙元 δ_{1k} 处依赖粗糙度 k 与边界层位移厚度之比的临界雷诺数
采用式(15.41)对测量值进行插值,$Re_{1crit} = U\delta_{1k}/\nu$,$Re_{xcrit} = U\delta_{sk}/\nu$
指标 0 表示光滑平板
----- 采用式(15.41)在 $(Re_{1crit})_0 = 1.7 \times 10^6$,$p$ = 常数条件下的计算值,源自法因特(E. G. Feindt,1956)的文献;
▲$(Re_{1crit})_0 = 1.7 \times 10^6$;$p$ = 常数,源自塔尼等(I. Tani et al.,1954)的文献;
●$(Re_{xcrit})_0 = 1.7 \times 10^6$;$p$ = 常数,源自塔尼等(I. Tani et al.,1954)的文献;
◆$(Re_{xcrit})_0 = 2.7 \times 10^6$;
▼p = 常数,源自舒鲍尔与斯克拉姆斯塔德(G. B. Schubauer, H. K. Skramstad,1943)的文献;
■$(Re_{xcrit})_0 = 6 \times 10^5$,$p$ = 常数,源自塔尼等(I. Tani et al.,1954)的文献;
(b) 填充的测量值表明 $x_{crit} > x_k$ 压降 $2(p_1 - p_{crit})/\rho U_1^2 = 0.2 \sim 0.8$,源自塔尼等(I. Tani et al.,1954)的文献。
具有不同粗糙元(线)的层流向湍流转捩基本图表,以及外部湍流度对临界雷诺数 $Re_{x \, crit}$
—— 无外部湍流度;
——— 具有外部湍流度

7. 更多影响

(1) 柔性壁。

有迹象表明,流动中壁面的柔性会影响层流边界层的稳定性。因此,可参见本杰明(T. B. Benjamin,1960)与兰德尔(M. T. Landahl,1962)的著作。除托尔明-施利希廷波之外,也存在其他的波,特别是壁面的弹性波。齐默尔曼(G. Zimmermann,1974)的工作是这一主题的进一步工作,可参见迪克森(A. E. Dixon et al.,1994)的文献。

(2) 振动外流。

不仅外流湍流强度对边界层的稳定性有很大影响,外流有规律的周期振荡也对边界层的稳定性有很大影响。具体可参阅洛克等(R. J. Loehrke et al.,1975)与戴维斯(S. H. Davis,1976)的概括总结。关于声波的影响可参见雷肖特科(E. Reshotko,

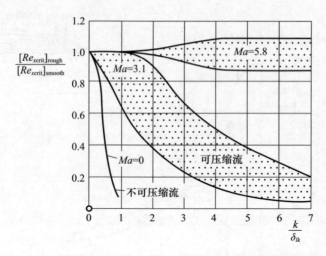

图 15.37 可压缩流中零攻角平板上二维粗糙元对临界雷诺数的影响，源自布林奇(P. F. Brinich,1954)与科尔基(R. H. Korkegi,1956)的测量

k = 粗糙元的粗糙度，δ_{1k} = 粗糙元位置处边界层位移厚度

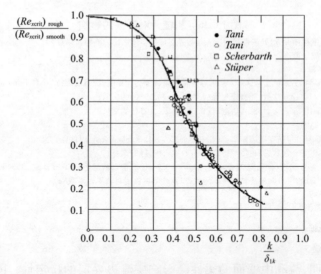

图 15.38 具有粗糙元的零攻角平板上临界雷诺数与光滑平板临界雷诺数的比(H. L. Dryden,1953)

$Re_{xcrit} = Ux_{crit}/\nu$，$k$ = 表面粗糙度，δ_{1k} = 粗糙元处的边界层位移厚度

(源自塔尼等(I. Tani et al.,1940)与史泰博(J. Stuper,1956)的测量值)。

1976)发表的文献。

　　源于重力效应的浮升力会引起10.5节讨论过的自然对流。目前，这些流动中向湍流的转捩以类似于强迫流动转捩的方式进行。由于速度场与温度之间的耦合，即便是基本稳定理论也会得到影响托尔明－施利希廷波的温度波状变化。现已有大量关于这个问题及其他非线性效应的文献,具体可参见格布哈特(B. Gebhart,1973)、格布哈特与马哈詹((B. Gebhart and R. L. Mahajan,1982)以及格布哈特等(B. Gebhart et al. ,1988)发表的文献,也可参见塞韦林与赫维希(J. Severin and H. Herwig,2001)的文献。

在这方面应提及分层的水平边界层,其发生于考虑温度对密度影响的传热过程中。如果上部密度减小,则存在稳定的分层效应,而上部密度增加时,则是不稳定的。除了雷诺数外,(梯度)理查森数 $Ri = -\frac{g}{\rho}\frac{d\rho}{dy}\Big/\left(\frac{\partial U}{\partial y}\right)_w^2$ 对于分层的边界层稳定性也是十分重要的,具体可参见施利希廷(H. Schlichting,1982)的专著第520页。根据施利希廷(H. Schlichting,1935b)的研究,水平平板流动边界层在 $Ri > 1/24$ 时是稳定的。

15.3 三维扰动边界层的不稳定性

15.3.1 引言

15.2 节拓展了关于托尔明－施利希廷波的起始及其在边界层下游增强的基本稳定理论基础。本节中将讨论图 15.5 推导的用来解决转捩区三维扰动起始与 Λ 函数形成的次要稳定理论。基本稳定分析(奥尔－佐默费尔德方程的分析)以边界层解作为基本状态起始。二维托尔明—施利希廷波在下游转捩过程中发生作用。与此类似,局部次要稳定分析采取了不稳定边界层的二维扰动基本状态,并描述了三维扰动的发生及其在下游的发展。

通过对一些实验与数值结果的分析来得到如图 15.5 所示转捩过程的综述。图 15.5 将转捩过程中托尔明－施利希廷波序列、Λ 结构、涡衰减及湍流点的形成描述为完全湍流边界层流动的初始阶段,具体参见埃蒙斯与布莱森(H. W. Emmons, A. E. Bryson,1951/52)、舒鲍尔与斯克拉姆斯塔德(G. B. Schubauer, H. K. Skramstad, 1947)、克莱班诺夫等(P. S. Klebanoff et al. ,1962)、科瓦兹奈等(L. S. G. Kovasznay et al. ,1962)、哈马与努唐(F. R. Hama, J. Nutant, 1963)、奥斯扎克与帕特拉(S. A. Orszag, A. T. Patera, 1983)、赫伯特(T. Herbert, 1983)、瓦里与侯赛尼(A. Wary, M. Y. Hussaini,1984)、斯帕拉特与杨(P. R. Spalart, K. S. Yang,1987)、劳林与克莱泽(E. Laurien, L. Kleiser,1989)等发表的文献。阿纳尔(D. Arnal,1984)给出了关于转捩过程的概括总结。

布雷尔多(L. Brevdo,1993)的"动量响应"稳定理论表明,布莱修斯边界层(平板边界层)是对流不稳定的,因而必然会发生转捩过程。这与绝对不稳定流动中突然出现的不稳定性形成对比。转捩过程中所观察到的平板边界层与平面槽道流动是相似的。图15.39展示了西冈等(M. Nishioka et al.,1975)所进行的槽道流动测量结果。在基本不稳定区,所测得的速度脉动展示了周期性托尔明-施利希廷波的特征信号。其下游的信号特征是所谓尖刺,表明出现了局部的高剪切区域以及速度剖面的拐点。下游更远处,这些尖刺在一个周期内越来越频繁地出现,直至最后形成一个不规则的完全湍流区。数值模拟结果表明,三维剪切层的剪切强度在峰值状态下有较大增长。引入剪切层的衰减引起许多局部极大值以及由此而产生的转捩。与此同时,高剪切区域靠近壁面,形成所谓发长结构,具体可参见克莱巴诺夫等(P. S. Klebanoff et al.,1962)发表的文献。这里周期性的初始扰动产生于采用振荡线的边界层中。下游局部脉动的发展通过 Λ 结构的形成而产生,且随着雷诺数的增加,形成的发长结构靠近壁面(图15.40)。

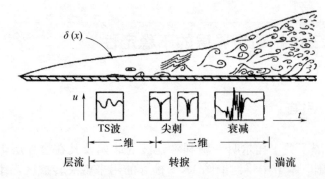

图15.39 在零攻角平板上不同转捩区域中发现的信号(M. Nishioka et al.,1975,1990)

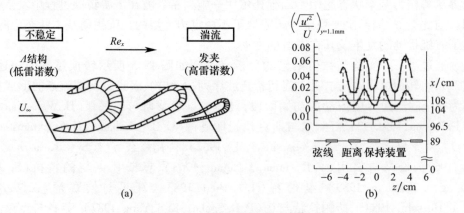

图15.40 平板边界层的三维扰动
(a)随雷诺数 Re_x 增加的 Λ 与发夹结构基本示意图,源自黑德与
班迪奥巴狄里(M. R. Head, P. Bandyopadhyay,1981)的文献;
(b)由局部周期性扰动产生的脉动速度,源自克莱班诺夫等(P. S. Klebanoff et al.,1962)的文献。

根据克莱巴诺夫等(P. S. Klebanoff et al., 1962)、奥斯扎克与帕特拉(S. A. Orszag, A. T. Patera, 1983)以及贝托洛蒂(F. P. Bertolotti, 1991)的研究,可观察到两种转捩过程(离散叠加的周期性振荡),即有谐波或基本的 K 型(K 表示克莱巴诺夫)转捩以及对应所选初始扰动的分谐波 H 型(H 型表示赫伯特)转捩。谐波扰动首次由克莱巴诺夫(P. S. Klebanoff)产生并进行研究,因而以 K 型来命名。图 15.41 展示了由托尔明 - 施利希廷波激发的 Λ 涡序。这些 Λ 涡序通常由分谐波 H 型结构的交错 Λ 涡叠加而产生的。虽然在此次计算实验中被分隔开,但两种转捩机制决定了技术问题中的转捩过程。这些三维振动的起始可用次要局部奥尔 - 佐默费尔德(orr - Sommerfeld)稳定性分析进行研究。

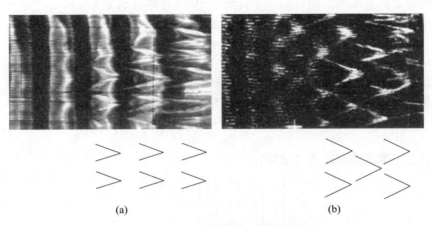

图 15.41 谐波与分谐波扰动边界层中 Λ 结构的烟线[源自班普斯(H. Bippes, 1972)与萨里克(W. S. Saric, 1994)的文献]
(a)基本 K 型转捩;(b)分谐波 H 型转捩。

15.3.2 二次稳定性理论基础

基本稳定性理论中二维托尔明 - 施利希廷扰动被叠加至二维基本流。所得到的运动公式如下:

$$\begin{cases} u_P(x,y,t) = U(y) + u'(x,y,t) \\ v_P(x,y,t) = v'(x,y,t) \\ w_P = 0 \\ p_P = P(x,y) + p'(x,y,t) \end{cases} \quad (15.42)$$

二次稳定性理论解决三维扰动起始的问题。拟设理论基于局部观点将基本稳定分析的解设定为一个新的基本流。其后,基本流与三维扰动叠加。因而所得到的三维扰动具有以下形式:

$$u_S = u_P + u^*, v_S = v_P + v^*, w_S = w^*, p_S = p_P + p^* \tag{15.43}$$

式(15.42)中的 $U(y)$ 与 $P(x,y)$ 为纳维－斯托克斯方程组(完全形成的通道流)的解或具有平行假设的边界层近似值。扰动项 u'、v' 与 p' 可通过采用扰动微分方程式(15.7)~式(15.9)来确定。在式(15.12)与式(15.13)中引入流函数 $\psi(x,y,t)$，可得到奥尔－佐默费尔德方程，即式(15.14)。

为了计算式(15.43)中的三维扰动量 u^*、v^*、w^* 与 p^*，首先需要确定一个适合的坐标系。通过描述坐标系(ξ,y,z)中随具有相速度 c_r 的托尔明－施利希廷波移动的基本流，其中

$$\xi = x - c_r t \tag{15.44}$$

可获得稳定的基本流。假设局部平行流 $V = 0$ 并忽略扰动量 u^*、v^*、w^* 与 p^* 的非线性项。从3个动量方程与连续方程中消去压力 p^* 后，可得到两个扰动量 u^* 与 v^* 的线性偏微分方程。这些方程既不包括 w^*，也不包含 p^*，具体可参见赫伯特(T. Herbert,1988)与奈菲(A. H. Nayfeh,1987)。u^* 与 v^* 的两个微分方程还包含源自托尔明－施利希廷不稳定性的一个扩展参数。如果这种正则化是正确的，则假设了扰动脉动的最大均方值的作用。可得连续方程中的第三个速度分量 w^*：

$$\frac{\partial u^*}{\partial \xi} + \frac{\partial v^*}{\partial y} + \frac{\partial w^*}{\partial z} = 0 \tag{15.45}$$

对于三维扰动可采用尝试解：

$$\left.\begin{matrix}u^*\\v^*\\w^*\end{matrix}\right\} \propto \left\{\begin{matrix}\varphi^*(\xi,y)\\\psi^*(\xi,y)\\\zeta^*(\xi,y)\end{matrix}\right\} \times e^{i(\alpha^* z - \beta^* t)} \tag{15.46}$$

其边界条件为

$$y = 0 \text{ 与 } y \to \infty : \varphi^* = 0, \psi^* = 0, \frac{\partial \psi^*}{\partial y} = 0 \tag{15.47}$$

以上描述了二次稳定性理论的特征值问题。对由此产生的两个耦合微分方程 $\varphi^*(\xi,y)$ 与 $\psi^*(\xi,y)$ 可数值求解。这里 α^* 表示垂直方向次要扰动的波数。弗洛凯理论则可应用于具有周期性系数 ξ 的线性系统。这个特征函数由周期为 $2\pi/\alpha^*$ 的 ξ 函数乘以某些特征系数而构成。

按照赫伯特(T. Herbert,1988)的研究，对应的傅里叶级数尝试解为

$$\left.\begin{matrix}\varphi^*\\\psi^*\\\zeta^*\end{matrix}\right\} \propto e^{-i\delta_r \xi} \cdot \sum_{n=-N}^{+N} \left\{\begin{matrix}\varphi_n^*(y)\\\psi_n^*(y)\\\zeta^*(y)\end{matrix}\right\} \cdot e^{in\alpha^* \xi} \tag{15.48}$$

假设相移系数 δ_r 是实数的，这就是实验中向下游空间发展的二阶不稳定性时间放大理论。此时考虑区间 $0 \leq \delta_r \leq 1/2$ ($\delta_r = 0$ 表示谐波情况；$\delta_r = 1/2$ 表示分谐波情况)。

克莱班诺夫等(P. S. Klebanoff et al., 1962)、卡恰诺夫与列夫琴科(Y. S.

Kachanov, V. Y. Levchenko, 1984)的研究结果表明, 当基本托尔明 – 施利希廷波的振幅足够大时, 二阶不稳定谐波与分谐波扰动随托尔明 – 施利希廷波的相位向下游移动。这导致了可引发转捩过程由主要扰动向次要扰动的最大能量传输。可同时移动的主波和次波在数学上由式(15.46)以纯虚数 β^* 的形式给出。图 15.42 展示了分谐波二阶不稳定的时间放大变化率与垂直方向波数的关系。对于基本托尔明 – 施利希廷波的小振幅 A, 次生波的放大在小波数域中进行。随着基本扰动振幅的增加, 当 $A=0.01$ 时, 次生放大的最大值在托尔明 – 施利希廷波的 6 个周期内增大了 2 个数量级。其伴随垂直方向上放大波段的扩展而发生。

图 15.43 展示了由赫伯特(T. Herbert, 1988)计算得到的放大倍数与斯帕拉特和杨(P. R. Spalart, K. S. Yang, 1986)所进行数值模拟结果的对比。该研究结果表明, 分谐波二阶不稳定性比谐波不稳定性具有更大的放大作用。虽然其与波数的定性相关很好地吻合, 但稳定性理论与数值模拟结果的差异可用不同的理论方法来解释。由上述结果可得出结论, 即分谐波扰动比谐波扰动更加不稳定。

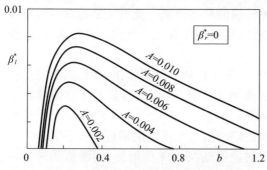
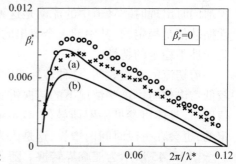

图 15.42 二阶不稳定性的分谐波放大率随波数变化而变化 $b=-10^3$ 与 $\alpha^*/Re = -2\pi \times 10^3/(Re\lambda^*)$ (T. Herbert, 1984) $F=10^6\alpha^* c_r/Re = 10^6\beta_r/Re = 124$; $A=$ 托尔明 – 施利希廷波的放大率。

图 15.43 二阶不稳定性分谐波放大率随垂直方向波数的变化 [$F=58.8, Re=950$, $=0.014$, 理论源自赫伯特(T. Herbert, 1988)的文献] (a) 分谐波, (b) 谐波; 数值模拟由斯帕拉特与杨(P. R. Spalart and K. S. Yang, 1986)提供: : 分谐波, × 谐波。

次生稳定理论有效性的验证如图 15.44 所示, 其与克莱班诺夫等(P. S. Klebanoff, et al. , 1962)的实验结果进行了对比。

为更加详细地描述边界层中层流向湍流的转捩, 也可参考纳拉辛哈(R. Narasimha, 1985)、博伊科等(V. Boiko et al. , 2002)与森古普塔(T. K. uoSengupta, 2012)的文献。

稳定性理论与实验的结合有助于进一步认识较宽流动范围内一些边界层中湍流的产生原因。然而在其他情况下线性稳定性不适用于湍流起始点。这些情况下湍流的起始是突然的, 涉及完全不同的事件序列, 特别是当许多尺度的湍流或多或

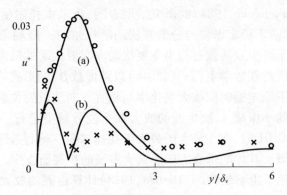

图 15.44　分谐波特征运动的 u^* 扰动无量纲分布 [$F=124$; $b=0.38$; $Re=608$; $A=0.0122$;
$\delta_\nu = \sqrt{x\nu/U}$,理论源自赫伯特(T. Herbert,1988)的文献
实验结果源自克莱班诺夫等(P. S. Klebanoff, et al., 1962)的文献]
(a): 脉动最大值;(b) × 脉动最小值。

少地同时出现时。管道中的流动是这种转捩的典型范例。此类流动通常对所有线性振动都是稳定的,其中的一个突出的特性是转捩没有可重复的临界雷诺数,这作为线性不稳定的特性。

剪切流的实验表明,这种转捩通常不会发生在达到临界雷诺数时,而是发生在较低雷诺数时。这些情况下的转捩机制称为亚临界,这是因为其发生在线性稳定值以下,具体可参见格罗斯曼(S. Grossmann,2000)。剪切流的线性扰动即便是稳定的,也会在一段时间内增长,这是因为稳定的概念与扰动的渐近增长有关。

图 15.45 所示为亚临界转捩。随着初始扰动振幅 A 的增加,向湍流的转捩发生于小雷诺数 Re_{ind} 时。转捩线应被解释为可能扰动的所有稳定线的包络线。

转捩过程可分为不同的阶段,如图 15.5 所示。

第一阶段通常称为感受阶段,其与流动中的扰动相关。感受性通常是对实际流动状态进行转捩预测的最困难过程。其需要关于外界扰动环境的知识以及将扰动映射至增长的本征模机制。

第二阶段为以边界层中托尔明－施利希廷波为基本不稳定性的线性发展阶段,其中小扰动被放大直至非线性相互作用变得重要。这种放大可以是本征模的指数级增长形式、最优扰动的非模态增长和强迫的非模态响应。

一旦扰动达到有限的振幅,其通常会饱和并将流动转变为一个新的状态。只有在少数情况下基本不稳定将流动引入湍流状态;相反,新的不稳定流动变为二阶不稳定性发展的基本流动。二阶不稳定可看作更复杂流动的新的不稳定。许多情况下转捩过程的这个阶段要比基本不稳定占优的阶段更为迅速。

第三阶段是破碎阶段,此时非线性与更高阶不稳定性激发了流动中越来越多的尺度与频率。这个阶段往往比线性阶段和二阶不稳定阶段都要快。

将转捩过程划分为感受、线性增长、非线性饱和、二阶不稳定及破碎等阶段,肯定会使转捩过程理想化,这是因为不能总期望所有阶段均以明确的方式发生。然而,它们通常提供了很好的观察转捩的框架,甚至也适用于复杂的流动。

图 15.46 所示为与图 15.45 所示平板转捩过程相对应的低与高自由流湍流度下的转捩过程。第一阶段可观察到边界层中由自由流局部涡流扰动形成的条纹,具体可参见弗兰森(J. H. M. Franssen et al.,2005)发表的文献。条纹沿展向调节边界层。第二阶段包括伴随高频波包产生的后续条纹发展以及由包括托尔明 - 施利希廷波与二阶不稳定性相互作用而产生的初始点。转捩的第三阶段包括用来完成边界层由层流向湍流转捩的湍流点的发展及其相互作用。

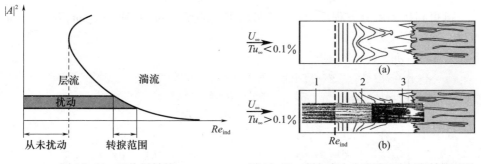

图 15.45　亚临界转捩　　　　图 15.46　低与高自由流湍流度下的转捩过程

15.3.3　弯曲壁面边界层

1. 弯曲壁面边界层

技术应用中,壁面曲率的影响是相当重要的。高特勒(H. Görtler,1940a)为此提出了相关拐点的托尔明不稳定判据的推广。托尔明定律表明,非常高雷诺数的极限(无黏流)条件下存在 d^2U/dy^2 符号变化的平直壁面速度剖面是不稳定的。假设弯曲壁面具有下列形式:

$$\left(\frac{d^2u}{dy^2}+\frac{1}{R}\frac{dU}{dy}\right) \tag{15.49}$$

则引起无黏不稳定性。其中 R 为壁面的曲率半径,$R>0$ 表示外凸,而 $R<0$ 表示内凹。因此,二维扰动的不稳定性刚好发生于凸壁最小压力值之前、凹壁(增稳)最小压力值之后。然而,保持比值 $\delta/|R|\ll 1$(δ 为边界层厚度)的壁面曲率对边界层影响通常非常小。对于凹壁,包含关于特定三维扰动的一种完全不同不稳定性更加重要,后面将予以讨论。

2. 凹壁边界层

虽然三维扰动在凹壁的离心力影响是增稳的,但如高特勒(H. Görtler,1940b)所示,离心力对凹壁附面层的作用引起三维扰动的不稳定。对于基本流 $U(x,y)$ 与 $V(x,y)$（y 为距壁面的距离,z 为壁面上垂直于基本流的方向）,假设以下形式的扰动：

$$\begin{cases} \dfrac{u}{U_\infty} = U(x,y) + u'(x,y,z) \\ \dfrac{v}{U_\infty} = V(x,y) + \dfrac{\nu}{\delta_\nu U_\infty} v'(x,y,z) \\ \dfrac{w}{U_\infty} = w'(x,y,z) \\ \dfrac{p}{\rho U_\infty^2} = P(x,y) + \dfrac{\nu^2}{\delta_\nu^2 U_\infty^2} p'(x,y,z) \end{cases} \tag{15.50}$$

可得到扰动微分方程（具体参见弗洛雷安与萨里奇（J. M. Floryan, W. S. Saric, 1979,1982）的文献）：

$$\begin{cases} \dfrac{\partial u'}{\partial x} + \dfrac{\partial v'}{\partial y} + \dfrac{\partial w'}{\partial z} = 0 \\ u'\dfrac{\partial U}{\partial x} + U\dfrac{\partial v'}{\partial x} + v'\dfrac{\partial V}{\partial y} + V\dfrac{\partial v'}{\partial y} = \dfrac{\partial^2 u'}{\partial y^2} + \dfrac{\partial^2 u'}{\partial z^2} \\ u'\dfrac{\partial V}{\partial x} + U\dfrac{\partial v'}{\partial x} + v'\dfrac{\partial V}{\partial y} + V\dfrac{\partial v'}{\partial y} + 2Go^2 Uu' = -\dfrac{\partial p'}{\partial y} + \dfrac{\partial^2 v'}{\partial y^2} + \dfrac{\partial^2 v'}{\partial z^2} \\ U\dfrac{\partial w'}{\partial x} + V\dfrac{\partial w'}{\partial y} = -\dfrac{\partial p'}{\partial z} + \dfrac{\partial^2 w'}{\partial y^2} + \dfrac{\partial^2 w'}{\partial z^2} \end{cases} \tag{15.51}$$

其中,垂直与平面方向的坐标与平面法向坐标和 $\delta_\nu = \sqrt{\nu x/U_\infty}$ 相关,而 x 坐标因向下游的缓慢发展而与 $Re \cdot \delta_\nu$ 相关。式(15.51)所示方程组中的唯一参数即高特勒数的平方

$$Gö = \dfrac{U_\infty \delta_\nu}{\nu} \sqrt{\dfrac{\delta_\nu}{R}} \tag{15.52}$$

为凹壁局部曲率半径 $R > 0$ 的度量。

虽然此处平行流假设 $V = 0$ 并不成立,具体可参见霍尔（P. Hall,1982）与弗洛雷安（J. M. Floryan,1991）的文献,但可假设 U、V 和 P 与 x 无关,这样可采用局部波拟设：

$$\begin{cases} u'(x,y,z) = U(y)\cos(\alpha z) \cdot e^{\beta x} \\ v'(x,y,z) = V(y)\cos(\alpha z) \cdot e^{\beta x} \\ p'(x,y,z) = P(y)\cos(\alpha z) \cdot e^{\beta x} \\ w'(x,y,z) = w^*(y)\sin(\alpha z) \cdot e^{\beta x} \end{cases} \tag{15.53}$$

式中：实参量 β 为空间增强（$\beta > 0$）或阻尼（$\beta < 0$）；$\lambda = 2\pi/\alpha$ 则为垂直于主流方向的扰动波长。因此振动具有图 15.47 所示的形式,其涡的轴线平行于基本流动方向。不同于托尔明-施利希廷波,这些波为驻波。

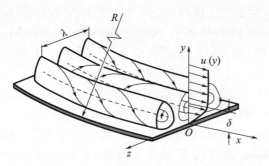

图 15.47　凹壁边界层中的高特勒涡
$U(y)$:基本分布;δ:边界层厚度;λ:基本扰动的波长。

这些三维扰动的空间放大计算引出特征值问题。时间特征值问题的首个近似解由高特勒(H. Götler,1940b)提出。该理论的进一步发展可在高特勒(H. Götler, 1955ab)发表的文献中找到,舒尔茨－格鲁诺与贝巴哈尼(F. Schultz － Grunow; D. Behbahani,1973)考虑所有一阶项建立了更精确的理论。

克劳塞(F. Clauser,1937)和利普曼(H. W. Liepmann,1943a,1945)进行的凹壁与凸壁边界层实验验证了向湍流转捩的存在。图 15.48 展示了利普曼基于凹壁与凸壁边界层实验的研究结果。图 15.48(a)证实了凸壁曲率对临界雷诺数影响较小以及凹壁临界雷诺数小于凸壁临界雷诺数的理论预测。由图 15.48(b)可发现数值系数等于高特勒数的参数$(U_\infty \delta_{2\,\text{crit}}/\nu)\sqrt{\delta_{2\,\text{crit}}/R}$与$\delta_2/R$的关系。转捩发生于

$$\frac{U_\infty \delta_{2\,\text{crit}}}{\nu}\sqrt{\frac{\delta_{2\,\text{crit}}}{R}} > 7 \tag{15.54}$$

也可参见比皮斯(H. Bippes,1972)与伊托(A. Ito,1987)发表的文献。

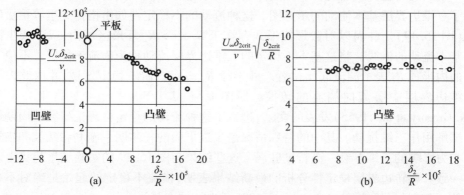

图 15.48　小弯曲壁完全转捩(下标为 crit)位置的测量值(H. W. Liepmann,1943a,1943b)
(a)临界雷诺数 $Re_{2\text{crit}} = U_\infty \delta_{2\text{crit}}/\nu$;(b)高特勒数 $\ddot{Go}_2 = (U_\infty \delta_{2\text{crit}}/\nu)\sqrt{\delta_{2\text{crit}}/R}$。

高特勒指出,这种不稳定性也可能发生于流体中靠近物体前驻点的位置。凹流线在速度增加一侧的条件是有效的。高特勒(H. Görtler, 1955b)与安培林(G. H. ammerlin, 1955)所进行的平面驻点流计算得到了不稳定扰动,但无临界雷诺数作为稳定性极限。

分离流再附于平壁面与曲壁面区域内的流线也是如此。此外,弗洛雷安(J. M. Floryan, 1986, 1991)指出,如果附近存在非单调的速度剖面,也可能在凸壁上存在高特勒不稳定性。凹面曲率壁上基本泰勒 - 高特勒不稳定性中的二阶不稳定性已由塔尼(I. Tani, 1962)、塔尼与艾哈拉(I. Tani, Y. Aihara, 1969)、沃特曼(F. X. Wortmann, 1969)及萨里克(W. S. Saric, 1994)等进行了实验研究。

二阶泰勒 - 高特勒不稳定性理论是最近几年才发展起来的。赫伯特(T. Herbert, 1988)、马利克与侯赛尼(M. R. Malik, M. Y. Hussaini, 1990)、纳耶夫(A. H. Nayfeh, 1981)、斯里瓦斯塔瓦(K. M. Srivastava, 1985)、斯里瓦斯塔瓦与达拉曼(K. M. Srivastava, U. Dallmann, 1987)以及纳耶夫与阿尔马伊塔(A. H. Nayfeh, A. Al - Maaitah, 1987)通过对转捩过程的数值模拟扩展了稳定性理论的预测。目前,这些都被限制于考虑凹壁曲率的二维边界层流动。研究结果表明,二阶不稳定转捩过程是由具有周期性叠加曲流型纵向结构的基本泰勒 - 高特勒涡拉伸引起的。这些波的不稳定性具有与泰勒(具有曲率的库埃特流动)经典稳定问题及周期性纵向拉伸变形与涡拉伸耦合的瑞利 - 贝纳德(不稳定水平分层)经典稳定问题相类似的特性。

15.3.4 转盘边界层

现以旋转盘为例研究由二维边界层向三维边界层基本流动的扩展。图 5.8 展示了三维边界层基本流动的示意图。这种流动的不稳定性如由格雷戈里等拍摄的图(图 15.49)。驻涡以对数螺旋形式存在于 $R_i > r > R_o$ 环形区域内,或多或少沿着基本流动的流线。将这基本不稳定的三维边界层流动称为横流不稳定。不稳定环的内半径 R_i 表示湍流起始位置。外半径 R_o 表示二阶不稳定区域,并由此表示三维边界层中层流向湍流的转捩。斯图亚特(J. T. Stuart)[参见格里高里等(N. Gregory et al., 1955)发表的文献]进行了这种流动的稳定性理论研究。周期性尝试解用作三维扰动。其中的特殊情况是步进平面的托尔明 - 施利希廷波和描述离心力影响的三维泰勒 - 高特勒驻涡。这些结果与图 15.49 的实验结果趋势上基本一致。旋转边界层稳定性分析的最新结果表明,横流不稳定的起始是绝对不稳定的(可参见灵伍德(R. J. Lingwood, 1995, 1996)的文献)。

转捩区域与二阶不稳定的起始已由小滨(Y. Kohama, 1987b)实验确定。垂直于弯曲流线的离心力引起二次速度分量,这个二次速度分量会引起横流不稳定。边界层中的二次流在壁面方向上被视为附加速度分量。这导致稳定涡旋向相反方

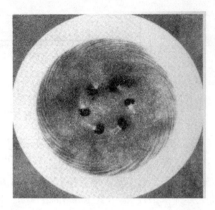

图 15.49 静止流体中圆盘边界层由层流向湍流转捩的特写
（N. Gregory et al. ,1955），$N=3200\text{r}/\min$,圆盘半径 15cm。
驻涡形成于环形区域（内半径 $R_i=8.7\text{cm}$,外半径 $R_o=10.1\text{cm}$）。内半径为
$Re_i=R_i^2\omega/\nu=1.9\times10^5$ 时的稳定性极限,而外半径则在 $Re_o=R_o^2\omega/\nu=2.8\times10^5$ 时实现转捩。

向旋转。这些在图 15.50 中表示为由烟气产生的烟线。实验表明,三维边界层向湍流的转捩是由叠加在基本横向不稳定性的二次涡环产生的,具体可参见小滨（Y. Kohama,1987b）发表的文献。基本横流和二次横流不稳定的无差别雷诺数与转速的相关性如图 15.51 所示。

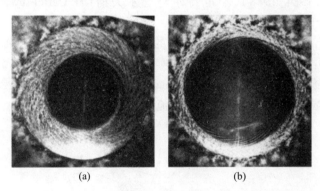

图 15.50 旋转圆盘边界层的转捩特写（Y. Kohama,1987b）
（a）$\omega=524\text{s}^{-1}$；（b）$\omega=199\text{s}^{-1}$,$R_o=200\text{mm}$；
基本横流不稳定起始时的无差别雷诺数 $Re_{\text{ind}}=R_{\text{ind}}^2\omega/\nu=8.8\times10^4$。

15.3.5 三维边界层

15.3.4 节描述了二维不可压边界层的二次稳定理论以及曲率与出现三维边界层中横流不稳定性的影响。本节将讨论具有速度分量 $U(y)$ 与 $W(y)$ 的常见边

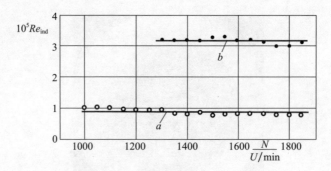

图 15.51　旋转圆盘边界层中基本横流(a)与二阶横流(b)不稳定
起始的无差别雷诺数 Re_{ind}(R. Kobayashi et al.,1980)

界层二次稳定理论的最简单情况。另外,假设在局部稳定性分析所选择位置上奥尔－佐默费尔德方程所需经典平行流假设近似有效。这一条件适用于高展弦比机翼边界层,并在本节中进行相应的限制。

横流不稳定性最早由格雷(W. E. Gray,1952)通过实验观测到。萨里克与耶茨(W. S. Saric, L. G. Yeates,1985)以及比皮斯与尼施克·考斯基(H. Bippes, P. Nitschke - Kowsky,1987)已进行了关于后掠翼三维边界层稳定性的实验研究。

格里高里等(N. Gregory et al.,1955)研究了应线性稳定问题的理论公式。马克(L. M. Mack,1984,1988)、小厄特尔与德尔夫斯(H. Oertel Jr., J. Delfs,1995,2005)推动这个问题进一步发展。

图 15.52 给出了所考虑边界层分布的基本示意图,并给出了机翼上基本不稳定与湍流边界层之间的区域。自由飞行实验表明,平直翼亚声速时 15.2.4 节中所研究托尔明－施利希廷转捩(Times newman)占主导。图 15.52 还展示了边界层不稳定区域内的局部扰动会引起尖楔状层流向湍流的突然转捩。

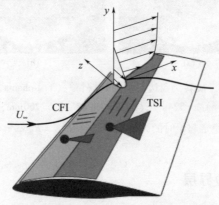

图 15.52　后掠翼三维边界层中不同不稳定性的示意图
TSI:托尔明－施利希廷不稳定性;CFI:横流不稳定性。

横流不稳定性的叠加只出现于机翼后掠的跨声速区域。这是因为沿机翼的附加压力梯度以及边界层随后转为三维边界层的事实。

芬宁格(W. Pfenninger,1965)和波尔(D. I. A. Poll,1979)进行了机翼鼻部附着线处第三种不稳定性的实验研究,而霍尔等(P. Hall et al. ,1984)则进行了理论研究。

图 15.53 中利用固定雷诺数的不稳定区域的波数图给出了何种波具有横流不稳定性。只有超过临界雷诺数时才会在下游出现托尔明-施利希廷波。然而,需要注意的是,这种情况下雷诺数非常小,因而在这种阻尼情况下存在很强的摩擦效应。为便于比较,还包括了平板边界层不稳定区的二维速度分布的不稳定区域。具有比三维边界层更大侧向角 $\varphi = \arctan(\beta/\alpha)$ 的二维边界层不稳定波是典型的类型。波数图中二维边界层无差别曲线 $\omega_i = 0$ 因其特征形式而称为肾形曲线。

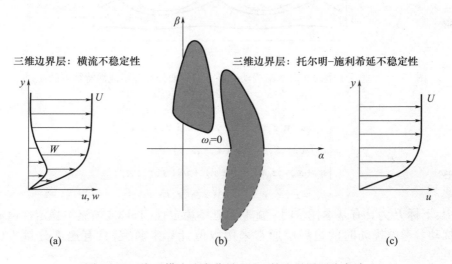

图 15.53　有无横流速度分量 $W(y)$ 的边界层不稳定波

同样典型的横流不稳定性出现于扰动驻涡。当这些扰动驻波的角频率为 $\omega_r = 0$ 时,其被称为零赫兹模式。其波的法线垂直于边界层边缘下游方向。相对于高特勒纵向涡,其以相同的方向旋转。这些驻波在实验中是可见的,如向流动中注入烟雾后在下游方向产生清晰的流场结构(图 15.54)。然而经增加的最大扰动波通常是不稳定的且以大角度 φ 传播,即横向传播至下游的 x 方向。图 15.55 展示了特定三维边界层流动特征值问题的稳态横流涡特征解的流线。理论结果与阿纳尔等(D. Arnal et al. ,1984)和里德(H. L. Reed,1985)的研究结果一致。

由式(15.42) ~ 式(15.48)可发展基本横流不稳定性(CFI)与基本托尔明-施利希廷波的二次不稳定理论。式(15.42)可扩展为

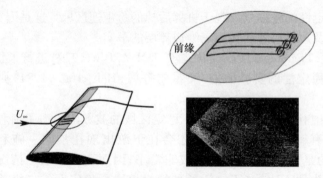

图 15.54　三维边界层中的横流不稳定性(Y. Kohama,1987a)

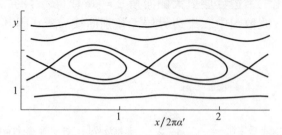

图 15.55　垂直于壁面和沿基本扰动扩展方向截面处稳态横流涡特征解的流线
$\sigma_r = 1/4, v = V + \varepsilon'v', \varepsilon' = 0.069$

$$\begin{cases} u_P(x,y,z,t) = U(y) + u'(x,y,z,t) \\ v_P(x,y,z,t) = v'(x,y,z,t) \\ w_P(x,y,z,t) = W(y) + w'(x,y,z,t) \\ p_P = P(x,y,z) + p'(x,y,z,t) \end{cases} \quad (15.55)$$

式中:下标 P 为具有基本托尔明－施利希廷不稳定性(TSI)或横流不稳定性(CFI)的扰动。考虑扰动时的边界层通常采用数值计算来研究,具有速度分量 $U(y)$ 与 $W(y)$。

根据式(15.43),二次托尔明－施利希廷不稳定性与横流不稳定性的拟设为

$$u_S = u_P + u^*, v_S = v_P + v^*, w_S = w_P + w^*, p_S = p_P + p^* \quad (15.56)$$

仍忽略扰动 u^*、v^*、w^*、p^* 的二次项,可得这些量的线性扰动方程。这些线性扰动方程由赫伯特(T. Herbert,1988)、纳耶夫(A. H. Nayfeh,1987)和小奥特尔(H. Oertel Jr. ,1995)给出。还采用源自式(15.44)的坐标 ξ,其中 c 可以是托尔明－施利希廷波的相位速度 c_{TS},也可以是横流不稳定性中某一模态的相位速度 c_{CF}。存在驻波情况下,$\xi = x$ 垂直于波阵面。此处 y 为与波正交的方向,而 z 则为壁面中垂直于 ξ 的坐标。

具有特定边界条件的式(15.46)中三维扰动波的拟设仍会引出需要进行求解的特征值问题。值得注意的是,基本稳态横流不稳定性($c_{CF} = 0$)的空间增强可以

随时间变化的稳定理论来近似表述,具体可参见纳耶夫与帕迪(A. H. Nayfeh and A. Padhye,1979)的文献。

垂直于基本横流涡截面上整体不稳定流场的瞬时流线序列如图15.56所示。结果表明,二次扰动波在基本横流涡附近振荡,并周期性涨落。采用稳定理论计算的周期性脉动和萨里克与耶茨(W. S. Saric and L. G. Yeates,1985)应用热线测量的结果一致。这种周期性脉动触发了三维边界层中层流向湍流的横流转捩,正如三维边界层流动中托尔明 – 施利希廷不稳定的 Λ 涡所做的那样。

除稳定性分析外,还通过纳维 – 斯托克斯方程组的数值解来直接模拟向湍流的转捩过程。图15.57展示了马赫数 $Ma_\infty = 0.62$ 与雷诺数 $Re_L = 26 \times 10^6$ 条件下机翼三维边界层中托尔明 – 施利希廷转捩与横流涡转捩的模拟结果,同时还给出了旋转轮廓面 $\omega = \nabla \times v$。托尔明 – 施利希廷波的转捩过程始于平面下游行波。如图15.5所示,施加三维扰动时就会形成 Λ 结构(基本的转捩类型)。这种 Λ 结构是存在局部剪切且峰值处具有过盈速度的区域。其在区域范围内周期性地排列并形成彼此之间周期有序的若干行。这种 Λ 结构的出现与高自由剪切层的存在有关。这种结构是远离壁面处(图15.41)剪切应力呈现局部最大值的位置。随着转捩的进行,高剪切速率衰减为越来越小的结构,形成最终的湍流状态。这种剪切层的衰减发生于托尔明 – 施利希廷波的波长范围内。

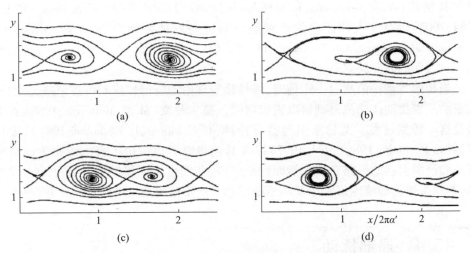

图15.56 垂直于壁面且沿基本扰动方向扩展的截面上二阶横流波的瞬时流线
(源自费舍尔与达拉曼(T. M. Fischer, U. Dallmann,1987)的文献)
$\varepsilon' = 0.069, \varepsilon^* = 0.05$;a、b、c、d:基本横流涡的周期序列;$v = V + \varepsilon' v' + \varepsilon^* v^*$。

横流涡的转捩过程机理是相似的。Λ 结构的形成与高剪切率和峰值扰动量的脉动有关。在转捩的最终状态,其在很短的距离内衰减为湍流边界层流动。

除转捩实验外,转捩过程的直接流动模拟可用来研究如初始条件影响的非线

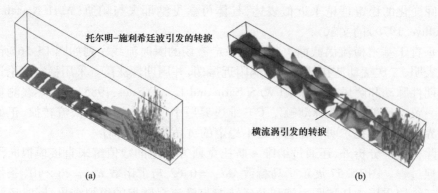

图15.57 可压缩机翼边界层中层流向湍流转捩($Ma_\infty = 0.62, Re_L = 26 \times 10^6$)

性转捩过程。层流向湍流的转捩受到自由流中声波或湍流等扰动的影响。附加脉动叠加于基本的无扰动边界层上。这些脉动加快或减缓三维扰动波的增强,因此也是决定转捩区域尺度的因素。奥布雷姆斯基研究团队(H. J. Obremski et al.,1969)中的莫尔科文及莫尔科文(M. V. Morkovin, 1988)、美国戈德堡的雷肖特科(E. Reshotko in U. Goldberg, E. Reshotko, 1984)将自由流中扰动引起的转捩区影响称为感受性。自由流中的扰动决定了初始条件的振幅、频率与相位。戈德斯坦与赫尔特格伦(M. E. Goldstein, L. S. Hultgren, 1989)、萨里克等(W. S. Saric et al., 1984, 2003)以及北大西洋公约组织航空研究与发展咨询组(Advisory Group for Aeronautical Research and Development, AGARD)发布的报告与文献(1994)总结概括了这方面的研究结果。

当初始扰动幅值超过一定值时,线性稳定理论的弱增加扰动可被忽略,二次不稳定的三维扰动或湍流班则得以直接增强。莫尔科文(M. V. Morkovin, 1988)首次提及这个转捩过程。戈德斯坦与雷肖特科(U. Goldberg, E. Reshotko, 1984)、雷肖特科(E. Reshotko, 1986, 1994, 1997)以及其他研究者也讨论了自由流中表面粗糙度与湍流所引起的旁路转捩。然而,关于这些非线性转捩机制的理论并非本章主题,本章所讨论的范围仅限于基本不稳定和二次不稳定的局部线性稳定理论。

15.4 局部扰动

15.3节讨论基本稳定性时,详细阐述了采用以单波长波为基础的扰动研究流动不稳定性的方法。本节并不认可每个可实现的扰动作为空间(通常为时间)局部激励的响应。由于经典稳定分析中单色波扰动在定义上是空间无限扩展的,因此它们最初并不代表空间有限扰动(波包)的特性。根据傅里叶(J. B. Fourier)的研究,局部扰动是模态连续的,即由一系列波构成。流体动力学不稳定性则代表对涡量场的扰动,其相速度 $c = \omega/\alpha$ 取决于波长 $\lambda = 2\pi/\alpha$。这个所谓色散波扩展明显地表明,来自局部振动激励的波包会随时间增加而衰减。

考虑波包扰动而非单色波扰动的概念优势在于扰动能量定位在波包中。因此,有可能确定微扰动能量的输运(方向与速度)及其阻尼。波包动力学理论框架下考虑不稳定流动则意味着将流动分成几个部分。如果不稳定且由此吸收能量的扰动波包在时间上渐进离开模拟位置,则流动是对流不稳定的。另外,如果存在处于扰动位置包含不稳定部分的波包(即无能量输运),则流动是绝对不稳定的。

由分散波理论可知,扰动能量以群速度 $c_g = \partial\omega/\partial\alpha$ 而非波的相速度进行传输。值得注意的是,三维边界层中不仅波包的幅值与相速度不同,而且其方向也不相同。

在此将不再详细讨论局部扰动的动力学数学描述。布里格斯(R. J. Briggs, 1964)采用这个理论对等离子体射流的不稳定性进行了全面研究。加斯特(M. Gaster, 1968)(波包)、科赫(W. Koch, 1985)、于埃尔与蒙克维茨(P. Huerre, P. A. Monkewitz, 1985, 1990)、戴斯勒(R. J. Deissler, 1987)、内曼与小奥特尔(K. Hannemann, H. Oertel Jr., 1989)、小奥特尔(H. Oertel Jr., 1990, 2001, 2002, 2010, 2016)、小奥特尔与德尔夫斯(H. Oertel Jr., J. Delfs, 1995, 1996, 1997, 2005)以及布雷沃多(L. Brevdo, 1991, 1993, 1995)将该理论应用于剪切流动。

现分析三维可压缩边界层中三维波包的特性。与二维扰动的研究不同,横波数 β 也会出现于色散关系函数 $D(\omega, \alpha, \beta)$ 中,其根实质上由代表复数 ω、α、β 稳定性特征问题的解 (ω, α, β) 组合给出。考虑到平面参照系中扰动波包在以群速度 (U, W) 移动时波幅的变化。所观测到的频率为

$$\omega' = \omega - \alpha \cdot U - \beta \cdot W \tag{15.57}$$

如同二维情况那样,还必须找到群速度矢量 $(\partial\Omega/\partial\alpha, \partial\Omega/\partial\beta)$ 为实数的波。复频率函数 $\Omega(\alpha, \beta)$ 则由 $D(\Omega(\alpha, \beta), \alpha, \beta) = 0$ 来定义。相对时间放大率 ω'_i 则不仅为 $U = \partial\Omega/\partial\alpha$ 的函数,还是群速度的函数。当相对时间放大率包络 (U, W) 平面中 $\omega'_i > 0$ 的区域,高度线 $\omega'_i = 0$ 具有特殊的意义。因此这个区域代表对波包具有时间渐进贡献的扰动。图 15.58 包含了后掠机翼上两个代表性位置具有时间放大区域的图。(b)图表示通过计算而得到的靠近后掠机翼前缘位置处,即横流不稳定区域的 $\omega'_i = 0$ 典型曲线。(a)图则展示了机翼上下游更远位置的相同曲线,那里存在托尔明-施利希廷不稳定性。可发现两种不稳定性均具有对流特性,就像这两种情况下原点 $(U, W) = (0, 0)$ 并不包含在 $\omega'_i > 0$ 区域中一样。这两种情况下增长的扰动能量被输运至下游。$\omega'_i = 0$ 曲线的切线决定了这些增强扰动仍存在的角域。横流不稳定性存在的情况下,角的范围非常窄且基本位于上游。值得注意的是,相关的不稳定性实际上是沿垂直于下游方向运动的波,这种现象清楚地显示出群速度与相速度的基本差异。

既然已经确定横流不稳定性本质上是对流的,且其在下游会引起空间扩展的转捩过程,则可得跨声速后掠机翼边界层波包放大率 $g_{max} = [(\omega_i - \alpha_i \cdot U - \beta_i \cdot W)/$

$\sqrt{U^2+W^2}\,]_{\max}$。图 15.59 展示了后掠角为 15°~25°时波包扰动的特征值、特征函数及横流不稳定区域,该结果源自奥特尔与斯坦克(H. Oertel Jr. and R. Stank,1999)的文献。发展层流后掠机翼过程中,避免横流不稳定性是至关重要的,这是因为这些不稳定性会诱发已经存在于前缘的转捩过程中。采用稳定性分析方法可将后掠机翼设计参数的范围限定在不必采用主动控制措施的区域(自然层流性能)。其中的一个参数就是后掠角。另一个相同的自由流中存在临界后掠角范围,在这个后掠角范围转捩过程中由托尔明-施利希廷不稳定性主导转变为由横流不稳定性主导。

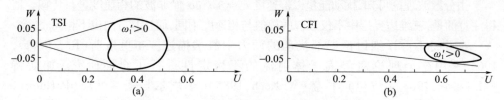

图 15.58 群速度平面(U,W)中托尔明-施利希廷不稳定性(TSI)(a)与横流不稳定性(CFI)(b)的相对时间增强区域

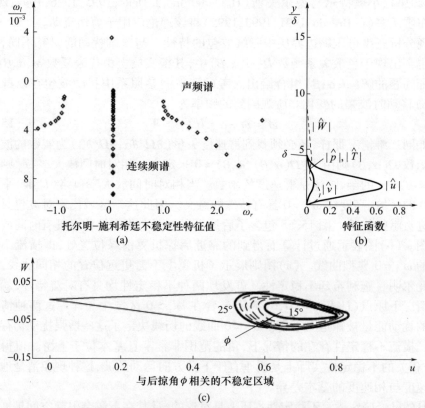

图 15.59 可压缩后掠翼边界层中的特征值、特征函数与横流不稳定性区域
($Ma_\infty = 0.87, Re_L = 26 \times 10^7$)

第四篇 湍流边界层

第四篇　湍流边界层

第16章
湍流流动基础

16.1 引言

实际应用中所遇到的大多数流动都是湍流。这个术语表示主流叠加有不规则脉动(掺混或涡旋运动)的运动。图16.1(a)~(d)展示了这种情况即水道中的湍流流动照片。通过散布粉末实现流动的可视化。所有4幅照片中的速度均相等,但用于拍摄的相机则沿水道轴线以不同速度移动。由图16.1很容易推断出流体质点的速度大于或小于相机速度。这些图进一步加深了对于湍流流动复杂的深刻认识。

图16.1 由可变移动速度相机抓拍的6cm宽水道中的湍流流动
(由尼古拉兹拍摄,托尔明发表)
(a)相机移动速度12.2cm/s;(b)相机移动速度20.0cm/s;
(c)相机移动速度25.0cm/s;(d)相机移动速度27.6cm/s。

叠加于主运动之上的脉动运动细节是如此的复杂,以致从理论上进行描述似乎是徒劳的。然而,由此所产生的掺混运动对于流动过程以及力的平衡具有非常重要的意义。这种运动使得黏度似乎是实际值的上万倍。高雷诺数条件下能量由基本流向大涡旋流动。另外,能量耗散主要发生于小的涡旋中,主要位于壁面附近边界层中的狭窄地带。这种情况由克勒班诺夫(P. S. Klebanoff,1955)给出了相关的描述,并将在16.3.3节和17.1.2节加以讨论。

湍流掺混流动对于管道湍流的大阻力、船舶与飞机所遇到的摩擦阻力及涡轮与涡轮压缩系统的损失均具有重要的意义。另外,只有湍流才有可能造成扩压器中或沿飞机机翼与压气机叶片的大压升。在不存在湍流的层流流动中,这些流动则表现为分离,因而扩压器内只会产生很小的压升,且机翼与叶片的性能也变得很差。

后续章节将讨论充分发展的湍流流动定律。由于脉动的复杂性,只有在少数特殊情况下才有可能对湍流进行纯粹的数值计算。因此实践中需要确定湍流运动的时间平均值。

然而在建立只有平均运动的方程过程中存在基础性的困难。由于湍流脉动与平均运动存在强耦合关系,当试图通过对纳维-斯托克斯方程进行时间平均运动来写出基本方程时,会出现附加项。这些附加项为平均运动的计算提供了附加的未知数。因此,在形成纳维-斯托克斯方程的时间平均形式时,存在比方程数更多的未知项。这些将稍后讨论。为了封闭运动方程组,需要额外的方程。这些方程将脉动运动的附加项与平均运动的速度场联系起来。这些方程不再单纯地由质量守恒、动量守恒与能量的守恒而建立。相反,其为模型方程,用来模拟脉动运动与平均运动之间的关系。为封闭方程组而建立的模型方程称为湍流模型,是计算湍流平均运动的核心问题。

16.2节将推导湍流平均运动的基本方程。由于湍流脉动模型是封闭方程组所必需的,16.5节将提出一些重要的基本概念。

16.2 平均运动与脉动

当深入分析湍流时,一个值得关注的重要特征是空间固定点处速度与压力并未在时序上保持恒定,而是呈现出不规则的脉动(图15.15)。主流方向及其垂直方向存在脉动的流体单元并非气体运动理论所假设的分子个体,而是肉眼可见的"流体球"或涡流的尺寸变化的"团块"。如通道流动中的速度脉动只占平均速度的很小百分比,但其依然是整个运动过程中的决定因素。应以这样的方式来想象这些脉动,即某些大体积的流体具有其特有的运动,而这种运动则是叠加于平均运动之上的。这种涡流可很容易地呈现于图16.1(b)~(d)的流动图像中。这些涡旋不断地出现然后解体,其大小反映了涡旋的空间范围。因此,涡旋的大小由流动的外部条件决定,如流体渡过的蜂窝网格。16.5节将提出一些与这样脉动相关量级的定量测量。

自然风中的这些脉动可轻易地被识别为风暴。此处这些风暴通常为平均速度的 50%。例如，风中涡旋的大小可从玉米地中所形成的图样来判断。

由第 15 章可知，计算湍流运动时将运动分解为平均运动与脉动运动是十分有效的。如果将速度分量 u 的时均值表示为 $\bar{u}$，将脉动速度表示为 u'，则速度分量与压力可表示为

$$\begin{cases} u = \bar{u} + u' & (16.1a) \\ v = \bar{v} + v' & (16.1b) \\ w = \bar{w} + w' & (16.1c) \\ p = \bar{p} + p' & (16.1d) \end{cases}$$

如同式(15.2)所示，不可压湍流(第 19 章)中密度 ρ 与温度 T 也会脉动：

$$\rho = \bar{\rho} + \rho', T = \bar{T} + T' \tag{16.1e}$$

这种平均为空间固定点的时间平均，因而有

$$\bar{u} = \frac{1}{t_1} \int_{t_0}^{t_0+t_1} u \mathrm{d}t \tag{16.2}$$

这种积分需要取足够大的时间间隔 t_1，使得平均值与时间无关。脉动量的时间平均值根据定义为零，即

$$\overline{u'} = 0; \overline{v'} = 0; \overline{w'} = 0; \overline{p'} = 0; \overline{\rho'} = 0; \overline{T'} = 0 \tag{16.3}$$

后续的内容中首先假定平均运动与时间无关。这样的流动称为稳定的湍流流动。第 22 章将讨论非定常湍流流动。

湍流运动过程中具有根本重要性的特征为脉动量 u'、v'、w' 影响平均运动 $\bar{u}$、$\bar{v}$、$\bar{w}$ 的发展，使得后者抵抗变形有能力明显增加。换言之，脉动运动作用于平均运动，使得其黏度明显增加。这种增加的表观黏度是所有考虑湍流流动理论中的核心概念。因此，首要目标就是对此有所了解。

后面将证明所提出满足时间平均的计算规则是有效的。如果 f 与 g 为需要形成时均值的自变量，且 s 为自变量 x、y、z、t 中的任意一个，则满足下列规则：

$$\begin{cases} \bar{\bar{f}} = \bar{f}, \overline{f+g} = \bar{f} + \bar{g}, \overline{\bar{f} \cdot g} = \bar{f} \cdot \bar{g}, \\ \overline{\frac{\partial f}{\partial s}} = \frac{\partial \bar{f}}{\partial s}, \overline{\int f \mathrm{d}s} = \int \bar{f} \mathrm{d}s \end{cases} \tag{16.4}$$

在获得平均运动与由脉动运动所引起的表观应力之间的关系之前，采用动量积分方程给出这些表观应力中最重要的图例。

考虑具有速度分量 u、v、w 的湍流中一个小曲面 $\mathrm{d}A$。其法线方向与 y 轴平行，如图 16.2 所示。曲面 $\mathrm{d}A$ 跨越 x 方向与 z 方向。$\mathrm{d}t$ 时间内流过这个曲面的流体质量为 $\mathrm{d}A\rho v \mathrm{d}t$。动量的 x 分量为 $\mathrm{d}A\rho uv \mathrm{d}t$。如果求动量的时间平均，则可得到恒定密度的平均动量通量(单位时间动量)：

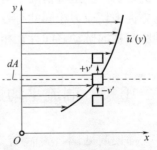

图 16.2 由湍流脉动速度引起的动量传递

$$\mathrm{d}\overline{\dot{I}} = \mathrm{d}A \cdot \rho\, \overline{uv}$$

由式(16.1)得

$$uv = (\bar{u}+u')(\bar{v}+v') = \overline{uv} + \overline{uv'} + \overline{vu'} + \overline{u'v'}$$

由式(16.3)与式(16.4)可得

$$\overline{uv} = \overline{u}\,\overline{v} + \overline{u'v'}$$

因此,x 动量在 y 方向的通量为

$$\mathrm{d}\overline{\dot{I}} = \mathrm{d}A \cdot \rho(\overline{uv} + \overline{u'v'})$$

其动量变化率的表达式具有曲面 $\mathrm{d}A$ 上力的度量。除以 $\mathrm{d}A$ 可获得单位面积上的力,即应力。由于动量通量等同于流体作用于这个表面数值上相等而方向上相反的剪切力,x 方向剪切力作用于法线方向为 y 方向的面元。结果表明,脉动引起了沿 x 方向作用在垂直于 y 方向面元的下列附加剪切应力:

$$\tau'_{xy} = -\rho\, \overline{u'v'} \tag{16.5}$$

可以很容易地发现,附加应力也出现于另外两个坐标方向(y 方向的法向应力与 z 方向的剪切应力),具体可参见施利希廷(H. Schlichting, 1982)的著作第 570 页。

附加应力称为湍流的表观应力,且其必须附加至与层流相关的稳态流动应力中。对于垂直于 x 与 z 轴的面元,可获得应力分量的类似表达,即完整的湍流表观摩擦应力张量。式(16.5)由雷诺(O. Reynolds, 1894)根据水动力学运动方程推导而得(可参见下节)。因此表观应力也被称为雷诺应力。

可很容易地发现,式(16.5)中的时间平均量 $\overline{u'v'}$ 实质上具有非零值。考虑图 16.2 中具有 $\bar{u}=\bar{u}(y)$、$\bar{v}=\bar{w}=0$ 以及 $\mathrm{d}\bar{u}/\mathrm{d}y>0$ 的平面剪切流动。横向运动引起涡旋从下方靠近剪切层 y。这些涡旋($v'>0$)源自较小的平均速度 $\bar{u}$ 区域。由于这些涡旋保持原有的速度 $\bar{u}$,其在剪切层 y 中产生一个负的 u'。相比之下,由上方接近的流体质点($v'<0$)在剪切层 y 中产生正的 u'。在这种流动中正的 v' 通常与负的 u' 相匹配,而负的 v' 则与正的 u' 匹配。因此,期望时间平均量 $\overline{u'v'}$ 为非零,实质上是负值。这种情况下剪切应力 $\tau'_{xy} = -\rho\, \overline{u'v'}$ 为正,且 $\bar{\tau}_v = \mu\mathrm{d}\bar{u}/\mathrm{d}y$ 情况下具有与黏性剪切应力相同的符号。还有一种说法,即这种情况下同一位置速度的纵向动脉与横向脉动之间存在相关性。

16.3 湍流平均运动的基本方程组

简便起见,本节中将首先考虑具有恒定物理属性的流动。向具有可变物理属性流动的扩展详见第 19 章。现将从非定常层流流动的质量、动量与能量的相应平衡中推导出湍流平均运动的基本方程。

16.3.1 连续方程

连续方程：

$$\frac{\partial u}{\partial x} + \frac{\partial v}{\partial y} + \frac{\partial w}{\partial z} = 0 \tag{16.6}$$

参见具有 $h_x = h_z = 1$ 的式(12.55)中,将速度分解为时均量与脉动量,如图16.1所示。式(16.6)的时间平均是逐项进行的。由于存在 $\overline{\partial u'/\partial x} = 0$ 等,可得

$$\frac{\partial \overline{u}}{\partial x} + \frac{\partial \overline{v}}{\partial y} + \frac{\partial \overline{w}}{\partial z} = 0 \tag{16.7}$$

采用式(16.6)可得

$$\frac{\partial u'}{\partial x} + \frac{\partial v'}{\partial y} + \frac{\partial w'}{\partial z} = 0 \tag{16.8}$$

速度分量的时均值与脉动值均以同样的方式满足层流连续方程。

16.3.2 动量方程(雷诺方程)组

下列计算的目的是推导速度分量 $\overline{u}、\overline{v}、\overline{w}$ 和压力 $\overline{p}$ 时均量必须满足的运动方程。由式(3.42)可得以下形式的不可压缩流动纳维-斯托克斯方程：

$$\rho \left\{ \frac{\partial u}{\partial t} + \frac{\partial (u^2)}{\partial x} + \frac{\partial (uv)}{\partial y} + \frac{\partial (uw)}{\partial z} \right\} = -\frac{\partial p}{\partial x} + \mu \Delta u \tag{16.9a}$$

$$\rho \left\{ \frac{\partial v}{\partial t} + \frac{\partial (vu)}{\partial x} + \frac{\partial (v^2)}{\partial y} + \frac{\partial (vw)}{\partial z} \right\} = -\frac{\partial p}{\partial y} + \mu \Delta v \tag{16.9b}$$

$$\rho \left\{ \frac{\partial w}{\partial t} + \frac{\partial (wu)}{\partial x} + \frac{\partial (wv)}{\partial y} + \frac{\partial (w^2)}{\partial z} \right\} = -\frac{\partial p}{\partial z} + \mu \Delta w \tag{16.9c}$$

式中:Δ 为拉普拉斯算子。如式(4.19)所示,由于压力源自流体的运动,因而无重力项。将速度分量与压力分解为如式(16.1)所示的时均量与脉动量,则在所形成的方程中可逐项得到时均量。请注意式(16.4)所示的规则。

将式(16.1)所示的尝试解代入运动方程[式(16.9a)~式(16.9c)],可得如式(16.5)所示的表达式。构成时均量时采用式(16.4)所示规则,由于时均量的平方项在时间上恒定,故保持不变。如 $\partial u'/\partial t、\partial^2 u'/\partial x^2$ 等与脉动量呈比例的项在计算时均量时就消失了[具体可参见式(16.3)],然而脉动量的平方仍然存在,假定形式为 $\overline{u'^2}、\overline{u'v'}$ 等。将式(16.9)取时间平均后,采用连续方程式(16.7)对等号左侧项进行变换,并将脉动量二次项代入等号右侧项,可得以下形式的方程组：

$$\begin{cases} \rho\left(\overline{u}\dfrac{\partial \overline{u}}{\partial x}+\overline{v}\dfrac{\partial \overline{u}}{\partial y}+\overline{w}\dfrac{\partial \overline{u}}{\partial z}\right)=-\dfrac{\partial \overline{p}}{\partial x}+\mu\Delta\overline{u}-\rho\left(\dfrac{\partial \overline{u'^2}}{\partial x}+\dfrac{\partial \overline{u'v'}}{\partial y}+\dfrac{\partial \overline{u'w'}}{\partial z}\right) \\ \rho\left(\overline{u}\dfrac{\partial \overline{v}}{\partial x}+\overline{v}\dfrac{\partial \overline{v}}{\partial y}+\overline{w}\dfrac{\partial \overline{v}}{\partial z}\right)=-\dfrac{\partial \overline{p}}{\partial y}+\mu\Delta\overline{v}-\rho\left(\dfrac{\partial \overline{u'v'}}{\partial x}+\dfrac{\partial \overline{v'^2}}{\partial y}+\dfrac{\partial \overline{v'w'}}{\partial z}\right) \\ \rho\left(\overline{u}\dfrac{\partial \overline{w}}{\partial x}+\overline{v}\dfrac{\partial \overline{w}}{\partial y}+\overline{w}\dfrac{\partial \overline{w}}{\partial z}\right)=-\dfrac{\partial \overline{p}}{\partial z}+\mu\Delta\overline{w}-\rho\left(\dfrac{\partial \overline{u'w'}}{\partial x}+\dfrac{\partial \overline{v'w'}}{\partial y}+\dfrac{\partial \overline{w'^2}}{\partial z}\right) \end{cases} \quad (16.10)$$

除了这些方程,还有连续方程式(16.7)。如果速度分量 u、v、w 被时均项取代,则式(16.10)等号左侧项在形式上与稳态纳维-斯托克斯方程相同。右侧的压力项与摩擦项也是一样。然而也存在源于湍流脉动运动的附加项。

通过对式(16.10)与式(3.17)的比较可发现,式(16.10)右侧的附加项可解释为应力张量的分量。由式(3.16)可得单位体积的表面合力:

$$\boldsymbol{P}=\boldsymbol{e}_x\left(\dfrac{\partial \sigma'_x}{\partial x}+\dfrac{\partial \tau'_{xy}}{\partial y}+\dfrac{\partial \tau'_{xz}}{\partial z}\right)+\boldsymbol{e}_y\left(\dfrac{\partial \tau'_{xy}}{\partial x}+\dfrac{\partial \sigma'_y}{\partial y}+\dfrac{\partial \tau'_{yz}}{\partial z}\right)+\boldsymbol{e}_z\left(\dfrac{\partial \tau'_{xz}}{\partial x}+\dfrac{\partial \tau'_{yz}}{\partial y}+\dfrac{\partial \sigma'_z}{\partial z}\right)$$

以式(3.17)为例,可将式(16.10)表示为以下形式:

$$\begin{cases} \rho\left(\overline{u}\dfrac{\partial \overline{u}}{\partial x}+\overline{v}\dfrac{\partial \overline{u}}{\partial y}+\overline{w}\dfrac{\partial \overline{u}}{\partial z}\right)=-\dfrac{\partial \overline{p}}{\partial x}+\mu\Delta\overline{u}-\rho\left(\dfrac{\partial \sigma'_x}{\partial x}+\dfrac{\partial \tau'_{xy}}{\partial y}+\dfrac{\partial \tau'_{xz}}{\partial z}\right) \\ \rho\left(\overline{u}\dfrac{\partial \overline{v}}{\partial x}+\overline{v}\dfrac{\partial \overline{v}}{\partial y}+\overline{w}\dfrac{\partial \overline{v}}{\partial z}\right)=-\dfrac{\partial \overline{p}}{\partial y}+\mu\Delta\overline{v}-\rho\left(\dfrac{\partial \tau'_{xy}}{\partial x}+\dfrac{\partial \sigma'_y}{\partial y}+\dfrac{\partial \tau'_{yz}}{\partial z}\right) \\ \rho\left(\overline{u}\dfrac{\partial \overline{w}}{\partial x}+\overline{v}\dfrac{\partial \overline{w}}{\partial y}+\overline{w}\dfrac{\partial \overline{w}}{\partial z}\right)=-\dfrac{\partial \overline{p}}{\partial z}+\mu\Delta\overline{w}-\rho\left(\dfrac{\partial \tau'_{xz}}{\partial x}+\dfrac{\partial \tau'_{yz}}{\partial y}+\dfrac{\partial \sigma'_z}{\partial z}\right) \end{cases} \quad (16.11)$$

通过对式(16.11)与式(16.10)的比较可得到源于湍流速度分量的应力张量为

$$\begin{pmatrix} \sigma'_x & \tau'_{xy} & \tau'_{xz} \\ \tau'_{xy} & \sigma'_y & \tau'_{yz} \\ \tau'_{xz} & \tau'_{yz} & \sigma'_z \end{pmatrix}=-\begin{pmatrix} \rho\overline{u'^2} & \rho\overline{u'v'} & \rho\overline{u'w'} \\ \rho\overline{u'v'} & \rho\overline{v'^2} & \rho\overline{v'w'} \\ \rho\overline{u'w'} & \rho\overline{v'w'} & \rho\overline{w'^2} \end{pmatrix} \quad (16.12)$$

应力张量分量 τ'_{xy} 与式(16.5)中考虑动量而得的量相同。

如前所述,静观应力也称雷诺应力。动量方程式(16.11)相应地也被称为雷诺方程。这些讨论的结果表明,式(16.11)中湍流运动速度分量的时间平均与层流速度分量的方程相同,其中除层流摩擦力外,应力张量(式(16.12))也给出了附加应力。这种附加应力也称湍流的表观应力。这种应力源于湍流脉动,表示为脉动量二次项的时间平均。由于这些应力与常规的流动应力是互补的,其通常被称为表观湍流摩擦的表观应力。总应力由式(3.37)与式(3.38)中常规黏性应力和表观湍流应力构成:

$$\begin{cases} \sigma_x=-p+2\mu\dfrac{\partial \overline{u}}{\partial x}-\rho\overline{u'^2} \\ \tau_{xy}=\mu\left(\dfrac{\partial \overline{u}}{\partial y}+\dfrac{\partial \overline{v}}{\partial x}\right)-\rho\overline{u'v'},\cdots \end{cases} \quad (16.13)$$

通常,表观湍流摩擦应力大于黏性应力,使得除位于壁面区域外,通常忽略黏性应力。

16.3.3 湍流脉动动能方程(k方程)

脉动动能的平衡对于理解湍流脉动,特别是湍流建模中的物理过程十分重要。考虑这些量的平衡:

$$k = \frac{1}{2}\overline{q^2} = \frac{1}{2}(\overline{u'^2 + v'^2 + w'^2}) \qquad (16.14)$$

其中

$$q^2 = u'^2 + v'^2 + w'^2 \qquad (16.15)$$

这就是采用 k 方程的原因。这个方程可由纳维－斯托克斯方程推导而来,具体如格斯滕与赫维希的专著(K. Gersten, H. Herwig, 1992)第 769 页所述。对于恒定物理属性的稳态流动,可得

$$\begin{aligned}
& \rho\left(\overline{u}\frac{\partial k}{\partial x} + \overline{v}\frac{\partial k}{\partial y} + \overline{w}\frac{\partial k}{\partial x}\right) \quad (\text{对流}) \\
& = -\frac{\partial}{\partial x}\overline{\left[u'\left(p' + \frac{\rho}{2}q^2\right)\right]} \\
& \quad -\frac{\partial}{\partial y}\overline{\left[v'\left(p' + \frac{\rho}{2}q^2\right)\right]} \quad \Big\}(\text{湍流扩散}) \\
& \quad -\frac{\partial}{\partial z}\overline{\left[w'\left(p' + \frac{\rho}{2}q^2\right)\right]} \\
& \quad +\mu\Big[\frac{\partial^2}{\partial x^2}(k+\overline{u'^2}) + \frac{\partial^2}{\partial y^2}(k+\overline{v'^2}) \\
& \quad +\frac{\partial^2}{\partial xy^2}(k+\overline{w'^2}) \quad \Big\}(\text{黏性扩散}) \\
& \quad +2\Big(\frac{\partial^2 \overline{u'v'}}{\partial x \partial y} + u\frac{\partial^2 \overline{v'w'}}{\partial y \partial z} + \frac{\partial^2 \overline{w'u'}}{\partial z \partial x}\Big)\Big] \\
& \quad -\rho\Big(\overline{u'^2}\frac{\partial \overline{u}}{\partial x} + \overline{u'v'}\frac{\partial \overline{v}}{\partial x} + \overline{u'w'}\frac{\partial \overline{w}}{\partial x} \\
& \quad +\overline{u'v'}\frac{\partial \overline{u}}{\partial y} + \overline{v'^2}\frac{\partial \overline{v}}{\partial y} + \overline{u'w'}\frac{\partial \overline{w}}{\partial y} \quad \Big\}(\text{湍流产率}) \\
& \quad +\overline{u'w'}\frac{\partial \overline{u}}{\partial z} + \overline{v'w'}\frac{\partial \overline{v}}{\partial z} + \overline{v'^2}\frac{\partial \overline{w}}{\partial z}\Big) \\
& \quad -\rho\tilde{\varepsilon} \quad (\text{耗散})
\end{aligned} \qquad (16.16)$$

耗散项（具体可见式(3.62)）为

$$\rho\tilde{\varepsilon} = \mu\Big[2\overline{\Big(\frac{\partial u'}{\partial x}\Big)^2} + 2\overline{\Big(\frac{\partial v'}{\partial y}\Big)^2} + 2\overline{\Big(\frac{\partial w'}{\partial z}\Big)^2}$$

$$+ \overline{\Big(\frac{\partial u'}{\partial y} + \frac{\partial v'}{\partial y}\Big)^2} + \overline{\Big(\frac{\partial u'}{\partial z} + \frac{\partial w'}{\partial x}\Big)^2} + \overline{\Big(\frac{\partial v'}{\partial z} + \frac{\partial w'}{\partial y}\Big)^2}\Big] \quad (16.17)$$

通常黏性扩散与黏性耗散以不同的方式集于一体，因此有

$$\mu[\cdots] - \rho\tilde{\varepsilon} = \mu\Delta k - \rho\varepsilon \quad (16.18)$$

式中：Δ 为拉普拉斯算子。

新引入的项

$$\rho\varepsilon = \mu\Big[\overline{\Big(\frac{\partial u'}{\partial x}\Big)^2} + \overline{\Big(\frac{\partial v'}{\partial x}\Big)^2} + \overline{\Big(\frac{\partial w'}{\partial x}\Big)^2}$$

$$+ \overline{\Big(\frac{\partial u'}{\partial y}\Big)^2} + \overline{\Big(\frac{\partial v'}{\partial y}\Big)^2} + \overline{\Big(\frac{\partial w'}{\partial y}\Big)^2}$$

$$+ \overline{\Big(\frac{\partial u'}{\partial z}\Big)^2} + \overline{\Big(\frac{\partial v'}{\partial z}\Big)^2} + \overline{\Big(\frac{\partial w'}{\partial z}\Big)^2}\Big] \quad (16.19)$$

是一种伪耗散。遗憾的是文献中经常错误地称之为耗散。

k 方程描述了对流、扩散、产率与耗散四种类型对于湍流脉动能量平衡的贡献。扩散包括黏性扩散与湍流扩散。扩散项通常呈现为梯度，因此当采用全局平衡时，扩散项的贡献因积分运算而消失（如沿流动截面的积分）。

由式(16.17)可知，耗散 $\tilde{\varepsilon}$ 总是正的。式(16.16)中耗散项 $-\rho\tilde{\varepsilon}$ 为能阱。与此相对应，式(16.16)中湍流产率通常为正。如果这个湍流产率与耗散项远大于湍流的其余项，因湍流产率大致等于耗散，可以认为存在平衡区域，具体可参见第17章与第18章。

湍流中也可能存在湍流产率为负的区域，即该区域中能量从脉动流动流向平均运动（这种情况出现于湍流壁面射流，具体可参见22.8节）。然而，通常情况下因对流所致的湍流能量变化由能量源（湍流产率）、能阱（耗散）与能量输运（扩散）来补偿。耗散意味着湍流动能向热力学能的变化。

16.3.4　热能方程

为能描述平均温度场 $\overline{T}(x,y,z)$，可由热能方程式(3.71)推导出对应的方程。恒定物性条件下的热能方程为

$$\rho c_p\Big(\overline{u}\frac{\partial \overline{T}}{\partial x} + \overline{v}\frac{\partial \overline{T}}{\partial y} + \overline{w}\frac{\partial \overline{T}}{\partial z}\Big)\Big\} \quad （对流）$$

$$\begin{aligned}
&= \lambda \left(\frac{\partial^2 \overline{T}}{\partial x^2} + \frac{\partial^2 \overline{T}}{\partial y^2} + \frac{\partial^2 \overline{T}}{\partial z^2} \right) \bigg\} \quad \text{（分子热传输）} \\
&- \rho c_p \left(\frac{\partial \overline{u'T'}}{\partial x} + \frac{\partial \overline{v'T'}}{\partial x} + \frac{\partial \overline{w'T'}}{\partial x} \right) \bigg\} \quad \text{（湍流热传输）} \\
&+ \mu \left[2\left(\frac{\partial \overline{u}}{\partial x}\right)^2 + 2\left(\frac{\partial \overline{v}}{\partial y}\right)^2 + 2\left(\frac{\partial \overline{w}}{\partial z}\right)^2 \right. \\
&\left. + \left(\frac{\partial \overline{u}}{\partial y} + \frac{\partial \overline{v}}{\partial x}\right)^2 + \left(\frac{\partial \overline{u}}{\partial z} + \frac{\partial \overline{w}}{\partial x}\right)^2 + \left(\frac{\partial \overline{u}}{\partial y} + \frac{\partial \overline{v}}{\partial x}\right)^2 + \left(\frac{\partial \overline{v}}{\partial z} + \frac{\partial \overline{w}}{\partial y}\right)^2 \right] \bigg\} \quad \text{（直接耗散）} \\
&+ \rho \widetilde{\varepsilon} \} \quad \text{（湍流耗散）}
\end{aligned} \quad (16.20)$$

除额外的两项外，平均温度场与层流温度场的方程与此相同。首先，发生了如同分子热传导一样的表观热传导，这源于温度与速度的湍流脉动。速度脉动与温度脉动之间的关系会引起由 $\text{div}(\boldsymbol{v}'T')$ 表征的湍流热传导。其次，与对应于层流流动中耗散的直接耗散一样，也存在湍流耗散 $\rho\widetilde{\varepsilon}$。其出现于式(16.16)所示的湍流动能平衡中。因此，湍流中的机械能通过两种不同的方式转为热力学能。直接耗散过程中，转换是通过黏性实现的，而在湍流耗散中转换是间接发生的，即机械能通过湍流脉动由平均运动转换为湍流脉动，最终变为热力学能。

16.4 封闭问题

式(16.7)、式(16.11)与式(16.20)用于计算速度 $\overline{\boldsymbol{v}}$、压力 $\overline{p}$ 与温度 $\overline{T}$ 的时均场。

时均量的边界条件与层流流动的边界条件相同，如固壁速度无滑移条件。然而，若固壁上速度分量脉动消失，雷诺应力也随之消失。因此，湍流中壁面的剪切应力也只由黏性产生。实际应用中也通常假定壁面温度无脉动。如果壁面材料传热特性乘积 $\rho c_p \lambda$ 高于流体的乘积，就能满足这个条件，具体可参见格斯滕与赫维希(K. Gersten and H. Herwig,1992)的专著第461页与470页。速度梯度与温度梯度以及由此产生的剪切力 $\tau = \mu(\partial u/\partial y)$ 与热通量 $q = -\lambda(\partial T/\partial y)$ 仍如同壁面压力一样在壁面上随时间脉动的量。

采用式(16.7)、式(16.11)与式(16.20)计算湍流的平均速度场与温度场的过程中，存在根本性的难题。与未知的 $\overline{\boldsymbol{v}}, \overline{p}$ 与 $\overline{T}$ 一样，这些公式也包含进一步的未知项，即雷诺应力，相关量的分量 $\overline{v'T'}$ 和湍流耗散 $\rho\widetilde{\varepsilon}$。为了能够计算湍流流动，方程组必须由额外未知项的额外方程来补充，即方程组必须被封闭。本质上相关的额外未知项也可以建立平衡。k 方程式(16.16)就是一个范例。其为雷诺应力法向应力之和的平衡。然而，如同从 k 方程所猜测的那样，平衡方程中也出现了额外的未知项。这些未知项就是速度与压力相关项 $\overline{v'p'}$ 和所谓三重相关项 $\overline{v'q^2} = \overline{v'(u'^2+v'^2+w'^2)}$。因此，为方程组中出现的未知项增加平衡并非简单地允许封闭方程组。这个所谓封闭问题在湍流研究中极其重要。

为得到雷诺应力与平均运动参量之间的关系,必须建立模型方程;这就涉及湍流模型。这些模型将包含经验成分。雷诺应力的平衡方程可用来实现这一目的,如 k 方程,但速度与压力相关项或三重相关项必须适当地建立。不同的湍流模型将在第 17 章和第 18 章中讨论。

为了尽可能建立优良的和普遍有效的模型方程,需对湍流脉动的物理过程有详细的认知。下面将介绍湍流脉动的一些重要属性。

16.5 湍流脉动的描述

16.5.1 相关性

采用热线风速仪或激光多普勒风速仪可确定湍流流动中时间脉动的速度分量。温度脉动也可采用(冷)热线探针来获得。然而,测量压力脉动要困难得多,具体可参见尼切(W. Nitsche,1994)的专著第 14 页和威尔玛斯(W. W. Willmarth,1975)的文献。壁面压力脉动已由埃默林(R. Emmerling,1973)与丁克拉克等(A. Dinkelacker et al. ,1977)进行了测量。

由雷诺应力方程式(16.12)可发现,脉动量乘积的时间平均,即相关项在描述湍流流动过程中十分重要。

除如相同点的不同速度分量的不同脉动量之间的相关性外,相同脉动量在不同时间的相关性(自相关)或在不同位置的相关性(空间相关)也备受关注。

图 16.3 展示了管流的正则化的相关函数:

$$R(r) = \frac{\overline{u'_1 u'_2}}{\sqrt{u'^2_1}\sqrt{u'^2_2}} \qquad (16.21)$$

式(16.21)由泰勒(G. I. Taylor,1935)进行了描述。具有下标 1 的点位于管道中心轴线上,而下标 2 的点则与中心轴线的可变距离为 r。该函数展示了某一点的运动(纵向运动)影响另一点的情况。相关函数的负值意味着两个相关点速度的时间平均具有不同的符号。这在图 16.3 所示的侧相关中得到,因为体积通量在时间上恒定。

由 R 积分可得湍流结构的特征长度为

$$L = \int_0^{d/2} R(r) \, dr \qquad (16.22)$$

这个长度称为湍流长度,是流体质量大小的量度,并由此给出了平均尺度涡旋的概念。在上述实例中,$L \approx 0.14 d/2$。

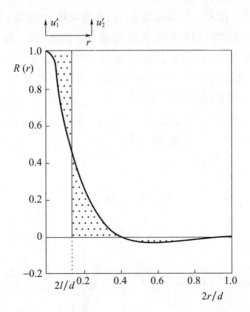

图 16.3 管道中心湍流纵向速度脉动 u'_1 相对于距中心 r 处的速度脉动 u'_2 的相关量
（源自西蒙斯与索尔特（L. F. G. Simmons, C. Salter, 1938）的测量，
也可参见泰勒（G. I. Taylor, 1936）的文献）

由时空相关性可获得对湍流运动结构的深入认知。两个速度分量在不同位置和不同时段是相关的,具体可参见法夫雷等（A. J. Favre et al., 1957, 1958）发表的文献。

条件采样在湍流剪切流动的识别中可获得清晰的相干结构。可比较罗什科（A. Roshko, 1976）、坎特韦尔（B. J. Cantwell, 1981）、拉姆利（J. L. Lumley, 1981）、兰大德与莫洛 – 克里斯滕森（M. T. Landahl, E. Mollo – Christensen, 1986）以及菲德勒（H. E. Fiedler, 1988）的概括总结。

16.5.2 频谱与涡旋

除了采用相关函数描述结构外,还可用运动频率分析。通过 n 以及设置 $F(n)\mathrm{d}n$ 作为 n 与 $n+\mathrm{d}n$ 区间纵向脉动平方均值 $\overline{u'^2}$ 百分比方式来表示频率,则 $F(n)$ 为 $\overline{u'^2}$ 的频谱分布。在数学上通过定义

$$\int_0^\infty F(n)\mathrm{d}n = 1 \tag{16.23}$$

频谱分布 $F(n)$ 则为自相关的傅里叶变换。

图 16.4 所示的频谱是由克莱班诺夫（P. Klebanoff, 1955）在平板湍流边界层中测得的。$F(n)$ 的最大值是测得的最小频率。较小频率和较大频率下 $F(n)$ 则降至零,以满足条件式（16.23）。相对于非定常层流流动中的离散频率的频谱,连续频

谱是湍流流动的特征。图16.4所描述的频谱通常称为能量频谱,尽管其只表示纵向脉动部分$\overline{u'^2}$,而非式(16.14)中的全部动能k。除频率n外,也可采用以长度倒数为单位的所谓波数作为横坐标,然后将相应的长度分配至不同尺度的各种涡旋。图16.4中所测得的涡旋尺度由1/10毫米量级到几厘米不等。因此这些较大尺度的涡旋是脉动中动能的主要载体。其在平均运动中获得能量,然后衰减并将能量传递给更小的涡旋。这个级联过程通过更小涡旋来实现,直至最终耗散,即由机械能转换为热力学能,出现于最小的涡旋中。

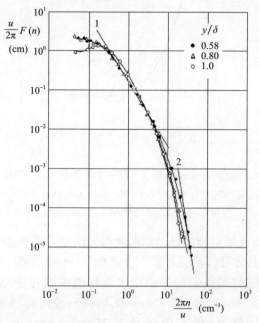

图16.4 平板湍流边界层中纵向速度脉动的频率谱(P. S. Klebanoff,1955)

曲线1—$F(n)\propto n^{-5/3}$;曲线2—$F(n)\propto n^{-7}$;相关理论来源于海森堡(W. Heisenberg,1948)的文献。

非常高的雷诺数下湍流具有局部各向同性的特征,如柯尔莫戈洛夫(A. N. Kolmogorov,1941a)所展示的那样。只有靠近壁面的区域和涡旋除外。这意味着靠近某一点的相邻区域内脉动没有特定的方向,即其是各向同性的。由于耗散出现于存在更小涡旋的区域,因此耗散可在各向同性湍流的假设下采用式(16.17)来进行计算,具体可参见柯尔莫戈洛夫(A. N. Kolmogorov,1941b)发表的文献。这种情况下有

$$\overline{u'^2}=\overline{v'^2}=\overline{w'^2},\overline{u'v'}=\overline{u'w'}=\overline{v'w'}=0 \qquad (16.24)$$

对于$\widetilde{\varepsilon}$可简化如下,具体可参见欣策(J. O. Hinze,1975)的专著第219页:

$$\widetilde{\rho\varepsilon}=15\mu\left(\frac{\partial u'}{\partial x}\right)^2 \qquad (16.25)$$

分别由柯尔莫戈洛夫(A. N. Kolmogorov,1941a)、魏萨克(C. F. v. Weizsacker,1948)以及海森堡(W. Heisenberg,1948)实施的相似性考虑揭示了与小距离r相关函

数或与高频率/小尺度涡旋相关的更多细节。由此可知,中等频率范围内 $F(n) \propto n^{-5/3}$。这由图 16.4 所示的测量值予以证实。海森堡(W. Heisenberg,1948)的研究表明,非常高的频率下 $F(n) \propto n^{-7}$。这两个理论级数在图 16.4 中表示为直线 1 与直线 2。

湍流的本质是表观应力,主要由 L 量级的大涡产生。由于存在流动的不稳定性,更小尺度的运动随后出现,直到大速度梯度 $\partial u'/\partial x$ 等出现于最小尺度的涡中,表明机械能开始向热力学能转换。通过与黏度无关的表观应力,由主气流向大涡传输的能量由此逐步传递至更小的涡旋,直至能量耗散。

式(16.17)中的耗散也与雷诺数无关。由于黏性系数 μ 的存在,可能有这样印象,即 $Re \to \infty$ 时耗散趋于零。然而,事实并非如此。若在 $Re \to \infty$ 条件下 $\overline{(\partial u'/\partial x)^2}$ 如同 $\widetilde{\varepsilon}/15\nu$ 趋于一个任意大的值,则 $\widetilde{\varepsilon}$ 趋于一个有限的极限值。

根据柯尔莫戈洛夫(A. N. Kolmogorov,1941a)的研究,局部各向同性湍流由两个量 ν 与 $\widetilde{\varepsilon}$ 确定。其长度相当于湍流精细结构的长度尺度,即柯尔莫戈罗夫长度。

$$l_k = (\nu^3/\widetilde{\varepsilon})^{1/4} \tag{16.26}$$

而其时间尺度为

$$t_k = (\nu/\widetilde{\varepsilon})^{1/2} \tag{16.27}$$

由于速度梯度与时间尺度成反比,因此有 $\overline{(\partial u'/\partial x)^2} = (1/(15 t_k^2))$。

16.5.3 外部流动的湍流

边界层的出现是高雷诺数外部流动的典型现象。这些边界层是湍流边界层,而非之前讨论的层流边界层。因此,理想情况下流场由靠近壁面的湍流边界层与完全没有速度脉动的无黏流动组成。然而,实际情况是外部流动并非完全没有湍流。衡量脉动强度的量度是湍流度,即

$$Tu = \frac{\sqrt{\frac{1}{3}(\overline{u'^2} + \overline{v'^2} + \overline{w'^2})}}{U_\infty} = \frac{\sqrt{2k/3}}{U_\infty} \tag{16.28}$$

由于外部流动的湍流度有时会影响边界层,这个量在衡量将风洞缩比模型试验结果应用于全尺寸结构的有效性及对比不同风洞测量值时十分重要。正如 15.2.4 节所述,层流向湍流的转捩在很大程度上取决于外部流动的湍流度。除此之外,湍流边界层的发展、分离位置和热传导均受外部流动湍流度的影响,具体可参见 18.5.4 节。

风洞中的湍流度基本上取决于阻尼网的网格宽度。阻尼网之后的一段距离内,流动近似于各向同性的湍流。由于有式(16.24),式(16.28)可简化为

$$Tu = \frac{\sqrt{\overline{u'^2}}}{U_\infty} \tag{16.29}$$

如果设置足够细的阻尼网,品质良好的风洞可达到湍流度 $Tu = 0.001$,而极端

条件下可达到 $Tu = 0.0002$,可参见舒鲍尔与斯克拉姆斯塔德(G. B. Schubauer, H. K. Skramstad,1947)发表的文献。

泰勒(G. I. Taylor,1936,1938)的深入研究表明,除湍流度 Tu 外,式(16.22)中的湍流特征长度 L 也会产生一定的作用。L 对湍流边界层的作用已由迈耶与克里普林(H. U. Meier, H. P. Kreplin,1980)进行了研究。当 L 具有边界层厚度的尺度时可得到壁面剪切应力的最大值,可参见 18.5.4 节。

16.5.4 湍流区边缘与间歇性

相对于层流边界层,湍流边界层的边缘会出现一些额外的特征。其特征是由无脉动(微弱脉动)的无旋外部流动转捩至湍流,由此形成有旋的边界层流动。黏性在由无湍流向全湍流转捩过程中至关重要。发生转捩处的边界层厚度正比于源自式(16.26)的柯尔莫戈洛夫长度 l_k,具体可参见罗达(J. C. Rotta,1972)专著第 166 页以及柯尔辛与基斯特勒(S. Corrsin, A. L. Kistler,1955)的文献。

湍流边界层实际上是空间与时间上强烈起伏的表面,其外缘如图 16.5 所示。在转捩区的任意点,层流流动与湍流流动以无规则的间隔来回交替。这些过程可以间歇系数 $\gamma(x,y)$ 来描述。其值定义了位置 x,y 处出现湍流的概率。实验中 $\gamma(x,y)$ 描述了点 x,y 处出现湍流流动的时间比例。全湍流区域有 $\gamma = 1$。图 16.6 展示了边界层中 γ 随壁面距离变化。这个曲线可由式(16.30)近似:

$$\gamma(x,y) = \{1 + 5.5\,[\,y/\delta(x)\,]^6\}^{-1} \tag{16.30}$$

也可发现自由湍流边界层边缘处间歇性的类似分布,如自由射流或尾迹,具体可参见第 22 章。

边界层外缘的平均位置可由与壁面的距离来确定,即

$$\delta_e(x) = \int_0^\infty \gamma(x,y)\,\mathrm{d}y \tag{16.31}$$

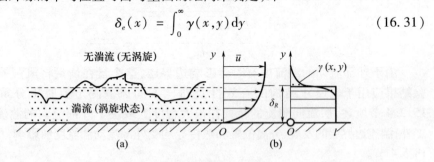

图 16.5　湍流边界层的外缘
(a)边界层截面的瞬时特写,其扩展在 x 方向很小,使 $\delta_e(x)$ 增长量随 x 的增加而不可分辨;
(b)平均速度与间歇系数的分布。

这种情况与边界层厚度 $\delta(x)$ 不同。其描述的是离散的外部边界层的时间平均位置,表示边界层与外部流动之间的界限。稍后将发现,大多数湍流模型得到

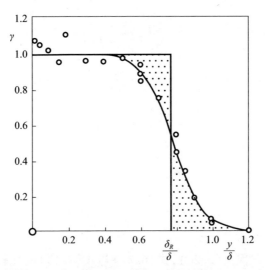

图 16.6 零攻角平板湍流边界层中间歇系数 γ 的变化
（源自克莱班诺夫（P. S. Klebanoff, 1955））

$Re \to \infty$ 时的离散边界层厚度。这与层流边界层的特征有本质的差别，层流边界层向外部流动的过渡是连续的，因此这样的边界层厚度是无法定义的。两个边界层的厚度 δ_e 与 δ 均互呈比例，$\delta_e \approx 0.78\delta$。稍后将会发现，$Re \to \infty$ 时 δ_e 与 δ 趋于零。

16.6 平面流动的边界层方程

如同层流流动，高雷诺数下的湍流流动具有边界层特征，即整个流场由无黏的外部流动与靠近壁面的薄湍流边界层组成。同时，湍流边界层的基本方程可明显地简化。类似于层流边界层，y 方向动量方程可归结为边界层外缘的压力与壁面压力相同（忽略曲率的影响）。此外，x 方向的动量与 x 方向的传热或取足够小，可在主流方向忽略。

式（16.11）与边界层近似（$Re \to \infty$，$\bar{v} \ll U_\infty$，$\partial/\partial x \ll \partial/\partial y$）可得下列 y 方向方程：

$$0 = -\frac{\partial \bar{p}}{\partial y} - \frac{\partial (\overline{\rho v'^2})}{\partial y} \qquad (16.32)$$

如果假设外部流动无湍流，沿边界层厚度进行积分，可得

$$\bar{p} + \overline{\rho v'^2} = \bar{p}_w = p_e \qquad (16.33)$$

湍流边界层中沿边界层的压力 $\bar{p}$ 并非常数，更确切的是表达式 $\bar{p} + \overline{\rho v'^2}$。由于脉动在壁面与外缘处消失，和之前一样有 $\bar{p}_w = p_e$。因此可获得如下具有恒物性的平面

湍流边界层方程:

$$\frac{\partial \bar{u}}{\partial x} + \frac{\partial \bar{v}}{\partial y} = 0 \tag{16.34}$$

$$\rho\left(\bar{u}\frac{\partial \bar{u}}{\partial x} + \bar{v}\frac{\partial \bar{u}}{\partial y}\right) = -\frac{\mathrm{d}p_e}{\mathrm{d}x} + \frac{\partial}{\partial y}(\bar{\tau}_v + \tau_t) \tag{16.35}$$

$$\rho c_p\left(\bar{u}\frac{\partial \bar{T}}{\partial x} + \bar{v}\frac{\partial \bar{T}}{\partial y}\right) = -\frac{\partial}{\partial y}(\bar{q}_\lambda + q_t) \tag{16.36}$$

其中

$$\bar{\tau}_v = \mu\frac{\partial \bar{u}}{\partial y}, \tau_t = -\rho\,\overline{u'v'} \tag{16.37}$$

$$\bar{q}_\lambda = -\lambda\frac{\partial \bar{T}}{\partial y}, q_t = \rho c_p\,\overline{v'T'} \tag{16.38}$$

热能方程中耗散被忽略。

与层流边界层方程式(6.26),式(6.27)与式(9.13)的比较表明,层流边界层方程可按以下方式转换为湍流边界层方程。

(1)物理量 u、v 与 T 被分别替换为时均量 $\bar{u}$、$\bar{v}$ 与 $\bar{T}$,p 替换为 p_e。

(2)剪切应力与热流现在均包括两个部分:第一部分源于分子交换(下标 v 表示黏度,下标 λ 表示热传导),如层流由时均场计算获得;第二部分是额外出现的,主要源于湍流交换。

两个额外的项 $\tau_t(x,y)$ 与 $q_t(x,y)$ 为新的未知量,速度与温度平均场之间的关系必须通过湍流模型来构造。

由于 k 方程式(16.16)经常用于湍流模型,因而将在此提出常物性边界层的简化模型:

$$\rho\left(\bar{u}\frac{\partial k}{\partial x} + \bar{v}\frac{\partial k}{\partial y}\right) = \mu\frac{\partial^2 k}{\partial y^2} - \frac{\partial}{\partial y}\left[\overline{v'\left(p' + \frac{\rho}{2}q^2\right)}\right] + \tau_t\frac{\partial \bar{u}}{\partial y} - \rho(\overline{u'^2} - \overline{v'^2})\frac{\partial \bar{u}}{\partial x} - \rho\tilde{\varepsilon}$$

$$\tag{16.39}$$

其中,已经考虑式(16.15)与式(16.18)。等号右边的各项分别为黏性扩散、湍流扩散、(两项)乘积以及(伪)耗散。与第一项相比,第二项经常被忽略。后面将会发现,高雷诺数的湍流边界层包括存在明显区别的两层。这在湍流建模中具有根本性的重要意义。

边界层方程式(16.34)~式(16.39)对于充分发展的湍流内流也是有效的(而且确实是精确的)。由于这种两层的特性对于更简单的流动而言特别容易表示,而且因为从这些流动中所获得的认知可以毫不费力地应用于边界层流动中,因而第17章将讲论充分发展的内部流动。如前所述,其也具有一般意义上的边界层特征。第17章的研究结果将在第18章中应用于湍流边界层流动。

第 17 章
内部流动

17.1 库埃特流

17.1.1 速度场的两层结构与对数重叠定律

充分发展的库埃特流是流场中处处剪切应力为定值的简单剪切流。之所以计划在本节特别全面地讨论库埃特流动,是因为通常其对于靠近壁面湍流所具有的根本重要作用已远超所给出实例的范畴。可以发现,靠近壁面的湍流库埃特流动具有普遍的重要性,因而在某些特征尚未明确的条件下可将结果推广至近壁面湍流流动的一般情况。

考虑如图 17.1 中相距 $2H$ 的平行平板之间的湍流流动。坐标系原点位于下固定平板上,即 y 为与下平板壁面的距离。这样做的目的是确定时均速度 $\bar{u}(y)$。上平板以恒定速度 $u_{wu}=2\bar{u}_c$ 沿平行于下平板的方向移动,其中 $\bar{u}_c$ 为中心线 $y=H$ 处的速度。让流动充分发展,即流动速度与 x 坐标无关。假设流体物性 ρ 与 ν 恒定。

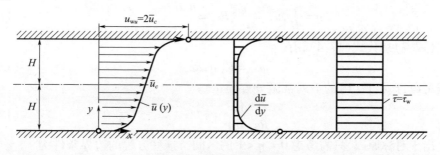

图 17.1 湍流库埃特流动

将剪切应力 $\bar{\tau}_w$，即单位面积的剪切力用来保证上平板处于运动状态。所作用的剪切力以一个恒定的值由流体传递至下固定平板上。这种流动的力平衡可表示为

$$\bar{\tau} = \bar{\tau}_\nu + \tau_t = \bar{\tau}_w = 常数 \tag{17.1}$$

其中

$$\bar{\tau}_\nu = \rho \nu \frac{d\bar{u}}{dy} \tag{17.2}$$

和

$$\tau_t = -\rho \overline{u'v'} \tag{17.3}$$

具体可参见式(16.37)。

这种平衡定律源于式(16.35)。由于流动是充分发展的($\partial \bar{u}/\partial x = 0$)，满足连续方程式(16.34)，即 $\bar{v}=0$。因此，所有惯性项均消失。由于没有外部压力梯度的作用，也就没有了压力。这是一个纯粹的剪切流动。存在动量分量(平行于壁面)从一个平板通过流体传递至另一个平板的两个作用机制，即源于黏性($\bar{\tau}_\nu$)的分子动量传输与源于湍流脉动(τ_t)的动量传输。

将采用式(17.1)求解壁面剪切应力以及 H、ρ 与 ν 所描述物理量的问题，需速度分布

$$\bar{u} = f(y, H, \nu, \bar{\tau}_w/\rho) \tag{17.4}$$

以及非常小的运动黏度($\nu \to 0$)条件下上平板的速度 $u_{wu}(H, \nu, \bar{\tau}_w/\rho) = 2\bar{u}_c$。

由于式(17.1)~式(17.3)只出现了组合 $\bar{\tau}_w/\rho$，式(17.4)是(只具有基本单位米与秒的)两个运动量间的关系。根据量纲分析的 Π 定律，其可归结为 3 个无量纲量之间的关系。最后引入摩擦速度(更确切地说，壁面摩擦速度)：

$$u_\tau = \sqrt{\frac{\tau_w}{\rho}} \tag{17.5}$$

这是给定壁面剪切应力下的湍流流动特征速度。

采用无量纲量：

$$\eta = \frac{y}{H}, u^+ = \frac{\bar{u}}{u_\tau}, Re_\tau = \frac{u_\tau H}{\nu}, \tau_t^+ = \frac{\tau_t}{\rho u_\tau^2} \tag{17.6}$$

以式(17.7)替代式(17.4)，有

$$u^+ = F(\eta, Re_\tau) \tag{17.7}$$

其满足源自式(17.1)的下列常微分方程：

$$\frac{1}{Re_\tau} \frac{du^+}{d\eta} + \tau_t^+ = 1 \tag{17.8}$$

出于对称原因，只需考虑 $0 < \eta < 1$ 的区间。这些方程的边界条件为

$$\eta = 0: u^+ = 0, \tau_t^+ = 0; \eta = 1: d^2 u^+/d\eta^2 = 0 \tag{17.9}$$

最后的边界条件表明，中心线处的速度分布存在一个拐点。通过改变坐标系，

可固定上平板,而使下平板运动。这种情况直接表明,速度分布 $\bar{u}(y)$ 是关于速度 $\bar{u}_c$ 反对称的。

由于湍流出现于高雷诺数条件下,将考虑 $Re_\tau \to \infty$ 条件下的库埃特流动。

图 17.2(a) 展示了不同 Re_τ 值下 $u^+(\eta, Re_\tau)$ 分布的结果。当 $Re_\tau \to \infty$ 时,这个曲线走势趋向一个极限曲线。然而,这个曲线是奇异的。有限但大 Re_τ 值下的曲线则可认为是这条极限曲线的扰动。这是奇异扰动问题的范例,非常类似于层流的普朗特边界层理论。

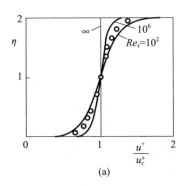
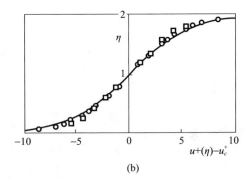

图 17.2　湍流库埃特流动的速度分布

(a) $u^+(\eta, Re_\tau)$;(b) 缺陷速度 $u^+(\eta, Re_\tau) - u_c^+(Re_\tau)$,可参见 17.1.3 节。

○ 赖卡特(H. Reichardt,1959)在 $Re_\tau = 733$ 下的测量值

△ 特尔班尼与雷诺(M. M. M. El. Telbany, A. J. Reynolds,1982)在 $Re_\tau = 626$ 条件下的测量值

曲线: $u^+(\eta) - u_c^+ = [\ln\eta - \ln(2-\eta)]/\kappa - 0.41(1-\eta)$, $\bar{C} = 2.1$(间接湍流模型)

遗憾的是,式(17.8)与式(17.9)并不封闭,因为它只提供了两个未知函数 $u^+(\eta, Re_\tau)$ 与 $\tau_t^+(\eta, Re_\tau)$ 的一个方程。所必需的第二个方程由湍流模型获取,该方程用于明确 τ_t^+ 与速度导数 $du^+/d\eta$、$d^2u^+/d\eta^2$ 等之间进一步的关系。

在讨论 17.1.4 节中库埃特流动的湍流模型之前,首先将试图获得仅来自式(17.8)与式(17.9)期望解结构的尽可能多的信息。

极限情况 $1/Re_\tau = 0$ 下,式(17.8)可得

$$\tau_t^+ = 1 \text{(核心层)} \tag{17.10}$$

这意味着 $Re_\tau \to \infty$ 下因黏性作用的分子动量传输相对于湍流动量传输可被忽略。湍流中这种情况几乎无处不在,但近壁面区域却并不有效,这是因为解式(17.10)并不满足壁面处边界条件 $\tau_t^+ = 0$。因此,高雷诺数下的库埃特流动具有两层结构。这种情况对于奇异的扰动问题是典型的。这种流动由与湍流动量传输相比可忽略分子动量传输的大尺度核心层以及湍流与分子动量传输同时作用的薄壁面层(底层)构成。

这两层明显具有不同量级的厚度。核心层具有 H 量级的厚度,而壁面层厚度

则由两个特征量 ν 与 u_τ 来确定：

$$\delta_v = \frac{\nu}{u_\tau} = \frac{H}{Re_\tau} \tag{17.11}$$

当 $Re_\tau \to \infty$ 时 δ_v 趋于零。$Re_\tau \to \infty$ 条件下壁面层厚度与 H 相比很小。壁面层中的这个过程因此与 H 无关。

为壁面层引入特征（延伸）壁面坐标

$$y^+ = \frac{y}{\delta_v} = \frac{y u_\tau}{\nu} = \eta Re_\tau \tag{17.12}$$

由式(17.8)可得

$$\frac{\mathrm{d}u^+}{\mathrm{d}y^+} + \tau_t^+ = 1 \ (\text{壁面层}) \tag{17.13}$$

壁面处的边界条件为

$$y^+ = 0: \frac{\mathrm{d}u^+}{\mathrm{d}y^+} = 1 \tag{17.14}$$

壁面层中速度分布因而具有 $u^+ = f(y^+)$ 的形式。稍后可发现，这种速度分布是普遍的，即其对于有限剪切应力的湍流流动壁面层是有效的。

求得核心层与壁面层的解后，必须进行解的匹配，即这个解必须在重叠层上一致。由于重叠层为两个相邻层的一部分，重叠层的速度分布既不取决于 H，也并非由 ν 决定。这个解必须适用于 $Re_\tau \to \infty$，以取代式(17.4)：

$$\frac{\mathrm{d}\bar{u}}{\mathrm{d}y} = f(y, \bar{\tau}_w/\rho) \ (\text{重叠层}) \tag{17.15}$$

按照量纲分析的 Π 定律，可得

$$\hat{y}\frac{\mathrm{d}u^+}{\mathrm{d}\hat{y}} = \frac{1}{\kappa} = \text{常数} \tag{17.16}$$

其中

$$\hat{y} = \eta Re_\tau^\alpha \quad (0 < \alpha < 1) \tag{17.17}$$

为重叠层的中间坐标（$\alpha = 0: \hat{y} = \eta$；$\alpha = 1: \hat{y} = y^+$）。式(17.16)中常数 κ 称为卡门常数，以纪念冯·卡门，并由许多实验确定其值为

$$\kappa = 0.41 \tag{17.18}$$

匹配条件式(17.16)表示边界条件，对于核心层，有

$$\lim_{\eta \to 0} \frac{\mathrm{d}u^+}{\mathrm{d}\eta} = \frac{1}{\kappa \eta} \tag{17.19}$$

而对于壁面层，有

$$\lim_{y^+ \to \infty} \frac{\mathrm{d}u^+}{\mathrm{d}y^+} = \frac{1}{\kappa y^+} \tag{17.20}$$

对式(17.20)积分可得

$$\lim_{y^+ \to \infty} u^+(y^+) = \frac{1}{\kappa}\ln y^+ + C^+ \tag{17.21}$$

积分常数

$$C^+ = \int_0^1 \frac{\mathrm{d}u^+}{\mathrm{d}y^+}\mathrm{d}y^+ + \lim_{y^+ \to \infty}\int_1^{y^+}\left(\frac{\mathrm{d}u^+}{\mathrm{d}y^+} - \frac{1}{\kappa y^+}\right)\mathrm{d}y^+ \tag{17.22}$$

已由大量实验确定为

$$C^+ = 5.0(\text{光滑壁面}) \tag{17.23}$$

17.1.2 节将会展示，C^+ 通常取决于壁面粗糙度。式(17.21)为对数重叠定律，其描述了 $y^+ \to \infty$ 时壁面 $u^+(y^+)$ 变化的普遍定律。这个可追溯至米利根(C. B. Millikan, 1938)的定律中关于流动中特定区域内解的描述。文献中式(17.21)通常称为壁面对数定律。然而，这个名称具有误导性，应予以避免。

式(17.21)连同边界条件式(17.9)、式(17.19)与式(17.20)已给出关于解的一些非常好的信息。后续两节将分别讨论壁面层与核心层更多的细节内容。

- 说明（由流动方程推导对数定律）

迄今，对数重叠层已通过只采用量纲分析、两层概念和渐近匹配来推导获得。雷诺平均流动方程并未涉及其中。奥伯拉克(M. Oberlack, 2001)首次成功地由纳维–斯托克斯方程直接推导出对数定律。

17.1.2 壁面普遍定律

1. 速度分布

库埃特流动的壁面上速度分布具有超出特定实例的普遍性特征，这是因为在非常高雷诺数的极限条件下几乎所有有限壁面应力的湍流流动都精确地呈现出具有这种速度分布的薄壁面层。因此，可称为壁面的普遍定律。

现存在这种 $u^+(y^+)$ 分布的众多测量值。图 17.3 所示为（光滑壁面）壁面层中 $u^+(y^+)$ 与 $\tau_t(y^+)$ 的一般分布。此外，还给出了 $y^+ \to 0$ 与 $y^+ \to \infty$ 条件下函数的渐近线。这些渐近线对应式(17.20)与式(17.21)。无滑移条件与连续方程给出了近壁面的渐近线：

$$\frac{\mathrm{d}u^+}{\mathrm{d}y^+} = 1 - Ay^{+3} + \cdots \quad (y^+ \to 0) \tag{17.24}$$

其中，采用 $A = 6.1 \times 10^{-4}$ 值。本书以间接湍流模型形式对壁面的普遍定律进行了以下解析描述，具体可参见格斯滕与赫维希(K. Gersten, H. Herwig, 1992)的专著第378页：

$$\frac{\mathrm{d}u^+}{\mathrm{d}y^+} = \frac{1}{1 + (A+B)y^{+3}} + \frac{By^{+3}}{1 + \kappa By^{+4}} \tag{17.25}$$

$$u^+ = \frac{1}{\Lambda}\left[\frac{1}{3}\ln\frac{\Lambda y^+ + 1}{(\Lambda y^+)^2 - \Lambda y^+ + 1} + \frac{1}{\sqrt{3}}\left(\arctan\frac{2\Lambda y^+ - 1}{\sqrt{3}} + \frac{\pi}{6}\right)\right] + \frac{1}{4\kappa}\ln(1 + \kappa By^{+4}) \tag{17.26}$$

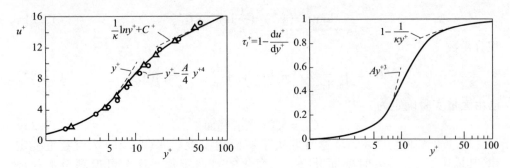

图 17.3 （光滑壁面）壁面层中 $u^+(y^+)$ 与 $\tau_t^+(y^+)$ 的一般分布

—— 式(17.25)与式(17.26)；

----- 源自式(17.20)、式(17.21)与式(17.24)的渐近线，$\kappa = 0.41, C^+ = 5.0, A = 6.1 \times 10^{-4}$；

: 克斯汀与理查森(J. Kestin, P. D. Richardson, 1963)收集的测量值；

△ 林德格伦(E. R. Lindgren)得到的测量值，具体可参见怀特(F. M. White, 1974)的专著第 476 页，$Re_\tau = 1260$。

式(17.26)具有以下数值：

$$\begin{cases} \kappa = 0.41, A = 6.1 \times 10^{-4}, B = 1.43 \times 10^{-3} \\ \Lambda = (A+B)^{1/3} = 0.127 \\ C^+ = \dfrac{2\pi}{3\sqrt{3}\Lambda} + \dfrac{1}{4\kappa}\ln(\kappa B) = 5.0 \end{cases} \quad (17.27)$$

式(17.25)与式(17.26)满足边界条件式(17.21)与式(17.24)。由科尔斯(D. Coles, 1968)及哈夫曼与布拉德肖(G. D. Huffman, P. Bradshaw, 1972)进行的大量数值评估给出了值 $\kappa = 0.41$ 和 $C^+ = 5.0$。值 $A = 6.1 \times 10^{-4}$ 得来自式(17.26)的分布 $u^+(y^+)$ 必须拥有 $y^+ = 15$ 时 $u^+ = 10.6$。这是由众多测量中所得出的结论，具体可参见赖卡特(H. Reichardt, 1951)以及克斯汀与理查森(J. Kestin, P. D. Richardson, 1963)所发表的文献。关于壁面定律的进一步介绍可见格斯滕与赫维希(K. Gersten, H. Herwig, 1992)的专著第 380 页。

由图 17.3 可区分以下区域：纯黏性底层：$0 \leqslant y^+ \leqslant 5, u^+ = y^+$；缓冲层：$5 \leqslant y^+ \leqslant 70$，式(17.26)；重叠层：$70 \leqslant y^+, u^+ = \dfrac{1}{\kappa}\ln y^+ + C^+$。

2. 平均运动的能量平衡

如果式(17.13)乘以 du^+/dy^+，则所得的方程

$$\underbrace{\dfrac{du^+}{dy^+}}_{\text{能量供应}} = \underbrace{\left(\dfrac{du^+}{dy^+}\right)^2}_{\text{直接耗散}} + \underbrace{\tau_t^+ \dfrac{du^+}{dy^+}}_{\text{湍流产生}} \quad (17.28)$$

可解释为壁面层中平均运动常规能量平衡，如图 17.4 所示。源自剪切力的能量可分为两个部分：一部分通过黏性耗散直接转换为热力学能（因此称为直接耗

散);另一部分则被用来产生湍流脉动能量,即产生湍流。这部分能量最终转换为热力学能,但此时是通过湍流耗散(间接或湍流耗散)来实现的。所产生湍流度在 $du^+/dy^+ = 0.5$,即由式(17.25)得出 $y^+ = 10.6$ 时具有最大值 0.25。在这个与壁面的距离上,直接耗散与湍流产生是相同的。当 $y^+ < 10.6$ 时直接耗散占优势,而当 $y^+ > 10.6$ 时则以湍流产生为主,且湍流产生最终提供了 $y^+ \to \infty$ 的全部能量。

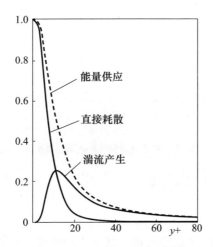

图 17.4　壁面层中平均运动常规的能量平衡[源于式(17.28)]

3. 湍流脉动的能量平衡

壁面层的 k 方程式(16.39)可归纳为以下关系式:

$$\underbrace{\overline{\tau}_t \frac{du^+}{dy^+}}_{\text{湍流产生}} + \underbrace{\frac{d^2 k^+}{dy^{+2}} + \frac{dB^+}{dy^+}}_{\text{黏性湍流扩散}} - \underbrace{\varepsilon^+}_{\text{湍流耗散}} = 0 \qquad (17.29)$$

在此引入下列无量纲量:

$$k^+ = \frac{k}{u_\tau^2}, \qquad B^+ = -\frac{\overline{v'(p' + \rho q^2/2)}}{u_\tau \tau_w}, \varepsilon^+ = \frac{\varepsilon \nu}{u_\tau^4} \qquad (17.30)$$

对应于式(17.29)普遍适用的湍流产生、扩散与耗散曲线如图 17.5 所示。如前所述,湍流产生的最大值大约在 $y^+ = 10.6$ 时。在这个点附近,扩散的符号也发生改变。当 $y^+ < 10$ 时能量向壁面方向传输,而当 $y^+ > 10$ 时能量沿核心流方程传输。当 $y^+ \to \infty$ 时扩散相对于产生与耗散更快地趋于零,表现为正比于 $(y^+)^{-1}$。可得到重叠层($y^+ \to \infty$)的以下描述:

产生 = 耗散　(重叠层)

这个重要结果是将壁面层与核心层中能量项进行匹配的最终结果,具体可参见格斯滕与赫维希(K. Gersten,H. Herwig,1992)的专著第 391 页,并由实验得以证实。由于产生与耗散平衡,因此重叠层常称为平衡层。

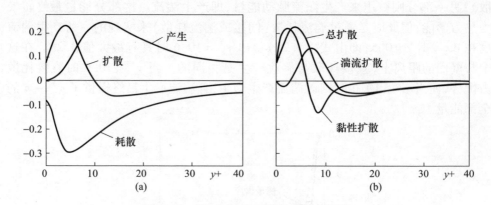

图 17.5 壁面层中湍流脉动的能量平衡
(a)对应于式(17.29)的动能,源自里希纳穆尔蒂与安东尼娅(L. V. Krishnamoorthy,
R. A. Antonia,1988)发表的文献,也可参见帕特尔等(V. C. Patel et al. ,1985)的文献;
(b)将总扩散分为黏性扩散与湍流扩散。

将扩散分为黏性扩散与湍流扩散部分如图 17.5(b)所示。在此可发现,湍流扩散的符号改变了两次。

4. 能量 k 与法向应力

对黏性扩散项进行两次积分可得 $k^+(y^+)$ 的分布。这种情况如图 17.6 所示,同时还展示了法向应力的分布。由此可知重叠层($y^+ \to \infty$)内的所有物理量均为恒定值,如 $k^+ \to 3.3$;$\overline{u'^2}/u_\tau^2 \to 3.3$;$\overline{v'^2}/u_\tau^2 \approx \overline{w'^2}/u_\tau^2 \to 1.65$。这些不同的曲线可由此处未给出的法向应力的平衡方程解释,具体可参见格斯滕与赫维希(K. Gersten, H. Herwig,1992)的专著第 396 页,以及 18.1.5 节。这表明,源于剪切力的能量 $\tau_t^+ du^+/dy^+$ 最初提供给 u' 分量。由于连续方程,其传向其他分量。因此,$\overline{v'^2}$ 与 $\overline{w'^2}$ 要比 $\overline{u'^2}$ 小。然而,最终在高雷诺数下,这 3 个分量平等地参与到耗散(根据柯尔莫戈洛夫的研究,存在局部的各向同性)。

5. 壁面粗糙度的影响

迄今为止的讨论中,一直默认壁面是光滑的。然而,实际上壁面会呈现一定的表面粗糙度。由于表面可能的状态是无限的,因此引入标准表面粗糙度来描述表面粗糙度对流动的影响。如图 17.7 所示,假设壁面覆盖一层尽可能密集的球体。这实际上或多或少是砂纸的情况,因此,标准粗糙度也称砂粒表面粗糙度。球的直径称为砂粒表面粗糙度高度 k_s,其为表面粗糙度的一种量度。

通常任何技术粗糙单元均可被指定为以下所示的所谓等效砂粒表面粗糙度。因此,只要考虑砂粒表面粗糙度对壁面规律的影响就足够了。

采用式(17.11)所示的壁面层特征长度 δ_v,可获得以下列无量纲特征数定量描述的砂粒表面粗糙度:

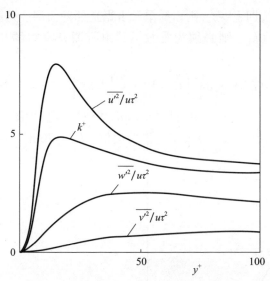

图 17.6 壁面层中湍流动能与雷诺法向应力的通用分布(具体细节可参见帕特尔等(V. C. Patel et al.,1985)、科尔斯(D. Coles,1978)、埃尔·特尔班尼与雷诺(M. M. M. El Telbany,A. J. Reynolds,1981)等发表的文献及汤森(A. A. Townsend,1976)的专著第 144 页)

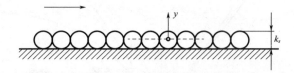

图 17.7 砂粒表面粗糙度高度 k_s

$$k_s^+ = \frac{k_s}{\delta_v} = \frac{k_s u_\tau}{\nu} \tag{17.31}$$

式(17.21)中的积分常数 C^+ 现只是粗糙度特征数 k_s^+ 的函数。$k_s^+ \to 0$ 与 $k_s^+ \to \infty$ 的渐近线可用函数 $C^+(k_s^+)$ 表示。对于光滑表面,有

$$\lim_{k_s^+ \to 0} C^+(k_s^+) = 5.0 (\text{光滑}) \tag{17.32}$$

由重叠定律式(17.21)可得

$$\lim_{y^+ \to \infty} u^+(y^+) = \frac{1}{\kappa}\ln y^+ + C^+(k_s^+) = \frac{1}{\kappa}\ln\frac{y}{k_s} + \frac{1}{\kappa}\ln k_s^+ + C^+(k_s^+) \tag{17.33}$$

或

$$\lim_{y^+ \to \infty} u^+(y) = \frac{1}{\kappa}\ln\frac{y}{k_s} + C_r^+(k_s^+) \tag{17.34}$$

其中

$$C_r^+(k_s^+) = C^+(k_s^+) + \frac{1}{\kappa}\ln k_s^+ \tag{17.35}$$

如果 k_s 变得非常大,即 $k_s \gg \delta_v$,则粗糙单元占据全部壁面层。这种情况下黏度就不再重要了,函数 $C^+(k_s^+)$ 则必须为常数。其由所谓完全粗糙状态下的实验而得出即

$$\lim_{k_s^+ \to \infty} C_r^+(k_s^+) = \lim_{k_s^+ \to \infty} \left[C^+(k_s^+) + \frac{1}{\kappa}\ln k_s^+ \right] = 8.0(完全粗糙) \quad (17.36)$$

函数 $C^+(k_s^+)$ 与 $C_r^+(k_s^+)$ 由塔尼(I. Tani, 1988)确定,如图17.8所示。值得注意的是,$k_s^+ \leq 5$ 时函数 $C^+(k_s^+)$ 大于光滑壁面值。$k_s^+ \geq 70$ 时,达到根据式(17.36)得出的渐近线。

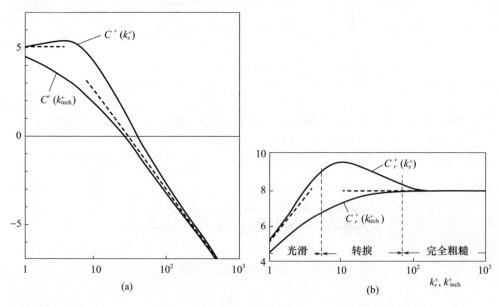

图 17.8　函数 $C^+(k_s^+)$ 与 $C_r^+(k_s^+)$ [源自塔尼(I. Tani, 1988)技术粗糙度曲线源自式(17.40)]

重叠定律式(17.21)经常表示为

$$\lim_{y^+ \to \infty} u^+(y^+, k_s^+) = \frac{1}{\kappa}\ln\frac{y}{y_k} \quad (17.37)$$

其中

$$y_k = \frac{\nu}{u_\tau}\exp[-\kappa C^+(k_s^+)] \quad (17.38)$$

为粗糙长度。完全粗糙状态下 $y_k = k_s\exp(-8.0\kappa) = 0.04k_s$。

如果表面是粗糙的,则很难确定坐标系 $y=0$ 的原点。通常选择这个原点是为了使重叠定律(17.21)得到满足,具体可参见格里森(C. W. B. Grigson, 1984)发表的文献和图17.7。

壁面中通用速度分布 $u^+(y^+, k_s^+)$ 如图17.9所示:其对于 k_s^+ 的依赖性与 $y^+ \to \infty$ 的渐近线可视为具有平行距离。

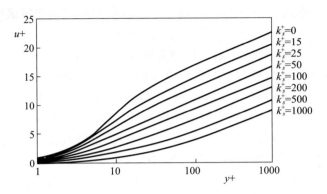

图 17.9 壁面层中通用速度分布 $u^+(y^+, k_s^+)$

- **说明(以沟槽影响湍流度)**

壁面上可减少摩擦阻力的规则小粗糙度单元显然是源于湍流脉动的阻尼作用。最近人们利用这种在表面形成沟槽所产生的效应来减少摩擦阻力。采用深度与宽度为 $15\delta_v$ 的沟槽可最大限度地降低摩擦阻力 8%，具体可参见哥迪特(L. Gaudet,1987)、塔尼(I. Tani,1988)以及德毕晓普与纽斯塔特(J. R. Debisschop, F. T. M. Nieuwstadt,1996)发表的文献。

6. 等效砂粒粗糙度

如前所述，对于每个技术粗糙度均可指定当量砂粒粗糙度 $k_{s\,eq}$。必须通过实验来确定技术粗糙壁面上重叠层内的速度分布 $u^+(y)$。由式(17.34)与式(17.36)可得

$$k_{s\,eq} = \exp\left\{\kappa \lim_{y\to 0}\left[8.0 + \frac{1}{\kappa}\ln y - u^+(y)\right]\right\} \tag{17.39}$$

后面必须检查实验中是否满足状态 $k_{s\,eq}^+ = k_{s\,eq} u_\tau/\nu > 70$。这个条件是必要的，因为其证明了在 $5 < k_s^+ < 70$ 区间内技术粗糙度的函数 $C^+(k_s^+)$ 与 $C_r^+(k_s^+)$ 不同于砂粒粗糙度的函数。科尔布鲁克(C. F. Colebrook,1938)给出了技术粗糙度的公式：

$$C^+(k_{\text{tech}}^+) = 8.0 - \frac{1}{\kappa}\ln(3.4 + k_{\text{tech}}^+) = 5.0 - \frac{1}{\kappa}\ln\left(1 + \frac{k_{\text{tech}}^+}{3.4}\right) \tag{17.40}$$

而 $C_r^+(k_s^+)$ 则与此类似。这些函数也在图 17.8 中进行了描述。其表现出与砂粒粗糙度相同的渐近特性。这种粗糙度因而可分为以下 3 个状态。

(1)水力光滑：$0 \leqslant k_s^+ \leqslant 5, C^+ \approx 5.0$。

(2)转捩区域：$5 < k_s^+ < 70, C^+(k_s^+)$。

(3)完全粗糙：$k_s^+ \leqslant 70, C_r^+ \approx 8.0$。

这 3 个状态近似对应于与图 17.3 相关联边界层内的 3 个层。只要粗糙单元仍完全在纯黏性底层之内($k_s < 5\delta_v$)，其与理想光滑壁面就无差别。然而，如果粗糙单元越过纯黏性底层，则粗糙效应开始发挥作用。如果粗糙单元突出到重叠层，

即几乎填满整个壁面层,则黏性效应消失。这就是当前流动与雷诺数无关的完全粗糙状态。

表 17.1 所示为一些技术粗糙度的当量砂粒粗糙度 $k_{s\,eq}$。施利希廷(H. Schlichting,1936)确定了众多规则布置的粗糙单元的当量砂粒粗糙度。图 17.10 给出了这些测量结果。斯特里特(V. L. Streeter,1935)和默比乌斯(H. Mobius,1940)对不同形状的人工粗糙管道进行了类似的类型测量。然而 $k_{s\,eq}$ 为几何量,$k_{s\,eq}^+ = k_{s\,eq} u_\tau / \nu$ 则为流量。同样 $k_{s\,eq}$ 情况下,水力光滑、完全粗糙或转捩的状态依赖流量,即取决于 u_τ 与 ν。雷诺数越大,表面粗糙度的影响也越大。

表面光滑这种说法用来暗示流动处于水力光滑状态。表面粗糙度则可能不会超过所谓允许粗糙度 $k_{s\,adm}$,其中有

$$k_{s\,adm}^+ = \frac{k_{s\,adm} u_\tau}{\nu} = 5 \tag{17.41}$$

表 17.1 按照 DIN52 的重要壁面的当量砂粒粗糙度 $k_{s\,eq}$ 单位:mm

材料	状态	$k_{s\,eq}$
黄铜、紫铜 铝 塑料 玻璃	光滑,无沉积	<0.03
钢	新的,无缝的,冷拔	<0.03
	新的,无缝的,热拔 新的,无缝的,轧制 新的,纵向焊接	0.05~0.10
	新的,螺旋焊接	0.10
	轻微锈蚀	0.10~0.20
	锈蚀	0.20~0.30
	结壳	0.50~2.00
	大量结壳	>2.00
	含沥青的,新的	0.03~0.05
	含沥青的,正常的	0.01~0.20
	电镀	0.13
铸铁	新的	0.25
	锈蚀	1.00~1.50
	结壳	>1.50
	含沥青的,新的	0.03~0.05
石棉水泥	有涂层或无涂层,新的 无涂层,用过的	<0.03 0.05

序号	类型	尺寸	D/cm	d/cm	k/cm	k_s/cm	图片
1	球状	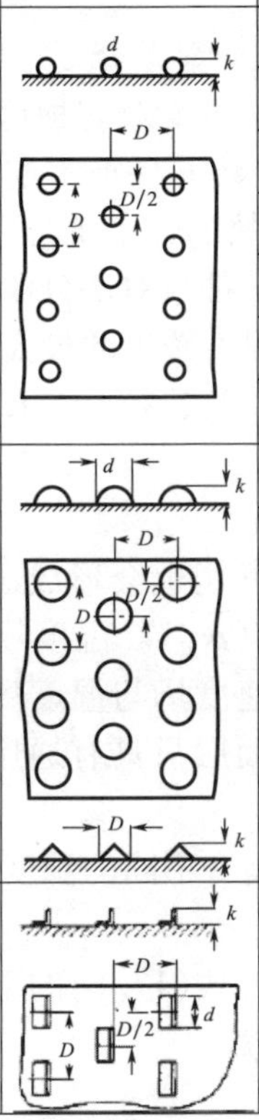	4	0.41	0.41	0.093	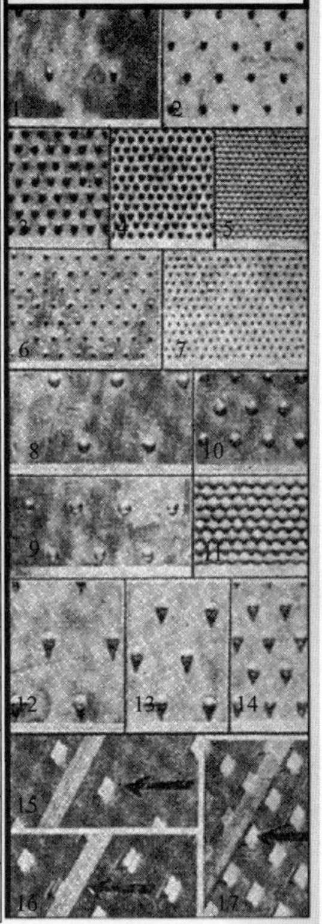
2			2	0.41	0.41	0.344	
3			1	0.41	0.41	1.26	
4			0.6	0.41	0.41	1.56	
5			密集	0.41	0.41	0.257	
6			1	0.21	0.21	0.172	
7			0.5	0.21	0.21	0.759	
8	半球状		4	0.8	0.26	0.031	
9			3	0.8	0.26	0.049	
10			2	0.8	0.26	0.149	
11			密集	0.8	0.26	0.365	
12	圆锥状		4	0.8	0.375	0.059	
13			3	0.8	0.375	0.164	
14			2	0.8	0.375	0.374	
15	短直角状		4	0.8	0.30	0.291	
16			3	0.8	0.30	0.618	
17			3	0.8	0.30	1.47	

图 17.10 对规则设置的粗糙单元进行表面粗糙度测量的结果
（源自施利希廷（H. Schlichting, 1936））

k：几何表面粗糙度高度；k_{seq}^+：当量表面粗糙度高度。

技术粗糙度单元与对应的砂粒粗糙度之间具有近似的等效性，可用来很好地描述流动的全局值。壁面层流动的细节不能以这种方式进行描述。关于这种等效的原则可参见塔尼（I. Tani, 1987）的专著，以及劳帕赫等（M. R. Raupach et al., 1991）、阿夫扎尔（N. Afzal, 2008b）、赛费特与克吕格（R. Seiferth, W. Kruger, 1950）、帕特尔（V. C. Patel, 1998）及西蒙尼斯（J. Jimenez, 2004）发表的文献。

• 说明（轮廓仪粗糙度）

值得一提的是，由轮廓仪轨迹而得的表面微观几何形状（轮廓仪表面粗糙度）可知，技术表面粗糙度 k 明显与高度成正比。格斯滕（K. Gersten, 2004）发现

$$k_{tech} = 3.5 Ra$$

式中：Ra 为平均表面粗糙度高度：

$$Ra = \frac{1}{L}\int_0^L |y| dx$$

y 为高度 L 条件下平均表面粗糙度水平的相对高度。

7. 通过添加聚合物降低阻力

湍动水流的摩擦阻力可通过添加少量聚合物而显著降低。相关实验表明,阻力的降低源于湍流结构的变化。长链聚合物分子主要对转捩区内 $5 < y^+ < 70$ 的小尺度湍流(小涡流)起阻尼作用。当冯·卡门常数 κ 保持不变时,一级近似条件下其会增加常数 C^+。C^+ 的增加程度取决于聚合物的分子量与浓度。

无论聚合物的浓度如何增加,长链聚合物分子都只对部分湍流起阻尼作用,层流仍不会产生。尔克(P. S. Virk, 1971)已确定了阻力减少的最大可能值,而进一步的细节可参见拉姆利(J. L. Lumley, 1969, 1978b)、兰达德(M. T. Landahl, 1973)及甘佩特(B. Gampert, 1985)发表的综述。

8. 温度场壁面层

如果在上述的湍流流动中还存在传热,则温度场也会形成通用壁面层。流场中运动黏度 ν 对应于温度场中的热扩散率 $a = \lambda/(\rho c_p)$。温度场的壁面层是 a 很重要的区域。如果 a 与 ν 具有相同的数量级,则速度场与温度场壁面层具有相同的厚度。如果热壁面层在流动壁面层内,则热壁面层只具有通用属性。这种情况下有 $Pr = \nu/a > 0.5$。

如果图 17.1 所示的库埃特流动中两个平板具有不同的温度,这意味着在忽略耗散前提下整个流动中存在恒定的热流。

给定热壁面层中的恒定热流 $\bar{q}_w$,则可得类似于式(17.1)的下列表达式:

$$\bar{q} = \bar{q}_\lambda + q_t = \bar{q}_w = 常数 \tag{17.42}$$

其中

$$\bar{q}_\lambda = -\lambda \frac{\partial \bar{T}}{\partial y} \tag{17.43}$$

$$q_t = \rho c_p \overline{T'v'} \tag{17.44}$$

仍假设特性参数 λ、ρ、c_p 及 ν 为恒定值。

类似于式(17.5)中的剪切速度 u_τ,可引入剪切温度:

$$T_\tau = -\frac{\bar{q}_w}{\rho c_p u_\tau} \tag{17.45}$$

引入无量纲量:

$$\Theta^+ = \frac{\bar{T} - T_{w1}}{T_\tau}, q_t^+ = \frac{q_t}{q_w} \tag{17.46}$$

类似于式(17.13)中的摩擦速度 u_τ,可得下列壁面层的关系式:

$$\frac{1}{Pr}\frac{d\Theta^+}{dy^+} + q_t^+ = 1 \tag{17.47}$$

其边界条件为

$$y^+ = 0: q_t^+ = 0 \quad \left(\frac{d\Theta^+}{dy^+} = Pr\right) \tag{17.48}$$

壁面层与核心层匹配后,还可得到重叠层中的温度分布为

$$\lim_{y^+ \to \infty} \Theta^+(y^+, Pr) = \frac{1}{\kappa_\theta} \ln y^+ + C_\theta^+(Pr) \tag{17.49}$$

此时选择常数 $\kappa_\theta = 0.47$,具体可参见威尔与罗默(M. Wier, L. Romer, 1987)发表的文献。对于光滑壁,积分常数 C_θ^+ 为普朗特数 $Pr = \lambda/a$ 的函数。这个积分常数可近似表示为

$$C_\theta^+(Pr) = 13.7 Pr^{2/3} - 7.5 \quad (Pr > 0.5) \tag{17.50}$$

该函数[式(17.50)]的其他表示方式可见格斯滕与赫维希(K. Gersten, H. Herwig, 1992)的专著第473页。该专著还给出了温度分布的解析表示 $\Theta^+(y^+, Pr)$,准确地描述了 $y^+ \to 0$, $y^+ \to \infty$ 及 $Pr \to \infty$ 条件下的渐近线。此外,可发现考虑耗散前提下关于粗糙度影响 $\Theta^+(y^+, k_s^+)$(第486页)、影响平衡温度脉动(第479页)以及影响式(17.49)展开式等问题的讨论。

17.1.3 摩擦定律

既然已知壁面层中速度分布 u^+ [式(17.26)],现必须确定核心层中的速度分布。如果速度梯度 $du^+/d\eta$ 的分布已知,可通过积分得到 $u^+(\eta)$。可以很自然地从中心线 $\eta = 1$ 向外积分。采用

$$u_c^+ - u^+(\eta) = \int_\eta^1 \frac{du^+}{d\eta} d\eta \tag{17.51}$$

可获得相对于中心线上速度 u_c^+ 的速度缺陷。核心层因这种速度表示方式而被称为缺陷层。核心层与壁面层相互独立,因而也与雷诺数无关。这种情况由实验得到了很好的证实,如图17.2(b)所示。

由下列匹配条件可得中心线上速度缺陷 $u_c^+(Re_\tau)$,并由此可得摩擦定律

$$\lim_{\eta \to 0} u^+(\eta) = \lim_{y^+ \to \infty} u^+(y^+) \tag{17.52}$$

即式(17.26)中的壁面层速度和式(17.51)中的缺陷层速度必须在重叠层中相同。由 $y^+ = \eta Re_\tau$,式(17.52)变为

$$u_c^+ - \lim_{\eta \to 0} \int_\eta^1 \frac{du^+}{d\eta} d\eta = \frac{1}{\kappa} \ln \eta + \frac{1}{\kappa} \ln Re_\tau + C^+ \tag{17.53}$$

如果按式(17.19)对被积函数进行分解,将数项消掉了,可得摩擦定律 $u_c^+(Re_\tau)$ 表示为

$$u_c^+ = \frac{1}{\kappa} \ln Re_\tau + C^+ + \overline{C} \tag{17.54}$$

其中

$$\overline{C} = \lim_{\eta \to 0} \int_\eta^1 \left(\frac{du^+}{d\eta} - \frac{1}{\kappa \eta} \right) d\eta \tag{17.55}$$

这就是不采用湍流模型前提下高雷诺数平板速度 $u_{wu} = 2\bar{u}_c$ 渐近特性的解析式。由于 κ 与 C^+ 为通用常数,由湍流模型所得的结果只见于式(17.55)中的常数 $\bar{C}$。常数 $\bar{C}$ 的值大约为 2.1。只有缺陷层中的解可确定 $\bar{C}$,且与雷诺数无关。因此湍流模型只考虑缺陷层中的流动。然而,建立模型的时候必须保证重叠状态中的流动满足匹配条件式(17.19)和式(17.52)及式(17.21)。

库埃特湍流流动只存在于 $Re_\tau > 100$。因此,通过常数 $\bar{C} \approx 2.1$ 所得湍流模型对 u_c^+ 结果影响的最大限度为 11%,并随着雷诺数的增加而趋于减少。

- **摩擦定律的反演**

只要给定壁面剪切应力 $\bar{\tau}_w$,摩擦定律(17.54)就是中心速度 u_c 的显式公式。通常,问题在于确定规定中心速度下的壁面剪切应力。这意味着需要将无量纲的表面摩擦系数

$$c_f = \frac{2\bar{\tau}_w}{\rho u_c^2} = \frac{2}{u_c^{+2}} \tag{17.56}$$

作为以 $\bar{u}_c$ 形成雷诺数的函数,即

$$Re_c = \frac{\bar{u}_c H}{\nu} \tag{17.57}$$

由于 $Re_c = u_c^+ Re_\tau$,式(17.54)得到了隐式表达式:

$$\sqrt{\frac{2}{c_f}} = \frac{1}{\kappa}\ln\left(\sqrt{\frac{c_f}{2}}Re_c\right) + C^+ + \bar{C} \tag{17.58}$$

这可推导出摩擦定律的如下显式公式

$$c_f = 2\left[\frac{\kappa}{\ln Re_c}G(\Lambda;D)\right]^2 \tag{17.59}$$

新引入函数 $G(\Lambda;D)$ 的定义式为

$$\frac{\Lambda}{G} + 2\ln\frac{\Lambda}{G} - D = \Lambda \tag{17.60}$$

并在格斯滕与赫维希(K. Gersten, H. Herwig, 1992)的专著第 782 页列表给出。其满足渐近条件:

$$\lim_{\Lambda \to \infty} G(\Lambda;D) = 1 \tag{17.61}$$

上述情况下,设定

$$\Lambda = 2\ln Re_c, D = 2[\ln(2\kappa) + \kappa(C^+ + \bar{C})] \tag{17.62}$$

因此,c_f 为 $\ln Re_c$ 的函数,因为 $c_f = 2\kappa^2/(\ln Re_c)^2$,在 $Re_c \to \infty$ 条件下其趋于零。

17.1.4 湍流模型

既然摩擦定律式(17.54)或式(17.59)已确定,现必须确定式(17.55)中的常数 $\bar{C}$,而这只需计算缺陷层中速度梯度分布 $du^+/d\eta$ 就足够了。因而需要一个将

τ_t 与 $du^+/d\eta$ 相关联的湍流模型。下面将以通用项描述湍流模型,且只限于式(17.10)所示的库埃特流动。

1. 涡黏度

布西涅斯克(J. Boussinnesq,1872)提出,应采用类似于牛顿摩擦定律(1.2)的下列 τ_t 假设公式:

$$\tau_t = \mu_t \frac{\partial \overline{u}}{\partial y} = \rho \nu_t \frac{\partial \overline{u}}{\partial y} \tag{17.63}$$

其中,$\mu_t(x,y)$ 与 $\nu_t(x,y)$ 并非物理属性,而是位置的函数,即只取决于所考虑的流动。其分别被称为涡流黏度与涡流运动黏度。ν_t 也经常被错误地称为涡流黏度。"涡流"一词表示因不规则湍流脉动即强烈的涡流场而发生的动量传输。

由于仍可以模型 ν_t 替代 τ_t,乍一看似乎并没有从这个假设中得到多少。由式(17.10)与式(17.19)可得库埃特流动:

$$\lim_{\eta \to 0} \nu_t = \kappa \eta u_\tau H \tag{17.64}$$

对于上壁面类似地,有

$$\lim_{\eta \to 2} \nu_t = \kappa (2-\eta) u_\tau H \tag{17.65}$$

函数 $\nu_t(\eta)$ 为具有沿式(17.64)与式(17.65)所给定中心线与两条切线最大值的对称函数。

● **实例:库埃特流动的抛物线或正弦分布**

如果选择抛物线型的 $\nu_t(\eta)$:

$$\nu_t = \kappa u_\tau H \eta (2-\eta)/2 \tag{17.66}$$

式(17.55)得到与实验结果($\overline{C} \approx 2.1$)相当一致的值 $\overline{C} = (\ln 2)/\kappa = 1.7$。如果选择正弦的 $\nu_t(\eta)$:

$$\nu_t = 2\kappa u_\tau H \cdot \sin(\pi \eta/2)/\pi \tag{17.67}$$

可得 $\overline{C} = [\ln(4/\pi)]/\kappa = 5.9$,其与实验值的一致性稍差一些。

2. 混合长度

普朗特(L. Prandtl,1925)已建立了 τ_t 与 $\partial \overline{u}/\partial y$ 之间的简单关系。考虑图17.11中的速度分布。普朗特假设了遵循气体分子运动经大幅简化的脉动模型,按照这个模型各流体单元被平均距离(垂直于主流方向的混合长度 l)取代,但仍保持其动量。混合长度与气体运动理论中的平均自由程大致相等。根据图17.11最初位于 y,现位于 $y+l$ 的流体单元具有比其现处环境更快的速度。这个速度差异是 x 方向上脉动速度的量度。

$$\Delta u = \overline{u}(y+l) - \overline{u}(y)$$

如果 $\overline{u}(y+l)$ 在泰勒级数展开式中只取线性项,则可得

$$\Delta u = l \frac{\partial \overline{u}}{\partial y}$$

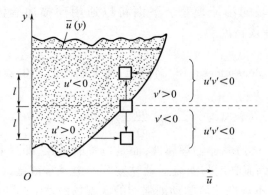

图 17.11 速度分布

按照普朗特的想法，假设 u' 与 v' 具有相同的量级，并设
$$-\overline{u'v'} = (\Delta u)^2$$
如此可得混合长度的湍流模型：

$$\tau_t = \rho l^2 \left|\frac{\partial \overline{u}}{\partial y}\right|\frac{\partial \overline{u}}{\partial y} \tag{17.68}$$

采用绝对值用来保证负的 $d\overline{u}/dy$ 具有负的 τ_t。混合长度 $l(x,y)$ 可看作一个如同 $\nu_t(x,y)$ 的特征湍流长度，且仍需建模。如果将涡黏度公式与混合长度公式进行比较，可得

$$\nu_t = l^2 \left|\frac{\partial \overline{u}}{\partial y}\right| \tag{17.69}$$

如果对于库埃特流动有 $\tau_t = \overline{\tau}_w > 0$，则这种特殊情况下式(17.63)与式(17.69)为

$$l = \nu_t / u_\tau \tag{17.70}$$

即 $\nu_t(y)$ 与 $l(y)$ 的分布成比例。所有关于涡黏度的描述对于混合长度也是有效的，特别是对于重叠层，有

$$\lim_{y\to 0} l = \kappa y, \quad \lim_{y\to 2} l = \kappa (2H - y) \tag{17.71}$$

3. 高阶湍流模型

冯·卡门(Th. v. Karman, 1930)建立了基于相似性假设的模型。按照这个模型

$$\tau_t = \rho \kappa^2 \left(\frac{\partial \overline{u}}{\partial y}\right)^4 \bigg/ \left(\frac{\partial^2 \overline{u}}{\partial y^2}\right)^2 \tag{17.72}$$

该式(17.72)也满足式(17.16)与式(17.19)，产生了冯·卡门常数。格斯滕与赫维希在其专著(K. Gersten, H. Herwig, 1992)第 404 页对相似性假设普遍原理的归纳引出了能够应用于库埃特流动关于 $l(y) = \nu_t(y)/u_\tau$ 的微分方程：

$$ll'' - \frac{n}{2}(l'^2 - \kappa^2) = 0 \tag{17.73}$$

式(17.43)有边界条件式(17.71)。为保证解对于 $y \to 0$ 具有规律性,n 可能只是其中一个特征数。对于 $n=1$,其解为源自式(17.66)的抛物线,而对于 $n=2$,可得源于式(17.67)的正弦分布。n 值越高的解则偏离实验结果越快。

如前所述,更高要求的湍流模型采用 k 方程式(16.39)。库埃特流动中大多数模型核心区内的扩散消失,使这个区域内湍流产生与湍流扩散是相同的。然而,这种情况并未经实验证实。施耐德(W. Schneidt, 1989b)提出了式(16.39)中扩散项的改进模型。

第 18 章中将详细讨论所谓两方程模型。这种情况下除 k 方程外还采用了二阶模型方程。下列模型中二阶方程简化为式(17.73):由罗达建立具有 $n=1$ 的 $k-L$ 模型、具有 $n=2$ 的 $k-\varepsilon$ 模型和 $k-\omega$ 模型,具体可参见格斯滕与赫维希(K. Gersten and H. Herwig, 1992)的专著第 409 页。

17.1.5 传热

现在面临的问题是在给定的热流条件下确定壁面与中心温度 $\overline{T}_c = (T_{wu} + T_{wl})/2$ 之间的温度分布 $\overline{T}(y)$。传热定律按如同摩擦定律(17.54)的方式获得,其中核心层内源于式(17.46)的无量纲温度与式(17.49)的壁面无量纲温度相匹配。可得

$$\Theta^+(Re_\tau, Pr) = \frac{\overline{T}_c - T_{wl}}{T_\tau} = \frac{1}{\kappa_\theta}\ln Re_\tau + C_\theta^+(Pr) + \overline{C}_\theta \tag{17.74}$$

其中

$$\overline{C}_\theta = \lim_{\eta \to 0} \int_\eta^1 \left(\frac{\mathrm{d}\Theta^+}{\mathrm{d}\eta} - \frac{1}{\kappa_\theta \eta}\right)\mathrm{d}\eta \tag{17.75}$$

光滑壁的函数 $C_\theta^+(Pr)$ 由式(17.50)给出。

1. 湍流模型

为确定核心层中的 $\overline{C}_\theta$,需要建立湍流模型。几乎所有已知温度场的湍流模型都基于恒定湍流普朗特数的概念。类似于式(17.63),由式(17.44)设置湍流热流为

$$q_t = \rho c_p \overline{T'v'} = -\lambda_t \frac{\partial \overline{T}}{\partial y} = -\rho c_p a_t \frac{\partial \overline{T}}{\partial y} \tag{17.76}$$

式中:a_t 为湍流热扩散系数。湍流普朗特数则定义为

$$Pr_t = \frac{v_t}{a_t} = \tau_t c_p \frac{\partial \overline{T}}{\partial y} \Big/ \left(q_t \frac{\partial \overline{u}}{\partial y}\right) \tag{17.77}$$

$Pr > 0.5$ 条件下由式(17.21)与式(17.49)可确定重叠层中的以下关系:

$$Pr_t = \frac{\kappa}{\kappa_\theta} = \frac{0.41}{0.47} = 0.87 \tag{17.78}$$

根据这个湍流模型,湍流普朗特数不仅在重叠层中而且在核心层中均是恒定的。可得 $\overline{C}_\theta = (\kappa/\kappa_\theta)\overline{C} = 0.87\overline{C}$。

湍流模型对 Θ_θ^+ 的影响只有百分之几,并随雷诺数的增加而减少。

2. 努塞尔数

通常会在规定温度差的情况下计算热流。采用努塞尔数

$$Nu = \frac{-q_w H}{\lambda(\overline{T}_c - \overline{T}_{wl})} \tag{17.79}$$

式(17.74)给出了传热定律

$$Nu = \frac{\frac{1}{2}c_f Re_c Pr}{\frac{\kappa}{\kappa_\theta} + \sqrt{\frac{c_f}{2}} D_\theta(Pr)} \tag{17.80}$$

其中

$$D_\theta(Pr) = C_\theta^+(Pr) + \overline{C}_\theta - \frac{\kappa}{\kappa_\theta}(C^+ + \overline{C}) \tag{17.81}$$

湍流普朗特数恒定的湍流模型中,函数 $D_\theta(Pr)$ 与模型中的速度分布无关。这种情况只在式(17.59)中以 $c_f(Re_c)$ 形式通过摩擦定律影响结果。

3. 高雷诺数

如果将关于 $C_\theta^+(Pr)$ 的方程式(17.50)考虑进来,则 $Pr\to\infty$ 极限情况下式(17.80)可简化为

$$\widetilde{Co}_\tau = 0.073 \frac{\overline{T}_c - \overline{T}_{wl}}{\overline{T}_{wl}} \quad (Pr\to\infty) \tag{17.82}$$

在此引入与壁面量相关的伯恩数:

$$\widetilde{Co}_\tau = \frac{-\overline{q}_w Pr^{2/3}}{\rho c_p u_\tau T_{wl}} \tag{17.83}$$

由于式(17.81)与核心层无关,由此也与湍流模型无关,适用于 c_f 非零的所有高雷诺数湍流流动。这里 $\overline{T}_c$ 通常为热边界层之外的温度。除系数 0.073 外,文献中通常还有不同的数值,具体可参见格斯滕与赫维希(K. Gersten, H. Herwig, 1992)的专著第 478 页。

17.2 充分发展的内流(A = 常数)

17.2.1 管道流动

平面通道流(也称泊肃叶流动)中,两个平板固定方式如图 17.1 所示,恒定的压力梯度 $\mathrm{d}\overline{p}_w/\mathrm{d}x < 0$ 引起 x 方向的流动。式(16.35)给出了基本方程:

$$\frac{\mathrm{d}\overline{\tau}}{\mathrm{d}y} = \frac{\mathrm{d}\overline{p}_w}{\mathrm{d}x} \tag{17.84}$$

积分后应用式(17.1),得

$$\bar{\tau} = \rho\nu\frac{d\bar{u}}{dy} + \tau_t = \tau_{w1} + \frac{d\bar{p}_w}{dx}y \tag{17.85}$$

剪切应力 $\bar{\tau}(y)$ 因此是线性函数,且因对称原因必须为

$$\bar{\tau}(y=H) = 0, \bar{\tau}_{w1} = -\bar{\tau}_{wu} = -(d\bar{p}_w/dx)H > 0$$

采用无量纲量:

$$\eta = \frac{y}{H}, u^+ = \frac{\bar{u}}{u_\tau}, \tau_t^+ = \frac{\tau_t}{\tau_{w1}}, u_\tau = \sqrt{\frac{\tau_{w1}}{\rho}}, Re_\tau = \frac{u_\tau H}{\nu} \tag{17.86}$$

由式(17.85)可得

$$\frac{1}{Re_\tau}\frac{du^+}{d\eta} + \tau_t^+ = 1 - \eta \tag{17.87}$$

相对于库埃特流动的对应方程式(17.8),也存在因压力梯度而正比于 η 的项。

引入如式(17.12)中的壁面坐标 y^+,式(17.87)则为

$$\frac{du^+}{dy^+} + \tau_t^+ = 1 - \frac{y^+}{Re_\tau} \tag{17.88}$$

对于 $Re_\tau > 0$,该式变为通用方程(17.13)。因此高雷诺数下压力梯度对于壁面流动不再起作用,库埃特流动的壁面层结果有可能推广至具有相同剪切应力的任何湍流流动。

如前所述,式(17.54)与式(17.55)对于中心线上的速度 u_c^+(等于最大速度)仍然有效。为确定体积流量,需要确定平均速度,即

$$u_m^+ = \lim_{\eta\to 0}\int_\eta^1 u^+(\eta)d\eta = u_c^+ + \bar{\bar{C}} \tag{17.89}$$

其中

$$\bar{\bar{C}} = \lim_{\eta\to 0}\int_\eta^1 [u^+(\eta) - u_c^+]d\eta \tag{17.90}$$

式中,常数 $\bar{\bar{C}}$ 只是如 $\bar{C}$ 那样的速度缺陷的积分,并不取决于雷诺数。因此,由摩擦定律可得

$$u_m^+ = \frac{1}{\kappa}\ln Re_\tau + C^+ + \bar{C} + \bar{\bar{C}} \tag{17.91}$$

或

$$c_f = \frac{2\bar{\tau}_{w1}}{\rho u_m^2} = \frac{\lambda}{4} = 2\left[\frac{\kappa}{\ln Re_{dh}}G(\Lambda;D)\right]^2 \tag{17.92}$$

其中

$$\Lambda = 2\ln Re_{dh}$$

及

$$D = 2\left[\ln(2\kappa) + \kappa\left(C^+ + \bar{C} + \bar{\bar{C}} - \frac{1}{\kappa}\ln 4\right)\right]$$

449

具体可参见式(17.60)。测量值为 $\overline{C} = 0.94, \overline{\overline{C}} = -2.64$ 及 $\overline{C} + \overline{\overline{C}} = -1.7$,因此 $D = -4.56 + 0.82C^+$。雷诺数 $Re_{dh} = d_h u_m/\nu$ 基于水力直径 $d_h = 4H$。式(17.91)与式(17.92)对于光滑与粗糙的管道壁均有效[只要这两种壁的粗糙度相同,具体可参见汉贾里与朗德(K. Hanjalic, B. E. Launder, 1972b)发表的文献]。

涡黏度的假设

$$\nu_t/(u_\tau H) = (\kappa/6)[1-(1-\eta)^2][1+2(1-\eta)^2] \tag{17.93}$$

与测量值很好地吻合,可得 $\overline{C} + \overline{\overline{C}} = -1.6$,具体可参见格斯滕与赫维希(K. Gersten, H. Herwig, 1992)的专著第593页。这部专著也包含其他湍流模型的结果和函数 $k(\varepsilon)$ 与 $\varepsilon(\eta)$ 的细节,也可参见埃尔特尔班尼与雷诺(M. M. M. El-bany, A. J. Reynolds, 1980)发表的文献。

关于传热的信息也可参见格斯滕与赫维希(K. Gersten, H. Herwig, 1992)的专著及福格特(M. Voigt, 1994)发表的文献。

17.2.2 库埃特-泊肃叶流动

考虑如图17.12所示的两个平行平板之间充分发展的湍流流动。此时如同在库埃特流中,上平板以 u_{wu} 移动,还如同管道流动具有恒定的压力梯度 $\mathrm{d}\overline{p}_w/\mathrm{d}x$。以这种形式产生的流动称为库埃特-泊肃叶流动,这是因为这种流动既具有库埃特流动($\mathrm{d}\overline{p}_w/\mathrm{d}x = 0$)的特殊情况,也具有泊肃叶流动(管道流动,$u_{wu} = 0$)的特殊情况。

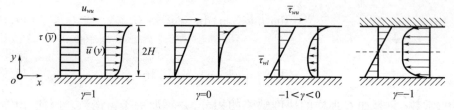

图17.12 库埃特-泊肃叶流动($\gamma = \overline{\tau}_{wl}/\overline{\tau}_{wu}$)

1. 力的平衡

如果将下平板的摩擦速度 $u_\tau = \sqrt{\tau_{wl}/\rho}$ 作为参考速度,且引入无量纲量

$$\gamma = \frac{\overline{\tau}_{wl}}{\overline{\tau}_{wu}}, \gamma_R = \mathrm{sign}(\gamma)\sqrt{|\gamma|} \tag{17.94}$$

则 x 方向的动量方程变为

$$\frac{1}{Re_\tau}\frac{\mathrm{d}u^+}{\mathrm{d}\eta} + \tau_t^+ = 1 + \frac{1-\gamma}{2\gamma}\eta \tag{17.95}$$

式(17.95)在 $\gamma = 1$(库埃特流动)时简化为式(17.8),当 $\gamma = -1$(管道流动)时简化为式(17.87)。只要 $\overline{\tau}_{wl}$ 与 $\overline{\tau}_{wu}$ 非零,可通过对数重叠律对壁面层进行匹配。然而,需要对 $\gamma = \gamma_R = 0(\overline{\tau}_{wl} = 0)$ 进行特殊处理。

2. 壁面剪切应力消失($\bar{\tau}_{w1}=0$)

式(17.84)对于这种情况也有效,且经积分后可得

$$\frac{\bar{\tau}}{\rho}=\nu\frac{d\bar{u}}{dy}+\frac{\tau_t}{\rho}=\frac{1}{\rho}\frac{d\bar{p}_w}{dx}y \qquad (17.96)$$

其中

$$\frac{1}{\rho}\frac{d\bar{p}_w}{dx}=\frac{\bar{\tau}_{wu}}{2\rho H}>0 \qquad (17.97)$$

因此,剪切应力与壁面的距离 y 成正比。

由于摩擦速度在下壁板消失,因此必须选择另一个参考速度。黏性壁面层中的流动必须与 H 无关。因而具有以下相关性:

$$f\left(\frac{d\bar{u}}{dy},y,\nu,\frac{1}{\rho}\frac{d\bar{p}_w}{dx}\right)=0 \qquad (17.98)$$

由量纲分析,可获得通用关系:

$$u^{\times}=F(y^{\times}) \qquad (17.99)$$

有

$$u^{\times}=\frac{\bar{u}}{u_s},y^{\times}=\frac{yu_s}{\nu} \qquad (17.100)$$

其中

$$u_s=\left(\frac{\nu}{\rho}\frac{d\bar{p}_w}{dx}\right)^{1/3} \qquad (17.101)$$

为新的参考速度。其对应于有限壁面剪切应力的摩擦速度 u_τ。

重叠区域中 $d\bar{u}/dx$ 也必须满足与 ν 无关的条件,可给出消失壁面剪切应力下的重叠定律:

$$\lim_{y^{\times}\to\infty}\frac{du^{\pm\times}}{dy^{\times}}=\frac{1}{\kappa_\infty\sqrt{y^{\times}}} \qquad (17.102)$$

或经积分,有

$$\lim_{y^{\times}\to\infty}u^{\times}=\frac{2}{\kappa_\infty}\sqrt{y^{\times}}+C^{\times} \qquad (17.103)$$

因此重叠层中存在速度的平方根定律,取代不会消失的壁面剪切应力对数定律。

两个常数 κ_∞ 与 $C^{\times}$ 也是通用的,这是因为在式(17.99)任何湍流流动中壁面剪切应力消失位置(分离点或再附点)处壁面定律都是有效的。文献中 κ_∞ 与 $C^{\times}$ 的数值有所变化,$0.41\leqslant\kappa_\infty\leqslant 0.8$;$-3.2\leqslant C^{\times}\leqslant 2.2$,具体可参见克劳尔(J. Klauer,1989)发表的文献。下面将采用由基尔(R. Kiel,1995)获得的测量值 $\kappa_\infty=0.6$ 与 $C^{\times}=0$。

源于式(17.99)的壁面剪切应力消失时壁面上的通用速度分布($u^{\times}=F(y^{\times})$)如图17.13所示。由于 $u^{\times}$ 随 $\sqrt{y^{\times}}$ 变化,式(17.103)在此是一条直线。

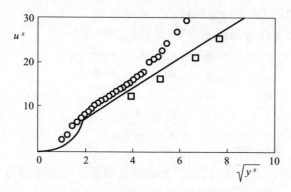

图 17.13 源于式(17.99)的壁面剪切应力消失时壁面上的通用速度分布 $u^× = F(y^×)$
。由基尔(R. Kiel,1995)的测量值
□ 由登格尔与费恩霍尔茨(P. Dengel, H. H. Fernholz,1990)的测量值
$y^× \to \infty$ 的渐近线:由式(17.103)得, $\kappa_\infty = 0.59, C^× \approx 0; y^× \to 0$ 的渐近线: $u^× = y^{×2}/2$。

3. 广义壁面定律

考虑壁面剪应力趋于消失时,就出现了如何由对数重叠定律过渡至平方根定律的问题。这是一个 $1/Re \to 0$ 与 $\gamma_R \to 0$ 的奇异辨别极限,具体可参见格斯滕与赫维希(K. Gersten, H. Herwig, 1992)的专著第 584 页,以及格斯滕等(K. Gersten et al.,1993)发表的文献。这两个极限过程必须耦合,以便使耦合参数

$$K = \frac{\nu}{u_{\tau 1} \bar{\tau}_{w1}} \frac{\mathrm{d}\bar{p}_w}{\mathrm{d}x} = \left(\frac{u_s}{u_{\tau 1}}\right)^3 \propto (Re_{\tau 1}\gamma) \tag{17.104}$$

保持恒定。存在有限壁面剪切应力的情况表示为 $K \to 0$,而 $K \to \infty$ 对应于壁面剪切应力消失的情况。耦合参数 K 经常在文献中表示为 $-p^+$ 或 $p_\times^+$,具体可参见杰贝吉与布拉德肖(T. Cebeci, P. Bradshaw, 1984)的专著第 357 页,以及尼克尔斯(T. B. Nickels,2004)发表的文献。力的平衡可由壁面坐标表示为

$$\tau^+(y^+) = \frac{|\tau_w|}{\tau_w}\frac{\mathrm{d}u^+}{\mathrm{d}y^+} + \tau_t^+ = 1 + Ky^+ \tag{17.105}$$

因此,普遍的壁面定律具有以下形式:

$$\frac{\mathrm{d}u^+}{\mathrm{d}y^+} = F'(y^+, K); u^+ = F(y^+, K) \tag{17.106}$$

黏性壁面层与相邻的全湍流层之间的重叠层可由常数 K 来表征消失的黏性效应。此时,有

$$\frac{\mathrm{d}\bar{u}}{\mathrm{d}y} = f\left(y, \frac{\tau_t}{\rho}, K\right) \tag{17.107}$$

且采用式(17.105)可得

$$\tau_t^+ = 1 + Ky^+ \tag{17.108}$$

根据量纲分析中的 Π 定律,由式(17.107)与式(17.108)可得

$$\lim_{y\to 0}\frac{y}{\sqrt{\tau_t/\rho}}\frac{du}{dy}=\lim_{y^+\to\infty}\left(\frac{y^+}{\sqrt{1+Ky^+}}\frac{du^+}{dy^+}\right)=\frac{1}{\kappa(K)} \quad (17.109)$$

或沿壁面积分后可得

$$\lim_{y^+\to\infty}u^+(y^+,K)=\frac{1}{\kappa(K)}\left[\ln y^++2\left(\sqrt{1+Ky^+}-1\right)+2\ln\left(\frac{2}{\sqrt{1+Ky^+}+1}\right)\right]+C(K) \quad (17.110)$$

这是两个通用函数 $\kappa(K)$ 与 $C(K)$ 的广义重叠定律。对于极限情况,可得以下关式:

附着流$(\bar{\tau}_w\neq 0):K\to 0$

$$C(0)=C^+,\kappa(0)=\kappa_0=0.41$$

式(17.110)简化为式(17.21);

分离(再附)$(\bar{\tau}_w=0):K\to\infty$

$$C(\infty)=K^{1/3}C^{\times}+\frac{1}{\kappa_\infty}\ln K \quad \kappa(\infty)=\kappa_\infty$$

式(17.110)简化为式(17.103)。

图(17.14)所示为源于式(17.110)的函数 $\kappa(K)$ 和 $C(K)$ 与测量值的比较。

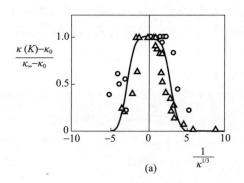
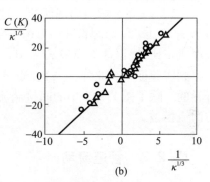

图 17.14 源于式(17.110)的函数 $\kappa(K)$ 和 $C(K)$ 与测量值的比较,
源自菲特(D. Vieth, 1996)与测量值的比较

如果核心层与壁面层通过广义重叠定律匹配,则最终可得上壁面的速度为

$$u_{wu}^+(\gamma)=u_c^++\frac{1}{\kappa}\ln Re_\tau+C^++\hat{C}_2(\gamma) \quad (17.111)$$

摩擦定律变为

$$u_m^+(\gamma,K)=u_c^++\bar{\bar{C}}(\gamma) \quad (17.112)$$

其中

$$u_c^+(\gamma,K)=\gamma_R C(K)+\frac{1}{\kappa(K)}\left[W(\gamma)+\gamma_R\ln\frac{4}{|K|}\right]+\hat{C}_1(\gamma) \quad (17.113)$$

函数 $W(\gamma)$、$\hat{C}_1(\gamma)$、$\hat{C}_2(\gamma)$ 及 $\overline{\overline{C}}(\gamma)$ 取决于所采用的湍流模型。其在点 $\gamma = 0$ 处连续,如图 17.15 所示,具体可参见格斯滕等(K. Gersten et al.,1993)发表的文献。

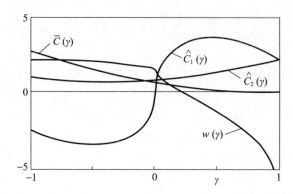

图 17.15 由式(17.111)~式(17.113)得库埃特流动函数
$\hat{C}_1(\gamma)$、$\hat{C}_2(\gamma)$、$\overline{\overline{C}}(\gamma)$,及 $W(\gamma)(\gamma = \overline{\tau}_{wl}/\overline{\tau}_{wu})$

4. $\gamma \leqslant 0$ 条件下的湍流模型

$-1 < \gamma < 0$ 区域内出现回流。这意味着速度与剪切应力的符号将发生改变。由于 τ_t 和 $d\overline{u}/dy$ 与源自式(17.63)的涡黏度湍流模型以及源自式(17.68)的混合长度成正比,根据这些模型 τ_t 和 $d\overline{u}/dy$ 在与壁面相同的距离上消失。然而,这并未得到实验证实。此外,$l(\eta)$ 在点 $du^+/d\eta$ 处奇异,对于管道流动($\gamma = -1$)也是奇异的。除了图 17.15 中的间接湍流模型外,仍未有合理地描述 $-1 < \gamma \leqslant 0$ 区间的湍流模型。

17.2.3 管道流动

考虑如图 17.16 所示的充分发展的管道湍流流动。为描述这种流动,将采用圆柱坐标系 x、r、φ,其速度分量为 u、v、w。最初将假设物性为恒定值。

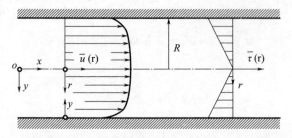

图 17.16 湍流管道流动,$\overline{u}(r)$ 与 $\overline{\tau}(r)$ 的分布(v 为 r 方向的速度分量)

x 方向动量方程为

$$\frac{1}{r}\frac{\mathrm{d}}{\mathrm{d}r}(r\bar{\tau}) = \frac{\mathrm{d}\bar{p}_w}{\mathrm{d}x} \tag{17.114}$$

其中

$$\bar{\tau} = \rho\nu\frac{\mathrm{d}\bar{u}}{\mathrm{d}r} - \rho\overline{u'v'} = \rho\nu\frac{\mathrm{d}\bar{u}}{\mathrm{d}r} + \tau_t \tag{17.115}$$

这对应于描述管道流动的式(17.84)与式(17.85),式(17.114)沿半径积分可得

$$\bar{\tau} = \frac{\mathrm{d}\bar{p}_w}{\mathrm{d}x}\frac{r}{2} = \frac{r}{R}\bar{\tau}_w \tag{17.116}$$

因此剪切应力与局部半径 r 成正比。这里的梯度 $\mathrm{d}\bar{\tau}/\mathrm{d}r$ 等于压力梯度的一半。采用无量纲量:

$$\eta = \frac{r}{R}, u^+ = \frac{\bar{u}}{u_\tau}, \tau_t^+ = \frac{\tau_t}{\bar{\tau}_w}, u_\tau = \sqrt{\frac{-\bar{\tau}_w}{\rho}}, Re_\tau = \frac{Ru_\tau}{\nu} \tag{17.117}$$

联立式(17.114)~式(17.116)可得

$$-\frac{1}{Re_\tau}\frac{\mathrm{d}u^+}{\mathrm{d}\eta} + \tau_t^+ = \eta \tag{17.118}$$

也可寻求 $Re_\tau \to \infty$ 条件下的函数 $u^+(\eta, Re_\tau)$。

1. 摩擦定律

$Re_\tau \to \infty$ 条件下的速度分布 $u^+(\eta, Re_\tau)$ 由两部分组成。引入壁面坐标

$$y^+ = (1-\eta)Re_\tau \tag{17.119}$$

并取极限 $Re_\tau \to \infty$,式(17.118)也可给出壁面层的通用方程(17.13)。壁面通解 $u^+(y^+)$ 如同式(17.26)的通解可转换至这种情况。对于核心层,由式(17.118)可得 $\tau_t^+ = \eta$。确定 $\tau_t^+ = \eta$ 的方程必须由湍流模型获得。重叠定律为

$$\lim_{\eta \to 1}\frac{\mathrm{d}u^+}{\mathrm{d}\eta} = -\frac{1}{\kappa(1-\eta)} \tag{17.120}$$

如果 $\mathrm{d}u^+/\mathrm{d}\eta$ 已知,则可通过积分得到以下速度缺陷形式的速度分布:

$$u^+(\eta) - u_c^+ = \int_0^\eta \frac{\mathrm{d}u^+}{\mathrm{d}\eta}\mathrm{d}\eta \tag{17.121}$$

式中:u_c^+ 为中心线处的速度(最大速度)。

重叠层中匹配条件为

$$\lim_{\eta \to 1}u^+(\eta) = \lim_{y^+ \to \infty}u^+(y^+) = \frac{1}{\kappa}\ln y^+ + C^+ \tag{17.122}$$

可给出轴向速度为

$$u_c^+ = \frac{1}{\kappa}\ln Re_\tau + C^+ + \bar{C} \tag{17.123}$$

其中

$$\overline{C} = -\lim_{\eta \to 1} \int_0^\eta \left[\frac{du^+}{d\eta} + \frac{1}{\kappa(1-\eta)} \right] d\eta \qquad (17.124)$$

对于沿管道截面平均的速度,可得

$$u_m^+ = \frac{u_m}{u_\tau} = \frac{2}{u_\tau R^2} \int_0^R \overline{u} r dr = 2 \int_0^1 u^+ \eta d\eta = u_c^+ + \overline{\overline{C}} \qquad (17.125)$$

其中

$$\overline{\overline{C}} = -2 \lim_{\eta \to 1} \int_0^\eta (u_c^+ - u^+) \eta d\eta \qquad (17.126)$$

因此,摩擦定律为

$$u_m^+ = \frac{1}{\kappa} \ln Re_\tau + C^+ + \overline{C} + \overline{\overline{C}} \qquad (17.127)$$

因为压降范围内的壁面剪切应力可由管道流动的实验值精确地确定,常数 $\overline{C}$ 与 $\overline{\overline{C}}$ 的数据是可获得的。$\overline{C} + \overline{\overline{C}} = -3.04$

摩擦定律经常用来确定表面摩擦系数 c_f 或管道摩擦系数 λ:

$$c_f = \frac{\lambda}{4} = \frac{-2\overline{\tau}_w}{\rho u_m^2} = \frac{2}{u_m^{+2}} \qquad (17.128)$$

关于雷诺数

$$Re = \frac{u_m d}{\nu} = 2Re_\tau \sqrt{\frac{2}{c_f}} \qquad (17.129)$$

对于光滑壁面($C^+ = 5.0$),式(17.127)给出了由普朗特(L. Prandtl,1933)确定的隐式方程:

$$\frac{1}{\sqrt{\lambda}} = 2\log(Re\sqrt{\lambda}) - 0.80 \qquad (17.130)$$

由扎加罗拉与史密斯(M. V. Zagarola, A. J. Smits,1998)在高雷诺数下测量的值分别为 1.93 与 -0.554,而非 2.0 与 -0.8。光滑管道的显式摩擦定律

$$c_f = \frac{\lambda}{4} = 2 \left[\frac{\kappa}{\ln Re} G(\Lambda;D) \right]^2 \qquad (17.131)$$

的 G 函数如同式(17.60)中的 $\Lambda = 2\ln ReD = -0.17$,也可参见格斯滕(K. Gersten,2004)发表的文献。

图 17.17 所示为源于罗斯(H. Rouse,1943)的管道阻力图。其包括隐式与显式表示。特别是可很容易发现湍流区域的渐近特性。对于粗糙管道,应用式(17.40)。全粗糙范围($k_{tech}^+ > 70$)内可用式(17.132)取代式(17.130):

$$\frac{1}{\sqrt{\lambda}} = 2\log \frac{R}{k_{tech}} + 1.74 \qquad (17.132)$$

图中各点由参数对(Re, λ)确定。水平线为 $\lambda =$ 常数的直线,λ 可由右侧纵坐标读出,$1/\sqrt{\lambda}$ 可由左侧坐标读出。垂直线为 $Re\sqrt{\lambda}$ 为常数的直线(由下侧的横坐

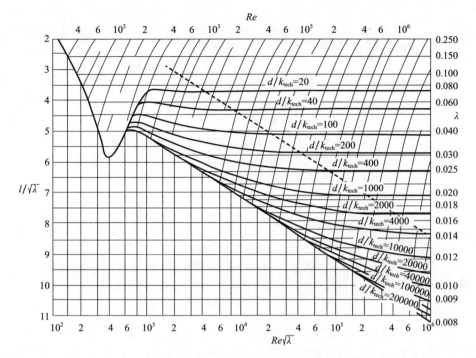

图 17.17 源于罗斯(H. Rouse,1943)的管道阻力图
曲线——右侧为全粗糙范围。

标读出)。另外,图 17.17 的上半部给出了 Re = 常数的直线(Re 可由上侧横坐标读出)。该图的各条曲线分别为 d/k_{tech} 等于不同常数的曲线。

2. 涡黏度

如果为湍流模型选择以下的涡黏度分布:

$$\frac{\nu_t}{u_\tau R} = -\frac{\tau_t^+}{du^+/d\eta} = -\frac{\eta}{du^+/d\eta} = \frac{\kappa}{6}(1-\eta^2)(1+2\eta^2) \qquad (17.133)$$

也可参考式(17.93),满足 $\overline{C} + \overline{\overline{C}} = -3.03$,与实验测量值完全一致。图 17.18 展示了与测量值对比 $\nu_t(\eta)$ 分布。其所展示的速度缺陷分布也与实验数据很好地吻合。管道中动能、扩散与耗散的分布以及其他湍流模型结果已由格斯滕与赫维希(K. Gersten, H. Herwig, 1992)的专著第 531 页给出。

3. 壁面传热

与式(17.80)类似,管道中传热定律为

$$Nu = \frac{-\bar{q}_w d}{\lambda(T_w - T_m)} = \frac{\frac{1}{2}c_f RePr}{\frac{\kappa}{\kappa_\theta} + \sqrt{\frac{c_f}{2}} D_\theta(Pr)} \qquad (17.134)$$

此处总体温度(或平均温度)可定义为

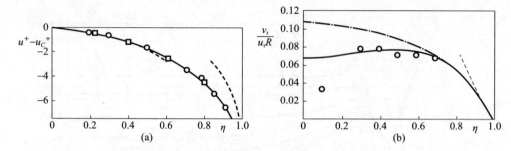

图 17.18 管道湍流流动核心层中速度缺陷与涡黏度分布
——:由式(17.133)得间接湍流模型；
------:$\eta \to 1$ 的渐近线；
———:$k-\varepsilon$ 模型(具体参见 18.1 节)；
○:劳费尔(J. Laufer,1954)在光滑管道中的测量值,$Re = 5 \times 10^4$；
□:尼古拉兹(J. Nikuradse,1933)在颗粒粗糙管道中的测量值,$Re = 10^6, k_s/d = 4 \times 10^{-3}$。

$$T_m = \frac{1}{\pi R^2 u_m} \int_0^R \overline{T}(r) \overline{u}(r) 2\pi r dr \qquad (17.135)$$

函数 $D_\theta(Pr)$ 取决于热边界条件(如 $\overline{q}_w$ = 常数或 T_w = 常数),且湍流模型能够进行计算,具体可参见格斯滕与赫维希(K. Gersten, H. Herwig, 1992)的专著第 540 页。这部专著也包含了高普朗特数下通常被忽略但非常重要的耗散信息,具体可参见格斯滕(K. Gersten,1997)发表的文献。

4. 可变物理性质

如果考虑物理属性的温度相关性,传热定律式(17.134)将会变化。温度场通常会对速度场产生作用,也会作用于摩擦定律。根据格斯滕与赫维希(K. Gersten, H. Herwig,1992)的专著第 558 页的描述:

$$\frac{c_f}{c_{f.c.p.}} = \left(\frac{\rho_w}{\rho_m}\right)^{m_\rho} \left(\frac{\mu_w}{\mu_m}\right)^{m_\mu} \qquad (17.136)$$

式中:下标 w 为壁面温度;下标 m 为平均温度;下标 $c.p.$ 为恒定物理属性。如果采用的平均温度为参考温度,即 c_f 与 Re 均基于平均温度,则有

$$m_\rho = \frac{1}{2} - 4.9\sqrt{\frac{c_{f.c.p.}}{2}}, m_\mu = 4.9\sqrt{\frac{c_{f.c.p.}}{2}} \qquad (17.137)$$

如果密度可变,流动中出现源于重力影响的附加浮力。这些在垂直管道中特别明显,具体可参见格斯滕与赫维希(K. Gersten, H. Herwig,1992)的专著第 568 页。

17.3 细长管道理论

迄今所考虑的所有内部流动具有共同的层状结构。流动可分为具有与黏性无

关速度缺陷的核心层和黏性壁面层。这种结构也出现于轻微加宽(扩压器)或变窄(喷管)的通道或管道。当研究 $Re\to\infty$(或 $c_f\to 0$)和轮廓倾角 $\alpha\to 0$ 双重极限时,与完整的基本方程相比,这种简化是可观的。这就是细长管道理论,已由 5.1.2 节中的层流流动加以描述。

17.3.1 平面喷管与扩压器

细长管道理论将应用于壁面平直的平面喷管与扩压器流动。这种情况下可得自相似解,即这些流动的计算可简化为常微分方程的解。

如果采用极坐标系 r、φ,核心区域的运动方程为

$$\overline{\rho u}\frac{\partial \overline{u}}{\partial r} = -\frac{\mathrm{d}\overline{p}_w}{\mathrm{d}r} + \frac{1}{r}\frac{\partial \tau_t}{\partial \varphi} \tag{17.138}$$

无黏流动($Re\to\infty$, $\tau_t = 0$)满足

$$\rho U \frac{\mathrm{d}U}{\mathrm{d}r} = -\frac{\mathrm{d}p_0}{\mathrm{d}r} \tag{17.139}$$

其解为

$$U = \mathrm{sign}\left(\frac{\mathrm{d}p_0}{\mathrm{d}r}\right)\sqrt{\frac{r^3}{\rho}\left|\frac{\mathrm{d}p_0}{\mathrm{d}r}\right|\frac{1}{r}} \tag{17.140}$$

所需的解为 $c_f\to 0$ 情况下这个解的小扰动。
采用尝试解

$$\frac{\overline{u}(r,\varphi)}{U(r)} = 1 - \gamma F'(\eta), \eta = \frac{\varphi}{\alpha}, \gamma = \frac{u_\tau}{U} \tag{17.141}$$

$$\frac{\tau_t(r,\varphi)}{\rho U(r)^2} = \gamma^2 S(\eta), u_\tau = \mathrm{sign}\alpha\sqrt{\frac{-\overline{\tau}_w(\eta=1)}{\rho}} \tag{17.142}$$

$$\frac{\mathrm{d}\overline{p}_w}{\mathrm{d}r} = \frac{\mathrm{d}p_0}{\mathrm{d}r} + \gamma^2 \frac{\rho U^2}{r\alpha}P \tag{17.143}$$

式(17.139)给出了常微分方程:

$$2KF'(\eta) = S'(\eta) - P \tag{17.144}$$

边界条件为

$$\begin{cases} \eta = 0: F' = 0, F'' = 0, S = 0 \\ \eta \to 1: F'' = \dfrac{1}{\kappa(1-\eta)}, S = 0 \end{cases} \tag{17.145}$$

引入细长管道参数

$$K = \frac{\alpha}{\gamma} = \frac{\alpha U}{u_\tau} \tag{17.146}$$

其在双重极限 $u_\tau\to 0$ 与 $\alpha\to 0$ 保持恒定。

摩擦定律也表示为

$$c_{fm} = \frac{2|\bar{\tau}_w|}{\rho u_m^2} = 2\left[\frac{\kappa}{\ln Re_{dh}}G(\Lambda;D)\right]^2 \quad (17.147)$$

其中,基于水力直径的雷诺数：

$$Re_{dh} = \frac{4u_m r\alpha}{\nu} \quad (17.148)$$

源于式(17.60)的函数 $G(\Lambda;D)$,包含参数

$$\Lambda = 2\ln Re_{dh}, D(K) = 2[\ln(\kappa/2) + \kappa(C^+ + \bar{C} + \bar{\bar{C}})] \quad (17.149)$$

式中:$\bar{C}+\bar{\bar{C}}$关于 K 的相关性如图 17.19 所示。湍流模型需对此进行计算,具体方法如格斯滕与罗克拉格(K. Gersten and B. Rocklage,1994)所述。平直管道与 $K=0$ 对应。

$K \to -\infty$ 极限情况下,流动具有边界层特征,即除核心无黏湍流流动外,还有近壁面作为边界层的湍流流动。这部分内容将在 18.2.4 节中予以讨论。罗克拉格(B. Rocklage,1996)讨论了由转捩至分离的 $K \to -\infty$ 极限情况。罗克拉格(B. Rocklage,1995)也描述了平面喷管与扩散器的传热定律。

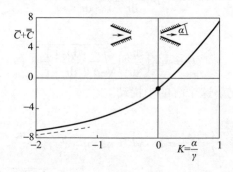

图 17.19　细长平面管道(平直壁面)中作为 K 的函数的 $\bar{C}$ 与 $\bar{\bar{C}}$,
源自式(17.149)扩散器:$\alpha>0, u_{max}>0, \bar{\tau}_w(\eta=1)<0$;喷管:$\alpha<0, u_{max}<0, \bar{\tau}_w(\eta=1)>0$

17.3.2　通道进口流量

整个流动过程会出现由通道进口截面均匀流动分布向充分发展速度分布的转变。这种流动也可采用细长管道理论进行计算,即其也存在着具有核心层与壁面层的层状结构。

沃伊特(M. Voigt,1994)根据细长管道理论进行了计算,此外也对进口热流情况进行了计算,具体可参见赫维希与沃伊特(H. Herwig, M. Voigt,1995,1996)发表的文献。

第18章
无速度场与温度场耦合的湍流边界层

18.1 湍流模型

18.1.1 引言

本章将关注恒定物理属性的湍流平面流动。如16.6节所述,高雷诺数条件下湍流流动也具有边界层特征,即整个流场由无黏外部流动与靠近壁面的薄边界层组成,近壁边界层内边界层方程式(16.34)~式(16.36)成立。然而,这些方程并不能构成封闭的方程组,需要用湍流模型来解决所谓封闭问题;这需给出附加方程,将湍流剪切应力 τ_t(以及湍流热流 q_t)与平均运动(或平均温度场)关联起来。

通常这种关系是偏微分方程。如果这个方程包含如湍流耗散 $\varepsilon(x,y)$ 新的未知量,则需要更多的模型方程。根据偏微分方程的数量,湍流模型也称一方程模型或二方程模型等。如果常微分方程中只取决于 x 的物理量,如 $\tau_{tmax}(x)$ 用来取代二阶偏微分方程,则需应用一个半方程的模型。如果 τ_t 与平均运动的物理量由代数方程给定,代数湍流模型也称零方程模型。此类实例就包括17.1.4节中的涡黏度与混合长度。

下面将讨论不同湍流模型分类中的典型实例。在此给出的模型方程是边界层的简化形式(忽略 x 方向扩散通量的变化)。

高雷诺数条件下湍流边界层也具有分层特性。其基本上包括黏性壁面层与可忽略黏性效应的全湍流层外部流动。

有限剪切应力 $\bar{\tau}_w(x)$ 情况下,黏性壁面层的厚度正比于 $\delta_v = \nu/u_\tau(x)$,当地剪切应力速度 $u_\tau(x) = \sqrt{\bar{\tau}_w(x)/\rho}$ 源于式(17.5)。由格斯滕与赫维希(K. Gersten;H. Herwig,1992)的专著第669页可发现,黏性壁面层在 $Re \rightarrow \infty$ ($\nu \rightarrow 0$) 时很薄,以

致惯性力与压力相对于摩擦力可被忽略。因而黏性壁面层局部等同于具有相同 $\bar{\tau}_w$ 与 ν 的库埃特流动。17.1.2 所述的壁面通用准则对于这种壁面层成立。

因此，计算高雷诺数条件下的湍流边界层，并不需要关于黏性壁面层中流动的详细描述，只需计算出外部全湍流层与壁面剪切应力 $\bar{\tau}_w(x)$。匹配条件式(17.16)或式(17.19)是外部流动的边界条件。可发现

$$\lim_{y \to 0} \frac{\partial \bar{u}}{\partial y} = \frac{u_\tau(x)}{\kappa y} \tag{18.1}$$

或经积分可得重叠对数定律

$$\lim_{y \to 0} \bar{u} = u_\tau(x) \left[\frac{1}{\kappa} \ln \frac{y u_\tau(x)}{\nu} + C^+ \right] \tag{18.2}$$

具体也可参见式(17.21)。库埃特流动情况下，也有

$$\lim_{y \to 0} \bar{v} = 0, \lim_{y \to 0} \tau_t = \bar{\tau}_w \tag{18.3}$$

计算速度分量具有边界条件式(18.1)～式(18.3)的外部全湍流层方法称为壁面函数法。湍流模型只需在外部全湍流层中仍考虑边界条件式(18.1)～式(18.3)。由于此层中可忽略黏性效应，基本方程包含无摩擦项 $(\nu = 0)$。黏性效应只通过边界条件式(18.2)发生作用。

另外，如果包括黏性壁面层的整个湍流边界层采用边界条件(无滑移条件)进行计算

$$y = 0: \bar{u} = 0, v = 0, \tau_t = 0 \tag{18.4}$$

这称为低雷诺数模型。

- 说明1(重叠定律)

对数的重叠定律只针对较低压力梯度的附着边界层。重叠定律也可以是幂定律。斯特拉特福德流动(参见18.3.1节)以及自然对流流动(参见19.3节)就是这样的实例，具体可参见格斯滕(K. Gersten, 2001)发表的文献。

- 说明2(黏性超层)

严格地讲，湍流边界层由3层组成。除前面提及的两层外，还存在位于全湍流外层与无黏外部流动之间的另一层，即黏性超层。黏度在这个层中的作用十分重要。如16.5.4节所述，这个层的厚度正比于式(16.26)中的柯尔莫戈洛夫长度，因而正比于 $\nu^{3/4}$，使得在高雷诺数条件下可被忽略。这种情况下，全湍流外层的解可直接与无黏外部流动相匹配。这样做的结果是无黏方程的解通常在离散转捩 $y = \delta$ 处有一个奇异点。在有限雷诺数下这种情况可由黏性超层予以避免。

杰肯(B. Jeken, 1992)研究了高雷诺数条件下超层的渐近特性。其研究表明，可找到壁面层与压力梯度和曲率无关的通解，其基本参数为携带速度，可参见式(18.127)。

18.1.2 代数湍流模型

两个最常见的代数湍流模型已在 17.1.4 节中进行了描述。

涡黏度 ν_t 可表示为

$$\tau_t = \rho \nu_t \frac{\partial \overline{u}}{\partial y} \tag{18.5}$$

以及混合长度为

$$\tau_t = \rho l^2 \left|\frac{\partial \overline{u}}{\partial y}\right| \frac{\partial \overline{u}}{\partial y} \tag{18.6}$$

关系式 $\nu_t = l^2 |\partial \overline{u}/\partial y|$ 成立。

这个模型只有在空间函数 $\nu_t(x,y)$ 和 $l(x,y)$ 已知的情况下是完全的。因此，将其与具有边界层局部值的函数如边界层厚度 δ 与边界层位移厚度 δ_1 等相关联，如下面实例所示。

（1）杰贝吉与史密斯（T. Cebici and A. M. O. Smith, 1974, 第 255 页）提出的模型：

$$\begin{aligned} \nu_t &= \kappa^2 y^2 \left|\frac{\partial \overline{u}}{\partial y}\right| \quad (0 < y < y_c) \\ \nu_t &= \alpha U(x) \delta_1(x) \gamma(x,y) \quad (y_c \leqslant y) \end{aligned} \tag{18.7}$$

式中：$\alpha = 0.016$；$\gamma(x,y)$ 为源自式（16.30）的间歇系数；y_c 为最靠近壁面两个 ν_t 函数交点的坐标。鲍尔温与洛马克斯（B. S. Baldwin and H. Lomax, 1978）曾给出非常简单的模型，它只与 $y \geqslant y_c$ 的 ν_t 函数不同。

（2）米歇尔（R. Michel et al., 1968）等提出的模型：

$$\frac{l}{\delta} = \lambda \tanh\left(\frac{\kappa}{\lambda} \frac{y}{\delta}\right) \tag{18.8}$$

其中，$\lambda = 0.085$。对于 $y > 0.6\delta$，混合长度实际上与 y 无关，即 $l = l_\delta \approx \lambda \delta(x)$。

（3）埃斯库迪尔（M. P. Escudier, 1966）提出的模型：

$$\begin{cases} l = \kappa y, & 0 < y \leqslant \dfrac{\lambda}{\kappa} \delta \\ l = \lambda \delta, & \dfrac{\lambda}{\kappa} \delta \leqslant y \leqslant \delta \end{cases} \tag{18.9}$$

其中，$\lambda = 0.09$。

最后两个模型非常相似。对于以上 3 个模型，在式（17.71）中已出现的极限

$$\lim_{y \to 0} l = \kappa y \tag{18.10}$$

成立。

如果式（18.7）中的物理量 $\nu_t(x)$ 或式（18.8）中的 $l(x)$ 必须满足常微分方程，则可实现这些模型向所谓一个半模型的扩展。关于模型的概述在安德森等（D. A. Anderson et al., 1984）的专著第 229 页中给出。

在约翰逊与金(D. A. Johnson, L. S. King, 1985)提出的模型中,常微分方程被用来求解 $u_{tmax}(x)$。门特(F. R. Menter, 1992)也采用这个模型来计算分离的边界层。

参见18.2.4节可以发现,边界层存在于 $\nu_t(x,y)$ 或 $l(x,y)$ 与边界层局部物理量 $\delta(x)$ 或 $\delta_1(x)$ 之间的精确关系中。这些关系称为平衡边界层。代数湍流模型只是其他边界层的近似。一个方程模型或多个方程模型则更加精确。

18.1.3 湍流能量方程

所有非代数湍流模型采用源自式(16.39)的湍流脉动动能方程(k 方程)。其基于普朗特(L. Prandtl, 1945)的研究工作。

湍流扩散通常采用以下梯度假设来建模:

$$\overline{v'\left(p' + \frac{\rho}{2}q^2\right)} = -\frac{\rho\nu_t}{Pr_k}\frac{\partial k}{\partial y} \tag{18.11}$$

因而式(16.39)中黏性扩散项与湍流扩散项具有相同的形式,涡黏度 ν_t 由式(18.5)定义。

边界层内黏性扩散相对于湍流扩散可忽略,边界层全湍流外部区域的模型方程为

$$\overline{u}\frac{\partial k}{\partial x} + \overline{v}\frac{\partial k}{\partial y} = \frac{\partial}{\partial y}\left(\frac{\nu_t}{Pr_k}\frac{\partial k}{\partial y}\right) + \frac{\tau_t}{\rho}\frac{\partial \overline{u}}{\partial y} - \varepsilon \tag{18.12}$$

模型常数通常设置为 $Pr_k = 1$。

如果将式(18.12)解释为湍流剪切应力 $\tau_t(x,y)$ 的定义式,采用式(18.5)可将 ν_t 替换为 τ_t,两个未知函数 $k(x,y)$ 与 $\varepsilon(x,y)$ 的方程则需用来封闭方程组。这将引出二方程模型或多方程模型。

如果假设涡黏度 $\nu_t = f(k,\varepsilon)$ 只是 k 与 ε 的函数,则其遵循量纲分析的 Π 原理:

$$\nu_t = c_\mu \frac{k^2}{\varepsilon} \quad (c_\mu \approx 0.09) \tag{18.13}$$

考虑量纲也允许湍流长度 L 由 k 和 ε 获得,且定义

$$\nu_t = c_P L\sqrt{k} \quad (c_\mu \approx 0.55) \tag{18.14}$$

式中:下标 P 为式(18.14)式源于普朗特(L. Prandtl, 1945)的研究。

联立式(18.13)与式(18.14)可给出普朗特-柯尔莫戈洛夫公式:

$$L = c_\varepsilon \frac{k^{3/2}}{\varepsilon} \quad \left(c_\varepsilon = \frac{c_\mu}{c_P} \approx 0.168\right) \tag{18.15}$$

拟设式(18.11)看起来简单,在许多情况下能够得到好的结果。然而,它也有局限性,因而施耐德(W. Schneider, 1989a, 1989b)以及施耐德等(W. Schneider et al., 1990)提出了式(18.11)的拟设附加项的扩展。采用这种方法,发现其在一种特殊

流动(库埃特流动)中与实验很好地吻合。
- 说明1(布拉德肖等(P. Bradshaw et al. ,1967)提出的湍流模型)

一方程模型中,湍流能量方程用作剪切应力 τ_t 的定义式。采用下列拟设:

$$\tau_t = a\rho k \quad (a \approx 0.3) \tag{18.16}$$

其对于边界层全湍流外部区域与黏性壁面层之间的重叠层是精确有效的,假设边界层整个外部区域中这个模型的 τ_t/ρ 与 k 之间具有比例性。类似于式(18.15),为耗散引入湍流长度。τ_t 的微分方程则为

$$\bar{u}\frac{\partial}{\partial x}\left(\frac{\tau_t}{a\rho}\right) + \bar{v}\frac{\partial}{\partial y}\left(\frac{\tau_t}{a\rho}\right) = -\left(\frac{\tau_{tmax}}{\rho}\right)^{1/2}\frac{\partial}{\partial y}\left(G\frac{\tau_t}{\rho}\right) + \frac{\tau_t}{\rho}\frac{\partial \bar{u}}{\partial y} - \frac{(\tau_t/\rho)^{3/2}}{L} \tag{18.17}$$

假设湍流长度 L 为 y/δ 的函数:

$$L = \delta f_1(y/\delta) \tag{18.18}$$

湍流耗散正比于 $(\tau_{tmax}/\rho)^{1/2}$,其中 τ_{tmax} 为 $0.25\delta \leq y < \delta$ 区间内 τ_t 的最大值。式(18.17)中函数 G 定义为

$$G = (\tau_{tmax}/\rho U^2)^{1/2} f_2(y/\delta) \tag{18.19}$$

式中:$f_1(y,\delta)$ 与 $f_2(y,\delta)$ 为通用函数。

式(18.17)变为重叠区至黏性壁面层之间混合长度 L 的公式,这是因为这个层中产生量等于耗散。方程组并不表现为抛物线型,而表现为双曲型。布拉肖德等(P. Bradshaw et al. ,1967)描述了数值计算的详细过程。这种计算方法经常用,实际证明这个方法良好,参见克莱恩等(S. J. Kline et al. ,1968)发表的文献。

- 说明2(一方程和一个半方程模型)

除克莱恩等(S. J. Kline et al. ,1968)提出的模型外,鲁比辛(M. W. Rubesin, 1976)和高德堡(U. C. Goldberg,1991)也对一方程模型进行了研究。由鲍尔温与巴斯(B. S. Baldwin, T. J. Barth, 1990)以及斯帕拉特与奥尔马拉斯(P. R. Spalart, S. R. Allmaras, 1992)提出的模型中,k 方程并未采用,相反每个模型均建立 $\nu_t(x,y)$ 的方程。

普莱彻(R. H. Pletcher,1978)提出的一个半方程模型中,除 k 方程外,还采用了边界层外缘处湍流长度 $l_\delta(x)$ 的常微分方程,具体可参见式(18.8)与式(18.9)。

18.1.4　二方程模型

如18.1.3节所述,为封闭方程组,除需要湍流能量方程与式(18.5)外,还需要两个额外的方程。如果这些方程中的一个是偏微分方程,而另一个是代数方程,则这个模型就是二方程模型。

雷诺(W. C. Reynolds,1976)、帕特尔等(V. C. Patel et al. ,1985)、斯佩齐亚莱(C. G. Speziale et al. ,1990)、威尔科特斯(D. C. Wilcox,1998)及陈与乔(C. J. Chen, S. Y. Jaw,1998)分别对二方程模型进行了总结。

下面将分析一些重要的实例。

1. $k-\varepsilon$ 模型[琼斯与朗德(W. P. Jones, B. E. Launder, 1972a)提出]

$k-\varepsilon$ 模型所采用的二阶偏微分方程为下列关于耗散 ε 的启发式平衡方程：

$$\bar{u}\frac{\partial \varepsilon}{\partial x} + \bar{v}\frac{\partial \varepsilon}{\partial y} = \frac{\partial}{\partial y}\left(\frac{\nu_t}{Pr_\varepsilon}\frac{\partial \varepsilon}{\partial y}\right) + c_{\varepsilon1}\frac{\varepsilon}{k}\frac{\tau_t}{\rho}\frac{\partial \bar{u}}{\partial y} - c_{\varepsilon2}\frac{\varepsilon^2}{k} \quad (18.20)$$

其中，模型常数

$$c_{\varepsilon1} = 1.44, c_{\varepsilon2} = 1.87, Pr_\varepsilon = 1.3$$

除此之外，还可采用式(18.13)。

为了在向黏性壁面层过渡过程中将速度分布转换为对数定律式(18.2)，4个模型常数必须满足下列关系：

$$Pr_\varepsilon \sqrt{c_\mu}(c_{\varepsilon2} - c_{\varepsilon1}) = \kappa^2 \quad (18.21)$$

由于式(18.12)中可设置 $Pr_k = 1$，当给定 $\kappa = 0.41$，还有3个模型常数需要凭经验确定。

描述耗散的式(18.20)具有与 k 方程相同的结构。式(18.12)中表述生成与耗散的类似项通过与 $c_{\varepsilon i}\varepsilon/k$（$i=1$ 或 2）相乘而得。

6个方程包括具有 $\bar{\tau}_\nu = 0$ 的式(16.34)、式(16.35)、式(18.5)、式(18.12)、式(18.13)及式(18.20)，可确定描述边界层外部全湍流区域的6个未知函数 $\bar{u}(x,y)$、$\bar{v}(x,y)$、$\tau_t(x,y)$、$\nu_t(x,y)$、$k(x,y)$ 和 $\varepsilon(x,y)$。

黏性层的匹配条件给出了下列解函数的边界条件(假定壁面剪切应力有限，即 $\bar{\tau}_w \neq 0$ 及壁面是不可穿透的，即 $v_w = 0$)：

$$\begin{cases} \lim_{y \to 0}\bar{u}(x,y) = \frac{1}{\kappa}\ln y^+ + C^+, & \lim_{y \to 0}\bar{v}(x,y) = 0 \\ \lim_{y \to 0}\tau_t(x,y) = \bar{\tau}_w(x), & \lim_{y \to 0}\nu_t(x,y) = \kappa y\sqrt{\bar{\tau}_w/\rho} = \kappa y u_\tau \\ \lim_{y \to 0}k(x,y) = u_\tau^2/\sqrt{c_\mu}, & \lim_{y \to 0}\varepsilon(x,y) = u_\tau^3/\kappa y \end{cases} \quad (18.22)$$

这些边界条件与17.1节中所讨论的库埃特流动边界条件相同(参见式(17.21)和式(17.64))。ε 的边界条件遵循式(18.13)，这是因为高雷诺数条件下黏性壁面层局部遵循与具有相同壁面剪切应力 $\bar{\tau}_w$ 的库埃特流动方程。

边界层外缘所对应的边界条件($y = \delta$)为

$$\bar{u} = U, \tau_t = 0, \nu_t = 0, k = 0, \varepsilon = 0 \quad (18.23)$$

速度缺陷 $U - \bar{u}$ 和剩余的4个函数在 $y \to \delta$ 时线性地趋于零。相对于无黏湍流自由外流，这种间断性采用有限雷诺数下黏性亚层中的连续转捩来处理，具体可参见杰肯(B. Jeken, 1992)发表的文献。

方程组数值求解过程中，引入坐标 $\eta = y/\delta(x)$ 是有利的，这是因为计算域变成了方形。罗达(J. C. Rotta, 1983)提出，$\bar{u}(x,y)$ 与 $\varepsilon(x,y)$ 在 $y \to 0$ 时的奇异性可通过将下缘置于与壁面较小正距离 y_l 的位置，而非 $y = 0$ 处。如果按罗达的方式设

$lny^+ = -\kappa C^+$,则在计算域的下缘处有 $\bar{u}(x,y) = 0$ 与 $\varepsilon(x,y_l) = u_\tau^3/\kappa y_l$。

$k-\varepsilon$ 模型已扩展为 $k-\varepsilon-\gamma$ 模型,其中按式(16.30)γ 为间歇系数,具体可参见雷德斯皮尔(R. Radespiel,1986)以及德万与阿拉克里(A. Dewan, J. H. Arakeri, 2000)发表的文献。

2. $k-\omega$ 模型(威尔科特斯(D. C. Wilcox,1998)提出)

$k-\omega$ 模型是基于柯尔莫戈洛夫(A. N. Kolmogorov,1942)的思想而提出的。威尔科特斯(D. C. Wilcox,1998)详细描述了其进一步的扩散与当今所采用的版本。这里使用的第二个方程为 ω 的平衡方程:

$$\bar{u}\frac{\partial \omega}{\partial x} + \bar{v}\frac{\partial \omega}{\partial y} = \frac{\partial}{\partial y}\left(\frac{\nu_t}{Pr_\omega}\frac{\partial \omega}{\partial y}\right) + \alpha\frac{\omega}{k}\frac{\tau_t}{\rho}\frac{\partial \bar{u}}{\partial y} - \beta\omega^2 \quad (18.24)$$

模型常数为

$$\alpha = \frac{5}{9}, \beta = \frac{3}{40}, Pr_\omega = 2$$

ω 定义为

$$\omega = \frac{1}{c_\mu}\frac{\varepsilon}{k} \quad (18.25)$$

其中 $c_\mu = 0.09$。这是单位湍流动能的耗散,单位为 $1/s$。式(18.25)意味着其取代式(18.13),则有

$$\nu_t = \frac{k}{\omega} \quad (18.26)$$

当转捩传递至黏性壁面层时转捩要求给出这些常数之间的关系:

$$Pr_\omega\sqrt{c_\mu}\left(\frac{\beta}{c_\mu} - \alpha\right) = \kappa^2 \quad (18.27)$$

ω 的边界条件为

$$\lim_{y\to 0}\omega(x,y) = u_\tau/\left(\sqrt{c_\mu}\kappa y\right) \quad (18.28)$$

其中,ω 在边界层外缘具有恒定的值。在 k 方程中设定 $Pr_k = 2$。

3. SST$k-\varepsilon$ 模型(F. R. Menter,1994)

门特提出的剪切应力湍流模型是 $k-\varepsilon$ 模型与 $k-\omega$ 模型的组合。其在边界层内部区域应用原始的 $k-\omega$ 模型,并在边界层外部区域应用 $k-\varepsilon$ 模型。

4. $k-L$ 模型(J. C. Rotta,1994)

这个模型中所采用的二阶方程是 kL 乘积的平衡,其中 L 为式(18.14)定义的湍流长度。这个平衡公式采用源自式(16.21)的相关函数 $R(r)$ 精确传输方程推导而得,其为

$$\bar{u}\frac{\partial(kL)}{\partial x} + \bar{v}\frac{\partial(kL)}{\partial y} = \frac{\partial}{\partial y}\left[\sqrt{k}L\left(k_q L\frac{\partial k}{\partial y} + k_{qL}k\frac{\partial L}{\partial y}\right)\right] + L\frac{\tau_t}{\rho}\frac{\partial \bar{u}}{\partial y}$$

$$+ L^2\frac{\partial^2 \bar{u}}{\partial y^2}\left(\zeta_2 L\frac{\partial(\tau_t/\rho)}{\partial y} + \zeta_{2L}\frac{\tau_t}{\rho}\frac{\partial L}{\partial y}\right) - c_L c_\varepsilon k^{3/2} \quad (18.29)$$

取

$$k_q = 0.25 + 0.55\left[1 - \left(\frac{1}{\kappa}\frac{\partial L}{\partial}\right)^2\right]^2 \quad (18.30)$$

模型常数为

$$k_{qL} = 0.3, \zeta_2 = 1.2, \zeta_{2L} = 3.0, c_L = 0.8, c_\varepsilon = c_p^3 = 0.165$$

在黏性亚层的匹配再次给出了模型常数之间的关系：

$$1 - c_L = (c_\varepsilon \zeta_{2L} - k_{qL})\kappa^2/c_\varepsilon \quad (18.31)$$

具有 $\tau_\nu = 0$ 的式(16.34)、式(16.35)、式(18.5)、式(18.12)、式(18.14)、式(18.15)和式(18.29)决定了 7 个未知函数 $\bar{u}(x,y)$、$\bar{v}(x,y)$、$\tau_t(x,y)$、$\nu_t(x,y)$、$k(x,y)$、$\varepsilon(x,y)$ 与 $L(x,y)$。L 的边界条件为

$$\lim_{y \to 0} L(x,y) = \kappa y \quad (18.32)$$

沃尔默与罗达(H. Vollmers, J. C. Rotta, 1977)以及沃格斯(R. Voges, 1978)应用这个方法完成了许多工作实例，具体也可参见格斯滕与赫维希(K. Gersten, H. Herwig, 1992)专著的第 410 页、第 457 页与第 619 页。

18.1.5 雷诺应力模型

雷诺应力模型也称二阶矩封闭模型，其采用源自式(16.12)的雷诺应力平衡方程。对于应力张量中的每一项，平衡方程可由纳维-斯托克斯方程决定，具体可参见格斯滕与赫维希(K. Gersten, H. Herwig, 1992)专著的第 396 页。3 个法向量 $\overline{u'^2}$、$\overline{v'^2}$ 与 $\overline{w'^2}$ 的平衡方程的和给出了 k 的方程(16.16)。

对于平面流动，存在 $\overline{u'^2}$、$\overline{v'^2}$、$\overline{w'^2}$ 与 $\overline{u'v'}$ 的 4 个平衡方程。其具有一般形式：

$$\underbrace{\bar{u}\frac{\partial \overline{u_i u_j}}{\partial x} + \bar{v}\frac{\partial \overline{u_i u_j}}{\partial y}}_{\text{对流}} = \underbrace{D_{ij}}_{\text{扩散}} + \underbrace{P_{ij}}_{\text{产生}} - \underbrace{\varepsilon_{ij}}_{\text{耗散}} + \underbrace{\Phi_{ij}}_{\text{压力-剪切相关项}} \quad (18.33)$$

其中，下标 i 与 j 可取 1、2 和 3。这里有 $u_1 = u'$、$u_2 = v'$ 和 $u_3 = w'$，可参见表 18.1。这 4 个方程的模型项被包含于表 18.1 中。

表 18.1 如式(18.33)的雷诺应力模型方程 $2P = P_{11} + P_{22}$ $f_w = k^{3/2}/(c_L \varepsilon y)$
$c_1 = 1.8, c_2 = 0.6, c_s = 0.22, c_{1w} = 0.5, c_{2w} = 0.3, c_L = 2.5$

i	j	$\overline{u'_i u'_j}$	P_{ij}	ε_{ij}	Φ_{ij}	D_{ij}
1	1	$\overline{u'^2}$	$-2\,\overline{u'v'}\frac{\partial \bar{u}}{\partial y},$ $-2\,\overline{u'^2}\frac{\partial \bar{u}}{\partial x}$	$\frac{2}{3}\varepsilon$	$-c_1 \varepsilon\left(\frac{\overline{u'^2}}{k} - \frac{2}{3}\right) - c_2\left(P_{11} - \frac{2}{3}P\right)$ $+ \left[c_{1w}\varepsilon\frac{\overline{v'^2}}{k} - c_{2w}\left(P_{22} - \frac{2}{3}P\right)\right]f_w$	$\frac{\partial}{\partial y}\left(c_s \frac{k}{\varepsilon}\overline{v'^2}\frac{\partial \overline{u'^2}}{\partial y}\right)$

续表

i	j	$\overline{u'_i u'_j}$	P_{ij}	ε_{ij}	Φ_{ij}	D_{ij}
2	2	$\overline{v'^2}$	$-2\overline{v'^2}\dfrac{\partial \bar{v}}{\partial y}$	$\dfrac{2}{3}\varepsilon$	$-c_1\varepsilon\left(\dfrac{\overline{v'^2}}{k}-\dfrac{2}{3}\right)-c_2\left(P_{22}-\dfrac{2}{3}P\right)$ $+\left[-2c_{1w}\varepsilon\dfrac{\overline{v'^2}}{k}+2c_{2w}\left(P_{22}-\dfrac{2}{3}P\right)\right]f_w$	$\dfrac{\partial}{\partial y}\left(c_s\dfrac{k}{\varepsilon}\overline{v'^2}\dfrac{\partial \overline{v'^2}}{\partial y}\right)$
3	3	$\overline{w'^2}$	0	$\dfrac{2}{3}\varepsilon$	$-c_1\varepsilon\left(\dfrac{\overline{w'^2}}{k}-\dfrac{2}{3}\right)+c_2\dfrac{2}{3}P$ $+\left[c_{1w}\varepsilon\dfrac{\overline{v'^2}}{k}+2c_{2w}\left(P_{22}-\dfrac{2}{3}P\right)\right]f_w$	$\dfrac{\partial}{\partial y}\left(c_s\dfrac{k}{\varepsilon}\overline{v'^2}\dfrac{\partial \overline{w'^2}}{\partial y}\right)$
1	2	$\overline{u'v'}$	$-\overline{v'^2}\dfrac{\partial \bar{u}}{\partial y}$	0	$-c_1\varepsilon\dfrac{\overline{u'v'}}{k}+c_2P_{12}$ $+\left[-\dfrac{3}{2}c_{1w}\varepsilon\dfrac{\overline{u'v'}}{k}+\dfrac{3}{2}c_{2w}P_{12}\right]f_w$	$\dfrac{\partial}{\partial y}\left(c_s\dfrac{k}{\varepsilon}\overline{v'^2}\dfrac{\partial \overline{u'v'}}{\partial y}\right)$

边界条件如下：

$$\begin{cases} \lim_{y\to 0}\dfrac{\overline{u'^2}}{k}=A[c_1(2+c_1-2c_2+c_{2w})+3c_{1w}(1+c_1-c_2)]\approx 1.1 \\ \lim_{y\to 0}\dfrac{\overline{v'^2}}{k}=Ac_1(-1+c_1+c_2-2c_{2w})\approx 0.2 \\ \lim_{y\to 0}\dfrac{\overline{w'^2}}{k}=A[c_1(-1+c_1+2c_2+c_{2w})+3c_{1w}(-1+c_1+c_2)]\approx 0.7 \\ \lim_{y\to 0}\dfrac{k}{u_\tau^2}=\sqrt{\dfrac{(c_1+2c_{1w})(3c_1+2c_{1w})}{(-1+c_1+c_2-2c_{2w})(2-2c_2+3c_{2w})}}\approx 3.1 \\ \lim_{y\to 0}\dfrac{\overline{u'v'}}{u_\tau^2}=-1 \end{cases} \quad (18.34)$$

其中，$A=2/[3c_1(c_1+2c_{1w})]\approx 0.13$。

与简单的湍流模型相比，雷诺应力模型有以下改进。

(1) 式(18.5)中的 τ_t 与速度梯度 $\partial \bar{u}/\partial y$ 之间的简单比例可由物理学上更合理的微分方程取代。根据式(18.5)，这个速度必须在 $\tau_t=0$ 位置拥有一个极值。然而，根据实验知识，对于众多重要流动，如壁面射流、分离流动和环型流动，情况并非如此。

(2) 湍流模型高度依赖壁面曲率。雷诺剪切应力模型中可区分平行于离心力和垂直于离心力的应力，因而可考虑这种效应。二方程模型中情况并非如此。杰肯(B. Jeken,1992)已经给出了包括曲率效应的式(18.33)扩展的细节。与此相似，重力效应也可以一种更好的方式进行考虑。

(3) 现在有可能考虑所有乘积相关项。采用式(16.14)，由法向应力方程的和

得到 k 方程。现将附加乘积项 $\rho(\overline{v'^2}-\overline{u'^2})\partial\overline{u}/\partial x$ 添加至式(16.39)，可参见杰肯 (B. Jeken,1992)发表的文献。由于速度缺陷的公式，速度 $\overline{u}(x,y)$ 将在18.1.6节予以描述，其一阶近似值等于外部速度 $U(x)$。这意味着只有考虑更高项时，$\tau_t\partial\overline{u}/\partial y$ 才是非零的，且其具有 $\rho(\overline{v'^2}-\overline{u'^2})\mathrm{d}U/\mathrm{d}x$ 的量级。辛普森(R. L. Simpson,1975)已经提过一个事实，即附加项的重要性随压力梯度的增加而增加，靠近分离时尤其不可忽略。严格地说，这个附加项只能在雷诺应力模型的帮助下予以考虑。

除已经出现于 k 方程的扩散、产生与耗散的3种效应外，第4个效应 Φ_{ij} 出现于式(18.33)。这源于压力与剪切速度 $\overline{p'\partial u'/\partial y}$ 脉动相关性等，因而被称为压力-剪切相关性。其关注不同方向速度分量之间的湍流能量交换，力求使各方向的脉动强度分布相等。由于存在连续方程式(16.8)，压力-剪切关系并未出现于 k 方程中。由于相关的实验数据实际上并不存在，因此建立压力-剪切关系的模型特别困难。

为封闭模型，有必要引入关于 $\varepsilon(x,y)$ 或混合长度 $L(x,y)$ 的方程。式(16.14)、式(16.34)、式(16.35)及包括式(18.13)的式(18.20)，连同由表18.1确定的8个所需参数 $\overline{u}、\overline{v}、\tau_t、\varepsilon、k、\overline{u'^2}、\overline{v'^2}$ 及 $\overline{w'^2}$。

雷诺应力模型的综述可参见汉贾利与朗德(K. Hanjalic, B. E. Launder, 1972a, 1976)、朗德(B. E. Launder, 1984)、斯佩齐亚莱(C. G. Speziale, 1991)和汉贾利(K. Hanjalic, 1994a)等发表的文献。

- **说明（雷诺应力代数模型）**

由于存在对流项与扩散项的导数，式(18.33)为微分方程。如果这些项以代数形式来近似

$$\overline{u}\frac{\partial \overline{u'_i u'_j}}{\partial x}+\overline{v}\frac{\partial \overline{u'_i u'_j}}{\partial y}-D_{ij}=\frac{\overline{u'_i u'_j}}{k}(P-\varepsilon) \tag{18.35}$$

则产生了雷诺应力代数模型，可参见罗迪(W. Rodi,1976)发表的文献。雷诺应力 $(\overline{u'_i u'_j}/k)$ 则变为 $P_{11}/\varepsilon、P_{22}/\varepsilon$ 和

$$f_w=\frac{k^{3/2}}{c_L\varepsilon y}$$

湍流剪切应力方程则具有源于式(18.12)与式(18.13)的以下形式：

$$\tau_t=\rho c_\mu \frac{k^2}{\varepsilon}\frac{\partial \overline{u}}{\partial y} \tag{18.36}$$

式中：c_μ 并非一个常数，而是上述3个变量的函数。这种相关性用于 $k-\varepsilon$ 模型的扩展。

18.1.6 传热模型

如同动量传递的情况，温度场的湍流模型实质上处理的是边界层外部全湍流区域。此时需要普朗特数满足 $Pr>0.5$，这是因为无论黏度 μ 还是导热系数 λ 不会对全湍流区域产生任何影响，具体可参见式(4.8)。因此，$Pr>0.5$ 条件下的湍

流模型也将与普朗特数无关。

由于热能方程式(16.36)包含湍流热流 $q_t(x,y)$ 作为未知量,湍流模型的目的是建立 $q_t(x,y)$ 与平均温度场或平均速度场之间的关系。

温度场的湍流模型也可以是代数模型、一方程模型或多方程模型。后续将考虑一些比较典型的和经常应用的模型。

1. 湍流热扩散系数和湍流普朗特数

类比于涡黏度 ν_t 与式(18.5),引入湍流热扩散系数 a_t,由式

$$q_t = \rho c_p \overline{v'T'} = -\lambda_t \frac{\partial \overline{T}}{\partial y} = -\rho c_p a_t \frac{\partial \overline{T}}{\partial y} \tag{18.37}$$

类似于式(17.64)对黏性壁面层进行匹配,可发现靠近壁面 a_t 是线性的,则

$$\lim_{y\to 0}\nu_t = \kappa u_\tau y, \lim_{y\to 0} a_t = \kappa_\theta u_\tau y \tag{18.38}$$

拥有通用常数 $\kappa_\theta \approx 0.47$。

与分子普朗特数相类似,可定义湍流普朗特数:

$$Pr_t = \frac{\nu_t}{a_t} = -c_p \frac{\tau_t}{q_t} \frac{\partial \overline{T}/\partial y}{\partial \overline{u}/\partial y} \tag{18.39}$$

具体可参考式(17.77)。当接近黏性壁面层时,假设常数值为

$$Pr_t t = \frac{\kappa}{\kappa_\theta} = 0.87 \tag{18.40}$$

通常假设这个值是对于整个全湍流外层($Pr>0.5$)的。只要边界层是附着的,结果就非常好,具体可参见罗达(J. C. Rotta,1964)发表的文献。具有回流的边界层中,流场中 $\partial \overline{u}/\partial y$ 消失,式(18.39)的拟设失效。

2. 传热的混合长度

假定传热的混合长度 l_θ 的关系式为

$$\frac{q_t}{\rho c_p} = F\left(\frac{\partial \overline{T}}{\partial y}, \frac{\tau_t}{\rho}, l_\theta\right)$$

则由 Ⅱ 定律可得

$$q_t = -\rho c_p l_\theta \sqrt{\frac{\tau_t}{\rho}} \frac{\partial \overline{T}}{\partial y} \tag{18.41}$$

式(18.41)与式(18.37)对比得到了 $a_t = l_\theta \sqrt{\tau_t/\rho}$。随着黏性壁面趋近($\tau_t \to \overline{\tau}_w$),可得类似于式(17.68)的表达式:

$$\lim_{y\to 0} l_\theta = \kappa_\theta y \tag{18.42}$$

对应于式(17.68),迈耶与罗达(H. U. Meier,J. C. Rotta,1971)通过式(18.43)给出了长度 l_{MR}:

$$q_t = -\rho c_p l_{MR}^2 \frac{\partial \overline{u}}{\partial y} \frac{\partial \overline{T}}{\partial y} \tag{18.43}$$

其中,$l_{MR} = \sqrt{l l_\theta}$。

3. 温度脉动的平衡方程(k_θ 方程)

作为温度方差 $\overline{T'^2}$ 的度量,引入类似于 k 的物理量

$$k_\theta = \frac{1}{2}\overline{T'^2} \tag{18.44}$$

这个物理量的平衡方程为

$$\bar{u}\frac{\partial k_\theta}{\partial x} + \bar{v}\frac{\partial k_\theta}{\partial y} = \frac{\partial}{\partial y}\left(\frac{a_t}{Pr_{k\theta}}\frac{\partial k_\theta}{\partial y}\right) + \frac{q_t}{\rho c_p}\frac{\partial \bar{T}}{\partial y} - \varepsilon_\theta \tag{18.45}$$

其中,扩散项已被建模于 k 方程。边界条件可参见格斯滕与赫维希(K. Gersten, H. Herwig,1992)的专著第 481 页,其为

$$\lim_{y\to 0} k_\theta \approx \frac{1}{2}\left(\frac{\bar{q}_w}{\rho c_p u_\tau}\right)^2 \tag{18.46}$$

4. 其他模型

长野与吉姆(Y. Nagano, C. Kim, 1988)发展了对应于动量传递 $k-\varepsilon$ 方程的传热二方程模型($k_\theta - \varepsilon_\theta$ 模型),也可参见汉贾利(K. Hanjalic,1994b)发表的文献。

对于 $q_t = \rho c_p \overline{v'T'}$,还可给出平衡方程。参见朗德(B. E. Launder, 1988)以及赖与索(Y. G. Lai, R. M. C. So,1990)发表的文献,其表示为

$$\bar{u}\frac{\partial q_t}{\partial x} + \bar{v}\frac{\partial q_t}{\partial y} = \frac{\partial}{\partial y}\left(c_\theta \overline{v'^2}\frac{k}{\varepsilon}\frac{\partial q_t}{\partial y}\right) - \rho c_p \overline{v'^2}\frac{\partial \bar{T}}{\partial y} + q_t \frac{\partial \bar{u}}{\partial x} + \rho c_p \tau_t \frac{\partial \bar{T}}{\partial x} - c_{1\theta}\frac{\varepsilon}{k}q_t - c_{2\theta}q_t\frac{\partial \bar{u}}{\partial x} \tag{18.47}$$

其中,$c_\theta \approx 0.15, c_{1\theta} \approx 3.0; c_{2\theta} \approx 0.4$。

式(18.47)对应于表 18.1 中的公式 $\tau_t = -\rho \overline{u'v'}$。对于正比于 f_w 的壁面反射项细节可参见赖与索(Y. G. Lai, R. M. C. So,1990)发表的文献。

18.1.7 低雷诺数模型

采用这些模型对包括黏性壁面层在内的整个边界层进行了计算。因此,这些模型是迄今包括黏性壁面层的模型扩散。规定的壁面函数不再作为边界条件,当解的区域延伸至壁面时这些函数原则上可与其他函数一同计算。确定摩擦定律(如描述平面管道流动的式(17.91))过程中,除由外部全湍流层计算常数 $\overline{C} + \overline{\overline{C}}$ 外,也可由黏性壁面层得到 C^+,具体可参见威尔科特斯(D. C. Wilcox,1998)的专著第 190 页。得到这个结果所需的额外数值计算工作量是十分可观的(因为黏性壁面层中存在包括速度等物理量的较大梯度)。这种做法的优点是壁面(所有速度消失)处边界条件特别简单。对于层流情况,由于所有平衡方程中须考虑分子扩散项,因而向无黏外部流动的过渡是连续发生的。

如果采用混合长度的代数模型,壁面层的描述可由

$$l = \kappa y D(y^+)$$

取代式(18.10)。其中

$$D(y^+) = 1 - \exp\left(-\frac{y^+}{A}\right)$$

式中:$A^+ = 25$ 为阻尼函数,参见冯·德瑞斯特(E. R. Van Driest,1956b)的文献。

雅基尔利克与汉贾利克(S. Jakirlic, K. Hanjalic,1995)提出了雷诺应力模型的低雷诺数版本。

低雷诺数模型的总结概述可参见帕特尔等(V. C. Patel et al.,1985)、罗迪(W. Rodi,1991)、汉贾利克(K. Hanjalic,1994a)、朗德与桑德姆(B. Launder, B. Sandham,2002)发表的文献以及威尔科特斯(D. C. Wilcox,1998)的专著第185页。

18.1.8 大涡模拟与直接数值模拟

迄今所有的湍流模型都是从时间平均运动方程出发的。对脉动量的乘积进行时间平均时,出现了如雷诺应力这样的项。这些项必须通过对应的湍流模型与平均运动的物理量相耦合。

在求解一般非定常运动方程时,希望无须考虑以往的时间平均。这种计算方法称为直接模拟。

由于数值模拟所需的努力非常大,迄今只能进行很少的此类计算。所能进行的计算是低雷诺数下非常简单的计算,具体可参见舒曼与弗里德里希(U. Schumann, R. Friedrich,1986)、罗加洛与莫因(R. S. Rogallo, P. Moin,1984)、斯帕拉特与伦纳德(P. R. Spalart, A. Leonard,1987)发表的文献。这些计算的价值在于提供了对湍流的认识与理解。特别是所有脉动的相关性均可计算,即便是还无法测量的相关性。这为改进传统的湍流模型提供了基础。

所谓大涡模拟在数值上需要的努力要少些,但计算成本仍旧很高。这种技术中与时间相关的运动方程也可对数值求解,但方程须首先进行滤波。这种滤波可通过如在计算网络点上对网格体积进行积分来实现。与大涡相关的物理量(3个速度分量与压力)在某个体积内是恒定的,但从一个网格体积变换至另一个网格体积会发生变化,也会随时间而变化,因而是瞬态值。湍流精细结构的能够模仿这种粗糙结构。对精细结构进行建模的方式与前几节所描述的湍流建模相似。然而,精细结构湍流运动对湍流总动能与动量通量的贡献很小,因而近似误差较小。计算点阵的网格尺寸越小,则需要建模的湍流部分也就越小。精细结构的某些通用属性(如各向同性)简化了建模。

如前所述,大涡模拟的计算成本也很高。因而如同直接模拟,这个方法迄今仅用于提供湍流研究的基本信息。这两种方法因所需的工作量太大而不能在实际工程问题中应用。舒曼与弗里德里希(U. Schumann, R. Friedrich,1986,1987)对这两种方法进行了总结。

18.2 附着边界层($\bar{\tau}_w \neq 0$)

18.2.1 分层结构

16.6 节中给出了具有恒定物理属性的平面湍流边界层的基本方程式(16.34)与式(16.35)。$Re^{-1}=0$ 即 $\nu=0$ 的极限条件下,解简约为 $\bar{u}=U(x)$,$\bar{v}=0$。因此无黏的与无旋的外部流动一起延伸至壁面,边界层消失。由于不满足无滑移条件,需对大而有限的雷诺数的壁面进行特殊处理。因此边界层如同第 17 章中所讨论的流动也具有两层结构。其包括湍流与分子动量传递均发挥作用的薄壁面层和相对于湍流可忽略分子动量传递的更大全湍流层。通过湍流模型补充与封闭的上述方程组也是奇异扰动问题的案例,其描述的层状结构是典型的,具体可参见梅勒(G. L. Mellor,1972)发表的文献。

如第 17 章所述,为了能够描述黏性壁面层,引入壁面坐标:

$$y^+ = \frac{u_\tau(x)y}{\nu} \tag{18.48}$$

其局部剪切应力速度为

$$u_\tau(x) = \sqrt{\frac{\tau_w(x)}{\rho}} \tag{18.49}$$

采用无量纲变量(以 l 与 V 作为参考长度):

$$\begin{cases} x^* = \dfrac{x}{l}, Re = \dfrac{Vl}{\nu}, u_\tau^* = \dfrac{u_\tau}{V}, \\ p_e^* = \dfrac{p_e - p_\infty}{\rho V^2}, u^+ = \dfrac{\bar{u}}{u_\tau}, v^+ = \dfrac{\bar{u}}{u_\tau}, \tau^+ = \dfrac{\bar{\tau}_v + \tau_t}{\rho u_\tau^2} \end{cases} \tag{18.50}$$

式(16.34)与式(16.35)给出了黏性壁面层的边界层方程:

$$\frac{1}{Reu_\tau^*}\left(\frac{\partial u^+}{\partial x^*} + \frac{u^+}{u_\tau^*}\frac{du_\tau^*}{dx^*} + \frac{y^+}{u_\tau^*}\frac{\partial u^+}{\partial y^+}\frac{du_\tau^*}{dx^*}\right) + \frac{\partial v^+}{\partial y^+} = 0 \tag{18.51}$$

$$\frac{1}{Reu_\tau^*}\left(u^+\frac{\partial u^+}{\partial x^*} + \frac{u^{+2}}{u_\tau^*}\frac{du_\tau^*}{dx^*} + \frac{u^+ y^+}{u_\tau^*}\frac{\partial u^+}{\partial y^+}\frac{du_\tau^*}{dx^*} + \frac{1}{u_\tau^*}\frac{dp_e^*}{dx^*}\right) + v^+\frac{\partial u^+}{\partial y^+} = \frac{\partial \tau^+}{\partial y^+} \tag{18.52}$$

对于 $Re \cdot u_\tau^* \to \infty$,式(18.4)给出了 $v^+=0$,因而由式(18.52)可得 $\tau^+ =$ 常数。这对应湍流库埃特流动的壁面基本方程,实际上流动在 x 位置具有局部剪切应力速度 $u_\tau(x)$。所有库埃特壁面层的结果均源自 17.1 节。值得一提的是,对数重叠定律是有效的。作为局部壁面层厚度的量度,由式(17.11)可知 $\delta_v = \nu/u_\tau(x)$。

- 说明(壁面层的 k 方程)

k 方程式(16.39)中,所有对流项(以及正比于法向应力的产生项)均消失。采用式(18.11)可得

$$\frac{d}{dy^+}\left[\left(1+\frac{\nu_t^+}{Pr_k}\right)\frac{dk^+}{dy^+}\right]+\nu_t^+\left(\frac{du^+}{dy^+}\right)^2-\varepsilon^+=0 \quad (18.53)$$

其中

$$\nu_t^+=\frac{\nu_t}{\nu},\ k^+=\frac{k}{u_\tau^2},\ \varepsilon^+=\frac{\varepsilon\nu}{u_\tau^4} \quad (18.54)$$

由式(16.18)可知,无量纲伪耗散 ε^+ 取决于耗散 $\tilde{\varepsilon}^+=\tilde{\varepsilon}\nu/u_\tau^4$ 的以下方程:

$$\varepsilon^+=\tilde{\varepsilon}^+-\frac{d^2}{dy^{+2}}\left(\overline{\frac{v'^2}{u_\tau^2}}\right)=\tilde{\varepsilon}^++D^+ \quad (18.55)$$

其中,附加项 D^+ 也需要建模,具体可参见格斯滕与赫维希(K. Gersten, H. Herwig, 1992)的专著第 415 页和帕特尔等(V. C. Patel et al., 1985)发表的文献。

由于假设黏性壁面层的解已知,因而将计算限制在边界层的外部,可忽略平衡方程中的黏性效应。

18.2.2 采用缺陷公式的边界层方程组

$Re^{-1}=0$ 的极限中,边界层中的速度 $\bar{u}(x,y)$ 取自由流的速度值 $U(x)$(均匀速度分布)。因此,将速度表示为缺陷定律的形式似乎是很自然的:

$$\bar{u}(x,y)=U(x)-u_\tau(x)F'(x,\eta)=U(x)[1-\gamma(x)F'(x,\eta)] \quad (18.56)$$

$$\bar{v}(x,y)=u_\tau\left[\frac{d\delta}{dx}(F-\eta F')+\frac{\delta}{u_\tau}\frac{du_\tau}{dx}F-\frac{\delta}{u_\tau}\frac{dU}{dx}\eta+\delta\frac{\partial F}{\partial x}\right] \quad (18.57)$$

$$\tau_t=\rho u_\tau^2(x)S(x,\eta)=\rho U^2(x)\gamma^2(x)S(x,\eta) \quad (18.58)$$

其中

$$\eta=\frac{y}{\delta(x)},\ \gamma(x)=\frac{u_\tau(x)}{U(x)} \quad (18.59)$$

撇号(′)表示关于变量 η 的微分。按照式(17.5)或式(18.49),边界层厚度由 $\delta(x)$ 表示,$u_\tau(x)$ 为局部剪切应力速度。

由于缺陷公式,边界层外部也称缺陷层。式(18.56)则可视为以 γ 为扰动参数的扰动拟设。

连续方程由尝试解式(18.56)与式(18.57)来满足。动量方程式(16.35)变为

$$\begin{aligned}&\frac{1}{u_\tau}\frac{d(U\delta)}{dx}\eta F''-\frac{\delta}{u_\tau^2}\frac{d(Uu_\tau)}{dx}F'-S'+\frac{\delta}{u_\tau}\frac{du_\tau}{dx}F'^2-\frac{1}{u_\tau}\frac{d(u_\tau\delta)}{dx}FF''\\&=\delta\frac{\partial F}{\partial x}F''+\frac{\partial F'}{\partial x}\left(\frac{U\delta}{u_\tau}-F'\delta\right)\end{aligned} \quad (18.60)$$

随着雷诺数 $Re = Vl/\nu$ 的增加,u_τ(或 γ)与 δ 趋于零。随后将会发现(参见式(18.76)),$\gamma = O(\delta/l) = O(1/\ln Re)$。如果在式(18.60)中相对于 $O(l)$ 忽略 $O(\gamma)$,则可得

$$A(x)\eta F'' + B(x)F' - S' = \frac{\partial F'}{\partial x}\frac{U\delta}{u_\tau} \tag{18.61}$$

其中

$$A(x) = \frac{1}{u_\tau}\frac{\mathrm{d}(U\delta)}{\mathrm{d}x}, B(x) = -\frac{\delta}{u_\tau^2}\frac{\mathrm{d}(Uu_\tau)}{\mathrm{d}x} \tag{18.62}$$

式(18.62)为无量纲速度缺陷 $F'(x,\eta) = (U - \bar{u})/u_\tau$ 和无量纲湍流剪切应力 $S(x,\eta)$ 的线性偏微分方程。为了封闭方程组,需要 $F'(x,\eta)$ 与 $S(x,\eta)$ 之间的更多关系,这将由湍流模型提供。

按照米歇尔等(R. Michel et al., 1968)代数湍流模型[也可参见式(18.8)],有

$$S = l_\delta^2 F''^2, l_\delta = \frac{l}{\delta} = c_l \tanh\left(\frac{\kappa}{c_l}\eta\right) \tag{18.63}$$

湍流模型通常给出了 $F'(x,\eta)$ 与 $S(x,\eta)$ 之间的非线性关系。因此,尽管动量方程是线性的,边界层计算仍然是非线性的。

边界条件为

$$\begin{cases} \lim_{\eta\to 0} F = 0, & \lim_{\eta\to 0} F'' = -\frac{1}{\kappa\eta}, & \lim_{\eta\to 0} S = 1, \\ \eta = 1: & F' = 0, & S = 0 \end{cases} \tag{18.64}$$

这些边界条件在 $\eta \to 0$ 时通过与黏性壁面层的匹配而获得,具体可参见式(17.19)及式(18.52)的 $\tau_t^+ = 1$。采用 $\eta \to 0$ 时的边界条件 $F = 0$,式(18.51)保证了壁面层中 $v^+ = 0$(只对不可渗透壁面有效)。

具有边界条件式(18.64)且由如式(18.63)湍流模型补充的式(18.61)不仅可给出特定 $U(x)$ 条件下的 $F'(x,\eta)$ 与 $S(x,\eta)$,还可给出 x 相关函数:

$$\widetilde{\Delta}(x) = \frac{U\delta}{u_\tau l} = \frac{\delta}{\gamma l} \tag{18.65}$$

也可参见式(18.68)。

采用18.2.3节将要推导的式(18.74),并遵循 $\mathrm{d}\gamma/\mathrm{d}x = O(\gamma^2)$,则有

$$\frac{\mathrm{d}u_\tau}{\mathrm{d}x} = \gamma\frac{\mathrm{d}U}{\mathrm{d}x} + O(\gamma^2) = \frac{u_\tau}{U}\frac{\mathrm{d}U}{\mathrm{d}x} + O(\gamma^2) \tag{18.66}$$

因而式(18.62)中的函数只取决于 $U(x)$ 与 $\widetilde{\Delta}(x)$:

$$A(x) = \frac{\mathrm{d}}{\mathrm{d}x}\left(\frac{U\delta}{u_\tau}\right) + \frac{\delta}{u_\tau}\frac{\mathrm{d}U}{\mathrm{d}x} = \frac{\mathrm{d}\widetilde{\Delta}}{\mathrm{d}x^*} + \frac{\widetilde{\Delta}}{U}\frac{\mathrm{d}U}{\mathrm{d}x^*}$$

$$B(x) = -2\frac{\delta}{u_\tau}\frac{\mathrm{d}U}{\mathrm{d}x} = -2\frac{\widetilde{\Delta}}{U}\frac{\mathrm{d}U}{\mathrm{d}x^*} \tag{18.67}$$

这里采用了无量纲坐标 $x^* = x/l$。

对式(18.61)在边界层厚度上进行积分,可得

$$\frac{\mathrm{d}(F_e\widetilde{\Delta})}{\mathrm{d}x^*} + \frac{3}{U}\frac{\mathrm{d}U}{\mathrm{d}x^*}F_e\widetilde{\Delta} = 1 \text{ 或 }\frac{\mathrm{d}}{\mathrm{d}x^*}(F_e\widetilde{\Delta}U^3) = U^3$$

其以下列求积公式作为解:

$$\widetilde{\Delta} = F_e\widetilde{\Delta} = \frac{2\delta_1}{c_f l} = \left(C + \int_0^{x^*} U^3 \mathrm{d}x^*\right)/U^3 \tag{18.68}$$

如果指定式(18.61)为边界层边缘 $\eta = 1$,则可得

$$A = \frac{\mathrm{d}\widetilde{\Delta}}{\mathrm{d}x^*} + \frac{\widetilde{\Delta}}{U}\frac{\mathrm{d}U}{\mathrm{d}x^*} = \frac{S''_e}{F''_e}$$

式(18.68)可看作 $\widetilde{\Delta}(x^*)$ 的定义式。当采用的湍流模型给出 $F''_e = 0$,如式(18.63)所示,海皮托准则必须应用于该式等号右侧项,代之以 S''_e/F''_e。

解 $F(x^*,\eta)$ 给出了下列边界层总体边缘值:

$$F_e(x^*) = F_e(x^*,1) = \frac{\delta_1}{\delta\sqrt{c_f/2}} \tag{18.69}$$

尾迹参数:

$$\Pi(x^*) = \frac{\kappa}{2}\lim_{\eta \to 0}\left[F'(x^*,\eta) + \frac{1}{\kappa}\ln\eta\right] \tag{18.70}$$

形状系数:

$$G(x^*) = \frac{\lim_{y \to 0}\int_y^\delta (U-\bar{u})^2 \mathrm{d}y}{\lim_{y \to 0}\int_y^\delta (U-\bar{u}) \mathrm{d}y} = \frac{1}{F_e}\lim_{\eta \to 0}\int_\eta^1 F'^2 \mathrm{d}\eta \tag{18.71}$$

式(18.69)由式(7.98)与式(18.56)推导而来,也可参见式(18.79)与式(18.77)。

值得注意的是,所述的边界层计算与雷诺数和壁面粗糙度无关。因而一个计算由式(18.69)和式(18.71)可确定边界层的总体值。如18.2.3节所述,只有确定函数 $\gamma(x) = \sqrt{c_f/2}$ 之后,雷诺数才能发挥作用。如果 $\gamma(x)$ 是已知的,那么也可获得源于式(18.65)的函数 $\delta(x)$,$\delta(x)$ 也取决于雷诺数。

格斯滕与菲特(K. Gersten, D. Vieth, 1995)提出了一种积分方法,只需求解形状系数的常微分方程即可。

18.2.3 边界层的摩擦定律与特征量

为了计算壁面层剪切应力分布,对缺陷层与壁面层的速度进行了匹配:

$$\lim_{y \to 0}\frac{\bar{u}(x,y)}{u_\tau(x)} = \lim_{y^+ \to \infty} u^+(y^+) \tag{18.72}$$

连同这个结果,式(17.21)与式(18.56)则给出

$$\frac{U}{u_\tau} - \lim_{\eta \to 0} F'(x^*, \eta) = \frac{1}{\kappa}\ln\frac{yu_\tau}{\nu} + C^+$$

或采用式(18.70),得

$$\frac{1}{\gamma} = \frac{U}{u_\tau} = \frac{1}{\kappa}\ln\frac{u_\tau \delta}{\nu} + C^+ + \frac{2\Pi(x^*)}{\kappa} \tag{18.73}$$

分离解函数 $\tilde{\Delta}(x)$ 的对数运算,可得 $\gamma(x^*, Re)$ 的摩擦定律:

$$\frac{1}{\gamma} = \frac{1}{\kappa}\ln(\gamma^2 Re) + C^+ + \tilde{C}(x^*) \tag{18.74}$$

其中

$$\tilde{C}(x^*) = \frac{1}{\kappa}\left[2\Pi(x^*) + \ln\left\{\frac{U(x^*)}{V}\tilde{\Delta}(x^*)\right\}\right] \tag{18.75}$$

源自式(17.60)的函数 $G(\Lambda;D)$ 可用来获得显式的摩擦定律:

$$\gamma = \frac{u_\tau}{U} = \sqrt{\frac{c_f}{2}} = \frac{\kappa}{\ln Re}G(\Lambda;D) \tag{18.76}$$

其中,有

$$c_f(x^*) = \frac{2\bar{\tau}_w}{\rho U^2(x^*)} \tag{18.77}$$

以及

$$\Lambda = \ln Re; D(x^*) = 2\ln\kappa + \kappa[C^+ + \tilde{C}(x^*)] \tag{18.78}$$

这证实了 18.2.2 节中假设的 $\gamma = O(1/\ln Re)$ 量级。此外,式(18.73)关于 x^* 的微分可推导出式(18.66)。

式(18.74)等号右侧的前两项源于黏性壁面层,因而包含通用常数 κ 与 C^+。这些项在摩擦定律中占主导地位。如果壁面是粗糙的,则 C^+ (k^+_{tech}) 为由式(17.40)给定的通用分布。$\tilde{C}(x^*)$ 项表征缺陷层的影响,因而取决于湍流模型。然而,这个作用很小,随着雷诺数的增加而减小。

边界层的特征量已用于层流边界层,具体可参见式(7.98)、式(7.99)和式(7.102),这个特征量由以下的解函数来确定:

$$\begin{cases} \delta_1(x^*) = \gamma\delta F_e = \gamma^2\hat{\Delta}l \\ \delta_2(x^*) = \gamma\delta F_e(1-\gamma G) = \delta_1(1-\gamma G) \\ \delta_3(x^*) = \gamma\delta F_e(2-3\gamma G) = \delta_1(2-3\gamma G) \end{cases} \tag{18.79}$$

相对于 δ_1、δ_2 与 δ_3 全部具有边界层厚度 δ 相同量级的层流边界层,湍流边界层中的这些厚度均比 δ 小一个数量级。

为获得式(18.79),只沿缺陷层进行了积分,这是因为这个源于壁面层的部分具有 $O(Re^{-1})$ 的量级,且可被忽略,具体可参见科尔斯(D. Coles,1968)、塔尼与本桥(I. Tani, T. Motohashi,1985)发表的文献,以及格斯滕与赫维希(K. Gersten, H. Herwig,1992)的专著第 629 页。

由式(17.11)可知,壁面层与缺陷层的厚度的比为

$$\frac{\delta_v(x^*)}{\delta(x^*)} = \frac{\nu}{u_\tau \delta} = O\left(\frac{\ln Re}{Re}\right) \tag{18.80}$$

即随着雷诺数的增加,壁面层厚度要比缺陷层的厚度减少得快。

边界层形状系数遵从式(18.79),其为

$$H_{21} = \frac{\delta_2}{\delta_1} = 1 - \gamma G, \quad H_{31} = \frac{\delta_3}{\delta_1} = 2 - 3\gamma G \tag{18.81}$$

消除 γ,可得与雷诺数无关的关系式:

$$2 - H_{31} = 3(1 - H_{21}) \text{ 或 } 2 - H_{32} = H_{21} - 1 \tag{18.82}$$

通过实验已经很好地证实这一点,也可参见图18.9。

- **实例**

采用米歇尔等(R. Michel et al.,1968)提出的湍流模型进行了边界层计算,其速度分布如图18.1(a)所示,参见式(18.63)。所得 $F_e(x^*)$、$\Pi(x^*)$、$\tilde{\Delta}(x^*)$、$G(x^*)$ 与 $\tilde{C}(x^*)$ 的分布如图18.1(b)~(f)所示。其与雷诺数无关。尽管区域3($x^* > 2.5$)内速度分布 $U(x^*)$ 遵循幂定律,所示区域($x^* \leq 6$)内的边界层仍未达到平衡状态(点虚线),这可在 $F_e(x^*)$、$\Pi(x^*)$ 与 $G(x^*)$ 的图中发现。表面摩擦系数 $c_f(x^*, Re)$ 与形状系数 $H_{12}(x^*, Re)$ 均与雷诺数有关,且当 $Re \to \infty$ 时趋于 $c_f = 0$ 与 $H_{12} = 1$。

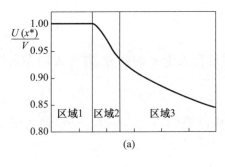

(a)

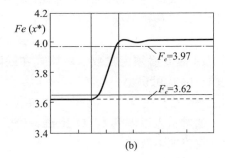

(b)

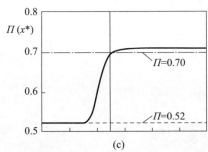

(c)

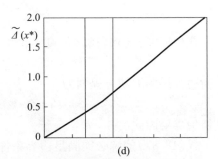

(d)

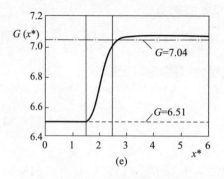
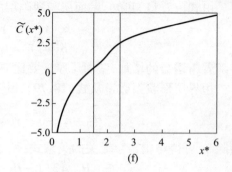

图 18.1　由格斯滕与菲特（K. Gersten, D. Vieth, 1995）采用式（18.61）、式（18.63）与式（18.64）所进行边界层计算的结果

计算主要依据以下速度分布：

区域 $1: 0 \leqslant x^* \leqslant 1.5, U/V = 1$；

区域 $2: 1.5 \leqslant x^* \leqslant 2.5, U/V = 0.087 x^{*3} - 0.547 x^{*2} + 1.052 x^* + 0.354$；

区域 $3: 2.5 \leqslant x^*, U/V = (x^* - 0.5)^{-0.1}$；在式（18.63）中 $c_1 = 0.087$。

18.2.4　平衡边界层

当相关的速度缺陷分布相似的时候，即式（18.56）中函数 $F'(\eta)$ 与 x 无关，就可以发现平衡边界层。这种情况下式（18.61）简化为常微分方程：

$$A\eta F'' + BF' = S'' \tag{18.83}$$

其中，A 与 B 必须为常数。对该式在缺陷层进行关于 η 的积分，并考虑边界条件式（18.64），可得

$$F_e(A - B) = 1 \tag{18.84}$$

通常引入以罗达（J. C. Rotta, 1950）和克洛塞（F. H. Clauser, 1956）命名的罗达－克洛塞参数：

$$\beta = \frac{\delta_1}{\tau_w}\frac{\mathrm{d}p_e}{\mathrm{d}x} = -\frac{\delta}{u_\tau}\frac{\mathrm{d}U}{\mathrm{d}x}F_e \tag{18.85}$$

式（18.85）与式（18.84）则给出

$$F_e B = 2\beta, \quad F_e A = 1 + 2\beta \tag{18.86}$$

平衡边界层的运动方程则为

$$(1 + 2\beta)\eta F'' + 2\beta F' = F_e S' \tag{18.87}$$

平衡边界层因此由 $\beta =$ 常数表征。

式（18.87）的解必须满足边界条件式（18.64）。

- **说明 1（变换的坐标）**

文献中，以 $\Delta(x) = F_e \delta$ 为参考长度的坐标 $\hat{\eta} = y/\Delta(x)$ 经常用来取代坐标 $\eta =$

$y/\delta(x)$。边界层边缘($y=\delta$)则在 $\hat{\eta}_e = 1/F_e$ 处,此处函数 $\hat{F}(\hat{\eta})$ 从属于新的边界条件 $\hat{F}(\hat{\eta} = \hat{\eta}_e) = 1$。$\hat{F}(\hat{\eta})$ 的微分方程具有与式(18.87)相同的外观,但在等号右侧无系数 F_e,具体可参见格斯滕与赫维希(K. Gersten, H. Herwig, 1992)的专著第604页。式(18.69)~式(18.71)所定义的物理量与所选择的坐标无关。其为

$$F_e = \frac{1}{\hat{\eta}_e}, 2\Pi = \lim_{\hat{\eta} \to 0}(\kappa \hat{F}' + \ln\hat{\eta} - \ln\hat{\eta}_e), G = \lim_{\hat{\eta} \to 0} \int_{\hat{\eta}}^{\hat{\eta}_e} \hat{F}'^2 d\hat{\eta}$$

由式(18.67)与式(18.86)可得

$$\frac{d\tilde{\Delta}}{dx} = A + \frac{1}{2}B = \frac{1}{F_e}(1 + 3\beta) \tag{18.88}$$

因此,有

$$\hat{\Delta}(x^*) = F_e\hat{\Delta}(x^*) = (1 + 3\beta)x^* \tag{18.89}$$

由式(18.67)以相同的方式可得

$$U(x^*) = U_1 \cdot (x^*)^m \tag{18.90}$$

其中

$$m = -\frac{\beta}{1 + 3\beta}, \beta = -\frac{m}{1 + 3m} \tag{18.91}$$

$U_1 = U(x^* = 1)$ 是自由系数。因此满足 $U(x^*)$ 幂定律的外流导致平衡边界层。其中一类就是零攻角($\beta = 0, m = 0$)平板上的边界层,更多详细内容将在18.2.5节予以讨论。

微分方程式(18.87)采用很多种不同的湍流模型求解,具体可参见格斯滕与赫维希(K. Gersten, H. Herwig, 1992)的专著第638页,以及威尔科特斯(D. C. Wilcox, 1998)的专著第165页。

$\beta \to \infty$ ($\bar{\tau}_w \to 0$)的极限下,$\bar{\tau}_w \neq 0$ 的假设不成立。源于式(18.56)~式(18.58)的缺陷公式则不再有效。$\beta = -1/3$($m \to 0$)极限下,以 $U(x^*) = U_1 \exp(\mu x^*)$ 取代式(18.90),可得 $\gamma = 3\mu\delta$。常数 μ 可与式(18.90)中的 m 相比较。

- 说明2($-\infty < m < -1/3, \beta < -1/3$ 区域)

由式(18.70)定义的数据源于实验的不同湍流模型物理量 $\Pi(\beta)$ 所表征的平衡边界层。

根据式(18.89),对于 $\beta < -1/3$ 和 $x^* > 0$,$\tilde{\Delta}$ 变成负值。即使 $\beta < -1/3$ 的解物理上仍可予以解释。这些情况下,外流具有 $U(x^*) = U_1(-x^*)^m$ 的速度分布。这里只考虑 $x^* < 0$ 的区域,根据式(18.89),此时 $\tilde{\Delta}$ 为正。这些是强烈加速外流,其中 $\tilde{\Delta}$ 实际上在下游减少。

一个有趣的实例是 $m = -1$($\beta = -0.5$)的情况。这是平面汇流(喷管流)。对于这种流动有 $F' = -F_e S'$ 或 $F = F_e(1 - S)$。此外,式(18.75)意味着 $\tilde{C}$ 为常数,且由式(18.74)可知 γ 也为常数。因此,这种流动在包括壁面层在内的整个边界层厚度范围内具有相似的速度分布[H_{12} 与 H_{31} 根据式(18.81)为常数,而源于式(17.11)的

$\delta_v(x^*)$ 与 $\tilde{\Delta}(x)$ 均正比于 $(-x^*)$]。琼斯与朗德(W. P. Jones and B. E. Launder, 1972b)以及琼斯等(M. B. Jones et al.,2001)对这种流动进行了详细的实验研究。后者的研究支撑了科尔斯等(M. B. Jones et al., 2001)的主张，根据式(18.69)~式(18.71)有 $F = \eta(1-\ln\eta)/\kappa, F' = -\ln\eta/\kappa$，以及由此有 $F_e = 1/\kappa, \Pi = 0$ 与 $G = 2/\kappa$。

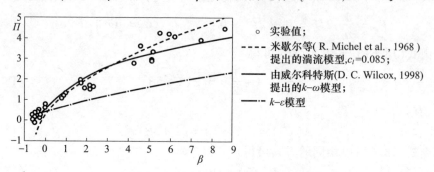

图 18.2 由式(18.70)定义且数据源于实验的不同湍流模型物理量 $\Pi(\beta)$ 所表征的平衡边界层
[具体可参见威尔科特斯(D. C. Wilcox,1998)、米歇尔等(R. Michel et al.,1968)
以及阿尔伯(I. E. Alber,1968)发表的文献]

强加速流动中，湍流边界层会回到层流状态。这就是所谓再层流化，具体可参见纳拉辛哈与斯林瓦森(R. Narasimha and K. R. Sreenivasan,1979)发表的文献。根据这项工作，当物理量

$$K(x) = \frac{v}{U^2}\frac{\mathrm{d}U}{\mathrm{d}x} = 3.5\times 10^{-6} \quad (再层流化) \tag{18.92}$$

超过特定值时边界层再次变为层流。如果期望再层流化，就可以从速度分布 $U(x)$ 中发现。精确地讲，汇流中 $K = v/|U_1|l$ 为常数。

18.2.5 零攻角平板边界层

如前所述，零攻角平板边界层为平衡边界层（$\beta = 0, m = 0, U = V = U_\infty$）。通常雷诺数是基于沿平板 x 方向长度而形成的：

$$Re_x = \frac{Ux}{v} = Re\cdot x^*$$

式(18.74)、式(18.75)与式(18.89)给出了摩擦定律：

$$\frac{1}{\gamma} = \frac{1}{\kappa}\ln(\gamma^2 Re_x) + C^+ + \frac{1}{\kappa}(2\Pi - \ln F_e) \tag{18.93}$$

对于单侧浸润宽度为 b、深度为 x 的平板，阻力系数为

$$c_D = \frac{2D}{\rho U_\infty^2 bx} = \frac{1}{x}\int_0^x c_f(x)\,\mathrm{d}x \tag{18.94}$$

式(18.94)对 x 微分可得

$$\frac{d}{dx}(c_D x) = c_f$$

或

$$c_D = c_f - x\frac{dc_D}{dx} = c_f - x\frac{dc_f}{dx} + O(c_f^2) \tag{18.95}$$

如果对式(18.93)进行关于 x 的微分,则式(18.95)为

$$c_D = c_f\left(1 + \frac{2}{\kappa}\sqrt{\frac{c_f}{2}}\right)$$

或

$$\sqrt{\frac{2}{c_D}} = \sqrt{\frac{2}{c_f}} - \frac{1}{\kappa} + O(c_f^2) \tag{18.96}$$

实验获得了以下值,具体可参见杰贝吉与史密斯(T. Cebici, A. M. O. Smith, 1974)的专著第190页:

$$F_e = 3.78, \Pi = 0.55, G = 6.6 \tag{18.97}$$

将式(18.93)、式(18.96)与式(18.97)的数值相组合,可得平板总阻力定律(现指平板长度下的阻力系数):

$$\sqrt{\frac{2}{c_D}} = \frac{1}{\kappa}\ln\left(\frac{c_D}{2}Re\right) + C^+ - 3.0 \tag{18.98}$$

定律的显式形式为

$$c_D = 2\left[\frac{\kappa}{\ln Re}G(\Lambda;D)\right]^2 \tag{18.99}$$

其中

$$\Lambda = \ln Re, D = 2\ln\kappa + \kappa(C^+ - 3.0)$$

这里 $G(\Lambda;D)$ 仍按式(17.60)定义。

摩擦定律式(19.98)或式(18.99)对于光滑与粗糙表面均成立。光滑表面($C^+ = 5.0$)的情况如图 1.3 所示。对于粗糙表面,采用 17.1.2 节中的 $C^+(k_{\text{tech}}^+)$,其中 $k_{\text{tech}}^+ = k_{\text{tech}} u_\tau / \nu$。由此可得图 18.3 所示的全阻值图。

当超过允许粗糙度 $k_{\text{tech adm}} = 5\nu/u_\tau(x=l)$ 时,粗糙度才会对阻力产生效应。区域 4 与所谓完全粗糙的区域 5 之间的边界由 $k_{\text{tech}} = 70\nu/u_\tau(x=l)$ 表征。完全粗糙区域中,c_D 与雷诺数无关,且只取决于相对粗糙度 k_{tech}/l。曲线 2 对应于最初产生层流的边界层,且在 $Re_{\text{crit}} = U_\infty x_{\text{crit}}/\nu = 5\times 10^5$ 时变为湍流的流动。尽管这种转捩实际上发生在某一特定的长度之内(参见第 15 章),但这里仍假设转捩突然发生于某一点。

采用式(18.94),由动量积分方程可得

$$c_D = 2\frac{\delta_2}{l} \tag{18.100}$$

因此,动量厚度 $\delta_2(x)$ 是平板前缘至 x 点的摩擦阻力量度,且(相对于 $\delta_1(x)$ 与

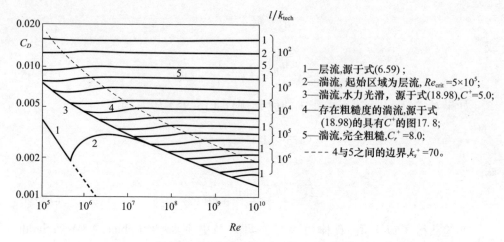

图 18.3 （单侧）零攻角平板的阻值图

$\delta_3(x)$) 在完全转捩点是不间断的。函数 $\delta_2(Re_x)$ 如图 18.4 所示。根据该图, 边界层的特性就像是起始于虚拟的前缘(Re_A 处的点 A)。采用式(6.64)求解层流边界层的动量厚度 δ_2 中可发现转捩点处有

$$0.664\sqrt{Re_{crit}} = (Re_{crit} - Re_A)\left[\frac{\kappa}{\ln(Re_{crit} - Re_A)}G(\Lambda;D)\right]^2 \quad (18.101)$$

其中

$$\Lambda = \ln(Re_{crit} - Re_A), D = 2\ln\kappa + \kappa(C^+ - 3.0)$$

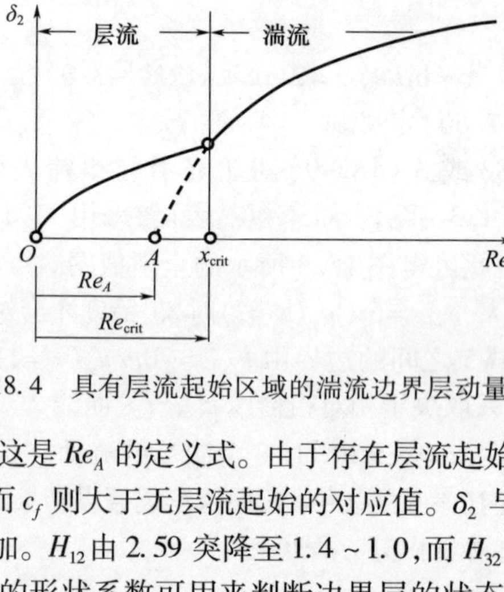

图 18.4 具有层流起始区域的湍流边界层动量厚度

对于给定的 Re_{crit},这是 Re_A 的定义式。由于存在层流起始区域,湍流区域中 $Re_2 = U_\infty\delta_2/\nu$ 与 c_D 均较小,而 c_f 则大于无层流起始的对应值。δ_2 与 H_{12} 在转捩点处突然下降,而 δ_3 与 H_{32} 突然增加。H_{12} 由 2.59 突降至 1.4~1.0,而 H_{32} 则由 1.57 突升至 1.7~2.0。因此实验中确定的形状系数可用来判断边界层的状态是层流,还是湍流。

表 18.2 展示了不同湍流模型的特征数 F_e、Π 与 G。通过与实验值的比较给出了计算方法的精度。通过改变模型参数可提高与实验值的一致性。

表 18.2　式(18.69)~式(18.71)中湍流平板边界层全域值与实验值的比较

作者	F_e	Π	G
维格哈特(K. wieghardt,1968),测量状态:$Re > 19000$	3.9	0.59	6.8
米歇尔等(R. Michel et al.,1968),式(18.8)	3.3	0.38	6.2
杰贝吉与史密斯(T. Cebeci, A. M. O. Smith,1974),式(18.7)	3.8	0.55	6.6
$k-\varepsilon$ 模型,式(18.12)与式(18.20)	2.9	0.29	5.7

费恩霍尔茨等(Frenholz et al.,1995)在高雷诺数条件($Re_1 > 50000$)下所得测量值为 $G = 6.5$。

图 18.5 给出了两个湍流模型与方程的一些边界层重要物理量。

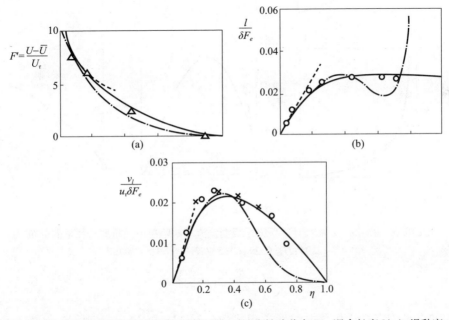

图 18.5　由两个湍流模型所得湍流平板边界层的相对速度缺陷分布 F'_e、混合长度 $l(\eta)$、涡黏度 $\nu_t(\eta)$
———:涡黏度模型 $\nu_t(\eta) = \nu_{t\infty}\gamma(x,y)[1 - \exp(-\kappa u_\tau y/\nu_{t\infty})]$,$\gamma(x,y)$
源于式(16.31),且有 $\nu_{t\infty}/u_\tau\delta = 0.10$,$F_e = 3.6$,$\Pi = 0.46$,$G = 6.3$
———:间接湍流模型

$$F'(\eta) = \frac{1}{\kappa}[-\ln\eta + 2\Pi - (1+6\Pi)\eta^2 + (1+4\Pi)\eta^3]$$

$$S(\eta) = 1 - \frac{1}{\kappa F_e}\left[\eta + \frac{2}{3}(1+6\Pi)\eta^3 - \frac{3}{4}(1+4\Pi)\eta^4\right]$$

$$\frac{1}{\delta F_e} = \frac{\sqrt{S}}{F_e F''}; \frac{\nu_t}{u_\tau \delta F_e} = -\frac{S}{F_e F''};$$

$$F_e = \frac{1}{\kappa}\left(\frac{11}{12} + \Pi\right); \kappa = 0.41 \quad \Pi = 0.37(给定值); F_e = 3.1; G = 6.1。$$

-----:$\eta \rightarrow 0$ 的渐近线。
○×△　测量值(源于杰贝吉与史密斯(T,Cebeci, A. M. O. Smith,1974)的专著第 108 页,以及欣策(J. O. Hinze,1975)的专著第 631 页与第 645 页)

最后，图 18.6 将由采用 $k-\varepsilon$ 模型的湍流能量方程中不同项与测量值进行比较，其中计算由沃格斯（R. Voges, 1978）采用罗达（J. C. Rotta, 1975, 1986）提出的 $k-L$ 模型完成。

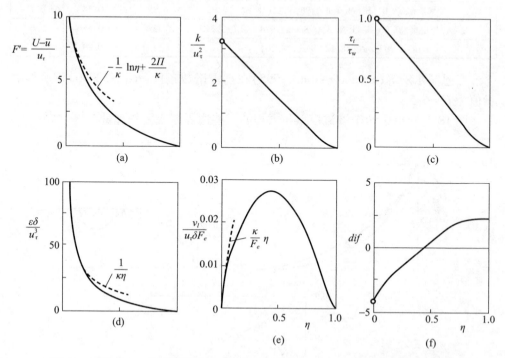

图 18.6　采用 $k-\varepsilon$ 模型计算所得平板湍流流动缺陷层中最重要特征量的分布：
$F_e = 2.94; \Pi = 0.29; G = 5.7; F''(\eta = 1) = -1.7$

$$\text{dif} = \frac{\delta}{\kappa u_\tau^3} \frac{\partial}{\partial y}\left(\nu_t \frac{\partial k}{\partial y}\right)$$

如果采用完全边界层非线性方程式（16.34）与式（16.35），由 $k-\varepsilon$ 模型可得如图 18.7 所示的结果。函数 G 与 Π 的曲线图表明，迄今所考虑的渐近解只对 $Re_x > 2 \times 10^6$ 有效（对应于 $Re_2 = U_\infty \delta_2/\nu > 2 \times 10^3$），具体可参见杰贝吉与史密斯（T. Cebeci and A. M. O. Smith, 1974）的专著第 125 页，以及埃尔姆等（L. P. Erm et al., 1987）发表的文献。图 18.7 的不同之处在于，一方面采用完全的非线性运动方程，另一方面由缺陷公式进行线化。

$Re_x < 2 \times 10^6$ 区域中，代数模型的常数（式（18.7）中的 α），式（18.8）与式（18.9）中的 λ 明显与雷诺数 $Re_2 = U(x)\delta_2(x)/\nu$ 相关，具体可参见杰贝吉与史密斯（T. Cebeci and A. M. O. Smith, 1974）的专著第 221 页。

费恩霍尔茨与芬利（H. H. Frenholz and P. J. Finley, 1996）对湍流定压边界层的数据集进行了全面的收集与评估。

阿夫扎勒(N. Afzal,1996)对沿活动平板的湍流流动进行了研究(具体可参见17.2.5节的层流案例)。

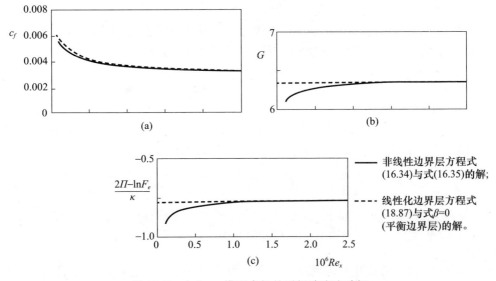

图 18.7　由 $k-\varepsilon$ 模型求解的平板湍流流动解

18.3　有分离的边界层

18.3.1　斯特拉特福德流

斯特拉特福德(B. S. Stratford,1959b)对壁面剪切应力处消失的流动进行了实验研究,并称壁面剪切应力处消失的流动为斯特拉特福德流。这种流动最近的研究可见埃尔斯伯里等(K. Elsberry et al. ,2000)的文献。

如前所述,由于剪切应力速度不能作为参考量,描述这种流动缺陷公式失效。因此,均匀速度不再表示 $Re^{-1}=0$ 极限。

然而,对于壁面剪切应力消失,还存在第二种极限解。由于 $\bar{\tau}_w=0$ 处不再需黏性来传输剪切应力,对于 $Re^{-1}=0$ 存在有限厚度 δ 的边界层。

为确定这种极限解的速度 $\bar{u}$,选择相似极限解作为该情况下的层流边界层,具体可参见式(7.9):

$$\bar{u} = Uf'(\eta), \qquad \bar{v} = -\frac{\mathrm{d}}{\mathrm{d}x}(U\delta)f(\eta) + U\frac{\mathrm{d}\delta}{\mathrm{d}x}\eta f'(\eta)$$

$$\tau_t = \rho U^2 s(\eta), \qquad \eta = \frac{y}{\delta} \tag{18.102}$$

如果 $U(x)$ 如式(18.90)遵循幂定律,且 $\delta = \alpha x$ 沿平板线性增加,由具有 $\bar{\tau}_w = 0$ 的动量方程式(16.35)可得常微分方程。该微分方程为

$$f'^2 - 1 - \frac{m+1}{m}ff'' = \frac{1}{\alpha m}s' \tag{18.103a}$$

其边界条件为

$$\eta = 0: f = 0, f' = 0; \eta = 1: f' = 1, f'' = 0 \tag{18.103b}$$

如17.2.2节所述,如果壁面剪切层消失,则近壁面速度分布遵循平方根定律:

$$\bar{u} = \frac{2}{\kappa_\infty}\sqrt{\frac{1}{\rho}\frac{\mathrm{d}p}{\mathrm{d}x}}\sqrt{y} + u_s C^\times \text{ 或 } f'(\eta) = \frac{2}{\kappa_\infty}\sqrt{-\alpha m}\sqrt{\eta} + \frac{u_s}{U}C^\times \tag{18.104a}$$

其中

$$u_s = \frac{\nu}{\rho}\left(\frac{\mathrm{d}p}{\mathrm{d}x}\right)^{1/3} \tag{18.104b}$$

式(18.103)的解并不满足这个条件。因此,中间层(也称较低的外层)是必要的。该层的坐标为

$$\tilde{\eta} = \frac{1}{\alpha^n}\frac{y}{x-x_0} = \alpha^{n-1}\eta \qquad (n \geq 1) \tag{18.105}$$

式中:指数 n 取决于湍流模型。对于涡黏度模型,其为 $n = 4/3$,具体可参见格斯滕与赫维希(K. Gersten, H. Herwig, 1992)的专著;对于混合长度模型,其为 $n = 3/2$,具体可参见沙伊希尔(B. Scheichl, 2001)的博士学位论文。

这种流动中雷诺数的影响显然是最小的。其可以壁面平方根定律(17.103)中的积分常数 $C^\times$ 来描述。遗憾的是在文献中,$C^\times$ 的赋值变化很大,虽然 $C^\times$ 似乎很可能为负,参见斯帕拉特与伦纳德(P. R. Spalart, A. Leonard, 1987)的文献。

式(18.90)中遵循幂定律的外流导致 $\bar{\tau}_w \neq 0$ 的平衡边界层和 $\bar{\tau}_w = 0$ 的斯特拉特福德流动。图18.8通过 $H_{12} - m$ 曲线图对这些流动进行了概括总结。横坐标上的点($H_{21} = 1$)对应于平衡边界层的极限解($Re^{-1} = 0$)。曲线 BSC 满足方程

$$1 - H_{21} = \frac{3m+1}{2m+1} \tag{18.106}$$

这是由 $\bar{\tau}_w \neq 0$ 的动量积分方程式(7.100)和式(18.90)(正比于 x 的 δ_1 与 δ_2)而得到的。这条曲线上有对应于斯特拉特福德流动并由式(18.105)确定的 S 点。18.3.2节中将讨论如何采用这个曲线图来建立斯特拉特福德流动与平衡边界层之间的关系式。

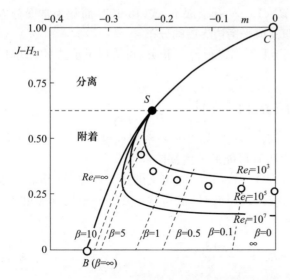

图 18.8 准平衡边界层的 $H_{12} - m$ 图

18.3.2 准平衡边界层

假定引入的尾迹参数 $\Pi(x)$ 只随距离 x 微弱地变化。这样,如果忽略相比于式(18.73)中对数项随距离 x 的这种变化,式(18.73)对 x 进行微分可得

$$\frac{U}{\gamma}\frac{\mathrm{d}\gamma/\mathrm{d}x}{\mathrm{d}U/\mathrm{d}x} = -\frac{\gamma}{\kappa + \gamma}\frac{m+1}{m} \tag{18.107}$$

其中

$$m(x) = \frac{\delta}{U}\frac{\mathrm{d}U/\mathrm{d}x}{\mathrm{d}\delta/\mathrm{d}x} \tag{18.108}$$

此外,如果还忽略式(18.60)等号右侧的项,即偏微分 $\partial F/\partial x$ 与 $\partial F'/\partial x$ 非常小,考虑式(18.107)与式(18.108),可得下列关于 $F(x,\eta)$ 具有边界条件式(18.64)的微分方程:

$$\frac{m+1}{m}\left\{\eta F'' - \gamma FF'' + \frac{\gamma}{\kappa + \gamma}[F' + \gamma(FF'' - F'^2)]\right\} - 2F' + \gamma F'^2 = -\frac{F_e S'}{\beta} \tag{18.109}$$

式中:β 为源于式(18.85)的罗达-克洛塞参数。一旦如式(18.63)所示的湍流模型实施,则可确定函数 $F(x,\eta)$。由于 $\gamma(x)$、$m(x)$ 与 $\beta(x)$ 是 x 的函数,则解 $F(x,\eta)$ 也取决于 x。现式(18.109)不包含 x 的偏微分,即 x 只通过函数 $\gamma(x)$、$m(x)$ 与 $\beta(x)$ 作为一个参数出现。因此,在每个 x = 常数的位置,如同平衡边界层的情况,只有常微分方程才可被求解。这样的情况称为准平衡边界层,或局部平衡或准平衡的情况,具体可参见卡德与亚格洛姆(B. A. Kader, A. M. Yaglom, 1978)。这种形式的速度分布

只取决于局部值 $\gamma(x)$、$M(x)$ 与 $\beta(x)$。$\gamma \rightarrow 0$ 极限下，式(18.109)简化为常微分方程式(18.87)，即这种情况下的分布变成平衡边界层的分布。

对式(18.109)在 $\eta \rightarrow 0$ 至 $\eta = 1$ 区间进行 η 的积分，可得以下形式的动量积分方程：

$$\frac{m+1}{m} = -\left[1 + H_{12}\left(1 + \frac{1}{\beta}\right)\right]\frac{1 + \gamma/\kappa}{1 + (H_{12}-1)\gamma/\kappa} \qquad (18.110)$$

式中：m、γ 与 β 的耦合意味着具有带两个参数的一系列速度分布。接下来假设 $F'(\eta;\gamma,\beta)$ 描述了湍流边界层中所有可能的速度缺陷剖面。

这个解则再次给出由式(18.69)～式(18.71)定义的边界层参数，并最终获得源于式(18.79)的边界层厚度与源自式(18.81)的形状系数。基于局部速度 $U(x)$ 和位移厚度 $\delta_1(x)$ 的雷诺数

$$Re_1 = \frac{U(x)\delta_1(x)}{\nu} \qquad (18.111)$$

也取决于 β 与 $\gamma = \sqrt{c_f/2}$。这导致关系式

$$c_f = c_f(Re_1, Re_{12}), \quad H_{32} = H_{32}(Re_1, H_{12}) \qquad (18.112)$$

平衡边界层可在极限 $c_f = c_f(Re_1, H_{12} \rightarrow 1)$ 与 $H_{32} = H_{32}(H_{12}, Re_1 \rightarrow \infty)$ 下出现。

汉克斯(A. W. Henkes,1998)采用 4 个常用的湍流模型来研究准平衡边界层，尽管并非采用"准平衡"一词来表述。

还可参见巴恩韦尔等(R. W. Barnwell et al.,1989)发表的文献。

- 说明(与经验公式的关联)

许多不同类型湍流边界层的综合分析会得出如式(18.112)的经验关系式。

一个非常著名的经验公式源于路德维希与蒂尔曼(H. Ludwieg, W. Tillman, 1949)：

$$c_f(Re_1, H_{12}) = 0.246 \times 10^{-0.678 H_{12}}\left(\frac{Re_1}{H_{12}}\right)^{-0.268} \qquad (18.113)$$

然而式(18.113)对于 $Re_1 \rightarrow \infty$ 不正确，$Re_1 \rightarrow \infty$ 的正确渐近公式为式(18.47)或式(18.76)。

由测量值的分析得出了几乎与 Re_1 无关的形状系数之间的关系式，还可得

$$H_{12} - 1 = 1.48(2 - H_{32}) + 104(2 - H_{32})^{6.7} \qquad (18.114)$$

对于 $H_{32} \rightarrow 2$，式(18.114)变成式(18.82)，忽略这个系数 1.48。

图 18.8 给出了不同边界层参数之间的关系式。这里设置 $C^{\times} = 0$，因而所有 $Re_1 = $ 常数的直线均通过 A 点。采用变换

$$f'(\hat{\eta}) = 1 - \gamma F'(x), \quad \hat{\eta} = \frac{\eta}{\gamma} \qquad (18.115)$$

式(18.109)在 $\gamma \rightarrow 0$ 时变成式(18.103)。大量的测量结果表明，压升区内许多湍

流边界层是准平衡边界层。由最初的平板边界层发展至分离的边界层显示为图 18.8 中由坐标系中一点 ($\beta = 0$) 上升至分离点 S 的曲线。这点通过源自图 18.12 中示例的实验值表示。

对于每个 Re_1，存在最小的 m。根据哈特尔(A. P. Hartl,1989)的文献，这个 m 的最小值大致在式(18.116)所示直线上：

$$1 - H_{21} = 5\left(m_{\min} + \frac{1}{3}\right) \tag{18.116}$$

由于 m 按照式(18.108)为压力梯度的量度，最小值 $m_{\min}$ 对应于具有最大可能压升的边界层。这些在优化扩压器流动方面十分重要，具体可参见克劳尔(J. Klauer,1989)与哈特尔(A. P. Hartl,1989)发表的文献。

对于每个特定的 Re_1 与 $m > m_{\min}$，存在两个解，而对于 $m > m_s \approx -0.22$，一个是附着流动的解，另一个是分离流动的解，具体可参见克劳尔(J. Klauer,1989)发表的文献。

边界层越接近平衡边界层，边界层中速度的近似描述越好。压升区域内具有两个参数的分布集在边界层实验中取得了很好的一致性，这表明这些边界层很快趋于局部平衡，有可能采用边界层局部参数的湍流模型(代数湍流模型)。

- **说明(间接湍流模型:尾迹定律)**

根据大量实验数据的分析，科尔斯(D. Coles,1956)提出了式(18.109)解函数 $F'(x,y)$ 可表示为

$$\frac{U(x) - \bar{u}(x,y)}{u_\tau(x)} = F'(x,\eta) = \frac{1}{\kappa}\{\Pi(x)[2 - W(\eta)] - \ln\eta\} \tag{18.117}$$

式中：$W(\eta)$ 为尾迹函数；Π 由式(18.70)规定。这个关系式称为尾迹定律，确定了 3 个自由参数 $\delta(x)$、$u_\tau(x)$ 和 $\Pi(x)$，以便尽可能近似测量的速度分布(间接湍流模型)。尾迹函数 $W(\eta)$ 受边界条件式(18.118)的约束：

$$\begin{cases} W(0) = 0, W'(0) = 0, W(1) = 2, W'(1) = 0 \\ \int_0^1 W(\eta)\mathrm{d}\eta = 1 \end{cases} \tag{18.118}$$

如果选择

$$W(\eta) = 1 - \cos\pi\eta = 2\sin^2\left(\frac{\pi}{2}\eta\right) \tag{18.119}$$

则可得式(18.69)与式(18.71)所定义物理量的如下：

$$F_e = \int_0^1 F'\mathrm{d}\eta = \frac{1}{\kappa}(1 + \Pi) \tag{18.120}$$

$$G(x) = \frac{1}{F_e\kappa^2}(2 + 3.179\Pi + 1.5\Pi^2) \tag{18.121}$$

H_{31} 的表达式是式(18.81)的扩展：

$$H_{31} = 2 - 3\gamma G + \gamma^3 I_3 \qquad (18.122)$$

其中

$$I_3 = \int_0^1 F'^3(\eta)\mathrm{d}\eta = \frac{1}{\kappa}(6 + 11.14\Pi + 8.5\Pi^2 + 2.56\Pi^3) \qquad (18.123)$$

如果尾迹函数由幂定律 $W(\eta) = 2\eta^2(3-2\eta)$ 替代，则结果只有一点点变化。芬利等(P. J. Finley et al. , 1966)与莱科维奇(A. K. Lewkowwicz, 1982)通过改进边界层外缘修正了尾迹定律，可参见克劳尔(J. Klauer, 1989)发表的文献。

如果所有边界层均采用边界层平衡关系 $G(\beta)$，对于给定的 Π 与 γ，则可连续确定 F_e、G、β、H_{21}、Re_1 和 m（源自式(18.110)）。采用这些参数，可再次构建如图 18.8 那样的图。满足 $\gamma\Pi = \kappa/2$ 条件的 $\gamma\to\infty$、$\Pi\to\infty$ 极限下，分离点上再次出现纯的正弦曲线，尽管在 $1 - H_{21} = 0.75(m = -0.167)$ 情况下，这个数字与实验结果不太一致。

因此，尾迹定律（式(18.117)）是准平衡边界层的速度分布近似值。

- 说明（斯特拉特福德分离准则）

类似于 8.2 节给出的层流边界层分离准则，斯特拉特福德(B. S. Stratford 1959a)还提出了湍流边界层的分离准则。该准则是基于湍流边界层的两层结构。同样，分离点的位置也原则上可以直接从所给定的压力分布中确定。

18.4 边界层积分计算法

18.4.1 直接方法

8.1 节已经讨论了计算层流边界层的积分方法。积分方法足以确定边界层整体特征值。例如，对于特定速度分布 $U(x)$，可计算函数 $\mathrm{Re}_1(x)$ 与 $H_{21}(x)$。积分方法的基础是动量积分和能量（如机械能）积分方程。通过动量方程与能量方程进行边界层厚度的积分可得这些方程的函数。18.3 节所述的两个参数分布用来评估出现的积分。这将保证平衡边界层的特殊情况下可得渐近的精确解。

随后讨论的积分方法基于动量积分方程式(7.100)与能量积分方程式(7.104)。可引入无量纲耗散积分系数：

$$c_D = \frac{2D}{\rho U^3} = \frac{2}{\rho U^3}\int_0^\delta \bar{\tau}_t\frac{\partial \bar{u}}{\partial y}\mathrm{d}y \qquad (18.124)$$

这两个积分方程则可表示为物理量 $\mathrm{Re}_1(X)$ 与 H_{21} 的微分方程。引入自变量

$$X = \frac{x - x_0}{l}Re = \frac{(x - x_0)V}{\nu}$$

以任意选择点 x_0 作为原点,且有 $Re = Vl/\nu$,通过计算可得

$$\frac{dRe_1}{dX} = \frac{1}{A}\left[BU + C\frac{Re_1}{U}\frac{dU}{dX}\right] \qquad (18.125)$$

$$\frac{dH_{21}}{dX} = -\frac{1}{A}\left[DU + E\frac{H_{21}}{U}\frac{dU}{dX}\right] \qquad (18.126)$$

辅助函数 $A(H_{21})$、$B(H_{21}, Re_1)$、$C(H_{21})$、$D(H_{21}, Re_1)$ 与 $E(H_{21})$ 可采用准平衡边界层方程来确定。这些函数如图 18.9 所示。在这些函数的帮助下,$Re_1(X)$ 与 $H_{21}(X)$ 可由特定 $U(X)$ 下的式(18.125)与式(18.126)来确定。如果计算始于转捩点,则 $H_{21} \cdot Re_1 = Re_2 = (Re_2)_{lam}$ 成立,同样 $dp/dx = 0(\beta = 0, G = 6.6)$。因此,可从图 18.9 中采用式(18.81)读出起始点值。

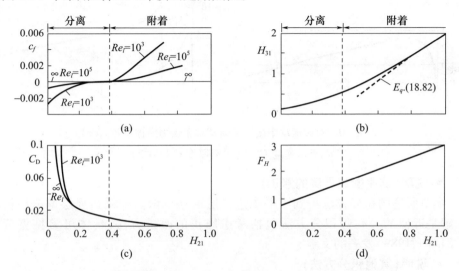

图 18.9 准平衡辅助函数 $H_{31}(H_{21})$、$F_H(H_{21})$、$c_f(H_{21}, Re_1)$、$c_D(H_{21}, Re_1)$

注意到式(18.125)与式(18.126)中的函数为

$$A(H_{21}) = H_{21}F_H - H_{31} \qquad D(H_{21}, Re_1) = \left(\frac{1}{2}c_f H_{31} - c_D H_{21}\right)Re_1$$

$$B(H_{21}, Re_1) = \frac{1}{2}F_H c_f - c_D \qquad E(H_21) = -(1-H_{21})H_{31}/H_{21}$$

$$C(H_{21}) = 2H_{31} - F_H - H_{21}F_H$$

由图 18.9 中的函数 $c_f(X)$ 可得 $Re_1(X)$ 与 $H_{21}(X)$。这对于准平衡边界层也是有效的。18.3 节描述的其他的边界层特征量速度分布可由 Re_1 与 H_{21} 获得。$H_{21} = 0.4$ 计算中断,这是因为函数 A 消失。如果速度分布 $U(X)$ 给定,边界层计算只能在远离分离点处进行,这是因为这些方程在分离点具有奇异性。这种情况对应于层流边界层中的戈德斯坦奇异性。

- **实例:对称流动中儒科夫斯基翼型(相对厚度 $d/l = 0.2$;攻角 $\alpha = 0°$; $Re = 10^7$)**

假定转捩点位于最小压力点处($x/l = 0.15$)。采用求积公式(8.23)进行由驻点至转捩点的层流边界层计算。沿翼型弦长的表面摩擦系数 c_f 如图 18.10 所示。

沿弦长进行 c_f 积分可得阻力系数 c_D,可参见式(1.5)与式(6.40)。由此可得阻力系数值 $c_D = 5.9 \times 10^{-3}$。为了方便比较,由场方法[杰贝吉-史密斯湍流模型,即式(18.7)]可得阻力系数值 $c_D = 6.0 \times 10^{-3}$。注意到相同雷诺数下零攻角平板阻力系数有些大,其值为 $c_D = 6.2 \times 10^{-3}$。

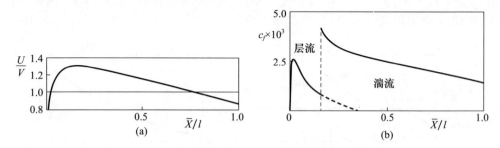

图 18.10 对称流动中儒可夫斯基翼型表面摩擦系数 $c_f(\bar{x})$ 与外流速度 $\bar{U}(\bar{x})$(翼型厚度 $d/l = 0.2$)

- **说明(非平衡边界层的修正)**

本节所述的积分方法得到了平衡边界层的精确解。如果边界层偏离平衡状态,解是近似的。一些积分方法包括考虑修正的改进方法,具体可参见克劳尔(J. Klauer,1989)发表的文献。

- **说明(其他积分方法)**

许多不同的积分方法可参见相关文献,这里所述的只是一个例子。克莱恩等(S. J. Kline et al.,1968)、德莱瑞与马文(J. Deley,J. G. Marvin,1986)进行了总结概括。实际上,所有方法都应用动量积分方程。除能量积分方程外,动量-动量积分方程经常用作第二方程。这可通过将动量方程乘以 y 并进行边界层厚度的积分来获得,可参见式(7.106)。

涉及夹带的关系式也可作为第二方程。根据黑德(M. R. Head,1960)的研究,边界层厚度 δ 增长,这是因为夹带外流中的无旋流体,也可参见 16.5.4 节,这个夹带速度为

$$v_E = \frac{dQ_b}{dx} = \frac{d}{dx}\int_0^{\delta(x)} \bar{u}dy = \frac{d}{dx}[U(\delta - \delta_1)] = U\frac{d\delta}{dx} - v_e \quad (18.127)$$

根据图 18.11,v_E 可看作垂直于边界层外缘的外流速度。

对于平衡边界层,可再次确定量 $c_E(H_{21}, Re_1) = v_E/U$,具体可参见克劳尔

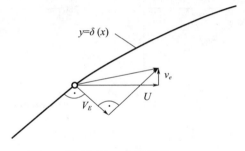

图 18.11　夹带速度 v_E

(J. Klauer,1989)发表的文献。式(18.127)可转换为 H_{21} 与 Re_1 的微分方程。

18.4.2　反方法

迄今,该方法经常是所讨论问题的反面。给定边界层位移厚度 $\delta_1(x)$ 的分布,需要得到外流速度 $U(x)$ 与形状系数 H_{21}。当考虑外流与边界层之间的相互作用时,就会出现这个问题。如果发生分离,这点尤其正确,但也会发生在流经物体的流动中,其中外流取决于边界层的位移作用。

采用参变量

$$\Delta_1(X) = \frac{\delta_1(x)}{l} Re \tag{18.128}$$

动量积分方程式(7.100)与能量积分方程式(7.104)可变换为

$$\frac{dH_{21}}{dX} + \frac{1+2H_{21}}{Re_1}\frac{dRe_1}{dX} = \frac{c_f}{2\Delta_1} \frac{1+H_{21}}{\Delta_1} \frac{d\Delta_1}{dX} \tag{18.129}$$

$$F_H \frac{dH_{21}}{dX} + \frac{3H_{31}}{Re_1}\frac{dRe_1}{dX} = \frac{c_D}{\Delta_1} + \frac{2H_{31}}{\Delta_1}\frac{d\Delta_1}{dX} \tag{18.130}$$

其中,辅助函数为

$$H_{31} = 2 - 3(1 - H_{21}) + 1.19(1 - H_{21})^2 \tag{18.131}$$

$$F_H = 3 - 2.38(1 - H_{21}) \tag{18.132}$$

此外,也包括图 18.9 的 $c_f(H_{21}, Re_1)$ 与 $c_D(H_{21}, Re_1)$。

这个方程组在 $0 \leqslant H_{21} \leqslant 1$ 区间内无奇异性。

- **实例:与辛普森等(R. L. Simpson et al.,1981)提出的测量值进行比较**

辛普森等(R. L. Simpson et al.,1981)所进行的实验由克劳尔(J. Klauer,1989)在理论上进行了验证。由于测量中发生了流动分离,选择反方法。图 18.12 给出了最重要的流动参数的图表,也给出了测量值 δ_1 分布和 Re_1 与 H_{21} 的初始值。$U(x)$、$c_f(x)$ 与 $H_{21}(x)$ 的计算值与实验值很好地吻合。

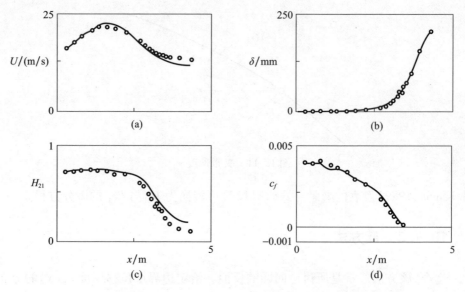

图 18.12　克劳尔(J. Klauer,1989)采用反积法对湍流边界层的计算，给出了实验测量的 δ_1 分布和 Re_1 与 H_{21} 初始值

18.5　边界层场计算方法

18.5.1　附着的边界层($\bar{\tau}_w \neq 0$)

场方法的目标是进行速度分量 $\bar{u}(x,y)$ 与 $\bar{v}(x,y)$ 以及剪切应力 $\bar{\tau}(x,y)$ 的计算。如湍流动能场 $k(x,y)$ 与耗散场 $\varepsilon(x,y)$ 的额外场可通过湍流模型的选择来起作用。相对于只确定取决于 x 的边界层特征量并由此求解常微方程的积分方法，场方法需要求解的是偏微分方程。

目前，研究者广泛关注的是高雷诺数条件下的边界层。在此将只考虑边界层的外层，这是因为（黏性）壁面层的厚度呈现渐进式薄层分布。相对于湍流输运过程，外层是忽略边界层中黏性输运过程（黏性剪切应力、黏性耗散）的部分。外层的基本方程包括具有 $\bar{\tau}_v = 0$ 的式(16.34)与式(16.34)。由外流的 $U(x)$ 分布可得 $\bar{u}(x,y)$、$\bar{v}(x,y)$、$\tau_t(x,y)$ 以及更多湍流模型场函数。在边界层外层，$\bar{u}(x,y)$ 向 $U(x)$ 过渡，而 $\tau_t(x,y)$ 趋于零。从外层与黏性底层之间的匹配可得到 $y \to 0$ 的边界条件。这种考虑高雷诺下的渐近性态的方法称为壁面函数法。

现将采用琼斯与朗德(W. P. Jones, B. E. Launder, 1972a)提出的 $k-\varepsilon$ 湍流模

型,具体可参见式(18.12)、式(18.20)与式(18.23)。计算边界层的整个方程组如下:

$$\frac{\partial \bar{u}}{\partial x} + \frac{\partial \bar{v}}{\partial y} = 0 \tag{18.133}$$

$$\bar{u}\frac{\partial \bar{u}}{\partial x} + \bar{v}\frac{\partial \bar{u}}{\partial y} = U\frac{dU}{dx} + \frac{\partial}{\partial y}\left(\nu_t \frac{\partial \bar{u}}{\partial y}\right) \tag{18.134}$$

$$\bar{u}\frac{\partial k}{\partial x} + \bar{v}\frac{\partial k}{\partial y} = \frac{\partial}{\partial y}\left(\frac{\nu_t}{Pr_\kappa}\frac{\partial k}{\partial y}\right) + \nu_t\left(\frac{\partial \bar{u}}{\partial y}\right)^2 - \varepsilon \tag{18.135}$$

$$\bar{u}\frac{\partial \varepsilon}{\partial x} + \bar{v}\frac{\partial \varepsilon}{\partial y} = \frac{\partial}{\partial y}\left(\frac{\nu_t}{Pr_\varepsilon}\frac{\partial \varepsilon}{\partial y}\right) + c_{\varepsilon 1}\frac{\varepsilon}{k}\nu_t\left(\frac{\partial \bar{u}}{\partial y}\right)^2 - c_{\varepsilon 2}\frac{\varepsilon^2}{k} \tag{18.136}$$

$$\nu_t = c_\mu \frac{k^2}{\varepsilon} \tag{18.137}$$

模型常数为

$$Pr_k = 1; Pr_\varepsilon = 1.3; c_{\varepsilon 1} = 1.44; c_{\varepsilon 2} = 1.87; c_\mu = 0.09 \tag{18.138}$$

(对于无湍流与不通透壁面)的边界条件为

$$\begin{cases} y = 0: \bar{u} = U, k = 0, \varepsilon = 0, \nu_t = 0 \\ y \to 0: \bar{u} = u_\tau\left[\frac{1}{\kappa}\ln\left(\frac{yu_\tau}{\nu}\right) + C^+\right] \\ \bar{v} = -\frac{\bar{u}}{u_\tau}\frac{du_\tau}{dx}y \\ k = \frac{u_\tau^2}{\sqrt{c_\mu}}, \varepsilon = \frac{u_\tau^3}{ky}, \nu_t = u_\tau \kappa y \end{cases} \tag{18.139}$$

式中,$u_\tau = \sqrt{\tau_w/\rho}$ 为局部剪切应力速度。对于 $y \to \delta$,k、ε 与 ν_t 线性地趋于零。

对于给定的 $U(x)$ 与 ν,式(18.133)~式(18.137)可确定 5 个未知函数 $\bar{u}(x,y)$、$\bar{v}(x,y)$、$k(x,y)$、$\varepsilon(x,y)$ 与 $\tau_t(x,y)$。必须选择函数 $\delta(x)$ 与 $u_\tau(x)$ 以满足边界条件式(18.139)。

初始条件(大约在转捩点位置)则可采用平衡边界层的解(如平板边界层)。然而,初始分布也可由式(18.117)通过采用准平衡边界层的速度分布获得,其中 l 与 τ_t 由式(18.8)与式(18.6)确定,k 取决于式(18.16),ε 取决于满足 $L = l$ 的式(18.15)。$\bar{v}(y)$ 分布可由式(18.140)确定,即

$$\frac{\partial}{\partial y}\left(\frac{\bar{v}}{\bar{u}}\right) = -\frac{1}{\bar{u}^2}\left[U\frac{dU}{dx} + \frac{\partial}{\partial y}\left(\nu_t\frac{\partial \bar{u}}{\partial y}\right)\right] \tag{18.140}$$

式(18.140)通过组合式(18.133)与式(18.134)而获得,具体可参见布拉德肖(P. Bradshaw et al.,1981)的专著第 96 页。

由于需要处理的是抛物型微分方程,如果给定初始分布与边界条件,则解可通过推进方式采用差分方法来确定,具体可参见第 23 章。

许多边界层计算均采用这个方程组进行,具体可见朗德与斯伯丁(B. E. Launder,D. B. Spalding,1972)和沃格斯(R. Voges,1978)所给出的实例。

德里亚特与吉罗(E. Deriat, J. – P. Guiraud, 1986)以及德里亚特(E. Deriat, 1987)对 $k-\varepsilon$ 模型进行了渐近性分析。莫哈马迪与皮罗诺(B. Mohammadi, O. Pironneau,1994)提供了数学基础方面的详节内容。

现有的许多不同方法中,下面是实际计算湍流边界层时最常用的方法。

(1)由杰贝吉与史密斯(T. Cebeci, A. M. O. Smith,1974)提出的方法(代数模型)。

(2)由布拉德肖等(P. Bradshaw et al., 1967)提出的方法(一方程模型)。

(3)由威尔科特斯(D. C. Wilcox,1998)提出的方法(二方程模型)。

(4)由罗达(J. C. Rotta,1986,1991)提出的方法(二方程模型)。

实例可见沃尔默与罗达(H. Vollmers,J. C. Rotta,1977)以及沃格斯(R. Voges,1978)发表的文献。

(5)由朗德等(B. E. Launder et al., 1975)提出的方法(雷诺应力模型,即二阶矩封闭模型)。实例具体内容可见朗德(B. E. Launder,1984)、斯佩齐亚莱(C. G. Speziale,1991)与汉贾利克(K. Hanjalić,1994a)发表的文献。

关于湍流边界层计算方法的总结可见雷诺(W. C. Reynolds,1976)、拉姆利(J. L. Lumley,1978a)、罗迪(W. Rodi,1991)、斯佩齐亚莱(C. G. Speziale,1991)、罗达(J. C. Rotta,1991)发表的文献。

18.5.2　存在分离的边界层

18.5.1 节所述的计算方法不能描述壁面剪切应力消失的流动,特别是不能通过简单地变化模型常数与边界条件得到由式(17.103)所描述重叠层中分离点($\bar{\tau}_w=0$)的平方根律。

边界层由附着状态到分离点的发展过程中,参数

$$K = \frac{\nu}{\rho\,(\bar{\tau}_w/\rho)^{3/2}} \frac{\mathrm{d}p_e}{\mathrm{d}x} \tag{18.141}$$

特别重要,具体可参见式(17.104)。

$y\to 0$ 极限下边界条件式(18.139)的变化如下所示。速度遵循壁面的通用定律与 $\bar{v}=0$。其他量为

$$k = \frac{|\tau_t/\rho|}{C_k(K)},\ \varepsilon = \frac{C_\varepsilon(K)\,|\tau_t/\rho|^{3/2}}{y},\ \nu_t = \sqrt{\left|\frac{\tau_t}{\rho}\right|}\kappa(K)y \tag{18.142}$$

其中

$$\begin{cases} c_\mu = \kappa C_k^2 C_\varepsilon \\ \tau_t = \bar{\tau}_w + \dfrac{\mathrm{d}p_e}{\mathrm{d}x}y = \bar{\tau}_w(1+Ky^+) \end{cases} \tag{18.143}$$

除式(17.110)中的 $\kappa(K)$ 与 $C(K)$ 外,边界条件中的 $C_k(K)$ 与 $C_\varepsilon(K)$ 以及所有的模型常数均取决于 K。菲特(D. Vieth,1996)根据基尔(R. Kiel,1995)的实验结果提出了这些与 K 相关的项,并采用通用的 $k-\varepsilon$ 模型进行了样本计算。除关系式 $\tau_t = \rho \nu_t \partial \bar{u}/\partial y$ 外,采用了源自式(18.33)的 $\tau_t = -\rho \overline{u'v'}$ 平衡定律与表18.1。这种做法是必要的,其原因在于当回流区出现于边界层中时,具有大回流速度($\partial \bar{u}/\partial y = 0$)和 $\tau_t = 0$ 的位置并不相同,即 τ_t 与 $\partial \bar{u}/\partial y = 0$ 不再呈比例。

如18.4.2节所示,存在分离的边界层只能采用逆方法来计算。此时位移厚度 $\delta_1(x)$ 的分布[或 $\bar{\tau}_w(x)$ 的分布]是给定的,可得到外部速度 $U(x)$ 的分布。由边界层与外流之间的相互作用可得到总体解。

辛普森(R. L. Simpson,1985)对存在分离的湍流边界层进行了总结概括,也可参见阿夫扎尔(N. Afzal,2008a)发表的文献。

近年来,研究者发表了一些强逆压梯度下湍流边界层合理渐近理论的研究成果。这项工作始于沙伊希尔(B. Scheichl,2001),除足够高的全域雷诺数外选择了细长参数来描述基本的极限过程。自洽描述显示了经典的壁面对数律(两层结构的边界层)如何逐渐变换为在零摩擦力点成立的著名平方根律(三层结构的边界层)。采用局部相互作用的边界层概念,得到了具有小的封闭逆流区域内的无封闭且一致有效的边界层渐近描述。这种情况与湍流边缘分离有关,可参见沙伊希尔与克劳维克(B. Scheichl, A. Kluwick,2007a)发表的文献。通过包括有限高的雷诺数的影响可阐明所谓壁面函数的渐变式转变,参见沙伊希尔与克劳维克(B. Scheichl, A. Kluwick,2007b)发表的文献。沙伊希尔等(B. Scheichl et al.,2008)的研究引出了不太确定但又值得注意的结论,即在 $Re \to \infty$ 的极限条件下,钝体光滑表面的边界层也不会达到充分发展的状态。湍流区域内分离位置附近的自洽流动描述源自沙伊希尔等(B. Scheichl et al.,2011)的研究。由此出现了选择分离位置的准则。物理上可靠合理的基本分析可无须通过特别湍流闭合方式进行。

18.5.3 低雷诺数湍流模型

为与壁面函数法相比较,进行了低雷诺数湍流模型条件下包括黏性壁面层在内的整个边界层计算,具体可参见18.1.7节。为此,湍流模型必须拓展以包括黏性壁面层。特别简单的壁面条件(无滑移条件)是有利的,由于基本方程现也包含黏性项,如同层流边界层那样,向无黏外流的过渡现在是连续发生的。

$k-\varepsilon$ 模型低雷诺数版本的方程如下,具体可参见帕特尔等(V. C. Patel et al.,1985)的文献:

$$\frac{\partial \bar{u}}{\partial x} + \frac{\partial \bar{v}}{\partial y} = 0 \tag{18.144}$$

$$\bar{u}\frac{\partial \bar{u}}{\partial x} + \bar{v}\frac{\partial \bar{v}}{\partial y} = U\frac{dU}{dx} + \frac{\partial}{\partial y}\left[(\nu + \nu_t)\frac{\partial \bar{u}}{\partial y}\right] \tag{18.145}$$

$$\bar{u}\frac{\partial k}{\partial x}+\bar{v}\frac{\partial k}{\partial y}=\frac{\partial}{\partial y}\Big[\Big(\nu+\frac{\nu_t}{Pr_k}\Big)\frac{\partial k}{\partial y}\Big]+\nu_t\Big(\frac{\partial \bar{u}}{\partial y}\Big)^2-\tilde{\varepsilon}-D \qquad (18.146)$$

$$\bar{u}\frac{\partial \tilde{\varepsilon}}{\partial x}+\bar{v}\frac{\partial \tilde{\varepsilon}}{\partial y}=\frac{\partial}{\partial y}\Big[\Big(\nu+\frac{\nu_t}{Pr_\epsilon}\Big)\frac{\partial \tilde{\varepsilon}}{\partial y}\Big]+c_{\varepsilon 1}f_1\frac{\tilde{\varepsilon}}{k}\nu_t\Big(\frac{\partial \bar{u}}{\partial y}\Big)^2-c_{\varepsilon 2}f_2\frac{\tilde{\varepsilon}^2}{k}+E \quad (18.147)$$

$$\nu_t=c_\mu f_\mu \frac{k^2}{\tilde{\varepsilon}} \qquad (18.148)$$

其中，两个新的函数 D 与 E 正比于 ν，且只简单地与场函数 $\bar{u}$、k 或 $\tilde{\varepsilon}$ 相关。所谓阻尼函数 f_1、f_2 与 f_μ 取决于湍流雷诺数

$$Re_T=\frac{k^2}{\nu \tilde{\varepsilon}} \qquad (18.149)$$

在 $Re\to\infty$ 情况下上述的函数趋于 1。帕特尔等（V. C. Patel et al. ,1985）给出了函数 D、E、f_1、f_2 与 f_μ 的细节。

边界条件为

$$\begin{cases} y=0:\bar{u}=0,\bar{v}=0,k=0,\tilde{\varepsilon}=0 \\ y\to\infty:\bar{u}=U,k=0,\tilde{\varepsilon}=0 \end{cases} \qquad (18.150)$$

以上提及的文献还描述了如何确定合适的初值与求解方程组，所给出的实例适用于附着的边界层。对于高雷诺数条件，式(18.144) ~ 式(18.148)简化为式(18.133) ~ 式(18.137)。

当将这个模型应用于存在分离的边界层时，应当特别注意以下两个方面内容。

(1)如果高雷诺数条件下这个模型也是正确的，则这个模型的常数与函数也以适当的方式依赖参数 K。

(2)由于零剪切应力通常并不与回流中 $\partial \bar{u}/\partial y=0$ 的位置相吻合，因此不再给出所假设的 τ_t 与 $\partial \bar{u}/\partial y$ 之间的均衡性。这可采用 τ_t 的平衡定律来进行校正，具体可参见菲特(D. Vieth,1996)发表的文献。

低雷诺数模型的主要困难在于尽可能有效地模拟壁面层，具体可参见索等(R. M. C. So et al. ,1991)的文献。这方面的研究仍在进行中，特别是当考虑吹气等额外影响(参见索与柳(R. M. C. So,G. J. Yoo,1987))或大曲率壁面效应时。壁面表面粗糙度的影响并未包含在这些模型中。

- 说明(层流—湍流转捩的计算)

湍流模型的方程也可用来计算层流边界层向湍流边界层的转捩，可参见威尔科特斯(D. C. Wilcox,1998)的专著第 198 页。此时，$k_e(x)$ 与外部流体的湍流长度尺度 $l_e=c_\mu k_e^{3/2}/\varepsilon_e$ 均可影响转捩长度与转捩位置。

这种方法在高湍流度(湍流度 $Tu>1\%$)外部流动取得了特别好的结果，且经常用于叶轮机械的流动中，具体可参见罗迪(W. Rodi,1991)发表的文献。

18.5.4 其他因素的作用

1. 外部湍流的影响

迄今为止,一直假定无黏的外部流动无湍流度存在。诸多实际应用(如叶轮机械叶片绕流)中,边界层之外的流动具有不小的湍流强度。这种情况可在湍流模型中通过改变 k 外部边界条件处理 k 方程来考虑。边界层外缘处式(18.135)与式(18.136)则可简化为

$$U\frac{\mathrm{d}k_e}{\mathrm{d}x} = \varepsilon_e, U\frac{\mathrm{d}\varepsilon_e}{\mathrm{d}x} = -c_{\varepsilon 2}\frac{\varepsilon_e^2}{k_e} \tag{18.151}$$

对于特定的 $U(x)$,可确定函数 $k_e(x)$ 与 $\varepsilon_e(x)$。

罗达(J. C. Rotta,1980a)进行了此类的平板计算。外部湍流度的增大引启动量传递的增加,即表面摩擦系数的增加。根据迈耶与克雷普林(H. U. Meier, H. P. Kreplin,1980)所进行的研究,除湍流强度外,湍流长度尺度也对壁面剪切应力产生作用,参见博特与布拉德肖(D. M. Bott,P. Bradshaw,1998)发表的文献。

钱皮昂与莉比(M. Champion,P. A. Libby,1991,1996)研究了自由湍流的湍流驻点流动。这个问题对于湍流流动(如冲击射流)中驻点传热的计算具有非常重要的实际意义,也可参见科斯廷(J. Kestin,1966c)、卡亚拉(L. Kayalar,1969)、劳耶瑞与瓦雄(G. W. Lowery,R. J. Vachon,1975)发表的文献。

斯密茨与伍德(A. J. Smits,D. H. Wood,1985)阐述了突发扰动对湍流流动的影响。

麦金农等(J. C. Mackinnon et al.,1998)对湍流自由流中湍流边界层的雷诺应力闭合进行了研究。

- 说明(阻尼网效应)

阻尼网通常用来控制实验中的湍流度。如果湍流边界层流经阻尼网,则其经历明显的变化,具体可参见布拉德肖(P. Bradshaw,1965)与梅塔(R. D. Metha,1985)发表的文献,特别是边界层厚度减小,分离的风险降低。可通过安装阻尼网来应用大扩散角扩压器,可参见梅塔(R. D. Metha,1977)发表的文献。

2. 壁面曲率效应

如果壁面曲率半径 $R(x) = 1/\kappa(x)$ 相对于边界层厚度 $\delta(x)$ 较大,则迄今为止所采用的边界层方程只对曲面边界层有效。但如果 $R(x)$ 与 $\delta(x)$ 具有相同的数量级,会发生下列源于壁面曲率的附加效应。

(1) 边界层方程必须由曲率项展开,如式(3.98)~式(3.105)所示。需要强调的是,外流梯度 $(\partial U/\partial y)_w$ 对于弯曲壁面边界层而言并不消失。由式(3.98)可知,其由无旋流动状态可得

$$\left(\frac{\partial U}{\partial y}\right)_w = -\kappa(x)U(x) \tag{18.152}$$

因此外流速度 $U(x,y)$ 取决于 y。这种情况必须在计算边界层特征量 δ_1、δ_2 与 δ_3 时予以考虑。

(2) 曲率对湍流模型具有相当大的影响。缘于曲率的离心力优先作用于 y 方向的波动。为此，只有 18.1.5 节中的雷诺应力模型能正确地表示曲率的影响。这是因为采用了 3 个法向应力的分离平衡方程，因而包含了 3 个方向的不同曲率效应。

杰肯(B. Jeken,1992)进行了高雷诺数条件下湍流边界层曲率效应的系统研究。其研究表明黏性壁面层与重叠层不受曲率的影响。

关于二方程模型的修正可参见拉克什米纳雷亚纳(B. Lakshminarayana,1986)发表的文献。斯帕拉特与舒尔(P. R. Spalart and M. Shur,1997)提出了表征曲率与旋转对湍流模型影响的新标量，其为伽利略不变量。

3. 位移效应(与外部流动的相互作用)

边界层对外部流动的位移效应已在第 14 章的层流边界层中进行了全面的讨论。湍流边界层的位移作用是相似的。一个区分直接与间接的方法是指定的 $U(x)$ 是否决定 $\delta_1(x)$，反之亦然，具体可参见 18.4.1 节与 18.4.2 节。麦克唐纳与布里利(H. McDonald, W. R. Briley, 1984)、德莱瑞与马文(J. Delery, J. G. Marvin, 1986)及洛克与威廉姆斯(R. C. Lock, B. R. Williams, 1987)给出了湍流相互作用理论的总结。

4. 抽吸或吹气效应

如果流体由可渗透壁吹出，吹出速度 v_w(抽吸时有 $v_w<0$)呈现为一个附加的(给定)量。黏性壁面层与重叠层的特征吹气参数为 $v_w^+ = v_w/u_\tau$。如果诸多实际应用中这个参数是一个小量($|v_w^+|<0.1$)，一般性有效表述是成立的，具体可参见格斯滕与赫维希(K. Gersten, H. Herwig, 1992)的专著第 448 页、第 497 页与第 625 页。壁面的对数定律则可通过正比于 v_w^+ 的项扩展，且出现了 $(\ln y^+)^2$ 项。

根据格斯滕与赫维希(K. Gersten, H. Herwig, 1992)的专著第 627 页，对于具有吹气的平面边界层，下列摩擦定律是式(18.93)的扩展：

$$\frac{1}{\gamma} = \frac{1}{\kappa}\ln(\gamma^2 Re_x) + C^+ + \frac{1}{\kappa}(2\Pi - \ln F_e)$$
$$+ v_w^+\left[\frac{1}{4\gamma^2} + \frac{F_{v0}}{\kappa}\ln(\gamma^2 Re_x) + C_v^+ + \overline{C}_v - \frac{1}{4}C^{+2}\right] \quad (18.153)$$

其中，$F_{v0} \approx 6.5$ 与 $C_0^+ + \overline{C}_v \approx -31$。式(18.153)也由罗达(J. C. Rotta,1970)采用简化式 $F_{v0} = C_v^+ = 0$ 方式提出，具体可参见史蒂文森(T. N. Stevenson,1963)的文献以及杰贝吉与史密斯(T. Cebeci, A. M. O. Smith,1974)的专著第 137 页。

维德曼(J. Wiedemann,1983)、维德曼与格斯滕(J. Wiedemann, K. Gersten,1984)也对具有抽吸或吹气的湍流边界层进行了研究。

一种影响边界层的不同方法是切向吹气，可参见 11.1 节。这种情况下边界层中的速度可大于外流速度，如图 11.5 所示。这种外部流体中的壁面射流在最大速度点与剪切应力消失点之间存在湍流动能负产率的区域。因此,采用涡黏度的湍流模型失效。唐格曼与格雷特勒(R. Tangemann, W. Gretler, 2000)通过扩展$k-\varepsilon$模型来覆盖这个流动,也可参见22.8节中无外流的湍流壁面射流。

18.6 热边界层的计算

18.6.1 基本原理

用于热边界层的基本方程为热能方程:

$$\bar{u}\frac{\partial \bar{T}}{\partial x}+\bar{v}\frac{\partial \bar{T}}{\partial y}=-\frac{1}{\rho c_p}\frac{\partial}{\partial y}(\bar{q}_\lambda+q_t)=\frac{\partial}{\partial y}\left[\left(\frac{\nu}{Pr}+\frac{\nu_t}{Pr_t}\right)\frac{\partial \bar{T}}{\partial y}\right] \quad (18.154)$$

其中

$$\bar{q}_\lambda=-\lambda\frac{\partial \bar{T}}{\partial y},\, q_t=\rho c_p\overline{v'T'}=-\lambda_t\frac{\partial \bar{T}}{\partial y} \quad (18.155)$$

在此忽略耗散。用这个方程计算温度场,还需要一个湍流模型。这个模型应该建立湍流热流$q_t(x,y)$与平均温度场$\bar{T}(x,y)$之间的关系。18.1.6节中已给出传热的一些湍流模型。

高雷诺数条件下,热边界层具有速度边界层那样的层状特征,即热边界层由具有相同量级的分子热传导率λ与湍流热传导率$\lambda_t(x,y)$的近壁面层以及相对于$\lambda_t(x,y)$忽略λ的全湍流外层组成。传热发生时,除黏性壁面层外,还存在λ影响的热壁面层。这两个壁面层厚度的比取决于(对于具有相同起点的边界层而言)普朗特数$Pr=\mu c_p/\lambda=\nu/a$。对于$Pr=O(1)$,厚度具有相同的量级,而对于$Pr\gg 1$,热壁面层远小于黏性壁面层。

如图17.1.2所示,依赖普朗特数的热壁面层中存在通用温度分布。重叠层中,只要$Pr>0.5$,温度分布满足由式(17.49)给定的壁面通用对数定律。

与摩擦定律式(18.64)类似,可得附着边界层的下列传热定律:

$$\frac{T_\infty-T_w(x)}{T_\tau(x)}=\frac{1}{\kappa_\theta}\ln(\gamma^2 Re)+C_\theta(Pr)+\widetilde{C}_\theta(x) \quad (18.156)$$

其中,$C_\theta^+(\theta)$源自式(17.50),而$T_\tau(x)$来自式(17.45)。

利用式(18.74)消除Re,可得斯坦顿数:

$$St=\frac{Nu_x}{Re_x Pr}=\frac{\bar{q}_w}{\rho c_p(T_w-T_\infty)U}=\frac{c_f/2}{\frac{\kappa}{\kappa_\theta}+\sqrt{\frac{c_f}{2}}D_\theta(x^*,Pr)} \quad (18.157)$$

其中

$$D_\theta(x^*, Pr) = C_\theta^+(Pr) + \widetilde{C}_\theta(x^*) - \frac{\kappa}{\kappa_\theta}[C^+ + \widetilde{C}(x^*)] \qquad (18.158)$$

对于高雷诺数条件即 $c_f \to 0$，或对于 $Pr \approx 1$ 即 $D_\theta \approx 0$，式(18.157)简化为 $St = (\kappa_\theta/\kappa)c_f/2$。对于 $\kappa = \kappa_\theta$，这种关系称为雷诺相似。

对于高雷诺数条件，$D_\theta \approx C_\theta^+ \approx 13.7 \cdot Pr^{2/3}$，则式(18.157)简化为

$$\lim_{Pr \to \infty} Co = \lim_{Pr \to \infty} \frac{Nu_x}{Re_x Pr^{1/3}} = 0.073 \sqrt{\frac{c_f}{2}} \qquad (18.159)$$

式中：Co 为科尔伯恩数。

函数 $D_\theta(x^*, Pr)$ 也取决于热边界条件。如9.2节所述，经常会遇到标准边界条件 T_w = 常数与 $\bar{q}_w$ = 常数。

平衡边界层中，这两种边界条件导致了相对温度缺陷的相似分布。除式(18.157)中的 $D_\theta(x^*, Pr)$ 外，格斯滕与赫维希(K. Gersten, H. Herwig, 1992)在其专著第639页给出了温度缺陷分布的罗达-克洛塞参数 β 不同值与湍流热流。这里采用了定普朗特数 $Pr_t = \kappa/\kappa_\theta = 0.87$ 的湍流模型。实际上对于附着边界层而言，其为相当有用的模型。罗达(J. C. Rotta, 1964)的研究已经表明，与 Pr_t = 常数的模型的相比，沿缺陷区域合适的分布 $Pr_t(y)$ 只有轻微的变化。对于平板边界层而言，T_w = 常数的解也满足 $\bar{q}_w$ = 常数的边界条件。式(18.157)中的常数为 $D_\theta \approx C_\theta^+ -4.5$。如果壁面是粗糙的，$C_\theta^+$ 也是式(17.31)中参数 k_s^+ 的函数，具体可参见格斯滕与赫维希的专著(K. Gersten, H. Herwig, 1992)第486页。

- 说明（绝热壁面温度）

如果在式(18.154)中考虑耗散的影响，则热量隔离的壁面采用绝热壁温度 T_{ad}，也称本征温度，可参见式(16.20)。这个温度高于周围的温度值。对于平板，恢复系数为

$$r = \frac{T_{ad} - T_\infty}{U_\infty^2/(2c_p)} = \frac{\kappa}{\kappa_\theta}\left[1 + 1.2\sqrt{\frac{c_f}{2}} + O\left(\frac{c_f}{2}\right)\right] \qquad (18.160)$$

因此，r 的一阶与雷诺数和普朗特数无关。这种情况已由实验证实。公式的二阶项中出现了雷诺数的相关系数。普朗特数直到 $O(c_f/2)$ 项时才出现，如格斯滕与赫维希(K. Gersten, H. Herwig, 1992)的专著第634页所示。这个项在高普朗特数下增长强劲，使得恢复系数显著增加，且有可能取大于1的值。

需要注意的是，绝热壁温度并无压缩性效应，但存在由耗散产生的影响，因而在物理属性恒定的条件下也会出现上述情况。

迄今仍假设速度边界层与热边界层始于同一点 x。

现考虑速度边界层存在一个不加热的方式，且只有在 x_0 点壁面温度（壁面热流）间断地跳至恒定值。热边界层就始于这个点，如图9.1所示。与 x_0 的较近距离处，其位于速度边界层的壁面层内，而在较远的距离上其进入重叠层，最终到达缺陷层。

只要热边界层仍在重叠层与壁面层之内,温度分布仍是相似的,如汤森德(A. A. A. Townsend,1976)的专著第361页所示,也可参见格斯滕与赫维希(K. Gersten,H. Herwig,1992)的专著第636页,以及克利克(H. Klick,1992)的文献。

如同层流边界层,也可参见9.2节,具有$T_w(x)$或$\bar{q}_w(x)$的热边界层可由不加热方式的解的叠加来确定,具体可参见杰贝吉与布拉德肖(T. Cebeci,P. Bradshaw,1984)专著第181页。

- 说明(传热求积公式)

雷诺比拟可用来发展一种简单的边界层积分方法,由该方法的近似最终可得斯坦顿数的求积公式,可参见凯斯与克劳福德(W. M. Kays,M. E. Crawford,1980)的专著第219页,以及莫雷蒂与凯斯(P. M. Morreti,W. M. Kays,1965)发表的文献。

18.6.2 热边界层场计算方法

如同计算速度边界层的场方法,在此区分了壁面函数法与二方程以上的低雷诺数湍流模型。

式(17.49)可作为附着边界层的壁面函数。如果出现分离与回流,与式(18.141)中K的相关性会引起壁面函数的变化,如基尔(R. Kiel,1995)与菲特(D. Vieth,1996)的文献所示。分离点($\bar{\tau}_w = 0$)处,重叠层中温度分布遵循$1/\sqrt{y}$定律,具体可参见格斯滕(K. Gersten,1989a)发表的文献。

源自式(17.77)的恒定普朗特数模型不可用于具有回流的边界层,这是因为对于$\bar{\tau} \neq 0$通常$\partial \bar{u}/\partial y$消失,$Pr_t$是奇异的。除此之外,可采用$q_t(x,y)$的平衡定律,如菲特(D. Vieth,1996)给出的方法。

关于分离流中传热的详细内容可参见梅尔兹基什等(W. Merzkirch et al.,1998)给出的总结评述。

用于热边界层计算的二方程模型低雷诺数版本由长野与金(Y. Nagano,C. Kim,1988)提出,也可参见赖与索(Y. G. Lai,R. M. C. So,1990)以及黄与布拉德肖(P. G. Huang,P. Bradshaw,1995)发表的文献。

杰贝吉与布拉德肖(T. Cebeci,P. Bradshaw,1984)在其专著第189页与第201页给出了湍流边界层的诸多样本算例。其中一个算例是关于近壁面存在超速度的边界层(壁面射流分布)。这种算例在所谓气膜冷却中发挥了作用。关于圆柱体传热的详细内容可参见祖卡斯科斯与津格达(A. Zukauskas,J. Zingzda,1985)发表的文献。

湍流边界层中的传热阐述可参见贝克与朗德(R. J. Baker,B. E. Launder,1974)发表的文献。

贝诺奇(C. Benocci,1991)、拉马迪亚尼(S. Ramadhyani,1997)与汉贾利克(K. Hanjalic,2002)阐述了存在传热的湍流建模研究状态。

第 19 章
速度场与温度场耦合的湍流边界层

19.1 基本方程组

19.1.1 变密度的时间平均

层流边界层如 10.1 节所示,如果物理属性不再是常数,而是取决于温度,则速度场与温度场是耦合的。所涉及的物理属性包括密度 ρ、黏度 μ、等压比热容 c_p 及热导率 λ。诸多常见情况下这些物理属性可能同时取决于温度与压力。

如果密度是可变化的,则存在进行时间平均的两种不同方法,将流动分解为平均运动与脉动。现采用连续方程来演示,对于任意时间相关的三维流动有

$$\frac{\partial \rho}{\partial t} + \frac{\partial (\rho u)}{\partial x} + \frac{\partial (\rho v)}{\partial y} + \frac{\partial (\rho w)}{\partial z} = 0 \tag{19.1}$$

具体可参见式(3.2)。

1. 传统的时间平均

按目前所采用的方法,时间相关量可分解为时均值与脉动值。对于稳态的二维平均流动,有

$$\begin{cases} \rho = \bar{\rho}(x,y) + \rho'(t,x,y,z) & (\overline{\rho'} = 0) \\ u = \bar{u}(x,y) + u'(t,x,y,z) & (\overline{u'} = 0) \\ v = \bar{v}(x,y) + v'(t,x,y,z) & (\overline{v'} = 0) \\ \vdots \end{cases} \tag{19.2}$$

将式(19.2)代入式(19.1)则形成时均量,可得

$$\frac{\partial (\bar{\rho}\bar{u})}{\partial x} + \frac{\partial (\bar{\rho}\bar{v})}{\partial y} + \frac{\partial (\overline{\rho'u'})}{\partial x} + \frac{\partial (\overline{\rho'v'})}{\partial y} = 0 \tag{19.3}$$

由于平均湍流流动不再单独满足适用于变密度层流流动的连续方程,因此不能形成平均流动的流函数。如果如往常那样将流线定义为与流密度向量($\overline{\rho u}, \overline{\rho v}$)

相切的线,则两条流线之间的流量通量不再是恒定的。

2. 质量加权的时间平均(法夫尔平均)

为避免上述困难,并保证平均流动满足连续方程,可进行质量加权的时间平均。这种时均方法也称法夫尔平均,以纪念法夫尔(A. Favre,1965)的贡献。密度、压力、温度及物理属性 μ、λ 与 c_p 仍以传统方式进行平均。质量加权的平均应用于速度与比焓。取代式(9.2)则有

$$\begin{cases} \rho = \bar{\rho}(x,y) + \rho'(t,x,y,z) &, (\overline{\rho'} = 0) \\ p = \bar{p}(x,y) + p'(t,x,y,z) &, (\overline{p'} = 0) \\ T = \bar{T}(x,y) + T'(t,x,y,z) &, (\overline{T'} = 0) \\ u = \tilde{u}(x,y) + u''(t,x,y,z) &, (\overline{\rho u''} = 0) \\ v = \tilde{v}(x,y) + v''(t,x,y,z) &, (\overline{\rho v''} = 0) \\ w = w''(t,x,y,z) &, (\overline{\rho w''} = 0) \\ h = \tilde{h}(x,y) + h''(t,x,y,z) &, (\overline{\rho h''} = 0) \\ h_t = \tilde{h}_t(x,y) + h''_t(t,x,y,z) &, (\overline{\rho h''_t} = 0) \end{cases} \quad (19.4)$$

对于平面(稳态)平均流动,可得

$$\frac{\partial(\overline{\rho u})}{\partial x} + \frac{\partial(\overline{\rho v})}{\partial y} = 0 \text{ 或 } \frac{\partial(\bar{\rho}\tilde{u})}{\partial x} + \frac{\partial(\bar{\rho}\tilde{v})}{\partial y} = 0 \quad (19.5)$$

两个速度平均值之间的差值为

$$\begin{aligned} \overline{u''} &= \bar{u} - \tilde{u} = -\frac{\overline{\rho' u''}}{\bar{\rho}} = -\frac{\overline{\rho' u'}}{\bar{\rho}} \\ \overline{v''} &= \bar{v} - \tilde{v} = -\frac{\overline{\rho' v''}}{\bar{\rho}} = -\frac{\overline{\rho' v'}}{\bar{\rho}} \end{aligned} \quad (19.6)$$

其他项也有相似的关系。如果密度恒定,则两个均值是相同的[①]。

• 说明(时间平均方法的选择)

质量加权的平均结果是平衡定律呈现为特别简单的形式,即只出现了很少因脉动而产生的附加项。除此之外,许多研究者一贯采用传统平均法,也有研究者采用更适宜平均类型的不同意见,具体可参见沙桑(P. Chassaing,1985)与莱勒(S. K. Lely,1994)发表的文献。两个均值之间的差值随马赫数增大而增加,使得法夫尔平均法的优势只在高超声速流动时才变得显著,具体可参见布拉德肖(P. Bradshaw,1977)与斯皮纳等(E. F. Spina et al.,1994)发表的文献。

[①] 遗憾的是,脉动量在文献中没有一致的表示。因此相对于本书,法夫尔平均法中的脉动量有时采用破折号表示,如杰贝吉与史密斯(T. Cebeci, A. M. O. Smith,1974)以及格斯滕与赫维希(K. Gersten, H. Herwig,1992)的专著,而传统的均值则采用两个破折号。

19.1.2 边界层方程组

如果考虑 19.1.1 节的平均方法，可将 16.6 节给出的平面流动边界层方程扩展至具有变物性边界层方程。

y 方向动量方程不再是式(16.33)，而为

$$\bar{p} + \overline{\rho v''^2} = \bar{p}_w = p_e = \bar{p} + \bar{\rho}\widetilde{v''^2} \tag{19.7}$$

即忽略惯性项与黏性效应。

由 x 方向平均流动的质量、动量平衡与比总焓平衡可得以下变物性流动的边界层方程：

$$\frac{\partial(\bar{\rho}\tilde{u})}{\partial x} + \frac{\partial(\bar{\rho}\tilde{v})}{\partial y} = 0 \tag{19.8}$$

$$\bar{\rho}\left(\tilde{u}\frac{\partial \tilde{u}}{\partial x} + \tilde{v}\frac{\partial \tilde{u}}{\partial y}\right) = -\frac{\mathrm{d}p_e}{\mathrm{d}x} + \frac{\partial}{\partial y}(\bar{\tau}_v + \tau_t) \tag{19.9}$$

$$\bar{\rho}\left(\tilde{u}\frac{\partial \tilde{h}_t}{\partial x} + \tilde{v}\frac{\partial \tilde{h}_t}{\partial y}\right) = \frac{\partial}{\partial y}\left(\bar{\lambda}\frac{\partial \bar{T}}{\partial y} - \overline{\rho h''_t v''} + \tilde{u}\bar{\tau}_v\right) \tag{19.10}$$

将 $k-\varepsilon$ 方程式(18.135)与式(18.136)扩展至变物性方程，可得

$$\bar{\rho}\left(\tilde{u}\frac{\partial k}{\partial x} + \tilde{v}\frac{\partial k}{\partial y}\right) = \frac{\partial}{\partial y}\left(\frac{\mu_t}{Pr_k}\frac{\partial k}{\partial y}\right) + \tau_t\frac{\partial \tilde{u}}{\partial y} - \bar{\rho}\tilde{\varepsilon} \tag{19.11}$$

$$\bar{\rho}\left(\tilde{u}\frac{\partial \tilde{\varepsilon}}{\partial x} + \tilde{v}\frac{\partial \tilde{\varepsilon}}{\partial y}\right) = \frac{\partial}{\partial y}\left(\frac{\mu_t}{Pr_\varepsilon}\frac{\partial \tilde{\varepsilon}}{\partial y}\right) + c_{\varepsilon 1}\frac{\tilde{\varepsilon}}{k}\tau_t\frac{\partial \tilde{u}}{\partial y} - c_{\varepsilon 2}\frac{\overline{\rho\tilde{\varepsilon}^2}}{k} \tag{19.12}$$

其中

$$\mu_t = c_\mu \bar{\rho} k^2 / \tilde{\varepsilon} \tag{19.13}$$

在此采用以下简式：

$$\begin{cases} \bar{\tau}_v = \bar{\mu}\dfrac{\partial u}{\partial y}, & \tau_t = -\overline{\rho u'' v''} = -\bar{\rho}\overline{u'' v''} \\ \tilde{h}_t = \tilde{h} + \dfrac{1}{2}\tilde{u}^2 + k, & \overline{\rho h''_t v''} = \overline{\rho h'' v''} + \overline{\dfrac{\rho}{2}q^2 v''} - \tilde{u}\tau_t \\ q^2 = u''^2 + v''^2 + w''^2, & k = \dfrac{\overline{\rho q^2}}{2\bar{\rho}} = \dfrac{1}{2}\tilde{q}^2 \end{cases} \tag{19.14}$$

如前所述，k 方程式(19.11)中，湍流耗散采用梯度拟设进行建模，具体可参见式(18.11)：

$$\frac{\mu_t}{Pr_k}\frac{\partial k}{\partial y} = -\overline{\left(p' + \frac{\rho q^2}{2}\right)v''} \tag{19.15}$$

式(19.11)~式(19.13)中量 $\tilde{\varepsilon}$ 为真实耗散。其以波浪号表示，以区别于伪耗散 ε，具体可参见式(16.17)~式(16.19)，有

$$\overline{\bar{\rho}\tilde{\varepsilon}} = \overline{\tau_{xx}\frac{\partial u''}{\partial x}} + \overline{\tau_{xy}\frac{\partial v''}{\partial x}} + \overline{\tau_{xz}\frac{\partial w''}{\partial x}} + \overline{\tau_{yx}\frac{\partial u''}{\partial y}} + \overline{\tau_{yy}\frac{\partial v''}{\partial y}} + \overline{\tau_{yz}\frac{\partial w''}{\partial y}} + \overline{\tau_{zx}\frac{\partial u''}{\partial z}} + \overline{\tau_{zy}\frac{\partial v''}{\partial z}} + \overline{\tau_{zz}\frac{\partial w''}{\partial z}}$$

如果式(19.9)乘以 $\bar{u}$,可得边界层中平均动能 $\tilde{u}^2/2$ 的平衡定律。而后从式(19.10)中减去上式与式(19.11),可得平均比焓 $\tilde{h}$(热边界层)的边界层方程:

$$\bar{\rho}\left(\tilde{u}\frac{\partial \tilde{h}}{\partial x} + \tilde{v}\frac{\partial \tilde{h}}{\partial y}\right) = \frac{\partial}{\partial y}\left(\bar{\lambda}\frac{\partial \bar{T}}{\partial y} - \overline{\rho v''h''}\right) + \tilde{u}\frac{\mathrm{d}p_e}{\mathrm{d}x} + \bar{\tau}_v\frac{\mathrm{d}p_e}{\mathrm{d}x} + \bar{\rho}\tilde{\varepsilon} \quad (19.16)$$

式中,$\overline{p'v''}$ 相对于 $\overline{\rho v''h''}$ 被忽略了。

式(19.7)~式(19.16)均由完全平衡定律获得,具体可参见格斯滕与赫维希(K. Gersten, H. Herwig, 1992)的专著第 764 页,前提是采用以下假设。

(1) x 方向扩散项(如 x 方向 x 动量通量的变化)相对于 y 方向的扩散量(所有散度项由 $\partial \cdots/\partial y$ 项)可忽略。因此有 $|\partial \tilde{u}/\partial x| \ll |\partial \tilde{u}/\partial y|$。

(2) 速度分量 $\tilde{v}$ 远小于速度分量 $\tilde{u}$。由此可得 $|\partial \tilde{v}/\partial x| \ll |\partial \tilde{u}/\partial x| \ll |\partial \tilde{u}/\partial y|$。因此,式(19.14)的 h_t 公式中,$\tilde{v}^2/2$ 相对于 $\tilde{u}^2/2$ 被忽略。简化的 y 动量方程式(19.7)就是这个假设的结果。

(3) 法向应力 $\overline{\rho u''^2}$ 与 $\overline{\rho v''^2}$ 相对于压力 $\bar{p}$ 被忽略。而后由式(19.7)可得 $\partial \bar{p}/\partial x = \mathrm{d}p_e/\mathrm{d}x$ 与 $\partial \bar{p}/\partial y = 0$。这通常在边界层得到很好的满足。然而法向应力在靠近分离处变得非常重要[式(19.7)、式(19.9)、式(19.11)与式(19.12)],如辛普森(R. L. Simpson, 1975)的文献所示。

(4) $\tilde{h}_t$、k 与 $\tilde{\varepsilon}$ 的方程中,黏性扩散相对于湍流扩散而被忽略。如果忽略直接位于壁面的区域,这是允许的。壁面函数法中甚至不会涉及黏性壁面层。

(5) 比焓 $\tilde{h}$ 的边界层方程中,能量通量 $\overline{p'u''}$ 相对于热量通量 $\overline{\rho v''h''}$ 被忽略。由边界层的测量可知,压力脉动远比温度与比焓的脉动要小很多,具体可参见杰贝吉与史密斯(T. Cebeci, A. M. O. Smith, 1974)的专著第 72 页。

(6) 采用以下近似关系:

$$\overline{\mu\frac{\partial u}{\partial y}} \approx \bar{\mu}\frac{\partial \bar{u}}{\partial y}, \quad \overline{\lambda\frac{\partial T}{\partial y}} = \bar{\lambda}\frac{\partial \bar{T}}{\partial y}$$

这等价于采用假设

$$\left|\overline{\mu\frac{\partial u''}{\partial y}}\right| < \left|\bar{\mu}\frac{\partial \bar{u}}{\partial y}\right|, \quad \left|\overline{\lambda'\frac{\partial T'}{\partial y}}\right| \ll \left|\bar{\lambda}\frac{\partial \bar{T}}{\partial y}\right|$$

这些假设由 $Ma < 5$ 的边界层测量得以证实,具体可参见杰贝吉与史密斯(T. Cebeci, A. M. O. Smith, 1974)的专著第 73 页。

(7) k 方程(因而 $\bar{\varepsilon}$ 方程)中等号右边的项

$$\overline{p'\left(\frac{\partial u''}{\partial x} + \frac{\partial v''}{\partial y} + \frac{\partial w''}{\partial z}\right)} - \overline{u''}\frac{\mathrm{d}p_e}{\mathrm{d}x} \quad (19.17\mathrm{a})$$

被忽略。式(19.17a)中的首项称为受压膨胀系数,第二项则称为压力功(实质上其为单位体积的功率)。这两个项在恒定密度下消失,具体可参见式(16.8)。然而其只在高超声速($Ma > 5$)边界层中才会变得十分重要。尽管有不同的建议,仍未得到普遍接受的模型,具体可参见威尔科特斯(D. C. Wilcox,1998)的专著第241页。

(8)对于变化的密度,耗散$\bar{\varepsilon}$可分解为螺线管耗散(无散度脉动)与膨胀耗散。后者在恒定密度中消失,但也可在$Ma > 5$时的边界层中予以忽略,具体可参见威尔科特斯(D. C. Wilcox,1998)的专著第239页。

(9)重力效应被忽略,相关内容将在19.3节中讨论。

假设(1)~假设(5)已在具有常物性的边界层中得以应用,假设(6)~假设(9)则用于变物性边界层。如前所述,假设(6)~假设(8)可很好地满足$Ma > 5$时的边界层,可参见诸如莱莉(S. K. Lely,1994)、小安德森(J. D. Anderson Jr.,1989)以及卡特里斯与奥波瓦(S. Catris, B. Aupoix,2000)发表的相关文献。

由于假设(7)中有$\overline{u''} = 0$,式(19.6)暗示$\tilde{u} = \bar{u}$。因为对于$Ma > 5$的边界层,$h_t \approx \bar{h}_t$与$h \approx \bar{h}$均成立,方程式(19.8)~式(19.16)也可采用常规平均法予以表示。只有v分量保持不变,这是因为

$$\bar{\rho}\tilde{v} = \overline{\rho v} = \bar{\rho}\bar{v} + \overline{\rho' v'} \tag{19.17b}$$

物理量$\overline{\rho' v'}$相对于同样小的物理量$\overline{\rho v}$不能被忽略。湍流剪切应力则可设置为

$$\tau_t = -\overline{\rho u'' v''} = -\bar{\rho}\,\overline{u'' v''} \approx -\bar{\rho}\,\overline{u' v'} \tag{19.18}$$

这是所谓莫尔科文假说的一个范例,对于$M > 5$时的边界层,密度脉动对湍流的作用很小,具体可参见莫尔科文(M. V. Morkovin,1962)发表的文献。与此对应,由于有$|\overline{\rho' v' h'}| \ll \bar{\rho}\,\overline{v' h'}$,湍流热流可由$\overline{\rho v' h'} \approx \bar{\rho}\,\overline{v' h'}$近似。与之类似,有$\overline{\rho v' h'_t} \approx \bar{\rho}\,\overline{v' h'_t}$。因此,源于式(19.9)~式(19.16)中湍流的附加项与恒定物理性质下所对应的方程相同。式(19.9)与恒定物理性质的式(16.35)在形式上相同,如同式(19.11)~式(19.13)与式(18.135)~式(18.137)相同。如果忽略式(19.16)中的耗散项,并考虑恒定密度流体(参见式(3.66)),得

$$\frac{\mathrm{D}h}{\mathrm{D}t} = c_p \frac{\mathrm{D}T}{\mathrm{D}t} + \frac{1}{\rho}\frac{\mathrm{D}p}{\mathrm{D}t}$$

则式(19.8)变为式(16.34),而式(19.16)则变为式(16.36)。还需注意的是,对于层流边界层,式(19.8)~式(19.16)变为第10章中已采用的边界层方程,可参见式(10.4)~式(10.7)。

根据莫尔科文(M. V. Morkovin,1962)的研究,变物性湍流结构基本上与恒定物理性质的湍流结构相同,只要当地马赫数的脉动Ma'刚好小于1。这就是马赫数$Ma < 5$的绝热边界层情况。

然而,如果存在强压力梯度、强壁面纵向曲率,特别是强的激波-边界层相互作用,湍流结构变化确实能够发生于$Ma < 5$的条件,具体可参见斯皮纳等(E. F. Spina et al.,1994)发表的文献。

19.2 可压缩湍流边界层

19.2.1 温度场

在整个 19.2 节中将考虑恒定比热容的理想气体流动,有
$$p = R\rho T, h = c_p T, h_t = c_p T_t \tag{19.19}$$
其中,R = 常数,且 c_p = 常数。对状态方程 $p = R\rho T$ 进行时间平均,可得
$$\frac{p'}{\overline{p}} = \frac{\rho'}{\overline{\rho}} + \frac{T'}{\overline{T}},\text{其中有} |\overline{\rho'T'}| \ll < \overline{\rho}\,\overline{T} \tag{19.20}$$
如前所述,$Ma < 5$ 湍流边界层的实验已表明,相对压力脉动远小于相对密度脉动,具体可参见杰贝吉与史密斯(T. Cebeci, A. M. O. Smith,1974)的专著第 72 页。$\overline{T'^2} \ll \overline{T}^2$,因而由式(19.20)可得
$$\frac{\rho'}{\overline{\rho}} \approx -\frac{T'}{\overline{T}} \tag{19.21}$$
最后一个条件可得到很好的满足,具体可参见杰贝吉与布拉德肖(T. Cebeci, P. Bradeshaw,1984)的专著第 52 页。由式(19.6)~式(19.21),可得
$$h = c_p \overline{T}, h_t = c_p \overline{T}_t, h'' = c_p T' \tag{19.22}$$
应用式(19.10),总温满足
$$c_p \rho \left(\widetilde{u} \frac{\partial \overline{T}_t}{\partial x} + \widetilde{v} \frac{\partial \overline{T}_t}{\partial y} \right) = \frac{\partial}{\partial y} \left(\overline{\lambda} \frac{\partial \overline{T}}{\partial y} - c_p \overline{\rho}\,\overline{T'v''} + \widetilde{u}\,\overline{\tau}_v \right) \tag{19.23}$$
且应用式(19.16),温度满足
$$c_p \rho \left(\widetilde{u} \frac{\partial \overline{T}_t}{\partial x} + \widetilde{v} \frac{\partial \overline{T}_t}{\partial y} \right) = -\frac{\partial}{\partial y} (\overline{q}_\lambda + q_t) + \widetilde{u} \frac{\mathrm{d}p_e}{\mathrm{d}x} + (\overline{\tau}_v + \tau_t) \frac{\partial \widetilde{u}}{\partial y} \tag{19.24}$$
其中
$$\overline{q}_\lambda = -\lambda \frac{\partial \overline{T}}{\partial y}, q_t = c_p \overline{\rho}\,\overline{T'v''} \tag{19.25}$$

式(19.24)中的耗散项 $\overline{\rho}\varepsilon$ 由湍流产生项 $\tau_t \partial \widetilde{u}/\partial y$ 替代,参见式(19.11)。虽然这一假设只适用于附着边界层的重叠层,文献中其被用来形成边界层方程,具体可参见罗达(J. C. Rotta,1959)发表的文献。

展开式(16.37)与式(16.38),可设
$$\begin{cases} \tau_t = -\overline{\rho}\,\overline{u''v''} = \overline{\rho} v_t \dfrac{\partial \widetilde{u}}{\partial y} \\ q_t = c_p \overline{\rho}\,\overline{T'v''} = -c_p \overline{\rho} a_t \dfrac{\partial \overline{T}}{\partial y} = -\lambda_t \dfrac{\partial \overline{T}}{\partial y} \end{cases} \tag{19.26}$$

因此，源于式(19.23)的总温 $\overline{T}_t = \overline{T} + \tilde{u}^2/(2c_p)$ 满足

$$\bar{\rho}\left(\tilde{u}\frac{\partial \overline{T}_t}{\partial x} + v\frac{\partial \overline{T}_t}{\partial y}\right) = \frac{\partial}{\partial y}\left[\left(\frac{\bar{\mu}}{Pr} + \frac{\mu_t}{Pr_t}\right)\frac{\partial \overline{T}}{\partial y}\right] + \frac{\partial}{\partial y}\left\{\left[\bar{\mu}\left(1 - \frac{1}{Pr}\right) + \mu_t\left(1 - \frac{1}{Pr_t}\right)\right]\frac{\partial}{\partial y}\left(\frac{\tilde{u}^2}{2c_p}\right)\right\}$$

(19.27)

其中

$$Pr = \frac{\bar{\mu}}{c_p\bar{\lambda}} = \frac{\bar{\nu}}{\bar{a}}, Pr_t = \frac{\mu_t}{c_p\lambda_t} = \frac{v_t}{a_t} \tag{19.28}$$

边界条件为

$$y = 0: \quad \overline{T}_t = T_w, \quad y = \delta: \quad \overline{T}_t = \overline{T}_{te} = T_0$$

对于 $Pr = 1$ 与 $Pr_t = 1$ 的特殊情况，式(19.27)还给出了两个简单的巴斯曼-克罗科解，具体可参见 10.4.2 节。

1. 绝热壁 ($Pr = Pr_t = 1$)

所得的解可解释为 $\overline{T}_t = T_0 = $ 常数(T_0 为外流的总温或静止温度)。由式(10.54)可知，温度是速度的二次函数，而绝热壁温等于外流总温。

2. 平板流 ($Pr = Pr_t = 1$)

$\overline{T}_t$ 与 $\tilde{u}$ 之间的线性关系以下列形式存在：

$$\frac{\overline{T}_t - \overline{T}_{te}}{\overline{T}_{tw} - \overline{T}_{te}} = 1 - \frac{\tilde{u}}{u_e} \tag{19.29}$$

这是因为描述 $\overline{T}_t$ 的式(19.27)与描述 $\tilde{u}$ 的式(19.9)具有相同的形式。因此温度 $\overline{T}(\tilde{u})$ 对速度的相关性也是一个二阶多项式(参见式(10.57))：

$$\frac{\overline{T} - T_w}{T_e} = \frac{T_{ad} - T_w}{T_e}\frac{u_e}{u_e} - \frac{T_{ad} - T_e}{T_e}\left(\frac{\tilde{u}}{u_e}\right)^2 \tag{19.30}$$

其中，壁面温度为

$$T_{ad} = T_e + r(T_0 - T_e) = T_e\left[1 + r\frac{\gamma - 1}{2}Ma_e^2\right] \tag{19.31}$$

式中：r 为恢复因数，由式(19.29)，可得 $r = 1$。费恩霍尔茨与芬利(H. H. Fernholz, P. J. Finley, 1980)对大量实验所进行的分析表明，如果普朗特数 Pr 偏离 1 ($0.7 \leqslant Pr \leqslant 1$)，且存在中等的压力梯度，则式(19.30)也是一个很好的近似。此时，恢复因数通常设为 $r = \kappa/\kappa_\theta = 0.87$。式(19.30)给出了努塞尔数与表面摩擦系数之间对应于式(10.59)的雷诺数相似，也可参见描述 $Pr \approx 1$ 的式(18.157)。

19.2.2 重叠定律

17.1.2 节指出黏性层中普遍存在速度与温度分布，具体可参见式(17.26)与式(17.47)。特别要注意的是，无须湍流模型就有可能预先给出黏性层与全湍流

外流之间重叠层的这些分布,具体可参见式(17.21)与式(17.49)。

这些结果可扩展至具有变物性的流动。对于附着边界层,黏性壁面层忽略惯性力与压力项以及总焓的对流变化。根据式(19.9)、式(19.24)与式(19.25),黏性壁面层有

$$\bar{\mu}\frac{d\tilde{u}}{dy} + \tau_t = \bar{\tau}_w, \quad -\lambda\frac{d\bar{T}}{dy} + q_t - \tilde{u}\left(\bar{\mu}\frac{d\tilde{u}}{dy} + \tau_t\right) = \bar{q}_w \tag{19.32}$$

因此速度取决于下列物理量:

$$\tilde{u} = f(y, \bar{\tau}_w, \mu_w, \rho_w, T_w, \bar{q}_w, c_p, \lambda_w) \tag{19.33}$$

壁面处以声速 $c_w = \sqrt{(\gamma-1)c_p T_w}$ 取代壁面温度似乎是很自然的。根据 Π 定理,式(19.33)则可给出速度的通用壁面定律

$$u^+ = \frac{\tilde{u}}{u_\tau} = F(y^+, B_q, Ma_\tau, Pr_w) \tag{19.34}$$

其中

$$\begin{cases} u_\tau = \sqrt{\frac{\tau_w}{\rho_w}}, & T_\tau = -\frac{\bar{q}_w}{\rho_w c_p u_\tau}, & B_q = \frac{T_\tau}{T_w} \\ Ma_\tau = \frac{u_\tau}{c_w}, & Pr_w = \frac{\mu_w c_p}{\lambda_w} \end{cases} \tag{19.35}$$

式中:T_τ 为摩擦温度;B_q 为热通量数;Ma_τ 为摩擦马赫数。无量纲温度 $\Theta^+ = (\bar{T} - T_w)/T_\tau$ 或 $(\bar{T} - T_w)/T_w$ 满足对应于式(16.34)的关系。速度与温度通用分布的实例可参见罗达(J. C. Rotta,1959)、布拉德肖(P. Bradshaw,1977)以及费恩霍尔茨与芬利(H. H. Fernholz, P. J. Finley,1980)的文献。

如果重叠层是壁面层的外层,黏性与热传导率的影响可以忽略,则式(19.32)简化为

$$\tau_t = \bar{\tau}_w, \quad q_t = \bar{q}_w + \tilde{u}\tau_t \tag{19.36}$$

由式(17.77)可得恒定物理性质的重叠层湍流普朗特数 $Pr_t = \kappa/\kappa_\theta$,可参见式(17.78)。测量表明,这也适用于可变物理属性。如果考虑式(19.38),由式(17.77)与式(17.78)可得

$$\frac{d\bar{T}}{d\tilde{u}} = -\frac{\kappa}{\kappa_B} \cdot \frac{q_w + \tilde{u}\,\bar{\tau}_w}{c_p \bar{\tau}_w} \tag{19.37}$$

或在重叠层中进行温度分布的积分后有

$$\frac{d\bar{T}}{d\tilde{u}} = \frac{\kappa}{\kappa_\theta} B_q \frac{\tilde{u}_\tau}{u_\tau} - R^2 \left(\frac{\tilde{u}}{u_\tau}\right)^2 + C_1(B_q, Ma_\tau) \tag{19.38}$$

其中

$$R = \sqrt{\frac{\kappa}{\kappa_\theta}\frac{\gamma-1}{2}Ma_\tau^2} \tag{19.39}$$

考虑与式(17.15)相似的速度梯度相似性,可得

513

$$\frac{d\tilde{u}}{dy} = \sqrt{\frac{\tau_w}{\rho}} \frac{1}{\kappa y} = \frac{u_\tau}{\kappa y} \sqrt{\frac{\rho_w}{\rho}} \qquad (19.40)$$

由于 $\rho_w/\rho = \bar{T}/T_w$，将式(19.37)与式(19.39)组合可得 $\tilde{u}(y)$ 的微分方程，对重叠层中的速度分布进行积分后可得

$$u^+ = \frac{\tilde{u}}{u_\tau} = \frac{\sqrt{C_1}}{R} \sin\left[R\left(\frac{1}{\kappa}\ln y^+ + C_2\right)\right] + \frac{\kappa_\theta}{\kappa} \frac{B_q}{2R^2} \left\{1 - \cos\left[R\left(\frac{1}{\kappa}\ln y^+ + C_2\right)\right]\right\} \qquad (19.41)$$

关于 y 的两个积分常数 C_1 与 C_2 仍是 B_q 与 Ma_τ 的函数，其取决于黏性壁面层的模型。特别是 C_2 不仅受黏性定律的影响，也受式(10.46)中 ω 的影响。此外，C_2 通常是普朗特数的函数，具体可参见格斯滕与赫维希(K. Gersten, H. Herwig, 1992)的专著第506页。根据布拉德肖(P. Bradshaw, 1977)的研究：

$$C_1 = 1, C_2 = 5.2 + 95Ma_\tau - 30.7B_q + 226B_q^2 \qquad (19.42)$$

这个常数也可在二方程模型的帮助下计算得出，具体可参见威尔科特斯(D. C. Wilcox, 1998)的专著第248页。对于 $B_q = 0$，由 $k-\omega$ 模型可得 $C_1 = 1 + 0.87Ma_\tau^2$，由 $k-\varepsilon$ 模型可得 $C_1 = 1 + 3.07Ma_\tau^2$。两个模型中 C_2 并非真正的常数，但仍是 $\bar{\rho}/\rho_w$ 的函数，也可参见黄等(P. G. Huang et al., 1994)发表的文献。

Ma_τ 的影响通常非常小。对于 $Ma < 5$，可得 $Ma_\tau < 0.1$。对于小值 Ma_τ [源自式(19.39)有 $R \to 0$]，式(19.41)可简化为

$$u^+ = \frac{\tilde{u}}{u_\tau} = \sqrt{C_1}\left(\frac{1}{\kappa}\ln y^+ + C_2\right) + \frac{\kappa_\theta}{\kappa} \frac{B_q}{4}\left(\frac{1}{\kappa}\ln y^+ + C_2\right) \qquad (19.43)$$

严格地讲，正比于 B_q 的项仍包含因数 $-\beta_w T_w$，但对于理想气体则其等于1。因此对于恒定物理性质($\beta_w = 0$)的流体，第二项消失，即使对于 $B_q \neq 0$，有 $C_1 = 1$ 和 $C_2 = 5.2$ 或 $C_2 = C^+ = 5.0$。

格斯滕与赫维希(K. Gersten, H. Herwig, 1992)的专著第505页的内容表明，变密度的黏性壁面层严格意义上并不存在通用的速度与温度分布。当然，与全湍流外部流动匹配时，外层的解及湍流模型影响壁面层。由于密度的变化，湍流外层与黏性壁面层之间的这种耦合通常只产生非常小的影响。格斯滕与赫维希(K. Gersten, H. Herwig, 1992)的专著第696页对中等速度下存在传热的平板进行了讨论。

19.2.3 表面摩擦系数与努塞尔数

基于19.2.2节所述的重叠定律，格斯滕与赫维希(K. Gersten, H. Herwig, 1992)在其专著第695页中也确定了中等速度($Ma_\tau = 0$)和中等传热(小 B_q)条件下表面摩擦系数与努塞尔数。这是恒定物理性质解的规则摄动计算，其中 B_q 为摄

动参数。计算结果可简单地表示为属性比例法,可参见 10.3.2 节。c_p 与 Pr 为常数的条件下,$c_f = 2\bar{\tau}_w/(\rho_\infty U_\infty^2)$ 与 $Nu = \bar{q}_w l/[\lambda_\infty(T_w - T_\infty)]$ 满足

$$\frac{c_f}{c_{f_{c.p.}}} = \left(\frac{\rho_w}{\rho_\infty}\right)^{m_\rho} \left(\frac{\mu_w}{\mu_\infty}\right)^{m_\mu}, \frac{Nu}{Nu_{c.p.}} = \left(\frac{\rho_w}{\rho_\infty}\right)^{n_\rho} \left(\frac{\mu_w}{\mu_\infty}\right)^{n_\mu} \qquad (19.44)$$

式中:下标 $c.p.$ 表示恒定物理性质。对于可变 c_p 与 Pr,这些物理性质的对应幂将被添加到努塞尔数的公式中。文献中通常试图凭经验确定式(19.44)中的指数,这些指数可由恒定物理性质解来确定。这些指数是雷诺数与普朗特数的函数:

$$m_\rho = \frac{1}{2} - M_\rho(Pr)\sqrt{\frac{c_{f_{c.p.}}}{2}}, m_\mu = \frac{2}{\kappa}\sqrt{\frac{c_{f_{c.p.}}}{2}} \qquad (19.45)$$

$$n_\rho = \frac{1}{2} - N_\rho(Pr)\sqrt{\frac{c_{f_{c.p.}}}{2}}, n_\mu = \frac{2}{\kappa}\sqrt{\frac{c_{f_{c.p.}}}{2}} \qquad (19.46)$$

函数 $M_\rho(Pr)$ 与 $N_\rho(Pr)$ 由格斯滕与赫维希(K. Gersten, H. Herwig, 1992)在其专著第 696 页中确定。对于 $Pr = 0.72$,则有 $M_\rho = 4.6$ 与 $N_\rho = 3.3$。恒定物理性质的结果为式(18.76)、式(18.93)与式(18.157)。$Re \to \infty$ 极限中,黏性效应如期望的那样消失($m_\mu \to 0, n_\mu \to 0$),且可得 $m_\rho = n_\rho = 1/2$。如果壁面热流确定,则也可采用式(19.44),可在 $T_{wc.p.}$ 条件下确定物理量 ρ_w 与 μ_w。由于式(19.44)是纯粹的局部修正公式,其可用来计算任意附着边界层,可参见 18.2 节。在此函数 $M_\rho(Pr)$ 与 $N_\rho(Pr)$ 只与式(18.74)中的物理量 C 相关。

这些结果也提供了 10.3.3 节中描述参考温度的参考温度方法。这些结果通常与雷诺数和普朗特数相关。$Re \to \infty$ 极限中,由于有 $m_\rho = n_\rho = 1/2$,参考温度正是所谓薄膜温度,即壁面与外部温度的算术平均。

实例:绝热平板的表面摩擦系数

根据参考温度法,由 $Re \to \infty$ 极限可得

$$\frac{c_f}{c_{f_{c.p.}}} \approx \frac{\bar{\rho}_r}{\rho_\infty} \qquad (19.47)$$

根据式(18.76),$\bar{\tau}_w$ 正比于 $\bar{\rho}$。此外,参考温度 T_r 等于薄膜温度,采用 $\bar{\rho}_r/\rho_\infty = T_\infty/T_r$ 和式(19.33),可得

$$\frac{c_f}{c_{f_{c.p.}}} = \left(1 + r\frac{\gamma-1}{4}Ma^2\right)^{-1} \qquad (19.48)$$

图 19.1 将这个函数与实验结果进行了比较。随着雷诺数降低,参考温度接近外部温度,且 $c_f/c_{f_{c.p.}}$ 增加,具体可参见杰贝吉与布拉德肖(T. Cebeci, P. Bradshaw, 1984)的专著第 355 页。

斯伯丁与齐(D. B. Spalding, S. W. Chi, 1964)提出了一种半经验方法来确定任意比例下 $Pr = 0.72$ 时的平板流动比值 $c_f/c_{f_{c.p.}}$。对于 $Ma = 0$ 和中等传热,这种方法与式(19.44)一致。

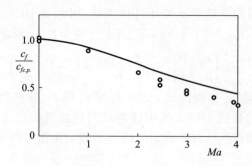

图 19.1 绝热壁湍流平板流动的马赫数对表面摩擦系数的影响
——:源于式(19.48);
:金与塞特尔(K. S. Kim,G. S. Settles,1989)的测量值。

冯·德瑞斯特(E. R. Van Driest,1951)已经提出描述平板流动 c_f 与 T_w/T_∞ 和 Ma 相关性的公式。这就是所谓范·德瑞斯特—Ⅱ公式,可参见杰贝吉与布拉德肖(T. Cebeci,P. Bradshaw,1984)的专著第345页。这个公式源于采用混合长度的湍流模型。对于 $Ma=0$ 与中等传热,则

$$\sqrt{\frac{2}{c_f}} = \frac{\sqrt{\rho_\infty/\rho_w}+1}{2}\left[\frac{1}{\kappa}\ln\left(Re_x\frac{c_f}{2}\frac{\mu_\infty}{\mu_w}\right) + C^+ + \frac{1}{\kappa}(2I - \ln F_e)\right] \quad (19.49)$$

等温($T_w = T_\infty$)情况下,其可变为式(18.93)。值得注意的是,式(19.49)相对于等温情况不会包含更多的常数。式(19.44)可必定为式(19.44),其中 $M_\rho = 1/\kappa = 2.44$。由于 C^+ 也是壁面粗糙度的函数,式(19.48)对粗糙平板也有效。黄等(P. G. Huang et al.,1993)也提出了计算有无传热的可压缩平板边界层表面摩擦系数计算方法。

同样值得注意的是,有限马赫数下努塞尔数与斯坦顿数应由壁面温度与绝热壁温度之间的差值构成:

$$St = \frac{Nu_x}{Re_x Pr_\infty} = \frac{\bar{q}_w}{\rho_\infty c_p(T_w - T_\infty)U}, Nu = \frac{\bar{q}_w x}{\lambda_\infty(T_w - T_{ad})} \quad (19.50)$$

可参见式(18.57)。

19.2.4 绝热壁积分法

如同恒定物理性质的边界层,众多积分方法也可用于可压缩边界层[参见德莱里与马文(J. Delery,J. G. Marvin,1986)的综述]。在此将采用实际应用中最常见的边界条件即绝热壁($\bar{q}_w = 0$)来介绍18.4.1节所述的积分法扩展。

积分的目的在于确定特定分布 $u_e(x)$、$p_e(x)$、$\rho_e(x)$ 与 $T_e(x)$ 的表面摩擦系数 $c_f(x)$ 与绝热壁温度 $T_{ad}(x)$(本征温度)。

积分方法采用动量积分方程与平均动能积分方程。如果将平均运动量代入边

界层厚度方程,则这些方程与描述层流可压缩边界层的式(10.92)与式(10.93)相同。由于存在式(10.102),式(10.93)中的 δ_h 可替代为 δ_3,使得只有 δ_1,δ_2 与 δ_3 出现于积分方程中。将式(19.30)用于温度分布的计算,使得因存在 $\bar{\rho}/\rho_e = T_e/\bar{T}$,也可得密度分布。因此边界层厚度 $\delta_i(i=1,2,3)$ 可通过适当选择速度分布集而简化为对应的运动厚度 $\delta_{iu}(i=1,2,3)$。运动厚度可通过设置 $\bar{\rho} = \rho_e$ 由 δ_i 公式得出。相关方法对下列参量也是有效的:

$$c_f = \frac{2\bar{\tau}_w}{\rho_e u_e^2}, c_D = \frac{2D}{\rho_e u_e^3} = \frac{2}{\rho_e u_e^3}\int_0^\delta \bar{\tau}\frac{\partial \tilde{u}}{\partial y}dy \quad (19.51)$$

参见甘塞尔(U. Ganzer,1988)的专著第298页,可以发现

$$\frac{\delta_1}{\delta_{1u}} = 1 + r\frac{\gamma-1}{2}Ma_e^2 H_{31u}F, \frac{\delta_2}{\delta_{2u}} = \frac{\delta_3}{\delta_{3u}} = \frac{c_f}{c_{fu}} = \frac{c_D}{c_{Du}} = F \quad (19.52)$$

其中

$$F = \left[1 + r\frac{\gamma-1}{2}Ma_e^2 \Phi(H_{32u})\right]^{-1} \quad (19.53)$$

函数 $\Phi(H_{32u})$ 取决于所选择的速度分布集。吉沙(M. Jischa,1982)在其专著第307页提出了下列关系:

$$\Phi(H_{32u}) = H_{32u}(2 - H_{32u}) \quad (19.54)$$

"运动"量(下标 u)实质上与马赫数无关,因而可采用18.4.1节图18.9中的 $c_{fu}(Re_{1u}, H_{21u})$、$c_{Du}(Re_{1u}, H_{21u})$ 和 $H_{31u}(H_{21u})$。

这种方法将绝热壁可压缩边界层的积分法简化为不可压缩边界层的积分法。

对于给定的 γ、c_p、Pr、$u_e(x)$ 与 $T_e(x)$ 的值以及 Re_1 与 H_{21} 的初值,可按以下步骤进行:

首先,可由恢复因数 $r = \kappa/\kappa_\theta = 0.87$ 的式(19.31)确定绝热壁温度 $T_{ad}(x)$。然后估算起初点处的 H_{31u} 或 H_{32u},可通过迭代方式确定 Re_{1u} 与 H_{21u}。在将式(10.92)、式(10.93)与式(10.102)组合并进行 $Re_1(x)$ 与 $H_{21}(x)$ 的计算中,运动量只用作辅助量。所需表面摩擦系数 c_f 的分布最终由式(18.74)与式(19.51)获得。

这种积分方法已被证明在实践中非常有效。相关概述与工作实例可参见沃尔兹(A. Walz,1966)的专著第230页、吉沙(M. Jischa,1982)的专著第204页、甘塞尔(U. Ganzer,1988)的专著第298页,以及德莱里与马文(J. Delery, J. G. Marvin,1986)发表的综述。库斯泰等(J. Cousteix et al.,1974)也提出了存在传热的可压缩边界层积分方法。

- 说明(速度分布)

对于恒定物理性质的边界层,由式(18.117)、式(18.120)与式(18.69)可得下列速度分布的一般形式:

$$\frac{u_e(x,y)}{u_e(x)} = 1 + \frac{u_\tau(x)}{\kappa u_e(x)}\ln\frac{y}{\delta(x)} - \left[\frac{\delta_{1u}(x)}{\delta(x)} - \frac{u_\tau(x)}{\kappa U_e(x)}\right]\left[2 - W\left(\frac{y}{\delta(x)}\right)\right] \quad (19.55)$$

实际上可证明,如果壁面是绝热的,且保持 $Ma<2$,这种速度分布对于可压缩边界层也是有效的,具体可参见德莱里与马文(J. Delery,J. G. Marvin,1986)发表的文献。此时,$\delta_1(x)$ 必须替代运动位移厚度 $\delta_{1u}(x)$。

19.2.5　场方法

平衡方程式(19.8)、式(19.9)与式19.24)在场方法中可通过湍流输运量 τ_t 与 q_t 的模型方程扩展计算获得。

实际上,由杰贝吉与史密斯(T. Cebeci,A. M. O. Smith,1974)的专著第 255 页所给出的方法被证实是有效的。只要将 δ_1 替代为 δ_{1u},就可根据式(18.7)采用不可压边界层的涡黏度 v_t。假设没有出现分离,可采用 $r=\kappa/\kappa_\theta=0.87$ 来计算温度场。采用这种方法的工作实例可参见杰贝吉与史密斯(T. Cebeci,A. M. O. Smith,1974)的专著第 364 页以及杰贝吉与布拉德肖(T. Cebeci,P. Bradshaw,1974)的专著第 357 页。

布拉德肖等(P. Bradshaw et al.,1967)所提出的方法可参见18.1.3节,已经扩展至绝热壁可压缩边界层,也可参见布拉德肖与费理斯(P. Bradshaw,D. H. Ferris,1971)发表的文献。

采用二方程模型方法的更多细节可参见威尔科特斯(D. C. Wilcox,1998)的专著第 254 页,也可参见卡特里斯与奥普瓦(S. Catris,B. Aupoix,2000)发表的文献。

19.2.6　激波－边界层相互作用

如果自由流速度是超声速的,则会出现压缩激波。在局部会存在激波与边界层的强相互作用,这种现象称为激波－边界层相互作用。这样的边界层不存在以往的弱相互作用,而存在强相互作用,其中外部层局部地取决于边界层的发展。

这些过程在跨声速流动($Ma\approx1$)中具有极其重要的意义。梅尔尼克(R. E. Melnik,1981)、小亚当森与梅西特(T. C. Adamson Jr.,A. F. Messiter,1981)、德莱里(J. M. Delery,1985)、德莱里与马文(J. Delery,J. G. Marvin,1986)以及赛特尔与多德森(G. S. Settles,L. J. Dodson,1994)等对此进行了总结。准确地讲,跨声速激波－边界层相互作用是双极限的情况。除由 $\sqrt{c_{fR}/2}\to0$ 表征的高雷诺数限制外,极限 $Ma\to1$ 也会出现。极限过程因此采用新的特征数(跨声速相似参数)来表征,即

$$\chi=\frac{Ma_\infty^2-1}{\sqrt{c_{fR}/2}} \tag{19.56}$$

区分以下 3 种情况。

(1) $\chi \to 0$：非常弱的激波；
(2) $\chi = O(1)$：弱激波；
(3) $\chi \to \infty$：强激波。

每种情况均需用不同的数学处理。激波-边界层相互作用中,边界层通常具有三层结构(不包含黏性亚层)。这方面更多细节可见博宁与齐雷普(R. Bohning, J. Zierep,1981)发表的文献。甘塞尔(U. Ganzer,1988)的专著第332页讨论了通过抽吸与吹气所进行的边界层控制。二者在实践中均重要,也可参见拉古纳坦(S. Raghunathan,1988)的文献。

强垂直压缩激波影响下的边界层可通过忽略摩擦力来进行很好的近似。现有的积分方法可进行大幅简化(例如,$c_f = c_D = 0$),这些研究者给出了边界层中取决于激波强度与激波前边界层相关量的边界层厚度及其形状因数变化的一般描述。相应的分离准则用来确定激波强度所引起的边界层分离,具体可参见德莱里与马文(J. Delery, J. G. Marvin,1986)的专著第110页。

激波-边界层相互作用在接近声速的翼型绕流中特别重要。如图19.2展示了 $Ma = 0.725(\alpha = 2.9°, Re = 6.5 \times 10^6)$ 的RAE2822翼型表面压力分布。边界层效应对压力分布的较大影响可通过有黏与无黏两种理论分布的差异呈现出来。

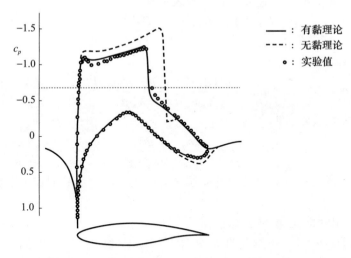

图19.2　RAE 2822 翼型($Ma = 0.725, \alpha = 2.9°, Re = 6.5 \times 10^6$)的表面压力分布
(源自德拉等(M. Drela,1986)发表的文献)

多林(D. S. Dolling,2001)阐述了激波/边界层相互作用研究的现状与未来展望。德费尔与博宁(P. P. Doerffer, R. Bohning,2003)通过壁面通风进行了激波-边界层相互作用的控制研究。

19.3 自然对流

基本方程类似于 10.5.1 节中已描述的层流自然对流方程,只是增加了湍流输运量。如果重新采用布西内近似,则基本方程如下:

$$\frac{\partial \tilde{u}}{\partial x} + \frac{\partial \tilde{v}}{\partial y} = 0 \tag{19.57}$$

$$\bar{\rho}_\infty \left(\tilde{u} \frac{\partial \tilde{u}}{\partial x} + \tilde{v} \frac{\partial \tilde{v}}{\partial y} \right) = \frac{\partial}{\partial y}(\bar{\tau}_v + \tau_t) + \rho_\infty g \beta_\infty (\overline{T} - T_\infty) \sin\alpha \tag{19.58}$$

$$\rho_\infty c_{p\infty} \left(\tilde{u} \frac{\partial \tilde{u}}{\partial x} + \tilde{v} \frac{\partial \tilde{v}}{\partial y} \right) = \frac{\partial}{\partial y}(\bar{q}_\lambda + q_t) \tag{19.59}$$

其中,α 为 x 轴与水平方向之间的角度,如图 10.1 所示。下面将初始设置为 $\alpha = 90°$(垂直壁)。

对于确定的壁面热流 $\bar{q}_w$,除参考长度 l 外采用参考速度

$$U_R = \left(\frac{\bar{q}_w g \beta_\infty l}{\rho_\infty c_{p\infty}} \right)^{1/3} \tag{19.60}$$

这是因为流动不具有特征速度。雷诺数表述如下:

$$\frac{U_R l}{v_\infty} = \left(\frac{\bar{q}_w g \beta_\infty l^4}{\rho_\infty c_{p\infty}} \right)^{1/3} = \frac{Ra_q^{1/3}}{Pr_\infty^{2/3}} = \frac{Gr}{Pr_\infty^{1/3}} \tag{19.61}$$

也可采用瑞利数来表示,即

$$Ra_q = \frac{\bar{q}_w g \beta_\infty l^4}{a_\infty \lambda_\infty v_\infty} = \frac{\bar{q}_w g \beta_\infty \rho_\infty^2 c_{p\infty} l^4}{\lambda_\infty \mu_\infty} \tag{19.62}$$

或以格拉晓夫数表示,即

$$Gr_q = \frac{Ra_q}{Pr_\infty} = \frac{\bar{q}_w g \beta_\infty l^4}{\lambda_\infty v_\infty^2} \tag{19.63}$$

对于大瑞利数或大格拉晓夫数,流动层重新划分为黏性壁面层与其余的全湍流外层。

同样,通用壁面定律对于黏性壁面层也成立,具体可参见格斯滕与赫维希(K. Gersten, H. Herwig, 1992)的专著第 711 页,也可参见沃斯尼克与乔治(M. Wosnik, W. K. George, 1995)发表的文献。对于 $Pr_\infty = Pr$,则有

$$u^\times = \frac{\tilde{u}}{u_q} = f_N(y_N^\times, Pr), \quad \lim_{y^\times \to \infty} u^\times = \kappa_1 \cdot (y_N^\times)^{1/3} - C_N^\times(Pr) \tag{19.64}$$

$$\Theta^\times = \frac{\overline{T} - T_w}{T_q} = g_N(y_N^\times, Pr), \quad \lim_{y^\times \to \infty} \Theta^\times = \kappa_2 \cdot (y_N^\times)^{-1/3} - C_{N\theta}^\times(Pr) \tag{19.65}$$

$$\tau^\times = \frac{\bar{\tau}}{\rho u_q^2} = s_N(y_N^\times, Pr), \quad \lim_{y^\times \to \infty} \tau^\times = -\kappa_3 \cdot (y_N^\times)^{-2/3} \tag{19.66}$$

$$q^{\times} = \frac{\bar{q}}{q_w} = 1 \tag{19.67}$$

其中

$$y^{\times} = \frac{yu_q}{v}, u_q = \left(\frac{\bar{q}_w \beta g v}{\rho c_p}\right)^{1/4}, T_q = \frac{\bar{q}_w}{\rho c_p u_q} \tag{19.68}$$

根据格斯滕与赫维希(K. Gersten, H. Herwig, 1992)的专著第710页,$\kappa_1 = 27$, $\kappa_2 = 5.6$ 与 $\kappa_3 = 8.4$。积分常数 $C_N^{\times}(Pr)$ 与 $C_{N\theta}^{\times}(Pr)$ 是普朗特数的一般函数。

丘吉尔(S. W. Churchill, 1983)提出了以下公式:

$$C_{N\theta}^{\times}(Pr) = \frac{Pr^{1/2}}{0.24 [\Psi(Pr)]^{1/4}}, \Psi(Pr) = \left[1 + \left(\frac{C_{ch}}{Pr}\right)^{9/16}\right]^{-16/9} \tag{19.69}$$

根据丘吉尔的研究,常数 C_{ch} 位于 0.43～0.49 之间。在此取 $C_{ch} = 0.46$。需要注意的是,$\Psi(Pr \to \infty) = 1$ 与 $\Psi(Pr \to 0) = 2.2$ 成立。

如前所述,重叠定律可由通用匹配条件来确定,则有

$$\lim_{y \to 0} \frac{y}{\sqrt{-\tau_t/\rho}} \frac{du}{dy} = \frac{1}{\kappa_N}, \lim_{y \to 0} \frac{\sqrt{-\tau_t/\rho y}}{-q_t/(\rho c_p)} \frac{d\bar{T}}{dy} = \frac{1}{\kappa_{N\theta}} \tag{19.70}$$

其中,常数 κ_N 与 $\kappa_{N\theta}$ 对应于强迫对流的常数 κ 与 κ_θ。根据乔治与卡普(W. K. George, S. P. Capp, 1979)的研究,所对应的值 $\kappa_N = 0.32$ 与 $\kappa_{N\theta} = 0.18$。实际情况是重叠层定律现为幂定律,而不是与可变剪切应力分布 $\tau_t(y)$ 有关的对数定律。

若重叠层中温度匹配可得到以下关系:

$$\frac{T_w - T_\infty}{T_q} = C_{N\theta}^{\times}(Pr) \tag{19.71}$$

因此壁面温度也是恒定的。壁面热流 $\bar{q}_w$ 与温度差值之间存在着纯的局部关系,由此两个边界条件 $\bar{q}_w$ = 常数与 T_w = 常数是相同的。式(19.70)中并未出现长度。

对于努塞尔数,两个不同的公式根据 $\bar{q}_w$ 或 $T_w - T_\infty$ 分别为

$$Nu_x = 0.24 (\Psi Pr)^{1/4} Gr_{qx}^{1/4} = 0.24 (\Psi Ra_{qx})^{1/4} \tag{19.72}$$

$$Nu_x = 0.15 (\Psi Pr)^{1/3} Gr_x^{1/3} = 0.15 (\Psi Ra_x)^{1/3} \tag{19.73}$$

其中

$$Ra_x = Gr_x Pr = \frac{g\beta(T_w - T_\infty)x^3}{va} \tag{19.74}$$

与

$$Ra_x = \frac{g\beta(T_w - T_\infty)x^3}{v^2} \tag{19.75}$$

图19.3展示了空气为介质($Pr = 0.72$)的垂直平板自然对流传热定律,这个定律源自汉克斯(R. A. W. K. Henkes, 1990)的研究。

如果 x 轴偏离了垂线($\alpha \neq 90°$),所给出的公式仍可采用,只要 g 由 $g\sin\alpha$ 替代(但 $\alpha \neq 0$)。

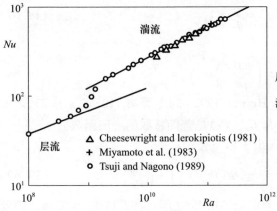

层流曲线源自式(10.150):
$$Nu=0.39Ra^{1/4}(T_w=常数)$$
湍流曲线源自式(19.73):
$$Nu=0.11Ra^{1/3}$$

图 19.3　空气为介质（$Pr=0.72$）的垂直平板自然对流传热定律
（源自汉克斯（R. A. W. M. Henkes, 1990）的文献）

一个湍流被用来详细讨论全湍流边界层外部区域。由于外层中速度最大值处剪切应力有限,因此不能采用涉及涡黏度或混合长度的湍流模型。

诸如壁面剪切应力、边界层厚度、挟带等进一步计算流动特征量的公式由格斯滕与赫维希（K. Gersten and H. Herwig,1992）的专著第 718 页中提出,也可参见霍尔丁与赫维希（M. Holling and H. Herwig,2005）、基斯与赫维希（P. Kis, H. Herwig, 2012）发表的文献,综述可参见帕拍利欧（D. D. Papailiou, 1991）与汉贾利奇（K. Hanjalic, 2002）发表的文献。

关于混合对流的细节可参见格斯滕与赫维希（K. Gersten and H. Herwig,1992）的专著第 719 页。

第 20 章
三维轴对称湍流边界层

第 12 章讨论了三维轴对称湍流边界层。所列出的边界层方程对湍流边界层也有效,只要摩擦项由雷诺应力的对应项进行扩展即可。因此,相对于第 12 章,本章必须讨论湍流建模的附加问题。

与第 12 章一样,本章也分为轴对称边界层与三维边界层两个部分。

20.1 轴对称边界层

20.1.1 边界层方程组

考虑在轴向流动中沿轴线以角速度 ω 旋转的物体。为了描述边界层,采用如图 12.1 所示的坐标系。边界层方程式(12.17)~式(12.20)可扩展如下:

$$\frac{\partial(r_w\bar{\rho}\tilde{u})}{\partial x} + \frac{\partial(r_w\bar{\rho}\tilde{v})}{\partial y} = 0 \tag{20.1}$$

$$\bar{\rho}\left(\tilde{u}\frac{\partial \tilde{u}}{\partial x} + \tilde{v}\frac{\partial \tilde{u}}{\partial y} - \frac{\tilde{w}^2}{r_w}\frac{\mathrm{d}r_w}{\mathrm{d}x}\right) = -\bar{\rho}g\sin\alpha - \frac{\mathrm{d}p_e}{\mathrm{d}x} + \frac{\partial}{\partial y}\left(\bar{\mu}\frac{\partial \tilde{u}}{\partial y} - \bar{\rho}\,\overline{u''v''}\right) \tag{20.2}$$

$$\bar{\rho}\left(\tilde{u}\frac{\partial \tilde{u}}{\partial x} + \tilde{v}\frac{\partial \tilde{u}}{\partial y} + \frac{\tilde{u}\tilde{w}}{r_w}\frac{\mathrm{d}r_w}{\mathrm{d}x}\right) = \frac{\partial}{\partial y}\left(\bar{\mu}\frac{\partial \tilde{w}}{\partial y} - \bar{\rho}\,\overline{v''w''}\right) \tag{20.3}$$

$$c_p\bar{\rho}\left(\tilde{u}\frac{\partial \bar{T}}{\partial x} + \tilde{v}\frac{\partial \bar{T}}{\partial y}\right) = \frac{\partial}{\partial y}\left(\bar{\lambda}\frac{\partial \bar{T}}{\partial y} - c_p\bar{\rho}\,\overline{v''T''}\right) + \bar{\beta}\bar{T}\tilde{u}\frac{\mathrm{d}p_e}{\mathrm{d}x}$$

$$+ \left(\bar{\mu}\frac{\partial \tilde{u}}{\partial y} - \bar{\rho}\,\overline{u''v''}\right)\frac{\partial \tilde{u}}{\partial y} + \left(\bar{\mu}\frac{\partial \tilde{w}}{\partial y} - \bar{\rho}\,\overline{u''w''}\right)\frac{\partial \tilde{w}}{\partial y} \tag{20.4}$$

此处采用类似于式(19.8)、式(19.9)与式(19.24)的假设。文献中,$\tilde{u}$、$\tilde{w}$、$\overline{u''v''}$、$\overline{v''w''}$ 通常分别被通用平均量 $\bar{u}$、$\bar{v}$、$\overline{u''v''}$、$\overline{v''w''}$ 取代。然而,式(19.17b)仍然有效。

对于低雷诺数湍流模型,边界条件为

$$\begin{cases} y=0: \tilde{u}=0, \tilde{v}=0, \tilde{w}=w_w=wr_w, \overline{T}=T_w \\ y=\delta: \tilde{u}=u_e, \tilde{w}=0, \overline{T}=T_w \end{cases} \quad (20.5)$$

物体外形 $r_w(x)$、角速度 ω、物理属性以及函数 $u_e(x)$，$T_w(x)$ 和 $T_e(x)$ 均给定。湍流边界层的动量积分方程式(12.21)与式(12.22)保持不变。可压缩流动积分关系式的细节可参见库斯坦(J. Cousteix,1987a,1987b)的文献。

20.1.2 物体不旋转的边界层

如果物体不旋转($\omega=0, \tilde{w}=0$)，边界层方程式(20.2)与式(20.4)同平板边界层方程相同，且只有连续方程式(20.1)有所不同。因此，这种情况下湍流模型也与平板边界层的湍流模型相同。

轴向流动中旋转物体边界层也具有重叠层区域满足对数定律的两层结构。

对于 $\tilde{w}=0$，式(20.1)~式(20.4)不包含横向曲率的影响。这一点可从圆柱体边界层的简单实例中发现。由于 r_w =常数，因此这种情况与零攻角平板边界层相同。

边界层方程需要适当扩展以能够涵盖横向曲率的影响。14.2节给出了扩展的层流边界层方程式(14.23)~式(14.27)。只要这些方程适当地由雷诺应力项扩展，其也对湍流边界层的情况有效。如果忽略旋转物体的纵向曲率($K=0$)，则可得边界层方程：

$$\frac{\partial}{\partial x}(\overline{\rho}\, r \tilde{u}) + \frac{\partial}{\partial y}(\overline{\rho}\, r \tilde{v}) = 0 \quad (20.6)$$

$$\overline{\rho}\left(\tilde{u}\frac{\partial \tilde{u}}{\partial x} + \tilde{v}\frac{\partial \tilde{u}}{\partial y}\right) = -\frac{dp_e}{dx} + \frac{1}{r}\frac{\partial}{\partial y}\left[r\left(\overline{\mu}\frac{\partial \overline{T}}{\partial y} - \overline{\rho}\,\overline{u''v''}\right)\right] \quad (20.7)$$

$$\overline{\rho}c_p\left(\tilde{u}\frac{\partial \overline{T}}{\partial x} + \tilde{v}\frac{\partial \overline{T}}{\partial y}\right) = \frac{1}{r}\frac{\partial}{\partial y}\left[r\left(\overline{\lambda}\frac{\partial \overline{T}}{\partial y} - c_p\overline{\rho}\,\overline{T'v''}\right)\right] \quad (20.8)$$

其中

$$r = r_w + y\cos\theta \quad (20.9)$$

与简单的边界层方程相比，只改变了动量与热传输的项。对于零攻角圆柱体(r_w =常数，$\Theta=0°$)，忽略圆柱坐标内这些运动方程的轴向动量与热传输项及能量方程中的耗散项。

对于 $\delta/r_w = O(1)$，即按照怀特(F. M. White, 1974)的专著第555页所述的 $u_e(x)r_w(x)/\nu < 1000$，必须考虑横向曲率的影响。

黏性壁面层与全湍流外层之间的重叠层中，对数速度定律仍然有效：

$$u^+ = A(R^+)\ln y^+ + B(R^+) \quad (20.10)$$

其中，A 与 B 取决于 $R^+ = r_w u_\tau/\nu$。对于 $R^+ > 250$，可得已知值 $A=1/\kappa$，$B=C^+=5.0$，具体可参见阿夫扎尔与纳拉辛哈(N. Afzal, R. Narasimha, 1985)发表的文献。

关于湍流模型的更多细节内容可参见黄与常(Th. T. Huang, M. – Sh. Chang, 1986)发表的文献。

1. 超声速流中的锥体

如果激波锥体附着,边界层外缘的压力恒定,这种情况类似于平板的边界层。冯·德里斯特(E. R. Van Driest,1952)的研究表明,这两种边界层通过12.12节中所描述的曼格勒变换是近似相关的。因而表面摩擦系数 c_f 与 $(Re_x)_{cone} = 2(Re_x)_{plate}$ 的情况相同。

2. 细腰的回转体

温特等(K. G. Winter et al., 1965)对同时具有凹曲率与凸曲率的细腰回转体进行了研究。如同杰贝吉与史密斯(T. Cebeci, A. M. O. Smith, 1974)的专著第370页所述,横向曲率对动量边界层也有相当大的影响。

3. 零攻角圆柱体

零攻角圆柱体流动说明了横向曲率的影响。如不考虑这种因素,这种情况与平板边界层没有任何差别。大量的实验与理论工作均围绕这种流动展开,同时还比较了怀特(F. M. White, 1974)的文献第555页,阿夫扎与和纳拉辛哈(N. Afzal, R. Narasimha, 1976)的文献。怀特还计算了表面摩擦系数 $c_f(Re_x, U_\infty R/\nu)$。横向曲率在很大程度上提高了 c_f。

4. 具有尾迹的回转体

黄和常(Th. T. Huang, M. Sh. Chang, 1986)计算了如图20.1的回转体绕流。这里考虑了横向曲率,但忽略了纵向曲率。此外,也包括了无黏外流的相互作用。为此,必须确定轴对称尾迹及其对外流的(挟带)影响。除物体背面相当厚的边界层(忽略垂直于边界层内壁面的压力梯度)外,其与实验的一致性相当好。

5. 湍流汇流

考虑因中等强度线汇所致的轴对称流动,其中流场以垂直于线汇轴的无限平壁面为边界。哈斯与施耐德(S. Haas, W. Schneider, 1996)对这种有限高雷诺数下的有趣流动进行了研究。其流场具有黏性层、缺陷层与非湍流核心层三层结构。黏性亚层与缺陷层之间的对数重叠定律是有效的。缺陷层呈现出负挟带的特性。

研究结果表明,这个问题的解不是唯一的。另一种解具有双层结构,近壁面平均速度呈现平方根定律,一阶壁面剪切应力消失。

6. 喷管与扩压器

如第12章所述,边界层方程式(20.1)~式(20.4)在回转体内部也是有效的。轴对称内流的例子是喷管与扩压器内的流动。为优化风洞喷管并由此避免分离,边界层计算是必需的,具体可参见博格(G. – G. Borger, 1975)与米哈伊尔(M. N. Mikhail, 1979)发表的文献。扩压器中的流动可分为无黏核心流动与壁面边界层,尽管进口处的流动只有薄的边界层,具体可参见格斯滕与赫维希(K. Gersten, H. Herwig, 1992)的专著第680页,以及哈特尔(A. P. Hartl, 1989)与斯托克(H. – W.

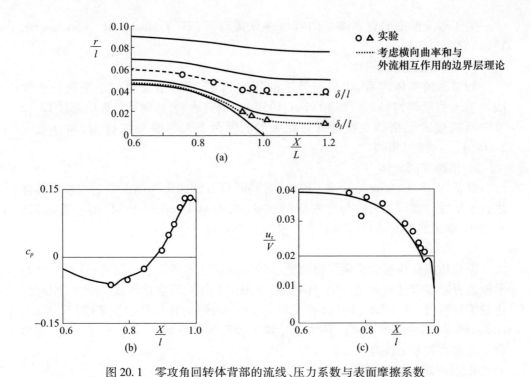

图 20.1 零攻角回转体背部的流线、压力系数与表面摩擦系数
(Th. T. Huang, M. – Sh. Chang, 1986)

Stock, 1985)发表的文献。可假设扩压器中的边界层厚度具有与半径同等的量级。边界层与核心流和横向曲率之间的相互作用必须在边界层方程中予以考虑,具体可参见施利希廷与格斯滕(H. Schlichting, K. Gersten, 1961)发表的文献。

7. 自然对流

邱吉尔(S. W. Churchill, 1983)收集整理了垂直圆柱体、垂直圆锥和球体的传热结果。垂直圆柱体外侧的横向曲率引起了传热的增加。

20.1.3 物体旋转的边界层

如果轴对称物体绕其轴旋转,尽管存在轴对称,3 维边界层中 3 个速度分量通常均是非零的。这就是所谓剪切驱动边界层,相关内容将在 20.2 节中予以讨论。

根据特鲁肯布罗特(E. Truckenbrodt, 1954b)的研究,圆周方向的速度分布可表示为

$$\frac{\overline{w}(x,y)}{w_w(x,y)} = 1 - \frac{\overline{u}(x,y)}{\overline{u}_e} \tag{20.11}$$

如果考虑横向曲率,根据古屋等(Y. Furuya et al., 1978)的研究,这种关系式

必须扩展为

$$\frac{r_w(x)}{r(x,y)}\frac{\overline{w}(x,y)}{w_w(x,y)} = 1 - \frac{\overline{u}(x,y)}{u_e(x)} \tag{20.12}$$

帕尔(O. Parr,1963)、中村与山下(I. Nakamura, S. Yamashita,1982)等所进行的实验测量很好地证实了式(20.11)与式(20.12)的正确性。而后者的工作表明,圆周方向的速度分布满足对数定律,也可参见古屋等(Y. Furuya et al.,1978)发表的文献。

特鲁肯布罗特(E. Truckenbrodt,1954b)、帕尔(O. Parr,1963)与古屋等(Y. Furuya et al.,1978)发展了用于计算旋转物体湍流边界层的积分方法。

通常采用场方法中的各向涡流黏度法。其对于两个速度分布是相同的:

$$\frac{\tau_{tx}}{\rho} = -\overline{u''v''} = \nu_t \frac{\partial \tilde{u}}{\partial y}, \frac{\tau_{tz}}{\rho} = -\overline{v''w''} = \nu_t \frac{\partial \tilde{w}}{\partial y} \tag{20.13}$$

代数湍流模型中涡流黏度 ν_t 与合成速度分布有关。如果采用混合长度 l,可得

$$\nu_t = D^2 l^2 \sqrt{\left(\frac{\partial \tilde{u}}{\partial y}\right)^2 + \left(\frac{\partial \tilde{w}}{\partial y}\right)^2} \tag{20.14}$$

式中:$D(y^+)$ 为阻尼函数,可参见 18.1.7 节。在重叠层可发现

$$\lim_{y^+ \to \infty} D = 1, \lim_{y^+ \to \infty} l = 1 \tag{20.15}$$

可参见式(18.10)。18.1.2 节给出的函数 $l(y)$ 与 $\nu_t(y)$ 同样有效。杰贝吉–史密斯模型的位移厚度则为

$$\delta_1 = \int_0^\delta \left(1 - \frac{\sqrt{\tilde{u}^2 + \tilde{w}^2}}{u_e}\right) dy \tag{20.16}$$

壁面剪切应力有两个分量:

$$\overline{\tau}_{wx} = \left(\overline{\mu}\frac{\partial \tilde{u}}{\partial y}\right)_w, \overline{\tau}_{wz} = \left(\overline{\mu}\frac{\partial \tilde{w}}{\partial y}\right)_w \tag{20.17}$$

1. 旋转物体

帕尔(O. Parr,1963)、古屋等(Y. Furuya et al.,1978)、中村等(I. Nakamura, et al.,1980,1981)对诸多不同物体进行了研究。

一个特殊实例是轴向流动中的旋转盘。这个实例已由特鲁肯布罗特(E. Truckenbrodt,1954a)进行了讨论。力矩系数的结果如图 12.3 所示。其依赖雷诺数 $Re = \omega R^2/\nu$ 与旋转参数 $V/\omega R$。由图 12.3 可见,对于恒定的旋转速率,力矩随自由流速度的增大而显著增加。$V = 0$(无自由流存在的旋转盘)的特殊情况也包含在这个图内。戈德斯坦(S. Goldstein,1935)对这种情况下的力矩系数进行了计算,其结果为

$$\frac{1}{\sqrt{c_M}} = \frac{1}{\kappa \sqrt{8}} \ln(Re \sqrt{c_M}) + 0.03 \tag{20.18}$$

这种情况也如图 12.3 所示。格兰维尔(P. S. Granville,1973)对粗糙度与添加

有机多聚物对力矩的影响进行了研究。

2. 旋转圆柱

对许多诸如图20.2那样的大量轴对称物体流动进行了研究,其中圆柱的前端部分是固定的,而其后端部分则是旋转的,具体可参见贝森内特与梅勒(L. R. Bissonette, G. L. Mellor, 1974)、洛曼(R. P. Lohmann, 1976)、菲拉希耶等人(L. Fulachier et al., 1982)发表的文献。从固定壁至旋转壁的变化过程中,已经得到发展的边界层内形成了新的边界层。所有三个速度分量均存在于这个新的边界层中。速度分布沿圆周方向的扩展最初要比子午方向要小很多。因此式(20.12)与式(20.13)以及关于所假设两个速度分布同样扩展的表述不再有效。菲拉希耶等(L. Fulachier et al., 1982)全面讨论了为这种流动寻找湍流模型的问题;奥尔克门与辛普森(M. S. Olcmen, R. L. Simpson, 1993)研究了如何采用代数湍流模型更好地描述这种流动。

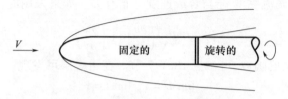

图20.2　具有旋转端的回转体

3. 存在旋流的扩压器

实际应用中经常出现这种流动。边界层沿圆周方向的速度不是由旋转壁面驱动的,而是由旋涡无黏核心流驱动的。更多的详细内容可参见里普(F. Leipe, 1960, 1962)的工作。

20.2　三维边界层

20.2.1　边界层方程组

12.2节详细讨论了层流三维边界层方程,所得到的许多结果可简单地应用于湍流边界层中。

对于如图20.3所示的非正交曲线坐标系,边界层方程如下:

$$\frac{\partial}{\partial x}(\bar{\rho}\tilde{u}h_z\sin\lambda) + \frac{\partial}{\partial y}(\bar{\rho}\tilde{v}h_xh_z\sin\lambda) + \frac{\partial}{\partial z}(\bar{\rho}\tilde{w}h_x\sin\lambda) = 0 \qquad (20.19)$$

$$\bar{\rho}\left(\frac{\tilde{u}}{h_x}\frac{\partial \tilde{u}}{\partial x}+\tilde{v}\frac{\partial \tilde{u}}{\partial y}+\frac{\tilde{w}}{h_z}\frac{\partial \tilde{u}}{\partial z}+K_{12}\tilde{u}\tilde{w}-K_1\frac{\cos\lambda}{\sin\lambda}\tilde{u}^2+\frac{K_2}{\sin\lambda}\tilde{w}^2\right)$$
$$=-\frac{1}{h_x\sin^2\lambda}\frac{\partial p_e}{\partial x}+\frac{\cos\lambda}{h_z\sin^2\lambda}\frac{\partial p_e}{\partial z}+\frac{\partial}{\partial y}\left(\bar{\mu}\frac{\partial \tilde{u}}{\partial y}-\bar{\rho}\widetilde{u''v''}\right) \quad (20.20)$$

$$\bar{\rho}\left(\frac{\tilde{u}}{h_x}\frac{\partial \tilde{w}}{\partial x}+\tilde{v}\frac{\partial \tilde{w}}{\partial y}+\frac{\tilde{w}}{h_z}\frac{\partial \tilde{w}}{\partial z}+K_{12}\tilde{u}\tilde{w}-\frac{K_1}{\sin\lambda}\tilde{u}^2+K_2\frac{\cos\lambda}{\sin\lambda}\tilde{w}^2\right)$$
$$=-\frac{\cos\lambda}{h_x\sin^2\lambda}\frac{\partial p_e}{\partial x}+\frac{1}{h_z\sin^2\lambda}\frac{\partial p_e}{\partial z}+\frac{\partial}{\partial y}\left(\bar{\mu}\frac{\partial \tilde{w}}{\partial y}-\bar{\rho}\widetilde{v''w''}\right) \quad (20.21)$$

$$c_p\bar{\rho}\left(\frac{\tilde{u}}{h_x}\frac{\partial \bar{T}}{\partial x}+\tilde{v}\frac{\partial \bar{T}}{\partial y}+\frac{\tilde{w}}{h_x}\frac{\partial \bar{T}}{\partial z}\right)=\frac{\partial}{\partial y}\left(\bar{\lambda}\frac{\partial \bar{T}}{\partial y}-c_p\bar{\rho}\overline{v''T'}\right)+\bar{\beta}\bar{T}\left(\frac{\tilde{u}}{h_x}\frac{\partial p_e}{\partial x}+\frac{\tilde{w}}{h_x}\frac{\partial p_e}{\partial z}\right)$$
$$+\left(\bar{\mu}\frac{\partial \tilde{u}}{\partial y}-\bar{\rho}\widetilde{u''v''}\right)\left(\frac{\partial \tilde{u}}{\partial y}+\frac{\partial \tilde{w}}{\partial y}\cos\lambda\right)$$
$$\left(\bar{\mu}\frac{\partial \tilde{w}}{\partial y}-\bar{\rho}\widetilde{v''w''}\right)\left(\frac{\partial \tilde{w}}{\partial y}+\frac{\partial \tilde{u}}{\partial y}\cos\lambda\right) \quad (20.22)$$

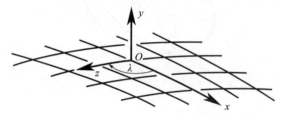

图20.3 非正交曲线坐标系

对于热能方程可假定 c_p = 常数。另外,式(19.8)、式(19.9)与式(19.24)也存在类似的条件。文献中通常对于马赫数 $Ma_\infty < 5$,物理量 $\tilde{u}$、$\tilde{w}$、$\widetilde{u''v''}$、$\widetilde{v''w''}$ 分别替换为 $\bar{u}$、$\bar{w}$、$\overline{u''v''}$、$\overline{v''w''}$,而 $\bar{\rho}\tilde{v}$ 满足式(19.17a)。

拉梅量纲系数 $h_x(x,z)$ 与 $h_z(x,z)$,以及表面坐标线之间的角度 $\lambda(x,z)$ 由坐标系的选择给出(具体可参见库斯泰(J. Cousteix,1987b)发表的文献):

$$\begin{cases} K_1 = \left[\frac{\partial}{\partial x}(h_z\cos\lambda)-\frac{\partial h_x}{\partial z}\right]/(h_xh_z\sin\lambda) \\ K_2 = \left[\frac{\partial}{\partial z}(h_x\cos\lambda)-\frac{\partial h_z}{\partial x}\right]/(h_xh_z\sin\lambda) \end{cases} \quad (20.23)$$

$$\begin{cases} K_{12} = \left[-\left(K_1+\frac{1}{h_x}\frac{\partial \lambda}{\partial x}\right)+\cos\lambda\left(K_1+\frac{1}{h_z}\frac{\partial \lambda}{\partial z}\right)\right]/\sin\lambda \\ K_{21} = \left[-\left(K_2+\frac{1}{h_z}\frac{\partial \lambda}{\partial z}\right)+\cos\lambda\left(K_1+\frac{1}{h_x}\frac{\partial \lambda}{\partial x}\right)\right]/\sin\lambda \end{cases} \quad (20.24)$$

若 $\lambda = 90°$,这是一个正交坐标系。如果湍流相关性消失,其简化为式(12.55)~

式(12.58)。所给出的边界条件也是有效的,如同式(12.59)。

高雷诺数下也必须采用壁面函数法。为此必须详细考虑速度分布。图 20.4 展示了流动自适应正交坐标系的速度分布,其中 x 坐标线为外流的壁面流线。因而有 $w_e(x,z)=0$。在此外,(x,z) 称为流线坐标。这种情况下属于 $\tilde{w}$ 分量的流动称为二次流。其满足外流作用下的压降 $\partial p_e/\partial z$(图 20.4 中 $\partial p_e/\partial z<0$)。如果外部流线存在拐点,边界层中 $\tilde{w}$ 分量会改变其符号,具体可参见赫歇尔(E. H. Hirschel,1987)发表的文献。

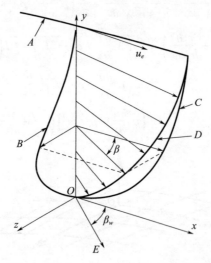

图 20.4　三维边界层的弯曲速度分布(流线坐标系)
A:外部流线;B:分布 $\tilde{w}(y)$;C:分布 $\tilde{u}(y)$;D:合成速度分布;E:壁面流线方向。

倾斜速度分布中区分下列角度:

$\beta(y) = \arctan \dfrac{\tilde{w}}{\tilde{u}}$,速度矢量 $(\tilde{u},\tilde{w})$ 与 x 方向之间的夹角。

$\beta_g(y) = \arctan \dfrac{\partial \tilde{w}/\partial y}{\partial \tilde{u}/\partial y}$,速度梯度矢量 $(\partial \tilde{u}/\partial y, \partial \tilde{w}/\partial y)$ 与 x 方向的夹角。

$\beta_\tau(y) = \arctan \dfrac{\overline{v''w''}}{\overline{u''v''}}$,湍流剪切应力矢量 $(\overline{u''v''},\overline{v''w''})$ 与 x 方向的夹角。

所产生壁面剪切应力的方向与壁面流线方向相同。这形成了与 x 方向的夹角:

$$\beta_w = \beta_{gw} = \arctan \dfrac{\overline{\tau}_{wz}}{\overline{\tau}_{wx}} \qquad (20.25)$$

且有

$$\overline{\tau}_{wx} = \left(\overline{\mu}\dfrac{\partial \tilde{u}}{\partial y}\right)_w ,\ \overline{\tau}_{wz} = \left(\overline{\mu}\dfrac{\partial \tilde{w}}{\partial y}\right)_w \qquad (20.26)$$

速度分布关于夹角 β_w 是倾斜的。

三维边界层还可以细分为黏性壁面层与全湍流外层。戈德伯格与雷肖特科(U. Goldberg and E. Reshotko,1984)及德加尼等(A. T. Degani et al. ,1992,1993)通过渐近分析证实了这种情况。高雷诺数下黏性壁面层通过由此产生的壁面剪切应力来表征

$$\bar{\tau}_w = \sqrt{\overline{\tau_{wx}^2} + \overline{\tau_{wz}^2}} \tag{20.27}$$

因此,速度分布首先近似于壁流线的方向,即有 $\beta = \beta_w =$ 常数,且对于所产生的剪切应力有 $\bar{\tau} = \bar{\tau}_w =$ 常数。只有在湍流外层中才会存在边界层外缘的速度分布由 β_w 扭曲至 $\beta_e = 0$。这种情况可从图 20.5 所示流线坐标系中弯曲速度分布的速度矢量图中发现。

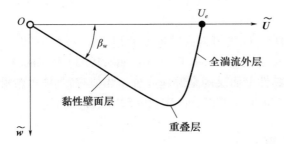

图 20.5 流线坐标系中弯曲速度分布的速度矢量图

对于附着边界层($\bar{\tau}_w \neq 0$),全湍流外层的 $\tilde{u}$ 分量也可通过缺陷公式来描述,具体可参见德加尼等(A. T. Degani et al. ,1993)发表的文献。

黏性壁面层与全湍流外层接触的重叠层中可发现:

$$\lim_{y^+ \to \infty} \tilde{u} = u_\tau \cos\beta_w \left(\frac{1}{\kappa} \ln y^+ + C^+ \right) \tag{20.28}$$

$$\lim_{y^+ \to \infty} \tilde{w} = u_\tau \sin\beta_w \left(\frac{1}{\kappa} \ln y^+ + C^+ \right) \tag{20.29}$$

其中,有 $u_\tau = \sqrt{\tau_w/\rho}$ 与 $y^+ = yu_\tau/\nu$,否则

$$\lim_{\eta \to 0} \tilde{u} = u_e + u_\tau \cos\beta_w \left(\frac{1}{\kappa} \ln\eta - \frac{2}{\kappa} \Pi \right) \tag{20.30}$$

$$\lim_{\eta \to 0} \tilde{w} = u_e \tan\beta_w + u_\tau \sin\beta_w \left(\frac{1}{\kappa} \ln\eta - \frac{2}{\kappa} \Pi \right) \tag{20.31}$$

式中,$\eta = y/\delta$。

对两个速度分量进行匹配,可得

$$\frac{1}{\gamma \cos\beta_w} = \frac{u_e}{u_\tau \cos\beta_w} = \frac{1}{\kappa} \ln \frac{u_\tau \delta}{\nu} + C^+ + \frac{2\Pi}{\kappa} \tag{20.32}$$

这是式(18.73)的扩展。

两个速度分布遵循重叠层中的对数分布。边界层的 $\tilde{u}$ 分量与平面边界层的

速度非常相似。其 $\tilde{w}$ 分量具有与缺陷速度相同的量级，即 $O(u_\tau/u_e)$。采用式(20.31)则可得 $\tan\beta_w = O(u_\tau/u_e)$。倾斜角 β_w 在无黏极限下如预期那样随雷诺数的增加而减小。

式(20.30)与式(20.31)可作为高雷诺数下的壁面函数，因此可作为边界层方程的边界条件。

如德加尼等(A. T. Degani et al. ,1993)的文献所示，适当高雷诺数下高阶效应可引起压力梯度 $\partial p_e/\partial z$ 作用于黏性壁面层，并导致倾斜的速度分布，可参见奥尔克门与辛普森(M. S. Olcmen, R. L. Simpson, 1992)的文献。

三维层流边界层可参见 12.2.5 节，可在独立于边界层其余部分的对称平面中进行湍流边界层的计算，也可参见德加尼等(A. T. Degani et al. ,1992)及波利等(W. R. Pauley et al. ,1993)发表的文献。

如果 u_e 满足幂律 $\propto x^m$，可得缺陷速度的相似解。这是平面流动平衡边界层的扩展，具体可参见德加尼等(A. T. Degani et al. ,1993)发表的文献。$m = -1$ 特殊情况下，可得包括黏性壁面层的全部速度分布相似解，具体可参见塔库鲁与威廉姆斯三世(M. A. Takullu, J. C. Williams III, 1985)发表的文献。

20.2.2 计算方法

纳什与帕特尔(J. F. Nash, V. C. Patel, 1972)、费恩霍尔茨与克劳斯(H. H. Fernholz, E. Krause, 1982)、库斯坦(J. Cousteix, 1986)、北大西洋公约组织航天研究与发展咨询组(AGARD) - R - 741(1987)、汉弗莱斯与琳德奥特(D. A. Humphreys, J. P. F. Lindhout, 1988)、范登伯格等(B. van den Berg et al. ,1988)及 AGARD - AR - 255(1990) 已分别给出了三维边界层计算方法的总结。本节将不同的方法与筛选出来的实验进行比较分析。

阿纳尔(D. Arnal, 1987)报道了确定三维边界层层流向湍流转捩的方法。

三维边界层的分离远比平面情况复杂得多，具体可参见 AGARD - AR - 255(1990) 报告。人们可区分开式与闭式分离。后者可导致封闭区域的分离(分离泡)，如后掠翼上激波之后出现的分离情况。这些情况下必须采用逆式方法进行边界层计算，具体可参见 18.5.2 节，且必须考虑其与外流的相互作用，可参见韦等(J. C. Wai et al. ,1986)发表的文献。当分离的边界层形成卷起的自由剪切层时，就发生了开式分离。这可能发生于大攻角的回转体上。由于自由流不再作为无黏流动进行计算，因而边界层概念颠覆。

这种方法可分为积分方法与场方法。

1. 积分方法

积分方法在此用作基础，可参见史密斯(P. D. Smith, 1982)提供的实例。平面边界层分布集通常采用 $\tilde{u}$ 分量。$\tilde{w}$ 分量可通过采用如图 20.5 所示的速度矢量图的解析表示来确定。

文献中有许多三维湍流边界层积分方法,其中包括米林(D. F. Myring,1970)、史密斯(P. D. Smith,1974)、史密斯(P. D. Smith,1982)、库斯坦(J. Cousteix,1974)、奥野(T. Okuno,1976)、斯托克(H. W. Stock,1978)、里巴伐尔与拉扎雷夫(J. C. Le Balleur, M. Lazareff,1985)所提出的积分方法。

2. 场方法

汉弗莱斯与琳德奥特(D. A. Humphreys,J. P. F. Lindhout,1988)进行了关于不同场方法的综述。在此有一些实例。

1)代数湍流模型

代数湍流模型可参见杰贝吉(T. Cebeci, 1987)、范内洛普与汉弗莱斯(T. K. Fannelop, D. A. Humphreys,1975)、琳德奥特等(J. P. F. Lindhout,1979)、约翰斯顿(L. J. Johnston,1988)的文献。

2)$k-\varepsilon$ 模型

$k-\varepsilon$ 模型可参见拉斯托吉与罗迪(A. K. Rastogi,W. Rodi,1978)的文献。

3)雷诺应力模型

雷诺应力模型可参见罗达(J. C. Rotta,1979)、吉普森(M. M. Gibson et al., 1981)的文献。

湍流模型中经常采用各向异性涡流黏度取代式(20.13)中的涡流黏度,其中 ν_t 值在不同的坐标系下是不同的。罗达(J. C. Rotta,1980b)给出了具有各向异性涡流黏度湍流模型的描述,并由奥尔克门与辛普森(M. S. Olcmen, R. L. Simpson, 1993)进行了实验,也可参见拉德温与莱康迪斯(S. F. Radwan, S. G. Lekondis, 1986)发表的文献。

3. 交互式边界层理论

交互式边界层理论基于简化的纳维-斯托克斯方程,也包括欧拉方程与边界层方程。无黏和有黏流动方程的数值解通过相互作用定律来耦合。需要在迭代过程中进行转捩预测、转捩湍流流动建模以及流动分离与分离流发展的预测。交互式边界层理论并非渐近理论,这是因为对于每个给定的雷诺数都可找到一个特征解。杰贝吉(T. Cebeci,1999)与赫歇尔等(E. H. Hirschel et al.,2014)分别在其专著内给出了关于交互式边界层理论的很好描述。

20.2.3 实例

1. 有偏航的机翼

这种实验案例已多次研究,具体可参见范登伯格等(B. van den Berg et al., 1988)发表的文献。尽管采用了逆方法,但湍流模型仍需要经常在近分离线附近进行修正以取得与实验良好的一致性,具体可参见约翰斯顿(L. J. Johnston,1988)

与里巴伐尔（J. - C. Le Balleur,1984）的文献。

2. 后掠翼

现有许多实例，其中包括拉扎雷夫与里巴伐尔（M. Lazareff,J. - C. Le Balleur, 1983）、杰贝吉等（T. Cebeci et al. ,1986）、韦等（J. C. Wai et al. ,1986）的文献，以及 AGARD - AR - 255（1990）报告第 125 页。

3. 带压力场的平板

三维边界层发生于柱体（圆柱体、机翼）与平板呈直角时，具体可参见奥尔南与朱伯特（H. G. Hornung, P. N. Joubert,1963）、范登伯格等（B. van den Berg et al. , 1988）发表的文献，或者发生于导向面与平板呈直角时，也可参见施瓦茨与布拉德肖（W. R. Schwarz, P. Bradshaw,1993）发表的文献。这种结构通常用来测试湍流模型。

4. 细长物体

由于细长物体的实际重要性，经常会研究中等攻角的回转体，特别是细长的回转椭球体，具体可参见帕特尔与崔（V. C. Patel, D. H. Choi, 1980）、巴韦里斯（D. Barberis,1986）、拉德温与莱康迪斯（S. F. Radwan, S. G. Lekondis, 1986）、施塔格（R. Stager,1993）的文献，以及 AGARD - AR - 255（1990）报告第 39 页、第 77 页、第 130 页。

如果这些具有攻角的回转体也沿其自身轴线旋转，就会产生一个侧向力。这就是所谓马格努斯效应，是一个因不对称位移厚度的纯边界层效应，具体可参见斯图里克等（W. B. Sturek et al. ,1978）发表的文献。

本书也提及对于飞机三维壳体的研究，可参见赫歇尔（E. H. Hirschel,1982）的文献，本书也涉及舰船壳体，参见皮盖与维松瑙（J. Piquet, M. Visonneau,1986）、田中（I. Tanaka,1988）发表的文献。

5. 机动车辆

边界层理论可成功地应用于汽车空气动力学，参见格斯滕与帕彭福斯（K. Gersten, H. D. Papenfuβ, 1992）以及帕彭福斯（H. - D. Papenfuβ, 1997）发表的文献。为能够计算外流，必须考虑尾流的位移作用。然而，这种计算并不需要很高的准确度，这是因为当驾驶者离开车辆时尾迹对车辆压力分布的作用将会显著降低。如迪尔根（P. G. Dilgen,1995）所示，阻力系数与升力系数的计算具有较高的精度。这种方法非常有利于空气动力学外形的优化，三维边界层只能在后部的尖锐处分离。

6. 旋转系统

旋转系统中的边界层在讨论螺旋桨、直升机旋翼与涡轮机械中非常重要，具体可参见妹尾（Y. Senoo,1982）发表的文献。旋转对于湍流建模也很重要，具体可参见加尔梅斯与拉克什米纳雷亚纳（J. M. Galmes, B. Lakshminarayana,1984）、拉克什米纳雷亚纳（B. Lakshminarayana,1986）发表的文献。

第 21 章
非定常湍流边界层

21.1 平均方法与边界层方程组

按照定义,湍流流动是非定常的,因此需要解释什么是非定常湍流流动。目前,湍流流动可分解为经时间平均(因而是时间无关的)的流动和随时间变化的脉动流动。现在,平均运动也与时间有关。其通常由与时间无关的部分和与时间相关的有序部分组成。

因此,x 方向上速度分量的瞬时值可表示为

$$u(\boldsymbol{x},t) = \bar{u}(\boldsymbol{x}) + \tilde{u}(\boldsymbol{x},t) + u'(\boldsymbol{x},t) \tag{21.1}$$

其中,$\bar{u}$ 与 $\tilde{u}$ 构成了平均运动,而 u' 也是无序的湍流脉动①。

在实际应用中,具有时间相关平均运动的湍流流动是经常出现的。所有启动与关闭过程均属于这一类,一个稳定流动向另一个稳定流动的转换亦属此类。这些就是所谓瞬态流动。除此之外,还有周期性流动。周期性流动的实例为直升机旋翼叶片的绕流、涡轮机械内部的流动以及振荡机翼的绕流。

即使自由流是稳定的,流场中也会出现非定常过程。这种流动经常发生所谓压力诱导边界层分离。这种实例包括钝体(如圆柱体)之后的周期性尾迹,或是在大攻角下机翼绕流(动态失速),以及发生于翼型近声速区域源于激波诱导振荡所致的激波振荡,具体可参见里巴伐尔与吉罗德鲁·拉维妮(J. C. Le Balleur, P. Girodroux – Lavigne,1986)发表的文献。

平均运动量由总体平均来确定。对流动进行 N 次同样的实验,每次均测量速度 $u_i(\boldsymbol{x},t)$ ($i=0,1,2,\cdots,N$),则总体平均为

$$\langle u(\boldsymbol{x},t) \rangle = \bar{u}(\boldsymbol{x},t) + \tilde{u}(\boldsymbol{x},t) = \frac{1}{N}\sum_{i=0}^{N} u_i(\boldsymbol{x},t) \tag{21.2}$$

---

① 采用波浪号 ~ 表示的物理量不应与第 19 章与第 20 章中质量平均物理量混淆。

如果流动是周期性的，$u_i(\boldsymbol{x},t)$为周期内相同相位下的测量值，然后进行了平均，称为相位平均：

$$\langle u(\boldsymbol{x},t)\rangle = \frac{1}{N}\sum_{i=0}^{N}u_i(\boldsymbol{x},t+\mathrm{i}\tau) \tag{21.3}$$

式中，τ为周期长度。

由式(21.1)与(21.2)可得湍流脉动为

$$u'(\boldsymbol{x},t) = u(\boldsymbol{x},t) + \langle u(\boldsymbol{x},t)\rangle \tag{21.4}$$

参见式(16.2)，通常时间平均仍为

$$\bar{u}(\boldsymbol{x}) = \lim_{t_1\to\infty}\frac{1}{t_1}\int_{t_0}^{t_0+t_1}u(\boldsymbol{x},t)\mathrm{d}t \tag{21.5}$$

下列关系式成立

$$\langle u'\rangle = 0, \overline{\tilde{u}} = 0, \overline{u'} = 0, \overline{\langle u\rangle} = \bar{u} = \langle \bar{u}\rangle \tag{21.6}$$

$$\langle \tilde{u}v\rangle = \tilde{u}\langle v\rangle, \overline{\langle uv\rangle} = \bar{u}\langle v\rangle, \overline{\tilde{u}v'} = \overline{\langle \tilde{u}v'\rangle} = 0 \tag{21.7}$$

对应于式(21.1)，非定常边界层流动可划分为3个不同的运动，其中每种运动均可通过平衡定律来表示。然而，这些平衡定律相互耦合，具体可参见塔里奥尼斯(D. P. Telionis,1981)的专著第226页。

不可压缩二维流动时均运动的边界层方程为

$$\frac{\partial \bar{u}}{\partial x} + \frac{\partial \bar{v}}{\partial y} = 0 \tag{21.8}$$

$$\bar{u}\frac{\partial \bar{u}}{\partial x} + \bar{v}\frac{\partial \bar{u}}{\partial y} = u_e\frac{\mathrm{d}u_e}{\mathrm{d}x} + \frac{\partial}{\partial y}\left(\nu\frac{\partial \bar{u}}{\partial y} - \overline{u'v'} - \overline{\tilde{u}\tilde{v}}\right) \tag{21.9}$$

$$\begin{cases} y = 0: \bar{u} = 0, \bar{v} = 0 \\ y = \delta: \bar{u} = \bar{u}_e(x) \end{cases} \tag{21.10}$$

由式(21.9)可以发现，等号右侧现有两个额外的(表观)剪切应力。第一个剪切应力源于无序湍流脉动速度，也出现在稳态流动中。以类似方式形成的第二个剪切应力项与时间相关有序运动的非线性影响对应。

如果假定特定外流$u_e(x,t)$只与其时均值$\bar{u}_e(x)$稍有差别，摄动计算表明$\overline{\tilde{u}\tilde{v}}$相对于$\overline{u'v'}$很小，因此这种流动等同于稳态流动$\bar{u}_e(x)$，具体可参见塔里奥尼斯(D. P. Telionis,1981)的专著第228页。尽管如此，仍存在局部的强非定常黏性影响，具体参见凯尔(L. W. Carr,1981a)发表的文献。

对于平均运动可采用

$$U = \bar{u} + \tilde{u}, V = \bar{v} + \tilde{v}, P = \bar{p} + \tilde{p} \tag{21.11}$$

形成边界层方程

$$\frac{\partial U}{\partial x} + \frac{\partial V}{\partial y} = 0 \tag{21.12}$$

$$\frac{\partial U}{\partial t} + U\frac{\partial U}{\partial x} + V\frac{\partial U}{\partial y} = \frac{\partial U_e}{\partial t} + U_e\frac{\partial U_e}{\partial x} + \frac{\partial}{\partial y}\left(\nu\frac{\partial U}{\partial y} + \frac{\tau_t}{\rho}\right) \tag{21.13}$$

其中

$$\tau_t = \langle u'v' \rangle \tag{21.14}$$

且边界条件为

$$\begin{cases} y=0: U=0, V=0 \\ y=\delta(x,t): U=U_e(x,t) \end{cases} \tag{21.15}$$

除式(21.4)给出的额外项外,这些方程在形式上与非定常层流边界层的边界层方程相同,具体可参见 ρ = 常数,$j=0$,$\alpha=0$ 的式(13.3)与式(13.4)。

需要湍流模型来封闭方程组。不过,湍流模型中必须考虑湍流脉动的相互作用与时间相关的平均运动。

有时 U、V 与 P 被解释为时间平均,因此此式(21.5)中时间间隔 t_1 必须足够大,以使其能够包含所有湍流脉动,但其又要仍然小至不含瞬态或周期部分的影响。然而,这时假定瞬态过程发生得非常慢,或振荡频率非常小且处于湍流频谱之外。

稳态流动的湍流模型经常被采用,其称为准稳态湍流模型。其与稳态方程的唯一区别在于存在局部加速度附加项 $\partial U_e/\partial t$ 与 $\partial U/\partial t$。如果给定的速度 $u_e(x,t)$ 随时间变化非常缓慢(低频率周期运动),局部加速度相比于对流加速度可忽略。这种情况下的流动是准稳态的。这种流动在时间 t_0 内任何时刻与对应的外部稳态流动 $u_e(x,t_0)$ 相类似。

如前所述,如果外部速度的非定常部分非常小,这种流动也是准稳态的。只有外流频率低于所谓突发频率 f_B,才会出现这种情况。这个频率下边界层中涡流结构开始对源自外流的力产生作用。对于振荡外流中的平板,突发速度为 $f_B = U/5\delta$,具体可参见拉奥等(K. N. Rao et al. ,1971)发表的文献。图21.1 为准稳态边界层(阴影部分)与真实非定常边界层之间界限的频率 – 幅值图。

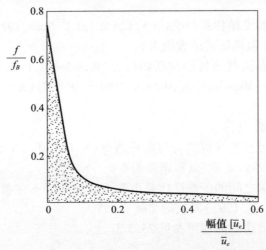

图21.1　凯尔(L. W. Carr,1981a)指出的准稳态边界层与真实非定常边界层频率 – 幅值图
(阴影区域中的边界层是准稳态的,f_B 为突发频率)

当非定常效应发挥作用时,这些边界层局限于黏性壁面层,而边界层外部区域则普遍不受影响,具体可参见凯尔(L. W. Carr,1981a)发表的文献。库斯泰与乌德维尔(J. Cousteix,R. Houdeville,1985)的研究表明,当 $\sqrt{2\nu/\omega}\, u_\tau/\nu < 8$ 时,非定常效应局限于黏性壁面层。斯佩齐亚莱(C. G. Speziale,1998)给出了时间相关流动湍流建模的综述。

21.2 计算方法

诸多实际应用均基于周期性流动。积分方法与场方法仍需区分。后者的计算难度取决于所采用的湍流模型,如前所述,所采用的是准稳态湍流模型。

21.2.1 积分方法

积分方法可参见库斯泰等人(J. Cousteix et al.,1981)、德素普(A. Desopper,1981)、里里奥等(A. A. Lyrio et al.,1981)、里巴伐尔(J. - C. Le Balleur,1984)、霍温克(R. Houwink,1984)发表的文献。

21.2.2 场方法

1) 代数湍流模型
代数湍流模型可参见杰贝吉与凯勒(T. Cebeci,H. B. Keller,1972)的文献。
2) 一方程模型
一方程模型可参见帕特尔与纳什(V. C. Patel,J. F. Nash,1975)的文献。
3) 二方程模型(包括低雷诺数版本)
二方程模型可参见贾斯特逊与斯帕拉特(P. Justesen,P. Justesen,1990)、曼克巴迪与莫巴克(R. R. Mankbadi,A. Mobark,1991)、法恩等(S. Fan et al.,1993)的文献。
4) 雷诺应力模型
雷诺应力模型可参见汉贾利奇与斯托西奇(K. Hanjalic,N. Stosic,1983)、哈明等(H. Ha Minh,1989)的文献,低雷诺数版本。
理论和实验结果之间的偏差往往是由黏性壁层模型不完善造成的,具体可参见法恩等(S. Fan et al.,1993)发表的文献。
更多关于数值方法的内容可参见 23.3 节。

21.3 实例

凯尔(L. W. Carr and 1981a,1981b)总结了非定常湍流边界层的实验数据。这个研究主要涉及平板绕流(振荡,振动的襟翼或行波逼近)、翼型绕流与涡轮机械中的叶栅绕流。

21.3.1 平板

库斯坦与乌德维尔(J. Cousteix and R. Houdeville,1983)对具有以下外流速度的非定常湍流边界层进行了测量,也可参见库斯坦等(J. Cousteix et al.,1981)发表的文献:

$$u_e(x,t) = u_0[1 + A(x)\sin\{\omega t + \varphi_e(x)\}] \qquad (21.16)$$

其中

$$u_0 = 16.8\,\text{m/s}, f = 62\,\text{Hz}, \omega = 2\pi f = 390\,\text{s}$$
$$A(x) = 0.118 - 0.114(x - 0.047)$$
$$\varphi_e(x) = 1.55(x - 0.047)^2 + 0.116(x - 0.047)$$

图 21.2 所示为对应式(21.16)外部速度的位移厚度 δ_1 与表面摩擦系数 c_f 的幅值与相位移。

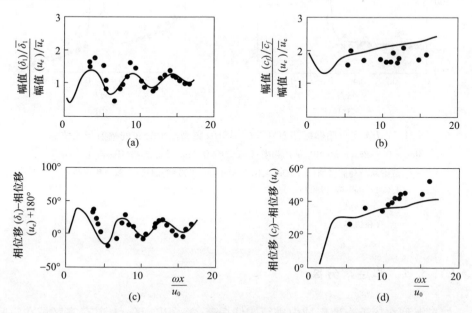

图 21.2 对应于式(21.16)外部速度的位移厚度 δ_1 与表面摩擦系数 c_f 的幅值与相位移[源自法明等(s. Fan et al.,1993)的文献]

为便于比较,还描述了法明等(S. Fan et al.,1993)的理论结果。根据库斯坦与乌德维尔(J. Cousteix and R. Houdeville,1983)的研究,位移厚度经历了轻微的有阻尼空间伪周期性;这是由外部区域湍流对流与外部强制振荡共同作用的结果。基本上取决于黏性壁面层流动过程的表面摩擦应力也可以由这个理论很好地予以描述。参见13.3.2节,表面摩擦系数如同层流会引起外部速度,且对于大的 $\omega x/u_0$ 值,明显出现了45°相位移。

21.3.2 摇摆翼型

图21.3给出了 NACA64 A 010 翼型理论与实验之间的比较,这个翼型在 $l/4$ 点上进行俯仰振荡。该图也给出了压力分布的幅值与相位移。由两条理论曲线之间的差异可发现边界层的影响。如果考虑边界层因素,理论与实验的比较将显著提高。

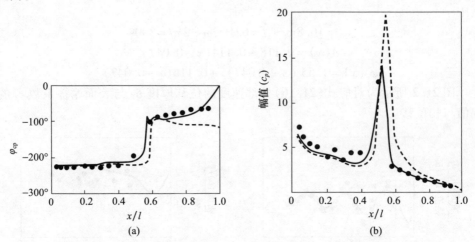

图21.3 $l/4$ 支点俯仰振荡 NACA 64 A 010 翼型压力分布的幅值与相位移

$Ma_\infty = 0.8; Re = 1.2 \times 10^7$;简约频率;$k = \omega l/V = 0.4; \omega = 2\pi f, f = 34\,\text{Hz}; \alpha = 1°\sin\omega t$。
 · :戴维斯与马儒考姆(S. S. Davis,G. N. Malcom,1980)的测量值,源自里巴伐尔
  (J. C. Le Balleur,1980);
 ----- :无边界层;
 —— :存在边界层。

21.3.3 非定常分离

如果翼型在接近声速区域内进行俯仰振荡,就会出现分离,其分离区域在空间上受到限制。这种情况可通过边界层计算很好的描述(与外流相干涉),里巴伐尔

与吉罗德罗克斯·拉维妮(J. - C. Le Balleur;P. Girodroux - Lavigne,1986)给出了实例。本书也计算了稳态流动中跨声速翼型的自激振荡流动。当激波诱导分离与近尾缘分离相互干扰时,就会出现这样的流动。

如果发生大规模分离并在随之尾迹中形成大涡,如圆柱体的实例,流场不再划分为无黏外流与摩擦边界层,此时必须数值求解完整的纳维-斯托克斯方程,具体可参见戴维特与贝莉(G. S. Deiwert,H. E. Bailey,1984)。如果翼型进行俯仰振荡,就会出现深度动态失速。另一方面,轻度动态失速可应用边界层进行描述,具体可参见盖斯勒(W. Geiβler,1993)发表的文献。

第22章
自由剪切湍流

22.1 引言

如果流动中不存在固壁,则会出现湍流自由剪切流。图 22.1 展示了自由射流、浮升射流、作为特例的具有射流边界流动的混合层以及尾迹流。与此相对应的层流流动可参见 7.2 节、7.5 节、10.5.4 节和 12.1.5 节。

湍流流动中直接发生于壁面的动量输运通过黏性(黏性壁面层)产生。由于自由剪切流动中不存在壁面,因而黏性效应可忽略不计。这是因为湍流摩擦总比黏性摩擦要大许多。当考虑自由剪切层的平均运动时,黏性只在边缘处发挥重要作用。这种情况类似于湍流边界层的外缘,如 18.1 节(黏性超层)所述。黏性超层的厚度大约为 $O(Re^{-3/4})$ 量级,因而不必考虑高雷诺数的情况。

论述自由剪切流时,通常采用边界层方程(高雷诺数条件下),而非应用纳维-斯托克斯方程。其原因就在于自由剪切流呈细长状,即求解的空间区域在横向并不会延伸很远。这种流动因此称为自由边界流动或自由剪切流动。为什么湍流自由剪切流呈细长的问题迄今也未有结论性的答案,具体可参见施耐德(W. Schneider,1991)发表的文献,以及格斯滕与赫维希(K. Gersten and H. Herwig,1992)的专著第 725 页。

无摩擦项的边界层方程用来计算湍流自由剪切层。对于(无浮升项的)平面流动而言,就是式(16.34)~式(16.36)。如同壁面边界层,关于自由剪切层外缘连续或间断的描述取决于湍流模型,具体参见 18.1 节。如果采用恒定涡流黏度,可发现向外部区域的连续过渡,而采用混合长度则可得到自由剪切层的离散边缘。

代数湍流模型对于自由剪切层是不完整的,这是因为细长参数 α(仍需定义)必须与实验相适应。关于湍流自由剪切层的完全湍流模型(如二方程模型)由罗迪(W. Rodi,1972)及朗德等(B. E. Launder et al.,1973)提出。1972 年的研究状态可详见会议论文集 NASA SP-321(1973)。

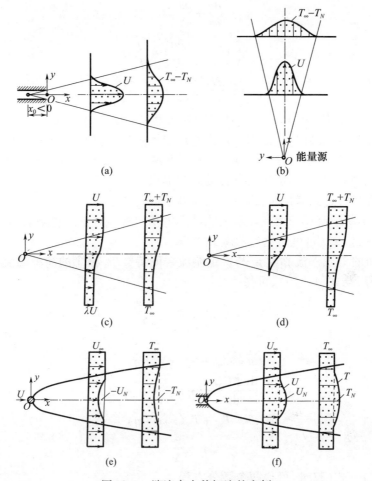

图 22.1 湍流自由剪切流的实例
(a)自由射流;(b)浮升射流;(c)混合层;(d)射流边界;(e)尾迹流;(f)平行流动中的徒射流。

高雷诺数下湍流自由剪切层的渐近修正处理再次导致分层的流动结构。具体细节可参见施耐德与莫尔瓦尔德(W. Schneider, K. Morwald, 1987)、莫尔瓦尔德(K. Morwald, 1988)以及施耐德(W. Schneider, 1991)的研究工作。

22.2 平面自由剪切层方程组

图 22.1 的实例中并未出现压力。因此接下来将讨论定压自由剪切流,其方程组如下:

$$\frac{\partial \bar{u}}{\partial x} + \frac{\partial \bar{v}}{\partial y} = 0 \tag{22.1}$$

$$\rho \left(\bar{u} \frac{\partial \bar{u}}{\partial x} + \bar{v} \frac{\partial \bar{u}}{\partial y} \right) = \frac{\partial \tau_t}{\partial y} \tag{22.2}$$

$$\rho c_p \left(\bar{u} \frac{\partial \bar{T}}{\partial x} + \bar{v} \frac{\partial \bar{T}}{\partial y} \right) = -\frac{\partial q_t}{\partial y} \tag{22.3}$$

具体可参见式(16.34)~式(16.36)。方程式(22.2)与式(22.3)要比完全纳维-斯托克斯方程简单,这是因为自由剪切层呈细长状,其在横向(y方向)的延伸量$\Delta = O(\alpha)$相比于主流方向(x方向)的延伸量$O(1)$要小。这种长细比的条件也出现于壁面边界层中,为边界层方程的简化提供了后验依据。

当边界条件得到满足时,将在后面对其予以讨论。

图22.1所示流动的特点在于其能够产生相似解。对于这些流动,偏微分方程式(22.1)~式(22.3)可简化为常微分方程。

首先查看涉及涡流黏度ν_t与恒定湍流普朗特数Pr_t概念的简单湍流模型。参见式(17.63)与式(17.76),可得

$$\tau_t = \rho \nu_t \frac{\partial \bar{u}}{\partial y}, \quad q_t = -\frac{\rho c_p \nu_t}{Pr_t} \frac{\partial \bar{T}}{\partial y} \tag{22.4}$$

采用尝试解

$$\bar{u} = U_\infty + U_N(x) f'(\eta) \tag{22.5}$$

$$\bar{v} = -\frac{\mathrm{d}(\Delta U_N)}{\mathrm{d}x} f(\eta) + \frac{\mathrm{d}\Delta}{\mathrm{d}x} U_N \eta f'(\eta) \tag{22.6}$$

$$\bar{T} = T_\infty + T_N(x) g'(\eta) \tag{22.7}$$

$$\eta = \frac{y}{\Delta} \tag{22.8}$$

由式(22.1)~式(22.4)可得两个微分方程:

$$(U_\infty + U_N f') \Delta \frac{\mathrm{d}U_N}{\mathrm{d}x} f' - U_\infty U_N \frac{\mathrm{d}\Delta}{\mathrm{d}x} \eta f'' - U_N \frac{\mathrm{d}(U_N \Delta)}{\mathrm{d}x} ff'' = \frac{U_N}{\Delta} (\nu_t f')' \tag{22.9}$$

$$(U_\infty + U_N f') \Delta \frac{\mathrm{d}T_N}{\mathrm{d}x} g' - U_\infty T_N \frac{\mathrm{d}\Delta}{\mathrm{d}x} \eta g'' - T_N \frac{\mathrm{d}(U_N \Delta)}{\mathrm{d}x} fg'' = \frac{T_N}{Pr_t \Delta} (\nu_t g'')' \tag{22.10}$$

式中,撇号($'$)表示关于η的微分。

首先假设涡黏度ν_t与η无关。量纲分析可得以下拟设:

$$\nu_t = \alpha |U_N(x)| \Delta(x) \tag{22.11}$$

这个尝试解为细长参数α的定义式,其被解释为特征湍流雷诺数的倒数:

$$Re_t = \frac{|U_N| \Delta}{\nu_t} = \frac{1}{\alpha} \tag{22.12}$$

α的值取决于$U_N(x)$与$\Delta(x)$的选择,因而对于每个流动都是不同的。

采用幂尝试解

$$\begin{cases} U_N(x) = B(x-x_0)^m \\ T_N(x) = B_\theta(x-x_0)^n \end{cases} \quad (22.13)$$

下列两组流动可简化为常微分方程,即自相似解。

(1) $U_\infty = 0$

$$\Delta = \alpha a(x-x_0) \quad (22.14)$$

$$\frac{1}{a}f''' + (m+1)ff'' - mf'^2 = 0 \quad (22.15)$$

$$\frac{1}{aPr_t}g''' + (m+1)fg'' - nf'g' = 0 \quad (22.16)$$

这些流动包括图 22.1 中的实例(a)~实例(d)。

(2) $U_\infty \neq 0$,外流小扰动

$$|U_N| \ll U_\infty, \Delta = \alpha a(x-x_0)^{m+1} \quad (22.17)$$

$$\frac{|B|}{U_\infty aPr_t}f''' + (m+1)\eta f'' - mf' = 0 \quad (22.18)$$

$$\frac{|B|}{U_\infty aPr_t}g''' + (m+1)\eta g'' - mg' = 0 \quad (22.19)$$

这些流动包括图 22.1 中的实例(e)~实例(f)。相对于式(22.15),式(22.18)是线性的,因为这是 $U_N/U_\infty \to 0$ 的正则扰动计算。

由相似条件可得 $\Delta(x)$ 宽度尺度形式,这里 α 是以细长参数形式出现的。后续步骤中将选择因数 $a = O(1)$,使微分方程尽可能具有简单的系数。

所考虑的 8 个实例中函数 $\Delta(x)$、$U_N(x)$、$\nu_t(x)$ 与 $T_N(x)$ 对于 $x-x_0$ 的相关性归纳于表 22.1 中,其中 x_0 表示流动的虚拟原点,具体可参见图 22.1(a)。如果 ν_t 也取决于 y(或 r),($y = 0$ 或 $r = 0$)轴上的 ν_t 值是隐含的。这个表格也包含了关于速度 $v_e(x)$ 的信息。

为完整起见,也可提出湍流动能方程:

$$\bar{u}\frac{\partial k}{\partial x} + \bar{v}\frac{\partial k}{\partial y} = \frac{\partial}{\partial x}\left(\frac{\nu_t}{Pr_k}\frac{\partial k}{\partial y}\right) + \frac{\tau_t}{\rho}\frac{\partial \bar{u}}{\partial y} = 0 \quad (22.20)$$

温度脉动的变化:

$$\bar{u}\frac{\partial k_\theta}{\partial x} + \bar{v}\frac{\partial k_\theta}{\partial y} = \frac{\partial}{\partial x}\left(\frac{a_t}{Pr_{k\theta}}\frac{\partial k_\theta}{\partial y}\right) - \varepsilon_\theta = 0 \quad (22.21)$$

常规湍流模型在此用于扩散项。

将式(22.2)扩展至考虑重力作用的浮力情况将在 22.7 节中讨论。湍流量的方程由罗迪(W. Rodi 1975)在综述实验结果的框架内给出。汤森(A. A. Townsend, 1976)在其专著第 188 页、欣策(J. O. Hinze, 1975)在其专著第 483 页给出了进一步的实验结果。

- 说明(混合长度)

除涡黏度 ν_t 外,如果采用混合长度 $l(x)$,由

$$\tau_t = \rho l^2 \left|\frac{\partial \bar{u}}{\partial y}\right| \frac{\partial \bar{u}}{\partial y} \tag{22.22}$$

可得

$$\nu_t = l^2 \left|\frac{\partial \bar{u}}{\partial y}\right| = \frac{l^2(x)}{\Delta(x)} |U_N(x) f''(\eta)| \tag{22.23}$$

所给出的 8 个模型全部采用这种方法。每种情况下假设混合长度 $l(x)$ 与 η 无关。由式(22.23)可发现,这与 ν_t 与 η 无关的情况并不相同。这两个代数模型 (ν_t 与 $l(x)$)因此与横向的处理方法不同。

当采用混合长度表示时,式(22.9)等号右侧为 $l^2 U_N^2 (f'^2)'/\Delta^2$,而式(22.10)等号右侧则为 $T_N l^2 U_N (f''g')'/(Pr_t \Delta^2)$。如果式(22.11)中 α 由 x 轴上的 ν_t 定义,则由式(22.11)与式(22.23)可得

$$l(x) = \sqrt{\frac{\alpha}{f''(0)}} \Delta(x) \tag{22.24}$$

$l(x)$ 与 $y_e(x)$ 的 x 相关性对应于 $\Delta(x)$ 的 x 相关性,具体可参见表 22.1。

需要强调的是,这些微分方程的解是满足离散值 $\eta = \eta_e$ 处边界层外缘条件的解。因此由静止外部区域向外流的过渡并非连续发生的,而是在离散的边缘线处突然发生的。边缘线 $y = y_e$ 将湍流流动与非湍流流动区分开。

边缘速度分布高阶导数的间断性通过超层中的黏性效应来补偿。如果采用混合长度 l,奇异点也出现于速度最大点或最小点(轴上的射流与尾迹)。如果 $l(x)$ 与 η 无关,靠近轴的速度具有 $\bar{u}(x,y) = \bar{u}(x,0) + A(x) y^{3/2}$ 的形式,即 $\partial^2 \bar{u}/\partial y^2$ 在轴上是无限的。正则速度分布中,$l(x,y)$ 在 $y \to 0$ 表现为 $1/\sqrt{y}$。因此,混合长度不适合作为靠近轴的湍流模型。鲁迪与布什内尔(D. H. Rudy, D. M. Bushnell, 1973)给出了相关的综述。

22.3 平面自由射流

22.3.1 总体平衡

考虑图 22.1(a)中温度与静止环境温度有差异的平面射流。特别提出式(22.1),沿射流截面对式(22.2)与式(22.3)进行积分,可得总体平衡:

$$K = \int_{-\infty}^{+\infty} \bar{u}^2 \mathrm{d}y = U_N^2(x) \Delta(x) \int_{-\infty}^{+\infty} f'^2 \mathrm{d}\eta = 常数 \tag{22.25}$$

表 22.1 自由湍流剪切层最重要的特征值与 x 坐标的相关性
（物理量 $l(x)$ 和 $y_e(x)$ 具有与 $\Delta(x)$ 相同的 x 相关性）

参数	$\Delta(x) \propto (x-x_0)^a$	$U_N(x) \propto (x-x_0)^a$	$v_t(x) \propto (x-x_0)^a$	$T_N(x) \propto (x-x_0)^a$	$v_e(x) \propto (x-x_0)^a$	$y_{0.5u}=A(x-x_0)^a$		$y_{0.5T}=A(x-x_0)^a$	
	a	a	a	a	a	A	a	A	a
平面自由射流	1	$-1/2$	$1/2$	$-1/2$	$-1/2$	0.11	1	0.14	1
轴对称自由射流	1	-1	0	-1	-1	0.09	1	0.11	1
平面浮升射流	1	0	1	-1	0	0.12	1	0.13	1
轴对称浮升射流	1	$-1/3$	$2/3$	$-5/3$	$-1/3$	0.11	1	0.10	1
平面混合层	1	0	1	0	0				
轴对称混合层	1	0	1	0	0				
平面尾迹（射流）	$1/2$	$-1/2$	0	-1	-1	$0.2l\sqrt{c_D}$	$1/2$	$0.3l\sqrt{c_D}$	$1/2$
轴对称尾迹（射流）	$1/2$	$-1/2$	$-1/3$	$-2/3$	$-1/3$	$0.6lc_D^{1/3}$	$1/2$	$0.84lc_D^{1/3}$	$1/2$

$$E_T = \frac{\dot{Q}}{\rho c_p^b} = \int_{-\infty}^{+\infty} \bar{u}(\bar{T} - T_\infty)\mathrm{d}y = U_N(x)T_N(x)\Delta(x)\int_{-\infty}^{+\infty} f'g'\mathrm{d}\eta = 常数 \tag{22.26}$$

动量(由于不存在密度,K 被称为运动动量)和热能与沿射流 x 的长度无关。这就是(非等温)自由射流的两个特征参数。

自由射流中速度与温度分布沿流动方向发生变化。其分布在喷管出口处几乎是均匀的,而后假定在更远的下游为钟形。靠近喷管出口的流动过程在所谓非常远的下游远场与近场中十分简单。现在分别研究这两个方面。

22.3.2 远场

可以预见,喷管尺度的影响在非常远的下游会逐渐消失,且由于不再存在长度尺度,应会出现相似解。将来自式(22.13)的 $U_N(x)$ 与 $T_N(x)$ 尝试解代入条件式(22.25)与式(22.26),则可得到值 $m = n = -1/2$。选择 $a = 4$,微分方程式(22.15)与式(22.16)可表示为

$$f''' + 2(ff')' = 0 \tag{22.27}$$

$$\frac{1}{Pr_t}g''' + 2(fg')' = 0 \tag{22.28}$$

其边界条件为

$$\begin{cases} \eta = 0: f = 0, g = 0 \\ \eta \to \pm\infty : f' = 0, g' = 0 \end{cases} \tag{22.29}$$

除平凡解 $f = 0, g = 0$ 外,还存在所谓特征解。之所以这样命名是因为式(22.15)与式(22.16)在边界条件式(22.29)下只有特征值 $m = -1/2$ 与 $n = -1/2$ 的非平凡解如下:

$$f(\eta) = \tanh\eta \tag{22.30}$$

$$f'(\eta) = 1 - \tanh^2\eta \tag{22.31}$$

$$g'(\eta) = [f'(\eta)]^{Pr_t} \tag{22.32}$$

因此,$U_N(x)$ 与 $T_N(x)$ 是对称线上的最大值。值得注意的是,虽然函数 $\Delta(x)$、$U_N(x)$ 与 $T_N(x)$ 是不同的,但具有与层流自由射流相同的解,具体可参见 7.2.6 节。

射流宽度的量度为半值宽度,即具有最大速度半值点的局部距离。

半值宽度为

$$y_{0.5u} = 0.881\Delta = 0.881 \cdot 4\alpha(x - x_0) \tag{22.33}$$

$$y_{0.5T} = \Delta\,\mathrm{arctanh}\sqrt{1 - (0.5)^{1/Pr_t}} \tag{22.34}$$

其中,x_0 对应于通常与喷管出口位置不同的虚拟原点,具体可参见图 22.1(a)。

所得测量值为

$$y_{0.5u} = 0.11(x - x_0) \tag{22.35}$$

$$y_{0.5T} = 1.27 y_{0.5u} = 0.14(x - x_0) \qquad (22.36)$$

如果采用源于式(22.11)的 ν_t 湍流模型,可得 $\alpha = 0.033$ 与 $Pr_t = 0.84$。

射流宽度随射流长度呈线性增长,而与射流动量与热能无关。半值所在的直线与所有平面自由射流的对称线呈 $6.6°$ 和 $8.5°$ 角度。因此,温度场比速度场横向延伸了大约 30%。

由边界条件式(22.25)与式(22.26)可得 $\alpha = 0.033$ 情况下速度与温度最大值的下列公式:

$$\bar{u}_{\max}(x) = U_N(x) = \sqrt{\frac{3K}{4\Delta}} = \frac{1}{4}\sqrt{\frac{3K}{\alpha(x-x_0)}} = 2.4\sqrt{\frac{K}{x-x_0}} \qquad (22.37)$$

$$\bar{T}_{\max}(x) - T_\infty = T_N(x) = 2.6 \frac{E_T}{\sqrt{K(x-x_0)}} \qquad (22.38)$$

这些值随着射流的距离增大而降低。如果得到体积能量 $Q_b(x)$ 与平均运动的动能 $E(x)$(密度),可得

$$Q_b(x) = \int_{-\infty}^{+\infty} \bar{u} \mathrm{d}y = U_N \Delta \int_{-\infty}^{+\infty} f' \mathrm{d}\eta = 2U_N \Delta = 0.63\sqrt{K(x-x_0)} \qquad (22.39)$$

$$E(x) = \frac{1}{2}\int_{-\infty}^{+\infty} \bar{u}^3 \mathrm{d}y = \frac{U_N^3 \Delta}{2} \int_{-\infty}^{+\infty} f'^3 \mathrm{d}\eta = 0.48\sqrt{\frac{K^3}{x-x_0}} \qquad (22.40)$$

随着射流距离的增加,体积通量的增加特别值得注意。其基于湍流混合的一个湍流脉动重要作用。由于射流边缘的湍流脉动,存在一种横向动量交换,其周围更大区域内最初处于静止状态的流体被卷入并被带走。这种射流的拖曳作用是对周围静止的流体夹带作用的起源,也可与 18.1.1 节相比较,水射流泵利用了这种夹带作用。

速度分量 v 在自由射流边缘并未消失。按照 $\alpha = 0.033$ 情况下的式(22.6)与式(22.30),可得

$$\pm \bar{v}(y = \pm\infty) = v_e(x) = 0.87\sqrt{\frac{K\alpha}{x-x_0}} = 0.16\sqrt{\frac{K}{x-x_0}} \qquad (22.41)$$

自由射流的周围因此并非静止,而是源于式(22.41)的夹带,在射流周围产生了一个速度场。这种诱导的外部流动对射流的作用是一个高阶效应,相关内容将在 22.3.4 节中讨论。

由能量积分方程可发现,平均运动动能的降低对应于湍流的产生,有

$$\frac{\mathrm{d}E}{\mathrm{d}x} = \int_{-\infty}^{+\infty} \rho \frac{\partial \tau_t}{\partial y} \mathrm{d}y = -\int_{-\infty}^{+\infty} \frac{\tau_t}{\rho} \frac{\partial \bar{u}}{\partial y} \mathrm{d}y \qquad (22.42)$$

沿射流截面对式(22.20)积分可得射流中湍流能量的平衡方程:

$$\frac{\mathrm{d}}{\mathrm{d}x}\int_{-\infty}^{+\infty} k\bar{u} \mathrm{d}y = \int_{-\infty}^{+\infty} \frac{\tau_t}{\rho} \frac{\partial \bar{u}}{\partial y} \mathrm{d}y - \int_{-\infty}^{+\infty} \varepsilon \mathrm{d}y \qquad (22.43)$$

因此,湍流能量的变化为湍流产生与耗散之间的差异。

合并式(22.42)与式(22.43)可得

$$\frac{d}{dx}\int_{-\infty}^{+\infty}\left(\frac{\bar{u}^2}{2}+k\right)\bar{u}dy = -\int_{-\infty}^{+\infty}\varepsilon dy \tag{22.44}$$

表明耗散,即热力学能的增加对应于机械能的减少。由耗散引起的温度场变化正比于 $E_c = U_N^2/(c_p T_\infty)$,且其通常较小,因而式(22.3)忽略这种影响。

考虑细长参数 α 的相关量度[$y = O(\alpha)$, $\bar{u} = O(\alpha^{-1/2})$, $\nu_t = O(\alpha^{3/2})$, $\tau_t = O(1)$, $k = O(1)$],可发现湍流能量为

$$\frac{k(x,y)}{U_N^2(x)} = O(\alpha) \tag{22.45}$$

可参见施耐德(W. Schneider,1991)与莫尔瓦尔德(K. Morwald,1988)发表的文献。因此,参数 α 也可以解释为湍流脉动的动能与平均运动动能的比值。式(22.37)与式(22.41)提供了 $v_e/U_N = 2\alpha$,使得 α 为夹带的量度。

强调对于所有射流 α 为具有固定的常数。在 ν_t 与 y 无关的湍流模型中,α 是描述流动所必需的唯一经验量。如果 $U_N = \bar{u}_{\max}$ 与 $y_{0.5u}$ 在两个位置 x_1 与 x_2 测量而得,则式(22.33)与式(22.37)给出参数 α:

$$\alpha = \left[\frac{y_{0.5u}}{3.524(x-x_0)}\right]_1 = \left[\frac{y_{0.5u}}{3.524(x-x_0)}\right]_2 \tag{22.46}$$

其中

$$x_0 = \frac{(U_N^2 x)_1 - (U_N^2 x)_2}{U_{N1}^2 - U_{N2}^2} \tag{22.47}$$

两个位置处确定的 α 值一致性为自相似程度的量度。

图 22.2 展示了自由射流某些特征值的实测分布,并与理论结果进行了比较。由该图可发现,当采用恒定涡黏度模型时射流边缘出现偏差。

如果引入了一个间歇函数,使涡流黏度在射流边缘处降为零,具体可参见格斯滕与赫维希(K. Gersten, H. Herwig,1992)的专著第 737 页,对于边界层可得到更好的一致性,具体可参见 16.5.4 节。

此外,由图 22.2 可发现,k 与 τ_t 之间不存在比例性,因而不能应用布拉德肖等(P. Bradshaw et al.,1967)提出的湍流模型,具体可参见式(18.16)与式(18.19)。

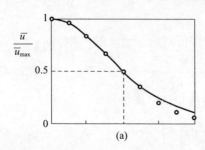
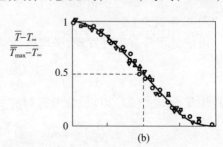

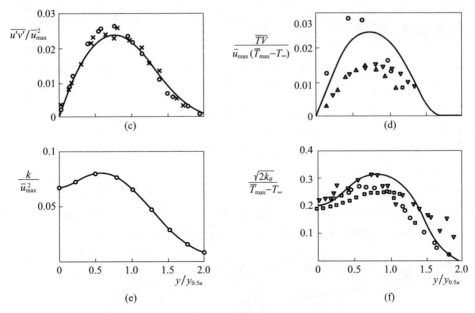

图 22.2 湍流平面自由射流远场中最重要的流动物理量

理论结果(—)与实验数据(○,△,□,......),源于施等(T.-H. Shin et al.,1990)的文献。

托尔明(W. Tollmien,1926)采用混合长度进行了平面自由射流的计算,而关于这个模型的数值则由拉贾拉特南(N. Rajaratnam,1976)在其专著第17页中提出。这个模型较好地描述了外缘速度分布,也可参见施里希廷(H. Schlichting,1982)的专著第766页。

朗德等人(B. E. Launder et al.,1973)采用 $k-\varepsilon$ 模型计算了平面自由射流,沃尔默斯与罗达(H. Vollmers,J. C. Rotta)则采用罗达模型计算了平面自由射流。由于模型常数是通过与自由射流测量值的匹配来确定的,因此模型与测量值之间具有较好的一致性。梅内克(E. Meineke,1977)采用罗达所提出的三方程湍流模型进行了自由射流以及其他自由剪切流的计算。

如果自由射流的两边的温度不同,就会存在垂直于自由射流的传热。这种情况对于空气帘是非常重要的,具体可参见格斯滕与赫维希(K. Gersten,H. Herwig,1992)的专著第736页。如果自由射流的速度很大,则必须考虑到其耗散。由于超高温度下的计算必须考虑温度相关的物理属性,因而存在速度场与温度场的相互耦合(可压缩自由射流),具体可参见 NASA SP-321(1973)。严格地说,自由射流全域内的压力是不恒定的,但由于存在式(16.33),自由射流中存在一个较弱的压力缺陷。

22.3.3 近场

自由射流的近场,即喷管出口处的流动与远场有很大的不同。简单的描述对于特别理想的特殊情况是可能的,其在喷管出口处存在均匀的速度分布,而这种情况再次给出相似解。图 22.3 展示了近场流动,可见形成了两个射流边界区。由喷管出口边缘开始,随着向外运动,速度由恒定值 $\bar{u}(x,0) = \bar{u}(0,0)$ 降至 0。两种射流边界流导致相似解,如 22.4 节所示。其宽度也沿射流长度而线性增加。近场长度约为喷管出口高度($2H$)的 5 倍,具体可参见舒尔茨·豪斯曼(F. K. V. Schulz–Hausmann,1985)发表的文献。在此之后,即 $x > 10H$,过渡场中轴上的速度减少,直至速度分布 $\bar{u}(x,0)$ 最终变为远场的速度分布 $\propto (x - x_0)^{-1/2}$。舒尔茨·豪斯曼(F. K. V. SCHULZ–HAUSMANN,1985)提出了可计算近场的积分方法。

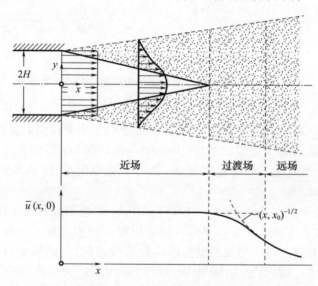

图 22.3 湍流平面自由射流的近场–过渡场与远场

如果喷管出口处存在充分发展的通道流,则不存在近场。喷管出口处的流动则直接转为过渡场。

22.3.4 壁面效应

前面已多次指出,速度分量 v 并未在射流边缘消失,而是直接指向射流内部(夹带)。然而远场中速度量级在下游的减小量正比于 $(x - x_0)^{-1/2}$,具体可参见式(22.41)。夹带使射流产生绕流,并会对射流产生影响。如果外部区域或射流出口有壁面,则在壁面上形成压力,改变动量的平衡。式(22.25)中的积分不再是常数，而是缓慢变化的 x 函数。施耐德（W. Schneider,1985）的研究表明，以直角流出壁面的射流动量如何在下游减小。根据这个研究，有

$$\frac{K(x)}{K_0} = \left(\frac{2H}{x-x_0}\right)^{\frac{3}{2}\alpha\cot(\Theta_w/2)} \tag{22.48}$$

式中：Θ_w 为图 22.4 中壁面与射流之间的夹角。此外，根据式（22.48），K_0 为 $x-x_0=2H$ 位置的运动动量。由于 α 非常小，根据式（22.48），K 的变化非常缓慢。对于 $x/2H=40$，由式（22.48）可知动量降低约 17%，与米勒与康明斯（D. R. Miller, E. W. Comings,1957）的测量一致。

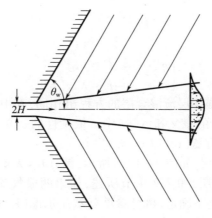

图 22.4　具有诱导外场的湍流平面自由射流

赖卡特（H. Reichardt,1942）、泰勒（G. I. Taylor,1958）、威格纳斯基（I. Wygnanski,1964）以及克雷默（K. Kraemer,1971）先后计算了由湍流自由射流诱导的有/无壁面无黏流动（势流）。然而，强不对称需要数值处理，具体可参见舒尔茨·豪斯曼（F. K. v. Schulz–Hausmann,1985）发表的文献。如果图 22.4 中下壁面处的夹角大于上壁面的夹角，或者如果没有下壁面，则所诱导的外流会引起自由射流产生曲率。弯曲的自由射流需要扩展的湍流模型，具体可参见布拉德肖（P. Bradshaw,1973）发表的文献。对于 $\Theta_w < 64°$ 的上壁面夹角，射流经过距离 x_R 之后附着于壁面。这种现象以罗马尼亚航空工程师科恩达的名字命名为科恩达效应。索耶（R. A. Sawyer,1963）计算了再附长度 $x_R(\Theta_w)$。$50° < \Theta_w < 64°$ 区间会发生迟滞现象，即射流要么附着于壁面，要么当前状态与 Θ_w 是增是减无关。科恩达效应具有许多技术应用，具体可参见威尔与费恩霍尔茨（R. Wille, H. Fernholz,1965）以及费恩霍尔茨（H. H. Fernholz,1964）发表的文献。流体元件的作用就是基于这种效应，具体可参见舍德尔（H. M. Schaedel,1979）发表的文献。

22.4 混合层

现考虑如图 22.1(c)所示具有两个速度 U 与 $\lambda U(0 \leqslant \lambda < 1)$ 及两个温度 $T_\infty + T_N$ 与 T_∞ 的两个平行流之间的混合层。如果选择 $U_\infty = 0, U_N = U$ 并在式(22.5)中取 $m = 0, n = 0$ 和 $a = 1$,则由式(22.15)与式(22.16)可得微分方程:

$$f''' + ff'' = 0 \tag{22.49}$$

$$\frac{1}{Pr_t}g''' + fg'' = 0 \tag{22.50}$$

其边界条件为

$$\begin{cases} \eta \to +\infty : f' = 1, g' = 1 \\ \eta \to -\infty : f' = \lambda, g' = 0 \end{cases} \tag{22.51}$$

方程式(22.51)与描述层流混合层的方程组相同,其中 Pr_t 对应于 Pr,具体可参见 7.2.4 节。然而,η 的意义和 $\Delta(x)$ 中 x 依赖性的意义是不同的,湍流状态有 $\Delta \sim (x - x_0)$,层流状态有 $\Delta(x) \sim (x - x_0)^{1/2}$]。

对于双侧平面混合层,如图 22.1(c)所示,具有 $0 < \lambda < 1$ 的第三个边界条件被错过了。对于层流混合层,如 7.2.4 节所述,如果两股气流均为亚声速和半无限的,则分界流线的位置仍不确定,也可参见莫尔瓦尔德(K. Morwald,1988)、施耐德(W. Schneider,1991)发表的文献。

实验表明,混合层是不对称的。这些混合层优先扩散到低速流中,并夹带流体。混合层外缘的夹带速度与 x 无关,因而自由射流的两侧是均匀的。其结果是两个自由流并不平行。实验中通过调节风洞壁面的倾斜度即可使自由流保持均匀的速度,具体可参见蒲伯(S. B. Pope,2000)发表的文献。

需要强调的是,x 轴并非分界流线,而是一条流线。针对 $0 < \lambda < 1$,可采用方程式(22.49)~式(22.51)来寻找混合层下游远方的渐近解。当考虑近原点前缘区域内的流场时,这种解会形成下游远方的第三个边界条件。

式(22.14)中参数 $\alpha(\lambda)$ 为速度比 λ 的函数。萨宾(C. M. Sabin,1963)提出以下经验公式,也可参见伯奇与艾格斯(S. F. Birch, J. M. Eggers,1972)的文献,有

$$\alpha(\lambda) = \alpha_0 \frac{1-\lambda}{\sqrt{1+\lambda}} \tag{22.52}$$

其中,$\alpha_0 = 0.045$。感兴趣者可在文献找到式(22.53)的相关信息:

$$\delta(\lambda) = \frac{\alpha^2(\lambda)}{1-\lambda} = \sigma_0 \frac{1+\lambda}{1-\lambda} \tag{22.53}$$

其中,$\sigma_0 = (2\alpha_0)^{-1} = 11$。这些尝试解等价于湍流模型:

$$\nu_t = \frac{\alpha^2(\lambda)}{1-\lambda}(U - \lambda U)(x - x_0) = \frac{1}{4\sigma_0 \sigma(\lambda)}(U - \lambda U)(x - x_0) \tag{22.54}$$

由这些关系及速度分布与温度分布可确定分界流线的倾斜角。

$\lambda = 0$ 的特殊情况通常称为射流边界流,这是因为其发生于自由射流近场中,如22.3.3节所述。这种情况下微分方程(22.49)的第三个边界层条件为

$$f''(\eta \to +\infty) = 0 \tag{22.55}$$

这意味着夹带效应只发生于静止流体中。直线形式的分界流线形成与 x 轴的角度:

$$\varphi_{DS} = -0.372 \cdot 0.045 = -0.017(-1°) \tag{22.56}$$

表22.2所示为射流-边界流动的数值结果。对于混合层通常可设 $Pr_t = 0.5 = $ 常数。

表22.2 射流-边界流动的数值结果($\lambda = 0$ 的混合层),($Pr_t = 0.5$,分隔流线位置为 $\eta = -0.3740$)

η	f	f'	f''	g'	g''
$\to \infty$	η	1	0	1	0
0	0.2392	0.6914	0.2704	0.6937	0.1823
-0.3740	0	0.5872	0.2825	0.6246	0.1863
$\to -\infty$	-0.8757	0	0	0	0

托尔明(W. Tollmien,1926)只在 $\lambda = 0$ 条件下采用混合长度模型对混合层流动与射流边界流动进行了计算,朗德等(B. E. Launder et al.,1973)采用 $k-\varepsilon$ 模型进行了计算,罗达(J. C. Rotta,1977)采用罗达模型(但只有 $\lambda = 0$)进行了计算。所有情况的计算结果与实验结果相当一致。

如果出现很大的温度差异(如考虑耗散),必须考虑温度相关的物理属性。这种情况会导致速度场与温度场之间的相互耦合(可压缩混合层),具体可参见伯奇与艾格斯(S. F. Birch,J. M. Eggers,1972)发表的文献。这种效应引起的湍流模型变化的细节可见萨尔卡与拉克什曼南(S. Sarkar,B. Lakshmanan,1991)的文献。

22.5 平面尾迹

图22.1(e)中,平面物体下游远方出现了尾迹。均匀自由流的速度为 U_∞。尾迹低压区深度以 $(-U_N(x))$ 表示。由于湍流的混合作用,下游低压区的宽度不断增加,且 $U_N(x)$ 随着 x 的增加而趋于零。在此考虑流动下游 $|U_N(x)| \ll U_\infty$ 条件成立。如果流动中物体的温度低于自由流温度,就会形成具有深度 $(-T_N(x))$ 的尾迹温度凹陷,如图22.1(e)所示。总体动量平衡可产生(具有宽度 b 与特征长度 l)

物体阻力与尾迹凹陷区动量损失之间的关系式，具体可参见7.5.1节。阻力系数则为

$$c_D = \frac{2D}{\rho U_\infty^2 bl} = \frac{2}{U_\infty^2 l}\int_{-\infty}^{+\infty} \bar{u}(U_\infty - \bar{u})\,dy \tag{22.57}$$

或采用式(22.5)、式(22.8)t 和 $|U_N| \ll U_\infty$

$$c_D = -2\frac{U_N(x)\Delta(x)}{U_\infty l}\int_{-\infty}^{+\infty} \bar{u}(U_\infty - \bar{u})\,dy \tag{22.58}$$

与之相似，热能平衡可产生

$$c_{\dot{Q}} = \frac{2\dot{Q}}{\rho c_p T_\infty U_\infty bl} = 2\frac{T_N(x)\Delta(x)}{T_\infty l}\int_{-\infty}^{+\infty} g'(\eta)\,d\eta \tag{22.59}$$

因此，乘积 $U_N(x)\Delta(x)$ 与 $T_N(x)\Delta(x)$ 必须与 x 无关。根据式(22.13)与式(22.17)，这就是 $m = n = -1/2$ 的情况。因此，根据式(22.11)，ν_t 也与 x 无关。如果 ν 由 ν_t 替代，这种情况下层流与湍流流动是相同的。此外，由式(22.6)可知夹带速度 v_e 消失。如果将宽度标度固定于 $a = 4|B|/U_\infty$，则可得微分方程：

$$f''' + 2(\eta f'' + f') = 0 \tag{22.60}$$

$$\frac{1}{Pr_t}g''' + 2(\eta g'' + g') = 0 \tag{22.61}$$

其边界条件为

$$\begin{cases} \eta = 0 : f' = 1, g' = 1 \\ \eta \to \pm\infty : f' = 0, g' = 0 \end{cases} \tag{22.62}$$

其解为

$$f'(\eta) = \exp(-\eta^2) \tag{22.63}$$

$$g'(\eta) = \exp(-Pr_t\eta^2) = [f'(\eta)]^{Pr_t} \tag{22.64}$$

可得

$$-\frac{U_N(x)}{U_\infty} = \frac{1}{\sqrt{8\alpha}}\pi^{-1/4}\left(\frac{c_D l}{x - x_0}\right)^{1/2} = 1.15\left(\frac{c_D l}{x - x_0}\right)^{1/2} \tag{22.65}$$

$$\frac{T_N(x)}{T_\infty} = \frac{1}{\sqrt{8\alpha}}\left(\frac{Pr_t}{\pi}\right)^{1/4}\left(\frac{c_{\dot{Q}} l}{x - x_0}\right)^{1/2} = 0.97\left(\frac{c_{\dot{Q}} l}{x - x_0}\right)^{1/2} \tag{22.66}$$

其中，由测量值选择值 $\alpha = 0.055$ 与 $Pr_t = 0.5$，具体可参见斯林瓦森与纳拉辛哈(K. R. Sreenivasan, R. Narasimha, 1982)发表的文献及施利希廷(H. Schlichting, 1982)的专著第760页与第773页。需要强调的是，由于假设 $|U_N(x)| \ll U_\infty$，式(22.61)并不包含函数 $f(\eta)$，因此速度场与温度场无关。因压缩性导致湍流模型变化的细节内容可参见萨卡尔与拉克什曼南(S. Sarkar, B. Lakshmanan, 1991)的文献。

特别需要注意的是，$\bar{v}(x)(\propto (x-x_0)^{-1})$ 与 $\bar{u} - U_\infty (\propto (x-x_0)^{-1/2})$ 与 x 的相关性是不同的。这是一个不完全相似的状况，具体可参见欣策(J. O. Hinze, 1975)

的专著第499页与第503页。施利希廷(H. Schlichting,1930)采用混合长度模型进行了计算,朗德等(B. E. Launder et al. ,1973)采用$k-\varepsilon$模型进行了计算,沃尔默与罗达(H. Vollmers, J. C. Rotta, 1977)采用罗达模型进行了计算。汤森(A. A. Townsend,1976)在其专著第206页提出也可采用二方程模型确定湍流能量平衡的细节内容。

尾迹近场的研究通常是针对平板之后的流动的,具体可参见切夫雷与科瓦斯瑙伊(R. Chevray, L. S. G. Kovasznay, 1969)、亚班达与普拉布(N. Subaschandar, A. Prabhu,1999)发表的文献。翼型之后的流场要复杂得多,这是因为近场是在翼型的压力场之内,具体可参见帕特尔与朔伊雷尔(V. C. Patel, G. Scheuerer, 1982)发表的文献。这个问题具有相当重要的实用意义,这是因为如果可对尾缘至远场的流动进行计算,则可确定翼型的总阻力。许多研究的目的是通过靠近翼型尾缘的边界层物理量来确定总阻力,具体可参见永(A. D. Young,1989)的专著第227页以及施利希廷(H. Schlichting,1982)的专著第780页。

翼型的阻力系数(自由流速度V、翼型弦长l)为

$$c_D = \frac{2D}{\rho V^2 bl} = 2\frac{\delta_{2TE}}{l}\left(\frac{U_{TE}}{V}\right)^{(H_{12}+5)_{TE}/2} \qquad(22.67)$$

式中:下标TE为尾缘。

如果动量厚度δ_2与形状因数H_{12}由边界层计算得出,则可确定阻力系数。例如,可通过测量尾缘处静压来确定后缘位势理论速度U_{TE}。式(22.76)中δ_{2TE}是翼型上下表面动量厚度的和。斯夸尔与永(H. B. Squire, A. D. Young, 1939)采用这个公式对一些实例进行了计算,得出了型厚度、雷诺数与层流-湍流转捩位置的影响。这个方法源于肖尔茨(N. Scholz,1951),其也对轴对称情况进行了研究,也可参见永(A. D. Young,1939)和格兰维尔(P. S. Granville,1953,1977)的文献。

靠近平板或型面尾缘的流动具有如同层流情况的多层结构,具体可参见梅尔尼克与格罗斯曼(R. E. Melnik, B. Grossmann,1981)发表的文献。

- **说明(平行流中的自由射流)**

尾迹远场方程同样适用于加热的自由射流远场,这个射流以平行于流动方向的速度U_j注入平移流,具体可参见拉贾拉特南(N. Rajaratnam,1976)的专著第63页,也可参见图22.1(f)。除阻力系数外,还得到了射流中的动量盈余系数:

$$c_\mu = \frac{2\rho U_j(U_j - U_\infty)2lb}{\rho U_\infty^2 lb} = \frac{4U_j(U_j - U_\infty)}{U_\infty^2}$$

由此可得

$$\frac{U_N(x)}{\sqrt{U_j(U_j - U_\infty)}} = 1.9\left(\frac{c_\mu l}{x - x_0}\right)^{1/2} \qquad(22.68)$$

其近场由两个混合层构成,具体可参见22.4节。

22.6 轴对称自由剪切流

22.6.1 基本方程组

重要的轴对称自由剪切流是自由射流与尾迹。在此采用具有速度分量 $\bar{u}$、$\bar{v}$ 的圆柱坐标 x、r。如果假设具有平面情况那样的细长度,则可得(同等压力下)下列方程:

$$\frac{\partial(\overline{ru})}{\partial x} + \frac{\partial(\overline{rv})}{\partial r} = 0 \tag{22.69}$$

$$\rho\left(\bar{u}\frac{\partial \bar{u}}{\partial x} + \bar{v}\frac{\partial \bar{u}}{\partial r}\right) = \frac{1}{r}\frac{\partial(r\tau_t)}{\partial r} \tag{22.70}$$

$$\rho c_p\left(\bar{u}\frac{\partial \bar{T}}{\partial x} + \bar{v}\frac{\partial \bar{T}}{\partial r}\right) = -\frac{1}{r}\frac{\partial(rq_t)}{\partial r} \tag{22.71}$$

其中

$$\tau_t = \rho\nu_t\frac{\partial \bar{u}}{\partial r}, q_t = -\frac{\rho c_p \nu_t}{Pr_t}\frac{\partial \bar{T}}{\partial r} \tag{22.72}$$

对于相似解,可采用类似于式(22.5)、式(22.7)与式(22.11)的下列尝试解:

$$\bar{u} = U_\infty + U_N(x)\frac{f'(\eta)}{\eta} \tag{22.73}$$

$$\bar{T} = T_\infty + T_N(x)g'(\eta) \tag{22.74}$$

$$\nu_t = \alpha U_N(x)\Delta(x) = \frac{1}{Re_t}U_N(x)\Delta(x) \tag{22.75}$$

其中

$$\eta = \frac{r}{\Delta(x)} \tag{22.76}$$

相似条件同样取决于所考虑的流动。

22.6.2 自由射流 $[U_\infty = 0, \Delta = 8\alpha(x - x_0)]$

采用条件[可参见式(22.25)与式(22.26)]如下:

$$K_a = 2\pi\int_0^\infty \bar{u}^2 r\mathrm{d}r = 2\pi U_N^2(x)\Delta^2(x)\int_0^\infty \frac{f'^2}{\eta}\mathrm{d}\eta = 常数 \tag{22.77}$$

$$E_{Ta} = \frac{\dot{Q}}{\rho c_p} = 2\pi\int_0^\infty \bar{u}(\bar{T} - T_\infty)r\mathrm{d}r$$

$$= 2\pi U_N(x) T_N(x) \Delta^2(x) \int_0^\infty g'f' d\eta = 常数 \quad (22.78)$$

含有 $f(\eta)$ 与 $g(\eta)$ 的式(22.69)~式(22.76)给出了微分方程：

$$\eta f'' + 8fg' - f' = 0$$
$$\frac{1}{Pr_t}\eta g'' + 8fg' = 0 \quad (22.79)$$

其解为

$$f(\eta) = \frac{\eta^2}{2(1+\eta^2)}, \frac{f'(\eta)}{\eta} = \frac{1}{(1+\eta^2)^2}, g'(\eta) = \left(\frac{f'}{\eta}\right)^{Pr_t} \quad (22.80)$$

最后可得

$$\bar{u} = \frac{1}{8\alpha}\sqrt{\frac{3K_a}{\pi}}\frac{1}{x-x_0}\frac{1}{(1+\eta^2)^2}$$
$$\bar{v} = \frac{1}{2}\sqrt{\frac{3K_a}{\pi}}\frac{1}{x-x_0}\frac{\eta(1-\eta^2)}{(1+\eta^2)^2} \quad (22.81)$$

$$\bar{T} - T_\infty = \frac{(2Pr_t+1)E_{Ta}}{8\alpha\sqrt{3\pi K}}\frac{1}{x-x_0}\frac{1}{(1+\eta^2)^{2Pr_t}} \quad (22.82)$$

$$\nu_t = \alpha\sqrt{\frac{3K_a}{\pi}} \quad (22.83)$$

$$Q = 2\pi\int_0^\infty \bar{u}r dr = 8\alpha\sqrt{3\pi K_a}(x-x_0) \quad (22.84)$$

其中经验常数为 $\alpha = 0.017$。

值得注意的是，ν_t 在整个场中是恒定的，且射流以这种方式呈现为层流轴对称自由射流。然而在湍流射流中，ν_t 取决于运动射流动量 K_a。如果采用式(22.83)来消除式(22.81)、式(22.82)与式(22.84)中的 α，并以相应的分子值 ν 与 Pr 来替代 ν_t 与 Pr_t，则可得层流轴对称自由射流的解，具体可参见12.1.5节。

最大速度的一半位置处的半扩张角具有量级（对于 $Pr_t = 0.5$）：

$$\begin{cases} \dfrac{r_{0.5u}}{x-x_0} = 8\alpha\eta_{0.5u} = 0.086(4.9°) \\ \dfrac{r_{0.5T}}{x-x_0} = 8\alpha\eta_{0.5T} = 0.13(7.4°) \end{cases} \quad (22.85)$$

托尔明(W. Tollmien,1926)采用混合长度模型，朗德等(B. E. Launder et al.,1973)采用 $k-\varepsilon$ 模型，沃尔默斯与罗达(H. Vollmers, J. C. Rotta,1977)采用罗达模型对自由射流进行了计算。

需要指出的是，由自由射流外部区域中的混合长度模型可得到比具有恒定 ν_t 模型更好的结果。向外移动时衰减的 ν_t 可能与实验具有更好的一致性，具体可参见蒂勒(F. Thiele,1975)发表的文献。自由射流的夹带作用对应于强度与 x 无关的射流轴线上、下沉线,即 $\lim_{r\to\infty}(\overline{vr})$ 并不取决于 x。

说明(径向射流)

当流体由管的外周狭缝吐出时,就会形成径向射流。其主流方向为径向(r 方向)。由于这些射流细长,其一般运动方程也可简化为边界层方程。这些方程也可产生相似解,具体可参见拉贾拉特南(N. Rajaratnam,1976)的专著第 50 页。如果径向射流附近有壁面(壁面法向为射流轴线),射流就会被吸附至壁面,这一过程类似于平面射流的科安达效应。根据径向射流的出口角,压力或吸力可能作用于壁面。这种流动的理论是基于边界层理论的思想,由佩奇等(R. H. Page et al.,1989)与佩奇(R. H. Page,1993)提出。

22.6.3 尾迹 [$|U_N| \ll U_\infty, \Delta = \lambda (x-x_0)^{1/3}$]

利用条件

$$c_D = \frac{2D}{\rho U_\infty^2 \frac{\pi}{4} l^2} = \frac{16}{U_\infty^2 l^2} \int_0^\infty \overline{u}(U_\infty - \overline{u}) r dr$$

$$= -16 \frac{U_N(x) \Delta^2(x)}{U_\infty^2 l^2} \int_0^\infty f' d\eta = \text{常数} \tag{22.86}$$

$$c_{\dot{Q}} = \frac{2\dot{Q}}{\rho c_p T_\infty U_\infty \frac{\pi}{4} L^2} = \frac{16}{T_\infty U_\infty l^2} \int_0^\infty \overline{u}(T_\infty - \overline{T}) r dr$$

$$= -16 \frac{T_N(x) \Delta^2(x)}{T_\infty l^2} \int_0^\infty g' d\eta = \text{常数} \tag{22.87}$$

由式(22.69)~式(22.76)可得下列 $f(\eta)$ 与 $g(\eta)$ 的微分方程:

$$f' + 2\eta f = 0, \frac{1}{Pr_t} g'' + 2\eta g' = 0 \tag{22.88}$$

其解为

$$f(\eta) = -\frac{1}{2}\exp(-\eta^2), \frac{f'(\eta)}{\eta} = \exp(-\eta^2)$$

$$g'(\eta) = \left(\frac{f'}{\eta}\right)^{Pr_t} = \exp(-Pr_t \eta^2) \tag{22.89}$$

最后可得

$$\overline{u} = U_\infty - \frac{U_\infty c_D l^2}{8\lambda^2}(x-x_0)^{-2/3}\exp(-\eta^2)$$

$$\overline{v} = -\frac{U_\infty c_D l^2}{24\lambda^2}(x-x_0)^{-4/3}\eta\exp(-\eta^2) \tag{22.90}$$

$$\overline{T} = T_\infty - T_\infty \frac{c_{\dot{Q}} Pr_t l^2}{8\lambda^2}(x-x_0)^{-2/3} \exp(-Pr_t \eta^2)$$

$$\nu_t = \alpha |U_N|\Delta = \frac{4}{3}\frac{\lambda^3}{c_D l^2}|U_N|\Delta = \frac{\lambda^2}{6}U_\infty(x-x_0)^{-1/3}$$

(22.91)

其中

$$\alpha = \frac{4}{3c_D}\frac{\lambda^3}{l^2} \tag{22.92}$$

需要特别强调的是，Δ 随 $x-x_0$ 呈非线性增长。根据罗迪(W. Rodi,1975)对实验数据的评估，常数 α 位于区间 $0.06<\alpha<0.56$（1.67α 等同于由罗迪给出的扩展参数 S）。在此采用 $\alpha=0.3$ 进行了计算。轴对称尾迹的径向扩展 $r_{0.5u}$ 与 $r_{0.5T}$ 正比于 $c_D^{1/3}$，具体可参见表 22.1。同时也应注意，欣策(J. O. Hinze,1975)在其专著第 510 页设置了值 $\lambda=0.76$，与平面尾迹相反，轴对称尾迹的扩展与 c_D 无关。

关于采用其他模型进行计算和实验结果的更多细节内容可参见施利希廷(H. Schlichting,1982)的专著第 763 页，欣策(J. O. Hinze,1975)的专著第 502 页、第 509 页和第 519 页。如同 22.5 节所述的平面尾迹，轴对称尾迹也拥有不完全的相似性，这是因为 $\overline{u}$ 与 $\overline{v}$ 遵循不同的 $x-x_0$ 幂律。假设阻力系数再次为射流动量盈余系数所代替，平动流动平行注入的自由射流远场也可采用这个解进行描述，具体可参见汤森(A. A. Townsend,1976)的专著第 226 页和第 255 页。

22.7 浮升射流

22.7.1 平面浮升射流

如图 22.1(b)所示，浮升射流与羽流是指位于能量 E_T 的能源上方的流动。在平面射流情况下表现为线能源。浮升射流与自由射流具有一定的相似性（这些自由射流也称动量射流）。浮升力使得流动向上加速，即随着 x 的增加，运动射流动量 $K(x)$ 以及因夹带效应所致的体积流量 $Q(x)$ 连续增加。另外，最大温度随 x 的增加而减少。

只要向式(22.2)中添加浮力项，则可采用式(22.1)~式(22.3)来描述浮升射流。采用布辛涅斯克近似，动量方程为

$$\overline{u}\frac{\partial \overline{u}}{\partial x} + \overline{v}\frac{\partial \overline{u}}{\partial y} = g\beta_\infty(\overline{T}-T_\infty) + \frac{1}{\rho}\frac{\partial \tau_t}{\partial y} \tag{22.93}$$

也可得到相似解。在此只提出最重要的结果。

采用尝试解

$$\overline{u} = U_N(x)f'(\eta), \overline{T}-T_\infty = T_N(x)g'(\eta) \tag{22.94}$$

且其边界条件(参见 10.5.4 节中的层流内容)为

$$E_T = \frac{\dot{Q}}{\rho c_p b} = \int_0^{+\infty} (\overline{T} - T_\infty)\overline{u}\mathrm{d}y = T_N(x)U_N(x)\Delta\int_{-\infty}^{+\infty} f'g'\mathrm{d}\eta = 常数 \quad (22.95)$$

可得如下结果:

$$U_N(x) = 1.7\,(g\beta_\infty E_T)^{1/3} \quad (22.96)$$

$$T_N(x) = 2.5 E_T\,(g\beta_\infty E_T)^{-1/3}(x-x_0)^{-1} \quad (22.97)$$

$$\Delta(x) = y_{0.5u} = 0.135(x-x_0) \approx 0.92 y_{0.5T} \quad (22.98)$$

$$Q_b(x) = 0.52\,(g\beta_\infty E_T)^{1/3}(x-x_0) \quad (22.99)$$

$$K(x) = 0.63\,(\beta_\infty E_T)^{2/3}(x-x_0) \quad (22.100)$$

$$\nu_t = 0.062 U_N(x)\Delta(x) \quad (22.101)$$

由于 $f'(0) = g'(0) = 1$ 成立,$U_N(x)$ 与 $T_N(x)$ 在轴上有最大值。此时湍流普朗特数被设为 $Pr_t = 0.74$。这些数值被拟合至实验中,具体可参见陈与罗迪(C. J. Chen, W. Rodi, 1980)、格斯滕等(K. Gersten et al., 1980)发表的文献。

反之,最大速度与 x 无关,体积流量 Q 与运动动量 K 随 x 成正比增长。侯赛因与罗迪(M. S. Hossain, W. Rodi, 1982)采用扩展的 $k-\varepsilon$ 模型对这种流动进行了计算。

一种应用扩展是浮升动量射流或强迫羽流。这种情况下存在由动量射流(近场)至浮升射流(远场)的过渡,但在过渡区域并不存在相似性。格斯滕等(K. Gersten et al., 1980)采用积分方法对这种流动进行了计算。在此也考虑了初始动量偏离垂线的倾斜度。

如果外场并不具有恒定的温度,而是以温度分层的形式出现,则浮升射流会发生相应的变化,具体可参见特纳(J. S. Turner, 1973)发表的文献,以及施利希廷(H. Schlichting, 1982)的专著第 774 页。

- 说明(地表面火)

方程式(22.1)、式(22.93)与式(22.3)具有产生夹带效应的相似解,即体积流量是恒定的。流动起自无限宽度 $\Delta \propto x^{-1/2}$,但速度 $U \propto x^{1/2}$ 与运动动量 $K \propto x^{1/2}$ 则由零开始。最大温度与 x 无关。这种流动在燃烧表面(近场)正上方的浅层延伸火中可得到很好的近似(如燃烧的油表面)。在更远的远方(远场),这种流动又变为浮升射流,具体可参见格斯滕等(K. Gersten et al., 1980)发表的文献。

22.7.2 轴对称浮升射流

类似于平面浮升射流,也可对轴对称浮升射流进行计算。如果能源的无量纲功率为

$$E_{Ta} = \frac{\dot{Q}}{\rho c_p} = 2\pi\int_0^\infty (\overline{T} - T_\infty)\overline{u}r\mathrm{d}r \quad (22.102)$$

则可得到速度与温度的以下分布[可参见特纳(J. S. Turner,1973)的文献],有

$$\bar{u} = 4.3\,(g\beta_\infty E_{Ta})^{1/3}(x-x_0)^{-1/3}e^{-\frac{96r^2}{(x-x_0)^2}} \qquad (22.103)$$

$$\bar{T} - T_\infty = 9.4 E_{Ta}(g\beta_\infty E_{Ta})^{-1/3}(x-x_0)^{-5/3}e^{\frac{71r^2}{(x-x_0)^2}} \qquad (22.104)$$

陈与罗迪(C. J. Chen, W. Rodi,1980)在其发表的文献中提出不同的数值,具体可参见表 22.1。施耐德(W. Schneider,1975)及弗莱施哈克尔与施耐德(G. Fleischhacker, W. Schneider,1991)在其发表的文献中对初始动量倾斜的情况进行了阐述。这些结果也与实验值进行了比对,可参见李斯特(E. J. List,1982)与格布哈特(B. Gebhart et al.,1984)发表的文献。

22.8 平面壁射流

平面壁射流是一侧以壁面为边界的射流。这种流动形式表现为外部区域自由湍流与壁面区域边界层并存。壁面射流具有许多实际应用,如在通风、加热、冷却与干燥等方面。

下面的分析并不适用于在垂直于进口速度矢量的第二壁面出现的壁面射流。这个限制的原因将在本节的最后部分给出。

对应于这种流动的两个成分(自由湍流与边界层),湍流壁面射流取决于细长参数 α(外部区域)和适合的雷诺数(壁面区域)。因而,存在双参数的问题。平面壁湍流射流(远场)具有如图 22.5 所示的三层结构。

对于高雷诺数而言,下部的两层会逐渐消失,渐渐形成半射流,即保持为半自由射流。这种(细长)半射流是基本解,并受壁面无滑移条件的影响。半射流的特征是恒定的运动动量通量:

$$K_\infty = \lim_{Re_x \to \infty} \int_0^\infty \bar{u}^2(y)\,\mathrm{d}y \qquad (22.105)$$

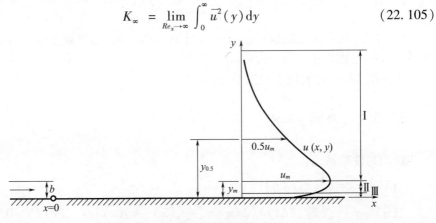

图 22.5 平面壁湍流射流(远场)

按照式(22.37),下游远方的最大速度变为

$$U_N(x) = \sqrt{\frac{3K_\infty}{8\alpha(x-x_0)}} \qquad (22.106)$$

因此,渐近运动动量通量是壁面射流的一个特征量。

具有渐近运动动量通量 K_∞ ($m^3 s^{-2}$) 的湍流壁面射流最大速度 u_m 具有以下形式:

$$u_m = f(x-x_0, \nu, K_\infty) \qquad (22.107)$$

式中:x_0 为虚拟原点的坐标;ν 为运动黏度。根据定义,渐近公式与槽孔宽度 b、进口平均速度 U_j 和进口动量通量 K_j 无关。由量纲分析可得

$$\frac{u_m \nu}{K_\infty} = F(Re_x) \qquad (22.108)$$

其中,雷诺数 Re_x 可定义为

$$Re_x = \frac{\sqrt{(x-x_0)K_\infty}}{\nu} \qquad (22.109)$$

表示式(22.108)的唯一曲线是通用的,对于所有平面壁湍流射流(无垂直壁)均有效。

如下量纲组合也同样取决于雷诺数:

$$\frac{y_m}{y_{0.5}}, \frac{u_m y_{0.5}}{\nu}, \frac{\sqrt{(x-x_0)K}}{\nu}, Re_m = \frac{u_m y_m}{\nu}, \frac{K}{K_\infty}, \gamma_G^2 = \frac{\tau_w}{\rho U_N^2}, \frac{\tau_w \nu^2}{\rho K_\infty^2} \qquad (22.110)$$

作为雷诺数的函数并呈现为量纲组合的示意图可用来确定给定壁面射流的特征动量通量 K_∞。这将导致壁面射流流动中所有 $x-x_0$ 位置均具有相同的 K_∞ 值。对于包含 K_∞ 的量纲组合而言,迭代过程对于确定 K_∞ 是必要的。

类似于平衡边界层,可引入扰动参数:

$$\gamma_G(x) = \frac{u_\tau(x)}{U_N(x)} \qquad (22.111)$$

对于壁面射流流场的描述是基于三层结构的。此外,假设速度分布是自相似的,但三层中的第一层是分开的。

根据图 22.5,可发现下列三层结构。

22.8.1 外层 $y \geqslant y_m$

对无黏性摩擦,有

$$\begin{cases} u(x,y) = u_m(x)\dot{F}(\eta) \\ \eta = [x-y_m(x)]/\Delta(x), \Delta(x) = [y_{0.5}(x)-y_m(x)]/k \quad (\dot{F}(k)=0.5) \end{cases}$$

$$(22.112)$$

22.8.2 缺陷层($0 < y < y_m$)

对无黏性摩擦,有

$$\begin{cases} y_m(x)/y_{0.5}(x) = O(\gamma_G) \\ u(x,y) = u_m(x) \cdot f'(\eta) \quad (\eta = y/y_m(x)) \end{cases} \tag{22.113}$$

22.8.3 黏性壁面层($0 \leqslant y < 70\nu/u_\tau$)

垂直壁面的恒定剪切应力,有

$$\begin{cases} \tau(x) = \tau_w(x) = u_\tau^2(x)/\rho \\ u(x,y) = u_\tau(x) \cdot u^+(y^+) \quad (y^+ = yu_\tau(x)/\nu) \end{cases} \tag{22.114}$$

格斯滕(K. Gersten,2015)描述了计算的细节内容。缺陷层与壁面层的匹配出现于重叠层内。因此,在格斯滕(K. Gersten,2015)发表的文献中,湍流壁面射流被视为具有4层结构的流动。对数速度律在重叠层中是有效的。为匹配重叠层中的速度,可得以下形式的摩擦定律:

$$\frac{1}{\gamma_G} = \frac{1}{\kappa}\ln(Re_x \gamma_G^2) + \hat{D} + \hat{E}\gamma_D + k \tag{22.115}$$

或显式形式:

$$\gamma_G = \frac{\kappa}{\ln Re_x} G(\Lambda; D, E) \tag{22.116}$$

其中

$$\begin{cases} \Lambda = \ln Re_x, D = 2\ln\kappa + \kappa\hat{D}, E = \kappa^2 \hat{E} \\ \dfrac{\Lambda}{G} + 2\ln\dfrac{\Lambda}{G} - D = \Lambda + E\dfrac{G}{\Lambda} \end{cases} \tag{22.117}$$

在外层与缺陷层之间边界位置 $y = y_m(\eta = 1, \bar{\eta} = 0)$,函数 $u(x,y)$、$v(x,y)$、$\tau(x,y)$、$\partial u/\partial y$、$\partial^2 u/\partial y^2 (\gamma_G \to 0)$ 是连续的(修补法)。

涡黏度与 $\bar{\eta}$ 无关的假设引出了著名的自由射流解:

$$\dot{F}(\bar{\eta}) = 1 - (\tanh\bar{\eta})^2 \tag{22.118}$$

可参见式(22.31)。缺陷层中间接湍流模型为

$$f'(\eta) = \frac{1}{\kappa}\left(-\ln\eta - \frac{5}{6} + \frac{3}{2}\eta^2 - \frac{2}{3}\eta^3\right) \tag{22.119}$$

可参见格斯滕(K. Gersten,2015)的专著第360页。

通过采用这些函数,可得以下公式($\kappa = 0.41; k = 0.8814$):

$$Q_b(x) = \int_0^\infty u(x,y)\mathrm{d}y = 1.135 u_m y_{0.5}\left[1 - \frac{y_m}{y_{0.5}}\left(0.119 + 1.075\frac{u_\tau}{u_m}\right)\right] \tag{22.120}$$

$$K(x) = \int_0^\infty u^2(x,y)\mathrm{d}y = 0.756 u_m^2 y_{0.5}\left[1 + \frac{y_m}{y_{0.5}}\left(0.322 - 3.226\frac{u_\tau}{u_m}\right)\right] \quad (22.121)$$

动量通量 $K(x)$ 必须满足动量积分方程：

$$K(x) = K_\infty + \int_0^x \frac{\tau_w(x)}{\rho}\mathrm{d}x \quad (22.122)$$

采用摩擦定律式(22.16)，积分引出了最终的公式：

$$K(x) = K_\infty \left\langle 1 + \frac{3\kappa}{4\alpha}\left[\gamma_G(x) + \frac{1}{\kappa}\gamma_G^2(x) + O(\gamma_G^3)\right]\right\rangle \quad (22.123)$$

式(22.123)是针对所有湍流壁面射流的通用函数。这个函数并不包括除卡门常数 $\kappa(\kappa = 0.41)$ 和细长参数 $\alpha(\alpha = 0.021)$ 之外的任何经验常数。半自由射流的细长参数要比自由射流的细长参数 $(\alpha = 0.033)$ 小，其原因为壁面的存在降低了夹带效应及由此产生的射流传播速率。

更多的全局值如下。

壁面射流厚度：

$$y_{0.5}(x) = 4\alpha k(x - x_0) \quad (22.124)$$

最大速度：

$$u_m(x) = U_N(x)\left[1 + B_1\gamma_G + B_2\gamma_G^2 + \cdots\right] \quad (22.125)$$

最大速度点的壁面距离：

$$y_m(x) = A_1 y_{0.5}(x)\gamma_G[1 + A_2\gamma_G + \cdots] \quad (22.126)$$

当实验值 $y_{0.5}(x)$、$u_\tau(x)$ 和 $K(x)$ 给定，且采用式(22.106)、式(22.111)和式(22.124)的以下组合式时，则式(22.123)可用来确定 K_∞：

$$\gamma_G(x) = u_\tau(x)\sqrt{\frac{2y_{0.5}(x)}{3kK_\infty}} \quad (22.127)$$

通用常数 A_1、A_2、B_1 与 B_2 由式(22.125)定义，而式(22.126)以分析结果与现有实验结果一致的方式来定义。在此采用了由泰兰德与马修进行的研究且由格斯滕(K. Gersten, 2015)发表的文献所给出的两个壁面射流数据。

值得一提的是，缺陷层中 τ_t 会改变符号。$\tau_t(y = y_{\tau_t = 0})$ 的零值与速度最大值 $(y = y_m)$ 之间湍流的产生率 $(\propto \tau_t \partial \bar{u}/\partial y)$ 为负，即能量由湍流脉动转移至平均运动。具有相同特征的实例包括 17.2.2 节的库埃特-泊肃叶流动和 19.3 节的自然对流。涡黏度与混合长度的概念在此失效了。

关于壁面射流实验结果的综述可参见朗德与罗迪(B. E. Launder, W. Rodi, 1981)及施耐德与戈德斯坦(M. E. Schneider, R. J. Goldstein, 1994)发表的文献。

正如本节开始所提及的，前面的分析对于垂直于速度矢量的壁面射流是无效的。如施耐德(W. Schneider, 1985)所示，湍流自由射流由平壁面的孔流出时，其动量通量在下游远方降为零。当然，对于湍流半自由射流也是如此。

第五篇 边界层理论的数值方法

第 23 章
边界层方程组的数值积分

23.1 层流边界层

23.1.1 引言

边界层方程的数值解基于偏微分方程中的微分表达式可用差分表达式近似的假设。这种近似称为离散化,可通过坐标方向上速度分量的级数展开而得到。这些级数展开式不必由泰勒级数构成。因为在任何展开式中只能取一定数量的项,因而存在离散误差或截断误差,这取决于被忽略项的数量与大小。

为推导出差分表达式,必须在边界层上设置网格。网格由坐标线构成。然后需要在坐标线与坐标线交点即网格点的解中确定未知的速度分量。坐标线之间的间距可选择为常数或变量。如果速度分量存在较大的局部变化,则网格点之间的间距必须足够小,使离散误差维持在较小数值。

离散化可得到线性差分方程,也可得到非线性的差分方程,以确定网格点上定义的未知速度分量。未知数由网格点的数量获得。为使模型尽可能精确,网格点之间的间距必须非常小,因而未知数的数目总是很大的,必须采用计算机来求解差分方程。

由于微分方程出现非线性,因此差分方程的解大多必须进行迭代。因而,求解结果的精度取决于所用的求解方法。由于流场离散有许多不同的方法,也存在几种求解方法,因此数值解并非唯一的。差分方程及其解的形式有许多种不同的变化。离散误差的阶数是建立差分方程的关键。如果增大误差的阶数或增加网格点的数目,就会提高精度,那么计算量也会变得更大。为此必须在精度与计算量之间寻求平衡。因此,构造数值解的一个最重要的目标就是以最少的计算成本实现最大的精度。

边界层方程数值解的精度还取决于独立变量与因变量的选择。在此也存在诸多不同的可能性,进一步增加了尝试解的数目。变量的选择直接影响解的精度,下面将详细讨论这个内容。

边界层方程的数值解现在可采用标准方法(场方法)来建立。最早的一种计算机数值解就是由布洛特内与福格洛茨(F. G. Blottner and I. Flugge‐Lotz,1963)设计的。几乎与此同时,史密斯与克拉特(A. M. O. Smith and D. W. Clutter,1963)发表了边界层方程的一种不同的解。随着时间推移和计算机计算能力的提高,这些解被推展至更大的应用范围,在可压缩边界层的应用可参见史密斯与克拉特(A. M. O. Smith and D. W. Clutter,1965)发表的文献;二元气体的应用可参见布洛特内(F. G. Blottner,1964)发表的文献;在扰动边界层的应用可参见克劳斯(E. Krause,1967,1969,1972)发表的文献,在三维边界层的应用可参见克劳斯等(E. Krause et al.,1968)发表的文献。解方法中的一种变化是由凯勒(H. B. Keller,1971)提出的,这个方法是现在经常使用的"子方案",它包括将二阶偏微分方程的动量方程转换为两个一阶微分方程。这个解只是许多现在应用方法中的一种。布洛特内(F. G. Blottner,1975)对解的方法进行了总结综述。凯勒(H. B. Keller,1978)出版了基于子方法的第二篇综述。

23.1.2 边界层变换的说明

第6章和第7章以3种不同的形式给出了二维稳态不可压层流边界层的边界层方程。

与雷诺数的相关性以式(6.14)~式(6.16)的形式已通过边界层变换予以消除。对这些方程进行积分的最大优点在于无量纲速度分量及其导数均为 $O(1)$ 量级。这保证了离散误差不会任意增长,解也不会变形。式(6.14)~式(6.16)的数值解通过采用适合的网格对两个微分方程离散而获得,而后由给定的初始条件与边界条件求解得到差分方程。

边界层方程的第二种形式是式(7.77);这是通过高特勒(Görtler)变换得到的;将无量纲流函数与尺度函数 $g(\xi) = \sqrt{2\xi}$ 引入动量与连续方程得到了只有一个方程的无量纲相对流函数 $f(\xi,\eta)$。如果以差商替代式(7.77)中关于 ξ 的偏导数,由此所产生的只包含对 η 求导的差分微分方程可采用非线性常微分方程的数值方法来求解。这意味着式(7.77)的解几乎不需要搜索算法来对边界层边缘进行定位,就像式(6.14)与式(6.15)的数值解所需的那样。

边界层方程的第三种形式已在7.3.2节中提出,主要源于冯·米塞斯转换。此处 x 与 y 坐标转换为自变量 ξ 与 ψ,其中 ξ 等同于 x,而 ψ 仍为流函数。以总压为因变量,总压中 $\rho v^2/2$ 项在边界层内很小,因而可忽略。由这种变换而得到的方程为式(7.80),其形式为热传导方程,通过离散这两个微分方程可将其转化为差分方程。冯·米塞斯变换的优势类似于相似变换,因变量的数目由两个减至一个。由计算空间到临近速度 u 趋于零壁面的实空间的逆变换中会出现精度不足的问题,而积分式 $y = \int (1/u) \mathrm{d}\psi$ 的数值评估也会得出不正确的速度分布 $u(y)$。

利用这 3 种形式的边界层方程,已经开发并成功地测试了数值解。

23.1.3 显式与隐式离散

现在演示如何获得式(6.14)与式(6.15)形式的边界层方程差分公式。为简便起见,将忽略这些方程中的星与条,则

$$u\frac{\partial u}{\partial x} + v\frac{\partial u}{\partial y} = -\frac{\mathrm{d}p}{\mathrm{d}x} + \frac{\partial^2 u}{\partial y^2} \tag{23.1}$$

$$\frac{\partial u}{\partial x} + \frac{\partial v}{\partial y} = 0 \tag{23.2}$$

目前,只需考虑式(23.1),这是因为其提供了速度切向分量 $u(x,y)$。如果初始薄片上的初始速度已知,或者在另一个截面 $x=$ 常数上进行过计算,则可确定法向分量。

如果将连续方程式(23.2)代入动量方程式(23.1),离散方式就变得清楚,则可得

$$u\frac{\partial v}{\partial y} - v\frac{\partial v}{\partial y} = \frac{\mathrm{d}p}{\mathrm{d}x} - \frac{\partial^2 u}{\partial^2 y} \tag{23.3}$$

如果速度 u 的切向分量和压力梯度 $\mathrm{d}p/\mathrm{d}x$ 已知,式(23.3)为 v 的常微分方程,其正式解为

$$v(x_0,y) = \exp(-F)\left[\int_0^y \left[\exp(F)\right]g\mathrm{d}y' + v(x_0,0)\right] \tag{23.4}$$

其中

$$F(y) = -\int_0^y \left(\frac{1}{y}\frac{\partial u}{\partial y'}\right)\mathrm{d}y', g(y) = \frac{1}{u}\left(\frac{\mathrm{d}p}{\mathrm{d}x} - \frac{\partial^2 u}{\partial x^2}\right) \tag{23.5}$$

式(23.4)中, x_0 为开始边界层计算的初始薄片坐标。物理量 $v(x_0,0)$ 表示壁面($y=0$)法向分量的值。如果壁面是不可穿透的,则有 $v(x_0,0)=0$。

由于初始分布 $u(x_0,y)$ 通常并不是作为函数给出的,而是作为一个图表给出的,式(23.3)通常是采用龙格 - 库塔法进行数值积分的。因此,速度的法向分量不能随意给定,但必须对边界层的每个截面进行计算,以便与切向分量相容。从数学角度来看,连续方程是保证无源流动的相容条件,具体可参见廷(L. Ting,1965)发表的文献。

为了推导出式(23.1)的差分方程,以差商替代 u 与 v 的偏导数。在边界层叠加坐标网格,所采用的坐标是与物体表面相切和垂直的坐标。简便起见,选择了笛卡儿坐标 x 与 y。以 Δx 与 Δy 定义两个坐标线之间的间距,且以 i 表示 x 方向的网格点,以 j 表示 y 方向上的网格点,通过以下所谓中心空间差分表达式,以 i 与 j (图 23.1)替代任意点 P 处 y 的偏导数:

$$\left(\frac{\partial u}{\partial y}\right)_{i,j} = \frac{u_{i,j+1} - u_{i,j-1}}{2\Delta y} + O[(\Delta y)^2] \tag{23.6}$$

$$\left(\frac{\partial^2 u}{\partial y^2}\right)_{i,j} = \frac{u_{i,j+1} - 2u_{i,j} + u_{i,j-1}}{(\Delta y)^2} + O[(\Delta y)^2] \tag{23.7}$$

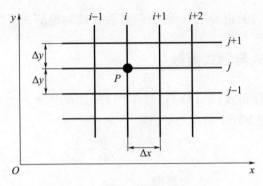

图 23.1　差分方程的网格分布

这两种近似的截断误差具有 $O[(\Delta y)^2]$ 的量级。如果初始薄片上只有 $u(x_0, y)$ 是已知的,则只能采用具有 $O(\Delta x)$ 量级截断误差的 x 偏导数近似。这种近似称为前向空间差分:

$$\left(\frac{\partial u}{\partial x}\right)_{i,j} = \frac{u_{(i+1,j)} - u_{i,j}}{\Delta x} + O(\Delta x) \tag{23.8}$$

如果现有下标 i 与 $1 \leqslant j \leqslant J$ 位于初始薄片上,其中 $P_{i,j}$ 表示壁面($y=0$)的网格点,$P_{i,j=J}$ 表示边界层边缘上的点,所有网格点 $P_{i,j}$ 中两个速度分量 u 与 v 可假设为已知。将级数展开式(23.6)~式(23.8)代入式(23.1),网格点 $P_{i+1,j}$ 上速度分量 u 的所有值均可直接确定:

$$u_{i+1,j} = u_{i,j} + (u_{i,j+1} - 2u_{i,j} + u_{i,j+1})\frac{\Delta x}{u_{i,j}(\Delta y)^2}$$
$$- (u_{i,j+1} - u_{i,j-1})\frac{v_{i,j}}{u_{i,j}}\frac{\Delta x}{2\Delta y} - \left(\frac{\mathrm{d}p}{\mathrm{d}x}\right)_i \frac{\Delta x}{u_{i,j}}$$
$$+ O[(\Delta x)^2, (\Delta x)(\Delta y)^2] \tag{23.9}$$

既然已经知道 $u_{i+1,j}$ 的值,那么对于所有 $P_{i+1,j}$ 点的 $v_{i+1,j}$ 值也可用式(23.4)来确定。这意味着可完全计算位于初始薄片距离 Δx 下游的流场。在所选择的公式中,所需速度分量 $u_{i+1,j}$ 的所有值均直接由差分方程获得,因而这种方法称为显式。如果速度 $u_{i+1,j}$ 的法向分量可采用式(23.4)来获得,下一个积分步所需的所有数据已知,则可确定速度分量 $u_{i+2,j}$ 与 $v_{I+2,j}$。通过这种方法,可沿所需的流动方向上按需进行多次积分。

显式解的优势是所需的代数运算量最少。但其缺点是流动方向上步长 Δx 不能任意选择。为了使误差不会无限制增长,Δx 不能超过某个特定值。为保证解在数值上是稳定的,必须满足以下条件:

$$\Delta x \leqslant \frac{1}{2}[u_{i,j}(\Delta y)^2] \tag{23.10}$$

根据式(23.10),当 $y \to 0$ 时具有 $u \to 0$ 的最靠近壁面网格点切向分量值 $u_{i,j=2}$ 将会对流动主方向的步长有相当大的影响。由于对步长的这种限制,当边界条件因精度需要非常小的步长时,显式解只用于边界层方程。在此不再讨论数值稳定性问题。差分方程构成的详细内容可见里克特迈耶与莫顿(R. D. Richtmyer, K. W. Morton,1967)、艾萨克森与凯勒(E. Isaacson, H. B. Keller,1966)发表的文献,特别是涉及流体动力学的问题可参见赫希(C. Hirsch,1988)发表的文献。推导方程式(23.9)中导数 $\partial u/\partial y$ 与 $\partial^2 u/\partial y^2$ 由中心差分表达式(23.6)与(23.7)替代。为提高精度,点 $P_{i+1/2,j}$ 的差分方程也可用公式表示。可形成以下的平均量:

$$\left(\frac{\partial u}{\partial y}\right)_{i+1/2,j} = \frac{1}{2}\left[\left(\frac{\partial u}{\partial y}\right)_{i,j} + \left(\frac{\partial u}{\partial y}\right)_{i+1,j}\right] + O[(\Delta x)^2] \quad (23.11)$$

$$\left(\frac{\partial^2 u}{\partial y^2}\right)_{i+1/2,j} = \frac{1}{2}\left[\left(\frac{\partial^2 u}{\partial y^2}\right)_{i,j} + \left(\frac{\partial^2 u}{\partial y^2}\right)_{i+1,j}\right] + O[(\Delta x)^2] \quad (23.12)$$

这些表达式中,微分表达式由差分表达式替代:

$$\left(\frac{\partial u}{\partial y}\right)_{i+1/2,j} = \frac{u_{i=1,j=1} - u_{i+1,j+1} + u_{i,j+1} - u_{i,j-1}}{4\Delta y} + O[(\Delta x)^2, (\Delta y)^2] \quad (23.13)$$

$$\left(\frac{\partial^2 u}{\partial y^2}\right)_{i+1/2,j} = \frac{u_{i+1,j+1} - 2u_{i+1,j} + u_{i+1,j-1} + u_{i,j+1} - 2u_{i,j} + u_{i,j-1}}{2(\Delta y)^2} + O[(\Delta x)^2, (\Delta y)^2]$$

$$(23.14)$$

将式(23.8)、式(23.13)与式(23.14)的差分表达式代入动量方程式(23.1),根据克兰克-尼科尔森格式可得差分方程:

$$A_{i+1/2,j} u_{i+1,j+1} + B_{i+1/2,j} u_{i+1,j} + C_{i+1/2,j} u_{i+1,j-1} + D_{i+1/2,j} + O[(\Delta x),(\Delta y)^2] = 0$$

$$(23.15)$$

其中

$$A_{i+1/2,j} = \frac{1/\Delta y - v_{i,j}/2}{2\Delta y}, \quad B_{i+1/2,j} = -[1/(\Delta y)^2 + u_{i,j}/\Delta x] \quad (23.16)$$

$$C_{i+1/2,j} = \frac{1/\Delta y + v_{i,j}/2}{2\Delta y}, \quad \overline{B}_{i+1/2,j} = -[1/(\Delta y)^2 - u_{i,j}/\Delta x] \quad (23.17)$$

$$D_{i+1/2,j} = A_{i+1/2,j} u_{i,j+1} + \overline{B}_{i+1/2,j} u_{i,j} + C_{i+1/2,j} u_{i,j-1} - \left(\frac{\mathrm{d}p}{\mathrm{d}x}\right)_{i+1/2} \quad (23.18)$$

严格地讲,式(23.16)与式(23.17)中 $u_{i,j}$ 与 $v_{i,j}$ 的值应由 $u_{i+1/2,j}$ 与 $v_{i+1/2,j}$ 替代。这将在23.1.4节中更详细地考虑,参见式(23.25)。

与显式的式(23.9)相比,差分方程式(23.15)包含3个相邻点处速度切向分量的未知量,$u_{i+1,j}$ 不能直接给出,因此,差分方程的形式是隐式的,其解将在23.1.4节中介绍。

23.1.4 隐式差分方程组的解

方程式(23.15)的系数矩阵是三对角的,即只有主对角线和相邻的两条对角线被占据。该方程的解可用托马斯递归算法来求。如同前面所讨论的显式解的情况,假定速度分量 $u_{i,j}$ 与 $v_{i,j}$ 已知,采用无滑移条件 $u(x,0)=0$,可确定最靠近壁面的点 $P_{i+1/2,j=2}$ 的以下物理量:

$$E_{i+1/2,j=2} = -\frac{A_{i+1/2,j=2}}{B_{i+1/2,j=2}}; \quad F_{i+1/2,j=2} = -\frac{D_{i+1/2,j=2}}{B_{i+1/2,j=2}} \tag{23.19}$$

这样,$u_{i+1/2,j=2}$ 可用 $u_{i+1,j=3}$ 来替代:

$$u_{i+1/2,j=2} = E_{i+1/2,j=2} u_{i+1,j=3} + F_{i+1/2,j=2} \tag{23.20}$$

将式(23.20)代入 $j=3$ 的差分方程中,下一点 $u_{i+1,j=3}$ 的速度切向分量值可表示为

$$u_{i+1/2,j=3} = E_{i+1/2,j=3} u_{i+1,j=4} + F_{i+1/2,j=3} \tag{23.21}$$

这种递归可根据需要经常重复,并可得到

$$u_{i+1,j} = E_{i+1,j+1} u_{i+1,j+1} + F_{i+1/2,j} \quad (2 < j \leqslant J-1) \tag{23.22}$$

其中

$$E_{i+1/2,j} = \frac{A_{i+1/2,j}}{B_{i+1/2,j} + C_{i+1/2,j} + E_{i+1/2,j-1}} \tag{23.23}$$

$$F_{i+1/2,j} = \frac{C_{i+1/2,j} F_{i+1/2,j-1} + D_{i+1/2,j}}{B_{i+1/2,j} + C_{i+1/2,j} + E_{i+1/2,j-1}} \tag{23.24}$$

根据里克特迈耶与莫顿(R. D. Richtmyer, K. W. Morton, 1967)的专著第 199 页,这个解已为许多作者所独立使用。其代表了一种适应高斯消去法的抛物线形式动量方程,称为托马斯算法,具体可参见托马斯(L. H. Thomas, 1949)发表的文献。因此,为计算截面 $i+1$ 的速度分布,首先确定 $2 < j \leqslant J-1$ 下的所有量 $E_{i+1/2,j}$ 与 $F_{i+1/2,j}$。$u_{i+1,J}$ 可被设置为外部边界条件值,且位置 x_{i+1} 处的速度分布可完全计算出来。

由于差分方程是关于 $P_{i+1/2,j}$ 点的,但式(23.16)与式(23.17)中 $A_{i+1/2,j}$、$B_{i+1/2,j}$、$C_{i+1/2,j}$ 与 $\overline{B}_{i+1/2,j}$ 四个物理量可采用 $u_{i,j}$ 与 $v_{i,j}$ 进行计算,则会产生量级为 $O(\Delta x)$ 的误差。如果 $A_{i+1/2,j}$、$B_{i+1/2,j}$、$C_{i+1/2,j}$ 与 $\overline{B}_{i+1/2,j}$ 的表达式中的 $u_{i,j}$ 与 $v_{i,j}$ 可由下列平均值替代,则这个误差可通过 $u(x_{i+1})$ 的迭代计算降至 $O[(\Delta x)^2]$:

$$u_{m,i+1/2,j} = \frac{u_{i,j} + u_{i+1,j}}{2}, \quad v_{m,i+1/2,j} = \frac{v_{i,j} + v_{i+1,j}}{2} \tag{23.25}$$

式(23.18)中的 $u_{i,j+1}$ 与 $u_{i,j}$ 值不受平均值的影响。进一步的迭代并不能提高解的精度。边界层方程隐式积分的优势是差分方程的无条件解数值稳定,尽管步长 Δx 必须很小,但在保持数值稳定上不受任何限制,具体可参见里克特迈耶与莫顿(R. D. Richtmyer, K. W. Morton, 1967)、艾萨克森与凯勒(E. Isaacson, H. B. Keller, 1966)发表的文献。

23.1.5 连续方程的积分

如果隐式解是迭代的,法向分量 v 的计算则可整合进入迭代过程中。采用连

续方程的差分近似来确定 $v_{i+1/2,j}$,而不从式(23.25)中得出平均值。因此,为点 $P_{i+1/2,j-1/2}$ 建立了连续方程的中心空间差分格式,然后对 $x_{i+1/2}$ 而不是对 x_i 与 x_{i+1} 计算速度的法向分量。由式(23.2)可得

$$v_{i+1/2,j} = v_{i+1/2,j-1} + (u_{i,j} - u_{i+1,j} + u_{i,j-1} - u_{i+1,j-1})\frac{\Delta y}{2\Delta x} + O[(\Delta x)^2,(\Delta y)^2]$$

(23.26)

首先,将初始薄片中的 $v_{i+1/2,j}$ 设置为零,对式(23.15)与式(23.26)进行数值积分,采用式(23.15),可得待确定 $u_{i+1/2,j}$ 分布的一阶近似;然后,将这些值代入式(23.26),从而计算出 $v_{i+1/2,j}$。最初的薄片计算需要经常重复直至相邻再次迭代之间的差异值位于给定误差限制量级 $O[(\Delta x)^2,(\Delta y)^2]$ 之内。只需对 $v_{i+1/2,j}$ 分布的所选 j 值实施查询。

在所有后续的位置中速度法向分量的计算只需重复一次,这是因为初始薄片中确定 v 分布之后,$v_{i+1/2,j}$ 可用作具有 $O(\Delta x)$ 量级误差的一阶近似。这个计算与式(23.25)中平均值的形成同时进行。

23.1.6 边界层边缘与壁面剪切应力

计算出速度分量 $u_{i+1/2,j}$ 与 $v_{i+1/2,j}$ 之后,可检查边界层厚度是否发生了变化。边界层厚度的增长与降低取决于初始分布的形式。可采用一个简单的误差约束来探究其是否发生了变化,可确定边界层边缘 $u_{i+1,J-1}$ 下一点至最后一点的切向分量值,并研究其是否满足

$$|u_{i+1,J-1} - U(x_{i+1})| \leq \varepsilon$$

(23.27)

如果式(23.27)满足给定的限制 ε,如 10^{-4},则可计算出截面 $i+1$ 的 $u(y)$ 分布;如果式(23.27)中的速度差大于给定的限制,则 y 方向的网格点增加1,即有 $J_{\text{new}} = J_{\text{old}} + 1$。这个点现必须被具有已知边值 $U(x_i)$ 的 x_i 占据,可计算出新值 $u_{i+1,J_{\text{new}}-1}$。然后重复式(23.27)中的查询。可通过这种方式较为容易地确定边界层的边缘。

为计算摩擦阻力,必须确定局部壁面剪切应力和导数 $(\partial u/\partial y)_{y=0}$。由于差分过程中没有可用于离散边界点微分的对称条件,因而截断误差相对较大。因此提高精度的目标是通过包括更多网格点的方式来实现的。常用的四点公式(对于边界点 $u_{i+1,j=1} = 0$ 有效)为

$$\left[\left(\frac{\partial u}{\partial y}\right)_{y=0}\right]_{i+1} = \frac{18u_{i+1,j=2} - 9u_{i+1,j=3} + 2u_{i+1,j=4}}{6\Delta y} + O[(\Delta y)^3] \quad (23.28)$$

如果离散时考虑式(7.2)中壁面的曲率,则可避免网格点的增加。泰勒级数中采用无量纲表示法,导数 $(\partial^2 u/\partial y^2)_{y=0}$ 为压力梯度 dp/dx 所取代,则得到三点公式:

$$\left[\left(\frac{\partial u}{\partial y}\right)_{y=0}\right]_{i+1} = \frac{8u_{i+1,j=2} - u_{i+1,j=3}}{6\Delta y} - \left(\frac{dp}{dx}\right)_{i+1}\frac{\Delta x}{3} + O[(\Delta y)^3] \quad (23.29)$$

有关壁面剪切应力五点公式的详细内容可参见施里希廷(H. Schlichting,1982)的专著第193页,该式对于非等距 y 步长的剪切应力计算也有效。

23.1.7 盒子法积分变换的边界层方程组

式(23.15)与式(23.26)是边界层方程式(23.1)与式(23.2)的众多已知差分方程中的一种。下面将展示如何采用由凯勒(H. B. KELLER,1971)所提出的盒子差分格式(Box scheme)对经变换的边界层方程式(7.77)进行数值积分。采用式(7.77)的优点体现于经变换的 $\xi-\eta$ 平面上边界层厚度的变化很小,因而无须探究边界层边缘位置处的每个积分步 Δx。此外,凯勒的盒子格式积分还具有在一个网格盒子 $\Delta A = \Delta x \Delta y$ 进行差分方程求解的优点,而之前的设置则需要两个盒子。这意味着盒子在不降低截断误差的情况下,也可以一种可变方式形成垂直于壁面的步长。通过控制 Δy 可大大减少计算时间,并使积分方法的通用效率更高。

采用求解边界层方程的方法已在最近的文献中有详细的描述,具体可参见凯勒与杰贝吉(H. B. Keller,T. Cebeci,1972a)的文献。大量实例证明了这种方法的灵活性。例如,逆向问题已被凯勒与杰贝吉(H. B. Keller,T. Cebeci,1972b)解决,即已经确定了给定壁面剪切应力分布下的压力梯度。湍流边界层的计算方法可参见凯勒与杰贝吉(H. B. Keller,T. Cebeci,1972a)。采用盒子差分方法可以安全地计算分离边界层,具体可参见杰贝吉等(T. Cebeci et al.,1979)发表的文献。

可用来推导盒子差分的许多经转换的动量方程之一为

$$f_{\eta\eta\eta} + ff_{\eta\eta} + \beta(\xi)(1-f_\eta^2) = 2\xi(f_\eta f_{\xi\eta} - f_\xi f_{\eta\eta}) \tag{23.30}$$

具体可参见式(7.77)。这个相对流函数 $f(\xi,\eta)$ 的三阶偏微分方程转化成了3个一阶偏微分方程。采用凯勒(H. B. Keller,1978)提出的符号,可以通过新变量 U 与 V 定义导数 $\partial f/\partial\eta$ 与 $\partial^2 f/\partial\eta^2$,则

$$\frac{\partial f}{\partial\eta} = U, \frac{\partial^2 f}{\partial\eta^2} = \frac{\partial U}{\partial\eta} = V \tag{23.31}$$

假设式(23.30)采用以下形式:

$$\frac{\partial V}{\partial\eta} + fV + \beta(1-\eta^2) = 2\xi\left(U\frac{\partial U}{\partial\xi} - V\frac{\partial f}{\partial\xi}\right) \tag{23.32}$$

只有一阶导数出现在方程式(23.31)与式(23.32)中,而其离散只需两个网格点。如果采用盒子中点来表示差分表达式,则离散需要一个单元网格的4个边缘点(图23.2)。

- 说明(简化为差分微分方程)

式(23.31)与式(23.32)可以多种方式离散。例如,离散非线性表达式 $U(\partial U/\partial\xi)$ 与 $V(\partial f/\partial\xi)$,其中 U 与 V 由其平均值给出,由此可获得一阶差分微分方程。这可解释为两点边界值问题,且可用非纯属常微分方程的数值解法来求解,具体可参

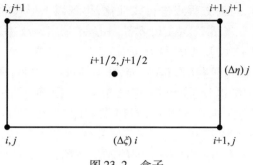

图 23.2 盒子

见凯勒(H. B. Keller,1978)发表的文献。

为了能够依据凯勒(H. B. Keller, 1978)的盒子差分格式对式(23.31)与式(23.32)进行离散,采用了平均值与空间中心差分格式。如果 w 表示 3 个因变量 U、V 与 f 中的一个,则离散关系为

$$\begin{cases} [w]_{i+1,j+1/2} = \dfrac{w_{i+1,j+1} + w_{i+1,j}}{2} \\ \left[\dfrac{\partial w}{\partial \eta}\right]_{i+1,j+1/2} = \dfrac{w_{i+1,j+1} - w_{i+1,j}}{(\Delta \eta)_i} \\ \left[\dfrac{\partial w}{\partial \xi}\right]_c = \dfrac{[w]_{i+1,j+1/2} - [w]_{i,j+1/2}}{(\Delta \xi)_i} \\ \left[\dfrac{\partial w}{\partial \eta}\right]_{i+1/2,j+1/2} = \dfrac{\left[\dfrac{\partial w}{\partial \eta}\right]_{i+1,j+1/2} + \left[\dfrac{\partial w}{\partial \eta}\right]_{i,j+1/2}}{2} \\ [w]_{i+1/2,j+1/2} = \dfrac{[w]_{i+1,j+1/2} + [w]_{i,j+1/2}}{2} \end{cases} \quad (23.33)$$

式(23.31)与式(23.32)的离散形式如下:

$$\begin{aligned} \left[\frac{\partial f}{\partial \eta}\right]_{i+1,j+1/2} &= [U]_{i+1,j+1/2} \\ \left[\frac{\partial U}{\partial \eta}\right]_{i+1,j+1/2} &= [V]_{i+1,j+1/2} \end{aligned} \quad (23.34)$$

$$\left[\frac{\partial V}{\partial \eta}\right]_{i+1/2,j+1/2} = 2(\xi)_{i+1/2}\left([U]_{i+1/2,j+1/2}\left[\frac{\partial U}{\partial \xi}\right]_{i+1/2,j+1/2} - [V]_{i+1/2,j+1/2}\left[\frac{\partial f}{\partial \xi}\right]_{i+1/2,j+1/2}\right) \\ - [fV + \beta(1 - U^2)]_{[U]_{i+1/2,j+1/2}}\left[\frac{\partial U}{\partial \xi}\right]_{i+1/2,j+1/2} \quad (23.35)$$

差分方程式(23.34)与式(23.35)是非线性的,因而采用迭代法求解。凯勒建议采用牛顿法。如果迭代值以 k 表示,则可表示为

$$(f_{i+1,j}^{k+1}, U_{i+1,j}^{k+1}, V_{i+1,j}^{k+1}) = (f_{i+1,j}^k, U_{i+1,j}^k, V_{i+1,j}^k) + (\delta f_{i+1,j}^k, \delta U_{i+1,j}^k, \delta V_{i+1,j}^k)$$

$$(23.36)$$

采用式(23.36),可对方程组进行线性化,得到以下形式的三对角方程组:
$$A_{i,j}\delta_{i+1,j-1}^{k+1} + B_{i,j}\delta_{i+1,j}^{k+1} + C_{i,j}\delta_{i+1,j+1}^{k+1} = r_{i,j} \tag{23.37}$$

式中:$\boldsymbol{\delta} = (\delta f, \delta U, \delta V)^{\mathrm{T}}$ 以及 A,B 与 C 对应于 3×3 矩阵。对于给定边界条件,采用已知算法,如萨克森与凯勒(E. Isaacson, H. B. Keller, 1966)所给出的算法进行求解是可能的。差分方程所需转换的细节可见凯勒与杰贝吉(H. B. Keller, T. Cebeci, 1971)及凯勒(H. B. Keller, 1974)发表的文献。在此仅表明,式(23.34)与式(23.35)具有如下形式:

$$\boldsymbol{F}_{i+1,j} = \boldsymbol{D}_{i+1/2,j+1/2} \boldsymbol{F}_{i+1,j} + \boldsymbol{R}_{i+1/2,j+1/2} \tag{23.38}$$

式中:$\boldsymbol{F} = (f, U, V)^{\mathrm{T}}$,$\boldsymbol{D}$ 表示一个 3×3 的矩阵①,它连同矢量 $\boldsymbol{R}$ 可由式(23.33)~式(23.35)确定。根据式(23.38),只要 $\boldsymbol{F}_{i+1,j=J}$ 在边界层边缘是已知的,则所有点 $P_{i+1,j}$ 的 $\boldsymbol{F}$ 均可确定。不过对于 $j = J$,只有源自边界条件的 U 是已知的。当 $y = 0$ 时,与给定两点边界值问题的公式相对应的壁面边界条件必须通过 f 与 V 来满足。式(23.38)也可用来构造一个迭代解,其中解向量 $\boldsymbol{F}_{i+1,j=J}$ 在边界层边缘的两个未知分量被估计和变化,直到壁面边界条件满足给定的误差约束。由于在位置 x_{i+1} 需要计算的数据已知处于由之前计算出的速度分布的 $O(\Delta x)$ 量级误差内,因而所需迭代次数很小。如前所述,差分方程的求解有几种不同的方法,其中一种非常有效的方法是由凯勒(H. B. Keller, 1974)提出的。

23.2 湍流边界层

23.2.1 壁面函数法

18.5.1 节描述了附着边界层的壁面函数法。去除表示时间平均的条形线,需求解的方程组为

$$u\frac{\partial u}{\partial x} + v\frac{\partial u}{\partial y} = -\frac{1}{\rho}\frac{\mathrm{d}p}{\mathrm{d}x} + \frac{\partial}{\partial y}\left(\nu_t \frac{\partial u}{\partial y}\right) \tag{23.39}$$

$$\frac{\partial u}{\partial x} + \frac{\partial v}{\partial y} = 0 \tag{23.40}$$

其边界条件为

$$\begin{cases} y \to 0: u = u_\tau \left(\frac{1}{\kappa}\ln\frac{y u_\tau}{\nu} + C^+\right), v = 0 & (23.41) \\ y = \delta: u = u_e & (23.42) \end{cases}$$

---

① $(\delta f, \delta U, \delta V)^{\mathrm{T}}$ 表示通过行与列的交换由初始矩阵而得的经转换的矩阵。

对于 ν_t = 常数,在引入无量纲量(与物理量 l、V、$\nu_{tR} = lV$ 相关)之后,式(23.39)与式(23.40)则正式变为层流流动的边界层方程式(23.1)与式(23.2)。这意味着所描述的层流边界层数值方法在很大程度上也可用于湍流边界层。

采用式(23.9)可得到以下靠近边界层边缘的解 $u(x,y)$ 与 $\nu_t(x,y)$ 的特性,即对于 $y \rightarrow \delta$,有

$$\lim_{y \rightarrow \delta}(u_e - u) = a(x)(\delta - y)^n \tag{23.43}$$

$$\lim_{y \rightarrow \delta}\nu_t = b(x)(\delta - y) \tag{23.44}$$

式中,指数 n 取决于选择的湍流模型。例如,米歇尔等(R. Michiel et al.,1968)提出模型的指数为 $n = 2$,而 $k - \varepsilon$ 模型的指数为 $n = 1$。通过式(23.43)与式(23.44)可对式(23.39)取极限 $y \rightarrow \delta (v = v_e, u = u_e)$:

$$\frac{\mathrm{d}\delta}{\mathrm{d}x} = \frac{v_e}{u_e} + \frac{bn}{u_e} \tag{23.45}$$

罗达(J. C. Rotta,1983)建议,如果将坐标变换为

$$\hat{y} = y - y_0(x), y_0(x) = (\nu/u_\tau)\exp(-\kappa C^+) \tag{23.46}$$

则用于 $u(x,y)$ 的边界条件式(23.41)可简化为

$$u(x, \hat{y} = 0) = 0 \tag{23.47}$$

与边界层厚度相比,偏移量 $y_0(x)$ 很小,一般可忽略不计。对于光滑壁面取 $C^+ = 5.0$,且 $y_0^+ = y_0 u_\tau/\nu = 0.124$ 的值有效,即偏移发生于壁面层的纯黏性区域($y^+ < 1$)。

采用无量纲坐标:

$$\eta = \frac{\hat{y}}{\hat{\delta}} = \frac{y - y_0}{\delta - y_0}, \hat{\delta} = \delta - y_0 \approx \delta \tag{23.48}$$

方程组为

$$u\frac{\partial u}{\partial x} + m_{II}\frac{\partial u}{\partial \eta} + \frac{1}{\rho}\frac{\mathrm{d}p}{\mathrm{d}x} - m_I^2 \nu_t \frac{\partial^2 u}{\partial \eta^2} = 0 \tag{23.49}$$

$$\frac{\partial u}{\partial x} + m_I \frac{\partial v}{\partial \eta} - m_{III}\frac{\partial u}{\partial \eta} = 0 \tag{23.50}$$

其中,边界条件为

$$\begin{cases} \eta = 0: u = 0, v = 0 \\ \eta = 1: u = u_e \end{cases} \tag{23.51}$$

其中

$$\begin{cases} m_I(x) = \frac{1}{\hat{\delta}} \\ m_{II}(x,\eta) = m_I v - m_{III} u - m_I^2 \frac{\partial \nu_t}{\partial \eta} \\ m_{III}(x,\eta) = m_I \eta \frac{\mathrm{d}\hat{\delta}}{\mathrm{d}x} \end{cases} \tag{23.52}$$

式中，$m_{\text{Ⅲ}}(x,\eta)$ 可采用式(23.45)由 $\mathrm{d}\hat{\delta}/\mathrm{d}x \approx \mathrm{d}\delta/\mathrm{d}x$ 来确定。

由式(23.48)引入 η 坐标的优势是积分区域限定在 $0 \leqslant \eta \leqslant 1$ 的恒定高度薄片上。在这个薄片上可进行 η 坐标下固定网格的划分，这对于数值计算是有利的，可节省时间。

式(23.49)的结构与式(23.1)相同，因而可采用类似于23.1.3节的离散方式。

在 $P_{i+1/2,j}$ 位置采用克兰克-尼科尔森格式的隐式离散也可得到具有下列参数的式(23.15)：

$$A_{i+1/2,j} = -\frac{m_{\text{Ⅲ}}}{4\Delta\eta} + \frac{m_{\text{Ⅰ}}^2 \nu_t}{2(\Delta\eta)^2} \tag{23.53}$$

$$B_{i+1/2,j} = -\frac{u}{\Delta x} - \frac{m_{\text{Ⅰ}}^2 \nu_t}{(\Delta\eta)^2} \tag{23.54}$$

$$C_{i+1/2,j} = -\frac{m_{\text{Ⅲ}}}{4\Delta\eta} + \frac{m_{\text{Ⅰ}}^2 \nu_t}{2(\Delta\eta)^2} \tag{23.55}$$

$$\overline{B}_{i+1/2,j} = -\frac{m_{\text{Ⅲ}u}}{\Delta x} - \frac{m_{\text{Ⅰ}}^2 \nu_t}{2(\Delta\eta)^2} \tag{23.56}$$

$$D_{i+1/2,j} = A_{i+1/2,j} U_{i+1/2,j} + \overline{B}_{i+1/2,j} u_{i,j} + C_{i+1/2,j} u_{i,j-1} - \frac{1}{\rho}\left(\frac{\mathrm{d}p}{\mathrm{d}x}\right)_{i+1/2} \tag{23.57}$$

其中，式(23.53)~式(23.56)中的值 $m_{\text{Ⅲ}}$、$m_{\text{Ⅰ}}^2 \nu_t$ 与 u 是在点 $P_{i,j}$ 而非点 $P_{i+1/2,j}$ 位置确定的，因而可采用类似于式(23.25)的迭代的平均值来替代。

式(23.35)中的参量 b 可依据式(23.44)由边界层外缘处的 ν_t 分布确定，需采用差分方程

$$b_i = \frac{(m_{\text{Ⅰ}})_i (\nu_t)_{i,J-1}}{1 - \eta_{J-1}} \tag{23.58}$$

其中，$\eta_J = 1$。

如果对连续方程式(23.50)进行积分，则可得到下列类似于式(23.26)的表达式：

$$v_{i+1/2,j} = v_{i+1/2,j-1}(u_{i+1/2,j} - u_{i,j} + u_{i+1,j-1} - u_{i,j-1})\frac{\Delta\eta}{2(m_{\text{Ⅰ}})_{i+1/2}\Delta x}$$
$$- (u_{i,j} - u_{i,j-1} + u_{i+1,j} - u_{i+1,j-1})\frac{(m_{\text{Ⅲ}})_{i+1/2,j-1/2}}{(m_{\text{Ⅰ}})_{i+1/2}} \tag{23.59}$$

为了实现式(23.49)~式(23.51)的闭合，需包含一个湍流模型。代数模型由 ν_t 与速度场的简单关系式构成，如具有 $\nu_t = (l^2/\hat{\delta})(\partial u/\partial \eta)$ 的式(18.8)。一个或多个方程的模型中，微分方程具有与式(23.49)相同的结构，使得如果按照克兰克—尼科尔森方法进行隐式离散，则可得到类似于式(23.15)的代数方程。利用23.1.4节的方法可得到扩展的隐式差分方程组的解。数值细节已由包括沃格斯(R. Voges,1978)在内的其他作者给出。在此采用托马斯算法(使用三对角矩阵)求解方程组，初始条件可近似地由平衡边界层的解或在平衡边界层的分布中得到，

具体可参见 18.5.1 节。

η 方向可变步长。由于靠近壁面边界层中存在速度梯度,推荐采用 η 方向可变步长的坐标系,23.1.7 节中此类坐标系引入了盒子差分格式。如不采用盒子格式,则应用下列所示的差商 $\partial u/\partial y$ 与 $\partial^2 u/\partial \eta^2$ 近似公式(其中相邻步长表示为 $(\Delta \eta)_{i,j} = \eta_{i,j} - \eta_{i,j-1}$ 与 $(\Delta \eta)_{i,j+1} = \eta_{i,j+1} - \eta_{i,j}$):

$$\left(\frac{\partial u}{\partial \eta}\right)_{i+1,j} = (g_1)_{i,j} u_{i+1,j+1} - [(g_1)_{i,j} - (g_2)_{i,j}] u_{i+1,j} \\ - (g_2)_{i,j} u_{i+1,j-1} + O[(\Delta \eta)_{i,j} (\Delta \eta)_{i,j+1}] \quad (23.60)$$

$$\left(\frac{\partial^2 u}{\partial \eta^2}\right)_{i+1,j} = 2\{(g_3)_{i,j} u_{i+1,j+1} - [(g_3)_{i,j} - (g_4)_{i,j}] u_{i+1,j} \\ + (g_4)_{i,j} u_{i+1,j-1}\} + O[(\Delta \eta)_{i,j+1} - (\Delta \eta)_{i,j}] \quad (23.61)$$

物理量 g_1、g_2、g_3 与 g_4 定义如下:

$$\begin{cases} (g_1)_{i,j} = \dfrac{[(\Delta \eta)^2]_{i,j}}{h_{i,j}}, & (g_2)_{i,j} = \dfrac{[(\Delta \eta)^2]_{i,j+1}}{h_{i,j}} \\ (g_3)_{i,j} = \dfrac{[(\Delta \eta)]_{i,j}}{h_{i,j}}, & (g_4)_{i,j} = \dfrac{[(\Delta \eta)]_{i,j+1}}{h_{i,j}} \end{cases} \quad (23.62)$$

其中

$$h_{i,j} = (\Delta \eta)_{i,j} (\Delta \eta)_{i,j+1} [(\Delta \eta)_{i,j} + (\Delta \eta)_{i,j+1}] \quad (23.63)$$

由于准确性,如果式(23.60)和式(23.61)具有相同量级的误差,则两个相邻步长的比值可能只具有 $O[1 + (\Delta \eta)_{i,j}]$ 的量级。因而步长 $(\Delta \eta)_{i,j}$ 不能任意变化。

采用这种离散,还可得到具有下列缩略系数的差分方程式(23.15):

$$A_{i+1/2,j} = \left[m_{\text{I}}^2 \nu_t g_3 - \frac{1}{2} m_{\text{II}} g_1\right]_{i,j} \quad (23.64)$$

$$B_{i+1/2,j} = \left[m_{\text{I}}^2 \nu_t (g_3 + g_4) + \frac{u}{\Delta x} - \frac{1}{2} m_{\text{II}} (g_1 - g_2)\right]_{i,j} \quad (23.65)$$

$$C_{i+1/2,j} = \left[m_{\text{I}}^2 \nu_t g_4 - \frac{1}{2} m_{\text{II}} g_2\right]_{i,j} \quad (23.66)$$

$$\overline{B}_{i+1/2,j} = -\left[m_{\text{I}}^2 \nu_t (g_3 + g_4) + \frac{u}{\Delta x} - \frac{1}{2} m_{\text{II}} (g_1 - g_2)\right]_{i,j} \quad (23.67)$$

与此类似,$D_{i+1/2,j}$ 由式(23.57)定义。对于定义步长,式(23.64)~式(23.67)变为式(23.53)~式(23.56)。

如果以 $\Delta \eta_{i,j}$ 取代 $\Delta \eta$,则由连续方程的积分也可得到式(23.59)。

- **实例:采用几何级数的网格定义**

通常在步长按几何级数增长的地方应用网格,则

$$\eta_1 = 0, \quad \eta_j = \eta_2 \frac{K^{j-1} - 1}{k - 1}, \quad \eta_J = 1, \quad \Delta \eta_{i,j} = \eta_2 K^{j-2} \quad (23.68)$$

其中，K 的值为 1.1。η 方向的网格点数 J 确定了 $\eta_2 = (K-1)/(K^{J-1}-1)$。于是式（23.64）中的这些量为

$$\begin{cases} (g_1)_{i,j} = \dfrac{1}{\eta_2}\dfrac{K}{1+K}, & (g_2)_{i,j} = K^2\,(g_1)_{i,j} \\ (g_3)_{i,j} = \dfrac{1}{\eta_2^2}\dfrac{K^{3-2j}}{1+K}, & (g_4)_{i,j} = K^2\,(g_3)_{i,j} \end{cases} \tag{23.69}$$

- 说明（对数坐标）

由于 $u(x,y)$ 的边界条件式（23.41），$\eta \to 0$ 时解 $u(x,y)$ 具有以下形式：

$$\lim_{\eta \to 0} u(x,\eta) = \frac{u_\tau}{\kappa}\left[\ln\left(\eta + \frac{y_0}{\hat{\delta}}\right) - \ln\frac{y_0}{\hat{\delta}}\right] \tag{23.70}$$

偏导数数值方法所用差分方程是基于需微分的函数，可在 3 个相邻网格点通过二阶多项式来逼近实际情况。描述靠近壁面速度分布的式（23.70）中，对数函数不能特别好地由二阶多项式来描述。这个问题可通过采用罗达（J. C. Rotta, 1983）的方法，引入对数坐标

$$\zeta = \ln\left(\eta + \frac{y_0}{\hat{\delta}}\right) \tag{23.71}$$

并通过差分公式形成微分 $\partial u/\partial\zeta$ 和 $\mathrm{d}^2 u/\mathrm{d}\zeta^2$ 来解决。如果 u 在 η 上的分布是对数的，则这些微分是精确的。即使在速度分布偏离对数分布的更远处，这些微分也可相当准确地确定。这是因为随着与壁面距离的增加，ζ 轴上的网格间距越来越小，如果 η 轴上的间距呈几何级数增长，其可近似为等距分布。

引入对数坐标需要额外的计算量。然而，这个计算量并不大，而在精度方面的收益却很大，具体可参见罗达（J. C. Rotta, 1983）发表的文献。

罗达（J. C. Rotta, 1983）采用米歇尔等（R. Michel et al., 1968）提出的湍流模型通过数值方法对湍流边界层进行了计算。

同样，也可选择要求更高的湍流模型。高雷诺数下应用 $k-\varepsilon$ 模型的实例由琼斯与朗德（W. P. Jones, B. E. Launder, 1972a）提出，而雷诺应力模型的实例则由汉贾利奇与朗德（K. Hanjalic, B. E. Launder, 1972a）提出。杰肯（B. Jeken, 1992）的研究也包含了后一种模型的相关信息。菲特（D. Vieth, 1996）研究了向具有分离的湍流边界层的扩展，研究中也考虑了传热的影响。

23.2.2 低雷诺数湍流模型

低雷诺数湍流模型是将摩擦项考虑在内，同时考虑黏性壁层和黏性超层的湍流模型。其在壁面（无滑移条件）的边界条件特别简单，对于层流边界层而言，向无黏外流的过渡是连续的，具体可参见 18.5.3 节。由于这个方程的结构与层流边界层方程的结构相同，因此层流边界层的数值计算方法可以简单地推广到湍流边

界层;由于湍流边界层中的壁面梯度要大得多,因此必须使用 y 方向上的可变步长来计算这些梯度;由于湍流边界层的边界层厚度增长很快,因此通常适当地采用类似于高特勒(Görtler)变换的边界层变换。

需要强调的是,与壁面函数法相比,低雷诺数湍流模型在解方面并没有更高阶的改进。两种方法的结果(如表面摩擦系数的分布)具有相同的数量级,具体可参见格斯滕与赫维希(K. Gersten, H. Herwig, 1992)的专著第 668 页,以及威尔科特斯(D. C. Wilcox, 1998)的专著第 190 页。

实例:代数湍流模型

如果式(23.1)中的 $\partial^2 u/\partial y^2$ 项由 $\partial[N\partial u/\partial y]/\partial y$ 取代,其中 $N = 1 + \nu_t/\nu$,方程式(23.1)和式(23.2)任是有效的。如果 $f_{\eta\eta}$ 由 $(Nf_{\eta\eta})_\eta$ 替代,则式(23.30)同样成立。

施利希廷(H. Schlichting, 1982)在其专著第 188 页详细描述了求解式(23.30)的数值方法。杰贝吉与布拉德肖(T. Cebeci, P. Bradshaw, 1984)在其专著第 185 页对于相同的方程提出了数值方法。这个方法对于可压缩边界层与以盒子格式的研究也是有效的。$k-\varepsilon$ 模型与其他模型相比具有更好地描述近壁区域流动的优势。门特(F. R. Menter, 1994)所提出的 SST 模型(剪切应力输运模型)结合了 $k-\omega$ 模型与 $k-\varepsilon$ 模型的优点。

有时也采用源自式(7.7)~式(7.18)的福克纳-斯坎变换来取代高特勒变换,具体可参见杰贝吉与布拉德肖(T. Cebeci, P. Bradshaw, 1984)的专著第 195 页,以及其另一部专著(T. Cebeci, P. Bradshaw, 1977)第 237 页。

- 实例:多方程湍流模型

关于二方程湍流模型低雷诺数版本的综述可见帕特尔等(V. C. Patel et al., 1985)发表的文献及威尔科特斯(D. C. Wilcox, 1998)的专著第 185 页。$k-\omega$ 模型显然比其他模型更有优势。

雷诺应力模型的低雷诺数版本由雅基尔利克与汉贾利克(S. Jakirlic, K. Hanjalic, 1995)提出。

23.3 非定常边界层

当初始条件与边界条件为时间相关时,边界层流动就会变成非定常的,如第 13 章与第 21 章所示。对于二维不可压流动,动量方程包含描述局部加速度的项 $\partial u/\partial t$,而连续方程则保持不变。为能更加精确地分析时间相关性,在 ρ = 常数、μ = 常数与 $g = 0$ 条件下以下形式来写出式(13.4):

$$\frac{\partial u}{\partial t} + u\frac{\partial u}{\partial x} = -\frac{\partial p}{\partial x} + \frac{\partial^2 u}{\partial x^2} - v\frac{\partial u}{\partial y} \quad (23.72)$$

由式(23.72)等号左侧的两个加速度项可定义与壁面恒定距离 y = 常数时的特征线。其映射于 $x-t$ 平面上的斜率为

$$\left(\frac{\mathrm{d}x}{\mathrm{d}t}\right)_{y=常数} = u \qquad (23.73)$$

采用式(23.73),式(23.72)可表示为

$$\frac{\partial u}{\partial t} + u\frac{\partial u}{\partial x} = \left(\frac{\mathrm{d}u}{\mathrm{d}t}\right)_{y=常数} = -\frac{\partial p}{\partial x} + \frac{\partial^2 u}{\partial y^2} - v\frac{\partial u}{\partial y} \qquad (23.74)$$

式(23.74)的数值积分则必须沿式(23.73)所定义的特征线进行。对于一个时间步 Δt,则有

$$x_{i+1,k+1} = x_{P,k} + u_m \Delta t \qquad (23.75)$$

按照图 23.3, $x_{i+1,k+1}$ 在式(23.75)中表示为需计算的 u 与 v 的 $x-t$ 平面内网格点的 x 坐标。如同以前,下标 i 对 x 方向的积分步进行计数,下标 j 对 y 方向的积分步进行计数,而 k 表示时间步 Δt 的数目。下标 j 不是必需的,因而不会包含于下面的推导中。具有坐标 $x_{P,k}$ 的点通常位于两个网格点之间,$x_{i,k} \leqslant x_{P,k} \leqslant x_{i+1,k}$ 或 $x_{i+1,k} \leqslant x_{P,k} \leqslant x_{i+2,k}$ 取决于 $u_m \geqslant 0$ 或 $u_m \leqslant 0$。u_m 的平均值由 $u_{i+1,k+1}$ 与 $u_{P,k}$ 构成。点 $u_{P,k}$ 的速度可通过对式(23.74)等号左侧项进行离散来确定,考虑 $x_{P,k}$ 的位置:

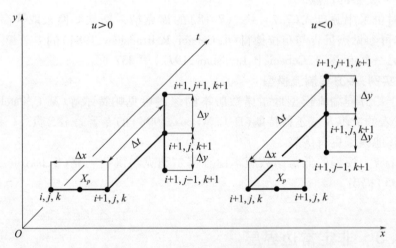

图 23.3 非定常边界层的离散

对于 $u \geqslant 0$,有

$$u_{P,k} = \left(1 - u\frac{\Delta t}{\Delta P}\right)u_{i+1,k} + \left(u\frac{\Delta t}{\Delta P}\right)u_{i,k} \qquad (23.76)$$

以及

对于 $u \leqslant 0$,有

$$u_{P,k} = \left(1 + u\frac{\Delta t}{\Delta P}\right)u_{i+1,k} - \left(u\frac{\Delta t}{\Delta P}\right)u_{i+2,k} \tag{23.77}$$

为了将式(23.76)与式(23.77)中的近似误差保持在 $O(\Delta x)$ 量级，Δt 必须满足下列条件：

$$|u|\frac{\Delta t}{\Delta x} \leq 1 \tag{23.78}$$

这个条件是柯朗 – 弗里德里希斯 – 莱维条件(Courant – Friedrichs – Lewy condition)，具体可参见艾萨克森与凯勒(E. Isaacson, H. B. Keller, 1966)发表的文献；如果因变量的差分域大于偏微分方程的差分域，则这个条件保证了双曲微分方程差分解的数值稳定性。这个定律现可用来离散所给公式的边界层方程。只要确定 u 是大于零还是小于零。图 23.3 给出了设置差商的一种方法。隐式差分方程的解可通过前面建立初值条件的托马斯算法来求得。积分过程中所采用的盒子差分格式是由凯勒(H. B. Keller, 1978)提出的。

上述讨论表明，非定常边界层动量方程也可用来计算回流。然而，对于特征回归初始薄片的情况是不一样的，这是因为不能自由选取初值。如果数值解已知，则非定常边界层的剪切应力分布如同定常边界层是确定的。非定常边界层数值计算的详细内容可参见盖斯勒(W. Geißler, 1993)发表的文献。

23.4 三维稳态边界层

12.2 节与第 20 章描述了多种不同的三维边界层。在此只讨论三维流动边界层方程的离散以及由此所得差分方程的解，并不考虑通常曲线非正交坐标系下的公式推导问题，具体可参见克劳斯等(E. Krause et al., 1976)发表的文献。按照式(12.55) ~ 式(12.57)，笛卡儿坐标系中无量纲形式的边界层方程($h_x = h_z = 1$，$\rho = $ 常数与 $\mu = $ 常数)为

$$\begin{cases} u\dfrac{\partial u}{\partial x} + v\dfrac{\partial u}{\partial y} + w\dfrac{\partial u}{\partial z} = -\dfrac{\partial p}{\partial x} + \dfrac{\partial^2 u}{\partial y^2} \\ u\dfrac{\partial w}{\partial x} + v\dfrac{\partial w}{\partial y} + w\dfrac{\partial w}{\partial z} = -\dfrac{\partial p}{\partial z} + \dfrac{\partial^2 w}{\partial y^2} \\ \dfrac{\partial u}{\partial x} + \dfrac{\partial v}{\partial y} + \dfrac{\partial w}{\partial z} = 0 \end{cases} \tag{23.79}$$

式(23.79)的积分需要初始条件与边界条件。如果希望对平板矩形域 $x_I \leq x \leq x_E$ 与 $z_I \leq z \leq z_E$ 的边界层进行计算，则壁面边界条件由无滑移条件给出：

$$y = 0: \quad u(x,0,z) = v(x,0,z) = w(x,0,z) = 0 \tag{23.80}$$

而边界层外边界条件由无黏外流速度分量 $U(x,z)$ 与 $W(x,z)$ 给出：

$$y = \delta: \quad u(x,y,z) = U(x,z), \quad w(x,y,z) = W(x,z) \tag{23.81}$$

速度分量 $U(x,z)$ 与 $W(x,z)$ 满足二维流动的欧拉方程，积分区域 $x_I \leqslant x \leqslant x_E$，$z_I \leqslant z \leqslant z_E$ 中的压力 $p = p(x,z)$ 是已知的。此外，两个切向的速度分布必须由初始薄片给出：

$x = x_I$：
$$z_I \leqslant z \leqslant z_E, 0 \leqslant y \leqslant \delta$$
$$u(x_I, y, z) = u_{xI}(y,z), \quad w(x_I, y, z) = w_{xI}(y,z) \tag{23.82}$$

$z = z_I$：
$$x_I \leqslant x \leqslant x_E, \quad 0 \leqslant y \leqslant \delta$$
$$u(x, y, z_I) = u_{zI}(x, y), \quad w(x, y, z_I) = w_{zI}(x, y) \tag{23.83}$$

如同二维非定常边界层，在此也可对特征线进行积分。动量方程可改写为

$$\begin{cases} u\dfrac{\partial u}{\partial x} + w\dfrac{\partial u}{\partial z} = -\dfrac{\partial p}{\partial x} + \dfrac{\partial^2 u}{\partial y^2} - v\dfrac{\partial u}{\partial y} \\ u\dfrac{\partial w}{\partial x} + w\dfrac{\partial w}{\partial z} = -\dfrac{\partial p}{\partial z} + \dfrac{\partial^2 w}{\partial y^2} - v\dfrac{\partial w}{\partial y} \end{cases} \tag{23.84}$$

与壁面恒定距离 $y = $ 常数处的特征线斜率为

$$\left(\frac{\mathrm{d}z}{\mathrm{d}x}\right)_{y=\text{常数}} = \frac{w}{u} \tag{23.85}$$

这个方程是流线在 $x - z$ 平面上的投影。式 (23.34) 等号左侧项可采用式 (23.85) 变换为

$$\begin{cases} u\dfrac{\partial u}{\partial x} + w\dfrac{\partial u}{\partial z} = u\left(\dfrac{\mathrm{d}u}{\mathrm{d}x}\right)_{y=\text{常数}} \\ u\dfrac{\partial w}{\partial x} + w\dfrac{\partial w}{\partial z} = u\left(\dfrac{\mathrm{d}w}{\mathrm{d}x}\right)_{y=\text{常数}} \end{cases} \tag{23.86}$$

式 (23.84) 等号右侧项的积分须沿式 (23.85) 所定义的特征线重新进行，如非定常流动。如果积分区域上有笛卡儿网格，可沿 x 与 z 方向进行积分。如果下标 k 表示 z 方向网格点的数目，则式 (23.85) 可给出关系式：

$$z_{i+1,k+1} = z_{i,P} + \left(\frac{w}{u}\right)_m \Delta x, \quad x_{i+1,k+1} = x_{P,k} + \left(\frac{u}{w}\right)_m \Delta x \tag{23.87}$$

图 23.4 给出了需计算 u 与 w 的 $x - z$ 平面网格点坐标 $x_{i+1,k+1}$ 与 $z_{i+1,k+1}$。点 $x_{P,k}$ 与 $z_{k,P}$ 通常位于两个网格点之间。如果 $0 \leqslant (w/u)_m$，则有 $z_{i,k} \leqslant z_{i,P} \leqslant z_{i,k+1}$；而如果 $(w/u)_m \leqslant 0$，则有 $z_{i,k+1} \leqslant z_{i,P} \leqslant z_{i,k+2}$。相对于坐标 $x_{P,k}$ 的两个点 P 的可能位置为 $0 \leqslant (w/u)_m$ 条件下的 $z_{i,k} \leqslant z_{i,P} \leqslant z_{i,k+1}$，以及 $(w/u)_m \leqslant 0$ 条件下的 $z_{i,k+1} \leqslant z_{i,P} \leqslant z_{i,k+2}$。坐标为 $x_{P,k}$ 与 $z_{i,P}$ 位置的速度分量 u 与 w 可通过式 (23.86) 离散：

$$u_{i,P} = \left(1 - \frac{w}{u}\frac{\Delta x}{\Delta z}\right)u_{i,k+1} + \left(\frac{w}{u}\frac{\Delta x}{\Delta z}\right)u_{i,k} \quad \left(\frac{w}{u} \geqslant 0\right) \tag{23.88}$$

$$u_{i,P} = \left(1 - \frac{w}{u}\frac{\Delta x}{\Delta z}\right)u_{i,k+1} + \left(\frac{w}{u}\frac{\Delta x}{\Delta z}\right)u_{i,k+2} \quad \left(\frac{w}{u} \leqslant 0\right) \tag{23.89}$$

所对应的表达式中，w、$u_{i,P}$ 由 $w_{i,P}$ 取代，$u_{i,k+1}$ 由 $w_{i,k+1}$，而 $u_{i,k+2}$ 由 $w_{i,k+2}$ 取代。对于

坐标为 $x_{P,k}$ 的点,可得关系式

$$u_{P,k} = \left(1 - \frac{u}{w}\frac{\Delta z}{\Delta x}\right)u_{i+1,k} + \left(\frac{u}{w}\frac{\Delta z}{\Delta x}\right)u_{i,k} \qquad \left(\frac{u}{w} \geq 0\right) \qquad (23.90)$$

$$u_{P,k} = \left(1 + \frac{u}{w}\frac{\Delta z}{\Delta x}\right)u_{i+1,k} - \left(\frac{u}{w}\frac{\Delta z}{\Delta x}\right)u_{i+2,k} \qquad \left(\frac{u}{w} \leq 0\right) \qquad (23.91)$$

以及 w 的对应关系式。式(23.88)与式(23.89)的柯朗 – 弗里德里希斯 – 莱维条件(Courant – Friedrichs – Lewy condition)具有以下形式:

$$\left|\frac{w}{u}\right|\frac{\Delta x}{\Delta z} \leq 1 \qquad (23.92)$$

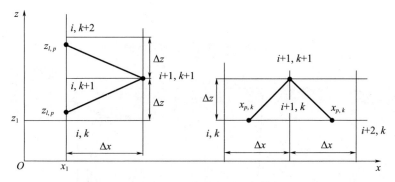

图 23.4　三维边界层的离散

而式(23.90)与(23.91)具有以下形式:

$$\left|\frac{u}{w}\right|\frac{\Delta z}{\Delta x} \leq 1 \qquad (23.93)$$

动量方程与连续方程式(23.79)现可以显式或隐式方式离散(如采用盒子差分格式)。克劳斯等(E. Krause et al.,1969)给出了不同的可能格式。这个格式的精度取决于 $x-z$ 平面上离散网格点的数目。如果采用4个网格点,则可取得 $O(\Delta x, \Delta z)$ 量级的精度。图23.5展示了具有二阶精度的两个不同的离散格式。

由于三维边界层在沿垂直于壁面的方向移动时,往往会出现横向流动方向的较大变化,因而选择尽可能大的因变量区域是有利的,其避免了数值的不稳定性。如果图23.5所示的二阶格式被用于 $x-z$ 平面上的 $\Delta x/\Delta z = 1$ 四个网格点,则在计算变得不稳定之前允许135°的横向流动方向发生变化。图23.6展示了稳定区域外误差的快速增长。

动量方程的积分可在 x 方向和 z 方向进行。包括可压缩流体在内的三维湍流边界层的计算细节,可参见由费恩霍尔茨与克劳斯(H. H. Fernholz, E. Krause, 1982)、汉弗莱斯与琳德奥特(D. A. Humphreys, J. P. F. Lindhout, 1988)发表的综述文章。

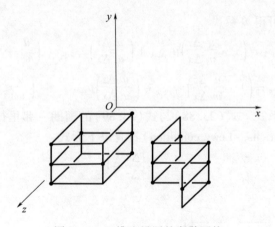

图 23.5　三维边界层的离散网格

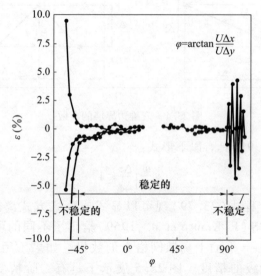

图 23.6　图 23.5 中二阶差分格式的数值稳定区域
[源自克劳斯等人(E. Krause et al. ,1969)发表的文献]

求解三维边界层方程的问题还未失去其现实性。过去对数值方法进行了详细的研究和拓展。赫歇尔、库斯泰与科尔杜拉(E. H. Hirschel, J. Cousteix and W. Kordulla,2013)对这个研究的进展进行了全面系统的描述。

常用符号表

符号	单位	物理意义
a	m²/s	热扩散率,式(4.12)
A	m²	横截面积
Ar	—	阿基米德数,式(4.32)
b	m	跨度,宽度
B	—	堵塞度,式(1.17)
B_q	—	热流数,壁面斯坦顿数,式(19.35)
c	m/s	声速
c, c_p, c_v	J/kg K	比热容
c_D	—	阻力系数,式(1.5)
$c_{\mathcal{D}}$	—	耗散积分系数,式(19.51)
c_f	—	表面摩擦系数,式(2.8),式(18.77)
c_g	m/s	群速度
c_i	—	组分 i 浓度
c_L	—	升力系数,式(1.5)
c_M	—	力矩系数,式(5.84)
c_p	—	压力系数
c_Q	—	体积能量系数,式(11.47)
$c_{\dot{Q}}$	—	热能系数,式(22.59),式(22.87)
c_r	m/s	波速
c_s	m/s	中性亚声速干扰的波速
C	—	黏度函数,式(10.72)
Co	—	科尔伯恩数,式(18.159)
CR	—	查普曼-鲁贝辛参数,式(10.32)
C^+, C_r^+, C_θ^+	—	湍流边界层通量,式(17.22),式(17.35),式(17.49)

符号	单位	物理意义
d	m	直径,翼型厚度
d_h	m	水力直径,式(5.11)
D, D_f, D_p	N	阻力,摩擦阻力,压差阻力
$\mathcal{D}$	kg/s	耗散积分,式(19.51)
D_{12}	m²/s	扩散系数,式(11.55)
e	m²/s²	比内能,式(3.51)
e_t	m²/s²	比内能,式(3.51)
e_x, e_y, e_z	–	沿坐标轴方向的单位向量
E	m⁴/s³	运动动能,式(7.57)
E_t	J	总能量,式(3.48)
E_{Ta}	m²K/s	平板流动的运动动能,式(22.26)
Ec	–	埃克特数,式(4.9)或式(9.8)
f	1/s, Hz	频率,$f = \omega/2\pi$
$\boldsymbol{f}$	N/m³	体积分布力
F	N	作用力
F_e	–	湍流边界层特征量。式(18.69)
g	m/s²	重力加速度
g	N/m³	总压力,式(7.79)
G	–	形状因数,式(18.71)
$G(\Lambda; D)$	–	频率转移函数,式(17.60)
Ga	–	伽利略数,式(4.44)
Gö	–	高特勒数,式(15.52)
Gr	–	格拉肖夫数,规定为 $T_w - T_\infty$,式(4.48)
Grq	–	格拉肖夫数,规定为 q_w,式(4.51)
h	m	平板间距离,图1.1
h	m²/s²	比焓,式(3.64)
h_t	m²/s²	比总焓,式(10.50)
h_x, h_z	–	拉梅度量系数,式(12.53),式(12.54)
H	m	平板间距离的一半,图17.1
H_{12}, H_{32}	–	形状因数,式(8.26),式(8.27)
$\dot{I}$	N	动量通量,式(7.52)
$\boldsymbol{j}$	kg/m²s	扩散通量向量,式(11.53)
k	m	湍流脉动的动能,式(16.14)

符号	单位	物理意义
k_s	m	(表面)粗糙度(高度)
$k_{s\,eq}$	m	等效粗糙度(高度),式(17.39)
$k_{s\,ad}$	m	容许粗糙度(高度),式(17.41)
k_{tech}	m	技术粗糙度(高度),式(17.40)
k_θ	K^2	温度波动的方差,式(18.44)
K	–	无量纲轮廓曲率,式(14.2)
K	–	耦合参数,式(17.104),式(18.141)
K	–	再层化参数,式(18.92)
K	–	细长通道参数,式(17.146)
K_a	m^4/s^2	轴对称流动的运动动量,式(12.30)
$K_\mu, K_\rho, K_\lambda, K_c$	–	等压变化参数,式(10.11),式(10.12)及表3.1
Kn	–	克努森数,$Kn = \ell_0/\ell$,其中 ℓ 为平均自由程
l	m	长度
ℓ	m	混合长度,式(17.68),步长,图14.1
ℓ_K	m	柯尔莫戈洛夫长度,式(16.26)
ℓ_θ, ℓ_{MR}	m	温度场的混合长度,式(18.41),式(18.43)
L	m	湍流长度,式(16.22),式(18.14),式(18.29)
L	m	升力
Le	–	刘易斯数,式(11.72)
M	kg	质量
M	Nm	力矩、扭矩,式(5.64)
$\widetilde{M}_i$	kg/kmol	组分 i 的摩尔质量
Ma	–	马赫数,式(10.21)
Ma_τ	–	摩擦(黏性)马赫数,式(19.35)
n	1/s	角频率
Nu	–	努塞尔数,式(9.22)或式(9.94)
Nu_m	–	平均努塞尔数
Nu_x	–	当地努塞尔数,式(9.53)
p	N/m^2	压力
P_M	J/s	机械功率
Pe	–	贝克来数,式(4.14)
Pr	–	普朗特数,式(4.8)
Pr_t	–	湍流普朗特数,式(17.77)
$Pr_k, Pr_\varepsilon, Pr_\omega$	–	模型常数,式(18.12),式(18.20),式(18.24)

符号	单位	物理意义
q	m/s	瞬时湍流脉动速度的大小,式(16.15)
$\boldsymbol{q}$	W/m^2	热流
q_t	W/m^2	湍流热流,式(16.38)
q_λ	W/m^2	分子热流,式(16.38)
Q	m^3/s	体积通量,式(22.84)
Q_b	m^2/s	单位跨度体积通量,式(7.56)
$\dot{Q}$	J/s	热能通量,式(3.48),式(22.95)
$\dot{Q}_b$	J/s	单位跨度热能通量,式(10.151)
r	m	半径坐标
r	-	恢复系数,式(9.86)
R	m	半径
R	m^2/s^{2}K	比气体常数,式(10.38)
$R(r)$	-	相关系数,式(16.21)
Ra, Ra_q	-	瑞利数,式(19.74),式(19.61)
Re, Re_x	-	雷诺数,式(1.4),式(18.93)
Re_1, Re_2	-	分别由δ_1和δ_2构成的雷诺数,式(18.111)
Re_T, Re_t	-	湍流雷诺数,式(18.149),式(22.12)
Re_τ	-	由μ_τ构成的雷诺数,式(17.6)
s	m^2/s^{2}K	比(单位)熵,式(3.69)
Sc	-	施密特数,式(11.73)
Sh	-	舍伍德数,式(11.67)
Sr	-	斯特劳哈尔数,式(1.16)
St	-	斯坦顿数,式(19.50)
t	-	时间
T	K	(绝对)温度
T_0	K	外部流动的总温,式(9.87),式(10.52)
T_m	K	平均温度,式(17.135)
T_q	K	参考温度,式(19.68)
T_t	K	总温、滞止温度,式(10.50)
T_τ	K	摩擦温度,式(17.45)
Tu	-	湍流强度,式(16.28)
u	m/s	x方向的速度分量
u_m	m/s	平均速度,式(17.125)

符号	单位	物理意义
u_τ	m/s	摩擦速度,式(17.5)
u_q, u_s	m/s	参考速度,式(19.68),式(17.101)
U	m/s	自由流中边界层边缘速度
U_N, U_R	m/s	参考速度,式(7.10),式(19.60)
U_P	m	流动截面浸润周长
v	m/s	y 方向的速度分量
$\boldsymbol{v}$	m/s	速度向量,式(3.1)
v_E	m/s	夹带速度,式(18.127)
V	m/s	自由流速度,外部流动中 y 方向的速度分量
w	m/s	z 方向的速度分量
$\dot{w}_i$	kg/m³s	由化学反应产生的组分 i(单位体积和时间)的质量
W	—	尾流函数,式(18.117)
$\dot{W}$	J/s	功率
x, y, z	m	笛卡儿坐标
$\bar{y}$	—	边界层坐标,式(6.6)
$\hat{y}$	—	中间坐标,式(17.17)
$y^+, y^\times$	—	黏性壁面层坐标,式(17.12),式(17.100)
Y	m	变换的 y 坐标,式(10.61)
Z, Z_T	m	厚度参数,式(8.12),式(9.61)
$Z(T, p)$	m	压缩因数
α	—	攻角,半扩散角,相对于水平方向的轮廓角度,图10.1
α	W/m²K	传热系数,式(9.17)
α	1/m	波数,式(15.10)
$\bar{\alpha}$	—	热扩散系数,式(9.17)
β	1/K	热膨胀系数,式(3.67)
β	—	相似参数,式(7.15),图15.19
β	—	罗达—克洛塞参数,式(18.85)
$\beta(\xi)$	—	主函数,式(7.78)
β_r, β_r^*	1/s	模态角频率,
β_i, β_i^*	1/s	模态放大率
γ	—	比热容之比,$\gamma = c_p/c_v$
γ	—	间歇因子,式(16.30)
γ	—	无量纲摩擦速度,式(17.141)

符号	单位	物理意义
Γ, Γ_T	—	形状因数,式(8.13),式(9.62)
$\delta, \delta_{99}, \delta_R$	m	边界层厚度,式(16.31)
$\delta_1, \delta_2, \delta_3, \delta_h$	m	边界层厚度,式(10.95)~式(10.98),式(9.60),
$\delta_{th}, \delta_T, \delta_L$	m	式(9.68),图9.2
δ_{iu}	m	运动厚度,有 $\rho = \rho_e$,式(10.95)~式(10.97)
δ_N	m	层流边界层厚度量级,式(8.2)
δ_s	m	斯托克层厚度,式(5.117)
δ_ν	m	$= \sqrt{x\nu/U}$
Δ	m	测量宽度,式(22.8)
$\tilde{\Delta}, \hat{\Delta}$	—	无量纲边界层厚度,式(18.65),式(18.68)
Δ_1	m	无量纲位移边界层厚度,式(18.128)
ε	—	小量
ε	m²/s³	伪耗散,式(16.19)
$\tilde{\varepsilon}$	m²/s³	(湍流)耗散,式(16.17)
η	—	无量纲 y 坐标,相似坐标,式(18.59),式(7.21)
η_s	—	斯托克斯坐标,式(5.105),式(13.27)
ϑ	—	无量纲超额温度,式(4.27),式(9.3)
θ	—	角度
$Ⓗ$	—	无量纲超额温度,式(9.69)
$Ⓗ^+$	—	无量纲超额温度,式(17.46)
$\kappa(x)$	1/m	物体轮廓曲率,式(3.98)
κ	—	卡门常数,式(17.17)
$\kappa_N, \kappa_{N\theta}, \kappa_0, \kappa_\theta$	—	普适常数,式(19.70),式(17.102),式(17.74)
λ	J/msK	导热系数,式(3.70)
λ	—	管道摩擦系数,式(1.9)
λ	m	波长,$\lambda = 2\pi/\alpha$
Λ	—	形状因数,式(15.27)
μ	kg/ms	黏度,式(1.2)
μ_t	kg/ms	涡黏度,式(17.63)
ν	m²/s	运动黏度,式(1.3)
ν_t	m²/s	(运动)涡黏度,式(17.63)
ξ	—	无量纲 x 坐标,式(7.7)
ξ	—	高特勒变换坐标,式(7.76)

符号	单位	物理意义
Π	–	波参数,式(18.70)
ρ, ρ_i	kg/m³	密度,组分 i 的分密度,式(11.49)
$\sigma_x, \sigma_y, \sigma z$	N/m²	法向应力,式(3.13)
$\tau_{ij}, \bar{\tau}_v$	N/m²	黏性应力,式(3.22),式(16.37)
τ_t	N/m²	湍流剪切应力,式(16.37)
φ, Φ	–	角度
Φ	J/s	耗散函数,式(3.62),式(9.2)
$\bar{X}$	–	高超声速相似参数,式(14.34)
X	–	跨声速相似参数,式(19.56)
ψ	m²/s	流函数,式(4.58)
ω	1/s	角速度向量,式(3.27),式(18.25)
ω	1/s	角速度,角频率

索引符号

符号	物理意义
ad	绝热壁
adm	容许
c	中心线
c. p.	常数性质
crit	临界,转捩完成点
C	轮廓,临界层
CFI	横流非定常性
DN	直接自然对流
e	边界层外缘,外部流动
eq	等效
E	进口
i	复数虚部
i	组分 i,运行指数
inc	不可压缩
ind	无差别点
IN	间接自然对流

j		运行指数
k		单—粗糙单元
l		低、下
max		最大值
mot		运动
MS		边缘分离
O		参考点,虚拟原点,滞止点,起始点($t=0$)
P		主稳定性
r		复数实部
r		参考温度
R		参考值
s		准稳态
S		分离
S		激波,次稳定性
St		滞止点
tech		技术的
TS		托尔明—施利希廷波
0.5T		最高温差的一半
u		上
0.5u		最大速度的一半
w		壁
x,y,z		x,y,z 方向
∞		不受物体干扰,自由流,下游远处

其他符号

符号	物理意义
*	无量纲,摄动量,式(15.56)
−	常规平均时间
~	质量加权时间平均,总体平均与时间平均之间的差值,式(21.2)
⟨ ⟩	总体平均,相平均,式(21.2),式(21.3)
′	脉动量,常规平均
″	脉动量,质量加权平均
+	由 $\delta_v = \nu/U_\tau, U_\tau, T_\tau$ 构成的 $\bar{\tau}_w \neq 0$ 处壁面
×	由 $\nu/u_S, u_S$ 构成的 $\bar{\tau}_w \neq 0$ 处壁面

参考文献

Abbott, J. H. ; Doenhoff von, A. E. ; Stivers, L. S. (1945): Summary of airfoil data. NACA – R – 824.

Abid, R. /s. : Speziale, C. G. ; Abid, R. ; Anderson, E. C. (1990) Achenbach, E. (1968): Distribution of local pressure and skin friction around a circular cylinder in cross – flow up to Re = 5 × 106. J. Fluid Mech. , Vol. 34, 625 – 639.

Achenbach, E. (1971): Influence of surface roughness on the cross – flow around a circular cylinder. J. Fluid Mech. , Vol. 46, 321 – 335.

Achenbach, E. (1972): Experiments on the flow past spheres at very high Reynolds numbers. J. Fluid Mech. , Vol. 54, 565 – 575.

Achenbach, E. (1974a): Vortex shedding from spheres. J. Fluid Mech. , Vol. 62, 209 – 221.

Achenbach, E. (1974b): The effects of surface roughness and tunnel blockage on the flow past spheres. J. Fluid Mech. , Vol. 65, 113 – 125.

Achenbach, E. , Heinecke, E. (1981): On the vortex shedding from smooth and rough cylinders in the range of Reynolds numbers 6 × 103 to 5 × 106. J. Fluid Mech. , Vol. 109, 239 – 251.

Ackeret, J. (1925): Das Rotorschiff und seine physikalischen Grundlagen, Vandenhoeck und Ruprecht, Göttingen. 2. Auflage.

Ackeret, J. (1952): über exakte Lösungen der Navier – Stokes – Gleichungen inkompressibler Flüssigkeiten bei veränderten Grenzbedingungen. Z. angew. Math. Phys. (ZAMP). Bd. 3, 259 – 271.

Acrivos, A. (1960a): Mass – transfer in laminar – boundary – layer flows with finite interfacial velocities. A. I. Ch. E. Journal, Vol. 6, 410 – 414.

Acrivos, A. (1960b): A theoretical analysis of laminar natural convection heat transfer to non – Newtonian fluids. A. I. Ch. E. Journal, Vol. 6, 584 – 590.

Acrivos, A. (1962): The asymptotic form of the laminar boundary – layer mass transfer rate for large interfacial velocities. J. Fluid Mech. , Vol. 12, 337 – 357.

Acrivos, A. /s. : Klemp, J. B. ; Acrivos, A. (1972)

Adamson Jr. , T. C. /s. : Brilliant, H. M. ; Adamson Jr. , T. C (1974)

Adamson Jr. , T. C. ; Messiter, A. F. (1980): Analysis of two – dimensional interactions between shock waves and boundary layers. Annu. Rev. Fluid Mech. , Vol. 12, 103 – 138.

Adamson Jr. , T. C. ; Messiter, A. F. (1981): Simple approximations for the asymptotic description of the interaction between a normal shock wave and a turbulent boundary layer at transonic speeds. In: AGARD – CP – 291, 16 – 1 to 16 – 14.

Afzal, N. ; Narasimha, R. (1976): Axisymmetric turbulent boundary layer along a circular cylinder. J. Fluid Mech. , Vol. 74, part 1, 113 – 128.

Afzal, N. (1980): Convective wall plume: Higher order analysis. Int. J. Heat Mass Transfer. Vol. 23, 505 – 513.

Afzal, N. ; Narasimha, R. (1985): Asymptotic analysis of thick axisymmetric turbulent boundary layers. AIAA Journal, Vol. 23, 963 – 965.

Afzal, N. (1996): Turbulent boundary layer on a moving continuous plate. Fluid Dynamics Research, Vol. 17, 181 – 194.

Afzal, N. (2008a): Turbulent boundary layer with negligible wall stress. Journal of Fluids Engineering. Vol. 130, 051205 – 1 – 15.

Afzal, N. (2008b): Alternate scales for turbulent boundary layer on transitional rough walls: Universal log laws. Journal of Fluids Engineering. Vol. 130, 041202 – 1 – 16.

AGARD(1981): Computation of Viscous – Inviscid Interactions. AGARD – CP – 291.

AGARD(1987): Computation of Three – Dimensional Boundary Layers Including Separation. AGARD – R – 741.

AGARD(1990): Report of the Fluid Dynamics Panel Working Group 10 on Calculation of 3D Separated Turbulent Flows in Boundary Layer Limit. AGARDAR – 255.

AGARD (1994): Progress in Transition Modelling. AGARD – R – 793.

Aihara, Y. /s. : Tani, I. ; Aihara, Y. (1969)

Akamatsu, T. /s. : Matsushita, M. ; Murata, S. ; Akamatsu, T. (1984a)

Akamatsu, T. /s. : Matsushita, M. ; Murata, S. ; Akamatsu, T. (1984b)

Akamnov, N. I. (1953): Development of a two – dimensional laminar fluid jet along a solid surface (in russion). Proc. LPI, Technical Hydrodynamics, No. 5, 24 – 31.

Alber, I. E. (1968): Application of an exact expression for the equilibrium dissipation integral to the calculation of turbulent nonequilibrium flows. In: S. J. Kline et al. (Eds.): Proc. Computation of Turbulent Boundary Layers – 1968, AFOSR – IFP – Stanford Conference, Vol. I, 126 – 135.

Alfredsson, P. H. /s. : Hallbäck, M. ; Henningson, D. S. ; Johansson, A. V. , Alfredsson, P. H. (Eds.) (1996)

Alfredsson, P. H. /s. : Franssen, J. H. M. ; Matsubara, M. ; Alfredsson, P. H. (2005)

Alletto, M. /s. : Scheichl, B. ; Kluwick, A. ; Alletto, M. (2008)

Allmaras, S. R. /s. : Spalart, P. R. ; Allmaras, S. R. (1992)

Al – Maaitah, A. /s. : Nayfeh, A. H. ; Al – Maaitah, A. (1987)

Althaus, D. ; Wortmann, F. X. (1981): Stuttgarter Profilkatalog 1. Messergebnisse aus dem Laminarwindkanal des Instituts für Aerodynamik und Gasdynamik der Universität Stuttgart. Vieweg – Verlag, Braunschweig/Wiesbaden.

Anderson Jr. , J. D. (1989): Hypersonic and High Temperature Gas Dynamics. McGraw – Hill Book Co. , New York.

Anderson, D. A. ; Tannehill, J. C. ; Pletcher, R. H. (1984): Computational Fluid Mechanics and Heat Transfer. McGraw – Hill Book Company, New York.

Anderson, E. C. /s. : Speziale, C. G. ; Abid, R. ; Anderson, E. C. (1990)

Andrade, E. N. (1931): On the circulation caused by the vibration of air in a tube. Proc. Roy. Soc. London A, Vol. 134, 447 – 470.

Andrade, E. N. (1939): The velocity distribution in a liquid – into – liquid jet. The plane jet. Proc. Phys. Soc. London, Vol. 51, 784 – 793.

Andre, G. /s.: Schneider, W.; Steinrück, H.; Andre, G. (1994)

Antonia, R. A. /s.: Krishnamoorthy, L. V.; Antonia, R. A. (1988)

Antonia, R. A. /s.: Raupach, M. R.; Antonia, R. A.; Rajagopalan, S. (1991)

Arakeri, J. H. /s.: Dewan, A.; Arakeri, J. H. (2000)

Arnal, D.; Juillen, J. C.; Michel, R. (1977): Analyse experimentale et calcul de l' appartition et du developpement de la transition de la couche limit. In: AGARDCP – 224, 13 – 1 to 13 – 17.

Arnal, D. (1984): Description and prediction of transition in two – dimensional incompressible flow. In: AGARD – R – 709: Special course on stability and transition of laminar flows. 2 – 1 to 2 – 71.

Arnal, D.; Coustols, E.; Juillen, J. C. (1984): Etude experimentale et theorique de la transition sur une aile en fleche infinie. Rech. Aerosp. No. 1984 – 4, 275 – 290. Engl. ed.: 1984 – 4, 39 – 54.

Arnal, D. (1987): Three – dimensional boundary layers: Laminar – turbulent transition. In: AGARD – R – 741, 4 – 1 to 4 – 34.

Arnal, D. /s.: Reed, H. L.; Saric, W. S.; Arnal, D. (1996)

Aroesty, J.; Cole, J. D. (1965): Boundary layer flow with large injection rates. RAND Corp. Memorandum RM – 4620, ARPA.

Arzoumanian, E. /s.: Fulachier, L.; Arzoumanian, E.; Dumas, R. (1982)

Asai, M. /s.: Nishioka, M.; Asai, M.; Iida, S. (1990)

Aships, D. E.; Reshotko, E. (1990): The vibrating ribbon problem revisited. J. Fluid Mech., Vol. 213, 531 – 547.

Atwell, N. P. /s.: Bradshaw, P.; Ferriss, D. H.; Atwell, N. P. (1967)

Aupoix, B. /s.: Catris, S.; Aupoix, B. (2000)

Aziz, A.; Na, T. Y. (1984): Perturbation Methods in Heat Transfer. Hemisphere Publishing Corp., Washington, D. C.

Badri Narayanan, M. A. /s.: Rao, K. N.; Narasimha, R.; Badri Narayanan, M. A. (1971)

Baek, J. H. /s.: Patel, V. C.; Baek, J. H. (1985)

Bailey, H. E. /s.: Deiwert, G. S.; Bailey, H. E. (1984)

Baillie, J. C. /s.: Wai, J. C.; Baillie, J. C.; Yoshihara, H. (1986)

Baker, R. J.; Launder, B. E. (1974): The turbulent boundary layer with foreign gas injection. I. Measurements in zero pressure gradient. Int. J. Heat Mass Transfer, Vol. 17, 275 – 291.

Baldwin, B. S.; Lomax, H. (1978): Thin layer approximation and algebraic model for separated turbulent flows. AIAA Paper 78 – 257.

Baldwin, B. S.; Barth, T. J. (1990): A one – equation turbulence transport model for high Reynolds number wall – bounded flows. NASA – TM – 102847.

Bandyopadhyay, P. /s.: Head, M. R.; Bandyopadhyay, P. (1981) Bandyopadhyay, P. R. /s.: Gad – el – Hak, M.; Bandyopadhyay, P. R. (1994)

Banks, W. H. H. (1965): The boundary layer on a rotating sphere. Quart. J. Mech. Appl. Math., Vol. 18, 443 – 454.

Banks, W. H. H.; Drazin, P. G.; Zaturska, M. B. (1988): On perturbation of Jeffery – Hamel flow. J.

Fluid Mech. , Vol. 186 ,559 – 581.

Barberis, D. (1986) : 3 – D boundary layer computation on arbitrary obstacles with direct and inverse methods. Rech. Aerosp. , No. 186 – 3 ,1 – 27.

Barche, J. (1979) (Editor) : Experimental Data Base for Computer Program Assessment. AGARD – AR – 138.

Barker, M. (1922) : On the use of very small pitot – tubes for measuring wind velocity. Proc. Roy. Soc. London A , Vol. 101 ,435 – 445.

Barnes, H. T. ; Coker, E. G. (1905) : The flow of water through pipes. Proc. Roy. Soc. London, Vol. 74 ,341.

Barnett, M. /s. : Fan, S. ; Lakshminarayana, B. ; Barnett, M. (1993)

Barnwell, R. W. ; Wahls, R. A. ; De Jarnette, F. R. (1989) : Defect stream function, law – of – the – wall/wake method for turbulent boundary layers. AIAA Journal , Vol. 27 ,1707 – 1713.

Baron, J. R. ; Scott, P. E. (1960) : Some mass – transfer results with external – flow pressure gradients. J. Aero/Space Sci. , Vol. 27 ,625 – 626.

Barry, M. D. J. ; Ross, M. A. S. (1970) : The flat plate boundary layer. Part 2 : The effect of increasing thickness on stability. J. Fluid Mech. , Vol. 43 ,813 – 818.

Barth, T. J. /s. : Baldwin, B. S. ; Barth, T. J. (1990)

Bartlmä, F. (1975) : Gasdynamik der Verbrennung. Springer – Verlag, Wien, New York.

Batchelor, G. K. (1951) : Note on a class of solutions of the Navier – Stokes equations representing steady non rotationally symmetric flow. Quart. J. Mech. Appl. Math. , Vol. 4 ,29 – 41.

Batchelor, G. K. (1956) : A proposal concerning laminar wakes behind bluff bodies of large Reynolds number. J. Fluid Mech. , Vol. 1 ,388 – 398.

Batchelor, G. K. (1974) : An Introduction to Fluid Dynamics. Cambridge University Press, Cambridge.

Becker, E. (1957) : Das Anwachsen der Grenzschicht in und hinter einer Expansionswelle. Ing. – Arch. , Bd. 25 ,155 – 163.

Becker, E. (1959a) : Berechnung der Reibungsschichten mit schwacher Sekundärströmung nach dem Impulsverfahren. Z. Flugwiss. , Bd. 7 ,163 – 175 (1959) ; cf. also : Mitteilg. aus dem Max – Planck – Institut für Strömungsforschung Nr. 13 (1956) and ZAMM. Z. angew. Math. Mech. , S3 – S8.

Becker, E. (1959b) : Instationäre Grenzschichten hinter Verdichtungsstößen und Expansionswellen. Z. Flugwiss. , Bd. 7 ,61 – 73.

Becker, E. (1960) : Eine einfache Verallgemeinerung der Rayleigh – Grenzschicht. Z. angew. Math. Phys. (ZAMP) , Bd. 11 ,146 – 152.

Becker, E. (1961) : Instationäre Grenzschichten hinter Verdichtungsstößen und Expansionswellen. Progress in Aeronautical Sciences , Vol. 1 , Pergamon Press, N. Y. ,104 – 173.

Becker, E. (1962) : Anwendung des numerischen Fortsetzungsverfahrens auf die pseudostationäre, kompressible laminare Grenzschicht in einem Stoßellenrohr, Z. Flugwiss. , Bd. 10 ,138 – 147.

Beese, E. ; Gersten, K. (1979) : Skin friction and heat transfer on a circular cylinder moving in a fluid at rest. Z. angew. Math. Phys. (ZAMP) , Vol. 30 ,117 – 127.

Beese, E. (1984) : Die von einem Tragflügelprofil induzierte Grenzschichtströmung an der Bodenebene. Z. Flugwiss. Weltraumforsch. , Bd. 8 ,17 – 27.

Behbahani, D. /s. : Schultz – Grunow, F. ; Behbahani, D. (1973)

Benjamin, T. B. (1960) : Effects of a flexible boundary on hydrodynamic stability. J. Fluid Mech. , Vol. 9, 513 – 532.

Benocci, C. (1991) : Modelling of turbulent heat transport – A state – of – the – art. Von Karman Institute for Fluid Dynamics, Technical Memorandum 47.

Berg, B. van den /s. : Lindhout, J. P. F. ; Berg, B. van den (1979)

Berg, B. van den ; Humphreys, D. A. ; Krause, E. ; Lindhout, J. P. F. (1988) : Three – Dimensional Turbulent Boundary Layers – Calculations and Experiments. Notes on Numerical Fluid Mechanics, Vol. 19, Vieweg – Verlag, Braunschweig.

Berger, E. ; Wille, R. (1972) : Periodic flow phenomena. Annu. Rev. Fluid Mech. , Vol. 4, 313 – 340.

Berger, S. A. (1971) : Laminar Wakes. American Elsevier Publ. Co. , New York.

Berker, R. (1963) : Integration des équations du mouvements d'un fluide visqueux incompressible. In: S. Flügge (Ed.) : Handbuch der Physik, Bd. VIII/2, Springer – Verlag, Berlin, 1 – 384.

Bers, A. (1973) : Theory of absolute and convective instabilities. Intern. Congress on Waves and Instabilities in Plasmas (G. Auer and F. Cap, Hg.). Innsbruck, Austria, B1 – B52.

Bertolotti, F. P. /s. : Herbert, T. ; Bertolotti, F. P. (1987)

Bertolotti, F. P. (1991) : Linear and Nonlinear Stability of Boundary Layers with Streamwise Varying Properties. Ph. D. thesis, The Ohio State University.

Betchov, R. ; Criminale, W. O. (1967) : Stability of Parallel Flows. Academic Press, New York, London.

Betz, A. (1949) : Ziele, Wege und konstruktive Auswertung der Strömungsforschung. Z – VDI, Bd. 91, 253 – 258.

Bieler, H. /s. : Horstmann, K. – H. ; Redeker, G. ; Quast, A. ; Dreβer, U. ; Bieler, H. (1990)

Binnie, A. M. ; Harris, D. P. (1950) : The application of boundary layer theory to swirling liquid flow through a nozzle. Quart. J. Mech. Appl. Math. , Vol. 3, 89 – 106.

Bippes, H. (1972) : Experimentelle Untersuchung des laminar – turbulenten Umschlages an einer parallel angeströmten konkaven Wand. Sitzungsberichte der Heidelberger Akademie der Wissenschaften, Math. – Naturwiss. Klasse, 103 – 180.

Jahrg. 1972, 3. Abhandlung (English translation : Experimental study of the laminar – turbulent transition of a concave wall in a parallel flow. NASA – TM – 75243, March 1978) ; see also: H. Bippes and H. Görtler, Acta Mech. , Vol. 14, 251 – 267.

Bippes, H. ; Nitschke – Kowsky, P. (1987) : Experimental study of instability modes in a three – dimensional boundary layer. AIAA Paper 87 – 1336.

Birch S. F. ; Eggers J. M. (1972) : A critical review of the experimental data for developed free turbulent shear layers. In: Free Turbulent Shear Flows, Conf. Proc. , NASA – SP – 321, Vol. I, 11 – 40.

Bird, R. B. ; Stewart, W. E. ; Lightfoot, E. N. (1960) : Transport Phenomena. JohnWiley, New York.

Bissonnette, L. R. ; Mellor, G. L. (1974) : Experiments on the behaviour of an axisymmetric turbulent boundary layer with a sudden circumferential strain. J. Fluid Mech. , Vol. 63, 369 – 413.

Blasius, H. (1908) : Grenzschichten in Flüssigkeiten mit kleiner Reibung. Z. Math. Physik, Bd. 56, 1 – 37. Engl. translation in NACA – TM – 1256.

Blasius, H. (1910) : Laminare Strömung in Kanälen wechselnder Breite. Z. Math. Physik, Bd. 58, 225 –

233.

Blottner, F. G. ; Flügge – Lotz, I. (1963) : Finite – difference computation of the boundary layer with displacement thickness interaction. Journal de Mécanique, Vol. 2, 397 – 423.

Blottner, F. G. (1964) : Nonequilibrium laminar boundary – layer flow of ionized air. AIAA Journal, Vol. 2, 1921 – 1927.

Blottner, F. G. (1975) : Investigation of some finite – difference techniques for solving the boundary layer equations. Computer Meth. Appl. Mech. Eng. , Vol. 6, 1 – 30.

Blumer, C. B. /s : Van Driest, E. R. ; Blumer, C. B. (1963)

Bodonyi, R. J. ; Kluwick, A. (1977) : Freely interacting transonic boundary layers. The Physics of Fluids, Vol. 20, 1432 – 1437.

Bodonyi, R. J. ; Kluwick, A. (1982) : Supercritical transonic trailing – edge flow. Q. J. Mech. Appl. Math. , Vol. 35, 265 – 277.

Bodonyi, R. J. /s. : Kluwick, A. ; Gittler, Ph. ; Bodonyi, R. J. (1984)

Bodonyi, R. J. /s. : Kluwick, A. ; Gittler, Ph. ; Bodonyi, R. J. (1985)

Bodonyi, R. J. ; Smith, F. T. Kluwick, A. (1985) : Axisymmetric flow past a slender body of finite length. Proc. Roy. Soc. London A, Vol. 400, 37 – 54.

Bödewadt, U. T. (1940) : Die Drehströmungüber festem Grund. ZAMM. Z. angew. Math. Mech. , Bd. 20, 241 – 253.

Böhm, H. /s. : Schneider, W. ; Zauner, E. ; Böhm, H. (1987)

Böhle, M. /s. : Oertel Jr. , H. ; Böhle, M. (2002)

Börger, G. – G. /s. : Gersten, K. ; Gross, J. F. ; Börger, G. – G. (1972)

Börger, G. – G. (1975) : Optimierung vonWindkanaldüsen für den Unterschallbereich. Z. Flugwiss. , Bd. 23, 45 – 50 and 282.

Bohning, R. ; Zierep, J. (1981) : Normal shock – turbulent boundary layer interaction at a curved wall. In : AGARD – CP – 291, 17 – 1 to 17 – 8.

Bohning, R. /s. : Doerffer, P. P. ; Bohning, R. (2003)

Boiko, A. V. ; Grek, G. R. ; Dovgal, A. V. ; Kozlov, V. V. (2002) : The Origin of Turbulence in Near Wall Flows. Springer, Berlin, Heidelberg.

Braun, S. ; Kluwick, A. (2004) : Unsteady three – dimensional marginal separation caused by surface – mounted obstacles and/or local suction. J. Fluid Mech. , Vol. 514, 121 – 152.

Boltze, E. (1908) : Grenzschichten an Rotationskörpern in Flüssigkeiten mit kleiner Reibung. Diss. Göttingen.

Bonnet, J. L. /s. : Gleyzes, C. ; Cousteix, J. ; Bonnet, J. L. (1984)

Bothmann, Th. /s. : Krause, E. ; Hirschel, E. H. ; Bothmann, Th. (1968)

Bothmann, Th. /s. : Krause, E. ; Hirschel, E. H. ; Bothmann, Th. (1969)

Böhle, M. /s. : Oertel Jr. , H. ; Böhle, M. ; Reviol, T. (2015)

Boltze, E. (1908) : Grenzschichten an Rotationskörpern in Flüssigkeiten mit kleiner Reibung. Diss. Göttingen.

Bonnet, J. L. /s. : Gleyzes, C. ; Cousteix, J. ; Bonnet, J. L. (1984)

Bothmann, Th. /s. : Krause, E. ; Hirschel, E. H. ; Bothmann, Th. (1968)

Bothmann, Th. /s. : Krause, E. ; Hirschel, E. H. ; Bothmann, Th. (1969)

Bott, D. M. ; Bradshaw, P. (1998) : Effect of high free – stream turbulence on boundary – layer skin friction and heat transfer. AIAA Paper 98 – 0531.

Botta, E. F. F. ; Dijkstra, D. ; Veldman, A. E. P. (1972) : The numerical solution of the Navier – Stokes equations for laminar, incompressible flow past a parabolic cylinder. J. Eng. Math. , Vol. 6, 63 – 81.

Boussinesq, J. (1872) : Essai sur la theorie des eaux courantes. Memoires Acad. Des Sciences, Vol. 23, No. 1, Paris.

Boussinesq, J. (1903) : Theorie Analytique de la chaleur. Vol. 2, Gauthier – Villars, Paris.

Bradshaw, P. (1965) : The effect of wind tunnel screens on nominally two – dimensional boundary layers. J. Fluid Mech. , Vol. 22, 679 – 687.

Bradshaw, P. ; Ferriss, D. H. ; Atwell, N. P. (1967) : Calculation of boundary – layer development using the turbulent energy equation. J. Fluid Mech. , Vol. 28, 593 – 616.

Bradshaw, P. ; Ferriss, D. H. (1971) : Calculation of boundary – layer development using the turbulent energy equation: Compressible flow on adiabatic walls. J. Fluid Mech. , Vol. 46, 83 – 110.

Bradshaw, P. /s. : Huffmann, G. D. ; Bradshaw, P. (1972)

Bradshaw, P. (1973) : Effects of Streamline Curvature on Turbulent Flow. AGARDAG – 169.

Bradshaw, P. (1977) : Compressible turbulent shear layers. Annu. Rev. Fluid Mech. , Vol. 9, 33 – 54.

Bradshaw, P. /s. : Cebeci, T. ; Bradshaw, P. (1977)

Bradshaw, P. ; Cebeci, T. ; Whitelaw, J. H. (1981) : Engineering Calculation Methods for Turbulent Flow. Academic Press, London.

Bradshaw, P. /s. : Cebeci, T. ; Bradshaw, P. (1984)

Bradshaw, P. /s. : Huang, P. G. ; Bradshaw, P. ; Coakley, T. J. (1993)

Bradshaw, P. /s. : Schwarz, W. R. ; Bradshaw, P. (1993)

Bradshaw, P. /s. : Huang, P. G. ; Bradshaw, P. ; Coakley, T. J. (1994)

Bradshaw, P. /s. : Huang, P. G. ; Bradshaw, P. (1995)

Bradshaw, P. /s. : Bott, D. M. ; Bradshaw, P. (1998)

Brainerd, J. G. /s. : Emmons, H. W. ; Brainerd, J. G. (1942)

Braslow, A. L. ; Visconti, F. (1948) : Investigation of boundary layer Reynolds number for transition on a NACA 65(215) – 114 airfoil in the Langley two dimensional low – turbulence pressure tunnel. NACA – TN – 1704.

Böhm, H. /s. : Schneider, W. ; Zauner, E. ; Böhm, H. (1987)

Böhle, M. /s. : Oertel Jr. , H. ; Böhle, M. (2002)

Börger, G. – G. /s. : Gersten, K. ; Gross, J. F. ; Börger, G. – G. (1972)

Börger, G. – G. (1975) : Optimierung von Windkanaldüsen für den Unterschallbereich. Z. Flugwiss. , Bd. 23, 45 – 50 and 282.

Bohning, R. ; Zierep, J. (1981) : Normal shock – turbulent boundary layer interaction at a curved wall. In: AGARD – CP – 291, 17 – 1 to 17 – 8.

Boltze, E. (1908) : Grenzschichten an Rotationskörpern in Flüssigkeiten mit kleiner Reibung. Diss. Göttingen.

Bonnet, J. L. /s. : Gleyzes, C. ; Cousteix, J. ; Bonnet, J. L. (1984)

Bothmann, Th. /s. : Krause, E. ; Hirschel, E. H. ; Bothmann, Th. (1968)

Bothmann, Th. /s. : Krause, E. ; Hirschel, E. H. ; Bothmann, Th. (1969)

Böhle, M. /s. : Oertel Jr. , H. ; Böhle, M. ; Reviol, T. (2015)

Bohning, R. /s. : Doerffer, P. P. ; Bohning, R. (2003)

Boiko, A. V. ; Grek, G. R. ; Dovgal, A. V. ; Kozlov, V. V. (2002) : The Origin of Turbulence in Near Wall Flows. Springer, Berlin, Heidelberg.

Braun, S. ; Kluwick, A. (2004) : Unsteady three – dimensional marginal separation caused by surface – mounted obstacles and/or local suction. J. Fluid Mech. , Vol. 514, 121 – 152.

Braun, S. ; Kluwick, A. (2005) : Blow – up and control of marginally separated boundary layers. Phil. Trans. Roy. Soc. Lond. A 363 (1830), 1057 – 1067.

Braun, S. /s. : Scheichl, S. ; Braun, S. ; Kluwick, A. (2008)

Braun, W. H. ; Ostrach, S. ; Heighway, J. E. (1961) : Free – convection similarity flows about two – dimensional and axisymmetric bodies with closed lower ends. Int. J. Heat Mass Transfer, Vol. 2, 121 – 135.

Bray, R. S. /s. : Holzhauser, C. A. ; Bray, R. S. (1956)

Brazier, J. /s. : Roget, C. ; Brazier, J. Ph. ; Cousteix, J. ; Mauss, J. (1998)

Brenner, H. /s. : Happel, J. ; Brenner, H. (1973)

Brevdo, L. (1988) : A study of absolute and convective instabilities with an application to the Eady model. Geophys. Astrophys. Fluid Dyn. , Vol. 40, 1 – 92.

Brevdo, L. (1991) : Three – dimensional absolute and convective instabilities and spatially amplifying waves in parallel shear flows. Z. angew. Math. Phys. (ZAMP), Vol. 42, 911 – 942.

Brevdo, L. (1993) : Instabile Wellenpakete in der Blasius' schen Grenzschichtströmung. TU Braunschweig, Habil. – Schrift; also: ZLR – Forschungsbericht; 92 – 2.

Brevdo, L. (1995) : Convectively unstable wave packets in the Blasius boundary layer. ZAMM. Z. angew. Math. Mech. , Vol. 75, 423 – 436.

Briggs, R. J. (1964) : Electron – Stream Interactions in Plasmas. MIT Press.

Brighton, P. W. M. /s. : Smith, F. T. ; Sykes, R. I. ; Brighton, P. W. M. (1977)

Brighton, P. W. M. /s. : Smith, F. T. ; Brighton, P. W. M. ; Jackson, P. S. ; Hunt, J. C. R. (1981)

Briley, W. R. /s: McDonald, H. ; Briley, W. R. (1984)

Brilliant, H. M. ; Adamson Jr. , T. C. (1974) : Shock – wave boundary – layer interactions in laminar transonic flow. AIAA Journal, Vol. 12, 323 – 329.

Brinich, P. F. (1954) : Boundary – layer transition at Mach 3.12 with and without single roughness elements. NACA – TN – 3267.

Brown, F. N. M. (1957) ; ... Dept. Aerospace & Mech. Eng. , Univ. Notre Dame, Notre Dame, Indiana; cf. also: Knapp, C. F. ; Roache, P. J. (1968) : A combined visual and hot – wire anemometer investigation of boundary – layer transition, AIAA Journal, Vol. 6, No. 1, 29 – 36.

Brown, S. N. (1966) : A differential equation occurring in boundary – layer theory. Mathematika, Vol. 13, 140 – 146.

Brown, S. N. ; Stewartson, K. (1966) : On the reversed flow solutions of the Falkner – Skan equation. Mathematika, Vol. 13, 1 – 6.

Brown, S. N. ; Riley, N. (1973): Flow past a suddenly heated vertical plate. J. Fluid Mech., Vol. 59, 225 – 237.

Brown, S. N. ; Stewartson, K. (1983): On an integral equation of marginal separation. SIAM J. Appl. Math., Vol. 43, 1119 – 1126.

Brown, W. B. ; Donoughe, P. L. (1951): Tables of exact laminar – boundary – layer solutions when the wall is porous and fluid properties are variable. NACA – TN – 2479.

Bryson, A. E. / s. : Emmons, H. W. ; Bryson, A. E. (1951 – 52)

Bühler, K. / s. : Zierep, J. ; Bühler, K. (1993)

Burgers, J. M. (1924): The motion of a fluid in the boundary layer along a plain smooth surface. Proceedings of the First International Congress for Applied Mechanics, Delft, 113 – 128.

Burggraf, O. R. / s. : Jobe, C. E. ; Burggraf, O. R. (1974)

Burggraf, O. R. (1975): Asymptotic theory of separation and reattachment of a laminar boundary – layer on a compression ramp. In: AGARD – CP – 168, 10 – 1 to 10 – 9.

Burggraf, O. R. / s. : Rizzetta, D. P. ; Burggraf, O. R. ; Jenson, R. (1978)

Burggraf, O. R. ; Rizzetta, D. P. ; Werle, M. J. ; Vatsa, V. N. (1979): Effects of Reynolds number on laminar separation of a supersonic stream. AIAA Journal, Vol. 17, 336 – 343.

Burggraf, O. R. ; Duck, P. W. (1982): Spectral computation of triple – deck flows. In: T. Cebeci (Ed.): Numerical and Physical Aspects of Aerodynamics Flows. Springer – Verlag, New York, 145 – 158.

Busemann, A. (1931): Gasdynamik. Handbuch der Exp. – Physik, Bd. IV, 1. Akad. Verlag, Leipzig.

Bush, W. B. (1966): Hypersonic strong – interaction similarity solutions for flow past a flat plate. J. Fluid Mech., Vol. 25, 51 – 64.

Bushnell, D. M. / s. : Rudy, D. H. ; Bushnell, D. M. (1973)

Bussmann, K. ; Münz, H. (1942): Die Stabilität der laminaren Reibungsschicht mit Absaugung. Jb. dt. Luftfahrtforschung I, 36 – 39.

Bussmann, K. ; Ulrich, A. (1943): Systematische Untersuchungen über den Einfluß der Profilform auf die Lage des Umschlagpunktes. Preprint Jb. dt. Luftfahrtforschung 1943 in Techn. Berichte 10, Heft 9.

Cantwell, B. J. (1981): Organized motion in turbulent flow. Annu. Rev. Fluid Mech., Vol. 13, 457 – 515.

Cantwell, B. J. / s. : Kline, S. J. ; Cantwell, B. J. ; Lilley, G. M. (1981)

Capp, S. P. / s. : George, W. K. ; Capp, S. P. (1979)

Carpenter, P. W. / s. : Dixon, A. E. ; Lucey, A. D. ; Carpenter, P. W. (1994)

Carr, L. W. (1981a): A review of unsteady turbulent boundary layer experiments. In: R. Michel; J. Cousteix; R. Houdeville (Eds.): Unsteady Turbulent Shear Flows. Springer – Verlag, Berlin, 3 – 34.

Carr, L. W. (1981b): A Compilation of Unsteady Turbulent Boundary Layer Experimental Data. AGARD – AG – 265.

Carslaw, H. S. ; Jaeger, J. C. (1959): Conduction of Heat in Solids. Oxford University Press.

Carter, J. E. (1979): A new boundary – layer inviscid iteration technique for separated flow. AIAA Paper 79 – 1450.

Caswell, B. / s. : Schwartz, W. H. ; Caswell, B. (1961)

Catherall, D. ; Stewartson, K. ; Williams, P. G. (1965) : Viscous flow past a flat plate with uniform injection. Proc. Roy. Soc. London A, Vol. 284, 370 – 396.

Catris, S. ; Aupoix, B. (2000) : Density corrections for tubulence models. Aerosp. Sci. Technol. Vol. 4, 1 – 11.

Cebeci, T. ; Smith, A. M. O. (1968) : Investigation of heat transfer and of suction for tripping laminar boundary layer. J. Aircraft, Vol. 5, 450 – 454.

Cebeci, T. /s. ; Keller, H. B. ; Cebeci, T. (1971)

Cebeci, T. /s. ; Keller, H. B. ; Cebeci, T. (1972a)

Cebeci, T. /s. ; Keller, H. B. ; Cebeci, T. (1972b)

Cebeci, T. ; Keller, H. B. (1972) : On the computation of unsteady turbulent boundary layers. In : E. A. Eichelbrenner (Ed.) : Recent Research on Unsteady Boundary Layers, Vol. 1, Les Presses de l' Universite Laval, Québec. 1072 – 1105.

Cebeci, T. ; Smith, A. M. O. (1974) : Analysis of Turbulent Boundary Layers. Academic Press, New York.

Cebeci, T. ; Bradshaw, P. (1977) : Momentum Transfer in Boundary Layers. Hemisphere Publ. Corp. , Washington, D. C.

Cebeci, T. ; Kaups, K. ; Ramsey, J. A. (1977) : A general method for calculating three dimensional compressible laminar and turbulent boundary layers on arbitrary wings. NASA – CR – 2777.

Cebeci, T. (1979) : The laminar boundary layer on a circular cylinder started impulsively from rest. J. Comput. Phys. , Vol. 31, 153 – 172.

Cebeci, T. ; Keller, H. B. ; Williams, P. G. (1979) : Separating boundary – layer flow calculations. J. Comp. Phys. , Vol. 31, 363 – 378.

Cebeci, T. ; Chang, K. C. ; Kaups, K. (1980a) : General method for calculating threedimensional laminar and turbulent boundary layers on ship hulls. Ocean Eng. , Vol. 7, 229 – 280.

Cebeci, T. ; Khattab, A. K. ; Stewartson, K. (1980b) : On nose separation. J. Fluid Mech. , Vol. 97, 435 – 454.

Cebeci, T. /s. ; Bradshaw, P. ; Cebeci, T. ; Whitelaw, J. H. (1981)

Cebeci, T. ; Khattab, A. K. ; Stewartson, K. (1981) : Three – dimensional laminar boundary layers and the o. k. of accessibility. J. Fluid Mech. , Vol. 107, 57 – 87.

Cebeci, T. (1982) : Unsteady Separation. In : T. Cebeci (Ed.) : Numerical and Physical Aspects of Aerodynamic Flows. Springer – Verlag, New York, 265 – 277.

Cebeci, T. ; Bradshaw, P. (1984) : Physical and Computational Aspects of Convective Heat Transfer. Springer – Verlag, New York.

Cebeci, T. (1986) : Unsteady boundary layers with an intelligent numerical scheme. J. Fluid Mech. , Vol. 163, 129 – 140.

Cebeci, T. ; Chen, L. T. ; Chang, K. C. (1986) : An interactive scheme of three dimensional transonic flows. In : T. Cebeci (Ed.) : Numerical and Physical Aspects of Aerodynamic Flows III. Springer – Verlag, New York, 412 – 431.

Cebeci, T. ; Whitelaw, J. H. (1986) : Calculation methods for aerodynamic flows – a review. In : T. Cebeci (Ed.) : Numerical and Physical Aspects of AerodynamicFlows III. Springer – Verlag, New York, 1 – 19.

Cebeci,T. (1987) :An approach to practical aerodynamic calculations. In: AGARDR - 741,6 - 1 to 6 -40.

Cebeci,T. (1999) :An Engineering Approach to the Calculation of Aerodynamic Flows. Horizons Publishing,Long Beach,and Springer,Berlin.

Cebeci,T. (2004) :Turbulence models and Their Application. Springer,Berlin.

Cebeci,T. ;Cousteix,J. (2005) :Modeling and Computation of Boundary - Layer Flows. 2nd Edn. Horizons Publ. ,Springer,Long Beach,Heidelberg (2005).

Cess,R. D. /s. :Sparrow,E. M. ;Cess,R. D. (1961)

Cess,R. D. /s. :Sparrow,E. M. ;Cess,R. D. (1966)

Chaing,T. ;Ossin,A. ;Tien,C. L. (1964) :Laminar free convection from a sphere. J. Heat Transfer, Vol. 86,537 - 542.

Chambré,P. L. /s. :Schaaf,S. A. ;Chambré,P. L. (1958)

Champion,M. ;Libby,P. A. (1991) :Asymptotic analysis of stagnating turbulent flows. AIAA Journal, Vol. 29,16 - 24.

Champion,M. ;Libby,P. A. (1996) :Asymptotic and computational results for a turbulent jet impinging on a nearby wall. In: K. Gersten (Ed.) :Asymptotic Methods for Turbulent Shear Flows at High Reynolds Numbers. Kluwer Academic Publ. ,Dordrecht,133 - 140.

Chan,G. K. C. /s. :Savage,S. B. ;Chan,G. K. C. (1970)

Chan,W. - K. /s. :Holt,M. ;Chan,W. - K. (1975)

Chang,K. C. /s. :Cebeci,T. ;Chang,K. C. ;Kaups,K. (1980)

Chang,K. C. /s. :Cebeci,T. ;Chen,L. T. ;Chang,K. C. (1980)

Chang,M. - Sh. /s. :Huang,Th. T. ;Chang,M. - Sh. (1986)

Chang,P. K. (1970) :Separation of Flow,Pergamon Press,Oxford

Chang,P. K. (1976) :Control of Flow Separation. Hemisphere Publ. Corp. ,Washington,D. C. .

Chao,B. T. /s:Lin,F. N. ;Chao,B. T. (1974)

Chao,B. T. /s:Lin,F. N. ;Chao,B. T. (1976)

Chapman,D. R. (1949) :Laminar mixing of a compressible fluid. NACA - TN - 1800.

Chapman,D. R. (1979) :Computational aerodynamics. Development and outlook.

AIAA Journal,Vol. 17,1293 - 1313.

Chapple,P. J. /s. :Mellor,G. L. ;Chapple,P. J. ;Stokes,V. K. (1968)

Chassaing,P. (1985) :Une alternativeá la formulation deséquations du movement turbulent d'un fluide á masse voluminque variable. Journal de Mécanique Théorique et Appliquée,Vol. 4,375 - 389.

Chen,C. C. ;Eichhorn,R. (1976) :Natural convection from a vertical surface to a thermally stratified fluid. Journal of Heat Transfer,Vol. 98,446 - 451.

Chen,C. J. ;Rodi,W. (1980) :Vertical Turbulent Buoyant Jets - A Review of Experimental

Data. HTM,Vol. 4,Pergamon Press,Oxford.

Chen,C. J. ;Jaw,S. Y. (1998) :Fundamentals of Turbulence Modeling. Taylor & Francis,Washington DC.

Chen,H. C. ;Patel,V. C. (1987) :Laminar flow at the trailing edge of a flat plate. AIAA Journal,Vol. 25,920 - 928.

Chen,J. - Y. /s. :Shih,T. - H. ;Lumley,J. L. ;Chen,J. - Y. (1990)

Chen, L. T. /s. : Cebeci, T. ; Chen, L. T. ; Chang, K. C. (1986)

Cheng, H. K. ; Smith, F. T. (1982) : The influence of airfoil thickness and Reynolds number on separation. Z. angew. Math. Phys. (ZAMP), Vol. 33, 151 – 180.

Cheng, H. K. ; Lee, C. J. (1986) : Laminar separation studied as an airfoil problem. In: T. Cebeci (Ed.) : Numerical and Physical Aspects of Aerodynamics Flows III, Springer – Verlag, New York, 102 – 125.

Cheng, S. J. (1953) : On the stability of laminar boundary layer flow. Quart. Appl. Math. , Vol. 11, 346 – 350.

Chevray, R. ; Kovasznay L. S. G. (1969) : Turbulence measurements in the wake of a thin flat plate. AIAA Journal Vol. 7, 1641 – 1643.

Chew, Y. – T. /s. : Simpson, R. L. ; Chew, Y. – T. ; Shivaprasad, B. G. (1981)

Chi, S. W. /s. : Spalding, D. B. ; Chi, S. W. (1964)

Choi, D. H. /s. : Patel, V. C. ; Choi, D. H. (1980)

Chow, R. /s. : Melnik, R. E. ; Chow, R. (1975)

Chow, R. ; Melnik, R. E. (1976) : Numerical solutions of the triple – deck equations for laminar trailing – edge stall. Lecture Notes in Physics, Vol. 59, 135 – 144.

Chung, P. M. (1965) : Chemically reacting nonequilibrium boundary layers. Advances in Heat Transfer, Vol. 2, Academic Press, New York, 109 – 270.

Churchill, S. W. /s. : Saville, D. A. ; Churchill, S. W. (1967)

Churchill, S. W. (1983) : Free convection around immersed bodies. In: Heat Exchanger Design Handbook, Chapter 2. 5. 7. , Hemisphere Publ. Corp. , Washington D. C. .

Churchill, S. W. /s. : Galante, S. R. ; Churchill, S. W. (1990)

Clauser, F. /s. : Clauser, L. M. ; Clauser, F. (1937)

Clauser, F. H. (1956) : The turbulent boundary layer. Advances in Applied Mechanics, Vol. 4, 1 – 51.

Clauser, L. M. ; Clauser, F. (1937) : The effect of curvature on the transition from laminar to turbulent boundary layer. NACA – TN – 613.

Clers des, B. ; Sternberg, J. (1952) : On the boundary layer temperature recovery factors. J. of the Aeronautical Sciences, Vol. 19, 645 – 646.

Clutter, D. W. /s. : Smith, A. M. O. ; Clutter, D. W. (1963)

Clutter, D. W. /s. : Smith, A. M. O. ; Clutter, D. W. (1965)

Coakley, T. J. /s. : Huang, P. G. ; Bradshaw, P. ; Coakley, T. J. (1993)

Coakley, T. J. /s. : Huang, P. G. ; Bradshaw, P. ; Coakley, T. J. (1994)

Cochran, W. G. (1934) : The flow due to a rotating disk. Proc. Cambr. Phil. Soc. , Vol. 30, 365 – 375.

Cockrell, D. J. /s. : Kline, S. J. ; Morkovin, M. V. ; Sovran, G. ; Cockrell, D. J. (Eds.) (1968)

Cohen, C. B. ; Reshotko, E. (1956) : Similar solutions for the compressible laminar boundary layer with heat transfer and pressure gradient. NACA – TR – 1293.

Coker, E. G. /s. : Barnes, H. T. ; Coker, E. G. (1905)

Cole, J. D. /s. : Aroesty, J. ; Cole, J. D. (1965)

Cole, J. D. /s. : Kevorkian, J. ; Cole, J. D. (1981)

Colebrook, C. F. (1938) : Turbulent flow in pipes, with particular reference to the transition region between the smooth and rough pipe laws. J. Inst. Civil Eng. , Vol. 11 , 133.

Coles, D. (1956) : The law of the wake in the turbulent boundary layer. J. Fluid Mech. , Vol. 1, 191 – 226.

Coles, D. (1968) : The young person's guide to the data. In : Coles, D. ; Hirst, E. A. (Eds.) : Proceedings Computation of Turbulent Boundary Layers – 1968 AFOSRIFP – Stanford Conference, Vol. II, 1 – 45.

Coles, D. (1978) : A model for flow in the viscous sublayer. In : Smith, C. R. ; Abbott, D. E. (Eds.) : Workshop on Coherent Structure of Turbulent Boundary Layers. Lehigh University, Bethlehem, Pa. , 462 – 475.

Coles, D. E. (1957) : Remarks on the equilibrium turbulent boundary layer. J. Aero. Sci. , Vol. 24, 495 – 506.

Comings, E. W. / s. : Miller, D. R. ; Comings, E. W. (1957)

Cooke, J. C. (1952) : On Pohlhausen's method with applications to a swirl problem of Taylor. J. of the Aeronautical Sciences, Vol. 19 , 486 – 490.

Cooke, J. C. ; Hall, M. G. (1962) : Boundary layers in three dimensions. Progress in Aeronautical Sciences, Vol. 2 , Pergamon Press, London, 221 – 282.

Corrsin, S. ; Kistler, A. L. (1955) : Free – stream boundaries of turbulent flows. NACA TR 1244.

Cosart, W. P. / s. : Gersten, K. ; Cosart, W. P. (1980)

Cousteix, J. (1974) : Theoretical analysis and prediction method for a three – dimensional turbulent boundary layer. ONERA N. T. 157 Engl. Transl. ESA TT – 238.

Cousteix, J. ; Houdeville, R. ; Michel, R. (1974) : Couches limites turbulentes avec transfert de chaleur. La Rech. Aérosp. , No. 174 – 6 , 327 – 338.

Cousteix, J. ; Houdeville, R. ; Javelle, J. (1981) : Response of a turbulent boundary layer to a pulsation of the external flow with and without adverse pressure gradient. In : R. Michel, J. Cousteix, R. Houdeville (Eds.) : Unsteady Turbulent Shear Flows. Spinger – Verlag, Berlin, 120 – 144.

Cousteix, J. ; Houdeville, R. (1983) : Effects of unsteadiness on turbulent boundary layers. VKI Lecture Series 1983 – 03.

Cousteix, J. / s. : Gleyzes, C. ; Cousteix, J. ; Bonnet, J. L. (1984)

Cousteix, J. ; Houdeville, R. (1985) : Couche limite turbulente instationnaire : investigations experimentale et numerique. In : AGARD – CP – 386 , 11 – 1 to 11 – 12.

Cousteix, J. (1986) : Three – dimensional and unsteady boundary – layer computations. Annu. Rev. Fluid Mech. , Vol. 18 , 173 – 196.

Cousteix, J. (1987a) (Ed.) : Computation of Three – Dimensional Boundary Layers Including Separation. AGARD – R – 741.

Cousteix, J. (1987b) : Three – dimensional boundary layers. Introduction to calculation methods. In : AGARD – R – 741 , 1 – 1 to 1 – 49.

Cousteix, J. / s. : Roget, C. ; Brazier, J. Ph. ; Cousteix, J. ; Mauss J. (1998)

Cousteix, J. / s. : Cebeci, T. ; Cousteix, J. (1999)

Cousteix, L. / s : Cebeci, T. ; Cousteix, J. (2005)

Cousteix, J. / s. : Hirschel, E. H. , Cousteix, J. ; Kordulla, W. (2014)

Cousteix, J. ; Mauss, J. (2005): Rational basis of the interactive boundary layer theory. In: G. E. A. Meier (Ed.): One Hundred Years of Boundary Layer Research. Springer, Berlin, Heidelberg.

Coustols, E. /s. : Arnal, D. ; Coustols, E. ; Juillen, J. C. (1984)

Cowley, S. J. (1983): Computer extension and analytic continuation of Blasius expansion for impulsive flow past a circular cylinder. J. Fluid Mech. , Vol. 135, 389 – 405.

Cox, R. N. ; Crabtree, L. F. (1965): Elements of Hypersonic Aerodynamics. The English Universities Press, London.

Crabtree, L. F. /s. : Rott, N. ; Crabtree, L. F. (1952)

Crabtree, L. F. ; Küchemann, D. ; Sowerby, L. (1963): Three – dimensional boundary layers. In L. Rosenhead (Ed.): Laminar Boundary Layers, Clarendon Press, Oxford, 409 – 491.

Crabtree, L. F. /s. : Cox, R. N. ; Crabtree, L. F. (1965)

Crandall, S. H. /s. : Kurtz, E. F. ; Crandall, S. H. (1962)

Crawford, M. E. /s. : Kays, W. M. ; Crawford, M. E. (1980)

Criminale, W. O. /s. : Betchov, R. ; Criminale, W. O. (1967)

Crocco, L. (1932): Sulla trasmissione del calore da una lamina piana a un fluido scorrente ad alta velocité. L' Aerotecnica. Vol. 12, 181 – 197.

Crocco, L. (1941): Sulla strato limite laminaire nei gas lungo una lamina plana. Rend. Mat. Univ. Roma V2, 138.

Crocco, L. (1946): Lo strato laminare nei gas. Mon. Sci. Aer. Roma.

Cutler, A. D. /s. : Pauley, W. R. ; Eaton, J. K. ; Cutler, A. D. (1993)

Dallmann, U. (1983): Topological structures of three – dimensional vortex flow separation. DFVLR – AVA – Bericht: 221; 82A07.

Dallmann, U. /s. : Fischer, T. M. ; Dallmann, U. (1987)

Dallmann, U. /s. : Saljnikov, V; Dallmann, U. (1989)

Dallmann, U. /s. : Schulte – Werning, B. ; Dallmann, U. (1991)

Dallmann, U. ; Gebing, H. ; Vollmers, H. (1993): Unsteady three – dimensional separated flows around a sphere – analysis of vortex chain formation. In: H. Eckelmann et al. (Eds.): Bluff – Body Wakes, Dynamics and Instabilities. Springer – Verlag, Berlin, 27 – 30.

Daniels, P. G. (1974): Numerical and asymptotic solutions for the supersonic flow near the trailing edge of a flat plate. Q. J. Mech. appl. Math. , Vol. 27, 175 – 191.

Daniels, P. G. ; Gargaro, R. J. (1993): Buoyancy effects in stably stratified horizontal boundary – layer flow. J. Fluid Mech. , Vol. 250, 233 – 251.

Davie, A. (1973): A simple numerical method for solving Orr – Sommerfeld problems.
Q. J. Mech. Appl. Math. , Vol. 26, 401 – 411.

Davis, R. T. ; Flügge – Lotz, I. (1964): The laminar compressible boundary – layer in the stagnation – point region of an axisymmetric blunt body including the second order effect of vorticity interaction. Int. J. Heat Mass Transfer, Vol. 7, 341 – 370.

Davis, R. T. (1972): Numerical solution of the Navier – Stokes equations for symmetric laminar incompressible flow past a parabola. J. Fluid Mech. , Vol. 15, 1224 – 1230.

Davis, R. T. ; Werle, M. J. (1972): Numerical solutions for laminar incompressible flow past a paraboloid of revolution. AIAA Journal, Vol. 10, 1224 – 1230.

Davis, R. T. ; Werle, M. J. (1982) : Progress in interacting boundary – layer computations at high Reynolds number. In : T. Cebeci (Ed.) : Numerical and Physical Aspects of Aerodynamic Flows. Springer – Verlag, New York, 187 – 210.

Davis, S. H. (1976) : The stability of time – periodic flows. Annu. Rev. Fluid Mech. , Vol. 8 , 57 – 74.

Davis, S. S. ; Malcolm, G. N. (1980) : Transonic shock – wave/boundary – layer interations on an oscillating arifoil. AIAA Journal, Vol. 18, 1306 – 1312.

De Groot, S. R. ; Mazur, P. (1962) : Non – equilibrium Thermodynamics. North – Holland Publ. Co.

De St. Venant, B. (1843) : Note ájoindre une mémoire sur la dynamique des fluides. Comptes Rendus, Vol. 17, 1240 – 1244.

Degani, A. T. ; Smith, F. T. ; Walker, J. D. A. (1992) : The three – dimensional turbulent boundary layer near a plane of symmetry. J. Fluid Mech. , Vol. 234, 329 – 360.

Degani, A. T. ; Smith, F. T. ; Walker, J. D. A. (1993) : The structure of a three – dimensional turbulent boundary layer. J. Fluid Mech. , Vol. 250, 43 – 68.

Deissler, R. J. (1987) : The convective nature of instability in plane Poisseuille flow. Phys. Fluids, Vol. 30(8) , 2303 – 2305.

Deiwert, G. S. ; Bailey, H. E. (1984) : Time – dependent finite – difference simulation of unsteady interactive flows. In : T. Cebeci (Ed.) : Numerical and Physical Aspects of Aerodynamic Flows II. Springer – Verlag, New York, 63 – 78.

De Jarnette, F. R. / s. : Barnwell, R. W. ; Wahls, R. A. ; De Jarnette, F. R. (1989)

Del Casal, E. / s. : Gill, W. N. ; Zeh, D. W. ; Del Casal, E. (1965)

Delery, J. ; Marvin, J. G. (1986) : Shock – wave boundary layer interaction. AGARDAG – 280.

Delery, J. M. (1985) : Shock – wave/turbulent boundary layer interaction and its control. Prog. Aerospace Sci. , Vol. 22, 209 – 280.

Dengel, P. ; Fernholz, H. H. (1990) : An experimental investigation of an incompressible turbulent boundary layer in the vicinity of separation. J. Fluid Mech. , Vol. 212, 615 – 639.

Deriat, E. ; Guiraud, J. – P. (1986) : On the asymptotic description of turbulent boundary layers. Journal de Mécanique Théorique et Appliquée, Numéro spécial, 109 – 140.

Debisschop, J. R. ; Nieuwstadt, F. T. M. (1996) : Turbulent boundary layer in an adverse pressure gradient : effectiveness of riblets. AIAA Journal, Vol. 34, 932 – 937.

Delfs, J. / s. : Oertel Jr. , H. ; Delfs, J. (2005)

Deriat, E. (1987) : Asymptotic analysis of the $k - \varepsilon$ model for a turbulent boundary layer. Rech. Áerosp. , No. 1987 – 5, 1 – 17.

Desopper, A. (1981) : Influence of the laminar and turbulent boundary layers in unsteady two – dimensional viscous – inviscid coupled calculations. In : R. Michel, J. Cousteix, R. Houdeville (Eds.) : Unsteady Turbulent Shear Flows. Spinger – Verlag, Berlin, 171 – 184.

Devan, L. (1964) : Second order incompressible laminar boundary layer development on a two – dimensional semi – infinite body. Ph. D. Thesis, University of California, Los Angeles.

Dewan, A. ; Arakeri, J. H. (2000) : Use of $k - \varepsilon - \gamma$ model to predict intermittency in turbulent boundary layers. J. Fluids Engineering, Vol. 122, 542 – 546.

Dewey Jr. ,C. F. (1963) : Use of local similarity concepts in hypersonic viscous interaction problems. AIAA Journal, Vol. 1 ,20 – 33.

Dewey Jr. ,C. F. /s. : Gross,J. F. ; Dewey Jr. ,C. F. (1965)

Dewey Jr. ,C. F. ; Gross, J. F. (1967) : Exact similar solutions of the laminar boundary – layer equations. Advances in Heat Transfer, Vol. 317 – 446.

Dhawan, S. /s. : Liepmann, H. W. ; Dhawan, S. (1951)

Dhawan, S. (1953) : Direct measurements of skin friction. NACA – TR – 1121.

Dienemann, W. (1953) : Berechnung des Wärmeüberganges an laminar umströmten Körpern mit konstanter und ortsveränderlicher Wandtemperatur. ZAMM. Z. angew. Math. Mech. , Bd. 33 ,89 – 109.

Dijkstra, D. /s : Van de Vooren, A. I. ; Dijkstra, D. (1970)

Dijkstra, D. /s : Botta, E. F. F. ; Dijkstra, D. ; Veldmann, A. E. P. (1972)

Dijkstra, D. /s : Zandbergen, P. J. ; Dijkstra, D. (1987)

Dilgen, P. G. (1995) : Berechnung der abgelösten Strömung um Kraftfahrzeuge : Simulation des Nachlaufes mit einem inversen Panelverfahren. Fortschritt – Berichte VDI : Reihe 7 ; 258 , VDI – Verl. , Düsseldorf, 1995 , also : Bochum, Univ. , Diss. , (1995).

Dinkelacker, A. ; Hessel, M. ; Meier, G. E. A. ; Schewe, G. (1977) : Investigation of pressure fluctuations beneath a turbulent boundary layer by means of an optical method. Phys. Fluids, Vol. 20 (10, part 2) ,S216 – S224.

Dixon, A. E. ; Lucey, A. D. ; Carpenter, P. W. (1994) : Optimization of viscoelastic compliant walls for transition delay. AIAA Journal, Vol. 32 ,256 – 267.

Dodson, L. J. /s. : Settles, G. S. ; Dodson, L. J. (1994)

Doenhoff von, A. E. (1940) : Investigation of the boundary layer about a symmetrical airfoil in a wind tunnel of low turbulence. NACA Wartime Report L – 507.

Doenhoff von, A. E. /s. : Abbott, J. H. ; Doenhoff von, A. E. ; Stivers, L. S. (1945)

Doetsch, H. (1940) : Untersuchungen an einigen Profilen mit geringem Widerstand im Bereich kleiner ca – Werte. Jb. dt. Luftfahrtforschung I, 54 – 57.

Doligalski, T. L. /s. : Ece, M. C. ; Walker, J. D. A. ; Doligalski, T. L. (1984)

Dolling, D. S. (2001) : Fifty years of shock – wave/boundary – layer interaction research : what nextβ AIAA Journal, Vol. 39 ,1517 – 1531.

Donoughe, P. L. /s. : Brown, W. B. ; Donoughe, P. L. (1951)

Donoughe, P. L. ; Livingood, J. N. B. (1955) : Exact solutions of laminar boundary layer equations with constant property values for porous wall with variable temperature. NACA – TR – 1229.

Dorrance, H. W. (1962) : Viscous Hypersonic Flow. Theory of Reacting and Hyper – Doerffer, P. P. ; Bohning, R. (2003) : Shock wave – boundary layer interaction control by wall ventilation. Aerospace Science and Technology. Vol. 7 ,171 – 179. sonic Boundary Layers. McGraw – Hill, New York.

Drazin, P. G. ; Howard, L. N. (1966) : Hydrodynamic stability of parallel flow of inviscid fluid. Advances in Appl. Mech. , Vol. 9 ,1 – 89.

Drazin, P. G. ; Reid, W. H. (1981) : Hydrodynamic Stability. Cambridge University Press, Cambridge.

Dovgal, A. V. /s. : Boiko, A. V. ; Grek, G. R. ; Dovgal, A. V. ; Kozlov, V. V. (2002)

Drazin, P. G. /s. : Banks, W. H. H. ; Drazin, P. G. ; Zaturska, M. B. (1988)

Drela, M. ; Giles, M. Thompkins Jr. , W. T. (1986) : Newton solution of coupled Euler and boundary – layer equations. In : T. Cebeci (Ed.) : Numerical and Physical Aspects of Aerodynamic Flow III, Springer – Verlag, New York, 143 – 167.

Dreβer, U. /s. : Horstmann, K. – H. ; Redeker, G. ; Quast, A. ; Dreβer, U. ; Bieler, H. (1990)

Dryden, H. L. (1934) : Boundary layer flow near flat plates. Proc. Fourth Internat. Congress for Appl. Mech. , Cambridge, 175.

Dryden, H. L. (1937) : Airflow in the boundary layer near a plate. NACA – TR – 562.

Dryden, H. L. (1938) : Turbulence investigations at the National Bureau of Standards. Proc. Fifth Intern. Congress of Appl. Mechanics, 362.

Dryden, H. L. (1939) : Turbulence and the boundary layer. J. of the Aeronautical Sciences, Vol. 6, 85 – 100 and 101 – 105.

Dryden, H. L. (1946 – 48) : Some recent contributions to the study of transition and turbulent boundary layers (Papers presented at Sixth Internat. Congress for Appl. Mech. , Paris, Sept. 1946 ; NACA – TN – 1168 (1947)) : cf. also ; Recent Advances in the mechanics of boundary layer flow. Advances Appl. Mech. , New York, Vol. 1, 1 – 40 (1948).

Dryden, H. L. (1953) : Review of published data on the effect of roughness on transition from laminar to turbulent flow. J. of the Aeronautical Sciences, Vol. 20, 477 – 482.

Dryden, H. L. (1955) : Fifty years of boundary layer theory and experiments. Science 121, 375 – 380.

Dryden, H. L. (1956) : Recent investigation of the problem of transition. Z. Flugwiss. , Bd. 4, 89 – 95.

Dubs, W. (1939) : Über den Einfluβ laminarer und turbulenter Strömungen auf das Röntgenbild von Wasser und Nitrobenzol. Ein röntgengraphischer Beitrag zum Turbulenzproblem. Helv. Phys. Acta, Vol. 12, 169 – 228.

Duck, P. W. /s. : Smith, F. T. ; Duck, P. W. (1977)

Duck, P. W. /s. : Burggraf, O. R. ; Duck, P. W. (1982)

Duck, P. W. (1984) : The interaction between a steady laminar boundary layer and an oscillating flap : The condensed problem. In. T. Cebeci (Ed.) : Numerical and Physical Aspects of Aerodynamics Flows II, Springer – Verlag, New York, 369 – 380.

Dumas, R. /s. : Fulachier, L. ; Arzoumanian, E. ; Dumas, R. (1982)

Dumas, R. J. /s. : Favre, A. J. ; Gaviglio, J. J. ; Dumas, R. J. (1957)

Dumas, R. J. /s. : Favre, A. J. ; Gaviglio, J. J. ; Dumas, R. J. (1958)

Durant, R. /s. : Michel, R. ; Quémard, C. ; Durant, R. (1968)

Dutzler, G. /s. : Gretler, W. ; Meile, W. ; Dutzler, G. (1995)

Dwyer, H. A. (1968) : Calculation of unsteady leading – edge boundary layers. AIAA Journal, Vol. 6, 2447 – 2448.

Dwyer, H. A. /s. : Sturek, W. B. ; Dwyer, H. A. ; Kayser, L. D. ; Nietubicz, Ch. J. ; Reklis, R. P. ; Opalka, K. O. (1978)

Dwyer, H. A. (1981) : Some aspects of three – dimensional laminar boundary layers. Annu. Rev. Fluid Mech. , Vol. 13, 217 – 229.

Eaton, J. K. /s. : Pauley, W. R. ; Eaton, J. K. ; Cutler, A. D. (1993)

Eber, G. R. (1952) : Recent investigations of temperature recovery and heat transmission on cones and

Ece, M. C. ; Walker, J. D. A. ; Doligalski, T. L. (1984) : The boundary layer on an impulsively started rotating and translating cylinder. Phy. Fluids. , Vol. 27 , 1077 – 1089.

Eckert, E. ; Weise, W. (1942) : Messung der Temperaturverteilung auf der Oberfläche schnell angeströmter unbeheizter Körper. Forschg. Ing. – Wes. , Bd. 13 , 246 – 254.

Eckert, E. R. G. /s. : Sparrow, E. M. ; Minkowycz, W. J. ; Eckert, E. R. G. ; Ibele, W. E. (1964)

Ede, A. J. (1967) : Advances in free convection. Advances in Heat Transfer. Vol. 4 , 1 – 64.

Eder, R. /s. : Schneider, W. ; Eder, R. ; Schmidt, J. (1990)

Eggers, J. M. /s. : Birch, S. F. ; Eggers, J. M. (1972)

Ehrenstein, U. /s. : Fischer, T. M. ; Ehrenstein, U. ; Meyer, F. (1988)

Ehrhard, P. (2001) : Laminar mixed convection in two – dimensional far wakes above heated/cooled bodies : model and experiments. J. Fluid Mech. , Vol. 439 , 165 – 198.

Eichelbrenner, E. A. ; Oudart, A. (Ed.) (1955) : Méthode de calcul de la couche limite tridimensionelle. Application áun corps fuseléincliné sur le vent. ONERAPublication Nr. 76 , Chatillon.

Eichelbrenner, E. A. (Ed.) (1972) : Recent research on unsteady boundary layers. IUTAM Symposium 1971 , Part 1 and 2 , Les Presses de l' Université Laval, Québec.

Eichelbrenner, E. A. (1973) : Three – dimensional boundary layers. Annu. Rev. Fluid Mech. , Vol. 5 , 339 – 360.

Eichhorn, R. /s. : Sparrow, E. M. ; Eichhorn, R. ; Gregg, J. L. (1959)

Eichhorn, R. (1960) : The effect of mass transfer on free convection. J. Heat Transfer, Vol. 82 , 260 – 263.

Eichhorn, R. /s. : Chen, C. C. ; Eichhorn, R. (1976)

Eiffel, G. (1912) : Sur la résistance des sphéres dans l' air en mouvement. Comptes Rendus, Vol. 155 , 1597 – 1599.

Eisfeld, F. (1971) : Die Berechnung der Grenzschichten für gekoppelten Wärme – übergang und Stoffaustausch bei Verdunstung eines Flüssigkeitsfilms über einer parallel angeströmten Platte unter Berücksichtigung veränderlicher Stoffwerte. Int. J. Heat Mass Transfer, Vol. 14 , 1537 – 1550.

Ekman, V. W. (1910) : On the change from steady to turbulent motion of liquids. Ark. f. Mat. Astron. och. Fys. , Vol. 6 , Nr. 12.

Elsberry, K. ; Loeffler, J. ; Zhou, M. D. ; Wygnanski, I. (2000) : An experimental study of a boundary layer that is maintained on the verge of separation. J. Fluid Mech. , Vol. 423 , 227 – 261.

El Telbany, M. M. M. ; Reynolds, A. J. (1980) : Velocity distributions in plane turbulent channel flows. J. Fluid Mech. , Vol. 100 , 1 – 29.

El Telbany, M. M. M. ; Reynolds, A. J. (1981) : Turbulence in plane channel flows. J. Fluid Mech. , Vol. 111 , 283 – 318.

El Telbany, M. M. M. ; Reynolds, A. J. (1982) : The empirical description of turbulent channel flows. Int. J. Heat Mass Transfer, Vol. 25 , 77 – 86.

El – Hady, N. M. ; Nayfeh, A. H. (1980) : Nonparallel instability of compressible boundary layer flows. AIAA Paper 80 – 0277.

El – Hady, N. M. (1991): Nonparallel instability of supersonic and hypersonic boundary layers. Phys. Fluids, A: Fluid Dynamics, Vol. 3(9), 2164 – 2178.

Emmerling, R. (1973): Die momentane Struktur des Wanddruckes einer turbulenten Strömung. Mitt. Max – Planck – Institut für Strömungsforschung und AVA Göttingen, Nr. 56.

Emmons, H. W.; Brainerd, J. G. (1942): Temperature effects in a laminar compressible fluid boundary layer along a flat plate. J. Appl. Mech., Vol. 8, A 105 (1941) and J. Appl. Mech., Vol. 9, 1.

Emmons, H. W.; Bryson, A. E. (1951 – 52): The laminar – turbulent transition in a boundary layer. Part I: J. of the Aeronautical Sciences, Vol. 18, 490 – 498 (1951); Part II: Proc. First US National Congress Appl. Mech., 859 – 868 (1952).

Emmons, H. W.; Leigh, D. C. (1954): Tabulation of Blasius function with blowing and suction. ARC – CP – 157.

Eppler, R. (1963): Praktische Berechnung laminarer und turbulenter Absauge – Grenzschichten. Ing. – Arch., Bd. 32, 221 – 245.

Eppler, R. (1969): Laminarprofile für Reynolds – Zahlen größr als $4 \cdot 10^6$. Ing. – Arch., Bd. 38, 232 – 240.

Erm, L. P.; Smits, A. J.; Joubert, P. N. (1987): Low Reynolds number turbulent boundary layers on a smooth flat surface in a zero – pressure gradient: In: F. Durst et al. (Eds.): Turbulent Shear Flows 5, Springer – Verlag, Berlin, 186 – 196.

Escudier, M. P. (1966): The distribution of mixing – length in turbulent flows near walls. Imperial College, Heat Transfer Section, Rep. TWF/TN/1.

Evans, G. H.; Plumb, O. A. (1982a): Laminar mixed convection from a vertical heated surface in a crossflow. J. Heat Transfer, Vol. 104, 554 – 558.

Evans, G. H.; Plumb, O. A. (1982b): Numerical and approximate numerical solutions to a three – dimensional mixed convection boundary layer flow. Numerical Heat Transfer, Vol. 5, 287 – 298.

Evans, H. L. (1962): Mass transfer through a laminar boundary layer. Further similar solutions to the b – equation for the case $B = 0$. Int. J. Heat Mass Transfer, Vol. 5, 35 – 57.

Evans, H. L. (1968): Laminar Boundary – Layer Theory. Addison – Wesley Publ. Co., Reading/Mass.

Exner, A.; Kluwick, A. (1999): Locally cooled free – convection boundary layer on the verge of separation. ZAMM. Z. angew. Math. Mech., Bd. 79, S711 – S712.

Fadnis, B. S. (1954): Boundary layer on rotating spheroids. Z. angew. Math. Phys. (ZAMP), Bd. 5, 156 – 163.

Fage, A.; Preston, J. H. (1941): On transition from laminar to turbulent flow in the boundary layer. Proc. Roy. Soc. London A, Vol. 178, 201 – 227.

Falco, R. /s.: Rubin, S. G.; Falco, R. (1968)

Falco, R. (1980): The production of turbulence near a wall. AIAA Paper 80 – 1356, cf. also: Van Dyke, M. (1982): An Album of Fluid Motion. Parabolic Press.

Falkner, V. M.; Skan, S. W. (1931): Some approximate solutions of the boundary layer equations. Phil. Mag. 12, 865 – 896 (1931); ARC – Report 1314.

Fan, S.; Lakshminarayana, B.; Barnett, M. (1993): Low – Reynolds – number $k - \varepsilon$ model for unsteady turbulent boundary – layer flows. AIAA Journal, Vol. 31, 1777 – 1784.

Fand, R. M.; Morris, E. W.; Lum, M. (1977): Natural convection heat transfer from horizontal cylinders to air, water and silicone oils for Rayleigh numbers between $3 \cdot 10^2$ and $2 \cdot 10^7$. Int. J. Heat Mass Transfer, Vol. 20, 1173 – 1184.

Fannelöp, T. K. ; Flügge – Lotz, I. (1965): Two – dimensional hypersonic stagnation flow at low Reynolds numbers. Z. Flugwiss. , Bd. 13, 282 – 296.

Fannelöp, T. K. ; Flügge – Lotz, I. (1966): Viscous hypersonic flow over simple blunt bodies. Comparison of a second – order theory with experimental results. J. de Mécanique, Vol. 5, 69 – 100.

Fannelöp, T. K. ; Humphreys, D. A. (1975): The solution of the laminar and turbulent three – dimensional boundary layer equations with a simple finite difference technique. FFA Report 126, Stockholm.

Faulders, C. R. (1961): A note on laminar layer skin friction under the influence of foreign gas injection. J. of the Aero/Space Sciences, Vol. 28, 166 – 167.

Exner, A. /s. : Kluwick, A. ; Exner, A. (2001)

Favre, A. (1938): Contribution ál' étude expérimentale des mouvement hydrodynamiques á deux dimensions. Thèse Universitéde Paris, 1 – 192.

Favre, A. (1965): Équations des gaz turbulents compressibles. J. de Mécanique, Vol. 4, 361 – 390 (part I), 391 – 421 (part II).

Favre, A. J. ; Gaviglio, J. J. ; Dumas, R. J. (1957) Space – time correlations and spectra in a turbulent boundary layer. J. Fluid Mech. , Vol. 2, 313 – 342.

Favre, A. J. ; Gaviglio, J. J. ; Dumas, R. J. (1958) Further space – time correlations and spectra in a turbulent boundary layer. J. Fluid Mech. , Vol. 3, 344 – 356.

Fay, J. A. ; Riddell, F. R. (1958): Theory of stagnation point heat transfer in dissociated air. J. Aeron. Sci. , Vol. 25, 73 – 85.

Feindt, E. G. (1956): Untersuchungen über die Abhängigkeiten des Umschlages laminar – turbulent von der Oberflächenrauhigkeit und der Druckverteilung. Dissertation Braunschweig, cf. also: Jb. 1956 der Schiffbautechn. Gesellschaft, Bd. 50, 180 – 203.

Fejer, A. A. /s. : Loehrke, R. J. ; Morkovin, M. V. ; Fejer, A. A. (1975)

Feo, A. /s. : Messiter, A. F. ; Feo, A. ; Melnik, R. E. (1971)

Fernholz, H. H. (1964): Umlenkung von Freistrahlen an gekrümmten Wänden (Übersicht über den Stand der Technik). Jahrbuch 1964 der WGLR, 149 – 157.

Fernholz, H. H. /s. : Wille, R. ; Fernholz, H. H. (1965)

Fernholz, H. H. ; Finley, P. J. (1980): A critical commentary on mean flow data for two – dimensional compressible turbulent boundary layer. AGARD – AG – 253.

Fernholz, H. H. ; Krause, E. (Eds.) (1982): Three – Dimensional Turbulent Boundary Layers. Springer – Verlag, Berlin.

Fernholz, H. H. /s. : Dengel, P. ; Fernholz, H. H. (1990)

Fernholz, H. H. ; Krause, E. ; Nockemann, M. ; Schober, M. (1995): Comparative measurements in the canonical boundary layer at $Re_{\delta 2} \leq 6 \times 10^4$ on the wall of the German – Dutch wind tunnel. Phys. Fluids, Vol. 7, 1275 – 1281.

Fernholz, H. H. ; Finley, P. J. (1996): The incompressible zero – pressure – gradient turbulent boundary layer: on assessment of the data. Progr. Aerospace Sci. , Vol. 32, 245 – 311.

Ferriss, D. H. /s. : Bradshaw, P. ; Ferriss, D. H. ; Atwell, N. P. (1967)
Ferriss, D. H. /s. : Bradshaw, P. ; Ferriss, D. H. (1971)
Ferziger, J. H. /s. : Lyrio, A. A. ; Ferziger, J. H. ; Kline, S. J. (1981)
Fiedler, H. E. (1988) : Coherent structures in turbulent flows. Prog. Aerospace Sci. , Vol. 25, 231 – 269.
Fila, G. H. /s. : Liepmann. H. W. ; Fila, G. H. (1947)
Finley, P. J. ; Phoe, K. C. ; Poh, C. J. (1966) : Velocity measurements in a thin turbulent water layer. La Houille Blanche, Vol. 21, 713 – 720.
Finley, P. J. /s. : Fernholz, H. H. ; Finley, P. J. (1980)
Finley, P. J. /s. : Fernholz, H. H. ; Finley, P. J. (1996)
Fischer, T. M. ; Dallmann, U. (1987) : Theoretical Investigation of Secondary Instability of Three – Dimensional Boundary – Layer Flows with Application to the DFVLR – F5 Model Wing. DFVLR – FB 87 – 44.
Fischer, T. M. ; Ehrenstein, U. ; Meyer, F. (1988) : Theoretical investigation of instability and transition in the DFVLR – F5 swept – wing flow. In : Zierep, J. ; Oertel Jr. , H. (Eds.) : IUTAM Symposium Transsonicum III, Göttingen (1988) , Springer – Verlag, Berlin, 243 – 252.
Flachsbart, O. (1927) : Neuere Untersuchungen über den Luftwiderstand von Kugeln. Phys. Z. , Bd. 28, 461 – 469.
Fleischhacker, G. ; Schneider, W. (1980) : Experimentelle und theoretische Untersuchungen über den Einfluβ der Schwerkraft auf anisotherme, turbulente Freistrahlen. Gesundheits – Ing. Bd. 101, 129 – 140. Corrigendum : Bd. 104 (1983) , 56,
see also : Int. J. Heat Mass Transfer, Vol. 26 (1983) , 1263 – 1264.
Fletcher, L. S. /s. : Merzkirch, W. ; Page, R. H. ; Fletcher, L. S. (1988)
Floryan, J. M. ; Saric, W. S. (1979) : Stability of Görtler vortices in boundary layers with suction. In : AIAA Paper 79 – 1497; see also : AIAA Journal, Vol. 20 (1982) , 316 – 324.
Floryan, J. M. ; Saric, W. S. (1982) : Stability of Görtler vortices in boundary layers. AIAA Journal, Vol. 20, 316 – 324.
Floryan, J. M. (1986) : Görtler instability of boundary layers over concave and convex walls. Phys. Fluids, Vol. 29, 2380 – 2387.
Floryan, J. M. (1991) : On the Görtler instability of boundary layers. Prog. Aerospace Sci. , Vol. 28, 235 – 271.
Flügge – Lotz, I. /s. : Blottner, F. G. ; Flügge – Lotz, I. (1963)
Flügge – Lotz, I. /s. : Davis, R. T. ; Flügge – Lotz, I. (1964)
Flügge – Lotz, I. /s. : Fannelöp, T. K. ; Flügge – Lotz, I. (1965)
Flügge – Lotz, I. /s. : Fannelöp, T. K. ; Flügge – Lotz, I. (1966)
Flügge – Lotz, I. ; Reyhner, T. A. (1968) : The interaction of a shock wave with a laminar boundary layer. Int. J. Nonlinear Mech. , Vol. 3, 173 – 179.
Försching, H. W. (1978) : Prediction of the unsteady air loads on oscillating lifting systems and bodies for aeroelastic analyses. Prog. Aerospace Sci. , Vol. 18, Pergamon Press, London, 211 – 269.
Föttinger, H. (1939) : Strömungen in Dampfkesselanlagen, Mitteilungen der Vereinigung der Groβ –

Kesselbesitzer, Heft 73, 151.

Fogarty, L. E. (1951): The laminar boundary layer on a rotating blade. J. of the Aeronautical Sciences, Vol. 18, 247 – 252.

Fornberg, B. (1980): A numerical study of steady viscous flow past a circular cylinder. J. Fluid Mech., Vol. 98, 819 – 855.

Fornberg, B. (1985): Steady viscous flow past a circular cylinder up to Reynolds number 600. J. Computational Physics, Vol. 61, 297 – 320.

Fornberg, B. (1987): Steady viscous flow past a cylinder and a sphere at high Reynolds numbers. In: F. T. Smith, S. N. Brown (Eds.): Boundary – Layer Separation, Springer – Verlag, Berlin, 3 – 18.

Fornberg, B. (1988): Steady viscous flow past a sphere at high Reynolds numbers. J. Fluid Mech. Vol. 190, 471 – 489.

Fourier, J. B. (1822): Théorie Analytique de la Chaleur. Didot, Paris.

Fraenkel, L. E. (1962/63): Laminar flow in symmetric channels with slightly curved walls. I. On the Jeffery – Hamel solutions for flow between plane walls, Proc. Roy. Soc. London A, Vol. 267, 119 – 138 (1962). II. An asymptotic series for the stream function, Proc. Roy. Soc. London A, Vol. 272, 406 – 428 (1963).

Franke, R.; Schönung, B. (1988): Die numerische Simulation der laminaren Wirbelablösung an Zylindern mit quadratischen oder kreisförmigen Querschnitten. Bericht SFB 210/T/39.

Friedrich, R. /s.; Schumann, U.; Friedrich, R. (Eds.) (1986)

Friedrich, R. /s.; Schumann, U.; Friedrich, R. (1987)

Frössling, N. (1940): Verdunstung, Wärmeübertragung und Geschwindigkeitsverteilung bei zweidimensionaler und rotationssymmetrischer laminarer Grenzschichtströmung. Lunds. Univ. Arsskr. N. F. Avd. 2, 35, Nr. 4.

Froude, W. (1872): Experiments of the surface friction. Brit. Ass. Rep

Fujii, M. /s; Fujii, T.; Takeuchi, M.; Fujii, M.; Suzaki, K.; Uehara, H. (1970)

Fujii, T. (1963): Theory of the steady laminar convection above a horizontal line heat source. Int. J. Heat Mass Transfer, Vol. 6, 597 – 606.

Fujii, T.; Takeuchi, M.; Fujii, M.; Suzaki, K.; Uehara, H. (1970): Experiments on natural convection heat transfer from the outer surface of a vertical cylinder to liquids. Int. J. Heat Mass Transfer, Vol. 13, 753 – 787.

Franssen, J. H. M.; Matsubara, M.; Alfredsson, P. H. (2005): Transition induced by freestream turbulence. J. Fluid Mech. Vol. 527, 1 – 25.

Fulachier, L.; Arzoumanian, E.; Dumas, R. (1982): Effect on a developed turbulent boundary layer of sudden local wall motion. In: H. H. Fernholz; E. Krause (Eds.) (1982): Three – Dimensional Turbulent Boundary Layers, Springer – Verlag, Berlin, 188 – 198.

Furuya, Y.; Nakamura, I.; Yamashita, S. (1978): The laminar and turbulent boundary
layers on some rotating bodies in axial flows. Memoirs of the Faculty of Engineering, Nagoya University, Vol. 30, 1 – 58.

Gad – el – Hak, M.; Bandyopadhyay, P. R. (1994): Reynolds number effects in wall bounded turbulent flows. Appl. Mech. Rev., Vol. 8, 307 – 365.

Galante, S. R. ; Churchill, S. W. (1990) : Applicability of solutions for convection in potential flow. Advances in Heat Transfer, Vol. 20, 353 – 388.

Galmes, J. M. ; Lakshminarayana, B. (1984) : Turbulence modeling for three – dimensional shear flows over curved rotating bodies. AIAA Journal, Vol. 22, 1420 – 1428.

Gampert, B. (Ed.) (1985) : The Influence of Polymer Additives on Velocity and Temperature Fields. Springer – Verlag, Berlin.

Ganzer, U. (1988) : Gasdynamik, Springer – Verlag, Berlin.

Garbsch, K. (1956) : über die Grenzschicht an der Wand eines Trichters mit innerer Wirbel – und Radialströmung. In: H. Görtler; W. Tollmien (Hrsg.) : Fünfzig Jahre Grenzschichtforschung, Braunschweig 1955, 471 – 486; cf. also: ZAMM. Z. angew. Math. Mech. , S11 – S17. [330]

Gargaro, R. J. /s. : Daniels, P. G. ; Gargaro, R. J. (1993)

Gaster, M. (1962) : A note on the relation between temporally – increasing and spatially – increasing disturbances in hydrodynamic stability. J. Fluid Mech. , Vol. 14, 222 – 224.

Gaster, M. (1965) : The role of spatially growing waves in the theory of hydrodynamic stability. Prog. Aeronautical Sciences, Vol. 6, 251 – 270.

Gaster, M. (1968) : The development of three – dimensional wave packets in a boundary layer. J. Fluid Mech. , Vol. 32, 173 – 184.

Gaster, M. (1974) : On the effect of boundary layer growth on flow stability. J. Fluid Mech. , Vol. 66, part 3, 465 – 480.

Gaster, M. (1975) : A theoretical model for the development of a wave packet in a laminar boundary layer. Proc. Roy. Soc. London A. , Vol. 347, 271 – 289.

Gaster, M. ; Grant, I. (1975) : An experimental investigation for the formation and development of a wave packet in a laminar boundary layer. Proc. Roy. Soc. London A. , Vol. 347, 253 – 269.

Gaudet, L. (1987) : An assessment of the drag reduction properties of riblets and the penalties of off design conditions. RAE Tech. Memo Aero 2113.

Gaviglio, J. J. /s: Favre, A. J. ; Gaviglio, J. J. ; Dumas, R. J. (1957)

Gaviglio, J. J. /s: Favre, A. J. ; Gaviglio, J. J. ; Dumas, R. J. (1958)

Gazley Jr. , C. /s. : Gross, J. F. ; Hartnett, J. P. ; Masson, D. J. ; Gazley Jr. , C. (1961) Gebhart, B. (1962) : Effects of viscous dissipation in natural convection. J. Fluid Mech. , Vol. 14, 225 – 232.

Gebhart, B. /s. : Gunness, R. C. ; Gebhart, B. (1965)

Gebhart, B. (1973) : Instability, transition and turbulence in buoyancy – induced flows. Annu. Rev. Fluid Mech. , Vol. 5, 213 – 246.

Gebhart, B. /s. : Mollendorf, J. C. ; Gebhart, B. (1973)

Gebhart, B. ; Mahajan, R. L. (1982) : Instability and transition in buoyancy – induced flows. Advances in Appl. Mech. , Vol. 22, 231 – 315.

Gebhart, B. ; Hilder, D. S. ; Kelleher, M. (1984) : The diffusion of turbulent buoyant jets. Advances in Heat Transfer, Vol. 16, 1 – 57.

Gebhart, B. ; Jaluria, Y. ; Mahajan, R. L. ; Sammakia, B. (1988) : Buoyancy – Induced Flows and Transport. Hemisphere Publ. Corp. , New York.

Gebhard, B. /s. : Pera, L. ; Gebhard, B. (1973)

Gebing, H. /s. : Dallmann, U. ; Gebing, H. ; Vollmers, H. (1993)

Geis, Th. (1955) : ähnliche Grenzschichten an Rotationskörpern. In: H. Görtler; W. Tollmien (Hrsg.) : Fünfzig Jahre Grenzschichtforschung, Braunschweig, 294 – 303.

Geis, Th. (1956a) : Bemerkung zu den "ähnlichen" instationären laminaren Grenzschichtströmungen. ZAMM. Z. angew. Math. Mech. , Bd. 36, 396 – 398.

Geis, Th. (1956b) : "Ähnliche" dreidimensionale Grenzschichten. J. Rat. Mech. Analysis, Vol. 5, 643 – 686.

Geißer, W. (1974a) : Berechnung der dreidimensionalen laminaren Grenzschicht an schrägangeströmten Rotationskörpern mit Ablösung. Ing. – Arch. , Bd. 43, 413 – 425.

Geißer, W. (1974b) : Three – dimensional laminar boundary layer over a body of revolution at incidence and with separation. AIAA Journal, Vol. 12, 1743 – 1745.

Geißer, W. (1989) : Numerical calculation of the unsteady separating flow on oscillating airfoils (Dynamic stall). Notes on Numerical Fluid Mechanics, Vol. 25, 125 – 141.

Geißer, W. (1993) : Verfahren in der instationären Aerodynamik. DLR – FB 93 – 21.

George, W. K. ; Capp, S. P. (1979) : A theory for natural convection turbulent boundary layers next to heated vertical surfaces. Int. J. Heat Mass Transfer, Vol. 22, 813 – 826.

Gerbers, W. (1951) : Zur instationären, laminaren Strömung einer inkompressiblen zähen Flüssigkeit in kreiszylindrischen Rohren. Z. angew. Physik, Bd. 3, 267 – 271.

Gersten, K. /s. : Schlichting, H. ; Gersten, K. (1961)

Gersten, K. (1965) : Heat transfer in laminar boundary layers with oscillating outer flow. In: AGARDograph 97, Part I, 423 – 475.

Gersten, K. (1967) : Die instationäre laminare Grenzschicht für den übergang zwischen zwei nur wenig verschiedenen stationären Strömungen. ZAMM. Z. angew. Math. Mech. , Bd. 47, T109 – T110.

Gersten, K. ; Steinheuer, J. (1967) : Untersuchungen im Institut für Aerodynamik auf dem Gebiet der Grenzschichtströmungen. DFL – Mitteilungen, Heft 7, 311 – 325.

Gersten, K. ; Körner, H. (1968) : Wärmeübergang unter Berücksichtigung der Reibungswärme bei laminaren Keilströmungen mit veränderlicher Temperatur und Normalgeschwindigkeit entlang der Wand. Int. J. Heat Mass Transfer, Vol. 11, 655 – 673.

Gersten, K. (1972) : Grenzschichteffekte höherer Ordnung. Lecture on the occasion of the 65th birthday of Prof. Dr. – Ing. E. h. Dr. phil. H. Schlichting on 30. 09. 1972. Report 72/5 of the Institut für Strömungsmechanik der T. U. Braunschweig, 29 – 53.

Gersten, K. ; Gross, J. F. ; Börger, G. – G. (1972) : Die Grenzschicht höherer Ordnung an der Staulinie eines schiebenden Zylinders. Z. Flugwiss. , Bd. 20, 330 – 341.

Gersten, K. (1973a) : Die kompressible Grenzschichtströmung am dreidimensionalen Staupunkt bei starkem Absaugen oder Ausblasen. Wärme – und Stoffübertrag. , Bd. 6, 52 – 61.

Gersten, K. (1973b) : über die Lösung der Grenzschichtgleichung bei extrem starkem Ausblasen bzw. Absaugen. ZAMM. Z. angew. Math. Mech. , Bd. 53, T99 – T101.

Gersten, K. ; Gross, J. F. (1973a) : Increase of boundary – layer heat transfer by mass injection. AIAA Journal, Vol. 11, 738 – 739.

George, W. K. /s. : Wosnik, M. ; George, W. K. (1995)

Gersten, K. ; Gross, J. F. (1973b) : The second – order boundary layer along a circular cylinder in supersonic flows. Int. J. Heat Mass Transfer, Vol. 16, 2241 – 2260.

Gersten, K. (1974a): Die Verdrängungsdicke bei Grenzschichten höherer Ordnung. ZAMM. Z. angew. Math. Mech., Bd. 54, 165 – 171.

Gersten, K. (1974b): Wärme – und Stoffübertragung bei großn Prandtl – bzw. Schmidtzahlen. Wärme – Stoffübertrag., Bd. 7, 65 – 70.

Gersten, K., Gross, J. F. (1974a): Flow and heat transfer along a plane wall with periodic suction. Z. angew. Math. Phys. (ZAMP), Bd. 25, 399 – 408.

Gersten, K., Gross, J. F. (1974b): The flow over a porous body; a singular perturbation problem with two parameters. l' Aerotecnica Missili e Spazio, Vol. 4, 238 – 250.

Gersten, K.; Nicolai, D. (1974): Die Hyperschallströmung um schlanke Körper mit Konturen der FormR ~ xn. DLR – FB 64 – 19.

Gersten, K., Gross, J. F. (1976): Higher order boundary layer theory. Fluid Dynamic Transactions, Polish Academy of Science, Vol. 7, Part II, 7 – 36. Gersten, K. (1977): Grenzschichteffekte höherer Ordnung an der Staulinie eines Pfeilflügels. "Festschrift" on the occasion of the 60th birthday of Prof. Dr. – Ing. E. Truckenbrodt, Munich, 134 – 148.

Gersten, K.; Papenfuβ H. – D.; Gross, J. F. (1977): Second – order boundary – layer flow with hard suction. AIAA Journal, Vol. 15, 1750 – 1755.

Gersten, K.; Schilawa, S. (1978): Buoyancy effects on forced – convection heat tranfer in horizontal boundary layers. In: Proceedings 6th Intern. Heat Transfer Conference, Toronto, Vol. I, MC 13, 73 – 78.

Gersten, K. (1979): Second – order boundary – layer effects for large injection or suction. In: U. Müller et al. (Eds.): Recent Developments in Theoretical and Experimental Fluid Mechanics, Springer – Verlag, Berlin, 1979, 446 – 456.

Gersten, K. /s.: Beese, E.; Gersten, K. (1979)

Gersten, K.; Cosart, W. P. (1980): Heat transfer about a rotating disk with strong blowing. J. Math. Phys. Sci., Vol. 14, 57 – 70.

Gersten, K.; Schilawa, S.; Schulz – Hausmann, F. K. von (1980): Nichtisotherme ebene Freistrahlen unter Schwerkrafteinfluβ. Wärme – Stoffübertrag., Bd. 13, 145 – 162.

Gersten, K. (1982a): Advanced boundary – layer theory in heat transfer. In: Proc. 7th Int. Heat Transfer Conf., Munich, Vol. 1, 159 – 172.

Gersten, K. (1982b): Two – dimensional separated flows. In: Eighth Int. Conference on Numerical Methods in Fluid Dynamics. Lecture Notes in Physics, Vol. 170, 43 – 54.

Gersten, K.; Wiedemann, J. (1982): Widerstandsverminderung umströmter Körper durch kombiniertes Ausblasen und Absaugen an derWand. Forschungsbericht des Landes Nordrhein – Westfalen, Nr. 3103, Westdeutscher Verlag, Opladen.

Gersten, K.; Pagendarm, H. G. (1983): Wirkungsgrad von Diffusoren. Forschungsberichte
aus dem Gebiet der Luft – und Trocknungstechnik, Heft 14, p. 56 – 76.

Gersten, K. /s.: Wiedemann, J.; Gersten, K. (1984)

Gersten, K.; Herwig, H. (1984): Impuls – und Wärmeübertragung bei variablen Stoffwerten für die laminare Plattenströmung. Wärme – Stoffübertrag., Bd. 18, 25 – 35.

Gersten, K. /s. ; Herwig, H. ; Wickern, G. ; Gersten, K. (1985)

Gersten, K. (1987) : Some contributions to asymptotic theory for turbulent flows. In: Proceedings 2nd Int. Symposium on Transport Phenomena in "Turbulent Flows", Tokyo, 201 – 214.

Gersten, K. (1989a) : Die Bedeutung der Prandtlschen Grenzschichttheorie nach 85 Jahren. Z. Flugwiss. Weltraumforsch. , Bd. 13, 209 – 218.

Gersten, K. (1989b) : Some open questions in turbulence modelling from viewpoint of asymptotic theory. In: Proc. of the Tenth Australian Fluid Mechanics Conference, Melbourne, Vol. II, 12. 1 – 12. 4.

Gersten, K. (1989c) : Introduction to asymptotic theory for turbulent flows. ZAMM. Z. angew. Math. Mech. , Vol. 69, T555 – T558.

Gersten, K. ; Grobel, M. ; Klick, H. ; Merzkirch, W. (1991) : Flow separation in laminarnatural convection. Int. J. Heat and Fluid Flow, Vol. 12, 331 – 335.

Gersten, K. ; Herwig, H. (1992) : Strömungsmechanik. Grundlagen der Impuls – , Wärme – und Stoffübertragung aus asymptotischer Sicht. Vieweg – Verlag, Braunschweig/Wiesbaden.

Gersten, K. ; Papenfuβ, H. – D. (1992) : Separated flows behind bluff bodies at low speeds including ground effects. In: Proceedings 2nd Carribean Conference in Fluid Dynamics, 115 – 122.

Gersten, K. ; Klauer, J. ; Vieth, D. (1993) : Asymptotic analysis of two – dimensional turbulent separating flows. In: K. Gersten (Ed.) : Physics of Separated Flows – Numerical, Experimental and Theoretical Aspects. Notes on Numerical Fluid Mechanics, Vol. 40, Vieweg – Verlag, Braunschweig, 125 – 132.

Gersten, K. ; Rocklage, B. (1994) : Self – similar solutions for two – dimensional slender channel flows. Acta Mechanica [Suppl.], Vol. 4, 325 – 334.

Gersten, K. ; Vieth, D. (1995) : Berechnung anliegender Grenzschichten bei hohen Reynolds – Zahlen. "Festschrift" on the occasion of the 70th birthday of Prof. Dr. J. Siekmann, Universität – GH Essen.

Gersten, K. (Ed.) (1996) : Asymptotic Methods for Turbulent Shear Flows at High Reynolds Numbers. Kluwer Academic Publishers, Dordrecht, Boston, London.

Gersten, K. (1997) : Einfluβ der Dissipation auf das Rohrreibungsgesetz. In: M. S. Kim (Hrsg.) : Turbulenz in Strömungsmechanik, Shaker Verlag, Aachen, 61 – 68.

Gersten, K. (2000) : Ludwig Prandtl und die asymptotische Theorie für Strömungen bei hohen Reynolds – Zahlen. In: G. E. A. Meier (Hrsg.) : Ludwig Prandtl, ein Führer in der Strömungslehre. Vieweg – Verlag, Braunschweig/Wiesbaden, 125 – 138.

Gersten, K. (2001) : Asymptotic theory for turbulent shear flows at high Reynolds numbers. ZAMM, Z. Angew. Math. Mech. ; Vol. 81, S73 – S76.

Gersting, J. M. ; Jankowski, D. F. (1972) : Numerical methods for Orr – Sommerfeld problems. Int. J. Numerical Methods in Engineering, Vol. 4, 195 – 206.

Gibellato, S. (1954) : Strato limite attorno ad una lastra piana investita cla un fluido incompressibile clotato di una velocita che e somma di una parte constante e di una parete alternata. Atti della Accademia della Scienze di Torino 89, 180 – 192 (1954 – 1955) and 90, 13 – 24 (1955 – 1956).

Gibellato, S. (1956) : Strato limite termico attorno a una lastra piano investita da una corrente lievement pulsante di fluido imcompressibile. Atti della Accademia della Scienze di Torino 91, 152 – 170.

Gibson, M. M. ; Jones, W. P. ; Younis, B. A. (1981) : Calculation of turbulent boundary layers on curved surface. Phys. Fluids, Vol. 24, 386 – 395.

Giedt, W. H. / s. ; Tewfik, O. K. ; Giedt, W. H. (1959)

Giles, M. / s. ; Drela, M. ; Giles, M. ; Thompkins Jr. , W. T. (1986)

Gill, W. N. ; Zeh, D. W. ; Del Casal, E. (1965) : Free convection on a horizontal plate. Z. angew. Math. Phys. (ZAMP), Bd. 16, 539 – 541.

Girodroux – Lavigne, P. / s. ; Le Balleur, J. – C. ; Girodroux – Lavigne, P. (1986)

Gersten, K. (2004) : Fully developed turbulent pipe flow. In: W. Merzkirch (Ed.) : Fluid Mechanics of Flow Metering. Springer, Berlin, 1 – 22.

Gersten, K. (2015) : The asymptotic downstream flow of plane turbulent wall jets without external stream. J. Fluid Mech. Vol. 779, 351 – 370.

Gittler, Ph. / s. ; Kluwick, A. ; Gittler, Ph. ; Bodonyi, R. J. (1984)

Gittler, Ph. (1985) : Dreidimensionale Wechselwirkungsvorgänge bei laminaren Grenzschichten. Dissertation, Technische Universität Wien.

Gittler, Ph. / s. ; Kluwick, A. ; Gittler, Ph. ; Bodonyi, R. J. (1985)

Gittler, Ph. ; Kluwick, A. (1987) : Triple – deck solutions for supersonic flows past flared cylinders. J. Fluid Mech. , Vol. 179, 469 – 487.

Gittler, Ph. ; Kluwick, A. (1989) : Interacting laminar boundary layers in quasi – two – dimensional flow. Fluid Dynamics Research, Vol. 5, 29 – 47.

Gittler, Ph. / s. ; Kluwick, A. ; Gittler, Ph. (1994)

Glauert, M. B. (1956a) : The laminar boundary layer on oscillating plates and cylinders. J. Fluid Mech. , Vol. 1, 97 – 110.

Glauert, M. B. (1956b) : The wall jet. J. Fluid Mech. , Vol. 1, 625 – 643.

Glauert, M. B. (1958) : On laminar wall jets. In: H. Görtler (Hrsg.) : Grenzschichtforschung, Springer – Verlag, Berlin, 72 – 78.

Gleyzes, C. ; Cousteix, J. ; Bonnet, J. L. (1984) : A calculation method of leadingedge separation bubbles. In: T. Cebeci (Ed.) : Numerical and Physical Aspects of Aerodynamic Flows II. Springer – Verlag, New York, 173 – 192.

Gloss, D. / s. ; Herwig, H. ; Gloss, D. ; Wenterodt, T. (2008)

Gloss, D. ; Herwig, H. (2010) : Wall roughness effects in laminar flows: an often ignored though significant issue. Exp. Fluids, Vol. 49, 461 – 470.

Godil, A. A. / s. ; Malik, M. R. ; Godil, A. A. (1990)

Görtler, H. (1940a) : über den Einfluβ der Wandkrümmung auf die Entstehung der Turbulenz. ZAMM. Z. angew. Math. Mech. , Bd. 20, 138 – 147. [479]

Görtler, H. (1940b) : über eine dreidimensionale Instabilität laminarer Grenzschichten an konkaven Wänden. Nachr. Wiss. Ges. Göttingen, Math. Phys.

Klasse, Neue Folge 2, Nr. 1, see also ZAMM. Z. angew. Math. Mech. , Bd. 21, 250 – 252, 1941.

Görtler, H. (1944) : Verdrängungswirkung der laminaren Grenzschicht und Druckwiderstand. Ing. – Arch. , Bd. 14, 286 – 305.

Görtler, H. (1948) : Grenzschichtentstehung an Zylindern bei Anfahrt aus der Ruhe. Arch. d. Math. , Bd, 1, 138 – 147.

Görtler, H. (1952a): Die laminare Grenzschicht am schiebenden Zylinder. Arch. d. Math., Bd. 3, Fasc. 3, 216 – 231.

Görtler, H. (1952b): Eine neue Reihenentwicklung für laminare Grenzschichten. ZAMM., Z. angew. Math. Mech., Bd. 32, 270 – 271.

Görtler, H. (1954): Decay of swirl in an axial symmetrical jet far from the orifice. Revista matematica hispano – americana, 4. Ser., Vol. 14, 143 – 178.

Görtler, H. (1955a): Dreidimensionales zur Stabilitätstheorie laminarer Grenzschichten. ZAMM., Z. angew. Math. Mech., Vol. 35, 362 – 364.

Görtler, H. (1955b): Dreidimensionale Instabilität der ebenen Staupunktströmung gegenüber wirbelartigen Störungen. In: H. Görtler; W. Tollmien (Hrsg): Fünfzig Jahre Grenzschichtforschung. Vieweg Verlag, Braunschweig, 304 – 314.

Görtler, H. (1957a): A new series for the calculation of steady laminar boundary layer flows. J. Math. Mech., Vol. 6, 1 – 66.

Görtler, H. (1957b): Bericht Nr. 34 der Deutschen Versuchsanstalt für Luftfahrt 1957: Zahlentafel universeller Funktionen zur neuen Reihe für die Berechnung laminarer Grenzschichten.

Görtler, H. (1957c): On the calculation of steady laminar boundary layer flows with continuous suction. J. Math. Mech., Vol. 6, 323 – 340.

Goldberg, U.; Reshotko, E. (1984): Scaling and modeling of three – dimensional, pressure – driven turbulent boundary layers. AIAA Journal, Vol. 22, 914 – 920.

Goldberg, U. C. (1991): Derivation and testing of a one – equation model based on two time scales. AIAA Journal, Vol. 29, 1337 – 1340.

Goldstein, M. E.; Hultgren, L. S. (1989): Boundary layer receptivity to long – wave disturbances. Annu. Rev. Fluid Mech., Vol. 21, 137 – 166.

Gloss, D. /s.: Herwig, H.; Gloss, D.; Wenterodt, T. (2008)

Gloss, D.; Herwig, H. (2010): Wall roughness effects in laminar flows: an often ignored though significant issue. Exp. Fluids, Vol. 49, 461 – 470.

Goldstein, R. J. /s.: Schneider, M. E.; Goldstein, R. J. (1994)

Goldstein, S. (1935): On the resistance to the rotation of a disk immersed in a fluid. Proc. Cambr. Phil. Soc., Vol. 31, Pt. 2, 232.

Goldstein, S. (1936): A note on roughness. ARC RM 1763. [469]

Goldstein, S.; Rosenhead, L. (1936): Boundary layer growth. Proc. Cambr. Phil. Soc., Vol. 32, 392 – 401.

Goldstein, S. (1939): A note on the boundary layer equations. Proc. Cambr. Phil. Soc., Vol. 35, 338 – 340.

Goldstein, S. (1948a): Low – drag and suction airfoils. J. of the Aeronautical Sciences, Vol. 15, 189 – 220.

Goldstein, S. (1948b): On laminar – boundary layer flow near a position of separation. Quart. J. Mech. Appl. Math., Vol. 1, 43 – 69.

Goldstein, S. (Ed.) (1965): Modern Developments in Fluid Dynamics (Two Vols.). Dover, New York.

Gosh, A. (1961): Contributional' étude de la couche limite laminaire instationnaire. Publications Scientifiques et Techniques du Ministère de l'Air. No. 381.

Grant, I. /s. : Gaster, M. ; Grant, I. (1975)

Granville, P. S. (1953): The calculation of viscous drag of bodies of revolution. Navy Department. The David Taylor Model Basin. Report No. 849.

Granville, P. S. (1973): The torque and turbulent boundary layer of rotating disks with smooth and rough surfaces, and in drag – reduction polymer solutions. J. Ship. Res. , Vol. 17, 181 – 195.

Granville, P. S. (1977): A prediction method for the viscous drag of ships and underwater bodies with surface roughness and/or reducting polymer solutions. David W. Taylor Naval Ship Res. Developm. Center, Report SPD – 797 – 01.

Gray, W. E. (1952): The effect of wing sweep on laminar flow. RAE – TM Aero 255.

Gregg, J. L. /s. : Sparrow, E. M. ; Gregg, J. L. (1957)

Gregg, J. L. /s. : Sparrow, E. M. ; Gregg, J. L. (1958)

Gregg, J. L. /s. : Sparrow, E. M. ; Eichhorn, R. ; Gregg, J. L. (1959)

Gregg, J. L. /s. : Sparrow, E. M. ; Gregg, J. L. (1960a)

Gregg, J. L. /s. : Sparrow, E. M. ; Gregg, J. L. (1960b)

Gregory, N. ; Stuart, J. T. ; Walker, W. S. (1955): On the stability of three – dimensional boundary layers with applications to the flow due to a rotating disk. Philos. Trans. Roy. Soc. London A, Vol. 248, 155 – 199.

Gregory, N. ; Walker, W. S. (1955): Wind – tunnel tests on the NACA 63 A 009 aerofoil with distributed suction over the nose. ARC – RM – 2900.

Gretler, W. /s. : Tangemann, R. ; Gretler, W. (2000)

Grek, G. R. /s. : Boiko, A. V. ; Grek, G. R. ; Dovgal, A. V. ; Kozlov, V. V. (2002).

Grigson, C. W. B. (1984): Nikuradse's experiment. AIAA Journal, Vol. 22, 999 – 1001.

Grigull, U. ; Sandner, H. (1986): Wärmeleitung, Springer – Verlag, Berlin/Heidelberg.

Grobel, M. /s. : Gersten, K. ; Grobel, M. ; Klick, H. ; Merzkirch, W. (1991)

Grohne, D. (1954): Über das Spektrum bei Eigenschwingungen ebenen Laminarströmungen. ZAMM. Z. angew. Math. Mech. , Vol. 34, 344 – 357.

Grohne, D. (1972): Ein Beitrag zur nicht – linearen Stabilitätstheorie von ebenen Laminarströmungen. ZAMM. Z. angew. Math. Mech. , Vol. 52, 256 – 257.

Grosh, R. J. /s. : Hering, R. G. ; Grosh, R. J. (1962)

Gross, J. F. ; Hartnett, J. P. ; Masson, D. J. ; Gazley Jr. , C. (1961): A review of binary boundary layer characteristics. Int. J. Heat Mass Transfer, Vol. 3, 198 – 221.

Gross, J. F. ; Dewey, Jr. C. F. (1965): Similar solutions of the laminar boundary – layer equations with variable fluid properties. In: W. Fizdon (Ed.): Fluid Dynamic Transactions, Vol. 2, Pergamon Press, New York, 529 – 548.

Gross, J. F. /s. : Dewey Jr. , C. F. ; Gross, J. F. (1967)

Gross, J. F. /s. : Gersten, K; Gross, J. F. ; Börger, G. – G. (1972)

Gross, J. F. /s. : Gersten, K; Gross, J. F. (1973a)

Gross, J. F. /s. : Gersten, K; Gross, J. F. (1973b)

Gross, J. F. /s. : Gersten, K; Gross, J. F. (1974a)

Gross, J. F. /s. : Gersten, K; Gross, J. F. (1974b)

Gross, J. F. /s. : Gersten, K; Gross, J. F. (1976)

Gross, J. F. /s. : Gersten, K; Papenfuβ, H. – D. ; Gross, J. F. (1977)

Grossman, B. /s. : Melnik, R. E. ; Grossman, B. (1981)

Grundmann, R. (1976) : Two – dimensional, laminar, compressible boundary layer calculations in turbomachines. DLR – FB 76 – 38.

Grundmann, R. (1981) : Dreidimensionale Grenzschichtberechnungen entlang Symmetrielinien auf Körpern. Z. Flugwiss. Weltraumforsch. , Bd. 5 ,389 – 395.

Gruschwitz, E. (1931) : Die turbulente Reibungsschicht in ebener Strömung bei Druckabfall und Druckanstieg. Ing. – Arch. , Bd. 2 ,321 – 346. [192]

Gruschwitz, E. (1950) : Calcul approché de la couche limite la laminaire enécoulement compressible sur une paroi non – conductrice de la chaleur. ONERA
(Office National d'Etudes et de Récherche Aéronautiques), Publication No. 47, Paris.

Guiraud, J. – P. /s : Deriat, E. ; Guiraud, J. – P. (1986)

Gulcat, U. /s. : Wu, J. C. ; Gulcat, U. (1981)

Gunness, R. C. ; Gebhart, B. (1965) : Combined forced and natural convection flow for the wedge geometry. Int. J. Heat Mass Transfer, Vol. 8 ,43 – 53.

Ha Minh, H. ; Viegas, J. R. ; Rubesin, M. W. ; Vandromme, D. D. ; Spalart, P. R. (1989) : Physical analysis and second – order modeling of an unsteady turbulent flow : the oscillating boundary layer on a flat plate. In : F. Durst et al. (Eds.) : Seventh Symposium on Turbulent Shear Flows, Stanford University, 1989. – Springer – Verlag, Berlin – Session 11 – 5.

Haas, S. ; Schneider, W. (1997) : Wall – bounded laminar sink flows. Acta Mechanica, Vol. 125, 211 – 215.

Haase, R. (1963) : Thermodynamik der irreversiblen Prozesse. Dr. D. Steinkopff – Verlag, Darmstadt.

Hackmüller, G. ; Kluwick, A. (1989) : The effect of a surface mounted obstacle on marginal separation. Z. Flugwiss. Weltraumforsch. , Bd. 13 ,365 – 370.

Hackmüller, G. ; Kluwick, A. (1990) : Marginale Ablösung an ebenen schlanken Hügeln und Dellen. ZAMM. Z. angew. Math. Mech. , Bd. 70 , T478 – 479.

Hackmüller, G. ; Kluwick, A. (1991a) : Effects of 3 – D surface mounted obstacles on marginal separation. In : V. V. Kozlov; A. V. Dovgal (Eds.) : Separated Flows and Jets. Springer – Verlag, Berlin, 55 – 65.

Hackmüller, G. ; Kluwick, A. (1991b) : Marginal separation in quasi – two – dimensional flow. In : W. Schneider; H. Troger; F. Ziegler (Eds.) : Trends in Applications of Mathematics to Mechanics, Interactions of Mechanics and Mathematics Series. Longman Scientific and Technical, New York, 143 – 149.

Hadden, L. L. /s. : Page, R. H. ; Hadden, L. L. ; Ostowari, C. (1989)

Hämmerlin, G. (1955) : Zur Instabilitätstheorie der ebenen Staupunktströmung. In : H. Görtler; W. Tollmien (Hrsg.) : Fünfzig Jahre Grenzschichtforschung, 315 – 327, Vieweg – Verlag, Braunschweig.

Härtl, A. P. (1989) : Optimierung von Diffusoren durch Konturierung der Wände auf der Basis des Grenzschichtkonzeptes. Dissertation, Ruhr – Universität Bochum, Grossmann, S. (2000) : The onset of shear flow turbulence. Rev. Mod. Phys. , Vol. 72 ,603 − 618.

Haas,S. ;Schneider,W. (1996):Axisymmetric turbulent sink flows. In:K. Gersten (Ed.):Asymptotic Methods for Turbulent Shear Flows at High Reynolds Numbers. Kluwer Academic Publishers,Dordrecht/Boston/London,81 − 94. also as Fortschr. − Ber. VDI Reihe 7 ,Nr. 159 ,VDI − Verlag,Düsseldorf.

Hagen,G. (1839):über die Bewegung des Wassers in engen zylindrischen Röhren. Pogg. Ann. Bd. 46, 423 − 442.

Hall,A. A. ;Hislop,G. S. (1938):Experiments on the transition of the laminar boundary layer on a flat plate. ARC − RM − 1843.

Hall,M. G. /s. :Cooke,J. C. ;Hall,M. G. (1962)

Hall,M. G. (1969):A numerical method for calculating unsteady two − dimensional laminar boundary layers. Ing. − Archiv,Bd. 38 ,97 − 106. Hall,P. (1982):Taylor − Görtler vortices in fully developed or boundary − layer flows:Linear theory. J. Fluid Mech. ,Vol. 124 ,475 − 494.

Hall,P. ;Malik,M. R. ; Poll, D. I. A. (1984): On the stability on an infinite swept attachment line boundary layer. Proc. Roy. Soc. London A ,Vol. 395 ,229 − 245.

Hallbäck,M. ; Henningson, D. S. ; Johansson, A. V. ; Alfredsson, P. H. (Eds.) (1996): Turbulence and Transition Modelling. Kluwer Academic Publishers,Dordrecht,Boston,London.

Hama,F. R. ; Nutant,J. (1963):Detailed flow − field observations in the transition process in a thick boundary layer. In:Roshko,A;Sturtevant,B. ;Bartz,D. R. :Proc. of the 1963 Heat Transfer and Fluid Mechanics Institute,Stanford Univ. Press,77 − 93.

Hama,F. R. ;Peterson,L. F. (1976):Axisymmetric laminar wake behind a slender body of revolution. J. Fluid Mech. ,Vol. 76 ,1 − 15.

Hama,R. /s. :Tani,I. ;Hama,R. ;Mituisi,S. (1940)

Hamel,G. (1916):Spiralförmige Bewegung zäher Flüssigkeiten. Jahresber. d. Dt. Mathematiker − Vereinigung 25 ,34 − 60.

Hamel,G. (1941):über die Potentialströmung zäher Flüssigkeiten. ZAMM. Z. angew. Math. Mech. , Bd. 21 ,129 − 139.

Hamielec,A. E. ; Raal, J. D. (1969):Numerical studies of viscous flow around circular cylinders. Phys. Fluids,Vol. 12 ,11 − 17.

Hamman,J. /s. :Mirels,H. ;Hamman,J. (1962)

Hanjalić,K. ;Launder,B. E. (1972a):A Reynolds stress model of turbulence and its application to thin shear flows. J. Fluid Mech. ,Vol. 52 ,609 − 638.

Hanjalić,K. ;Launder,B. E. (1972b):Fully developed asymmetric flow in a plane channel. J. Fluid Mech. ,Vol. 51 ,301 − 335.

Hanjalić,K. ;Launder,B. E. (1976):Contribution towards a Reynolds stress closure for low − Reynolds − number turbulence. J. Fluid Mech. ,Vol. 74 ,593 − 610.

Hanjalić,K. ;Stosic,N. (1983):Hysteresis of turbulent stresses in wall flows subjected to periodic disturbances. In:L. J. S. Bradbury et al. (Eds.):Fourth Symposium on Turbulent Shear Flows. Springer − Verlag, Berlin,287 − 300.

Hanjalić,K. (1994a):Advanced turbulence closure models:a view of current status and future prospects. Int. J. Heat and Fluid Flow,Vol. 15 ,178 − 203.

Hanjalić, K. (1994b) : Achievements and limitations in modelling and computation of buoyant turbulent flow and heat transfer. In : Proc. 10th Int. Heat Transfer Conference, August 1994, Brighton, UK, Vol. 1, SK – 1, 1 – 18.

Hanjalić, K. /s. : Jakirli ? , S. ; Hanjalić, K. (1995)

Hanjalić, K. (2002) : One – point closure models for buoyancy – driven turbulent flows. Annu. Rev. Fluid Mech. Vol. 34, 321 – 348.

Hannah, D. M. (1952) : Forced flow against a rotating disc. ARC – RM – 2772.

Hannemann, K. ; Oertel Jr. , H. (1989) : Numerical simulation of the absolutely and convectively unstable wake. J. Fluid Mech. , Vol. 199, 55 – 88.

Hansen, A. G. /s. : Mager, A. ; Hansen, A. G. (1952)

Hansen, A. G. ; Herzig, H. Z. (1956) : Cross flows in laminar incompressible boundary layers. NASA – TN – 3651.

Hansen, C. F. (1959) : Approximation for the thermodynamic and transport properties of high – temperature air. NASA – TR – R – 50.

Hansen, M. (1928) : Die Geschwindigkeitsverteilung in der Grenzschicht an einer eingetauchten Platte. ZAMM. Z. angew. Math. Mech. , Bd. 8, 185 – 199 (1928) ; NACA – TM – 585.

Hantzsche, W. ; Wendt, H. (1940) : Zum Kompressibilitätseinflußbei der laminaren Grenzschicht der ebenen Platte. Jb. dt. Luftfahrtforschung I, 517 – 521.

Hantzsche, W. ; Wendt, H. (1941) : Die laminare Grenzschicht an einem mit Überschallgeschwindigkeit angeströmten nicht angestellten Kreiskegel. Jb. dt. Luftfahrtforschung I, 76 – 77.

Hantzsche, W. ; Wendt, H. (1942) : Die laminare Grenzschicht an der ebenen Platte mit und ohne Wärmeübergang unter Berücksichtigung der Kompressibilität. Jb. dt. Luftfahrtforschung I, 40 – 50.

Happel, J. ; Brenner, H. (1973) : Low Reynolds Number Hydrodynamics with Special Applications to Particulate Media. 2nd Edition, Noordhoff, Leyden.

Harris, D. P. /s. : Binnie, A. M. ; Harris, D. P. (1950)

Harris, H. D. ; Young, A. D. (1967) : A set of similar solutions of the compressible laminar boundary layer equations for the flow over a flat plate with unsteady wall temperature. Z. Flugwiss. , Bd. 15, 295 – 301.

Harris, J. E. /s. : Iyer, V. ; Harris, J. E. (1990)

Harris, J. E. /s. : Wie, Y. – S. ; Harris, J. E. (1991)

Hartnett, J. P. /s. : Gross, J. F. ; Hartness, J. P. ; Masson, D. J. ; Gazley Jr. , C. (1961)

Hartree, D. R. (1937) : On an equation occuring in Falkner and Skan's approximate treatment of the equations of the boundary layer. Proc. of the Cambridge Philosophical Society. Vol. 33 , part 2, 223 – 239.

Hassan, H. A. (1960) : On unsteady laminar boundary layers. J. Fluid Mech. , Vol. 9 , 300 – 304 (1960) ; cf. also J. of the Aero/Space Sciences, Vol. 27, 474 – 476.

Haussling, H. J. /s. : Lugt, H. J. ; Haussling, H. J. (1974)

Hayasi, N. (1962) : On similar solutions of the unsteady quasi – two – dimensional incompressible laminar boundary – layer equations. J. Phys. Soc. , Japan, Vol. 17, 194 – 203.

Hayes, W. D. (1951) : The three – dimensional boundary layer. NAVORD – Rep. 1313.

Hayes, W. D. ; Probstein, R. F. (1959) : Hypersonic Flow Theory. Academic Press, New York.

Head, M. R. /s. : Jones, B. M. ; Head, M. R. (1951)

Head, M. R. (1955) : The boundary layer with distributed suction. ARC – RM – 2783.

Head, M. R. (1960) : Entrainment in the turbulent boundary layer. ARC – RM – 3152.

Head, M. R. ; Bandyopadhyay, P. (1981) : New aspects of turbulent boundary – layer structure. J. Fluid Mech. , Vol. 107, 297 – 338.

Heighway, J. E. /s. : Braun, W. H. ; Ostrach, S. ; Heighway, J. E. (1961)

Heil, M. /s. : Ludwig, G. ; Heil, M. (1960)

Heinecke, E. /s. : Achenbach, E. ; Heinecke, E. (1981)

Heisenberg, W. (1924) : über Stabilität und Turbulenz von Flüssigkeitsströmen. Annu. d. Phys. , Bd. 74, 577 – 627.

Heisenberg, W. (1948) : Zur statistischen Theorie der Turbulenz. Z. Phys. , Bd. 124, 628 – 657.

Helmholtz, H. (1868) : über diskontinuierliche Flüssigkeits – Bewegungen. Monatsberichte der Königlich Preussischen Akademie der Wissenschaften zu Berlin, Berlin Akad. 215 – 228.

Henkes, R. A. M. ; Hoogendoorn, C. J. (1990) : Numerical determination of wall functions for the turbulent natural convection boundary layer. Int. J. Heat Mass Transfer, Vol. 33, 1087 – 1097.

Henkes, R. A. W. M. (1990) : Natural – convection boundary layers. Dissertation, Technische Universität Delft.

Henkes, R. A. W. M. (1998) : Scaling of equilibrium boundary layers under adverse pressure gradient using turbulence models. AIAA Journal, Vol. 36, 320 – 326.

Henningson, D. S. /s. : Hallbäck, M. ; Henningson, D. S. ; Johansson, A. V. ; Alfredsson, P. H. (Eds.) (1996)

Henningson, D. S. /s. : Schmidt, P. J. ; Henningson, D. S (2000)

Henseler, H. /s. : Schultz – Grunow, F. ; Henseler, H. (1968)

Herbert, T. (1983) : Subharmonic three – dimensional disturbances. AIAA Paper 83 – 1759.

Herbert, T. (1984) : Analysis of the subharmonic route to transition in boundary layers. AIAA Paper 84 – 0009.

Herbert, T. ; Bertolotti, F. P. (1987) : Stability analysis of nonparallel boundary layers. Bull. Amer. Phys. Soc. 32, 2079.

Herbert, T. (1988) : Secondary instability of boundary layers. Annu. Rev. Fluid Mech. , Vol. 20, 487 – 526.

Hering, R. G. ; Grosh, R. J. (1962) : Laminar free convection from a non – isothermal cone. Int. J. Heat Mass Transfer. Vol. 5, 1059 – 1068.

Herwig, H. (1981) : Die Anwendung der Methode der angepaßen asymptotischen Entwicklungen auf laminare, zweidimensionale Strömungen mit endlichen Ablösegebieten. Dissertation, Ruhr – Universität Bochum.

Herwig, H. (1982) : Die Anwendung der asymptotischen Theorie auf laminare Strömungen mit endlichen Ablösegebieten. Z. Flugwiss. Weltraumforsch. , Bd. 6, 266 – 279.

Herwig, H. (1983) : Wärmeübertragung in laminaren Grenzschichten mit starker
Wechselwirkung zwischen Grenzschicht und Außnströmung. Z. angew. Math. Phys. (ZAMP) , Bd. 34, 899 – 913.

Herwig, H. (1984) : Näherungsweise Berücksichtigung des Einflusses variabler Stoffwerte bei der Berechnung ebener laminarer Grenzschichtströmungen um zylindrische Körper. Forsch. Ing. – Wes., Bd. 50,160 – 166.

Herwig, H. /s. : Gersten, K. ; Herwig, H. (1984)

Herwig, H. (1985a) : An asymptotic approach to free – convection flow at maximum density. Chem. Engng. Sci., Vol. 40,1709 – 1715.

Herwig, H. (1985b) : Asymptotische Theorie zur Erfassung des Einflusses variabler Stoffwerte auf Impuls – und Wärmeübertragung. Fortschr. – Ber. VDI Reihe 7, Nr. 93, VDI – Verlag, Düsseldorf.

Herwig. H. ; Wickern, G. ; Gersten, K. (1985) : Der Einfluß variabler Stoffwerte auf natürliche laminare Konvektionsströmungen. Wärme – Stoffübertrag., Bd. 19,19 – 30.

Herwig, H. ; Wickern, G. (1986) : The effect of variable properties on laminar boundary layer flow. Wärme – Stoffübertrag., Bd. 20,47 – 57.

Herwig, H. (1987) : An asymptotic approach to compressible boundary layer flow. Int. J. Heat Mass Transfer, Vol. 30,59 – 68.

Herwig, H. /s. : Gersten, K. ; Herwig, H. (1992)

Herwig, H. /s. : Gloss, D. ; Herwig, H. (2010)

Herwig, H. /s. : Hölling, M. ; Herwig, H. (2005)

Herwig, H. /s. : Kis, P. ; Herwig, H. (2010)

Herwig, H. /s. : Kis, P. ; Herwig, H. (2012)

Herwig, H. /s. : Hölling, M. ; Herwig, H. (2005)

Herwig, H. ; Schäfer, P. (1992) : Influence of variable properties on the stability of two – dimensional boundary layers. J. Fluid Mech., Vol. 243,1 – 14.

Herwig, H. /s. : Schäfer, P. ; Severin, J. ; Herwig, H. (1994)

Herwig, H. ; Voigt, M. (1995) : Turbulent entrance flow in a channel: An asymptotic approach. In: P. – A. Bois; E. Dériat; R. Gatignol; A. Rigolot (Eds.) : Asymptotic Modelling in Fluid Mechanics. Springer – Verlag, Berlin, Heidelberg, 51 – 58.

Herwig, H. ; Voigt, M. (1996) : A high Reynolds number analysis of turbulent heat transfer in the entrance region of a pipe or channel. In: K. Gersten (Ed.) : Asymptotic Methods for Turbulent Shear Flows at High Reynolds Numbers. Kluwer Academic Publishers. Dordrecht, Boston, London, 33 – 44.

Herwig, H. /s. : Severin, J. ; Herwig, H. (2001)

Herzig, H. Z. /s. : Hansen, A. G. ; Herzig, H. Z. (1956)

Hessel, M. /s. : Dinkelacker, A. ; Hessel, M. ; Meier, G. E. A. ; Schewe, G. (1977)

Hieber, C. A. ; Nash, E. J. (1975) : Natural convection above a line heat source: Higher – order effects and stability. Int. J. Heat Mass Transfer, Vol. 18,1473 – 1479.

Hiemenz, K. (1911) : Die Grenzschicht an einem in den gleichförmigen Flüssigkeitsstrom eingetauchten geraden Kreiszylinder. Diss. Göttingen 1911, Dingl. Polytech. J. 326, 321 – 324, 344 – 348, 357 – 362, 372 – 376, 391 – 393, 407 – 410.

Higuera, F. J. (1997) : Opposing mixed convection flow in a wall jet over a horizontal plate. J. Fluid Mech., Vol. 342, 355 – 375.

Hilder, D. S. /s. : Gebhart, B. ; Hilder, D. S. ; Kelleher, M. (1984)

Hill, P. G. ; Stenning, A. H. (1960) : Laminar boundary layers in oscillatory flow. J. Basic Engg., Vol.

82, 593 – 608.

Hinze, J. O. (1975): Turbulence, 2nd Edition, McGraw – Hill, New York.

Hirsch, C. (1988): Numerical Computation of Internal and External Flows. Vol. I: Fundamentals of Numerical Discretization. John Wiley, New York.

Hirschel, E. H. /s. : Krause, E. ; Hirschel, E. H. ; Bothmann, Th. (1968)

Hirschel, E. H. /s. : Krause, E. ; Hirschel, E. H. ; Bothmann, Th. (1969)

Hirschel, E. H. /s. : Krause, E. ; Hirschel, E. H. ; Kordulla, W. (1976)

Hirschel, E. H. ; Kordulla, W. (1981): Shear Flow in Surface – Oriented Coordinates. Notes on Numerical Fluid Mechanics, Vol. 4, Vieweg, Braunschweig/Wiesbaden.

Hirschel, E. H. (1982): Three – dimensional boundary – layer calculations in design aerodynamics. In: H. H. Fernholz; E. Krause (Eds.): Three – Dimensional Turbulent Boundary – Layers. Springer – Verlag, Berlin, 353 – 365.

Hirschel, E. H. (1987): Evaluation of results of boundary – layer calculations with regard to design aerodynamics. In: AGARD – R – 741, 5 – 1 to 5 – 29.

Hirschel, E. H. ; Cousteix, J. ; Kordulla, W. (2014): Three – Dimensional Attached Viscous Flow. Springer, Berlin, Heidelberg.

Hislop, G. S. /s. : Hall, A. A. ; Hislop, G. S. (1938)

Hokenson, G. J. (1985): Boundary conditions for flow over permeable surfaces. Journal of Fluids Engineering, Vol. 107, 430 – 432.

Hölling, M. ; Herwig, H. (2005): Asymptotic analysis of the near wall region of turbulent natural convection flows. J. Fluid Mech. , VOL. 541, 383 – 397.

Holstein, H. (1943): Ähnliche laminare Reibungsschichten an durchlässigen Wänden. ZWB – VM 3050.

Holt, M. ; Chan, W. – K. (1975): An integral method for unsteady laminar boundary layers. In: R. B. Kinney (Ed.): Unsteady Aerodynamics, Proceedings of a Symposium, held at The University of Arizona, 1975, Arizona, Vol. 1, 283 – 298.

Holzhauser, C. A. ; Bray, R. S. (1956): Wind – tunnel and flight investigations of the use of leading – edge area suction for the purpose of increasing the maximum lift coefficient of a 35° swept – wing airplane. NACA – TR – 1276.

Homann, F. (1936): Der Einfluß großer Zähigkeit bei der Strömung um den Zylinder und um die Kugel. ZAMM. , Z. angew. Math. Mech. , Bd. 16, 153 – 164 (1936); and Forschg. Ing. – Wes. , Bd. 7, 1 – 10.

Hopf, L. (1927): Zähe Flüssigkeiten. In: H. Geiger (Hrsg.): Handbuch der Physik, Bd. VII, 91 – 172, Springer – Verlag, Berlin.

Hopkins, E. J. /s. : Jillie, D. W. ; Hopkins, E. J. (1961)

Hornung, H. ; Perry, A. E. (1984): Some aspects of three – dimensional separation – Part I: Streamsurface bifurcations. Z. Fluswiss. Weltraumforsch. , Bd. 8, 77 – 87.

Hornung, H. G. ; Joubert, P. N. (1963): The mean velocity profile in three – dimensional turbulent boundary layers. J. Fluid Mech. , Vol. 15, 368 – 384

Hornung, H. G. ; Joubert, P. N. (1963): The mean velocity profile in three – dimensional turbulent boundary layers. J. Fluid Mech. , Vol. 15 ,368 – 384.

Horstmann, K. – H. /s. : Redeker, G. ; Horstmann, K. – H. ; Köster, H. ; Quast, A. (1988)

Horstmann, K. – H. /s. : Redeker, G. ; Horstmann, K. – H. ; Köster, H. ; Thiede, P. ; Szodruch, J. (1990)

Horstmann, K. – H. ; Redeker, G. ; Quast, A. ; Dreβer, U. ; Bieler, H. (1990) : Flight tests with a natural laminar flow glove on a transport aircraft. AIAA Paper 90 – 3044.

Horton, H. P. /s. : Stock, H. – W. ; Horton, H. P. (1985)

Hoskin, N. E. (1955) : The laminar boundary layer on a rotating sphere. In : H. Görtler ; W. Tollmien (Hrsg.) : Fünfzig Jahre Grenzschichtforschung. Braunschweig, 127 – 131.

Hossain, M. S. ; Rodi, W. (1982) : A turbulence model for buoyant flows and its application to vertical buoyant jets. In : Rodi W. (Ed.) : Turbulent Buoyant Jets and Plumes, HMT, Vol. 6 , Pergamon Press, Oxford, 121 – 178.

Houdeville, R. /s. : Cousteix, J. ; Houdeville, R. ; Michel, R. (1974)

Houdeville, R. /s. : Cousteix, J. ; Houdeville, R. ; Javelle, J. (1981)

Houdeville, R. /s. : Cousteix, J. ; Houdeville, R. (1983)

Houdeville, R. /s. : Cousteix, J. ; Houdeville, R. (1985)

Houwink, R. (1984) : Unsteady viscous transonic flow computations using LTRAN 2 – NLR code coupled with Green's lag – entrainment method. In : T. Cebeci (Ed.) : Numerical and Physical Aspects of Aerodynamic Flows II , Springer – Verlag, New York, 297 – 311.

Howard, L. N. /s. : Drazin, P. G. ; Howard, L. N. (1966)

Howarth, L. (1935) : On the calculation of the steady flow in the boundary layer near the surface of a cylinder in a stream. ARC – RM – 1632.

Howarth, L. (1938) : On the solution of the laminar boundary layer equations. Proc. Roy. Soc. London A , Vol. 164 , 547 – 579.

Howarth, L. (1951a) : Note on the boundary layer on a rotating sphere. Phil. Mag. VII, 42, 1308 – 1315.

Howarth, L. (1951b) : The boundary layer in three – dimensional flow. Part I : Phil. Mag. VII, 42 , 239 – 243. Part II : The flow near a stagnation point. Phil. Mag. VII, 42 , 1433 – 1440.

Huang, M. – K. ; Inger, G. R. (1984) : Application of unsteady laminar triple – deck theory to viscous – inviscid interactions from an oscillating flap in supersonic flow. In : T. Cebeci (Ed.) : Numerical and Physical Aspects of Aerodynamics Flows II , Springer – Verlag, New York, 381 – 391.

Huang, P. G. ; Bradshaw, P. ; Coakley, T. J. (1993) : Skin friction and velocity profile family for compressible turbulent boundary layers. AIAA Journal, Vol. 31 , 1600 – 1604.

Huang, P. G. ; Bradshaw, P. ; Coakley, T. J. (1994) : Turbulence models for compressible boundary layers. AIAA Journal, Vol. 32 , 735 – 740.

Huang, P. G. ; Bradshaw, P. (1995) : Law of the wall for turbulent flows in pressure gradients. AIAA Journal, Vol. 33 , 624 – 632.

Huang, Th. T. ; Chang, M. – Sh. (1986) : Computation of velocity and pressure variation across axisymmetric thick turbulent stern flows. In : T. Cebeci (Ed.) : Numerical and physical Aspects of Aerodynamic Flows III. Springer – Verlag, New York, 341 – 359.

Hucho, W. H. (1972) : Einfluβ der Vorderwagenform auf Widerstand, Giermoment und Seitenkraft von

Kastenwagen. Z. Flugwiss. , Bd. 20, 341 – 351.

Hucho, W. H. (1981) (Ed.): Aerodynamik der Automobils. Vogel – Verlag, Würzburg.

Huerre, P.; Monkewitz, P. A. (1985): Absolute and convective instabilities in free shear layers. J. Fluid Mech. , Vol. 159, 151 – 168.

Huerre, P.; Monkewitz, P. A. (1990): Local and global instabilities in spatially developing flows. Annu. Rev. Fluid Mech. , Vol. 22, 473 – 537.

Huffman, G. D.; Bradshaw, P. (1972): A note on von Kármán's constant in low Reynolds number turbulent flows. J. Fluid Mech. , Vol. 53, 45 – 60.

Hultgren, L. S. / s. : Goldstein, M. E. , Hultgren, L. S. (1989)

Hummel, D. (1986): Experimentelle Untersuchung dreidimensionaler laminarer Grenzschichten an einem schlanken Deltaflügel. Z. Flugwiss. Weltraumforsch. , Bd. 10, 133 – 145.

Humphreys, D. A. / s. : Fannelöp, T. K.; Humphreys, D. A. (1975)

Humphreys, D. A. / s. : Berg, B. van den; Humphreys, D. A.; Krause, E.; Lindhout, J. P. F. (1988)

Humphreys, D. A.; Lindhout, J. P. F. (1988): Calculation methods for threedimensional turbulent boundary layers. Prog. Aerospace Sci. , Vol. 25, 107 – 129.

Hunt, J. C. R. / s. : Smith, F. T.; Brighton, P. W. M.; Jackson, P. S.; Hunt, J. C. R. (1981)

Hussaini, M. Y. / s. : Wary, A.; Hussaini, M. Y. (1984)

Hussaini, M. Y. / s. : Malik, M. R.; Hussaini, M. Y. (1990)

Hwang, B. C. / s. : So, R. M. C.; Lai, Y. G.; Zhang, H. S.; Hwang, B. C. (1991)

Ibele, W. E. / s. : Sparrow, E. M.; Minkowycz, W. J.; Eckert, E. R. G.; Ibele, W. E. (1964)

Iglisch, R. (1944): Exakte Berechnung der laminaren Reibungsschicht an der längsangeströmten ebenen Platte mit homogener Absaugung. Schriften d. dt. Akad. Luftfahrtforschung, 8B, Nr. 1, translation: NACA – RM – 1205 (1949).

Iida, S. / s. : Nishioka, M.; Iida, S.; Ichikawa, Y. (1975)

Iida, S. / s. : Nishioka, M.; Asai, M.; Iida, S. (1990)

Illingworth, C. R. (1950): Unsteady laminar flow of gas near an infinite flat plate. Proc. Camb. Phil. Soc. , Vol. 46, 603 – 613.

Illingworth, C. R. (1954): Boundary layer growth on a spinning body. Phil Mag. 45 (7), 1 – 8.

Imai, I. (1957): Second approximation to the laminar boundary – layer flow over a flat plate. J. Aeron. Sci. , Vol. 24, 155 – 156.

Inger, G. R. / s. : Huang, M. – K.; Inger, G. R. (1984)

Ingham, D. B. (1977): Singular parabolic partial differential equations that arise in impulsive motion problems. J. Appl. Mech. , Vol. 44, 396 – 400.

Isaacson, E.; Keller, H. B. (1966): Analysis of Numerical Methods. John Wiley, New York.

Ito, A. (1987): Visualization of boundary layer transition along a concave wall. In: Proc. 4th Int. Symp. Flow Visualization, Paris 1986, 339 – 344, Hemisphere, Washington.

Iyer, V.; Harris, J. E. (1990): Fourth – order accurate three – dimensional compressible boundary layer calculations. J. Aircraft, Vol. 27, 253 – 261.

Jackson, P. S. / s. : Smith, F. T.; Brighton, P. W. M.; Jackson, P. S.; Hunt, J. C. R. (1981)

Jaeger, J. C. / s. : Carslaw, H. S.; Jaeger, J. C. (1959)

Jaffe, N. A. ; Okamura, T. Smith, A. M. O. (1970): Determination of spatial amplification factors and their application to predicting transition. AIAA Journal, Vol. 8, 301 – 308.

Jakirlić, S. ; Hanjalić, K. (1995): A second – moment closure for non – equilibrium and separating high and low Re – number flows. In: Proceedings 10th Symposium of Turbulent Shear Flows. The Pennsylvania State University, USA, August 14 – 16.

Jaluria, Y. (1980): Natural convection heat and mass transfer. Pergamon Press, Oxford.

Jaluria, Y. /s. : Gebhart, B. ; Jaluria, Y. ; Mahajan, R. L. ; Sammakia, B. (1988)

Jankowski, D. F. /s. : Gersting, J. M. ; Jankowski, D. F. (1972)

Janour, Z. (1951): Resistance of a plate in parallel flow at low Reynolds numbers. NACA – TM – 1316.

Javelle, J. /s. : Cousteix, J. ; Houdeville, R. ; Javelle, J. (1981)

Jaw, S. Y. /s. : Chen, C. J. ; Jaw, S. Y. (1998)

Jeffery, G. B. (1915): The two – dimensional steady motion of a viscous fluid. Phil. Mag. , Vol. 29, 455 – 465.

Jeken, B. (1992): Asymptotische Analyse ebener turbulenter Strömungen an gekrümmten Wänden bei hohen Reynolds – Zahlen mit einem Reynolds – Spannungs – Modell. Fortschritt – Berichte VDI: Reihe 7; 215, VDI – Verl. , Düsseldorf, 1992, also: Bochum, Univ. , Diss. , 1992. See also: ZAMM. Z. angew. Math. Mech. , Vol. 72, T 308 – 312.

Jenson, R. /s. : Rizzetta, D. P. ; Burggraf, O. R. ; Jenson, R. (1978)

Jiménez, J. (2004): Turbulent flows over rough walls. Annu. Rev. Fluid Mech. , Vol. 36, 173 – 196.

Jischa, M. (1982): Konvektiver Impuls – , Wärme – und Stoffaustausch. Vieweg & Sohn, Braunschweig.

Jobe, C. E. ; Burggraf, O. R. (1974): The numerical solution of the asymptotic equations of trailing – edge flow. Proc. Roy. Soc. London A, Vol. 340, 91 – 111.

Jodlbauer, K. (1933): Das Temperatur – und Geschwindigkeitsfeld um ein geheiztes Rohr bei freier Konvektion. Forsch. Ing. – Wes. , Bd. 4, 157 – 172.

Johansson, A. V. /s. : Hallbäck, M. ; Henningson, D. S. ; Johansson, A. V. , Alfredsson, P. H. (Eds.) (1996)

Johnson, D. A. ; King, L. S. (1985): A mathematically simple turbulence closure model for attached and separated turbulent boundary layers. AIAA Journal, Vol. 23, 1684 – 1692.

Johnston, L. J. (1988): A calculation method for compressible three – dimensional turbulent boundary layer flows. von Karman Institute for Fluid Dynamics, Technical Note 167.

Jones, B. M. (1938): Flight experiments on the boundary layer (Wright Brothers Lecture), J. of the Aeronautical Sciences, Vol. 5, 81 – 101; also: Aircraft Eng. , Vol. 10, 135 – 141.

Jones, B. M. ; Head, M. R. (1951): The reduction of drag by distributed suction. In: Proc. Third Anglo – American Aeron. Conference, Brighton, 199 – 230.

Jones, M. B. ; Marusic, I. ; Perry, A. E. (2001): Evolution and structure of sink – flow turbulent boundary layers. J. Fluid Mech. , Vol. 428, 1 – 27.

Jones, W. P. ; Launder, B. E. (1972a): The prediction of laminarization with a two equation model of turbulence. Int. J. Heat Mass Transfer, Vol. 15, 301 – 314.

Jones, W. P. ; Launder, B. E. (1972b): Some properties of sink – flow turbulent boundary layers. J. Fluid Mech. , Vol. 56, 337 – 351.

Jones, W. P. ; Launder, B. E. (1973) : The calculation of low – Reynolds – number phenomena with a two – equation model of turbulence. Int. J. Heat Mass Transfer, Vol. 16, 1119 – 1130.

Jones, W. P. /s. : Gibson, M. M. ; Jones, W. P. ; Younis, B. A. (1981)

Jordinson, R. (1970) : The flat plate boundary layer. Part 1 : Numerical integration of the Orr – Sommerfeld equation. J. Fluid Mech. , Vol. 43, 801 – 811 ; cf. also : Ph. D. thesis, Edinburgh University 1968.

Jordinson, R. (1971) : Spectrum of eigenvalues of the Orr – Sommerfeld equation for Blasius flow. Phys. Fluids, Vol. 14, 2535 – 2537.

Joseph, D. D. (1976) : Stability of Fluid Motions Vol. 1 and 2, Springer – Verlag, Berlin.

Joubert, P. N. /s. : Erm, L. P. ; Smits, A. J. ; Joubert, P. N. (1987)

Juchi, M. /s. : Tani, I. ; Juchi, M. ; Yamamoto, K. (1954)

Juillen, J. C. /s. : Arnal, D. ; Coustols, E. ; Juillen, J. C. (1984)

Juillen, J. C. /s. : Arnal, D. ; Juillen, J. C. ; Michel, R. (1977)

Jungclaus, G. (1955) : Grenzschichtuntersuchungen in rotierenden Kanälen und bei scherenden Strömungen. Mitteilg. aus dem Max – Planck – Institut föur Ströomungsforschung, Nr. 11, Göottingen.

Justesen, P. ; Spalart, P. R. (1990) : Two – equation turbulence modeling of oscillatory boundary layers. AIAA Paper 90 – 0496.

Kachanov, Y. S. ; Levchenko, V. Y. (1984) : The resonant interaction of disturbances at laminar – turbulent transition in a boundary layer. J. Fluid Mech. , Vol. 138, 209 – 247.

Joubert, P. N. /s. : Hornung, H. G. ; Joubert, P. N. (1963)

Kader, B. A. ; Yaglom, A. M. (1978) : Similarity treatment of moving – equilibrium turbulent boundary layers in adverse pressure gradients. J. Fluid Mech. , Vol. 89, 305 – 342.

Kaplun, S. (1954) : The role of coordinate systems in boundary layer theory. Z. angew. Math. Phys. (ZAMP) , Bd. 5, 111 – 135.

Kaplun, S. ; Lagerstrom, P. A. (1957) : Asymptotic expansions of Navier – Stokes solutions for small Reynolds numbers. J. Math. Mech. , Vol. 6, 585 – 593.

Kármán, Th. von (1921) : öUber laminare und turbulente Reibung. ZAMM. Z. angew. Math. Mech. , Bd. 1, 233 – 252. English translation : On laminar and turbulent friction. NACA – TM – 1092. See also : Collected Works II, 70 – 97.

Kármán, Th. von (1930) : Mechanische ö Ahnlichkeit und Turbulenz. Nachr. Ges. Wiss. Göottingen, Math. Phys. Klasse 58 – 76 (1930) and Verhandlg. d. III. Intern. Kongresses föur Techn. Mechanik, Stockholm, Teil 1, 85 – 93 (1930) ; NACA – TM – 611 (1931) ; cf. Collect. Works II, 337 – 346.

Kassoy, D. R. (1970) : On laminar boundary layer blowoff. SIAM J. Appl. Math. , Vol. 18, 29 – 40.

Kassoy, D. R. (1973) : The singularity at boundary layer separation due to mass injection. SIAM J. Appl. Math. , Vol. 25, 105 – 123.

Katagiri, M. (1976) : Unsteady boundary – layer flows past an impulsively started circular cylinder. J. Phys. Soc. Japan, Vol. 40, 1171 – 1177.

Kaups, K. /s. : Cebeci, T. ; Kaups, K. ; Ramsey, J. A. (1977)

Kaups, K. /s. : Cebeci, T. ; Chang, K. C. ; Kaups, K. (1980)

Kaups, K. /s. : Stewartson, K. ; Smith, F. T. ; Kaups, K. (1982)

Kay, J. M. (1948) : Boundary layer along a flat plate with uniform suction. ARCRM – 2628.

Kayalar, L. (1969): Experimentelle und theoretische Untersuchungen öuber den Einfluβ des Turbulenzgrades auf den Wärmeöubergang in der Umgebung eines Staupunktes eines
Kreiszylinders. Dissertation, Braunschweig 1968, Forschg. Ing. – Wes., Bd. 35, 157 – 167 (abridged form of dissertation).

Kays, W. M.; Nicoll, W. B. (1963): Laminar flow heat transfer to a gas with large temperature differences. J. Heat Transfer, Vol. 85, 329 – 338.

Kays, W. M. /s.: Moretti, P. M.; Kays, W. M. (1965)

Kays, W. M.; Crawford, M. E. (1980): Convective Heat and Mass Transfer. McGraw – Hill Book Co., New York.

Kayser, L. D. /s.: Sturek, W. B.; Dwyer, H. A.; Kayser, L. D.; Nietubicz, Ch. J.; Reklis, R. P.; Opalka, K. O. (1978)

Kelleher, M. /s.: Gebhart, B.; Hilder, D. S.; Kelleher, M. (1984)

Keller, H. B. /s.: Isaacson, E.; Keller, H. B. (1966)

Keller, H. B. (1971): A new difference scheme for parabolic problems. In: B. Hubbard (Ed.): Numerical Solution of Partial Differential Equations II. Academic Press, New York, 327 – 350.

Keller, H. B.; Cebeci, T. (1971): Accurate numerical methods for boundary – layer flows. II: Two – dimensional laminar flows. Proc. 2nd Int. Conf. Numer. Meth. Fluid Dyn., in: Lecture Notes in Physics, Vol. 8, Springer – Verlag, Berlin 92 – 100.

Keller, H. B. /s.: Cebeci, T.; Keller, H. B. (1972)

Keller, H. B.; Cebeci, T. (1972a): Accurate numerical methods for boundary – layer flows. II: Two – dimensional turbulent flows. AIAA Journal, Vol. 10, 1193 – 1199.

Keller, H. B.; Cebeci, T. (1972b): An inverse problem in boundary – layer flows: Numerical determination of pressure gradient for a given wall shear. J. Comput. Phys., Vol. 10, 151 – 161.

Keller, H. B. (1974): Accurate difference methods for nonlinear two – point boundary value problems. SIAM, J. Num. Anal., Vol. II, 305 – 320.

Keller, H. B. (1978): Numerical methods in boundary – layer theory. Annu. Rev. Fluid Mech., Vol. 10, 417 – 433.

Keller, H. B. /s.: Cebeci, T.; Keller, H. B.; Williams, P. G. (1979)

Keltner, G. /s.: Wazzan, A. R.; Taghavi, H.; Keltner, G. (1974)

Kempf, G. (1924): Über Reibungswiderstand rotierender Scheiben. Vorträge auf dem Gebiet der Hydro – und Aerodynamik, Innsbrucker Kongr. 1922, p. 168, Berlin.

Kerschen, E. J. /s.: Saric, W. S.; Reed, H. L.; Kerschen, E. J. (1994)

Kerschen, E. J. /s.: Saric, W. S.; Reed, H. L.; Kerschen, E. J. (2002)

Kestin, J.; Richardson, P. D. (1963): Heat transfer across turbulent, incompressible boundary layers. Int. J. Heat Mass Transfer, Vol. 6, 147 – 189. Also: Forsch. Ing. – Wes., Bd. 29, 93 – 104.

Kestin, J. (1966a): A Course in Thermodynamics. Vol. I, Blaisdell.

Kestin, J. (1966b): Etude thermodynamique des phénomènes irréversibles. Rep. No. 66 – 7, Lab. d' Aérothermique, Meudon.

Kestin, J. (1966c): The effect of freestream turbulence on heat transfer rates. Advances in Heat Transfer, Vol. 3, 1 – 32.

Kestin, J. (1968): A Course in Thermodynamics. Vol. II, Blaisdell.

Kevorkian, J.; Cole, J. D. (1981): Perturbation Methods in Applied Mathematics, Springer – Verlag, New York.

Khattab, A. K. /s.: Cebeci, T.; Khattab, A. K.; Stewartson, K. (1980)

Kiel, R. (1995): Experimentelle Untersuchung einer Strömung mit beheiztem lokalen Ablösewirbel an einer geraden Wand. Dissertation, Ruhr – Universität Bochum; also: Fortschrittbericht, VDI Reihe 7, Nr. 281, VDI – Verlag, D üsseldorf.

Kim, C. /s.: Nagano, Y.; Kim, C. (1988)

Kim, K. – S.; Settles, G. S. (1989): Skin – friction measurements by laser interferometry. In: AGARD – AG – 315,4 – 1 to 4 – 8.

Kimoto, Y. /s.: Toyokura, T.; Kurokawa, J.; Kimoto, Y. (1982)

King, L. S. /s.: Johnson, D. A.; King, L. S. (1985)

Kinney, R. B. (Ed.) (1975): Unsteady Aerodynamics. Proceedings of a Symposium, held at The University of Arizona, 1975, Arizona (Two Vols.)

Kippenhan, Ch. J. /s.: Reeves, B. L.; Kippenhan, Ch. J. (1962)

Kirchhoff, G. (1869): Zur Theorie freier Flüssigkeitsstrahlen. J. reine angew. Math., Bd. 70, 289 – 298.

Kirde, K. (1962): Untersuchungen über die zeitliche Weiterentwicklung eines Wirbels mit vorgegebener Anfangsverteilung. Ing. – Arch., Bd. 31, 385 – 404.

Kiš P.; Herwig, H. (2010): A systematic derivation of a consistent set of "Boussinesq equations". Int. J. Heat Mass Transfer, Vol. 46, 1111 – 1119.

Kiš, P.; Herwig, H. (2012): The near wall physics and wall functions for turbulent natural convection. Int. J. Heat Mass Transfer, Vol. 55, 2625 – 2635.

Kistler, A. L. /s.: Corrsin, St.; Kistler, A. L. (1955)

Klauer, J. (1989): Berechnung ebener turbulenter Scherschichten mit Ablösung und R ückströmung bei hohen Reynoldszahlen. Dissertation, Ruhr – Universität Bochum; also: Fortschritt – Ber. VDI Reihe 7, Nr. 155, VDI – Verlag, D üsseldorf.

Klauer, J. /s.: Gersten, K.; Klauer, J.; Vieth, D. (1993)

Klebanoff, P. S. (1955): Characteristics of influence in a boundary layer with zero pressure gradient. NACA – R – 1247; also: NACA – TN – 3178 (1954).

Klebanoff, P. S. /s.: Schubauer, G. B.; Klebanoff, P. S. (1955)

Klebanoff, P. S.; Tidstrom, K. D.; Sargent, L. M. (1962): The three – dimensional nature of boundary layer instability. J. Fluid Mech., Vol. 12, 1 – 34.

Kleiser, L. S. /s.: Laurien, E.; Kleiser, L. (1989)

Klemp, J. B.; Acrivos, A. (1972): A method for integrating the boundary – layer equations through a region of reverse flow. J. Fluid Mech., Vol. 53, 177 – 191.

Klemp, J. B.; Acrivos, A. (1972): A note on the laminar mixing of two uniform parallel semi – infinite streams. J. Fluid Mech., Vol. 55, 25 – 30.

Klick, H. /s.: Gersten, K.; Grobel, M.; Klick, H.; Merzkirch, W. (1991)

Klick, H. (1992): Einflußvariabler Stoffwerte bei der turbulenten Plattenströmung. Fortschritt – Berichte VDI: Reihe 7; 213, VDI – Verlag, Düsseldorf, 1992; also: Bochum, Univ. Diss., 1992.

Kline, S. J. ; Morkovin, M. V. ; Sovran, G. ; Cockrell, D. J. (Eds.) (1968) : Proceedings : Computation of Turbulent Boundary Layers – 1968. AFOSR – IFP – Stanford Conference, Vol. 1 : Methods, Predictions, Evaluations and Flow Structures ; Vol. 2 : Compiled Data (Coles, D. E. ; Hirst, A. E. (Eds.)), Stanford University, Stanford, California.

Kline, S. J. / s. : Lyrio, A. A. ; Ferziger, J. H. ; Kline, S. J. (1981)

Kline, S. J. ; Cantwell, B. J. ; Lilley, G. M. (1981) : The 1980 – 81 AFOSR – HTTM Stanford Conference of Complex Turbulent Flows : Comparison of Computation and Experiment, Vol. 1 – Vol. 3, Stanford University, Stanford, California.

Kluwick, A. / s. : Bodonyi, R. J. ; Kluwick, A. (1977)

Kluwick, A. (1979) : Stationäre, laminare wechselwirkende Reibungsschichten. Z. Flugwiss. Weltraumforsch. , Bd. 3 , 157 – 174.

Kluwick, A. / s. : Bodonyi, R. J. ; Kluwick, A. (1982)

Kluwick, A. ; Gittler, Ph. ; Bodonyi, R. J. (1984) : Viscous – inviscid interactions on axisymmetric bodies of revolution in supersonic flow. J. Fluid Mech. , Vol. 140 , 281 – 301.

Kluwick, A. / s. : Bodonyi, R. J. ; Smith, F. T. Kluwick, A. (1985)

Kluwick, A. ; Gittler, Ph. ; Bodonyi, R. J. (1985) : Freely interacting axisymmetric boundary layers on bodies of revolution, Q. J. Mech. appl. Math. , Vol. 38 , 575 – 588.

Kluwick, A. (1987) : Interacting boundary layers. ZAMM. Z. angew. Math. Mech. , Vol. 67 , T3 – T13.

Kluwick, A. / s. : Gittler, Ph. ; Kluwick, A. (1987)

Kluwick, A. (1989a) : Interacting turbulent boundary layers. ZAMM. Z. angew. Math. Mech. , Vol. 69 , T560 – T561.

Kluwick, A. (1989b) : Marginale Ablösung laminarer achsensymmetrischer Grenzschichten. ZAMM. Z. angew. Math. Mech. , Vol. 69 , T606 – T607.

Kluwick, A. / s. : Gittler, Ph. ; Kluwick, A. (1989)

Kluwick, A. / s. : Hackmüller, G. ; Kluwick, A. (1989)

Kluwick, A. / s. : Hackmüller, G. ; Kluwick, A. (1990)

Kluwick, A. (1991) : Axisymmetric laminar interacting boundary layers. Arch. Mech. , Vol. 43 , 623 – 651.

Kluwick, A. / s. : Hackmüller, G. ; Kluwick, A. (1991a)

Kluwick, A. / s. : Hackmüller, G. ; Kluwick, A. (1991b)

Kluwick, A. ; Gittler, Ph. (1994) : Zur Strömung in der Nähe des Hinterendes achsensymmetrischer Körper bei groβn Reynoldszahlen. ZAMM. Z. angew. Math. Mech. , Vol. 74 , T389 – T391.

Kluwick, A. (Ed.) (1998) : Recent Advances in Boundary Layer Theory. Springer – Verlag, Wien, New York.

Kluwick, A. / s. : Exner, A. ; Kluwick, A. (1999)

Kobayashi, R. ; Kohama, Y. ; Takamadate, Ch. (1980) : Spiral vortices in boundary layer transition regime on a rotating disk. Acta Mechanica, Vol. 35 , 71 – 82.

Koch, W. (1985) : Local instability characteristics and frequency determination of self – excited wake flows. J. Sound Vib. , Vol. 99 , 53 – 83.

Körner, H. / s. : Gersten, K. ; Körner, H. (1968)

Körner, H. (1990) : Natural laminar flow research for subsonic transport aircraft in the FRG. Z. Flugwiss. Weltraumforsch. , Bd. 14 ,223 – 232.

Köster, H. /s. : Redeker, G. ; Horstmann, K. – H. ; Köster, H. ; Quast, A. (1988)

Köster, H. /s. : Redeker, G. ; Horstmann, K. – H. ; Köster, H. ; Thiede, P. ; Szodruch, J. (1990)

Kluwick, A. ; Exner, A. (2001) : On thermally induced separation of free – convection flows. Phys. Fluids. Vol. 13 ,1691 – 1703.

Kluwick, A. /s. : Braun, S. ; Kluwick, A. (2004)

Kluwick, A. /s. : Braun, S. ; Kluwick, A. (2005)

Kluwick, A. /s. : Scheichl, B. ; Kluwick, A. (2007a)

Kluwick, A. /s. : Scheichl, B. ; Kluwick, A. (2007b)

Kluwick, A. /s. : Scheichl, B. ; Kluwick, A. ; Alletto, M. (2008)

Kluwick, A. /s. : Scheichl, S. ; Braun, S. ; Kluwick, A. (2008)

Kluwick, A. /s. : Scheichl, B. ; Kluwick, A. ; Smith, F. T. (2011)

Kohama, Y. /s. : Kobayashi, R. ; Kohama, Y. ; Takamadate, Ch. (1980)

Kohama, Y. (1987a) : Some expectation on the mechanism of cross – flow instability in a swept wing flow. Acta Mechanica, Vol. 66 ,21 – 38.

Kohama, Y. (1987b) : Cross – flow instability in rotating disc boundary layer. AIAA Paper, 87 – 1340.

Kolmogorov, A. N. (1941a) : Die lokale Struktur der Turbulenz in einer inkompressiblen zähen Flüssigkeit bei sehr groβn Reynoldsschen Zahlen. Dokl. Akad. Wiss. USSR, Bd. 30 ,301 – 305.

Kolmogorov, A. N. (1941b) : Die Energiedissipation für lokalisotrope Turbulenz. Dokl. Akad. Wiss. USSR, Bd. 32 ,16 – 18.

Kolmogorov, A. N. (1942) : Equations of turbulent motion of an incompressible fluid. Izvestiya AN SSR Ser. fiz. 6 , No. 1 – 2 ,56 – 58.

Komoda, H. /s. : Kovasznay, L. S. G. ; Komoda, H. ; Vasudeva, B. R. (1962)

Koppenwallner, G. (1988) : Aerothermodynamik – Ein Schlüssel zu neuen Transportger äten der Luft – und Raumfahrt. Z. Flugwiss. Weltraumforsch. , Bd. 12 ,6 – 18.

Kordulla, W. /s. : Krause, E. ; Hirschel, E. H. ; Kordulla, W. (1976)

Kordulla, W. /s. : Hirschel, E. H. ; Kordulla, W. (1981)

Kordulla, W. /s. : Hirschel, E. H. ; Cousteix, J. ; Kordulla, W. (2014)

Korkegi, R. H. (1956) : Transition studies and skin – friction measurements on an insulated flat plate at a Mach number of 5. 8. J. of the Aeronautical Sciences, Vol. 23 ,97 – 107 ,192.

Korolev, G. L. /s. : Sychev, V. V. ; Ruban, A. I. ; Sychev, V. V. ; Korolev, G. L. (1998)

Kovasznay, L. S. G. ; Komoda, H. ; Vasudeva, B. R. (1962) : Detailed flow field in transition. In : Ehlers, F. E. ; Kauzlarich, J. J. ; Sleicher Jr. , C. A. ; Street, R. E. (Eds.) : Proc. of the 1962 Heat Transfer and Fluid Mechanics Institute, Stanford Univ. Press, Stanford, California , 1 – 26.

Kovasznay, L. S. G. /s. : Chevray, R. ; Kovasznay, L. S. G. (1969)

Kozlov, V. V. /s. : Saric, W. S. ; Kozlov, V. V. ; Levchenko, V. Y. (1984)

Kozlov, V. V. (Ed.) (1985) : Laminar – Turbulent Transition. IUTAM Symposium on Laminar – Turbulent Transition (2 ,1984 , Novosibirsk) , Springer – Verlag, Berlin.

Kozlov, V. V. / s. : Boiko, A. V. ; Grek, G. R. ; Dovgal, A. V. ; Kozlov, V. V. (2002)

Kraemer, K. (1971) : Die Potentialströmung in der Umgebung von Freistrahlen. Zeitschr. für Flugwiss. ,

Bd. 19,93 – 104.

Krause, E. (1967): Numerical solution of the boundary – layer equations. AIAA Journal, Vol. 5,1231 – 1237.

Krause, E. ; Hirschel, E. H. ; Bothmann, Th. (1968): Numerische Stabilität dreidimensionaler Grenzschichtlösungen. ZAMM. Z. angew. Math. Mech. , Bd. 48 , T205 – T208.

Krause, E. ; Hirschel, E. H. ; Bothmann, Th. (1969): Die numerische Integration der Bewegungsgleichungen dreidimensionaler laminarer kompressibler Grenzschichten. In: Fachtagung Aerodynamik, Berlin 1968, DGLR Fachbuchreihe Bd. 3 ,03 – 1 to 03 – 49.

Krause, E. (1972): Numerical treatment of boundary – layer and Navier – Stokes equations. In: VKI Lecture Series: "Numerical Methods in Fluid Dynamics". Von Kármán Institute for Fluid Dynamics. Rhode – Saint Genèse, Belgium.

Krause, E. (1973): Numerical treatment of boundary – layer problems. In: Advances in Numerical Fluid Dynamics. In: AGARD Lecture Series 64 ,4 – 1 to 4 – 21.

Krause, E. ; Hirschel, E. H. ; Kordulla, W. (1976): Fourth order "Mehrstellen" – Integration for the three – dimensional turbulent boundary layers. Computers and Fluids, Vol. 4 ,77 – 92.

Krause, E. / s. : Fernholz, H. H. ; Krause, E. (1982)

Krause, E. / s. : Berg, B. van den; Humphreys, D. A. ; Krause, E. ; Lindhout, J. P. F. (1988)

Krause, E. / s. : Fernholz, H. H. ; Krause, E. ; Nockemann, M. ; Schober, M. (1995)

Krause, E. (2014): The Millenium – Problem of Fluid Mechanics – the Solution of the Navier – Stokes Equations. In: E. Stein (Ed.): Lecture Notes in Applied Mathematics and Mechanics. Springer, 317 – 341.

Krishnamoorthy, L. V. ; Antonia, R. A. (1988): Turbulent kinetic energy budget in the near – wall region. AIAA Journal, Vol. 26 ,300 – 302.

Kronast, M. (1992): Einfluβ eines ruhenden und bewegten Bodens auf die Umströmung zwei – und dreidimensionaler Fahrzeugmodelle. Fortschritt – Berichte VDI: Reihe 7; 205, VDI – Verlag, Düsseldorf, 1992; also: Bochum, Univ. , Diss. ,1992.

Kruse, A. / s. : Wagner, W. ; Kruse, A. (1998)

Krzywoblocki, M. Z. (1949): On steady, laminar round jets in compressible viscous gases far behind the mouth. Österr. Ing. – Arch. , Bd. 3 ,373.

Küchemann, D. (1938): Störungsbewegungen in einer Gasströmung mit Grenzschicht. ZAMM. Z. angew. Math. Mech. , Vol. 18 ,207 – 222 (1938); see also a comment on this by H. Görtler, ZAMM. Z. angew. Math. Mech. , Vol. 23 ,179 – 183 (1943).

Küchemann, D. / s: Crabtree, L. F. ; Küchemann, D. ; Sowerby, L. (1963)

Kuiken, H. K. (1968a): An asymptotic solution for large Prandtl number free convection. J. Eng. Math. , Vol. 2 ,355 – 371.

Kuiken, H. K. (1968b): Axisymmetric free convection boundary layer flow past slender bodies. Int. J. Heat Mass Transfer, Vol. 11 ,1141 – 1153.

Kuiken, H. K. (1969): Free convection at low Prandtl numbers. J. Fluid Mech. , Vol. 37 ,785 – 798.

Kuiken, H. K. (1971): The effect of normal blowing on the flow near a rotating disk of infinite extent. J. Fluid Mech. , Vol. 47 ,789 – 798.

Kurokawa, J. / s. : Toyokura, T. ; Kurokawa, J. ; Kimoto, Y. (1982)

Kurtz, E. F. ; Candrall, S. H. (1962) : Computer – aided analysis of hydrodynamic stability. J. Math. Phys. , Vol. 44 , 264 – 279.

Lachmann, G. V. (1961) (Ed.) : Boundary layer and flow control. Vol. I and II, Pergamon Press, London.

Lagerstrom, P. A. /s. : Kaplun, S. ; Lagerstrom, P. A. (1957)

Lai, Y. G. ; So, R. M. C. (1990) : Near – wall modeling of turbulent heat fluxes. Int. J. Heat Mass Transfer, Vol. 33 , 1429 – 1440.

Lai, Y. G. /s. : So, R. M. C. ; Lai, Y. G. ; Zhang, H. S. ; Hwang, B. C. (1991)

Lakshmanan, B. /s. : Sarkar, S. ; Lakshmanan, B. (1991)

Lakshminarayana, B. /s. : Galmes, J. M. ; Lakshminarayana, B. (1984)

Lakshminarayana, B. (1986) : Turbulence modeling for complex shear flows. AIAA Journal, Vol. 24 , 1900 – 1917.

Lakshminarayana, B. /s. : Fan, S. ; Lakshminarayana, B. ; Barnett, M. (1993)

Lamb, H. (1932) : Hydrodynamics , 6th edition , Cambridge , also : Dover , 1945.

Lance, G. N. /s. : Rogers, M. G. ; Lance, G. N. (1960)

Landahl, M. /s. : Obremski, H. J. ; Morkovin, M. V. ; Landahl, M. (1969)

Landahl, M. T. (1962) : On the stability of a laminar incompressible boundary layer over a flexible surface. J. Fluid Mech. , Vol. 13 , 609 – 632.

Landahl, M. T. (1973) : Drag reduction by polymer addition. In : Becker, E. ; Mikhailov, G. K. (Eds.) : Proc. 13th Int. Congr. Theor. Appl. Mech. , Springer – Verlag, Berlin, 177 – 199.

Landahl, M. T. ; Mollo – Christensen, E. (1986) : Turbulence and Random Processes in Fluid Mechanics. Cambridge University Press, Cambridge.

Landau, L. (1944) : A new exact solution of Navier – Stokes equations. Akademija Nauk SSSR (Moscow) : Doklady Akademie Nauk SSSR (Moscow), Vol. 43 , 286 – 288.

Landau, L. D. ; Lifschitz, E. M. (1966) : Lehrbuch der Theoretischen Physik, Band VI : Hydrodynamik, Akademie – Verlag, Berlin.

Langlois, W. E. (1964) : Slow viscous flow. Macmillan, New York.

Laufer, J. (1954) : The structure of turbulence in fully developed pipe flow. NACA Report 1174.

Lagrée, P. – Y. (2001) : Removing the marching breakdown of the boundary – layer equations for mixed convection above a horizontal plate. Int. J. Heat Mass Transfer. Vol. 44 , 3359 – 3372

Launder, B. E. /s. : Hanjalić, K. ; Launder, B. E. (1972a)

Launder, B. E. /s. : Hanjalić, K. ; Launder, B. E. (1972b)

Launder, B. E. /s. : Jones, W. P. ; Launder, B. E. (1972a)

Launder, B. E. /s. : Jones, W. P. ; Launder, B. E. (1972b)

Launder, B. E. ; Spalding, D. B. (1972) : Lectures in Mathematical Models of Turbulence, Academic Pr. , London.

Launder, B. E. /s. : Jones, W. P. ; Launder, B. E. (1973)

Launder, B. E. ; Morse, A. ; Rodi, W. ; Spalding, D. B. (1973) : Prediction of free shear flows. A comparison of the performance of six turbulence models. In : Free Turbulent Shear Flows, NASA – SP – 321 , Vol. 1 , 361 – 426.

Launder, B. E. /s. : Baker, R. J. ; Launder, B. E. (1974)

Launder, B. E. ; Reece, G. J. ; Rodi, W. (1975): Progress in the development of a Reynolds – stress turbulence closure. J. Fluid Mech., Vol. 68, 537 – 566.

Launder, B. E. /s.: Hanjali'c, K. ; Launder, B. E. (1976)

Launder, B. E. ; Rodi, W. (1981): The turbulent wall jet. Progress in Aerospace Sciences, Vol. 19, 81 – 128.

Launder, B. E. ; Rodi, W. (1983): The turbulent wall jet – measurements and modelling. Annu. Rev. Fluid Mech., Vol. 15, 429 – 459.

Launder, B. E. (1984): Second – moment closure: Methodology and practice. In: B. E. Launder et al. (Eds.): Turbulence Models and their Applications, Vol. 2, Editions Eyrolles, Saint – Germain, Paris, 1 – 147.

Launder, B. E. (1988): On the computation of convective heat transfer in complex turbulent flows. J. Heat Transfer, Vol. 110, 1112 – 1128.

Launder, B. ; Sandham, N. (Eds.) (2002): Closure Strategies for Turbulent and Transitional Flows. Cambridge University Press, Cambridge, UK.

Laurien, E. ; Kleiser, L. (1989): Numerical simulation of boundary – layer transition and transition control. J. Fluid Mech., Vol. 199, 403 – 440.

Laurien, E. /s.: Oertel Jr., H. ; Laurien, E. (2013)

Lazareff, M. ; Le Balleur, J. – C. (1983): Computation of three – dimensional viscous flows on transonic wings by boundary layer – inviscid flow interaction. La Recherche Aérospatiale, No. 1983 – 3, 11 – 29.

Lazareff, M. /s.: Le Balleur, J. – C. ; Lazareff, M. (1985)

Le Balleur, J. – C. /s.: Lazareff, M. ; Le Balleur, J. – C. (1983)

Le Balleur, J. – C. (1984): Numerical viscous – inviscid interaction in steady and unsteady flows. In: T. Cebeci (Ed.): Numerical and Physical Aspects of Aerodynamic Flow II. Springer – Verlag, New York, 259 – 284.

Le Balleur, J. – C. ; Lazareff, M. (1985): A multi – zonal – marching integral method for three – dimensional boundary layer with viscous – inviscid interaction. Lecture Notes in Physics, Vol. 218, Springer – Verlag, Berlin, 351 – 364.

Le Balleur, J. – C. ; Girodroux – Lavigne, P. (1986): A viscous – inviscid interaction method for computing unsteady transonic separation. In: T. Cebeci (Ed.): Numerical and Physical Aspects of Aerodynamic Flows III. Springer – Verlag, New York, 252 – 271.

Le Fur, B. (1960): Convection de la chaleur en régime laminaire dans le cas d'un gradient de pression et d'un température de paroi quelconques, le fluide étant á propriétés physiques constantes, Int. J. Heat Mass Transfer, Vol. 1, 68 – 80.

Lee, C. J. /s.: Cheng, H. K. ; Lee, C. J. (1986)

Lee, L. H. ; Reynolds, W. C. (1967): On the approximate and numerical solution of Orr – Sommerfeld problems. Quart. J. Mech. Appl. Math., Vol. 20, 1 – 22.

Lees, L. ; Lin, C. C. (1946): Investigation of the stability of the laminar boundary layer in a compressible fluid. NACA – TN – 1115.

Lees, L. ; Reshotko, E. (1962): Stability of the compressible laminar boundary layer. J. Fluid Mech., Vol. 12, 555 – 590.

Leigh, D. C. /s.: Emmons, H. W. ; Leigh, D. C. (1954)

Lekondis, S. G. /s. : Radwan, S. F. ; Lekondis, S. G. (1986)

Lele, S. K. (1994) : Compressibility effects on turbulence. Annu. Rev. Fluid Mech. , Vol. 26, 211 – 254.

Leonard, A. /s. : Spalart, P. R. ; Leonard, A. (1987)

Lessen, M. (1948) : On the stability of the laminar free boundary layer between parallel streams. NACA – R – 979 (1950) ; see also Sc. D. Thesis, MIT.

Levchenko, V. Y. /s. : Kachanov, Y. S. ; Levchenko, V. Y. (1984)

Lévêque, M. A. (1928) : Les lois de la transmission de chaleur par convection. Ann. Mines 13, 201 – 239.

Levy, S. (1954) : Effect of large temperature changes (including viscous heating) upon laminar boundary layers with variable free – stream velocity. J. of the Aeronautical Sciences, Vol. 21, 459 – 474.

Lewkowicz, A. K. (1982) : An improved universal wake function for turbulent boundary layers and some of its consequences. Z. Flugwiss. Weltraumforsch. , Bd. 6, 261 – 266.

Li, T. Y. ; Nagamatsu, H. T. (1955) : Similar solutions of compressible boundary layer equations. J. of the Aeronautical Sciences, Vol. 22, 607 – 616.

Libby, P. A. ; Pallone, A. (1954) : A method for analyzing the heat insulating properties of the laminar compressible boundary layer. J. of the Aeronautical Sciences, Vol. 21, 825 – 834.

Libby, P. A. (1967) : Heat and mass transfer at a general three – dimensional stagnation point. AIAA Journal, Vol. 5, 507 – 517.

Libby, P. A. ; Liu, T. M. (1967) : Further solutions of the Falkner – Skan equation. AIAA Journal, Vol. 5, 1040 – 1042.

Libby, P. A. ; Williams, F. A. (Eds.) (1980) : Turbulent Reacting Flows. (Topics in Appl. Physics, Vol. 44). Springer – Verlag, Berlin (1980).

Libby, P. A. /s. : Champion, M. ; Libby, P. A. (1996)

Libby, P. A. (1998) : Introduction to Turbulence. Taylor & Francis, Washington D. C.

Liepe, F. (1960) : Wirkungsgrade von schlanken Kegeldiffusoren bei drallbehafteten Strömungen. Maschinenbau Technik, Bd. 9, 405 – 412.

Liepe, F. (1962) : Untersuchungen über das Verhalten von Drallströmungen in Kegeldiffusoren. Dissertation, T. U. Dresden.

Liepmann, H. W. (1943a) : Investigations on laminar boundary layer stability and transition on curved boundaries. NACA Wartime Rep. W – 107.

Liepmann, H. W. (1943b) : Investigations on laminar boundary layer stability and transition on curved boundaries. ARC – RM – 7302.

Liepmann, H. W. (1945) : Investigation of boundary layer transition on concave walls. NACA Wartime Rep. W – 87.

Liepmann, H. W. ; Fila, G. H. (1947) : Investigations of effects of surface temperature and single roughness elements on boundary – layer transition. NACA – TN – 1196.

Liepmann, H. W. ; Dhawan, S. (1951) : Direct measurements of local skin friction in low – speed and high – speed flow. In : Proc. First US Nat. Congr. Appl. Mech. , 869.

Liepmann, H. W. (1958) : A simple derivation of Lighthill's heat transfer formula. J. Fluid Mech. , Vol. 3, 357 – 360.

Lifschitz, E. M. /s. : Landau, L. D. ; Lifschitz, E. M. (1966)

Lightfoot, E. N. /s. : Bird, R. B. ; Stewart, W. E. ; Lightfoot, E. N. (1960)

Lighthill, M. J. (1950) : Contributions to the theory of heat transfer through a laminar boundary layer. Proc. Roy. Soc. London A, Vol. 202, 359 – 377.

Lighthill, M. J. (1954) : The response of laminar skin friction and heat transfer to fluctuations in the stream velocity. Proc. Roy. Soc. London A, Vol. 224, 1 – 23.

Lighthill, M. J. (1963) : Introduction. Boundary Layer Theory. In: L. Rosenhead (Ed.) : Laminar Boundary Layers. Oxford University Press, Oxford, 46 – 113.

Levchenko, V. Y. /s. : Saric, W. S. ; Kozlov, V. V. ; Levchenko, V. Y. (1984)

Lighthill, J. (1978) : Waves in Fluids. Cambridge University Press, Cambridge.

Lighthill, J. (2000) : Upstream influence in boundary layers 45 years ago. Phil. Trans. R. Soc. Lond. A, Vol. 358, 3047 – 3061.

Lilley, G. M. /s. : Kline, S. J. ; Cantwell, B. J. ; Lilley, G. M. (1981)

Lin, C. C. (1945 – 46) : On the stability of two – dimensional parallel flows. Quart. Appl. Math., Vol. 3, 117 – 142 (July 1945) ; Vol. 3, 213 – 234 (Oct. 1945) ; Vol. 3, 277 – 301 (Jan. 1946).

Lin, C. C. /s. : Lees, L. ; Lin, C. C. (1946)

Lin, C. C. (1955) : The Theory of Hydrodynamic Stability. Cambridge University Press, Cambridge.

Lin, C. C. (1957) : Motion in the boundary layer with a rapidly oscillating external flow. In: Proc. 9th Intern. Congress Appl. Mech. Brussels, Vol. 4, 155 – 167.

Lin, F. N. ; Chao, B. T. (1974) : Laminar free convection over two – dimensional and axisymmetric bodies of arbitrary contour. J. Heat Transfer, Vol. 96, 435 – 442.

Lin, F. N. ; Chao, B. T. (1976) : Addendum to laminar free convection over two dimensional and axisymmetric bodies of arbitrary contour. J. Heat Transfer, Vol. 98, 344.

Liñán, A. /s. : Messiter, A. F. ; Liñán, A. (1976)

Lindhout, J. P. F. ; Berg, B. van den (1979) : Design of a calculation method for 3D turbulent boundary layers. Notes on Numerical Fluid Mechanics, Vol. 2, Vieweg – Verlag, Braunschweig, 174 – 185.

Lindhout, J. P. F. /s. : Humphreys, D. A. ; Lindhout, J. P. F. (1988)

Lindhout, J. P. F. /s. : Berg, B. van den ; Humphreys, D. A. ; Krause, E. ; Lindhout, J. P. F. (1988)

Lingwood, R. J. (1995) : Absolute instability of the boundary layer on a rotating disk. J. Fluid Mech., Vol. 299, 17 – 33.

Lingwood, R. J. (1996) : An experimental study of absolute instability of the rotating disk boundary layer flow. J. Fluid Mech., Vol. 314, 373 – 405.

Linke, W. (1942) : über den Strömungswiderstand einer beheizten ebenen Platte. Luftfahrtforschung 19, 157 – 160.

List, E. J. (1982) : Turbulent jets and plumes. Annu. Rev. Fluid Mech., Vol. 14, 189 – 212.

Livingood, J. N. B. /s. : Donoughe, P. L. ; Livingood, J. N. B. (1955)

Liu, T. M. /s. : Libby, P. A. ; Liu, T. M. (1967)

Lock, R. C. (1951) : The velocity distribution in the laminar boundary layer between parallel streams. Quart. J. Mech. Appl. Math., Vol. 4, 42 – 63.

Lock, R. C. ; Williams, B. R. (1987) : Viscous – inviscid interactions in external aerodynamics. Prog. Aerospace Sci., Vol. 24, 51 – 171.

Loeffler, J. /s. : Elsberry, K. ; Loeffler, J. ; Zhou, M. D. ; Wygnanski, I. (2000)

Loehrke, R. J. ; Morkovin, M. V. ; Fejer, A. A. (1975) : Review. Transition in nonreversing oscillating boundary layers. J. Fluids Eng. , Vol. 97, 534 – 549.

Lohmann, R. P. (1976) : The response of a developed turbulent boundary layer to local transverse surface motion. J. Fluids Eng. , Vol. 98, 354 – 363.

Loitsianski, L. G. (1967) : Laminare Grenzschichten. Akademie – Verlag, Berlin.

Lomax, H. /s. : Baldwin, B. S. ; Lomax, H. (1978)

London, A. L. /s. : Shah, R. K. ; London, A. L. (1978)

Long, R. R. (1972) : Finite amplitude disturbances in the flow of inviscid rotating and stratified fluids over obstacles. Annu. Rev. Fluid Mech. , Vol. 4, 69 – 92.

Loos, H. G. (1955) : A simple laminar boundary layer with secondary flow. J. of the Aeronautical Sciences, Vol. 22, 35 – 40.

Lord Rayleigh (1880 – 1913) : On the stability or instability of certain fluid motions. Proc. London Math. Soc. , Vol. 11 (1880), 57 and Vol. 19 (1887), 67 ; Scientific Papers, Vol. 1 (1880), 474 – 487 ; Vol. 3 (1887), 17 – 23, Vol. 4 (1895), 203 – 219 ; Vol. 6 (1913), 197 – 204.

Lord Rayleigh (1911) : On the motion of solid bodies through viscous liquids. Phil. Mag. , Vol. 21, 697 – 711 (1911) ; cf. also : Scientific Papers, Vol. 6 (1913), 29.

Lorentz, H. A. (1907) : Abhandlung über theoretische Physik I, 43 – 71, Leipzig 1907 ; revision of a paper published by Zittingsverlag Akad. v. Wet. Amsterdam 6, 28 (1897) ; cf. also L. Prandtl. The mechanics of viscous fluids. In : W. F. Durand (Ed.) : Aerodynamic Theory, Vol. 3, Dover, New York, 34 – 208 (1935).

Love, A. E. H. (1952) : The Mathematical Theory of Elasticity. 4th edition, Cambridge University Press, Cambridge.

Lowell, R. L. ; Reshotko, E. (1974) : Numerical study of the stability of heated, water boundary layer. Div. Fluid, Thermal and Aero. Sci. , Case Western Reserve Univ. , Cleveland, Ohio, Rep. 73 – 93.

Lowery, G. W. ; Vachon, R. J. (1975) : The effect of turbulence on heat transfer from heated cylinders. Int. J. Heat Mass Transfer, Vol. 18, 1229 – 1242.

Lucey, A. D. /s. : Dixon, A. E. ; Lucey, A. D. ; Carpenter, P. W. (1994)

Luckert, H. J. (1933) : über die Interation der Differentialgleichung einer Gleitschicht in zäher Flüssigkeit. Diss. Berlin 1933. Printed in Schriften d. math. Seminars u. Inst. f. angew. Math. d. Universität Berlin 1, 245.

Ludwieg, H. ; Tillman, W. (1949) : Untersuchung über die Wandschubspannung in turbulenten Reibungsschichten. Ing. – Archiv, Bd. 17, 288 – 299.

Ludwig, G. ; Heil, M. (1960) : Boundary layer theory with dissociation and ionization. Adv. Appl. Mechanics, Vol. 6, 39 – 118.

Lugt, H. J. ; Haussling, H. J. (1974) : Laminar flow past an abruptly accelerated elliptic cylinder at 45° incidence. J. Fluid Mech. , Vol. 65, 711 – 734.

Lum, M. /s. : Fand, R. M. ; Morris, E. W. ; Lum, M. (1977)

Lumley, J. L. (1969) : Drag reduction by additives. Annu. Rev. Fluid Mech. ; Vol. 1, 367 – 384.

Lumley, J. L. (1978a) : Computational modeling of turbulent flows. Adv. Appl. Mech. , Vol. 18, 123 – 176.

Lumley, J. L. (1978b): Drag reduction in turbulent flow by polymer additives. J. Polym. Sci. Macromol. Rev. , Vol. 7, 263 – 290.

Lumley, J. L. (1981): Coherent structures in turbulence. In: R. E. Meyer (Ed.): Transition and Turbulence. Academic Press, 215 – 242.

Lumley, J. L. /s. : Shih, T. – H. ; Lumley, J. L. ; Chen, J. – Y. (1990)

Luthander, S. ; Rydberg, A. (1935): Experimentelle Untersuchungen über den Luftwiderstand bei einer um eine mit derWindrichtung parallelen Achse rotierenden Kugel. Physikal. Z. , Bd. 36 ,552 – 558.

Lyrio, A. A. ; Ferziger, J. H. ; Kline, S. J. (1981): An integral method for the computation of steady and unsteady turbulent boundary layers, including the transitory stall regime in diffusers. PD – 23, Thermo – sciences Division, Department of Mechanical Engineering, Stanford University, Stanford, Calif. ; also: Stanford Univ. , Ph. D. Thesis, 1981

Mack, L. M. (1965): The stability of the compressible laminar boundary layer according to a direct numerical solution. In: AGARDograph 97, Part 1, 329 – 362.

Mack, L. M. (1969): Boundary layer stability theory. Jet Propulsion Lab. , Pasadena, Calif. , Rep. 900 – 277.

Mack, L. M. (1977): Transition and laminar instability. JPL Publ. 77 – 15, Pasadena, Calif. , also in NASA – CR – 153203.

Mack, L. M. (1984): Boundary – layer linear stability theory. In: AGARD – R – 709, 3 – 1 to 3 – 81.

Mack, L. M. (1988): Stability of Three – Dimensional Boundary Layers on Swept Wings at Transonic Speeds. In: Zierep, J. ; Oertel Jr. , H. (1988). IUTAM Sym – Mackinnon, J. C. ; Renksizbulut, M. ; Strong, A. B. (1998): Evaluation of Reynolds stress closure for turbulent boundary layer in turbulent freestream. AIAA Journal, Vol. 36, 936 – 945.

Mager, A. ; Hansen, A. G. (1952): Laminar boundary layer over flat plate in a flow having circular streamlines. NACA – TN – 2658.

Mager, A. (1954): Three – dimensional laminar boundary layer with small cross – flow. J. of the Aeronautical Sciences, Vol. 21, 835 – 845.

Mager, A. (1955): Thick laminar boundary layer under sudden perturbation. In: H. Görtler; W. Tollmien (Hrsg.): Fünfzig Jahre Grenzschichtforschung. Braunschweig, 21 – 33.

Mager, A. (1964): Three – dimensional laminar boundary layers. In: F. K. Moore (Ed.): Theory of Laminar Flows. High Speed Aerodynamics and Jet Propulsion, Vol. IV, Princeton University Press, Princeton, 286 – 394.

Mahajan, R. L. /s. : Gebhart, B. ; Mahajan, R. L. (1982)

Mahajan, R. L. /s. : Gebhart, B. ; Jaluria, Y. ; Mahajan, R. L. ; Sammakia, B. (1988)

Malcolm, G. N. /s. : Davis, S. S. ; Malcolm, G. N. (1980)

Malik, M. R. /s. : Hall, P. ; Malik, M. R. ; Poll, D. I. A. (1984)

Malik, M. R. ; Godil, A. A. (1990): Effect of wall suction and cooling on the second mode instability. In: Hussaini, M. Y. ; Voigt, R. G. (Eds.): Instability and Transition, Vol. 2, 235 – 245, Springer – Verlag, Berlin.

Malik, M. R. ; Hussaini, M. Y. (1990): Numerical simulation of interactions between Görtler vortices and Tollmien – Schlichting waves. J. Fluid Mech. , Vol. 210, 183 – 199.

Mangler, W. (1943): Die "ähnlichen" Lösungen der Prandtlschen Grenzschichtgleichungen. ZAMM.

Z. angew. Math. Mech. ,Bd. 23 ,241 – 251.

Mangler, W. (1948) : Zusammenhang zwischen ebenen und rotationssymmetrischen Grenzschichten in kompressiblen Flüssigkeiten. ZAMM. Z. angew. Math. Mech. ,Bd. 28 ,97 – 103.

Mankbadi, R. R. ; Mobark, A. (1991) : Quasisteady turbulence modeling of unsteady flows. International Journal of Heat and Fluid Flow, Vol. 12 ,122 – 129.

Marusic, I. /s. : Jones, M. B. ; Marusic, I. ; Perry, A. E. (2001)

Marvin, J. G. /s. : Delery, J. ; Marvin, J. G. (1986)

Maskell, E. C. (1955) : Flow separation in three dimensions. RAE Rep. Aero 2565.

Masson, D. J. /s. : Gross, J. F. ; Hartnett, J. P. ; Masson, D. J. ; Gazley Jr. ,C. (1961)

Matsushita, M. ; Murata, S. ; Akamatsu, T. (1984a) : Studies on boundary layer separation in unsteady flows using an integral method. J. Fluid Mech. ,Vol. 149. 477 – 501.

Matsushita, M. ; Murata, S. ; Akamatsu, T. (1984b) : Numerical computation of unsteady laminar boundary layers with separation using two – parameter integral method. Bull. JSME, Vol. 28 ,No. 245 ,2630 – 2638.

Matsubara, M. /s. : Franssen, J. H. M. ; Matsubara, M. ; Alfredsson, P. H. (2005)

Mauss, J. /s. : Roget, C. ; Brazier, J. Ph. ; Cousteix, J. ; Mauss, J. (1998)

Mazur, P. /s. : De Groot, S. R. ; Mazur, P. (1962)

McCroskey, W. J. (1977) : Some current research in unsteady fluid dynamics – The 1976 Freeman Scholar Lecture. J. Fluids Eng. ,Vol. 99 ,8 – 39.

Mauss, J. /s. : Cousteix, J. ; Mauss, J. (2005) posium Transsonicum III, Göttingen (1988) , Springer – Verlag, Berlin ,209 – 223.

McDonald, H. ; Briley, W. R. (1984) : A survey of recent work on interacted boundary – layer theory for flow with separation. In : T. Cebeci (Ed.) : Numerical and Physical Aspects of Aerodynamic Flows II. Springer – Verlag, New York ,141 – 162.

Mehta, R. D. (1977) : Aerodynamic design of blower tunnels with wide – angle diffusers. Progress in Aerospace Sciences, Vol. 18 ,59 – 120.

Mehta, R. D. (1985) : Turbulent boundary layer perturbed by a screen. AIAA Journal, Vol. 23 ,1335 – 1342.

Meier, G. E. A. /s. : Dinkelacker, A. ; Hessel, M. ; Meier, G. E. A. ; Schewe, G. (1977)

Meier, G. E. A. ; Sreenivasan, K. R. (Eds.) ; Heinemann, H. – J. (Managing Ed.) (2006) : One Hundred Years of Boundary Layer Research. IUTAM Symposium. Springer Meier, H. U. ; Rotta, J. C. (1971) : Temperature distributions in supersonic turbulent boundary layers. AIAA Journal, Vol. 9 , 2149 – 2156.

Meier, H. U. ; Kreplin, H. P. (1980) : Experimental investigation of the boundary layer transition and separation on a body of revolution. Z. Flugwiss. Weltraumforsch. ,Bd. 4 ,65 – 71.

Meile, W. /s. : Gretler, W. ; Meile, W. ; Dutzler, G. (1995)

Meineke, E. (1977) : Berechnung freier turbulenter Scherströmungen mit einem 3 – Gleichungs – Turbulenz – Modell von J. C. Rotta. DLR – FB 77 – 60.

Meixner, J. ; Reik, H. G. (1959) : Thermodynamik der irreversiblen Prozesse. In : S. Flügge (Hrsg.) : Handbuch der Physik, Bd. III/2 ,413 – 523.

Mellor, G. L. ; Chapple, P. J. ; Stokes, V. K. (1968) : On the flow between a rotating and a stationary disk. J. Fluid Mech. ,Vol. 31 ,95 – 112.

Mellor, G. L. (1972): The large Reynolds number asymptotic theory of turbulent boundary layers. Int. J. Engng. Sci., Vol. 10. 851 – 873.

Mellor, G. L. /s.: Bissonnette, L. R.; Mellor, G. L. (1974)

Melnik, R. E. /s.: Messiter, A. F.; Feo, A.; Melnik, R. E. (1971)

Melnik, R. E.; Chow, R. (1975): Asymptotic theory of two – dimensional trailing edge flows. Grumman Research Department Rep. RE – 510.

Melnik, R. E. (1981): Turbulent interactions on airfoils at transonic speeds – Recent developments. In: AGARD – CP – 291, 10 – 1 to 10 – 34.

Melnik, R. E.; Grossmann B. (1981): On the turbulent viscid – inviscid interaction at a wedge – shaped trailing edge. In: Cebeci, T. (Ed.): Numerical and Physical Aspects of Aerodynamic Flows I. Springer – Verlag, New York, 211 – 235.

Melnik, R. E.; Rubel, A. (1983): Asymptotic theory of turbulent wall jets. Grumman Research Dept. Rep. RE – 654 J.

Melnik, W. L. (1982): Solution – adaptive grid for the calculation of three – dimensional laminar and turbulent boundary layers. In: E. Krause (Ed.): Eighth International Conference on Numerical Methods in Fluid Dynamics, Springer – Verlag, Berlin, 377 – 382.

Menter, F. R. (1992): Performance of popular turbulence models for attached and separated adverse pressure gradient flows. AIAA Journal, Vol. 30, 2066 – 2072.

Menter, F. R. (1994): Two – equation eddy – viscosity turbulence models for engineering applications. AIAA I., Vol. 32, 1598 – 1605. Merker, G. P. (1987): Konvektive Wärmeübertragung, Springer – Verlag, Berlin.

Merkin, J. H. (1972): Free convection with blowing and suction. Int. J. Heat Mass Transfer, Vol. 15, 989 – 999.

Merkin, J. H. (1975): The effects of blowing and suction on free convection boundary layers. Int. J. Heat Mass Transfer, Vol. 18, 237 – 244.

Merkin, J. H. (1977): Free convection boundary layers on cylinders of elliptic cross section. J. Heat Transfer, Vol. 99, 453 – 457.

Merkin, J. H. /s.: Smith, F. T.; Merkin, J. H. (1982)

Merkin, J. H. (1983): Free convection boundary layers over humps and indentations. Quart. J. Mech. Appl. Math., Vol. 36, 71 – 85.

Mersmann, A. (1986): Stoffübertragung. Springer – Verlag, Berlin.

Merzkirch, W.; Page, R. H.; Fletcher, L. S. (1988): A survey of heat transfer in compressible separated and attached flows. AIAA Journal, Vol. 26, 144 – 150.

Merzkirch, W. /s.: Gersten, K.; Grobel, M.; Klick, H.; Merzkirch, W. (1991)

Messick, R. E. /s.: Napolitano, M.; Messick, R. E. (1980)

Messiter, A. F. (1970): Boundary layer flow near the trailing edge of a flat plate. SIAM J. Appl. Math., Vol. 18, 241 – 257.

Messiter, A. F.; Feo, A.; Melnik, R. E. (1971): Shock – wave strength for separation of a laminar boundary layer at transonic speeds. AIAA Journal, Vol. 9, 1197 – 1198.

Messiter, A. F.; Liñán, A. (1976): The vertical plate in laminar convection: Effects of leading and trailing edges and discontinuous temperature. Z. angew. Math. Phys. (ZAMP), Bd. 27,633 – 651.

Messiter, A. F. /s. : Adamson Jr. , T. C. ; Messiter, A. F. (1980)

Messiter, A. F. /s. : Adamson Jr. , T. C. ; Messiter, A. F. (1981)

Messiter, A. F. (1983) : Boundary – layer interaction theory. Journal of Applied Mechanics, Vol. 50, 1104 – 1113.

Meyer, F. /s. : Fischer, T. M. ; Ehrenstein, U. ; Meyer, F. (1988)

Michalke, A. (1962) : Theoretische und experimentelle Untersuchung einer rotationssymmetrischen laminaren Düsengrenzschicht. Ing. – Arch. , Bd. 31,268 – 279.

Michel, R. (1951) : Etude de la transition sur les profiles d'aile – etablissement d'un critere de determination du point de transition et calcul de la trainee de profil en incompressible. ONERA Rapport 1/1578 A.

Michel, R. (1952) : Determination du point de transition et calcul de la trainee des profiles en incompressible. ONERA Publ. Nr. 58.

Michel, R. ; Quémard, C. ; Durant, R. (1968) : Hypotheses on the mixing length and application to the calculation of the turbulent boundary layers. In: Kline, S. J. et al. (Eds.) : Proceedings Computation of Turbulent Boundary Layers – 1968. AFOSR – IFP – Stanford Conference, Vol. I, 195 – 207.

Michel, R. /s. : Cousteix, J. ; Houdeville, R. ; Michel, R. (1974)

Michel, R. /s. : Arnal, D. ; Juillen, J. C. ; Michel, R. (1977)

Mikhail, M. N. (1979) : Optimum design of wind tunnel contractions. AIAA Journal, Vol. 17,471 – 477.

Miller, D. R. ; Comings, E. W. (1957) : Static pressure distribution in the free turbulent jet. J. Fluid Mech. , Vol. 3,1 – 16.

Millikan, C. B. (1938) : A critical discussion of turbulent flows in channels and circular tubes. Proc. 5th Int. Congr. Applied Mechanics. New York, J. Wiley, New York, 386 – 392.

Millsaps, K. ; Pohlhausen, K. (1953) : Thermal distribution in Jeffery – Hamel flows between nonparallel plane walls. J. of the Aeronautical Sciences, Vol. 20,187 – 196.

Minkowycz, W. J. /s. : Sparrow, E. M. ; Minkowycz, W. J. ; Eckert, E. R. G. ; Ibele, W. E. (1964)

Mirels, H. (1956) : Boundary layer behind shock or thin expansion wave moving into stationary fluid. NACA – TN – 3712.

Mirels, H. ; Hamman, J. (1962) : Laminar boundary layer behind strong shock moving with non – uniform velocity. Physics of Fluids, Vol. 5,91 – 96.

Mises, R. v. (1927) : Bemerkungen zur Hydrodynamik, ZAMM. Z. angew. Math. Mech. , Bd. 7,425 – 431.

Misra, U. N. /s. : Singh, P. ; Sharma, V. P. ; Misra, U. N. (1981)

Mitchell, A. R. ; Thomson, J. Y. (1958) : Finite difference methods of solution of the von Mises boundary layer equation with special reference to conditions near the singularity. Z. angew. Math. Phys. (ZAMP), Bd. 9,26 – 37.

Mitsotakis, K. ; Schneider, W. ; Zauner, E. (1984) : Second – order boundary – layer theory of laminar jet flows. Act. Mech. , Vol. 53,115 – 123.

Mitsotakis, K. /s. : Mörwald, K. ; Mitsotakis, K. ; Schneider, W. (1986)

Mituisi, S. /s. : Tani, I. ; Hama, R. ; Mituisi, S. (1940)

Méndez, F. /s. : Treviño, C. ; Méndez, F. (1992)

Mobark, A. /s. : Mankbadi, R. R. ; Mobark, A. (1991)

Möbius, H. (1940): Experimentelle Untersuchungen des Widerstandes und der Geschwindigkeitsverteilung in Rohren mit regelmäßig angeordneten Rauhigkeiten bei turbulenter Strömung. Phys. Z. , Bd. 41, 202 – 225.

Möller, E. (1951): Luftwiderstandsmessungen am Volkswagen – Lieferwagen. Automobil technische Z. , Bd. 53, Heft 6, 153 – 156

Mörwald, K. ; Mitsotakis, K. ; Schneider, W. (1986): Higher – order analysis of laminar plumes. Proc. 8th Int. Heat Transfer Conf. (Eds. C. L. Tien et al.), Hemisphere, 1335 – 1340.

Mörwald, K. /s. : Schneider, W. ; Mörwald, K. (1987)

Mörwald, K. (1988): Asymptotische Theorie freier turbulenter Scherströmungen. Dissertation, T. U. Wien.

Mohammadi, B. ; Pironneau, O. (1994): Analysis of the K – Epsilon Turbulence Model. Wiley & Sons, Chichester, etc.

Moin, P. /s. : Rogallo, R. S. ; Moin, P. (1984)

Mollendorf, J. C. ; Gebhart, B. (1973): Thermal buoyancy in round laminar vertical jets. Int. J. Heat Mass Transfer, Vol. 16, 735 – 745.

Monkewitz, P. A. /s. : Huerre, P. ; Monkewitz, P. A. (1985)

Monkewitz, P. A. /s. : Huerre, P. ; Monkewitz, P. A. (1990)

Moore, F. K. (1951): Unsteady laminar boundary – layer flow. NACA – TN – 2471.

Moore, F. K. (1956): Three – dimensional laminar boundary layer theory. Advances in Appl. Mech. , Vol. 4, 159 – 228.

Moore, F. K. ; Ostrach, S. (1956): Average properties of compressible laminar boundary layer on a flat plate with unsteady flight velocity. NACA – TN – 3886.

Moore, F. K. (1958): On the separation of the unsteady laminar boundary layer. In: H. Görtler (Hrsg.): Grenzschichtforschung, Springer – Verlag, Berlin, 296 – 311.

Morduchow, M. (1952): On heat transfer over a sweat – cooled surface in laminar compressible flow with pressure gradient. J. of the Aeronautical Sciences, Vol. 19, 705 – 712.

Moretti, P. M. ; Kays, W. M. (1965): Heat transfer to a turbulent boundary layer with varying freestream velocity and varying surface temperature – an experimental study. Int. J. Heat Mass Transfer, Vol. 8, 1187 – 1202.

Morgan, V. T. (1975): The overall convective heat transfer from smooth circular cylinders. Advances in Heat Transfer, Vol. 11, 199 – 264.

Morkovin, M. V. (1962): Effects of compressibility on turbulent flows. In: A. Favre (Ed.): Méchanique de la Turbulence. Centre National de la Recherche Scientific, Paris, 367 – 380.

Morkovin, M. V. (1964): Flow around circular cylinder – A kaleidoscope of challenging fluid phenomena. In: Hansen, A. G. (Ed.): Symposium on Fully Separated Flows. American Society of Mechanical Engineers, 102 – 118.

Morkovin, M. V. /s. : Kline, S. J. ; Morkovin, M. V. ; Sovran, G. ; Cockrell, D. J. (Eds.) (1968)

Morkovin, M. V. /s. : Obremski, H. J. ; Morkovin, M. V. ; Landahl, M. (1969)

Morkovin, M. V. /s. : Loehrke, R. J. ; Morkovin, M. V. ; Fejer, A. A. (1975)

Morkovin, M. V. (1988) : Recent insights into instability and transition to turbulence in open – flow systems – Final Report, NASA – CR – 181693.

Morris, E. W. /s. : Fand, R. M. ; Morris, E. W. ; Lum, M. (1977)

Morris, Ph. J. (1981) : Three – dimensional boundary layer on a rotating helical blade. J. Fluid Mech. , Vol. 112, 283 – 296.

Morse, A. /s. : Launder, B. E. ; Morse, A. ; Rodi, W. ; Spalding, D. B. (1973)

Morton, K. W. /s. : Richtmyer, R. D. ; Morton, K. W. (1967)

Motohashi, T. /s. : Tani, I. ; Motohashi, T. (1985)

Müller, I. (1973) : Thermodynamik. Die Grundlagen der Materialtheorie. Bertelsmann Universitätsverlag.

Müller, W. (1936) : Zum Problem der Anlaufströmung einer Flüssigkeit im geraden Rohr mit Kreisring – und Kreisquerschnitt. ZAMM. Z. angew. Math. Mech. , Bd. 16, 227 – 238.

Müllner, M. ; Schneider, W. (2010) : Laminar mixed convection on a horizontal plate of finite length in a channel of finite width. Int. J. Heat Mass Transfer, Vol. 46, 1097 – 1110.

Murata, S. /s. : Matsushita, M. ; Murata, S. ; Akamatsu, T. (1984a)

Murata, S. /s. : Matsushita, M. ; Murata, S. ; Akamatsu, T. (1984b)

Myring, D. F. (1970) : An integral prediction method for three – dimensional turbulent boundary layers. RAE – TR 70147.

Na, T. Y. /s. : Aziz, A. ; Na, T. Y. (1984)

Nagamatsu, H. T. /s. : Li, T. Y. ; Nagamatsu, H. T. (1955)

Nagano, Y. ; Kim, C. (1988) : A two – equation model for heat transport in wall turbulent shear flows. Journal of Heat Transfer, Vol. 110, 583 – 589.

Nakamura, I. /s. : Furuya, Y. ; Nakamura, I. ; Yamashita, S. (1978)

Nakamura, I. ; Yamashita, S. ; Yamamoto, K. (1980) : On the turbulent boundary layer on a spinning tail body in an axial flow. Memoirs of the Faculty of Eng. , Nagoya University, Vol. 32, 282 – 297.

Nakamura, I. ; Yamashita, S. ; Watanabe, T. ; Sawaki, Y. (1981) : Three – dimensional turbulent boundary layer on a spinning thin cylinder in an axial uniform stream. In : International Symposium on Turbulent Shear Flows (3, 1981, Univ. of California, Davis).

Nakamura, I. ; Yamashita, S. (1982) : Boundary layers on bodies of revolution spinning in axial flows. In : H. H. Fernholz ; E. Krause (Eds.) : Three – Dimensional Turbulent Boundary Layers, Springer – Verlag, Berlin, 177 – 187.

Napolitano, M. ; Messick, R. E. (1980) : On strong slot – injection into a subsonic laminar boundary layer. Computers and Fluids, Vol. 8, 199 – 212.

Narasimha, R. ; Vasantha, S. S. (1966) : Laminar boundary layer on a flat plate at high Prandtl number. Z. angew. Math. Phys. (ZAMP) , Bd. 17, 585 – 592.

Narasimha, R. /s. : Rao. K. N. ; Narasimha, R. ; Badri Narayanan, M. A. (1971)

Narasimha, R. /s. : Afzal, N. ; Narasimha, R. (1976)

Narasimha, R. ; Sreenivasan, K. R. (1979) : Relaminarization of fluid flows. Advances in Applied Mechanics, Vol. 19, 221 – 309.

Narasimha, R. /s. : Afzal, N. ; Narasimha, R. (1985)

Narasimha, R. (1985) : The laminar – turbulent transition zone in the boundary layer. Prog. Aero. Sci. ,

Vol. 22, 29 – 80.

NASA SP – 321 (1973) : Free Turbulent Shear Flows. Conference Proceedings.

Nash, E. J. / s. ; Hieber, C. A. ; Nash, E. J. (1975)

Nash, J. F. ; Patel, V. C. (1972) : Three – Dimensional Turbulent Boundary Layers. SBC Technical Books, Atlanta.

Nash, J. F. / s. ; Patel, V. C. ; Nash, J. F. (1975)

Nath, G. / s. ; Venkatachala, B. J. ; Nath, G. (1981)

Naumann, A. (1953) : Luftwiderstand von Kugeln bei hohen Unterschallgeschwindigkeiten. Allgem. Wärmetechnik. , Bd. 4, 217 – 221.

Naumann, A. ; Pfeiffer, H. (1962) : über die Grenzschichtströmung am Zylinder bei hohen Geschwindigkeiten. Advances in Aeronautical Sciences, Vol. 3, 185 – 206.

Navier, M. (1827) : Mémoire sur les lois du mouvement des fluides. Mém. de l' Acad. d. Sci. , Vol. 6, 389 – 416.

Nayfeh, A. H. ; Padhye, A. (1979) : Relation between temporal and spatial stability in three – dimensional flows. AIAA Journal, Vol. 17, 1084 – 1090.

Nayfeh, A. H. / s. ; El – Hady, N. M. ; Nayfeh, A. H. (1980)

Nayfeh, A. H. (1981) : Effects of streamwise vortices on Tollmien – Schlichting waves. J. Fluid Mech. , Vol. 107, 441 – 453.

Nayfeh, A. H. / s. ; Ragab, S. A. ; Nayfeh, A. H. (1982)

Nayfeh, A. H. (1987) : Nonlinear stability of boundary layers. AIAA Paper 87 – 0044.

Nayfeh, A. H. ; Al – Maaitah, A. (1987) : Influence of streamwise vortices in Tollmien – Schlichting waves. AIAA Paper 87 – 1206.

Nenni, J. P. / s. ; Shen, S. F. ; Nenni, J. P. (1975)

Nickel, K. (1962) : Eine einfache Abschätzung für Grenzschichten, Ing. – Arch. , Bd. 31, 85 – 100.

Nickel, K. (1973) : Prandtl' s boundary – layer theory from the view point of a mathematician. Annu. Rev. Fluid Mech. , Vol. 5, 405 – 428.

Nickels, T. B. (2004) : Inner scaling for wall – bounded flows subject to large pressure gradients. J. Fluid Mech. , Vol. 521, 217 – 239.

Nicolai, D. / s. ; Gersten, K. ; Nicolai, D. (1974)

Nicoll, W. B. / s. ; Kays, W. M. ; Nicoll, W. B. (1963)

Nietubicz, Ch. J. / s. ; Sturek, W. B. ; Dwyer, H. A. ; Kayser, L. D. ; Nietubicz, Ch. J. ; Reklis, R. P. ; Opalko, K. O. (1978)

Nieuwstadt, F. T. M. / s. ; Debisschop, J. R. ; Nieuwstadt, F. T. M. (1996)

Nigam, S. D. (1951) : Zeitliches Anwachsen der Grenzschicht an einer rotierenden Scheibe bei plötzlichem Beginn der Rotation. Quart. Appl. Math. , Vol. 9, 89 – 91.

Nigam, S. D. (1954) : Note on the boundary layer on a rotating sphere. Z. angew. Math. Phys. (ZAMP), Bd. 5, 151 – 155.

Nikuradse, J. (1929) : Kinematographische Aufnahme einer turbulenten Strömung. ZAMM Bd. 9, 495 – 496.

Nikuradse, J. (1932) : Gesetzmäßigkeit der turbulenten Strömungen in glatten Rohren. VDI – Forsch. – Heft 356, VDI – Verl. , Berlin.

Nikuradse, J. (1933): Strömungsgesetze in rauhen Rohren. VDI – Forsch. – Heft 361, VDI – Verl., Berlin.

Nikuradse, J. (1942): Laminare Reibungsschichten an der längsangeströmten Platte. Monographie, Zentrale f. wiss. Berichtswesen, Berlin.

Nishioka, M.; Iida, S.; Ichikawa, Y. (1975): An experimental investigation of the stability of plane Poiseuille flow. J. Fluid Mech., Vol. 72, 731 – 751.

Nishioka, M.; Asai, M.; Iida, S. (1990): An experimental investigation of the secondary instability. In: R. Eppler; H. Fasel (Eds.): Laminar – Turbulent Transition. Springer – Verlag, Berlin, 37 – 46.

Nitsche, W. (1994): Strömungsmeβtechnik. Springer – Verlag, Berlin.

Nitschke – Kowsky, P. /s.: Bippes, H.; Nitschke – Kowsky, P. (1987)

Nockemann, M. /s.: Fernholz, H. H.; Krause, E.; Nockemann, M.; Schober, M. (1995)

Noshadi, V.; Schneider, W. (1998): A numerical investigation of mixed convection on a horizontal semi – infinite plate. In: H. J. Roth; Ch. Egbers (Eds.): Advances in Fluid Mechanics and Turbomachinery. Springer – Verlag, Berlin, 87 – 97.

Noshadi, V.; Schneider, W. (1999): Natural convection flow far from a horizontal plate. J. Fluid Mech., Vol. 387, 227 – 254.

Nutant, J. /s.: Hama, F. R.; Nutant, J. (1963)

Nydahl, J. E. (1971): Heat transfer for the Bödewadt problem. Dissertation, Colorado State Univ., Fort Collins, Colorado.

Oberbeck, A. (1876): über die Wärmeleitung der Flüssigkeiten bei Berücksichtigung der Strömung infolge von Temperaturdifferenzen. Annalen der Physik und Chemie, Bd. 7, 271 – 292.

Oberlack, M. (2001): A unified approach for symmetries in plane parallel turbulent shear flows. J. Fluid Mech., Vol. 427, 299 – 328.

Oberländer, K. (1974): überschallströmungen um stumpfe Körper mit Ausblasen. Dissertation, Ruhr – Universität Bochum.

Obremski, H. J.; Morkovin, M. V.; Landahl, M. (1969): A portfolio of stability characteristics of incompressible boundary layers. AGARDograph 134.

Ölçmen, M. S.; Simpson, R. L. (1992): Perspective: On the near wall similarity of three – dimensional turbulent boundary layers. Journal of Fluid Engineering. Vol. 114, 487 – 495

Ölçmen, M. S.; Simpson, R. L. (1993): Evaluation of algebraic eddy – viscosity models in three – dimensional boundary layer flows. AIAA Journal, Vol. 31, 1545 – 1554.

Oertel Jr., H. /s.: Hanneman, K.; Oertel Jr., H. (1989)

Oertel Jr., H. (1990): Wakes behind blunt bodies. Annu. Rev. Fluid Mech., Vol. 22, 539 – 564.

Oertel Jr., H. (1995): Bereiche der reibungsbehafteten Strömung. Z. Flugwiss. Weltraumforsch., Bd. 19, 119 – 128.

Oertel Jr., H.; Delfs, J. (1995): Mathematische Analyse der Bereiche reibungsbehafteter Strömungen. ZAMM. Z. angew. Math. Mech., Bd. 75, 491 – 505.

Oertel Jr., H.; Delfs, J. (1997): Dynamics of localized disturbances in engineering flows: a report on Euromech Colloquium 353. J. Fluid Mech., Vol. 347, 369 – 374.

Oertel Jr., Stank, R. (1999): Dynamics of Localized Disturbances in Transonic Wing Boundary Layers.

AIAA 99 − 0551,1 − 11.

Oertel Jr. , H. (2001) : Stabilitätstheorie. In : Prandtl − Führer durch die Strömungslehre, 10. Auflage, Vieweg − Verlag, Braunschweig, Wiesbaden, (2002) : 11. Auflage.

Oertel Jr. , H. (2002) : Stability Theory. In : Prandtl − Essentials of Fluid Mechanics, 10. edition, Springer − Verlag, New York.

Oertel Jr. , H. ; Delfs, J. (2005) : Strömungsmechanische Instabilitäten. Universitätsverlag Karlsruhe.

Oertel Jr. , H. (2010) : Flow Control − Theoretical Concept of Absolute Instability. KIT Science Publishing. Karlsruhe.

Oertel Jr. , H. / s. : Sreenivasan, K. R. ; Oertel Jr. , H. (2010).

Oertel Jr. , H. ; Laurin, E. (2013) : Numerische Strömungsmechanik, 5. Auflage. Springer Vieweg Verlag, Wiesbaden.

Oertel Jr. , H. ; Böhle, M. ; Reviol, T. (2015) : Strömungsmechanik, 7. Auflage. Springer Vieweg − Verlag, Wiesbaden.

Oertel Jr. , H. / s. : Sreenivasan, K. R. ; Oertel Jr. , H. (2016).

Okamura, T. / s. : Wazzan, A. R. ; Okamura, T. ; Smith, A. M. O. (1968)

Okamura, T. / s. : Jaffe, N. A. ; Okamura, T. ; Smith, A. M. O. (1970)

Okamura, T. / s. : Wazzan, A. R. ; Okamura, T. ; Smith, A. M. O. (1970a)

Okamura, T. / s. : Wazzan, A. R. ; Okamura, T. ; Smith, A. M. O. (1970b)

Okuno, T. (1976) : Distribution of wall shear stress and crossflow in three − dimensional turbulent boundary layer on ship hull. Journ. Soc. Nav. Arch. , Japan, Vol. 139, 1 − 12 [in Japanese].

Opalka, K. O. / s. : Sturek, W. B. ; Dwyer, H. A. ; Kayser, L. D. ; Nietubicz, Ch. J. ; Reklis, R. P. ; Opalka, K. O. (1978)

Orr, W. M. F. (1907) : The stability or instability of steady motions of a perfect liquid and of a viscous liquid. Part I : A perfect liquid ; Part II : A viscous liquid. Proc. Roy. Irish Acad. , Vol. 27, 9 − 38 and 69 − 138.

Orszag, S. A. ; Patera, A. T. (1983) : Secondary instability of wall − bounded shear flows. J. Fluid Mech. , Vol. 128, 347 − 385.

Osborne, M. R. (1967) : Numerical methods for hydrodynamic stability problems. SIAM J. Appl. Math. , Vol. 15, 539 − 557.

Oseen, C. W. (1911) : über die Stokes' sche Formel und über eine verwandte Aufgabe in der Hydrodynamik. In : Arkiv foer Matematik, Astronomi och Fysik, Vol. 6, Nr. 29.

Ossin, A. / s. : Chaing, T. ; Ossin, A. ; Tien, C. L. (1964)

Ostowari, C. / s. : Page, R. H. ; Hadden, L. L. ; Ostowari, C. (1989)

Ostrach, S. (1955) : Compressible laminar boundary layer and heat transfer for unsteady motions of a flat plate. NACA − TN − 3569.

Ostrach, S. / s. : Moore, F. K. ; Ostrach, S. (1956)

Ostrach, S. / s. : Braun, W. H. ; Ostrach, S. ; Heighway, J. E. (1961)

Oudart, A. / s. : Eichelbrenner, E. A. ; Oudart, A. (1955)

Pack, D. C. (1954) : Laminar flow in an axially symmetrical jet of compressible fluid, far from the orifice. Proc. Cambr. Phil. Soc. , Vol. 50 , 98 – 104.

Padhye, A. / s. : Nayfeh, A. H. ; Padhye, A. (1979)

Page, R. H. / s. : Merzkirch, W. ; Page, R. H. ; Fletcher, L. S. (1988)

Page, R. H. ; Hadden, L. L. ; Ostowari, C. (1989) : Theory of radial jet reattachment flow. AIAA Journal, Vol. 27 , 1500 – 1505.

Page, R. H. (1993) : Axisymmetric gas jets : Surface impingement phenomena. Proceedings of 14th Canadian Congress of Applied Mechanics, Vol. 1 , 10 – 19.

Pagendarm, H. – G. / s. : Gersten, K. ; Pagendarm, H. – G. (1983)

Pai, S. I. (1965) : Radiation Gasdynamics, Springer – Verlag, Berlin.

Panton, R. L. (1984) : Incompressible Flow. John Wiley & Sons, New York.

Papailiou, D. D. (1991) : Turbulence models for natural convection flows along a vertical heated plane. In : AGARD – AR – 291 , 4 – 1 to 4 – 5.

Papenfuβ, H. – D. (1974a) : Higher – order solutions for the incompressible three – dimensional boundary – layer flow at the stagnation point of a general body. Archives of Mechanics, Vol. 26 , 981 – 994.

Papenfuβ, H. – D. (1974b) : Mass – transfer effects on the three – dimensional second order boundary – layer flow at the stagnation point of blunt bodies. Mech. Res. Comm. , Vol. 1 , 285 – 290.

Papenfuβ, H. – D. (1975) : Die Grenzschichteffekte 2. Ordnung bei der kompressiblen dreidimensionalen Staupunktströmung. Dissertation, Ruhr – Universität Bochum.

Papenfuβ, H. – D. / s. : Gersten, K. ; Papenfuβ, H. – D. ; Gross, J. F. (1977)

Papenfuβ, H. – D. / s. : Gersten, K. ; Papenfuβ, H. – D. (1992)

Papenfuβ, H. – D. (1997) : Theoretische Kraftfahrzeug – Aerodynamik – Die Struktur des Strömungsfeldes bestimmt das Konzept. ATZ Automobiltechnische Zeitschrift, Bd. 99 , 100 – 107.

Parr, O. (1963) : Untersuchungen der dreidimensionalen Grenzschicht an rotierenden Drehkörpern bei axialer Anströmung. Ing. – Arch. , Bd. 32 , 393 – 413.

Patel, M. H. (1975) : On laminar boundary layers in oscillatory flow. Proc. Roy. Soc. London A, Vol. 347 , 99 – 123.

Patel, V. C. / s. : Nash, J. F. ; Patel, V. C. (1972)

Patel, V. C. ; Nash, J. F. (1975) : Unsteady turbulent boundary layers with flow reversal. In : R. B. Kinney (Ed.) : Unsteady Aerodynamics, Proceedings of a Symposium, held at The University of Arizona, 1975 , Arizona, Vol. 1 , 191 – 219.

Patel, V. C. ; Choi, D. H. (1980) : Calculation of three – dimensional laminar and turbulent boundary layers on bodies of revolution at incidence. In : L. J. S. Bradbury et al. (Eds.) : Turbulent Shear Flows II. Springer – Verlag, New York, 199 – 217.

Patel, V. C. ; Scheuerer, G. (1982) : Calculation of two – dimensional near and far wakes. AIAA Journal, Vol. 20 , 900 – 907.

Patel, V. C. ; Baek, J. H. (1985) : Boundary layers and separation on a spheroid at incidence. AIAA Journal, Vol. 23 , 55 – 63.

Patel, V. C. ; Rodi, W. ; Scheuerer, G. (1985) : Turbulence models for near – wall and low Reynolds number flows : A review. AIAA Journal, Vol. 23 , 1308 – 1319.

Patera, A. T. / s. : Orszag, S. A. ; Patera, A. T. (1983)

Pauley, W. R. ; Eaton, J. K. ; Cutler, A. D. (1993) : Diverging boundary layers with zero streamwise pressure gradient and no wall curvature. AIAA Journal, Vol. 31, 2212 – 2219.

Pavlov, V. G. (1979) : Three – dimensional self – similar laminar boundary layer with longitudinal and transverse pressure gradient. Sov. Aeronaut. , Vol. 22, 43 – 48.

Peake, D. J. /s. : Tobak, M. ; Peake, D. J. (1982)

Pechau, W. (1963) : Ein Näherungsverfahren zur Berechnung der kompressiblen laminaren Grenzschicht mit kontinuierlich verteilter Absaugung. Ing. – Arch. , Bd. 32, 157 – 186.

Pedley, T. J. (1972) : Two – dimensional boundary layers in a free stream which oscillates without reversing. J. Fluid Mech. , Vol. 55, 359 – 383.

Pera, L. ; Gebhard, B. (1973) : Natural convection boundary layer flow over horizontal and slightly inclined surfaces. Int. Journ. Heat Mass Transfer, Vol. 16, 1131 – 1146.

Peregrine, D. H. (1985) : A note on the steady high – Reynolds – number flow about a circular cylinder. J. Fluid Mech. , Vol. 157, 493 – 500.

Perry, A. E. /s. : Jones, M. B. ; Marusic, I. ; Perry, A. E. (2001)

Persh, J. (1956) : A study of boundary – layer transition from laminar to turbulent flow. U. S. Naval Ordnance Lab. Rep. 4339.

Peterson, L. F. /s. : Hama, F. R. ; Peterson, L. F. (1976)

Pfeiffer, H. /s. : Naumann, A. ; Pfeiffer, H. (1962)

Pfenninger, W. (1946 – 49) : Untersuchungen über Reibungsverminderung an Tragflügeln, insbesondere mit Hilfe von Grenzschichtabsaugung. Mitteilungen aus dem Institut für Aerodynamik, ETH Zürich, Nr. 13 (1946) ; cf. also J. of the Aeronautical Sciences, Vol. 16, 227 – 236 (1949) ; Investigations on reductions of friction on wings, in particular by means of boundary layer suction. NACA – TM – 1181 (1947).

Pfenninger, W. (1965) : Some results from the X – 21 A program. Part I. Flow phenomena at the leading edge of swept wings. In : AGARDograph 97, Part IV, 1 – 41.

Phillips, O. M. (1966) : The Dynamics of the Upper Ocean, Cambridge University Press.

Phoe, K. C. /s. : Finley, P. J. ; Phoe, K. C. ; Poh, C. J. (1966)

Pinkerton, R. M. (1936) : Calculated and measured pressure distributions over the midspan section of the NACA 4412 airfoil. NACA Report No. 563.

Piquet, J. ; Visonneau, M. (1986) : Inverse – mode solution of the three – dimensional boundary – layer equations about a shiplike hull : In : T. Cebeci (Ed.) : Numerical and Physical Aspects of Aerodynamic Flows III, Springer – Verlag, New York, 360 – 379.

Pironneau, O. /s. : Mohammadi, B. ; Pironneau, O. (1994)

Pletcher, R. H. (1978) : Predition of incompressible turbulent separating flow. J. Fluids Eng. , Vol. 100, 427 – 433.

Pletcher, R. H. /s. : Anderson, D. A. ; Tannehill, J. C. ; Pletcher, R. H. (1984)

Plumb, O. A. /s. : Evans, G. H. ; Plumb, O. A. (1982a)

Plumb, O. A. /s. : Evans, G. H. ; Plumb, O. A. (1982b)

Poh, C. J. /s. : Finley, P. J. ; Phoe, K. C. ; Poh, C. J. (1966)

Pohlhausen, K. (1921) : Zur näherungsweisen Integration der Differentialgleichung der laminaren Grenzschicht. ZAMM. Z. angew. Math. Mech. , Bd. 1 ,252 – 268.

Pohlhausen, K. / s. : Millsaps, K. ; Pohlhausen, K. (1953)

Poiseuille, J. L. M. (1840) : Recherches expérimentelles sur le mouvement des liquids dans les tubes de très petits diamètres. Comptes Rendus, Vol. 11 ,961 – 967 and 1041 – 1048 (1840) ; Vol. 12 ,112 – 115 (1841) ; in more detail : Mémoires des Savants Etrangers, Vol. 9 (1846).

Poisson, S. D. (1831) : Mémoire sur les Equations générales de l' Equilibre et du Mouvement des Corps solides élastique et des Fluides. J. de l' Ecole polytechn. , Vol. 13 ,139 – 186.

Pokrovskii, A. N. ; Shmanenkov, V. N. ; Skchuchinov, V. M. (1984) : Determination of the parameters of the boundary layer on rotating axisymmetric cones. Fluid Dynamics, Vol. 19 ,367 – 372.

Poll, D. I. A. (1979) : Transition in the infinite swept attachment line boundary layer. Aeronaut. Q. , Vol. 30 ,607 – 629.

Poll, D. I. A. / s. : Hall, P. ; Malik, M. R. ; Poll, D. I. A. (1984)

Pop, I. ; Takhar, H. S. (1993) : Free convection from a curved surface. ZAMM. Z. angew. Math. Mech. , Bd. 73 , T534 – T539.

Pope, S. B. (2000) : Turbulent Flows. Cambridge University Press.

Poppleton, E. D. (1955) : Boundary layer control for high lift by suction at the leading – edge of a 40degree swept – back wing. ARC – RM – 2897.

Potsch, K. (1981) : Laminare Freistrahlen im Kegelraum. Z. Flugwiss. , Weltraumforsch. , Bd. 5 ,44 – 52.

Potsch, K. / s. : Schneider, W. ; Potsch, K. (1979)

Prabhu, A. / s. : Subaschandar, N. ; Prabhu, A. (1999)

Prager, W. (1961) : Einführung in die Kontinuumsmechanik. Birkhäuser – Verlag, Basel and Stuttgart.

Prahl, J. M. / s. : Starzisar, A. J. ; Reshotko, E. ; Prahl, J. M. (1977)

Prandtl, L. (1904) : über Flüssigkeitsbewegungen bei sehr kleiner Reibung. Verhandlg. III. Intern. Math. Kongr. Heidelberg, 484 – 491. See also : L. Prandtl : Gesammelte Abhandlungen zur angewandten Mechanik, Hydro – und Aerodynamik, in 3 Teilen (1961).

Prandtl, L. (1914) : Der Luftwiderstand von Kugeln, Nachr. Ges. Wiss. Göttingen, Math. Phys. Klasse, 177 – 190 ; cf. also : L. Prandtl : Gesammelte Abhandlungen zur angewandten Mechanik, Hydro – und Aerodynamik, Bd. 2 ,597 – 608 (1961).

Prandtl, L. (1925) : Bericht über Untersuchungen zur ausgebildeten Turbulenz. ZAMM. Z. angew. Math. Mech. , Bd. 5 ,136 – 139.

Prandtl, L. (1927) : The generation of vortices in fluids of small viscosity. (15th Wilbur Wright Memorial Lecture 1927). Journal of the Royal Aeronautical Society, Vol. 31 ,720 – 743.

Prandtl, L. ; Tietjens, O. (1929/31) : Hydro – und Aeromechanik nach Vorlesungen von L. Prandtl. Bd. I : Gleichgewicht und reibungslose Bewegung (1929) , Bd. II : Bewegung reibender Flüssigkeiten und technische Anwendungen (1931) , Berlin.

Prandtl, L. (1933) : Neuere Ergebnisse der Turbulenzforschung. Z. VDI, Bd. 77 ,105 – 114.

Prandtl, L. (1935) : The mechanics of viscous fluids. In : W. F. Durand (Ed.) : Aerodynamics Theory. Vol. III, Springer – Verlag, Berlin, 34 – 208.

Prandtl, L. (1938) : Zur Berechnung der Grenzschichten , ZAMM. Z. angew. Math. Mech. , Bd. 18 ,77 – 82 ; cf. also : L. Prandtl : Gesammelte Abhandlungen zur angewandten Mechanik, Hydro – und Aerodynamik, Bd. 2 ,

663 –672 (1961), as well as Journal of the Royal Aeronautical Society, Vol. 45, 35 –40 (1941) and NA-CATM –959 (1940).

Prandtl, L. (1945) : über ein neues Formelsystem für die ausgebildete Turbulenz. Nachr. Akad. Wiss. Göttingen, Math. Phys. Klasse, 6 – 19.

Prandtl, L. (1961) : über Reibungsschichten bei dreidimensionalen Strömungen. Betz – Festschrift 1945, 134 – 141, also : L. Prandtl : Gesammelte Abhandlungen zur angewandten Mechanik, Hydro – und Aerodynamik, Bd. 2, 679 – 686 (1961).

Preston, J. H. /s. : Fage, A. ; Preston, J. H. (1941)

Pretsch, J. (1941a) : Die laminare Reibungsschicht an elliptischen Zylindern und Rotationsellipsoiden bei symmetrischer Anströmung. Luftfahrtforschung 18, 397 – 402.

Pretsch, J. (1941b) : Die Stabilität einer ebenen Laminarströmung bei Druckgefälle und Druckanstieg. Jb. dt. Luftfahrtforschung I, 58 – 75.

Pretsch, J. (1942) : Die Anfachung instabiler Störungen in einer laminaren Reibungsschicht. Jb. dt. Luftfahrtforschung I, 54 – 71.

Prigogine, I. (1947) : Etude thermodynamique des phénomènes irréversibles. Dunod – Desoer.

Prober, R. /s. : Stewart, W. E. ; Prober, R. (1962)

Probstein, R. F. /s. : Hayes, W. D. ; Probstein, R. F. (1959)

Quast, A. /s. : Redeker, G. ; Horstmann, K. – H. ; Köster, H. ; Quast, A. (1988)

Quast, A. /s. : Horstmann, K. – H. ; Redeker, G. ; Quast, A. ; Dreβler, U. ; Bieler, H. (1990)

Quast, A. /s. : Horstmann, K. – H. ; Quast, A. ; Redeker, G. (1990)

Quémard, C. /s. : Michel, R. ; Quémard, C. ; Durant, R. (1968)

Raal, J. D. /s. : Hamielec, A. E. ; Raal, J. D. (1969)

Radespiel, R. (1986) : Ein Berechnungsverfahren für den Triebwerksstrahl und dessen aerodynamische Wechselwirkung mit einem Heckkörper. DFVLR – FB 86 – 29.

Radwan, S. F. ; Lekondis, S. G. (1986) : Inverse mode calculations of incompressible turbulent boundary layer on an ellipsoid. AIAA Journal, Vol. 24, 1628 – 1635.

Ragab, S. A. ; Nayfeh, A. H. (1982) : A comparison of the second – order triple – deck theory with interacting boundary layers. In. Cebeci, T. (Ed.) : Numerical and Physical Aspects of Aerodynamic Flows, Springer – Verlag, New York, 237 – 258.

Raghunathan, S. (1988) : Passive control of shock – boundary layer interaction. Prog. Aerospace Sci. , Vol. 25, 271 – 296.

Rajagopalan, S. /s. : Raupach, M. R. ; Antonia, R. A. ; Rajagopalan, S. (1991) Rajaratnam, N. (1976) : Turbulent Jets. Elsevier Scientific Publishing Company, Amsterdam.

Ramadhyani, S. (1997) : Two – equation and second – moment turbulence models for convective heat transfer. In : W. J. Minkowycz ; E. M. Sparrow (Eds.) : Advances in Numerical Heat Transfer. Taylor & Francis, Washington D. C. , 171 – 199.

Ramsey, J. A. /s. : Cebeci, T. ; Kaups, K. ; Ramsey, J. A. (1977)

Rao, K. N. ; Narasimha, R. ; Badri Narayanan, M. A. (1971) : The ' bursting ' phenomenon in a turbulent boundary layer. J. Fluid Mech. , Vol. 48, 339 – 352.

Rastogi, A. K. ; Rodi, W. (1978) : Calculation of general three – dimensional turbulent boundary layers.

AIAA Journal, Vol. 16, 151 – 159.

Raupach, M. R. ; Antonia, R. A. ; Rajagopalan, S. (1991) : Rough – wall turbulent boundary layers. Appl. Mech. Rev. , Vol. 44, 1 – 25.

Rayleigh: see Lord Rayleigh.

Reece, G. J. /s. : Launder, B. E. ; Reece, G. J. ; Rodi, W. (1975)

Redeker, G. ; Horstmann, K. – H. ; Köster, H. ; Quast, A. (1988) : Investigations of high Reynolds number laminar flow airfoils. ICAS Proceedings, 1986, 73 – 85; cf. also: Journ. Aircraft, Vol. 25 (1988), 583 – 590.

Redeker, G. /s. : Horstmann, K. – H. ; Quast, A. ; Redeker, G. (1990)

Redeker, G. /s. : Horstmann, K. – H. ; Redeker, G. ; Quast, A. ; Dreβler, U. ; Bieler, H. (1990)

Redeker, G. ; Horstmann, K. – H. ; Köster, H. ; Thiede, P. ; Szodruch, J. (1990) : Design for a natural flow glove for a transport aircraft. AIAA Paper 90 – 3043.

Reed, H. L. (1985) : Disturbance – wave interactions in flows with crossflow. AIAA Paper 85 – 0494.

Reed, H. L. /s. : Saric, W. S. ; Reed, H. L. (1986)

Reed, H. L. ; Saric, W. S. (1989) : Stability of three – dimensional boundary layers. Annu. Rev. Fluid Mech. , Vol. 21, 235 – 284.

Reed, H. L. /s. : Saric, W. S. ; Reed, H. L. ; Kerschen, E. J. (1994)

Reed, H. L. ; Saric, W. S. ; Arnal, D. (1996) : Linear stability theory applied to boundary layers. Annu. Rev. Fluid Mech. , Vol. 28, 389 – 428.

Reed, H. L. /s. : Saric, W. S. ; Reed, H. L. ; Kerschen, E. J. (2002)

Reed, H. L. /s. : Saric, W. S. ; Reed, H. L. ; White, E. B. (2003)

Reeves, B. L. ; Kippenhan, Ch. J. (1962) : On a particular class of similar solutions of the equations of motion and energy of a viscous fluid. J. of the Aero/Space Sciences, Vol. 29, 38 – 47.

Reichardt, H. (1942) : Gesetzmäβigkeiten der freien Turbulenz. VDI – Forschungsheft 414.

Reichardt, H. (1951) : Vollständige Darstellung der turbulenten Geschwindigkeitsverteilung in glatten Leitungen. ZAMM. Z. angew. Math. Mech. , Bd. 31, 208 – 219.

Reichardt, H. (1959) : Gesetzmäβigkeiten der geradlinigen turbulenten Couette – Strömung. Mitteilungen aus dem Max – Planck – Institut für Strömungsforschung. Nr. 22, Göttingen.

Reid, W. H. /s. : Drazin, P. G. ; Reid, W. H. (1981)

Reik, H. G. /s. : Meixner, J. ; Reik, H. G. (1959)

Reklis, R. P. /s. : Sturek, W. B. ; Dwyer, H. A. ; Kayser, L. D. ; Nietubicz, Ch. J. ; Reklis, R. P. ; Opalka, K. O. (1978)

Renksizbulut, M. /s. : Mackinnon, J. C. ; Renksizbulut, M. ; Strong, A. B. (1998)

Reshotko, E. (1958) : Heat transfer at a general three – dimensional stagnation point. Jet Propulsion, Vol. 28, 58 – 60.

Reshotko, E. /s. : Lees, L. ; Reshotko, E. (1962)

Reshotko, E. /s. : Lowell, R. L. ; Reshotko, E. (1974)

Reshotko, E. (1976) : Boundary layer stability and transition. Annu. Rev. Fluid Mech. , Vol. 8, 311 – 349.

Reshotko, E. /s. : Strazisar, A. J. ; Reshotko, E. ; Prahl, J. M. (1977)

Reshotko, E. /s. : Goldberg, U. ; Reshotko, E. (1984)

Reshotko, E. (1986): Stability and Transition: What do we knowβ Proc. US Congress Appl. Mech., 421 – 424.

Reshotko, E. /s. : Aships, D. E. ; Reshotko, E. (1990)

Reshotko, E. (1994): Boundary layer instability, transition and control. AIAA Paper 94 – 01.

Reshotko, E. (1997): Progress, accomplishments and issues in transition research. AIAA Paper 97 – 1815.

Reviol, T. /s. : Oertel Jr., H. ; Böhle, M. ; Reviol, T. (2015)

Reynolds, A. J. /s. : El Telbany, M. M. M. ; Reynolds, A. J. (1980)

Reynolds, A. J. /s. : El Telbany, M. M. M. ; Reynolds, A. J. (1981)

Reynolds, A. J. /s. : El Telbany, M. M. M. ; Reynolds, A. J. (1982)

Reynolds, G. A. ; Saric, W. S. (1986): Experiments on the stability of the flat plate boundary layer with suction. AIAA Journal, Vol. 24, 202 – 207.

Reynolds, O. (1883): An experimental investigation of the circumstances which determine whether the motion of water shall be direct or sinuous, and of the law of resistance in parallel channels. Phil. Trans. Roy. Soc. London A, Vol. 174, 935 – 982; cf. also: Collected papers II, 51.

Reynolds, O. (1894): On the dynamic theory of incompressible viscous fluids and the determination of the criterion. Phil. Trans. Roy. Soc. London A, Vol. 186, 123 – 164; cf. also: Collected papers I, 355.

Reynolds, W. C. (1976): Computation of turbulent flows. Annu. Rev. Fluid Mech., Vol. 8, 183 – 208.

Rheinboldt, W. (1956): Zur Berechnung stationärer Grenzschichten bei kontinuierlicher Absaugung mit unstetig veränderlicher Absaugegeschwindigkeit, J. Rat. Mech. Anaylsis, Vol. 5, 539 – 596.

Riabouchinsky, D. (1935): Bull. de l' Institute Aerodyn. de Koutchino 5, 5 – 34,

Moscow (1914); cf. : Journal of the Royal Aeronautical Society, Vol. 39, 340 – 348 and 377 – 379.

Riabouchinsky, D. (1951): Sur la résistance de frottement des disques tournant dans un fluide et les équations intégrales appliquées á ce problème. Comptes Rendus, Vol. 233, 899 – 901.

Richardson, E. G. ; Tyler, E. (1929): The transverse velocity gradient near the mouths of pipes in which an alternating or continuous flow of air is established. Proc. Phys. Soc. London, Vol. 42, 1 – 15.

Richardson, P. D. /s. : Kestin, J. ; Richardson, P. D. (1963)

Richtmyer, R. D. ; Morton, K. W. (1967): Difference Methods for Initial Value Problems. John Wiley, New York.

Riddell, F. R. /s. : Fay, J. A. ; Riddell, F. R. (1958)

Riley, N. (1958): Effects of compressibility on a laminar wall jet. J. Fluid Mech., Vol. 4, 615 – 628.

Riley, N. (1963): Unsteady heat transfer for flow over a flat plate. J. Fluid Mech., Vol. 17, 97 – 104.

Riley, N. /s. : Brown, S. N. ; Riley, N. (1973)

Riley, N. (1975): Unsteady laminar boundary layers. SIAM Review, Vol. 17, 274 – 297.

Rizzetta, D. P. /s. : Burggraf, O. R. ; Rizzetta, D. P. ; Werle, M. J. ; Vatsa, V. N. (1979)

Rizzetta, D. P. ; Burggraf, O. R. ; Jenson, R. (1978): Triple – deck solutions for viscous supersonic and hypersonic flow past corners. J. Fluid Mech., Vol. 89, 535 – 552.

Robinson, S. K. /s. : Spina, E. ; Smits, A. J. ; Robinson, S. K. (1994)

Rocklage, B. /s. : Gersten, K. ; Rocklage, B. (1994)

Rocklage, B. (1995): Selbstähnliche Lösungen für die turbulente Strömung und fürden Wärmeübergang in ebenen schlanken Kanälen. ZAMM. Z. angew. Math. Mech., Bd. 75, S363 – S364.

Rocklage, B. (1996): Asymptotic analysis of fully turbulent flows in slender convergent and divergent channels. In: K. Gersten (Ed.): Asymptotic Methods for Turbulent Shear Flows at High Reynolds Numbers. Kluwer Academic Publ., Dordrecht, 141 – 154.

Rodi, W. (1972): The prediction of free turbulent boundary layers by use of a two – equation model of turbulence. Ph. D. Thesis, Univ. of London.

Rodi, W. /s.: Launder, B. E.; Morse, A.; Rodi, W.; Spalding, D. B. (1973)

Rodi, W. (1975): A review of experimental data of uniform density free turbulent boundary layers. In: Launder, B. E. (Ed.): Studies in Convection, Vol. 1, Academic Press, London, 79 – 165.

Rodi, W. /s.: Launder, B. E.; Reece, G. J.; Rodi, W. (1975)

Rodi, W. (1976): A new algebraic relation for calculating the Reynolds stresses. ZAMM. Z. angew. Math. Mech., Bd. 56, T219 – T221.

Rodi, W. /s.: Rastogi, A. K.; Rodi, W. (1978)

Rodi, W. /s.: Chen, C. J.; Rodi, W. (1980)

Rodi, W. /s.: Launder, B. E.; Rodi, W. (1981)

Rodi, W. /s.: Hossain, M. S.; Rodi, W. (1982)

Rodi, W. /s.: Launder, B. E.; Rodi, W. (1983)

Rodi, W. /s.: Patel, V. C.; Rodi, W.; Scheuerer, G. (1985)

Rodi, W. (1991): Some current approaches in turbulence modelling. In: AGARD R – 291, 3 – 1 to 3 – 10.

Römer, L. /s.: Wier, M.; Römer, L. (1987)

Rogallo, R. S.; Moin, P. (1984): Numerical simulation of turbulent flows. Annu. Rev. Fluid Mech., Vol. 16, 99 – 138.

Rogers, M. G.; Lance, G. N. (1960): The rotationally symmetric flow of a viscous fluid in the presence of an infinite rotating disk. J. Fluid Mech., Vol. 7, 617 – 631.

Roget, C.; Brazier, J. Ph.; Cousteix, J.; Mauss, J. (1998): A contribution to the physical analysis of separated flows past three – dimensional humps. Eur. J. Mech. B/Fluids, Vol. 17, 307 – 329.

Rosenhead, L. (1931/32): The formation of vortices from a surface of discontinuity. Proc. Roy. Soc. London A, Vol. 134, 170 – 192.

Rosenhead, L. /s.: Goldstein, S.; Rosenhead, L. (1936)

Rosenhead, L.; Simpson, J. H. (1936): Note on the velocity distribution in the wake behind a flat plate placed along the stream. Proc. Cambr. Phil. Soc., Vol. 32, 285 – 291.

Rosenzweig, M. L. /s.: Rott, N.; Rosenzweig, M. L. (1960)

Roshko, A. (1967): A review of concepts in separated flow. Proceedings of Canadian Congress of Applied Mechanics, Vol. 1, 3 – 81 to 3 – 115.

Roshko, A. (1976): Structure of turbulent shear flows – A new look. AIAA Journal, Vol. 14, 1349 – 1357.

Ross, M. A. S. /s.: Barry, M. D. J.; Ross, M. A. S. (1970)

Rothmayer, A. P. (1987): A new interaction boundary – layer formulation for flows past bluff bodies. In: F. T. Smith, S. N. Brown (Eds): Boundary – Layer Separation, Springer – Verlag, Berlin, 197 – 214.

Rott, N.; Crabtree, L. F. (1952): Simplified laminar boundary layer calculations for bodies of revolution and for yawed wings. J. of the Aeronautical Sciences, Vol. 19, 553 – 565.

Rott, N. (1955): Unsteady viscous flow in the vicinity of a stagnation point. Quart. Appl. Math., Vol.

13,444 – 451.

Rott, N.; Rosenzweig, M. L. (1960): On the response of the laminar boundary layer to small fluctuations of the free – stream velocity. J. of the Aeronautical Sciences, Vol. 27,741 – 747,787.

Rott, N. (1964): Theory of time – dependent laminar flows. Princeton Univ. Series, High Speed Aerodynamics and Jet Propulsion, Vol. 4, Princeton Univ. Press, 395 – 438.

Rotta, J. C. (1950): über die Theorie der turbulenten Grenzschichten. Mitteilungen aus dem Max – Planck – Institut für Strömungsforschung, Nr. 1, Göttingen. [580]

Rotta, J. C. (1956): Experimenteller Beitrag zur Entstehung turbulenter Strömung im Rohr, Ing. – Arch., Bd. 24,258 – 281. [417,418]

Rotta, J. C. (1959): über den Einfluβ der Machschen Zahl und des Wärmeübergangs auf das Wandgesetz turbulenter Strömung. Z. Flugwiss., Bd. 7,264 – 274.

Rotta, J. C. (1962): Wärmeübergangsprobleme bei hypersonischen Grenzschichten. Jb. WGLR 1962, 190 – 196.

Rotta, J. C. (1964): Temperaturverteilungen in der turbulenten Grenzschicht an der ebenen Platte. Int. J. Heat Mass Transfer, Vol. 7,215 – 228.

Rotta, J. C. / s.: Winter, K. G.; Smith, K. G.; Rotta, J. C. (1965)

Rotta, J. C. (1970): Control of turbulent boundary layers by uniform injection and suction of fluid. Jahrbuch der DGLR, 91 – 104.

Rotta, J. C. / s.: Meier, H. U.; Rotta, J. C. (1971)

Rotta, J. C. (1972): Turbulente Strömungen. B. G. Teubner Stuttgart.

Rotta, J. C. (1973): Turbulent shear layer prediction on the basis of the transport equations for the Reynolds stresses. In: E. Becker, G. Y. Mikhailov (Eds.): The – oretical and Applied Mechanics. Proc. XIII, Int. Congr. Theor. Appl. Mech., Springer – Verlag, Berlin, 295 – 308.

Rotta, J. C. (1975): Prediction of turbulent shear flows using the transport equations for turbulence energy and turbulence length scale. VKI Lecture Series No. 76.

Rotta, J. C. / s.: Vollmers, H.; Rotta, J. C. (1977)

Rotta, J. C. (1979): A family of turbulence models for three – dimensional boundary layers. In: F. Durst et al. (Eds.): Turbulent Shear Flows 1, Springer – Verlag, Berlin, 267 – 278.

Rotta, J. C. (1980a): A theoretical treatment of the free stream turbulence effects on the turbulent boundary layer, DFVLR IB 251 80 A 06.

Rotta, J. C. (1980b): On the effect of the pressure strain correlation on the three dimensional turbulent boundary layers, In: F. Durst et al. (Eds.): Turbulent Shear Flows 2, Springer – Verlag, Berlin, 17 – 24.

Rotta, J. C. (1983): Einige Gesichtspunkte zu rationeller Berechnung turbulenter Grenzschichten. Z. Flugwiss. Weltraumforsch., Bd. 7,417 – 429.

Rotta, J. C. (1986): Experience of second order turbulent flow closure models. Z. Flugwiss. Weltraumforsch., Bd. 10,401 – 407.

Rotta, J. C. (1991): über die Entwicklung der Berechnungsmethoden für turbulente Strömungen. Z. Flugwiss. Weltraumforsch., Bd. 15,275 – 284.

Rouse, H. (1943): Evaluation of boundary roughness. Proc. of the II Hydraulics Conf.; Univ. of Iowa (Iowa City), Univ. of Iowa studies in engineering, Vol. 27,105 – 116.

Roy, D. (1961) : Non – steady periodic boundary layer. Z. angew. Math. Phys. (ZAMP), Vol. 12, 363 – 366.

Roy, D. (1962) : On the non – steady boundary layer. ZAMM. Z. angew. Math. Mech. , Bd. 42, 255 – 256.

Rozhdestvensky, B. L. ; Simakin, L. N. (1982) : Nonstationary flows in a plane channel and stability of the Poiseuille flow with respect to finite disturbances. Dokl. Acad. Nauk USSR, Vol. 266, 1337 – 1340, [in Russian].

Rozhdestvensky, B. L. ; Simakin, L. N. (1984) : Secondary flows in a plane channel : their relationship and comparison with turbulent flows. J. Fluid Mech. , Vol. 147, 261 – 289.

Rozin, L. A. (1960) : An approximation method for the integration of the equations of a nonstationary laminar boundary layer in an incompressible fluid. NASA Techn. Transl. 22.

Ruban, A. /s. : Sychev, V. V. ; Ruban, A. I. ; Sychev, V. V. ; Korolev, G. L. (1998)

Ruban, A. I. (1991) : Marginal separation theory. In: V. V. Kozlov; A. V. Dovgal (Eds.) : Separated Flows and Jets. Springer – Verlag, New York, 47 – 54.

Ruban, A. I. /s. : Sychev, V. V. et al. (1998)

Rubel, A. /s. : Melnik, R. E. ; Rubel, A. (1983)

Rubesin, M. W. (1976) : A one – equation model of turbulence for use with the compressible Navier – Stokes equations. NASA – TM – X – 73128.

Rubesin, M. W. /s. : Ha Minh, H. ; Viegas, J. R. ; Rubesin, M. W. ; Vandromme, D. D. ; Spalart, P. R. (1989)

Rubin, S. G. ; Falco, R. (1968) : Plane laminar jet. AIAA Journal, Vol. 6, 186 – 187.

Rudy, D. H. ; Bushnell, D. M. (1973) : A rational approach to the use of Prandtl's mixing length model in free turbulent shear flow calculations. In : Free Turbulent Shear Flows, NASA – SP – 321, 67 – 137.

Rydberg, A. /s. : Luthander, S. ; Rydberg, A. (1935)

Ryzhov, O. S. ; Zhuk, V. I. (1980) : Internal waves in the boundary layer with the self – induced pressure. Journal de Mecanique, Vol. 19, 561 – 580.

Sabin C. M. (1963) : An analytical and experimental study of the plane, incompressible turbulent shear layer with arbitrary velocity ratio and pressure gradient. Dept. Mech. Eng. Stanford Univ. Report MD – 9.

Saffman, P. G. (1983) : Vortices, stability and turbulences. Annals of the New York Academy of Sciences, Vol. 404, 12 – 24.

Saffman, P. G. (1988) : Two – dimensional super harmonic stability of finite – amplitude waves in plane Poiseuille flow. J. Fluid Mech. , Vol. 194, 295 – 307.

Sakagami, J. /s. : Tani, I. ; Sakagami, J. (1964)

Saljnikov, V. ; Dallmann, U. (1989) : Verallgemeinerte ähnlichkeitslösungen für dreidimensionale, laminare, stationäre, kompressible Grenzschichtströmungen an schiebenden profilierten Zylindern. DLR – FB 89 – 34.

Salter, C. /s. : Simmons, L. F. G. ; Salter, C. (1938)

Sammakia, B. /s. : Gebhart, B. ; Jaluria, Y. ; Mahajan, R. L. ; Sammakia, B. (1988)

Sandham, N. /s. : Launder, B. ; Sandham, N. (2002)

Sandner, H. /s. : Grigull, U. ; Sandner, H. (1986)

Sargent, L. M. /s. : Klebanoff, P. S. ; Tidstrom, K. D. ; Sargent, L. M. (1962)

Saric, W. S. /s. : Floryan, J. M. ; Saric, W. S. (1979)

Saric, W. S. /s. ; Floryan, J. M. ; Saric, W. S. (1982)

Saric, W. S. ; Kozlov, V. V. ; Levchenko, V. Y. (1984) : Forced and unforced subharmonic resonance in boundary – layer transition. AIAA Paper No. 84 – 0007.

Saric, W. S. ; Yeates, L. G. (1985) : Generation of crossflow vortices in a three dimensional flat – plate flow. In : Kozlov, V. V. (Ed.) (1985) : Laminar – Turbulent Transition. Springer – Verlag, Berlin, 429 – 437.

Saric, W. S. /s. ; Reynolds, G. A. ; Saric, W. S. (1986)

Saric, W. S. ; Reed, H. L. (1986) : Effect of suction and weak mass injection on boundary layer transition. AIAA Journal, Vol. 24, 383 – 389.

Saric, W. S. (1990) : Low – speed experiments ; Requirements for stability measurements. In : Hussaini, M. Y. ; Voigt, R. G. (Eds.) : Instability and Transition, Vol. 1, Springer – Verlag, New York, 162 – 174.

Saric, W. S. (1994) : Görtler vortices. Annu. Rev. Fluid Mech. , Vol. 26, 379 – 409.

Saric, W. S. ; Reed, H. L. ; Kerschen, E. J. (1994) : Leading – edge receptivity to sound : experiments, DNS, theory. AIAA Paper 94 – 2222.

Saric, W. S. /s. ; Reed, H. L. ; Saric, W. S. ; Arnal, D. (1996)

Saric, W. S. ; Reed, H. L. ; Kerschen, E. J. (2002) : Boundary – layer receptivity to freestream disturbances. Annu. Rev. Fluid Mech. , Vol. 34, 291 – 319.

Saric, W. S. ; Reed, H. L. ; White, E. B. (2003) : Stability and transition of three – dimensional boundary layers. Annu. Rev. Fluid Mech. Vol. 35, 413 – 440.

Sarkar S. ; Lakshmanan B. (1991) : Application of a Reynolds stress turbulence model to the compressible shear layer. AIAA Journal, Vol. 29, 743 – 749.

Sarpkaya, T. (1975) : An inviscid model of two – dimensional vortex shedding for transient and asymptotically steady separated flow over an inclined plate. Z. Flugtech. Motor – Luftschiffahrt : ZFM, Vol. 68, 109 – 128.

Saunders, P. T. (1980) : An Introduction to Catastrophe Theory. Cambridge University Press, Cambridge.

Savage, S. B. ; Chan, G. K. C. (1970) : The buoyant two – dimensional laminar vertical jet. Q. J. Mech. Appl. Math. , Vol. 23, 413 – 430.

Saville, D. A. ; Churchill, S. W. (1967) : Laminar free convection in boundary layers near horizontal cylinders and vertical axisymmetric bodies. J. Fluid Mech. , Vol. 29, 391 – 399.

Sawaki, Y. /s. ; Nakamura, I. ; Yamashita, S. ; Watanabe, T. ; Sawaki, Y. (1981)

Sawyer, R. A. (1963) : Two – dimensional reattaching jet flows including the effects of curvature on entrainment. J. Fluid Mech. , Vol. 17, 481 – 498.

Schaaf, S. A. (1958) : Mechanics of rarefied gases. In : S. Flügge (Hrsg.) : Handbuch der Physik. Bd. VIII/2. Strömungsmechanik II, Springer – Verlag, Berlin, 591 – 624.

Schaaf, S. A. ; Chambré, P. L. (1958) : Flow of rarefied gases. In : H. W. Emmons (Ed.) : High Speed Aerodynamics and Jet Propulsion, Vol. 3, Princeton Univ. Press, Princeton, N. J. . 687 – 739.

Schäfer, P. /s. ; Herwig, H. ; Schäfer, P. (1992)

Schäfer, P. ; Severin, J. ; Herwig, H. (1994) : The effect of heat transfer on the stability of laminar boundary layers. Int. J. Heat Mass Transfer, Vol. 38, 1855 – 1863.

Schäfer, P. (1995) : Untersuchungen von Mehrfachlösungen bei laminaren Strömungen. Dissertation,

Ruhr Universität Bochum.

Schaedel H. M. (1979): Fluidische Bauelemente und Netzwerke. Vieweg – Verlag, Braunschweig.

Scheichl, B. (2001): Asymptotic theory of marginal turbulent separation. Ph. D. thesis, Technical University Vienna.

Scheichl, B. ; Kluwick, A. (2007a): On turbulent marginal boundary layer separation; how the half – power law supersedes the logarithmic law of the wall. Int. J. Computing Science and Mathematics, Vol. 1, 343 – 359.

Scheichl, B. ; Kluwick, A. (2007 b): Turbulent marginal separation and the turbulentGoldstein problem. AIAA Journal, Vol. 45, 20 – 36.

Scheichl, B. ; Kluwick, A. ; Alletto, M. (2008): "How turbulent" is the boundary layer separating from a bluff body for arbitrarily large Reynolds Numbersβ Acta Mechanica, Vol. 201, 131 – 151.

Scheichl, B. ; Kluwick, A. ; Smith, F. T. (2011): Break – away separation for high turbulence intensity and large Reynolds number. J. Fluid Mech. Vol. 670, 260 – 300.

Scheichl, B. ; Kluwick, A. ; Alletto, M. (2008): "How turbulent" is the boundary layer separating from a bluff body for arbitrarily large Reynolds Numbersβ Acta Mechanica, Vol. 201, 131 – 151.

Scherrer, R. (1951): Comparison of theoretical and experimental heat transfer characteristics of bodies of revolution of supersonic speeds. NACA – TR – 1055. [326]

Scheuerer, G. /s. : Patel, V. C. ; Scheuerer, G. (1982)

Scheuerer, G. /s. : Patel, V. C. ; Rodi, W. ; Scheuerer, G. (1985)

Schewe, G. /s. : Dinkelacker, A. ; Hessel, M. ; Meier, G. E. A. ; Schewe, G. (1977)

Schilawa, S. /s. : Gersten, K. ; Schilawa, S. (1978)

Schilawa, S. /s. : Gersten, K. ; Schilawa, S. ; Schulz – Hausmann, F. K. von (1980)

Schilawa, S. (1981): Auftriebseffekte in laminaren Grenzschichten an horizontalen Wänden. Dissertation, Ruhr – Universität Bochum.

Schiller, L. (1922): Untersuchungen über laminare und turbulente Strömung. Forschg. Ing. – Wes. , Heft 428, or ZAMM. Z. angew. Math. Mech. , Bd. 2, 96 – 106, or Physikal. Z. , Bd. 33, 14.

Schiller, L. (1934): Neue quantitative Versuche zur Turbulenzentstehung. ZAMM. Z. angew. Math. Mech. , Bd. 14, 36 – 42.

Schlichting, H. (1930): über das ebene Windschattenproblem. Ing. – Archiv, Bd. 1, 533 – 571.

Schlichting, H. (1932): Berechnung ebener periodischer Grenzschichtströmungen. Physikal. Z. , Bd. 33, 327 – 335.

Schlichting, H. (1933): Zur Entstehung der Turbulenz bei der Plattenströmung. Nachr. Ges. Wiss. Göttingen, Math. Phys. Klasse, 182 – 208; cf. also: ZAMM. Z. angew. Math. Mech. , Bd. 13 (1933), 171 – 174.

Schlichting, H. (1935a): Amplitudenverteilung und Energiebilanz der kleinen Störungen bei der Plattenströmung. Nachr. Ges. Wiss. Göttingen. Math. Phys. Klasse, Fachgruppe I, 1, 47 – 78.

Schlichting, H. (1935b): Turbulenz bei Wärmeschichtung. ZAMM. Z. angew. Math. Mech. , Bd. 15, 313 – 338.

Schlichting, H. (1936): Experimentelle Untersuchungen zum Rauhigkeitsproblem. Ing. – Arch. , Bd. 7, 1 – 34.

Schlichting, H. ; Ulrich, A. (1940 – 42): Zur Berechnung des Umschlages laminarturbulent. Jb. dt.

Luftfahrtforschung I,8 – 35. Preisausschreiben 1940 der Lilienthal – Gesellschaft für Luftfahrtforschung, Flugzeugbau. Complete version in report S10 of the Lilienthal – Gesellschaft 75 – 135 (1940).

Schlichting, H. ; Bussmann, K. (1943) : Exakte Lösungen für die laminare Reibungsschicht mit Absaugung und Ausblasen. Schriften der dt. Akad. d. Luftfahrtforschung 7B, Nr. 2.

Schlichting, H. (1943/44) : Die Beeinflussung der Grenzschicht durch Absaugen und Ausblasen. Jb. dt. Akad. d. Luftfahrtforschung, p. 90 – 108.

Schlichting, H. (1948) : Ein Näherungverfahren zur Berechnung der laminaren Reibungsschicht mit Absaugung. Ing. – Arch. Bd. 16, 201 – 220, cf. also NACA TM1216 (1949).

Schlichting, H. (1950) : über die Theorie der Turbulenzentstehung. Zusammenfassender Bericht. Forsch. Ing. – Wes. , Bd. 16, 65 – 78.

Schlichting, H. ; Truckenbrodt, E. (1952) : Die Strömung an einer angeströmten rotierenden Scheibe. ZAMM. Z. angew. Math. Mech. , Bd. 32, 97 – 111.

Schlichting, H. (1953) : Die laminare Strömung um einen axial angeströmten rotierenden Drehkörper. Ing. – Arch. , Bd. 21, 227 – 244.

Schlichting, H. (1954) : Aerodynamische Untersuchungen an Kraftfahrzeugen, Berichtsband der Technischen Hochschule Braunschweig, 130 – 139.

Schlichting, H. (1959) : Entstehung der Turbulenz. In : S. Flügge (Hrsg.) : Handbuch der Physik, Bd. VIII/1 : Strömungsmechanik 1, Springer – Verlag, Berlin, 351 – 450.

Schlichting, H. (1960) : Some developments of boundary layer research in the past thirty years (The Third Lanchester Memorial Lecture 1959). Journal of the Royal Aeronautical Society. Vol. 64, 63 – 80.

Schlichting, H. (1961) : Three – dimensional boundary layer flow. Lecture at the IX. Convention of the International Association for Hydraulic Research at Dubrovnik/Yugoslavia, Sept. 1961. Proceedings of the "Neuvième Assemblée Générale del' Association Internationale de Recherches Hydrauliques" Dubrovnik, 1262 – 1290; see also : DFL – Bericht Nr. 195.

Schlichting, H. ; Gersten K. (1961) : Berechnung der Strömung in rotationssymmetrischen Diffusoren mit Hilfe der Grenzschichttheorie. Z. Flugwiss. , Bd. 9, 135 – 140.

Schlichting, H. (1965a) : Grenzschicht – Theorie. Braun – Verlag, Karlsruhe, 5. Auflage.

Schlichting, H. (1965b) : Aerodynamische Probleme des Höchstauftriebes. Z. Flugwiss. , Bd. 13, 1 – 14.

Schlichting, H. ; Truckenbrodt, E. (1979) : Aerodynamics of the Airplane. McGraw – Hill, New York.

Schlichting, H. (1982) : Grenzschicht – Theorie. Braun – Verlag, Karlsruhe, 8. Auflage.

Schmatz, M. A. (1986) : Calculation of strong viscous/inviscid interactions on airfoils by zonal solutions of the Navier – Stokes equations. In : D. Rues; W. Kordulla (Eds.) : Proceedings 6th GAMM – Conference on Numerical Methods in Fluid Mechanics – Notes on Numerical Fluid Mechanics, Vol. 13, Vieweg, Braunschweig – Wiesbaden, 335 – 342.

Schmidt, E. ; Wenner, K. (1941) : Wärmeabgabeüber den Umfang eines angeblasenen
geheizten Zylinders. Forschg. Ing. – Wes. , Bd. 12, 65 – 73.

Schmidt, J. /s. : Schneider, W. ; Eder, R. ; Schmidt, J. (1990)

Schmidt, W. (1921) : Ein einfaches Meβverfahren für Drehmomente, Z. VDI, Bd. 65, 411 – 444.

Schneider, G. R. ; Zhu, Z. (1982) : The calculation of incompressible three dimensional laminar and turbulent boundary layers in the plane of symmetry of a prolate spheroid at incidence. DFVLR – FB 82 – 16.

Schneider, W. (1968) : Grundlagen der Strahlungsgasdynamik. Acta Mechanica, Vol. 5 , 87 – 117.

Schneider, W. (1974a) : Radiation gasdynamics of planetary entry. Astronautica Acta, Vol. 18 (Suppl.) , 193 – 213.

Schneider, W. (1974b) : Upstream propagation of unsteady disturbances in supersonic boundary layers. J. Fluid Mech. , Vol. 63 , 465 – 485.

Schneider, W. (1975) : über den Einfluβ der Schwerkraft auf anisotherme, turbulente Freistrahlen. Abhandl. Aerodyn. Inst. RWTH Aachen, Heft 22 , 59 – 65.

Schmidt, P. J. ; Henningson, D. S (2000) : Stability and Transition. Springer, New York.

Schneider, M. E. ; Goldstein, R. J. (1994) : Laser Doppler measurement of turbulence parameters in a two – dimensional plane wall jet. Phys. Fluids Vol. 6 , 3116 – 3129.

Schneider, W. (1976) : Strahlungseffekte in Ein – und Mehrphasenströmungen. ZAMM. Z. angew. Math. Mech. , Bd. 56 , T21 – T36.

Schneider, W. (1978) : Mathematische Methoden der Strömungsmechanik. Vieweg – Verlag, Braunschweig.

Schneider, W. (1979) : A similarity solution for combined forced and free convection flow over a horizontal plate. Int. J. Heat Mass Transfer, Vol. 22 , 1401 – 1406.

Schneider, W. ; Potsch, K. (1979) : Weak buoyancy in laminar vertical jets. In : U. Müller ; K. G. Roesner ; B. Schmidt (Eds.) : Recent Developments in Theoretical and Experimental Fluid Mechanics. Springer – Verlag, Berlin, Heidelberg, 501 – 510.

Schneider, W. (1980) : Radiation effects in single – phase and multiphase flow. In : F. P. J. Rimrott ; B. Tabarrok (Eds.) : Proceedings of the 15th International Congress of Theoretical and Applied Mechanics, North Holland Publ. Comp. , Amsterdam, etc. , 175 – 188.

Schneider, W. / s. : Fleischhacker, G. ; Schneider, W. (1980)

Schneider, W. (1981) : Flow induced by jets and plumes. J. Fluid Mech. , Vol. 108 , 55 – 65.

Schneider, W. / s. : Mitsotakis, K. ; Schneider, W. ; Zauner, E. (1984)

Schneider, W. (1985) : Decay of momentum flux in submerged jets. J. Fluid Mech. , Vol. 154 , 91 – 110.

Schneider, W. ; Wasel, M. G. (1985) : Breakdown of the boundary – layer approximation for mixed convection above a horizontal plate. Int. J. Heat Mass Transfer, Vol. 28 , 2307 – 2313.

Schneider, W. / s. : Mörwald, K. ; Mitsotakis, K. ; Schneider, W. (1987)

Schneider, W. ; Mörwald, K. (1987) : Asymptotic analysis of turbulent free shear layers. In : Proc. Int. Conf. Fluid Mech. , Beijing Univ. Press, 50 – 55.

Schneider, W. ; Zauner, E. ; Böhm, H. (1987) : The recirculatory flow induced by a laminar axisymmetric jet issuing from a wall. J. Fluids Engineering, Vol. 109 , 237 – 241.

Schneider, W. (1989a) : On Reynolds stress transport in turbulent Couette flow. Z. Flugwiss. Weltraumforsch. , Bd. 13 , 315 – 319.

Schneider, W. (1989b) : On modelling the transport of turbulent kinetic energy in Couette flow. ZAMM. Z. angew. Math. Mech. , Bd. 69 , T627 – T629.

Schneider, W. ; Eder, R. Schmidt, J. (1990) : Turbulent Couette flow : Asymptotics vs. experimental data. In: Proc. 3rd Intl. Congress Fluid Mech. , Cairo, Vol. IV, 1593 – 1599.

Schneider, W. (1991): Boundary – layer theory of free turbulent shear flows. Z. Flugwiss. Weltraumforsch. Bd. 15, 143 – 158.

Schneider, W. ; Steinrück, H. ; Andre, G. (1994): The breakdown of boundary layer computations in the case of the flow over a cooled horizontal flat plate. ZAMM. Z. angew. Math. Mech. , Bd. 74, T402 – 404.

Schneider, W. (1995): Laminar mixed convection flows on horizontal surfaces. Proc. 3rd Caribbean Congress on Fluid Dynamics, Vol. II, Bolivar University, Caracas.

Schneider, W. /s. : Haas, S. ; Schneider, W. (1997)

Schneider, W. /s. : Noshadi, V. ; Schneider, W. (1998)

Schneider, W. /s. : Noshadi, V. ; Schneider, W. (1999)

Schneider, W. /s. : Haas, S. ; Schneider, W. (1996)

Schneider, W. (2000): Mixed convection at a finite horizontal plate. In E. W. P. Hahne et al. (Eds.), Proc. 3rd European Thermal Sciences Conf. Edizioni ETS, Pisa, 195 – 198.

Schneider, W. (2001): Peculiarities of boundary layer flows over horizontal plates. In: I. C. Misra (Ed.): Applicable mathematics, Narosa Publ. House, New Delhi, 118 – 123.

Schneider, W. (2005): Lift, Thrust and heat transfer due to mixed convection flow past a horizontal plate of finite length. J. Fluid Mech. , Vol. 529, 51 – 69.

Schneider, W. /s. : Müllner, M. ; Schneider, W. (2010)

Schober, M. /s. : Fernholz, H. H. ; Krause, E. ; Nockemann, M. ; Schober, M. (1995)

Schoenherr, K. E. (1932): Resistance of plates. Transactions Society Naval Architects Marine Eng. , Vol. 40.

Schönauer, W. (1963): Die Lösung der Crocco' schen Grenzschichtdifferentialgleichung mit dem Differenzenverfahren für stationäre, laminare, inkompressible Strömung. Dissertation der TH Karlsruhe.

Schönung, B. E. /s. : Franke, R. ; Schönung, B. E. (1988)

Schönung, B. E. (1990): Numerische Strömungsmechanik. Springer – Verlag, Berlin/Heidelberg.

Scholkemeyer, F. W. (1949): Die laminare Reibungsschicht an rotationssymmetrischen Körpern. Diss. Braunschweig 1943. Excerpt in Arch. d. Math. , Bd. 1, 270 – 277.

Scholz, N. (1951): über eine rationelle Berechnung des Strömungwiderstandes schlanker Körper mit beliebig rauher Oberfläche. Jb. Schiffbautechn. Ges. , Bd. 45, 244 – 259.

Schrenk, O. (1935): Versuche mit Absaugeflügeln. Luftfahrtforschung, Bd. 12, 10 – 27.

Schubauer, G. B. ; Skramstad, H. K. (1943 – 48): Laminar – boundary – layer oscillations and transition on a flat plate. National Bureau of Standards Research Paper 1772. Reprint of a confidential NACA report from April 1943 (later released as NACA – WR – W – 8): H. K. Skramstad (1943): Laminar – boundary – layer oscillations and transition on a flat plate; see also: J. of the Aeronautical Sciences, Vol. 14, 69 – 78 (1947); cf. also NACA – TR – 909 (1948).

Schubauer, G. B. ; Klebanoff, P. S. (1955): Contributions on the mechanics of boundary layer transition. NACA – TN – 3489 (1955) and NACA – TR – 1289 (1956); cf. also: Proc. Symposium on Boundary Layer Theory. Nat. Phys. Lab. England 1955.

Schuh, H. (1953): Calculation of unsteady boundary layers in two – dimensional laminar flow. Z. Flugwiss. , Bd. 1, 122 – 131.

Schuh, H. (1955): über die "ähnlichen" Lösungen der instationären laminaren Grenzschichtgleichungen in inkompressibler Strömung. In: H. Görtler; W. Tollmien (Hrsg.): Fünfzig Jahre Grenzschichtforschung, Braunschweig, 147 – 152.

Schulte – Werning B.; Dallmann U. (1991): Numerical simulation of the vortex chain formation by vorticity shedding from a sphere into the wake. In: V. V. Kozlov, A. V. Dorgal (Eds.): Separated Flows and Jets. Springer – Verlag, Berlin, 167 – 170.

Schultz – Grunow, F.; Henseler, H. (1968): ähnliche Grenzschichtlösungen zweiter Ordnung für Strömungs – und Temperaturgrenzschichten an longitudinal gekrümmten Wänden mit Grenzschichtbeeinflussung. Wärme – und Stoffübertrag., Bd. 1, 214 – 219.

Schultz – Grunow, F.; Behbahani, D. (1973): Boundary layer stability at longitudinally curved walls. Z. angew. Math. Phys. (ZAMP), Vol. 24, 499 – 506 (1973); Z. angew. Math. Phys. (ZAMP), Vol. 26, 493 – 495 (1975).

Schulz – Hausmann, F. K. von /s.: Gersten, K.; Schilawa, S.; Schulz – Hausmann, F. K. von (1980)

Schulz – Hausmann, F. K. von (1985): Wechselwirkung ebener Freistrahlen mit der Umgebung. Fortschr. – Ber. VDI Reihe 7, Nr. 100, VDI – Verlag, Braunschweig.

Schumann, U.; Friedrich, R. (Eds.) (1986): Direct and Large Eddy Simulation of Turbulence. Notes on Numerical Fluid Mechanics, Vol. 15., Vieweg – Verlag, Braunschweig.

Schumann, U.; Friedrich, R. (1987): On direct and large eddy simulation of turbulence. In: Comte – Bellot, G.; Mathieu, J. (Eds.): Advances in Turbulence, Springer – Verlag, Berlin, 88 – 104.

Schwabe, M. (1935): über Druckermittlung in der instationären ebenen Strömung. Ing. – Arch., Bd. 6, 34 – 50; NACA – TM – 1039 (1943).

Schwamborn, D. (1981): Laminare Grenzschichten in der Nähe der Anlegelinie an Flügeln und flügelähnlichen Körpern mit Anstellung. DFVLR – FB 81 – 31.

Schwamborn, D. (1984): Boundary layers on wings. In: Notes on Numerical Fluid Mechanics, Vol. 7, Vieweg – Verlag, Braunschweig, 315 – 323.

Schwartz, W. H.; Caswell, B. (1961): Some heat transfer characteristics of the two – dimensional laminar incompressible wall jet. Chemical Engineering Science, Vol. 16, 338 – 351. [222]

Schwarz, W. R.; Bradshaw, P. (1993): Measurements in a pressure – driven three dimensional turbulent boundary layer during development and decay. AIAA Journal, Vol. 31, 1207 – 1214.

Scott, P. E. /s.: Baron, J. R.; Scott, P. E. (1960)

Sears, W. R. (1948): The boundary layer of yawed cylinders. J. of the Aeronautical Sciences, Vol. 15, 49 – 52.

Sears, W. R. (1954): Boundary layers in three – dimensional flow. Appl. Mech. Rev., Vol. 7, 281 – 285.

Sears, W. R. (1956): Some recent developments in airfoil theory. Journal of the Royal Aeronautical Society, Vol. 23, 490 – 499.

Sears, W. R.; Telionis, D. P. (1972): Unsteady boundary – layer separation. In: E. A. Eichelbrenner (Ed.): Recent Research of Unsteady Boundary Layers, Vol. 1, Les Presses de l' Universite Laval, Quebec, 1972, 404 – 447.

Sedney, R. (1957): Laminar boundary layer on a spinning cone at small angles of attack in a supersonic flow. J. of the Aeronautical Sciences, Vol. 24, 430 – 436, 455.

Seiferth, R. ; Krüger, W. (1950) : überraschend hohe Reibungsziffer einer Fernwasserleitung. Z. VDI, Bd. 92, 189 – 191.

Sengupta, T. K. (2012) : Instabilities of Flows and Transition to Turbulence. CRC Press Taylor & Francis Group.

Senoo, Y. (1982) : Three – dimensional boundary layers in turbomachines. In : H. H. Fernholz, E. Krause (Eds.) : Three – Dimensional Turbulent Boundary Layers. Springer – Verlag, Berlin, 149 – 164.

Settles, G. S. /s. : Kim, K. – S. ; Settles, G. S. (1989)

Settles, G. S. ; Dodson, L. J. (1994) : Supersonic and hypersonic shock/boundary – layer interaction database. AIAA Journal, Vol. 32, 1377 – 1383.

Severin, J. /s. : Schäfer, P. ; Severin, J. ; Herwig, H. (1994)

Severin, J. ; Herwig, H. (2001) : Higher order stability effects in natural convection boundary layer over a vertical heated wall. Heat and Mass Transfer, Vol. 38, 97 – 110.

Shah, R. K. ; London, A. L. (1978) : Laminar Flow Forced Convection in Ducts. Advances in Heat Transfer, Supplement 1, Academic Press, New York.

Sharma, V. P. /s. : Singh, P. ; Sharma, V. P. ; Misra, U. N. (1981)

Shen, S. F. (1954) : Calculated amplified oscillations in plane Poiseuille and Blasius flows. J. of the Aeronautical Sciences, Vol. 21, 62 – 64.

Shen, S. F. ; Nenni, J. P. (1975) : Asymptotic solution of the unsteady two – dimensional incompressible boundary layer and its implications on separation. In : R. B. Kinney (Ed.) : Unsteady Aerodynamics, Proceedings of a Symposium, held at the University of Arizona 1975, Arizona, Vol. I, 245 – 259.

Shen, S. F. (1978) : Unsteady separation according to the boundary layer equation. Advances in Applied Mechanics, Vol. 18, 177 – 220.

Shen, S. F. /s. : Van Dommelen, L. L; Shen, S. F. (1982)

Shen, S. F. /s. : Wu, T. ; Shen, S. F. (1992)

Shercliff, J. A. (1965) : A Textbook of Magnetohydrodynamics, Pergammon Press, Oxford.

Sherman, F. S. (1990) : Viscous Flow, McGraw – Hill Publ. Comp. , New York.

Shih, T. – H. ; Lumley, J. L. ; Chen, J. – Y. (1990) : Second – order modeling of a passive scalar in a turbulent shear flow. AIAA Journal, Vol. 28, 610 – 617.

Shivaprasad, B. G. /s. : Simpson, R. L. ; Chew, Y. – T. ; Shivaprasad, B. G. (1981)

Shmanenkov, V. N. /s. : Pokrovskii, A. N. ; Shmanenkov, V. N. ; Skchuchinov, V. M. (1984)

Shur, M. /s. : Spalart, P. R. , Shur, M. (1997)

Siekmann, J. (1962) : The laminar boundary layer along a flat plate. Z. Flugwiss. , Bd. 10, 278 – 281.

Simakin, L. N. /s. : Rozhdestvensky, B. L. ; Simakin, L. N. (1982)

Simakin, L. N. /s. : Rozhdestvensky, B. L. ; Simakin, L. N. (1984)

Simmons, L. F. G. ; Salter, C. (1938) : An experimental determination of the spectrum of turbulence. Proc. Roy. Soc. London A 165, 73 – 89.

Simpson, J. H. /s. : Rosenhead, L. ; Simpson, J. H. (1936)

Simpson, R. L. (1975) : Characteristics of a separating incompressible turbulent boundary layer. In : Flow Separation. In : AGARD – CP – 168, 14 – 1 to 14 – 14.

Simpson, R. L. ; Chew, Y. – T. ; Shivaprasad, B. G. (1981) : The structure of a separating turbulent boundary layer. Part 1. Mean flow and Reynolds stresses. J. Fluid Mech. , Vol. 113,23 – 51.

Simpson, R. L. (1985) : Two – Dimensional Turbulent Separated Flow. AGARD – AG – 287.

Simpson, R. L. /s. : Ölçmen, M. S. ; Simpson, R. L. (1992)

Simpson, R. L. /s. :¨ Olçmen, M. S. ; Simpson, R. L. (1993)

Singh, K. D. (1993) : Three – dimensional viscous flow and heat transfer along a porous plate. ZAMM. Z. angew. Math. Mech. , Bd. 73, 58 – 61.

Singh, P. ; Sharma, V. P. ; Misra, U. N. (1981) : Transient three – dimensional flow along a porous plate. Acta Mechanica, Vol. 38, 183 – 190.

Skan, S. W. /s. : Falkner, V. M. ; Skan, S. W. (1930)

Skchuchinov, V. M. /s. : Pokrovskii, A. N. ; Shmanenkov, V. N. ; Skchuchinov, V. M. (1984)

Skoog, R. B. /s. : Zalovcik, J. A. ; Skoog, R. B. (1945)

Skramstad, H. K. /s. : Schubauer, G. B. ; Skramstad, H. K. (1943 – 47) Smith, A. G. ; Spalding, D. B. (1958) : Heat transfer in a laminar boundary layer with constant fluid properties and constant wall temperature. Journal of the Royal Aeronautical Society, Vol. 62, 60 – 64.

Smith, A. M. O. (1957 – 59) : Transition pressure gradient and stability theory. Paper presented at the IX. Intern. Congress of Appl. Mech. , Vol. 4, 234 – 244, Brussels; cf. also; J. of the Aero/Space Sciences, Vol. 26, 229 – 245 (1959).

Smith, A. M. O. ; Clutter, D. W. (1963) : Solution of the incompressible laminar boundary layer equations. AIAA Journal, Vol. 1, 2062 – 2071.

Smith, A. M. O. ; Clutter, D. W. (1965) : Machine calculation of compressible boundary layers. AIAA Journal, Vol. 3, 639 – 647.

Smith, A. M. O. /s. : Cebeci, T. ; Smith, A. M. O. (1968)

Smith, A. M. O. /s. : Wazzan, A. R. ; Okamura, T. ; Smith, A. M. O. (1968)

Smith, A. M. O. /s. : Jaffe, N. A. ; Okamura, T. ; Smith, A. M. O. (1970)

Smith, A. M. O. /s. : Wazzan, A. R. ; Okamura, T. ; Smith, A. M. O. (1970a)

Smith, A. M. O. /s. : Wazzan, A. R. ; Okamura, T. ; Smith, A. M. O. (1970b)

Smith, A. M. O. /s. : Cebeci, T. ; Smith, A. M. O. (1974)

Smith, F. T. (1973) : Laminar flow over a small hump on a flat plate. J. Fluid Mech. , Vol. 57, 803 – 824.

Smith, F. T. (1977) : The laminar separation of an incompressible fluid streaming past a smooth surface. Proc. Roy. Soc. London A, Vol. 30, 143 – 156.

Smith, F. T. ; Duck, P. W. (1977) : Separation of jets or thermal boundary layers from a wall. Quart. J. Mech. Appl. Math. , Vol. 30, 143 – 156.

Smith, F. T. ; Sykes, R. I. ; Brighton, P. W. M. (1977) : A two – dimensional boundary layer encountering a three – dimensional hump. J. Fluid Mech. , Vol. 83, 163 – 176.

Smith, F. T. (1979a) : Laminar flow of an incompressible fluid past a bluff body: the separation, reattachment, eddy properties and drag. J. Fluid Mech. , Vol. 92, 171 – 205.

Smith, F. T. (1979b) : On the non – parallel flow stability of the Blasius boundary layer. Proc. Roy. Soc. London A, Vol. 366, 91 – 109.

Smith, F. T. ; Brighton, P. W. M. ; Jackson, P. S. ; Hunt, J. C. R. (1981) : On boundary layer flow past two – dimensional obstacles. J. Fluid Mech. , Vol. 113, 123 – 152.

Smith, F. T. /s. : Cheng, H. K. ; Smith, F. T. (1982)

Smith, F. T. /s. : Stewartson, K. ; Smith, F. T. ; Kaups, K. (1982)

Smith, F. T. ; Merkin, J. H. (1982) : Triple – deck solutions for subsonic flow past humps, steps, concave or convex corners, and wedged trailing edges. Computers and Fluids, Vol. 10, 7 – 25.

Smith, F. T. (1985) : A structure for laminar flow past a bluff body at high Reynolds numbers. J. Fluid Mech. , Vol. 155, 175 – 191.

Smith, F. T. /s. : Bodonyi, R. J. ; Smith, F. T. ; Kluwick, A. (1985)

Smith, F. T. (1986) : Steady and unsteady boundary – layer separation. Annu. Rev. Fluid Mech. , Vol. 18, 197 – 220.

Smith, F. T. /s. : Degani, A. T. ; Smith, F. T. ; Walker, J. D. A. (1992)

Smith, F. T. /s. : Degani, A. T. ; Smith, F. T. ; Walker, J. D. A. (1993)

Smith, F. T. /s. : Scheichl, B. ; Kluwick, A. ; Smith, F. T. (2011)

Smith, K. G. /s. : Winter, K. G. ; Smith, K. G. ; Rotta, J. C. (1965)

Smith, P. D. (1974) : An integral prediction method for three – dimensional compressible turbulent boundary layers. ARC – RM – 3739.

Smith, P. D. (1982) : The numerical computation of three – dimensional boundary layers. In : H. H. Fernholz ; E. Krause (Eds.) : Three – Dimensional Turbulent BoundaryLayers, Springer – Verlag, Berlin, 265 – 285.

Smits, A. J. ; Wood, D. H. (1985) : The response of turbulent boundary layers to sudden perturbations. Annu. Rev. Fluid Mech. , Vol. 17, 321 – 358.

Smits, A. J. /s. : Erm, L. P. ; Smits, A. J. ; Joubert, P. N. (1987)

Smits, A. J. /s. : Spina, E. ; Smits, A. J. ; Robinson, S. K. (1994)

Smits, A. J. /s. : Zagarola, M. V. ; Smits, A. J. ; Orszag, S. A. ; Yakhot, V. (1996)

So, R. M. C. ; Yoo, G. J. (1987) : Low – Reynolds – number modeling of turbulent flows with and without wall transpiration. AIAA Journal, Vol. 25, 1556 – 1564.

So, R. M. C. /s. : Lai, Y. G. ; So, R. M. C. (1990)

So, R. M. C. ; Lai, Y. G. ; Zhang, H. S. ; Hwang, B. C. (1991) : Second – order near – wall turbulence closures ; a review. AIAA Journal, Vol. 29, 1819 – 1835.

Sobey, I. J. (2000) : Introduction to Interactive Boundary Layer Theory. Oxford University Press, Oxford.

Sommer, F. (1992) : Mehrfachlösungen bei laminaren Strömungen mit druckinduzierter Ablösung ; eine Kuspen – Katastrophe. VDI – Fortschritt – Bericht, Reihe 7, Nr. 206, VDI – Verlag, Düsseldorf ; also : Bochum, Univ. , Diss.

Sommerfeld, A. (1908) : Ein Beitrag zur hydrodynamischen Erklärung der turbulenten Flüssigkeitsbewegungen. Atti del 4. Congr. Internat. dei Mat. , Vol. III, 116 – 124, Roma.

Southwell, R. V. ; Vaisey, G. (1948) : Relaxation methods applied to engineering problems. XII. Fluid motions characterized by "free" stream – lines. Royal Society (London) : Philosophical Transc. of the Roy. Soc. London A. Vol. 240, 117 – 161.

Sovran, G. /s. : Kline, S. J. ; Morkovin, M. V. ; Sovran, G. ; Cockrell, D. J. (Eds.) (1968)

Sowerby, L. /s. : Crabtree, L. F. ; Küchemann, D. ; Sowerby, L. (1963)

Sozou, C. (1971) : Boundary layer growth on a spinning sphere. J. Inst. Maths. Applics. , Vol. 7, 251 – 259.

Spalart, P. R.; Yang, K. S. (1986): Numerical simulation of boundary layers: Part 2: Ribbon – induced transition in Blasius flow, NASA – TM – 88221.

Spalart, P. R.; Leonard, A. (1987): Direct numerical simulation of equilibrium turbulent boundary layers. In: F. Durst et al. (Eds.): Turbulent Shear Flows 5, Springer – Verlag, Berlin, Heidelberg, 234 – 252.

Spalart, P. R.; Yang, K. S. (1987): Numerical study of ribbon – induced transition in Blasius flow. J. Fluid Mech., Vol. 178, 345 – 365.

Spalart, P. R. /s.: Ha Minh, H.; Viegas, J. R.; Rubesin, M. W.; Vandromme, D. D.; Spalart, P. R. (1989)

Spalart, P. R. /s.: Justesen, P.; Spalart, P. R. (1990)

Spalart, P. R.; Allmaras, S. R. (1992): A one – equation turbulence model for aerodynamic flows. AIAA Paper 92 – 0439.

Spalart, P. R.; Shur, M. (1997): On the sensitisation of turbulence models to rotation and curvature. Aerospace and Technology, Vol. 1, 297 – 302.

Spalding, D. B. (1958): Heat transfer from surfaces of nonuniform temperature. J. Fluid Mech., Vol. 4, 22 – 32.

Spalding, D. B. /s.: Smith, A. G.; Spalding, D. B. (1958)

Spalding, D. B.; Chi, S. W. (1964): The drag of a compressible turbulent boundary layer on a smooth flat plate with and without heat transfer. J. Fluid Mech., Vol. 18, 117 – 143.

Spalding, D. B. /s.: Launder, B. E.; Morse, A.; Rodi, W.; Spalding, D. B. (1973)

Sparrow, E. M.; Gregg, J. L. (1957): Non – steady surface temperature effects on forced convection heat transfer. J. of the Aeronautical Sciences, Vol. 24, 776 – 777.

Sparrow, E. M. (1958): Combined effects of unsteady flight velocity and surface temperature on heat transfer. Jet Propulsion, Vol. 28, 403 – 405.

Sparrow, E. M.; Gregg, J. L. (1958): Similar solutions for free convection from a non – isothermal vertical plate. Trans. ASME, Vol. 80, 379 – 386.

Sparrow, E. M.; Eichhorn, R.; Gregg, J. L. (1959): Combined forced and free convection in a boundary layer flow. Physics of Fluids, Vol. 2, 319 – 328.

Sparrow, E. M.; Gregg, J. L. (1960a): Flow about an unsteadily rotating disc. J. of the Aero/Space Sciences, Vol. 27, 252 – 257.

Sparrow, E. M.; Gregg, J. L. (1960b): Mass transfer, flow and heat transfer about a rotating disk. J. Heat Transfer, Vol. 82, 294 – 302.

Sparrow, E. M.; Cess, R. D. (1961): Free convection with blowing or suction. J. Heat Transfer, Vol. 83, 387 – 389.

Sparrow, E. M.; Minkowycz, W. J.; Eckert, E. R. G.; Ibele, W. E. (1964): The effect of thermo and thermal diffusion for helium injection into plane and axisymmetric stagnation flow of air. J. Heat Transfer, Vol. 86, 311 – 319.

Sparrow, E. M.; Cess, R. D. (1966): Radiation Heat Transfer. Brooks/Cole, Belmont, Cal.

Speziale; C. G.; Abid, R.; Anderson, E. C. (1990): A critical evaluation of two – equation models for near – wall turbulence. In: AIAA Paper 90 – 1481; see also: AIAA Journal, Vol. 30 (1992), 324 – 331.

Speziale; C. G. (1991): Analytical methods for the development of Reynolds – stress closures in turbulence. Annu. Rev. Fluid Mech. , Vol. 23 , 107 – 157.

Speziale , C. G. (1998) : Turbulence modelling for time – dependent RANS and VLES : a review. AIAA Journal , Vol. 36 , 173 – 184.

Spina , E. F. ; Smits , A. J. ; Robinson , S. K. (1994) : The physics of supersonic turbulent boundary layers. Annu. Rev. Fluid Mech. , Vol. 26 , 287 – 319.

Splettstösser , W. (1975) : Untersuchung der laminaren Zweistoffgrenzschichtstr ömung längs eines verdunstenden Flüssigkeitsfilms. Diss. Braunschweig 1974. Wärme – und Stoffübertrag. , Bd. 8 , 71 – 86.

Spurk , J. H. (1997) : Fluid Mechanics , Springer – Verlag , Berlin.

Squire , H. B. (1933) : On the stability of three – dimensional distribution of viscous fluid between parallel walls. Proc. Roy. Soc. London A , Vol. 142 , 621 – 628.

Squire , H. B. ; Young , A. D. (1939) : The calculation of the profile drags of aerofoils. ARC – RM – 1838.

Squire , H. B. (1951) : The round laminar jet. Quart. J. Mech. Appl. Math. , Vol. 4 , 321 – 329.

Squire , H. B. (1955) : Radial jets. In : H. Görtler , W. Tollmien (Hrsg.) : Fünfzig Jahre Grenzschichtforschung , Braunschweig , 47 – 54.

Sreenivasan , K. R. / s. : Narasimha , R. ; Sreenivasan , K. R. (1979)

Sreenivasan , K. R. ; Narasimha , R. (1982) : Equilibrium parameters for two dimensional turbulent wakes. Journal of Fluids Engineering , Vol. 104 , 167 – 170.

Sreenivasan , K. R. / s. : Meier , G. E. A. ; Sreenivasan , K. R. (Eds.) ; Heinemann , H. – J. (Managing Ed.) (2006).

Sreenivasan , K. R. ; Oertel Jr. , H. (2010) : Instabilities and Turbulent Flows. In : Prandtl – Essentials of Fluid Mechanics , 3. Edition , Springer , New York.

Sreenivasan , K. R. ; Oertel Jr. , H. (2016) : Instabilitäten und turbulente Strömungen. In : Prandtl – Führer durch die Strömungslehre , 14. Auflage , Springer , Berlin , Heidelberg.

Srivastava , K. M. (1985) : Effect of streamwise vortices on Tollmien – Schlichting waves in growing boundary layers. DFVLR – IB 221 – 85 A 07.

Srivastava , K. M. ; Dallmann , U. (1987) : Effect of streamwise vortices on Tollmien – Schlichting waves in growing boundary layers. Phys. Fluids , Vol. 30 , 1005 – 1016.

Stäger , R. (1993) : Turbulenzmessungen in der dreidimensionalen Grenzschicht eines angestellten Rotationsellipsoides. DLR – FB 93 – 37.

Steinheuer , J. (1965) : Eine exakte Lösung der instationären Couette – Strömung. Abhandlg. der Braunschweigischen Wiss. Ges. , Bd. 17 , 154 – 164.

Steinheuer , J. (1966) : Die laminare Wandstrahl mit Absaugung und Ausblasen. DLR – FB 66 – 87.

Steinheuer , J. / s. : Gersten , K. ; Steinheuer , J. (1967)

Steinheuer , J. (1968a) : Die Lösung der Blasiusschen Grenzschichtdifferentialgleichung. Anhandlg. der Braunschweigischen Wiss. Ges. , Bd. 20 , 96 – 125.

Steinheuer , J. (1968b) : Similar solutions for the laminar wall jet in a decelerating outer flow. AIAA Journal , Vol. 6 , 2198 – 2200.

Steinheuer , J. (1971) : Berechnung der laminaren Zweistoff – Grenzschicht in der hypersonischen Staupunktströmung mit temperaturabhängigen Stoffbeiwerten. ZAMM. Z. angew. Math. Mech. , Bd. 51 , 209 – 223.

Steinrück, H. (1994): Mixed convection over a cooled horizontal plate. Non – uniqueness and numerical instabilities of the boundary layer equations. J. Fluid Mech., Vol. 278, 251 – 265.

Steinrück, H. /s.: Schneider, W.; Steinrück, H.; Andre, G. (1994)

Steinrück, H. (1995): Mixed convection over a horizontal plate: self – similar and connecting boundary – layer flows. Fluid Dynamics Research, Vol. 15, 113 – 127.

Steinrück, H. (Ed.) (2010): Asymptotic Methods in Fluid Mechanics: Survey and Recent Advances (CISM Courses and Lectures 523). Springer, Wien, New York.

Stenning, A. H. /s.: Hill, P. G.; Stenning, A. H. (1960)

Sternberg, J. /s.: Clers des, B.; Sternberg, J. (1952)

Stevenson, T. N. (1963): A law of the wall for turbulent boundary layer with suction or injection. The College of Aeronautics, Cranfield, Rep. Aero., 166.

Stewart, W. E. /s.: Bird, R. B.; Stewart, W. E.; Lightfoot, E. N. (1960)

Stewart, W. E.; Prober, R. (1962): Heat transfer and diffusion in wedge flows with rapid mass transfer. Int. J. Heat Mass Transfer, Vol. 5, 1149 – 1163.

Stewartson, K. (1953): On the flow between two rotating coaxial disks. Proc. of the Cambridge Phil. Soc. Math. and Phys. Sciences, Vol. 49, 333 – 341.

Stewartson, K. (1954): Further solutions of the Falkner – Skan equation. Proc. of the Cambridge Phil. Soc. Math. and Phys. Sciences, Vol. 50, 454 – 465.

Stewartson, K. (1957): On asymptotic expansion in the theory of boundary layers. J. Math. Phys., Vol. 36, 173 – 191.

Stewartson, K. (1958): On the free convection from a horizontal plate. Z. angew. Math. Phys. (ZAMP), Vol. 9a, 276 – 282.

Stewartson, K. (1960): The theory of unsteady laminar boundary layers. Advances in Applied Mechanics. Vol. 6, 1 – 37.

Stewartson, K. (1964): The Theory of Laminar Boundary Layers in Compressible Fluids. Clarendon Press. Oxford.

Stewartson, K. /s.: Catherall, D.; Stewartson, K.; Williams, P. G. (1965)

Stewartson, K. (1969): On the flow near the trailing edge of a flat plate, II. Mathematika, Vol. 16, 106 – 121.

Stewartson, K.; Williams, P. G. (1969): Self – induced separation. Proc. Roy. Soc. London A, Vol. 312, 181 – 206. [401]

Stewartson, K. (1970): Is the singularity at separation removableβ J. Fluid Mech., Vol. 44, 347 – 364. [408]

Stewartson, K. (1974): Multi structured boundary layers on flat plates and related bodies. Advances in Applied Mechanics, Vol. 14, 145 – 239.

Stewartson, K. /s.: Cebeci, T.; Khattab, A. K.; Stewartson, K. (1980)

Stewartson, K. /s.: Cebeci, T.; Khattab, A. K.; Stewartson, K. (1981)

Stewartson, K. (1982): Some recent studies in triple – deck theory. In: T. Cebeci (Ed.): Numerical and Physical Aspects of Aerodynamic Flows. Springer – Verlag, New York, 129 – 143.

Stewartson, K.; Smith, F. T.; Kaups, K. (1982): Marginal separation. Studies in Appl. Math., Vol. 67, 45 – 61.

Stewartson, K. /s. : Brown, S. N. ; Stewartson, K. (1983)

Stivers, L. S. /s. : Abbott, J. H. ; Doenhoff von, A. E. ; Stivers, L. S. (1945)

Stock, H. - W. (1978) : Integral method for the calculation of three - dimensional laminar and turbulent boundary layers - Final report. NASA - TM - 75320.

Stock, H. - W. (1980) : Laminar boundary layers on inclined ellipsoids of revolution. Z. Flugwiss. Weltraumforsch. , Bd. 4, 217 - 224.

Stock, H. - W. (1985) : Compressible turbulent flows in long circular cross - section diffusers of large area ratio. Z. Flugwiss. Weltraumforsch. , Bd. 9, 143 - 155.

Stock, H. - W. ; Horton, H. P. (1985) : Ein Integralverfahren zur Berechnung dreidimensionaler, laminarer, kompressibler, adiabater Grenzschichten. Z. Flugwiss. Weltraumforsch. , Bd. 9, 101 - 110.

Stock, H. - W. (1986) : Laminares Grenzschichtverfahren für Strömungen in Symmetrieebenen und Anwendung auf angestellte Rotationsellipsoide. Z. Flugwiss. Weltraumforsch. , Bd. 10, 146 - 157.

Stokes, G. G. (1849) : On the theories of the internal friction of fluids in motion, and of the equilibrium and motion of elastic solids. Trans. Cambr. Phil. Soc. , Vol. 8, 287 - 319.

Stokes, G. G. (1856) : On the effect of the internal friction of fluids on the motion of pendulums. Trans. Cambr. Phil. Soc. , Vol. 9, Part II. 8 - 106, or Collected Papers III, 55.

Stokes, V. K. /s. : Mellor, G. L. ; Chapple, P. J. ; Stokes, V. K. (1968)

Stosic, N. /s. : Hanjalić, K. ; Stosic, N. (1983)

Stratford, B. S. (1957) : Flow in the laminar layer near separation. In : ARC - RM - 3002, 1 - 27.

Stratford, B. S. (1959a) : The prediction of separation of the turbulent boundary layer. J. Fluid Mech. , Vol. 5, 1 - 16.

Stratford, B. S. (1959b) : An experimental flow with zero skin friction throughout its region of pressure rise. J. Fluid Mech. , Vol. 5, 17 - 35.

Strazisar, A. ; Reshotko, E. ; Prahl, J. M. (1977) : Experimental study of the stability of heated laminar boundary layers in water. J. Fluid Mech. , Vol. 83, 225 - 247.

Streeter, V. L. (1935) : Frictional resistance in artificially roughened pipes. Proc. Amer. Soc. Civil Engr. , Vol. 61, 163.

Strong, A. B. /s. : Mackinnon, J. C. ; Renksizbulut, M. ; Strong, A. B. (1998)

Stuart, J. T. (1954) : On the effects of uniform suction on the steady flow due to a rotating disk. Quart. J. Mech. Appl. Math. , Vol. 7, 446 - 457.

Stuart, J. T. (1955) : A solution of the Navier - Stokes and energy equations illustrating the response of skin friction and temperature of an infinite plate thermometer to fluctuations in the stream velocity. Proc. Roy. Soc. London A, Vol. 231, 116 - 130.

Stuart, J. T. /s. : Gregory, N. ; Stuart, J. T. ; Walker, W. S. (1955)

Stuart, J. T. (1956) : On the effects of the Reynolds stress on hydrodynamic stability. ZAMM. Z. angew. Math. Mech. , Bd. 36, S32 - S38.

Stuart, J. T. (1963) : Unsteady boundary layers. In : L. Rosenhead (Ed.) : Laminar Boundary Layers, Clarendon Press, Oxford, 349 - 408.

Stuart, J. T. (1986) : Instability of flows and their transition to turbulence. Z. Flugwiss. Weltraumforsch. , Bd. 10, 379 - 392.

Stüper, J. (1956): Der Einfluβ eines Stolperdrahtes auf den Umschlag der Grenzschicht an einer ebenen Platte. Z. Flugwiss. , Bd. 4, 30 – 34.

Sturek, W. B. ; Dwyer, H. A. ; Kayser, L. D. ; Nietubicz, Ch. J. ; Reklis, R. P. ; Opalka, K. O. (1978): Computation of Magnus effects for a yawed, spinning body of revolution. AIAA Journal, Vol. 16, 687 – 692.

Subaschandar, N. ; Prabhu, A. (1999): Turbulent near – wake development behind a flat plate. Aerosp. Sci. Technol. , Vol. 3, 61 – 70.

Suwono, A. (1980): Laminar free convection boundary layer in three – dimensional systems. Int. J. Heat Mass Transfer, Vol. 23, 53 – 61.

Suzaki, K. /s. : Fujii, T. ; Takeuchi, M. ; Fujii, M. ; Suzaki, K. ; Uehara, H. (1970)

Sychev, V. V. (1972): Laminar separation. Izv. Akad. Nauk SSSR, Mekh. Zhid. i Gaza, Vol. 3, 47 – 59; Engl. translation: Fluid Dynamics, Vol. 7, 407 – 417

Sychev, V. V. ; Ruban, A. I. ; Sychev, V. V. ; Korolev, G. L. (1998): Asymptotic Theory of Separated Flow. Cambridge University Press

Sychev, V. V. ; Ruban, A. I. ; Sychev, Vic. V. ; Korolev, G. L. (1998): Asymptotic Theory of Separated Flows. Cambridge University Press, Cambridge.

Sychev, Vic. V. /s. : Sychev, V. V. et al. (1998)

Sykes, R. I. /s. : Smith, F. T. ; Sykes, R. I. ; Brighton, P. W. M. (1977)

Sykes, R. I. (1980): On three – dimensional boundary layer flow over surface irregularities. Proc. Roy. Soc. London A, Vol. 373, 311 – 329.

Szodruch, J. /s. : Redeker, G. ; Horstmann, K. – H. ; Köster, H. ; Thiede, P. ; Szodruch, J. (1990)

Szymansky, F. (1932): Quelques solutions exactes des équations de l' hydrodynamique
de fluide visqueux dans le cas d' un tube cylindrique. J. de math. pures et appliquées, series 9, 11, 67 (1932) ; see also: Proc. III. Intern. Mech. Kongr. Stockholm I, 249.

Taghavi, H. /s. : Wazzan, A. R. ; Taghavi, H. ; Keltner, G. (1974)

Taitel, Y. ; Tamir, A. (1975): Multicomponent boundary layer characteristics. Use of the reference state. Int. J. Heat Mass Transfer, Vol. 18, 123 – 129.

Takamadate, Ch. /s. : Kobayashi, R. ; Kohama, Y. ; Takamadate, Ch. (1980)

Takeuchi, M. /s. : Fujii, T. ; Takeuchi, M. ; Fujii, M. ; Suzaki, K. ; Uehara, H. (1970)

Takhar, H. S. ; Whitelaw, M. H. (1976): Asymptotic free convection from an insulated vertical flat plate at high Prandtl number. Indian J. Pure & Appl. Math. , Vol. 7, 1122 – 1136.

Takhar, H. S. /s. : Pop, I. ; Takhar, H. S. (1993)

Takullu, M. A. ; Williams, J. C. III (1985): Similar solutions to the three – dimensional turbulent boundary layer equations. AIAA Paper 85 – 1658.

Tan, H. S. (1953): On laminar boundary layer over a rotating blade. J. of the Aeronautical Sciences, Vol. 20, 780 – 781.

Tanaka, I. (1988): Three – dimensional ship boundary layer and wake. Advances in Applied Mechanics, Vol. 26, 311 – 359.

Tangemann, R. ; Gretler, W. (2000): Numerical simulation of a two – dimensional turbulent wall jet in an external stream. Forschung im Ingenieurwesen, Vol. 66, 31 – 39.

Tani, I. ; Hama, R. ; Mituisi, S. (1940): On the permissible roughness in the laminar boundary layer.

Aero. Res. Inst. Tokyo, Imp. Univ. Rep. 199.

Tani, I. (1949): On the solution of the laminar boundary layer equations. J. Phys. Soc. Japan, Vol. 4, 149 – 154; cf. also: H. Görtler; W. Tollmien (Hrsg.): Fünfzig Jahre Grenzschichtforschung. Braunschweig 1955, 193 – 200.

Tani, I.; Juchi, M.; Yamamoto, K. (1954): Further experiments on the effect of a single roughness element on boundary layer transition. Rep. Inst. Sci. Technol. Tokyo Univ. 8.

Tani, I. (1958): An example of unsteady laminar boundary layer flow. Inst. Univ. of Tokyo Report No. 331, also in H. Görtler (Ed.): Grenzschichtforschung. Springer – Verlag, Berlin, 1958.

Tani, I. (1962): Production of longitudinal vortices in a boundary layer along a curved wall. J. Geophys. Res., Vol. 67, 3075 – 3080.

Tani, I.; Sakagami, J. (1964): Boundary layer instability at subsonic speeds. In: Proc. Int. Council Aero. Sci., Third Congress, Stockholm, 1962, 391 – 403, Spartan, Washington, D. C.

Tani, I.; Aihara, Y. (1969): Görtler vortices and boundary layer transition. Z. angew. Math. Phys. (ZAMP), Vol. 20, 609 – 618.

Tani, I. (1977): History of boundary layer theory. Annu. Rev. Fluid Mech., Vol. 9, 87 – 111.

Tani, I.; Motohashi, T. (1985): Non – equilibrium behavior of turbulent boundary layer flows. Proc. Japan Acad., Ser. B, Vol. 61, 333 – 340.

Tani, I. (1987): Turbulent boundary layer development over rough surfaces. In: H. U. Meier; P. Bradshaw (Eds.): Perspectives in Turbulence Studies. Springer – Verlag, Berlin, 223 – 249.

Tani, I. (1988): Drag reduction by riblet viewed as roughness problem. Proc. Japan Acad., Ser. B, Vol. 64, 21 – 24.

Tannehill, J. C. /s.: Anderson, D. A.; Tannehill, J. C.; Pletcher, R. H. (1984)

Tanner, M. (1973): Theoretical prediction of base pressure for steady base flow. Progr. Aerospace Sci., Vol. 14, 177 – 225.

Taylor, G. I. (1935): Statistical theory of turbulence, Parts 1 – 4, Proc. Roy. Soc. London A, Vol. 151, 421 – 478.

Taylor, G. I. (1936): Correlation measurements in a turbulent flow through a pipe. Proc. Roy. Soc. London A, Vol. 157, 537 – 546.

Taylor, G. I. (1936 – 38): Some recent developments on the study of turbulence. Proc. of the Fifth Internat. Congress for Appl. Mech., New York, 294 (1938); see also: Statistical Theory of Turbulence, V. Effect of turbulence on boundary layer. Proc. Roy. Soc. London A, Vol. 156, 307 – 317 (1936); cf. also Scientific Paper II, 356 – 364.

Taylor, G. I. (1950): The boundary layer in the converging nozzle of a swirl atomizer. Quart. J. Mech. Appl. Math., Vol. 3, 129 – 139.

Taylor, G. I. (1958): Flow induced by jets. J. Aero/Space Sci., Vol. 25, 464 – 465.

Telionis, D. P.; Tsahalis, D. T. (1974): Unsteady laminar separation over impulsively moved cylinders. Acta Astron., Vol. 1, 1487 – 1505.

Telionis, D. P. (1979): Review – Unsteady boundary layers, separated and attached. J. Fluids Eng., Vol. 101, 29 – 43.

Telionis, D. P. (1981): Unsteady Viscous Flows. Springer – Verlag, New York.

Terrill, R. M. (1960): Laminar boundary layer flow near separation with and without suction. Trans. Phil. Roy. Soc. London A, Vol. 253, 55 – 100.

Tewfik, O. K.; Giedt, W. H. (1959): Heat transfer, recovery factor, and pressure distributions around a cylinder normal to a supersonic rarefied – air stream. Part I; Experimental Data. University of California, Institute of Engineering, Research Report HE – 150 – 162.

Theodorsen, Th.; Regier, A. (1944): Experiments on drag of revolving disks, cylinders, and streamline rods at high speeds, NACA – TR – 793.

Thiede, P. /s.; Redeker, G.; Horstmann, K. – H.; Köster, H.; Thiede, P.; Szodruch, J. (1990)

Thiele, F. (1975): Die numerische Berechnung turbulenter rotationssymmetrischer Freistrahlen und Freistrahl – Diffusionsflammen. Dissertation, Universität Karlsruhe.

Thiriot, K. H. (1942): Untersuchungen über die Grenzschicht einer Flüssigkeit über einer rotierenden Scheibe bei kleiner Winkelgeschwindigkeitsänderung. ZAMM. Z. angew. Math. Mech. , Bd. 22, 23 – 28.

Thiriot, K. H. (1950): Grenzschichtströmung kurz nach dem plötzlichen Anlauf bzw. Abstoppen eines rotierenden Bodens. ZAMM. Z. angew. Math. Mech. , Bd. 30, 390 – 393.

Thomas, F. (1962): Untersuchungen über die Erhöhung des Auftriebes von Tragflügeln mittels Grenzschichtbeeinflussung durch Ausblasen. Z. Flugwiss. , Bd. 10, 46 – 65.

Thomas, F. (1963): Untersuchungen über die Grenzschicht an einer Wand stromabwärts von einem Ausblasespalt. Abhandlg. Braunschweig. Wiss. Ges. , Bd. 15, 1 – 17.

Thomas, L. H. (1949): Elliptic problems in linear difference equations over a network. Watson Sci. Comput. Lab. Rept. , Columbia University, New York.

Thompkins Jr., W. T. /s.; Drela, M.; Giles, M.; Thompkins Jr., W. T. (1986)

Thomson, J. Y. /s.; Mitchell, A. R.; Thomson, J. Y. (1958)

Tidstrom, K. D. /s.; Klebanoff, P. S.; Tidstrom, K. D.; Sargent, L. M. (1962)

Tien, C. L. /s.; Chaing, T.; Ossin, A.; Tien, C. L. (1964)

Tietjens, O. (1922): Beiträge zur Entstehung der Turbulenz. Dissertation Göttingen (1922) and ZAMM. Z. angew. Math. Mech. , Bd. 5, 200 – 217 (1925).

Tietjens, O. /s.; Prandtl, L.; Tietjens, O. (1929/31)

Tifford, A. N.; Chu, S. T. (1952): On the flow around a rotating disc in a uniform stream. J. of the Aeronautical Sciences, Vol. 19, 284 – 285.

Tifford, A. N. (1954): Heat transfer and frictional effects in laminar boundary layers. Universal series solutions. WADC Techn. Rep. , 53 – 288, Part 4.

Tillmann, W. /s.; Ludwieg, H.; Tillmann, W. (1949)

Timme, A. (1957): über die Geschwindigkeitsverteilung in Wirbeln, Ing. – Arch. , Bd. 25, 205 – 225.

Ting, L. (1959): On the mixing of two parallel streams. J. Math. Phys. , Vol. 38, 153 – 165.

Ting, L. (1965): On the initial conditions for the boundary layer equations. J. Math. Phys. , Vol. 44, 353 – 367.

Tobak, M.; Peake, D. J. (1982): Topology of three – dimensional separated flows. Annu. Rev. Fluid Mech. , Vol. 14, 61 – 85.

Tollmien, W. (1924): Die zeitliche Entwicklung der laminaren Grenzschicht am rotierenden Zylinder. Dissertation Göttingen.

Tollmien, W. (1926): Berechnung turbulenter Ausbreitungsvorgänge. ZAMM. Z. angew. Math. Mech., Bd. 6, 468 – 478.

Tollmien, W. (1929): über die Entstehung der Turbulenz. 1. Mitteilung, Nachr. Ges. Wiss. Göttingen, Math. Phys. Klasse 21 – 44; English translation in NACATM – 609 (1931).

Tollmien, W. (1931): Grenzschicht – Theorie (239 – 237). Turbulente Strömungen (289 – 339). In: W. Wien; F. Harms (Hrsg.): Handbuch der Experimentalphysik, Leipzig, Bd. 4, Teil 1.

Tollmien, W. (1935): Ein allgemeines Kriterium der Instabilität laminarer Geschwindingkeitsverteilungen. Nachr. Ges. Wiss. Göttingen, Math. Phys. Klasse, Fachgruppe I, 1, 79 – 114 (1935); English translation in NACA – TM – 792 (1936).

Tollmien, W. (1947): Asymptotische Integration der Störungsdifferentialgleichungen ebener laminarer Strömungen bei hohen Reynoldsschen Zahlen. ZAMM. Z. angew. Math. Mech., Vol. 25, 33 – 50 and Vol. 27, 70 – 83.

Tomotika, S. (1935): Laminar boundary layer on the surface of a sphere in a uniform stream. ARC – Report 1678.

Townsend, A. A. (1956 and 1976): The Structure of Turbulent Shear Flows. Cambridge University Press, First Edition; 1956; Second Edition: 1976.

Toyokura, T.; Kurokawa, J.; Kimoto, Y. (1982): Three – dimensional boundary layer on rotating blades. Bull. JSME, Vol. 25, 513 – 520.

Traugott, S. C. /s.: Vincenti, W. G.; Traugott, S. C. (1971)

Treviño, C.; Méndez, F. (1992): Boundary layer separation by a step – in surface temperature. In: Proc. Second Caribbean Conference on Fluid Dynamics, 57 – 64.

Truckenbrodt, E. (1952): Die laminare Reibungsschicht an einer teilweise mitbewegten längsangeströmten ebenen Platte. Abhdlg. Braunschweig. Wiss. Ges., Bd. 4, 181 – 195.

Truckenbrodt, E. /s.: Schlichting, H.; Truckenbrodt, E. (1952)

Truckenbrodt, E. (1954a): Die turbulente Strömung an einer angeblasenen rotierenden Scheibe. ZAMM. Z. angew. Math. Mech., Bd. 34, 150 – 162.

Truckenbrodt, E. (1954b): Ein Quadraturverfahren zur Berechnung der Reibungsschicht an axial angeströmten rotierenden Drehkörpern. Ing. – Arch., Bd. 22, 21 – 35.

Truckenbrodt, E. (1956): Ein einfaches Näherungsverfahren zum Berechnen der laminaren Reibungsschicht mit Absaugung. Forsch. Ing. – Wes., Bd. 22, 147 – 157.

Truckenbrodt, E. /s.: Schlichting, H.; Truckenbrodt, E. (1979)

Truesdell, C. (1954): The present status of the controversy regarding the bulk viscosity of fluids. Proc. Roy. Soc. London A, Vol. 226, 59 – 65, see also: J. RationalMech. Analysis, Vol. 1, 228 – 231.

Tsahalis, D. T. /s.: Telionis, D. P.; Tsahalis, D. T. (1974)

Tsien, H. S. (1958): The equations of gas dynamics, in fundamentals of gas dynamics. High Speed Aerodynamics and Jet Propulsion, Vol. 3, Princeton University Press, Princeton, N. J., 3 – 63.

Tsuji, H. (1953): Note on the solution of the unsteady laminar boundary layer equations. J. of the Aeronautical Sciences, Vol. 20, 295 – 296.

Turner, J. S. (1969): Buoyant plumes and thermals. Annu. Rev. Fluid Mech., Vol. 1, 29 – 44

Turner, J. S. (1973): Buoyancy Effects in Fluids. Cambridge University Press, Cambridge.

Tyler, E. /s. : Richardson, E. G. ; Tyler, E. (1929)

Uchida, S. (1956) : The pulsating viscous flow superposed on the steady laminar motion of incompressible fluid in a circular pipe. Z. angew. Math. Phys. (ZAMP), Bd. 7, 403 – 422.

Uehara, H. /s. : Fujii, T. ; Takeuchi, M. ; Fujii, M. ; Suzaki, K. ; Uehara, H. (1970)

Ulrich, A. /s. : Schlichting, H. ; Ulrich, A. (1940 – 42)

Ulrich, A. /s. : Bussmann, K. ; Ulrich, A. (1943)

Vachon, R. J. /s. : Lowery, G. W. ; Vachon, R. J. (1975)

Vaisey, G. /s. : Southwell, R. V. ; Vaisey, G. (1948)

Van De Vooren, A. I. ; Dijkstra, D. (1970) : The Navier – Stokes solution for laminar flow past a semi – infinite flat plate. Journal of Engineering Math. , Vol. 4, 9 – 27.

Van De Vooren, A. I. /s. : Van Stijn, T. L. ; Van De Vooren, A. I. (1983)

van den Berg, B. : see Berg, B. van den

Van der Hegge Zijnen, B. G. (1924) : Measurements of the velocity distribution in the boundary layer along a plane surface. Thesis, Delft.

Van Dommelen, L. L. ; Shen, S. F. (1982) : The genesis of separation. In: T. Cebeci (Ed.) : Numerical and Physical Aspects of Aerodynamic Flows. Springer – Verlag, New York, 293 – 311.

Van Dommelen, L. L. (1987) : Computation of unsteady separation using Lagrangian procedures. In: F. T. Smith ; S. N. Brown (Eds.) : Boundary – Layer Separation. Springer – Verlag, Berlin, 73 – 87.

Van Dommelen, L. L. (1990) : On the Lagrangian description of unsteady boundary layer separation, Part 2: The spinning sphere. J. Fluid Mech. , Vol. 210, 627 – 645.

Van Driest, E. R. (1951) : Turbulent boundary layer in compressible fluids. J. of the Aeronautical Sciences, Vol. 18, 145 – 160.

Van Driest, E. R. (1952) : Turbulent boundary layer on a cone in a supersonic flow at zero angle of attack. J. of the Aeronautical Sciences, Vol. 19, 55 – 57, 72.

Van Driest, E. R. (1956a) : The problem of aerodynamic heating. Aero. Eng. Review, Vol. 15, 26 – 41.

Van Driest, E. R. (1956b) : On turbulent flow near a wall. J. Aeron. Sci. , Vol. 23, 1007 – 1011.

Van Driest, E. R. ; Blumer, C. B. (1963) : Boundary layer transition: Freestream turbulence and pressure gradient effects. AIAA Journal, Vol. 1, 1303 – 1306.

Van Dyke, M. (1962a) : Higher approximations in boundary – layer theory. Part 1: General analysis. J. Fluid Mech. , Vol. 14, 161 – 177.

Van Dyke, M. (1962b) : Higher approximations in boundary – layer theory. Part 2: Application to leading edges. J. Fluid Mech. , Vol. 14, 481 – 495.

Van Dyke, M. (1962c) : Second – order compressible boundary layer theory with application to blunt bodies in hypersonic flow. In: Riddell, F. R. (Ed.) : Hypersonic Flow Research. Progress in Astronautics and Rocketry, Vol. 7, 37 – 76, Academic Press, New York.

Van Dyke, M. (1964a) : Higher approximations in boundary – layer theory. Part 3: Parabola in uniform stream. J. Fluid Mech. , Vol. 19, 145 – 159.

Van Dyke, M. (1964b) : Perturbation Methods in Fluid Mechanics. Academic Press, New York. New edition 1975, The Parabolic Press, Stanford, California.

Van Dyke, M. (1969) : Higher – order boundary layer theory. Annu. Rev. Fluid Mech. , Vol. 1, 265 – 292.

Van Ingen, J. L. (1956): A suggested semi – empirical method for the calculation of the boundary layer transition region. Technische Hochschule, Luftfahrtabteilung, Delft, Report V. T. H. 74.

Van Stijn, T. L. ; Van de Vooren, A. I. (1983): On the stability of almost parallel boundary layer flows. Computers and Fluids, Vol. 10, 223 – 241.

Vandromme, D. D. /s. : Ha Minh, H. ; Viegas, J. R. ; Rubesin, M. W. ; Vandromme, D. D. ; Spalart, P. R. (1989)

Vasantha, S. S. /s. : Narasimha, R. ; Vasantha, S. S. (1966)

Vasanta Ram, V. (1975): Grenzschichttheorie höhere Ordnung für die Strömung an einer transversal gekrümmten Zylinderfläche beliebiger Gestalt. Habilitationsschrift Ruhr – Universität Bochum.

Vasudeva, B. R. /s. . Kovasznay, L. S. G. ; Komoda, H. ; Vasudeva, B. R. (1962)

Vatsa, V. N. /s. : Burggraf, O. R. ; Rizzetta, D. P. ; Werle, M. J. ; Vatsa, V. N. (1979)

Veldman, A. E. P. /s. : Botta, E. F. F. ; Dijkstra, D. ; Veldman, A. E. P. (1972)

Veldman, A. E. P. (1976): Boundary layer flow past a finite flat plate. Dissertation, Rijksuniversiteit Groningen, Holland.

Veldman, A. E. P. (1981): The calculation of incompressible boundary layers with strong viscous – inviscid interaction. In: AGARD – CP – 291, 12. 1 – 12. 12.

Venkatachala, B. J. ; Nath, G. (1981): Non – similar laminar natural convection in a thermally stratified fluid. Int. J. Heat Mass Transfer, Vol. 24, 1848 – 1850.

Viegas, J. R. /s. : Ha Minh, H. ; Viegas, J. R. ; Rubesin, M. W. ; Vandromme, D. D. ; Spalart, P. R. (1989)

Vieth, D. /s. : Gersten, K. ; Klauer, J. ; Vieth, D. (1993)

Vieth, D. /s. : Gersten, K. ; Vieth, D. (1995)

Vieth, D. (1996): Berechnung der Impuls – und Wärmeübertragung in ebenen turbulenten Strömungen mit Ablösung bei hohen Reynolds – Zahlen. Dissertation, Ruhr – Universität Bochum.

Vincenti, W. G. ; Traugott, S. C. (1971): The coupling of radiative transfer and gas motion. Annu. Rev. Fluid Mech. , Vol. 3, 89 – 116.

Vinokur, M. (1974): Conservation equations of gas – dynamics in curvilinear coordinate systems. J. Comp. Phys. , Vol. 14, 105 – 125.

Virk, P. S. (1971): An elastic sublayer model for drag reduction by dilute solutions of linear macromolecules. J. Fluid Mech. , Vol. 45, 417 – 440.

Visconti, F. /s. : Braslow, A. L. ; Visconti, F. (1948)

Visonneau, M. /s. : Piquet, J. ; Visonneau, M. (1986)

Viviand, H. (1974): Conservative forms of gas dynamic equations. Rech. Aérosp. 1974 – 1, 65 – 68.

Vogelpohl, G. (1944): Die Strömung der Wirbelquelle zwischen ebenen Wänden mit Berücksichtigung der Wandreibung. ZAMM. Z. angew. Math. Mech. , Bd. 24, 289 – 293.

Voges, R. (1978): Berechnung turbulenter Wandgrenzschichten mit Zwei – Gleichungs – Turbulenzmodellen. Dissertation, TU München.

Voigt, M. (1994): Die Entwicklung von Geschwindigkeits – und Temperaturfeldern in laminaren und turbulenten Kanal – und Rohrströmungen aus asymptotischer Sicht. Fortschritt – Berichte VDI: Reihe 7 ; 262, VDI – Verl. , Düsseldorf, 1995 ; also: Bochum, Univ. , Diss. , 1994.

Voigt, M. /s. : Herwig, H. ; Voigt, M. (1995)

Voigt, M. /s. : Herwig, H. ; Voigt, M. (1996)

Vollmers, H. ; Rotta, J. C. (1977) : Similar solutions of the mean velocity, turbulent energy and length scale equation. AIAA Journal, Vol. 15, 714 – 720.

Vollmers, H. /s. : Dallmann, U. ; Gebing, H. ; Vollmers, H. (1993)

von Kármán, Th. : see Kármán, Th. von

von Schulz – Hausmann, F. K. : see Schulz – Hausmann, F. K. von

Wadhwa, Y. D. (1958) : Boundary layer growth on a spinning body; accelerated motion, Phil. Mag., Vol. 3 (8), 152 – 158.

Wagner, W. ; Kruse, A. (1998) : Properties of Water and Steam. The Industrial Standard IAPWS – IF97 for the Thermodynamic Properties and Supplementary Equations for Other Properties. Springer, Berlin, Heidelberg.

Wahls, R. A. /s. : Barnwell, R. W. ; Wahls, R. A. ; De Jarnette, F. R. (1989)

Wai, J. C. ; Baillie, J. C. ; Yoshihara, H. (1986) : Computation of turbulent separated flows over wings. In : T. Cebeci (Ed.) : Numerical and Physical Aspects of Aerodynamic Flows III, Springer – Verlag, New York, 397 – 411.

Walker, J. D. A. /s. : Ece, M. C. ; Walker, J. D. A. ; Doligalski, T. L. (1984)

Walker, J. D. A. /s. : Degani, A. T. ; Smith, F. T. ; Walker, J. D. A. (1992)

Walker, J. D. A. /s. : Degani, A. T. ; Smith, F. T. ; Walker, J. D. A. (1993)

Walker, W. S. /s. : Gregory, N. ; Stuart, J. T. ; Walker, W. S. (1955)

Walker, W. S. /s. : Gregory, N. ; Walker, W. S. (1955)

Walton, I. C. (1974) : Second – order effects in free convection. J. Fluid Mech., Vol. 62, 793 – 809.

Walz, A. (1966) : Strömungs – und Temperaturgrenzschichten. Braun – Verlag, Karlsruhe; English translation : Boundary Layers of Flow and Temperature. The M. I. T. Press, Cambridge (1969).

Wang, C. Y. (1967) : The flow past a circular cylinder which is started impulsively from rest. J. Math. Phys., Vol. 46, 195 – 202.

Wang, C. Y. (1989) : Exact solutions of the unsteady Navier – Stokes equations. Appl. Mech. Rev., Vol. 42, S269 – S282.

Wang, C. Y. (1991) : Exact solutions of the steady – state Navier – Stokes equations. Annu. Rev. Fluid Mech., Vol. 23, 159 – 177.

Wang, K. C. (1970) : Three – dimensional boundary layer near the plane of symmetry of a spheroid at incidence. J. Fluid Mech., Vol. 43, 187 – 209.

Wang, K. C. (1972) : Separation patterns of boundary layer over an inclined body of revolution. AIAA Journal, Vol. 10, 1044 – 1050.

Wang, K. C. (1974a) : Laminar boundary layer near the symmetry plane of a prolate spheroid. AIAA Journal, Vol. 12, 949 – 958.

Wang, K. C. (1974b) : Boundary layer over a blunt body at low incidence with circumferential reversed flow. J. Fluid Mech., Vol. 72, 49 – 65.

Wang, K. C. (1974c) : Boundary layer over a blunt body at high incidence with an open type of separation. Proc. Roy. Soc. London A, Vol. 340, 33 – 55.

Wang, K. C. (1974d): Laminar boundary layer over a body of revolution at extremely high incidence. Phys. Fluids, Vol. 17, 1381 – 1385.

Wang, K. C. (1976): Separation of three – dimensional flow. In: Proc. of the Lockheed – Georgia Company Viscous Flow Symposium (1976), Lockheed – Georgia Company, Marietta, Georgia, 341 – 414.

Wang, K. C. (1982): On the current controversy about unsteady separation. In: T. Cebeci (Ed.): Numerical and Physical Aspects of Aerodynamic Flows. Springer – Verlag, New York, 279 – 291.

Wary, A.; Hussaini, M. Y. (1984): Numerical experiments in boundary – layer stability. Proc. Roy. Soc. London A, Vol. 392, 373 – 389.

Wasel, M. G. /s. : Schneider, W. ; Wasel, M. G. (1985)

Watanabe, T. /s. : Nakamura, I. ; Yamashita, S. ; Watanabe, T. ; Sawaki, Y. (1981)

Watson, J. (1958): A solution of the Navier – Stokes equations illustrating the response of a laminar boundary layer to a given change in the external stream velocity. Quart. J. Mech. Appl. Math., Vol. 11, 302 – 325.

Watson, J. (1959): The two – dimensional laminar flow near the stagnation point of a cylinder which has an arbitrary, transverse motion. Quart. J. Mech. Appl. Math., Vol. 12, 175 – 190.

Wazzan, A. R.; Okamura, T.; Smith, A. M. O. (1968): The stability of water flow over heated and cooled flat plates. J. Heat Transfer, Vol. 90, 109 – 114.

Wazzan, A. R.; Okamura, T.; Smith, A. M. O. (1970a): The stability of incompressible flat plate laminar boundary layer in water with temperature dependent viscosity. In: Proc. Sixth South – Eastern Seminar on Thermal Sciences, Raleigh, N. C., 184 – 202.

Wazzan, A. R.; Okamura, T.; Smith, A. M. O. (1970b): The stability and transition of heated and cooled incompressible laminar boundary layers. In: U. Grigull, E. Hahne (Eds.): Fourth Intern. Heat Transfer Conf., Vol. 2, Sessions FC 1.4, Elsevier Publ. Comp., Amsterdam.

Wazzan, A. R.; Taghavi, H.; Keltner, G. (1974): Effect of boundary layer growth on stability of incompressible flat plate boundary layer with pressure gradient. Phys. Fluids., Vol. 17, 1655 – 1670.

Wazzan, A. R. (1975): Spatial stability of Tollmien – Schlichting waves. Progr. Aerospace Sciences, Vol. 16, 99 – 127.

Weber, H. E. (1956): The boundary layer inside a conical surface due to swirl. J. Appl. Mech., Vol. 23, 587 – 592.

Wehrum, A. E. (1975): Die laminare Grenzschicht 2. Ordnung längs eines Kreiszylinders mit poröser Oberfläche in einer überschallströmung. Dissertation, Ruhr – Universität Bochum.

Weise, W. /s. : Eckert, E. ; Weise, W. (1942)

v. Weizsäcker, C. F. (1948): Das Spektrum der Turbulenz bei großen Reynoldsschen Zahlen. Z. Phys., Bd. 124, 614 – 627.

Wendt, H. /s. : Hantzsche, W. ; Wendt, H. (1940)

Wendt, H. /s. : Hantzsche, W. ; Wendt, H. (1941)

Wendt, H. /s. : Hantzsche, W. ; Wendt, H. (1942)

Wenner, K. /s. : Schmidt, E. ; Wenner, K. (1941)

Werle, M. J. /s. : Davis, R. T. ; Werle, M. J. (1972)

Werle, M. J. /s. : Burggraf, O. R. ; Rizzetta, D. P. ; Werle, M. J. ; Vatsa, V. N. (1979)

Werle, M. J. /s. : Davis, R. T. ; Werle, M. J. (1982)

Westervelt, P. J. (1953) : The theory of steady rotation flow generated by a sound field. J. Acoust. Soc. Amer. , Vol. 25 , 60 – 67.

White, E. B. /s. : Saric, W. S. ; Reed, H. L. ; White, E. B. (2003)

White, F. M. (1974) : Viscous Fluid Flow. McGraw – Hill, New York.

Whitelaw, J. H. /s. : Bradshaw, P. ; Cebeci. T. ; Whitelaw, J. H. (1981)

Whitelaw, J. H. /s. : Cebeci. T. ; Whitelaw, J. H. (1986)

Wickern, G. /s. : Herwig, H. ; Wickern, G. ; Gersten, K. (1985)

Wickern, G. /s. : Herwig, H. ; Wickern, G. (1986)

Wickern, G. (1987) : Untersuchung der laminaren gemischten Konvektion an einer beliebig geneigten ebenen Platte mit besonderer Berücksichtigung der Strömungsablösung. Fortschritt – Berichte VDI: Reihe 7 ; 129 , VDI – Verl. , Düsseldorf ; also : Bochum Univ. , Diss. , 1987.

Wickern, G. (1991a) : Mixed convection from an arbitrarily inclined semi – infinite flat plate – I. The influence of the inclination angle. Int. J. Heat Mass Transfer, Vol. 34 , 1935 – 1945.

Wickern, G. (1991b) : Mixed convection from an arbitrarily inclined semi – infinite flat plate – II. The influence of the Prandtl number. Int. J. Heat Mass Transfer, Vol. 34 , 1947 – 1957.

Wie, Y. S. ; Harris, J. E. (1991) : Numerical solution of the boundary layer equations for a general aviation fuselage. J. Aircraft, Vol. 28 , 861 – 868.

Wiedemann, J. /s. : Gersten, K. ; Wiedemann, J. (1982)

Wiedemann, J. (1983) : Der Einfluß von Ausblasen und Absaugen an durchlässigen Wänden auf Strömungen bei großen Reynolds – Zahlen. Dissertation, Ruhr – Universität Bochum.

Wiedemann, J. ; Gersten, K. (1984) : Drag reduction due to boundary – layer control by combined blowing and suction. In : AGARD – CP – 365 , 14 – 1 to 14 – 10.

Wieghardt, K. (1948) : über einen Energiesatz zur Berechnung laminarer Grenzschichten. Ing. – Arch. , Bd. 16 , 231 – 242.

Wieghardt, K. (1968) , see Kline, S. J. et al. (1968) , Vol. 2 , p. 98.

Wier, M. ; Römer, L. (1987) : Experimentelle Untersuchung von stabil und instabil geschichteten turbulenten Plattengrenzschichten mit Bodenrauhigkeit. Z. Flugwiss. Weltraumforsch. , Bd. 11 , 78 – 86.

Wieselsberger, C. (1914) : Der Luftwiderstand von Kugeln. Z. Flugtech. Motor – Luftschiffahrt : ZFM, Bd. 5 , 140 – 144.

Wieselsberger, C. (1927) : über den Luftwiderstand bei gleichzeitiger Rotation des Versuchskörpers. Physikal. Z. , Bd. 28 , 84 – 88.

Wilcox, D. C. (1998) : Turbulence Modeling for CFD, Second Edition, DCW Industries, Inc. , La Cañada, California.

Wild, J. M. (1949) : The boundary layer of yawed infinite wings. J. of the Aeronautical Sciences, Vol. 16 , 41 – 45.

Wille, R. /s. : Berger, E. ; Wille, R. (1972)

Wille, R. ; Fernholz, H. (1965) : Report on the first European Mechanics Colloquium on the Coanda effect. J. Fluid Mech. , Vol. 23 , 801 – 819.

Wille, R. (1966) : On unsteady flows and transient motions. Progress in Aeronautical Sciences, Vol. 7 ,

Pergamon Press, London, 195 – 207.

Williams, B. R. /s. : Lock, R. C. ; Williams, B. R. (1987)

Williams, F. A. /s. : Libby, P. A. ; Williams, F. A. (Eds.) (1980)

Williams, J. C. III (1982) : Unsteady development of the boundary layer in the vicinity of a rear stagnation point. In: T. Cebeci (Ed.) : Numerical and Physical Aspects of Aerodynamic Flows, Springer – Verlag, New York, 347 – 364.

Williams, J. C. III /s. : Takullu, M. A. ; Williams, J. C. III (1985)

White, F. M. (1974) : Viscous Fluid Flow. McGraw – Hill, New York.

Whitelaw, J. H. /s. : Bradshaw, P. ; Cebeci. T. ; Whitelaw, J. H. (1981)

Whitelaw, J. H. /s. : Cebeci. T. ; Whitelaw, J. H. (1986)

Wickern, G. /s. : Herwig, H. ; Wickern, G. ; Gersten, K. (1985)

Wickern, G. /s. : Herwig, H. ; Wickern, G. (1986)

Wickern, G. (1987) : Untersuchung der laminaren gemischten Konvektion an einer beliebig geneigten ebenen Platte mit besonderer Berücksichtigung der Strömungsablösung. Fortschritt – Berichte VDI: Reihe 7; 129, VDI – Verl. , Düsseldorf; also: Bochum Univ. , Diss. , 1987.

Wickern, G. (1991a) : Mixed convection from an arbitrarily inclined semi – infinite flat plate – I. The influence of the inclination angle. Int. J. Heat Mass Transfer, Vol. 34, 1935 – 1945.

Wickern, G. (1991b) : Mixed convection from an arbitrarily inclined semi – infinite flat plate – II. The influence of the Prandtl number. Int. J. Heat Mass Transfer, Vol. 34, 1947 – 1957.

Wie, Y. S. ; Harris, J. E. (1991) : Numerical solution of the boundary layer equations for a general aviation fuselage. J. Aircraft, Vol. 28, 861 – 868.

Wiedemann, J. /s. : Gersten, K. ; Wiedemann, J. (1982)

Wiedemann, J. (1983) : Der Einfluß von Ausblasen und Absaugen an durchlässigen Wänden auf Strömungen bei großen Reynolds – Zahlen. Dissertation, Ruhr – Universität Bochum.

White, E. B. /s. : Saric, W. S. ; Reed, H. L. ; White, E. B. (2003)

Williams, J. (1958) : British research on boundary layer control for high lift by blowing. Z. Flugwiss. , Bd. 6, 143 – 160.

Williams, P. G. /s. : Catherall, D. ; Stewartson, K. ; Williams, P. G. (1965)

Williams, P. G. /s. : Stewartson, K. ; Williams, P. G. (1969)

Williams, P. G. (1975) : A reverse flow computation in the theory of self – induced separation. Lecture Notes in Physics No. 35, Springer – Verlag, 445 – 451.

Williams, P. G. /s. : Cebeci, T. ; Keller, H. B. ; Williams, P. G. (1979)

Williams, P. G. (1982) : Large – time boundary layer computations at a rear stagnation point using the asymptotic structure. In: T. Cebeci (Ed.) : Numerical and Physical Aspects of Aerodynamic Flows, Springer – Verlag, New York, 325 – 335.

Willmarth, W. W. (1975) : Pressure fluctuations beneath turbulent boundary layers. Annu. Rev. Fluid Mechanics, Vol. 7, 13 – 38.

Winter, K. G. ; Smith, K. G. ; Rotta, J. C. (1965) : Turbulent boundary – layer studies on a waisted body of revolution in subsonic and supersonic flow. In: AGARDograph 97, Part 1, 933 – 962.

Wood, D. H. /s. : Smits, A. J. ; Wood, D. H. (1985)

Woods, L. C. (1955): Two-dimensional flow of a compressible fluid past given curved obstacles with infinite wakes. Proc. Roy. Soc. London A, Vol. 227, 367 – 386.

Wortmann, F. X. (1969): Visualization of transition. J. Fluid Mech., Vol. 38, 473 – 480.

Wosnik, M.; George, W. K. (1995): Another look at the turbulent natural convection boundarylayer. In: Proc. Of Turbulence, Heat and Mass Transfer, ICHMT Symposium, Lisbon, Portugal.

Wu, J. C.; Gulcat, U. (1981): Separate treatment of attached and detached flowregions in general viscous flows. AIAA Journal, Vol. 19, 20 – 27.

Wu, T.; Shen, S. F. (1992): Multizone time-marching technique for unsteady separating three-dimensional boundary layers and its application to the symmetry-plane solution of an impulsively started prolate spheroid. J. Fluids Engineering, Vol. 113, 228 – 239.

Wuest, W. (1952): Grenzschichten an zylindrischen Körpern mit nichtstationärer Querbewegung. ZAMM. Z. angew. Math. Mech., Bd. 32, 172 – 178.

Wuest, W. (1962): Laminare Grenzschichten bei Ausblasen eines anderen Mediums (Zweistoffgrenzschichten). Ing. – Arch., Bd. 31, 125 – 143.

Wuest, W. (1963): Kompressible laminare Zweistoffgrenzschichten. Z. Flugwiss., Bd. 11, 398 – 409.

Wygnanski, I. (1964): The flow induced by two-dimensional and axisymmetric turbulent jets issuing normally from an infinite plane surface. Aeron. Quart. Vol. 15, 373 – 380, cf. also Aeron. Quart. Vol. 17 (1966), 31 – 52.

Wygnanski, I. /s.: Elsberry, K.; Loeffler, J.; Zhou, M. D.; Wygnanski, I. (2000)

Yaglom, A. M. /s.: Kader, B. A.; Yaglom, A. M. (1978)

Yajnik, K. S. (1970): Asymptotic theory of turbulent shear flows. J. Fluid Mech., Vol. 42, 411 – 427.

Yamaga, J. (1956): An approximate solution of the laminar boundary layer on a rotating body of revolution in uniform compressible flow. In: Proc. 6th Japan. Nat. Congr. Appl. Mech., 295 – 298.

Yamamoto, K. /s.: Tani, I.; Juchi, M.; Yamamoto, K. (1954)

Yamamoto, K. /s.: Nakamura, I.; Yamashito, S.; Yamamoto, K. (1980)

Yamashita, S. /s.: Furuya, Y.; Nakamura, I.; Yamashita, S. (1978)

Yamashita, S. /s.: Nakamura, I.; Yamashita, S.; Yamamoto, K. (1980)

Yamashita, S. /s.: Nakamura, I.; Yamashita, S.; Watanabe, T.; Sawaki, Y. (1981)

Yamashita, S. /s.: Nakamura, I.; Yamashita, S. (1982)

Yang, K. S. /s.: Spalart, P. R.; Yang, K. S. (1986)

Yang, K. S. /s.: Spalart, P. R.; Yang, K. S. (1987)

Yang, K. T. (1958): Unsteady laminar boundary layers in an incompressible stagnation flow. J. Appl. Mech., Vol. 25, 421 – 427.

Yang, K. T. (1959): Unsteady laminar boundary layers over an arbitrary cylinder with heat transfer in an incompressible flow. J. Appl. Mech., Vol. 26, 171 – 178.

Yang, K. T. (1960): Possible similarity solutions for laminar free convection on vertical plates and cylinders. J. Appl. Mech., Vol. 28, 230 – 236.

Yeates, L. S. /s.: Saric, W. S.; Yeates, L. S. (1985)

Yih, C. S. (1965): Dynamics of Nonhomogeneous Fluids. The Macmillan Company, New York. [52]

Yoo, G. J. /s.: So, R. M. C.; Yoo, G. J. (1987)

Yoshihara, H. /s. : Wai, J. C. ; Baillie, J. C. ; Yoshihara, H. (1986)

Young, A. D. (1939) : The calculation of the total and skin friction drags of bodies of revolution at 0 燎 incidence. ARC – RM – 1947.

Young, A. D. /s. : Squire, H. B. ; Young, A. D. (1939)

Young, A. D. (1948) : Note on the velocity and temperature distributions attained with suction on a flat plate of infinite extent in compressible flow. Quart. J. Mech. Appl. Math. , Vol. 1, 70 – 75.

Young, A. D. /s. : Harris, H. D. ; Young, A. D. (1967)

Young, A. D. (1989) : Boundary Layers, BSP Professional Books, Oxford.

Younis, B. A. /s. : Gibson, M. M. ; Jones, W. P. ; Younis, B. A. (1981)

Zagarola, M. V. ; Smits, A. J. (1998) : Mean – flow scaling of turbulent pipe flow. J. Fluid Mech. , Vol. 373, 33 – 79. Corrected data due to private communication.

Zalovcik, J. A. ; Skoog, R. B. (1945) : Flight investigation of boundary – layer transition and profile drag of an experimental low – drag wing installed on a fighter – type airplane. NASA – TM – 79833.

Zandbergen, P. J. ; Dijkstra, D. (1987) : von Kármán swirling flows. Annu. Rev. Fluid Mech. , Vol. 19, 465 – 491.

Zapryanov, Z. (1977) : Boundary layer growth on a spinning sphere. ZAMM. Z. angew. Math. Mech. , Bd. 57, 41 – 46.

Zaturska, M. B. /s. : Banks, W. H. H. ; Drazin, P. G. ; Zaturska, M. B. (1988)

Zauner, E. /s. : Mitsotakis, K. ; Schneider, W. ; Zauner, E. (1984)

Zauner, E. (1985) : Visualization of the viscous flow induced by a round jet. J. Fluid Mech. , Vol. 154, 111 – 119.

Zauner, E. /s. : Schneider, W. ; Zauner, E. ; Böhm, H. (1987)

Zeh, D. W. /s. : Gill, W. N. ; Zeh, D. W. ; Del Casal, E. (1965)

Zhang, H. S. /s. : So, R. M. C. ; Lai, Y. G. ; Zhang, H. S. ; Hwang, B. C. (1991)

Zhou, M. D. /s. : Elsberry, K. ; Loeffler, J. ; Zhou, M. D. ; Wygnanski, I. (2000)

Zhu, Z. /s. : Schneider, G. R. ; Zhu, Z. (1982)

Zien, T. F. (1976) : Approximate analysis of heat transfer in transpired boundary layers with effects of Prandtl number. Int. J. Heat Mass Transfer, Vol. 19, 513 – 521.

Zierep, J. (1966) : Theorie der schallnahen und der Hyperschallströmungen. Verlag G. Braun, Karlsruhe.

Zierep, J. /s. : Bohning, R. ; Zierep, J. (1981)

Zierep, J. (1983) : Einige moderne Aspekte der Strömungsmechanik. Z. Flugwiss. Weltraumforschung, Bd. 7, 357 – 361.

Zierep, J. ; Bühler, K. (1993) : Beschleunigte/verzögerte Platte mit homogenem Ausblasen/Absaugen. ZAMM. Z. angew. Math. Mech. , Bd. 73, T527 – T529.

Zimmermann, G. (1974) : Wechselwirkungen zwischen turbulenten Wandgrenzschichten und flexiblen Wänden. Bericht 10/1974 des Max – Planck – Instituts für Strömungsforschung, Göttingen.

Zingžda, J. /s. : Žukauskas, A ; Zingžda, J. (1985)

Žukauskas, A ; Zingžda, J. (1985) : Heat Transfer of a Cylinder in Crossflow. Hemisphere Publ. Co. , Washington.

内容简介

本书为全面系统地介绍了流体动力学中的边界层理论的体系结构,其内容分为黏性流基础、层流边界层、层流—湍流转捩、湍流边界层以及边界层理论的数值方法五个部分,其中黏性流基础部分是边界层理论的基础与核心;而层流边界层与湍流边界层是边界层理论重点研究对象,本书围绕基于纳维—斯托克斯方程组的层流与湍流边界层研究方法,重点论述了定常流动和非定常流动状态、温度边界层中温度场与速度场的耦合、边界层分离与再附、边界层控制及轴对称与三维边界层等方面的内容,同时还对对自然对流、射流与尾迹、自由剪切湍流、湍流内流等与边界层理论密切相关的内容进行了较为详实阐述;层流—湍流转捩则在边界层转捩实验结果分析的基础上,重点介绍了稳定性理论基础,并对三维摄动的边界层不稳定性进行了讨论;边界层理论的数值方法是新增加的部分,以便更好地与计算流动动力学衔接。

与以往版本一致,《边界层理论》英文第 9 版以力学、航空航天、船舶车辆、能源与动力、气象与大气物理、海洋学及海洋工程等领域的科研人员和工程技术人员为读者对象,也可作为流体动力学相关专业学生、教师的学习与教学参考用书。